国外油气勘探开发新进展丛书（十六）

现代钻井技术

［挪］Bernt S. Aadnoy

［美］Iain Cooper

［美］Stefan Z. Miska

［美］Robert F. Mitchell

［美］Michael L. Payne　著

张　明　窦亮彬　曹　杰　张　益　李　响　译

U0213153

石油工业出版社

内 容 提 要

本书系统地介绍了油气井钻井的基本原理、理论及工艺技术，包括建井过程、套管设计、钻柱设计、井筒流体力学、地质力学、井筒测量、深水钻井、高温高压井设计、欠平衡钻井、套管钻井、控压钻井、连续油管钻井以及激光钻井、电子脉冲钻井、粒子冲击钻井等一些新型钻井技术，并阐述了井筒传热的基本理论。

本书是一本非常实用的参考书，既可以用于指导钻井设计施工，供现场钻井工程技术人员学习参考，也可以作为石油院校师生的参考书。

图书在版编目（CIP）数据

现代钻井技术／（挪）伯恩特·S·安东尼
（Bernt S. Aadnoy）等著；张明等译. —北京：石油工业出版社，2022.8
ISBN 978-7-5183-5259-3

Ⅰ. ①现… Ⅱ. ①伯… ②张… Ⅲ. ①油气钻井
Ⅳ. ①TE242

中国版本图书馆 CIP 数据核字（2022）第 122170 号

Advanced Drilling and Well Technology

Bernt S. Aadnoy, Iain Cooper, Stefan Z. Miska, Robert F. Mitchell, Michael L. Payne

Copyright© 2009 Society of Petroleum Engineers

All Rights Reserved. Translated from the English by Petroleum Industry Press with permission of the Society of Petroleum Engineers. The Society of Petroleum Engineers is not responsible for, and does not certify, the accuracy of this translation.

出版发行：石油工业出版社
　　　　　（北京安定门外安华里 2 区 1 号楼　100011）
　　　　　网　　址：www. petropub. com
　　　　　编辑部：（010）64523710　图书营销中心：（010）64523633
经　　销：全国新华书店
印　　刷：北京中石油彩色印刷有限责任公司

2022 年 8 月第 1 版　2022 年 8 月第 1 次印刷
787×1092 毫米　开本：1/16　印张：55.25
字数：1415 千字

定价：280.00 元
（如出现印装质量问题，我社图书营销中心负责调换）

序

　　为了及时学习国外油气勘探开发新理论、新技术和新工艺，推动中国石油上游业务技术进步，本着先进、实用、有效的原则，中国石油勘探与生产分公司和石油工业出版社组织多方力量，对国外著名出版社和知名学者最新出版的、代表最先进理论和技术水平的著作进行了引进，并翻译和出版。

　　从 2001 年起，在跟踪国外油气勘探、开发最新理论新技术发展和最新出版动态基础上，从生产需求出发，通过优中选优已经翻译出版了 15 辑 80 多本专著。在这套系列丛书中，有些代表了某一专业的最先进理论和技术水平，有些非常具有实用性，也是生产中所亟需。这些译著发行后，得到了企业和科研院校广大科研管理人员和师生的欢迎，并在实用中发挥了重要作用，达到了促进生产、更新知识、提高业务水平的目的。部分石油单位统一购买并配发到了相关技术人员的手中。同时中国石油天然气集团公司也筛选了部分适合基层员工学习参考的图书，列入"千万图书下基层，百万员工品书香"书目，配发到中国石油所属的 4 万余个基层队站。该套系列丛书也获得了我国出版界的认可，三次获得了中国出版工作者协会的"引进版科技类优秀图书奖"，形成了规模品牌，获得了很好的社会效益。

　　2017 年在前 15 辑出版的基础上，经过多次调研、筛选，又推选出了国外最新出版的 6 本专著，即《提高采收率基本原理》《油页岩开发——美国油页岩开发政策报告》《现代钻井技术》《采油采气中的有机沉积物》《天然气——21 世纪能源》《压裂充填技术手册》，以飨读者。

　　在本套丛书的引进、翻译和出版过程中，中国石油勘探与生产分公司和石油工业出版社组织了一批著名专家、教授和有丰富实践经验的工程技术人员担任翻译和审校工作，使得该套丛书能以较高的质量和效率翻译出版，并和广大读者见面。

　　希望该套丛书在相关企业、科研单位、院校的生产和科研中发挥应有的作用。

中国石油天然气集团公司副总经理

赵政璋

译者前言

钻井工程作为石油天然气勘探开发的主要手段和关键环节，具有技术密集、高投资和高风险的特点。钻井费用占勘探开发总投资的 50% 以上，钻井技术的优劣和水平直接影响油气勘探开发效益。随着油气勘探开发程度的不断深入，非常规油气资源的不断开发，"页岩气""致密油/页岩油""极地""深水"等陆续成为行业聚焦重点，钻井设备配套、工具仪器研发、钻井高新技术研究与应用得到了高度重视和快速发展，钻井前沿技术不断突破，储备技术研究投资不断加大。目前，钻井技术不仅仅只是打开和建立油气通道，已经成为提高油气井产量、提高采收率等增储上产的新途径和主要手段。

本书细致地阐述了套管设计、钻柱设计、井筒流体力学、地质力学等基础理论，对在斜井和大位移井中的钻柱设计和钻柱振动问题以及井轨迹中钻井设备的载荷和冲击问题进行了重点讨论，并介绍了可用于新井设计的计算机技术。将连续管钻井、欠平衡钻井、控压钻井和套管钻井相关的工具及技术进行了汇总描述，提供了面对深水、高压等复杂储层钻井设计所需的相关理论知识。对随钻测井和随钻测量的各种工具和技术进行了详细说明并介绍了激光钻井和电子脉冲钻井等一些新型的钻井技术。

本书共十章，由张明组织翻译，其中第 1 章至第 6 章由张明、李响翻译，第 7 章、第 8 章由窦亮彬翻译，第 9 章由曹杰翻译，第 10 章由张益翻译。全书由张明负责统稿，川庆钻探工程有限公司钻采工程技术研究院唐莉萍、彭元超、许朝阳、王培峰、杨赟和西安石油大学石油工程学院研究生石可信、李嘉骅、苏伟等也参加了本书的编译和文字排版工作。感谢石油工业出版提供了翻译的机会并为本书的出版给予了大力支持，感谢"西安石油大学优秀学术著作出版基金"给予的资助。由于译者水平有限，书中难免存在不足及疏漏之处，敬请读者指正。

前　言

多年来，Bourgoyne 等于 1986 年编写的《实用钻井技术》一书作为了解钻井工程基本原理的必备手册，许多人视此书为钻井界的经典"红宝书"。本书旨在对《实用钻井技术》进行一些补充。

首先，《实用钻井技术》主要介绍钻井工程的一些基本理论，但目前的技术很多已比书中所涵盖内容更加先进。本书更好地介绍了各种钻井技术，特别是近 15 年来出现的新技术。其次，钻井行业目前正处于转型阶段。现阶段钻井从业人员平均年龄是 40 岁左右，在未来的 10 年内会有大部分钻井技术被淘汰（尽管仍然能为钻井知识体系的发展做出贡献）。因此需要采取一定方式将知识传给年轻的钻井作业人员。为此，笔者扩展了《实用钻井技术》，针对部分内容进行了更加细致的描述，如套管设计、井筒流体力学、泡沫动力学等，并详细阐述了利用计算机处理技术发展的最新思想。例如，井控模型、地质力学、传热学等描述了许多复杂模拟器包含的基础理论和控制方程，可用于新井的设计。

重大的技术突破往往需要很长的时间才能成熟定型。世界上第一口水平井在 20 世纪 20 年代钻成（也有人认为是在 19 世纪钻成），但是定向钻井直到 20 世纪 80 年代才实现经济可行性。实际上，定向钻井已成为钻井行业中一项最重要的技术进步。本书对以定向钻井为基础产生的技术（如地质导向）或是其对某些技术发展的促进进行了阐述，并对在斜井和大位移井中的钻柱设计和钻柱振动问题，以及井轨迹中钻井设备的载荷和冲击问题进行了重点讨论。

钻井技术的最新进展（有人称之为革命）依靠的是旋转导向系统的研发。该技术可提高钻速、改善井眼的质量，钻进那些以前难以开发的储层。这项技术现处于初级阶段，毫无疑问，最终会看到它在各种尺寸范围的井内以更低的成本取代井下动力钻具，因此它将成为直井和斜井中普遍使用的工具。本书没有明确描述各种旋转导向工具结构，但本书描述的大部分先进技术都是由这项突破性技术推动的，可为井眼轨迹和相应的钻柱设计提供参考。

本书还讨论了近几年新出现的钻井技术，这些技术目前已获得了一定程度的认可，这种认可程度会与日俱增。实际上本书是第一次将连续油管钻井、欠平衡钻井、控压钻井和套管钻井相关的工具和技术汇总描述。但由于版面限制或技术的不成熟，并没有介绍全部的钻井技术。本书也没有对蒸汽辅助重力泄油（SAGD）及其他稠油开采的水平井设计及钻井技术进行介绍。然而，随着非常规油气藏在油气总产量中所占的比重越来越大，这些技术将在今后讨论。

人们常说，易开采的石油已经开采完了。其实这种说法比较片面，本书中描述的许多技术都涉及提高现有油藏采收率的方法。不过业内已经转向更复杂的油藏，高压、高温和深水作业的章节内容强调了在这种环境下钻井所面临的一些困难。未来将继续面临更加恶劣的条件，专家将不断调整钻井工艺和设备，以提高钻井效率和安全生产。本书提供了面对这种深水、高压等复杂储层钻井设计所需的背景知识。

过去的 15 年中，钻井技术的重大发展足以编写两到三本新教科书。毫无疑问，有关这些发展的详细讨论将出现在以后的书中。在过去的 10 年里，井眼测量的可靠性和准确性有了显著的提高。随着传感器精度的提高及钻柱中传感器数量的增加，一系列新的不确定性模型分析技术也随之产生，这意味着在丛式井中可以钻出更加复杂的井眼轨迹，提高井眼与储层的接触面积。对于这些不确定性的模型及在井身结构设计和实时修正井眼轨迹中作用的研究仍在继续。

同样，最近几年出现了许多新的随钻测井技术，钻井的速度和精度不断提高。随钻地震测量技术可以指导钻头准确地在储层中钻进，避免相应的一些风险。而精细电磁、核磁、声波测井及先进遥感技术等的应用也使得钻头能够准确钻进。过去的那种简单的几何导向钻井技术逐渐被这种先进的地质导向钻井技术取代，有利于在目前更具挑战性的环境中钻出各种复杂井眼轨迹。

现在是钻井行业从其他行业的快速发展中获益最多的时候。通信行业中的信号处理技术的发展已经应用在随钻测井和随钻测量中，不仅有利于对储层进行评价，还能够指导油藏工程师和钻井工程师进行现场方案适时修改，这将对井眼的质量和油藏的最终产量产生实质性的好处。第 6 章内容包括一些（但不是全部）关于井眼测量技术的详细说明，重点是那些在文献中报道最多的既为司钻提供了重要信息，有助于最大限度地提高储层钻遇和最终采收率，同时有助于最大限度地减少钻井事故时间的测量技术。

钻井过程中，孔隙压力通常被视为钻井测量中的最难点。实时地层压力随钻测量工具的发展带来了一个全新的解释领域，除了提供更多的基础数据外，还可以更深入地了解钻井过程中的钻井液性质和井筒情况。目前，在钻井行业存在着多种多样的工具和技术。本书试图对各种工具和技术进行详细介绍，并对超压现象进行详细分析，这对于测量数据的准确解释有重要影响。

如果尝试研究将来可能使用的某些钻井系统（或者说是破岩机理），那么本书可以说是具有先进性的。因此，在第 9 章中，本书尝试性地介绍了在一些文献和定期举行的石油会议中提到的一些钻井技术，这些技术（如激光钻井和电子脉冲钻井）尚未得到广泛的认可，但是当充分了解了它们在井下的作用时，可以在机械钻速方面产生重大突破。

在钻井行业有史以来最繁忙的阶段，如果没有那么多人牺牲大量宝贵时间，本书是不可能编著完成的。编者特别感谢所有的作者、插图画家、审稿人及其家人，正是由于他们的耐心、无私奉献、高质量工作以及长达 6 年持续不断的激情，才得以共同完成这本书。最后，我们必须感谢 John Thorogood，他是编著这本涵盖钻井技术和工艺最新进展手册的最初发起人，于 6 年前在阿姆斯特丹的会议室里组建了编辑和作者团队。我们相信，我们已经编写了一本符合这一愿景的书，现在可以在你的书架上与《实用钻井技术》（目前正在修订中）并列。

Bernt S. Aadnoy

Iain Cooper

Stefan Z. Miska

Robert F. Mitchell

Michael L. Payne

致　谢

编者感谢为本著作做出贡献的所有辛勤工作的作者，以及允许他们参与这项事业的雇主。还要感谢 SPE 工作人员为将这些材料整理成书而付出的所有努力。最后，要感谢斯伦贝谢公司为本书提供封面图片。

目　　录

1 建井过程

Claire Davy、Eiticat 和 Bernt S. Aadnoy，斯塔万格大学 (University of Stavanger)

本书主要是通过先进的钻井技术和油井设计技术来指导钻井工程师，建井过程提供了支持钻井设计和完井设计的基础；还将介绍在井的设计和钻井过程中应用的新技术。

本书旨在介绍基本钻井设计技术的应用，也提出了要应对更复杂的挑战。SPE 教科书《钻井工程基本原理》（ Mitchell，2009）主要介绍了丰富的钻井基本理论。本书的目的是总结过去十年中钻井领域的巨大发展，以满足更具有挑战性的钻井设计和完井设计的技术需求。如在深水钻井、欠平衡钻井、随钻测井及钻井过程中的压力和温度测量方面已经取得了重大进展。这两本 SPE 著作紧密联系、互为补充。

简而言之，本书将理论与实际应用联系起来，并在适当的地方补充了详细的案例分析。尽管需要推导一些基本原理，但其思想很大程度上参考了《钻井工程基本原理》。

本章列出了建井过程的基本框架，实践中在适当的时候一次采用一种设计技术。通常，在设计一口井的方案时会考虑选择几种设计方法。一旦方案受限选择将范围缩小到有限数量，就需要对每一个设计方案进行全面的检查，以评估其可行性和确定每个设计结果和概率值 (尤其在井的全生命周期中的问题)，并进行风险评估。

1.1 章节简介

通过由描述常规井身设计执行步骤开始，按照适合油井目标的、自下而上的设计原则进行。然后，系统地引导设计人员完成每个步骤。每一步骤书中均有实例，设计人员可通过参考本书中的特定实例进行更深入的研究。在本章末尾是钻井设计人员如何应对各种不同挑战的实例，一些实例指出了如何应用本书中所提到的理论。

第一章为读者介绍了本书涵盖的各个主题，并提供了有关查找相关信息的说明；也指出了不同主题之间的相互影响，引导设计人员注意书中相关联的问题、可能存在的影响及在不同过程中会使用到的技术。

这些介绍是基于一种典型的高端钻井工程管理系统进行的，旨在为钻完井设计过程提供支持。

1.2 钻井项目概述

建井过程中考虑的要素非常广泛，包括项目管理、时机预判与风险评估及经济可行性评价。

钻井项目的概述包括高水平钻井设计、实施、报告和反馈等环节。这些过程是井交付流程的一部分，并在其中做出决策，在 Okstad (2006) 的文献中有更详细的描述，这就是完善的项目管理成果。

完井交付过程包括从开始到完成的所有活动，这是钻井项目团队的责任。这一过程始于开发一口井的概念需求，到将这种概念变为详细设计、建井、井寿命周期的维护及最终弃井的全过程。这里提到的建井过程仅提供了一个非常简化的版本，目的是指导钻井工程师进行先进的井设计。经验丰富的钻井工程师会知道，此处提到的过程部分实际上都是以迭代方式进行的，并且一种计算或推断的结果通常会影响其他部分。熟练的钻井设计工程师能够确定这一部分的研究结果何时会影响钻井设计的其他部分，并可以采取恰当的后续处理措施。钻井队内部执行设计和计划、批准作业及现场监督等通常是在钻井工程管理系统中确定，界面上的外部信息输入由地质工程师或者油藏工程师负责并向外部(如监管机构)报告。

为了细化和强调过程中对关键参数指标产生重大影响的部分的有效性，尤其是在1990年以后，人们从多方面重新审视和定义了井交付过程(Kelly，1994；Robins and Roberts，1996；Dudouet and DeGuillaume，1995；Dupuis，1997；Morgan et al.，1999)。但实际上，在几乎每一口井钻井设计和完井设计中所需的细节各不相同。无论需要何种详细程度，业务流程描述的主要用途是确保对需要跟进的事项进行适当标记，为所有需要部分提供输入(要求准确)，并且能跟踪以支持流程及做出决策。

指导读者阅读本章的框架是指一个管理系统，该管理系统支持交井过程、钻井设计和完井设计、建井、完井部署，一直到油井交接投产，所有流程均保证井的完整性。

先进的钻井设计是保证成功交井的前提。先进的钻井设计过程基本水平相似，但随着设计的进行存在两个主要区别：

(1)不断考虑满足需求的替代方案；

(2)设计者必须放弃常规方式的设计，甚至有时会超出设计者及其同事能接受的范围。以前制订的设计规则可能会受到挑战。必须回到将要努力实现的目标上来，并且不能局限于常规的设计方法。

要想熟练地进行先进的油井设计，设计人员必须首先熟悉可用的技术，并且不能被感知到的风险所拖延。所有可能出现的风险都是能够最小化的。当设计人员进一步研究某些感兴趣的技术经验时，他们就可以更好地理解在这些管理措施中哪些技术存在的真正风险，以及其他人员实施时取得的机遇。

1.3　目标、需求、保障、资源

在先进钻井设计的第一步是确定边界条件：试图做什么？工作的区域在哪里？如何确保实现目标？拥有哪些工具、设备和技术人员？

钻井是为了满足特定的企业目标，当然也必须要满足设计约束条件或需求，如输送特定成分的流体或在远离井口的位置进入油藏。确保钻井设计能够满足这些目标或需求，就必须保证项目资金投入。评估项目预算必须确定执行工作计划所需的特定资源。

为了履行交井流程，首先从常规的、有效的措施开始，确定建井目标。建井目标将取决于建造油井的目的及所处环境。

一口井可能根据其任务不同需要完成很多目标，可能是为了满足预探井的勘探、油田评价、油田开发，甚至是二次开发的需求，还有以下目标：

(1)仅为获得地层参数或者作为注入井、生产井、观察井；

（2）满足矿权需求。

井的生产活动可以在不同的环境中进行：

（1）陆上或海上；

（2）新盆地或已知地质情况区域；

（3）含硫原油、天然气、水或蒸汽；

（4）炎热的沙漠地带、温带气候或极地条件；

（5）环保法规严格的区域，或受各种法规（包括尚未完全成熟的法规）监管的地区；

（6）业主是大型油公司或是小型独立石油公司。

上述这些不同的要求对井的设计提出了不同的需求，但是油井设计过程仍有可遵循的类似途径。

1.3.1　建井目标和出发点

最优做法是专注于目标，这包括与客户多次交流以明确目标。通常在最初，客户并不能将建井目标与企业战略较好地结合，随着钻井工程师寻求问题的答案，通常由具备不同专业背景的成员（如油藏工程师和地质工程师）组成的客户团队会强化目标和战略。随着不断解决出现的问题，钻井和完井所针对的特定目标就会越来越明晰。

钻井工程师必须根据油公司的目标去明确钻井设计中一些特定的要求或者限制条件：

（1）最终井眼尺寸；

（2）完井井段；

（3）地层评价要求；

（4）射孔方案和防砂措施。

确认的公司目标应有文件记录并由有关方面签字。这为钻井设计人员提供了合理的工作范围和良好的开端。

本书中将以详细分析的实例说明使用先进的钻井设计和新技术可在既定的约束条件下实现钻井目标。

1.3.1.1　最终井眼尺寸

目前，最终的井眼尺寸可以有更多选择。传统上最终的套管或尾管大小通常为 4.5~7in。这些尺寸的管柱容纳油管在套管或尾管中并可安装封隔器，用来隔离油管和套管或油管和尾管之间的环形空间。生产技术人员可以指定理想的油管尺寸，以满足在整个油井生命周期内可预期的产出流体和产能需要。套管或尾管的尺寸是按照所需的油管尺寸确定，但油管尺寸的大小通常受非可选最终井眼尺寸的限制。如果必须设置套管来封堵有问题的地层，仅录井的探井可能会超出可用的井眼尺寸限制。

最近已经证明技术的进步能够提供更多的选择。许多重要的生产需求驱动技术的进步，包括大口径完井的要求，如高产井中需要大的油管外径，如 $9\frac{5}{8}$ in（244mm）。

传统上由于需要下入多层不同尺寸的套管，迫使钻井设计人员使用比可行的最终井眼尺寸小的套管，或采用非常大的表层套管尺寸。最近，可膨胀管、控压钻井、套管钻井几种技术应运而生，以应对这些挑战。

可膨胀套管可能提供一种完全不同的方式来设定井内套管的配置，从而使储层井眼尺寸成为实现生产的理想选择。膨胀管可以优化井眼尺寸且不影响储层井眼尺寸（例如，大位移井要求在大斜度井段有一个理想的井眼尺寸，或者需要对已知的复杂井段进行早期封隔)。

控压钻井技术许多优势之一是能够把套管下入更深位置，这些内容将在本书第9.3节进行描述。某些情况下，控压钻井技术与套管钻井结合使用，以确保套管下入设计位置。套管钻井将会在本书第9.2节进行描述，并以创新的方式克服由于井眼复杂导致的最终井眼尺寸损失问题。

几个油井的实例彻底改变了完井设计，现在将生产封隔器安装在密封衬管顶部上方的生产套管中，结合生产井压井原理无需在接近储层的环空中泵入压井流体。反过来，这样做又可以减小油层套管或尾管尺寸，通过北海南部的超高压气井实例很好地阐释了这一做法。

在油井生产期间不太可能发生套管腐蚀的一些地区，单通道完井已经是一种习惯做法，因此实现理想的油管尺寸匹配就变得更加重要。

1.3.1.2　完井段

储层段是否从一投产就全部打开？在储层段是否存在不同的压力区？在储层打开之前是否能够对储层压力进行准确预测？钻井过程中，孔隙压力是否可监测？

要回答这些问题，以及这些问题究竟有多大的概率发生，需要钻井设计人员确保有相应的应急预案。如果设计时没有建立应急预案，上述问题的发生必然会导致时间和资金的浪费。

1.3.1.3　地层评价要求

这方面最大的进步是欠平衡钻井技术的使用，它不仅可以减少储层伤害，还允许进行随钻测试(见本书9.1节)。

对于设计者来说最大的回报就是减少钻机在关键工序中的运行时间。随着技术的进一步发展，一场悄无声息的革命正在进行，从关键工序中减少一些不必要的作业(包括地层评价)。裸眼井测井工具如今正向小型化、模块化发展，以便进行组合测井，而不是分别下入不同的测井工具进行多次测井，而这现已成为标准的做法。同样，一次性下井取出更长岩心的作业也已实现；主要是要让客户清楚用这些方式获取信息的成本，以解决分歧。随钻测量技术得到的测井结果目前已被油公司和监管机构认可，广泛用于地层评价，尽管对于结果还存在争议。但仍需用陀螺仪对定向轨迹进行复测，井附近可能还要部署在井或在储层中或附近进行侧钻。

1.3.1.4　射孔方案和防砂措施

首要设计选择是射孔或者裸眼完井。射孔技术一直在发展，目前选择范围很广。

一旦钻井设计人员获得了关于孔隙压力和储层特征的信息，包括夹层的范围和厚度、储层岩性及其渗流机理，就可以在射孔段选择方面达成共识；需要进行哪些测井，以及射孔的强度和相位。从钻井液类型、钻井液侵入特点及射孔通道对产量的限制来看，可以选择所需的穿透深度及射孔枪类型；这些要与技术相匹配，以确定是否采用。

此时就需要详细考虑完井程序，以及通过各种方案来确保按所需方式使用该井。

裸眼完井可以是筛管完井、割缝衬管完井或者储层直接裸眼完井。可膨胀防砂管和砾石充填完井大大丰富了完井的可选择方式。

1.3.2　确定井的类别

初期确定井的类别可以大大简化设计。如果一口井最终开采的是天然气，那么就需要考虑井筒完整性问题。这同样会影响到油田公司内部设计规范规定的井身结构、管柱连接、井涌允量。

如果井筒流体含有大量的二氧化碳或酸性气体，通常意味着需要对使用的管材性能有更高要求。

必须确定生产规模、生命周期内的产能剖面及产出流体变化，这些问题都与所设计井的项目经济性密切相关。

如果该井将成为仅收集地质样品和测井数据的勘探井，且没有流体流入，那么尾管尺寸可能会相当小（6in或152mm）。但是如果井为高产井，采用大尺寸的油管将是最有利的。在考虑这是否是必要条件时，还要确定油层能否长时间保持较高的产能。需要确定的相关问题是随着井生产时间的增加和油层内压力及产量的改变，重新进入井筒改变油管尺寸和完井结构的可行性（实用性和经济性）。

同样，需要根据一口井的油气生产能力预测（如长水平段水平井）和水锥随时间变化的敏感性来确定井型。

好的钻井设计的关键是在井的预测生命周期内充分考虑流入油井流体出现变化时的应对计划。公司成功的关键是让所有利益相关者都同意这样的计划并清楚此阶段可能需要这些计划。在这一阶段对方案加以考虑有助于为先进钻井设计工程师（及公司）在后期的设计过程及长期实践中带来巨大的收益。

需要进行一系列类似的讨论来确定完井设计并对其提出质疑。必须明确在该井全生命周期内的各个阶段是否需要任何形式的智能完井技术，是否需要井下监控系统？是否安装井下流量控制装置？油田开发能否从这些特殊的技术和装置中受益？是否可以钻分支井眼？

通常在这一阶段形成钻井和完井设计的基础，并随着所收集的资料和地层性质更多的相关数据建立详细的信息库。

基础设计可以作为在井的全生命周期内井筒完整性建立的第一个正规文件使用。文件将明确可能遇到的各种状况，指出这些问题是如何出现的，并表明设计的基本理念要维护井筒完整性。例如，大多数石油公司采用双屏障策略，这项策略方案可以指导设计并影响材料和设备的选择和作业流程。

1.3.2.1 数据的来源、整理和分析

一旦确定井的基本要求，需要尽可能多的数据来确定建井环境。收集的数据包括：

(1)可能或可用的地表位置，包括受限说明。

(2)天气、水深(若有)及相关限制条件。

(3)地下数据包括：

①地质预测；

②区域地应力信息；

③孔隙压力(深度)剖面，储层流体类型；

④破裂压力(深度)剖面；

⑤温度(深度)剖面；

⑥邻井井眼轨迹；

⑦每个地层特征，在不同井斜角和方位角下的可钻性及井壁稳定性；

⑧已钻井钻井液方案和成功应用案例。

对于数据收集和分析的相关工作，可以考虑本书中的成熟技术。表1.1中给出了合理应用本书中成熟技术的指南。

表1.1 本书数据收集和分析主题

数据收集和分析主题	参考章节	
井壁稳定	5.1	地质力学与井壁稳定
	6.1	随钻成像
	6.2	地质导向
地层压力	5.2	归一化和反演方法

1.3.2.2 井的设计

考虑到满足井的设计目标(先前确立)，对于这些数据的解释按下述顺序进行定义(概念上)：

(1)完井方案；

(2)井眼轨迹；

(3)影响井设计的地层特征；

(4)特殊地层或特定深度以下安装套管鞋；

(5)套管程序：尺寸、质量和连接方式。

形成的总体设计包括完井设计、井眼剖面和轨迹方向、套管设计(生产套管或尾管、技术套管和表层套管)。

在井设计的每个阶段，都可以考虑采用成熟技术。表1.2中给出了有关何时可以适当使用这些成熟技术的指南。参见表1.3，孔隙压力和破裂压力曲线是确定哪种技术更高效的关键。

表1.2 本书基本设计主题

油气井设计主题	参考章节	
套管下入位置设计	2	油套管设计方法
套管层次		
油管选型		
完井设计	3.4	载荷、摩阻、屈曲
井眼轨迹设计	3.1	钻井设计方法
井控设计	4.2	井控设计

表1.3 本书中的成熟技术

成熟技术	参考章节	
欠平衡钻井流体应用	9.1	欠平衡钻井技术
平衡钻井流体应用	9.3	精细控压钻井技术
泡沫钻井液应用	4.3	泡沫钻井技术
套管钻井	9.2	套管钻井

1.3.3　设计完成保障

一旦设计框架完成，重要的是要确保完整的钻井程序能够满足要求以实现建井目标。井的完整性逐渐成为管理机构关注的问题。

设计人员需要向管理人员介绍几种井的不同设计方法，列出每种方法的成本、优点、缺点、可行性和风险。确保开钻后可以对设计进行调整。提出的非标准越多，与传统技术的偏差越大，证明项目可行性研究越深入。此阶段确定设计的可行性很有必要。应鼓励油藏工程师就如何让井在其生命周期内持续生产分享看法，包括采收率、流体类型，以及若干年后是否会发生水侵或出砂。

本书部分章节为如何在先进设计方法中解决此问题提供了指导。表1.4中列出了定向方案，钻井液、修井液、完井液，钻井实例。

特殊环境(条件)的注意事项：

(1)最初整理数据时，应注意是否存在特殊的环境条件。例如在深水或高压(高温)地下条件就是需要额外考虑其他因素。

(2)对特殊环境中的每种情况，本书都有完整的章节内容来指导工程师进行井的设计时按表1.5所示进行额外的考虑并采取不同的方法。

表1.4　本书中具体钻井设计主题

设计主题	参考章节	
钻杆	3.1	先进的钻柱设计
	3.2	钻柱动力学
钻井液与完井液	4.1	井筒流体力学
定向方案—地质导向	6.2	地质导向
井眼测量：工具、技术说明	6.5	钻柱振动
地层评价	6.4	随钻地层压力

表1.5　本书中特殊井况条件

特殊环境条件举例	参考章节	
深水井	7	深水钻井
高温高压井	8	高压(高温)井设计与钻井

1.3.4　满足需求的资源

下一步由钻井设计工程师确定按照设计钻井时所需要的资源。特别是确定哪些是可用的：

(1)钻机或修井机；

(2)配套设备；

(3)钻机进入井场的道路及限制条件；

(4)当地的援助、支持和限制条件；

(5)专业人员提供所需的目标；

为满足建井和修井需要采用了许多新技术。具体实例在9.4节、9.5节中列出。

完整的钻井设计和实现设计需要的资源通常记录在钻井方案中。方案附件中列出了一些特殊部分,例如钻井液和定向方案如何执行。如在英国大陆架(UKCS)上进行的作业,还需要向当地的健康与安全执行局(HSE)提交钻井方案。在许多国家,石油公司在建井之前必须获得监管机构批准或授权。

将所有计划的具体步骤汇总到详细的钻井方案中。钻井工程师与所有相关部门一起进行重要的规划,并组织正式的风险评估,以解决由不同作业者互动所引起的额外风险(这超出了每个作业者在其完全负责的作业中进行的内部风险评估的范围)。重要的是不要漏掉不同的作业团队组合带来的风险,没有两口井的设计是完全相同的。因此,在现场施工之前,应该经过深思熟虑以将风险减少、减轻并做出应对。

对于在英国大陆架上作业的公司而言,典型的企业经营管理体系实际上往往在任何地方都可以规范运行。这个管理体系流程图(图 1.1 至图 1.4)摘录出的细节展示了如何严格

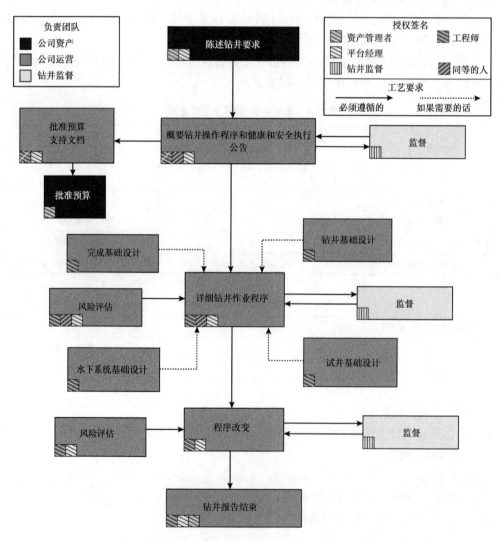

图 1.1　井设计总体规划流程—文件和签名要求(Chris Dykes International 提供)

集成设计过程；图中包含了明确的步骤和监督方为井筒完整性做出的检查方案，并在以钻井方案或详细的作业流程为基础的开发设计中加入风险评估活动。钻井设计和完井设计应该采用同样严格的方式处理。

管理体系还特别指出了在建井（或井下完井）中确定井完整性问题的步骤，这样就可以更好地向客户报告和完成交井，并且可以进行审查。

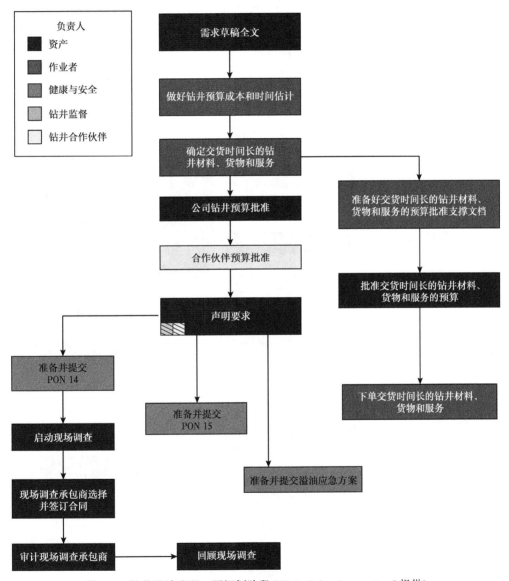

图 1.2　钻井设计流程—预规划阶段（Chris Dykes International 提供）

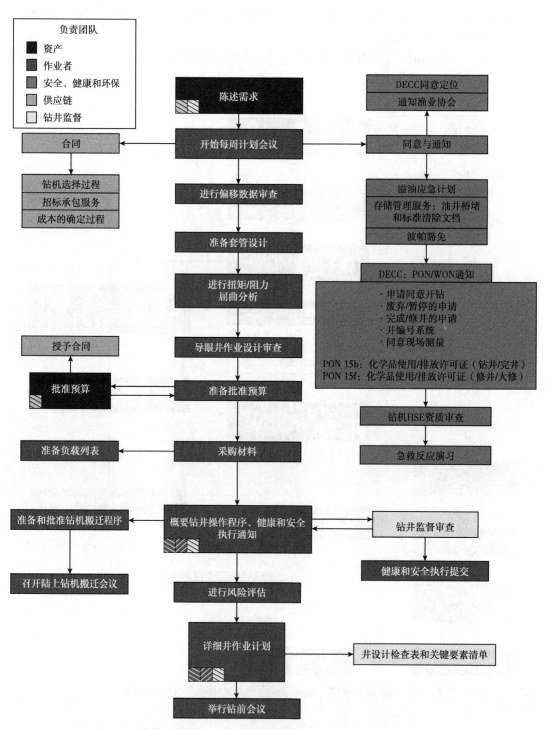

图 1.3　钻井设计流程—详细计划阶段(Chris Dykes International 提供)

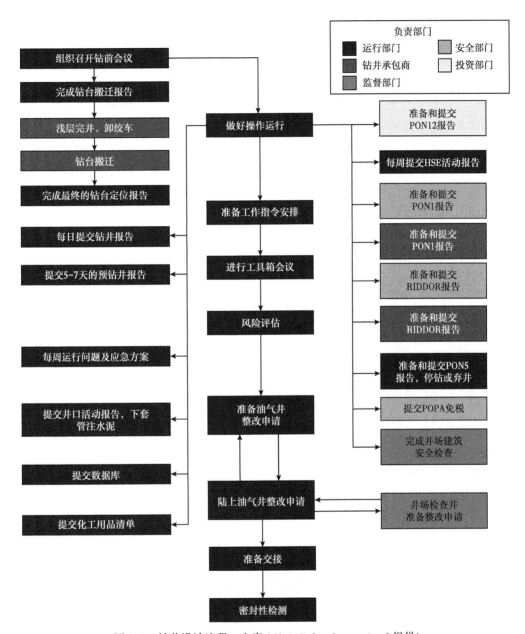

图 1.4　钻井设计流程—方案（Chris Dykes International 提供）

1.4　实施方案

要实现现场交付钻井设计，需要几个关键的体系。这口井对项目的贡献可能未知。如果设计井仅是一口探井，将简化系统并可能进行定制。如果设计井是众多井中的一口，就需要系统性的支持，例如进行平台生产作业。

然而不管是什么项目，这里所提到的重要的体系理论上需要一定的规模。体系支持设计井成功建井，至少包括执行以下任务：

(1)明确定义、记录职责和问责制。

钻井会议可以有效地完成明确定义。通常，职责和问责制将记录在管理体系中。

(2)发布政策和流程，特别是确保现场安全。

影响建井过程和结果的政策需要在井标准中明确。这些标准范围要足够宽泛，可以涵盖完钻和完井装置安装作业、洗井、测试及给客户交井。

(3)作业监测：实际与计划对比，监测和控制变化。

获得批准之前，需要编制对钻井方案做出改变的正式解释文件，并附上审批流程。以下需要进行此类更改的示例有固井作业失败、卡套管或套管没有下入指定位置、实际地层或孔隙压力与预测不符。

(4)对可能会影响设计的实时数据变化做出预警。

现场发生变化不能破坏设计。例如，地质靶点提前太多或滞后都会影响套管下入深度。

(5)有效的沟通。

计划包括执行职责需要传达给现场的负责人。现场监测结果则由承包商以日报、周报或月报的形式反馈回来。

(6)确保遵循正确指导方向。

石油公司代表在井场是确保公司指令实施的监督员和协调员。

1.5　报告和反馈

1.5.1　报告的意义

简报的要求非常严格。有以下用途：

(1)履行义务并满足监管机构的要求；

(2)为安全起见或商业目的上传信息应通告现场作业队伍和石油公司。

必须报告所有证明井筒完整性和符合批准计划的细节。

1.5.2　报告如何形成？

从钻井日报到周报，报告可以以多种格式和频率进行，并且在完井后，将情况记录在完井总结报告中。由石油公司钻井主管或代表向授权的石油公司办公室报告，也可能由来自服务公司的人或钻井承包商报告。

1.6　在总体先进钻井设计上如何应用先进技术

在整个先进的钻井设计中使用先进技术需要：

(1)将要生成的概念选项；

(2)首选的可靠业务案例；

(3)合理的部署框架；

(4)卓越的项目管理。

本书为设计工程师提供了用于建井的新技术，并提供了如何在油井设计中使用这些技术的实例。工程师将会发现这些实例已经超出基础的层面，在提高其能力方面是非常有用的。

当工程师参考特定实例时，会考虑到特定技术可能还具有其他创新性应用。在不断发展的能源行业中，新技术的创新性和合理的应用将带来竞争优势。

本书仅介绍新技术及其应用实例。强烈建议读者深入研究以充分了解所关注的特定技术。

这里需要注意如何将新技术结合到油井设计中。不能过分夸大新技术部署可以从良好的项目管理中受益的程度。必须非常注意细节，因此优点是新技术的实施可以提高系统效率；缺点是如果对风险管理没有投入足够的注意力和采用严格的方法，新技术的应用将注定失败。因此，提案的准备需要对每种选择的优点、缺点、可行性和风险进行分析，以便在遇到管理困难之前对其进行全面考虑。

1.6.1　案例研究

关于案例研究，对设计方案的选择过程大致遵循本章所列出的步骤。对书中和公开发表的文献（如 SPE 文献）中涉及的相关技术，设计人员应该注明参考来源。每口井的设计方案、建井作业活动（包括完井），应由设计者制定；每个工程师设计方案的结果可能略有不同。

（1）目标。对于不熟悉（并对此感到担忧）水平井的石油公司，对比水平井与传统垂直井说明水平井的价值。

（2）确定边界条件。油藏工程设计。油层砂体展布方向是南北方向。油藏中水平井的最佳方向是什么？图 1.5 就是在油藏水平方向的设计草案，为呈现南北向的辫状河砂体。

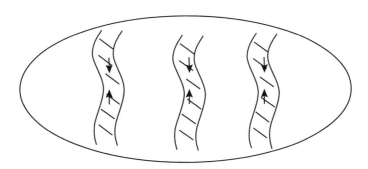

图 1.5　三条辫状河砂体的泄油点

（3）评估：

①东（西）方向上的水平井需要横切所有的三个南北向分流河道。

②井可以部署在地面的任何位置。

（4）考虑的概念。为了比较这些井，设计工程师只需考虑直井和水平井两个概念。然而，在设计过程中，只要对新技术秉持一种开放性的眼光，显然也可以对其他选项（如膨胀管钻井、分支井钻井或欠平衡钻井）进行评估。为确保在边界条件范围内正确制订目标，需要对钻井目标进行验证。这为钻井设计解决方案中的几个概念提供了良好的基础。

现主要分析对比常规直井和水平井。但在实际应用中现场因素可能会导致上述对比结果的不同。需要进行此分析才能形成业务案例，这可能是那些传统石油公司打破常规的第一次冒险。表 1.6 中对比了常规直井和水平井。

表 1.6 直井与水平井的对比

常规直井	水平井
工艺简单、成本相对较低	储层中延伸距离长有更大的可能穿透储层
低成本情况下钻井设计简单,但是否会有好的结果?	完成建井需考虑更多的风险
	初始建井成本高、过程复杂
	钻遇更多储层
不能确保钻遇有效储层	衰竭储层不宜钻水平井(水锥或者储层堵塞将会导致水平井寿命减短)
	提高采收率、增加产能

简化井身结构和成本的概念设计是根据时间—深度曲线的函数得出。由于水平井钻探深度较深,所以估算的钻井周期较长。如果认为钻水平井的持续时间概率是 P_{50},对应最可能需要的时间。那么使用风险输出参数进一步计算则可能产生概率 P_{90} 和 P_{10} 相对应的其他点。

根据一组数据,长水平井钻井周期大约为 140d,但考虑到可能加快或延缓周期的事件,钻井周期最短可能为 125d,最长可能达到 170d。与之相反,与之对比的直井钻井周期大约为 120d,但是 P_{10} 到 P_{90} 的概率范围可能更紧凑,最短钻井周期可能为 115d,最长也不会超过 130d。

这里有几个经过分析的事项需要确认。除了水平井比直井会花费更多的时间以外,还发现在水平井持续生产期间还存在一个更大的风险;这可以通过 P_{10} 和 P_{90} 进行展示。对于可能的产量和新增动用储量进行类似分析也很重要,以便令人信服地说明水平井的收益远大于成本和风险的增加。

这一过程有能力通过一种或多种方式来证实案例,并且当嵌入到业务案例中时更具说服力。用这种方式,可以筛选出大量的钻井或储层选项,以识别最佳的经济效益和技术上可行的解决方案。设计工程师有望通过这样的分析,筛选现有的设计方案,并对比使用传统技术和新技术来证实案例。

1.6.2 项目管理

推动新技术应用并从新技术的使用中获益需要卓越的项目管理技巧。

应用新技术时最好有信息支持,以展示最先进的技术水平,最大限度地降低风险并最大化价值。所能提供该信息的典型研究包括:

(1)确定新技术应用于探井的好处;

(2)在概念设计阶段的技术差距分析可用于说明哪种技术具有潜在的价值;

(3)项目中每种新技术在什么地方使用(在技术部署方案中准备)支持油田开发方案或油田二次开发方案;

(4)对新技术和新技术之间的集成进行技术评估,以在油井的整个生命周期中取得最佳的收益;

(5)应用新技术的成本和可能的潜在收益:例如,正确使用新型技术能够提高项目经济性,动用死油区或者先前不能触及的油藏;

(6)每种技术的成熟度,部署在类似的情况下已经成功的实例;

（7）设备部件的可靠性；

（8）在特定的环境下，如陆地、海洋、当地村庄、盆地等，部署新技术的可能性；

（9）成功部署技术所需的计划数量；

（10）现有成功案例的根本原因；

（11）技术应用失败的相关背景和根本原因；

（12）可能有助于成功或破坏部署的因素；

（13）在不超支的情况下，能够有效地把部署变为现实的计划所要求的工时目录。

上述事项可以使钻井工程师能够以实事求是的态度应用新技术，响应客户的要求。本书的目的是为那些考虑实施新技术和已经部署了新技术应用的人员提供一个好的起点，并能从应用其他尚未尝试的技术的有关提议、知识、方法中受益。希望本书中提供的信息可以帮助准备业务案例。从其他行业和 SPE 文献中获得的信息将会对本书内容起到补充作用。

致　谢

图 1.1 到图 1.4 展示的钻井工程管理体系图由 Chris Dykes International 提供，特别要感谢 Chris Dykes 允许本书转载。

参 考 文 献

Dudouet, M. and DeGuillaume, J. 1995. Main Contractor's Viewpoint of the Lekhwair Turnkey Project: Case History. Paper SPE 29417 presented at the SPE/IADC Drilling Conference, Amsterdam, 28 February-2 March.

Dupuis, D. 1997. True Line of Business: Drilling Project Management. Paper SPE 37633 presented at the SPE/IADC Drilling Conference, Amsterdam, 4-6 March.

Kelly, J. H. 1994. Teamwork: The Methodology for Successfully Drilling the Judy/Joanne Development. Paper SPE 28862 presented at the European Petroleum Conference, London, 25-27 October.

Mitchell, R. M. (ed). 2009 (in progress). Fundamentals of Drilling Engineering. Richardson, Texas: SPE.

Morgan, D. R., Willis, J. C., and Lindley, B. C. 1999. Development and Implementation of a Process That Fosters Organizational Learning. Paper SPE 52773 presented at the SPE/IADC Drilling Conference, Amsterdam, 9-11 March.

Okstad, E. H. 2006. Decision Framework for Well Delivery Processes Application of Analytical Methods to Decision Making. Doctoral thesis, Department of Petroleum Engineering and Applied Geophysics, Norwegian University of Science and Technology, Trondheim, Norway.

Rayfield, M. A., Johnson, G. A., McCarthy, S., and Clayton, C. 2008. Parallel Appraisal and Development Planning of the Pluto Field. Paper SPE 117004 presented at the SPE Asia Pacific Oil and Gas Conference and Exhibition, Perth, Australia, 20-22 October.

Robins, K. B. and Roberts, J. D. 1996. Operator/Contractor Teamwork is the Key to Performance Improvement. SPEDC 11(2): 98-103. SPE-29333-PA. DOI: 10.2118/29333-PA.

2 套管设计

David Lewis，Blade Energy Partners 和 Richard A. Miller，
维京工程公司 (Viking Engineering)

2.1 引言

套管设计章节面向具有工程研究背景并且具有套管和钻井作业方面知识的读者。
本章包括以下内容：

(1)管柱的破坏准则和强度理论；

(2)套管载荷识别和载荷设计估值；

(3)设计方法；

(4)连接、环境注意事项及材料；

(5)套管设计中的特殊问题。

由于假定读者对以下的内容有基本的了解，因此本章将不做详细介绍：

(1)套管和井眼尺寸的选择；

(2)套管鞋的选择；

(3)油管设计超出了本章的范围(但许多套管设计原理同样适用于油管)。

Bourgoyne 等(1986)介绍的内容将不再重复详细说明。

2.1.1 设计过程

管柱结构设计是一个在多种约束条件下进行强度与载荷相匹配的过程。不管采用何种设计方法、限制条件或破坏准则，所有设计过程的目标是一致的，即确保管柱在整个使用寿命期间的强度大于载荷。

管材尺寸选择必须遵循一系列外径标准或 API 标准。一旦根据裂缝、孔隙压力分布和井眼稳定性确定套管鞋深度，就可以估算出每根钻柱的负载并且选择负载相匹配的标准管件。从井底位置预设的井眼尺寸开始，制订套钻柱的尺寸序列，并要求所选钻柱的质量和等级满足设计载荷。例如 20 in(508mm)钻柱，连接 13⅜ in(340mm)钻柱，再连接 9⅝ in(244.5mm)钻柱，最后连接 7 in 的尾管。这些已成为标准尺寸，进而鼓励更多使用标准尺寸。

2.1.2 设计目标

假设一口井的套管鞋深度已确定。套管设计则包括钻柱的尺寸、质量和等级的选择并设计延伸到套管鞋深度。这本质上是一个约束优化问题。设计过程的目标是使设计钻柱的性能在使用期限内超过其所受载荷。

设计过程约束条件包括：

(1)给定最小可接受的设计负载；

(2)限定通过井口第一根钻柱的直径；

(3)预设井眼尺寸和最小的套管内径以满足完井设备要求并实现经济生产速率；

（4）为钻柱留有下入及后续固井的间隙。

在井眼中套管是承重结构。目的是设计复合结构使其在预期使用寿命中可以安全地承载所有可能的载荷。管柱所受载荷不应该超过管柱负载强度，即

$$载荷 < 强度 \tag{2.1}$$

设计结果需考虑安全性、可靠性和经济性。不同的设计方法可以达到不同的安全性和可靠性。

2.1.2.1 套管设计的注意事项

正确的设计不仅考虑套管的外径、质量和等级，还要考虑套管的连接和所处的环境。环境问题包括腐蚀性液体，包括产出和注入流体，以及由于硫化物应力开裂（ssc）而导致的脆性破坏。

2.1.2.2 设计结果

最终的设计应该包括以下 5 项内容：

（1）尺寸、质量和等级；

（2）连接类型；

（3）材料要求；

（4）质量保证和质量检验的检测要求；

（5）操作流程及注意事项。

2.1.2.3 油田管柱

使用套管和衬管通常有以下原因：

（1）为井口和其他井筒管柱提供主要的结构支撑；

（2）保持井壁稳定；

（3）封隔地层；

（4）在钻井、生产和作业过程中控制井口压力。

2.1.2.4 主要载荷类型

套管载荷类型和受力原因总结见表 2.1。载荷类型将在后面进行更加详细的说明。

载荷可以单独处理，也可以作为提供主要结构支撑、保持井壁稳定、封隔地层，以及在井周期的所有阶段控制井口压力的组合处理。

表 2.1 载荷类型和原因

载荷类型	负载原因
轴向拉伸/压缩	固井后起下钻，温度和压力变化
挤压	井涌、压力测试、关井、固井、注入、循环、放空或其他操作导致破裂或坍塌
弯曲	由于弯曲或全角变化率导致的弯曲载荷
扭转和剪切	通常不会在套管设计考虑，除非衬管固井时旋转或套管钻井时

有的载荷是特定的，而有一些载荷是附加的。特定载荷必然存在，例如压力测试和下入载荷。井涌载荷和管柱泄漏可能不会产生，因此是附加载荷。特定载荷和附加载荷都是可能产生的，因此必须加以考虑。当考虑设计可靠性时，特定载荷和附加载荷的相关性变

得很重要。

2.1.2.5 设计过程

选择设计的方法后,设计的过程通常按以下的步骤进行:

(1)确定所有可能的载荷情况并估计载荷参数;

(2)计算管柱上的每点的主要载荷:轴向力、内部压力和外部压力、弯曲压力和可能的扭矩力;

(3)计算管体承受载荷的强度;

(4)检查设计内容并且改进;

由于描述未来的载荷事件,所以在设计过程中涉及不确定性。一些不确定性的类型:

(1)载荷的参数和大小;

(2)套管强度;

(3)破坏模式和结果。

2.2 强度理论

在工程结构中,强度是可以控制的唯一的结构属性。设计过程就是比较可能施加的载荷和对应这一特定载荷的结构强度。该结构的强度是施加的载荷和不同载荷类型和加载方式的响应。例如,抗弯强度不同于抗内压强度。

本节描述了用于评价主要载荷类型的套管强度的不同强度理论。包括 API 标准强度理论和美国石油学会的 API Bull. 5C3(1999)(ISO/TR 10400 2007)。本章重点针对管体。连接强度将在 2.5 节讨论,材料选择将在 2.6 节讨论。

2.2.1 屈服强度方程

Bourgoyne 等(1986)描述了由 API Bull. 5C3(ISO/TR 10400 2007)定义的强度方程。方程完整的总结如下:

(1)拉力—API 管体屈服强度:

$$F_{ten} = \sigma_Y \times A_p \tag{2.2}$$

将套管拉力额定值与计算轴向力进行了比较。

(2)内压力—API 最小内部屈服应力(MIYP):

$$p_{API} = 0.875 \frac{2\sigma_Y t}{d_o} \tag{2.3}$$

最小内部屈服应力是通过计算管体两端压差 Δp 即 $p_i - p_o$。该方程根据薄壁压力容器理论对应壁厚变化换算系数取 0.875 推导得出。

(3)外压力—API 破坏压力。

复杂 API 破坏方程考虑四种完全不同的情况。控制破坏的情况是由套管的直径与厚度之比确定。API 破坏压力等同于当量破坏压力。

$$p_c = p_o - \left[1 - \frac{2}{(d_o/t)} \right] p_i \tag{2.4}$$

①屈服破坏压力：

$\dfrac{D}{t} \leqslant \left(\dfrac{D}{t}\right)_{YP}$ 时：

$$p_{YP} = 2\sigma_{YPa}\left[\dfrac{(D/t)-1}{(D/t)^2}\right] \tag{2.5}$$

$$\left(\dfrac{D}{t}\right)_{YP} = \dfrac{\sqrt{(A-2)^2+8\left(B+\dfrac{C}{\sigma_{YPa}}\right)}+(A-2)}{2\left(B+\dfrac{C}{\sigma_{YPa}}\right)} \tag{2.6}$$

$$A = 2.8762+0.10679\times10^{-5}\sigma_{YPa}+0.2131\times10^{-10}\sigma_{YPa}^2-0.53132\times10^{-16}\sigma_{YPa}^2 \tag{2.7}$$

$$B = 0.026233+0.50609\times10^{-6}\sigma_{YPa}$$

$$C = -465.93+0.030867\sigma_{YPa}-0.10483\times10^{-7}\sigma_{YPa}^2+0.36989\times10^{-13}\sigma_{YPa}^3 \tag{2.8}$$

②塑性破坏压力：

$$p_p = \sigma_{YPa}\left[\dfrac{A}{(D/t)}-B\right]-C \quad \text{for}\left(\dfrac{D}{t}\right)_{YP} \leqslant \dfrac{D}{t} \leqslant \left(\dfrac{D}{t}\right)_{PT} \tag{2.9}$$

$$\left(\dfrac{D}{t}\right)_{PT} = \dfrac{\sigma_{YPa}(A-F)}{C+\sigma_{YPa}(B-G)} \tag{2.10}$$

$$F = \dfrac{46.95\times10^6\left[\dfrac{3(B/A)}{2+(B/A)}\right]^3}{\sigma_{YPa}\left[\dfrac{3(B/A)}{2+(B/A)}-(B/A)\right]\left[1-\dfrac{3(B/A)}{2+(B/A)}\right]^2} \tag{2.11}$$

$$G = F\dfrac{B}{A} \tag{2.12}$$

③过渡破坏压力：

$$p_T = \sigma_{YPa}\left[\dfrac{F}{(D/t)}-G\right] \text{for} \quad \left(\dfrac{D}{t}\right)_{PT} \leqslant \dfrac{D}{t} \leqslant \left(\dfrac{D}{t}\right)_{TE} \tag{2.13}$$

$$\left(\dfrac{D}{t}\right)_{TE} = \dfrac{2+B/A}{3B/A} \tag{2.14}$$

④弹性破坏压力：

$$p_E = \dfrac{46.95\times10^6}{(D/t)\left[(D/t)-1\right]^2}, \dfrac{D}{t} > \left(\dfrac{D}{t}\right)_{TE} \tag{2.15}$$

(4)拉力调整后的屈服强度：

该 API 公式用调整后的屈服强度计算受轴向拉力后破坏强度的下降。

$$\sigma_{YPa} = \left(\sqrt{1-0.75(\sigma_z/\sigma_Y)^2}-0.5\sigma_z/\sigma_Y\right)\sigma_Y \tag{2.16}$$

(5)三轴应力:

由内压力、外压力、轴向力和弯曲力矩组合的三轴应力对比材料的最小屈服强度。用冯·米塞斯等效(VME)应力方程计算厚壁圆筒的三轴应力。

$$\sigma_{VME} = \sqrt{\sigma_z^2 + \sigma_h^2 + \sigma_r^2 - \sigma_z\sigma_h - \sigma_z\sigma_r - \sigma_r\sigma_h + 3\ (\tau_1^2 + \tau_2^2 + \tau_3^2)} \tag{2.17}$$

其中:

$$\sigma_z = \frac{F_a}{\pi\ (r_o^2 - r_i^2)} \pm \sigma_b \tag{2.18}$$

$$\sigma_h = -\left[\frac{r_i^2 r_o^2 (p_o - p_i)}{(r_o^2 - r_i^2)}\right]\frac{1}{r^2} + \left[\frac{(p_i r_i^2 - p_o r_o^2)}{(r_o^2 - r_i^2)}\right] \tag{2.19}$$

$$\sigma_r = -\left[\frac{r_i^2 r_o^2 (p_o - p_i)}{(r_o^2 - r_i^2)}\right]\frac{1}{r^2} + \left[\frac{(p_i r_i^2 - p_o r_o^2)}{(r_o^2 - r_i^2)}\right] \tag{2.20}$$

τ_1、τ_2 和 τ_3 是剪切应力。由于没有产生扭转剪应力或者水平剪切应力,通常在管柱设计中假设剪切应力为 0。

2.2.2 备选内压方程

API 最小内部屈服应力一般偏于保守。大量的试验表明真实的断裂韧性极限比 API 公式所建议的大得多,根据直径与厚度之比可以提高 20%~40%。因此,本节将介绍其他几种破裂强度理论。

2.2.2.1 封堵管端屈服应力

封堵管端屈服应力使用厚壁压力容器理论并且排除一些基于 API 最小内部屈服应力的保守假设。通过 Lamé 厚壁圆筒理论代入封堵管端屈服对周向应力和径向应力推导冯·米塞斯等效方程。原推导过程很长,在这里以缩写形式呈现。

VME 方程加入轴向应力、环向应力和径向应力的公式。三个剪切应力设定为零并且三轴应力出现在内表面,即最大应力点。

$$\sigma_{VMEr_i}^2 = \left[\frac{3(p_i - p_o)^2 (A_o)^2}{(A_o - A_i)^2}\right] + \left[\frac{(p_o A_o - p_i A_i)}{A_s} + \sigma_z\right]^2 \tag{2.21}$$

其中:$A_o = \pi r_o^2$ 和 $A_i = \pi r_i^2$。

方程写成这种形式是为了显示加入 Lamé 方程后的 VME 方程。表达式的最后一项是有效张力,可以写成

$$\frac{p_o A_o - p_i A_i}{A_o - A_i} + \sigma_z = \frac{p_o A_o - p_i A_i}{A_p} + \frac{F_a}{A_p} \pm \sigma_b \tag{2.22}$$

定义有效张力为 T_{eff}:

$$T_{eff} = F_a - p_i A_i + p_o A_o \tag{2.23}$$

VME 可以写为

$$\sigma^2_{\text{VMEr}_i} = 3\Delta p^2 \left(\frac{A_o}{A_p}\right)^2 + \left(\frac{T_{\text{eff}}}{A_p} \pm \sigma_b\right)^2 \tag{2.24}$$

管端封堵或当一个管道被连续限制不允许任何的轴向移动（如水泥封固时）$T_{\text{eff}} = 0$。等效 σ_Y 为 σ_{VME} 得出一个经典的破坏封堵管端屈服方程：

$$P_{\text{cappedend}} = \frac{4}{\sqrt{3}} \sigma_Y \frac{t(d_o - t)}{d_o^2} \tag{2.25}$$

由于封堵管端破坏不像 API 方程假设为薄壁破坏，评价破坏程度比 API 最小屈服压力方程好。但是，由于这个方程用仅适用于弹性状态 VME 方程和 Lamé 方程，不能正确地评价真实的或最终的管体破坏性能；因此，它只能评价横截面开始到屈服内部半径的压力。

2.2.2.2　极限破坏或破坏极限

内部压力达到封堵管段的压力极限时，最内部的纤维刚刚屈服。管体的所有其他纤维仍在弹性极限内并且没有失去承受载荷的能力。内压力不断增加，外部纤维开始从内径朝外径屈服，直到达到某一最大内部压力时，整个横截面已经屈服并且变为完全塑性。超过这一点可能发生破裂。因此，这个压力对管体的破坏极限有更多的指示性，从而可以代表极限载荷。实验表明真实的韧性破裂压力非常接近这个极限压力（图 2.1）。

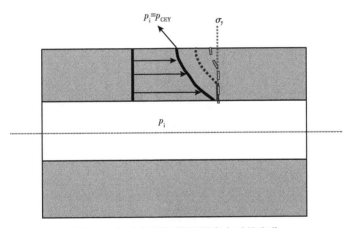

图 2.1　压力超过极限屈服应力时的变化

2.2.2.3　Klever-Stewart 破裂极限

该 Klever-Stewart 破裂极限是基于 Klever-Stewart(1998) 的理论和实验工作是 API/ISO 委员会采用的石油专用管性能指标。模型提出的通用形式是

$$p_{\text{B.K-S}} = K_n K_T \sigma_{\text{uit}} \frac{2(t_{\min} - m_f t_n)}{d_o - (t_{\min} - m_f t_n)} \tag{2.26}$$

其中，K_n 为指数修正因子：

$$K_n = \left(\frac{1}{2}\right)^{1+n} + \left(\frac{1}{\sqrt{3}}\right)^{1+n} \tag{2.27}$$

K_T 为张力修正因子:

$$K_T = \sqrt{1 - \left(\frac{T_{eff}}{T_{UTS}}\right)^2}$$ (2.28)

注意该方程(不包括许多常数和修正因子)与 API 使用的薄壁压力容器方程的相似性,极限值与壁厚和材料的强度成正比,与外径成反比。

K_n 是实验确定的修正因子,用于说明材料的非弹性特性。本质上 K_n 适用于应力—应变曲线的幂律型且包含材料的真实应变。n 值应该通过每个材料的等级实验确定,Klever 和 Stewart 提供了一个基于屈服强度的简单曲线拟合 n:

$$n = 0.169 - 0.0000882\sigma_Y/1000$$ (2.29)

K_T 是一个张力修正因子用于说明在韧性断裂极限下有效张力 T_{eff} 的影响。一般来说,有效张力 T_{eff} 和极限抗拉强度 T_{UTS} 都是直径和壁厚的函数。这里忽略张力的作用,则 $K_T = 1$,试验数据表明这是一个保守的假设。

σ_{ult} 是从指定样品的单轴拉伸强度中获得的材料的极限强度。在没有真实的测量数据时,可以使用 API 指定的最小极限强度(因为这是最小的拉伸强度)。t_{min} 是最小的测量的管壁厚度。t_n 和 m_f 分别是裂纹的深度因子和裂纹因子,用来说明管柱的裂纹和缺陷。它们取自以断裂力学为基础的不同等级的裂纹扩展极限并根据实验得出。Klever 和 Stewart 认为 $m_f = 1$ 适用于高断裂韧性的材料,而 $m_f = 2$ 更适用于低断裂韧性的材料。基于 Klever 和 Stewart 的实验数据,可以得出若壁厚的缺陷尺寸大小为 5%~6%,而韧性破裂极限在没有缺陷时为 95%~100% 之间。是由于未检测到的缺陷,建议安全系数取 1.1。

应当注意的是,上述给出的公式是极限状态函数并且适用于可以得到材料与几何性质的情况。当使用公称和最小的性质时,如通常在设计中,ISO/ TR 10400(2007)提供了一个合适的降级因子可适用于上述方程的设计当量,并且可以代替极限状态;提出上述的极限状态的目的是说明管柱的极限承载能力。

2.2.2.4 希尔完全塑性破裂极限

希尔破裂极限(Hill,1950)是基于假设弹性到完全地塑性材料作用服从冯·米塞斯(VME)屈服准则,由承受内压的厚壁封堵管端圆筒的经典力学分析得到的。在基于 VME 应力整个井壁塑化时的内部压力为希尔破裂极限并由下式给出:

$$p_{B,Hill} = \frac{2}{\sqrt{3}}\sigma_Y \ln\left(\frac{d_o}{d_o - 2t}\right)$$ (2.30)

其他希尔的变形方程可以用于最小壁厚和极限强度。

2.2.3 备选抗挤强度方程

在管柱设计中破坏是一个更加复杂的强度函数。破坏失效的模式与管体的直径和厚度比率(d_o/t)密切相关。对于高 d_o/t 比的薄外壳,破坏类似于屈曲不稳定。对较厚的管壁,破坏受控于屈服强度。

破坏强度可以基于几种方法来估计。API 破坏是基于测试试样钢级分别为 K55、N80 和

P110 的 2488 个范例在一个宽范围内的比率和椭圆度、生产和加工的公差、材料的缺陷等。Timoshenko 得到包括标准的几何尺寸、材料参数、椭圆度和轴向应力的破坏极限的关系。第三种破坏关系是对于极限破坏强度的 Tamano 方程，这个方程已被 API/ISO 选为替代的破坏方程。

API 的破坏强度理论多年以来很好地满足了行业需要。破坏强度有一定的经验基础和基于可靠性为基础的最小标称值，因此，它可能是相当准确的。尽管 API 方程的可能存在稳定性问题，应该注意的是方程已经超过 40 年的测试。在这段时间制造工艺、公差控制和材料的性能都已经提高了。

2.2.3.1　Timoshenko 破坏

理论上推导 Timoshenko 破坏方程包括椭圆度和轴向应力。它在设计中不经常使用，但是下面是它的完整表达式：

$$p'_{external} - p'_{internal} = \frac{p_y + p_e\left(1+\frac{3\phi d_o}{2t}\right) - \sqrt{\left[p_y + p_e\left(1+\frac{3\phi d_o}{2t}\right)\right]^2 - 4p_y p_e}}{2} \tag{2.31}$$

其中：

$$p_y = \Gamma \frac{2\sigma_Y t}{d_o};$$

$$p_e = \frac{2E}{1-\nu^2 \left(\frac{t}{d_o}\right)^3};$$

$$\phi = \frac{2(d_{o,max} - d_{o,min})}{d_{o,max} + d_{o,min}} \quad (\text{这也是椭圆度的定义})。$$

$$\Gamma = \sqrt{1-3\left(\frac{\sigma_z}{2\sigma_Y}\right)^2} - \left(\frac{\sigma_z}{2\sigma_y}\right) \tag{2.32}$$

$$\sigma_z = \frac{F_a}{A_p} + \sigma_b \tag{2.33}$$

2.2.3.2　Tamano 破坏

Tamano 方程是一个最终的破坏强度或者是极限的破坏状态。它试图得到既适用于高 d_o/t 比的弹性破坏极限、又适用于低 d_o/t 比的屈服破坏极限的适当的相互作用。偏心率的修正、椭圆度和残余应力也包括在内。

原来的 Tamano 方程在一些情况下不同于测验数据，尤其是复合负载的状况。API/ISO 推广 Tamano 方程来提高破坏的预测。引入分离函数说明在屈服范围、过渡范围、管体破裂的弹性范围的不足。由此产生的广义的破裂极限状态方程是称为广义的 Klever-Tamano 方程：

$$p_{cult} = \frac{(p_e + p_y) - \sqrt{(p_e - p_y)^2 + 4p_e p_y H_{ult}}}{2(1-H_{ult})} \tag{2.34}$$

H_{ult}项是通过 Tamano 为了说明椭圆度ϕ、偏心率ε 和标准化的残余应力$\overline{\sigma}_r$ 提出的修正因子。下面是各参数定义:

$$H_{ult} = 0.127\phi + 0.0039\varepsilon - 0.440\overline{\sigma}_r + h_n \qquad (2.35)$$

$$h_n = 0.055 \, for \, N80 \qquad (2.36)$$

其中, 0 对应所有其他等级。

$$\phi = 100\frac{d_{o,max} - d_{o,min}}{d_{o,average}} \qquad (2.37)$$

$$\varepsilon = 100\frac{t_{max} - t_{min}}{t_{average}} \qquad (2.38)$$

$$\overline{\sigma}_r = \frac{\sigma_{residual}}{\sigma_Y} \qquad (2.39)$$

$$p_e = k_{els}\frac{2E}{(1-v^2)}\frac{1}{m\,(m-1)^2} \qquad (2.40)$$

其中, k_{els}是一个弹性极限的修正因子, 在极限状态中取值 1.089。

$$m = \frac{d_{o,average}}{t_{average}} \qquad (2.41)$$

而不是在 Tamano 中的标称值之比:

$$p_y = k_{yls}2\sigma_{ye}\frac{m-1}{m^2}\left(1+\frac{1.5}{m-1}\right) \qquad (2.42)$$

其中, k_{yls}是屈服极限修正因子, 在极限状态中取 0.9911。

在p_y 的计算方程中, 通常使用因实际轴向拉伸(或压缩)而降低的屈服强度。

$$\sigma_a = \frac{F_a}{\pi}\frac{m^2}{d_o^2\,(m-1)} \qquad (2.43)$$

$$\sigma_{ye} = \frac{1}{2}\left(\sqrt{4\sigma_Y^2 - 3\sigma_z^2} - \sigma_z\right) \qquad (2.44)$$

上面给出的公式是极限状态的函数, 当材料和几何性质数据都可用的时使用。当设计中使用标称和最小特性的时候, ISO/ TR 10400 已经提供一种上述使用替代极限状态的适当的降级因子的方程的设计当量。

2.2.4 概率强度理论

2.2.4.1 引言

前面讨论的强度估计方法都会产生一个确定的强度值。这个单一的值是基于许多假设, 其中大多数都是保守的。例如最小的屈服强度和允许壁厚减少 12.5%。但是, 在强度的确定性的估计中, 隐含假设条件为如果负载超过所计算的(确定性)的强度时, 管柱将失效。在传统的设计方法, 通过一些预定的边界或安全系数从计算的强度分离出应用的载荷, 这种可能性是最小的。

由于确定管柱的强度的参数是可变的，它的真实的极限是不确定的。屈服强度、壁厚、直径和其他的调节参数都是随机变量。确定性的设计考虑的是没有量化变量信息下管柱的最小强度。

然而，通过测量和测试量化强度的变异性并且在设计中使用强度的分布是可能的，这就是测定强度概率的方法。

2.2.4.2　强度概率确定

在概率论方法中，每一个变量被认为是特定分布的随机性变量。对于一个给定的强度方程，一个不确定性的模型可更好地基于实际测量和数据的统计建模确定每个变量。大多数强度方程中出现的典型变量的测量很容易获得，例如屈服强度、壁厚和外径。根据等级方程，各种独立分布然后使用蒙特卡罗法或其他分析的统计方法（一阶或二阶不确定性传播方法）结合在一起，从而得出强度的概率分布。

这种方法通过对 $9\frac{5}{8}$ in、47 lb/ft、L80 套管柱的薄壁压力容器内部屈服压力的测量来说明。薄壁压力容器的强度与 API 强度相同，但壁厚减少 12.5%。表 2.1 给出了从特定制造商获得屈服强度和外径及壁厚分布的标称值 μ、平均值 m 和标准偏差 σ'。然后，由不确定的一阶扩展，该函数的平均值和标准偏差分别为

$$u[f(x_i)] = f[\mu(x_i)] \tag{2.45}$$

$$\sigma'[f(x_i)] = \sqrt{\sum_{i=1}^{n} \left[\frac{\partial f(x_i)}{\partial x_i}\right]^2 [\sigma'(x_i)]^2} \tag{2.46}$$

式中，x_i 为强度函数的变量。

使用这些方程，可以计算薄壁压力容器的强度函数的平均值和标准偏差。表 2.2 显示了强度的标称值、平均值和标准偏差，图 2.2 为分布示意图。该 API 值也显示在分布图上。对于所提供 d_o、t 和 σ_Y 的统计数据，该 API 等级低估了强度的计算分布。

表 2.2　Barlow 强度概率的测定

Barlow 方程：$p_{Barlow} = \sigma_\gamma \dfrac{2t_{nom}}{d_{o,nom}}$			
套管：$9\frac{5}{8}$ in，47 lb/ft，L80 型			
参数	额定值	平均值	标准差
d_o（in）	9.625	9.635	0.003
壁厚（in）	0.472	0.479	0.003
屈服强度（psi）	80000	87000	2751
薄壁压力容器（psi）	7846	8650	279
API 值（psi）	6865	—	—

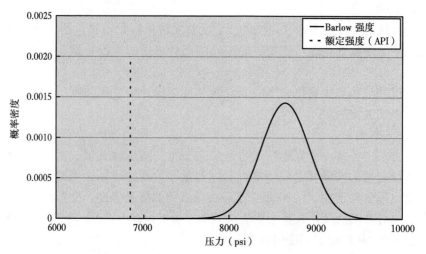

图 2.2   9⅝ in、47 lb/ft、L80 型的套管薄壁压力容器强度的分布

上述实例说明的考虑随机强度的影响。然而，为了在设计中寻求较低的失效概率，因此当强度分布的末端与负载做比较时上面所示的简单的一阶方法可能不能准确地反映破坏概率。该方法仍然可以用于获得一个合理破坏概率或进行敏感性分析。必须注意正确估计强度末端概率，并且如果考虑负载的概率，即负载首端的概率。这些分析的类型可能需要更复杂的统计工具和技术。

2.3   套管标准载荷

这一节将讨论在套管设计中应用的载荷假设。对干干式采油树油井包括陆地井和平台井的载荷假设会在具体的细节上展开探讨。在水下油井和无隔水罩的水底采油树油井的章节会说明两种井的不同之处。

载荷工况就是描述内压力、外压力及温度在某段时间内作用于一定长度的套管柱。载荷工况能说明在井生命周期内发生的一些事件，例如井涌或井下生产套管压裂作业。本章将创建负载的框架，然而目前行业里并没有一个共识来定义一整套负载情况。

2.3.1   突发载荷——钻井和生产

在任何深度的突发载荷可以用下面公式来定义：

$$p_{\text{bust}} = p_i - p_o \tag{2.47}$$

套管突发内部载荷 p_i 是指地表压力加上套管中液柱压力。载荷可以是计划载荷，如压力试验；也可以是计划外可能的载荷，如井涌或油管泄漏。

套管突发外部载荷 p_o 主要取决于套管外的流体。外部载荷假设的变化取决于某个特定载荷的假设。压力分布可以是钻井液静压、钻井液基液、孔隙压力、水泥浆基液密度或几种成分的组合。在裸眼井中，在前一个套管鞋下方使用孔隙压力备份是合理的。一个保守的设计方法在前套管鞋之上会考虑套管环空中基液梯度并取井口压力为零。海底油井的非零泥线压力值得仔细考虑。

钻井井涌：钻井井涌通常是至关重要的钻进突发载荷。最坏情况下井涌的内部载荷是井涌期间最大地表预测压力（MASP）加上到套管鞋的气体压力梯度。在本书2.3.5节给出了最大地表预测压力的计算过程。气体通常假设为最差的情况，可能产生最高地表压力。因为气通常与油伴生，故在油井生产中气体可以看作井涌的征兆。在最坏情况的情形下，此时井涌关井时，有可能气体运移至地表同时从井筒中置换流体，从而产生从地表到井底压力的气体压力梯度：

$$p_i = \text{MASP} + \rho_i Zc \tag{2.48}$$

此处转化因子 c 按美国油田单位取值 $0.052 \, \text{psi}/(\text{ft} \cdot \text{lbm}/\text{gal})$ 并取公制单位 $9.8 (\text{kPa} \cdot \text{L})/(\text{kg} \cdot \text{m})$。

外部压力主要取决于套管外部流体密度的假设。举个例子，载荷假设可以如下定义：钻井液梯度是水泥的顶部（TOC），假设在下套管和施加载荷有一段很短的时间。水泥管中水泥混和水的梯度假设为水泥是凝固状态且密度恢复到混合水密度。孔隙压力合理的假设是压力低于前一个套管鞋。

$$p_o = \rho_{\text{MW}} Zc \tag{2.49}$$

$$p_o = p_{\text{TOC}} + (Z - Z_{\text{TOC}}) \rho_{\text{water}} c \tag{2.50}$$

式中，p_o 为前一个套管鞋孔隙压力。

循环温度曲线可用于该载荷情况，以考虑管柱顶部温度升高的影响。另外，对应于井涌关井很长一段时间的情况，地热温度梯度可导致较高的轴向拉力。

2.3.1.1　压力测试

压力测试内部载荷是测试压力加上到套管鞋处的钻井液梯度。当下套管及水泥凝固的时候，正常的假设是内部钻井液的重力就是井筒中钻井液的重力。如果桥塞被不同密度的流体驱替，则流体的密度应该被重新确定。

$$p_i = p_{\text{swf}} + p_i Zc \tag{2.51}$$

外部压力主要取决于套管外部流体变化率的假设。方程（2.49）和方程（2.50）可用于此时的计算，另外，在方程（2.49）中使用的钻井液基液密度更倾向于保守的压力剖面。地热温度分布剖面图一般适用于压力载荷测试。

2.3.1.2　生产油管泄漏

油管泄漏时内部载荷是关井油管压力（SITP）加上封隔器流体梯度到封隔器的深度（假设泄漏发生在井口）。最高的关井油管压力通常出现在井生命周期的早期。为了简化，载荷可能延伸到套管鞋甚至可在封隔器的位置结束。生产油管泄漏通常是没有增产措施井的临界生产破裂载荷。

$$p_i = \text{SITP} + p_i Zc \tag{2.52}$$

因为生产载荷的时间范围可以是下套管注水泥后延伸很多年，通常会假设一个钻井液基液梯度。由于可能会出现固体沉淀，因此不假设初始的钻井液比重。

结合生产温度剖面图和地温梯度可以考虑泄漏油管的负载(热管泄漏和冷水管泄漏)。生产温度的升高会导致更高的压缩力,从而加剧因屈曲而产生的弯曲应力。地热温度的分布导致在管柱顶端产生最大的拉力。

尽管被命名为油管泄漏,这种负载情况实际上是作用在生产套管上的任何压力(最有可能来源于油管泄漏)。然而,这种压力可能由于封隔器和悬挂器的泄漏造成。

2.3.1.3 增产

对于下套管的增产,内部载荷是最大增产压力加上到套管鞋的压裂液梯度。油管下的增产是由油管泄漏载荷情况考虑的,此时内部压力剖面为作用在封隔器液柱上的最大增产压力。

外部压力与前面生产油管泄漏部分所述相同,注入温度剖面与压力剖面相关,导致产生最高张力。

2.3.2 破坏载荷——钻井和生产

套管的外部挤毁载荷或外负载(p_o)取决于载荷的设定。像水泥浆、钻井液流体静液柱压力及孔隙压力属于典型的破坏载荷。抗挤压力或内部载荷(p_i)取决于套管内流体或者流体缺少情况。在任何深度的挤毁载荷都可以用公式(2.4)来计算。

地热温度通常用于挤毁载荷计算。该温度的假设导致最高管柱张力,从而降低了抗挤毁的能力。

2.3.2.1 水泥坍塌——钻井和生产

水泥坍塌适用于钻井和生产套管。内部负载是置换流体的静液柱压力。当大外径套管下入较深、替换流体较少时此载荷将成为问题。

$$p_i = Z\rho_{\text{DispFluid}}c \tag{2.53}$$

外部载荷是作用在套管外部的没有凝固的水泥和水泥浆的液柱压力。

$$p_o = Z\rho_{\text{MW}}c + (Z - Z_{\text{TOC}})\rho_{\text{Cmt}}c \tag{2.54}$$

2.3.2.2 钻井坍塌

钻井坍塌压力假定是流体失返导致液面下降到一定深度。该深度可以通过任意规则来确定,诸如当前套管鞋深度的50%或后续最深裸眼深度的1/3,也可以通过平衡破坏层段压力和当前重量来计算失返。高于液面高度的内压为零,低于液面高度的内压就是钻井液重力。

$$p_i = 0 \text{ (高于液面)} \tag{2.55}$$

$$p_i = (Z - Z_{\text{FL}})\rho_{\text{MWi}}c \tag{2.56}$$

外部压力主要取决于套管外流体,通常是套管外的原始钻井液密度和水泥浆密度,为了简化起见可以使用全柱钻井液。

2.3.2.3 生产套管排空坍塌

最坏的情况就是生产套管内部压力为0时受到严重的坍塌压力作用。如果可以确定永远不会发生完全排空，则可以假设射孔处的废弃压力不是 0。内部压力可以基于封隔器液柱高度，将导致射孔处产生废弃压力。外部压力与钻井坍塌段相同。

$$p_i = 0 \quad (\text{真空或高于液面}) \tag{2.57}$$

$$p_i = p_{\text{abandonment}} - (Z_{\text{perfs}} - Z) \rho_{\text{MWi}} c \tag{2.58}$$

2.3.2.4 盐层压力坍塌

盐层压力坍塌是特殊情况。它是一种非常严重的坍塌压力，只有预期存在盐层压力才会在设计时考虑。内部压力的定义与钻井坍塌部分或生产套管排空坍塌部分相同。

第一步均匀的外部负荷可以使用 1psi/ft（23kPa/m）或盐层更高的梯度近似值，但也应该考虑非均匀压力。许多工程师采取均匀压力和不均匀压力之间的交互图的方法。通常假设盐层段上方和下方存在孔隙压力。

2.3.3 拉伸载荷

典型的拉伸载荷包括下套管时超载提升和注水泥浆的碰压，还有其他拉伸载荷包括固井后设定卡瓦及由于增产后温度降低引起的张力。此外，最大的拉伸负荷可能就是在先前描述的负载情况之一，也可能出现在增产阶段。

在水泥凝固之前，轴向力可以用 Bourgoyne 等（1986）提出描述自由体图的方法来计算。对于没有尺寸或重量交叉的管柱，任何深度的轴向力为

$$F_a = (Z_{\text{shoe}} - Z) w_{\text{air}} + p_{i,\text{shoe}} A_i - p_{o,\text{shoe}} A_o \tag{2.59}$$

式中，w_{air} 为套管在空气中的重量，单位为 lb/ft（kg/m）。公式（2.59）计算管柱底部压力并没有考虑轴向力的深度变化，一旦两端通过顶部的吊架和底部的水泥固定，压力或温度的任何变化都会引起张力的变化。

$$\Delta F_a = \alpha E A_\rho \Delta T + 2\upsilon (\Delta p_i A_i - \Delta p_o A_o) \tag{2.60}$$

对于套管未胶结段，温度变化 ΔT 和压力变化 Δp 是未胶结段的平均变化。对于轴向上受水泥约束的套管深度，力的变化是由特定深度压力和温度的改变引起。在公式（2.60）中可以增加与挠度有关的非线性力。

管柱未胶结部分尺寸和重量交叉使公式（2.60）的应用更加复杂。这种静态的不确定性问题可以通过允许每个部分在没有压力和温度变化的约束下伸长或收缩来解决。然后，未胶结部分压力方面的总体变化是通过求解管柱恢复到初始约束长度所需要的恢复力来确定，还必须包括由于裸露活塞区域而引起的压力变化。

2.3.3.1 钻井与生产中的水泥塞碰塞张力

由于水泥没有凝固区域所引起的张力载荷。碰塞增加压力引起公式（2.59）中的轴向力增加。

2.3.3.2 钻井与生产中的起下超负荷

当套管在井内下入被卡时，张力是在钻井液中套管悬挂重量以上的拉伸应力。假设是当套管被卡时几乎到达底部。

典型的超负荷提升设计包括固定在管柱重量以上的拉力，如大外径套管 10lbf（445kN）。

较小的套管可设计成管柱重量加上15%接头处的强度以避免超负荷提升需求而导致的设计。超负荷提升计算的变量包括使用空气重量代替保守的浮重。

如果套管在高阻力定向井中下入,并且存在超负荷问题,则可以使用扭矩和阻力模型以更好地模拟预期载荷。

2.3.3.3 钻井和生产中的设置卡瓦张力

水泥凝固后,可对TOC(水泥返高)上方的未胶结套管施加额外张力。这可以限制由于钻入套管下方或入井流体温度升高引起的屈曲。方程(2.59)中的初始轴向力包括TOC以上所有深度的超负荷拉力。

2.3.4 海底井中的湿式水下采油井

湿式水下采油树位于海底泥线。套管下入并降落在海底井口,环空通常在地面不可接近。这种差异改变了对套管的支撑假设。

与所描述的干式采油井相同的压力适用于保持压力变化不大的海底井。破裂压力有几种外部压力选择:

(1)原始钻井液重力;

(2)平衡上一个套管鞋处孔隙压力的钻井液柱(如果TOC在上一个套管鞋的下方);

(3)基液柱上的原始静液压力;

(4)从井口到TOC的海水梯度和基液梯度下降;

(5)井口压力为0时井口到TOC的基液梯度。

很难确切地知道水下油井的保持压力是多少。这种不确定性通常导致使用较低的压力,形成更保守的压力剖面。

2.3.5 最大地表预测压力的确定

井涌的最大地表预测压力(MASP)可以由几种方法确定,包括套管鞋处压裂并使气体到达地面,极限的井涌规模和强度,或在套管鞋处压裂并使水到达地面。

2.3.5.1 套管鞋压裂,气体到达地面

这些方法广泛地用于工业中有以下几个原因:套管完全排出钻井液,充满气体,载荷和假设易于理解,计算简单,易于重复。

从套管鞋处压裂并使气体到达地面的MASP包括以下步骤:

(1)首先估算气体的梯度。该气体梯度应基于甲烷在当前套管鞋下最深裸眼井段最高井底压力(BHP)进行计算。通常甲烷是密度较小的气体,从而导致MASP更高,因此比较保守。若不容易计算出的气体梯度,通常对深度不超过10000ft(3048m)的井选择0.1psi/ft(2.3kPa/m),对更深的井选择0.15psi/ft(3.4kPa/m);

(2)使用在套管鞋破裂压力,减去到表面的气体梯度可确定气体到表面的MASP;

(3)使用裸眼段最高的BHP,减去到表面的气体梯度可确定气体到表面的MASP;

(4)套管鞋处压裂的MASP或者气体到表面的MASP最小值成为设计的MASP。这样做的原因是这两种方法可以限制取决于套管鞋压裂的MASP和BHP。不需要为物理意义上不可能的MASP进行设计。

(5)如果钻井衬管设置在套管下方,则必须根据各种裸眼井段的井底压力使用最高的MASP。

2.3.5.2　极限的井涌规模和强度

极限的井涌规模和强度方法与更加保守的气体表面方法相比可以降低 MASP。然而，模拟井涌压力更加复杂，条件如下：

（1）需要一个适当的和有代表性的井涌量和强度；

（2）实际的循环压力是很难计算的。对于合成钻井液来说，假设气体仍留在单个气泡中的井涌模型是不现实的。准确处理分布气泡的井涌模型非常复杂，可能不适合典型的油井设计；

（3）风险仍然存在，实际井涌可能发生在压力高于设计压力的情况下。

2.3.5.3　套管鞋处压裂，水到达地面

确定 MASP 的方法与套管鞋处压裂。气体到达地面的方法类似。该方法假设可以通过环空泵入水压裂套管鞋，从而限制井口压力。实际的问题包括有足够的水可供长时间泵送。这种方法对海上油田也许可行，但是对于一些陆地操作可能会是难题。

［实例 1］　确定 MASP（公制单位）

图 2.3 是需要用公制单位确定 MASP 的步骤。该例子显示了气体到达地面是 MASP 的情况和套管鞋处压裂确定 MASP 的情况。

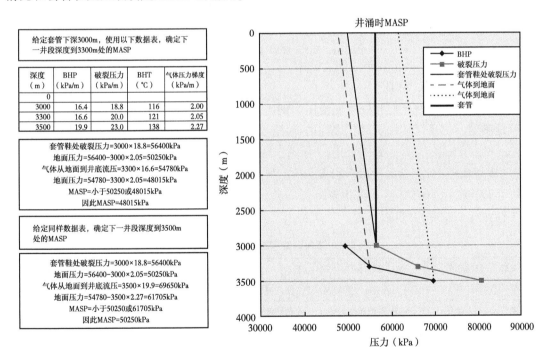

图 2.3　MASP 的确定（公制单位）

［实例 2］　确定 MASP（油田单位）

图 2.4 是需要用油田单位确定 MASP 的步骤。该例子显示了气体到达地面时 MASP 的情况和套管鞋处压裂确定 MASP 的情况。

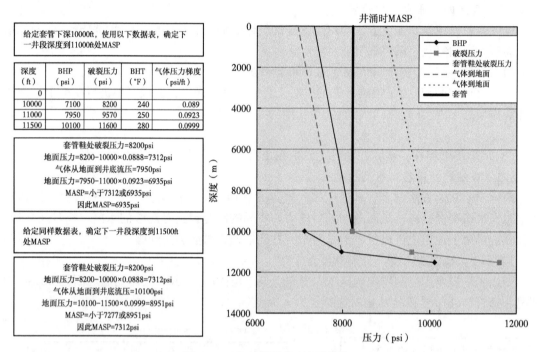

图 2.4　MASP 的确定(油田单位)

2.3.6　关井油管压力(STTP)

关井油管压力是基于射孔处井底流压(BHP)减去到地面的甲烷梯度。如果油藏流体可以精确地确定,则可以使用更具代表性的梯度。这可能意味着可以降低 STTP,尤其是对于油藏。

2.3.7　钻井载荷(对于钻井套管和衬管)

钻井载荷描述的情况先于完井发生。一些双重目的的管柱受到钻井和生产载荷影响。表 2.3 钻井载荷工况的概括。

表 2.3　钻井套管和衬管的钻井载荷

载荷类型	载荷条件	内部压力	外力压力	温度剖面
破裂	井涌	气体(或流体)梯度的 MASP	钻井液或基液梯度高于先前套管鞋,裸眼孔隙压力	循环和地温
破裂	压力测试	内部流体的测试压力	钻井液或基液梯度高于先前套管鞋,裸眼孔隙压力	地温
坍塌	钻井坍塌	零到流体的顶点,套管鞋的内部流体梯度	钻井液梯度或水泥浆梯度	地温
坍塌	固井坍塌	驱替流体梯度	套管鞋的钻井液梯度和水泥浆梯度	地温
张力	通气塞	驱替压力加上流体梯度的凸起边缘	套管鞋的钻井液梯度和水泥浆梯度	地温
张力	超负荷起下	钻井液梯度	套管鞋的钻井液梯度	地温

2.3.8 生产载荷(对于生产套管和衬管)

生产载荷是应用于套管管柱和衬管,这些套管柱和衬管要么接触生产和注入的流体,要么直接位于油管柱外部。表2.4列举了可能的生产载荷。

表 2.4　生产套管和衬管的生产载荷

载荷类型	载荷条件	内部压力	外部压力	温度剖面
破裂	油管漏失	封隔器流体梯度的SITP	基液梯度高于前套管鞋,孔隙压力之下	生产和地温
破裂	下套管试压或增产	地表压力内部流体梯度	基液梯度高于前套管鞋,孔隙压力之下	地热试压增产压力
破裂	油管增产	封隔器流体梯度之上的地表压力	基液梯度高于前套管鞋,孔隙压力之下	增产
坍塌	固井坍塌	驱替流体梯度	套管鞋的钻井液梯度和水泥浆梯度	地温
坍塌	生产坍塌	零压力或封隔器流体平衡废弃压力	钻井液梯度和钻井液梯度和水泥浆梯度	地温
张力	通气塞	驱替压力+驱替流体梯度上的凸起边缘流体	套管鞋的梯度和水泥浆梯度	地温
张力	超负荷起下	钻井液梯度	套管鞋钻井液梯度	地温

2.4 套管的设计方法

设计过程应该确定承重结构具有承受使用寿命期间所有可能的载荷能力。所有的设计方法,不论细节如何,都努力确保这一点。

三种标准的设计方法为许用应力设计、极限状态设计、基于可靠性的设计。

2.4.1 设计所需的数据

着手设计实践之前,需要收集相关的设计数据。以下简要列出了详细套管设计所需的数据:

(1)定向测量;

(2)孔隙压力和破裂压力梯度;

(3)温度剖面;

(4)套管尺寸、类型及其下入深度;

(5)钻井液密度;

(6)水泥面和水泥浆密度;

(7)油藏压力和深度;

(8)产出和注入流体的密度;

(9)封隔器流体的密度;

(10)H_2S和CO_2的浓度;

(11)最大抗压强度。

一些情况下的数据是容易得到的,另一些情况下必须估算数据。由于设计载荷是基于这些数据,应该尽可能地准确。如果有数据是不确定的,套管可能设计不足或设计过度。

设计不足的套管可能导致故障,并造成严重后果。虽然考虑安全性过多设计的套管不可能失效,但是经济影响是设计者有义务考虑的。在某些情况下,过多考虑安全性设计的情况不会增加风险,就像下入一个非常重的接近吊卡和卡瓦设计极限的管柱。

2.4.2 许用应力设计

许用应力设计(WSD)是常见的应用于套管设计的方法,并且在石油行业和其他行业中有很长的应用历史。

2.4.2.1 基本方法

在许用应力设计中,管柱由许用应力设计。许用应力是设计强度与典型的优于整体的设计安全系数的比。因此许用应力力设计的设计标准叙述如下:

$$载荷 \leqslant \frac{设计强度}{安全系数} \tag{2.61}$$

通常的载荷乘以安全系数,由此产生的设计荷载有时称为系数荷载。这产生常见的设计标准:

$$负载 \times 安全系数 \leqslant 设计强度 \tag{2.62}$$

在许用应力设计中,设计强度总是材料的最小强度。此外,弹性准则用于设计强度。因此,在许用应力设计中,超过设计强度意味着可能开始出现屈服,而不是一场灾难性的失效。

2.4.2.2 许用应力设计中推荐的设计系数

许用应力设计中安全系数的目的是通过分离施加的荷载和材料对该荷载的抗力,来考虑强度和载荷估算的不确定性及其他不确定性。

应用于上述设计校正的典型的安全系数列举于表2.5。这些值是基于实践和传统的经验数据。一些公司在井的使用寿命期间对于不同的载荷组合或者时间段有不同的安全因素或因素范围,关于这些安全因素基础的书面材料很少。

表2.5 典型的安全系数

套管最小安全系数	管体
VME	1.25
轴向	1.3~1.6
破裂(MIYP)	1.0~1.25
坍塌	1.0~1.1

2.4.2.3 许用应力的极限

尽管许用应力设计在行业中的压倒性认可度和其简洁性的优点,这种方法有一些局限性。

在许用应力设计中,建议在整个加载模式下使用安全系数,并且安全系数通常与所施加的载荷情况无关。对井涌载荷或压力测试,破裂压力安全系数是一样的。由于不同载荷情况下的不确定性和可变性不同,许用应力设计得出安全系数一致性设计,而不是风险一致性设计。因此,在破裂时安全系数为1.1,可同时满足于井涌和压力测试,由于设计井涌荷载的发生概率非常低，井涌载荷的失效风险通常远低于压力试验。对于简单的井，这可能导致套管的总体过度设计。

许用应力设计风险的不一致性意味着对于复杂井例如高压/高温井或深水井，在几何约束条件下通常很难满足标准安全系数。工程师倾向于通过更具体的载荷来降低推荐的安全系数。然而，目前还不清楚在危害安全因素方面会有哪些额外风险。直观地说，降低安全系数等同于增加故障风险，但很难量化增加的风险。

估算 WSD 载荷通常的做法是估算最大的载荷，以考虑载荷中可能存在的不确定性。这往往会导致对不常见载荷的过度设计。

最后，由于安全系数的隐蔽性，无法估算在使用不同的安全系数后固有的相对风险。因此，丧失了考虑风险后果关系的能力。例如，在人口稠密地区附近的一口复杂、昂贵的油井中，其失效的后果要比在沙漠中的一口廉价油井失效的后果严重得多。可以认为，复杂井应采用较高的安全系数，而较低的安全系数对于低成本和较简单的井是可以接受的。然而，在实际应用中，低成本和较简单的井中更容易满足安全系数的要求，而在复杂井中则难以满足安全系数的要求。这种做法的不合逻辑的结果是，对于失效后果更大的项目，需接受更高的风险。

2.4.3　极限状态的设计

在极限状态设计中，承载结构设计为极限荷载而不是工作应力。以下是两种极限的类型：

（1）极限状态，用于解决结构的极限和灾难性失效，例如破裂和断裂；

（2）正常使用极限状态，解决结构正常使用的问题，即使尚未达到最终失效，例如超过许可极限的屈曲和挠曲。

在石油行业中，极限状态经常应用于近海结构和管线的设计。对于套管和油管设计，ISO/ TR 10400（2007）试图把极限状态引入设计过程。

套管的极限设计中，极限状态替换为方程（2.62）的强度一边。对于破裂，可以使用式（2.26）中的 Klever-Stewart 破裂的极限或式（2.27）的 Hill 极限。因为在载荷估算、载荷发生概率和故障模型中的不确定性仍然必须考虑，极限状态设计继续使用设计安全系数。计算中使用最小壁厚和缺陷阈值（基于检测技术），则系数 1.0 适用于延性断裂。要注意的是极限状态方程如 Klever-Stewart 方程和广义的 Klever-Tamano 方程通常需要测量和量化材料性质和几何参数来预测极限状态。这种设计不同于直接使用最小的属性和几何参数的 WSD。当测量不能用时，最小的特性必须应用于极限状态方程。ISO/ TR 10400（2007）提供所有的标准极限状态方程的设计当量。

在实践中，正常载荷的工作应力设计和罕见或生存型荷载的极限状态设计的双重设计方法可能是合适的。

2.4.4　基于可靠性的设计方法

在基于可靠性的设计中，明确考虑了不确定性、发生频率和所有不确定载荷和强度的特征变量的可变性；认为每个变量具有特定分布的随机变量。

强度方面的变量包括屈服强度、壁厚和外径。载荷变量包括井底压力、破裂压力、流体密度、井涌频率等。通常，这些参数真实的可变性和不确定性可能不符合特定的概率分布，而其真实的分布必须考虑。由于强度参数大多数是可量或可得的，强度的分布更容易量化。前面的 2.2.4 节包括使用一阶可靠度方法确定强度分布的示例。

载荷方面很难量化，必须同时考虑载荷大小的变化性和载荷发生的可能性。例如，习惯上对于井控载荷采用从套管鞋压裂强度到表面的气体梯度。然而，这种载荷的发生概率并不是确定性设计中的 100%。这种载荷发生的概率取决于操作实践及偶然性，是不太可能发生的事件。但是，在设计中假设的极端载荷条件在实践中可能从未观察到。因此，载荷分布的统计建模往往是困难的，可能需要应用极值理论。

假设 $R(\tilde{x})$ 是极限状态的强度的分布，$Q(\tilde{x})$ 是载荷作用的分布，$(\tilde{x})$ 是确定强度和载荷作用随机变量。管道的极限状态的函数可以写成如下形式：

$$g(\tilde{x}) = R(\tilde{x}) - Q(\tilde{x}) \tag{2.63}$$

式（2.63）被称为 g 函数。已知载荷和强度分布，很容易确定载荷超过强度的概率。这是失效的概率，其补充是可靠性。在极限状态函数条件下，失效概率 p_f：

$$p_f = p[g(\tilde{x}) < 0] \tag{2.64}$$

依靠载荷和强度，这两个分布可能有干扰区域，如图 2.5 所示。干扰区面积就是在特定载荷和强度下的失效概率 p_f。这个补集（$1-p_f$）是特殊设计的可靠性。这种方法有时称为定量风险分析(QRA)。

由于尾部干扰很重要，于估计失效概率的统计方法应准确地模拟尾部概率。如果寻求的失效概率小于 10^{-3}，使用蒙特卡罗模拟来确定 p_f 可能不够充分的(或不实用)。在一般情况下，10^{-x} 的可靠性至少需要 10^{x+2} 试验才能使蒙特卡罗模拟试验具有代表性。

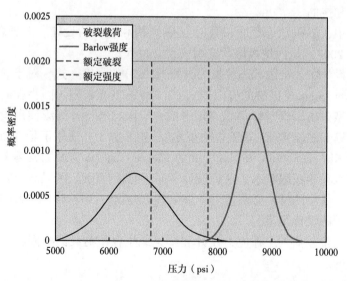

图 2.5 破裂压力和套管强度分布之间的干扰

2.4.4.1 基于阻力的概率性设计

在没有正确建模的载荷分布的情况下，谨慎的做法是使用阻力分布和确定性载荷代表最坏情况下的载荷。那么，在式(2.63)中载荷是确定的，由此确定的失效概率表示失效概率的最坏情况或上限。

2.4.4.2　载荷和阻力系数设计 (LRFD)

使用 QRA 或者经典的基于可靠性的设计方法是计算和统计密集型的，它可能不适用于常规套管设计。这种基于阻力的概率性设计方法保留了 QRA 的概率性质，同时利用熟悉的方程式和设计检查来执行设计。预先校准设计因素与失效概率。因此，基于阻力的概率性设计是一个确定性的设计过程，但具有内置所有概率的能力。

LRFD 首先确定由操作实践、仪器误差和自然的不确定性决定载荷方面的不确定性，本质上不同于由制造工艺和质量控制决定的强度方面的不确定性。没有使用单一的安全系数来解释这些不同类型的不确定性，LRFD 使用单独的载荷系数 (L_f) 和阻力系数 (R_f)。阻力系数根据强度的不确定性及用于确定强度的极限状态的不确定性进行校准。载荷系数根据每个载荷的不确定性、使用的确定性设计检查和一些预选的目标失效概率进行校准。校准过程包括整个管柱总体、使用分布和设计范围。

一旦确定了校准的载荷和阻力系数，它们就可以用于确定性设计检查。根据载荷类型和材料类型，选择预期目标的失效概率，并且得到相应的载荷和阻力系数。如果特定的设计满足这种设计检查，则该设计的失效概率低于选择因素时使用的目标。因此，在载荷作用和阻力方面，设计检查可以表述为

$$L_f Q(\tilde{x}) \leqslant R_f R(\bar{x}) \tag{2.65}$$

式中，$(\bar{x})$ 为设计检查方程中使用的确定性参数；Q 为载荷作用；R 为选择的确定性方程的强度。

2.5　连接的设计

石油工业中大多数油井的管材采用螺纹连接。两种主要连接类型是 API 连接和专有连接。API 连接根据 API 提供的规范和公差制造，专有的连接由商业制造商设计和制造，专有连接的规范由各制造商确定。

研究发现大多数套管失效与连接有关，这个比例为 85%～95% (Schwind, 1998)。通常情况下，在管柱设计时，很少关注到连接。原因包括连接的可用性和缺乏对连接性能的了解。连接必须能承受施加到管柱主体相同的载荷，通常连接是在拉伸、压缩、挤压或弯曲方面较弱。

管柱的 VME 应力极限曲线是连接的理想目标。在匹配或超过不同的压力和轴向载荷组合极限下的连接是显而易见的。不幸的是，这个理想目标比预期目标更难实现。因此，对于任何连接，通过测试、分析或两者的组合量化偏差很重要。由于载荷作用于管柱的连接上使连接更加复杂，需要考虑机械的完整性和防漏性和关于载荷和载荷路径或序列连接性能的相关性。

2.5.1　API 连接

最早的 API 管柱标准建立于 20 世纪初，主要目的是标准化钻杆尺寸和连接，这样不同厂家的原件可以互相组装。因此最早的 API 规范侧重于建立可交换性。

随着钻井深度的增加和载荷的增大，防漏性和抗拉能力变得更加重要。通过钢铁公司和运营商的调研之后，API 连接开始改进。组装程序、API 螺纹脂的开发、连接涂层、加厚销端和其他方面的改进均有助于改善 API 连接性能。

API 连接包括 8 圈螺纹、锯齿螺纹和偏梯形螺纹接箍（BTC）和直连形螺纹。API 8 圈螺纹是指每英寸 8 个螺纹且螺纹的顶和底是圆形的。这些连接一般出现在长接头和短接头处（长短指接头的长度）。长螺纹和连接（LTC）及短螺纹和连接（STC）有不同的轴向和防漏性能。偏梯形螺纹接箍包括常规和特殊的间隙。直连形螺纹连接是一种使用金属—金属密封圈进行承插式连接的螺纹连接类型。直连形螺纹连接现在不常见，大部分已经被专业连接代替。

API 连接的操作限制因井类型和载荷以及操作员指导准则而异。公开发表的文献中给出的通用准则表明，API 连接可以为大多数的钻井和完井提供可靠的服务（Klementich，1995）。

给定管道和连接件的内压阻力是管道的内屈服压力、联轴节的内屈服压力或连接件临界截面处的内压泄漏阻力的最低值。在弹性范围内的应力条件下，该内部防漏的压力是基于来自结构和内压本身的管柱和连接螺纹的界面压力。螺纹公差、表面处理、管道涂料的应用（和类型）和张力都可能影响防漏性。

由于螺纹切割过程，8 个圆形螺纹和 BTC 连接中都存在泄漏路径。这个螺旋路径是 8 个圆螺纹根部和顶部之间的空隙和 BTC 稳定杆法兰之间的空隙。必须用螺纹胶中的固体颗粒堵住泄漏通道。API 螺纹脂由含有铅、石墨和其他固体的碱性有机润滑脂组成，用于润滑螺纹之间，防止在上扣过程中磨损，并堵塞螺旋路径。螺纹脂的一个问题是随着时间和温度的变化而恶化，导致螺纹泄漏路径的密封性丧失。高温（大于 250℉或 121℃）可导致螺纹脂蒸发、干燥和收缩。气体可以穿透有机润滑脂，基础润滑脂可以与油井油发生反应，导致密封失效。

2.5.1.1 API 8 圈螺纹

API Bull. 5C3（1999）给出了 API 8 圈螺纹连接防漏性和接头强度的方程式。耦合内部屈服压力的变量包括屈服强度、耦合外径、中径、螺纹长度、锥度和螺纹高度。接头强度变量包括横截面积、外径和内径、屈服强度和极限强度。圆螺纹的作用是为入扣螺纹面和承载螺纹面提供密封。在根部和顶部的空隙填充有螺纹脂以防止形成螺旋渗漏通道。

一个施加到 8 圈螺纹连接的张力载荷的目的在于打开入扣螺纹面，并产生渗漏通道。Thomas 和 Bartok（1941）对这种防漏性张力的影响进行了说明。试验数据表明，张力安全系数保持在 1.6 左右较好，API 接头在所施加的压力载荷下不会漏失。

当张力载荷接近 50%~62.5% 的 API 张力等级时，应降低 7in 外径的防漏性和更大连接件的泄漏阻力。拉伸对泄漏阻力的影响因等级、外径和壁厚而异。一般情况下，外径由 7in 增大至 20in，泄漏阻力显著降低（Schwind，1990）。

2.5.1.2 API BTC

锯齿螺纹设计用于抵抗高轴向张力和压缩载荷。API Bull. 5C3（1999）也给出了对于 API BTC 连接的连接防漏性和接头强度方程。影响 BTC 连接防漏性的因素有入扣螺纹面间隙、接触压力和耦合屈服应力。最小入扣螺纹面间隙及特氟隆浸渍螺纹化合物的组合可防止泄漏通过螺旋渗漏通道。

关于 API 连接的更多细节，包括图表和等级方程，可以在 Bourgoyne 等（1986）的著作中找到。

2.5.2 专用连接

压力较高、深度增大、温度较高的油井产生的连接载荷可能需要比 API 连接更大的连接能力。此外，紧密运行间隙可能会决定连接几何形状是平齐或稍稍高于管道外径。对于这些应用，行业已开发专有连接或高级连接。这些连接用于增加性能或相对于所述管体的几何透明度。高级连接的成本是 API 连接成本的 2~5 倍。

典型的专用连接在组装时有金属—金属密封。一些连接有多个密封件或备份弹性密封件。在现场条件下难以测试或不可能测试多个密封件。

过去连接问题包括外部压力导致的密封性不足和压缩载荷下的低效率密封性。设计一个内部压力和柱体张力的连接是相当容易的，但是设计一个在压缩和外力压力下有效的连接是一个更大的挑战。

专用连接的开发及公司彼此间有竞争，所以不存在行业标准或规范。因此，专用连接的用户需要意识到连接的局限性。

2.5.2.1 适用范围

高级连接的主要问题之一是对于给定的连接、尺寸、重量和等级确定性能的局限性。虽然有限元分析是用于连接设计中的一种有价值的工具，但是物理测试是唯一的用合理确定性确定适用范围的方法。测试涉及多个连接的样品和测试程序来确定适用范围。图 2.6 是一个典型的性能范围图，显示压力和轴向力相结合的测试点。使用管体的 VME 椭圆图中连接测试负载的叠加以显示连接性能对比管体是常见的。一旦了解满足测试标准的载荷和失效载荷，其适用范围即可以确定。气体的适用范围和液体的适用范围在同一图中是可能重叠的。

测试程序的典型要求可能包括如下的一些组合：

（1）通过闭合—断开测试确定磨损的趋势；

（2）气体和液体的密封性能；

（3）最大的压力和张力载荷；

（4）最大的压力和压缩载荷；

（5）热循环；

（6）环空的防漏的外部压力；

（7）最小和最大的上扣扭矩；

（8）最小和最大的螺纹干扰；

（9）最小和最大的密封干扰；

（10）连接失效的载荷。

在一个连接暴露的条件下模拟井下条件时，需要建立一个适用范围。连接供应商可以用测试数据充分定义一个适用范围和设计的载荷进行对比。经验范围外的使用情况可能需要一个测试程序。根据这些载荷和预期的操作条件可确定一个连接是否合格，同时考虑到其性能可能取决于应用载荷的顺序。结果就是一个满足特定井或油藏要求的专用连接。

通常，确定一个连接与管体具有相同性能需要花费大量的金钱和时间。这就需要定义一个涵盖压力和张力极限的测试程序。这种方法的局限性在于，对于给定的连接、尺寸、重量和等级的结果不一定可扩展到在相同的连接设计条件下其他的尺寸、重量和等级。每个连接必须单独处理直至分析和测试确定操作范围。

图2.6是一个专用连接例子的性能范围,包括三角形显示的测试载荷。这个范围包括在所有四个象限中的压力和力的组合的测试点;方形的数据点表明失效载荷。

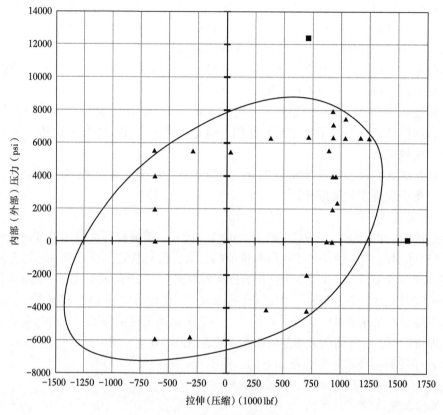

图2.6　连接性能范围示例

2.5.2.2　连接质量标准

已经进行多次尝试来标准化连接测试,包括1958年的API RP 37(1980)。该标准并没有广泛使用是由于测试要求非常极端,耗时长且成本高。

钻井工程协会(DEA)于1986年组织成立了联合工业项目(DEA-27)以解决具有高间隙和平式接头连接的问题(Payne and Schwind,1999)。测试程序非常简单,涉及张力和内部压力载荷;测试促进连接设计的改进,最初的测试程序不包括外部压力测试。后来建立了包括外部压力测试的DEA-27测试程序附录。试验结果表明,施加外部压力时平式连接更容易漏失。由于连接设计为保持内部压力,于是发现压力低至管体坍塌的40%~50%时,渗漏就会发生,这一点并不奇怪(Payne and Schwind,1999)。测试表明,外部压力可以使销变形,并且随后的内压测试失败。这突出显示了加载顺序会影响连接性能。

美国石油学会的一个工作组在1985年提出了连接标准测试程序。这项工作的成果即API RP5C5(1990)标准于1990年发布。API RP5C5(1990)指定的某些服务等级需要相当多的试样。因此,按照API RP5C5(1990)的要求进行测试是昂贵的。本标准包括材料要求、热循环和密封试验。

国际标准 ISO 13679，即测试套管和油管连接的程序（ISO 13679 2002），已经成功解决连接测试问题。这个标准采纳了以前的连接测试标准的经验。

这个标准将测试严重性分为四个测试等级，在高温下进行气体服务连接应用水平（CAL）Ⅳ级是最严重的。CAL Ⅰ级是在环境温度下液体的最不严重的应用测试。ISO 13679测试时，CAL Ⅳ级测试需要 8 个测试样品和 CAL Ⅰ级测试 3 个测试样品，而与之对比 API 5C5 测试需要 27 个测试样品。CAL Ⅱ级和 CAL Ⅲ级测试介于等级Ⅳ和 Ⅰ之间，应用当气体和液体服务时其严重状况比 CAL Ⅳ级测试小的情况。有无轴向载荷和弯曲及沿着所述 VME 曲线不同的方向取决于应用的严重程度，该连接用于内部和外部的压力测试，以评估载荷序列的影响。例如弯曲和外部压力的一些测试，在 CAL Ⅱ级和 CAL Ⅲ级测试中是可选择的或不需要的。

ISO 13679 的要点之一是记录连接几何形状和性能数据。该文件充分定义连接并要求制造商定义连接所能承受的负荷。由制造商确定的工作载荷范围（SLE）可以用 ISO 13679 程序进行验证。除了确认 SLE，还可以通过失效测试确定极限载荷范围（LLE）。横截面图和图表形式（VME 曲线）的测试载荷由制造商提供。试样制造的质量控制程序应记录在案，并与为油井服务制造的连接程序一致。

应该记录详细的加载步骤和加载序列。载荷的施加顺序可能会影响密封的完整性。此外，测试结构极限始终存在极限公差。

2.5.2.3　测试步骤概括

测试加载程序可以由在逆时针（CCW）和顺时针（CW）方向 VME 椭圆周围多次围绕的压力和张力的加载点组成。参照图 2.7，外椭圆是管体 VME 和内椭圆是 95% 的 VME。测试顺

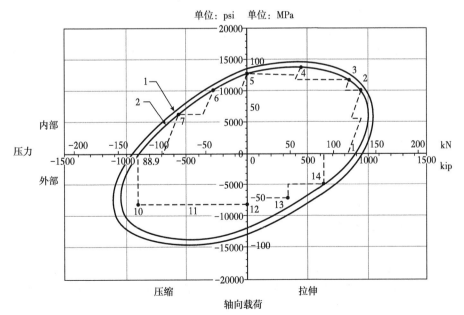

图 2.7　测试载荷的范围（ISO 13679：2002）

注：kip 仅用于美国，1kip = 10000 lbf，1kip = 4448 = 4.448kN

序总结如下：

(1)从加载点 1 开始，压力和张力为 0，VME 为 95%。通过将压力增加到最大值并将张力调整到 95%VME，使 CCW 通过第 2~9 点。保持时间为 5~15min，但第 2 点保持时间为 60min。在第 9 点，从内部压力切换到外部压力，并转到第 14 点；

(2) 从点 14 顺时针行驶到点 10。从外压变为内压，并继续 CW 回到第 1 点；

(3)再次反向加载，跟踪从点 1~9 的逆时针方向。从内部压力变为外部压力并从第 10 点移动到第 14 点；

(4)从外部压力转换为内部压力，完成逆时针移动点 1 和点 2。

在测试结束时，将准备好一份连接测试报告和测试载荷范围。

2.6　套管设计中材料选择需注意的事项

材料选择是套管设计中最重要也是最容易被忽视的环节之一。在其最简单的形式中，材料选择就是材料级别的规范。此外，考虑到冶金、热处理及材料暴露在外部环境中这些情况，检验标准是选择材料时不可缺少的组成部分。

材料选择往往需要详细地考虑腐蚀和冶金方面。此外，一些金属和合金涉及完整的井身设计，包括套管、油管、钻杆、工具接头、地面设备、管线、衬管悬挂器及其他辅助设备和特殊用途的设备。如何处理这一广泛主题已经超出本书的范围。此处主要阐述材料选择的关键概念和基本原理，特别是套管设计。Craig（1993）提出了详细的石油工业冶金和腐蚀方面的总结，建议进一步阅读。

对其他石油工业组件如地面设备和油管，材料方面的考虑比套管更重要。如在卡钻和油管泄漏的实例中，钻井套管通常偶然或短时间内暴露在外部环境中。封隔器和生产油管下方的生产套管和衬管段持续暴露在可能含有腐蚀成分的生产流体中。生产套管的管套环空可能含有盐水或其他长期腐蚀性物质。利用酸液或注 CO_2 增产的方法会使油管和生产套管或衬管在相当长一段时间内处在腐蚀环境中。总的来说，封隔液和压裂液都会采用缓蚀剂处理以抑制或减少腐蚀。虽然会考虑管柱的外部环境，但对套管来说，它们并不是特别重要。

2.6.1　石油工业材料

合金钢是最常用的石油工业材料。根据 APIH40 到 Q125，在设计中会使用几种不同等级的钢材。同时 API 规范 5CT（1998）和 ISO 11960（2004）中列出了从 H40 到 Q125 各个等级及材料相应的化学性质和力学性质。所有的标准 API 等级规范是以低碳（碳含量小于 0.5）钢加入铬、钼、锰为主的合金元素。除了屈服强度允许变化以外，最受关注的重要属性是拉伸强度和硬度。属性上的差异主要是化学和热处理工艺引起的。石油工业管材热处理各不相同，但通常包括以下两个步骤：

(1)在空气或油或水中淬火冷却至室温，淬火或用冷水快速冷却，会产生更精细的微观结构，从而提高强度，但也会降低塑性；

(2)回火，或将温度升高至临界温度（通常为材料的较低临界温度），以恢复延展性；这对于淬火合金尤其重要。

无缝管材和电阻焊制（ERW）管材都可用，且各有优缺点。很多设计人员倾向于选择无缝管材，因为电阻焊管材有焊接缝，但是足够仔细的质量控制和检查可以使电阻焊管材的焊缝表现出和无缝管材相同的性能。由于具有离心降低、壁厚更加均匀和较好的表面光洁度等优点，电阻焊管材在一些设计情况中占有优势。

除了 API 标准划分的等级外，对于载荷和预期腐蚀问题，几种非 API 等级也往往倍受设计师推荐。包括高抗挤压强度套管、低合金钢、镍或钴基耐腐蚀合金（CRAs）。由于油管和套管很可能长时间暴露在腐蚀性环境中，因此在油管和套管设计过程中通常考虑应用耐腐蚀合金。

API 等级的一个最重要的分类对材料选择的影响是分组。表 2.6 展示了不同等级的分组。在所有的分组中，第二组在化学、热处理及机械制造上得到最大程度的控制，试图提高其抗 SSC 性。

表 2.6　套管和油管等级 API 分组

组	应用等级	注释
1	H40、J55、K55、N80	化学成分控制有限；非标准化，除非买方要求
2	M65、L80（包括 9Cr and 13Cr）、C90、C95、T95	严格控制化学和机械性能，限制化学反应，规定的最大硬度和允许硬度变化，更详细的热处理
3	P110	化学成分的有效控制
4	Q125	控制化学和性能，没有硬度最大值但控制硬度变化

硬度是材料暴露在腐蚀环境中表现其能力的另外一个重要特性，它是一种在不损害材料的前提下测量材料极限强度的方法，表明材料的脆性或韧性。材料的韧性可以理解为在应力条件下其抗裂纹或断裂的能力。玻璃在拉伸强度方面和许多钢材一样，但在硬度上远不及钢材，因为玻璃即使有非常小的裂缝也会在外力作用下迅速扩展。因此除了拉伸强度和刚度外，韧性是材料强度的重要决定因素。

硬度可以用几种不同的方法来度量，尺度之间的主要差异与硬度压痕的应用方法和所施加的载荷有关。石油工业中最常使用的尺度是洛氏硬度 C 级并且称 HRC（洛氏硬度 C 级），即罗克韦尔 C 尺度上的硬度，通常管材裸露在腐蚀环境时 HRC 不大于 22。其余常见的衡量尺度是常应用于低拉伸强度软材料（57～110ksi）的罗克韦尔 B 尺度和用于现场测试或冗余项目快速试验的 Brinnell 尺度。

另外一种常见的材料硬度测量方法是夏氏冲击实验，实验中用一个摆锤去冲击有切口的试样。冲击时，一部分能量被样品吸收并且摆锤的上升高度会低于原来的释放高度。高度的差异是由试样吸收的能量决定，可以用 ft·lbf 或 J 为单位来衡量吸收能量的大小。对于一些硬度等级，规定了最小冲击能量。

2.6.2　腐蚀

石油工业中用的管材不可避免地会遭受到腐蚀。本节的主要目的是研究如何选择冶金和抑制腐蚀的方法，使得所述管件可以继续承受循环或静态载荷。腐蚀可以分为几种不同的类型，对于套管，以下是其简易分类：

(1)均匀腐蚀；

(2)点蚀；

(3)环境辅助开裂。

均匀腐蚀就是材料以恒定速率统一化和均匀化的腐蚀，是理想化的腐蚀。这通常也是设计的基础，特别是生产油管的腐蚀预测每年达到微米级或毫米级。点蚀是一种常见的腐蚀机理，其腐蚀和严重程度取决于周围环境。坑状引起迅速腐蚀，导致短时间内失效。一旦点蚀开始，不是坑状周围材料充当阴极，阳极发生的反应使周围局部环境的 pH 值降低，进一步加深腐蚀，直到材料失效。环境辅助开裂在选择材料中是最重要的腐蚀机理。应力腐蚀开裂(SCC；在拉伸应力和腐蚀环境下开裂)、SSC(硫化氢存在情况下开裂)和氯化物应力开裂(氯化物存在情况下开裂)都是环境辅助开裂的类别。环境辅助开裂通常是电化学腐蚀反应产生的氢原子渗入金属基体，导致脆化损伤的结果。结果，材料在远低于管材延性极限的应力下失效。存在有害环境和拉伸应力的裂纹或缺陷是这种失效机制最有力的组合。

电化学腐蚀

腐蚀是一个电化学反应过程，涉及电子流动。因此，它需要一面释放电子和另一面接受电子的电化学电池，阳极负责电子排放。在阳极发生氧化反应，使金属变成正的金属离子并且在此过程中释放电子：

$$M \rightarrow M^+ + e$$

在此反应过程中，涉及金属铁的变化通常如下：

$$Fe \rightarrow Fe^{+2} + 2e, \quad Fe^{+2} \rightarrow Fe^{+3} + e$$

阴极接受电子，并发生还原反应：

$$2H^+ + 2e \rightarrow H_2$$

阳极和阴极经常在相同管柱的一部分。阳极一般出现在表面裂缝、应力集中及有划痕的地方；阴极常出现在容易暴露在外环境中的钢或表面有杂质的地方，外部环境可以加快反应。此外，根据外部环境以及压力负载情况，游离的氢原子在变为分子前可以注入金属基质，造成氢脆损坏。

通过破坏化学反应可以减轻腐蚀，有四种典型方法：

(1)利用涂层改变金属溶液的反应接触面，为反应提供临时屏障；

(2)使用化学抑制剂来减缓化学反应；

(3)通过改变腐蚀电池的反应结构，即使需要保护的金属成为阴极，牺牲阳极来保护阴极；

(4)改变冶金以提高抗腐蚀能力。

化学抑制一直是石油工业管材行业最受欢迎的方法。如果这种方法也不起作用，设计者往往会提高合金(通常是铬或镀镍)的含量来提高管材的抗腐蚀能力。

2.6.3　影响套管腐蚀的环境因素

影响套管材料选择最常见的环境因素是氯化物、CO_2 和 H_2S。温度、压力和 pH 值也定义为环境中的一部分且对选择产生影响。

2.6.3.1　氯化物和 CO_2

地层产出的流体中常含有 CO_2 和氯化物，而这两者通常组合出现。典型的腐蚀常先发生点蚀，接着在小坑的顶部发生 SCC。这两种机制通常都是用高铬合金来消除的。

在 CO_2 环境中腐蚀速率是 CO_2 分压、温度和裸露时间的函数。CO_2 存在的情况下确定腐蚀速率的经典方法由 de Waard and Milliams 在 1975 年提出：

$$\lg R = 8.78 - \frac{2320}{T+273} - 5.55 \times 10^{-3} T + 0.67 \lg p_{CO_2} \tag{2.66}$$

式中，R 为腐蚀速率，mm/a；T 为温度，℃；p_{CO_2} 为 CO_2 的分压，psi。

此方程并不考虑压力梯度，也没有考虑金属表面形成的碳酸盐保护层对 CO_2 腐蚀的影响。因此，方程给出了腐蚀速率的保守值，但在需要确定耐腐蚀等级方面十分有用。

增加 Cr 的含量有助于减缓二氧化碳腐蚀。为了达到抗腐蚀的效果铬的临界值通常为12%，这也解释了 API 中的等级 13Cr 合金。

氯化物增强钢的应力腐蚀开裂。在高温下，氯化物的 SCC 影响恶化。当温度高于350℉时，正常的钢已不能再使用，此时需要采用镍基耐腐蚀合金。此外，氧气和游离硫及 CO_2 和 H_2S 局部高分压的情况更是促进了钴基耐腐蚀合金的应用。含铁素体和奥氏体组织的双相钢具有良好的抗氯化物应力开裂性能。然而，随着 H_2S 分压的增加，材料的有效性降低，因为 CO_2 和 H_2S 存在会在双相介质中引起严重的点蚀。在这种情况下，可能必须采用镍基合金。

2.6.3.2　硫化氢和硫化物腐蚀开裂（SSC）

H_2S 的存在对石油工业管材的选取影响最大，虽然 H_2S 会造成点蚀，但更令人担忧的是它会导致灾难性的 SSC。SSC 发生的可能取决于 H_2S 的分压、溶液的 pH 值、温度、材料初始时存在缺陷的大小和材料成分或合金。低温、高应力条件会导致对 SSC 最严重的敏感性。这就意味着在管柱高部位 SSC 是一个主要问题，并且最坏的情况常常出现在接近表面的地方。

图 2.8 显示了温度对管柱 SSC 的影响。低强度管材不容易发生 SSC，随着强度增加，管材对 SSC 会变得敏感；随着温度的升高，SSC 有降低的趋势，可以使用更高强度的材料。

图 2.9 显示了在不同油田管材等级下 H_2S 浓度对 SSC 倾向的影响，正常的回火钢比淬火的回火钢更差；再者，较高强度会导致抗硫化氢能力减弱使 SSC 成为一个问题。

碳钢和低合金钢的一般经验法则是将硬度保持在 HRC22 以下。美国腐蚀工程师协会（NACE）在 NACE-MR-01-75（2003）中规定了石油工业管材酸性介质的可接受硬度限值。本标准规定了详细的化学要求，还讨论了温度对 SSC 的影响。从标准规定中有一个重要发现，在温度较高的井中，更高强度的管柱可用于更深的井中。例如，P110 钢级可以在温度超过 175℉ 情况下使用而不会有 SSC 的风险，证明该材料暴露在 H_2S 后不会冷却。

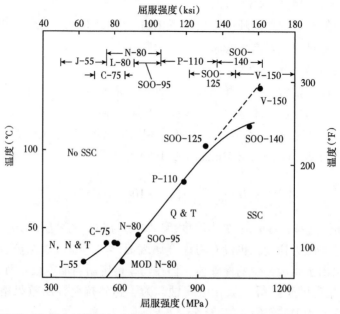

图 2.8 温度对套管和油管材料硫化物腐蚀应力开裂的影响(Kane and Greer, 1977)

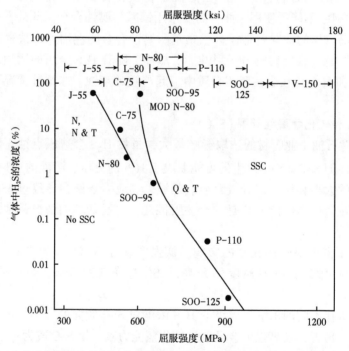

图 2.9 H_2S 对套管和油管材料硫化物腐蚀应力开裂的影响(Kane and Greer, 1977)

2.6.4 环境设计

设计和选材要考虑的某些复杂情况超出了本章的范围。当环境因素决定材料的选择时，此时冶金和腐蚀方面的专业知识就显得非常重要，本节将会回顾协助选择材料的方法。

2.6.4.1　一般经验法则

大多数材料的选择实行一般的经验法则，其摘要如下。

(1)对CO_2腐蚀，如果CO_2的分压小于7psia，则不可能发生腐蚀；CO_2分压在7～30psia，有可能发生中等强度腐蚀；而如果CO_2分压大于30psia，则可能发生严重的腐蚀[可以用公式(2.66)计算]。

(2)维持硬度在HRC22以下可以提高钢合金的抗SSC和抗酸能力。

(3)当温度、压力、CO_2、氯离子和硫化氢浓度都增加时，材料选择进程如下：

①普通碳素钢(H40—C75)；

②酸性碳素钢(L80，C90，C95，取决于温度，P110)；

③含有13%Cr的单相马氏体不锈钢结构(这也是一个API等级)；

④具有两相结构的双相钢[合金含有铬(>13%)和镍]在减缓CO_2影响方面尤为显著；

⑤镍合金用于减缓二氧化碳和硫化氢环境的辅助开裂。

(4)在延性设计中使用高安全系数以降低SSC发生的可能性(通过限制管柱的应力水平)。

假设氯化物不存在的情况下，图2.10提供了一个基于CO_2和H_2S分压的函数选择材料的近似准则。NACE-MR-01-75(2003)是选择材料时非常有用的参考依据，考虑酸性作业时应详细地查阅。

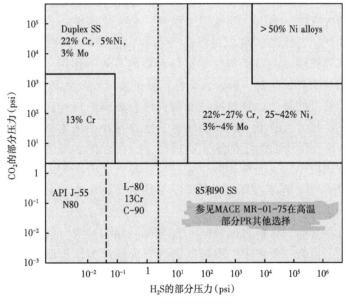

图2.10　存在H_2S和CO_2时材料选择指南(Sumitomo，2008)

2.6.4.2　断裂力学方法

弹性模量是工程材料重要的性能参数，从宏观角度来说，弹性模量是衡量物体抵抗弹性变形能力大小的尺度；从微观角度来说，则是原子、离子或分子之间键合强度的反映。

制造材料表面总是存在缺陷，在某些环境和应力作用下，裂纹和缺陷会潜在生长直到发展到灾难性的程度，并导致失效。虽然标准设计中考虑到压力、轴向力、弯曲力、温度和屈曲应力，但并没有考虑材料存在缺陷时对管柱整体的影响。

断裂力学主要研究裂纹扩展和防止裂纹扩展的方法。在工程设计，一个主要的问题是寻找方法来避免裂纹和裂纹扩展的后果。几个世纪以来，这是通过确保结构保持压缩以保持裂缝闭合而实现的。

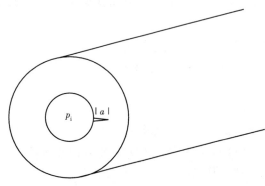

图 2.11 油田用管材理想裂纹图 (OCTG)

图 2.11 中表明了在设计管柱时需考虑的裂纹类型，并做出以下假设：

（1）裂纹扩展垂直于载荷作用方向；

（2）管柱很长并具有一个很长的纵向裂纹；

（3）内部压力作用于裂纹表面；

（4）裂纹深度尺寸为 a。

对断裂力学的详细讨论已超出了本节的范围。本节提供了足够的背景资料来理解对套管设计的影响。Miannay（1997）对断裂力学在细节上进行了详细的评述。

2.6.4.3 应用于设计的断裂力学基础

断裂力学主要研究假定存在的裂纹在载荷和暴露环境下的行为。如果存在裂纹，任何载荷都会使裂纹有张开趋势，导致裂纹尖端的应力过大，裂纹在这种载荷的作用下会张开，以释放尖端产生的应变能。然而，要使裂纹张开，必须克服破坏化学结合强度或黏结应力所需的表面能。因此，裂纹的扩展取决于打开所提供能量的释放和所需能量之间的竞争。当裂纹的长度比临界长度短，对于裂纹不扩展有积极有效的作用，这是理想的条件。当裂纹的长度接近或超过临界长度时，裂纹破坏性扩展的能量效率更高。

指示裂纹临界长度的属性是该材料的断裂韧性。玻璃的拉伸强度几乎与钢相同，断裂韧性很低，即使在小拉伸载荷下，裂纹的临界长度也很小，约为微米级。玻璃工人使用这个特性，通常以一个小的弯曲力矩的形式通过产生一个小的表面裂纹并施加张力来切割玻璃。裂纹通过在玻璃板小的表面裂纹的位置扩展，导致完全断裂。对于某些钢材，临界裂纹长度可以以 m 为单位。在不破坏强度的情况下达到足够的断裂韧性是材料学家和冶金学家的主要研究方向之一。

在石油工业管材方面，材料表面缺陷一直存在。除非检测，否则无法检测到表面缺陷或缺陷。即使检测，也有一个极限，即可以通过当前检测方法检测到的最小缺陷深度，通常检测限为壁厚的 5%。

载荷对裂纹的影响取决于荷载和裂纹的方向。裂纹可以扩展为图 2.12 所示的三种模型中的一种。对于套管，最常见的模式是模型 1 或者打开模型。

当带裂纹材料以模型 1 加载时，裂纹尖端的压力增加。压力强度因子 K_1 表示裂纹尖端压力状态的度量。裂纹尖端的主应力可以表示为压力强度因子 K_1 的函数。压力强度取决于载荷、远场应力及裂纹几何形状。含裂纹无限平面强度因子最基本的表达式之一是

$$K_1 = \sigma\sqrt{\pi a} \tag{2.67}$$

式中，σ 为远场应力；a 为缺陷深度。

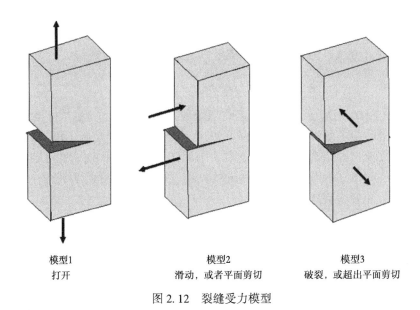

模型1
打开

模型2
滑动，或者平面剪切

模型3
破裂，或超出平面剪切

图 2.12　裂缝受力模型

注意应力强度的单位是应力与长度的开根乘积（psi$\sqrt{\text{in}}$或 kPa$\sqrt{\text{m}}$）。几种典型的几何形状和荷载类型的 K_1 值列于参考文献 Miannay（1997）。

对于模型 1，可以根据应力强度找到裂纹附近的主应力（在距裂纹尖端和极角 θ 的任何距离 r 处）可以表示为：

$$\sigma_1 = \frac{K_1}{\sqrt{2\pi r}}\cos\frac{\theta}{2}\left(1+\sin\frac{\theta}{2}\right) \tag{2.68}$$

$$\sigma_2 = \frac{K_1}{\sqrt{2\pi r}}\cos\frac{\theta}{2}\left(1-\sin\frac{\theta}{2}\right) \tag{2.69}$$

$$\sigma_3 = v\left(\sigma_1+\sigma_2\right) \tag{2.70}$$

可以通过在裂纹尖端假设一个塑性区域解决原点的异常，限定弹性断裂力学分析到这个地区之外。上述等式可以确定这个区域的大小。例如，对于平面应力，塑性区域的半径可以由下式给出：

$$r_{\text{plastic}} = \frac{1}{6\pi}\frac{K_1^2}{\sigma_Y^2} \tag{2.71}$$

断裂力学教科书（Miannay，1997）给出了不同裂纹几何形状和荷载类型的 K 和主应力方程。

材料对裂纹扩展的抵抗力取决于材料的冶金和使用的环境。当在酸性条件下（含 H_2S），材料的抗裂性达到临界 K_1 时称为是 K_{1SSC}，当应力达到 K_{1SSC}，裂纹达到给定载荷条件下的临界长度。一旦超出极限，裂纹快速增大直至断裂。因此，K_{1SSC} 是测量材料断裂韧性的直接方法,它可以被看作是类似于屈服强度的材料特性;其值取决于冶金和环境。就像屈服强度一样,K_{1SSC}具有给定的材料和环境下的统计分布。

断裂力学的设计方法是为了确保材料满足以下条件应用:

$$K_1 < K_{1SSC} \tag{2.72}$$

失效评估图(FAD)用来确定给定缺陷深度下结构的安全性。图 2.13 论证了 SSC 下的FAD。它在 Y 轴上绘制了所施加的 K_1 与 K_{1SSC} 的比值,在 X 轴上绘制了施加的载荷与结构极限载荷的比值。安全区是组合应力小于极限状态的区域。FAD 同时考虑了断裂力学和延性载荷。缺陷的存在降低了加载在结构上的允许载荷。当缺陷达到临界长度的,结构就不能承受任何载荷,以免发生破坏。

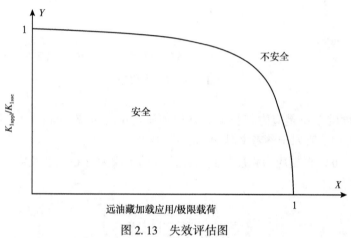

图 2.13　失效评估图

如上所述,K_{1SSC}取决于材料及环境。对于 SSC,环境影响的表征在于 H_2S 的分压和温度。K_{1SSC}是通过在预期的环境条件下,通过双悬臂梁试验和慢应变速率试验来估算的。为表征 K_{1SSC} 的统计分布需要多次测量。

应力强度 K_1(加载端)通常使用断裂力学理论合适的模型计算。它假定由于内部压力和张力给定了一个缺陷几何条件和载荷条件。为了简化应力强度估算的数学模型,提出了几个假设。有限元分析也可以用来估计应力强度。对于求取真实材料中真实裂纹的 K_1 指数是相当复杂的。

由于 K_1 取决于几何缺陷,在相同温度和 H_2S 分压条件下,通过严密检测控制缺陷尺寸可以增加可允许的内部压力载荷。因此,可以根据检查级别定制材料应用程序。通过检测较小的缺陷尺寸,可以降低给定载荷下的应力强度,从而使套管能够在较高的载荷水平下使用。该方法可以根据缺陷大小和环境,按管柱应用级别进行形式化。

2.6.4.4　ISO/ TR10400 管体断裂

很少有设计方法将断裂力学正式应用于材料的选择和检验。在裂纹状缺陷存在的情况下,管体断裂的解决方法是 ISO / TR1040(2007)。使用与上述相同的方法,但在命名上略有不同。材料的断裂韧性称为 K_{mat} 或 K_{Ieac}。K_{Iean} 指环境辅助开裂的断裂韧性(下标 EAC),这是材料和暴露的环境两者共同的作用。K_{Ieac} 的值将随环境而变化，如 H_2S、温度、pH 值和水的化学性质。

断裂极限状态函数定义为 FAD，如图 2.13。在 ISO／TR10400（2007）中使用的方程式见等式（2.73）。对于内压，该方程不能显式求解；而是寻求迭代解

$$(1 - 0.14L_r^2)(0.3 + 0.7e^{-0.65L_r^6}) = \cfrac{p_{\text{iF}}\left(\cfrac{d_\text{o}}{2}\right)^2 \sqrt{\pi a}}{\left[\left(\cfrac{d_\text{o}}{2}\right)^2 - \left(\cfrac{d_\text{o}}{2} - t\right)^2\right]K_{\text{Ieac}}}$$

$$\left[2G_\text{o} - 2G_\text{t}\left(\cfrac{a}{\cfrac{d_\text{o}}{2} - t}\right) + 3G_2\left(\cfrac{a}{\cfrac{d_\text{o}}{2} - t}\right)^2 - 4G_3\left(\cfrac{a}{\cfrac{d_\text{o}}{2} - t}\right)^3 + 5G_4\left(\cfrac{a}{\cfrac{d_\text{o}}{2} - t}\right)^2\right]$$

（2.73）

其中：

$$L_r = \frac{\sqrt{3}}{2}\left(\frac{p_{\text{iF}}}{\sigma_\text{Y}}\right)\left(\frac{\frac{d_\text{i}}{2} + a}{t - a}\right)$$

（2.74）

式中，a 为缺陷深度；K_{Ieac} 为材料断裂韧性；L_r 为载荷比，施加载荷/极限载荷；p_{iF} 为断裂时内部压力。

在表 2.7 中参数 G_0—G_4 完全按照 API RP 579（2000）中的方法获得。

ISO／TR 10400（2007）提供了 K_{Ieac} 值的下界的方程式。其中一个方程式适用于不存在可检测 H_2S 的"甜气"体系。目前所使用的技术检测硫化氢的下限大概是 1ppm（$1.539\text{mg}/\text{m}^3$）左右。其余的方程适用于酸性体系，这些方程基于已发表的文献中的数据。

这两个方程的结果在 ISO／TR 10400（2007）的附录 E 表中给出，除了一些较高等级的值，非酸性条件断裂端的数值与韧性断裂端的数值相似。依据已公开数据，对于"酸裂缝"覆盖端值是保守的。这可能就需要在裂缝设计时测量具有代表性 K_{Ieac} 的值。

对于一个给定材料值 K_{Ieac} 的确定，首选方法是将其暴露在现场环境下测量。室内根据测试标准控制条件模拟现场。

2.6.4.5　ISO／TR10400 管体延性断裂

ISO／TR10400（2007）中提出了一种将材料缺陷纳入延性断裂方程的断裂力学方法。ISO／TR10400 使用 Klever-Stewart 延性断裂公式，其中包括管柱偏心的伤害及瑕疵或缺陷存在的损害，两种损害都会降低临界壁厚。建议最低井壁伤害可以基于最小的的壁厚，这个壁厚为标准 API 会标套管的 12.5%。如果需要进行概率设计，则应该使用测量壁厚的平均值和标准偏差。对于缺陷，如果设计是确定性的，那么可以通过未检测单元的最大尺寸缺陷用于缺陷伤害。如果需要进行概率设计，缺陷的深度与确定性设计仍然是相同的，但是该方法使用缺陷频率的统计表示。缺陷出现的频率对给定压力下的破裂概率有显著影响。

表 2.7 G_0—G_4 失效评估图

d/t 或 d_{wall}/t	a/t	G_0	G_1	G_2	G_3	G_4
4	0.0	1.120000	0.682000	0.524500	0.440400	0.379075
4	0.2	1.242640	0.729765	0.551698	0.458464	0.392759
4	0.4	1.564166	0.853231	0.620581	0.503412	0.427226
10	0.0	1.120000	0.682000	0.524500	0.440400	0.379075
10	0.2	1.307452	0.753466	0.564298	0.466913	0.398757
10	0.4	1.833200	0.954938	0.676408	0.539874	0.454785
20	0.0	1.120000	0.682000	0.524500	0.440400	0.379075
20	0.2	1.332691	0.763153	0.569758	0.470495	0.401459
20	0.4	1.957764	1.002123	0.702473	0.556857	0.467621
40	0.0	1.120000	0.682000	0.524500	0.440400	0.379075
40	0.2	1.345621	0.768292	0.572560	0.472331	0.402984
40	0.4	2.028188	1.028989	0.717256	0.566433	0.475028
80	0.0	1.120000	0.682000	0.524500	0.440400	0.379075
80	0.2	1.351845	0.770679	0.573795	0.473108	0.403649
80	0.4	2.064088	1.042414	0.724534	0.571046	0.478588

Klever-Stewart 公式隐含的缺陷损失是基于断裂力学得到的，其损失是 Klever-Stewart 公式的推广，包括了缺陷的影响。缺陷损失是基于裂缝尖端的能量，而不是与脆性破裂的应力强度，所使用的方法如下：

(1)测量具有代表性的管柱样品裂缝尖端能量 J_1；

(2)对不同管柱使用有限元分析计算其应用的 J 载荷；

(3)评估当 $J=J_1$ 时的压力，这是给定缺陷的极限载荷。

此时 K_1 和 K_{1SSC} 的用法相同。由于裂纹尖端的能量与应力强度相关，因此两种方法是相等的。

破裂方程中使用的缺陷损失是管壁厚度的减小。如果 a 是瑕疵可以通过检测而未被检出的最大深度，K_a 是基于使用 ISO/ TR 10400（2007）的断裂力学方法的修正系数，那么当 t_{dr} 为延性断裂极限方程的管壁厚度时：

$$t_{dr} = t_{min} - K_a a \tag{2.75}$$

2.6.4.6 材料选择总结

对 API 等级、腐蚀机理和断裂力学的基本了解有助于确定材料是否适合设计环境。该 API 等级指定提供材料的强度、化学成分和机械性能的信息。硫化氢的存在可能会限制一些 API 等级的使用。腐蚀源于井下环境和材料化学的共同作用。实验室测试数据和现场经验可提供材料与环境匹配的意见。断裂力学也可以用来匹配具有特定环境和应力阈值的材料。

虽然高级的工程师应该可以进行正确的材料选择，但关键设计问题应咨询冶金专家。

2.7 套管特殊问题

本节讨论是常规套管设计通常不涉及其他问题。内容包括热效应、屈曲、环空压力升高（APB）、井口增长、套管磨损和热采井设计。

2.7.1 热负载及影响

井筒温度是其作业条件的函数。在钻井、循环、固井、关井、生产或注入等各种操作过程中，井筒温度发生改变。套管柱和井筒环空中的容物对这些在初始或静止状态温度与某些最终操作条件下的温度差做出响应。例如，在完井期间安装油管柱时，当钻井液温度接近地热温度时，封隔器可能被下放且管柱悬挂关闭。当井开始生产，管柱被加热，温度的变化引起的管柱的热膨胀。由于管柱的重量、内部和外部的流体及封隔器对管柱运动的约束作用，管柱可能会弯曲。同时，在油管环空中流体膨胀导致称为 APB 的压力升高。这些现象是井筒温度变化的结果，对施加在套管柱上的载荷，特别是对整个井筒的完整性有严重影响。本节讨论了井筒中套管柱上热膨胀致载荷引起的一些更严重的问题。

2.7.1.1 温度预测方法

井筒传热是一门成熟的学科，目前已有标准的井筒温度计算方法。从套管的设计和分析的角度来看，在生产、注入、钻井和关井期间，有必要确定井筒的温度。固井期间温度可以通过循环后关井的特殊案例得到。

Ramey（1962）在其经典论文中讨论了油井通过油管生产或注入过程中的传热性质。循环和钻井过程中的传热可通过 Raymond（1969）论文中的方法解决。尽管已开发了复杂的计算机程序来确定井筒温度，但这些论文都是经典著作，因为它们描述了井筒传热的重要物理基础。井筒热传递的详细论述此处不再详述。Hasan 和 Kabir（2002）的文献中包括所有有关井筒传热问题。

温度通常通过使用专用的井筒热模拟器来确定。在给定井身结构的情况下，模拟器通过使用对不同的解析解或数值方法计算了不同工况下井筒的温度分布。模拟器把井筒视为轴对称有限差分网格（Wooley，1980）。利用对流换热的关联式，计算了流体到井筒的传热。环空中的自然对流可以用 Dropkin 和 Somerscales（1965）给出的关联式来模拟。油管和水泥部分的热传递是通过传导模拟。地层中的热传递是通过求解二维热传导方程来计算。合适的边界条件施加在远离井筒和在井眼—地层的界面。井筒热模拟器的输出值包括深度函数的每个管柱和井筒环空的温度。此外，也计算该流动流体中的压力，并作为输出量提供。

图 2.14 显示了以三种不同速率生产时井筒升温的示例结果。这些结果是用商用的工业标准井筒热模拟获得的；虽仅显示出了产出流体的温度，但结果显示出了所有的管柱、环空和产出的流体的温度。

上述计算假设线性地温梯度。生产温度曲线是基于 629 bbl/d（100 m³/d）、1258 bbl/d（200 m³/d）和 3145 bbl/d（500 m³/d）的产量。

图 2.15 是钻井过程中由于循环而使井下部冷却、上部加热的一个例子。此外，还显示了假设 TOC 为 5906 ft（1800 m）时，套管未胶结部分的温差计算示例。

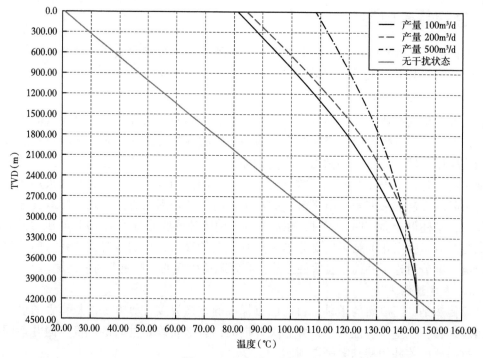

图 2.14　生产升温示例

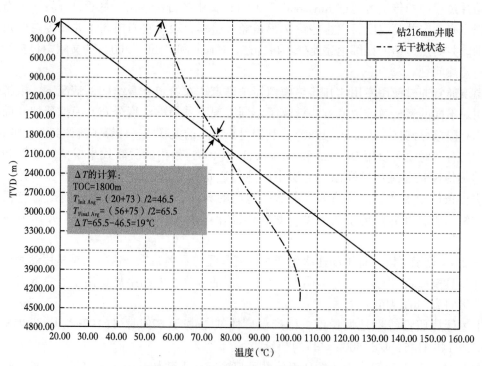

图 2.15　钻井过程中温度变化的示例

2.7.1.2 地热温度估算

在热分析中，地热温度通常是用于计算温度差的参考。地热温度应基于邻井或一般区域的温度记录和温度数据。地温通常以地温梯度为特征，单位为 $°F/100ft(°C/100m)$。全球各地的地热温度梯度变化很大，通常介于 $1.2°F/100ft(2.2°C/100m)$ 和 $1.8°F/100ft(3.3°C/100m)$。

对于海底井，地热温度估算必须包括环境温度随水深而降低，以及泥线以下温度迅速上升至正常地热温度。在这里给出一种典型的方法：

(1)从地面到泥线，使用该地区水域的温度梯度特征；

(2)泥线的温度是泥线深度的水的温度。对于大多数的深水井，泥线的温度基本保持在 $40°F(4°C)$ 左右。

(3)泥线以下，假设温度梯度高于正常温度梯度，使得在泥线以下 $1000ft(305m)$ 的温度；如果井是陆地井将会是相同的；

(4)深度大于 $1000ft(305m)$，使用正常地热温度梯度。

地热温度估算在套管设计中是关键的，尤其是在深水井和高压高温井。因此，必须注意获得准确的温度数据。如果必须估计梯度，建议在预期的地热温度梯度范围内进行敏感性测试。此外，地热梯度可能随井深的变化而变化，这取决于岩性(如穿过厚盐体)。

2.7.2 钢的屈服强度降级

对于大多数钢，屈服强度随着温度的升高而降低。热力屈服降级应该反映在设计中。对于套管，屈服强度随温度的降低速率是所考虑等级的函数，并且可以通过实验获得。对于设计而言，线性热屈服降级可能在 $0.02\% \sim 0.05\%/°F(0.04 \sim 0.09\%/°C)$ 之间变化，但是在高于环境温度的情况下为 $0.03\%/°F(0.054\%/°C)$ 的线性热屈服降级。

耐腐蚀合金管材的热屈服降级并不是那么简单。化学性质和制造工艺都显著地影响降级的形状和大小。为了准确地描述降级曲线，可能需要特定合金的数据。

在设计中，为了说明温度的影响在强度计算中降级屈服强度替换最小的屈服强度。每种负载条件都需要关注其深度条件下的温度。

在极限状态方程中，极限强度通常用于代替屈服强度。钢的极限强度在实际的井筒温度范围内不随温度变化发生明显的函数变化（小于 $500°F$ 或 $260°C$）。因此，根据温度降低强度极限是不恰当的。

2.7.3 屈曲和后屈曲行为

图 2.16 为带有未胶结套管段的井眼。根据作业条件，套管柱的非胶结段可能发生屈曲。

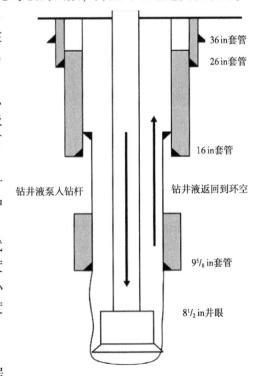

图 2.16 未胶结套管的井筒

（图中标注：36in套管、26in套管、16in套管、钻井液泵入钻杆、钻井液返回到环空、$9^5/_8$ in套管、$8^1/_2$ in井眼）

例如，循环钻井液冷却井筒下部，加热井筒上部，形成图2.15所示的循环温度剖面。根据钻柱和套管柱的深度、地热温度梯度和流速，9⅝in(244.5mm)的衬管可能会被冷却而16in(406.4mm)的套管可能会被加热。如果循环钻井液过程中温度升高足够，套管的未胶结部分可能会屈曲。同样，在生产过程中，未胶结管柱可能会经历更大的温度升高。如果在钻井中出现屈曲，由于旋转钻杆接头和在套管内侧露出的螺旋之间的接触可能会导致套管磨损。另外，屈曲在套管中产生附加弯曲应力。如果存在屈曲的可能性，则必须在设计阶段予以考虑。忽视这一点会导致井的完整性问题。

套管柱的屈曲也可能是非热载荷引起的，如地层下沉或环空压力变化。了解管柱屈曲的原因并确定管柱的屈曲状态是否会损害管柱的完整性是很重要的。

当套管柱承受的有效的压缩载荷超过其临界屈曲载荷，无支撑套管柱发生屈曲。如果套管在倾斜的井筒中，套管的最初屈曲成正弦形状。管柱屈曲时的荷载称为临界正弦屈曲荷载。如果施加的压缩载荷大于临界正弦屈曲载荷，屈曲管柱的间距将减少。如果载荷逐渐增大，那里会出现一个点，管柱从正弦形状到螺旋形状变化。发生这种情况时，此时载荷称为临界螺旋屈曲载荷。

钻井界对约束井中的钻杆和套管屈曲问题进行了广泛的研究。许多论文有助于全面了解屈曲和弹性稳定性(Mitchell，1982，1988；Sparks，1984；Hammerlindl，1980)。这些工作涉及直井眼、弯曲井眼和斜井眼中约束管柱的屈曲，并讨论了管重对屈曲荷载的影响。

2.7.3.1 有效的屈曲力

式(2.59)给出了任意深度处的轴向力，它可以解释套管的重量、浮力及由于温度或压力的变化引起的初始状态力的任何变化。利用拉伸载荷为正、压缩载荷为负的约定，通过调整管柱内压力、外压力来确定有效力：

$$F_{eff} = F_a - p_i A_i + p_o A_o \tag{2.76}$$

有效力是等效的，不是实际作用力，因而有效力不能用一个应变仪或重量指示器测量。但是，它用于预测屈曲趋势是有用的。如果有效力小于临界屈曲的力，套管柱有屈曲倾向。

$$F_{eff} < F_{cr} \rightarrow 屈曲 \tag{2.77}$$

将临界屈曲力设置为零是很方便的，这样负的或压缩的有效力就意味着屈曲。

2.7.3.2 临界屈曲载荷

屈曲临界载荷是套管几何形状、井眼角度和曲率、套管和井筒的间隙和套管内外流体的函数。

垂直井眼(井眼倾角小于15°)。垂直井眼的临界正弦屈曲载荷通过对细长柱的经典欧拉屈曲极限给出：

$$F_{cr,sin} = \frac{4\pi^2 EI}{L_{uc}^2} \tag{2.78}$$

式中，$F_{cr,sin}$ 为临界正弦屈曲载荷；I 为管柱的惯性力矩，$I = \frac{\pi}{64}(d_o^4 - d_i^4)$。

垂直井眼的临界螺旋屈曲载荷由下式给出（Lubinski et al.，1962）

$$F_{\mathrm{cr,hel}} = -1.94^3 \sqrt{E I w_{\mathrm{b}}^2} \tag{2.79}$$

式中，$F_{\mathrm{cr,hel}}$ 为临界螺旋屈曲载荷，lbf；w_{b} 为管柱每单位长度的钻铤减浮质量，lb/ft；w_{b} 为 $[w_{\mathrm{air}}+0.052 (\rho_i A_i - \rho_o A_o)]$；$w_{\mathrm{air}}$ 为管柱每单位长度的空气质量，lb/ft。

倾斜井眼（井眼倾角大于 15°）。倾斜井眼临界正弦屈曲载荷是由（Dawson 和 Paslay，1984）给出。

$$F_{\mathrm{cr,sin}} = 2 \sqrt{\frac{E I w_{\mathrm{b}} \sin\varphi}{12 r_{\mathrm{c}}}} \tag{2.80}$$

其中，φ 为井斜、弧度，且径向间隙：

$$r_{\mathrm{c}} = \frac{(\mathrm{hole} \cdot ID) - (\mathrm{tubing} \cdot OD)}{2} \tag{2.81}$$

倾斜井眼临界螺旋屈曲载荷由下式给出（Chen et al.，1990）

$$F_{\mathrm{cr,hel}} = \sqrt{\frac{8 E I w_{\mathrm{b}} \sin\varphi}{12 r_{\mathrm{c}}}} = \sqrt{2} F_{\mathrm{cr,sin}} \tag{2.82}$$

弯曲井眼

临界正弦屈曲载荷和螺旋载荷通过求解下面的二次方程得到（He and Kyllingstad，1993）：

$$F_{\mathrm{cr}}^4 = \left(\frac{\beta E I}{r_{\mathrm{c}}}\right)^4 (F_{\mathrm{n}})^2 \tag{2.83}$$

$$F_{\mathrm{n}} = [(F_{\mathrm{cr}}\varphi' + w_{\mathrm{b}}\sin\overline{\varphi})^2 + (F_{\mathrm{cr}}\vartheta'\sin\overline{\varphi})]^{1/2} \tag{2.84}$$

式中，$\beta=4$ 为正弦屈曲载荷；$\beta=8$ 为螺旋屈曲载荷；φ 为弯曲井段的造斜率；ϑ' 为弯曲井段的漂移速率；$\overline{\varphi}$ 为弯曲井段的平均井眼倾角。

2.7.3.3　套管设计中的假设

套管设计中的假设：在套管设计中，可以方便地假设临界屈曲载荷为 0，这意味着管柱在任何有效压缩力下都会屈曲。这是一个保守的假设，特别是对于高全角变化率和高倾角的套管。必要时，建议使用上述临界屈曲极限。

2.7.3.4　减轻屈曲的方法

如第 2.7.3 节中所述，当 $F_{\mathrm{eff}} < F_{\mathrm{cr}}$ 管柱即发生屈曲。这可能仅发生在不受支撑管柱的下部。通常定义屈曲中性点，在此点之上由于该管承受有效张力因此不能屈曲。

注意在屈曲趋势的测定时，使用有效应力而不是真正的力。作用在管柱上真实的力，将通过一个虚拟称重传感器横放在浸入流体的管柱轴向截面来测量。有效应力是由公式（2.78）定义的一个有效量。增加有效力可以减轻屈曲。实际轴向力可以通过在设置井口卡瓦之前拉动附加张力，或者等待固井时保持压力测量，需要注意的是后一种操作可能会在套管和水泥之间形成微环。另外，增加外部压力可以减轻屈曲，这是一种允许工具穿过屈曲油管柱的做法。

也可以通过提高水泥顶面高于有效应力为 0 的深度来解决屈曲问题。有效力可能保持在 TOC 以下的临界屈曲力以下；然而，水泥提供横向支撑并防止管柱以其他方式屈曲。

2.7.3.5 后屈曲行为

当套管发生屈曲时，会产生额外的弯曲应力。该弯曲应力是引起屈曲的压缩载荷的函数。最大弯曲应力发生在管柱的外径(Lubinski et al.，1962)。

$$\sigma_b = \pm \frac{d_o r_c}{4I} F_{eff} \tag{2.85}$$

弯曲应力用±的符号表示屈曲应力可以是压缩的(−)或拉伸的(+)。弯曲应力最终用于确定管柱中的 VME 应力。计算 VME 应力必须同时使用最大压缩和拉伸的弯曲应力以确定最坏情况。

弯曲应力是作用在所述管柱的有效应力的函数。穿过管柱长度的力是可变化的；因此，穿过整个长度的弯曲应力也可以变化。在考虑后屈曲应力的影响时，必须检查问题以确定最大弯曲应力的位置，通常是最大压缩应力的点。这通常可以通过检查井眼几何形状来确定。

当管柱成螺旋状的弯曲，它与约束井眼相接触。管柱上的压缩载荷在屈曲管柱和约束井眼之间产生法向接触力 F_n。该法向接触力的计算公式为(Mitchell，1982)：

$$F_n = \frac{r_c F_{eff}^2}{4EI} \tag{2.86}$$

法向接触力实际上是单位接触长度的力。这个力必须乘以接触长度，以确定该管柱和井眼之间的总接触压力。

通常，计算螺旋屈曲管柱有效狗腿严重度(DLS)为几何形状、刚度及有效压缩应力的函数。DLS 是屈曲的一个有用的表征参数，尤其是在估算钻穿屈曲段的磨损时。DLS 的计算由下式给出：

$$DLS = C_n \frac{r_c |F_{eff}|}{2EI} \tag{2.87}$$

使用美国油田单位制，转化系数 C_n 等于 68755，其中 r_c 的单位为 in，DLS 单位为°/100ft。采用国际单位制，r_c 单位为 mm，$C_n = 1718900$，DLS 单位为°/30m。

2.7.4 APB

APB 是流体的无约束体积变化和容器容积变化的结果。图 2.17 显示的是 APB 的机理。该流体体积变化可能由热膨胀或增加或移除流体而引起的。根据 Lame's 方程,环空体积随着流体体积变化和管柱的热膨胀体积变化而变化，同时保持机械平衡。通过了解流体体积变化的大小及环空对压力和温度变化的机械响应，可以计算出一个或多个环空中 APB 的大小。这一机理的细节在一些文献(MacEachran and Adams，1994；Oudeman and Bacarreza，1995)中有描述。APB 的大小影响套管柱的设计，也决定了环空减压的策略。

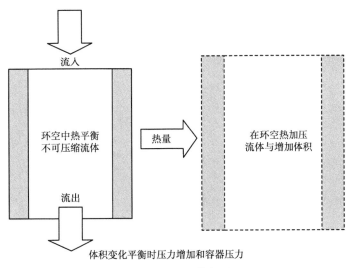

图 2.17 APB 的机理

环空不同于其他井的组成因为它们不是有目的的设计结果。相反，它们是管柱设计和井身设计的结果。因此，环空可承受载荷的能力在设计过程结束时进行评估。图 2.18 显示了井眼中不同类型的环空。Ⅰ型环空由生产油管和套管形成，它在顶部和底部受井筒密封装置和完井装置(包括封隔器和密封件)限制。此外，根据井的性质，可能有环形安全阀、气举阀和相关设备。二次环空可以是 2 种类型——Ⅱ型和Ⅲ型。Ⅱ型环空由相邻套管或衬管形成。顶部由井口密封组件固定，底部由水泥固定。在这种情况下，水泥顶部是环空的外部套管鞋的上方。Ⅲ型环空是类似的，只是其底部与地层相通。无论是通过设计或偶然性，水泥顶部位于所述外套管柱鞋下面。无论环空的类型如何，该井的设计过程都会量化油井寿命期间可能发生的 APB 的大小。如果估计的环空压力超过某一极限，则采用适当的缓解策略。在陆上井和平台完工的油井中，一级环空和二级环空通常是可接近的，允许多余的流体压力排出。然而，在海底井二次环空无法进入，必须将释放多余环空压力的策略纳入油井设计中。

2.7.4.1 APB 的确定

在一个封闭的弹性容器中 APB 的计算是基于流体由于温度变化而产生的无约束体积膨胀和可用于这种膨胀的环形体积的比较。如果温度变化很小，则无约束膨胀仅是热膨胀等压体积系数 α_f、温度变化 ΔT 和流体的原始体积 V_f 的乘积。但是，可用于膨胀流体的实际膨胀体积小于 $\alpha_f(\Delta T)V_f$。流体中产生的压力变化通常与这两个量通过等温体积模量 B_f(通常称为流体压缩性)相关。在数学上，给定算式为

$$\Delta p_{APB} = -B_f \frac{\Delta V_f - \Delta V_a}{V_f} \tag{2.88}$$

式中，ΔV_a 为弹性容器的体积变化。

当流体中的初始温度和压力分布在容器的体积上没有明显的变化，并且流体的温度变化很小时，这种方法通常是有效的。在典型的深水井筒环空中，这两个条件都不满足。忽

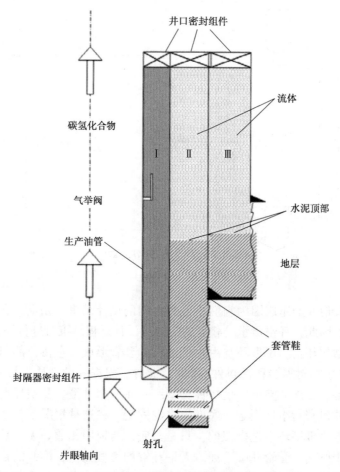

图 2.18　井筒中的环空类型

略环空中流体的非线性压力/体积/温度（PVT）的作用会明显低估的 APB 的大小（Ellis et al., 2002）。

　　Halal 和 Mitchell（1994）提出了一种解释 PVT 行为对环空压力影响的方法。该方法是通过考虑刚性容器中的水进行说明。假设水的初始压力为 14.7psi（101kPa），温度从 70°F 上升到 80°F（21~27℃）。由于容器是刚性的，其体积变化为 0。因此，水的密度不变。容器中产生的压力变化是在温度变化期间保持水密度恒定所需的压力，如图 2.19 中的 AB 线所示。

　　这个简单的例子说明以下几点：

　　（1）流体的净体积变化等于容器体积的变化；

　　（2）虽然流体的净体积变化取决于容器的体积变化，但需要单独计算；由于容器的弹性而引起的体积变化的影响是通过考虑流体中伴随压力变化的密度变化来实现的；

　　（3）容器的弹性体积变化可以进行独立地计算，容器的体积变化是液体未知最终压力和容器壁面温度变化的函数；

　　（4）流体和容器的净体积变化相等，自动满足机械平衡。因此，该方法可用于典型井眼中的多个连通体。

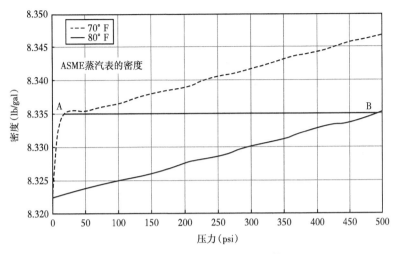

图 2.19　水的密度是压力的函数

注：ASME 即美国机械工程师协会

（5）流体体积变化的计算只依赖于描述其密度为压力和温度的函数的状态方程。由于体积变化是迭加的，因此可以计算和添加单个流体的净体积变化；这对于带气顶的环空尤其有用。

图 2.19 所述实例假设为一个刚性的容器。然而，井眼环空由弹性套管柱限定。无论管柱是由其他环空流体、地层或水泥限定，都可以合理地假设由于压力和温度变化而引起的环空体积变化是 Δp 和约束每个环空的套管柱温度变化的线性函数。Lamé 方程用于描述由于温度和压力的变化引起的环空体积的变化。简言之，环空净体积变化可以表示为

$$\Delta V_{ann} \approx K'\Delta p \tag{2.89}$$

其中，K' 是环空刚度的倒数。与图 2.19 中描述的示例不同，在弹性容器中流体密度不保持恒定。因此，处理在容器中流体移动从初始（p_i、T_i）状态到其最终状态的净流体的体积变化很方便（图 2.20）。

图 2.20 是对图 2.19 的轻微修改。（X 轴）起始的压力已经由 0 变为 p_i。因此，X 轴现在表示相对于该初始值的压力变化。在 Y 轴上，密度被体积变化所代替。根据质量守恒，在容器中的流体加热时，可以表明所述流体的净体积变化由下式给出：

$$\Delta V_f(p,\ T) = \int_{环空} \frac{\Delta\rho(p,\ T)}{\rho_i(p_i,\ T_i) + \Delta\rho(p,\ T)} dV \tag{2.90}$$

式（2.90）中对环空的长度积分。因为流体的起始温度是已知的，较低的 T_i 曲线由压力的函数获得。值得注意的是由于在等温条件下流体随着压力的增加被压缩，由下部曲线表示的体积变化是负的。在 T_f 温度下流体的最终压力是未知的。然而，在该温度下流体的体积变化作为压力的函数可以计算，这个可通过上部的曲线表明。式（2.89）预测套管的容积与流体的压力呈线性变化，如图 2.20 中的实心灰色线 AC 所示。由于当液体温度为 T_f 时，流体与容器的体积变化必须相等，APB 由红色曲线和直线 AC 的交点确定。

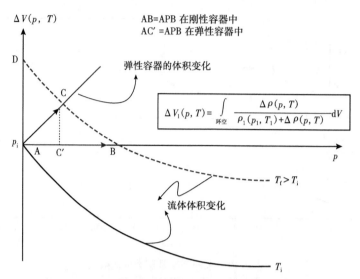

图 2.20　弹性容器中 APB 的计算

对于一个完全刚性的容器,该容器的体积变化由水平直线 AB 表示。该管柱的弹性倾向于降低 APB。如果环空周围的套管柱不受外部压力的约束,那么 APB 如线段 AC 所示。如果 APB 也存在于这些套管之外,则说明 APB 的线将落在 AB 和 AC 之间。

即使考虑到流体密度随环空长度的变化,这两个观测值也使 APB 计算变得简单。公式 (2.90) 中的流体体积变化计算要求积分随深度变化的函数。实际上,流体的 PVT 行为可以通过将数据曲线拟合成一个在温度上呈线性、在压力上呈抛物线的多项式来描述 (Zamora et al., 2000)。根据特定的重力,方程式的形式是

$$SG(p,T)=(a_0 T+b_0)+(a_1 T+b_1)p+(a_2 T+b_2)p^2 \tag{2.91}$$

式 (2.91) 适用于合成水基钻井液。水基钻井液可以使用美国机械工程师协会 (ASME) 的蒸汽表描述的 PVT。

如果 T_f 小于 T_i,环形空间中的流体冷却,压力的变化为负值。所示的计算 APB 的方法可用于此反向 APB 而无需修改。

2.7.4.2　APB 的减缓

如果 APB 的大小足以威胁井的完整性,那么套管必须设计为适应或缓解流体膨胀。对于 APB 最简单的缓解策略是通过井口阀门在任何给定的环空释放压力。但地面通道并不总是可行的,特别是在深水井中。因此,必须考虑将 APB 降低或控制在可接受范围内的缓解策略。根据井的危险程度,可能建议采用一种以上的缓解策略。一些可用的缓解策略包括真空绝热管、复合泡沫塑料、爆破片、氮气缓冲垫和开放套管鞋 (Payne et al., 2003)。

在大多数情况下,缓解重点放在防止套管破裂。外部 APB 故障可能导致连接泄漏或管体破裂;由于环空放液量小,保持了井眼的完整性,在生产井中无法检测到这两种失效。但是,管柱向内塌陷或失效都会引起关注。坍塌的大直径套管可能导致内部管柱的不均匀机械负载,造成的连锁故障可能危害生产套管压力完整性或者撞击流动导管。两种类型的

APB 失效的后果应该予以考虑，但坍塌失效的风险决定缓解策略。

2.7.4.3　真空绝缘管

真空绝缘管柱（VIT）用于将热采流体与油井其他部分隔离。高剖面的 APB 失效后，BP 公司在 Marlin 深海油井应用 VIT 完井（Ellis et al.，2002；Gosch et al.，2004）。VIT 的组合由焊接在两端的同心管柱组成。该管柱之间的环形空间被抽空，将从管道到环形空间的热量降到最低。任何进入环空的热量都是由穿过 VIT 内外壁之间的真空空间的辐射或通过油管连接处的传导产生的。

相比于管体，VIT 的连接具有更低的热阻。因此，即使安装了耦合绝缘体，VIT 连接处的传热也可能高于管体处的传热。环空内的自然对流可以循环通过连接件传导的热量，增加整体传热。为了减少对流换热，可以在环空中放置高黏度的液体凝胶以防止循环。这种 VIT 与高黏度封隔液的组合可以有效地限制高压井/高温井的 APB。

虽然 VIT 可以是一个非常有效的 APB 缓解策略，但它的使用因其高成本而受限。该 VIT 技术在很大程度上仍是专有的，它的设计和使用局限于个案的。此外，真空的存在使油管设计复杂化，因为在没有备用压力的情况下，必须考虑内部和外部的压力载荷。

2.7.4.4　复合泡沫塑料

复合泡沫塑料属于多孔固体的材料一类，其特征是内部具有多孔结构。孔隙空间通常用玻璃或碳纤维玻璃珠加固。多孔固体的体积特性是多孔结构和孔隙中增强材料的函数（Gibson and Ashby，1997）。复合泡沫的性能主要由其压碎压力和压缩比决定（图 2.21）。

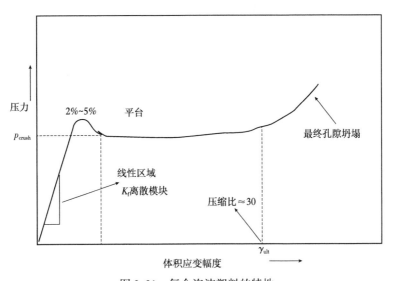

图 2.21　复合泡沫塑料的特性

图 2.21 显示了复合泡沫在静水压力作用下的响应。体积应变（在 X 轴上显示）线性增加，直到达到破碎压力为止。此时，泡沫的模块开始灾难性破碎，直到所有的孔隙已经坍塌或充满侵入流体；在这一点上的体积应变被称为压缩比，它决定了泡沫提供的液体总体积释放量。需要注意的是，泡沫的压碎压力是温度的函数。因为这些泡沫塑料通常是由热塑性塑料制成的，所以破碎压力会迅速下降到玻璃化的转变温度以下。

通过调整基质树脂和构成泡沫的玻璃珠的化学性质，可以调整其性能，使泡沫模块的不同部分在预定的温度和压力下破碎。当泡沫模块在密封环空中破碎并为热膨胀流体创造空间时，环空中的压力就会释放。设计用于缓解 APB 的泡沫模块的技术仍然是专有的，必须根据具体情况来使用。

2.7.4.5　氮气缓冲

有时氮柱置于环空的顶部。由于气体的可压缩性明显大于液体的可压缩性，氮柱起着减振器的作用。因此，根据井口的初始压力和气体体积，在有气体柱的情况下，APB 值的大小会减小。

氮气缓冲有它的局限性，主要是安置风险。氮通常置于作为前方主要水泥作业的发泡垫片。如果在固井时发生部分失返，则不能保证氮会被放入环空。此外，水泥浆密度较大的深井放置时的初始氮气压力可能非常高。氮气在高压下的可压缩性要低得多，因此，稠密的气体不能抵消水泥浆的膨胀。还有一个风险，即在环空中氮可能聚结并上升；如果环空封闭，那么氮气气泡几乎没有膨胀的空间，从而导致高的 BHP 向泥线运移。由于深钻柱和水泥浆密度，天然气运移增加泥线压力的可能性可能超过缓解 APB 的任何益处。硝化隔套已在套管外侧下压，以克服放置问题；但是，压套不能用于所有井况。氮气垫的设计计算时应该考虑安置风险的影响。

2.7.4.6　开式套管鞋

虽然开放式套管鞋可能不被视为 APB 缓解措施，但通常的油井施工做法是尽可能不胶结先前套管柱的套管鞋。如果由于重晶石沉降、水泥窜槽或井眼失稳，环空下方的裸眼段随后没有堵塞，则环空压力受到套管鞋处漏失压力的限制(图 2.22)。

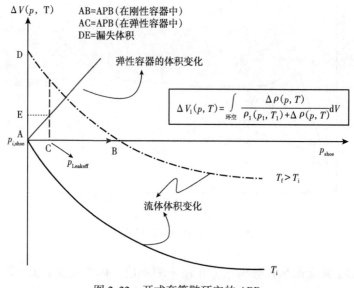

图 2.22　开式套管鞋环空的 APB

流体漏失量计算为如图 2.22 所示。该图与图 2.20 相似，只是 X 轴是指裸眼段环空底部的压力。虽然开式套管鞋确实提供了 APB 的安全阀，但仍有一些关键的局限性需要考虑。因为分区隔离的要求是出于地质和稳定性的考虑，打开先前留下的套管鞋不总是可行的；此外，开式套管鞋增加地层流体涌入的额外风险。在生产过程中，环空的流体会膨胀并漏失到打开的套管鞋。当关井时，温度降至初始条件，并且流体流入开放的套管鞋。如果烃类流体流入，则可能危及井筒的安全。在某些情况下，根据环空内的温度和压力，烃类气体注入也会导致气体水合物生成，随后会封闭开式套管鞋。

由于这些原因，一个开式的套管鞋本身可能并不足以成为缓解策略。在设计中，谨慎的做法是考虑开式套管鞋闭合以评估 APB 引起的坍塌或破裂故障的风险。

2.7.4.7 爆破片

爆破片是 APB 另一个可用的缓解方案。爆破片是在特殊套管接头中运行的隔膜片，它们在预先设计的压力下打开或破裂，连通两个环空。阀盘可以为环空流体至地层提供一条泄漏通道，也可以提供一种平衡管柱上极端压力差的方法。

破裂和坍塌时，爆破片都可以使用，这取决于所考虑的管柱的指令失效模式。选择破裂压力，使阀瓣在压差超过套管额定值之前打开。即使其中一个环空是胶结的，也可以使用爆破片，前提是有足够的间距使圆盘膜能够畅通无阻地打开。制造公差可在额定值的 5% 范围内提供泄压，这消除了在 APB 超过内套管坍塌之前依赖外套管机械破裂的不确定性。

爆破片的设计者必须理解管柱的其他用途。例如，爆破片破坏标准套管设计中考虑的管柱爆破强度是不可接受的，特别是在标准设计中的安全系数较低的情况下。爆破片在整个阀盘的压差下工作；因此，应考虑多个 APB 方案，其中一些环空密封，另一些环空泄压。无论是通过在一个接头的多个磁盘或者一个管柱的多个接头，通常使用多个阀盘。在考虑各种可能的 APB 泄漏或重晶石沉降情况时，使用多个阀盘可能是重要的。

2.7.4.8 APB 总结

井内不可能发生 APB 的原因有很多。套管鞋可以保持打开，为流体提供一个泄漏点。连接可能无法保持高压。井筒流体中夹杂的气体可能会降低 APB。套管性能可能超过保守额定值。这些因素可以解释 APB 故障少的缘由。

然而，深水井故障的高成本使得即使在故障可能性很低的情况下，也可以寻求缓解措施。Marlin 油田事故导致油田关闭，修井作业和延迟生产造成重大经济损失；其他观察到的故障导致过早弃井。尽管 APB 加载方案的细节可能会有争议，但经济性要求深水井应采用相对便宜和可靠的缓解策略。

并不是这里讨论的所有缓解方法都适用于所有井况。VIT 可能无法与所有完井策略兼容。复合泡沫塑料需要显著的前期工程，可能难以融入单井或小型开发。氮气对含有大量钻井液的深层环空无效。相邻套管等级之间的窄窗口可能会降低爆破片的效用。在设计适当的 APB 缓解策略时，在油井规划阶段考虑多种方案是很重要的。对于即将完工的现有油井，设计 APB 缓解措施尤其具有挑战性。

2.7.5 井口移动（WHM）

井口移动（WHM）是由上端接在井口的非胶结套管柱施加的力的合力所引起的。虽然WHM 可以发生在建井期间的不同阶段中，但这一术语一般是指在生产过程中引起的运动。

在平台井生产期间 WHM 是悬挂在井口的各种套管柱温度变化的结果。WHM 主要受沿不同管柱的温度分布、管柱的初始温度、管柱的轴向刚度、由于导管和地层之间的不均匀运动而产生的摩擦力及内管钢—水泥界面处的摩擦力的控制。在较小程度上，WHM 受到APB、相对柔软的内侧管柱的屈曲，以及它们之间的轴向阻力的影响。除了影响平台设施的设计，WHM 还会引起悬挂在井口的各种管柱所施加的载荷重新分布。

除了生产过程中管柱热膨胀引起的运动外，井口在建井过程也会移动。这个运动是由内管柱的悬重施加在井口的轴向载荷的结果。通常，井口安装在导管或表层套管上。随着在井口内管柱悬挂和固结，井口逐渐向下移动。同时，每次连续操作都会导致不同管柱对井口施加的载荷重新分布。通过了解钻井作业顺序、管柱重量及在井口悬挂管柱的机制，可以估计向下运动的程度和荷载的重新分配；通常这些载荷是压缩并且导致井口的向下运动。在生产过程中膨胀套管柱对井口施加的热力导致井口的向上运动。原则上井口的净运动是井口在建井过程中的向下运动及在生产过程中向上运动的代数和，通常将生产过程中产生的运动称为最终 WHM。钻井过程中，井口会由于各种因素影响发生移动，导致施工作业出现问题。把完井时的井口位置处作为初始位置，并参照此初始点测量任何变化情况都很方便。因此，在井口的建井过程中的向下运动的确切幅度本身不是一个重要的量，但它的数值对于在油井投产前确定井口各管柱所施加的载荷是必要的。

本节描述了一个简单模型（称为弹性弹簧模型）的基础，该模型用于计算 WHM 和由于管柱的热膨胀而产生的热应力。该模型假设如下：

（1）所有套管和油管管柱固定在井口且不能独立移动；

（2）承受热膨胀的内管柱表现为一组弹性弹簧，其平行于刚性井口，可移动或向下移动，并形成刚性基础（图 2.23）。由于每根管柱的刚度和长度变化是不同的，因此井口的移动使其上产生的力处于平衡状态；

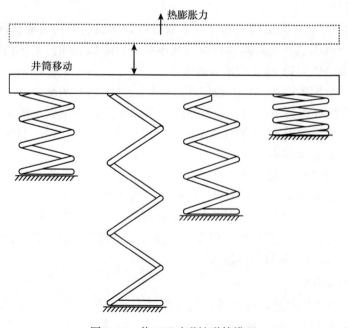

图 2.23　井口运动弹性弹簧模型

（3）在井口的向上力通过井口传递到导管。在导管上的力通过所在地层的摩擦阻力抵消。最终的 WHM 是由于内部管柱和导管与地层之间的摩擦力的相对大小的函数；

（4）如果管柱在环空的内部和外部胶结性能良好，假设仅为胶结长度受热伸长；

（5）温度上升是相对于未受干扰的温度分布来确定；或者可以为每个管柱使用固井剖面；

（6）当下放各个套管或管柱确定井口的移动。然而，对于确定由于热膨胀引起的井口增长初始位置是所有管柱都下放后的位置。

2.7.5.1 热膨胀

固定的刚性支件之间的截面积 A_p 和长度 L_{uc} 的管柱如图 2.24 所示。

如果管柱受到生产过程中的温度上升 ΔT，根据热膨胀系数 α 管柱趋于一个长度 ΔL_T 伸长。现在假设该刚性支承如图 2.24 所示 AB 移动的距离 ΔL，到一个新的位置 $A'B'$ 上。由于热应变 $\Delta L_T / L_{uc} i$ 仅有一部分消除，在管柱产生的热应力为

$$\Delta F = K(\Delta L_T - \Delta L) \tag{2.92}$$

式中，K 为管柱的轴向硬度，由 $K = \dfrac{EA_p}{L_{uc}}$ 得到。

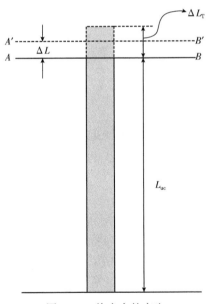

图 2.24 热应力的产生

在此讨论中，术语 ΔL_T 称为管柱的无限制增长，而 ΔL 是实际增长。无限制增长与实际增长的区别是造成热应力和 WHM 产生的原因。

假设总共 N 个管柱都在井口悬挂。L_i 和 $A_{p,i}$ 表示在井口悬挂的第 i 个管柱的未胶结长度和截面积。此外，ΔT_i 代表第 i 个管柱的未胶结长度的平均温度变化。由悬挂在井口的 N 根管柱热膨胀引起的 WHM 由下式给出：

$$\Delta L_{\text{thermal}} = \frac{\sum_{i=1}^{N} K_i \Delta L_i}{\sum_{i=1}^{N} K_i} \qquad (2.93)$$

特定管柱的几何形状确定每个刚度 K_i。在 $\Delta L_{\text{thermal}}$ 方程中，ΔL_i 是第 i 根管柱的无约束热力膨胀。在第 i 根管柱作为 WHM 结果的力由下式给出：

$$F_i = K_i \left(\Delta L_i - \Delta L_{\text{thermal}} \right) + F_i^o \qquad (2.94)$$

F_i^o 是第 i 根管柱的初始载荷。整体 $\Delta L_{\text{thermal}}$ 下降在最小值和最大值之间的 ΔL_i。因此，根据上面的 F_i 算式预测 WHM 将施加张力和压力给其他一些管柱，受力平衡约束所有力的总和是 0。

$$\sum_{i=1}^{N} F_i = 0 \qquad (2.95)$$

由于在井施工过程中外加荷载，井口逐渐向下移动。通常井完成时，管柱内部的悬重造成管柱外部的压缩载荷。在井口，内管柱处于拉伸状态，而导线和表层套管处于压缩状态。内管柱悬挂时井口向下运动可由上述物理模型计算。由预加载引起的井口移动由下式给出：

$$\Delta L_{\text{preloads}} = \frac{\sum_{i=1}^{N} F_i^o}{\sum_{i=1}^{N} K_i} \qquad (2.96)$$

井口的净位移由下式给出：

$$\Delta L_{\text{net}} = \Delta L_{\text{thermal}} - \Delta L_{\text{preloads}} \qquad (2.97)$$

因此，当管柱预拉伸时 ΔL_{net} 方程式中给出的净增长较小，且在安装一个或多个预拉伸的管柱之前的某个点处取井口的初始位置。

2.7.5.2　地层界面的非弹性效应

目前的讨论假设只有在井口终止的未胶结管柱段参与 WHM。从机械力平衡的角度来看，井口在热膨胀过程中的向上运动可视为内管柱在刚性和相对较冷的外管柱产生的轴向张力抵消下向上推动井口的趋势之间的平衡结果。这里假设水泥顶部以下的内管柱部分和地层界面以下的导管部分是刚性和静止的，这意味着由于内管柱产生的净向上力必须由静止导管和地层之间的摩擦力抵消。

总的来说，目标是确保油井热负荷时导管继续处于压应力下，并且井口的力重新分配。导管有时与表面套管一致，是结构支撑构件，其目的是处于压缩状态；导管受拉时不满足结构要求。

图 2.25 显示了作用在导管上的力。井口的热力 F_{inner} 由 $N-1$ 个管柱产生。如果这些管柱具有弹性，则内管柱产生的井口力由下式给出：

$$F_{\text{inner}} = \sum_{i=2}^{N} K_i \Delta L_{\text{T}, i} - \Delta L \sum_{i=2}^{N} K_i \qquad (2.98)$$

$\Delta L_{\text{T},i}$是每根管柱由于温度变化无约束的长度变化。为方便起见，这可以改写为

$$F_{\text{inner}} = a - b\Delta L \qquad (2.99)$$

其中：

$$a = \sum_{i=2}^{N} K_i \Delta L_{\text{T},i} \qquad (2.100)$$

$$b = \sum_{i=2}^{N} K_i \qquad (2.101)$$

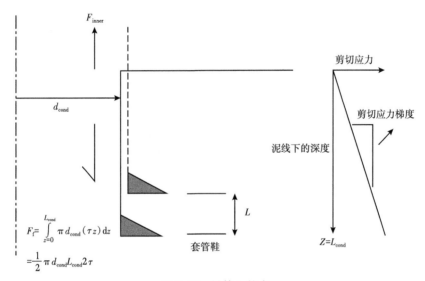

图 2.25　导管上的力

导管的摩擦力表示为F_{f}，并通过假设导体上的剪应力在长度L_{cond}上以τ的梯度线性增加来计算，L_{cond}即与地层接触导管的长度，该地层能够抵抗管柱产生的力。理想情况下，这个长度应该与泥线和套管鞋之间的导管的长度是一样的。导管的摩擦力由下式给出：

$$F_{\text{f}} = \int_{L=0}^{L_{\text{cone}}} (\pi d_{\text{o}} \mathrm{d}L)\tau L = \frac{1}{2}\pi d_{\text{o}}\tau L_{\text{cone}}^{\ 2} \qquad (2.102)$$

从图 2.25 中，导管的平衡描述为

$$F_{\text{inner}} = F_{\text{f}} \qquad (2.103)$$

$$a - b\Delta L(\pi/2)d_{\text{cond}}\tau(L_{\text{cond}} - \Delta L)^2 \qquad (2.104)$$

求解L_{cond}：

$$L_{\text{cond}} \approx \sqrt{\frac{a-b\Delta L}{\mu}} \qquad (2.105)$$

方程有两个未知量 ΔL 和 L_{cond}。给定井的结构常数 a 和 b 是已知的。虽然真实的 L_{cond} 是未知的,假设所述掩埋导管的整个长度抵抗 WHM 足以指示 WHM 的量级和导管上的力。

在确定套管管柱的温度变化时,所述的 WHM 易于计算。然而,WHM 是预测值,不够准确,但理论计算不一定是保守的。已经有实例观察到 WHM 已经远超出了计算值;当预测值远高于 WHM 的观测值也有同样多的例子。这在很大程度上是由于在导管—地层的界面上表现出来的非弹性效应的模型不好或不充分。此处提出的分析方法可以粗略地估计 WHM,但可能需要一个具有复杂地层相互作用的更稳健的有限元模型来提高精度;这对于高温井尤其重要。

2.7.5.3 预加载和脱离

将管柱锁在井口的方法会对 WHM 产生影响。在一些油井中,井口底板仅落在导管或驱动管上,而非焊接方式。内部管柱在井口照例悬挂安放。在这种配置中,必须考虑已经存在的管柱载荷(即在产生热力之前的载荷)的作用。

在完井结束时,除导管和表层套管所有管柱通常在井口施加拉力。导管和表层套管处于压缩状态。当井开始生产时,热力开始抵消各种管柱中预先存在的载荷。随着内部管柱的拉力减小,导管压缩力同时缓解。施加到导管上的压缩力可以为 0,导致井口从底板上升起。超过该点导管不再影响 WHM,公式(2.95)的净轴向刚度是由于没有导管而减小;结果是 WHM 可能大于预期。因此,重要的是追踪井口摆动和管柱上的力作为每根管柱温度上升的函数。

总之,WHM 是一个复杂的现象。对导管—地层界面的非线性效应、井口结构的细节,以及施工期间的起下钻管柱的程序都有显著影响。这些影响可以只是部分模拟,部分是由于地层—套管界面难以建模,部分由于无法追踪各种建井过程对井口和管柱力的影响。因此,必须充分估计其重要性级别。如果重要性级别不合适,如在关键井中可能出现的情况,则必须根据具体情况采取更详细的解决方法。

2.7.6 套管磨损

套管磨损是一种局部现象,由旋转的钻柱、套管的内表面和耐磨堆焊材料的相互作用引起。旋转管柱和套管表面之间的接触压力的大小是影响磨损程度的因素之一。磨损的严重程度可通过钢在接触表面去除的体积或套管表面不同点处壁厚的局部减小来量化。减小壁厚会影响管的内(外)压力额定值。此外,磨损点可能成为一个优先腐蚀点。了解套管磨损的原因并确定防止或减轻磨损的方法非常重要。如果磨损不可避免,评估磨损管的剩余内压力、外压力的方法就变得很重要。

图 2.26 显示出了套管和钻柱之间的相互作用。在各类文献中套管磨损的原因和物理机制是有据可查的(Bradley,1975;Fontenot and McEver,1975;Bradley and Fontenot,1975;True and Weiner,1975;Lewis,1968)。这些研究的主要结论表明,在大约 250psi(Williamson,1981)的临界接触压力下,由于套管、钻杆的相互作用而产生的磨损表明磨损机制发生了质的变化,从磨料磨损到粘着磨损。当粗糙硬质表面在较软的表面滑动时,如在套管内径上进行工具接头硬钎焊,并在其上犁出一个凹槽时,就会发生研磨磨损。无论有无润滑,当两个表面摩擦接触时,都会发生粘着磨损。粘附或粘合发生在界面的尖锐接触处,碎片从一个表面被拉下粘附到另一个表面。粘着磨损是较为严重的磨损机理。通常,磨损

量取决于工具接头和套管表面之间的接触载荷、磨损表面的硬度、两表面之间的接触长度和磨损系数。

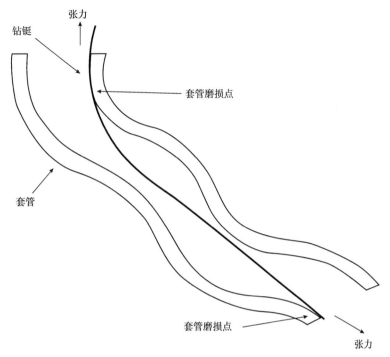

图 2.26　管柱相互作用引起的套管优先磨损

2.7.6.1　磨损评估

下面介绍由钻柱上的工具接头在套管柱内表面引起的套管磨损模型基本原理（White and Dawson，1985；Archard，1953）。粘着磨损模型将去除一定量材料所需的能量与所完成的总功进行比较。磨损效率定义为

$$\kappa = 磨损吸收能量/完成总机械功 = \frac{VH}{\mu F_n X} \tag{2.106}$$

式中，κ 为磨损效率；V 为从磨损表面去除的材料体积；H 为布氏硬度；μ 为磨损表面的摩擦系数；x 为滑动接触距离；F_n 为表面间的法向接触力。

滑动距离是磨损区域的长度，表示由工具接头移动的距离。在已知法向力大小和磨损效率的前提下，根据上面的公式 κ 可以重新整理以找到磨损体积表达式。水基钻井液和油基钻井液中存在下不同等级的套管的 κ 和 H 值针见表 2.8（White and Dawson，1985）。

表 2.8　套管等级的磨损性能

钻井液类型	套管等级	磨损率 κ	K/H（in²/lbf）	硬度 H（psi）
水基	K55	0.0001	3.60E−10	277778
	N80	0.00023	8.10E−10	283951
	P110	0.00063	1.40E−10	450000

钻井液类型	套管等级	磨损率 κ	K/H（$\mathrm{in}^2/\mathrm{lbf}$）	硬度 H（psi）
	K55	0.0006	2.20E-10	272727
油基	N80	0.0012	3.90E-10	307692
	P110	0.0017	4.20E-10	404762

v_z 表示钻孔段的穿透率，L_h 表示该孔段的长度。单根钻具接头的滑动距离可根据钻柱转速 ω 计算。如果 r_{TJ} 是的工具接头的半径，则单根钻具接头的滑动距离为

$$x_o = \frac{L_h}{v_z}\omega r_{TJ} \tag{2.107}$$

如果 p 是钻具接头间距或钻杆接头长度，则所有钻具接头的总滑动距离由下式给出：

$$x_T = \frac{L_h^2}{v_z\,p}\omega r_{TJ} \tag{2.108}$$

单位长度钻孔的滑动距离由下式给出：

$$x = \frac{L_h}{v_z\,p}\omega r_{TJ} \tag{2.109}$$

代入式（2.106）滑动距离的值得到单位长度的磨损量：

$$V = \frac{\kappa\mu\omega r_{TJ}F_n L_h}{H v_z p} \tag{2.110}$$

这是粘着磨损中去除材料体积的经典表达式，是大多数磨损估算法的基础。模型之间的主要差异是所用因素的经验基础。

法向力与管柱的轴向力 F_a 相关：

$$F_n = \frac{F_a}{R}L_{TJ} \tag{2.111}$$

式中，L_{TJ} 为钻具接头的长度；R 为曲率半径，美国油田单位中 $R = \dfrac{100\times180}{\pi DLS}$，或者国际单位中 $R = \dfrac{30\times180}{\pi DLS}$（DLS 单位：°/100ft 或°/30m）。

2.7.6.2　磨损槽深度

图 2.27 显示出了磨损槽的几何形状。深度 δ 可以由阴影区域所描述的材料去除的假设区域计算。从图 2.27 中，阴影区域的面积 A_w 由下式给出：

$$A_w = r_{TJ}^2\,(\theta - \sin\theta\cos\theta) \tag{2.112}$$

角度 θ 是从三角形 OO'P（图 2.27）中获得的，其中尺寸 a 定义为

$$\theta = \pi - \cos^{-1}\left(\frac{a^2 + r_{TJ}^2 - r_o^2}{2ar_{TJ}}\right); \quad a = r_o - (r_{TJ} - \delta) \tag{2.113}$$

通过设置 A_w 等于从方程 2.80V 得到的磨损槽的深度并求解 δ。磨损槽的深度使有效壁厚局部减小，并造成管柱性能等级的降低。

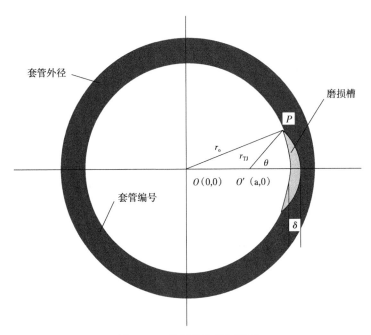

图 2.27　磨损槽的几何形状

2.7.6.3　内部压力等级

尽管利用适当的表面硬化，如果发生套管磨损，则必须重新评估磨损管的性能特性。管的内压额定值与径厚（D/T）成反比，这意味着破裂压力额定值近似为壁厚的线性函数。计算磨损管破裂额定值的常规油田程序包括按管壁损失比例降低管的 API MIYP。例如，如果套管中最差的新月形磨损槽或凹槽的深度指示壁损为 10%，则内部压力额定值为原始值的 90%。由于 API MIYP 是基于屈服强度的等级，而不是失效极限，因此在真正破裂之前，可能会承受相当大的套管磨损。

已经提出了两个近似的解决方案，以将磨损纳入破裂等级（Bradley，1975）。第一个解决方案使用 Lamé 方程来计算套管中的应力；第二种解决方案是基于带偏心孔的圆柱体中应力分布的解（Timoshenko and Goodier 1970）。基于这两种方案，磨损套管破裂压力与未磨损套管破裂压力之比（p/p_o）是剩余壁厚与原始壁厚之比的线性函数。这种线性降级与用于 MIYP 的惯例相同。

钻杆旋转引起的磨损与钢丝绳起下钻引起的磨损不同（Bradley，1975）。由于钢丝绳磨损倾向于产生应力集中区域，且其几何结构发生急剧变形和局部变化，因此必须降低剩余壁厚的内部压力额定值，然后除以应力集中系数 1.4（Roark，1954）。

2.7.6.4 外部压力等级

研究了日本新日铁内新月形磨损槽对套管坍塌的影响(Kuriyama et al., 1992)。在理论分析、全尺寸实验和有限元分析的基础上，对三种管材基础条件分别为：5½ in、17 lb/ft、N80，7in、29 lb/ft、N80 和 7in、29 lb/ft、P110。在 20%~45% 的标称壁面试样的内表面上加工了模拟壁面损失的磨损槽。磨损试样在长度与直径比超过 6 的情况下进行试验。将有限元分析和理论分析结果与实验数据进行了比较。结果表明，实验结果与理论预测的趋势一致，实验数据的下降幅度略小于理论预测。

结果表明，外压等级随剩余壁厚呈线性下降(图 2.28)。磨损套管与未磨损套管的挤毁压力之比与剩余壁厚与原始壁厚之比成正比。这意味着，如果壁厚的 20% 已经磨损，那么坍塌等级是原始套管的 80%。根据壁厚减薄的 D/T，重新计算 API 方程的塌缩量是过于保守的。

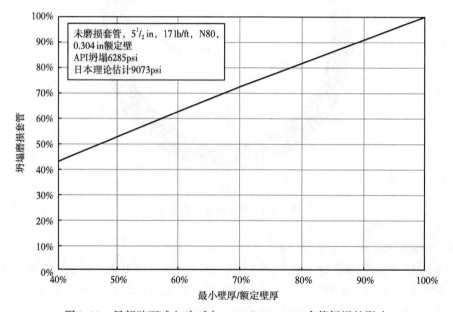

图 2.28　局部壁面减少对 5½ in、17 lb/ft、N80 套管坍塌的影响

降低坍塌性能的 Nippon 算法基于将磨损套管建模为带有偏心孔的圆柱体 (图 2.29)。降级解释过程包括以下步骤：

(1)通过使用磨损部分的最小壁厚和套管圆周未磨损部分的标称或平均特性，计算偏心率 (中心之间的距离)和内半径 r_i (图 2.29)；

(2)使用 Lamé 环向应力公式计算以引发屈服的未磨损套管的内表面上所要求的外部压力：

$$p_{o,\text{ID. yield}} = 2\sigma_Y \frac{\left(\dfrac{d_o}{t} - 1 \right)}{\left(\dfrac{d_o}{t} \right)^2} \qquad (2.114)$$

（3）使用图2.29中描述的尺寸计算产生磨损套管内径所需的外部压力：

$$p_{o,\text{ID.yield,worn}} = \sigma_Y \left(\frac{r_i^2 + r_o^2}{2r_o^2} \right) \left[\frac{(r_o^2 + r_i^2 - t_w^2)^2 - 4r_i^2 r_o^2}{(r_o^2 - r_i^2)^2 - (r_i - 2t_w)^2} \right] \tag{2.115}$$

（4）计算 K_{wear}，步骤（2）中的压力与步骤（3）中的压力之比：

$$K_{\text{wear}} = \frac{p_{o,\text{ID.yield}}}{p_{o,\text{ID.yield,worn}}} \tag{2.116}$$

（5）根据标称 p_{collapse} 额定值计算磨损套管的坍塌压力。

$$p_{\text{worn}} = \frac{p_{\text{collapse}}}{K_{\text{wear}}} \tag{2.117}$$

一般来说，新日铁的研究表明，根据剩余壁厚直接按比例计算的外压等级是一个合理且保守的抗塌强度估计值。Tamano坍塌公式也可用于降级的计算，因为它在形式上与新日铁研究中使用的公式相似。

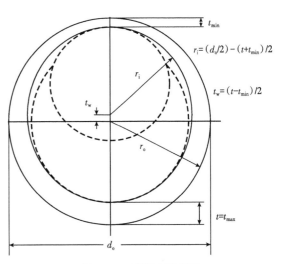

图2.29　磨损套管模型

2.7.7　热套管设计

蒸汽循环井需要设计套管，以处理生产循环期间因注入过热蒸汽和随后的冷却而引起的极端温度变化。套管需要能够在其使用寿命内经受多次加热和冷却循环。最好将套管柱完全用水泥封固至地面，以防止无支撑导致套管屈曲，并将套管隔离，以减少进入储层上方地层的热损失。在某些情况下，用水泥将套管封固到地面可能不实际或不可能。未胶结套管将在之后讨论。

2.7.7.1　全井段封固套管

假设套管完全胶结，并在井口受到约束，则不允许套管因热膨胀而伸长。热应力导致套管内产生轴向力：

$$\Delta F_{\text{thermal}} = A_p E \alpha \Delta T \tag{2.118}$$

这种关系假设应力低于套管屈服强度。

设计极限或所需套管强度基于注入蒸汽质量和地表地热温度之间的温度变化。由于热应力和热力很高，热套管设计不同于传统的套管设计，它既利用了套管的拉伸能力，又利用了套管的压缩能力。这会将弹性范围增加到 $2\sigma_Y$。根据温度的升高，仍然需要允许套管屈服。所需屈服强度的一般经验法则是：

（1）$2\sigma_Y = 207\Delta T$，美国油田单位为 psi；

（2）$2\sigma_Y = 2.57\Delta T$，国际单位为 MPa。

如图2.30所示，这是热套管设计的 Holliday（壳体）方法。其概念如下：

（1）在①处的作为胶结张力是起始条件；

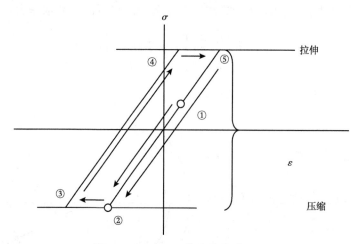

图 2.30　Holliday 热套管设计理念

(2)当蒸汽注入时，温度升高，导致从①到②的压缩；在②处，超过屈服强度，套管继续屈服。根据材料的不同，可能发生应变或应变硬化；

(3)从②到③存在稳态注汽条件，此时套管达到恒温；

(4)在③时，停止注汽，开始生产循环。套管冷却，开始表现为弹性材料，温度降低会导致套管变短。由于套管是固定的，它不能缩短，拉应力增加；

(5)在④处，超过屈服强度，套管开始在张力下屈服；

(6)套管继续在张力下屈服，直到在⑤处再次开始注汽并减小拉伸应力；

(7)重复热循环。应力—应变路径可能略有变化，这取决于材料性能如何随温度和应变而变化。

与热套管设计概念相关的其他一些问题包括：

(1)还必须考虑套管内外压力的应力效应；

(2)一些套管材料由于塑性变形而硬化，从而影响未来周期和的 σ 和 ε 特性；

(3)材料性能受温度升高的影响；

(4)一些材料表现出鲍辛格效应，其中压缩屈服倾向于降低循环另一端的拉伸屈服应力；

(5)这些因素的综合作用可以将先前的经验法则降低到 1.4~1.6 倍屈服强度的可用应力窗口。

注汽周期中发现，经过几次热循环后，K55 级套管达到了与 L80 材料相当的屈服强度(Maruyama et al.，1990)，认为是由应变硬化和应变时效引起的。

2.7.7.2　应变硬化材料

图 2.31 显示了应变硬化材料(如 K55 级套管)的循环历史。从①到②的第一个循环路径显示了因温度升高而增加的压缩弹性响应。在②处，套管开始屈服。塑性变形发生在②到③之间。当温度保持恒定时，路径③到④显示应力松弛。冷却从④开始，路径④到⑤显示由于冷却而增加张力的弹性响应，并且与压缩路径平行。在⑤处，套管开始在张力小于预期管体屈服张力的应力下屈服；这被认为是由于压缩屈服后拉伸屈服降低的包辛格效应。

最后，⑥是冷却时剩余的较大残余拉伸载荷。

第二个循环从⑥开始，并由残余拉伸载荷抵消。路径⑥到③是由于加热产生的弹性压缩载荷。第二个循环的其余部分遵循第一个循环，但残余应力⑥略高于前一个循环；这可能是由于材料的额外应变硬化造成的。随后的循环基本上会重复第二个循环的路径。

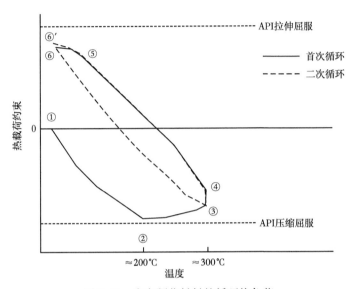

图 2.31　应变硬化材料的循环热负荷

2.7.7.3　非应变硬化材料

L80 级和 C95 级套管在加热和压缩方面的表现类似（图 2.31）。然而，它们在冷却阶段表现出弹性，没有屈服的迹象。

2.7.7.4　未胶结套管

当套管在热采井中不受支撑时，套管能够随着水泥顶部温度的升高而伸长。如果套管固定在地面，则会导致套管螺旋弯曲。如果螺旋线不妨碍工具通过，弯曲应力不会引起连接故障，则可以忽略套管屈曲。热采井长段无支撑套管在完全屈曲后类似胶结套管。完全屈曲的套管从上到下都有壁面接触，任何附加的热压应力都遵循图 2.30 所示的应力—应变关系曲线。当超过屈服应力时，套管的屈服方式与水泥胶结套管相似。其中一个区别是套管屈曲过程中收缩的长度，从而减少了处理总热应力所需的屈服应力。

由于水泥作业不好而导致的不受支撑的短管段会导致高屈曲荷载，可能会使套管屈曲。例如，根据套管和井眼尺寸，一个短管段长度可能在 100ft（30m）左右。短管段的问题是发生非弹性屈曲，导致远超过屈服强度的高弯曲载荷。图 2.32 显示了这一概念，其中短管段部分允许的最高温度明显降低。

非胶结套管的其他注意事项包括水泥凝固后预拉伸套管。会使应力—应变曲线起点向上移动，在套管因温度升高而屈服之前，会有更大的压缩载荷空间。

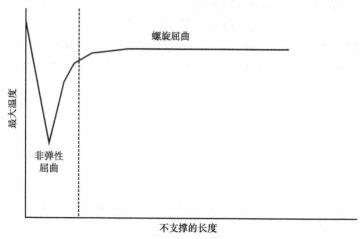

图 2.32 未胶结套管的影响

参数说明

a——缺陷深度，in；

a_i——系数，$i=0$，1，2，通过密度实验中测量得到；

A_i——内表面积，in^2；

A_o——外表面积，in^2；

A_p——套管横截面积，in^2；

A_w——磨损面积，in^2；

B_f——等温体积弹性模量；

B_i——系数，$i=0$，1，2 来自密度实验测量获得；

C——转换常数 0.052，单位为 lb/gal；

C_n——转换常数；

d_{cond}——导管直径，ft；

d_o——管公称外径，ft；

D——管公称直径，ft；

E——钢弹性模量，$3×10^7 psi$；

F_a——轴向力，lbf；

F_{cr}——有效应力，lbf；

$F_{cr,hel}$——临界螺旋屈曲载荷，lbf；

$F_{cr,sin}$——临界正弦屈曲载荷，lbf；

F_{eff}——临界力，lbf；

F_f——摩擦力，lbf；

F_i——第 i 节管柱的力，lbf；

F_{inner}——井口热应力，lbf；

F_{io}——管柱中预先存在的负载，lbf；

F_n——法向接触力，lbf；

F_{ten}——张力，lbf；

g——函数；

H——布氏硬度；

H_{ult}——修正系数；

I——惯性矩，in^4；

k——磨损效率；

K'——环向刚度倒数；

K——管柱轴向刚度；

K_1——应力强度因子；

K_{1SSC}——门槛应力强度因子（材料抗力）；

K_a——校正因子；

K_{els}——弹性极限的校正因子；

K_{Ieac}——材料的断裂韧性；

K_n——修正因子指数；

K_T——张力修正系数；

K_{wear}——外压屈服内径与外压屈服磨损套管内径的比值，psi；

K_{yls}——屈服极限的校正因子；

L——长度，ft；

L_{cond}——导管长度，ft；

L_f——荷载系数；

L_h——井段长度，ft；

L_r——荷载比，施加荷载/极限荷载；

L_{TJ}——钻具接头长度，ft；

L_{uc}——套管未胶结段长度，ft；

m_f——缺陷因子；

p_{API}——API最小内屈服压力，psi；

$p_{B,Hill}$——Hill断裂极限压力，psi；

$p_{B,K-S}$——Klever-Stewart断裂极限压力，psi；

p_c——坍塌压力，psi；

$p_{collapse}$——坍塌压力，psi；

p_{cult}——最终坍塌极限压力，psi；

p_i——内部压力，psi；

p_o——外部压力，psi；

$p_{o,ID\ yield}$——产生ID屈服的外部压力，psi；

$p_{o,ID\ yield,worn}$——磨损套管ID屈服的外部压力，psi；

p_{surf}——表面压力，psi；

p_{worn}——磨损套管挤毁压力, psi;

p_{YP}——屈服挤毁压力, psi;

p ——压力, psi;

p_{burst}——破裂压力, psi;

p_{CO_2}—— CO_2 分压, psia;

p_e——弹性挤毁压力, psi;

p_E——弹性挤毁压力, psi;

p_f——失效概率;

p_{iF}——裂纹内部压力, psi;

$p_{i, shoe}$——套管鞋初始压力, psi;

$p_{Leakoff}$——套管鞋处漏失压力, psi;

p_p——塑料挤毁压力, psi;

p_{shoe}——套管鞋处压力, psi;

p_T——过渡挤毁压力, psi;

p_y——屈服应力, psi;

Q ——负载效应;

r——半径, in 或 ft;

r_c——半径间隙, ft;

r_i——内径, in;

r_o——外径, in;

$r_{plastic}$——塑性区半径, in;

r_{TJ}——钻具接头半径, in;

R——所选确定性方程中的强度;

R_f——阻力系数;

S_G——规定重力;

t ——公称壁厚, in;

t_{dr}——延性断裂极限下的壁厚, in;

t_{min}—— 最小测量壁厚, in;

tn——缺陷深度, in;

T ——温度, ℉ 或 ℃;

T_{eff}——有效张力, lbf;

T_f——最终流体温度, ℉ 或 ℃;

T_i——初始流体温度, ℉ 或 ℃;

T_{UTS}——极限抗拉强度, lbf;

ν ——泊松比;

V —— 体积, in^3 或 ft^3;

V_f——原始流体体积, in^3;

w_{air}——套管在空气中每单位长度的质量, lb/ft 或 kg/m;

w_b——每单位长度的浮重，lb/ft；

$(\bar{X})$ ——设计检查方程中使用的确定参数；

Z ——深度，ft；

α——热膨胀系数（6.5~6.9）×10^{-5}/℉ 或（11.7-12.4）×10^{-6}/℃；

β——正弦屈曲荷载值为4，螺旋屈曲荷载值为8（无量纲）；

g_{ult}——极限应变；

d ——磨损槽深度，in；

D_F——管内产生的热力，lbf；

D_{Fa}——轴向力变化，lbf；

$D_{Fthermal}$——管内热应力引起的轴向力，lbf；

D_L——长度的变化，ft；

$D_{Lthermal}$——温度引起的长度变化，ft；

D_{LT}——伸长长度，ft；

D_P——压力变化，psi；

D_{PAPB}—— 环空压力变化，psi；

D_T——温度变量，℉；

D_{Vann}——环空体积的净变化，ft^3；

D_{Va}——弹性容器的体积变化，ft^3；

ε——偏心距；

θ——相对于 X 轴的极角（在裂纹平面内），弧度；

θ' ——造斜弯曲部分的造斜率，°/100ft；

μ——平均；

r_i——根据 BHP 和 BHT 的气体梯度，psi/ft；

r_{MW}——钻井液密度，lb/gal；

r_{MWi}——当前钻井液密度，lb/gal；

r_W—— 在 70℉ 和 14psi（如 8.33ppg）水的密度，lb/gal；

σ' ——标准偏差；

σ——远场应力，psi；

σ_b——弯曲应力，psi；

σ_h——环向屈服应力，psi；

σ_r——径向屈服应力，psi；

σ_r——标准化残余应力，psi；

σ_{ult}——最终屈服应力，psi；

σ_{VME}—— 米塞斯等效屈服应力，psi；

σ_{VMEri}——内米塞斯等效屈服应力，psi；

σ_Y——屈服应力，psi；

σ_{Ya}——修正屈服应力，psi；

σ_z—— 轴向屈服应力，psi；

τ_1—— 剪切应力，psi；

τ_2——剪切应力，psi；

τ_3——剪切应力，psi；

Φ——椭圆度；

φ'——井斜，弧度；

φ——弯曲截面的变化率，°/100ft；

$\bar{\varphi}$——造斜部分的平均井斜，弧度；

w——钻柱旋转速度，r/min。

致　谢

作者感谢维京工程公司和布莱德能源合作伙伴在撰写本章时给予的支持。

参 考 文 献

Archard, J. F. 1953. Contact and Rubbing of Flat Surfaces. Journal of Applied Physics 24: 981-988. DOI: 10. 1063/1. 1721448.

Bourgoyne, A. T. , Millheim, K. K. , Chenevert, M. E. , and Young, F. S. Jr. 1986. Applied Drilling Engineering, Textbook Series, SPE, Richardson, Texas 2.

Bradley, W. B. 1975. Experimental Determination of Casing Wear by Drill String Rotation. Journal of Engineering for Industry: Transactions of the ASME, Series B 97: 464-471.

Bradley, W. B. and Fontenot, J. E. 1975. The Prediction and Control of Casing Wear. JPT 27 (2): 233-245. SPE-5122-PA. DOI: 10. 2118/5122-PA.

Bull. 5C3, Formulas and Calculation for Casing, Tubing, Drill Pipe, and Line Pipe Properties. 1999. API, Washington, DC.

Chen, Y. -C. , Lin, Y. -H. , and Cheatham, J. B. 1990. Tubular and Casing Buckling in Horizontal Wells. JPT 42 (2): 140-141, 191. SPE-19176-PA. DOI: 10. 2118/19176-PA.

Craig, B. D. 1993. Practical Oilfi eld Metallurgy and Corrosion, second edition. Tulsa: Penn Well Corporation.

Dawson, R. and Paslay, P. R. 1984. Drillpipe Buckling in Inclined Holes. JPT 36 (10): 1734-1738. SPE-11167-PA. DOI: 10. 2118/11167-PA.

de Waard, C. and Milliams, D. E. 1975. Carbonic Acid Corrosion of Steel. Corrosion 31 (5): 177.

Dropkin, D. and Somerscales, E. 1965. Heat Transfer by Natural Convection in Liquids Confi ned by Two Parallel Plates Which Are Inclined at Various Angles With Respect to The Horizon. Journal of Heat Transfer 87: 77-84.

Ellis, R. C. , Fritchie, D. G. Jr. , Gibson, D. H. , Gosch, S. W. , and Pattillo, P. D. 2002. Marlin Failure Analysis and Redesign; Part 2, Redesign. Paper SPE 74529 presented at the IADC/SPE Drilling Conference, Dallas, 26-28 February. DOI: 10. 2118/74529-MS.

Fontenot, J. E. and McEver, J. E. 1975. A Laboratory Investigation of the Wear of Casing Due to Drillpipe Tripping and Wireline Running. Journal of Engineering for Industry: Transactions of the ASME, Series B97: 445-456.

Gibson, L. and Ashby, M. F. 1997. Cellular Solids: Structure and Properties, second edition. Cambridge, UK: Cambridge University Press.

Gosch, S. W., Horne, D. J., Pattillo, P. D., Sharp, J. W., and Shah, P. C. 2004. Marlin Failure Analysis and Redesign; Part 3, VIT Completion With Real-Time Monitoring. SPEDC 19(2): 120-128. SPE-88839-PA. DOI: 10.2118/88839-PA.

Halal, A. S. and Mitchell, R. F. 1994. Casing Design for Trapped Annulus Pressure Buildup. SPEDC 9(2): 107-114. SPE-25694-PA. DOI: 10.2118/25694-PA.

Hammerlindl, D. J. 1980. Basic Fluid and Pressure Forces on Oilwell Tubulars. JPT 32(1): 153-159. SPE-7594-PA. DOI: 10.2118/7594-PA.

Hasan, A. R. and Kabir, C. S. 2002. Fluid Flow and Heat Transfer in Wellbores. Richardson, Texas, USA: Society of Petroleum Engineers.

He, X. and Kyllingstad, A. 1993. Helical Buckling and Lockup Conditions for Coiled Tubing in Curved Wells. SPEDC 10(1): 10-15. SPE-25370-PA. DOI: 10.2118/25370-PA.

Hill, R. 1950. The Mathematical Theory of Plasticity. Oxford, UK: Oxford University Press.

ISO 13679: 2002, Petroleum and Natural Gas Industries—Procedures for Testing Casing and Tubing Connections. 2002. Geneva, Switzerland: ISO.

ISO/TR 10400: 2007, Petroleum and Natural Gas Industries—Equations and Calculations for the Properties of Casing, Tubing, Drill Pipe and Line Pipe Used as Casing or Tubing, edition 1. 2007. Geneva, Switzerland: ISO.

Kane, R. D. and Greer, J. B. 1977. Sulfi de Stress Cracking of High-Strength Steels in Laboratory and Oilfi eld Environments. JPT 29 (11): 1483-1488; Trans., AIME, 263. SPE-6144-PA. DOI: 10.2118/6144-PA.

Klementich, E. F. 1995. Unraveling the Mysteries of Proprietary Connections. JPT 47(12): 1055-1059; Trans., AIME, 299. SPE-35247-PA. DOI: 10.2118/35247-PA.

Klever, F. J. and Stewart, G. 1998. Analytical Burst Strength Prediction of OCTG With and Without Defects. Paper SPE 48329 presented at the SPE Applied Technology Workshop on Risk Based Design of Well Casing and Tubing, The Woodlands, Texas, 7-8 May. DOI: 10.2118/48329-MS.

Kuriyama, Y., Tsukano, Y., Mimaki, T., and Yonezawa, T. 1992. Effect of Wear and Bending on Casing Collapse Strength. Paper SPE 24597 presented at the SPE Annual Technical Conference and Exhibition, Washington DC, 4-7 October. DOI: 10.2118/24597-MS.

Lewis, R. W. 1968. Casing Wear. Drilling: 48-56.

Lubinski, A., Althouse, W. S., and Logan, J. L. 1962. Helical Buckling of Tubing Sealed in Packers. JPT 14(6): 655-670; Trans., AIME, 225. SPE-178-PA. DOI: 10.2118/178-PA.

MacEachran, A. and Adams, A. J. 1994. Impact on Casing Design of Thermal Expansion of Fluids. SPEDC 9(3): 210-216. SPE-21911-PA. DOI: 10.2118/21911-PA.

Maruyama, K., Tsuru, E., Ogasawara, M., Inoue, Y., and Peters, E. J. 1990. An Experimental Study of Casing Performance Under Thermal Cycling Conditions. SPEDE 5 (2): 156-164. SPE-18776-PA. DOI: 10.2118/18776-PA.

Miannay, D. P. 1997. Fracture Mechanics. Mechanical Engineering Series. New York: Springer.

Mitchell, R. F. 1982. Buckling Behavior of Well Tubing: The Packer Effect. SPEJ 22(5): 616-624. SPE-9264-PA. DOI: 10.2118/9264-PA.

Mitchell, R. F. 1988. New Concepts for Helical Buckling. SPEDE 3 (3): 303-310; Trans., AIME, 285. SPE-15470-PA. DOI: 10.2118/15470-PA.

NACE Standard MR-01-75, Material Requirements Standard. Metals for Sulfi de Corrosion Cracking and Stress Corrosion Cracking Resistance in Sour Oilfi eld Environments. 2003. Houston: NACE.

Oudeman, P. and Bacarreza, L. J. 1995. Field Trial Results of Annular Pressure Behavior in High Pressure/High Temperature Well. SPEDC 10 (2): 84-88. SPE-26738-PA. DOI: 10.2118/26738-PA.

Payne, M. L. and Schwind, B. E. 1999. A New International Standard for Casing/Tubing Connection Testing. Paper SPE 52846 presented at the SPE/IADC Drilling Conference, Amsterdam, 9-11 March. DOI: 10.2118/52846-MS.

Payne, M. L., Pattillo, P. D., Sathuvalli, U. B., Miller, R. A., and Livesay, R. 2003. Advanced Topics for Critical Service Deepwater Well Design. Presented at the Deep Offshore Technology Conference (DOT03), Marseille, France, 19-21 November.

Ramey, H. J. Jr. 1962. Wellbore Heat Transmission. JPT 14 (4): 427-435; Trans., AIME, 225. SPE-96-PA. DOI: 10.2118/96-PA.

Raymond, L. R. 1969. Temperature Distribution in a Circulating Drilling Fluid. JPT 21(3): 333-341; Trans., AIME, 246. SPE-2320-PA. DOI: 10.2118/2320-PA.

Roark, R. J. 1954. Formulas for Stress and Strain, third edition, 370. New York: McGraw-Hill. RP 5C5, Recommended Practice for Evaluation Procedures for Casing and Tubing Connections, second edition. 1980. Washington, DC: API.

RP 37, Recommended Practice Proof-Test Procedure for Evaluation of High-Pressure Casing and Tubing Connection Designs, 2nd edition. 1980. Washington, DC: API.

RP 579, Recommended Practice Fitness for Service, 1st Edition, 2000. Washington, DC: API.

Schwind, B. E. 1990. Equations for Leak Resistance of API 8-Round Connections in Tension. SPEDE 5 (1): 63-70. SPE-16618-PA. DOI: 10.2118/16618-PA.

Schwind, B. E. 1998. Mobil Qualifi es Three Tubing/Casing Connection Product Lines. Hart's Petroleum Engineer International (November): 59-62.

Sparks, C. P. 1984. The Infl uence of Tension, Pressure and Weight on Pipe and Riser Deformations and Stresses. Journal of Energy Resources and Technology 106(1): 46-54.

Spec. 5CT, Specification for Casing and Tubing, sixth edition. 1998. Washington, DC: API.

Sumitomo Products for the Oil and Gas Industries. Sumitomo Metals, http: //www. sumitomometals. co. jp/e/business/sm-series. pdf. Downloaded 2 March 2009.

Thomas, P. D. and Bartok, A. W. 1941. Leak Resistance of Casing Joints in Tension. Paper presented at the 22nd API Annual Meeting on Standardization of Oilfi eld Equipment, San Francisco, November.

Timoshenko, S. and Goodier, J. N. 1970. Theory of Elasticity, third edition, 70-71, 198-202. Singapore: McGraw-Hill Education.

True, M. E. and Weiner, P. D. 1975. Optimum Means of Protecting Casing and Drillpipe Tool Joints Against Wear. JPT 27(2): 246-252. SPE-5162-PA. DOI: 10. 2118/5162-PA.

White, J. P. and Dawson, R. 1985. Casing Wear: Laboratory Measurements and Field Predictions. SPEDE 2(1): 56-62. SPE-14325-PA. DOI: 10. 2118/14325-PA.

Williamson, J. S. 1981. Casing Wear: The Effect of Contact Pressure. JPT 33(12): 2382-2388. SPE-10236-PA. DOI: 10. 2118/10236-PA.

Wooley, G. R. 1980. Computing Downhole Temperatures in Circulation, Injection, and Production Wells. JPT32 (9): 1509-1522. SPE-8441-PA. DOI: 10. 2118/8441-PA.

Zamora, M. , Broussard, P. N. , and Stephens, M. P. 2000. The Top Ten Mud-Related Concerns in Deepwater Drilling. Paper SPE 59019 presented at the SPE International Petroleum Conference and Exhibition in Mexico, Villahermosa, Mexico, 1-3 February. DOI: 10. 2118/ 59019-MS.

国际单位制换算系数

$1\,bbl = 0.\,1589873 m^3$

$1\,ft = 0.\,3048 m$

$1\,°F = \dfrac{9}{5}°C$

$1\,gal = 3.\,785412 \times 10^{-3} m^3$

$1\,in = 2.\,54 cm$

$1\,in^2 = 6.\,4516 cm^2$

$1\,lbf = 4.\,448222 N$

$1\,lb = 0.\,4535924 kg$

$1\,psi = 6.\,894757 kPa$

3　先进的钻柱设计

3.1　钻杆设计

——Jackie E. Smith，压力工程服务中心 (Stress Engineering Services)

3.1.1　引言

钻杆是钻柱的主要组成部分，其目的是支撑钻头和井底钻具组合，并对钻头起到一个起升的作用。它提供了一种动力，可以使钻头旋转或支撑井下马达使钻头旋转。钻柱也可为钻井液提供流动管道。

对钻杆的选择需要考虑到强度、尺寸和成本。强度通常是考虑的首要因素，然后是尺寸，最后是成本。

强度属性指的是包括起升钻柱的能力(拉伸能力)和向钻头传递扭矩的能力(扭矩能力)等属性。强度的选择还需要从钻井液压力、定向弯曲、弯曲疲劳、外部压力、压缩载荷和屈曲等方面考虑。

管材尺寸和钻具接头尺寸是由水力因素、可磨损性和钻机的提升能力共同决定的。关于尺寸，其他需要考虑的因素包括屈曲强度、弯曲应力、抗疲劳能力和外部压力。

影响成本的因素就是管材的实用性、钻杆的功能，包括提高管材的性能和使用寿命。显而易见，强度、尺寸、成本这三个影响因素并不是孤立的，而是相互影响的，通常往往是两个因素影响第三个因素。

3.1.2　钻杆规范

历史上，美国石油学会(API)对钻杆规范进行了定义。然而，随着专用工具接头和专用管柱尺寸、重量和等级的采用，以及国际标准组织(ISO)标准的引入，但有许多广泛使用的钻杆总成未被 API 规范涵盖。

如图 3.1 所示，钻杆是由钻杆、外螺纹钻杆接头和内螺纹钻杆接头组成。各部件之间由摩擦焊接的方式进行连接。

管体由标准尺寸、重量、等级和加厚配置制成。本章附录中的表 A-1 中列出了多种尺寸和重量。尺寸表示管道的外径(OD)，单位为英寸(in)。有九种常用的尺寸，从 2⅜ in 到 6⅝ in 不

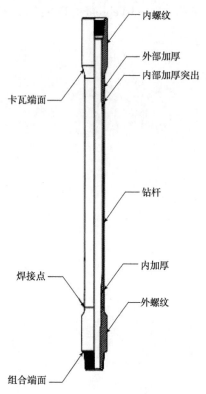

图 3.1　钻杆总成图

(图中标注：内螺纹、外部加厚、内部加厚突出、卡瓦端面、钻杆、焊接点、内加厚、外螺纹、组合端面)

等。质量是以 lb/ft 为单位的标称质量，是表明壁厚的一种物理量。在大多数情况下，每英尺管材的计算质量不等于标称质量。

标称质量不是直接根据外径和壁厚计算的。钻杆总成的实际质量包括钻具接头的质量。附录中的表 A-2 显示了一些常用组件的实际质量和其他特性。附录中的表 A-3 显示了选定管材尺寸的性能。

根据钻杆外径、内径和材料屈服强度计算钻杆本体强度。由于磨损，管体的外径随着使用而减小。强度计算中不考虑管材内表面的磨损和侵蚀。

根据磨损程度，将管材分为全新类、优质类、2 级和 3 级。全新管材无磨损，对于工作荷载的计算，很少使用全新管材的尺寸，除了通过频繁的检查验证壁面均匀性的新钻柱，或深水区特殊作业中。优质管材的磨损量高达规定壁厚的 20%。假设管材外表面均匀磨损为规定壁厚的 20%，以此来计算优质管材的工作载荷。同样，2 级管材磨损的壁厚高达规定壁厚的 30%，并计算工作载荷。小于规定壁厚 70% 的管材归类为 3 级管材。不同磨损等级的载荷负重情况见 ISO/NP 10407-1（10/5/07 制定）和 API RP 7G（1995）。检验后用于识别钻杆等级的颜色编码如图 3.2 所示。

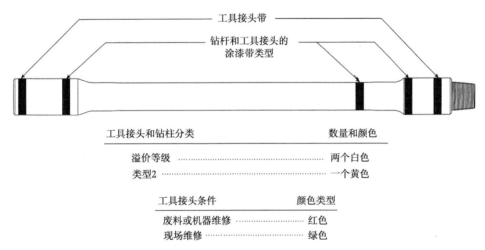

图 3.2　钻柱和钻具接头的色码识别（源于 RP 7G，钻井设计和操作规范的推荐
方法，美国石油工程师协会，1998）

3.1.2.1　钻杆管体

钻杆管体为无缝铬钼钢管，化学成分可参考美国材料试验协会（ASTM）4127-4133 或 ISO 25CrMo4。碳含量通常为 0.27%~0.33%。管材的化学成分及其随后的热处理旨在获得特定的屈服强度、韧性和延展性，有四种常用的强度等级范围。表 3.1 和表 3.2 显示了四种等级钻杆管体的属性。其他特殊等级的材料具有更高的屈服强度或更强的抗硫化氢性能。

管道通过奥氏体化进行热处理，然后通过水淬快速冷却，通常仅从外径开始。淬火产生的马氏体组织非常硬而脆。通过重新加热至精确温度对管材进行回火，并在该温度下保持一定时间，以获得表 3.1 和表 3.2 所示的强度、韧性和延性性能。S 级回火温度一般在 1000℉ 左右，E 级回火温度最高在 1250℉ 左右。管材强度越高，回火温度越低。API 和 ISO

规范包括拉伸和屈服强度要求及冲击强度要求。钻杆的断裂韧性是非常重要的。最常见的失效是疲劳失效。疲劳裂纹在管道中形成，并通过管壁扩展，使钻井液在压力下逸出，称为冲刷，在钻井平台上可检测到立管压力下降。在裂纹扩展到管壁分离点之前，可以将具有良好断裂韧性的钻杆从井筒中起出。

表 3.1　钻杆性能

材料	屈服强度(psi)		拉伸强度(psi)	延伸率(%)
	最小值	最大值	最小值	最小值
E 级	75000	105000	100000	0.5
X 级	95000	125000	105000	0.5
G 级	105000	135000	115000	0.6
S 级	135000	165000	145000	0.7

表 3.2　钻杆夏比冲击值

材料等级		测试温度	最小平均吸收能量(J)			最小试样吸收能量(J)		
			样品尺寸(mm×mm)			样品尺寸(mm×mm)		
			10×10	10×7.5	10×5	10×10	10×7.5	10×5
E、X、G、S	SR[a]	21±3℃	54	43[b]	30[c]	47	38[b]	26[c]
E、X、G、S	SR[20]	−10±3℃	41	33[b]	27[d]	30	24[b]	20[d]

(a) 补充要求，买方可能添加到规范中的要求。

(b) 基于全尺寸的80%(10mm×10mm)。

(c) 基于全尺寸的55%(10mm×10mm)。

(d) 基于全尺寸的67%(10mm×10mm)。

3.1.2.2　加厚

将钻具接头焊接到钻杆身上所产生的热量会改变焊接处的管体和钻具接头的材料特性。焊后热处理工艺可使管柱和工具接头热影响区的屈服强度达到 80000~100000psi。

为了弥补在钻具接头和高强度钻杆的强度损失，钻杆管体将在两端增加壁厚。依据需要增加的钻具接头的尺寸，现存在三种加厚方式：内加厚(IU)、内外加厚(IEU)和外加厚(EU)。这些加厚方式的配置如图 3.3 所示。

如图 3.3 所示，内加厚通过减小管柱的内径使管壁厚度增加。内外加厚管柱则减小内径和增加外径，外加厚管柱是增加外径。为了能够在连接钻具接头进行作业，往往在内加厚管柱中增加外径和在外加厚管柱中降低内径。

加厚的外表面由加厚过程中围绕钻杆的模具控制。内表面仅由钻杆内的冲头控制，冲头的直径为完成加厚的内径。冲头有一个非常小的锥度，以便在管道加厚后将其移除。内加厚管柱的内壁加厚区与管体本身内壁的过渡区和内外加厚管的过渡区域是一个不受控制的表面，过去常常是应力集中导致疲劳裂纹的位置。钻杆制造商已经开发出能够在几英寸长度上产生平滑过渡区的工艺，这些过渡区几乎消除了该区域的疲劳裂纹。

3.1.2.3 钻具接头

钻具接头是一种连接螺纹，往往焊接到加厚钻杆（图3.3）。钻具接头是旋转式连接，因此得名，因为当组成时它们"肩部紧靠"。在连接时，螺纹中的主要载荷是轴向的，即销中拉伸、箱中压缩。

钻具接头根据其内径、外径和螺纹形式确定。钻具接头还有一些其他需要说明的特征：外螺纹段长度、内接头长度、内接头拧紧方式和配置、外接头拧紧方式和配置。拧紧方式通常对钻具接头做出规定。

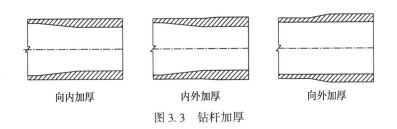

向内加厚   内外加厚   向外加厚

图3.3 钻杆加厚

3.1.2.4 钻具接头的内径和外径

钻具接头的选择是基于平衡抗扭强度要求和最大限度地减少钻井液在井筒中的压力损失。钻具接头的抗扭强度是内径和管体外径的函数。扭转强度受外接头在最后啮合螺纹（LET）处能承受的拉伸载荷和内接头在埋头孔中能承受的压缩载荷的限制。LET是最后的外螺纹接近肩部，与内接头接合。

3.1.2.5 外径

钻具接头的外径是扭转强度、耐磨性和吊卡提升能力之间的折中值。在某些情况下，可以选择钻具接头外径来限制环空内的压力损失，从而使当量循环密度（ECD）最小化。

3.1.2.6 落鱼可打捞性

钻具接头外径和孔壁之间的环形间隙必须足够大，以便打捞筒冲洗工具可以"咬"住管体。打捞工具制造商一般会公布打捞筒尺寸和性能。如果有可能出现钻柱问题或卡钻，保持使用全强度打捞筒是很重要的。

3.1.2.7 抗扭强度

内螺纹接头的扭转强度是外径的函数，因为内螺纹接头的临界面积是螺纹和补偿肩之间的埋头孔部分（图3.4）。

3.1.2.8 钻机提升能力

起钻提升能力取决于吊卡台的投影面积。图3.1显示了内接头的吊卡台。

3.1.2.9 内径

随着孔直径的减小，抗扭强度的增加，直到让 A_{LET} 变得大于 A_{BCS}。然而，一般来说，抗扭强度由内径控制；内径越小，其抗扭强度越大。表A–2中的扭矩值包括P或B，这表示外螺纹—薄弱或内螺纹—薄弱连接。P是指外螺纹—薄弱，所以连接的抗扭强度就是外螺纹内径的一个函数。B指内螺纹—薄弱，所以连接的抗扭强度是内螺纹内径的一个函数。

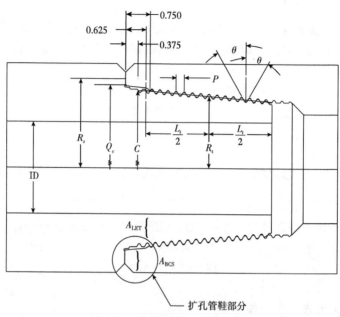

图 3.4 螺纹形成的命名原则

3.1.2.10 压力损失

图 3.5 显示了传统的钻具接头外螺纹和内螺纹的内部配置。当钻井液在井下循环时，有许多的工具连接处引起了压力损失。压力损失与外接头内径成反比关系，其内径越小，压力损失就越大，并且每一次内径改变都会引起一次额外的压力损失。将钻井液泵入管内所需的能量是一个重要的问题，因为动力的成本问题和液压马力在移动流体中的消耗在钻头内并不考虑。为了选择一个可接受的孔眼直径，这个孔眼直径是在一个可接受的压力损失范围内可以提供充足的抗扭强度。

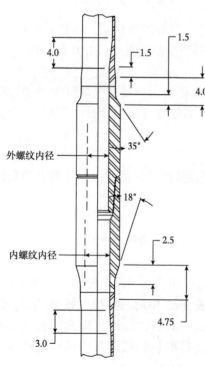

图 3.5 钻具接头的内部结构

3.1.2.11 螺纹

不包括专有的连接方式，现存在有七个旋转带凸肩式连接类型和九个螺纹形式（IADC 1992）。在本章附录的表 A-4，列出了旋转带凸肩式连接类型的螺纹属性。图 3.6 包含每个螺纹的形式图。

螺纹形式的命名是根据顶宽确定的。V-0.050 的螺纹形式有 0.050in 的顶宽；V-0.040 的螺纹形式有 0.040in 的顶宽等等。在数字型连接（NC）术语中，V-0.038r 表示根部半径，其为 0.038in。

管柱尺达到 5½in，在钻杆上使用最广泛的连接方式就是 NCS。其在 1958 年作为一种内平扣型（IF）

螺纹的改进而被 API 采用，因为数字型连接的螺纹拥有一个辐射式的根部，然而内平扣型螺纹的根部较为平滑。数字型连接的螺纹更耐疲劳，但很少应用在钻具接头，它更容易应用冷轧螺纹根部。NC 螺纹与 IF 螺纹是可以相互替换的。许多人仍然通过命名来识别钻具接头：$3\frac{1}{2}$ in IF 螺纹可以替换 NC38 螺纹或者 $4\frac{1}{2}$ in IF 螺纹替换 NC50 螺纹。现在有许多指定的 IF 螺纹并应用于钻杆上，但没有一个螺纹拥有平滑的根部。

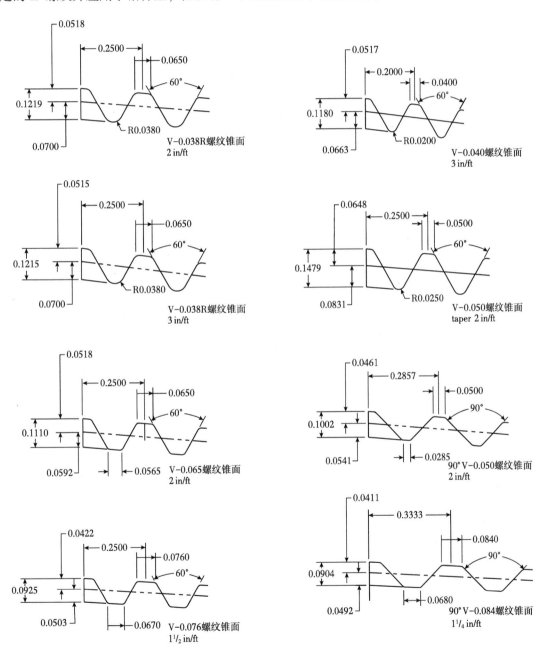

图 3.6　端面旋转连接螺纹锥面

对于 5½ in 和 6⅝ in 钻杆来说,全孔(FH)钻具接头的使用情况比任何其他钻具接头的使用情况要好。API REG 连接被使用在岩石钻头和井底钻具组合中,如钻铤、稳定器和其他专用工具。FH 和 API REG 螺纹形式有更深的纹路,用于较重的构件来降低扶正和补扣过程中螺纹法兰上的轴承应力。

H90 是专门为厚壁底部钻具组合而设计的部件。H90 螺纹容易对扣并且在对扣中螺纹形式是不太可能发生的损害;H90 螺纹形式在螺纹的齿腹面也有较大的径向分力。超薄型 H90 螺纹设计用在小直径工具接头。90°螺纹形式是一种更浅、轮廓更低的螺纹。

API REG 和 H90 很少使用在钻杆中。API REG 广泛应用于底部钻具组合中。在大的 REG 连接的螺纹锥体更大以使卡瓦悬挂时有助于连接重的井底套件部件外螺纹端安装到内螺纹。

3.1.2.12　钻具接头的冶金和材料特性

API 或 ISO 标准的钻具接头由都具有相同的屈服强度(不论等级如何)。其他的规格如加拿大的 IRP 1 卷(2008)规定了较低的抗 H_2S 拉伸强度。

钻具接头是由铬钼钢制成的,与用于钻杆的相似,但与管体的圆柱形状相比,钻具接头的形状相对复杂,增加了淬火开裂的敏感性。除热处理前的螺纹外,它们都被加工成形,并以较慢的速度淬火。随着大钳部分淬火速度的减慢,需要较高的碳含量来获得所需的硬度。也可以添加其他元素,以使工具接头具有所需的强度、韧性和延展性。大多数制造商已开发出符合其设计要求的专有化学药品和热处理程序。

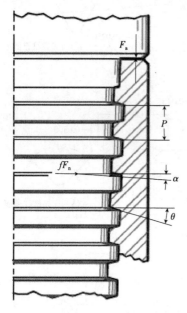

图 3.7　钻具接头螺纹(Farr, 1957)
(由美国机械工程师学会提供)

API 钻具接头热处理后可达最小 120000psi 的屈服强度,并忽略管道的焊接强度。大多数钻杆加工满足 API 规范。但也有一些例外,在抗 H_2S 时就需要较低级的强度,并在生产管柱中有较高强度的钻具接头。另外,一些深钻井作业所需的定制产品,其钻杆接头应使用高强度材料制作,这包括高达 140000psi 的最小屈服强度材料。

3.1.2.13　钻具接头的抗扭强度

钻具接头的抗扭强度是补偿肩和螺纹法兰上的摩擦力所作用的结果。Farr(1957)推导了用于计算钻具接头和钻杆接头的抗扭强度的公式,通常称为螺旋千斤顶公式。方程的推导过程如下:

作用于螺纹的力如图 3.7 和图 3.8 所示。总的轴向力必须等于摩擦力的轴向分量和垂直于螺纹表面的力的代数和。

$$F_a = F_n \ (\cos\phi - f \cdot \sin\alpha) \tag{3.1}$$

其中:

$$F_n = \frac{F_a}{\cos\phi - f \cdot \sin\alpha} \tag{3.2}$$

当施加扭矩 T 时,接头将在一圈内补偿 p 英寸。如果考虑到存在少量的补偿 Δp,则轴向力可认为是恒定的,所以:

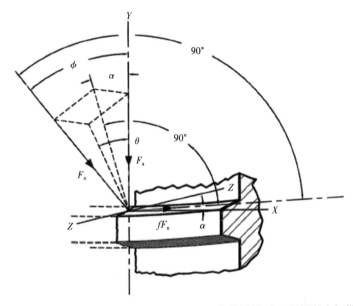

图 3.8　钻杆接头螺纹面力（Farr，1957）（由美国机械工程师学会提供）

$$W_a = F_n \ (\Delta p) \tag{3.3}$$

$$W_f = f F_n \left(\frac{\Delta p}{\sin\alpha}\right) = \frac{f F_a \ (\Delta p)}{\sin\alpha \ (\cos\phi - f \cdot \sin\alpha)} \tag{3.4}$$

$$W_s = f F_a 2\pi R_s \left(\frac{\Delta p}{p}\right) \tag{3.5}$$

$$W = 2\pi T \left(\frac{\Delta p}{p}\right) \tag{3.6}$$

所以：

$$W = W_a + W_f + W_s \tag{3.7}$$

通过替换：

$$T = \frac{F_a p}{2\pi} + \frac{F_a f p}{2\pi \sin\alpha (\cos\phi - f\sin\alpha)} + R_s f F_a \tag{3.8}$$

但是：

$$\tan\alpha = \frac{p}{2\pi R_t} \text{或者} \frac{p}{2\pi} = R_t \tan \alpha \tag{3.9}$$

在右边第二项中代入：

$$T = \frac{F_a p}{2\pi} + \frac{F_a R_t f}{2\pi \sin\alpha \ (\cos\phi - f\sin\alpha)} + R_s f F_a \tag{3.10}$$

角度 ϕ 取决于螺纹的导程角和夹角。从图 3.7 和图 3.8 发现：

$$\cos\phi = \frac{1}{\sqrt{1+\tan^2\theta+\tan^2\alpha}} \tag{3.11}$$

使用这个表达式并注意到 α 在工具接头中通常很小，可能会显示：

$$\cos\alpha\ (\cos\phi - f\sin\alpha)\ = \cos\theta \tag{3.12}$$

扭矩的表达式最终写成

$$T = F_a\ (\frac{p}{2\pi} + \frac{R_t f}{\cos\theta} + F_s f) \tag{3.13}$$

或者：

$$T_{TJ} = \frac{Y_{TJ} \times A_c}{12}\left[\frac{p}{2\pi} + f\ (\frac{R_T}{\cos\theta} + R_s)\right] \tag{3.14}$$

A_c 是在⅜ in 外接头最后啮合螺纹或内接头横截面积较小的横截面积。公式（3.20）是用来计算补偿扭矩，对于钻具接头，补偿扭矩通常是接头扭转强度的60%。

旋转带凸肩连接的抗扭强度由两种情况形成，一种是连接端面与螺纹两翼的摩擦力，一种是外螺纹端底部和内螺纹端扩孔区域所形成的轴向变形。对于双螺纹台连接，在阳接头的前端具有一个额外的螺纹台，结合在其接触表面的摩擦力，增加了螺纹法兰摩擦力（RP 7G，1995）。这种现象也发生在外螺纹前端的压缩处。

$$T_{DSC} = \frac{Y_{TJ}A_C}{12}\left[\frac{p}{2\pi} + f(\frac{R_T}{\cos\theta} + R_s)\right] + \frac{Y_{TJ}A_N}{12}\left[\frac{p}{2\pi} + f(\frac{R_T}{\cos\theta} + R_N)\right] \tag{3.15}$$

做一种双凸肩连接的假设，屈服作用同时发生在阳螺纹前端和临界区。使得外螺纹的长度和管体的深度存在差值，这可能引起在临界区发生屈服的或前（或后)时刻外螺纹前端也存在屈服。基于双凸肩连接的成功，这个假设显然也可行。像单肩连接、双凸肩连接的连接扭矩在其抗扭强度的中占一定比例，通常为60%。

在钻具接头区域的扭转应力通常不是计算得来的，不仅因为钻具接头与管柱相比存在相对大小差异，还因为螺纹区域的扭转强度比同区低得多。该钻具接头螺纹扭转应力通常比管体低。在钻具接头线处的扭转压力往往低于管柱本身。然而这不一定是有害的，因为只要在钻具接头上施加转矩扭矩(钻削扭矩)小于连接的扭矩，那么就不会在外螺纹和内螺纹上存在压力。当钻井扭矩超过了连接的扭矩，这种连接就存在井下之内，通常会导致销钉、波纹管或脱扣。

3.1.2.14　示例

计算一个 NC50 6⅝ in×3¼ in 钻具接头扭转强度，参见图 3.5。计算扭转强度所需的值可在以下出版物中找到：APIRP 7G（1995）、APISpec. 7（1998）、ISO 10424-2：2007(2007)、IADC 钻井手册(1992)、制造商的产品信息。

$$A_{LET} = \frac{\pi}{4}(c - 2Ded - \frac{T_{pr}}{96})^2 - ID_{TJ}^2 \tag{3.16}$$

其中，$c = 5.042$in，$D_{ed} = 0.070$in，$T_{pr} = 2.000$in/ft，$ID_{TJ} = 3.250$in。

$$A_{LET} = \frac{\pi}{4} \left[(5.042 - 2 \times 0.070 - \frac{2}{96})^2 - 3.250^2 \right] = 10.415 \text{in}^2 \tag{3.17}$$

$$A_{BCS} = \frac{\pi}{4} \left[OD_{TJ}^2 - (Q_c - \frac{3 \times T_{pr}}{96})^2 \right]$$

其中，$OD_{TJ} = 6.625$in，$Q_c = 5.313$in。

$$A_{BCS} = \frac{\pi}{4} \left[6.625^2 - (5.313 - \frac{3 \times 2}{96})^2 \right] = 12.824 \text{in}^2$$

$$A_{LET} < A_{BCS}, \quad A_C = 10.415 \text{in}^2$$

$$\frac{P}{2\pi} = \frac{0.250}{2\pi} = 0.040 \text{in}$$

$$R_T = \frac{2c - (L_{PC} - 0.625) \frac{T_{pr}}{12}}{4} \tag{3.18}$$

其中，$L_{PC} = 4.500$in。

$$R_T = \frac{2 \times 5.042 - (4.500 - 0.625) \frac{2000}{12}}{4} = 2.360 \tag{3.19}$$

$$R_S = \frac{OD_{TJ} + Q_c}{4} = \frac{6.625 + 5.313}{4} = 2.925 \text{in}$$

$$T_{TJ} = \frac{120.000 \times 12.415}{12} \left[0.040 + 0.080 \left(\frac{2.359}{\cos 30^6} + 2.925 \right) \right] = 51.217 \text{ft} \cdot \text{lbf}$$

补偿扭矩通常是抗扭强度的 60%。

$$T_{MU} = 0.60 \times 51.217 = 30730 \text{ft} \cdot \text{lbf} \tag{3.20}$$

3.1.2.15　钻具接头的抗拉能力

一个钻具接头的最大拉伸量等于其横截面积的产品在外接头的最后啮合螺纹和材料的屈服强度，通常为 120000psi。材料性能钻具接头见表 3.3。

$$P_{TJ} = Y_{TJ} \cdot A_{LET} \tag{3.21}$$

如果连接扭矩超过某一值时称为 T_4，则该钻具接头的抗拉能力将会降低。T_4 是当存在一个外部的拉力载荷使得外接头屈服，螺纹台在外部张力下同时发生的补偿扭矩，用方程式表示为

$$T_4 = \left(\frac{Y_{TJ}}{12} \right) \left(\frac{A_{LET} A_{BCS}}{A_{LET} + A_{BCS}} \right) \left[\frac{p}{2\pi} + f \left(\frac{R_T}{\cos\theta} + R_S \right) \right] \tag{3.22}$$

如图 3.9 所示，API RP 7G (1995) 和 ISO/NP 10407-1 (修订 10/5/07) 使用金字塔型曲线形象地展示了钻具接头的相关载荷。

曲线包含了一个类似金字塔的三角形，其包含了钻具接头和一条抛物线（包含了管体信

息)的信息。在曲线的左侧,从起点到 T_4 点,代表拉伸载荷。拉伸载荷一种扭矩,是在给定的上紧扭矩下,可以使得钻具接头端面分离但并不会使得外接头破损。例如,如果上紧扭矩为 24000ft·lbf,端面会在拉伸载荷为 1061250lbf 的情况下分离,但外接头不会被破坏直到拉伸载荷达到 1249800lbf。在曲线的右侧,从 T_4 点到 51217ft·lbf,其水平轴代表着阳接头被破坏而引起的端面分离。在 5in 的情况下,$6\frac{5}{8}$in×$3\frac{1}{4}$in 的 S135 钻杆是 19.50lb/ft。拥有上紧扭矩为 30730ft·lbf 的 NC50 钻具接头,其钻进扭矩不能超过其上紧扭矩。

$$P_o = \frac{12(A_{LET}+A_{BCS})T_{MU}}{A_{BCS}\left[\dfrac{p}{2\pi}+f\left(\dfrac{R_T}{\cos\theta}+R_s\right)\right]} \tag{3.23}$$

表 3.3　钻具接头材料性质

屈服强度(psi)		拉伸强度(psi)	延伸率
最小值	最大值	最小值	最小值
120000	165000	140000	13%

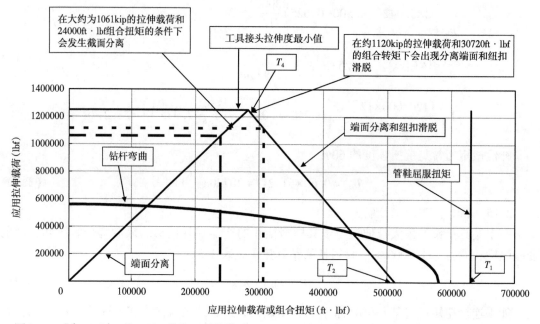

图 3.9　$6\frac{5}{8}$in×$3\frac{1}{4}$in 的 NC50 接头工具连接到 5in、19.50lb/ft 的 S135 钻杆上的钻具接头动态曲线图

P_o 是应用 T_{MU} 以后,分离钻具接头端面所需要的张力,而从起点到顶点 T_4 的直线即代表 T_{MU}。T_{MU} 是一种扭矩,是在施加张力之前施加在钻具接头上的。如果 T_{MU} 越过了 T_4,就不要使用公式(3.23)。因为 P_o 将会超越 P_{TJ}。

$$P_{T4T2} = (A_{LET}+A_{BCS})\left\{Y_{TJ}-\frac{12T_{MU}}{A_{LET}\left[\dfrac{p}{2\pi}+f\left(\dfrac{R_T}{\cos\theta}+R_s\right)\right]}\right\} \tag{3.24}$$

P_{T4T2} 是施加 T_{MU} 以后破坏阳接头所需要的张力，由 T_4 到 T_2 的直线所表示。

$$T_1 = \left(\frac{Y_{TJ}}{12}\right)\left\{A_{BCS}\left[\frac{p}{2\pi}+f\left(\frac{R_T}{\cos\theta}+R_s\right)\right]\right\} \tag{3.25}$$

T_1 是钻具母接头的抗扭强度，由 X 轴的某处的垂线所代表。

$$T_2 = \left(\frac{Y_{YJ}A_{LET}}{12}\right)\left[\frac{p}{2\pi}+f\left(\frac{R_T}{\cos\theta}+R_s\right)\right] \tag{3.26}$$

T_2 是钻具接头阳接头的抗扭强度

$$T_4 = \left(\frac{Y_{TJ}}{12}\right)\left(\frac{A_{LET}A_{BCS}}{A_{LET}+A_{BCS}}\right)\left[\frac{p}{2\pi}+f\left(\frac{R_T}{\cos\theta}+R_s\right)\right] \tag{3.27}$$

T_4 是上紧扭矩，它是发生外接头被破坏和端面分离时施加在外部的一种张力。

$$T_{PB} = \frac{2J_{PB}}{12\sqrt{3}\,OD_{PB}}\sqrt{Y_{PB}-\frac{p_Q^2}{A_{PB}^2}} \tag{3.28}$$

T_{PB} 是在施加悬重或者张力 P_Q 时，管体的额定扭矩。

3.1.2.16　钻具接头与钻杆的焊接

钻具接头通过摩擦焊接连接到钻杆。通常采用连续驱动和惯性驱动两种摩擦焊接工艺。这两种焊缝是由一个旋转的工具接头的机械能量转换成热能，方法是将工具接头的焊接面推向保持静止的管柱末端，然后将其停止以产生焊接。图 3.10 是此过程的原理图。连续驱动以

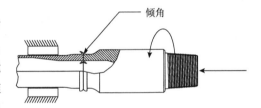

图 3.10　钻杆摩擦焊接钻具接头

大约 500r/min 的恒定速度旋转工具接头，同时在接近 20000psi 的轴承压力下将工具接头固定在管道上。摩擦将工具接头和管柱加热至低于熔化的温度，同时施加的力径向向外和向内挤压柔性热材料，形成柱塞角。在恰当的时候，停止旋转，钻杆接头在一小段时间内就可以固定在管体上，完成焊接。

惯性驱动的过程与连续驱动的焊接工艺类似，在相同的轴承压力，是惯性轮以 1500~2000r/min 的自由转速来控制钻具接头，并将钻具接头固定在钻杆上。旋转惯性轮的动能转化为摩擦热。当惯性轮的能量几乎被耗尽时，惯性轮停止，钻具接头在短时间会被固定在管体上，完成焊接。焊接后，用机械加工方法去除闸板的角，然后用磨削方法消除钻杆与接头之间的不连续性。

在这两种工艺中，温度都低于熔点，包括具有良好冶金性能的固态焊接和细小的晶粒。

钻具接头与钻杆热处理后焊接在钻杆上。焊接过程在焊接面附近重新奥氏体化两个构件，随后的缓慢冷却使它们正常化。为了恢复焊接过程中的强度损失，焊缝通过感应加热进行热处理，然后用空气或聚合物进行淬火。空气淬火通常是通过将空气射流从焊缝外径周围的一个环和焊缝内径内的一根棒引导到焊缝区域来进行的。在大多数情况下，聚合物淬火仅在外径上。焊接和热处理过程可能会在焊接区的两侧产生一个 1in 宽的高热影响区。

热影响区的宽度和轮廓取决于焊后热处理中使用的设备。API 规范规定,焊接区的抗拉强度——材料屈服强度乘以总横截面积必须是管体抗拉强度的 1.1 倍。由于管体和工具接头的化学性质,焊接处的材料强度在 80000~100000psi 之间。随着加厚截面面积的增加,即使采用 S135 和更高强度的管材,焊缝强度也大于管体强度。

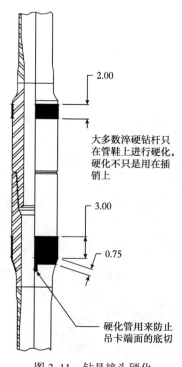

大多数淬硬钻杆只在管鞋上进行硬化。硬化不只是用在插销上

硬化管用来防止吊卡端面的底切

图 3.11　钻具接头硬化

3.1.2.17　环形加厚层

钻杆常常需要加厚(有时称为耐磨堆焊),这是为了抑制钻具接头和套管的磨损,减少钻杆接头与套管之间的摩擦系数。如图 3.11 所示,环形加厚层通常应用在管体和外接头上,它并不会单独应用在外接头上。在外接头上应用耐磨堆焊的一个问题是动力钳空间的损失。管体处的环形加厚层一般是厚 3in。在吊卡的端面和下侧延伸处大约是¾in。有时会在吊卡周围存在三到四个手指的空间来阻止钻井液的切削或吊卡端面的侵蚀。有时会在钻具接头大钳的表面使用耐磨堆焊。当套管磨损严重时,应用在环形加厚层的材料会按照指定配方来减少套管的磨损。当套管磨损并不严重时,通常使用硬质合金来减少钻具接头磨损。目前,大多数运营商和钻井承包商会为他们的钻杆指定对套管不存在影响的环形加厚层。优先应用在裸眼井中和为了降低严重的套管磨损风险而使用的硬质合金环形加厚层上仍然可以使用在加重钻杆(HWDP)和底部钻具组合中。

环形加厚层的应用会在钻具接头产生一个热影响区,但这并不会带来什么影响。

3.1.2.18　螺纹脂

螺纹脂应用旋转端面的连接处以防止磨损,并可以对钻井液起到密封和提供稳定的摩擦性能的作用。外接头或内接头的螺纹、螺纹台在连接之前会涂上涂层。由于当卡瓦卡住管体时,较易接触到内螺纹,所以螺纹脂也通常应用在内接头上。

螺纹脂是一类油脂材料,包含了一定量粉末状的金属颗粒或者是无污染颗粒。螺纹脂中使用的首选金属材料是铜和锌。曾经,铅被广泛使用,但铅所具有的危险性和环境的限制使得其在螺纹脂中的应用逐渐减少。一些固体颗粒存在于钻具接头表面的层与层之间,可以起到防止破坏(相当于垫片)的作用,这个“垫片”可以保持钻杆内的压力和提供一个稳定的摩擦系数。

螺纹脂可以按照配方制造来提供一种在外接头和内接头之间的摩擦系数为 0.08~0.12。在 API RP 7G (1995)的上紧扭矩表, ISO/NP 10407-1(2007 年修订),本章附录中的表 A-2 中都包含了用 0.08 作为摩擦系数计算出上紧扭矩值。具有较高摩擦性能的螺纹脂允许钻具接头达到更高的扭矩,还可以提供额外的抗扭强度。

API RP 7A1(1992)定义了一个标准化的螺纹脂摩擦因素试验。在这种情况下,摩擦因子与摩擦系数并不相同。摩擦因子是钻具接头的上紧扭矩的一个乘数。当使用一个摩擦系数为 1.1 的螺纹脂时，公布的上紧扭矩将被乘以 1.1。例如，表 A-2 中 6¼in×3NC46 所示的上紧扭矩为 23795ft·lbf。使用摩擦系数为 1.1 的螺纹润滑剂则允许的连接时上紧扭矩达到 26174ft·lbf。螺纹脂制造商通常会在产品标签标明摩擦系数的值。

3.1.3 钻杆工作荷载

钻杆工作载荷包括拉伸载荷、扭转载荷、内压、压缩载荷、外压和弯曲载荷。如本章开头所述，钻杆是根据其强度、尺寸和成本选择的。主要强度考虑因素是管柱的抗拉能力或支撑管柱重量的能力。有三个考虑因素：最佳钻井液排量和井眼净化能力、可打捞性和钻机提升能力。

3.1.4 管体载荷和应力—拉伸载荷

钻杆所需抗拉强度的计算方法是：确定将钻杆拉出井眼所需的总悬挂重力，并将安全系数或超载裕度加到该值上。对于直井，悬挂重力是井底总成的重力和井底总成上方所有钻柱构件的重力乘以钻井液的浮力系数之和。对于定向井，由于井斜角和摩擦阻力，计算要复杂一些。管柱所需的拉伸能力等于管柱必须从井眼中拉出的量加上过度拉伸的裕量。

将钻铤起井眼井眼所需的力：

$$P_{DC} = \left[W_{DC1}(\cos\alpha_1 + \mu\sin\alpha_1) + W_{DC2}(\cos\alpha_2 + \mu\sin\alpha_2) \right] k_B \qquad (3.29)$$

$$k_B = \left(1 - \frac{\rho_M}{\rho_s} \right) \qquad (3.30)$$

钻柱的重力是所有钻杆的长度乘以其浮力单位重力（注意：在这种情况下，钻柱仅被定义为钻杆。钻柱不包括钻铤或其他部件，例如马达、震击器或稳定器。本章中的钻柱是从水龙头到钻头的所有部件）。钻柱的长度是井深减去钻铤长度和其他钻杆组成的长度。

$$W_{DPA} = k_B L_{DPA} w_{DP} \qquad (3.31)$$

将所有钻柱构件从井眼中起出所需的力通过公式（3.32）计算，式中 MOP 是超拉力的裕度。MOP 是适用于自由卡管的附加允许张力。这是最大允许张力和计算大钩负荷之间的差值（Azar and Samuel，2007）。

$$P_{string} = W_{DPA1} \left[(\cos\alpha_1 + \mu\sin\alpha_1) + W_{DPA2}(\cos\alpha_2 + \mu\sin\alpha_2) \right] k_B + P_{BHA} + MOP \qquad (3.32)$$

悬重的张应力为

$$\sigma_{TPB} = \frac{F_{string}}{A_{PB}} \qquad (3.33)$$

拉伸应力为轴向方向。

同时，在上扣过程中会在钻具接头内存在一个张应力。由于外接头下面悬挂管材的重力，将会使得在外接头中的张应力增加，正如这个方程中表示的第一项那样：

$$\sigma_{LET} = \frac{P_{DS}}{\frac{\pi}{4} \left(OD_{TJ}^2 + ID_{TJ}^2 \right)} + \sigma_{MU} \qquad (3.34)$$

3.1.5 扭转载荷

旋转的钻头将会对钻柱产生一个扭转载荷。当钻头被顶驱驱动或者转盘带动时，扭转载荷是钻头扭矩和井内旋转管柱的摩擦阻力的总和。当钻头由马达带动时，管柱必须要抵消马达扭矩。管柱中的扭转应力由下式求出：

$$\tau_{PB} = \frac{12TOD_{PB}}{2J_{PB}} \tag{3.35}$$

扭转应力是轴向45°的剪切应力。

3.1.6 内应力

内应力在外表面产生一个最大的切向应力。

$$\tau_P = \frac{P_J OD_{PB}}{0.875 \times 2\tau_{PB}} \tag{3.36}$$

3.1.7 管柱弯曲度和全角变化率

无论是拉伸或压缩，钻杆始终有一个轴向载荷，并且由于井眼曲率的存在往往会受到弯曲载荷。因为钻具接头直径比管材直径较大，所以井眼曲率对管体影响不会很大。根据轴向载荷，管体甚至可能不触及井壁。计算管体弯曲应力的过程可以作为轴向载荷和井眼曲率的一种功能，然而，依据假设—钻杆管体恰好与井眼轨迹一致可以进行近似处理。Lubinski（1988）提出了一种更精确的计算狗腿周围或内部区域弯曲应力的计算程序。

在这种假设条件下，弯曲应力计算公式如下：

曲率半径为

$$\rho = \frac{100 \times 180}{HC\pi} \tag{3.37}$$

弯曲应力为

$$\sigma_{BPB} = \frac{E \cdot OD_{PB}}{2\rho} \tag{3.38}$$

在外表面上，轴向弯曲应力最大。可以从 API RP 7G(1995) 和 ISO/NP 10407-1 （under development 10/5/07）查阅更严谨的计算方式。

当钻斜井时或者钻柱与井壁之间的摩擦系数大于摩擦角的余切值时，钻柱必须在钻头上施加重力。因此，钻柱承受压缩载荷和屈曲载荷。

3.1.8 钻杆的选择

3.1.8.1 管柱的强度

钻杆的选择通常是从选择可以承受钻柱重量的钻杆开始的。井深、井眼直径、设计底部钻具组合和钻井液密度都需要了解。有时这是一个迭代的过程，其中需要在钻具顶部安装更重更大的钻杆。所需何种钻杆在大多数情况下可以进行计算。

例如对可以应用完钻井深（TD）为 16000 ft 的井选择钻杆。该井垂直深度为 3000 ft，然后以 5°/100 ft 的速度建立 40° 的井斜角。井眼剖面如图 3.12 所示。所需钻头重力是

20000 lbf，钻铤尺寸为 $7\frac{1}{4}$ in×$2\frac{1}{4}$ in。完钻时井眼尺寸为 $8\frac{1}{2}$ in，钻杆与井壁间的摩擦系数是 0.3。钻井液密度是 12 lb/gal。钻杆的尺寸为 5 in。在钻铤的上面上安装有 10 根加重钻杆。

3.1.8.2　钻铤长度

钻铤重力使用公式（3.39）计算。

$$W_{DC} = \frac{\pi}{4}(OD_{DC}^2 - ID_{DC}^2)\rho_s L_{DC} \qquad (3.39)$$

$$\rho_s = 490\,\text{lb/ft}^3$$

$$L_{DC} = 31\,\text{ft}$$

$$W_{DC} = \frac{\pi}{4}(7.25^2 - 2.25^2)\frac{490 \times 31}{144} = 3935.3\,\text{lb}$$

$$W_{DC} = 3935.3\,\text{lb}$$

或者

$$W_{DC} = 126.9\,\text{lb/ft}$$

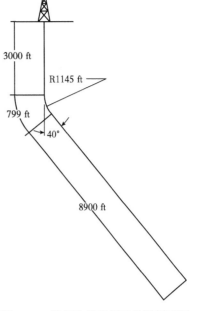

图 3.12　钻杆选择实例的井眼剖面图

确定钻铤的总长度 [其中，BW——钻头重力，lbf；NP——中性点（等于 70%）]：

$$L_{DC} = \frac{BW}{NP k_B W_{DC}(\cos\alpha - \mu\sin\alpha)} \qquad (3.40)$$

为了获取钻铤总长度，设中性点处于从底部算起，在钻铤总长的 70% 的位置。中性点在钻铤上的轴向位置是轴向负荷为零的点。在钻铤顶部受到拉伸，底部受到压缩，在钻铤上有一点是从拉伸到压缩的过渡点。

$$k_B = \frac{\rho_s - \dfrac{1728 W_M}{231}}{\rho_s} \qquad (3.41)$$

式中，k_B 为浮力系数；a 为井斜角；m 为摩擦系数。

并按照 1728/231 将 lb/gal 转换为 lb/ft³。

$$k_b = \frac{0.283 - \dfrac{1728 \times 12}{231}}{0.283}$$

$$k_B = 0.82$$

$$L_{DC} = \frac{20000}{0.8 \times 0.82 \times 126.9\ (\cos 40° - 0.3\sin 40°)}$$

$$L_{DC} = 481\,\text{ft}$$

（3.42）

对于一个 31 ft 的钻铤，需要 16 个钻铤。16 个钻铤是 $5\frac{1}{3}$ in 个单根，或 496 ft。

$$L_C = 496ft$$

把钻铤起出井壁侧面的力为

$$L_{DC} = 496 \times 126.9 \times 0.82(\cos 40° + 0.3\sin 40°) = 49490 lbf$$

在直井中，通常在钻铤正上方放置一根加重型钻杆来过渡，因为发现它可以减少钻铤正上方钻杆的疲劳失效。此外，还发现，当相邻钻柱构件的弯曲强度比(BSR)小于 5.5 时会有较少的疲劳失效发生。在这种情况下 BSR 被定义为两个组件的抗弯截面模量比(如在顶端的钻铤和其上面的钻杆)。对于在恶劣条件下钻井如井径扩大、腐蚀性环境或硬地层，BSR 小于 3.5 时有助于减少疲劳失效频率。

钻铤截面模量：

$$Z_{DC} = \frac{\pi}{32OD_{DC}} (OD_{DC}^4 - ID_{DC}^4)$$

$$Z_{DC} = 37.065 in^3$$

转换成单根 BSR：

$$Z \geqslant \frac{37.065}{5.5} = 6.739$$

建议过渡单根的截面模量大于 $6.74 in^3$。

在较重管柱计算 5in 的截面模量。

从表 3.4 得

$$OD_{HW} = 5in$$

$$ID_{HW} = 3in$$

$$Z_{HW} = \frac{\pi}{32 \times 5} (5^4 - 3^4) = 10.68 in^3$$

钻铤与钻杆截面模量的比：

$$R_{atio} = \frac{Z_{DC}}{Z_{HW}} = \frac{37.07}{10.68} = 3.47$$

建议 BSR 低于 5.5。

表 3.4　加重钻杆(D. Brinegar, 2004)

尺寸(in)	管径(in)	钻杆接头	钻压(lb/ft)
$3\frac{1}{2}$	$2\frac{1}{4}$	NC38	23.4
4	$2\frac{9}{16}$	NC40	29.9
$4\frac{1}{2}$	$2\frac{3}{4}$	NC46	41.1
5	3	NC50	50.1
$5\frac{1}{2}$	$3\frac{3}{8}$	$5\frac{1}{2}$ FH	57.6
$6\frac{5}{8}$	$4\frac{1}{2}$	$6\frac{5}{8}$FH	71.3

加重钻杆串用 10 个连接工具是一个很好的经验法则。从表 3.4 中可以看出 10 根 5in 加重钻杆的重力：

$$W_{HW} = 10L_{HW}w_{HW}$$
$$L_{HW} = 31ft$$
$$w_{HW} = 50.1\,lb/ft$$
$$W_{HW} = 10\times31\times50.1 = 15531\,lb$$

将加重钻杆起出井眼所需的力：

$$\rho_{HW} = 15531\times0.82(\cos40°+0.3\sin40°) = 12212\,lbf$$

钻铤的重量和总长度：

$$L_{DC}+L_{HW} = 496+310 = 806ft$$

在斜井段，钻杆长度为

$$8900-806 = 8094$$

计算将钻杆从斜井段起出所需的力。找到钻杆调整重力的近似值（钻具接头外径和内径尚未确定；因此，必须估计此时的钻杆重力）。见表 A-2 中的 5in 钻杆，调整重力为 23.08 lb/ft。

$$P_{DP} = 23.08\times8094\times0.82(\cos40°+0.3\sin40°) = 146885\,lbf$$

将钻杆起出作业段所需的力，包括悬重和和作业段下的摩擦力：

$$W_H = 49490+12212+146885 = 208587\,lbf$$

计算在钻具接头的横向力。在钻具接头的横向力可以从公式（3.44）计算（Lubinski 1988b；Van Vlack，1989；Jones，1992）。

从井眼曲率半径公式（3.37）得

$$\rho = \frac{180}{HC\pi} = \frac{100\times180}{5\pi} = 1146ft \tag{3.43}$$

$$F_{TJL} = \frac{W_H L}{\rho} = \frac{208587\times31}{1146} = 5642\,lbf \tag{3.44}$$

在作业段有 799ft 的钻杆，这时：

$$\frac{799}{31} = 26$$

每根钻杆的钻具接头能达到总的侧向力为

$$5345\times26 = 138970\,lbf$$

侧向力乘以摩擦系数：

$$138970\times0.3 = 41691\,lbf$$

以一个 41691 lbf 的拉伸载荷来拉住在最大井深处的钻杆通过作业段。将钻杆起出井眼垂直部分所需要的力为

$$2308 \times 3000 \times 0.82 = 56777\,\mathrm{lbf}$$

将钻杆起出井眼的合力为

$$F_{\mathrm{string}} = 49490 + 12212 + 146885 + 41691 + 56777 = 307055\,\mathrm{lbf} \qquad (3.45)$$

计算安全级 5in、19.50lb/ft 的 S135 钻杆的大钩最大设计荷载。根据表 A-1，新的 5in 钻杆的壁厚为 0.362in，安全级 5in 钻杆的壁厚为

$$0.8 \times 0.362 = 0.290\,\mathrm{in}$$

从表 A-1 中 5in 钻杆的内径是 4.276in。用于计算的安全级 5in 钻杆的外径是

$$OD_{\mathrm{P}} = 4276 + 2 \times 0.290 = 4855\,\mathrm{in}$$

钻杆的抗拉能力：

$$T_{\mathrm{P}} = \frac{\pi}{4}(4.855^2 - 4.276^2) \times 135000 = 560559\,\mathrm{lbf}$$

用这个数字乘以设计因子 0.9，然后减去超载举升的附加值 100000lbf。超载举升的附加值是一种附加的拉伸载荷，高于将钻杆拉出井眼所需要的载荷。如果发生了卡钻现象，可以使用该附加值。

钻杆有效可拉伸能力：

$$T_{\mathrm{P}} = 0.9 \times 560559 - 10000 = 404.503\,\mathrm{lbf}$$

通过计算将钻杆起出井眼所需要的力是 306055lbf。依据拉伸要求，5in、19.50lb/ft 的 S135 钻杆可以满足这个设计要求，但该钻杆尺寸能否适合井眼尺寸么？在井底处的井眼尺寸是 8½in。

钻杆的选择也必须适合井眼尺寸钻井水力学。钻杆尺寸的选择依据井眼直径，而井眼直径的确定依赖于设计的井眼直径有能力打捞落鱼和满足钻井流体的环空流速需求。

3.1.9 打捞钻杆

当钻杆或部分钻杆失效(断脱是一种常见的术语)，落在井眼内的部分钻具必须要进行打捞。有时钻杆被卡，在卡点以上的钻杆可以被取出，那么卡点以下的钻杆必须进行打捞作业。

如果，在钻杆被分开的情况下，钻具接头失效，落鱼的顶部会有一个朝上的钻具接头。如果钻杆失效，落鱼将会在一个朝上的管体上断裂。如果失效的钻杆不能被打捞工具抓住，钻杆将被碾碎，仅在落鱼的上面留下一个钻具接头。

在这些情况下，打捞工具必须抓取钻具接头。在钻柱的选择过程中必须考虑到这一点。为了使得打捞工具可以环绕钻具接头，在钻具接头和井壁之间必须拥有足够的环形间隙。打捞工具制造商发布了他们的打捞工具所需的环形间隙。对于直径为 8½in 的井眼，打捞直径为 7in 的钻具接头是可行的。一些工具对于直径为 7¼in 的钻具接头也是可以的，但是它们的强度可能受限。

在这个例子中选定的是 5in、19.50lb/ft 的 S135 钻杆。这种钻杆的钻具接头有一个 6⅝in 的外径，从表 A-2 可知，可以在 8½in 的井眼内被打捞出来。

3.1.10 钻井液环空流速

将产生的钻井岩屑携带至地表需要一定的钻井液流速。流速通常是在 100~400ft/min 之间。流速的大小取决于钻井液和岩屑的性能，以及井眼尺寸和方向。对于上述钻井过程，假设将钻屑携带到地表的最小的环形流速为 200ft/min，而为了防止井眼冲蚀，最大的环形流速为 350ft/min，泵的流量为 350gal/min。

$$环空面积 = \frac{\pi}{4}(D_H^2 - D_{DP}^2) = \frac{\pi}{4}(8.5^2 - 5^2) = 37.11\text{in}^2 \tag{3.46}$$

$$环空流速 = \frac{350\text{gal}}{37.11\text{in}^2}\frac{231\text{in}^3/\text{gal}}{12\text{in}/\text{ft}} = 182\text{ft}/\text{min} \tag{3.47}$$

因此，在 8½in 的井眼内的 5in 的钻杆将会产生低于预期的环空流速值。

往往需要考虑的一个附加的钻井水力学参数是 ECD。若井底内的压力需要产生一种恰当的流速来使流体流动时，应考虑此压力是否过大而伤害地层。

3.1.11 钻杆内的压力损失

钻头水力功率是一个重要的钻井参数，并且其作用可以使得泵流量乘以在钻头喷嘴处的流压最大。在钻头处最大有效压力为

$$P_{bit} = P_{s\tan dpipe} - P_{drillpipe} - P_{annulus} \tag{3.48}$$

式中，P_{bit} 为流经钻头喷嘴的钻井液压力损失；$P_{standpipe}$ 为钻井液流入钻柱的压力；$P_{drillpipe}$ 为钻井液泵入到钻杆的压力损失；$P_{annulus}$ 为钻井液从井底到地面的压力损失。

图 3.13 展示了在一个拥有不同钻杆和钻具接头尺寸的直径 8½in 的井眼中，密度为 12lb/gal 钻井液流经钻杆和环空的估算压力损失。

图 3.13 说明使用尽可能大的钻杆和钻具接头内径时的水力学优点。其他因素如处理钻杆所需工具的可用性和成本并不总是允许仅考虑水力学优点来选择钻杆。

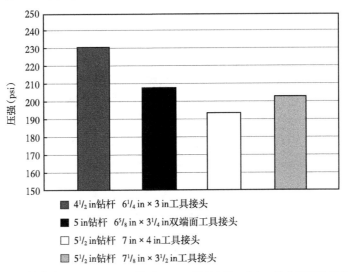

图 3.13　12lb/gal 钻井液以 350gal/min 通过 1000ft 的钻杆和 8½in 的井眼环空估测的压力损失

3.1.12 吊卡起升能力

方程 3.49 是用来计算吊卡钻具接头端面与吊卡的投影面积。吊卡内径尺寸的大小可以在制造商的目录中找到。如果吊卡内径 5in，那么钻杆内径就是 5¼in。接触面积乘以承压应力为

$$P_E = \frac{\pi}{4} \left[OD_{TJ}^2 - (C_E + f_w)^2 \right] \sigma_E \tag{3.49}$$

$$P_E = \frac{\pi}{4} \left[6.625^2 - (5.25 + \frac{3}{32})^2 \right] \times 65000 = 536383\,\text{lbf}$$

在这个例子中，使用的是 65000psi 的承载应力，这是在吊卡制造商中查询到的建议承载应力。有时会使用更高的承载应力，但吊卡锁和铰链的磨损会随着应力的增加而增加。

该钻具接头和吊卡组合可提升 536383 lbf。方程(3.45) 中的管柱重量是 307055 lbf。

3.1.13 卡瓦能力

卡瓦可以紧抓最上面的钻杆，且当其与方钻杆或者顶驱分离时保持钻柱不会落入井中。卡瓦通过由钻杆自重和卡盘产生的径向力来夹紧钻杆(图 3.14)。只有在极少数情况下，由于过多的卡瓦负载会使钻杆被压碎；然而，在深水应用中，在安装套管、防喷器和井口设备的过程中，使用管柱需要考虑到卡瓦压碎问题。

卡瓦上安装有可以抓紧管柱的模具。这些模具有小的牙齿，可以充当应力集中处，并在管柱上留下印痕。钻杆疲劳失效往往起源于这些印痕。

参考图 3.14，防止卡瓦造成破碎的安全载荷可以使用下面的推导计算 (Reinhold and Spiri，1959)。

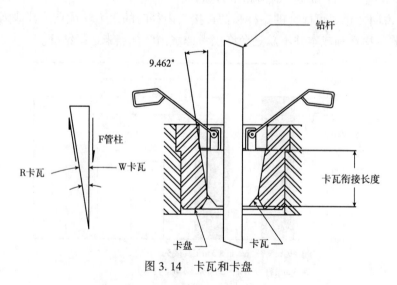

图 3.14　卡瓦和卡盘

从图 3.14 中可得，以下两方程必须满足的卡瓦平衡：

$$F_{string} = R_{slips}(\sin\alpha + \mu\cos\alpha) \tag{3.50}$$

$$W_{slips} = R_{slips}(\cos\alpha - \mu\sin\alpha) \tag{3.51}$$

在已给出的方程式中消除 R_{slips} ：

$$W_{slips} = F_{string}\frac{(1-\mu\tan\alpha)}{\tan\alpha+\mu} = F_{string}\frac{1}{\tan(\alpha+\psi)} \tag{3.52}$$

其中，$\tan\alpha = \frac{1}{6}$（API 规定标准锥角为 $9.462°$），$m = 0.2°$ 是两种表面涂有螺纹润滑剂的金属的摩擦系数（Sathuvalli et al., 2002）。注：在 Spiri-Reinhold 的论文中并没有使用该值（Reinhold and Spiri 1959），他们使用的值为 0.06。

$$\psi = \tan^{-1}\mu$$

计算引起管柱屈服的管柱重力：

$$\left(\frac{F_{string}}{A_{PB}}\right)_{ID} = Y_{PB}\left[\frac{2}{1+\left(1+\frac{2OD_{PB}^2}{OD_{PB}^2-ID_{PB}^2}\frac{KA_{PB}}{A_L}\right)^2+\left(\frac{2OD_{PB}^2}{OD_{PB}^2-ID_{PB}^2}\frac{KA_{PB}}{A_L}\right)^2}\right]^{\frac{1}{2}} \tag{3.53}$$

此方程源自于 von Mises-Hencky 理论，该理论定义了由于三轴应力的存在而导致屈服的开始阶段：

$$Y_{DP} = \frac{1}{\sqrt{2}}\left[(\sigma_2-\sigma_1)^2+(\sigma_3-\sigma_1)^2+(\sigma_3-\sigma_2)^2\right]^{0.5} \tag{3.54}$$

对于外部受压的厚壁圆筒，其径向和环向应力可以从基本方程中计算出来。在内半径处径向应力零，环向应力最大：

$$\sigma_3 = -\frac{2p_{slips}OD_{DP}^2}{OD_{DP}^2-ID_{DP}^2} \tag{3.55}$$

式中：

$$P = \frac{W_{slips}}{A_{slips}} \tag{3.56}$$

从公式（3.52）可以看出：

$$W_{slips} = F_{string}k \tag{3.57}$$

$$\psi = \tan^{-1}0.2 = 11.31$$

$$k = \frac{1}{\tan(\alpha+\psi)}$$

$$k = \frac{1}{\tan(9.462+11.31)} = 2.636$$

$$A_{slips} = 16\pi\times5 = 251.3in^2$$

针对实例的管柱，计算允许的管柱重力。从公式（3.53）中看出：

$$F_{string} = 5.275 \times 135000$$

$$\left[\frac{2}{1+\left(1+\frac{2\times 5^2}{5^2-4.276^2}\frac{2.636\times 5.275}{251.3}\right)^2+\left(\frac{2\times 5^2}{5^2-4.276^2}\frac{2.636\times 5.275}{251.3}\right)^2}\right]^{\frac{1}{2}} = 566203\,lbf \quad (3.58)$$

公式(3.45)指出管柱最大拉伸载荷的是307055 lbf。这意味着,在卡瓦的作用下管柱不会屈服。

3.1.14 钻杆和钻具接头的抗扭强度

在井内壁面一侧旋转钻铤所需的扭矩:

$$T_{DC} = \frac{W_{DC}L_{DC}k_B\mu\,\sin\alpha\,\dfrac{OD_{DC}}{2}}{12} \qquad (3.59)$$

$$= \frac{126.9\times 496\times 0.82\times 0.3\sin 40°\times 7.25}{2\times 12} = 3007\,ft\cdot lbf$$

在井内壁面一侧旋转加重钻杆所需的扭矩:

$$T_{HW} = \frac{W_{HW}L_{HW}k_B\mu\sin\alpha\,\dfrac{OD_{HW}}{2}}{12} = \frac{50.1\times 310\times 0.82\times 0.3\sin 40°\times 6.625}{2\times 12} = 678\,ft\cdot lbf \qquad (3.60)$$

在井内壁面一侧旋转钻杆所需要的扭矩:

$$T_{DP} = \frac{W_{DP}L_{DP}k_B\mu\sin\alpha\,\dfrac{OD_{DP}}{2}}{12} = \frac{23.87\times 8094\times 0.82\times 0.3\sin 40°\times 6.625}{2\times 12} = 8433\,ft\cdot lbf \qquad (3.61)$$

旋转钻杆所需要的扭矩是8433ft·lbf。这并不包括钻头和井底钻具组合,这些结构都会使旋转扭矩增加。

从方程(3.20)中,看到钻具接头的上紧扭矩为30730ft·lbf。钻杆的抗扭强度为

$$TS_{PB} = \frac{0.577Y_{PB}J_{PB}}{\dfrac{OD_{PB}}{2}} \qquad (3.62)$$

$$J_{PB} = \frac{\pi}{32}(OD_{PB}^4 - ID_{PB}^4) = \frac{\pi}{32}(4.855^4 - 4.276^4) = 21.733 \qquad (3.63)$$

注意在计算J_{PB}时,钻杆外径是采用安全级钻杆外径。

$$TS_{PB} = \frac{0.577\times 135000\times 21.733}{\dfrac{4855}{2}\times 12} = 58114\,ft\cdot lbf$$

该钻柱的最大允许钻井扭矩应保持 30000 ft·lbf 以下。如果钻井扭矩预计会超过钻具接头的上紧扭矩，该上紧扭矩可以增加，但必须经过慎重的考虑。增加上紧扭矩可能会减低许可的拉伸载荷，正如图 3.9 中的金字塔式曲线所展示的那样。增加上紧扭矩也能增加钻具接头疲劳失效的风险和端面伤害钻具接头类型的风险。

在本例中，并不知道钻杆的重量是基于钻具接头外径和内径而选择出来的。经过计算确认 5 in、19.50 lb/ft 的 S135 钻杆和 6⅝ in×3¼ in 的钻具接头适合该钻井方案。

3.1.15 钻杆失效

钻杆的失效一般是由下述现象造成的。通常情况下，这些项目是相关的。疲劳失效经常从腐蚀孔开始。工作负载的高应力会加速腐蚀破坏。

3.1.15.1 疲劳

疲劳是钻杆最常见的失效模式，其通常发生在钻杆管体。当钻杆旋转时，由于井眼曲率、屈曲、旋转或其他原因导致发生在钻杆的任何弯曲都能产生循环应力，这种循环应力可以导致疲劳失效。

除了孔腐蚀以外，像卡瓦痕或弯折处和起下钻杆时的擦痕这样的其他应力集中处也可以是疲劳失效的起始点。疲劳失效的发生在弯曲应力最高处，接近钻具接头的位置。卡瓦痕是在内接头端。那么，正如预期的那样，在内接头端会比外接头端发生更多的疲劳失效。当钻杆在压缩状态下运行并发生屈曲时，疲劳裂纹有时出现在中间位置。

在钻杆上的钻具接头的疲劳失效是罕见的，但也偶尔会发生。管壁较厚的钻具组合的构建会由于连接失败而经历更多的疲劳失效，这是由于较厚的管壁连接而产生的弯曲力矩。

3.1.15.2 腐蚀

腐蚀导致钻杆表面出现点蚀，进而变成一个应力集中点。疲劳裂纹往往发生在腐蚀点（Jones，1992）。

3.1.15.3 工作负荷过大

很少的钻杆失效仅仅是由于过度的工作载荷引起的，还有一些原因比如张力、扭矩或者压力。疲劳裂纹的最终破坏模式可以认为是由于过度负荷所引起的。这是因为随着裂纹的扩展而导致横截面积的减少。

3.1.15.4 钻杆的使用环境

由于自由氢原子、高材料强度和高拉伸应力的存在，这会导致脆性破坏的发生。该问题已在第 2 章中进行讨论。

3.1.15.5 磨损

在井眼中不断地旋转钻杆，钻具接头与杆体受到磨损。磨损可以减少构件的横截面面积，以至于不能再支撑所受的载荷。

3.1.15.6 摩擦热

当旋转钻杆通过狗腿段时，由于钻柱所悬挂的重力和狗腿的严重程度会产生非常高的横向载荷，因而会摩擦生热，进而发生热裂纹（在本章中的计算例子中，通过公式（3.44）可以计算出将钻柱起出井眼时钻具接头的横向载荷为 5642 lbf）。高转速和高径向载荷有时可以在钻具接头表面产生足够的热量，进而达到奥氏体化温度。通过钻井液的快速冷却可以形成马氏体初级状态和小裂纹。由于摩擦生热，会使得管体进入塑性状态。API RP 7G（1995）和 ISO/NP 10407-1（2007 年 10 月 5 日修订）对于钻杆失效都有很好的参考价值。

术语

A_{BCS}——钻具接头沉头孔直径；

A_C——钻具接头沉头孔或者最终使用的螺纹的外接头的横截面区较小值；

A_{LET}——最终使用螺纹的钻具接头外接头的横截面积；

A_N——双肩钻具接头外接头的横截面积；

A_{PB}——管体横截面积；

A_{slips}——管体与卡瓦的接触面积；

c ——钻具接头的节圆直径；

C_E——吊卡内径；

D_{DP}——钻杆杆体外径；

D_{ed}——钻具接头螺纹齿根；

D_H——井眼测量深度；

E——弹性模量；

f——螺纹两翼与端面的摩擦系数；

f_W——吊卡磨损系数；

F——力；

F_a——钻具接头螺纹的轴向力；

F_n——钻具接头的法向力；

F_{string}——将管柱起出井眼的力；

HC ——井眼曲率，°/100ft；

ID_{DC}——钻铤内径；

ID_{HW}——加重钻杆内径；

ID_{TJ}——钻具接头公扣内径；

J_{PB}——管体的惯性极距；

k_B——浮力系数；

K ——在卡瓦能力方程中的横向载荷；

L_{DC}——钻铤长度；

L_{DPA}——钻杆组合长度；

L_{HW}——加重钻杆长度；

L_{PC}——钻具接头外螺纹长度；

NP ——中性点；

OD_{DC}——钻铤外径；

OD_{HW}——加重钻杆外径；

OD_{PB}——管体外径；

OD_{TJ}——钻具接头外径；

P ——在方程中的距离；

P ——轴向载荷；

$p_{annulus}$ ——在环空中钻井液压力损失；

P_{BHA} ——由于底部钻具组合的重力和拖拽引起的轴向载荷；

p_{bit} ——通过牙轮钻头喷嘴的钻井液压力损失；

P_{DC} ——由于钻铤重力和拖拽引起的轴向载荷；

P_{DP} ——管体拉伸能力；

$p_{drillpipe}$ ——经过钻杆或钻柱的钻井液压力损失；

P_E ——吊卡支撑的轴向载荷；

p_1 ——内压力；

P_o ——在 TMU 实施之后分开钻具接头端面所需要的张力；由图 3.9 中的从原点到 T_4 顶点的线段表示；

P_Q ——钻杆上的拉伸载荷；

P_{slips} ——卡瓦所提供的轴向载荷；

$p_{standpipe}$ ——在立管中的钻井液压力损失；

P_{string} ——由于钻柱重力和拖拽引起的轴向载荷；

P_{T4T2} —— TMU 实施之后屈服外螺纹所需要的张力；

P_{TJ} ——钻具接头的拉伸能力；

Q_c ——管体沉头孔直径；

R_S ——端面半径的平均值；

R_{slips} ——垂直于卡瓦盘的径向力；

R_N ——在双肩钻具接头的外接头平均半径；

R_T ——钻具接头的平均螺纹半径；

T ——扭矩；

T_1 ——钻具接头的抗扭强度；

T_2 ——钻具接头外接头的抗扭强度；

T_4 ——当实施拉伸载荷使得外接头屈服和端面分离时的上紧扭矩；

T_{DC} ——旋转钻铤所需要的扭矩；

T_{DP} ——旋转钻杆所需要的扭矩；

T_{HW} ——旋转加重钻杆所需要的扭矩；

T_{MU} ——上紧扭矩；

T_P ——额定钻杆管体抗拉强度；

T_{PB} ——额定钻杆管体扭转载力；

T_{pr} ——钻具接头螺纹锥化；

TS_{PB} ——管体抗扭强度；

T_{TJ} ——钻具接头抗扭强度；

w_{DC} ——钻铤每英尺重力；

w_{DP} ——钻杆每英尺重力；

w_{HW}——加重钻杆每英尺重力；

W——施加在钻具接头上的功；

W_a——施加在钻具接头轴向上的功；

W_{DC}——钻铤的重力；

W_{DC1}——钻铤 1 的重力；

W_{DC2}——钻铤 2 的重力；

W_{DPA}——钻柱中钻杆的支撑重力；

W_{DPA1}、W_{DPA2}——钻柱中额外的钻杆尺寸所支撑重力；

W_{DS}——钻柱重力（仅有钻杆）；

W_{DS1}——钻柱 1 的重力；

W_{DS2}——钻柱 2 的重力；

W_f——克服钻具接头螺纹摩擦所做的功；

W_{HW}——加重钻杆的支撑重力；

W_s——克服钻具接头端面摩擦所做的功；

W_{slips}——将卡瓦移到钻杆表面所做的功；

Y_{PB}——钻杆管体的材料屈服强度；

Y_{TJ}——钻具接头的材料屈服强度；

Z——钻杆构建的断面系数；

Z_{DC}——钻铤的断面系数；

Z_{HW}——加重钻杆的断面系数；

α——钻具接头螺纹的螺旋角，井斜角，卡瓦在外盘内的角度；

Δp——在上扣过程中钻具接头外螺纹到钻具接头轴向位移；

θ——钻具接头螺纹的一半；

μ——摩擦系数；

p——井眼曲率半径；

ρ_M——钻井液密度；

ρ_S——材料密度；

σ_1、σ_2、σ_3——作用在每个分支的作用力；

σ_B——弯曲应力；

σ_{BPB}——管体的弯曲应力；

σ_{LET}——钻具接头外螺纹使用的螺纹的轴向应力；

σ_{MU}——上紧扭矩给钻具接头外螺纹使用的螺纹带来的轴向应力；

σ_P——由于内压力给管体带来的切线应力；

σ_{TPB}——管体的张应力；

τ_{PB}——管体的剪应力；

Φ——螺纹侧翼与钻具接头轴线之间的角度；

φ——在卡瓦和卡盘之间的摩擦系数所带来的摩擦角。

参 考 文 献

Azar, J. J. and Samuel, G. R. 2007. Drilling Engineering. Tulsa: PennWell Books.

Farr, A. P. 1957. Torque Requirements for Rotary Shouldered Connections and Selection of Connections for Drill Collars. Paper 57-Pet-19 presented at the ASME Petroleum-Mechanical Engineering Conference, Tulsa, 22-25 September.

GrantPrideco. 2009. 5 - 7/8' Drill Pipe Buckling. http://www.grantprideco.com/ drilling / products/ DrillPipe/5_78. asp.

IADC. 1992. IADC Drilling Manual. Houston: IADC Publications.

Industry Recommended Practice for the Oil and Gas Industry; IRP Volume 1 2008; Enform, 1538-25th Ave. NE Calgary AB T2E 8Y3.

IRP Volume 1-2008. Industry Recommended Practice for the Oil and Gas Industry-Critical Sour Drilling, fifth edition. 2008. Calgary, Alberta: Enform.

ISO/NP 10407 - 1. Petroleum and Natural Gas Industries—Rotary Drilling Equipment—Part 1: Drill Stem Design And Operating Limits, first edition. Under development. 10/5/07. Calgary, Alberta: ISO, TC 67/SC 4.

ISO 10424-2: 2007. Petroleum and Natural Gas Industries—Rotary Drilling Equipment—Part 2: Threading and Gauging of Rotary Shouldered Thread Connections, first edition. Calgary: ISO, TC 67/SC 4.

ISO 11961: 1996. Petroleum and Natural Gas Industries—Steel Pipes for Use as Drill Pipe—Specification, first edition. Calgary: ISO, TC 67/SC 5.

Jones, D. A. 1992. Principles and Prevention of Corrosion. New York City: Macmillan.

Lubinski, A. 1988a. Fatigue of Range 3 Drill Pipe. In Developments in Petroleum Engineering, Vol. 2, ed. S. Miska. Houston: CRC, Gulf Publishing Company.

Lubinski, A. 1988b. Maximum Permissible Dog-Legs in Rotary Bore Holes. In Developments in Petroleum Engineering, Vol. 1, ed. S. Miska. Houston: CRC, Gulf Publishing Company.

Reinhold, W. B. and Spiri, W. H. 1959. Why Does Drill Pipe Fail in the Slip Area? World Oil Oct.: 100-115.

RP 7A1, Recommended Practice for Testing of Thread Compound for Rotary Shouldered Connections, first edition. 1992. Washington, DC: API.

RP 7G, Recommended Practice for Drill Stem Design and Operating Limits, 16 th edition. 1998. Washington, DC: API.

Sathuvalli, U. B., Payne, M. L., Suryanarayana, P. V., and Shepard, J. 2002. Advanced Slip Crushing Considerations for Deepwater Drilling. Paper SPE 74488 presented at the IADC/SPE Drilling Conference, Dallas, 26-28 February. DOI: 10. 2118/74488-MS.

Spec. 5D, Specification for Drill Pipe, fifth edition. 2001. Washington, DC: API.

Spec. 7, Specification for Rotary Drill Stem Elements, 39th edition. 1998. Washington, DC: API.

Van Vlack, L. H. 1989. Elements of Material Science and Engineering, 6th edition. Addison-Wesley Series in Metallurgy & Materials Engineering, Upper Saddle River, New Jersey: Prentice Hall.

附录

表 A-1　钻杆和钻具接头性能

钻杆尺寸和线重	新钻杆公称尺寸			计算钻杆性能的优质材料的外径和壁厚		计算钻杆性能的一般材料的外径和壁厚	
	外径 (in)	壁厚 (in)	内径 (in)	外径 (in)	壁厚 (in)	外径 (in)	外径 (in)
2⅜in，4.85 lb/ft	2.375	0.190	1.995	2.299	0.152	2.261	0.133
2⅜in，6.65 lb/ft	2.375	0.280	1.815	2.263	0.224	2.207	0.196
2⅞in，6.85 lb/ft	2.875	0.217	2.441	2.788	0.174	2.745	0.152
2⅞in，10.40 lb/ft	2.875	0.362	2.151	2.730	0.290	2.658	0.253
3½in，9.50 lb/ft	3.500	0.254	2.992	3.398	0.203	3.348	0.178
3½in，13.30 lb/ft	3.500	0.368	2.764	3.353	0.294	3.279	0.258
3½in，15.50 lb/ft	3.500	0.449	2.602	3.320	0.359	3.231	0.314
4in，11.85 lb/ft	4.000	0.262	3.476	3.895	0.210	3.843	0.183
4in，14.00 lb/ft	4.000	0.330	3.340	3.868	0.264	3.802	0.231
4in，15.70 lb/ft	4.000	0.380	3.240	3.848	0.304	3.772	0.266
4½in，13.75 lb/ft	4.500	0.271	3.958	4.392	0.217	4.337	0.19
4½in，16.60 lb/ft	4.500	0.337	3.826	4.365	0.270	4.298	0.236
4½in，20.00 lb/ft	4.500	0.430	3.640	4.328	0.344	4.242	0.301
5in，16.25 lb/ft	5.000	0.296	4.408	4.882	0.237	4.822	0.207
5in，19.50 lb/ft	5.000	0.362	4.276	4.855	0.290	4.783	0.253
5in，25.60 lb/ft	5.000	0.500	4.000	4.800	0.400	4.700	0.35
5½in，19.20 lb/ft	5.500	0.304	4.892	5.378	0.243	5.318	0.213
5½in，21.90 lb/ft	5.500	0.361	4.778	5.356	0.289	5.283	0.253
5½in，24.70 lb/ft	5.500	0.415	4.670	5.334	0.332	5.251	0.291
5⅞in，23.40 lb/ft	5.875	0.361	5.153	5.731	0.289	5.658	0.253
5⅞in，26.30 lb/ft	5.875	0.415	5.045	5.709	0.332	5.626	0.291
6⅝in，25.20 lb/ft	6.625	0.330	5.965	6.493	0.264	6.427	0.231
6⅝in，27.70 lb/ft	6.625	0.362	5.901	6.480	0.290	6.408	0.253

* 从 RP 7G，钻杆设计和操作极限的推荐做法，API，1998

表 A-2　选定尺寸的钻杆接头与钻杆组件属性示例

钻杆尺寸(in)、线重(lb/ft)和等级	钻具接头	外径(in)	内径(in)	钻具接头扭转强度(ft·lbf)	钻具接头拉伸强度(ft·lbf)	上扣扭矩	钻具接头或管体的扭转比例	外螺纹尺寸(in)	内螺纹尺寸(in)	校正线重(lb/ft)	优质材料的工具接头最大尺寸(in)	容量(美制 gal/ft)	排量(美制 gal/ft)
2⅜、4.85、G105	NC26	3¾	¾	6900	313700	4125B	1.03	9	10	5.55	3⁷⁄₃₂	0.160	0.085
2⅞、10.40、S135	NC31	4¾	⅝	16900	623800	10167P	0.81	9	11	12.00	4¹⁄₁₆	0.184	0.184
3½、13.30、E75	NC38	4¾	2¹¹⁄₁₆	18100	587300	10864P	0.97	10	12½	14.30	4½	0.311	0.219
4、14.00、G105	NC40	5¼	2¹³⁄₁₆	23500	711600	14092P	0.72	9	12	15.55	5	0.447	0.238
4½、16.60、G105	NC46	6¼	3	39700	1048400	23795P	0.92	9	12	19.59	5¹⁹⁄₃₂	0.582	0.300
5、19.50、S135	NC50	6⅝	3¼	51217	1551700	30730P	0.41	9	12	23.08	6⁵⁄₁₆	0.726	0.353
5½、21.90、S135	5½FH	7½	3	87200	1925500	52302P	0.96	10	14	28.21	6¹⁵⁄₁₆	0.893	0.364
5⅞、23.40、S135	XT57	7	4¼	94300	1208700	56500B	0.89	10	15	26.46	6¹⁹⁄₃₂	1.059	0.341
6⅝、27.70、S135	65/8FH	8	5	73700	1448900	44196P	0.54	10	13	30.64	8	1.394	0.392

表 A-3　选定钻杆尺寸的特性

钻杆尺寸(in)、线重(lb/ft)和等级	加厚方式	钻杆扭转强度(ft·lbf)	钻杆拉伸强度(lbf)	壁厚(in)	理论内径(in)	钻杆截面积(in²)	钻杆惯性矩(in⁴)	钻杆极惯性矩(in⁴)	内压力(psi)	破坏压力(psi)
2⅜、4.85、G105	外加厚	6700	136900	0.19	1.995	1.304	0.784	1.568	14700	16800
2⅞、10.40、S135	外加厚	20800	385800	0.362	2.151	2.858	2.303	4.606	29747	33997
3½、13.30、E75	外加厚	18600	212200	0.368	2.764	2.829	0.445	9.002	13800	15771
4、14.00、G105	内加厚	32600	313900	0.33	3.34	2.989	0.639	12.915	15159	17325
4½、16.60、G105	内外加厚	43100	462800	0.337	3.826	4.407	9.61	19.221	13761	15727
5、19.50、S135	内外加厚	74100	712100	0.362	4.276	5.275	14.269	28.538	17105	19548
5½、21.90、S135	内外加厚	91300	786800	0.361	4.778	4.597	19.335	38.67	12679	17722
5⅞、23.40、S135	内外加厚	105500	844200	0.361	5.153	4.937	23.868	47.737	10825	16591
6⅝、27.70、S135	内外加厚	137300	961600	0.362	5.901	5.632	35.04	70.08	7813	14753

表 A-4　螺纹连接形式

螺纹样式	每英寸螺距	锥度(in/ft)
V-.038R	4	2
NC23 到 NC50 NC56 到 NC77	4	3
V-.040 2⅜, 2⅞, 3½, 4½Reg 3½, 4½FH[a]	5	3
V-.050	4	2

螺纹样式	每英寸螺距	锥度（in/ft）
$6\frac{5}{8}$Reg，$5\frac{1}{2}$，$6\frac{5}{8}$FH $5\frac{1}{2}$，$7\frac{5}{8}$，$8\frac{5}{8}$Reg	4	3
V-.065 $2\frac{3}{8}$，$2\frac{7}{8}$，$3\frac{1}{2}$，4，$4\frac{1}{2}$SH[b] 和 WO[c] $2\frac{7}{8}$，$3\frac{1}{2}$XHd $5\frac{1}{2}$，$6\frac{5}{8}$IFe	4	2
90°-V-.050 H90	$3\frac{1}{2}$	2
90°-V-.084 SLH90[f]	3	$1\frac{1}{4}$
V-.076 PAC[g]，OH[h]	3	$1\frac{1}{4}$

(1)FH 最初的意思是"满眼"来加强产品描述，这意味着工具接头有一个大孔。

(2)SH 最初是一个意为"小井眼"的名称，用于加强产品描述，这意味着工具接头有一个小外径。

(3)WO 最初是指"开放式"，以加强产品描述，这意味着工具接头有一个大孔。

(4)XH 原本指示意义的额外的孔以增强产品的描述暗示了大口径钻杆接头。

(5)如果最初的意思是"内部冲洗"，以加强产品说明，意味着工具接头有一个大孔。

(6)SL 最初指的是"细线"，以加强产品描述，这意味着该工具接头有一个小外径。

(7)连接采用 Philip A. Cornell 开发的叫 v-0.076 螺纹形式。

(8)"OH"最初是一个"开放孔"的名称，用于加强产品描述，这意味着工具接头有一个大孔。

国际单位制换算系数

1 ft = 0. 3048m

$1\,ft^3 = 0.02831685m^3$

1 ft·lbf = 1. 355818J

1 ft/min = 0. 00508m/s

$1\,°F = \dfrac{9}{5}°C$

$1\,gal = 0.003785412m^3$

$1\,gal/min = 0.2271247m^3/h$

1 in = 2. 54cm

$1\,in^2 = 6.4516cm^2$

$1\,in^3 = 16.38706cm^3$

1 lbf = 4. 448222N

1 lb = 0. 4535924kg

$1\,lb/gal = 119.8264kg/m^3$

$1\,lb/ft^3 = 16.01846kg/m^3$

$1\,mL = 1.0cm^3$

1 psi = 6. 894757kPa

3.2　钻柱振动

——P．D．Spanos，(莱斯大学)；N．Politis，(BP 公司)；

M．Esteva，(莱斯大学)；M．Payne，(BP 公司)

3.2.1　引言

钻柱振动是非常复杂的，这是由于存在大量的随机因素，比如钻头与地层的相互作用、钻柱与井眼的相互作用还有水力学因素等。它们涉及的各种现象使分析具有挑战性。在钻井过程中主要存在轴向振动、扭转振动、横向振动三种主要振动模式。与这些振动有关的现象分别包括跳钻、卡钻/滑脱和旋转。

钻柱振动可以由外部激发而引起，比如钻头和地层的相互作用引起(Dunayevsky et al.，1993)。在这种情况下，将激发源调谐到钻具组合或者钻具组合构件的自然频率上，就有可能产生破坏性运动。目前，自振现象也会发生井下(Finnie and Bailey，1960)。振动也可以由于环空内流体而引起(Paidoussis et al.，2007)。钻柱的动态行为可以是短暂的(非平稳的)或稳态的(固定的)。

钻柱振动直接影响钻井性能，这是由于各种构件可能过早地经历磨损和损坏(Dykstra et al.，1994；Macdonald and Bjune，2007；Mason and Sprawls，1998)；还有导致钻进速度(ROP)的降低，这是因为破碎岩石的部分能量被浪费在振动上(Dareing et al.，1990；Macpherson et al.，1993；Wise et al.，2005)。此外，振动可能会干扰随钻测量工具(MWD)的正常工作(Lear and Dareing，1990)。最后，振动往往导致井眼不稳定，这可能会导致井况更加恶劣，降低了方向控制的能力和井眼的综合质量(Dunayevsky et al.，1993)。

很多年来，人们已经意识到钻铤和临近钻杆是受振动损害最严重的构件。因此，井底钻具组合(BHA)不仅可以影响构件的整体动态响应，还是大部分钻井失败的根源(Dareing，1984b；Gatlin，1957)。因此，减缓振动需要了解底部钻具组合的动力学行为。然而，值得注意的是，井下振动也是一个宝贵的信息来源，其可以提供钻头磨损情况、地层特性，以及钻柱和井眼之间的相互作用。也有人认为，它们可以作为一种潜在的震源(Booer and Meehan，1993；Poletto and Bellezza，2006)。此外，通过增加钻头的有效功率还可以把钻柱振动当做一种增加钻井效率的方式(Dareing，1985)。

3.2.2　轴向振动

钻柱的轴向振动包括其构件沿纵向轴线的运动。钻柱受静态和动态的轴向载荷支配。经典弯曲理论提供了静态最大钻压(WOB)。在最大钻压的情况下，构件可以正常工作而不发生弯曲(Lubinski et al.，1962；Mitchell，2008)。它产生了具有一定可操作性的静态轴向约束，这与满足恰当标准的最大钻压是保持一致的(即安全系数，钻进速度的需求)；另一方面，钻井钻具组件的动态轴向载荷主要来自钻头与地层的相互作用。它们引起了钻压随时间变化而变化的波动，这也是相当不稳定的。

从历史的角度上看，在现场上，横向振动之前已经观察到钻柱的轴向振动、扭转振动(Finnie and Bailey，1960)，这是因为这些振动可以从井底传到地面，横向振动通常在低于中性点的位置被捕获(Inglis，1988)。20世纪60年代早期，钻柱轴向动态行为是井下振动理论研究的主要对象(Bailey and Finnie，1960)。

当使用牙轮钻头钻进时，经常会发生比较严重的轴向振动，这是由于其与地层的交互作用。具体而言，在直井或斜井的井底，三牙轮钻头产生的多叶模式是轴向振动的一个主要来源。因为在这些井中钻柱与井眼的相互作用受限，有效阻尼较低(Skaugen，1987)。在最严重的情况下，在地表就可以观察到轴向载荷，因为它们可能会导致方钻杆的弹跳和轿车电缆的抖动(Dareing，1983，1984a)。

对于钻井而言，轴向载荷是有害的(Paslay and Bogy，1963)或者是有利的(Dareing，1985)，因为它们会影响钻压，最终影响到钻进速度上。在这三种振动模式中，如果钻头的每次旋转所产生的激发频率与钻柱的固有频率保持一致的话，那么会对钻柱带来拥有大振幅的振动，这对于钻井来说是有害的(Dareing，1984a)。此外，井眼并不能直接限制钻铤的轴向位移，这会导致大振幅振荡。这可能会使钻头从地层反弹回来，使得破岩过程不稳定，从而降低钻进速度。轴向振动也具有由于井下耦合机制而引起的间接影响。例如，井下耦合机制可能引起显著的横向位移(Dunayevsky et al.，1993；Shyu，1989)。在这方面现存的文献由Chevallier(2000)、Dykstra(1996)、Payne(1992)、Sengupta(1993)、Spanos等(1995)及Spanos等(2003)所著。

轴向振动的一个重要特征是钻头暂时性的脱离地层，这称为跳钻现象。Paslay和Bogy(1963)及Spanos等(1995)已经对跳钻现象进行了分析研究。井下随钻测量工具可以广泛且实时地对在地表观察时并不明显的钻压波动情况进行检测。在极端的情况下，钻头的轴向载荷会迅速消失并或多或少地表现出周期性(Cunningham，1968；Deily et al.，1968；Vandiver et al.，1990；Wolf et al.，1985)，钻头扭矩(TOB)也会发生这样的情况(Besaisow and Payne，1988)。这些实例与将钻头发射相一致，因此此过程通常称为跳钻。

发生跳钻主要有两个原因。首先是地表的不规则性，这有时是由于牙轮钻头钻进造成的(Sengupta，1993)，牙轮钻头可以在井下产生三叶齿轮模式。第二个假定的来源是钻井液压力频率与轴向钻具组合的自然频率相一致(Cunningham，1968)。跳钻现象有许多后果，包括机械钻速降低、井下钻柱组合部件疲劳过度及最终的井损坏(Nicholson，1994)。

轴向振动对钻井性能的影响使得要对钻柱轴向振动进行分析研究，因为在20世纪50年代末，使用了首批随钻测量数据记录装置(Paslay and Bogy，1963；Bogdanoff and Goldberg，1958，1961；Bradbury and Wilhoit，1963)。在钻具组合中，扭转载荷传播和轴向载荷传播的相似之处是可以对它们进行联合检测，如钻具组件的自然频率(Bailey and Finnie，1960)。

尽管波动方程可用于解析，但是计算机的普及也促进了数值离散方法的使用，比如有限元法可用来研究轴向振动形式(Skaugen，1987；Dareing and Livesay，1968)。设计减振器的目的就是为了吸收一部分的轴向能量，同时也研究了像它这样的井下设备所存在的影响(Kreisle and Vance，1970)。

3.2.2.1 连续轴向振动模型

这一节讨论了用数学模型来研究钻柱的轴向行为。表征为线弹性杆的无阻尼轴向运动 x (x, t) 的方程是二阶偏微分方程(Dareing，1984b；Bailey and Finnie，1960；Bradbury and Wilhoit，1963；Craig，1981)。这种方程称为无阻尼的经典波动方程：

$$\frac{\partial^2 \xi\ (x,\ t)}{\partial x^2} = \frac{1}{c^2} \frac{\partial^2 \xi\ (x,\ t)}{\partial t^2} \tag{3.64}$$

其通解包括了方程解的迭加：

$$\xi_n(x,\ t) = (A_n \sin \frac{\omega_n}{c}x + B_n \cos \frac{\omega_n}{c}x) \times (C_n \sin \omega_n t + D_n \cos \omega_n t),\ n = 1,\ 2,\ 3\cdots$$

$$\tag{3.65}$$

其中，A_n、B_n、C_n 和 D_n 是常数，ω_n、x 和 c 是无量纲参数（Bailey and Finie，1960）。

常数 A_n，B_n，C_n 和 D_n 是通过边界条件和初始条件来确定的。轴向波速 c 可以依照杨氏模量来表示，E 和材料的密度 ρ 关系为

$$c^2 = \frac{E}{\rho} \tag{3.66}$$

针对钻柱轴向振动方程而言，横截面积表示为 A_s，且这个方程可以对阻尼作用和所遭受到的外力做出解释。这个方程可以通过该二阶双曲型方程描述（Sengupta，1993；Bronshtein and Semendyayev，1997；Chin，1994）：

$$\rho \frac{\partial^2 \xi}{\partial t^2} + C_a \frac{\partial \xi}{\partial t} - E \frac{\partial^2 \xi}{\partial x^2} + \rho g_z = g_a(x,\ t,\ \xi,\ \frac{\partial \xi}{\partial x},\ \frac{\partial \xi}{\partial t}) \tag{3.67}$$

式中，C_a 为阻尼因子；g_z 为重力加速度；g_a 为施加在每单位质量钻柱上的外部轴向力。

在许多情况下，比如在时间和空间上存在非线性或具有任意强迫性的函数，寻求一个封闭形式解是困难的，甚至是不可能的。在这些情况下，可以使用基于数值模拟技术的替代程序，包括有限差分（Bathe，1982；Thomson and Dahleh，1997）、边界元法（Brebbia et al.，1984；Burnett，1987；Chen and Zhou，1992）和有限元（Bathe and Wilson，1976；Khulief and Al – Naser，2005；Melakhessou et al.，2003；Przemieniecki，1968；Reddy，1993）。

3.2.2.2　跳钻模型

钻头的弹跳相当于钻具组合脱离地层的举升。这种现象主要指的是三牙轮钻头，因为三牙轮钻头往往会在岩石表面创造一种模式，这种模式可能导致底部钻具组合发生大振幅的纵向振动。

Spanos 等（1995）提出了一种模型（图 3.15），这种模型认为底部钻具组合轴向振动和扭转振动的耦合服从于源自岩石表面的一种激发。这种描述在没有径向改变的前提下，依赖于海拔表面正弦角的变化。此外，四分之一余弦的径向变化在其中心确定了表面的连续性；即

$$S(r,\ \phi) = \begin{cases} S_0 \sin(\dfrac{r}{\Delta r_b} \dfrac{\pi}{2}) \sin(3\phi),\ 0 \leqslant r \leqslant \Delta r_b,\ 0 \leqslant \phi \leqslant 2\pi \\ S_0 \sin(3\phi),\ \Delta r_b \leqslant r \leqslant r_b \end{cases} \tag{3.68}$$

其中，r_b 是井眼半径，Δr_b 是比 r_b 更小的一个半径，r 和 ϕ 分别是径向坐标和角坐标。运用这个方程产生的表面，如图 3.15 所示。

然后，轴向模型与扭转载荷相结合，是为了在时期捕捉这两个振动模式的耦合点。最后，通过制定钻头脱离地层和恢复接触的条件，可对该现象进行数值分析，该解决方案的特殊方面如图 3.15 所示。

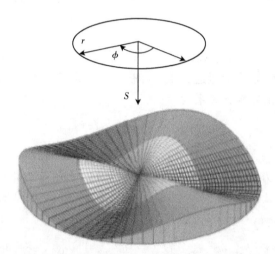

图 3.15　Spanon 等（1995）依据成正弦变化、径向不断变化的海拔而建立起的表面模型在表面中心存在四分之一的正弦径向变化，并在侧面允许连续。由美国机械工程师学会提供

钻头脱离地层的条件：当某一时间钻头移动至与地层形成接触时，由于自由振动，通过设置激励等于零，可以从控制方程计算出运动。如果这位移大于剖面高程值，那么钻头将脱离地层。

3.2.2.3　恢复接触条件

当钻头在某一时间与地层无接触，并且从自由振动方程所计算出来的下一时刻的位移值小于侧面高度的对应值，钻头将会与地层恢复接触。为了计算钻头与地层接触的过渡值，可以使用像 Newton-Raphson 法这样的插值方法。

3.2.2.4　钻头运动准则

当钻头与地层接触，其旋转运动是被某种动力所驱使的，这种动力来自其上部钻柱的刚度和源于地层的稳定的钻头扭矩。当前者大于后者时候，钻头加速，反之亦然。但钻头扭矩是钻压的一个函数，然而这又取决于钻头的位置。因此，当钻头与地层接触时轴向振动和扭转振动在钻头处发生耦合；可以使用一种迭代格式来解决轴向振动和扭转振动的方程组问题。

3.2.2.5　阻尼矩阵的频率依赖性

通过假定阻尼振动仅依赖于振动的主频率，便可得到阻尼矩阵的表达式。在评估这种表达式的某一步中，在解决方程组问题之前就需要假定主要模型。在解决之后，可以通过位移矢量的模态扩展来对主要模型进行检测。如果存在争议，应重复上述步骤。

因此，分析模型为钻头脱离地层这一复杂现象提供了一种有意义的研究。显然，临界转速的检测取决于离散化方案。应优先考虑的方案是可以捕获，至少近似捕获工作范围内所有共振频率的方案。

注意，在这种方法中形成的地层表面只有一种符合于三波瓣地层的空间频率，这代表着使用三牙轮钻头钻进时被广泛接受的地层表面轮廓。对钻柱轴向运动、钻头脱离地层轴向运动和波瓣调幅轴向运动之间的互动性在建模时并不需要多重调和剖面的特征。因此，激发频率仅是旋转频率的三倍，并且忽略高倍数。虽然如此，多重调和轮廓是可以合并的，当然在这种情况下，最佳的离散方案必须相应做出改变。

可以提高该模型的性能来减少物理理想化的程度，可将钻井液压力波动和弯曲振动相结合。该模型也可以通过引入地层阻抗而得到改进。此外，其也可包括管壁的摩擦。由于该解决方案是基于数值积分，所以它也适应于非线性摩擦模型。三叶振幅调制模型可以通过考虑圆锥的几何图形和钻头和地层相互作用的细节而得到发展。为了进行适当的校准，该模型必须利用更复杂的几何学性能、在几种不同的操作环境和地层条件下钻进并进行检测；它可以用于将信息实时反馈给钻工。

有兴趣的读者可以在 Sengupta（1993）和 Spanos 等（1995）中找到该建模方法的详细描述。

3.2.3 扭转振动

井下测量表明，在地表应用恒定转速并传递到钻头时不一定形成稳定的旋转运动。事实上，井下扭转速度通常会出现大幅度波动。造成钻柱旋转速度上差异的原因是钻具组合具有较强扭转灵活性（Skaugen，1987）和扭转振动模式。

钻柱扭转振动保持很长一段时间而未被发现，也许是因为转盘惯性较大。转盘在顶部是一种紧凑的连接方式，这种连接方式可以将从钻头向上传播的扭转振动模式迅速减弱。虽然如此，在钻台上也会经历较大的动态扭矩的波动（Dareing，1984a）。

钻具组件的扭转振动模式可以分为瞬态的和稳态的两类。瞬态振动相当于钻遇钻井条件的局部变化，例如岩性的改变。稳态振动也可能是在一个较长的时间段显现。

与钻柱轴向振动相仿的扭转振动可能会阻碍钻井。扭转振动可以导致过度载荷进而造成设备磨损，滑扣或损坏钻头（Brett，1992；Elsayed et al.，1997）。关于这部分的文献综述包括由 Dykstra（1996）、Payne（1992）、Spanos 等（2003）、Kotsonis（1994）、Leine（1997）和 van den Steen（1997）的论著。

扭转振动的一种重要成因与卡钻和钻头的滑脱有关。卡钻和钻头的滑脱是由摩擦产生扭矩和钻头处角速度之间的非线性连接而引起一种自发的扭转振动（Jansen and van den Steen，1995）。它产生的旋转速度是理论旋转速度的 10 倍，以及所有的停顿甚至包括钻头的逆向运动。据观察，卡钻和钻头的滑脱现象在高达 50% 钻井期间均会发生（Dufeyte and Henneuse，1991）。Belokobyl'skii 和 Prokopov（1982）已经报告了一个关于由摩擦引起扭转振动和卡钻、钻头滑脱的早期调查。卡钻、钻头滑脱的现象已被广泛研究，包括理论分析和实验研究。

钻头发生停顿可能是因为钻压突然增加或阻力较大、井眼缩径、严重全角变化率和发生键槽的联合作用。使钻头重新旋转所必须克服的静摩擦明显高于正常时在钻具组合上的库仑摩擦。由于转盘或顶部驱动系统不断旋转，钻柱储存了扭转能量并扭曲。当可用的扭矩能量可以克服静摩擦时，所储存的能量突然释放，钻头开始旋转。随着钻具组合的扭转能量逐渐减少，那么其转速也逐渐变小。之后，钻头最终停止旋转。整个过程周而复始。因此，卡钻和钻头的滑脱现象是由系统自身旋转和井内钻柱摩擦而引起的一种自发现象(Cull and Tucker，1999；Leine，2000；Lin and Wang，1991；Narasimhan，1987)。然而，在产生这一现象之前也是需要一定的钻井条件的。如果钻柱小于临界长度，卡钻和钻头的滑脱一般情况下不会发生(Lin and Wang，1991；Dawson et al.，1987)。钻具组件的临界长度是钻具旋转速度、干摩擦和系统黏性阻尼的函数(Lin and Wang，1990)。在卡钻和钻头滑脱的情况下，假设一个恒定的旋转速度，钻井钻具组合越长，扭转振动越大。当转速接近临界转速时，发生卡钻和钻头滑脱频率接近钻柱的扭转振动固有频率。Khulief 等(2007)、Navarro-López 和 Cortés(2007)和 Richard 等(2004，2007)已发表了研究钻柱自振模型的文献。

卡钻和滑脱可能导致较严重的钻头磨损、逆向旋转、钻柱的过度减振、疲劳，并最终导致钻井设备的失效(Dufeyte and Henneuse，1991；Smit，1995)。通常情况下，它还能降低25%的机械钻速，这也许是因为钻进速度和钻头的旋转速度之间的非线性关系导致的(van den Steen，1997)。同时，抖动和在滑动阶段中钻头的高速旋转会对底部钻具组合产生严重的轴向振动和横向振动，这有可能导致钻柱连接的失效。在地面，卡钻和滑脱现象的特征是噪声和扭矩锯齿状的变化(van den Steen，1997；Dufeyte and Henneuse，1991；Kyllingstad and Halsey 1988)。

可能的补救措施包括增大钻柱刚度、提高底部钻具组合惯性、增加转速和减少动静摩擦的差异(van den Steen，1997；Dawson et al.，1987)。随钻测量工具可以检测卡钻和滑脱现象，且可以检测损害严重程度，从而允许实时采取补救措施。对钻具旋转行为的控制可以通过不同的旋转速度和钻压、调整钻井液性能(改变井下摩擦)和更换钻头或钻具的配置类型来实现(Smit，1995)。与此同时，在20世纪80年代，对于解决卡钻和滑脱现象的一种普遍办法就是通过一种主动阻尼系统来增加钻柱阻尼。该系统降低了影响卡钻和滑脱现象的扭矩波动和钻柱扭转振动。一种潜在的方法是通过使用可以产生转矩反馈闭合电路来减少井下旋转振动的振幅。这种反馈由旋转驱动，当扭矩增大或由扭矩较低导致速度增大时，其可以使旋转速度变小。该系统通常被称为一个阻抗控制系统或软扭矩系统(van den Steen，1997；Jansen and van den Steen，1995；Smit，1995；de Vries，1994；Dekkers，1992；Javanmardi and Gaspard，1992)。Tucker 和 Wang(1999)提供了一个与之相关的程序。值得注意的是，Serrarens 等(1998)已经研究了 H_α(为了拥有良好效果的合成控制器，在控制理论中使用的方法)在控制卡钻和滑脱振动方面的能力。此外，Yigit 和 Christoforou(2000)已经提出了一种处于最佳状态的反馈控制，其一旦开始使用就可以有效地控制卡钻和滑脱振动。最后，Puebla 和 Alvarez-Ramirez(2008)提出了一种基于误差补偿模型的控制方法。

在20世纪60年代初期，使用波动方程可以用来描述钻具组件的抗扭性能(Bailey and Finney，1960；Bradbury and Wilhoit，1963)。在20世纪80年代介绍了另外一种方法，这种方法假设了一种摩擦诱导的钻柱振动扭转机理。这种机理可能导致井下与之相关振动的自我激发，特别是钻头的卡钻或者滑脱(Belokobyl'skii and Prokopov 1982)。傅里叶变换也被用于计算扭转共振频率(Halsey et al.，1986)。此外，该问题已经被作为一个单自由度系统

（van den Steen，1997；Lin and Wang 1991；Dawson et al.，1987；Kyllingstad and Halsey，1988）、一个多自由度系统（Zamanian et al.，2007）和一个连续系统（Brett，1992；Belayev et al.，1995）。

3.2.3.1   连续扭转振动模型

钻井扭转振动主要与聚晶金刚石复合片钻头（PDC）（Chin，1994）相关，这是因为这些钻头会带来的较高的井下摩擦系数，导致钻头卡钻或滑脱振动。

钻具组合扭转振动的稳定平衡方程与控制其轴向振动有关的方程类似。这就解释了为什么早期的研究通常认为是两个振动模式总是同时发生（Bailey and Finnie，1960；Bogdanoff and Goldberg，1958，1961；Dareing and Livesay，1968）。该钻具组件的扭转行为被描述为

$$\rho J \frac{\partial^2 \phi}{\partial t^2} - JG \frac{\partial^2 \phi}{\partial x^2} = g_{\mathrm{T}}(x, \phi, t) \tag{3.69}$$

式中，J 为钻柱横截面的惯性极矩；ϕ 为这部分的角位移；G 为钻具组件材料的剪切模量；$g_{\mathrm{T}}(x, \phi, t)$ 为扭转载荷。JG 量化了该系统的扭转刚度。

Craig（1981）对式（3.69）进行了衍生。在连续轴向振动的情况下，式（3.69）可利用数值方法求解。为了解决该方程的一个简单有限元方法可以在 Raftoyiannis 和 Spyrakos（1997）的文献中查找。

3.2.3.2   卡钻和滑脱模型

本节提出了一种分析卡钻和滑脱模型的建模方法，它是由 Dawson 等（1987）提出的模型。该方法使用一个关于钻柱的单一自由度表达式，其中一个刚度 K 的无质量扭转弹簧代表钻具的整个长度。转盘在地表以恒定的速度 Ω 驱动系统。因此，运动方程为

$$I\ddot{\phi} + c_{\mathrm{r}}\dot{\phi} + F(\dot{\phi}) + K\phi = K\Omega t \tag{3.70}$$

式中，ϕ 为底部钻具组合的角位移；C_{r} 为黏性阻尼系数；K 为钻柱的扭转刚度；I 为相对于旋转轴的质量惯性矩；$F(\phi)$ 为摩擦引起的力。

公式（3.70）可以使用惯性矩而标准化，

$$\ddot{\phi} + 2\zeta\omega_0\dot{\phi} + f(\phi) + \omega_0^2\phi = \omega_0^2\Omega t \tag{3.71}$$

$$\omega_0 = \sqrt{KIl}，和，\zeta = \frac{c_{\mathrm{r}}}{2\sqrt{kI}} \tag{3.72}$$

假定公式中的 $f(\phi)$ 为

$$f(\dot{\phi}) = \begin{cases} f_1 - \dfrac{f_1 - f_2}{V_0}\phi, & 0 \leq \phi \mathrm{p} V_0 \\ f_2, & V_0 \leq \phi \end{cases} \tag{3.73}$$

换言之，在 $\phi = V_0$ 时的分段线性模型。公式（3.73）中的参数 f_1、f_2 和 V_0 取决于钻具组件的物理特性。注意，这个简单模型认为当系统从静态到动态时摩擦减少。

其次，为了探讨钻具组合的卡钻和滑脱行为，有人认为应该分为两个不同的时间段。

第一阶段从 $t=0$ 到 $t=t_1$，在此段内钻柱角速度等于 V_0。在这个过程中，钻头处于滑动阶段；相应的运动方程为

$$\ddot{\phi} + 2\zeta\omega_0\dot{\phi} + f_1 - \frac{f_1 - f_2}{V_0}\dot{\phi} + \omega_0^2 \ (\phi_1 - \varOmega t) = 0 \tag{3.74}$$

或者，相当于：

$$\ddot{\phi}_1 + 2\zeta_1\omega_0\dot{\phi}_1 + \omega_0^2\phi_1 = \omega_0^2\varOmega t - f_1 \tag{3.75}$$

在这里引入阻尼系数 ζ_1 来简化符号，

$$\zeta_1 = \zeta - \frac{f_1 - f_2}{2V_0\omega_0} \tag{3.76}$$

对于滑动阶段而言，式(3.75)描述的运动方程是描述的最初状态：

$$\begin{cases} \phi_1(t)\ |_{t=0} = -f_1 l\omega_0^2 \\ \dot{\phi}(t)\ |_{t=0} = 0 \end{cases} \tag{3.77}$$

式 (3.75) 依赖于 ζ_1 的取值。特别是当 $\zeta_1 < 1$，(Dawson et al., 1987; Craig, 1981) 所提出的运动方程

$$\phi_1(t) = (c_1\sin\omega_d t + c_2\cos\omega_d t)\,\mathrm{e}^{-\zeta_1\omega_0 t} - \frac{f_1 + 2\zeta_1\omega_0\varOmega}{\varOmega_0^2} + \varOmega t \tag{3.78}$$

式中：

$$\omega_d = \sqrt{1-\zeta^2}\,\omega_0, \quad c_1 = \frac{\varOmega\ (2\zeta_1^2 - 1)}{\omega_0}, \quad c_2 = \frac{2\zeta_1\varOmega}{\omega_0}$$

类似地，当 $\zeta_1 < 1$ 时，公式 (3.75) 为

$$\phi_1(t) = (c_1'e^{\sqrt{\zeta_1'^2-1}\,\omega_0 t} + c_2'e^{-\sqrt{\zeta_1'^2-1}\,\omega_0 t})\,\mathrm{e}^{-\zeta^1\omega_0} - \frac{f_1 + 2\zeta\omega_0\varOmega}{\omega_0^2} + \varOmega t \tag{3.79}$$

$$c_1' = \frac{\varOmega(2\zeta^{1^2} + 2\zeta^1\sqrt{\zeta^{1^2}-1} - 1)}{2\omega_0\sqrt{\zeta^{1^2}-1}}, \quad c_2' = \frac{\varOmega(-2\zeta^{1^2} + 2\zeta^1\sqrt{\zeta^{1^2}-1} + 1)}{2\omega_0\sqrt{\zeta^{1^2}-1}}$$

在式(3.78)或者式(3.79)中，使用 $\phi_1(t)$ 的一次导数来求解底部钻具组合的瞬时速度，用 $\dot{\phi}_1(t)$ 表示。根据定义，当 $\dot{\phi}_1(t) = V_0$ 时，时间为 t_1。因此，对式(3.78)或式(3.79)求解一阶时间导数和对任意方程的最小值解求出 t_1。然后，将 t_1 带回该方程求出底部钻具组合的位移值。

接下来，若对模式的粘结阶段有兴趣，那么底部钻具组合的运动方程可以写为

$$\ddot{\phi}_2 + 2\zeta\omega_0\dot{\phi}_2 + \omega_0^2\phi_2 = \omega_0^2\varOmega t - f_2 \tag{3.80}$$

在初始条件下：

$$\boldsymbol{\phi}_2(t)\mid_{t=0} = \boldsymbol{\phi}_1(t)\mid_{t=t1} \text{ 和 } \dot{\boldsymbol{\phi}}_2(t)\mid_{t=0} = V_0 \tag{3.81}$$

公式 32.17 的解为（Dawson et al.，1987）

$$\phi_2(t) = \mathrm{e}^{-\zeta w_0 t}(c_3 \cos\omega_{\mathrm{b}}t + c_4 \sin\omega_{\mathrm{b}}t) - \frac{f_2 + 2\zeta\omega_0\Omega}{\omega_0^2} + \Omega t \tag{3.82}$$

式中

$$\omega_{\mathrm{b}} = \sqrt{1-\zeta^2}\,\omega_0$$

$$c_3 = \dot{\boldsymbol{\phi}}(t_1) + \frac{f_2 + 2\zeta\omega_0\Omega}{\omega_0^2}, \quad c_4 = \frac{1}{\omega_{\mathrm{b}}}\left[V_0 - \Omega + \zeta\omega_0\left(\dot{\boldsymbol{\phi}}_1(t_1) + \frac{f_2 + 2\zeta\omega_0\Omega}{\omega_0^2}\right)\right]$$

对于滑动阶段而言，对式（3.82）求解一阶时间导数和对 $\phi_2(t) = V_0$ 求解最小的根得出底部钻具组合旋转速度再次等于 V_0 的时间 t_2。t_2 时刻以后，式（3.74）再次反映了底部钻具组合的运动。

底部钻具组合被卡之后，它的速度为零且其位移的改变量 f 成线性增加直到 $\phi = -f_1 l \omega_0^2$。因此，从钻柱旋转而形成的初始扭转力矩是 $T = k\phi$，式中 k 就是式（3.70）引入的扭转强度。

3.2.4　横向振动

横向振动，也称为横向弯曲或弯曲振动。这是公认的钻柱和底部钻具组合失效的主要原因（Vandiver et al.，1990；Chin，1988；Mitchell and Allen，1985）。但钻柱横向振动模式所带来的影响在相当长的时间内无法得到公认，因为大多数横向振动即使在直井中也不会传到地面（Chin，1994）。此外，横向振动是分散性传播的并且其频率较高于扭转频率。因此，当它们传播到地面时衰减迅速（Payne et al.，1995）。所以，它们很难仅仅基于地表设备来察觉到横向振动。随着井下测量技术（特别井下随钻工具）的发展，有助于锁定这些振动的重要性及其对设备故障的影响（Vandiver et al.，1990）。

各种各样的井下机制可以引起横向振荡模式，主要包括钻头和地层、钻柱和井壁的相互作用。钻压波动也可能引起横向波动，这主要是由于线性轴/横向耦合作用（Vandiver et al.，1990）。另外，底部钻具组合的初始曲率会引起横向振动（Vandiver et al.，1990；Payne et al.，1995）。

许多研究已经解决了在钻井系统中横向振动的不利影响（Vandiver et al.，1990；Chin，1988；Mitchell and Allen，1985，1987；Allen，1987；Burgess et al.，1987；Close et al.，1988；Dubinsky et al.，1992；Rogers，1990）。横向振动会引起井壁破坏严重（Mason and Sprawls，1998；Jansen，1992），影响钻进方向（Millheim and Apostal，1981），最终导致钻井的不稳定性（Chin，1994）。此外，横向振动有可能在井眼（地层）的初期就已经产生，并最终导致钻头的轴向振动和扭转模式（Dareing，1984b）。尽管振动有其固有的破坏性，但也有其有用的一面。可以通过对钻头进行定向控制和提高机械钻速来实现这一点（Chin，1994；Kane，1984）。关于这个问题的早期文献调查包括 Chevallier（2000），Dykstra（1996）和 Payne（1992）的。

横向振动的一个重要组成部分是底部钻具组合的旋转。旋转的条件是关于钻头的旋转瞬时中心就像钻头旋转一样实时移动（Warren et al.，1990；Vandiver et al.，1990；Brett et al.，1990），它可以向前、向后或者毫无秩序。引发旋转的因素有：质量不平衡，就像由随钻测量工具所创建的那样，或者底部钻具组合的初始状态就是弯曲的，连同钻压所附加的载荷都可以使得钻具组合工具产生离心力而发生偏移。当钻铤旋转时，该偏心引发动态不平衡。然后质心将从钻柱中心线偏离，造成钻铤旋转。产生巨大的离心力作用，在动力学意义上，钻铤的质心是与初始离心力成比例的，大多数钻铤的质心是自转频率的平方（Vandiver et al.，1990；Kotsonis，1994）。对于一系列旋转速度的旋转模型本征问题的数字解法，以及使用较小的实验设备来试图用观察的方法来进行数值预测都在 Coomer 等（2001）的文献中进行了描述。此外，钻铤的自转速率与它们的固有频率相一致时，会使得钻铤改变其自然形状而向前进行同步旋转。最大弯曲变形发生在旋转速率接近钻铤的横向固有频率时，称为临界速度，这个临界转速通过流体的附加质量、稳定器间隙和稳定器的摩擦而得到改变，其影响是复杂的（Jansen，1992）。随着 PDC 钻头和 RC 钻头的地层优势的增加，源自钻头旋转而引发振动的振幅也将增加。影响旋转的其他因素包括黏滞流体阻尼、重力、轴向扭转和横向振动模式的耦合、与井壁的接触（Jansen，1991）。

钻头旋转对带 PDC 刀片的钻头是非常有害的（Warren et al.，1990；Brett et al.，1990）。另外一方面，因三牙轮钻头侵入地层并不会发生大范围的旋转，从而降低了钻头的横向运动（Kotsonis，1994）。钻柱组件发生旋转会引起的一系列问题。旋转是机械钻速降低和井下设备过早失效的一个主要原因（Mason and Sprawls，1998）。它对钻铤磨损和连接疲劳有重要影响，旋转引起的钻具组合侧向位移会导致钻具与井壁的严重反复接触，从而导致钻具组合的表面磨损钻井设备和井壁状况恶化。

大多数底部钻具组合在工作过程中是压缩状态，钻具可能发生屈曲和旋转。在钻台上可以通过游车的横向运动和绞车的抖动而观察到较严重的旋转。尽管如此，钻具旋转仍然难以检测，当疲劳积累时，最终会导致设备故障。

当转盘带动钻柱发生旋转时，界面会围绕井眼同方向发生旋转，那么正向同步旋转或钻铤正向旋转将会重现（Jansen，1991）。在正向旋转过程中，钻铤的同侧将会不断地与井壁接触。因此，机理就是套管接头的平点（Vandiver et al.，1990）。在正常钻井作业期间可能应用到向前旋转。它通常由一个不平衡质量点引起，尽管这不可能发生，但如果该点的离心率小于稳定器间隙则可能发生（Jansen，1991）。同时，稳定器和井壁之间的摩擦接触了一定的旋转频率不稳定所造成的摩擦，导致不同步、自激、大振幅振动（van der Heijden，1993）。因此，根据井下条件和钻井参数，稳定的正向旋转可能开发或者发展成其他的旋转模式。例如，钻铤对井壁的反复冲击能逐渐将正向旋转转换为逆向旋转（Jansen，1992）。

广泛接受的非同步钻铤旋转是逆向旋转，它可能在正常操作过程中发生。当钻柱截面的瞬时旋转中心位于大多数钻铤中心和钻井壁中心之间时，都会产生逆向旋转。更具体地说，如果旋转的瞬时中心以较高速度反方向围绕井壁旋转时，就会发生逆向旋转。如果逆向旋转超过结构阻尼和水动力阻尼，那么逆向旋转来自稳定器和井壁之间的摩擦（Shyu，1989）。这可能导致向后滚动或稳定剂的滑动，反过来，也会对钻铤产生一种自发的向后旋转（Jansen，1991）。此外，如果滑移是有利的，那么钻铤可以用来驱动旋转；但如果滑动不利的，那么就应抵制它。极端逆向旋转的情形称为纯反向旋转。这是在井内侧无钻铤滑动情况下的一种旋转，这种旋转的方向与转台旋转方向相反（Jansen，1992）。在零离心率的情况，由正向旋转变为逆向旋转的摩擦作用引起的过渡，会导致完全的逆向旋转（Van Der Heijden，1993）。逆向旋转对钻具组件来说是一种重大威胁，因为它会叠加正向旋转的速度，从而引起周期性弯曲力矩的波动（Jansen，1991）。这些较大的波动会引起高振幅的弯曲应力循环。因此，当弯曲应力循环积累的速度比转速大得多时，钻铤连接的疲劳寿命会显著缩短（Vandiver et al.，1990）。当钻铤以接近钻柱的自然频率逆时针旋转时，可能导致井壁接触进而引起钻铤旋进，也就是沿井眼壁的钻铤向后旋转运动。

在实际情况中，如果稳定器的间隙超过钻铤质心的离心率，那么将会发生同步旋转。当正向旋转是不可能的时候，钻铤可以反向旋转或不规则旋转（Kotsonis，1994）。非周期旋转的极端情况，被称为混乱旋转，因为这样的运动主要依赖于初始条件。不规则运动由非线性流体、稳定器的间隙、孔壁的相互作用共同控制。混乱旋转还可产生较低的稳定剂摩擦值（Jansen，1992）；最后，钻井组件的混乱旋转可以由随机性的次要组件导致（Kotsonis and Spanos 1997）。

自20世纪60年代中期以来，钻柱的横向振动及其建模技术一直是国内外研究的热点，其中两种常用的方法是闭式解和有限元离散化。封闭解是在早期分析的基础上得到的（Lichuan and Sen，1993）。然而，问题的复杂性限制了它们的适用性。有限元分析的通用性和计算机的出现促进了在本问题中涉及的几个参数的发展。已对横向振动有关的钻柱运动的几个方面进行了研究。典型的研究测定自然频率（Chen and Géradin，1995；Christoforou and Yigit，1997；Frohrib and Plunkett，1967）、临界弯曲应力的计算（Mitchell and Allen，1985；Plunkett，1967；Spanos et al.，1997）、稳定性分析（Vaz and Patel，1995）、钻具组合侧向位移的预测（Dykstra，1996；Yigit and Christoforou，1998）。此外，经过一些分析确定了临界破坏参数和引起横向振动和旋转振动之间能量转移的条件（Yigit and Christoforou，1998）。

3.2.4.1　连续横向振动模型

对于一个连续模型，应该考虑了欧拉—伯努利方程，并采用小斜率假设。在这方面，假设如下：正常的梁轴在变形前保持水平，并且在正常的范围内变形，这就意味着变形仅仅是弯曲的一种结果；同时，认为梁轴是弹性的，符合涉及应力、应变的虎克定律。欧拉—伯努利方程为

$$\rho\,\frac{\partial^2 u}{\partial t^2} + \frac{\partial^2}{\partial x^2}\left(EI_z\,\frac{\partial^2 u}{\partial x^2}\right) = g(x,\ t) \tag{3.83}$$

式中，$u(x,\ t)$、ρ、E、I_z 为分别是横向位移、质量密度、弹性模量和相关梁轴横截面的转动惯量；$g(x,\ t)$ 为外部负载；X 为梁的轴线；t 为时间。

然后，考虑轴向力的影响。梁受到轴向力 P 被认为是正常的拉伸。轴向力引起了附加力矩，从而改变了对剪力的关系，进而引出下面的微分方程：

$$\rho\,\frac{\partial^2 u}{\partial t^2} + \frac{\partial^2}{\partial x^2}\left(EI_z\,\frac{\partial^2 u}{\partial x^2}\right) - P\,\frac{\partial^2 u}{\partial x^2} = g(x,\ t) \tag{3.84}$$

在不同的工程中，有限元等数值方法也广泛的应用到了这些方程的解。关于这项技术的详尽信息可以在 Przemieniecki（1968）、Reddy（1993）、Raftoyiannnis 和 Spyrakos（1997）的文献中寻获。

3.2.4.2　旋转模型

许多研究通过采用 2D 技术、质点代表组件技术已经接触到了旋转现象（Vandiver et al.，1990；Kotsonis，1994；Jansen，1992）。钻柱的旋转运动涉及的扭转振动需要旋转在钻具组件之间传播。底部钻具组合的旋转运动包括这些组件在井眼中轴线的旋转。先前的分析（Shyu，1989；Kotsonis，1994；Jansen，1992，1991；Kotsonis and Spanos，1997）的特点是以底部钻具组合上的某一固定点旋转。那就是，这些方法追求的是用单一程度的自由旋转来代表底部钻具组合的旋转。由于旋转的一个主要后果就是钻井设备的疲劳破坏，所以钻柱上的研究位置通常是在两个稳定器之间，这其中的横向变形是最大的。

假设一个恒定的旋转速度，两个稳定器之间的等距运动方程可以写为（Lee，1993）

$$m\ddot{y} + c_w\dot{y} + k_w y = me_o\Omega^2\cos(\Omega t) \tag{3.85}$$

$$m\ddot{z} + c_w\dot{z} + k_w z = me_o\Omega^2\sin(\Omega t) \tag{3.86}$$

式中，y、z 为图 3.16 中的横向坐标；m 为钻铤的等效质量；c_w 为阻尼系数；k_w 为钻铤的等效侧向刚度；e_o 为质量中心的离心率；Ω 为钻井组件的旋转速度。

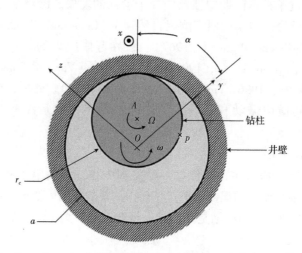

图 3.16　Shyu（1989）之后旋转研究的坐标系统（由麻省理工学院提供）

式（3.85）和式（3.86）描述的是为惯性力和阻尼力作解释的考虑点的平面运动。该公式也考虑到了弹性恢复期。需要注意的是在式（3.85）和式（3.86）右侧的激发项合成了由不平衡部件旋转而产生的力。

Kotsonis（1994）推导了考虑流体力、稳定器间隙、井眼接触、重力及线性和参数耦合的特定点沿钻柱的运动方程。具体来说，在所考虑的位置，沿钻铤部分的中心引入无量纲的极坐标（r，θ），运动方程可写为

$$B_w \ddot{r} - \beta_w r \dot{\theta}^2 + \lambda \frac{\Omega}{\omega} r (\beta_w - 1)(2\dot{\theta} - \lambda \frac{\Omega}{\omega}) + \beta_w \Gamma \dot{r} + \Re[F_k] \tag{3.87}$$

$$= \varepsilon \frac{\Omega^2}{\omega} \cos(\theta - z) - x\sin(\theta) + \Re[C_{PL}]$$

$$\beta_w r \ddot{\theta} + 2\beta_w \dot{r} \dot{\theta} - 2\lambda \frac{\Omega}{\omega} \dot{r}(\beta_w - 1) + \beta_w \Gamma r(\dot{\theta} - \lambda \frac{\Omega}{\omega}) + \Im[F_K] \tag{3.88}$$

$$= \varepsilon \frac{\Omega^2}{w} \sin(\theta - z) - x\cos\theta + \Im[C_{PL}]$$

公式中的 $\Re[.]$ 和 $\Im[.]$ 分别表示数量值 $[.]$ 的实部和虚部。Kotsonis（1994）、Kotsonis 和 Spanos（1997）对其他术语进行了定义。从这些研究中可以看出，当采用多因素分析时复杂度明显增加。然而，有人可能对钻铤旋转（甚至是整个钻柱）的调查研究感兴趣，这是与组件上的单点研究不一样的地方。为了追求这个目标，物理组件必须使用多重自由度系统来进行建模（Lee and Kim，1986）。

3.2.5　耦合振动

在钻井过程中会同时发生多个振动模式。这主要包括跳钻、卡钻（滑脱）及向前和向后旋转、轴向振动、扭转振动和横向振动的线性参数耦合。例如，钻头处轴向力和钻杆轴向振动的耦合源自底部钻具组合的初始曲率。Vandiver 等（1990）提出了一种实际的比喻来理解线性耦合机理："线性耦合容易想象成薄尺或一张纸，给它一个轻微的弯曲力，然后按住轴向两端。其将会在初始施加弯曲力的平面处发生附加弯曲。"此外，为了解释参数的耦合机制，Dunayevsky 等（1993）通过引入"在垂直悬挂绳在一个特定的频率通过一端上下移动的蜿蜒运动"，提出了钻柱的轴向振动与横向位移的可视动态耦合设想。

虽然对于耦合机制而言，存在如前面描述的类比，也可能会比较容易地进行检查，但是它们大幅增加了钻柱振动的复杂性。例如，耦合之间的轴向力和侧向位移会引起随时间而变化的弯矩。此外，旋转产生曲率，反过来说，也是线性耦合发生。因此，底部钻具组合旋转和线性耦合通常并举（Vandiver et al.，1990）。

钻头在耦合机制中占有重要的作用因为它将轴向振动转换为扭转振动，换言之就是将钻压转换为钻头扭矩。扭转振动可以帮助抑制轴向振动和横向振动，因为随时间变化的角速度不允许有足够的时间来形成另一种振动（van den Steen，1997）。同样，跳钻抑制了低频的扭转振荡。此外，Sampaio 等（2007）已经对轴向和扭转振动耦合而言的线性与非线性模型之间进行了对比。

耦合机制在产生一定的振动模式中也是至关重要的。例如，Shyu（1989）、Al-Hiddabi 等（2003）和 Trindade 等（2005）对轴向和扭转振动的耦合进行了研究。表 3.5 中总结了井下激发机制及其各自轴向振动、扭转振动和横向振动模式中的影响。此表通过展示振动来源显示了井下振动的复杂本性，这些振动来源所引起的振动往往不止一种模型。此外，表 3.6 中总结了三种主要钻柱模式的最主要特点。

正如 Chin（1994）强调的那样，分别分析钻柱的轴向振动、扭转振动和横向振动可能是有限的，因为它们是共同作用的结果，这在实际应用中是非常重要的。但他还声称，单独分析这些机制对于"确保分析的完整性和减少地层误差的可能性"是至关重要的。在这种情况下,对个别的振动模式进行检测只是一个中间阶段,这对理解钻柱振动的复杂性质提供了良好的帮助。

3.2.6　非线性钻柱建模的范例:横向振动

前面所叙述的章节为在钻井过程中遇到的振动提供了一个主要定性的概论。本小节和之后的 3.2.7 小节和 3.2.8 小节,为确定钻井系统的瞬态振动和稳态振动提供提纲。为此,BHA 横向振动的一般问题作为一种工具,用于提供解释钻井产生的非线性范例,并捕捉振动模式中的确定性和不稳定(随机)特征。

表 3.5　在 Besaisow 和 Payne(1998 年)之后,钻柱作为激发源,同时还引入了另外几个振动模式

来源	初始运动	二次运动
钻头质量的不平衡	侧向	轴向/扭转/扭转
不重合性	侧向	轴向
三亚轮钻头	侧向	扭转/侧向
在松软地层钻井	轴向/扭转/扭转	—
旋转钻进	侧向	轴向/扭转
钻头的不同步性或扭转	侧向	轴向/扭转
钻柱摆动	侧向	轴向/扭转

表 3.6　钻井主要振动模式综述

	轴向	扭转	侧向
替代名称	纵向的	旋转	侧向弯曲
相关现象	跳钻	卡钻/滑脱现象,扭矩逆转	轴向
耦合机理	钻头边界情况	钻柱情况	

3.2.6.1　运动方程

底部钻具组合的动力学行为需要多重自由的分析方法。为此,解释三种位移的有限元模型和在每个节点处的三种旋转,可用于对底部钻具组合进行建模。为了减少计算的要求,并便于对计算结果进行解释,只有面内的振动是符合要求的。

欧拉—伯努利梁的有限元模型由两个节点的线性原理所组成。在每个节点分配二级自由度,横向位移 u 和旋转量 θ 通过底部钻具组合的动力学描述而得到。然后,所得到的系统运动方程如下:

$$[M]\ddot{u}(t)+[C]\dot{u}(t)+[K]u(t)=g(t) \tag{3.89}$$

式中,$[M]$、$[C]$ 和 $[K]$ 分别为系统质量、阻尼和刚度矩阵;$g(t)$ 施加在系统上的激发矢量;u、$\dot{u}$、$\ddot{u}$ 分别是位移、速度和加速度的矢量。

可以定义单元刚度来解释一个恒定轴向力的作用，随后的技术由 Przemieniecki（1968）提供解释。外加载荷 P 如果是拉力，则为正，其最终形成单元刚度矩阵：

$$
[K_e] = \begin{bmatrix} \dfrac{12El_z}{l_e^3} + \dfrac{6p}{5l_e} \\[3mm] \dfrac{6El_z}{l_e^2} + \dfrac{p}{10}, & \dfrac{4El_z}{l_e} + \dfrac{2pl_e}{15} \\[3mm] \dfrac{-12El_z}{l_e^3} - \dfrac{6p}{5l_e}, & \dfrac{-6El_z}{l_e^2} - \dfrac{p}{10}, & \dfrac{12El_z}{l_e^3} + \dfrac{6p}{5l_e} \\[3mm] \dfrac{6El_z}{l_e^2} + \dfrac{p}{10}, & \dfrac{2El_z}{l_e} - \dfrac{pl_e}{30}, & \dfrac{-6El_z}{l_e^2} - \dfrac{p}{10}, & \dfrac{4El_z}{l_e} + \dfrac{2pl_e}{15} \end{bmatrix} \tag{3.90}
$$

式中，E 为弹性模量；I_z 为该相关截面的惯性矩；l_e 为元素的长度。

一个恒定的质量矩阵是用来表示底部钻具组合的质量。由于内部钻井液和外部钻杆的存在，使得这个构想允许考虑增加额外的质量效应。具体而言：

$$
[m_e] = \begin{bmatrix} \dfrac{13M_t}{35} + \dfrac{6\rho l_z}{5l_e} \\[3mm] \dfrac{11M_t l_e}{210} + \dfrac{\rho l_z}{10}, & \dfrac{M_t l_e^2}{105} + \dfrac{2\rho l_z l_e}{15} \\[3mm] \dfrac{9M_t}{70} - \dfrac{6\rho l_z}{5l_e}, & \dfrac{13M_t l_e}{420} - \dfrac{\rho l_z}{10}, & \dfrac{13M_t}{35} + \dfrac{6\rho l_z}{5l_e} \\[3mm] \dfrac{-13M_t l_e}{420} + \dfrac{\rho l_z}{10}, & \dfrac{-M_t l_e^2}{140} - \dfrac{\rho l_z l_e}{30}, & \dfrac{-11M_t l_e}{210} - \dfrac{\rho l_z}{10}, & \dfrac{M_t l_e^2}{105} + \dfrac{2\rho l_z l_e}{15} \end{bmatrix} \tag{3.91}
$$

式中，ρ、M_t 分别是密度和元素的总质量。

元素的总质量是钻柱质量 M、管内钻井液附加质量 M_i 和环空附加质量 M_a 的总和，这就是意味着

$$
M_t = M + M_i + C_M M_a \tag{3.92}
$$

其中，附加质量系数 C_M 是一个与振动频率 ω、钻井液性能、底部钻具组合和井眼尺寸有关的函数。Payne（1992）对于该系数进行了更加详细的表述。

最后，假设底部钻具组合模型中为瑞利阻尼，即

$$
[C] = \alpha_d [M] + \beta_d [K] \tag{3.93}
$$

其中，参数 α_d 和 β_d 可以选择在已有报道的阻尼比范围内的特定模式下的阻尼比，通常范围为 $0.01\% \sim 0.65\%$，依赖于井的条件和是否需要添加润滑油（Brakel，1986）。

3.2.6.2　井眼考虑

对井眼进行如图 3.17 所示的建模。底部钻具组合的侧向位移在间隙 a 内是对侧向位移

无约束。对超过节点的侧向位移量 α 而言，会激发一个额外弹回来考虑对井壁的接触。在文献中提到的该系统像一个弹回装置（Crandall，1961）。因此，假设赫兹接触定律方程（图 3.18）。

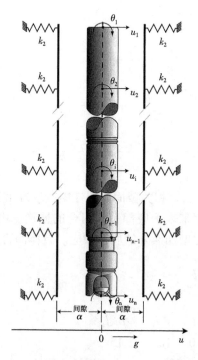

图 3.17　考虑井眼接触的横向振动 BHA 有限元模型（Spanos et al.，2002），由美国机械工程师学会提供

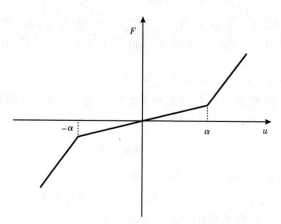

图 3.18　采用考虑钻柱和地层相互作用的分段线性模型得出的典型的力—位移图

$$F_i[u_i(t)] = \begin{cases} k_2[u_i(t) + \alpha], \ for, \ u_i \leqslant -\alpha \\ 0, \ for, \ -\alpha \geqslant u_i \leqslant \alpha, \ i = 1, 2, 3, \cdots N-1 \\ k_2[u_i(t) - \alpha], \ for, \ u_i \geqslant -\alpha \end{cases} \tag{3.94}$$

符号 k_2 表示岩石赫兹刚度系数，这系数直接影响到系统的非线性。此外 N 是有限元模型自由度的总和。将式(3.94)带入式(3.89)产生的非线性方程组。

$$[M]\ddot{u}(t) + [C]\dot{u}(t) + [K]u(t) + F[u(t)] = g(t) \tag{3.95}$$

3.2.7 确定性响应的范例：横向振动

显然，等式(3.95)所描述的动态系统的复杂性使得它的封闭解无法导出。在本节中，将介绍计算瞬态和稳态响应的技术。

3.2.7.1 瞬态响应算法

值得注意的是各种数值积分计算方法可用于处理像方程(3.94)描述的那样的非线性结构动力学问题。如欧拉算法这样的显式方法，使用了一个 t_n 时刻的平衡条件来计算在 $t_{n+1}=t_n+\Delta t$ 时刻的响应。因此，显式算法是非迭代的，易于实现。另一方面，隐式方法(包括向后欧拉，纽马克-β，威森-θ 和霍博尔特算法)，在平衡状态下利用当前的状态 t_{n+1} 插入解决方案进而解决问题。正如预期的那样实施隐式方法要比实施显式方法复杂得多。然而，一个程序的选择也需要考虑各种算法的稳定性。

Newmark-β 法是一种适用于线性或非线性微分方程系统的一步法。公式(3.95)涉及方程的初始值问题和初始条件，是在离散的时间处进行首先表达：

$$\begin{cases} [M]\ddot{u}_t + [C]\dot{u}_t + [K]u_t + F(u_t) = g_t \\ u_{t=0} = u_0 \\ \dot{u}_{t=0} = \dot{u}_0 \end{cases} \tag{3.96}$$

式中，Δt 为时间间隔。这组方程需要首先解决的是离散形式。具体而言，通过实行静力平衡而得到该解决方法，包括惯性力和阻尼力的影响。值得注意的是，公式(3.96)中的非线性仅仅涉及刚度。

Newmark-β 法是基于泰勒展开式到系统位移和速度的二阶衍生物。这就得到了位移和速度在形式上的表达式(Kardestuncer et al.，1987)：

$$u_{t+\Delta t} = u_t + \Delta t\dot{u}_t + (\frac{1}{2} - \beta)\Delta t^2\ddot{u} + \beta\Delta t^2\ddot{u}_{t+\Delta t}$$
$$\dot{u}_{t+\Delta t} = \dot{u}_t + \Delta t\dot{u}_t + (1 - \gamma)\Delta t\ddot{u}_t + \gamma\Delta t\ddot{u}_{t+\Delta t} \tag{3.97}$$

式中，γ 和 β 是综合算法的参数。这些参数的取值将确定算法的性质。表3.7中总结了一些在 Newmark 集成方案中最常用的参数设置。图3.19完整地显示一种程序的流程图。这种程序应用于非线性多重自由度系统，其运动方程可表示为公式(3.96)。明显的，所有的系统参数和在公式(3.96)中所代表的，该算法可以用来确定在任何特定钻井环境中的振动响应。

3.2.7.2 稳态响应

显然，可以通过使前面描述的瞬态响应算法运动足够长的时间来确定的稳态相应的运动方程。本节中介绍了一种系统的方法，该方法设法避免计算昂贵的时域集成来确定钻柱的单色谐波励磁稳态响应。它是基于 Payne (1992)的工作推导的。该模型是基于有限元离散化而形成的，这种有限元离散化有调节能力，甚至可以容纳频率有关的惯性和阻尼特性。

与方程(3.89)类似，在单色激发下底部钻具组合动态响应的有限元方法可以导致：

$$[M]\ddot{x} + [C]\dot{x} + [K]x = F\cos(\omega t) \tag{3.98}$$

在这个方程中，$[M]$ 和 $[K]$ 分别是质量和刚度矩阵，在式(3.89)中给出了定义。此外，F 是激励矢量，$\ddot{x}$、$\dot{x}$ 和 x 分别是底部钻具组合的加速度、速度、位移矢量。含有余弦函数的参数是扰动频率 ω 和时间 t。

先前已经提出了不包括阻尼的底部钻具组合模型。由于其本身的性质，它们不能在其自然频率下预测底部钻具组合的响应。Apostal 等（1990）提出了一个广义的关于底部钻具组合阻尼的讨论。其涉及瑞利阻尼、结构阻尼和黏性阻尼。在这个模型中，基于钻柱阻尼实验（Payne，1992）的经验公式来计算阻尼系数：

$$\zeta = af_v^b \tag{3.99}$$

式中，f_v 为用赫兹表示的振动频率；系数 a、b 为钻井液密度函数 ρ_{mud} 的系数。

这些经验系数的表达式为

$$a = （0.601）\rho_{mud}^{8.75} \tag{3.100}$$

$$b = (0.15) - (1.026)\rho_{mud} \tag{3.101}$$

应用在底部钻具组合上的多种多样的激发包括钻头处的力、钻铤质量不平衡、稳定器负载和钻杆的运动学（Besaisow and Payne，1988）。当使用这个模型的时候，需要考虑单色谐波激发。使用这种激发是因为其具有决定钻柱动态模型响应的能力，而这种能力有可能加快更多激发源的相关研究。

表 3.7　纽马克集成方法

程序	类型	β	γ
平均加速度（梯形法则）	隐式	1/4	1/2
线性加速度	隐式	1/6	1/2
Fox 和 Goodwing	隐式	1/12	1/2
纯显式	显式	0	0
中心差分	显式	0	1/4

底部钻具组合横向振动边缘条件的意义包括稳定器和钻头。稳定器可以使用外接头来代表，其限制了横向位移而不是转动。钻头可以用一个激发节点来表示，该节点就是横向力施加在模型上的受力点。

确定底部钻具组合动态响应的求解方法必须仔细考虑，因为其频率的依赖性，附加的质量系数和经验的阻尼作用，对方程（3.98）进行修订：

$$[M(\omega)]\ddot{x} + [C(\omega)]\dot{x} + [K]x = F\cos(\omega t) \tag{3.102}$$

值得注意的是，该方程在惯性项和阻尼项方面象征性的代表了卷积的时域。在这种情况下，稳态解 $x(t)$ 以下满足方程：

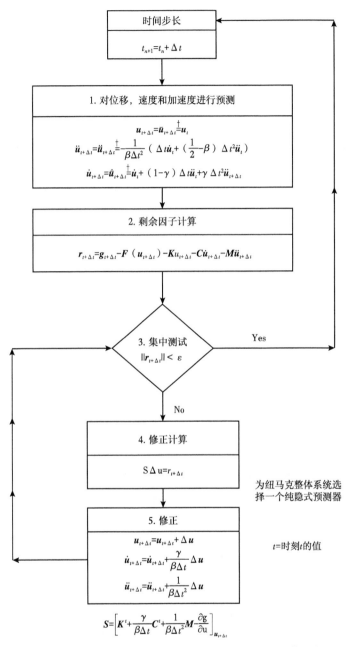

图 3.19 纯隐式纽马克-β 方向整体系统，来自 Kardestuncer 等从有限元手册
重新计算后（得到了 McGraw-Hill 的出版许可）

$$\{[K] - \omega^2[M(\omega)] + i\omega[c(\omega)]\}x = F \qquad (3.103)$$

式中，i 是 $\sqrt{-1}$，X 是 $x(t)$ 的复数振幅，这个方程可以用逆矩阵求解。然而，矩阵求逆并不会对底部钻具组合的固有频率和振型，提供任何明确的信息，因为相关的特征值是无法求解的。

通过模态叠加而形成动力系统的传递函数的特征是可以很好地确定多重自由动态系统，也可以在本模型中得到应用。这种技术的主要假设是物理阻尼导致的运动方程非耦合模态。采用这种数学形式的阻尼项，对系统的稳态位移响应可以由方程表示：

$$x(t) = \sum_{t=1}^{l} \left\{ \left(\frac{\phi_r \phi_r^T F}{K_r} \right) \left[\frac{1}{\sqrt{(1-r_r^2)^2 + (2\zeta_r r_r)^2}} \right] \cos(\omega t - \alpha_r) \right\} \quad (3.104)$$

式中结果是 1 类模型振动模式 ϕ_r 的总和，K_r 是模型刚度，r_r 是扰动频率 ω 与模型自然频率 ω_r 之比，ζ_r 是模态阻尼系数。注意：小于系统模式的总数可使用公式（3.104）的总和；与自然频率相对应的激发频率的相对量通常使用模型中保持的取值。

为了实现该方法，首先必须解决的是一个本征值问题，以便于得到底部钻具组合的自然频率和一般模型。在这种情况下，依赖于质量矩阵 $[M(w)]$ 的频率表明，本征值问题的解决必须在每一个有可能确定频率和准确振型的频率处重复多次。随后，与频率有关的模型信息在方程(3.104) 中使用。为了避免在每处频率的重新计算，另一种方法就是在方程(3.104)中采用传递函数，在形式上改写为

$$x(t) = \sum_{t=1}^{l} \left\{ \left(\frac{\phi_r \phi_r^T \hat{F}}{K_r} \right) \left[\frac{1}{\sqrt{(1-r_r^2)^2 + (2\zeta_r r_r)^2}} \right] \cos(\omega t - \alpha_r) \right\} \quad (3.105)$$

在这里，力矢量 $\hat{F}$ 等于原激振力矢量 F 加上解释旋转离心率的不平衡力向量，

$$F' = \omega^2 \left\{ [M(\omega)] - [M(\omega_m)] \right\} X \quad (3.106)$$

式中，ω_m 是感兴趣部分的中频，由此可得到模态信息。例如，如果对频率在 0~50Hz 之间的动态行为感兴趣，那么制定本征值问题，并在 25Hz 的情况下解决问题。然后，使用迭代技术，使用方程（3.105）来解决其他所有感兴趣的频率问题，同时使用计算公式(3.106)来计算失衡力。

底部钻具组合在井眼内的要求是具有一个非线性横向影响，其较易理解，但先前的方程并没有考虑。如果我们对公式(3.105)稍微地进行变形后，就可以看出，在前面所讨论的迭代解可以解决由井内的底部钻具组合引起非线性约束问题。

$$x(t) = \sum_{t=1}^{l} \left\{ \left[\frac{\phi_r \phi_r^T (\hat{F} - F^*)}{K_r} \right] \left[\frac{1}{\sqrt{(1-r_r^2)^2 + (2\zeta_r r_r)^2}} \right] \cos(\omega t - \alpha_r) \right\} \quad (3.107)$$

在接触的恢复力来纠正在第 j 个节点的位移过大的响应是由下式给出：

$$F^* = (x_0^j - R_C) / \sum_{t=1}^{l} \left[\frac{\phi_r^j}{K_r \sqrt{(1-r_r^2)^2 + (2\zeta_r r_r)^2}} \right] \quad (3.108)$$

在这个方程中，R_C 表示局部径向间隙，X_0^j 是第 j 个节点的初始位移，在此部分发生最大的井眼约束破坏。第 j 个节点在第 r 个振动模式的位移由 ϕ_r^j 进行表示。

为了证明前面的解决方案，在图 3.20 中使用的是钢性底部钻具组合，包括 43in 的（13.1m）外径为 8in（203.2mm）钻铤，100ft（30.48m）的外径 6.5in（171.45mm）钻铤，同时连接五个单位长度上为 5ft（12.52m）的稳定器。它是假定底部钻具组合在直径为 12.25in（311.15mm）的井内工作，井内钻井液相对密度为 1.20。使用约 2.5ft（0.76m）的间距，底部钻具组合的模型包括 69 个单元和 69 个节点，在横向位移和旋转上有 131 的自由度。稳定器可以视为外接头来限制横向位移，但允许旋转。单色谐波激发施加在钻头，其理论上的力为 100lbf（444.8N）。

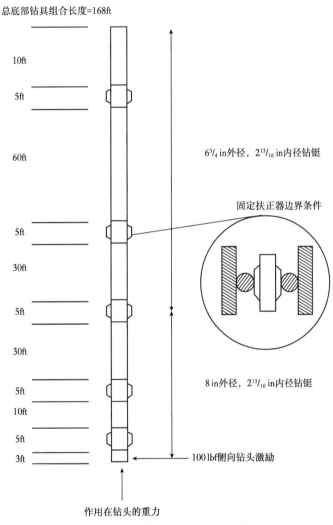

图 3.20　底部钻具组合的数字化研究

由于底部钻具组合的频率响应计算所产生的信息量较大，其结果由一种简短的形式展现。图 3.21 显示前三种特征向量作为典型的模态信息。

图 3.22 展示了通过不同的模型信息和技术估算底部钻具组合最大的应力响应，实线代表预测的响应。系统模型并不包括附加的质量等级 $C_M(w)$。在响应曲线和虚线或者点线的

转化中可以看出底部钻具组合动态分析中对附加质量准确描述的重要性；后者包括了对 C_M (w) 响应。短划线描述了通过在每种频率下应用公式 (3.92) 来计算特征值问题的响应。虚线展示了应用公式 (3.105) 和 (3.106) 在中间频率下对本征值问题应用迭代法来解决预测响应问题。在这种情况下，仅仅只有 30 种模型可求和。

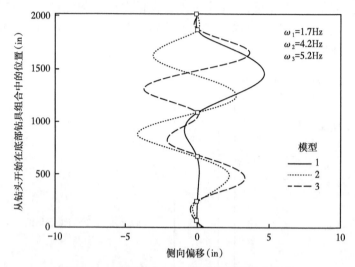

图 3.21　自振模式 1—3 的底部钻具组合研究

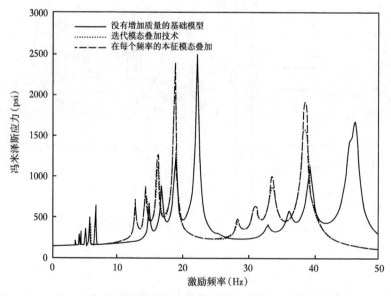

图 3.22　三种处理技术的激发频率与来自 Mises 的最大底部钻具组合压力关系图

为了说明引入非线性约束对底部钻具组合的影响，图 3.23 显示两种沿着底部钻具组合计算横向位移响应的方法。实线代表没有考虑井筒约束的无控制响应，有井筒约束的校正响应由虚线表示。值得一提的是，当与井壁接触后的计算次数略有增加。

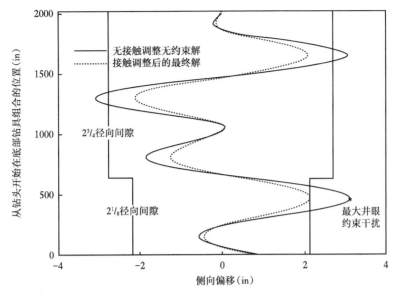

图 3.23　底部钻具组合的位移响应对井眼接触的校正

3.2.8　随机响应范例：横向振动

显而易见，这一章节关于钻柱振动的先前叙述并没有完全理解，并且在很大程度上它们具有不确定性。尽管许多钻井变量存在内在的随机性，但大多数振动响应模型仅仅追求确定性方法。然而，在钻井环境下遇到的概率分析的例子包括使用多元统计分析计算卡钻柱、解卡的概率（Hempkins et al.，1987；Howard and Glover，1994；Shivers and Domangue，1993）；为经费支出进行授权（Newendorp，1984；Peterson et al.，1995）；检查井下设备的疲劳寿命（Dale，1989；Ligrone et al.，1995）。同时，Murtha（1997）提出了蒙特卡洛模拟在石油工业中应用的几个方面。关于本部分的文献综述包括 Chevallier（2000）和 Kotsonis（1994）的。

从历史的角度看，在 20 世纪 50 年代末，Bogdanoff 和 Goldberg（1958）应用概率的方法来研究了钻柱振动。他们研究了在钻具上的未知应力分布，并认为随机变量的信息是有用的。他们对钻压和机械钻速进行建模，使用了零均值正态分布进程，这个过程呈现的是弱平稳、平均二次方的连续过程。换句话说，为了让钻压和机械钻速的途径和差异保持常量，假设钻进过程中是充分稳定的。该模型沿着钻柱在剪切应力方面产生的统计信息，这作为假设的临界值。然而，对如能谱密度这样适当的现场数据是无效的，只能进行定性分析。在随后的出版物（Bogdanoff and Goldberg，1961），同一作者再次肯定了钻井振动的概率性处理的恰当性。他们针对轴向力和扭矩特性提出了一个模型，该模型可以统计井壁弯曲的影响。同时，该模型可以检查组件受压区的屈曲状态。在这里没有呈现数字性的实例是因为并没有充足的相关资料。Bogdanoff 和 Goldberg（1961）认为他们的研究说明："钻柱动态行为统计分析的本质是不确定性的。它不仅是因为其适当的负载在统计意义上是已知的，还因为它在不确定边界条件和物理常量的确切价值方面比确定性分析缺少敏感性。因此，在这个案例和较复杂问题中，其应用范围是巨大的，在这类问题中它提供的优势不应该被忽视。"

Skaugen（1987）研究了钻柱轴向振动和扭转振动的随机性。不均匀的地层特征、随机的破碎岩石及其通过模态耦合的放大,都认为最终导致了随机性振动。在井下测量的基础上,该方法对正弦性轴向位移和随机分量的叠加进行了建模。该统计分析的结果产生了比以前确定的方法更小的位移。

随机振动理论也被应用于横向钻井振动。在 20 世纪 90 年代,Kotsonis(1994)、Kotsonis 和 Spanos(1997)研究了从随机性激励产生的轴向和横向振动的耦合。一个拥有三次和六次转速峰值的功率谱密度代表那些强制函数,并且分析并描述了钻具构件的旋转行为。

有人已经在横向振动分析方面采用了一种随机方法(Chevallier,2000;Politis,2002;Spanos et al.,2002),其结果导致了对钻柱振动概率处理方面的技术发展。在由 Bogdanoff 和 Goldberg 的开创性工作的前提背景下,本章主要的论点是:一个比较适合钻柱振动分析的随机性方法。显然,采用对钻柱振动进行随机性分析,在公式(3.96)中激发 g_t 必须在一个随机环境下进行描述。这通常会涉及概率分布,如个别偏离激发的正态分布。此外,它作为一个整体也包含了对过程频率组成而言的功率谱(Roberts and Spanos,1990)。依照随机振动的测定,一般的通用分析工具是也是可用的,如蒙特卡洛模拟和线性化统计。这两方面将在随后的章节进行讨论。

3.2.9 随机响应测定的蒙特卡洛方法

在广义上讲上,该模拟涉及在模型上进行抽样式样和系统的激励。蒙特卡洛方法是一种用于以随机抽样的方法来解决数学问题的数值方法(Spanos and Zeldin,1998)。

适用于钻柱的振动问题,基于蒙特卡洛方法的求解技术涉及几个步骤。首先,问题依据随机变量进行表示。考虑一个确定性系统,这个阶段需要对激发机制进行概率特性描述。其次,需要使概率分布(或功率谱)与随机变量相匹配,这些激励机制的概率密度函数是定量(或功率谱)。然后,随机变量的概率分布与这些兼容的合成(或功率谱)是必需的,随着每产生一个特定的、确定的时间历程对感兴趣的激励机制;然后,决定对于每一个确定性激发的线性或非线性系统的响应;最后,从这些数据中提取统计信息。

激发机制的功率谱密度的近似是蒙特卡洛分析钻柱振动问题的一个重要的步骤。从设计的角度来看,可以使用钻头需要维持最大轴向力或横向力这样的参数来定义特征的大小和相关谱线密度的频率组成。

底部钻具组合的横向激发主要取决于所用的钻头类型。钻头是在井内地层信息的基础上选择的。Brakel(1986)提出了由牙轮(RC)钻头和 PDC 钻头引起的横向激发的光谱。它们的频率组成是最明显不同的,这是因为由 RC 钻头诱导激发在范围 $0 \sim 50 \mathrm{rad/s}$ 趋于拥有显著的能量水平,而 PDC 钻头产生的频率组成的激发主要集中在转动的激发频率。这是因为 RC 钻头通过突起的部分破岩,这在岩石表面是均匀分布的;而与此对比,PDC 钻头的破岩包括突出的部分,但其与钻柱反应一致,诱导激励与钻头的旋转速度有关。关于这点,由 RC 钻头引起的激发通过限带白噪声进行建模,如图 3.24(b)所示。此外,PDC 钻头的横向激发 $g(t)$ 通过白噪声 $w(t)$ 经过二阶滤波器的输出结果而进行建模:

$$\ddot{g}(t) + \psi \dot{g}(t) + \eta g(t) = w(t) \tag{3.109}$$

参数 ψ 和 η 的选择是依据现场数据。值得一提的是,可以通过数字滤波器来对数值进行实现,在数字滤波器中的每一个时间步长处,模拟负载 g_n 值,可以视为

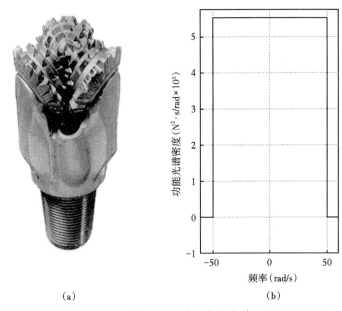

（a）   （b）

图 3.24 （a）典型的 RC 钻头；（b）RC 钻头激发光谱（Spanos et al.，2002），
由美国机械工程师学会提供

$$g_n = \sum_{i=1}^{p} a_i g_{n-1} + \sum_{j=1}^{q} b_j w_{n-j} \tag{3.110}$$

白噪声 ω 和系数 a_i 和 b_j 可以通过使用不同的技术得到；Spanos 和 Zeldin（1998）对该方法进行了广泛的研究。

与式（3.109）产生的信号相对应的光谱如图 3.25（b）所示。对于这两种钻头，都假设零均值固定高斯过程。

显然，依据公式（3.110）进行的合成实现了钻头的激发，时域综合算法在瞬态响应算法部分中应多次使用以便于确定全部的系统响应，它可以用来推断系统响应的分布和光谱信息。

随机响应的统计线性化方法。除了蒙特卡洛模拟以外，统计线性化方法是一个非线性随机动力分析的常用工具。以钻井振动问题为背景，运动方程的线性化是通过更换非线性方程组的初始设置和对方程式进行一组等效的线性方程组（Lin and Cai，1995；Roberts and Spanos，1990）。在这种技术中，有两种方法可用来解决方程式结果设置问题：一是在频域内的频谱矩阵；二是时域中的协方差矩阵。

具体而言，线性方程组的等效集合在形式上为

$$[M]\ddot{u}(t) + [C]\dot{u}(t) + ([K] + [K^{eq}])u(t) = g(t) \tag{3.111}$$

线性刚度矩阵 $[K^{eq}]$ 等价取代了式（3.95）中的非线性项 $F[u(t)]$（Roberts and Spanos，1990），这是通过对误差的欧几里得范数的数学期望最小化而确定的

$$\boldsymbol{\varepsilon} = \boldsymbol{F}(u) - [\boldsymbol{K}^{eq}]u \tag{3.112}$$

$$E\{\parallel \varepsilon \parallel_2^2\} = E\{\varepsilon^T \varepsilon\} \tag{3.113}$$

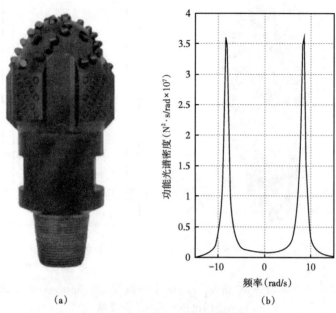

(a)　　　　　　　　　　　　　(b)

图 3.25　(a) 典型的 PDC 钻头;(b) PDC 钻头的激发光谱 (Spanos et al.,2002),
由美国机械工程师学会提供

式中,E 和 T 分别表示数学期望和转换因子。这涉及最小二乘发的最小化:

$$\frac{\partial}{\partial k_{ij}^{eq}} = E\{\varepsilon^T \varepsilon\} = 0, \quad i, j = 1, 2, 3\cdots n \tag{3.114}$$

因为方程(3.114)数学期望的线性化,可以写为

$$\frac{\partial}{\partial k_{ij}^{eq}} [\sum_{i=1}^N E(\varepsilon_i^2)] = 0 \Rightarrow E\{u_j F_i\} = \sum_{r=1}^N k_{ir}^{eq} E\{u_r u_j\}, \quad j = 1, 2, 3\cdots N \tag{3.115}$$

那么,高斯带换 u 的近似值源于 $[K^{eq}]$:

$$k_{ij}^{eq} = E[\frac{\partial F_i}{\partial u_j}] = \frac{1}{\sqrt{2\pi} \partial_i} \int_{-\infty}^{\infty} \frac{\partial F_i}{\partial u_i} e^{-\frac{u_i^2}{2\sigma i^2}} \mathrm{d}u_i \tag{3.116}$$

对公式(3.94)采用分段线性接触法则,公式(3.116)得出:

$$K_{ij}^{eq} = K_2 \mathrm{erfc}(\frac{\alpha}{\sqrt{2}\sigma_i}) \tag{3.117}$$

其中,erfc (.)是余误差函数。其次,通过式(3.111)和式(3.117)就可以对响应进行统计化。

光谱矩阵的求解过程(图 3.26)等效线性系统的传递函数为

$$H(\omega) = (-\omega^2[M] + i\omega[c] + [K] + [K^{eq}])^{-1} \tag{3.118}$$

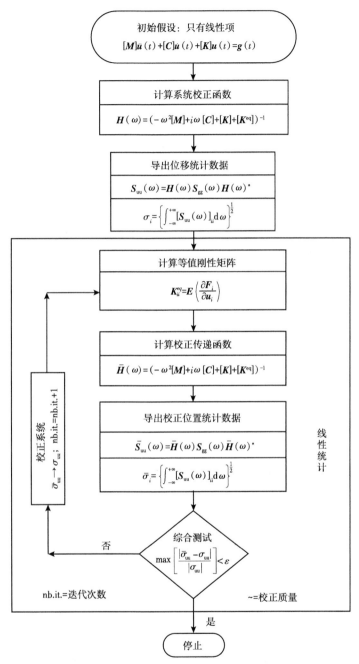

图 3.26　使用光谱矩阵求解程序的等效线性化流程图（Spanos et al., 2002），
由美国机械工程师学会提供

那么，假设一个固定激发 $g(t)$：

$$S_{UU}(\omega) = H(\omega) S_{gg}(\omega) H(\omega) \qquad (3.119)$$

式中，S_{gg} 是激发的功率谱密度矩阵，$(.)*$ 表示共轭复数。然后，由方程确定的自由度

可以用标准偏差表示为

$$\sigma_i = \left(\int_{-\infty}^{+\infty} [\boldsymbol{S}_{uu}(\boldsymbol{\omega})]_{ii} \mathrm{d}\omega \right)^{\frac{1}{2}} \tag{3.120}$$

显然,对于确定 $\boldsymbol{\sigma}$ 和 $[K^{eq}]$,这涉及一个循环的方法。流程图显示求解过程应用于钻井问题中。

协方差矩阵的求解过程:制定状态矢量空间,状态向量 $z(t)$ 的定义是

$$z(t) = [\boldsymbol{u}(t)\dot{\boldsymbol{u}}(t)\boldsymbol{g}(t)\dot{\boldsymbol{g}}(t)]^T \tag{3.121}$$

线性化系统在一阶矩阵方程中再次改写:

$$\dot{\boldsymbol{Z}}(t) = \boldsymbol{F}z(t) + \boldsymbol{h}(t) \tag{3.122}$$

$$\boldsymbol{F} = \begin{bmatrix} 0, & \boldsymbol{I}, & 0, & 0 \\ -[\boldsymbol{M}]^{-1}([\boldsymbol{K}] + [\boldsymbol{K}]^{eq}), & -[\boldsymbol{M}]^{-1}[\boldsymbol{C}], & -[\boldsymbol{M}]^{-1}, & 0 \\ 0, & 0, & 0, & \boldsymbol{I} \\ 0, & 0, & -\eta\boldsymbol{I}, & -\psi\boldsymbol{I} \end{bmatrix} \tag{3.123}$$

$$\boldsymbol{h}(t) = [0\ 0\ 0\ w]^T \tag{3.124}$$

协方差矩阵 V 和向量 $z(t)$ 和 $h(t)$ 的 ω_f 可以由以下得出:

$$\boldsymbol{V} = E[z(t)z^T(t)] \tag{3.125}$$

$$\omega_f(t, \tau) = E[\boldsymbol{h}(t)\boldsymbol{h}^T(\tau)] = \boldsymbol{R}\delta(t - \tau) \tag{3.126}$$

使用固定值 $\boldsymbol{V}$ 来满足 Lyapunov 矩阵方程 (Roberts and Spanos,1990)

$$\boldsymbol{F}\boldsymbol{V}^T + \boldsymbol{V}\boldsymbol{F}^T + \boldsymbol{R} = 0 \tag{3.127}$$

可以用数值方法求解 V_0 本程序如图 3.27 所示。

为了说明前面的求解过程,再次考虑了 BHA 模型。钻具组合由钻杆、钻铤和两个稳定器组成,如图 3.28 所示。在自由钻头上施加横向激振力。钻杆由 16 个等长线性元件表示。钻杆不受压缩力。钻铤由 64 个等长线性元件表示,并施加 10kN 的压缩力。BHA 的所有部件均由相同的材料制成,弹性模量为 207GPa,密度为 7833kg/m³。假设钻柱与井筒之间的间隙为 10cm。最后,假设瑞利阻尼,第一阶模态的模态阻尼在 2% ~ 10% 之间。

非线性运动方程组的求解是利用统计线性化方法得到的。统计线性化方法在统计线性化章节中进行过描述。此外,与本问题相关的蒙特卡洛模拟也得到使用。时间历程与相应的钻头类型光谱兼容是首先通过自回归滑动平均(ARMA)方法生成。一组 300 个时间段,每一个进程都会产生超过 1200 个数据点。生成的时间段作为系统的激发,并利用 Newmark-b 集成方案解决控制运动方程问题(Bathe and Wilson,1976)。计算响应的统计性能作为模拟响应的总体均值。

关于 RC 钻头和 PDC 钻头的数值仿真结果分别在图 3.29 和图 3.30 中进行展示。将结果在表示底部钻具组合刚度的横坐标上进行标准化,纵坐标间隔为 a。对于这两种钻头的展示结果,通过统计线性化获得的解决方法与蒙特卡洛模拟基本保持一致。此外,对统计线

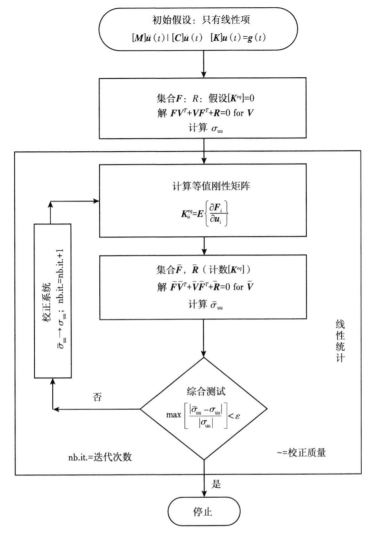

图 3.27　使用协方差矩阵解算程序的统计线性化流程图（Spanos et al.，2002），
由美国机械工程师学会提供

性化的计算次数明显少于蒙特卡洛模拟。

在图 3.31 和图 3.32 中分别展示了 RC 钻头激发响应的功率谱和 PDC 钻头激发响应的功率谱。两者都有一个接近系统固有频率的峰值。然而，在 PDC 钻头的情况下，观察到还有一个对应于钻头旋转频率的另一个峰值；此外，它们都体现了非线性特征。之前描述的关于随机法所附加的信息和数据可以在文献中查询（Politis，2002；Spanos et al.，2002）。

可以看出，统计线性化方法为这个特定的钻井振动问题提供了一个可靠、有效的结果。

3.2.10　结论

显然，井下钻具振动过程对于钻井进程而言是相当重要的，并且它所涉及的相关的问题应在钻柱设计早期予以关注。笔者希望这一章节为相关的物理现象和使用的有效分析工具提供一种全景的认识。

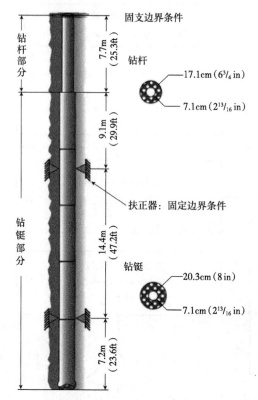

图 3.28 钻柱模型的数字化例子(Spanos et al.，2002)

由美国机械工程师学会提供

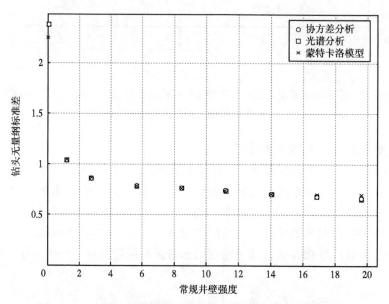

图 3.29 RC 钻头的无量纲标准偏差与常规井壁强度的关系图

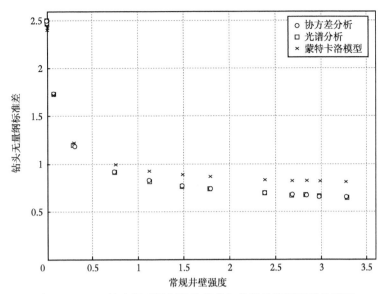

图 3.30　PDC 钻头的无量纲标准偏差与常规井壁强度的关系图

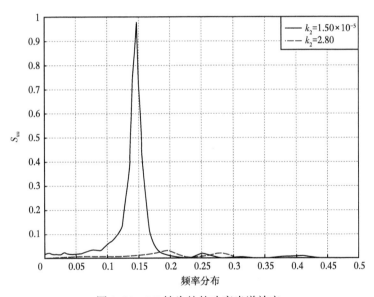

图 3.31　RC 钻头处的功率光谱效应

　　希望随机动力学（Lin，1976；Roberts and Spanos，1990）、系统的可靠性（Ditlevsen and Madsen，1996；Thoft‐Christensen and Murotsu，1986）、基于最优化的分析（McCann and Suryanarayana，2001）和其他为振动检测、隔离和控制（Christoforou and Yigit，2003；Viguiéetal，2008；Yigit and Christoforou，2006）的新方法越来越受关注。这是因为它们为钻柱振动的分析工作提供了更可靠和更高效的有力工具。数据采集的持续发展（即仪表测量、高速遥测、分布式测量）将继续细化仿真分析钻柱振动的预测能力。因此，随着它们的发展和使用更精密的物理数据对其进行校准，它们将成为钻井行业内被更广泛接受的设计工具。

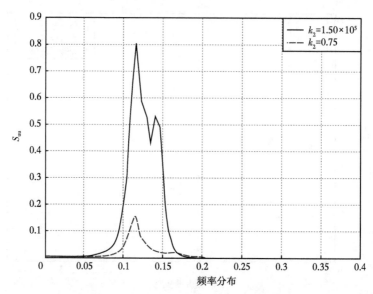

图 3.32　PDC 钻头处的功率光谱响应

术语

a——在稳态横向振动模型中经验方程的阻尼系数;

a_i——负载模拟的数字过滤系数;

A_n——轴向波动方程的系数;

b——在稳态横向振动模型中经验方程的阻尼系数;

b_j——负载模拟的数字过滤系数;

B_n——轴向波动方程的系数;

c——轴向波速;

c_1——在卡钻/滑脱模型中时间间隔 1 的位移解系数;

c'_1——在卡钻/滑脱模型中时间间隔 1 的位移解系数;

c'_2——在卡钻/滑脱模型中时间间隔 1 的位移解系数;

c_2——在卡钻/滑脱模型中时间间隔 1 的位移解系数;

c_3——在卡钻/滑脱模型中时间间隔 2 的位移解系数;

c_4——在卡钻/滑脱模型中时间间隔 2 的位移解系数;

c_a——在轴向振动模型运动方程中的阻尼系数, mL^3/t, $kg/m^3 \cdot s$;

c_w——扭转模型的阻尼系数, m/t, kg/s;

c_r——卡钻/滑脱模型的阻尼系数, mL^2/t, $kg \cdot (m^2/s \cdot rad)$;

C_n——轴向波动方程通解的系数, L, m, ft;

C_M——在 FE 轴向振动模型中所附加的质量系数;

C_{PL}——在旋转模型中的耦合, $1/t^2$, $1/s^2$;

$[C]$——在 FE 轴向振动模型中的阻尼矩阵(单位的变化依赖于自由度);

D_n——轴向波动方程通解的系数，L，m，ft；

e——欧拉参数；

e_0——在旋转模型中质心的离心率，L，in；

E——Young 的弹性系数，mL/t^2，psi，Pa；

f——在卡钻/滑脱模型中的摩擦引起的力，$1/t^2$，$1/s^2$；

f_1——在卡钻/滑脱模型中的摩擦参数，$1/t^2$，$1/s^2$；

f_v——在稳态轴向振动模型中的振动频率，$1/t$，Hz；

f_2——在卡钻/滑脱模型中的摩擦参数，$1/t^2$，$1/s^2$；

F——在卡钻/滑脱模型中的摩擦力，mL^2/t^2，N m；

F_i——在 i 自由度的情况下井间作用力，mL/t^2，N，lbf；

F_k——在旋转模型中的运动方程式，$1/t^2$，$1/s^2$；

$\boldsymbol{F}$——在稳态轴向振动模型中的强迫性矢量，mL/t^2，N，lbf；

$\hat{\boldsymbol{F}}$——在稳态轴向振动模型中的强迫性矢量，mL/t^2，N［lbf］；

$\boldsymbol{F}^*$——在稳态轴向振动模型中的弹性接触恢复性矢量，mL/t^2，N［lbf］；

g——轴向振动模型中运动方程强迫性术语，mL/t^2，N［lbf］；

g_a——轴向振动模型中运动方程强迫性术语，mL/t^2，N［lbf］；

g_n——负载仿真中的数字输出，mL/t^2，N［lbf］；

g_T——扭转振动模型运动方程的强迫性术语，mL/t^2，N［lbf］；

$\boldsymbol{g}$——在 FE 轴向振动模型中的强迫性矢量；

$\boldsymbol{g}_t$——在 Newmark-β 模型中时间 t 时刻的强迫性矢量；

$\dot{\boldsymbol{g}}$——在 FE 轴向振动模型中的强迫性矢量的首次衍生；

$\ddot{\boldsymbol{g}}$——在 FE 轴向振动模型中的强迫性矢量的第二次衍生；

G——剪切数据，m/Lt^2，psi［Pa］；

$\boldsymbol{h}$——在协方差矩阵中激发矢量；

$\boldsymbol{H}$——线性系统传递函数的等价矩阵；

$\boldsymbol{H}^*$——线性系统传递函数的等价矩阵的共轭复数；

I_z——在 FE 轴向振动模型中横截面的转动惯量；

$\boldsymbol{I}$——单位矩阵；

I——在卡钻/滑脱模型中的质量惯性矩，mL^2，Kg/m^2；

J——截面积的惯性极矩，L^4，m^4［ft^4］；

k——在卡钻/滑脱模型中的抗扭强度，mL^2/t^2，N m/rad；

k_w——扭转模型中的钢度系数，m/t^2，N/m；

$k_{ij}{}^{eq}$——线性系统刚度矩阵中对角元素的等价；

$k_{ij}{}^{eq}$——线性系统刚度矩阵中 ij 元素的等价；

$k_{ir}{}^{eq}$——线性系统刚度矩阵中 ir 元素的等价；

k_2——井眼接触规律的刚度，m/t^2，N/m［lbf/ft］；

K_r——稳态横向振动模型的刚度；

$[k_e]$——FE 轴向振动模型的主要刚度矩阵(单位依赖于自由度);

$[K]$—— FE 轴向振动模型的整体刚度矩阵(单位依赖于自由度);

$[K^{eq}]$——在统计线性化技术中等效刚度矩阵(单位依赖于自由度);

l——在稳态轴向振动模型中的振动模式的数量;

l_e——有限元长度, L, m [ft];

m——在旋转模型中钻铤的等效质量, m, kg [slug];

$[m_e]$——在 FE 横向振动模型中主要的质量矩阵 (单位依赖于自由度);

M——在 FE 横向振动模型中钻柱有限元质量, m, kg [slug];

M_a——在 FE 横向振动模型中基本的附加质量, m, kg [slug];

M_i——在 FE 横向振动模型中流体的基本质量, m, kg [slug];

M_t——在 FE 横向振动模型中总质量, m, kg [slug];

$[M]$——在 FE 横向振动模型中全部的质量矩阵 (单位依赖于自由度);

n——按时间顺序的元素号;

N——在 FE 横向振动模型中自由度的数量;

O——零矩阵;

p——负载模拟的数字滤波器的有序参数;

P——钻柱的轴向力, mL/t^2, N [lbf];

q——负载模拟的数字滤波器的有序参数;

r——旋转模型中的无量纲极坐标;

r_b——井眼半径, L, in;

r_c——钻铤半径, L, in;

r_r——扰动频率与 r 射线自然频率的比值;

r_t—— Newmark-β 方法中在时间 t 时刻的剩余向量;

$\dot{r}$——在旋转模型中无量纲极坐标的一阶时间导数, 1/t, 1/s;

$\ddot{r}$——在旋转模型中无量纲极坐标的二阶时间导数, $1/t^2$, $1/s^2$;

R_C——在稳态轴向振动模型中局部的径向间隙, L, in;

R—— Lyapunov 方程中的矩阵;

S——在跳钻模型中的轴向最高点, L, m [ft];

S_0——在跳钻模型中的最大轴向位移;

S_{gg}——激发的功率谱密度;

S_{uu}——响应的互功率谱矩阵;

t——实践, t, s;

t_2——黏性阶段结束的时间, t, s;

u——连续性轴向振动模型的横向位移, L, ft [m];

u_0—— Newmark-β 模型中的初始位移矢量;

u_i——在 FE 横向振动模型中的 i 位移;

u_j——在 FE 横向振动模型中的 j 位移;

u_r——在 FE 横向振动模型中的 r 位移;

$\dot{u}_o$——在 Newmark-β 模型中的初始速度矢量；

u_t——在 Newmark-β 模型中在时间 t 的位移矢量；

$\dot{u}_t$——在 Newmark-β 模型中在时间 t 的速度矢量；

$\ddot{u}_t$——在 Newmark-β 模型中在时间 t 的加速度矢量；

$\bar{u}_t$——在 Newmark-β 模型中在时间 t 的位移矢量；

$\dot{\bar{u}}_t$——在 Newmark-β 模型中在时间 t 的速度矢量；

$\ddot{\bar{u}}_t$——在 Newmark-β 模型中在时间 t 的加速度矢量；

u——在 FE 横向振动模型中的横向位移矢量；

$\dot{u}$——在 FE 横向振动模型中的横向速度矢量；

$\ddot{u}$——在 FE 横向振动模型中的横向加速度矢量；

V_0——在卡钻/滑脱模型中的速度参数，1/t，rad/s；

V——状态向量的协方差矩阵；

w_n——数字滤波白噪声产生的激发；

w——数字滤波白噪声产生的模拟激发矢量；

x——沿钻柱的轴向位置，L，ft［m］；

X——在稳态轴向振动模型中的位移矢量；

$\dot{X}$——在稳态轴向振动模型中的速度矢量；

$\ddot{X}$——在稳态轴向振动模型中的加速度矢量；

X_0^j——在稳态轴向振动模型中 j 节点的初始位移；

X——在稳态轴向振动模型中位移矢量的复数振幅；

y——在旋转模型中的位移，L，in；

$\dot{y}$——在旋转模型中的速度，L/t，in/s；

$\ddot{y}$——在旋转模型中的加速度，L/t^2，in/s^2；

z——在旋转模型中的位移，L，in；

z——在旋转模型中的速度，L/t，in/s；

z——在旋转模型中的加速度，L/t^2，in/s^2；

z——在协方差矩阵解法中使用的状态矢量空间；

$\dot{z}$——状态矢量空间的时间导数；

Z——在旋转模型中的运动方程；

α——井眼接触法则的间隙参数，L，in；

α_d—— Rayleigh 阻尼参数；

α_r——在稳态轴向振动模型中的相移；

β—— Newmark-β 方法参数；

β_w——在旋转模型中的附加质量系数；

β_d—— Rayleigh 阻尼系数；

γ—— Newmark-β 方法参数；

Γ——在旋转模型中运动方程术语，1/t，1/s；

δ——迪拉克函数；

Δ——增量；

ξ——在旋转模型中运动方程术语，$1/t$，$1/s$；

ξ——在统计线性化技术中使用的误差余量；

ξ_i——误差余量的 i 元素；

ζ——在卡钻/滑脱模型中使用的阻尼系数；

ζ_1——在卡钻/滑脱模型中使用简化的阻尼系数；

ζ_r——在稳态轴向振动模型中的 r 阻尼系数；

η——负载模拟的数字滤波器参数；

ξ——在轴向振动模型中的轴向位移，L，m [ft]；

ξ_n——在轴向振动模型中 n 的轴向位移，L，m [ft]；

$\boldsymbol{\theta}$——在旋转模型中无量纲极坐标；

$\dot{\boldsymbol{\theta}}$——在旋转模型中无量纲极坐标的一阶时间导数，$1/t$，$1/s$；

$\ddot{\theta}$——在旋转模型中无量纲极坐标的二阶时间导数，$1/t^2$，$1/s^2$；

λ——在旋转模型中运动方程术语，$1/t^2$，$1/s^2$；

ρ——质量密度，m/L^3，kg/m^3 [slug/ft^3] r；

ρ_{mud}——钻井液密度，m/L^3，kg/m^3 [slug/ft^3]；

σ_i——i 自由度的标准偏差；

σ_{i2}——i 自由度的变化；

τ——时间迁移，t，s；

ϕ——连续性和卡钻/滑脱模型中的角位移；

ϕ_1——卡钻/滑脱在时间间隔 1 的角位移；

ϕ_r——在稳态轴向振动模型中的 r 振动模式；

$\phi_r^{\,j}$——在稳态轴向振动模型中的 r 振动模式下的 j 的位移；

$\dot{\phi}$——在卡钻/滑脱模型中角速度，$1/t$，rad/s；

$\dot{\phi}_r$——卡钻/滑脱模型中在时间间隔 1 的角速度，$1/t$，rad/s；

$\ddot{\boldsymbol{\phi}}$——卡钻/滑脱模型中的角加速度，$1/2$，rad/s^2；

$\ddot{\boldsymbol{\phi}}_1$——卡钻/滑脱模型中在时间间隔 1 的角加速度，$1/t^2$，$rad/s^2$；

χ——在旋转模型中运动方程术语，$1/t^2$，$1/s^2$；

ψ——负载模拟的数字滤波器参数；

ω——旋转模型的自然频率，$1/t$，rad/s；

ω_0——在卡钻/滑脱模型中的自然频率，$1/t$，rad/s；

ω_b——黏性相的阻尼频率，$1/t$，rad/s；

ω_d——滑脱相的阻尼频率，$1/t$，rad/s；

ω_n——n 轴向自然频率，$1/t$，rad/s；

ω_m——在稳态轴向振动模型中的中值频率，$1/t$，rad/s；

ω_r——在稳态轴向振动模型中 r 处的自然频率；

$\boldsymbol{\omega}_f$——稳态激发矢量的协方差矩阵;

$\varOmega$——卡钻/滑脱模型中转盘的速度, $1/t$, rad/s;

ε——协方差矩阵程序的一阶矩阵方程;

R——复数的实部;

$\Im$——复数的虚部。

下标

i—— i-th 向量元素;

ii——矩阵对角元。

上标

j—— j-th 节点;

T——换位;

*——复共轭。

参 考 文 献

Al-Hiddabi, S. A., Samanta, B., and Seibi, A. 2003. Non-Linear Control of Torsional and Bending Vibrations of Oilwell Drillstrings. Journal of Sound and Vibration 265(2): 401-415. DOI: 10. 1016/S0022-460X(2)01456-6.

Allen, M. B. 1987. BHA Lateral Vibrations: Case Studies and Evaluation of Important Parameters. Paper SPE 16110 presented at the SPE/IADC Drilling Conference, New Orleans, 15-18 March. DOI: 10. 2118/16110-MS.

Apostal, M. C., Haduch, G. A., and Williams, J. B. 1990. A Study To Determine the Effect of Damping on Finite-Element Based, Forced-Frequency-Response Models for Bottomhole Assembly Vibration Analysis. Paper SPE 20458 presented at the SPE Annual Technical Conference and Exhibition, New Orleans, 23-26 September. 10. 2118/20458-MS.

Bailey, J. J. and Finnie, I. 1960. An Analytical Study of Drill-String Vibration. Trans., ASME, Journal of Engineering for Industry 82B (May): 122-128.

Bathe, K.-J. 1982. Finite Element Procedures in Engineering Analysis. Englewood Cliffs, New Jersey: Prentice-Hall.

Bathe, K.-J. and Wilson, E. 1976. Numerical Methods in Finite Element Analysis. Englewood Cliffs, New Jersey: Civil Engineering and Engineering Mechanics Series, Prentice-Hall.

Belokobyl'skii, S. and Prokopov, V. 1982. Friction-Induced Self-Excited Vibrations of Drill Rig With Exponential Drag Law. International Applied Mechanics 18(12): 1134-1138. DOI: 10. 1007/BF00882226.

Belayev, A., Brommundt, E., and Palmov, V. A. 1995. Stability Analysis of Drillstring Rotation. Dynamics and Stability of Systems: an International Journal 10 (2): 99-110.

Besaisow, A. A. and Payne, M. L. 1988. A Study of Excitation Mechanisms and Resonance Inducing Bottom-hole-Assembly Vibrations. SPEDE 3 (1): 93-101. SPE-15560-PA. DOI: 10. 2118/15560-PA.

Bogdanoff, J. L. and Goldberg, J. E. 1958. A New Analytical Approach to Drill Pipe Breakage. Proc. , ASME Petroleum Mechanical Engineering Conference, Denver, 21-24 September.

Bogdanoff, J. L. and Goldberg, J. E. 1961. A New Analytical Approach to Drill Pipe Breakage II. Trans.

ASME, Journal of Engineering for Industry 83 (May): 101-106. Booer, A. K. and Meehan, R. J. 1993. Drillstring Imaging—An Interpretation of Surface Drilling Vibrations. SPEDC 8 (2): 93-98. SPE-23889-PA. DOI: 10. 2118/23889-PA.

Bradbury, R. and Wilhoit, J. 1963. Effect of Tool Joints on Passages of Plane Longitudinal and Torsional Waves Along a Drill Pipe. Trans. , ASME, Journal of Engineering for Industry 85 (May): 156-162.

Brakel, J. D. 1986. Prediction of Wellbore Trajectory Considering Bottom Hole Assembly and Drillbit Dynamics. PhD dissertation, University of Tulsa, Tulsa, Oklahoma.

Brebbia, C. A. , Telles, J. C. F. , and Wrobel, L. C. 1984. Boundary Element Techniques. Berlin: Springer Verlag.

Brett, J. F. 1992. The Genesis of Torsional Drillstring Vibrations. SPEDE 7 (3): 168-174. SPE-21943-PA. DOI: 10. 2118/21943-PA.

Brett, J. F. , Warren, T. M. , and Behr, S. M. 1990. Bit Whirl—A New Theory of PDC Bit Failure. SPEDE 5(4): 275-281; Trans. , AIME, 289. SPE-19571-PA. DOI: 10. 2118/19571-PA.

Bronshtein, I. N. and Semendyayev, K. A. 1997. Handbook of Mathematics. Berlin: Springer.

Burgess, T. M. , McDaniel, G. L. , and Das, P. K. 1987. Improving BHA Tool Reliability With Drillstring Vibra-tion Models: Field Experience and Limitations. Paper SPE 16109 presented at the SPE/IADC Drilling Conference, New Orleans, 15-18 March. DOI: 10. 2118/16109-MS.

Burnett, D. S. 1987. Finite Element Analysis From Concepts to Applications. Reading, Massachusetts: Addison-Wesley.

Chen, G. and Zhou, J. 1992. Boundary Element Methods. London: Academic Press.

Chen, S. L. and Géradin, M. 1995. An Improved Transfer Matrix Technique as Applied to BHA Lateral Vibration Analysis. Journal of Sound and Vibration 185(1): 93-106. DOI: 10. 1006/jsvi. 1994. 0365.

Chevallier, A. M. 2000. Nonlinear Stochastic Drilling Vibrations. PhD dissertation, Rice University, Houston, Texas.

Chin, W. C. 1988. Why Drill Strings Fail at the Neutral Point. Petroleum Engineer International 60 (May): 62-67.

Chin, W. C. 1994. Wave Propagation in Petroleum Engineering. Houston: Gulf Publishing Company.

Christoforou, A. P. and Yigit, A. S. 1997. Dynamic Modelling of Rotating Drillstrings With Borehole Interactions. Journal of Sound and Vibration 206(2): 243-260. DOI: 10. 1006/

jsvi. 1997. 1091.

Christoforou, A. P. and Yigit, A. S. 2003. Fully Coupled Vibrations of Actively Controlled Drillstrings. Journal of Sound and Vibration 267 (5): 1029-1045. DOI: 10. 1016/S0022-460X(03) 00359-6.

Close, D. A. , Owens, S. C. , and Macpherson, J. D. 1988. Measurement of BHA Vibration Using MWD. Paper SPE 17273 presented at the IADC/SPE Drilling Conference, Dallas, 28 February-2 March. DOI: 10. 2118/17273-MS.

Coomer, J. , Lazarus, M. , Tucker, R. W. , Kershaw, D. , and Tegman, A. 2001. A Non-Linear Eigenvalue Problem Associated With Inextensible Whirling Strings. Journal of Sound and Vibration 239(5): 969-982. DOI: 10. 1006/jsvi. 2000. 3190.

Craig, R. R. Jr. 1981. Structural Dynamics: An Introduction to Computer Methods. New York: John Wileyand Sons.

Crandall, S. H. 1961. Random Vibration of a Nonlinear System With a Set-Up Spring. Technical Report No. AFOSR709, Accession No. AD0259320, Massachusetts Institute of Technology, Cambridge, Massachusetts (June 1961).

Cull, S. and Tucker, R. 1999. On the Modelling of Coulomb Friction. Journal of Physics A: Math. Gen. 32(11): 2103-2113. DOI: 10. 1088/0305-4470/32/11/006.

Cunningham, R. A. 1968. Analysis of Downhole Measurements of Drill String Forces and Motions. Trans. ASME, Journal of Engineering for Industry 90 (May): 208-216.

Dale, B. A. 1989. Inspection Interval Guidelines To Reduce Drillstring Failures. SPEDE 4 (3): 215-222. SPE-17207-PA. DOI: 10. 2118/17207-PA.

Dareing, D. W. 1983. Rotary Speed, Drill Collars Control Drillstring Bounce. Oil & Gas Journal 81 (23): 63-68.

Dareing, D. W. 1984a. Drill Collar Length Is a Major Factor in Vibration Control. JPT 36 (4): 637-644. SPE-11228-PA. DOI: 10. 2118/11228-PA.

Dareing, D. W. 1984b. Guidelines for Controlling Drill String Vibrations. Journal of Energy Resources Technology 106 (June): 272-277.

Dareing, D. W. 1985. Vibrations Increase Available Power at the Bit. Trans. , ASME, Journal of Energy Resources Technology 107 (March): 138-141.

Dareing, D. W. and Livesay, B. J. 1968. Longitudinal and Angular Drillstring Vibrations With Damping. Trans. , ASME, Journal of Engineering for Industry 90B (4): 671-679.

Dareing, D. W. , Tlusty, J. , and Zamudio, C. 1990. Self-Excited Vibrations Induced by Drag Bits. Trans. ASME, Journal of Energy Resources Technology 112 (March): 54-61.

Dawson, R. , Lin, Y. , and Spanos, P. 1987. Drill String Stick-Slip Oscillations. Proc. , 1987 SEM Spring Conference on Experimental Mechanics, Houston, 14-19 June, 590-595.

Deily, F. H. , Dareing, D. W. , Paff, G. H. , Ortolff, J. E. , and Lynn, R. D. 1968. Downhole Measurements of Drill String Forces and Motions. Trans. , ASME, Journal of Engineering for Industry 90 (May): 217-225.

Dekkers, E. 1992. The "Soft Torque Rotary" System. PhD dissertation, University of Twente, Enschede, The Netherlands.

de Vries, H. M. 1994. The Effect of Higher Order Resonance Modes on the Damping of Torsional Drillstring Vibrations. PhD dissertation, University of Twente, Enschede, The Netherlands.

Ditlevsen, O. and Madsen, H. O. 1996. Structural Reliability Methods. New York: John Wiley and Sons.

Dubinsky, V. S. H. , Henneuse, H. P. , and Kirkman, M. A. 1992. Surface Monitoring of Downhole Vibrations: Russian, European and American Approaches. Paper SPE 24969 presented at the European Petroleum Conference, Cannes, France, 16-18 November. DOI: 10. 2118/24969-MS.

Dufeyte, M-P. and Henneuse, H. 1991. Detection and Monitoring of the Slip-Stick Motion: Field Experiments. Paper SPE 21945 presented at the SPE/IADC Drilling Conference, Amsterdam, 11-14 March. DOI: 10. 2118/21945-MS.

Dunayevsky, V. A. , Abbassian, F. , and Judzis, A. 1993. Dynamic Stability of Drillstrings Under Fluctuating Weight on Bit. SPEDC 8 (2): 84-92. SPE-14329-PA. DOI: 10. 2118/14329-PA.

Dykstra, M. 1996. Nonlinear Drill String Dynamics. PhD dissertation, University of Tulsa, Tulsa, Oklahoma.

Dykstra, M. W. , Chen, D. C. -K. , Warren, T. M. , and Zannoni, S. A. 1994. Experimental Evaluations of Drill Bit and Drill String Dynamics. Paper SPE 28323 presented at the SPE Annual Technical Conference and Exhibition, New Orleans, 25-28 September. DOI: 10. 2118/28323-MS.

Elsayed, M. A. , Dareing, D. W. , and Vonderheide, M. 1997. Effect of Torsion on Stability, Dynamic Forces, and Vibration Characteristics in Drillstrings. Trans. , ASME, Journal of Energy Resources Technology 119 (March): 11-19.

Finnie, I. and Bailey, J. J. 1960. An Experimental Study of Drill-String Vibration. Trans. , ASME, Journal of Engineering for Industry 82B (May): 129-135.

Frohrib, D. and Plunkett, R. 1967. The Free Vibrations of Stiffened Drill Strings With Static Curvature. Trans. , ASME, Journal of Engineering for Industry 89 (February): 23-30.

Gatlin, C. 1957. How Rotary Speed and Bit Weight Affect Rotary Drilling Rate. Oil & Gas Journal 55 (May): 193-198.

Halsey, G. W. , Kyllingstad, A. , Aarrestad, T. V. , and Lysne, D. 1986. Drillstring Torsional Vibrations: Comparison Between Theory and Experiment on a Full-Scale Research Drilling Rig. Paper SPE 15564 presented at the SPE Annual Technical Conference and Exhibition, New Orleans, 5-8 October. DOI: 10. 2118/15564-MS.

Hempkins, W. B. , Kingsborough, R. H. , Lohec, W. E. , and Nini, C. J. 1987. Multivariate Statistical Analysis of Stuck Drillpipe Situations. SPEDE 2(3): 237-244; Trans. , AIME, 283. SPE-14181-PA. DOI: 10. 2118/14181-PA.

Howard, J. A. and Glover, S. B. 1994. Tracking Stuck Pipe Probability While Drilling. Paper SPE 27528 presented at the SPE/IADC Drilling Conference, Dallas, 15-18 February. DOI: 10. 2118/27528-MS.

Inglis, T. A. 1988. Directional Drilling, Petroleum Engineering and Development Studies Vol. 2. London: Graham and Trotman.

Jansen, J. D. 1991. Non-Linear Rotor Dynamics as Applied to Oilwell Drillstring Vibrations. Journal of Sound and Vibrations 147(1): 115-135. DOI: 10. 1016/0022-460X(91)90687-F.

Jansen, J. D. 1992. Whirl and Chaotic Motion of Stabilized Drill Collars. SPEDE 7(2): 107-114. SPE-20930-PA. DOI: 10. 2118/20930-PA.

Jansen, J. and van den Steen, L. 1995. Active Damping of Self-Excited Torsional Vibrations in Oil Well Drill strings. Journal of Sound and Vibration 179(26): 647-668. DOI: 10. 1006/jsvi. 1995. 0042.

Javanmardi, K. and Gaspard, D. 1992. Soft Torque Rotary System Reduces Drillstring Failures. Oil & Gas Journal 90(41): 68-71.

Kane, J. 1984. Dynamic Lateral Bottom Hole Forces Aid Drilling. Drilling 11(August): 43-47.

Kardestuncer, H. , Norrie, D. H. , and Brezzi, F. eds. 1987. Finite Element Handbook. New York: McGraw-Hill.

Khulief, Y. and Al-Naser, H. 2005. Finite Element Dynamic Analysis of Drillstrings. Finite Elements in Analysis and Design 41(13): 1270-1288. DOI: 10. 1016/j. finel. 2005. 02. 003.

Khulief, Y. A. , Al-Sulaiman, F. A. , and Bashmal, S. 2007. Vibration Analysis of Drillstrings With Self-Excited Stick-Slip Oscillations. Journal of Sound and Vibration 299(3): 540-558. DOI: 10. 1016/j. jsv. 2006. 06. 065.

Kotsonis, S. J. 1994. Effects of Axial Forces on Drillstring Lateral Vibrations. MS thesis, Rice University, Houston, Texas.

Kotsonis, S. J. and Spanos, P. D. 1997. Chaotic and Random Whirling Motion of Drillstrings. Trans. , ASME, Journal of Energy Resources Technology 119(4): 217-222.

Kreisle, L. F. and Vance, J. M. 1970. Mathematical Analysis of the Effect of a Shock Sub on the Longitudinal Vibrations of an Oilwell Drill String. SPEJ 10(4): 349-356. SPE-2778-PA. DOI: 10. 2118/2778-PA.

Kyllingstad, A. and Halsey, G. W. 1988. A Study of Slip/Stick Motion of the Bit. SPEDE 3(4): 369-373. SPE-16659-PA. DOI: 10. 2118/16659-PA.

Lear, W. E. and Dareing, D. W. 1990. Effect of Drillstring Vibrations on MWD Pressure Pulse Signals. Journal of Energy Resources Technology 112(2): 84-89. DOI: 10. 1115/1. 2905727.

Lee, C. -W. 1993. Vibration Analysis of Rotors, in Solid Mechanics and Its Applications. Dordrecht, TheNetherlands: Kluwer Academic Publishers.

Lee, C. W. and Kim, Y. D. 1986. Finite Element Analysis of Rotor Bearing Systems Using a Modal Transformation Matrix. Journal of Sound and Vibration 111(3): 441-456.

Leine, R. I. 1997. Literature Survey on Torsional Drillstring Vibrations. Internal report No. WFW 97. 069.

Division of Computational and Experimental Mathematics, Eindhoven University of Technology, Eindhoven, The Netherlands.

Leine, R. I. 2000. Bifurcations in Discontinuous Mechanical Systems of Filippov – Type. PhD dissertation, Eindhoven University of Technology, Eindhoven, The Netherlands.

Lichuan, L. and Sen, G. 1993. Studies on Some Problems of Vibrations and Stability of Drill Collar. In Proc. of the 11th International Modal Analysis Conference: 1 – 4 February 1993, Kissimmee, Florida, 567–571.

Ligrone, A. , Botto, G. , and Calderoni, A. 1995. Reliability Methods Applied to Drilling Operations. Paper SPE 29355 presented at the SPE/IADC Drilling Conference, Amsterdam, 28 February–2 March. DOI: 10. 2118/29355–MS.

Lin, Y. K. 1976. Probabilistic Theory of Structural Dynamics. Melbourne, Florida: Krieger Publishing.

Lin, Y. K. and Cai, G. Q. 1995. Probabilistic Structural Dynamics: Advanced Theory and Applications. McGraw–Hill Education(ISE Editions), New York.

Lin, Y–Q. and Wang, Y–H. 1990. New Mechanism in Drillstring Vibration. Paper OTC 6225 presented at the Offshore Technology Conference, Houston, 7–10 May.

Lin, Y–Q. and Wang, Y–H. 1991. Stick–Slip Vibration of Drill Strings. Trans. , ASME, Journal of Engineering for Industry 113(February): 38–43.

Lubinski, A. , Althouse, W. S. , and Logan, J. L. 1962. Helical Buckling of Tubing Sealed in Packers. JPT 14(6): 655–670; Trans. , AIME, 225. SPE–178–PA. DOI: 10. 2118/178–PA.

Macdonald, K. A. and Bjune, J. V. 2007. Failure Analysis of Drillstrings. Engineering Failure Analysis 14(8): 1641–1666. DOI: 10. 1016/j. engfailanal. 2006. 11. 073.

Macpherson, J. D. , Mason, J. S. , and Kingman, J. E. E. 1993. Surface Measurement and Analysis of Drillstring Vibrations While Drilling. Paper SPE 25777 presented at the SPE/IADC Drilling Conference, Amsterdam, 23–25 February. DOI: 10. 2118/25777–MS.

Mason, J. and Sprawls, B. 1998. Addressing BHA Whirl: The Culprit in Mobile Bay 1998. SPEDC 13(4): 231–236. SPE–52887–PA. DOI: 10. 2118/52887–PA.

McCann, R. C. and Suryanarayana, P. V. R. 2001. Horizontal Well Path Planning and Correction Using Optimization Techniques. Journal of Energy Resources Technology 123(3): 187–193. DOI: 10. 1115/1. 1386390.

Melakhessou, H. , Berlioz, A. , and Ferraris, G. 2003. A Nonlinear Well–Drillstring Interaction Model. Journal of Vibration and Acoustics(January): 46–52.

Millheim, K. K. and Apostal, M. C. 1981. The Effect of Bottomhole Assembly Dynamics on the Trajectory of a Bit. JPT 33(12): 2323–2338. SPE–9222–PA. DOI: 10. 2118/9222–PA.

Mitchell, R. F. 2008. Tubing Buckling—The Rest of the Story. SPEDC 23(2): 112–122. SPE–

96131-PA. DOI: 10. 2118/96131-PA.

Mitchell, R. and Allen, M. 1985. Lateral Vibration: The Key to BHA Failure Analysis. World Oil 200(March): 101-104.

Mitchell, R. F. and Allen, M. B. 1987. Case Studies of BHA Vibration Failure. Paper SPE 16675 presented at the SPE Annual Technical Conference and Exhibition, Dallas, 27-30 September. DOI: 10. 2118/16675-MS.

Murtha, J. 1997. Monte Carlo Simulation: Its Status and Future. JPT 49(4): 361-370. SPE-37932-PA. DOI: 10. 2118/37932-PA.

Narasimhan, S. 1987. A Phenomenological Study of Friction Induced Torsional Vibrations of Drill Strings. MS thesis, Rice University, Houston.

Navarro-López, E. M. and Cortés, D. 2007. Avoiding Harmful Oscillations in a Drillstring Through Dynamical Analysis. Journal of Sound and Vibration 307(1-2): 152-171. DOI: 10. 1016/j. jsv. 2007. 06. 037.

Newendorp, P. D. 1984. A Strategy for Implementing Risk Analysis. JPT 36(10): 1791-1796. SPE-11299-PA. DOI: 10. 2118/11299-PA.

Nicholson, J. W. 1994. An Integrated Approach to Drilling Dynamics Planning, Identification, and Control. Paper SPE 27537 presented at the IADC/SPE Drilling Conference, Dallas, 15-18 February. DOI: 10. 2118/27537-MS.

Paidoussis, M. P. , Luu, T. P. , and Prabhakar, S. 2007. Dynamics of a Long Tubular Cantilever Conveying Fluid Downwards, Which Then Flows Upwards Around the Cantilever as a Confined Annular Flow. Journal of Fluids and Structures 24 (1): 111-128. DOI: 10. 1016/j. jfluidstructs. 2007. 07. 004.

Paslay, P. R. and Bogy, D. B. 1963. Drill String Vibrations Due to Intermittent Contact of Bit Teeth. Trans. , ASME, Journal of Engineering for Industry 85B(May): 187-194.

Payne, M. L. 1992. Drilling Bottom-Hole Assembly Dynamics. PhD dissertation, Rice University, Houston.

Payne, M. L. , Abbassian, F. , and Hatch, A. J. 1995. Drilling Dynamic Problems and Solutions for Extended-Reach Operations. In Drilling Technology 1995, PD-Volume 65, ed. J. P. Vozniak, 191-203. New York: ASME.

Peterson, S. K. , Murtha, J. A. , and Roberts, R. W. 1995. Drilling Performance Predictions: Case Studies Illustrating the Use of Risk Analysis. Paper SPE 29364 presented at the SPE/IADC Drilling Conference, Amsterdam, 28 February-2 March. DOI: 10. 2118/29364-MS.

Plunkett, R. 1967. Static Bending Stresses in Catenaries and Drill Strings. Trans. , ASME, Journal of Engineering for Industry 89B(1): 31-36.

Poletto, F. and Bellezza, C. 2006. Drill-Bit Displacement-Source Model: Source Performance and Drilling Parameters. Geophysics 71(5): 121-129. DOI: 10. 1190/1. 2227615.

Politis, N. P. 2002. An Approach for Efficient Analysis of Drill-String Random Vibrations. MS thesis, Rice University, Houston.

Przemieniecki, J. S. 1968. Theory of Matrix Structural Analysis. New York: McGraw-Hill Book Company.

Puebla, H. and Alvarez-Ramirez, J. 2008. Suppression of Stick-Slip in Drillstrings: A Control Approach Based on Modeling Error Compensation. Journal of Sound and Vibration 310(4-5): 881-901. DOI: 10. 1016/j. jsv. 2007. 08. 020.

Raftoyiannis, J. and Spyrakos, C. 1997. Linear and Nonlinear Finite Element Analysis in Engineering Practice. Pittsburgh, Pennsylvania: ALGOR.

Reddy, J. N. 1993. An Introduction to the Finite Element Method, second edition. New York: McGraw-Hill Science/Engineering/Math.

Richard, T. , Germay, C. , and Detournay, E. 2004. Self-Excited Stick-Slip Oscillations of Drill Bits. Comptes.

Rendus Mecanique 332(8): 619-626. DOI: 10. 1016/j. crme. 2004. 01. 016.

Richard, T. , Germay, C. , and Detournay, E. 2007. A Simplified Model To Explore the Root Cause of StickSlip Vibrations in Drilling Systems With Drag Bits. Journal of Sound and Vibration 305(3): 432-456. DOI: 10. 1016/j. jsv. 2007. 04. 015.

Roberts, J. B. and Spanos, P. D. 1990. Random Vibration and Statistical Linearization. New York: John Wiley and Sons.

Rogers, W. 1990. Drill Pipe Failures. In Drilling Technology Symposium 1990: Presented at the ThirteenthAnnual Energy - Sources Technology Conference and Exhibition, New Orleans, January 14-18, 1990, Volume 27, ed. R. L. Kastor and P. D. Weiner, 89-93. New York: ASME.

Sampaio, R. , Piovan, M. , and Lozano, G. V. 2007. Coupled Axial/Torsional Vibrations of Drill-Strings byMeans of Non-Linear Model. Mechanics Research Communications 34(September): 497-502. DOI: 10. 1016/j. mechrescom. 2007. 03. 005.

Sengupta, A. 1993. Dynamic Modeling of Roller Cone Bit Lift - Off in Rotary Drilling. PhD dissertation, RiceUniversity, Houston.

Serrarens, A. F. A. , van de Molengraft, M. J. G. , Kok, J. J. , and van den Steen, L. 1998. H ¥ Control for Suppressing Stick-Slip in Oil Well Drillstrings. IEEE Control Systems 18(2): 19-30. DOI: 10. 1109/37. 664652.

Shivers, R. M. III and Domangue, R. J. 1993. Operational Decision Making for Stuck - Pipe Incidents in the Gulf of Mexico: A Risk Economics Approach. SPEDC 8(2): 125-130. SPE-21998-PA. DOI: 10. 2118/21998-PA.

Shyu, R-J. 1989. Bending Vibration of Rotating Drill Strings. PhD dissertation, MIT Department of Ocean Engineering, Cambridge, Massachusetts.

Skaugen, E. 1987. The Effects of Quasi-Random Drill Bit Vibrations Upon Drillstring Dynamic Behavior. Paper SPE 16660 presented at the SPE Annual Technical Conference and Exhibition, Dallas, 27-30 September. DOI: 10. 2118/16660-MS.

Smit, A. 1995. Using Optimal Control Techniques To Dampen Torsional Drillstring Vibrations.

PhD dissertation, University of Twente, Enschede, The Netherlands.

Spanos, P. D. , Sengupta, A. K. , Cunningham, R. A. , and Paslay, P. R. 1995. Modeling of Roller Cone Bit Lift−Off Dynamics in Rotary Drilling. Journal of Energy Resources Technology 117(3): 197−207. DOI: 10. 1115/1. 2835341.

Spanos, P. D. , Payne, M. L. , and Secora, C. K. 1997. Bottom−Hole Assembly Modeling and Dynamic Response Determination. Journal of Energy Resources Technology 119(3): 153−158. DOI: 10. 1115/1. 2794983.

Spanos, P. D. and Zeldin, B. 1998. Monte Carlo Treatment of Random Fields: A Broad Perspective. Applied Mechanics Reviews 51(March): 219−237.

Spanos, P. D. , Chevallier, A. M. , and Politis, N. P. 2002. Nonlinear Stochastic Drill−String Vibrations. Journal of Vibration and Acoustics 124 (4): 512 − 518. DOI: 10. 1115/ 1. 1502669.

Spanos, P. D. , Chevallier, A. M. , Politis, N. P. , and Payne, M. L. 2003. Oil and Gas Well Drilling: A Vibrations Perspective. Shock & Vibration Digest 35 (March 2003): 85−103. DOI: 10. 1177/0583102403035002564.

Thoft−Christensen, P. and Murotsu, Y. 1986. Application of Structural Systems: Reliability Theory. New York: Springer−Verlag.

Thomson, W. T. and Dahleh, M. D. 1997. Theory of Vibration With Applications, fifth edition. Upper Saddle River, New Jersey: Prentice−Hall.

Trindade, M. A. , Wolter, C. , and Sampaio, R. 2005. Karhunen − Loève Decomposition of Coupled Axial/Bending Vibrations of Beams Subject to Impacts. Journal of Sound and Vibration 279(3−5): 1015−1036. DOI: 10. 1016/j. jsv. 2003. 11. 057.

Tucker, W. R. and Wang, C. 1999. On the Effective Control of Torsional Vibrations in Drilling Systems. Journal of Sound and Vibration 224 (1): 101 − 122. DOI: 10. 1006/ jsvi. 1999. 2172. van den Steen, L. 1997. Suppressing Stick − Slip − Induced Drillstring Oscillations: A Hyperstability Approach. PhD dissertation, University of Twente, Enschede, The Netherlands.

Van Der Heijden, G. H. 1993. Bifurcation and Chaos in Drillstring Dynamics. Chaos, Solitons & Fractals 3(2): 219−247. DOI: 10. 1016/0960−0779(93) 90068−C.

Vandiver, K. J. , Nicholson, J. W. , and Shyu, R. −J. 1990. Case Studies of the Bending Vibration and Whirling Motion of Drill Collars. SPEDE 5(4): 282−290. SPE−18652−PA. DOI: 10. 2118/18652−PA.

Vaz, M. A. and Patel, M. H. 1995. Analysis of Drill Strings in Vertical and Deviated Holes Using the Galerkin Technique. Engineering Structures 17(6): 437−442. DOI: 10. 1016/0141−0296(95) 00098−R.

Viguié, R. , Kerschen, G. , Golinval, J. −C. , McFarland, D. M. , Bergman, L. A. , Vakakis, A. F. , and van de Wouw, N. 2009. Using Passive Nonlinear Targeted Energy Transfer To Stabilize Drill−String Systems. Mechanical Systems and Signal Processing: Special Issue on

Nonlinear Structural Dynamics 23(January): 148−169. DOI: 10. 1016/j. ymssp. 2007. 07. 001.

Warren, T. M. , Brett, J. F. , and Sinor, L. A. 1990. Development of a Whirl − Resistant Bit. SPEDE 5(4): 267−274; Trans. , AIME, 289. SPE−19572−PA. DOI: 10. 2118/19572− PA.

Wise, J. L. , Mansure, A. J. , and Blankenship, D. A. 2005. Hard−Rock Field Performance of Drag Bits and a Downhole Diagnostics−While−Drilling(DWD) Tool. GRC Transactions 29 (September).

Wolf, S. F. , Zacksenhouse, M. , and Arian, A. 1985. Field Measurements of Downhole Drillstring Vibrations. Paper SPE 14330 presented at the SPE Annual Technical Conference and Exhibition, Las Vegas, Nevada, USA, 22−26 September. DOI: 10. 2118/14330−MS.

Yigit, A. S. and Christoforou, A. P. 1998. Coupled Torsional and Bending Vibrations of Drillstrings Subject to Impact With Friction. Journal of Sound and Vibration 215(1): 167− 181. DOI: 10. 1006/jsvi. 1998. 1617.

Yigit, A. S. and Christoforou, A. P. 2000. Coupled Torsional and Bending Vibrations of Actively Controlled Drillstrings. Journal of Sound and Vibration 234(1): 67−83. DOI: 10. 1006/ jsvi. 1999. 2854.

Yigit, A. S. and Christoforou, A. P. 2006. Stick−Slip and Bit−Bounce Interaction in Oil−Well Drillstrings. Trans. , ASME, Journal of Energy Resources Technology 128(4): 268−274. DOI: 10. 1115/1. 2358141.

Zamanian, M. , Khadem, S. E. , and Ghazavi, M. R. 2007. Stick−Slip Oscillations of Drag Bits by Considering Damping of Drilling Mud and Active Damping System. Journal of Petroleum Science and Engineering 59 (3−4): 289−299. DOI: 10. 1016/j. petrol. 2007. 04. 008.

国际单位制换算系数

$1\,GPa = 145. 038 kip/in^2$

$1\,kg/m^3 = 1. 94 \times 10^{-3} slug/ft^3$

$1\,kN = 224. 809\,lbf$

3.3 震击与震击动态分析

——Åge Kyllingstad, 华高国油井(National Oilwell Varco)

震击是通过震击器释放卡住的弦的过程。震击器是一种可伸缩的锤击工具,放置在卡点上方的管柱中。震击加速器可以与震击器一起使用,以增强震击能量和冲击力。

3.3.1 震击工具

对于震击器而言,存在几种不同的模型。所有类型的共同特征是在其需要打击点的上部可以一直加速到中下部。

机械式震击器在预先释放力之前有一个机械式的门栓机制。除了一个特殊的部件允许通过扭矩来调整释放力以外，在井下无法调整释放力。一旦发生超载提升过程，震击器的激发点（从其固定的位置移动到可以自由活动的地方）将超过震击器释放张力。

与之相反，液压震击器释放的力量时并没有预设值，这是由震击器发生超载提升时所决定的。这是通过液压机构和迫使油流过一个细孔实现设计击打过程而完成的。在设计击打结束以后，油绕过孔口，造成液压阻力下降至非常低的值（处于自由行程状态）。设计击打是一个延迟时间，由震击操作员设置所需的超载提升。这种具有灵活性和工作范围广泛性的释放力，是液压震击器振击的主要优势。但其缺点是正常钻井作业期间的会发生无意识的震击，在超载举升速度较低时需要较长的设计时间，在反复震击过程中导致油温过热。以及在设计击打过程中震击器过载的风险。

液压震击器代表着混合型震击器，混合型震击器可以通过水力作用来释放最初的机械释放力，以便得到灵活、可调的释放力（图3.33）。

震击器可以是单动或双动的震击器。后者既可以产生向上张力冲击载荷也可以产生向下压缩冲击载荷。图3.33为一个双动液压水力震击器的示意图。

钻井行业还分随钻震击器和打捞用震击器。前者是作为钻柱的一个部件，后者是专门为在较短的时间内进行所谓的"打捞作业"使用（释放和恢复遗留在井内被卡住的钻柱）。

震击加速器也被称为震击增强器，在震击作业中这是一个可供选择的工具。它充当了一个弹簧的作用，来增加振击的能量和冲击力。震击加速器中使用介质可以是钢材的（机械加速）、可压缩油的（液压加速）或是氮的（气体加速器）。震击加速器被安置在震击器的上面，通常在震击器和震击加速器之间存在一个小型钻铤。震击加速器也可单动震击器或双动震击器。

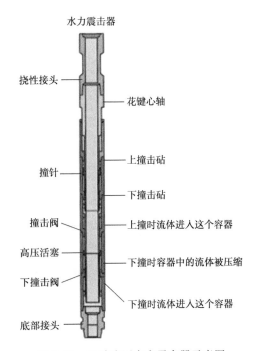

图3.33 双动液压水力震击器示意图
（图片经斯伦贝谢公司允许使用）

单作用机械加速器的典型静态弹簧特性如图3.34所示。

3.3.2 震击动态分析

震击的周期可以分为以下几个阶段：

（1）加载阶段；

（2）加速阶段；

（3）冲击阶段；

（4）复位阶段。

第（2）阶段和第（3）阶段将会对一些细节进行讨论，而剩下的两个阶段将简要讨论。

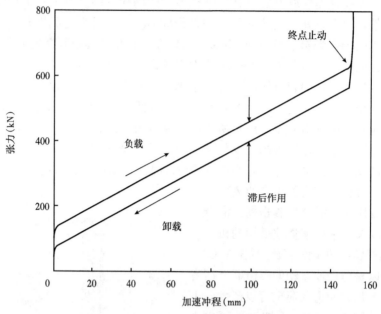

图 3.34 单作用机械加速器的弹簧特性

3.3.2.1 加速阶段

为简单起见,在这里提出以下假设:

(1)在钻铤(震击器的上部)上部的钻柱是足够长和均匀的,这意味着可以忽略通过震击器张力的改变而产生的波动影响;

(2)震击器上部的钻铤部分是短的,因此加速时间比受约束时的往返时间较长;

(3)从震击器到黏着点的距离也较短,所以震击器触点的瞬时运动(震击器的下部)在加速阶段可以忽略不计;

有了这些假设,可以用一个质点来近似加速阶段。对质点 M_j(震击器的上部加上其上的钻铤)的运动方程是

$$M_j \frac{\mathrm{d}v}{\mathrm{d}t} = F_0 - m_p c v_j - F_j \tag{3.128}$$

式中, M_j 为震击器的质量; v_j 为震击器击打速度(以向上为正); F_0 为在加速阶段开始时释放力(实际超载举升过程中); m_p 为每单位长度的钻杆质量; c 为声速; F_j 为震击器摩擦力。

因为钻杆并不是真正均匀的,而是在其上面会有固定间隔的钻具接头, c 应稍低于在完全均匀钢管中的声速。 $m_p c$ 通常被称为纵波的特性阻抗。对方程(3.128)右侧的两个第一项代表从管材引起的牵引力。容易证明初始速度为零的解决方案是

$$v_j = \frac{F_0 - F_j}{m_p c} \left[1 - \exp\left(-\frac{m_p c}{M_j} t \right) \right] = v_0 \left[1 - \exp\left(-t/\tau \right) \right] \tag{3.129}$$

定义 τ 为 $\tau = M_j/(m_p c)$，当时间比时间常数 τ 较大时，这个速度接近收缩的速度，$v_0 = (F_0 - F_j)/(m_p c)$。当加速阶段结束时，震击器的自由行程为

$$\int_0^{t1} v dt = v_0 t_1 + v_0 \tau \exp(-t_1/\tau) = s_j \qquad (3.130)$$

这个方程隐含了确定了加速时间 t_1 与冲击速度 $v_1 = v(t_1)$；

$F_0 = 600kN$，超载提升力；

$F_j = 100kN$，震击器摩擦力；

$l_j = 30m$，震击器主体长度；

$m_j = 161kg$，震击器主体的密度（6.75ft 2.25in. drill collars）；

$m_p = 32kg/m$，5in 钻柱的密度；

$c = 5200m/s$，钻柱中的声速；

$s_j = 0.15m$，震击器的自由位移。

输入数据为：

$v_0 = 3.00m/s$，收缩速度（限制速度）；

$\tau = 0.029s$，时间常数；

$t_1 = 0.054s$，加速时间；

$v_1 = 2.55m/s$，冲击速度。

请注意，加速时间比在震击器内声音的往返时间更长，是 $t_j = 2l_j/C = 0.011s$。这就是为什么质点适用于加速阶段的一个原因。另一个原因是，从预振动到加速阶段有限的过渡时间代表了高阻尼，有效地抑制了震击器内部的振动。

如果加速器放置在震击主体与管柱之间，那么运动方程为

$$M_j \frac{dv_a}{d_t} = F_a(t) - F_j \qquad (3.131)$$

$$M_a \frac{dv_j}{d_t} = F_o - m_p c v_j - F_a(t) \qquad (3.132)$$

式中，F_a 为穿过加速器变量张力。它通常被建模为一个线性无阻尼线性弹簧，但真正的加速器是存在滞后（内耗）和降低它们效率的终点止动装置。

如果减震力是线性的，那么上述方程存在解析解，由于其复杂性，在这里不予讨论。相反地，描述了三种不同的情况（图 3.35）的数值解法。所有情况下自由震击器行程（曲线下面的区域）都相同。

理想的加速器是没有终点且无内部摩擦力的无限软弹簧。它保持加速恒定，因为震击器击打时力不会消失，并且还有加速器的协助。相反的，真正的加速器存在张力的显著下降。实际上，在锤击速度达到一个水平之前，即管道的力量等于加速器的卸荷曲线，真正的加速器并没有开始收缩。最后，使用有缺陷加速器除了通过加速器的质量来增加了震击器的主体质量以外，在本质上与没有使用加速器是没有区别的。注意，较低的速度曲线以按指数律接近 3m/s 的收缩速度，与之前简单的理论预测一致。

3.3.2.2 冲击阶段

冲击阶段开始阶段是震击器的击锤击打到震击点。这一阶段的动力学与加速阶段完全不同,因为震击器的击锤可以不再被视为一个质点。为了简化问题,在这里提出以下假设:

(1)震击器的击锤(震击器和震击器以上钻铤)是均匀的,没有截面变化;

(2)落鱼(震击器和卡点之间的环段)也是均匀的;

(3)落鱼在冲击阶段开始时是静止的;

(4)卡点是绝对固定的。

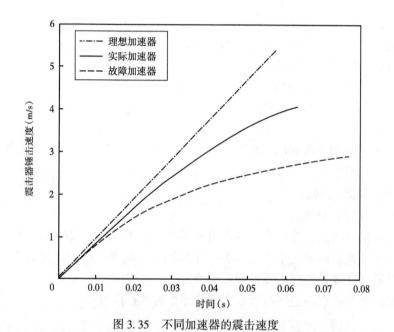

图 3.35 不同加速器的震击速度

当击锤撞击触点时,产生两种张力传播:一种传播是沿着卡点向下,另外一种传播是向上的。可以看出,这些张力波动幅度是相同的。

$$F_1 = \frac{m_j m_f}{m_j + m_f} c v_j \qquad (3.133)$$

式中,m_j 和 m_f 分别是震击器主体和落鱼每单位长度的质量。v_j 是在震击产生影响之前的速度,以下简称冲击速度。

当张力向下传播到卡点时,它会以相同的幅度和迹象作为主要的入射波反射回来。忽略相对较小源自震击器摩擦力 F_j 的超载提升,作用在卡点上的张力就变为

$$2F_1 = \frac{2m_j m_f}{m_j + m_f} c v_j \qquad (3.134)$$

当波动向上传播到达到震击器主体的上端,它就会反射回来。加速器作为震击器的自由端,所以通过张力的转变来使张力波反射回来。没有加速器,反射并不完全,这是因为

反射系数取决于这两部分的重力比。在这两种情况下，净拉力（入射波和反射波的总和）会大幅减小，压缩波将朝着卡点传到落鱼处。反射波和发射波的幅度为

$$F_2 = -\frac{2m_j}{m_j + m_f}cv_j \tag{3.135}$$

这是存在一个加速器的情况，下面是无加速器的情况：

$$F_2 = -\frac{m_j - m_p}{m_j + m_p}\frac{2m_j}{m_j + m_f}F_1 \tag{3.136}$$

在压缩波向下传播，并且在很大程度上，它能中和主要的张力波动。主要张力波与反射压缩波的时间差，等于击锤声往返时间。因此，主要冲击力的持续时间是

$$\tau = \frac{2l_j}{c} \tag{3.137}$$

对上述公式进行简化，主要冲击力是一个拥有 $2F_1$ 振幅和持续时间为 τ 的矩形脉冲。在现实生活中，由于非理想线性几何形状，井间摩擦和一个非理想的卡点，在卡点处的冲击力往往是广泛的并且大小较低。

冲击阶段剩余部分的特征是在井内构件上形成一个向上向下的波的复杂混合物，其在两端具有部分反射和能量泄漏的特点。这些反射使张力波减弱，而次要影响不会达到初级的影响程度。大约经过 1~2s，整个钻柱有一个静态的超载举升，这随着震击器的延伸和落鱼可能存在的运动而逐渐减少。当震击器工作的时候，会使得落鱼运动和钻柱伸张，后击超载提升比预先振动超载提升的值更高。

3.3.3　复位和加载阶段

重置一个震击器，必须通过降低管柱并将大钩载荷降低到自由管柱松弛重力以下，将超拉力转换为压缩力。如果将大钩载荷视为滑车高度的函数，那么震击器关闭和复位可表示为一个曲线的平坦部分，此时大钩负荷几乎是恒定的。当震击器复位，钻柱和加速器可以再次拉伸来存储新能量，为下一个新的震击周期做准备。

3.3.4　震击几何优化

前文所展示的震击动力学表明震击锤的速度取决于许多因素，如施加的超载举升（预振动力）、震击器的摩擦、震击锤的质量和加速器的刚度和性能，且理论上的冲击力与速度和震击锤每单位长度的质量成比例。这些事实表明，短而重的钻铤比较长的钻铤更好。但这并非总是如此，因为真正的重力不是集中在一个点而是分布在一定长度上。在不同的卡钻中，黏附力可以分布在几十米范围内。在这种情况下，动量（质量乘以速度）和冲击持续时间比冲击力峰值更重要。一个长的中的震击锤可以产生一个中等的速度，但是一个高动量（ $M_j \cdot v_j$ ）、长作用时间（ $2l_j/c$ ）的震击锤会比短的、打击力度大的更容易排除一个难以解除的卡阻钻柱。因为这个原因，震击锤的长度不应少于 2~3 圈。

术语

c——声速，m/s；

F_a——加速度力，N；

F_j——震击器摩擦力，N；

F_0——预振动力，N；

F_1——主要冲击力，N；

F_2——反射冲击力的量级，N；

l_j——震击器击锤的长度，m；

m_j——震击器击锤的密度；

l_j——震击器击锤的长度，m；

m_f——（在震击器下面）落鱼的密度，kg/m^3；

m_p——钻柱的密度，kg/m；

M_a——加速器的质量，kg；

M_j——震击器击锤的质量，kg；

s_j——震击器的自由行程，m；

t——时间变量，s；

t_1——冲击效果影响时间，s；

v——冲击速度，m/s；

v_a——加速器速度，m/s；

v_0——收缩速度，m/s；

v_1——冲击速度，m/s；

v_j——震击器击锤速度，m/s；

τ——震击器速度时间常数，s。

参 考 文 献

Diagram of Jar. Schlumberger, www. glossary. oilfield. slb. com /DisplayImage. cfm? ID = 331. Downloaded 29 December 2008.

3.4 负载、摩擦和弯曲

——Robert F . Mitchell，哈里伯顿公司（Halliburton）

3.4.1 精确的摩阻扭矩分析简介

虽然已经有许多论文写过关于钻柱的分析，但是基于摩阻扭矩模型的基本分析论文较少。这一概念的原始论文是由 Johancsik 等（1973）提出的。Sheppard 等（1987）提出的构想代表着行业在扭矩和阻力模型中标准化的方式。

在扭矩和阻力分析的基础上，有三个主要的特点：

(1)钻柱的运动轨迹是指定的，通常为常曲率线段；

(2)弯矩是忽略不计的；

(3)假定钻柱上的力沿轨迹切线方向。

由于公式中不存在弯矩和剪力，所以这些模型通常被称为软杆模型。这三个特征是对钻柱平衡问题的一个显著简化。需要确定一个集中力和一个单一扭矩以求解平衡方程问题。在简化的过程中，该模型已被发现这是非常有用的；例如，从 Lesso 等（1989）的文献就能看出。

在整个钻柱平衡问题中，钻柱上的力量、时间段和位移都是未知的。钻柱被限制在井筒内，但钻柱与井壁的接触位置是未知的。此外，这些计算需要较大的位移量。这就意味着三维几何学对钻柱的平衡问题起到一个重要作用。然而，这并不意味着计算过程会发生较大的改变。钻柱材料通常是钢，这是无法承受较大位移改变而不被破坏的。

大位移弹性钻柱问题的现代公式通常以 Love（1944）所著的经典手册中关于弹力的论述开始的。这些材料中最清晰的展示来源于 Nordgren（1974）的论著。一个关于钻柱模型的广为人知的论著是由 Walker 和 Friedman（1977）所写。不幸的是，关于公式复杂的论著总是被忽视的，这论著就是由 Ho（1986）所写。Ho 依据这篇论文来对软钻柱模型进行简化（Ho 1988），使用了基于对空间曲线描述的弗莱娜公式（Zwillinger 1996）的曲线坐标系。

在这项研究中，将把由 Nordgren（1974）提出的大位移平衡方程，应用到由 Ho（1988）提出的曲线坐标系中，这是一个专门的等平面曲率。将首先推导一个软杆模型的平衡方程，证明它无法解决所有的平衡方程，并给出垂直平面上曲率的解析解。最后，展示了包括剪切力在内的所有平衡方程的解，同样是在垂直平面上的解析解。

3.4.1.1 曲线坐标系

如果钻柱的位置为 $u(s)$，其中 s 是曲线的弧长（即测量深度），那么曲线 $u(s)$ 的单位切线 $t(s)$ 由下式给出：

$$t(s) = \frac{\mathrm{d}u(s)}{\mathrm{d}s} = u'(s) \tag{3.138}$$

这里用'来表示 s 的导数，切向量的导数是

$$t'(s) = \kappa(s)n(s) \tag{3.139}$$

式中，$\kappa(s)$ 表示曲率，$n(s)$ 是曲线单位法线。第三坐标为副法线向量 $b(s)$，由下式定义：

$$b(s) = t(s) \times n(s) \tag{3.140}$$

式中，×是向量叉积。$[t(s), n(s), b(s)]$ 形成了一个沿钻柱的运动轨迹移动的坐标系。最后在坐标系统中，需要对最后两个导数进行定义：

$$\begin{aligned} n'(s) &= -\kappa(s)t(s) + \tau(s)\vec{b}(s) \\ b'(s) &= -\tau(s)n(s) \end{aligned} \tag{3.141}$$

式中，$\tau(s)$ 是曲线的转矩。曲线的扭转不能被误认为是钻柱的机械转矩。相反，扭矩

是衡量曲线的一种螺旋性性质。例如,一个恒曲率螺旋线具有恒定的扭矩,而平面曲线是零扭矩的。这些方程被称为弗莱娜公式(Zwillinger,1996)。

常曲率平面弧通常采用最小曲率法来确定井眼轨迹(Sawaryn and Thorogood,2005)。该方法简化了坐标方程,这是因为 $b(s)$ 和 $\kappa(s)$ 为常量且 $\tau(s)$ 为零。对于每一段 i:

$$\begin{cases} u(s) = Rt_i\sin[\kappa_i(s - s_i)] + Rn_i\{1 - \cos[\kappa_i(s - s_i)]\} + u_i \\ t(s) = t_i\cos[\kappa_i(s - s_i)] + n_i\sin[\kappa_i(s - s_i)] \\ n(s) = -t_i\sin[\kappa_i(s - s_i)] + n_i\cos[\kappa_i(s - s_i)] \\ b(s) = t_i \times n_i \end{cases} \quad (3.142)$$

式中 t_i——开始阶段的正切向量;

  n_i——开始阶段的法向量;

  R——每段的曲率半径;

  $\kappa_i = 1/R$——每段的曲率;

  s_i——开始阶段的测量深度。

在这个模型中潜在的缺陷是 $n(s)$、b 和 κ 有可能在两段中是不连续的。

3.4.1.2 钻柱中力和力矩的平衡

钻柱内力的变化 $\vec{F}$ 是由载入向量 w 造成,由以下公式得出

$$\frac{\mathrm{d}F}{\mathrm{d}s} + w = 0 \quad (3.143)$$

式中,w 是每单位长度钻柱的受力。在时间上 M 的改变是由所施加的力矩矢量 m 和钻管力 $\vec{F}$ 引起的,这由下列方程式给出:

$$\frac{\mathrm{d}M}{\mathrm{d}s} + t \times F + m = 0 \quad (3.144)$$

3.4.1.3 钻柱上的载荷

什么是荷载向量 w? 荷载向量 w 是:

$$w = w_{bp} + w_{st} + w_c + w_d + \Delta w_{ef} \quad (3.145)$$

式中不同的术语将在下文中进行描述。此处定义了管柱的浮重 w_{bp} 是

$$w_{bp} = [w_p + (\rho_i A_i - \rho_o A_o)g]i_z \quad (3.146)$$

和压力范围,被称为流动推力 F_{st}:

$$F_{st} = [(\rho_o + \rho_o v_o^2)A_0 - (\rho_i + \rho_i v_i^2)A_i]t$$

$$w_{st} = \frac{\mathrm{d}F_{st}}{\mathrm{d}s} \quad (3.147)$$

Δw_{ef} 是由在环空中复杂的流型所确定的。在许多情况下，该项为 0，特别是静止流体和无管柱旋转狭小的环空中。如果钻柱与井壁接触，就会有一个垂直于井壁的接触力 w_c，如图 3.36 所示。

值得注意的是，w_c 处于 $n-b$ 面上，与 n 矢量夹角为 θ。在这切向量方向上没有接触力，这是因为接触力垂直于井壁：

$$w_c = w_c(\cos\theta n + \sin\theta b) \qquad (3.148)$$

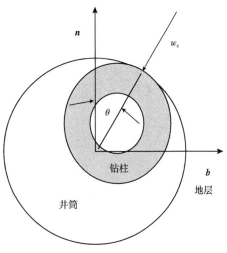

图 3.36　接触力角

第二种力是摩擦力，这与接触力有关。库仑摩擦模型的概念特别简单。如果两个相接触的表面存在一个正应力 F_N，并彼此相对滑动，那么摩擦力将指向与运动相反的方向并且与接触力的大小有关，另外其动力系数为摩擦因数 μ_f。库仑摩擦关系如图 3.37 所示。

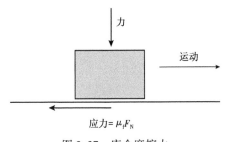

图 3.37　库仑摩擦力

如果钻柱滑动，将会有一个沿着井壁方向的摩擦拖拽阻力 $\vec{w}_d$，并指向相反的方向。摩擦力可沿任一方向，这取决于管材是否处于进入或离开井眼的阶段。

滑动摩擦的方程为

$$w_d = \pm\mu_f w_c t \qquad (3.149)$$

式中，+或者-的选择取决于滑动的方向。如果钻柱是进入井眼，那么就用负号；如果钻柱离开井眼，那么就用正号。与拖拽力有关每单位长度所施加力如下：

$$m = \pm\mu_f w_c t \times r_o(-\cos\theta n - \sin\theta b) = \pm\mu_f r_o w_c(\sin\theta n - \cos\theta b) \qquad (3.150)$$

当钻柱旋转时，在 $\vec{n}-\vec{b}$ 平面中，摩擦力将不再是轴向的，而是沿着旋转相反的方向，如图 3.38 所示。

钻柱顺时针旋转方程为

$$w_d = \mu_f w_c(\sin\theta n - \cos\theta b) \qquad (3.151)$$

在切线方向上沿着单位长度施加转矩 m_t，然后施加的扭矩可以从图中推断（在本图中的定向，正向切量 t 垂直于纸张向里）：

$$m_f = -\mu_f w_c r_o \qquad (3.152)$$

3.4.1.4　钻柱的力学响应

接下来，我们将对钻柱作为一种弹性固体材料建模。因为固体材料可以施加剪切应力，我们用以下的公式确定 F：

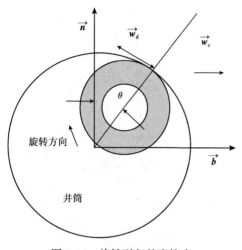

图 3.38　旋转引起的摩擦力

$$F = F_a t + F_n n + F_b b \qquad (3.153)$$

F_a 是轴向力，F_n 是法线方向的剪切力，F_b 是副法线方向上的剪切力。如果考虑平衡方程式(3.147)和式(3.143)，那么可以将流体推力项与轴向力分组，进而定义有效力 F_e：

$$F_e = F_a + F_{st} = F_a + (p_o + p_o v_o^2) - (p_i + p_i v_i^2) A_i \qquad (3.154)$$

对于圆管的套管矩由下式给定：

$$M = EI\kappa\, b + M_t t \qquad (3.155)$$

式中，EI 是抗弯刚度，M_t 是轴向转矩。在公式(3.155)中的第一项有可能是特殊的。具体的现状在图 3.39 中进行展示。

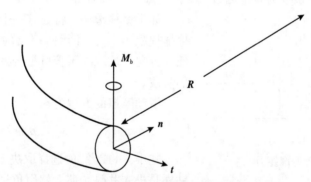

图 3.39　垂直 t—n 界面的弯曲力矩

对于圆形管柱而言，弯曲力矩垂直于平面，且与管柱的曲率成正比。从图中可以看到，在 t—n 平面的管柱曲率，所以在曲线内侧钢材是受压的，而在曲线外侧的钢材是受拉的。与这些位移有关的力产生一个力矩，与曲率（$1/R$）成比例且垂直于平面。

力矩平衡方程由公式(3.144)给出，公式(3.153)代入式(3.155)：

$$EI\left(\frac{d\kappa}{ds}b - \kappa\tau\, n\right) + \frac{dM_i}{ds_i}t + (M_i\kappa - F_b)n + F_n b + m = 0 \qquad (3.156)$$

弗莱娜公式(Zwillinger，1996)，公式(3.139)和公式(3.141)。

对于一个恒定曲率井眼，公式(3.156)的第一项是恒定的，即该点意味着弯矩项消失：

$$\frac{dM_i}{ds_i}t + (M_i\kappa - F_b)n + F_n b + m = 0 \qquad (3.157)$$

对于一个恒定曲率的轨迹，公式（3.155）定义的弯矩可以在研究位置是不连续的。此外，弯矩甚至没有出现在平衡方程（3.157）中。这些因素表明，最小曲率的轨迹并不是真实钻柱结构的精确表示。

3.4.1.5　任意轨迹的一般均衡方程

如果将负载方程带入平衡方程，并假设一般的曲率轨迹，可得到

$$
\begin{cases}
\dfrac{\mathrm{d}}{\mathrm{d}s}F_e - \kappa F_n + w_{bp}(\boldsymbol{t} \cdot \boldsymbol{i}_z) + w_d \cdot \boldsymbol{t} = 0 \\[2mm]
\dfrac{\mathrm{d}}{\mathrm{d}s}F_n + F_e\kappa - F_b\tau + w_{bp}(\boldsymbol{n} \cdot \boldsymbol{i}_z) - w_c\cos\theta + w_d \cdot \boldsymbol{n} = 0 \\[2mm]
\dfrac{\mathrm{d}}{\mathrm{d}s}F_b + F_n\tau + w_{bp}(\boldsymbol{b} \cdot \boldsymbol{i}_z) - w_c\sin\theta + w_d \cdot \boldsymbol{b} = 0 \\[2mm]
\dfrac{\mathrm{d}}{\mathrm{d}s}M_i + \boldsymbol{m} \cdot \boldsymbol{t} = 0 \\[2mm]
- EI\kappa\tau + M_i\kappa - F_b + \boldsymbol{m} \cdot \boldsymbol{n} = 0 \\[2mm]
EI\dfrac{\mathrm{d}\kappa}{\mathrm{d}s} + F_n + \boldsymbol{m} \cdot \boldsymbol{b} = 0
\end{cases}
\tag{3.158}
$$

需要注意的是 τ 和 $\mathrm{d}\kappa/\mathrm{d}s$ 在最小曲率轨迹中将会消失。

3.4.1.6　钻柱的扭矩和摩阻模型

一种钻柱的分析形式称为扭矩和阻力分析，会进行特殊的假设来简化分析过程，对于真实的钻柱建模而言，其可靠性已经得到了证实。这些假设就是：钻柱在井眼轨迹中弯矩和剪切力可以忽略不计；这些假设将钻柱比作没有弯曲刚度的缆或链。该模型有时被称为软钻柱模型，对其进行充分的分析则称为硬钻柱分析。

如果这些假设应用在式（3.158）中，将会得到

$$
\begin{cases}
\dfrac{\mathrm{d}}{\mathrm{d}s}F_e + w_{bp}(\boldsymbol{t} \cdot \boldsymbol{i}_z) + w_d \cdot \boldsymbol{t} = 0 \\[2mm]
F_e\kappa + w_{bp}(\boldsymbol{n} \cdot \boldsymbol{i}_z) - w_c\cos\theta + w_d \cdot \boldsymbol{n} = 0 \\[2mm]
w_{bp}(\boldsymbol{b} \cdot \boldsymbol{i}_z) - w_c\sin\theta + w_d \cdot \boldsymbol{b} = 0 \\[2mm]
\dfrac{\mathrm{d}}{\mathrm{d}s}M_i + \boldsymbol{m} \cdot \boldsymbol{t} = 0 \\[2mm]
M_i\kappa + \boldsymbol{m} \cdot \boldsymbol{n} = 0 \\[2mm]
\boldsymbol{m} \cdot \boldsymbol{b} = 0
\end{cases}
\tag{3.159}
$$

马上可以看出这个模型是近似的，因为在六个平衡条件有四个是可以满足一般条件的。首先，方程（3.159）的第 4 行和第 5 行可能不会与施加的力矩矢量 m 保持一致，和公式（3.159）的第 6 行有可能也不满足 m 的条件。在实践中，公式（3.159）的第 1 行通过第 4 行得到解决，其余的平衡方程可以忽略。需要注意的是利用平衡方程的其他子集来对扭矩和摩阻进行分析的过程中，存在其他可能性。

3.4.1.7 阻力计算

对阻力的计算,假设钻柱正在进入井眼。如果假定在钻柱上是线性库仑摩擦,然后 w_d 由给定的方程式(3.149)给出。对于这个假设而言,阻力将指向负方向。将钻柱起出井眼,将修改这些方程,只需要改变摩擦系数 m_f 符号。模型的阻力计算方程如下:

$$\begin{cases} \dfrac{\mathrm{d}F_e}{\mathrm{d}s} + w_{bp}t_z + w_d = 0 \\ F_e\kappa + w_{bp}n_z - w_c\cos\theta = 0 \\ w_{bp}b_z - w_c\sin\theta = 0 \\ M_i = 常数 \\ M_i\kappa + \mu_f w_c r_o\cos\theta = 0 \\ -\mu_f w_c r_o\sin\theta = 0 \end{cases} \tag{3.160}$$

依据方程式(3.142),可以计算参数 t_z、n_z 和 b_z:

$$\begin{cases} t_z(s) = \boldsymbol{t}(s) \cdot \boldsymbol{i}_z \\ n_z(s) = \boldsymbol{n}(s) \cdot \boldsymbol{i}_z \\ b_z = (\boldsymbol{t}_i \cdot \boldsymbol{n}_i) \cdot \boldsymbol{i}_z \end{cases} \tag{3.161}$$

现在通过公式(3.160)的第 2 行和第三行来获得力 w_c 和 ϕ 角度之间的关系:

$$w_c = \sqrt{(F_e\kappa_i + w_{bp}n_z)^2 + w_{bp}^2 b_z^2} \tag{3.162}$$

$$\theta = \tan^{-1}\left(\frac{w_{bp}b_z}{F_e\kappa_i + w_{bp}n_z}\right)$$

在接触力方程中的有效动力 F_e 之所以出现是由于存在井眼的曲率。轴向力和曲率的产生是由于绞盘的存在。这是因为钢丝绳缠绕在绞盘上,在钢丝绳上的张力产生接触力和在钢丝绳和绞盘之间产生摩擦力,这些力被用于提升载荷。

力 F_e 的微分方程就变为:

$$\frac{\mathrm{d}F_e}{\mathrm{d}s} + w_{bp}t_z - \mu_f\sqrt{(F_e\kappa_i + w_{bp}n_z)^2 + w_{bp}^2 b_z^2} = 0 \tag{3.163}$$

公式(3.163)是一阶微分方程,一般情况下其只能用数值方法求解。然而允许分析解法的一个特定的假设是:这是一个垂直平面圆弧。这种假设使 $b_z = 0$,结果如下。

如果:

$$\begin{cases} F_e\kappa_i + w_{bp}n_z f > 0 \\ \dfrac{\mathrm{d}F_e}{\mathrm{d}s} + w_{bp}(t_z - \mu_f n_z) - \mu_f\kappa_i F_e = 0 \end{cases} \tag{3.164}$$

那么:

$$\frac{\mathrm{d}F_e}{\mathrm{d}s} + w_{bp}(t_z + \mu_f n_z) + \mu_f \kappa_i F_e = 0$$

公式(3.164)的第 1 行的解为

$$\begin{cases} F_e(s) = \left[F_e^i - w(s_i) \right] \exp\left[u_f k_i (s - s_i) \right] + W(s) \\ W(s) = \frac{w_{bp}}{\kappa_i(1 + \mu_f^2)} \left[(1 - \mu_f^2) n_z + 2\mu_f t_z \right] \end{cases} \tag{3.165}$$

式中，F_e^i 是 F_e 在 $s = s_i$ 时的值。公式(3.164)的第 2 行的解是对公式(3.165)进行适当的符号变化获得的。

3.4.1.8 扭矩计算

如果对管柱旋转采用摩擦方程，那么平衡方程现在的形式就是：

$$\begin{cases} \frac{\mathrm{d}F_e}{\mathrm{d}s} + w_{bp} t_z = 0 \\ F_e \kappa_i + w_{bp} n_z - w_c \cos\theta - \mu_f w_c \sin\theta = 0 \\ w_{bp} n_z - w_c \sin\theta + \mu_f w_c \cos\theta = 0 \\ \frac{\mathrm{d}}{\mathrm{d}s} M_t - \mu_f w_c r_0 = 0 \\ 0 = 0 \\ 0 = \kappa M_t \end{cases} \tag{3.166}$$

第一个平衡方程容易被整体求解：

$$F_e = F_e^i - w_{bp} \left[\boldsymbol{u}(s) - \boldsymbol{u}(s_i) \right] \boldsymbol{i}_z \tag{3.167}$$

使用公式(3.166)的第 2 行和第 3 行，可以求解接触角 q，同时可以计算接触力：

$$\begin{cases} \theta = \tan^{-1}\left(\frac{w_{bp} b_z}{F_e \kappa_i + w_{bp} n_z} \right) + \tan^{-1}\mu_f \\ w_c = \sqrt{\frac{(F_e \kappa_i + w_{bp} n_z)^2 + w_{bp}^2 b_z^2}{1 + \mu_f^2}} \end{cases} \tag{3.168}$$

公式(3.166)的第 4 行由于方程式(3.158)的第 2 行的复杂形式必须采用数值方法进行求解。与阻力计算的情况一样，假设圆弧位于垂直平面上，则存在解析解。这种假设使 b_z 等于 0，结果是

$$\begin{cases} \theta = \tan^{-1}\mu_f \\ w_c = \frac{|F_e \kappa_i + w_{bp} n_z|}{\sqrt{1 + \mu_f^2}} \\ \frac{\mathrm{d}M_t}{\mathrm{d}s} = \frac{\mu_f r_o |F_e \kappa_i + w_{bp} n_z|}{\sqrt{1 + \mu_f^2}} \end{cases} \tag{3.169}$$

当 $F_e\kappa_i + w_{bp}n_z$ f 0 时，公式（3.169）的第 3 行的求解过程为

$$(M_t - M'_t)\frac{\sqrt{1+\mu_f^2}}{\mu_f r_o} = \int_{S_i}^S F_e\kappa_i \mathrm{d}s + w_{bp}\int_{S_i}^S \boldsymbol{n}(s)\mathrm{d}s \cdot \boldsymbol{i}_z \tag{3.170}$$

其中：

$$\int_{S_i}^S F_e\kappa_i \mathrm{d}s = F_e^i\kappa_i(s-s_i) - w_{bp}\{\boldsymbol{t}_i \sin\kappa_i(s-s_i) + \boldsymbol{n}_i[1-\cos\kappa_i(s-s_i)]\} \cdot \boldsymbol{i}_z$$

$$\int_{S_i}^{S-} n(s)\mathrm{d}s = \frac{1}{\kappa_i}[\boldsymbol{t}(s) - \boldsymbol{t}_i] \tag{3.171}$$

3.4.1.9　剪切力作用下的扭矩和摩阻

正如已经了解的，单应力软钻柱模型是近似的，因为其不能满足所有的力矩方程。这些问题可以通过保持剪切力 F_n 和 F_b 来得到解决。

如果将负载公式（3.145）和公式（3.151）带入平衡方程式（3.139）和式（3.140）中，假设一个最小曲率轨迹，得到

$$\begin{cases} \dfrac{\mathrm{d}}{\mathrm{d}s}F_e - \kappa F_n + w_{bp}(\boldsymbol{t}\cdot\boldsymbol{i}_z) + \boldsymbol{w}_d\cdot\boldsymbol{t} = 0 \\[2mm] \dfrac{\mathrm{d}}{\mathrm{d}s}F_n + F_e\kappa + w_{bp}(\boldsymbol{n}\cdot\boldsymbol{i}_z) - w_c\cos\theta + \boldsymbol{w}_d n = 0 \\[2mm] \dfrac{\mathrm{d}}{\mathrm{d}s}F_b + w_{bp}(\boldsymbol{b}\cdot\boldsymbol{i}_z) - w_c\sin\theta + \boldsymbol{w}_d\boldsymbol{b} = 0 \\[2mm] \dfrac{\mathrm{d}}{\mathrm{d}s}M_t + m_t = 0 \\[2mm] M_t\kappa - F_b + m_n = 0 \\[2mm] F_n + m_b = 0 \end{cases} \tag{3.172}$$

3.4.1.10　剪切阻力计算

对阻力的计算，假设钻柱下入井眼。如果假定钻柱是线性库仑摩擦阻力模型，然后利用式（3.149）得到 w_d。对于这个假设，阻力将指向负方向。修改将钻柱起出井眼的方程，只需要改变摩擦系数的符号。模型的阻力计算方程如下：

$$\begin{cases} \dfrac{\mathrm{d}}{\mathrm{d}s}F_e - \kappa F_n + w_{bp}t_z - \mu_f w_c = 0 \\[2mm] \dfrac{\mathrm{d}}{\mathrm{d}s}F_n + F_e\kappa + w_{bp}n_z - w_c\cos\theta = 0 \\[2mm] \dfrac{\mathrm{d}}{\mathrm{d}s}F_b + w_{bp}b_z - w_c\sin\theta = 0 \\[2mm] M_t = 0 \\[2mm] - F_b + \mu_f r_o w_c\sin\theta = 0 \\[2mm] F_n - \mu_f r_o w_c\cos\theta = 0 \end{cases} \tag{3.173}$$

依据公式(3.142)，参数 t_z、n_z 和 b_z 可以进行计算

$$\begin{cases} t_z = \boldsymbol{t}(s)\boldsymbol{i}_z \\ n_z = \boldsymbol{n}(s)\boldsymbol{i}_z \\ b_z = \boldsymbol{b}(s)\boldsymbol{i}_z \end{cases} \tag{3.174}$$

并且，可以对方程(3.173)的第5行和第6行求解来得到剪切力 F_n 和 F_b，接触力 w_c 和角度 ϕ：

$$\begin{cases} F_n = \mu_f r_o w_c \cos\theta \\ F_b = \mu_f r_o w_c \sin\theta \\ \mu_f r_o w_c = \sqrt{F_n^2 + F_b^2} \\ \theta = \tan^{-1}\left(\dfrac{F_b}{F_n}\right) \end{cases} \tag{3.175}$$

平衡方程变为

$$\begin{cases} \dfrac{\mathrm{d}}{\mathrm{d}s}F_e - \kappa F_n + w_{bp}t_z - \dfrac{1}{r_o}\sqrt{F_n^2 + F_b^2} = 0 \\[2mm] \dfrac{\mathrm{d}}{\mathrm{d}s}F_n + F_e\kappa + w_{bp}n_z - \dfrac{F_n}{r_o\mu_f} = 0 \\[2mm] \dfrac{\mathrm{d}}{\mathrm{d}s}F_b + w_{bp}b_z - \dfrac{F_b}{r_o\mu_f} = 0 \\[2mm] M_t = 0 \end{cases} \tag{3.176}$$

由于 b_z 对最小曲率轨迹而言是常量，公式(3.176)的第3行就有分析解：

$$F_b = F_b^0\exp\left(\frac{s}{r_o\mu_f}\right) + r_o\mu_f w_{bp}b_z \tag{3.177}$$

因为 $r_o\mu_f$ 通常是相对叫小的测量深度 s 值，公式(3.177)中的指数项变得非常大(进入)或很小(拉离改变了 μ_f 的符号)。因此，对于 F_b^0 最合理的选择是 0。这将导致在每个测量点处 F_b 的不连续。可以观察到弯曲力矩在研究点也可以是不连续的，所以这是最小曲率轨迹的另一个缺陷。

公式(3.176)是一个一阶微分方程，只能用数值方法求解。一个特定的假设(即圆弧位于一个垂直平面)允许分析解法的使用。

这种假设使得 b_z 等于零。如果 $F_b^0 = 0$，那么其余的微分方程将变为

$$\begin{cases} 时 \\ F_n > 0 \\ \dfrac{\mathrm{d}F_e}{\mathrm{d}s} - \left(\kappa + \dfrac{1}{r_o}\right)F_n + w_{bp}t_z = 0 \end{cases}$$

$$
\begin{cases}
\dfrac{\mathrm{d}F_e}{\mathrm{d}s} - \left(\kappa - \dfrac{1}{r_o} \right) F_n + w_{bp} t_z = 0 \\[3mm]
\dfrac{\mathrm{d}F_n}{\mathrm{d}s} + F_e \kappa + w_{bp} n_z - \dfrac{F_n}{r_o \mu_f} = 0
\end{cases}
\tag{3.178}
$$

公式(3.178)的第 1 行和第 3 行的解为

$$
\begin{cases}
F_e(s) = \dfrac{\alpha_1 F_m(s,\ \alpha_1) - \alpha_2 F_m(s,\ \alpha_2)}{\alpha_1 - \alpha_2} \\[3mm]
F_n(s) = \dfrac{\alpha_1 \alpha_2}{\alpha_1 - \alpha_2} \big[F_m(s,\ \alpha_1) - F_m(s,\ \alpha_2) \big] \\[3mm]
F_m(s,\ \alpha_1) = \big[F_m^i(\alpha_1) - W(s_i,\ \alpha_i) \big] \exp\big[-\kappa(s - s_i)/\alpha_1 \big] + W(s,\ \alpha_1) \\[3mm]
F_m(s,\ \alpha_2) = \big[F_m^i(\alpha_2) - W(s_i,\ \alpha_2) \big] \exp\big[-\kappa(s - s_i)/\alpha_2 \big] + W(s,\ \alpha_2) \\[3mm]
W(s,\ \alpha_1) = \dfrac{-w_{bp}}{\kappa_i(1 + \alpha_1^2)} \big[(1 - \alpha_1^2) n_z + 2\alpha_1 t_z \big] \\[3mm]
W(s,\ \alpha_2) = \dfrac{-w_{bp}}{\kappa_i(1 + \alpha_2^2)} \big[(1 - \alpha_2^2) n_z + 2\alpha_2 t_z \big] \\[3mm]
\alpha_1 = \dfrac{-1}{2\mu_f \kappa_o r_o} \left(1 + \sqrt{1 - 4\kappa\kappa_o r_o^2 \mu^2} \right) \\[3mm]
\alpha_2 = \dfrac{-1}{2\mu_f \kappa_o r_o} \left(1 - \sqrt{1 - 4\kappa\kappa_o r_o^2 \mu^2} \right) \\[3mm]
\kappa_o = \kappa + 1/r_0
\end{cases}
\tag{3.179}
$$

在真实的井眼中，$1/r_0 \gg \kappa$，所以在公式(3.179)中的范例可以写成近似写值，如：

$$
\begin{cases}
\alpha_1 \approx \dfrac{1}{\mu_f},\ \ \dfrac{\kappa}{\alpha_1} \approx \kappa\mu_f \\[3mm]
\alpha_2 \approx \dfrac{r_o \mu_f \kappa}{4},\ \ \dfrac{\kappa}{\alpha_1} \approx \dfrac{4}{r_o \mu_f}
\end{cases}
\tag{3.180}
$$

使用指数项 α_2 必须从这种情况中除去，出于同样的原因，选择在 F_b 的初始条件为零。其余的常数项是从初始条件开始计算

$$
\begin{cases}
F_m^i(\alpha_1) = \big[F_e^i(\alpha_1 - \alpha_2) + \alpha_2 W(s_i,\ \alpha_2) \big] / \alpha_1 \\[3mm]
F_m^i(\alpha_2) = W(s_i,\ \alpha_2)
\end{cases}
\tag{3.181}
$$

式中，F_e^i 是 F_e 在 $s = s_i$ 处的值，F_n^i 是 F_n 在 $s = s_i$ 处的值

公式(3.178)的第 2 行和第 3 行的求解和公式(3.178)的第 1 行和第 3 行一样，除了用 $\kappa_o = \kappa - 1/r_o$ 替代 $\kappa + 1/r_o$。

3.4.1.11　剪切力扭矩计算

如果对管柱旋转采用摩擦方程，平衡方程将变为

$$
\begin{cases}
\dfrac{\mathrm{d}F_e}{\mathrm{d}s} - \kappa F_n + w_{bp}t_z = 0 \\[2mm]
\dfrac{\mathrm{d}F_n}{\mathrm{d}s} + F_e\kappa + w_{bp}n_z - w_c\cos\theta - \mu_f w_c\sin\theta = 0 \\[2mm]
\dfrac{\mathrm{d}F_b}{\mathrm{d}s} + w_{bp}b_z - w_c\sin\theta + \mu_f w_c\cos\theta = 0 \\[2mm]
F_n = 0 \\[2mm]
F_b = \kappa M_t \\[2mm]
\dfrac{\mathrm{d}}{\mathrm{d}s}M_t - \mu w_c r_0 = 0
\end{cases}
\tag{3.182}
$$

第一个平衡方程易被一次性求出：

$$
F_e = F_e^i + w_{bp}\left[u_z(s) - u_z(s_i) \right]
\tag{3.183}
$$

使用公式(3.182)的第2、3、5、6行，可以求解接触角 ϕ，然后计算接触力：

$$
\theta = \tan^{-1}\left(\frac{w_{bp}b_z}{F_e\kappa_i + w_{bp}n_z} \right) + \tan^{-1}\mu_f + \sin^{-1}\left[\frac{\mu_f\varepsilon}{\sqrt{1+\mu_f^2}}\frac{F_e\kappa + w_{bp}n_z}{\sqrt{(F_e\kappa + w_{bp}n_z)^2 + (w_{bp}b_z)^2}} \right]
$$

$$
w_c = \frac{\mu_f\varepsilon}{1+\overline{\mu}_f^2} + \frac{\sqrt{(1+\overline{\mu}_f^2)(F_e\kappa + w_{bp}n_z)^2 + (1+\overline{\mu}_f^2)(w_{bp}b_z)^2}}{1+\overline{\mu}_f^2}
$$

$$
\varepsilon = \kappa r_o,\ \overline{\mu}_f = u_f\sqrt{(1-\varepsilon^2)} \approx \mu_f
$$

$$
\tag{3.184}
$$

由于公式(3.184)的第2行的复杂形式，公式(3.182)的第6行必须用数值方法求解方程。在阻力计算时，假定圆弧位于一个垂直平面内并允许的解析解。这种假设使 $b_z = 0$，结果就是：

$$
\theta = \tan^{-1}\mu_f - \sin^{-1}\left(\frac{\kappa\mu_f r_0}{\sqrt{1+\mu_f^2}} \right)
$$

$$
w_c = \left| \frac{F_e\kappa + w_{bp}n_z}{\cos\theta + \mu_f\sin\theta} \right| = \frac{\left| F_e\kappa + w_{bp}n_z \right|}{\sqrt{1+\mu_f^2(1-\kappa^2 r_o^2)}} = \frac{\left| F_e\kappa + w_{bp}n_z \right|}{\sqrt{1+\mu_f^2}}\text{since}\kappa r_o \ll 1
\tag{3.185}
$$

$$
\frac{\mathrm{d}M_t}{\mathrm{d}s} = \frac{\mu_f r_o \left| F_e\kappa + w_{bp}n_z \right|}{\sqrt{1+\mu_f^2}}
$$

在 $F_e\kappa + w_{bp}n_z$ f 0 的情况下，公式(3.185)的第3行的求解过程是：

$$
(M_t - M_t')\frac{\sqrt{1+\mu_f^2}}{\mu_f r_o} = \int_{S_i}^{S} F_e\kappa\mathrm{d}s + \int_{S_i}^{S}\overline{n}(s)\mathrm{d}s \cdot \overline{i}_z
\tag{3.186}
$$

式中：

$$\begin{cases} \int_{s_i}^{s} F_e \kappa \mathrm{d}s = F_e^i \kappa(s-s_i) - w_{bp} \left\{ \bar{t}_i \sin\kappa(s-s_i) + \bar{n}_i \left[1 - \cos\kappa(s-s_i) \right] \right\} \cdot \bar{i}_z \\ \int_{s_i}^{s} \bar{n}(s)\mathrm{d}s = \frac{1}{\kappa} \left[\bar{t}(s) - \bar{t}_i \right] \end{cases} \tag{3.187}$$

3.4.1.12 结论

扭矩和阻力分析的精确矢量公式揭示了在传统公式中的某些缺陷，并提供了解决这些缺陷的方法。在忽略剪切刀的软杆分析中，两个力矩平衡方程一般不能满足要求。特定的情况下，这些方程可以提供衡量这些假设的有效性。已在旋转摩擦方程中确定了第二个缺陷。术语 $\sqrt{1+\mu_f^2}$ 应用在接触力的计算中。因为这术语是在传统的公式中是不存在的，接触力将被高估，在转矩计算将会出现错误。最后，提出了一种新的考虑钻柱剪切力的全接触解。这一构想，在实际操作中并不比传统模型更复杂，并且可以满足所有的平衡方程。

3.4.2 钻柱屈曲分析

对于石油工业而言，管柱屈曲问题可以说是一个独一无二的问题。机械工程学上的管材弯曲的意义几乎只是关注弹性稳定负荷，即测定结构元件的稳定性条件，如钢筋、板材、壳体和柱体（Timoshenko and Gere，1961）。

在石油工业中，钻柱屈曲是指管材在临接载荷之上的载荷平衡配置问题。这在机械工程中，通常被称为后屈曲平衡。用一个简单的例子来说明了临界载荷与平衡关系。

图 3.40 显示一个简单的支撑梁，长度为 l，轴向荷载为 P，中点处竖向荷载为 Q，弯曲刚度为 EI。在梁中点处平衡位移由下式给出：

$$\delta = \frac{Ql^3}{16EI} \frac{(\tan u - u)}{u^3}$$

$$u = \frac{l}{2}\sqrt{\frac{P}{EI}} \tag{3.188}$$

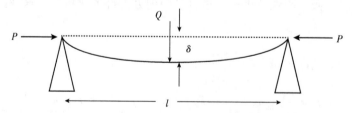

图 3.40 中心加载梁的屈曲分析

从 Timoshenko 和 Gere（1961）中可以查询有关该解决方案推导的更多细节。值得注意的是，公式（3.188）是做了无限位移假设，让 u 等于 $\pi/2$。对这个现象的一个解释就是，梁对于轴向负荷 P_{crit} 没有做出任何抵抗，即

$$p_{crit} = \frac{\pi^2 EI}{l^2} \tag{3.189}$$

P 值称为临界载荷。临界载荷取决于问题的边界条件。例如，如果端部条件为悬臂而不是简单支撑，则临界荷载将增加 4 倍。如果重置公式 (3.188) 就可以发现按照规定产生一个特定位移 δ 所需要的载荷：

$$Q = \delta \frac{16EI}{l^3} \frac{u^3}{\tan u - u} \tag{3.190}$$

而且，在临界载荷时，产生位移 δ 所需要的载荷 Q 值是零。

图 3.41 展示了挠度作为 U 的函数。点垂线表明为 $\pi/2$，可以看到在这条线附近具有较大位移。

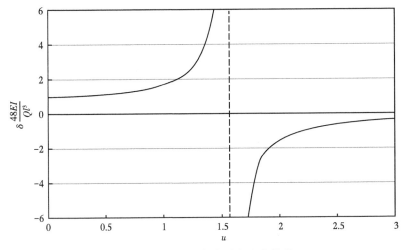

图 3.41　梁固定载荷时发生的位移

图 3.42 显示了产生单位位移所需要的 Q 值。在 U 等于 $\pi/2$ 的情况下，我们可以看出 $Q=0$。从图 3.41 和图 3.42 的含义中可以清楚地看到 P 小于临界载荷。那么若 P 大于临界荷载

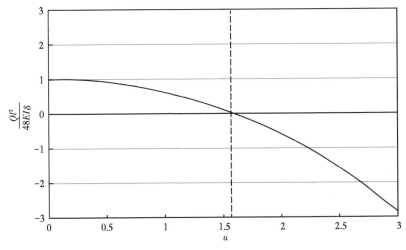

图 3.42　固定位移下的弯曲载荷

载，这些数据时候还有意义？图 3.41 似乎表明，如果施加正向载荷，会存在一个负向位移，这是荒谬的。那这正确的解释是什么呢？

图 3.43 显示了图 3.40 中 P 大于临界载荷的情况。在这张图中可以看到，力 Q 现在是约束力量，用来平衡由轴向力 P 引起的位移。如图 3.42 所示，如果强加一个固定的位移，那么力 Q 就必须改变符号（方向）来成为约束力，就像在图 3.42 中看到 P 大于临界载荷那样。

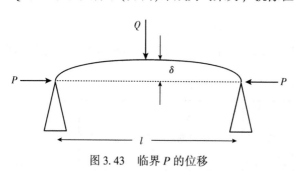

图 3.43　临界 P 的位移

像本例所示平面屈曲这样，在现实中几乎从来没有发生过，这是由于脱离平面的倾向性太强。然而，在井筒中，管材在各个方面都是受到约束的，并且可以与临界载荷呈一种平衡的状态。这个问题最初是由 Lubinski 等（1962）提出并解决的。他们认为，被圆柱形井眼约束的失重管柱的平衡状态是一个恒螺距螺旋。描述该问题的微分方程（Mitchell，1988）为

$$\begin{cases} EI\dfrac{\mathrm{d}^4}{\mathrm{d}s^4}u_1 + \dfrac{\mathrm{d}}{\mathrm{d}s}\left(P\dfrac{\mathrm{d}}{\mathrm{d}s}u_1\right) + \dfrac{w_n}{r_c}\sin\theta = 0 \\[2mm] EI\dfrac{\mathrm{d}^4}{\mathrm{d}s^4}u_2 + \dfrac{\mathrm{d}}{\mathrm{d}s}\left(P\dfrac{\mathrm{d}}{\mathrm{d}s}u_2\right) + \dfrac{w_n}{r_c}\cos\theta = 0 \end{cases} \quad (3.191)$$

式中，u_1 是 1 坐标方向的位移，u_2 是 2 坐标方向的位移，w_n 是接触力，r_c 管材和井壁之间的径向间隙。坐标系统在图 3.44 中进行了展示。

恒螺距螺旋的位移为

$$\begin{cases} u_1 = r_c\cos\theta \\ u_2 = r_c\sin\theta \\ \theta = \beta s \end{cases} \quad (3.192)$$

式中，β 是与螺纹的螺距 $\wp$ 有关的恒量：

$$\wp = \frac{2\pi\sqrt{1 - r_c^2\beta^2}}{\beta} \approx \frac{2\pi}{\beta} \quad (3.193)$$

这里是对近似方程进行了 $\wp^2 \gg 4\pi^2 r_c^2$ 的假设，Lubinski 等（1962）依据螺距 $\wp$ 制订了求解过程。将公式（3.192）带入公式（3.191），会发现下面的结果：

$$r_c EI\beta^2(\alpha^2 - \beta^2) = w_n \quad (3.194)$$

式中 α 被定义为

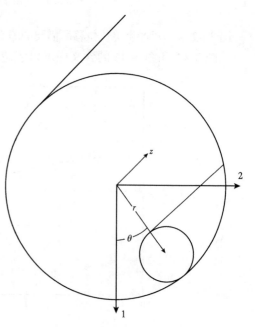

图 3.44　屈曲分板的坐标系统

$$\alpha = \sqrt{\sqrt{\frac{P}{EI}}} \tag{3.195}$$

对于正向接触力而言，要求 $\beta^2 < \alpha^2$。值得注意的是，在公式（3.194）中 β 可以是正的，也可以是负的。这意味着螺旋可以是右手螺旋或左手螺旋，但两者都不是首选。公式（3.194）中的 β 除了绝对值要小于 α 以外，并不由平衡条件决定。

Lubinski 等（1962）通过使用虚功原理来确定 $\wp$。β 的结果是

$$\beta_{LW} = \pm\sqrt{\frac{P}{2EI}} \tag{3.196}$$

符合右手螺旋和左手螺旋的两种解决方案，其螺距为

$$\wp = \frac{\sqrt{8\pi^2 EI}}{P} \tag{3.197}$$

需要再次假定 $\wp^2 \gg 4\pi^2 r_c^2$。现在可以使用公式（3.194）和式（3.196）求解接触力（Mitchell，1986）：

$$w_n = r_c EI\ (\alpha^2 - \beta_{LW}^2)\ \beta_{LW}^2 = \frac{r_c P^2}{4EI} \tag{3.198}$$

可以看到，接触力正如需要的那样是正向的。

Cheatham 和 Pattillo（1984）对虚功给出了一个令人信服的发展方法。然而，关于这种方法存在一定的难以理解的地方：这本应该是一种平衡方程，但当不是平衡方程的时候，会对 b 会产生特殊值。

3.4.2.1　边界条件

在第一个例子中，认为边界条件对梁的位移影响很大。边界条件对螺旋屈曲管柱将有同样强烈的影响，这似乎是合理的预测。

在封隔器或扶正器中，有边界条件的管柱弯曲综合分析还从来没有用一种令人满意的方式进行。已做出了许多尝试将恒螺距问题与将管柱从井内起出至封隔器的梁柱问题相结合。必这两种求解方案必须都要满足：

（1）井壁的接触；

（2）井筒相切；

（3）曲率的连续性；

（4）剪切力与井筒成切线的连续性；

（5）管柱与井壁之间的正向接触力；

（6）井内所有管柱的位移。

［案例1］　悬臂封隔器

对螺旋屈曲管柱而言的边界条件是什么？一个常见的应用是封隔器中的油管密封。对于此类边界，假设在屈曲方程中的梁柱解使得管柱从一个正切井眼中心线居于井眼中心的位置到井眼壁的一点切线。这个问题最初由 Mitchell（1982）提出。满足这些条件的方程如

下(Mitchell 1982):

$$
\begin{cases}
u_{1b} = r_c \left\{ s \left[\alpha s - \sin(\alpha s) \right] + Y \left[\cos(\alpha s) - 1 \right] \right\} / \delta \\
u_{2b} = r_c \varepsilon_o \left\{ Y \left[\sin(\alpha s) - \alpha s \right] - X \left[\cos(\alpha s) - 1 \right] \right\} / \delta \\
s = \sin(\alpha \Delta s_0) \\
Y = 1 - \cos(\alpha \Delta s_0) \\
X = \alpha \Delta s_0 - s \\
\delta = \alpha \Delta s_0 - 2Y
\end{cases}
\tag{3.199}
$$

式中，ε 和 s_o 是待定的。

图 3.45 显示了梁柱的形状。边界条件必须满足梁柱问题(公式 3.199)与恒螺距问题相结合：

$$
\begin{cases}
u''_{2b}(s_0) = r_c \beta = r_c \alpha \varepsilon \\
u'''_{1b}(s_0) = - r_c \beta^2 \\
u''_{2b}(s_0) = 0 \\
u'''_{2b}(s_0) = - r_c \beta^3
\end{cases}
\tag{3.200}
$$

这些条件代表斜坡的连续性，在 1 和 2 方向上曲率连续且在 2 方向上剪切连续。在公式(3.200)中，线 1 和 2 限制了 ε：

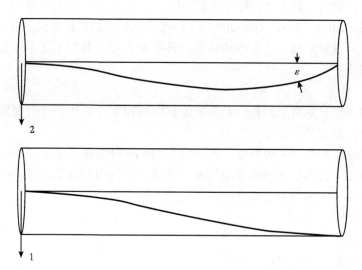

图 3.45　悬臂边界条件

$$
\varepsilon = \frac{\sqrt{\cos(\alpha s_0) - 1}}{\delta} = \frac{\beta}{\alpha}
\tag{3.201}
$$

公式(3.201)对于 αs_0 而言在 $(0, 2\pi]$ 范围内有真实的意义，直线 3 和 4 需要

$$
\begin{cases}
\alpha s_0 \cos(\alpha s_0) - \sin(\alpha s_0) = 0 \\
s_0 \sin(\alpha s_0) = 0
\end{cases}
\tag{3.202}
$$

在公式(3.202)中，直线 1 和 2 表明封隔器边界条件仅仅满足 $s_0 = 0$。在一般情况下，封隔器的边界条件只有在 $\beta = 0$ 情况下与等螺距螺旋保持一致。这种边界条件的更复杂的描述也无法与恒定螺距螺旋相连接(Sorenson 和 Cheatham，1986)。

也许这是一个具有可变螺距的螺旋的解？如果用一个未知函数 s 的 Q 代入方程(3.192)。那么可以取消平衡方程(3.191)中的接触力，得到只有 ϕ 的如下方程：

$$\left[\theta''' - 2\,(\theta')^3 + \alpha^2\theta'\right]' = 0 \tag{3.203}$$

进行整合：

$$\omega'' - 2\omega^3 + \alpha^2\omega - \frac{1}{2}C = 0$$

式中：

$$\begin{cases} \omega = \theta' \\ C = 2\omega_0'' - 4\omega_0^4 + 2\alpha^2\omega_0 \end{cases} \tag{3.204}$$

公式(3.204)乘以 w' 并进行整理：

$$\begin{cases} (\omega')^2 - \omega^4 + \alpha^2\omega^2 - C\omega - D = 0 \\ D = (w'_0)^2 - \omega_0^4 + \alpha^2\omega_0^2 - C\omega_0 \end{cases} \tag{3.205}$$

公式(3.205)利用分离变量法求解

$$\int ds = \int \frac{dw}{\sqrt{\omega^4 - \alpha^2\omega^2 + C\omega + D}} \tag{3.206}$$

一般而言，这个方程是可以求解的(Gradshteyn and Ryzhik，2000)，现设想存在一种特殊解使得方程(3.206)可以进行因式分解的(Mitchell，2002)：

$$\begin{cases} C = 0 \\ D = \dfrac{\alpha^4}{4} \end{cases} \tag{3.207}$$

利用 C 和 D，那么公式(3.206)可能存在积分是

$$\begin{cases} \omega(s) = \dfrac{\sqrt{2}}{2}\alpha\,\tanh\left[\dfrac{\sqrt{2}}{2}\alpha(s - s_0) + \varphi_{\mathrm{p}}\right] = \theta'(s) \\ \theta(s) = IN\left\{\dfrac{\cosh\left[\dfrac{\sqrt{2}}{2}\alpha(s - s_0) + \varphi_{\mathrm{p}}\right]}{\cosh(\varphi_{\mathrm{p}})}\right\} \end{cases} \tag{3.208}$$

式中，φ_{p} 为待确定的常量。

为了考虑较为广泛的变螺距螺纹情况，现在需要重新考虑由公式(3.200)给出的边界条件：

$$\begin{cases} u'_{2b}(s_0) = r_c\theta'_0 = r_c\alpha\varepsilon \\ u''_{1b}(s_0) = -r_c\theta_0'^2 \\ u''_{2b}(s_0) = r_c\theta''_0 \\ u'''_{2b}(s_0) = r_c\theta'''_0 - r_c\theta_0'^3 \end{cases} \tag{3.209}$$

公式(3.209)的第 1 行第 2 行来限定 ε：

$$\varepsilon = \sqrt{\frac{\cos\ (\alpha s_0)\ -1}{\delta}} = \frac{\sqrt{2}}{2}\tanh\phi_p \qquad (3.210)$$

现在与上面公式类似，也满足了公式(3.209)的第 4 行，而公式(3.209)的第三行的数值解要求 $\alpha s_0 = 5.94992\cdots\cdots$，因为公式(3.210)，若满足这个条件则需要 $\varphi_p = 0.235586\cdots\cdots$。

如果复核公式(3.199)的第 1 行和第 2 行，就会发现它违反了先前并未讨论的边界条件：对于所有梁柱方程的有效解必须位于井筒内。

如图 3.46 所示，公式(3.199)处在井眼外侧，超过了 s 的取值范围。解决这个问题的办法是制定一个二段梁柱，如图 3.47 所示。

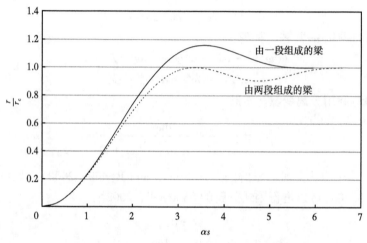

图 3.46 由一段组成的梁违反边界的限制

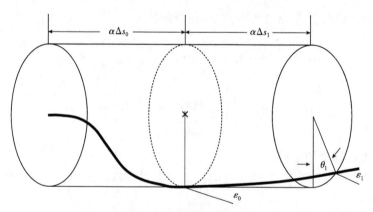

图 3.47 两段边界条件

这个问题比单段问题解决起来要复杂得多，它必须通过数值来求解。这一问题的讨论将在附录中给出。这个问题有多种解决方案，但只有一种是在井筒内的：

$\alpha\Delta s_0 = 3.817290...$

$\alpha\Delta s_1 = 1.425441...$

$\varepsilon_0 = \pm 0.536227...$

$\varepsilon_0 = \pm 0.681518...$

$\theta_1 = \pm 0.897795...$

$\theta_p = \pm 1.1996967...$

由于对称性，可以改变 θ_1、ε_0、和 ε_1 的符号来获得相反方向的旋转螺旋。在图 3.46 中可以看到，该方案始终保持井筒内。

案例 2：扶正器

可以注意到，该问题的边界条件有很强的影响性。已满足边界条件的一种类型，那么现在应该考虑的新边界条件是什么。对一端进行固定是明显与悬臂箱不同的。此外，固定端的情况下应紧密沿着套管扶正器的原理进行，这是解决这一问题的实用性。对于此类边界条件，假设对于弯曲方程的梁柱解使得管柱从居于井眼中心、瞬间自由位置到井眼壁的一点切线。下列方程满足这些条件：

$$\begin{cases} u_{1b} = r_c\left\{\left[\alpha s - \sin(\alpha s)\right] + \left[\cos(\alpha s_0) - 1\right]\alpha s\right\}/\mu \\ u_{2b} = r_c\varepsilon\left\{\alpha s\left[\sin(\alpha s) - \alpha s\right] + \left[\alpha s - \sin(\alpha s_0)\right]\alpha s\right\}/\mu \\ \mu = \alpha s_0\cos(\alpha s_0) - \sin(\alpha s_0) \end{cases} \quad (3.211)$$

式中，ε 和 ε_0 是待定的。

图 3.48 为梁柱的形状。在方程（3.211）中给定的边界条件是必须要得到满足的，梁柱问题即公式（3.212）是与充分接触问题相结合的。公式（3.209）的第 1 行和第 2 行限定了 ε：

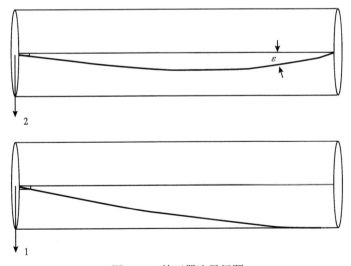

图 3.48　扶正器边界问题

$$\varepsilon = \sqrt{\frac{-\sin\alpha s_0}{\mu}} = \frac{\sqrt{2}}{2}\tanh\ (\phi_c) \tag{3.212}$$

公式(3.212)对 αs_0 在(0,π)范围内存在实际的价值。如果再次假设公式(3.208)给出的问题,会发现它是满足边界条件的。方程(3.209)的第3行的数值解要求 $\alpha s_0 = 2.505309\cdots\cdots$,因为公式(3.212),若满足这个条件,就需要 $\varphi_c = 0.819652\cdots\cdots$。

单节段梁柱的解决方案满足所有的边界条件,但不能满足正向接触力,如图3.49所示。

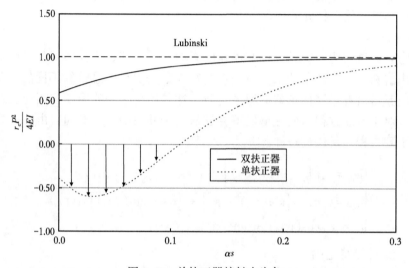

图 3.49　单扶正器接触力为负

使用两段梁的解决方案,如图3.47所示,就会发现通过使用以下参数满足所有的边界条件:

$\alpha\Delta s_0 = 2.468666\cdots\cdots$

$\alpha\Delta s_1 = 1.912386\cdots\cdots$

$\varepsilon_0 = \pm0.466547\cdots\cdots$

$\varepsilon_1 = \pm0.687209\cdots\cdots$

$\theta_1 = \pm1.181881\cdots\cdots$

$\phi_c = 2.124768\cdots\cdots$

这些参数也与变螺距问题之间存在联系:

$$\begin{cases} \theta(s) = \pm\ln\left\{\dfrac{\cosh\left[\dfrac{\sqrt{2}}{2}\alpha(s - \Delta s_0 - \Delta s_1) + \phi_c\right]}{\cosh(\phi_p)}\right\} + \theta_1 \\ \theta'(s) = \pm\dfrac{\sqrt{2}}{2}\alpha\tanh\left[\dfrac{\sqrt{2}}{2}\alpha(s - \Delta s_0 - \Delta s_1) + \phi_c\right] \end{cases} \tag{3.213}$$

如前所述,±符号表明右手螺旋或左手螺旋都是允许的。如图3.49所示,两段梁解决方案提供了一个正向接触力。

3.4.2.2 屈曲的结果

图 3.50 显示了悬臂和扶正器螺旋的行为。在这两种情况下，Lubinski 等 (1962) 认为螺距是收敛的。关于管材弯曲一般认识中，Lubinski 等 (1962) 的观点只适用于远离边界条件的情况。这一分析首次说明了，对边界条件而言，传统的观点是正确的。此外，分析提供了一种计算远离程度的方法。例如，对双悬臂梁的 Lubinski 等 (1962) 的边界到 99% 的过渡段具有长度 Δs：

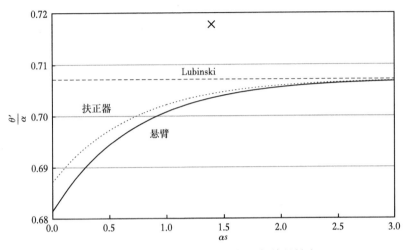

图 3.50 两种边界条件向恒螺距螺旋的转变

$$\alpha \Delta s = \alpha \Delta s_o + \alpha \Delta s_1 + 2.082 - \sqrt{2}\phi_p = 4.501 \tag{3.214}$$

为扶正器选择 $\alpha \Delta s_o$、$\alpha \Delta s_1$ 和 φ_{p2} 的适当值。扶正器解决方案的类似计算为

$$\alpha \Delta s = \alpha \Delta s_o + \alpha \Delta s_1 + 2.082 - \sqrt{2}\phi_c = 3.458 \tag{3.215}$$

使用表 3.8 中的数据，发现 $\alpha \approx 0.0371\text{in}^{-1} \approx 0.445\text{ft}^{-1}$。对这些值而言，悬臂过渡段的长度约为 10.1in，扶正器过渡段的长度约为 7.8in。

螺旋屈曲结果分析的主要结果有三个：管柱长度变化、弯曲应力和接触力。

3.4.2.3 管柱长度的改变

管柱长度的改变是在弯曲长度上整合弯曲张力。屈曲应变（即管柱每单位长度的变化）是由以下公式给出：

$$\varepsilon_b = -\frac{1}{2}\left(r_c\theta'\right)^2 \tag{3.216}$$

正如先前讨论的那样，公式 (3.208) 和公式 (3.213) 之间的差异，以及 Lubinski 等 (1962) 提出的解决方案忽略了大部分的弯曲长度，所以 Lubinski 等在长度变化上的结果仍然是正确的：

$$\Delta L_b = -\frac{r_c^2 \Delta P^2}{8EIw} \tag{3.217}$$

为了计算变螺距问题的准确影响，可以为公式（3.217）计算一个校正因子：

$$\Delta L_{\mathrm{bcorr}} = \int \varepsilon_{\mathrm{b}} \mathrm{d}s - \Delta L_{\mathrm{b}} = \frac{1}{2} r_{\mathrm{c}}^2 \int \theta'' \mathrm{d}s \qquad (3.218)$$

公式（3.281）经过整合为

$$\Delta L_{\mathrm{bcorr}} = \frac{1}{2} r_{\mathrm{c}}^2 \beta_{\mathrm{LW}} \left[1 - \tanh(\phi) \right] \qquad (3.219)$$

公式（3.219）的影响较小。使用表3.8中实例问题的数据，可以看到，当校正因子为0.0012，弯曲长度的变化为46.1in。

3.4.2.4　弯曲应力

对于梁柱的解决方案，弯曲应力由下式给出：

$$M_i = EI r_{\mathrm{c}} u_i'', \quad i = 1, \ 2 \cdots \qquad (3.220)$$

因此整体弯曲力矩为

$$M = EI r_{\mathrm{c}} \sqrt{\left(u_1'' \right)^2 + \left(u_2'' \right)^2} \qquad (3.221)$$

全接触问题的整体弯曲力矩由下式给出：

$$M = EI r_{\mathrm{c}} \sqrt{\left(\theta' \right)^4 + \left(\theta'' \right)^2} \qquad (3.222)$$

表3.8　LUBINSKI例子的数据（Lubinski et al.，1962）

P	66320 lbf
E	30×10^6 psi
I	$1.61 \mathrm{in}^4$
r_{c}	1.61 in

最大的弯曲应力与最大弯曲力矩有关：

$$\sigma_{\mathrm{b}} = \frac{M d_{\mathrm{o}}}{2I} \qquad (3.223)$$

式中，d_{o} 是管材外直径。图3.51和图3.52显示了悬臂封隔器和集中管在梁柱段和全接触段的最大弯矩。

值得注意的是，在每一种情况下，梁柱弯矩力矩超过了充分接触力矩，此情况对悬臂封隔器比较轻微和但是对居中管柱会达到20%。真正的封隔器或扶正器的行为与这些理想化的模型是不一样的。这些结果表明，接近封隔器的弯曲应力可能超过Lubinski等（1962）的预测模型，其程度可能高达20%。

3.4.2.5　接触力

一旦有了对 θ' 的分析解法，就比较容易确定屈曲管的接触力：

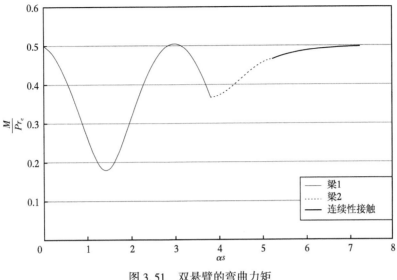

图 3.51　双悬臂的弯曲力矩

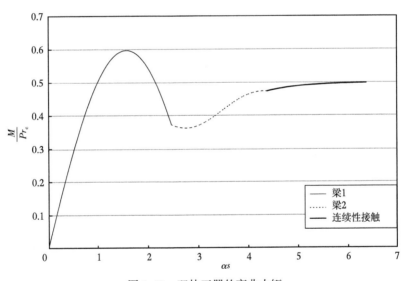

图 3.52　双扶正器的弯曲力矩

$$\begin{cases} w_n = \dfrac{r_c P^2}{4EI}(10T^4 - 12T^2 + 3) \\ T = \tanh\left[\dfrac{\sqrt{2}}{2}\alpha(s - s_o) + \phi_p\right] \end{cases} \tag{3.224}$$

对于封隔器的接触力、管柱集中部分的接触力如图 3.53 所示。其结果会快速收敛到 Lubinski 等(1962)提出的模型中的接触力。

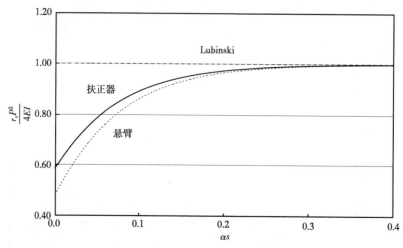

图 3.53　悬臂和扶正器的接触力

3.4.2.6　结论与建议

螺旋屈曲问题的缺失部分一直是从封隔器到充分发展螺旋的过渡。在满足必要的力学约束条件下，梁柱解不能与等螺距螺旋线连接。变螺距解决方案的最终使这个问题有了一个有效的答案。

本章提供了两种不同的边界条件下的解决方案，即悬臂边界和固定端边界。这些解决方案分别对应在一个封隔器和一个居中的套管中的油管密封。这两种情况都收敛于 Lubinski 等(1962)条件，这是远离边界的。此外，这个距离是可以量化的，因此，关于这个真实的弯曲问题是可以进行客观测试的。

屈曲长度的变化是在管柱设计中的一个重要计算。在这类计算中，边界条件对计算的影响是可以量化的，尽管这种影响是比较小的。

最重要的结果梁柱截面上产生弯矩导致充分螺旋的出现。而悬臂方案只给出了比 Lubinski 等(1962)情况高出 1%的增长，扶正器的解决方案给出了 20%的增加。这两个边界条件代表着理想情况而不是实际情况。一个真正的封隔器具有一定的可塑性，同时一个真正的扶正器具有一定的弯曲度。如果一个设计师在实际边界问题中有特殊的信息，在计算真实弯曲力矩时，与这些特殊结果进行比较是有用的。

关于螺旋弯曲，这些计算提出的方法，来解决另一个不得不考虑的问题是：在塔式钻柱中会发生什么？对于塔式钻柱，有一个通用弯曲模型使用了堆积的 Lubinski 问题(Hammerlindl, 1977)。其次，传统观点认为，这些解决方案并不适用于不同尺寸的管材连接。但是在实际中，靠近交叉点的弯曲管材的行为是不得而知的，正如我们不能核实传统的观点一样。

术语

A_i——管柱内流动的横截面积，L^2，in^2；

A_o——管柱全部横截面积，包括内部流动面积，L^2，in^2；

b_z——副法线向量在 $\bar{i}_z$ 坐标方向上的分解;

$\boldsymbol{b}$——管柱位移的副法线向量;

$\boldsymbol{b}'$——关于长度 S 的副法线向量的导数;

C——弯曲公式的积分常数;

d_o——管柱外径,L,in;

D——弯曲公式的积分常数;

E——杨氏模量,psi;

F——力,mL/t^2,lbf;

F_a——轴向力,mL/t^2,lbf;

F_b——在次法线方向上的剪切力,mL/t^2,lbf;

F_e——有效力,mL/t^2,lbf;

F_n——在法线方向上的剪切力,mL/t^2,lbf;

F_m——简化符号所定义的特殊力,mL/t^2,lbf;

F_{st}——流动推力的量级,mL/t^2,lbf;

F_N——正交力,mL/t^2,lbf;

$\bar{F}$——管柱力(即管柱内力),lbf;

$\bar{F}_{st}$——流动推力,mL/t^2,lbf;

g——重力加速度,L/t^2,lbf/lb;

$\boldsymbol{i}$——坐标单位向量;

$\boldsymbol{i}_z$——井下方向的坐标单位向量;

I——管柱的惯性力矩,L^4,in^4;

l——简单支撑梁的长度,L,ft;

m_t——切线方向上的每单位长度上施加的力矩,mL/t^2,(in·lbf)/in;

$\bar{m}$——每单位长度上的施加的作用力矩,mL/t^2,(in·lbf)/in;

$\bar{M}$——全部的弯曲力矩,in·lbf;

M_i——在 i 方向上的弯曲力矩,in·lbf;

M_t——轴向转矩,mL^2/t^2,in·lbf;

$\bar{M}$——力矩上的改变,mL/t^2,(in·lbf)/in;

$\boldsymbol{n}_z$——在 $\bar{i}_z$ 坐标方向上的法向量成分;

$\boldsymbol{n}$——管柱位移的单位法向量;

$\boldsymbol{n}_i$——i 开始阶段的法向量;

$\boldsymbol{n}'$——关于弧长的法向量的导数;

ρ——流体密度,m/L^3,lb/in^3;

ρ_i——管内的流体密度,m/L^3,lb/in^3;

ρ_o——管外的流体密度,m/L^3,lb/in^3;

P——压曲临界力,lbf;

p_{crit}——临界压曲临界力，mL/t^2，lbf；

Q——在例中的中点的垂直载荷，mL/t^2，lbf；

r_c——管柱的径向间隙，L，in；

r_o——管柱的外半径，L，in；

R——某段的曲率半径，L，in；

s——某段的弧长（即量测深度），L，in；

s_i——i 部的量测深度；

S——梁柱方程中的系数；

t_z——在 i_z 方向上的正切向量的组件；

t_i——i 部分管柱位移的单位切向量；

t——管柱位移的单位切向量；

t'——关于弧长 $=\dfrac{d\,\bar{t}}{ds}$ 正切向量的导数；

T——接触力方程中的术语；

$\boldsymbol{u}$——管柱的位移矢量，L，in；

$\boldsymbol{u}_i$——i 部分柱的位移矢量，L，in；

$\boldsymbol{u}'$——关于长度 $=\dfrac{d\bar{u}}{ds}$ 位移矢量的导数；

u_i——i 坐标方向上的位移分量，L，in；

u_z——$\bar{i}_z$ 坐标方向上的位移分量，L，in；

u_1——1 坐标方向上的管柱位移，L，in；

u_2——2 坐标方向上的管柱位移，L，in；

v——气流平均速度，L/t，in/s；

v_i——管内气流平均速度，L/t，in/s；

v_o——管外气流平均速度，L/t，in/s；

w——每单位长度载荷，m/t^2，lbf/in；

w_c——接触载荷，mL/t^2，lbf/in；

w_n——在钻柱与套管之间的正向接触载荷，lbf/ft；

w_p——在空气中管柱的重力，M/L，lb/in；

$\bar{w}$——施加的负载，lbf/in；

$\bar{w}_{bp}$——管柱的浮重，m/t^2，lbf/in；

$\boldsymbol{w}_c$——接触力矢量，m/t^2，lbf/in；

$\bar{w}_d$——管柱上的阻力载荷，lbf/in；

$\bar{w}_{st}$——流动推力载荷，m/t^2，lbf/in；

W——简化符号中定义的特殊力，mL/t^2，lbf；

X，Y，Z——在梁柱方程中的术语；

α——在梁柱方程中的参数系数，L^{-1}，ft^{-1}；

α_1——在拖拽扭矩分析解中的系数，无穷小量；

α_2——在拖拽扭矩分析解中的系数，无穷小量；

β——不断变化的系数，L^{-1}，ft^{-1}；

β_{lw}——不断变化的 Lubinski 系数，L^{-1}，ft^{-1}；

δ——梁柱方程中的参数；

ΔL_b——弯曲长度变化，L，in；

Δl_{bcorr}——对弯曲长度变化的校正，L，in；

Δs——对两段悬臂而言的，Lubinski 弯曲问题的 99% 边界的过度长度；

Δs_0——1 部分梁柱问题的长度，L，in；

Δs_1——2 部分梁柱问题的长度，L，in；

ε——梁柱问题的斜率，无穷小量；

ε_0——1 部分梁柱问题的斜率，无穷小量；

ε_1——2 部分梁柱问题的斜率，无穷小量；

ε_b——弯曲张力；

θ——以井眼中心为中心的管柱旋转角度，弧度；

θ_1——梁柱问题的倾角，弧度；

κ——曲率，L^{-1}，$1/in$；

κ_i——i 部分的曲率，L^{-1}，$1/in$；

μ——梁柱方程式中的术语；

μ_f——摩擦系数；

m_f——改进的摩擦系数；

$\wp$——螺旋的螺距，L，ft；

ϕ_c——扶正器中未知的常数，无穷小量；

ϕ_p——在封隔器中未知的常数，无穷小量；

ξ——无穷小量的长度；

ρ——流体密度，m/L^3，lb/in^3；

ρ_i——管内流体密度，m/L^3，lb/in^3；

ρ_o——管外流体密度，m/L^3，lb/in^3；

σ_b——最大弯曲应力，m/t^2-L，psi；

τ——曲线的集合挠率，L^{-1}，$1/in$；

ψ——梁杆方程中的参数，无穷小量；

ω——$\dfrac{d\theta}{ds}$，$1/L$，$1/in$。

上角标

′ =关于弧长的导数（$\dfrac{d}{ds}$）。

参 考 文 献

Cheatham, J. B. Jr. and Pattillo, P. D. 1984. Helical Postbuckling Configuration of a Weightless Column Under the Action of an Axial Load. SPEJ 24(4): 467-472. SPE-10854-PA. DOI: 10. 2118/10854-PA.

Gradshteyn, I. S. and Ryzhik, I. M. 2000. Table of Integrals, Series, and Products. London: Elsevier Science& Technology.

Hammerlindl, D. J. 1977. Movement, Forces, and Stresses Associated With Combination Tubing Strings Sealed in Packers. JPT 29(2): 195-208; Trans. , AIME, 263. SPE-5143-PA. DOI: 10. 2118/5143-PA.

Ho, H. -S. 1986. General Formulation of Drillstring Under Large Deformation and Its Use in BHA Analysis. Paper SPE 15562 presented at the SPE Annual Technical Conference and Exhibition, New Orleans, 5-8 October. DOI: 10. 2118/15562-MS.

Ho, H. - S. 1988. An Improved Modeling Program for Computing the Torque and Drag in Directional and Deep Wells. Paper SPE 18047 presented at the SPE Annual Technical Conference and Exhibition, Houston, 2-5 October. DOI: 10. 2118/18047-MS.

Johancsik, C. A. , Dawson, R. , and Friesen, D. B. 1973. Torque and Drag in Directional Wells—Prediction and Measurement. JPT 36(6): 987 - 992. SPE - 11380 - PA. DOI: 10. 2118/11380-PA.

Lesso, W. G. , Mullens, E. , and Daudey, J. 1989. Developing a Platform Strategy and Predicting Torque Losses for Modeled Directional Wells in the Amauligak Field of the Beaufort Sea, Canada. Paper SPE 19550 presented at the SPE Annual Technical Conference and Exhibition, San Antonio, Texas, 8-11 October. DOI: 10. 2118/19550-MS.

Love, A. E. H. 1944. A Treatise on the Mathematical Theory of Elasticity, fourth edition. New York: Dover Books.

Lubinski, A. , Althouse, W. S. , and Logan, J. L. 1962. Helical Buckling of Tubing Sealed in Packers. JPT 14(6): 655-670; Trans. , AIME, 225. SPE-178-PA. DOI: 10. 2118/178-PA.

Mitchell, R. F. 1982. Buckling Behavior of Well Tubing: The Packer Effect. SPEJ 22(5): 616-624. SPE-9264-PA. DOI: 10. 2118/9264-PA.

Mitchell, R. F. 1986. Simple Frictional Analysis of Helical Buckling of Tubing. SPEDE 1(6): 457-465; Trans. , AIME, 281. SPE-13064-PA. DOI: 10. 2118/13064-PA.

Mitchell, R. F. 1988. New Concepts for Helical Buckling. SPEDE 3(3): 303 - 310; Trans. , AIME, 285. SPE-15470-PA. DOI: 10. 2118/15470-PA.

Mitchell, R. F. 2002. Exact Analytical Solutions for Pipe Buckling in Vertical and Horizontal Wells. SPEJ 7(4): 373-390. SPE-72079-PA. DOI: 10. 2118/72079-PA.

Nordgren, R. P. 1974. On Computation of the Motion of Elastic Rods. Journal of Applied Mechanics 41: 777-780.

Press, W. H. , Flannery, B. P. , Teukolsky, S. A. , and Vetterling, W. T. 1992. Numerical

Recipes in Fortran 77: The Art of Scientific Computing, second edition, 382 - 386. Cambridge, UK: Cambridge University Press.

Sawaryn, S. J. and Thorogood, J. L. 2005. A Compendium of Directional Calculations Based on the Minimum Curvature Method. SPEDC 20(1): 24-36. SPE-84246-PA. DOI: 10.2118/84246-PA.

Sheppard, M. C., Wick, C., and Burgess, T. M. 1987. Designing Well Paths To Reduce Drag and Torque. SPEDE 2(4): 344-350. SPE-15463-PA. DOI: 10.2118/15463-PA.

Sorenson, K. G. and Cheatham, J. B. Jr. 1986. Post - Buckling Behavior of a Circular Rod Constrained Within a Circular Cylinder. Journal of Applied Mechanics 53: 929-934.

Timoshenko, S. P. and Gere, J. M. 1961. Theory of Elastic Stability. New York City: McGraw-Hill Companies.

Walker, B. R. and Friedman, M. B. 1977. Three-Dimensional Force and Deflection Analysis of a Variable Cross-Section Drillstring. Journal of Pressure Vessel Tech. 99: 367-373.

Zwillinger, D. ed. 1996. CRC Standard Mathematical Tables and Formulae, 30th edition, 321-322. Boca Raton, Florida: CRC Press.

附录　两段式梁柱求解方案

对于悬臂问题，在间隔 Δs_0 处的截面可以用公式 3.4.62 进行求解。而对于扶正器问题可以使用公式 3.4.74 进行求解。两段式的求解则由下述公式求解：

$$\begin{cases} u_{1b2} = \psi_1(s) + \cos\theta_1\psi_3(s) - \varepsilon_1\sin\theta_1\psi_4(s) \\ u_{2b2} = \varepsilon_0\psi_2(s) + \sin\theta_1\psi_3(s) + \varepsilon_1\sin\theta_1\psi_4(s) \end{cases} \tag{A-1}$$

式中 $\psi_i(s)$, $i = 1\ldots 4$ 由下式得出

$$\begin{cases} \psi_1(s) = 1 - \dfrac{\varepsilon(\xi - \sin\xi) - Y(1 - \cos\xi)}{\delta} \\ \psi_2(s) = \varepsilon - \dfrac{(D + Y)(\xi - \sin\xi) - Z(1 - \cos\xi)}{\delta} \\ \psi_3(s) = \dfrac{\varepsilon(\xi - \sin\xi) - Y(1 - \cos\xi)}{\delta} \\ \psi_4(s) = \dfrac{X(1 - \cos\xi) - Y(\xi - \sin\xi)}{\delta} \end{cases} \tag{A-2}$$

$$\varepsilon = \alpha\ (s - \Delta s_0)$$
$$s = \sin\ (\xi_1)$$
$$X = \xi_1 - s$$
$$Y = 1 - \cos\ (\xi_1)$$
$$Z = \xi_1\cos\ (\xi_1) - s$$
$$\delta = \xi_1 s - 2Y$$
$$\xi_1 = \alpha\Delta s_1$$

建立 $\psi_i(s)$ 使

$$\begin{cases} u_{1b}(\Delta s_0) = u_{1b2}(\Delta s_0) \\ u'_{1b}(\Delta s_0) = u'_{1b2}(\Delta s_0) \\ u_{2b}(\Delta s_0) = u_{2b2}(\Delta s_0) \\ u'_{2b}(\Delta s_0) = u'_{1b2}(\Delta s_0) \end{cases} \tag{A-3}$$

公式(A-2)必须满足这些边界条件

$$u''_{1b}(\Delta s_0) = u''_{1b2}(\Delta s_0)$$

$$u''_{2b}(\Delta s_0) = u''_{2b2}(\Delta s_0)$$

$$u'''_{2b}(\Delta s_0) = u'''_{2b2}(\Delta s_0)$$

另外，对公式(3.208)和公式(3.213)在 $s=\Delta s_0+\Delta s_1$ 的条件下进行匹配求解方法。通过寻找到 ε_0、ε_1、θ_1、$\alpha\Delta s_0$ 和 $\alpha\Delta s_1$ 的适当值来对边界条件进行求解。对边界条件进行分析性的求解来得到 ε_0、ε_1 和 θ_1。通过扫描这两个变量的可能范围，寻找候选解，解决了这个问题。然后用 Broyden 方法数值收敛候选解(Press et al., 1992)。

国际单位制换算系数

1 ft = 0.3048m

1 in = 2.54cm

1 in^2 = 6.4516cm^2

1 in^3 = 1.638706cm^3

1 lbf = 4.448222N

1 lb = 0.4535924kg

4 井筒流体力学

4.1 井筒流体力学(钻井液)

——Ramadan Ahmed, 奥克拉何马大学(University of Oklahoma);
Stefan Miska, 塔尔萨大学(University of T ulsa)

4.1.1 引言

在油气井钻进过程中, 钻井液通过钻柱、钻头喷嘴从地面循环至井底, 再从井壁与钻柱间的环形空间返回地面, 图 4.1 是钻井液在井筒中的循环过程示意图。钻井液有许多重要作用: 清除井底岩屑、在停止循环时悬浮加重材料和岩屑、平衡地层压力、传递水动力等。

在常规钻井中, 使用水基钻井液(WBM)、油基钻井液(OBM)和聚合物钻井液(SBM)。另外, 欠平衡钻井(UBD)中经常使用充气钻井液和泡沫钻井液。在进行流体力学分析时, 将钻井液分为牛顿流体和非牛顿流体。在层流条件下, 牛顿流体(像水和"白油"等)剪切应力和剪切速率呈线性相关。因此, 剪切应力表示为

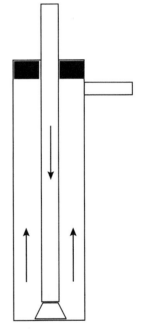

$$\tau = \mu\gamma \tag{4.1}$$

式中, μ 为流体黏度, 随温度和压力的变化而变化; γ 为剪切速率。剪切应力和剪切速率之间的关系是钻井液的主要流变学分类法。相应的, 不同的流变模型(本构方程), 例如宾汉塑性模型、幂律模型、赫—巴(屈服幂律 YPL)模型, 已被开发出来用以正确描述这种关系, 并进行井筒流体力学分析。YPL 模型表示为:

$$\tau = \tau_y + K\gamma^m \tag{4.2}$$

其中, τ 和 τ_y 分别为剪切应力和屈服应力, K 为稠度系数, m 为流性指数。该模型整合了宾汉($\tau = \tau_y + K\gamma$)和幂律($\tau = K\gamma^m$)模型。应用 YPL 模型, 钻井液的表观黏度可以表示为

图 4.1 常规钻井中钻井液循环过程示意图

$$\eta = \frac{\tau_y}{\gamma} + K\gamma^{m-1} \tag{4.3}$$

通常, 钻井液表现出剪切稀释性(即黏度随剪切速率增大而减小), 其表观黏度 η 用式(4.3)描述, 为非牛顿流体, 这种流体用表观黏度 η 代替式(4.1)中的黏度。表观黏度的定义是剪切应力和剪切速率的比值, 它是剪切速率的函数。对于剪切稀释性流体, 表观黏度随剪切速率的增大而减小。

许多钻井液，尤其是膨润土悬浮液，用宾汉塑性模型和幂律模型不能很好地近似计算。包括膨润土悬浮液在内的大多数钻井液，可以用 YPL 模型来计算。需要特别指出的是，一些非牛顿聚合物流体在低剪切速率条件下，表现出牛顿流体行为，很难用 YPL 模型描述。根据式(4.3)，黏度与剪切速率的对数关系图是幂律流体的直线图。具有屈服应力的流体的类似图形成对数曲线，屈服应力通常用内部结构来解释，当剪切应力小于屈服值时，内部结构能够防止流体变形。上述所有流变模式都预测了剪切速率为 0 时的黏度。然而，聚合物钻井液通常在低剪切速率下呈现出恒定的黏度(牛顿流体行为)。

一些钻井液(包括膨润土钻井液)，表现出随时间变化的流变特性。随时间变化的流体是指剪切应力与剪切速率大小和剪切速率历史有关。这些流体通常分为触变性流体和流凝性流体两类。在等温条件下，触变流体在恒定剪切速率下剪切应力随时间呈可逆下降，而流凝性流体在恒定剪切速率下剪切应力随时间呈可逆上升(图 4.2)。

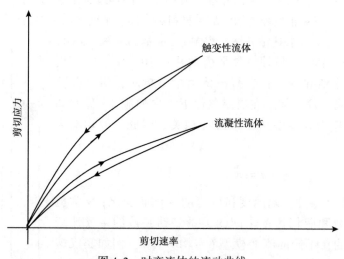

图 4.2　时变流体的流动曲线

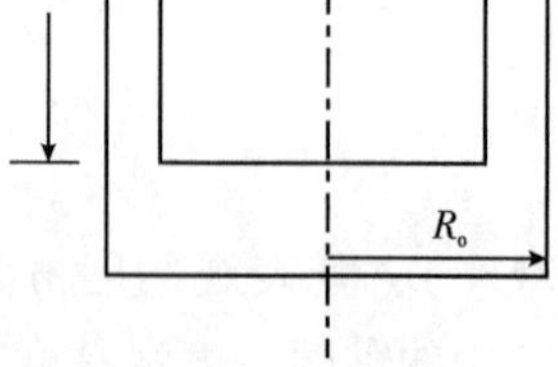

复合钻井液，如反向乳状液和聚合物流体，既具有黏性又具有弹性(即黏弹性)。黏弹性流体是指去掉变形剪切应力后部分弹性恢复的流体，这些材料具有流体和弹性固体的性质。

4.1.2　流变特性

井筒流体力学计算需要流体的流变参数，这些参数可以通过黏度计测量得到，在黏度计中相同点显示了剪切应力和剪切速率。已开发出不同种类的黏度计来确定流体的流变性。

4.1.2.1　旋转黏度计

库艾特黏度计(同心圆筒旋转黏度计)因其操作简单和机械可靠性成为最受欢迎的黏度计。现场标准库艾特黏度计使用悬挂有扭力线的旋转杯(转子)和固定内圆筒(悬锤)或悬有线圈和固定杯的旋转内筒(图 4.3)。在测量过程中，流体样品在环形间隙中，转子在所需转速下旋转，使待测试流体持续变形，线

图 4.3　固定杯库艾特黏度计示意图

圈因流体的黏性阻力受到扭矩，该扭矩通过线圈偏离起始位置的距离测量。假设在等温层流条件下，且忽略末端效应，作用在内筒壁上的剪切应力为

$$\tau = \frac{\Gamma}{2\pi R_i^2 L_b} \tag{4.4}$$

式中，Γ 为实测扭矩。

为了简化分析，库艾特黏度计常设计有狭窄环形间隙。因此，在剪切速率确定时，认为半径比率（$\kappa = \dfrac{R_i}{R_o}$）大于 0.99 的黏度计是一个窄缝（即线速度分布）。下面这个公式可以用来估算内圆或外圆的剪切速率：

$$\gamma = \frac{\omega R_i}{R_o - R_i} \tag{4.5}$$

对于宽缝黏度计（$0.50 \leqslant \kappa \leqslant 0.99$），上述窄缝近似方法无效。在这种情况下，现场使用的标准库艾特黏度计（即旋转杯和固定内筒），在估算靠近内筒的剪切速率时可以使用下面的公式：

$$\gamma = \frac{2\omega}{n^*(1 - \kappa^{2/n^*})} \tag{4.6}$$

式中，n^* 为实测扭矩（Γ）与角速度（ω）对数曲线的斜率。

因此：

$$n^* = \frac{d\ln\Gamma}{d\ln\omega} = \frac{d\ln\tau}{d\ln N} \tag{4.7}$$

式中，N 为转速，r/min。

若黏度计中的流体处于紊流状态，涉及二次流（如泰勒）或存在壁面滑移，上述分析不成立，因此应仔细检查黏度计测量。在确定流变参数之前，必须将在紊流或二次流条件下测得的数据点从数据集中删除。对于牛顿流体和内柱旋转的窄缝黏度计，用下式计算泰勒数：

$$Ta = \frac{\rho^2 \omega^2 (R_o - R_i)^3 R_i}{\mu^2} \tag{4.8}$$

当泰勒数（Ta）大于临界泰勒数（3400）时，流动将变得不稳定并产生二次流（泰勒涡流）。黏度计中的泰勒涡流会消耗能量，并导致扭矩测量值的增大。对于窄缝黏度计中的非牛顿流体，可采用表观黏度并应用上述公式。然而，对于非牛顿聚合物溶剂，临界泰勒数要高于 3400（Macosko，1994）。

$$Re = \frac{\rho\omega(R_o - R_i)R_o}{n^*} \tag{4.9}$$

[例1] 某油田上用悬锤直径为 1.7245cm 和转子直径为 1.8415cm 的黏度计测量 6% 膨润土悬浮液获得黏度数据（表 4.1），假定为 YPL 流体，试确定该流体的流变参数。

表 4.1　某油田黏度计测得黏度数据

速度（r/min）	1	2	3	6	10	20	30	60	100	200	300	600
压力（lbf/100ft²）	6.59	7.14	7.68	9.33	10.43	12.08	13.18	18.67	24.17	35.17	43.97	66.57

解：黏度计的直径比为 1.7245/1.8415=0.9364，因此使用式（4.6）计算剪切速率。用该公式前，需先计算测量剪切应力与旋转速度对数曲线的斜率（图 4.4），用二阶多项式对数据点进行曲线拟合后：

$$\ln\tau = A(\ln N)^2 + B\ln N + C \tag{4.10}$$

用 $n^* = 2A\ln N + B$ 来计算曲线的斜率。取 $A = 0.0462$、$B = 0.0632$、$C = 1.172$（表 4.2）。

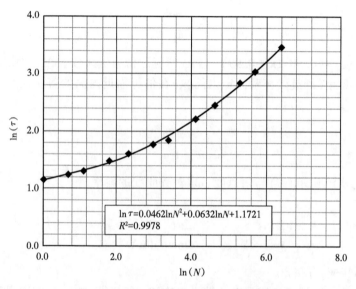

$$\ln\tau = 0.0462\ln N^2 + 0.0632\ln N + 1.1721$$
$$R^2 = 0.9978$$

图 4.4　剪切应力与转速的对数图

表 4.2　剪切速率和指数 n^* 的计算值

N （r/min）	$\ln N$	T （lbf/100ft²）	τ （Pa）	$\ln\tau$	n^*	$\dot\gamma$ （1/s）	$\ln\dot\gamma$	$\ln(\tau-\tau_y)^*$
1	0	6.59	3.15	1.15	0.06	3.79	1.33	−0.21
2	0.693	7.14	3.42	1.23	0.13	5.11	1.63	0.07
3	1.099	7.68	3.68	1.30	0.16	6.94	1.94	0.29
6	1.792	9.33	4.47	1.50	0.23	12.58	2.53	0.75
10	2.303	10.43	4.99	1.61	0.28	20.05	3.00	0.97
20	2.996	12.08	5.78	1.75	0.34	38.46	3.65	1.24
30	3.401	13.18	6.31	1.84	0.38	56.66	4.04	1.38
60	4.094	18.67	8.94	2.19	0.44	110.65	4.71	1.89
100	4.605	24.17	11.57	2.45	0.49	181.91	5.2	2.22
200	5.298	35.17	16.84	2.82	0.55	358.45	5.88	2.67
300	5.704	43.97	21.05	3.05	0.59	533.78	6.28	2.93
600	6.397	66.57	31.87	3.46	0.65	1056.42	6.96	3.39

*：相关曲线如图 4.5 所示。

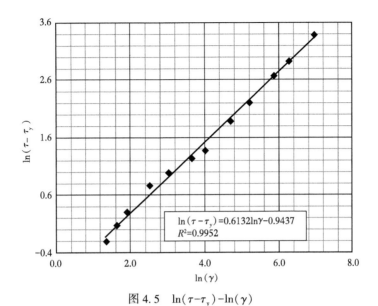

图 4.5　$\ln(\tau - \tau_y) - \ln(\gamma)$

4.1.2.2　管式黏度计

通常,管式黏度计比旋转黏度计的可靠性更好、精准度更高。但在油田应用中,管式黏度计相当昂贵,现场使用也不方便。管式黏度计通常用于研究和管道黏度测量。标准管式黏度计系统(图 4.6)有流量和阻力损失测量仪。

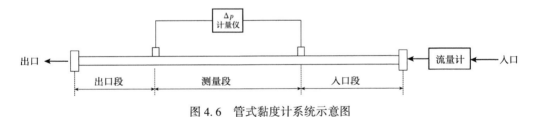

图 4.6　管式黏度计系统示意图

为了获得可靠精确的测量数据,这种类型的黏度计必须有足够长的入口和出口部分,主要是为了在检测段形成充分发展的层流条件。Collins 和 Schowalter (1963)对于幂律流体进行了流体试验以确定管式黏度计的进口段长度。根据他们的试验结果,提出下面的关系式来计算进口段长度 X_D:

$$X_D = (-0.126n + 0.1752)DRe \tag{4.11}$$

式中,n、D 和 Re 分别为幂律指数、管道直径和雷诺数。只有在 n 值大于 0.2 时此关系式成立。通常出口段长度小于进口段长度。

为了研究黏性流动,分析管式黏度计中直径为 D、长度为 ΔL 一小段,这种情况下,可以通过速度剖面的连续性方程计算通过该段流体的流量:

$$Q = 2\pi \int_O^R v(r)r\,\mathrm{d}r \tag{4.12}$$

$v(r)$ 为管中的轴向流速剖面(图4.7),通过部分积分式(4.12)并假设 $v(R)=0$(即在管壁处为无滑动边界条件),得到

$$Q = -\pi \int_0^R r^2 \frac{dv}{dr} dr \qquad (4.13)$$

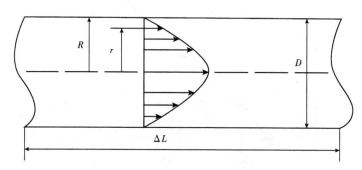

图4.7 管内流速剖面示意图

速度梯度(剪切速率)$\dfrac{dv}{dr}$ 是剪切应力的一个函数,这表明对于恒密度流体的稳态流动,动量平衡有以下表达式:

$$\frac{\tau(r)}{r} = \frac{\tau_w}{R} \qquad (4.14)$$

τ_w 表示管壁处的剪切应力,公式如下:

$$\tau_w = \frac{R}{2} \frac{\Delta p}{\Delta L} \qquad (4.15)$$

改变变量,式(4.13)变为

$$Q = -\pi \int_0^{\tau_w} \left(\frac{R}{\tau_w}\right) \frac{dv}{dr} \tau^2 d\tau \qquad (4.16)$$

式(4.16)代表了流速和剪切应力之间的一般关系。为了区别于 τ_w,用 $\dfrac{dv}{dr}=f(\tau)$ 表示,整理为

$$\frac{d(Q\tau_w^3)}{d\tau_w} = -\pi R^3 f(\tau_w)\tau_w^2 \qquad (4.17)$$

因此,在管壁处的剪切速率为

$$f(\tau_w) = \left(-\frac{dv}{dr}\right)_r = \gamma_w = \frac{1}{\pi R^3 \tau_w^2} \frac{d(Q\tau_w^3)}{d\tau_w} \qquad (4.18)$$

或

$$\gamma_w = \frac{1}{\pi R^3} \tau_w \frac{dQ}{d\tau_w} + \frac{3Q}{\pi R^3} \qquad (4.19)$$

因为 $\dfrac{Q}{\pi R^3} = \dfrac{2U}{D}$，式（4.19）可以用平均速度（$U$）和管子直径（$D$）表示为

$$\gamma_w = \frac{\tau_w}{4} \frac{d\left(\dfrac{8U}{D}\right)}{d\tau_w} + \frac{3}{4}\left(\frac{8U}{D}\right) \qquad (4.20)$$

下式是正确的，即

$$\tau_w \frac{d(\ln\tau_w)}{d\tau_w} = \left(\frac{8U}{D}\right) \frac{d\left(\ln\dfrac{8U}{D}\right)}{d\left(\dfrac{8U}{D}\right)} \qquad (4.21)$$

根据式（4.21）可以得到

$$\frac{d\left(\dfrac{8U}{D}\right)}{d\tau_w} = \frac{\dfrac{8U}{D}}{\tau_w} \frac{d\left(\ln\dfrac{8U}{D}\right)}{d(\ln\tau_w)} \qquad (4.22)$$

将式（4.22）代入式（4.20），可以得到

$$\gamma_w = \frac{1}{4}\left[3 + \frac{d\left(\ln\dfrac{8U}{D}\right)}{d(\ln\tau_w)}\right]\left(\frac{8U}{D}\right) \qquad (4.23)$$

引入流性指数（N），上式变为

$$\gamma_w = \left(\frac{3N+1}{4N}\right) \times \frac{8U}{D} \qquad (4.24)$$

流性指数 N 可表述为

$$N = \frac{d(\ln\tau_w)}{d\left(\ln\dfrac{8U}{D}\right)} \qquad (4.25)$$

　　管式黏度计数据（流动曲线）通常以壁面剪切应力和标称牛顿剪切速率（$8U/D$）对数图表示（图4.8）。流性指数 N 是给定剪切应力下曲线的斜率。一旦流性指数的值已知，使用式（4.24）可以确定相应的壁面剪切速率，以绘制流动曲线图（壁面剪切应力与剪切速率关系图）。

　　通常还可以根据标称牛顿剪切速率将壁面剪切应力表述为

$$\tau_w = K'\left(\frac{8U}{D}\right)^N \qquad (4.26)$$

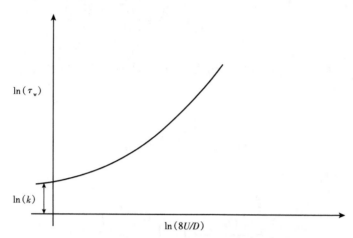

图 4.8　壁面剪切应力和标称牛顿剪切速率的关系

式中，K' 为广义上的稠度系数，是标称牛顿剪切速率的函数。假如壁面剪切应力和标称牛顿剪切速率的关系在双对数坐标上是一条直线，流体就是幂律流体。换言之，流性指数是恒定的并且等于流体流性指数 n。即幂律流体 $n=N$，因此：

$$\tau = K\left(-\frac{dv}{dr}\right)^n \tag{4.27}$$

虽然 K' 和 N 与 K 和 n 密切相关，但是还是有区别的。

[**例 2**]　表 4.3 中的资料是用内径为 0.5in 的管式黏度计测量的比重约为 1 的 6%膨润土悬浮液的数据。试确定该流体的 YPL 模型参数。

表 4.3　6%膨润土悬浮液的管式黏度计测量数据

流量（gal/min）	10.17	8.96	7.71	6.43	5.15	3.85	2.54	1.77	0.91	0.48	0.17
dp/dL[H_2O/in]	3.43	2.21	1.84	1.63	1.41	1.18	0.92	0.75	0.52	0.37	0.24

解：为了确定流变参数，首先应根据流速和压力梯度（式 4.15）分别计算出标称牛顿剪切速率和壁面剪切应力。管式黏度计的数据分析见表 4.4，画出流动曲线（图 4.9）以筛选出层流范围外的测量值。仔细检查流动曲线的趋势也可以筛选出层流范围外的测量值，即随着标称牛顿剪切速率的增加，壁面剪切应力急剧上升。这种情况下，图 4.9 中的最后三个数据点出现在了层流范围之外。因此，在计算流变参数时建议剔除这几个数据点。这是第一个假设，当获得正确的流变参数时，需用雷诺数进行验证。其余的数据点在对数图（图 4.10）中给出，应用例 1 中使用的多项式曲线拟合技术建立 N 和 $(8U/D)$ 之间的关系。

相应地，$N = 2 \times 0.0305 \ln(8U/D) + 0.1826$，得到这个关系式后，可以使用式（4.24）计算壁面剪切速率。可以通过绘制 $\ln(\tau_w - \tau_y) - \ln\gamma_w$ 图来确定流变参数，如图 4.11 所示。因此，$m = 0.618$，$\ln K = -1.3984$，$K = 0.25 Pa \cdot s^{0.68}$（0.52 $lbf^{0.68}$/100ft^2）。图 4.12 中获得的结果使用的屈服值为 2.77Pa（5.79 lbf/100ft^2）。在表 4.4 中，不同流速下的雷诺数均是

由这些参数计算得出的。高流速条件(分别为 10.17gal/min 和 8.96gal/min)下的雷诺数超过 2100,表明是非层流条件。因此,其他数据点可视为层流,也就是说之前的假设成立。

表 4.4　6%膨润土悬浮液管式黏度计测量数据分析

Q (gal/min)	dp/dL (Pa/m)	U (m/s)	$8U/D$ (1/s)	τ_w (Pa)	ln ($8U/D$)	ln (τ_w)	N	$\dot{\gamma}_w$ (1/s)	ln ($\dot{\gamma}_w$)	ln ($\tau_w-\tau_y$)	Re
10.17	33683.78	5.07	3191.9	106.95	8.07	4.67	0.67	3576.51	8.18	4.65	3041.83
8.96	21633.03	4.46	2810.32	68.68	7.94	4.23	0.67	3161.07	8.06	4.19	2555.45
7.71	18025.62	3.84	2418.42	57.23	7.79	4.05	0.66	2732.89	7.91	4	2079.77
6.43	15971.82	3.2	2017.38	50.71	7.61	3.93	0.65	2292.81	7.74	3.87	1620.74
5.15	13864.68	2.57	1616.28	44.02	7.39	3.78	0.63	1850.29	7.52	3.72	1193.46
3.85	11606.21	1.92	1207.06	36.85	7.1	3.61	0.62	1395.61	7.24	3.53	795.83
2.54	9059.11	1.27	797.59	28.76	6.68	3.36	0.59	936.05	6.84	3.26	445.52
1.77	7347.25	0.88	554.05	23.33	6.32	3.15	0.57	659.41	6.49	3.02	265.95
0.91	5095.58	0.45	284.81	16.18	5.65	2.78	0.53	348.63	5.85	2.6	101.84
0.48	3624.32	0.24	151.5	11.51	5.02	2.44	0.49	191.11	5.25	2.17	39.9
0.17	2305.05	0.09	53.77	7.32	3.98	1.99	0.43	71.91	4.28	1.52	7.98

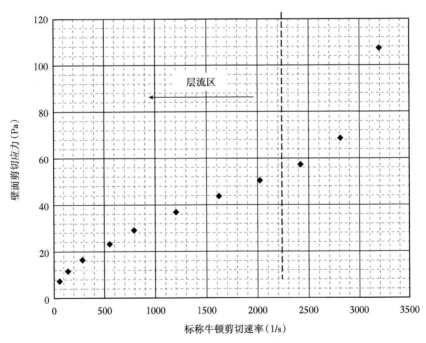

图 4.9　壁面剪切应力与标称牛顿剪切速率的关系

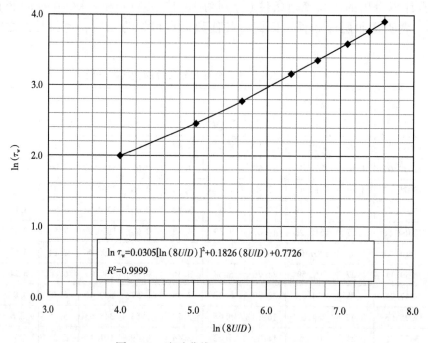

图 4.10　流动曲线：$\ln \tau_{w}$—$\ln (8U/D)$

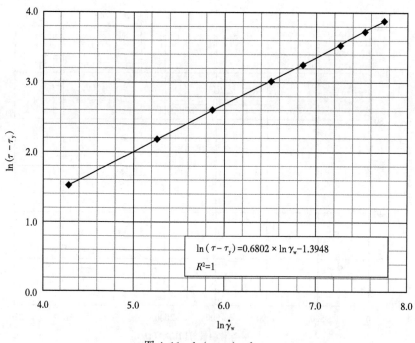

图 4.11　$\ln (\tau - \tau_{y})$—$\ln \dot{\gamma}_{w}$

4.1.3 管流和环空流

对于不可压缩流体在管中的等温稳定流动，根据轴向动量平衡得到管道内剪切应力分布与压力梯度之间的关系为

$$\tau = \frac{r}{2}\frac{\mathrm{d}p}{\mathrm{d}z} \qquad (4.28)$$

因此，壁面剪切应力可以这样计算：

$$\tau_w = \frac{R}{2}\frac{\mathrm{d}p}{\mathrm{d}z} \qquad (4.29)$$

式中，R 是管道半径。定义管流范宁摩擦系数（摩擦因子）为

$$f = \frac{\tau_w}{\frac{1}{2}\rho U^2} \qquad (4.30)$$

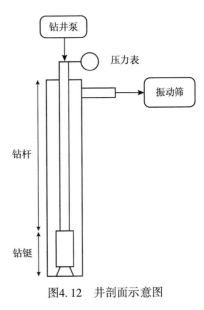

图4.12 井剖面示意图

4.1.3.1 牛顿流体
4.1.3.1.1 层流

对于在管径为 D 管道中的牛顿流体，压力梯度和平均流速的关系，可以应用边界条件，使用动量方程式（4.28）、基本方程式（4.1）和连续性方程式（4.12）来得到。

$$\frac{\mathrm{d}p}{\mathrm{d}z} = \frac{32uU}{D^2} \qquad (4.31)$$

依据摩擦因子可将压力损失表述为

$$\frac{\mathrm{d}p}{\mathrm{d}z} = \frac{2f\rho U^2}{D} \qquad (4.32)$$

式中：

$$f = \frac{16}{Re} \qquad (4.33)$$

$$Re = \frac{\rho UD}{\mu} \qquad (4.34)$$

若在圆形直管中的雷诺数小于2100，流动为层流。因此，壁面剪切应力可以直接由壁面剪切速率（$8U/D$）确定为

$$\tau_w = \mu\frac{8U}{D} \qquad (4.35)$$

4.3.1.1.2 紊流

紊流时，使用式（4.32）计算压力损失。但是，必须用紊流摩擦系数相关性来估算摩擦系数 f。需要注意的是，紊流条件下的摩擦压力损失受管壁的粗糙程度的影响很大。对于光滑管和粗糙管内的牛顿流体，下面的 Colebrook 关系式可以用来确定摩擦系数，即

$$\frac{1}{\sqrt{f}} = -4\lg\left[\frac{\varepsilon/D}{3.7} + \frac{1.255}{Re\sqrt{f}}\right] \tag{4.36}$$

式中，ε 为管壁绝对粗糙度。

4.1.3.2 幂律流体

4.1.3.2.1 层流

管流的压力损失由前面提到的动量方程式(4.29)确定为

$$\frac{\mathrm{d}p}{\mathrm{d}z} = \frac{4\tau_w}{D} \tag{4.37}$$

对式(4.16)进行积分($\tau = K\gamma^n$)，整理后可得壁面剪切应力表达式：

$$\tau_w = K\left(\frac{3n+1}{4n}\frac{8U}{D}\right)^n \tag{4.38}$$

当流动为层流时，式(4.38)有效，也就意味着以下定义的雷诺数必需小于临界雷诺数（即2100）。

$$Re = \frac{D^n U^{n-2} \rho}{8^{n-1} K} \tag{4.39}$$

4.1.3.2.2 紊流

非牛顿流体的流变复杂性加上流体颗粒的随机运动（紊流涡旋），使得对紊流非牛顿流体的数学处理变得非常困难。因此，对于非牛顿流体紊流的认知很大程度上局限于半经验式。基于实验研究和半理论分析，Dodge 和 Metzner（1959）建立管道中非牛顿流体紊流的摩擦系数相关性。对于幂律流体，相关性可以表示为

$$\frac{1}{f^{0.5}} = \frac{4}{n^{0.75}}\lg\left[Ref^{(1-n/2)}\right] - \frac{0.4}{n^{1.2}} \tag{4.40}$$

对于粗糙管中的紊流，Szilas 等（1981）提出了一个类似的关系式来估算摩擦系数：

$$\frac{1}{\sqrt{f}} = -4.0\lg\left[\frac{\varepsilon/D}{3.7} + \frac{10^{-\beta/2}}{Re(4f)^{(2-n)/2n}}\right] \tag{4.41}$$

$$\beta = 1.51^{1/n}\left(\frac{0.707}{n} + 2.12\right) - \frac{4.015}{n} - 1.057 \tag{4.42}$$

式中，n 为幂律指数。

[例3] 钻柱长3000ft，直径为3.5in，由钻杆（内径2.6in）和一个短钻铤组成。当钻井液排量分别为100gal/min 和300gal/min 时，确定钻杆内的压力损失。假定钻杆光滑，钻井液最适用稠度系数为 $1.04\mathrm{lbf} \cdot \mathrm{s}^{0.6}/100\mathrm{ft}^2$（$0.50\mathrm{Pa} \cdot \mathrm{s}^{0.6}$）、流体流性指数为0.6的幂律模型，钻井液密度为8.33lb/gal（1000kg/m³）。

解1：钻井液排量为100gal/min 时，钻杆中的平均流速为1.84m/s。假定钻杆中的流动是层流，则壁面剪切应力可以用式(4.38)来计算：

$$\tau_{\mathrm{w}} = K\left(\frac{3n+1}{4n}\frac{8U}{D}\right)^n = 14.1\,\mathrm{Pa}$$

雷诺数可以用式(4.39)来估算:

$$Re = \frac{8\rho U^2}{\tau_{\mathrm{w}}} = 1926$$

因此,层流假定成立。所以,压力损失可以使用式(4.37)来计算。

$$\Delta p = \frac{4\tau_{\mathrm{w}}}{D}\Delta L = 777529.1\,\mathrm{Pa}\quad(112.8\,\mathrm{psi})$$

解2:钻井液排量为 300gal/min 时,即平均速度为 5.52m/s 。假定为层流条件,壁面剪切应力变为 27.16Pa,相应的雷诺数是 8965.6,表明是紊流。因此,压力损失必须使用范宁摩擦系数式(4.40)来确定。当雷诺数为 8965.6 时,f 值变为 0.0057。应用式(4.30)可获得正确的壁面剪切应力:

$$\tau_{\mathrm{w}} = \frac{1}{2}fpU^2 = 86.85\,\mathrm{Pa}$$

使用式(4.37),压力损失为

$$-\Delta p = \frac{4\tau_{\mathrm{w}}}{D}\Delta L = 4806237\,\mathrm{Pa}\,(697\,\mathrm{psi})$$

4.1.3.3 YPL 型流体
4.1.3.3.1 层流

通过积分式(4.16),可以得到 YPL 流体在层流条件下稳定等温管流的精确解析解。整理后可得

$$\frac{8U}{D} = \frac{(\tau_{\mathrm{w}} - \tau_{\mathrm{y}})^{(1+1/m)}}{K^{1/m}\tau_{\mathrm{w}}^2}\left(\frac{4m}{3m+1}\right)\left[\tau_{\mathrm{w}}^2 + \frac{2m}{1+2m}\tau_{\mathrm{y}}\tau_{\mathrm{w}} + \frac{2m^2}{(1-m)(1+2m)}\tau_{\mathrm{y}}^2\right] \quad (4.43)$$

对于给定平均速度,式(4.43)需要数值解来确定剪切应力。然而,当屈服应力与壁面剪切应力的比值 $\tau_{\mathrm{y}}/\tau_{\mathrm{w}}$ 较小时,可以得出一个用来求解壁面剪切应力的显式方程。圆管中 YPL 流体流动的广义雷诺数由下式给出:

$$Re = \frac{\rho U^{2-N}D^N}{K'8^{N-1}} \quad (4.44)$$

区分式(4.43):

$$\frac{1}{N} = \frac{(1-2m)\tau_{\mathrm{w}} + 3m\tau_{\mathrm{y}}}{m(\tau_{\mathrm{w}} - \tau_{\mathrm{y}})} + \frac{2m\{(1+m)[(1+2m)\tau_{\mathrm{w}}^2 + m\tau_{\mathrm{y}}\tau_{\mathrm{w}}]\}}{m(1+m)(1+2m)\tau_{\mathrm{w}}^2 + 2m^2(1+m)\tau_{\mathrm{w}}\tau_{\mathrm{y}} + 2m^3\tau_{\mathrm{y}}^2}$$

$$(4.45)$$

广义的稠度系数 K' 可表示为

$$K' = \frac{\tau_{w}}{\left(\dfrac{8U}{D}\right)^{N}} \qquad (4.46)$$

式(4.45)和式(4.46)中的壁面剪切应力必须在实际标称牛顿剪切速率(8U/D)下,由式(4.43)获得。YPL流体从层流到紊流过渡的临界雷诺数约为2100。临界雷诺数(图4.13)随流性指数缓慢增加。一些黏弹性强的钻井液(如聚合物钻井液),有延缓这种变化的趋势。

4.1.3.3.2　紊流

Dodge 和 Metzner(1959)针对非牛顿流体在光滑管道中紊流流动做了大量的试验研究和半理论分析。通过系统地处理平均速度剖面并应用守恒方程,Dodge 和 Metzner 提出了适用于所有不随时间变化的非黏弹性流体摩擦系数关系的一般式。关系式如下:

$$\frac{1}{f^{0.5}} = \frac{4}{N^{0.75}}\lg\left[Ref^{(1-N/2)}\right] - \frac{0.4}{N^{1.2}} \qquad (4.47)$$

已经用一些非幂律流体(黏土悬浮液和聚合物凝胶)证实了关系式有效性。该方程的图形形式如图4.13所示,实线代表原始数据,而虚线表示基于式(4.47)的摩擦系数曲线的预测模式。超出实线使用这个方程时,应特别注意。

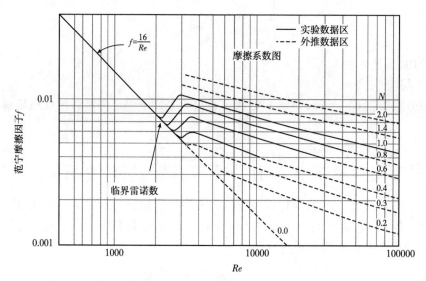

图4.13　范宁摩擦系数与广义雷诺数 (Dodge and Metzner, 1959,
再版得到美国化学工程师学会的许可)

通过分析式(4.36)和式(4.47),Reed 和 Pilehvari(1993)提出了 Colebrook 方程式(4.36)的修正式,通过引入当量直径的概念,估算粗糙管中 YPL 流体的摩擦系数。粗糙管中摩擦系数修正形式如下:

$$\frac{1}{\sqrt{f}} = -4.0\lg\left[\frac{\varepsilon/D_{\text{eff}}}{3.7} + \frac{1.26^{N-1、2}}{(Ref^{(1-N/2)})^{N-0.75}}\right] \tag{4.48}$$

式中有效直径 D_{eff} 为

$$D_{\text{eff}} = \frac{4N}{3N+1}D \tag{4.49}$$

[**例4**] 再次考虑例3，使用另一种最符合 YPL 模型的钻井液，其稠度系数为 1.044lbf·s$^{0.4}$/100ft^2、（0.5Pa·s$^{0.5}$）流性指数为 0.5、屈服应力为 10.44 lbf/100ft^2（5.0Pa）。计算排量为 100gal/min 和 300gal/min 时，钻杆内的压力损失。

解1：钻井液排量为 100gal/min 时，管中的平均流速为 1.84m/s。假设流动为层流，由式（4.43）可得壁面剪切应力 $\tau_w = 20.33$Pa，使用式（4.44）可以估算出雷诺数：

$$Re = \frac{8\rho U^2}{\tau_w} = 1330$$

流动为层流，使用式（4.37）可计算出压力损失：

$$\Delta p = \frac{4\tau_w}{D}\Delta L = 1.13\text{MPa}\quad(163\text{psi})$$

解2：对于钻井液排量为 300gal/min 的情况，假设流动为层流，壁面剪切应力变为 33.48Pa。相应的雷诺数是 7273，说明是紊流流动。因此，压力损失应使用式（4.47）基于范宁摩擦系数计算。该方程要求使用基于层流的壁面剪应力（即 33.48Pa）估算流性指数（N）。应用式（4.45），N 值为 0.49，随之 f 值为 0.0052。对于紊流流动，壁面剪切应力可以使用下式来计算：

$$\tau_w = \frac{1}{2}f\rho U^2 = 78.90\text{Pa}$$

摩擦压力损失为

$$\Delta p = \frac{4\tau_w}{D}\Delta L = 4.37\text{MPa}\quad(633\text{psi})$$

4.1.4 环空流动

在钻井作业中，分析环空压力损失是确定井底压力的关键。根据井眼结构的不同，钻杆可以是同心或偏心的。偏心率和内外径比（即钻杆直径与井眼直径之比）均是环空流重要几何参数。典型的钻杆直径、井眼直径和直径比见表4.5。对于常规钻井而言，直径比范围在 0.4~0.6 之间 。对于其他特殊钻井应用，如套管钻井和连续油管直径比可能超出这个范围。

表 4.5 典型的钻杆和井眼尺寸

钻杆直径（in）	井眼直径（in）	直径比
5	12¼	0.4082
4½	8¾	0.5143
3½	6¾	0.5185
2⅞	6¼	0.4600
2⅜	5½	0.4318

4.1.4.1　同心环空

等截面的同心环空中的定常不可压缩流的运动方程可以用柱坐标系(r, q, z)来表示：

$$\frac{\partial p}{\partial z} + \frac{1}{r}\frac{\partial}{\partial r}(r\tau_{rz}) = 0 \tag{4.50}$$

对于恒压力梯度（即 $\mathrm{d}p/\mathrm{d}L$ 恒定），式（4.50）积分可得到同心环空中的应力分布情况：

$$\tau_{rz} = -\frac{R_o}{2}\frac{\mathrm{d}p}{\mathrm{d}z}\left(\frac{r}{R_o} - \beta^2\frac{R_o}{r}\right) \tag{4.51}$$

式中，$\beta = \lambda/R_o$，λ 代表当应力 τ_{rz} 消失时环空中的位置，式（4.51）清楚地表明了环空中存在非线性剪切应力分布。此外，对于同心环空，内管和外管上的剪切应力不同。为进行流体力学计算，引入平均壁面剪切应力 $\bar{\tau}_w$，通过应用轴向动量平衡可得

$$(p_i + p_o)\bar{\tau}_w = p_i\tau_{wi} + \rho_o\tau_{wo} = \frac{\pi}{4}(D_o^2 - D_i^2)\frac{\mathrm{d}p}{\mathrm{d}z} \tag{4.52}$$

式中，p_i 和 p_o 为湿周，计算公式为 $p_i = \pi D_i$ 和 $p_o = \pi D_o$。简化后，依据式（4.52）可得壁面剪切应力或摩擦压力梯度的平均壁面剪切应力的表达式：

$$\bar{\tau}_w = \frac{\tau_{wo}D_o + \tau_{wi}D_i}{D_o + D_i} \tag{4.53}$$

或

$$\bar{\tau}_w = \frac{\mathrm{d}p}{\mathrm{d}z} \times \frac{D_{hyd}}{4} \tag{4.54}$$

式中，D_{hyd} 为环空的当量直径。类推到管流，可以用平均壁面剪切应力来定义环状流摩擦系数：

$$f = \frac{\bar{\tau}_w}{\frac{1}{2}\rho U^2} \tag{4.55}$$

4.1.4.2　层流，牛顿流体

对于牛顿层流，Lamb（1945）提出了式（4.50）的解析解，应用此结论，可以由平均速度直接预测压力梯度：

$$\frac{\mathrm{d}p}{\mathrm{d}z} = \frac{32\mu U}{D_L^2} \tag{4.56}$$

式中，D_L 是 Lamb 直径，由下式计算：

$$D_L^2 = D_o^2 + D_i^2 - \frac{D_o^2 - D_i^2}{\ln\dfrac{D_o}{D_i}} \tag{4.57}$$

层流条件下，上式成立。为了与管流保持一致性，定义雷诺数为

$$Re_{\text{ann}} = \frac{D_{\text{eq}}U\rho}{\mu} \tag{4.58}$$

式中，当量直径 D_{eq} 为

$$D_{\text{eq}} = \frac{D_{\text{L}}^2}{D_{\text{hyd}}} \tag{4.59}$$

因此，摩擦系数和雷诺数之间的关系可以表示为

$$f = \frac{16}{Re_{\text{ann}}} \tag{4.60}$$

4.1.4.3　紊流

实验结果表明，当由式（4.48）定义雷诺数超过 2100 时，层流流动状态变得不稳定。对于紊流流动，通过将式（4.54）代入式（4.55）中可以得到压力损失表达式，即

$$\frac{\mathrm{d}p}{\mathrm{d}z} = \frac{2f\rho U^2}{D_{\text{hyd}}} \tag{4.61}$$

可以采用 Colebrook 方程式（4.36）来确定环空中的摩擦系数：

$$\frac{1}{\sqrt{f}} = -4.0\lg\left(\frac{\varepsilon/D_{\text{eq}}}{37} + \frac{1.255}{Re_{\text{ann}}\sqrt{f}}\right) \tag{4.62}$$

式中，ε 为环空的绝对粗糙度。认为相对光滑的管和环空，粗糙度为 0，商用钢管的粗糙度约为 50μm。对于光滑环空，上式简化为

$$\frac{1}{\sqrt{f}} = -4.0\lg\left(\frac{1.255}{Re_{\text{ann}}\sqrt{f}}\right) \tag{4.63}$$

4.1.4.4　层流条件下的幂律流体

包括 Fredrickson 和 Bird（1958）在内的多位研究人员已经对同心环空中的非牛顿层流做了研究，开发了不同的水力计算程序，用来预测环空压力损失。常用方法为 Fredrickson 和 Bird（1958）提出的精确解法和 Whittaker（1985）提出的近似解。

4.1.4.4.1　精确解法

Fredrickson 和 Bird（1958）提出了幂律流体在同心环空中层流流动的解析解。

$$Q = \frac{n}{3n+1}\pi R_o^{\frac{3n+1}{n}}\left(\frac{1}{2K}\times\frac{\mathrm{d}p}{\mathrm{d}z}\right)^n\left[(1-\beta^2)^{1+\frac{1}{n}} - \kappa^{1-\frac{1}{n}}(\beta^2-\kappa^2)^{1+\frac{1}{n}}\right] \tag{4.64}$$

式中，κ 为直径比（即 $\kappa = \dfrac{R_{\text{i}}}{R_{\text{o}}}$），如图 4.14 所示。通过解下边的积分方程，可获得式（4.64）中参数 β 的数值解：

$$\int_{\kappa}^{\beta} \left(\frac{\beta^2}{\xi} - \xi \right)^{\frac{1}{n}} \mathrm{d}\xi = \int_{\beta}^{1} \left(\xi - \frac{\beta^2}{\xi} \right)^{\frac{1}{n}} \mathrm{d}\xi \qquad (4.65)$$

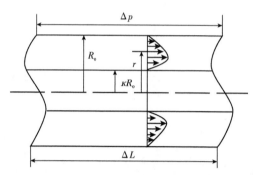

图 4.14 同心环空流的轴向速度剖面

式中，ξ 为无量纲半径，$\xi = r / R_o$，范围为 $\kappa \sim 1$。基于无量纲半径，参数 β 表示环空中最大速度的位置。Hanks 和 Larsen（1979）给出了该参数值的列表。实际应用中，β 可用下式计算：

$$\beta = 0.9904 \cdot \kappa^{0.4141} \cdot n^{0.01238} \qquad (4.66)$$

Fredrickson 和 Bird（1958）提出了计算环空中雷诺数的表达式，即：

$$Re_{ann} = \frac{D_o^n U^{2-n} \rho (1 + \kappa)}{2^{n-3} K (1 - \kappa^2)^{n+1}} \Omega^n \qquad (4.67)$$

式中，无量纲流速 Ω 为

$$\Omega = \frac{n \Gamma (1 - \kappa)^{\frac{2n+1}{n}}}{2n + 1} \qquad (4.68)$$

从图 4.15 中可获得参数 Γ 的值。雷诺数小于 2100 时的环空流体为层流流动。

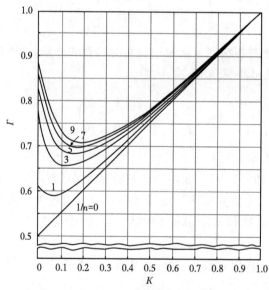

图 4.15 参数 Γ 是 κ 和 $1/n$ 的一个函数（Fredrickson and Bird，1958，
经工业和化学工程学会允许转载）

4.1.4.4.2 近似解法。

1985 年，Whittaker 提出的计算环空中幂律流体在层流流动情况下压力损失的另一种解法是 Exlog 法。基于该方法，压力损失计算如下：

$$\frac{\mathrm{d}p}{\mathrm{d}z} = \left(\frac{4K}{D_{\mathrm{hyd}}}\right)\left(\frac{8UG}{D_{\mathrm{hyd}}}\right)^n \tag{4.69}$$

式中，参数 G、Z 和 Y 给出关系式如下：

$$G = \frac{\left(1+\frac{Z}{2}\right)\left[(3-Z)\,n+1\right]}{n\,(4-Z)} \tag{4.70}$$

$$Z = 1 - \left[1-\left(\frac{D_i}{D_o}\right)^\gamma\right]^{\frac{1}{\gamma}} \tag{4.71}$$

$$Y = 0.37n^{-0.14} \tag{4.72}$$

该流体的相关雷诺数为

$$Re_{\mathrm{ann}} = \frac{D_{\mathrm{eff}}^n \rho U^{2-n}}{8^{n-1}K} \tag{4.73}$$

式中，D_{eff} 为环空的有效直径，给出关系式如下：

$$D_{\mathrm{eff}} = \frac{D_{\mathrm{hyd}}}{G} \tag{4.74}$$

式 (4.73) 中的雷诺数必须小于 2100，才能在环空中具有层流条件。

4.1.4.4.3　紊流流动

前面所讲的计算层流压力损失的方法，还建立了确定紊流条件下压力损失的程序。

Fredrickson 和 Bird 法 建议使用下式来确定环空中的压力损失：

$$\frac{\mathrm{d}p}{\mathrm{d}z} = f \times \frac{\rho U^2\,(1+\kappa)}{R_o\,(1-\kappa^2)} \tag{4.75}$$

式中，f 为光滑管中的牛顿摩擦系数 (式 4.63)。

根据 Exlog 解法，对于幂律流体应使用 Dodge 和 Metzner (1959) 方程式来估算摩擦系数：

$$\frac{1}{f^{0.5}} = \frac{4}{n^{0.75}}\lg\left[Re\,f^{(1-n/2)}\right] - \frac{0.4}{n^{1.2}} \tag{4.76}$$

确定摩擦系数后，使用式 (4.61) 计算压力损失值。

4.1.4.5　幂律流体

层流流动已经进行了许多研究 (Laird, 1957；Hanks, 1979) 来开发用于 YPL 流体在环空中流动的流体力学模型。Laird (1957) 提出了同心环空中的宾汉流体层流流动的精确解法。该解法需要一个迭代过程来确定堵塞边界。Hanks (1979) 研究了 YPL 流体在同心环空中的层流流动，并给出了根据压降求流速的设计图，反之亦然。但是，迄今为止没有关于 YPL 流体在同心环空中流动的解析解发表。现有可用的方法有直接数值解法和窄缝近似法。

4.1.4.6　窄缝近似法

该方法使用的等效矩形窄缝宽为 w、高为 h，计算如下：

$$h = \frac{D_o - D_i}{2} \tag{4.77}$$

同时

$$w = \frac{\pi\,(D_o + D_i)}{2} \tag{4.78}$$

因此，等效窄缝的横截面积与环空相同。当直径比 $D_i/D_o > 3$ 时，该方法相当精确。窄缝中 YPL 流体稳态等温流动的解析解表示为

$$Q = \frac{wh^2(\tau_w - \tau_y)^{\frac{m+1}{m}}}{2K^{\frac{1}{m}}\tau_w^2}\left(\frac{m}{1+2m}\right)\left(\tau_w + \frac{m}{m+1}\tau_y\right) \tag{4.79}$$

对于环空流动，将式(4.77)和式(4.78)代入式(4.79)后可得

$$\frac{12U}{D_o - D_i} = -\frac{(\bar{\tau}_w - \tau_y)^{\frac{m+1}{m}}}{K^{\frac{1}{m}}\bar{\tau}_w^2}\left(\frac{3m}{1+2m}\right)\left(\bar{\tau}_w + \frac{m}{m+1}\tau_y\right) \tag{4.80}$$

通过使用式(4.54)可以由平均剪切应力来确定压力损失。流体的雷诺数为

$$Re_{ann} = \frac{12\rho U^2}{\tau_y + K\,\dot{\gamma}_w^m} \tag{4.81}$$

式中，壁面剪切速率公式如下：

$$\dot{\gamma}_w = \frac{1+2N}{3N} \times \frac{12U}{D_o - D_i} \tag{4.82}$$

流性指数 N 的值可以由下面的方程式得到

$$\frac{3N}{1+2N} = \left(\frac{3m}{1+2m}\right)\left[1 - \left(\frac{1}{1+m}\right)\frac{\tau_y}{\bar{\tau}_w} - \left(\frac{m}{1+m}\right)\left(\frac{\tau_y}{\bar{\tau}_w}\right)^2\right] \tag{4.83}$$

式(4.83)中的平均剪切应力必须由层流流动公式(4.80)得到。

[例 5] 由长 14000ft、直径 $4\frac{1}{2}$in（内径 3.826in）的钻杆和长 1000ft、直径 $6\frac{1}{4}$in 的钻铤组成的钻柱（图 4.12），用于钻 $8\frac{3}{4}$in 的井眼。使用密度 12.5lb/gal 的 YPL 流体，其稠度系数为 0.21lbf·$s^{0.6}$/100ft²（0.6Pa·$s^{0.6}$），流性指数为 0.6，屈服应力为 14.6lbf/100ft²（7.00Pa）。忽略温度对流体流变性的影响。认为钻杆、钻铤和井壁是光滑的，确定排量为 300gal/min 时的环空压力损失。

解： 在钻柱和井壁形成的环空流动：排量为 300gal/min 时，平均环空流速为 0.66m/s。假设流动为层流，求式(4.80)的数值解以得到壁面剪切应力。对于这部分环空，壁面剪切应力为 10.73Pa。那么雷诺数可以用下式计算：

$$Re_{\text{ann}} = \frac{12\rho U^2}{\overline{\tau}_{\text{w}}} = 738$$

雷诺数表明此时为层流条件，由式(4.80)得到的壁面剪应力可用来计算压力损失：

$$\Delta p_{\text{pipe-zone}} = \frac{4\overline{\tau}_{\text{w}}}{D_{\text{hyd}}}\Delta L = 1.7\text{MPa}\,(246\text{psi})$$

在钻铤区，环空流度为1.0m/s。假设此时仍为层流条件，并应用式(4.80)，壁面剪切应力变为11.16Pa，雷诺数变为

$$Re_{\text{ann}} = \frac{12\rho U^2}{\overline{\tau}_{\text{w}}} = 1600$$

$Re_{\text{ann}} < 2100$，流动为层流，压力损失可通过壁面剪切应力计算：

$$\Delta p_{\text{collar-zone}} = \frac{4\overline{\tau}_{\text{w}}}{D_{\text{hyd}}}\Delta L = 0.21\text{MPa}\,(31\text{psi})$$

环空压力是钻杆和钻铤带的压力损失的总和。因此：

$$\Delta p_{\text{ann}} = \Delta p_{\text{collar-zone}} + \Delta p_{\text{pipe-zone}} = 1.91\text{MPa}(277\text{psi})$$

直接数值求解：图4.16显示了YPL流体在同心环空中流动的典型速度剖面。由于屈服应力作用，流体将会有一个非共用部分，它作为一个内径、外径分别为 a 和 b 的环状实心赛移动。该流体段塞速度 U_{p} 是恒定的，而段塞边界上剪切应力等于屈服应力 τ_{y}。

在剪切区 I，任何外半径(r)和内半径(R)的环(图4.17)的动量平衡：

$$\Delta p\pi(r^2 - R_{\text{i}}^2) = 2\pi\Delta L(\tau_{\text{w,i}}R_{\text{i}} - \tau r) \tag{4.84}$$

式中，$\tau_{\text{w,i}}$ 为管壁上的剪切应力，$\Delta p = p_1 - p_2$。式(4.84)化简为

$$\tau r = \frac{-\Delta p(r^2 - R_{\text{i}}^2)}{2\Delta L} + \tau_{\text{w,i}}R_{\text{i}} \tag{4.85}$$

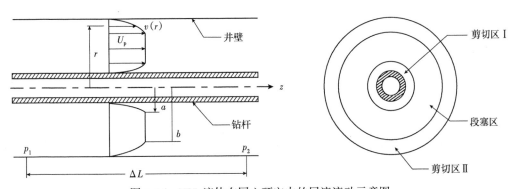

图4.16   YPL流体在同心环空中的层流流动示意图

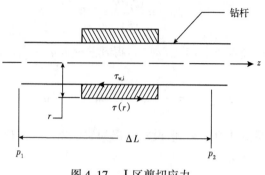

图 4.17 Ⅰ 区剪切应力

在内塞边界处的剪切应力等于屈服应力。因此，在内塞边界处，式(4.86)可以写为

$$\tau_{ya} = \frac{-\Delta p(a^2 - R_i^2)}{2\Delta L} + \tau_{w,i}R_i \tag{4.86}$$

由于速度梯度 dv/dr 在此区为正，本构方程可表示为

$$\tau = \tau_y + K\left(\frac{dv}{dr}\right)^m \tag{4.87}$$

综合式(4.85)和式(4.87)可得到一个计算速度梯度的表达式：

$$\frac{dv}{dr} = \left(c_{1,i}r + \frac{c_{2,i}}{r} - c_{3,i}\right)^{1/m} \tag{4.88}$$

式中 $c_{1,i} = \dfrac{-\Delta p}{2\Delta LK}$; $c_{2,i} = \dfrac{R_i}{K}\left(\tau_{w,i} + \dfrac{\Delta pR_i}{2\Delta L}\right)$; $c_{1,i} = \dfrac{\tau_y}{K}$。

如果假设没有壁面滑移，通过积分式 (4.88) 可得一个速度剖面表达式。因此区域 Ⅰ (即 $R_i \leqslant r \leqslant a$)的速度剖面表达式为

$$v_1(r) = \int_{R_i}^{r}(c_{1,i}r + c_{2,i}/r - c_{3,i})^{1/m}dr \tag{4.89}$$

当 $r = a$ 时，速度计算式为

$$U_p = v_1(a) = \int_{R_i}^{a}(c_{1,i}r + c_{2,i}/r - c_{3,i})^{1/m}dr \tag{4.90}$$

同理，对于外径为 R_o 和内径为 r 的任何环(图 4.18)，剪切区域 Ⅱ ($b \leqslant r \leqslant R_o$)中的动量守恒：

$$\Delta p\pi(R_o^2 - r^2) = 2\pi\Delta L(\tau_{w,o}R_i - \tau r) \tag{4.91}$$

本区域的速度梯度未知，本构方程可表示为

$$\tau = \tau_y + K\left(-\frac{dv}{dr}\right)^m \tag{4.92}$$

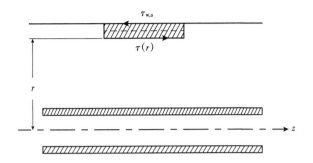

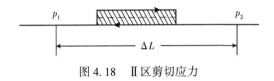

图 4.18　Ⅱ区剪切应力

结合式(4.91)和式(4.92)可得到一个速度梯度的表达式：

$$-\frac{dv}{dr} = \left(c_{1,o}r + \frac{c_{2,o}}{r} - c_{3,o}\right)^{1/m} \tag{4.93}$$

式中，$c_{1,o} = \dfrac{-\Delta p}{2\Delta LK}$；$c_{2,i} = \dfrac{R_o}{K}\left(\tau_{w,o} - \dfrac{\Delta p R_o}{2\Delta L}\right)$；$c_{3,i} = \dfrac{\tau_y}{K}$。

积分式(4.93)，且无壁面滑移条件下，在区域Ⅱ的速度剖面表达式为

$$v_{11}(r) = \int_r^{R_o} (c_{1,o}r + c_{2,o}/r - c_{3,o})^{1/m} dr \tag{4.94}$$

当 $r=b$ 时，可用下式计算速度：

$$U_p = v_{11}(b) = \int_b^{R_o} (c_{1,o}r + c_{2,o}/r - c_{3,o})^{1/m} dr \tag{4.95}$$

式中，塞流速度 U_p 为常数，因此，将式(4.90)和式(4.95)合并得

$$\int_b^{R_o} (c_{1,o}r + c_{2,o}/r - c_{3,o})^{1/m} dr = \int_{R_i}^a (c_{1,i}r + c_{2,i}/r - c_{3,i})^{1/m} dr \tag{4.96}$$

流动的整体动量平衡：

$$\Delta p \pi (R_o^2 - R_i^2) = 2\pi \Delta L (\tau_{w,o} R_o + \tau_{w,i} R_i) \tag{4.97}$$

化简后得

$$\tau_{w,o}=\beta-\tau_{w,i}\frac{R_i}{R_o} \tag{4.98}$$

和

$$\beta=\frac{\Delta p(R_o^2-R_i^2)}{2\Delta LR_o} \tag{4.99}$$

同理,塞流区动量平衡:

$$\Delta p\pi(b^2-a^2)=2\pi\Delta L(\tau_y a+\tau_y b) \tag{4.100}$$

式(4.100)可进一步简化得到塞流厚度(b-a)的表达式为

$$b-a=\frac{2\tau_y}{\Delta p/\Delta L} \tag{4.101}$$

值得注意的是,段塞的厚度有一个物理约束(即b-a<R_o-R_i),这限制了它的使用。必须用物理约束来避免虚解。为了获得压降和体积流量之间的关系,需用方程式(4.89)和式(4.94)确定段塞速度和剪切区的速度剖面。然而,这两个方程需要的壁面切应力和段塞的内半径和外半径,这些都是未知的。为了获得这些未知数(a,b、$\tau_{w,i}$和$\tau_{w,o}$),此时需要建立一个四个方程的方程组方程式(4.86)、式(4.96)、式(4.98)和式(4.101)。该方程组是非线性的,需要用数值积分的迭代法求解。在确定了壁面剪切应力和段塞内外半径的值后,可以用连续性方程来计算流量。

$$Q=2\pi\int_{R_i}^{R_o}v(r)r\mathrm{d}r=2\pi\left[\int_{R_i}^a v_1(r)r\mathrm{d}r+\int_a^b U_p r\mathrm{d}r+\int_b^{R_o}v_{11}(r)r\mathrm{d}r\right] \tag{4.102}$$

对于紊流,窄槽近似方法可推广到计算紊流条件下的摩擦压力。但是,这个方法没有得到实验的验证。应用此方法,由摩擦系数计算压力损失梯度:

$$\frac{\mathrm{d}p}{\mathrm{d}z}=\frac{2f\rho U^2}{D_o-D_i} \tag{4.103}$$

其中,f采用管道摩擦因数关系式估计:

$$\frac{1}{f^{0.5}}=\frac{4}{N^{0.75}}\lg\left[Re_{ann}f^{(1-n/2)}\right]-\frac{0.4}{N^{1.2}} \tag{4.104}$$

式(4.104)中雷诺数与流性指数必须根据通过式(4.80)至式(4.84)提出的程序计算。

4.1.4.7　偏心环空

实验研究(Hanson et al.,1999;Wang et al.,2000;Silva and Shah,2000)指出,由于管道偏心造成的摩擦压力损失减少是很可观的。偏心环空中钻井液的环空流动特性的确定,在井设计和流体力学程序开发中非常重要。通过大量的分析和数值模拟研究(Piercy et al.,1933;Snyder and Goldstein,1965;Jonsson and Sparrow,1965;guckes,1975;mitshuishi and Aoyagi 1973;Haciislamoglu and Langlinais 1990;Fang et al.,1999;Hussain and Sharif,2000;Escudier et al.,2002)建立了偏心环空流动流速与压力损失之间的关系。最早的研究

之一是 Piercy 等（1933）的研究，提出了一个将流速与压力损失联系起来的解析解。该研究和其他研究（Wang et al.，2000；Silva and Shah，2000；Piercy et al.，1933）表明周向壁面剪切应力的显著变化。

在笛卡尔坐标系下，偏心环空中黏性流体等温、不可压缩、充分发展的稳态层流运动方程可以表示为

$$-\frac{\partial p}{\partial z} + \frac{\partial}{\partial x}\left[\mu(\dot{\gamma})\frac{\partial v}{\partial x}\right] + \frac{\partial}{\partial y}\left[\mu(\dot{\gamma})\frac{\partial v}{\partial y}\right] = 0 \tag{4.105}$$

式中，v 表示局部轴向速度。对于 YPL 流体，表观黏度定义为剪切应力与剪切速率之比。因此，

$$\mu(\dot{\gamma}) = \frac{\tau}{\dot{\gamma}} = \frac{\tau_y}{\dot{\gamma}} + K\dot{\gamma}^{m-1} \tag{4.106}$$

m 是流动特性指数。纯轴向流动的剪切速率由下式给出：

$$\dot{\gamma} = \left[\left(\frac{\partial v}{\partial x}\right)^2 + \left(\frac{\partial v}{\partial y}\right)^2\right]^{\frac{1}{2}} \tag{4.107}$$

由于控制方程是非线性偏微分方程，很难得到解析解。数值计算过程相当复杂，计算密集。因此，大多数研究者（guckes，1975；mitshuishi and Aoyagi，1973；Haciislamoglu and Langlinais，1990；Fang et al.，1999；Hussain and Sharif，2000；Escudier et al.，2002）应用复杂的数值方法。Guckes（1975）开发了一系列适用于幂律流体和宾汉塑性流体的无量纲图。这些图版使用有限差分解得到，涵盖了广泛的流体性质、直径比、偏心率和流量。Haciis-lamoglu 和 Langlinais（1990）指出偏心率对摩擦压力损失的影响显著。Fang 等（1999）进行了就偏心距对速度场和壁面剪切应力分布的影响进行了大量的数值研究。

4.1.4.8　牛顿流体

4.1.4.8.1　层流

对于牛顿流体，解析解（Piercy et al.，1933）可用来确定偏心环空内的压力损失。

$$\frac{dp}{dz} = -\frac{8\mu Q}{\pi}\left[R_o^4 - R_i^4 - \frac{4E^2M^2}{B-A} - 8E^2M^2\sum_{i=1}^{\infty}\frac{ie^{-i(\beta+\alpha)}}{\sinh(iB-iA)}\right]^{-1} \tag{4.108}$$

式中，$M = (F^2 - R_o^2)^{\frac{1}{2}}$，$F = \dfrac{R_o^2 - R_i^2 + E^2}{2E}$，$A = \dfrac{1}{2}\ln\dfrac{F+M}{F-M}$，$B = \dfrac{1}{2}\ln\dfrac{F-E+M}{F-E-M}$。

式中，E 是井眼与管道中心之间的偏移距离。式（4.108）表明偏心对压力损失有很大影响。在一个恒定的压降梯度下，内管偏心度小幅度增加能显著提高流量，这是由于更宽间隙区域的局部速度显著增加所致。

4.1.4.8.2　紊流

Jones 和 Leung（1981）提出的基于有效直径的管道方程，是预测偏心环空紊流摩擦系数的一种简便方法。随后，压力损失可以预测为

$$\frac{\mathrm{d}p}{\mathrm{d}z} = \frac{2f\rho U^2}{D_{\mathrm{o}} - D_{\mathrm{i}}} \tag{4.109}$$

且

$$\frac{1}{\sqrt{f}} = -4.0\lg\left[\frac{1.255}{Re^e_{\mathrm{ann}}\sqrt{f}}\right] \tag{4.110}$$

偏心环空中的雷诺数 Re^e_{ann} 表示为

$$Re^e_{\mathrm{ann}} = \frac{\rho U D^e_{\mathrm{eff}}}{\mu} \tag{4.111}$$

且

$$D^e_{\mathrm{eff}} = D_{\mathrm{hyd}}\frac{16}{\Phi} \tag{4.112}$$

其中 Φ 是一个水力参数,表示为

$$\Phi = 16(a+b) \tag{4.113}$$

几何参数 a 和 b 被估计为

$$a = a_0 e^3 + a_1 e^2 + a_2 e + a_3, \quad b = \alpha_0 e^3 + \alpha_1 e^2 + \alpha_2 e^2 + \alpha_2 e + \alpha_3 \tag{4.114}$$

式中,a_0,a_1,a_2,a_3,α_0,α_1,α_2 和 α_3 是回归系数,其值取决于直径的比值(表4.6)。直径比(半径比)和无量纲偏心率分别表示为 $k = D_{\mathrm{i}}/D_{\mathrm{o}}$ 和 $e = E/(R_{\mathrm{o}} - R_{\mathrm{i}})$。

表 4.6   回归系数方程

$a_0 = -2.8711k^2 - 0.1029k + 2.6581$	$\alpha_0 = 3.0422k^2 + 2.4094k - 3.1931$
$a_1 = -2.8156k^2 + 3.6114k - 4.9072$	$\alpha_1 = -2.7817k^2 - 7.9865k + 5.8970$
$a_2 = -0.7444k^2 - 4.8048k + 2.2764$	$\alpha_2 = -0.3406k^2 + 6.0164k - 3.3614$
$a_3 = -0.3939k^2 + 0.7211k + 0.1503$	$\alpha_3 = 0.2500k^2 - 0.5780k + 1.3591$

4.1.4.9 幂律流体

据我们所知,幂律流体在偏心环空中的解析解不存在。然而,许多研究(Haciislamoglu and Langlinais,1990;Fang et al.,1999;Hussain and Sharif 2000;Escudier et al.,2002)发表了数值结果。数值计算过程非常复杂,计算密集。已开发出用于钻井作业的近似模型。这些模型要求等效速度场系统地近似偏心环空中的速度分布。最常见的近似法有窄缝模型(Tao and Donovan,1955;Vaughn and Grace,1965;Iyoho and Azar,1981;Uner et al.,1989)、等效管道法(Kozicki et al.,1966)、同心环空的方法(Luo and Peden,1990)和基于数值结果的相关公式(Haciislamoglu and Langlinais,1990)。窄缝模型忽略了曲率的影响,将偏心环空作为宽度可变的缝来处理。当环空半径比小且偏心率高时,窄缝模型效果不佳(Haciislamoglu and Langlinais,1990)。

4.1.4.9.1 层流

等效管道模型:Kozicki 等(1966)建立了任意形状管道内广义流体层流的广义水力方程。Šesták 等(2001)(也可参考 Ahmed et al.,2006)将模型预测值与直径比为 0.538 的偏心

环空实验测量结果进行了比较，验证了该模型的性能。等效管道模型采用管流剪切速率方程和窄缝内流动表达式相似，具有与广义剪切速率方程相同的形式，这也适用于其他管道几何形状。因此，偏心环空的平均剪切速率可以表示为

$$\bar{\gamma} = \left[\frac{a}{n} + b \right] \left(\frac{8U}{D_{\text{hyd}}} \right) \tag{4.115}$$

式中，a 和 b 是式（4.114）的几何参数，适用于 $0 \leqslant e \leqslant 95\%$、$0.2 \leqslant n \leqslant 1.0$ 和 $0.2 \leqslant k \leqslant 0.8$ 的情况，压力损失可由摩擦因数确定：

$$\frac{\mathrm{d}p}{\mathrm{d}z} = 2f \times \frac{\rho U^2}{D_{\text{hyd}}} \tag{4.116}$$

摩擦系数计算为

$$f = \frac{2^{3n+1}}{Re_{\text{ann}}^*} \left(\frac{a}{n} + b \right)^n \tag{4.117}$$

且

$$Re_{\text{ann}}^* = \frac{\rho U^{2-n} - D_{\text{hyd}}^n}{K} \tag{4.118}$$

偏心环空内的流态可以使用雷诺数的描述（Luo and Peden，1990）：

$$Re_{\text{ann}}^e = \frac{8\rho U^2}{K \bar{\gamma}_{\text{w}}^n} \tag{4.119}$$

当 $Re_{\text{ann}}^e > 2100$ 时，层流流动将不稳定。

基于相关性的模型。Haciislamoglu 和 Langlinais（1990）提出了基于数值模拟结果的偏心环空幂律流体流动准确相关方程。该相关方程当流体流性指数在 0.4~1 范围内时有效。它将把心环空压力损失与同心环空压力损失之间建立联系：

$$\left(\frac{\mathrm{d}p}{\mathrm{d}L} \right)_e = \left(1 - 0.072\kappa^{0.8454} \frac{e}{n} - 1.5e^2\kappa^{0.1852}\sqrt{n} + 0.96e^3\kappa^{0.2527}\sqrt{n} \right) \left(\frac{\mathrm{d}p}{\mathrm{d}L} \right)_C \tag{4.120}$$

式中，$\left(\frac{\mathrm{d}p}{\mathrm{d}L} \right)_e$ 和 $\left(\frac{\mathrm{d}p}{\mathrm{d}L} \right)_C$ 分别是在偏心和同心环空中压力损失梯度，式（4.120）适用于偏心率与直径比分别在 0~0.95 和 0.3~0.9 范围内的情况。

4.1.4.9.2 紊流

偏心环空内紊流流动的水力模型非常有限。Haciislamoglu 和 Langlinais（1990）提出一个紊流流动相关方程（Zamora et al.，2005）：

$$\left(\frac{\mathrm{d}p}{\mathrm{d}L} \right)_e = \left(1 - 0.048\kappa^{0.8454} \frac{e}{n} - 0.67e^2\kappa^{0.1852}\sqrt{n} + 0.28e^3\kappa^{0.2527}\sqrt{n} \right) \left(\frac{\mathrm{d}p}{\mathrm{d}L} \right)_C \tag{4.121}$$

4.1.4.10　YPL 流体

4.1.4.10.1　层流

对于 YPL 流体，如等效管道和相关模型等最常见的近似法，需要估算流性指数以代替

模型中的幂律指数。然而,在某些情况下,流性指数的值可以小于0.2。这可能导致计算错误和压力损失预测不良。因此,为了获得稳定的解,应优先考虑同心环空模型。

4.1.4.10.2　同心环空模型

Luo 和 Peden (1990)将幂律流体和宾汉流体在偏心环空中的层流模拟为无限多个外半径可变的同心环空。这方法适用于 YPL 流体。因此,将偏心环空看成一系列具有可变外半径的同心环空组合(图4.9)。

每个同心环的半径[图4.19(b)]是由等值区 A [图4.19(a)]和 A^*[图4.19(b)]确定,因此,在相同流速下,相应的阴影区域具有相同的局部平均速度。与窄缝模型相比,该模型的优点是考虑了曲率的影响(即 $\tau_{w,i} \neq \tau_{w,o}$)。然而,该模型仍然忽略了给定区域周向壁面剪切应力的变化。在此模型中,可用前面提到的窄缝近似法,即方程式(4.80)或精确数值法,即方程式(4.86)、式(4.96)、式(4.98)和式(4.101)计算同心环空每个部分的平均流速,即图4.19(b)阴影区域。使用对幂律流体模型预测值(用精确数值方法获得)与已公布的数值结果(Guckes,1975;Haciislamoglu and Langlinais,1990)进行大量比较,结果表明最大差异为30%。通常,该模型低估了压力损失。在同心环空的极限情况下,模型预测与数值计算结果一致。为了减少这些差异,引入一个环空几何形状的匹配关系式,以校正压力损失:

$$\left(\frac{\mathrm{d}p}{\mathrm{d}L}\right)_{\text{corrected}} = \frac{1}{\phi\ (k,\ e)}\left(\frac{\mathrm{d}p}{\mathrm{d}L}\right)_{C=\text{mod el}} \tag{4.122}$$

式中,$\phi\ (k,\ e) = k^{0.27e}$ 引入该关系式后,模型预测和公布结果之间的最大差异(Guckes,1975;Haciislamoglu and Langlinais,1990)已经约降低到±8%。

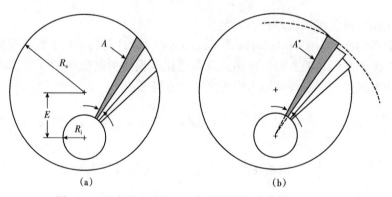

图4.19　几何偏心环空(a)与同心环组合等效环空(b)

术语

a——几何参数;

A——曲线拟合系数;

b——几何参数;

B——曲线拟合系数;

c——速度梯度参数;

C——曲线拟合系数；

D——直径；

e——偏心率；

E——绝对偏心；

f——摩擦系数；

G——参数；

h——高度；

K——稠度系数；

K'——广义稠度系数；

L——长度；

m——流体特性指数；

n'——幂律指数；

n^*——斜度；

N——流性指数；

p——压力；

Q——流量；

r——中心的径向距离；

R——半径；

Re——雷诺数；

Re^e——环空中的雷诺数；

Ta——泰勒数；

U——平均流速；

v——当前流速；

w——宽；

X——长度；

z——z 轴；

Z——水力参数；

β——修改后的压力损失；

Δ——偏差；

ε——绝对粗糙度；

γ——剪切速率；

Γ——扭矩；

$\bar{\gamma}$——平均剪切速率；

η——表观黏度；

θ——轴；

k——直径或半径比；

λ——剪切应力消失位置；

μ——黏度；

ρ——密度；

ξ——无量纲半径；

τ——剪切应力；

τ_y——屈服应力；

$\bar{\tau}_w$——平均壁面剪切应力；

ω——旋转速度；

Ω——无量纲流速。

简写

ann——环空；

b——鲍勃黏度计；

D——入口；

eff——有效；

eq——等量；

hyd——水力；

i——内层（壁）；

Ⅰ——区域Ⅰ；

Ⅱ——区域Ⅱ；

o——外层（壁）；

p——段塞；

rz——应力记号；

T——紊流；

w——壁面；

y——屈服；

Y——水力参数。

参 考 文 献

Ahmed, R., Miska, S. Z., and Miska, W. Z. 2006. Friction Pressure Loss Determination of Yield Power Law Fluid in Eccentric Annular Laminar Flow. Wiertnictwo Nafta Gaz 23 (1): 47-53.

Chen, Z., Ahmed, R. M., Miska, S. Z., Takach, N. E., Yu, M. and Pickell, M. B. 2007. Rheology and Hydraulics of Polymer (HEC)-Based Drilling Foams at Ambient Temperature Conditions. SPEJ 12 (1): 100-107. SPE-94273-PA. DOI: 10.2118/94273-PA.

Collins, M. and Schowalter, W. R. 1963. Behavior of Non-Newtonian Fluids in the Entry Region of a Pipe. AIChE Journal 9 (6): 804-809. DOI: 10.1002/aic.690090619.

Dodge, D. W. and Metzner, A. B. 1959. Turbulent Flow of Non-Newtonian Systems. AIChE Journal 5 (2): 189-204. DOI: 10.1002/aic.690050214.

Escudier, M. P. , Oliveira, P. J. , and Pinho, F. T. 2002. Fully Developed Laminar Flow of Purely Viscous Non Newtonian Liquids Through Annuli Including the Effects of Eccentricity and Inner-Cylinder Rotation. International Journal of Heat and Fluid Flow 23 (1) : 52-73. DOI: 10. 1016/S0142-727X (01)00135-7.

Fang, P. , Manglik, R. M. , and Jog, M. A. 1999. Characteristics of Laminar Viscous Shear-Thinning Fluid Flows in Eccentric Annular Channels. Journal of Non - Newtonian Fluid Mechanics 84 (1) : 1-17. DOI: 10. 1016/S0377-0257 (98) 00145-1.

Fredrickson, A. G. and Bird, R. B. 1958. Non - Newtonian Flow in Annuli. Industrial & Engineering Chemistry. 50 (3) : 347-352. DOI: 10. 1021/ie50579a035.

Guckes, T. L. 1975. Laminar Flow of Non-Newtonian Fluids in an Eccentric Annulus. Trans. , ASME, Journal of Engineering Industry 97: 498-506.

Haciislamoglu, M. and Langlinais, J. 1990. Non-Newtonian Flow in Eccentric Annuli. Journal of Energy Resources Technology 112 (3) : 163-169.

Hanks, R. W. 1979. The Axial Laminar Flow of Yield - Pseudoplastic Fluids in a Concentric Annulus. Industrial & Engineering Chemistry Process Design and Development 18 (3) : 488-493. DOI: 10. 1021/i260071a024.

Hanks, R. W. and Larsen, K. M. 1979. The Flow of Power - Law Non - Newtonian Fluids in Concentric Annuli. Industrial and Engineering Chemistry Fundamentals 18 (1) : 33-35. DOI: 10. 1021/i160069a008.

Hansen, S. A. , Rommetveit, R. , Sterri, N. , Aas, B. , and Merlo, A. 1999. A New Hydraulics Model for Slim Hole Drilling Applications. Paper SPE 57579 presented at the SPE/IADC Middle East Drilling Technology Conference, Abu Dhabi, 8-10 November. DOI: 10. 2118/ 57579-MS.

Hussain, Q. E. and Sharif, M. A. R. 2000. Numerical Modeling of Helical Flow of Viscoplastic Fluids in.

Eccentric Annuli. AIChE Journal 46 (10) : 1937-1946. DOI: 10. 1002/aic. 690461006.

Iyoho, A. W. and Azar, J. 1981. An Accurate Slot-Flow Model for Non-Newtonian Fluid Flow Through.

Eccentric Annuli. SPEJ 21 (5) : 565-572. SPE-9447-PA. DOI: 10. 2118/9447-PA.

Jones, O. C. and Leung, J. C. M. 1981. An Improvement in the Calculation of Turbulent Friction in Smooth Concentric Annuli. Journal of Fluids Engineering 103 (4) : 615-623.

Jonsson, V. K. and Sparrow, E. M. 1965. Results of Laminar Flow Analysis and Turbulent Flow Experiments for Eccentric Annular Ducts. AIChE Journal 11 (6) : 1143 - 1145. DOI: 10. 1002/aic. 690110635.

Kozicki, W. , Chou, C. H. , and Tiu, C. 1966. Non-Newtonian Flow in Ducts of Arbitrary Cross-Sectional Shape. Chemical Engineering Science 21 (8) : 665 - 679. DOI: 10. 1016/0009-2509 (66)80016-7.

Laird, W. M. 1957. Slurry and Suspension Transport—Basic Flow Studies on Bingham Plastic

Fluids. Industrial & Engineering Chemistry 49 (1) : 138–141. DOI: 10. 1021/ie50565a041.

Lamb, H. 1945. Hydrodynamics, sixth edition. New York: Dover Publications.

Luo, Y. and Peden, J. M. 1990. Flow of Non – Newtonian Fluids Through Eccentric Annuli. SPEPE 5 (1) : 91–96. SPE–16692–PA. DOI: 10. 2118/16692–PA.

Macosko, C. W. 1994. Rheology: Principles, Measurements, and Applications, fi rst edition. New York: WileyVCH.

Mitshuishi, N. and Aoyagi, Y. 1973. Non – Newtonian Fluid Flow in an Eccentric Annulus. Journal of Chemical Engineering of Japan 6 (5) : 402–408.

Piercy, N. A. V. , Hooper, M. S. , and Winny, H. F. 1933. Viscous Flow Through Pipes With Core. London Edinburgh Dublin Philosophical Magazine, and Journal of Science 15: 647–676.

Reed, T. D. and Pilehvari, A. A. 1993. A New Model for Laminar, Transitional and Turbulent Flow of Drilling Muds. Paper SPE 25456 presented an the SPE Production Operations Symposium, Oklahoma City, Oklahoma, 21–23 March. DOI: 10. 2118/25456–MS.

Šesták, J. Í. , Žitný, R. , Ondrušová, J. , and Filip, V. 2001. Axial Flow of Purely Viscous Fluids in Eccentric Annuli: Geometric Parameters for Most Frequently Used Approximate Procedures. In 3rd Pacifi c Rim Conference on Rheology. Montreal: Canadian Group of Rheology.

Silva, M. A. and Shah, S. N. 2000. Friction Pressure Correlations of Newtonian and Non – Newtonian Fluids Through Concentric and Eccentric Annuli. Paper SPE 60720 presented at the SPE/ICoTA Coiled Tubing Roundtable, Houston, 5–6 April. DOI: 10. 2118/60720–MS.

Snyder, W. T. and Goldstein, G. A. 1965. An Analysis of Fully Developed Laminar Flow in an Eccentric Annulus. AIChE Journal 11 (3) : 462–467. DOI: 10. 1002/aic. 690110319.

Szilas, A. P. , Bobok, E. , and Navratil, L. 1981. Determination of Turbulent Pressure Loss of Non– Newtonian Oil Flow in Rough Pipes. Rheologica Acta 20 (5): 487 – 496. DOI: 10. 1007/BF01503271.

Tao, L. N. and Donovan, W. F. 1955. Through Flow in Concentric and Eccentric Annuli of Fine Clearance With and Without Relative Motion of the Boundaries. Trans. ASME 77 (November) : 1291–1301.

Uner, D. , Ozgen, C. , and Tosum, I. 1989. Flow of a Power – Law Fluid in an Eccentric Annulus. SPEDE 4 (3) : 269–272. SPE–17002–PA. DOI: 10. 2118/17002–PA.

Vaughn, R. D. and Grace, W. R. 1965. Axial Laminar Flow of Non–Newtonian Fluids in Narrow Eccentric Annuli. SPEJ 5 (4): 277 – 280; Trans. , AIME, 234. SPE – 1138 – PA. DOI: 10. 2118/1138–PA.

Wang, H. , Su, Y. , Bai, Y. , Gao, Z. , and Zhang, F. 2000. Experimental Study of Slimhole Annular Pressure Loss and Its Field Applications. Paper SPE 59265 presented at the IADC/ SPE Drilling Conference, New Orleans, 23–25 February. DOI: 10. 2118/59265–MS.

Whittaker, A. 1985. Theory and Application of Drilling Fluid Hydraulics. The EXLOG Series of Petroleum Geology and Engineering Handbooks. Boston, Massachusetts: International Human

Resources Development Corporation.

Zamora, M., Roy, S., and Slater, K. 2005. Comparing a Basic Set of Drilling Fluid Pressure-Loss Relationships to Flow-Loop and Field Data. Paper AADE-05-NTCE-27 presented at the AADE National Technical Conference and Exhibition, Houston, 5-7 April.

国际单位制换算系数

$1\,\mathrm{gal/min} = 2.271247\mathrm{m^3/h}$

$1\,\mathrm{in} = 2.54\mathrm{cm}$

4.2 井控模型

——Rolv Rommetveit，e 钻井组织 (eDrilling Solutions)

4.2.1 引言

气侵是从气体开始侵入至其循环出节流管汇的过程，是很多不同流程复杂的相互作用。这种相互作用和外部因素如钻井液和气体性质、储层条件、钻井和井控过程决定了气侵的特征。

因为油基钻井液中的气体溶解度更高，油基钻井液 (OBM) 中的气侵比水基钻井液 (WBM) 更加复杂。气体溶解时不发生膨胀，流入井内的部分气体将混入钻井液中。当气体滑脱时，由于气体滑脱和游离气体的膨胀是同时发生的，接下来的气侵将会变得更加迅速。采用常规方法考虑气侵过程中所有相关因素几乎是不可能的。

计算机模型现已可以描述并分析气侵现象。其中部分代码是基于先进的动态数学模型来描述气侵过程的。然而，为了验证这些模型，必须将它们与实验的真实数据做对比，以检验不同的相关子模型，如游离气体运移模型、溶解气体运移模型和摩阻损耗模型及井筒流体力学模型。

重要的是在可控情况下得到全尺寸的井涌实验数据，若采用井涌模型作为井控过程的决策依据，必须得到全尺寸的数据。

本节探讨井控模型，针对井控过程的正确客观描述讨论以下几个方面：假设和限制条件，井涌多相流模型和建模，井控余量，气体运移，水平井井涌，油基钻井液、高温高压 (HP/HT) 井井控问题、深水井井控模型、井漏井涌、井涌过程中的水合物形成和复杂状况下的井控模型。

4.2.2 假设和限制条件

井控是一个非常复杂的问题，为了描述其完整过程并从模型中得到有价值的结论，需将其简化。主要简化假设如下：井筒内的流体为混合的单相和两相流流动问题；限定一个维度 (即沿流线方向)；已知沿流线方向的温度 T；使用漂移通量近似法；将每相拥有独立动能守恒方程的两相流公式简化合并成一个动量守恒方程与一个滑脱关系。1989 年，Rommetveit 提出了当今用于先进井控模型和模拟器的完整限制条件和假设。

4.2.3 气侵的多相流模型

用控制方程表示质量和能量守恒，多数情况下本模型不考虑能量守恒。

钻井液质量守恒：

$$\frac{\partial}{\partial t}\big[A(1-\alpha)\rho_1\big] = -\frac{\partial}{\partial s}\big[A(1-\alpha)\rho_1 v_1\big] + \dot{m}_g \tag{4.123}$$

游离气质量守恒：

$$\frac{\partial}{\partial t}(A\alpha\rho_g) = -\frac{\partial}{\partial s}(A\alpha\rho_g v_g) - Am_g + q_g \tag{4.124}$$

溶解气质量守恒：

$$\frac{\partial}{\partial t}\big[A(1-\alpha)x_{dg}\rho_1\big] = -\frac{\partial}{\partial s}\big[A(1-\alpha)x_{dg}\rho_1 v_1\big] + Am_g \tag{4.125}$$

地层原油质量守恒：

$$\frac{\partial}{\partial t}\big[A(1-\alpha)x_{fo}\rho_1\big] = -\frac{\partial}{\partial s}\big[A(1-\alpha)x_{fo}\rho_1 v_1\big] + q_{fo} \tag{4.126}$$

总动量守恒：

$$\frac{\partial}{\partial t}\big[A(1-\alpha)\rho_1 v_1 + A\alpha\rho_g v_g\big] = -\frac{\partial}{\partial s}(Ap) - Af_1 - Af_2 + A\big[(1-\alpha)\rho_1$$

$$+ \alpha\rho_g\big]g\cos\theta - \frac{\partial}{\partial s}\big[A(1-\alpha)\rho_1 V_1^2 + A\alpha\rho_g v_g^2\big] \tag{4.127}$$

式中，t 为时间，A 为流体截面面积，α 为截面含气率，ρ_1 为钻井液密度，v_1 为钻井液流速，m_g 为溶解气质量，ρ_g 为气体密度，v_g 为气体流速，q_g 为游离气体侵入量，q_{fo} 为地层油侵入量，x_{dg} 为溶解气的质量分数，x_{fo} 为地层油的质量分数，p 为压力，f_1 为摩擦压力损失项，f_2 为局部压力损失项。

式(4.123)至式(4.127)组成了一个方程组，含有 13 个未知数：α、ρ_1、v_1、m_g、ρ_g、v_g、q_g、q_{fo}、x_{dg}、x_{fo}、p、f_1 和 f_2。为了解这个方程组，给出如下 8 个相关方程：

钻井液密度：

$$\rho_1 = \rho_1(p, T, x_{dg}, x_{fo}) \tag{4.128}$$

气体密度：

$$\rho_g = \rho_g(p, T) \tag{4.129}$$

游离气流速：

$$v_g = v_g(p, T, x_{dg}, x_{fo}, \alpha, s, v_{mix}) \tag{4.130}$$

气体侵入量：

$$q_g = q_g(p, T, s) \tag{4.131}$$

地层油侵入量：

$$q = q_{fo}(p, \ T, \ s) \tag{4.132}$$

溶解气质量：

$$m_g = m_g(p, \ T, \ x_{dt}, \ x_{fo}, \ \alpha, \ v_1, \ v_g, \ s) \tag{4.133}$$

摩擦压力损失：

$$f_1 = f_1(p, \ T, \ x_{dg}, \ x_{fo}, \ \alpha, \ v_1, \ v_g, \ s) \tag{4.134}$$

局部摩擦压力损失：

$$f_2 = f_2(p, \ T, \ x_{dg}, \ x_{fo}, \ \alpha, \ v_1, \ v_g, \ \text{s}) \tag{4.135}$$

4.2.4　模拟器

1968 年，LeBlanc 和 Lewis 开发出第一个气侵计算机模拟器。从此，开发出的气侵和井控模型越来越接近工况。有些公司拥有自己的井控模拟器，有些公司使用商业模拟器评估井控风险。

1987 年，Nickens 开发出了第一台用于水基钻井液井涌的动态井涌模拟器。1985 年，Ekrann 和 Rommetveit 建立了用于油基钻井液，并考虑气体溶解和井涌的模型。该模型通过油基钻井液井涌、水平井井涌、小井眼井涌、井漏井涌等方面大量的理论和实验研究得到完善，并通过一口定向测试井全尺寸井涌试验进行了验证。1990 年，White 和 Walton 将在垂向和斜向上气体运移的测试结果用于他们的模型并完善。

先进的井涌模拟器逐渐应用在井控设计和复杂井敏感性评估中。危险井的井涌余量评估正在开发中。将先进的井涌模型与流体力学模型结合用于实时控压模拟系统、双密度和标准钻井系统等。

4.2.5　气侵和滑脱

井筒内游离气体上升的速率是气侵程度的关键参数。环空中的气/液两相流研究针对牛顿流体和非牛顿流体。对于牛顿流体，Caetano 在 1986 年已经研发出了垂直流力学模型，Lage 和 Time 于 2000 年将该模型改进。2000 年，Lage 等建立了水平或微斜完全偏心环空内两相混合流流动情况的力学模型，该模型已被大量实验验证。该模型是由一个流型预测程序和一组用于计算气体分数和层流、段塞流、泡状流和环空流压降的独立模型组成。这些用于牛顿流体的模型不能直接用于非牛顿流体和钻井液。

通常井筒内钻井液与油气混合物向上流动是一个非常复杂的瞬态多相流过程。游离气体流动一般发生在泡状流或段塞流范围。环状流只能发生在流入的液体不受控制的流动和在表面附近膨胀的情况下。

为了分析钻井及井涌控制条件下气体的上升速率进行了专门的实验研究（Johnson and White 1991；Hovland and Rommetveit，1992；Johnson and Cooper，1993；Rader et al.，1975；Santos and Azar，1997）。这些实验多是针对直井或斜井进行的，部分是在精确控制条件下循环流动完成的。

泡状流和段塞流之间的过渡取决于钻井液与侵入流体混合物的非牛顿特性。该过渡发生在气体体积分数约为 25% 的牛顿流体中及气体体积分数小于 5% 的非牛顿流体中。

相较于泡状流，段塞流具有更高的气体滑脱速度。

研究发现在段塞流区的气体速度可以用 Zuber-Findlay 模型描述如下：

$$v_g = C_o v_{mix} + v_o \qquad (4.136)$$

式中，C_o 为分布系数，v_o 为静止钻井液中的气体滑脱速度。这两个参数 C_o 和 v_o 与流体黏度、流动几何尺寸（内管的外径）、内管旋转和井斜角具有函数关系。

很多学者进行了直井和斜井的全尺寸试验（Rader, et al., 1975；Rommetveit and Olsen 1989；Steine et al., 1996）。1989 年，Rommetveit 和 Olsen 进行了油基钻井液和水基钻井液的全尺寸试验，试验井深 2000m，井斜角为 60°。

进行了 24 种不同的气侵试验。实验通过改变钻井液密度、气体浓度、气体类型、钻井液流量、注入深度和钻井液类型等参数，收集并分析了大量的数据。利用井内布置的五个精确的压力和温度传感器测量了气体滑脱和运移。

1996 年，Steine 等在全尺寸试井中进行了一项实验研究。气体运移速度模拟结果和试验数据对比发现，在小井眼中，钻具接头具有减缓气体滑脱的趋势。然而，当钻杆光滑且没有外部干扰时，最先进的模拟器可以很好地预测气体上升速度（Rommetveit et al., 1996）。

4.2.6 油基钻井液井涌

4.2.6.1 钻井液和油气侵入相的性质

井侵后，钻井液和侵入流体混合。侵入流体通常从干气（甲烷）、挥发油和凝析油到重油。

烃气在钻井液油相中的溶解度比水相中大几个数量级。因此，在井涌时，油基钻井液的表现明显不同于水基钻井液。

发生井侵后，钻井液与侵入流体的混合物状态将趋于热力学平衡。这种平衡状态取决于井内的温度和压力（深度）。部分油气侵入后将溶解在钻井液中，主要溶解在基础油中。溶解过程不是瞬时的，而是由分子扩散控制的。

气体侵入溶液时体积发生变化。一般说来，当气体分子从游离态进入溶解状态时，侵入气体体积收缩，这种影响随着压力的增加而降低。

挥发油侵入水基钻井液将释放出游离气体，这是因为当它井内向上流动时压力降低。这种游离气体将根据实际气体定律膨胀。

侵入油基钻井液中的挥发油将与基础油完全混合，形成具有不同于挥发油的压力、体积、温度（PVT）性质的假基础油。释放游离气的体积和泡点将与仅有挥发油不同。

侵入油基钻井液中的干气将溶解在基础油中。这种混合物的泡点将控制井内游离气的闪蒸位置。油基钻井液中气体或挥发油将具有以下特点：

（1）只要侵入流体溶解，将会保持集中。由于滑脱效应，侵入流体不会分布在大部分钻井液中，当气体到达地面时，预计会出现一个高的气体峰值；

（2）由于近地面剧烈闪蒸和大的膨胀共同作用，这种系统的膨胀比气体—水基钻井液系统的膨胀剧烈得多。

4.2.6.2 过平衡条件下的气体扩散

如果一口井中采用油基钻井液过平衡钻进，钻遇含气地层时，长时间停止循环，地层中的气体将渗透穿过钻井液侵入带和滤饼，并在钻井液中积聚。在高温高压的油基钻井液中，甲烷在油中无限溶解，大量的气体可以溶解在钻井液中。在近井壁地层形成较浅的钻井液侵入带，使用油基钻井液增强该过程。Bradley 等（2002）对气体扩散的机理进行了深入讨论。

4.2.6.3　影响

估算了用油基钻井液钻进的井深 1000m 的高温高压水平井中甲烷的扩散速率。结果表明，如果停止循环几天，大量的气体将扩散进入井筒（图 4.20）。甲烷的侵入将把钻井液排出井外。这种现象很容易被其他现象掩盖，如钻井液的热膨胀。

（1）对井控的影响。关键的影响是，尽管钻井液处于过平衡且工况良好的情况下，完全可能有足够的气体扩散到井筒造成井涌。在钻井作业或开始循环时，可能有足够体积的气体扩散进入井内，使井欠平衡或诱发井涌。预期最小影响是大量的起下钻气和钻井液的显著气侵。

（2）对钻井液性能的影响。最终溶解在钻井液中的气体会损害钻井液的悬浮能力。这可能会导致岩屑、加重材料、甚至增黏剂如黏土等的沉淀。在井眼的顶端可形成一层低密度（低黏度）的流体，在井眼底端可形成相应的一层高密度（高黏度）流体。如果含气层段井

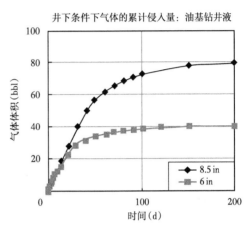

图 4.20　扩散到井内的累计气体体积与时间的关系（Rommetveit et al.，2003）

斜角近似水平，浮力作用不能使上层流体运移。然而，在恢复钻井液循环时，低密度层可能优先于较底部高密度层流动。当低密度流体在井内向上流动时，可能会产生井控问题。

在北海的高温高压和近高温高压井中出现的很多复杂情况，可以用这种现象解释。例如严重的重晶石沉降导致井控和井漏问题，以及裸眼完井过程中复杂的井控问题。认为气体扩散是潜在机制的因素包括大量暴露的含气地层、长时间停止或几乎停止循环、气体含量高或重新开始循环时发生侵入，尽管已采用公司认可的程序且钻井液符合规范。

4.2.7　水平井井涌

到目前为止，水平井的井涌控制的研究相对较少（Santos，1991；Wang et al.，1994；Currans et al.，1993；vefring et al.，1995b）。Santos（1991）对一口循环出气侵的水平井进行了计算机模拟研究。他假设水平段呈 90°角；在气侵阶段，全部气侵量保持在水平段。他进一步假设，从钻头延伸到环空中的一个点，气侵分布为均匀的气体（钻井液）混合物，该点由钻井液池增量和含气率定义（用户指定）。一些论点是在其模拟中使用简化假设的直接结果。

当采用工程师法循环出气侵时，水平井的实际控制作业更为复杂。井控工作的基本目标是保持井底压力恒定。井底压力保持恒定时，水平井独特的井眼轨迹，使泵压调整变得更加复杂。正如 Currans 等（1993）认为的那样，这需要扩展现有的标准井涌表，他们还讨论了大斜度井和水平井井控程序其他实用方法，如避免气侵和减少抽汲等。

水平井(90°)是特例。在现场许多情况下,通常钻进水平井,实际上井是一个向上或向下倾斜的井,在某些情况下可能是起伏的,甚至可能存在经冲刷扩大的井段。在这些情况下,气体的浮力可能使它被困在水平井的某些部位。

在大量实验工作的基础上,进一步开发了井控模拟器,用于处理大斜度井和水平井井涌(Vefring et al.,1995)。主要创新点有:

(1)暴露于储层的水平段流体和从地层侵入的流体耦合;

(2)近水平井中气体滑脱速度新模型;

(3)三种不同气体的去除机制模型。

4.2.7.1 实验

为了研究水平井中的气侵现象,进行了室内实验(Aas et al.,1993)。实验目的是为水平和近水平井消除气侵提供定性和定量的理论。研究了以下三种典型情况下消除气泡的机理:

(1)井底上斜端;

(2)轨迹上斜部分和局部顶端;

(3)不规则段。

4.2.7.1.1 井底上斜端

上斜井井底气侵的清除取决于钻头与井底的距离。如果钻头在井底附近,则气体与从喷嘴喷出的流体混合,并向钻头后面流动。然后,气体运移到下游,或者在钻头后面积聚形成一个静止的气泡,这取决于流动参数。

4.2.7.1.2 轨迹上斜部分和局部顶端

根据流速,可以通过以下三种不同的机制中的一种或多种来消除气体:

(1)在足够高的流速下,气体基本以一个大气泡的形式运移。

(2)在较低的流速下,液体的紊流作用将从静止气泡的边缘分离出小气泡,然后气体以夹带气泡的形式被带走。

(3)在更低的流速下,钻井液中没有足够的紊流度,没有游离气被带走。由于在井底条件下压井钻井液不饱和,通过溶解去除气体。该溶解是个缓慢的动态过程,大约需要10h。

4.2.7.1.3 不规则段

研究发现,不规范区域内的气体可以通过溶解和携带作用去除。这两种机理都取决于原位流动条件并相互影响。气体的溶解是一个动态过程。要使溶解变得显著,流动必须是紊流。为了增大携带量,流速必须超过临界值。然而,夹带的气泡能不能被带出不规则段,这取决于冲刷段长度和紊流度。此外,还发现携带能显著提高溶解气去除率。

消除气体的三个机理是:

(1)气体以大泡沫运移;

(2)气体溶解在钻井液中被带走;

(3)气体以小泡沫的形式被液体携带排出。

控制完全消除气体的关键参数是:(1)气体上升速度;(2)从游离气到溶解气传质速率;(3)携带速率。

4.2.7.2　全尺寸高压实验

进行了水平井气侵和去除气体的全尺寸实验（Rommetveit et al.，1995）。实验在由一个长 200m 的水平井（流动环空）、独立注气系统、钻井液循环系统、测量系统和数据采集系统组成的综合实验装置上进行。为了研究水平井中的井涌现象，在地面上建造了水平井。这口长 200m 的井内径为 $9\frac{1}{2}$ in。该井配备了 5in 的钻柱和 50m 长的钻铤。钻具组合可以旋转。部分实验中井的最后 50m 从水平向上倾斜了 4°。井筒设计压力高达 170bar，以及充满钻井液和气体。

基于这些实验的结果，建立了新的水平井控制气体运移模型和压力损失模型（Rommetveit et al.，1998）。

4.2.8　高温高压井井控

4.2.8.1　简介

与常规井相比，高温高压井的钻井面临着特殊挑战：

（1）高温高压动态的影响钻井液性能，并能影响井控；

（2）在某些井段，孔隙压力和破裂压力之间窗口窄；

（3）工况处于气、油、凝析油的临界点之上，这意味着侵入的油气可无限溶于钻井液的基础油中；

（4）侵入的油气将与油基钻井液中的基础油完全混合，同时钻井液可无限量溶解气体。

（5）钻斜井及水平井时，重晶石沉降影响严重；

（6）如果使用油基钻井液，即使井处于过平衡状态，大量气体也可能扩散到井的水平段。

每口高温高压井的井控事故频率高，且越来越多的井控事故发生在完井时。

4.2.8.2　高温高压井的物理性质

始终保持对井的控制，了解井在变化条件下的物理特性，并利用这一知识来优化井设计，制定合理的钻井程序，并以最佳方式处理钻井过程中的意外情况。

经过反复试验，制定了常规的、行之有效的钻井和井控惯例和经验法则。在某些情况下，这些代表最佳的解决方案。然而，当钻井情况明显不同于常规时，旧的规则可能不适用，此时需要分析问题，科学地调整实践。使用具有正确物理模型的瞬态计算机模型为这些井开发新的程序并应用于实践。

主要的物理参数和相互作用在下面进行讨论，需要特别关注高温高压的影响。

4.2.8.2.1　钻井液组成

钻井液是由许多不同性质的成分组成的混合物。各种成分对压力（p）和温度（T）反应不同。更为复杂的侵入油气与钻井液的混合物特性和气体的溶解度将发生显著变化。最常见的成分是水、基础油和加重材料（固体）。在井上特定作业期间，在一定时间内，将其他具有化学活性的成分混合或溶解在钻井液的主要成分中。持续时间可能取决于作业过程（如岩屑或井涌）。

4.2.8.2.2　钻井液密度

钻井液密度取决于压力和温度，井内钻井液密度分布随井筒内温度分布的变化而变化。温度分布取决于地层原始温度和钻井历史。

循环开始或停止时，即使没有漏失或侵入，高温高压井中的在用钻井液体积可能发生明显变化。变化的原因可能是以下一个或多个：

(1)由于温度的变化引起的钻井液膨胀或收缩；

(2)由于压力的变化引起的钻井液膨胀或压缩；

(3)套管和裸眼井段直径的增大或减小(膨胀)。

4.2.8.2.3 钻井液流变性

钻井液的流变性质通常近似为与压力和温度无关。对于浅井，温度变化不大，因此，流变性随温度的变化很小。许多井的孔隙压力和破裂压力压差大，因此动态循环压力的估计误差对井的完整性或井涌概率影响很小。

然而，对于孔隙和破裂压力压差较小的井，需要仔细地评估和分析温度和压力对流变性、井筒流体力学和井涌概率的影响。

油基钻井液和水基钻井液对压力和温度的依赖性存在一定差异。

4.2.8.2.4 热物理性能

动态温度剖面的计算需要关于井内代表的材料的比热和导热系数的信息：井内流体、钢材、地层、水泥、水和钻井液中。除了井内流体，这些属性可以通过文献获得(Corre et al.，1984；Green，1984)。但是却几乎没有关于高温高压井中不同性质组分混合成的钻井液数据。

4.2.8.2.5 温度效应(热能输送)

根据正在进行的钻井作业，井内给定位置的钻井液温度变化迅速。长时间静止时，温度接近地温。循环开始时，环空的下部将会被钻柱中的钻井液冷却，而环空上部将被向上流动的钻井液加热。在这个阶段，钻井液密度和钻井液流变性将迅速改变。这通常会导致井内钻井液总体积的变化。

应该注意钻井液性能和温度是相互影响的。传热和摩擦加热取决于钻井液性能，而钻井液性能取决于钻井液温度。

4.2.8.2.6 压力的影响

高温高压井压力变化可能比常规井更大，原因如下：

(1) 由热效应引起的钻井液密度变化，静液柱压力的变化大。钻井液密度分布随循环速度、静止时间等的变化而变化；

(2) 由温度变化引起的沿井筒的流变性变化造成摩擦压力的变化；

(3) 流变性的变化也能诱发层流和紊流之间的流型转换，主要发生在环空钻铤部分。紊流会产生更大的摩擦压力损失；

(4) 波动压力主要取决于两个因素。首先，井筒最深和最热部位的黏度可能较高(温度驱动效应)；第二，在一定时间内，钻井液的凝胶强度随温度增加而增加；

(5) 钻井液流变性不仅与温度和压力有关，还依赖于剪切历史。在开泵过程中，由于胶结被破坏，井底压力迅速达到峰值。这种影响在高压高温井中更为明显，因为它具有较窄的窗口和较高的黏度。

4.2.8.2.7 钻井液和侵入油气的相位特性

发生井侵后，钻井液和侵入流体将会发生混合。油气侵入范围为干气(甲烷)、挥发油和凝析油到重油。

在高温高压的条件下，侵入油基钻井液的干气无限溶解在基础油中。这种混合物的泡点将控制井内钻井液中游离气体的闪蒸位置。

4.2.8.2.8　重晶石动态沉降

实验证明黏性流时所有钻井液都会发生沉降，这通常称为动态沉降，以区别于可能发生在静止流体中的沉降。

当循环排量足够低时，流动是层流，钻柱不旋转或转动缓慢时，在井的长井段、大斜度段，钻井液中的加重材料通常会沉降出来。强烈的紊流和钻柱搅拌将使沉淀物重新悬浮。

在长水平段井中，动态沉降的影响可能会变得比较明显。当轻质钻井液到达小倾角井段时，钻井液加重材料耗严重，可能给井控带来严重问题。

4.2.8.2.9　油气对钻井液性能的影响

侵入油气会影响钻井液性能。由于油气在油基钻井液中具有更高溶解度和混合性，对油基钻井液的影响将明显大于水基钻井液。

4.2.8.2.10　井内水合物的形成

在高温高压井内可能形成水合物，特别是随着水深的增加，这可能导致井控困难。现在可以用井控模型来评估水合物形成的可能性，以及研究各种井控策略与水合物形成概率的关系，这些井控模型考虑了动态温度对水合物形成概率的影响（Petersen et al.，2001）。

4.2.8.2.11　钻井液和钻井液侵入油气特性的实验表征

为了进行高温高压钻井井控方面全面的评估，需要研究流体的物理性质。

另外，如果使用先进的瞬态井控和热工水力模拟器，作为建模一部分的流体特性的实际输入将大大提高模拟的实用性。

对所用钻井液的流变性（Rommetveit and Bjørkevoll，1997；Bjørkevoll et al.，2003）、密度及侵入流体和侵入流体（钻井液）混合物的 PVT 特性（Gard，1986；O'Bryan et al.，1988）与温度和压力的关系进行测试。高温高压钻井用钻井液也需评估重晶石在静态和动态条件下的沉降性。

4.2.8.3　高温高压井实例

2001 年春，BP 公司 Aberdeen 正在规划北海 Devenick 高温高压井（Rommetveit et al.，2003）。该井被划分为高温高压井，储层温度为 150℃，设计井深（TD）为 4613m。设计储层中水平段长 1000m。其中一个问题是在储层上方存在预测高压区，这可能导致井控事故，并直接影响到套管的设计。该井最初计划采用油基钻井液，但后期发现需要转换成甲酸盐水基钻井液。

BP 执行建模工作的目的如下：

（1）需要评价高温高压和水平井控制程序组合的问题；

（2）确认最佳作业程序；

（3）识别任何具体的井控风险；

（4）评价套管设计和井涌余量；

（5）解决钻井液体系从油基钻井液到盐水钻井液的变化（最初计划完井时转换成盐水钻井液，因为完井时气侵加剧）；

(6)增强工作人员培训,使之更专业;

(7)解决长水平段油基钻井液气体扩散的问题。

4.2.8.3.1 热工水力模型

掌握实际井底压力是避免井控事故发生的关键。静液柱压力和摩擦压力都将取决于当前的井况,井况随施工状态变化。图4.21显示计划在Devenick高温高压井使用的甲酸盐钻井液的模拟当量循环密度(ECD)。根据图4.21,可以确定不同排量下的摩擦压力;此外,它显示了在接单根时,由于井中净温度的升高,静态钻井液密度趋于减小。这可能与在钻井液池中观察到的轻微膨胀感应器有关。根据真实侵入情况,这个温控感应器是非常重要的,动态建模是一个有用的工具。

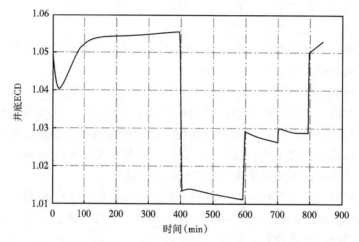

图4.21　8½ in井段密度为1.62SG甲酸盐钻井液的ECD。排量为425gal/min,
循环到稳定状态停泵(Rommetveit et al.,2003)

比较现场结果与研究结果,很明显,指定准确进出口钻井液温度是非常重要的。这可以通过邻井资料或在施工时使用具有更新信息的模型来确定。此外,如果测量的钻井液PVT数据是可用的,并在建模过程中使用,就可以获得非常精确的模拟结果。利用这一点,可以实现预期的ECD和感应器的准确预测。

在对Devenick井的研究中,对油基钻井液和盐水钻井液均进行了建模,并对比了ECD、温度分布和抽汲压力。图4.22中显示了起钻时不同泵排量下的井底压力。起钻需要保持过平衡。

井涌模型中,井控研究重点是:

(1)井涌余量;

(2)未检测到的气侵;

(3)压井方法;

(4)油基钻井液和盐水钻井液中的气侵行为比较;

(5)地面流动特性。

使用油基钻井液时,未被检测到的气侵可能引起一系列问题。由于侵入气体溶解在钻井液中,因此不会有来自钻井液罐的信号指示侵入流体已运移到地面。然而,在某些阶段出现游离气体,钻井液浆罐内液面急剧上升。气侵接近地面时才会被发现,而且钻井人员

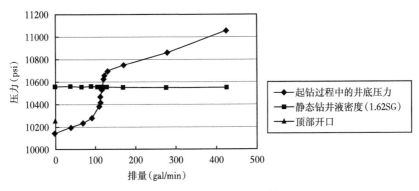

图 4.22　起钻过程中保持循环以防止欠平衡的重要性（Rommetveit et al. , 2003）

需要在很短的时间内启动井控程序。图 4.23 和图 4.24 显示了在 9⅞ in 套管固井前，一个体积约 4bbl 的未被监测到的气侵被循环到上部的情况。

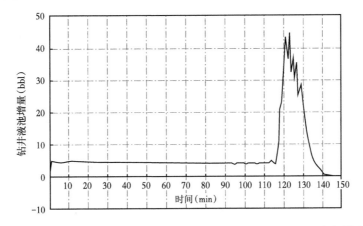

图 4.23　下 9⅞ in 套管时，发生 4bbl 的气侵，循环排量 300gal/min，气侵排出钻井液
　　　　前钻井液池无增量（Rommetveit et al. , 2003）

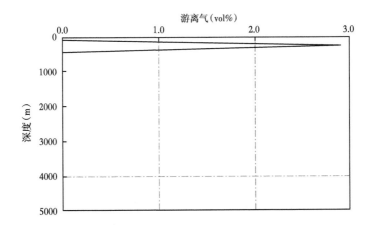

图 4.24　由于游离气体存在，钻井液池增量急剧增加时气侵的位置（Rommetveit et al. , 2003）

研究中另一个问题是注意钻井液体系的可能变化(从油基钻井液到盐水钻井液)和它对井控的影响。如果不恢复循环，侵入流体将溶解在油基钻井液中，并保持在井底。然而，如果在盐水钻井液中发生游离气气侵，情况就大不相同了。即使在关井的条件下，气体仍将发生运移并导致井内压力增加，如图4.25所示。在这种情况下，钻井人员必须迅速启动井控程序，避免套管鞋破裂。

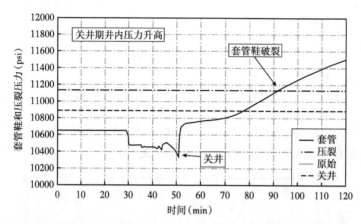

图4.25　盐水钻井液中发生20bbl的气侵，关井条件下压力依然增加(Rommetveit et al.，2003)

与油基钻井液相比，盐水钻井液发生气侵时，在压井期间通常会有更大的地面压力和气体体积。图4.26到图4.29给出了一个例子，比较了两种控制方案，并假设了理想的压井情况。

从这些图中可以看出，形状不同地面压力明显不同。当侵入流体离开水平段并向上运移时，地面压力急剧增加。一段时间后，它进入一个体积较大的区域，并且气侵长度缩短，地面压力暂时降低。这些纯粹是几何形状影响。

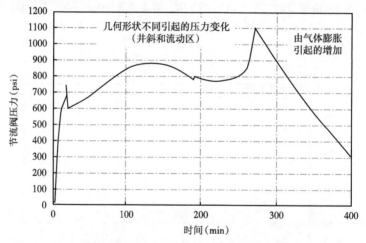

图4.26　水平段油基钻井液中发生100bbl体积气侵时节流阀压力
的变化(Rommetveit et al.，2003)

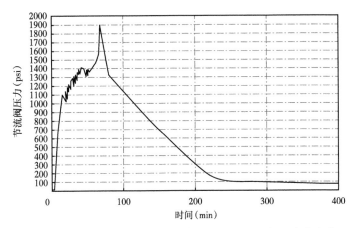

图 4.27　盐水钻井液发生 100bbl 体积气侵时节流阀压力的变化
注意明显压力更大（Rommetveit et al.，2003）

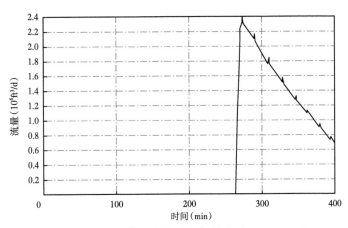

图 4.28　油基钻井液中 100bbl 体积气侵时的气体流量（Rommetveit et al.，2003）

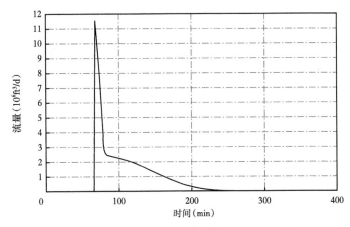

图 4.29　盐水钻井液中 100bbl 体积气侵条件下气体的流量
注意：地面流量较大和返出时间明显缩短（Rommetveit et al.，2003）

4.2.8.3.2　设计修改

最初的建模工作侧重于为验证设计套管提供井涌余量。由于预测高压区在储层上方,不下 $9\frac{7}{8}$ in 套管是否能穿过该高压地层存在不确定性。也有人考虑 $13\frac{3}{8}$ in 套管鞋处地层强度是否足够。

通过密切配合,在钻井作业过程中使用建模工具,利用现场实测资料评估了套管下的更深的可行性。结果表明,可能存在无法接受的风险,因此 $9\frac{7}{8}$ in 套管未加深。

初始井涌余量结果表明,BP 公司使用的单泡模型方法过于保守。因此,决定必要时使用更先进的动态井涌模拟器更新井涌余量,并在此基础上进行套管设计。随着钻井作业的进行,获得了更好的数据,更新了井涌余量。图 4.30 给出了井涌余量曲线示例。

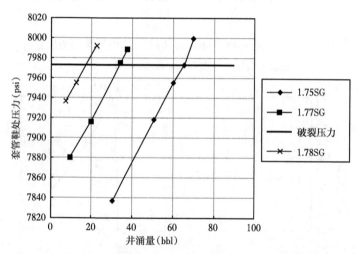

图 4.30　在储层压力分别为 1.75SG、1.77SG 和 1.78SG 条件下,
不同井涌量的套管鞋压力(Rommetveit et al.,2003)

4.2.8.3.3　程序修改

用井涌模型来验证现有的程序。例如,井控模拟表明,在钻 $12\frac{1}{4}$ in 井段时不适合采用工程师法压井。抽汲计算证明需要保持循环,以将抽起钻风险降到最低。

模拟结果表明,钻井队要非常小心以避免在油基钻井液中出现未检测到的气侵。如果是在盐水钻井液中出现气侵,则必须迅速启动井控程序,因为在关井期间,由于运移速度快,井内压力会迅速升高。

模拟结果也清楚地表明,因为没有考虑井斜角影响和井眼几何尺寸的变化,现有的体积井控制程序不满足实际。事实上,现有的程序可能使井处于欠平衡。因此,开发了新的程序,并用井涌模型进行了验证。

钻井过程中的模型支撑。在钻井过程中,重新计算了井涌余量。该模型用最新的测量数据、深度、钻井液密度和流变性、温度和地层完整性测试(FIT)进行了校准。在施工的关键阶段,更新井涌余量可为将来的决策提供支持。

4.2.8.3.4　钻井成功,无井控问题

Devenick 地区是 BP 公司重要的成功施工案例,它是第一口高温高压水平井。在井控规

划、开发新程序、加强对高温高压井井控现象的认识和井队人员培训等方面的努力，使这口井取得了成功。井队人员做好了充分的准备，对井内流体的预期行为非常了解。他们自信而成功地应用了复杂的井涌预防程序，避免了任何重大井控事件的发生。

利用模块化的地层动态测试仪（MDT）测井结果表明，水平段在储层过平衡压力仅仅只有 200psi 条件下钻探成功，考虑水平段的起钻风险，采用重质钻井液取得了显著成效。

4.2.9　小井眼井井涌

小井眼井井控和流体力学分析已在全尺寸实验中进行了研究（Steine et al.，1996）。一种先进的井涌模拟器已用来模拟井涌（Rommetveit et al.，1996）。

该模拟器在无钻具接头的同心环空部分中很好地预测了压力损失。在有钻具接头的部分，预测也是合理的。在偏心环空部分，模拟器预测压力偏高。

在层流与循环结合且轻微紊流的情况下，对气相上升速度的预测很准。在井的上部，模拟器预测的气体上升速度偏高，最可能的解释是钻具接头造成的。

在无偏心矩和钻具接头小井眼中，模拟器可很好地预测压力损失和气体上升速度。钻具接头和偏心矩对小井眼的影响比常规井眼更大。

4.2.10　井涌井漏

在地层压力和破裂压力之间狭窄窗口进行作业时，通过模拟钻井问题改进钻井设计，可以节省大量的资金，尤其是高温高压井和深水井。在许多情况下，井漏是造成复杂井控问题和钻井延误的重要因素。Wessel 和 Tarr（1991）研究了井漏情况下的井控。

先进的井涌模拟器已经可用于模拟大规模井漏（Petersen et al.，1998）。该模型允许在发生漏失时，交互式研究如何压井。因此，可以通过模拟优化压井作业。

用一种简单的方法模拟破裂过程。只需要三个参数定义破裂：裂缝起裂压力、裂缝延伸压力和裂缝闭合压力。流入（流出）裂缝的流量取决于裂缝处维持裂缝压力所需的流量，漏失系数决定返入井内的流体量。

模拟了一口具有代表性的深水井，该井由于地下井喷导致井控情况复杂，模拟结果如下。

图 4.31 显示了套管鞋左侧有个破裂箭头的井示意图。一条线在钻柱上，两条线在裸眼段，这些线是钻井液前缘。

这是一口深 5106m 的海上井，水深 904m。将套管鞋设置在 2650m 处，直径为 8.83in。2456m 的裸眼井段直径为 8.54in。钻头位于底部，距富含天然气的储层 6m。钻柱外径为 4.23in，内径为 4in；钻铤长 150m，内径 2.81in，外径为 6.5in。有两个长 904m、直径为 2.5in 的节流管汇，图 4.31 中只显示了一个节流管汇。

初始钻井液密度为 1.95SG。储层压力梯度为 2.079SG，套管鞋处破裂起始、扩展和闭合压力分别为 2.59SG、2.404SG 和 2.338SG。模拟时设定 0.5 的回收率（即在裂缝闭合时，进入裂缝的流体将有一半

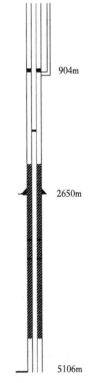

904m

2650m

5106m

图 4.31　井示意图
（Petersen et al.，1998）

返回环空)。

初始泵排量为 1500L/min。储层异常高压,模拟时间为 3.5min,钻井液池增量为 7m³。关井用时 1min,钻井液池增量上升到 10.8m³。关井套管压力(SICP)表明关井钻井液密度为 2.234SG。此时,套管鞋的压力已经超过了裂缝扩展压力。

以 500L/min 排量泵压井钻井液,并保证节流阀充分打开(14%)以保持井底压力高于储层压力。显然,这个开口太小了,因为套管鞋的压力在 11min 25s 时超过了裂缝起始压力。泵压大约在 5min 内降为 0,钻井液罐液面下降(图 4.32)。这些迹象表明,这口井出现了循环漏失问题。

为了使井得到控制,将泵排量提高到 2500L/min(图 4.33 显示在增加泵排量前游离气体的分布)。在裸眼井段,结合静液柱压力,破裂压力必高于储层压力。

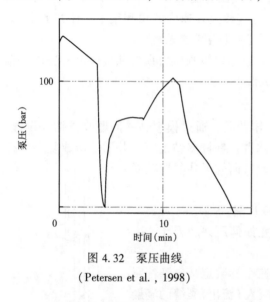

图 4.32　泵压曲线

(Petersen et al., 1998)

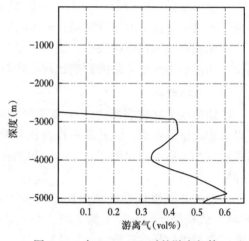

图 4.33　在 16min 43s 时的游离气体

(Petersen et al., 1998)

这样做是为了保证钻井液尽可能多地进入裸眼井段,通过增加储层和套管鞋之间的液柱的重量来阻止储层流体侵入井筒。

为了避免套管段内气侵,节流阀保持在相对较小的开度,使大部分气体逸出并进入裂缝。

泵排量增加几分钟后的气体分布如图 4.34 所示。井侵进入裸眼井段,破裂压力降低了井底压力,从而导致气侵速率增加。直到压井钻井液到达井底(32min 20s),侵入量才开始下降。随着井中压井钻井液增加泵压升高,表明储层已得到控制(图 4.35),可处理井漏。显然,结合裂缝扩展压力,新的静液柱足以产生一个高于地层压力的井底压力。泵排量降至 2000L/min。注意观察泵压,泵排量约在半小时内逐渐降低至 500L/min(图 4.35)。地层破裂后,钻井液流出量约为 500L/min。

当泵排量下降到 500L/min 时,通过裂缝侵入的气体开始进入节流阀。初始气体流出量达到 8000L/min(78min 30s),但 50min 后减少到一半。在气体流出量超过 22000L/min 时,打开节流阀以减少套管鞋的压力。

节流阀的开度逐步从 14% 增加 31%(205min 35s)。大约模拟 3h 后,套管鞋从漏失变为

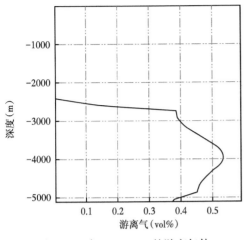

图 4.34　在 19min 30s 的游离气体

（Petersen et al., 1998）

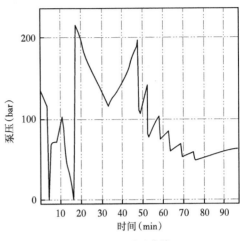

图 4.35　泵压曲线

（Petersen et al., 1998）

复原状态。钻井液和气体开始以保持套管鞋处压力处于适当破裂压力所需的速度离开裂缝。当气体流出量为 50000L/min，并且钻井液流出量比其高 80% 时，节流器开度减小到 25%（249min），如图 4.36 和图 4.37 所示。气体流出量在 70000L/min 时达到峰值，当钻井液流出量降低时迅速下降。根据钻井液流量和泵压的数据分析，仍然处于破裂状态（图 4.36）。泵压将破裂压力视为在裸眼井段无气侵的唯一边界条件，因此，它在恒定压力下保持稳定（图 4.38）。

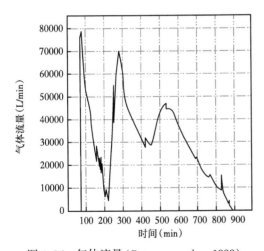

图 4.36　气体流量（Petersen et al., 1998）

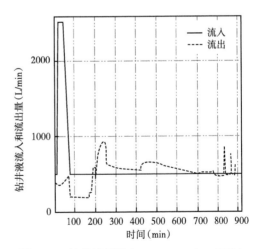

图 4.37　钻井液流量（Petersen et al., 1998）

　　模拟 7h 后，节流阀开度表开至 27%，造成钻井液和气体流量波动。535min 后，节流阀开度减少到 26%，以缩小钻井液流量间的差异。因为不知道裂缝什么时候闭合，最好保持流量尽可能接近。钻井液流出量相对于钻井液流入量越大，裂缝闭合时环空压降越大。如果压降足够大，井底压力可能降至地层压力以下，从而导致另一个井涌或破裂的情况出现。

随着时间的推移,为了保持钻井液流量接近,调整节流阀开度,但钻井液流出量略高。13h 后,裂缝排空并关闭,导致井内的压力突然下降。泵压下降约 10bar(图 4.38)。当节流阀开度逐渐增加到 100% 时,剩余的气体流出。整个过程中钻井液池增量变化情况如图 4.39 所示,节流阀压力变化情况如图 4.40 所示,裂缝的可采储量如图 4.41 所示。

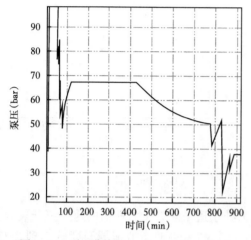

图 4.38　泵压曲线(Petersen et al.,1998)

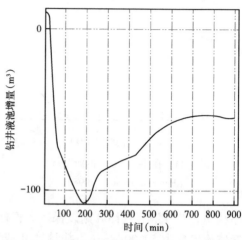

图 4.39　钻井液池增量(Petersen et al.,1998)

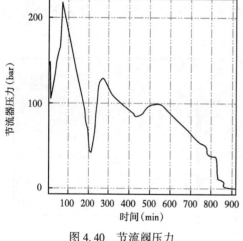

图 4.40　节流阀压力
(Petersen et al.,1998)

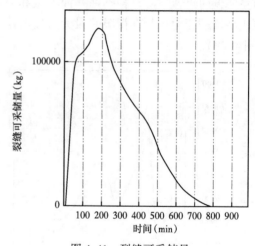

图 4.41　裂缝可采储量
(Rommetveit,2005;Petersen et al.,1998)

4.2.11　深水井控模拟

在井涌过程中,气体可能会在检测到气侵前通过防喷器(BOP)并进入立管。有些气体也可能在关井过程中被困在防喷器组中。如果这些气体的处理当,气体将被释放于方钻杆补心(RKB),可能导致事故。Zapata Lexington 事件(Shaughnessy,1986;Gonzalez et al.,2000)中瓦斯爆炸造成五人死亡事故,认为原因是:

(1)困在防喷器的气体在以很高的速度循环出来;

（2）立管导气装置关闭。

Amoco 通过试验评价了深水立管中的气体特性（Shaughnessy，1986；Gonzalez et al.，2000）；Lloyd et al.（2000）评估了如何处理深水立管中的气体。

利用先进的井涌模拟技术（Nes et al.，1998），研究了深水立管中由井涌产生的气体。模拟场景如下：

（1）气体向上运移到立管；

（2）泵在气体在立管中时运行；

（3）抽汲（富集）与钻井（分散）井涌；

（4）气体混在钻井液中的程度。

如果处理得当，立管内的气体和防喷器滞留的气体，可以被安全地输送到地面并从导气装置排出。这些结果被早期 Amoco 的测试证实（Shaughnessy，1986），关于 2000 年发表（Gonzalez et al.，2000）。

在一口超深水井（水深 2741m）进行了流体力学学和井控试验（Rommetveit et al.，2005）。模拟天然气运移与所观察到的结果如图 4.42 所示。图 4.43 表明井控模型准确地再现了气体到达地面时压力的减小。

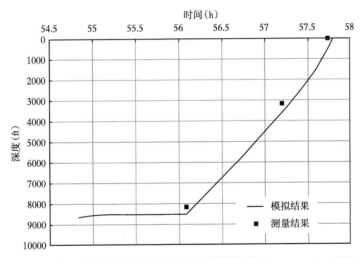

图 4.42　在迁移和后续循环过程中气体前缘位置（Rommetveit，2005）

这表明气体的分布与模型预测的基本一致。相比之下，如果所有的气体都以单个气泡的形式移动，那么当气泡到达地面时，压力下降值将超过 30bar。

立管中气体运移和后续循环过程中，存储传感器的压力与模拟压力之间的关系如下所述。

4.2.12　水合物井涌

先进的动态井涌模拟器已可用于确定水合物形成的潜力（Petersen et al.，2001）。利用动态温度模拟、侵入油气组分水平上详细的 PVT 计算和先进的水合物形成程序，可以模拟运行的任何时刻获得井内水合物形成的温度差。

模拟器包括了含（如盐和醇等水合物）抑制剂影响的代码。因此，可以用不同抑制钻井

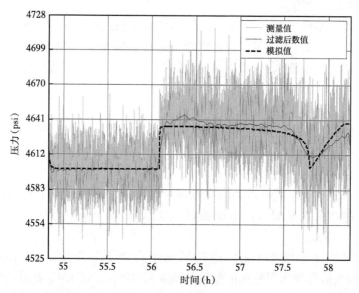

图 4.43 在迁移和后续循环过程中传感器 1 的压力(Rommetveit, 2005)

液进行几次试验,以比较遇到水合物时的风险。

水合物形成模块的主要目的是将井控的多种效果结合起来,以确定井作业过程中水合物生成的可能性。大多数水合物报告都是在严格控制的条件下研究形成的。这些信息用于动态的油气井作业中,压力、温度和油气组成在作业数小时内会有很大变化。

4.2.13 双密度钻井系统井控建模

深井和超深井条件下的钻井系统日益复杂,如海底泵双密度钻井系统,有必要针对所有可能的情况制定安全的井控程序。进一步建立了针对海底钻井液举升系统的模型,并用于井控程序的开发(Choe and juvkam-Wold, 1996, 1997)。

另一个这样的模型是为了控制钻井液压力(CMP)系统开发的(Rommetveit et al., 2006)。对于井控和早期井涌的检测是人们关注的焦点。结果表明,能够很早检测到井侵。开发了一个以安全方式处理井涌的详细程序,并通过仿真进行了验证。由于采用 CMP 泵间接精确地测量返出流体,所以在正常钻进和循环时进行井涌监测,将优于常规钻井。使用一个灵敏的流量传感器用以观察泵的能耗将是非常有效的手段,可以作为使井涌检测系统更精确,只要噪声和其他等影响功耗的因素都能得到精确控制。

4.2.14 集成井控和热工水力模型

早期的井控模拟工具没有考虑动态温度,只是利用假设的背景温度剖面进行计算(Rommetveit, 1994)。随着近海井向深水区迈进,一些重要的瞬态效应只能通过动态温度模型来模拟。

已开发了建井和修井期间任何与流体相关操作(包括复杂井控情况)的通用动态模型(Rommetveit et al., 2006b)。该模型是当今环境下新一代支持工具和技术的基础,具有先进的设计、挑战性的钻井条件和快速可靠的实时决策支持。求解方法采用分而治之的方法,分别计算各个井段内的流量,然后求解交界处的适当流量。这简化了复杂流动关系的模拟,如分支井或喷射接头。由于其具备良好的灵活性，允许在流动环空中加入额外的泵，例如双梯度系统（Rommetveit et al., 2006a）。该模型包括动态二维温度计算，覆盖了影响井的径向区域，并假定井附近有径向对称性。

其他特征包括弹性边界条件（包括钻井和起下钻）、非牛顿摩擦压力损失、瞬态井—储层相互作用、相间滑移和先进的 PVT 关系等。该方法具有较高的灵活性，提高了精度，减少了数值扩散，提高了计算速度。

计算井状态演化的方式，压力计算和热（导热）计算相互抵消；也就是说，它们不是同时计算的，这大幅简化了计算。

4.2.15 含控压钻井实时钻井作业建模

4.2.15.1 实时决策支持

将先进的动态流和井控模型集成到决策支持系统中，具备实时模拟、诊断和假设评估的各种可能。

该流动模型还与其他钻井子过程模型，如扭矩和阻力、机械钻速（ROP）、井壁稳定性和孔隙压力相联系，构成一个实时集成钻井模拟器（图 4.44，Rommetveit et al., 2007）。

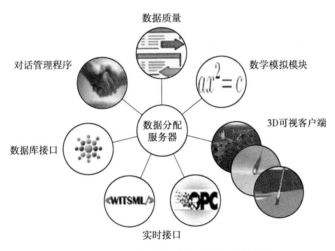

图 4.44 实时综合钻井系统的基本结构

4.2.15.2 控压钻井

在高温高压控压钻井（MPD）过程中，采用先进的动态流量和温度模型，实时控制节流阀设置并在实际作用之前进行离线模拟（Bjørkevoll et al., 2008）。在下面的章节中和图 4.45 对使用的两个模型进行了详细描述。

4.2.15.3 实时模型

该模型在钻机输入的情况下运行，以连续更新输入自动节流系统的节流压力设定值。实时模型的主要特点如下：

（1）动态质量传输，这意味着边界条件和温度分布的变化将通过系统扩散，而不是直接跳转到一个新的状态；

（2）依赖压力和温度的密度。基于实验室测量结果，计算甲酸铯（钾）的实际混合物；

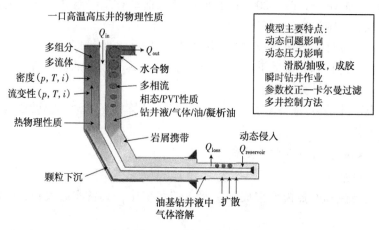

图 4.45　模型示意图

（3）依赖压力和温度的流变性。实验室数据自动调整以匹配作业过程中完成的钻井测量，并沿流动轨迹插值到每个网格单元中计算出的压力和温度；摩阻损失是在三参数流变模型拟合流变性的基础上，并利用现有方法处理层流、过渡流和紊流计算出来的；

（4）考虑岩屑载荷；

（5）摩阻损失和传热计算时考虑循环；

（6）通过系统跟踪多种流体，计算压力将逐渐发生变化，具体取决于流变性、密度、内径、外径、倾角、操作参数等；

（7）二维详细的动态温度模型与一维动态传质模型的无缝集成。温度模型考虑了两侧地层、附有水泥和其他材料的套管（衬垫层）及流体性质和操作参数等特性。原始地层温度和钻井液温度都是输入参数。

实时模型可以处理各种作业程序，例如：

（1）不同泵排量的循环，包括泵排量的上升和下降，停泵和开泵；

（2）静止时间；

（3）钻井；

（4）起下钻；

（5）不同流体或流体密度不同的驱替。

实例井在钻井的第一阶段，随钻测量压力（PMWD）和模拟压力之间存在偏差，这是由于错误的模型配置造成的，最主要的由流变性输入错误造成的。该模型在正确的配置下重新启动，稳定后，计算值与 PMWD 之间的偏差保持在 2~3bar 以内（图 4.46）。这包括停泵（例如，3d 后不久），节流压力增加超过 20bar 以自动补偿摩擦损失，但 PMWD 测量值和计算值的偏差仍保持在 3bar 以内。

4.2.15.4　离线模型

实时模型一个更全面的用于作业设计的离线模型派生出来的。离线模型增加了以下功能，包括：

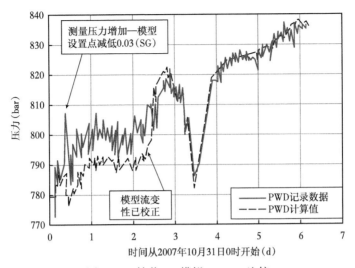

图 4.46　钻井 2，模拟/PMWD 比较

（1）从储层流入的油、气或水；

（2）沿环空向上的动态两相流体输送；

（3）长预定义序列的批量模拟，已被用于：

①测试和验证模型；

②为下一步作业做准备；

③输入程序；

④后分析。

离线模型在第一口 MPD 井开始前用于不同作业的详细模拟，对模型进行测试和验证，包括运行井控程序在内的调整和验证。

4.2.15.5　自动钻井系统

非稳定流和温度模型已与钻机控制系统连接。利用先进的瞬非稳定流和井控模型将有助于进行实时井涌余量估算和自动压井作业。

术语

A——横截面积；

C_o——分布系数；

f_1——摩阻损失项；

f_2——局部压力损失项；

m——质量转换率；

m_g——气体溶解率；

p——压力；

q——气侵量；

Re——雷诺数；

s——距离；

t——时间；

T——温度；

v——速度；

v_{o}——气体滑脱速度；

v_{mix}——混合速度；

x_{dg}——溶解气体的质量分数；

x_{fo}——地层油的质量分数；

α——气体空隙率；

v——动力黏度；

ΔM——单位时间步内质量变化；

ρ——密度；

τ——接触时间。

角标

g——气体；

l——液体；

f_{o}——地层原油。

参 考 文 献

Aas, B. , Bach, G. F. , Hauge, H. C. , and Sterri, N. 1993. Experimental Modeling of Gas Kicks in Horizontal Wells. Paper SPE 25709 presented at the SPE/IADC Drilling Conference, Amsterdam, 23-25 February.

Bjørkevoll, K. S. , Rommetveit, R. , Aas, B. , Gjeraldstveit, H. , and Merlo, A. 2003. Transient Gel Breaking Model for Critical Wells Applications With Field Data Verifi cation. Paper SPE 79843 presented at the SPE/IADC Drilling Conference, Amsterdam, 19-21 February. DOI: 10. 2118/79843-MS.

Bjørkevoll, K. S. , Molde, D. O. , Rommetveit, R. , and Syltøy, S. 2008. MPD Operation Solved Drilling Challenges in a Severely Depleted HP/HT Reservoir. Paper SPE 112739 presented at the IADC/SPE Drilling Conference, Orlando, Florida, 4-6 March. DOI: 10. 2118/112739-MS.

Bradley, N. D. , Low, E. , Aas, B. , Rommetveit, R. , and Larsen, H. F. 2002. Gas Diffusion——Its Impact on a Horizontal HP/HT Well. Paper SPE 77474 presented at the SPE Annual Technical Conference and Exhibition, San Antonio, Texas, 29 September-2 October. DOI: 10. 2118/77474-MS.

Caetano, E. F. 1986. Upward Vertical Two-Phase Flow Through an Annulus. PhD dissertation, University of Tulsa, Tulsa. Choe, J. and Juvkam-Wold, H. C. 1996. Well Control Model Analyzes Unsteady State, Two-Phase Flow. Oil and Gas Journal 94(49): 68-77.

Choe, J. and Juvkam-Wold, H. C. 1997. A Modifi ed Two-Phase Well-Control Model and Its

Computer Applications as a Training and Educational Tool. SPECA 9 (1): 14 – 20. SPE – 37688–PA. DOI: 10. 2118/37688–PA.

Corre, B., Eymard, R., and Guenot, A. 1984. Numerical Computation of Temperature Distribution in a Wellbore While Drilling. Paper SPE 13208 presented at the SPE Annual Technical Conference and Exhibition, Houston, 16 – 19 September. DOI: 10. 2118/13208 – MS.

Currans, D., Brandt, W., Lindsay, G., and Tarvin, J. 1993. The Implications of High Angle and Horizontal Wells for Successful Well Control. Paper presented at the IADC European Well Control Conference, Paris, 2–4 June.

eControl: Functional Design Specification. Document 100501–19591–IZ–SA06–0102, Aker MH, Kristiansand, Norway (December 2007).

Ekrann, S. and Rommetveit, R. 1985. A Simulator for Gas Kicks in Oil – Based Drilling Muds. Paper SPE 14182 presented at the SPE Annual Technical Conference and Exhibition, Las Vegas, Nevada, 22–26 September. DOI: 10. 2118/14182–MS.

Gard, J. 1986. PVT Measurements of Base Oils. Research report, PRC K – 36/86, Rogaland Research, Stavanger. Gonzalez, R., Shaughnessy, J. M., and Grindle, W. D. 2000. Industry Leaders Shed Light on Drilling Riser Gas Effects. Oil and Gas Journal 98 (29).

Green, D. W. and Perry, R. H. 1984. Perry's Chemical Engineers' Handbook, sixth edition. New York: McGraw–Hill. Hoberock, L. L. and Stanbery, S. R. 1981. Pressure Dynamics in Wells During Gas Kicks: Part 2—Component Models and Results. JPT 33 (8): 1367–1378. SPE–9822–PA. DOI: 10. 2118/9822–PA.

Hovland, F. and Rommetveit, R. 1992. Analysis of Gas – Rise Velocities From Full – Scale Kick Experiments. Paper SPE 24580 presented at the SPE Annual Technical Conference and Exhibition, Washington, DC, 4–7 October. DOI: 10. 2118/24580–MS.

Johnson, A. B. and Cooper, S. 1993. Gas Migration Velocities During Gas Kicks in Deviated Wells. Paper SPE 26331 presented at the SPE Annual Technical Conference and Exhibition, Houston, 3–6 October. DOI: 10. 2118/26331–MS.

Johnson, A. B. and White, D. B. 1991. Gas–Rise Velocities During Kicks. SPEDE 6 (4): 257– 263. SPE–20431– PA. DOI: 10. 2118/20431–PA.

Lage, A. C. V. M. and Time, R. W. 2000. Mechanistic Model for Upward Two – Phase Flow in Annuli. Paper SPE 63127 presented at the SPE Annual Technical Conference and Exhibition, Dallas, 1–4 October. DOI: 10. 2118/63127–MS.

Lage, A. C. V. M., Rommetveit, R., and Time, R. W. 2000. An Experimental and Theoretical Study of TwoPhase Flow in Horizontal or Slightly Deviated Fully Eccentric Annuli. Paper SPE/IADC 62793 presented at the IADC/SPE Asia Pacifi c Drilling Technology, Kuala Lumpur, 11–13 September. DOI: 10. 2118/62793–MS.

LeBlanc, J. L. and Lewis, R. L. 1968. A Mathematical Model of a Gas Kick. JPT 20 (8): 888– 898; Trans., AIME, 243. SPE–1860–PA. DOI: 10. 2118/1860–PA.

Lloyd, W. L. , Andrea, M. D. , and Kozicz, J. R. 2000. New Considerations for Handling Gas in a Deepwater Riser. Paper SPE 59183 presented at the IADC/SPE Drilling Conference, New Orleans, 23-25 February. DOI: 10. 2118/59183-MS.

Nes, A. , Rommetveit, R. , Hansen, S. et al. 1998. Gas in a Deep Water Riser and Associated Surface Effects Studied With an Advanced Kick Simulator. Presented at IADC Deep Water Well Control Conference, Houston, 26 - 27 August. Nickens, H. V. 1987. A Dynamic Computer Model of a Kicking Well. SPEDE 2 (2): 159-173; Trans. , AIME, 283. SPE-14183-PA. DOI: 10. 2118/14183-PA.

O' Bryan, P. L. , Bourgoyne, A. T. , Monger, T. G. , and Kopeck, D. P. 1988. An Experimental Study of Gas Solubility in Oil-Based Drilling Fluids. SPEDE 3 (1): 33-42; Trans. , AIME, 285. SPE-15414-PA. DOI: 10. 2118/15414-PA.

Petersen, J. , Rommetveit, R. , and Tarr, B. A. 1998. Kick With Lost Circulation Simulator, a Tool for Design of Complex Well Control Situations. Paper SPE 49956 presented at the SPE Asia Pacifi c Oil and Gas Conference and Exhibition, Perth, Australia, 12-14 October. DOI: 10. 2118/49956-MS.

Petersen, J. , Bjørkevoll, K. S. , and Lekvam, K. 2001. Computing the Danger of Hydrate Formation Using a Modifi ed Dynamic Kick Simulator. Paper SPE 67749 presented at the SPE/IADC Drilling Conference, Amsterdam, 27 February-1 March. DOI: 10. 2118/67749-MS.

Podio, A. L. and Yang A. -P. 1986. Well Control Simulator for IBM Personal Computer. Paper SPE 14737 presented at the SPE/IADC Drilling Conference, Dallas, 10-12 February. DOI: 10. 2118/14737-MS.

Rader, D. W. , Bourgoyne, A. T. , and Ward, R. H. 1975. Factors Affecting Bubble - Rise Velocity of Gas Kicks. JPT 27 (5): 571-584. SPE-4647-PA. DOI: 10. 2118/4647-PA.

Rommetveit, R. 1989. A Numerical Simulation Model for Gas-Kicks in Oil Based Drilling Fluids. PhD dissertation, University of Bergen, Bergen, Norway. Rommetveit, R. 1994. Kick Simulator Improves Well Control Engineering and Planning. Oil and Gas Journal 92 (34): 64-71.

Rommetveit, R. and Bjørkevoll, K. S. 1997. Temperature and Pressure Effects on Drilling Fluid Rheology and ECD in Very Deep Wells. Paper SPE 39282 presented at the SPE/IADC Middle East Drilling Technology Conference, Bahrain, 23-25 November. DOI: 10. 2118/39282-MS.

Rommetveit, R. and Olsen, T. L. 1989. Gas Kick Experiments in Oil-Based Drilling Muds in a Full-Scale Inclined Research Well. Paper SPE 19561 presented at the SPE Annual Technical Conference and Exhibition, San Antonio, 8-11 October. DOI: 10. 2118/19561-MS.

Rommetveit, R. and Vefring, E. H. 1991. Comparison of Results From an Advanced Gas Kick Simulator With Surface and Downhole Data From Full Scale Gas Kick Experiments in an Inclined Well. Paper SPE 22558 presented at the SPE Annual Technical Conference and Exhibition, Dallas, 6-9 October. DOI: 10. 2118/22558-MS.

Rommetveit, R. , Bjørkevoll, K. S. , Bach, G. F. et al. 1995. Full Scale Kick Experiments in

Horizontal Wells. Paper SPE 30525 presented at the SPE Annual Technical Conference and Exhibition, Dallas, 22−25 October. DOI: 10. 2118/30525−MS.

Rommetveit, R. , Nes, A. , Steine, O. G. , Harries, T. W. R. , Maglione, R. , and Sagot, A. 1996. The Applicability of Advanced Kick Simulators to Slim Hole Drilling. Presented at the IADC Well Control Conference for Europe, Aberdeen, 22−24 May.

Rommetveit, R. , Time, R. W. , and Bjørkevoll, K. S. 1998. Large Scale Experiments of Non−Newtonian Two Phase Flow in Horizontal Annuli With Relevance to Well Control in Horizontal Wells. Presented at the 8th International Conference on Multiphase Flow, Cannes, France, 18−20 June.

Rommetveit, R. , Fjelde, K. K. , Aas, B. et al. 2003. HP/HT Well Control: An Integrated Approach. Paper OTC 15322 presented at the Offshore Technology Conference, Houston, 5−8 May.

Rommetveit, R. , Bjørkevoll, K. S. , Gravdal, J. E. et al. 2005. Ultra−Deepwater Hydraulics and Well Control Tests With Extensive Instrumentation: Field Tests and Data Analysis. SPEDC 20 (4): 251−257. SPE−84316−PA. DOI: 10. 2118/84316−PA.

Rommetveit, R. , Bjørkevoll, K. , Petersen, J. et al. 2006a. A Novel, Unique Dual Gradient Drilling System for Deep Water Drilling, CMP, Has Been Proven by Means of a Transient Flow Simulator. IBP1400_ 06, presented at the Rio Oil and Gas Expo and Conference, Rio de Janeiro, 11−14 September.

Rommetveit, R. , Bjørkevoll, K. S. , Petersen, J. , and Frøyen, J. 2006b. A General Dynamic Model for Flow Related Operations During Drilling, Completion, Well Control and Intervention. IBP1373_ 06, presented at the Rio Oil and Gas Expo and Conference, Rio de Janeiro, 11−14 September.

Rommetveit, R. , Bjørkevoll, K. S. , Halsey, G. W. et al. 2007. eDrilling: A System for Real−Time Drilling Simulation, 3D Visualization and Control. Paper SPE 106903 presented at the Digital Energy Conference and Exhibition, Houston, 11−12 April. DOI: 10. 2118/106903−MS.

Santos, O. L. A. 1989. A Dynamic Model of Diverter Operations for Handling Shallow Gas Hazards in Oil and Gas Exploratory Drilling. PhD dissertation, Louisiana State University, Baton Rouge, Louisiana.

Santos, O. L. A. 1991. Well−Control Operations in Horizontal Wells. SPEDE 6 (2): 111−117. SPE−21105−PA. DOI: 10. 2118/21105−PA.

Santos, O. L. A. and Azar, J. J. 1997. A Study on Gas Migration in Stagnant Non−Newtonian Fluids. Paper SPE 39019 presented at the Latin American and Caribbean Petroleum Engineering Conference, Rio de Janeiro, 30 August−3 September. DOI: 10. 2118/39019−MS.

Shaughnessy, J. M. 1986. Test of Effect of Gas in a Deepwater Riser. Internal memorandum, Amoco Production Company. Steine, O. G. , Rommetveit, R. , Maglione, R. , and Sagot, A. 1996. Well Control Experiments Related to Slim Hole Drilling. Paper SPE 35121 presented at the SPE/IADC Drilling Conference, New Orleans, 12–15 March. DOI: 10. 2118/35121–MS.

Vefring, E. H. , Wang, Z. , Gaard, S. , and Bach, G. F. 1995a. An Advanced Kick Simulator for High Angle and Horizontal Wells—Part I. Paper SPE 29345 presented at the SPE/IADC Drilling Conference, Amsterdam, 28 February–2 March. DOI: 10. 2118/29345–MS.

Vefring, E. H. , Wang, Z. , Rommetveit, R. , and Bach, G. F. 1995b. An Advanced Kick Simulator for High Angle and Horizontal Wells—Part II. Paper SPE 29860 presented at the SPE Middle East Oil Show, Bahrain, 11–14 March. DOI: 10. 2118/29860–MS.

Wang, Z. , Peden, J. M. , and Lemanczyk, R. Z. 1994. Gas Kick Simulation Study for Horizontal Wells. Paper SPE 27498 presented at the SPE/IADC Drilling Conference, Dallas, 15 – 18 February. DOI: 10. 2118/27498–MS.

Wessel, M. and Tarr, B. A. 1991. Underground Flow Well Control: The Key to Drilling Low– Kick– Tolerance Wells Safely and Economically. SPEDE 6 (4): 250–256; Trans. , AIME, 291. SPE–22217–PA. DOI: 10. 2118/22217–PA.

White, D. B. and Walton, I. C. 1990. A Computer Model for Kicks in Water– and Oil–Based Muds. Paper SPE 19975 presented at the SPE/IADC Drilling Conference, Houston, 27 February–2 March. DOI: 10. 2118/19975–MS.

Zuber, N. and Findlay, J. A. 1965. Average Volumetric Concentration in Two – Phase Flow System. ASME Journal of Heat Transfer 87: 453–468.

国际单位转换系数

1 bbl = 0. 1589873m^3

1 gal/min = 0. 2271247m^3/h

1 in = 2. 54cm

4.3　泡沫钻井

——Ramadan Ahmed, 奥克拉何马大学(University of Oklahoma);

Stefan Miska, 塔尔萨大学(University of Tulsa)

4.3.1　引言

降低成本和提高现有油气储量采收率的技术需求是众所周知的(Kuru et al. , 1999)。提高钻井技术是降低成本最有效的方法之一。特别是，欠平衡钻井技术的发展，使部分枯竭油气藏和侧钻井受益。在常规(过平衡)钻井过程中，由于钻井液产生液柱压力高于地层孔隙压力，钻井液滤液侵入近井地层。钻井液滤液侵入改变了近井孔隙流体性质(《欠平衡钻井手册》1997)，导致井产能明显降低。为尽可能减少与储层伤害、井漏、压差卡钻相关的问题，常采用欠平衡钻井技术(Culen et al. , 2003; Devaul and Coy, 2003; Santos et al. , 2003)。在现场应用中，很多不同的技术可用以实现欠平衡，这主要涉及使用循环低密度流体，例如充气钻井液或泡沫钻井液。但是，泡沫的流动特性很复杂。单独使用泡沫或者其他低密度流体不能保证欠平衡条件。即使使用泡沫，摩擦阻力损失过大也有可能导致过平衡状态(《欠平衡钻井手册》,1997)。因此,若要准确预测井底压力,最大限度地减少钻井事故,需要掌握充气流体和钻井泡沫的流体力学特性。

除了钻井,泡沫广泛地应用于其他工业中。石油工业中,在遇到低压地层和水敏性地层时,泡沫常用作钻井液和完井液,在注水时也可作为驱替剂。其中一些应用涉及泡沫在管道、环空和多孔介质中的流动,泡沫在其他方面的应用包括固井和压裂。发泡水泥有一些优于传统水泥的特点。由于其压缩性和气泡结构,当发泡水泥受到热应力和机械应力时,能够在破裂的情况下产生内部变形。但是,进行泡沫水泥相关作业时,需要产生泡沫的装置等设备(Green et al. ,2003)。

在一些应用中,如建成的产气区,常规钻井会造成井底压力风险。泡沫钻井技术允许在不大于地层孔隙压力的情况下进行钻井。即可以保证更快的钻进速度(ROP),又可以减小储层伤害。此外,将泡沫钻井用于克服储层伤害敏感地区的地层水和井漏问题。简而言之,泡沫钻井技术在提高产量、快速钻井、井眼净化、降低低压储层钻井难度和随钻地层评价等方面都有着显著的效果。但是,深入了解泡沫结构、质量、流变性、稳定性和流体力学特性对于降低风险和操作成本是必要的。

与传统钻井液相比较,泡沫钻井液是一种不稳定的流体体系。钻井泡沫气相(空气或氮气等其他气体)体积分数高。气相被液膜分离以分散气泡的方式存在。它是一种结构化的气—液分散(图4.47),具有典型的气泡尺寸,介于10mm～1cm之间。钻井泡沫的液体成分包括水、表面活性剂,某些情况下添加的聚合物(如羟乙基纤维素、和羟乙基纤维素、聚阴离子纤维素(PAC)、黄胞胶和羧甲基纤维素)。添加聚合物的目的是提高泡沫的稳定性和控制泡沫的流变性。表面活性剂通常会构成少量液相(体积分数0.5%～2%)。泡沫的产生需要将机械能转化为表面自由能,表面活性剂对泡沫的界面稳定性起着至关重要的作用。因此,在泡沫设计方案中表面活性剂的类型和浓度是非常重要的。聚合物的添加使形成的泡沫具有相当大的稳定性。尽管如此,泡沫是一种亚稳定系统,随着时间的推移衰减至较低的能量配置。

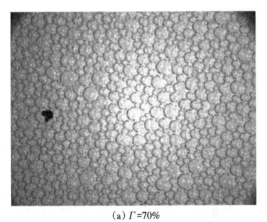
(a) Γ=70%

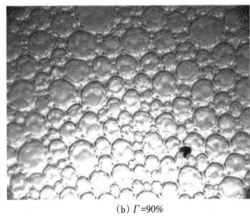
(b) Γ=90%

图4.47　低质量泡沫和高质量泡沫的结构

一般来讲，用气体体积分数或泡沫质量对泡沫进行分类(Ahmed et al.，2003a)。干泡沫的特征是气相含量高和泡沫粗糙。图 4.48 呈现的是泡沫的相对黏度模式(相对于液相，不同泡沫质量下的[$\mu_{\mathrm{f}}(\dot{\gamma})/\mu_{\mathrm{L}}(\dot{\gamma})$])。当质量达到98%时，泡沫变成雾。泡沫和雾之间有着本质的区别，在雾中，液相以小液滴分散在气相中，因此，雾被视为一个常规的气—液分散，液滴是自由的，不具有结构。

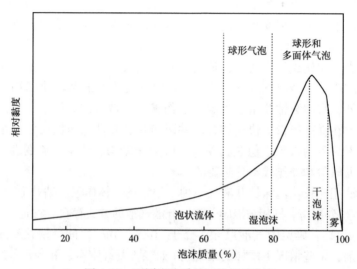

图 4.48　不同泡沫质量下的相对黏度

在钻井作业中，泡沫可能是在地面制成然后注入钻杆中，或者将其成分分别注入钻杆中，混合流体在流入钻杆、井底钻具组合和钻头的过程中会产生泡沫(Lyons et al.，2000)。与其他钻井液相比，泡沫的主要优点是其当量循环密度(ECD)控制更灵活。众所周知，合理的井筒压力对孔隙压力控制和井眼稳定性都很重要。在孔隙压力与地层破裂压力之差很小的深水钻井作业中，控制井眼压力尤为重要。精确的井筒压力控制依靠改变液相和气相的比例(即注入率)、基液流变性、地面回压来实现。另外，泡沫是一种环境友好型钻井液，因为其成分中只有一小部分液体需要在地面处理，且用于产生泡沫的聚合物和表面活性剂都是可生物降解的。

泡沫是一种具有复杂结构的可压缩非牛顿流体，受其质量、液相组成和压力的影响很大。由于质量、液相黏度、壁面滑移、压力和温度等可变因素都会影响泡沫的流动特性，因此对其的流动分析相对困难。此外，泡沫的制备方法、泡沫的平衡度、剪切过程、泡沫结构、表面活性剂的类型和浓度等都对泡沫的流动特性有很大影响。选择合适的泡沫质量、注入率、聚合物和表面活性剂的类型和浓度，对于井筒压力和岩屑运移达到理想状态至关重要。泡沫密度(重力分量)和黏性(摩阻损失)是影响井筒压力分布的主要因素。与重力和摩擦压力损比较，动能的改变通常是比较小的。在给定泡沫流速和井筒几何结构条件下岩屑运移，主要的控制参数是泡沫密度和黏性。

4.3.2　泡沫特征

为了做工程分析，需要恰当的描述泡沫的相关性质。因此，需要像其他材料一样对泡沫进行表征，以确定其特征（流变性、稳定性和压缩性），组成（质量、膨胀率和密度）和结构（泡沫尺寸和结构）。为泡沫钻井问题提供有效的解决办法，需要系统的表征泡沫性质，因此，下面将重点研究泡沫特性。

4.3.2.1　泡沫物理性质

4.3.2.1.1　泡沫质量

在给定的温度和压力下，泡沫质量可以用气相的体积分数来描述，数学表达式为

$$\Gamma = \frac{V_g}{V_F} = \frac{V_g}{V_g + V_1} \tag{4.137}$$

根据其质量，泡沫通常被分为泡沫液、湿泡沫和干泡沫（图 4.15）。泡沫液在质量较低时形成（60%）；在中等质量范围（60%~94%），形成湿泡沫；通常当 Γ 大于 94% 时，可观察到干泡沫的出现。但是，在不同的泡沫成分、压力和温度情况下，上述范围会略有不同。一般来讲，只有在气泡变形时，干泡沫才可以流动（《欠平衡钻井手册》，1997）。

4.3.2.1.2　压缩系数

泡沫的水力学和流变性分析需要确定泡沫的压缩系数。泡沫等温压缩系数的数学表达式：

$$C_f = -\frac{1}{V_f} \times \frac{dV_f}{dp} \tag{4.138}$$

其中，V_f 为泡沫体积，通过 $V_f = V_g + V_1$ 得到。忽略液相压缩性和气相溶解性，泡沫压缩性可用质量和气相等温压缩率，表示为

$$C_f = \Gamma C_g \tag{4.139}$$

4.3.2.1.3　状态方程—压力/体积/温度（PVT）

忽略气相溶解性并假设液相不可压缩，可得到一个泡沫 PVT 之间的简单关系，目前，用于设计用泡沫 PVT 方程数量有限（Morrison and Ross，1983；Lord，1981）。在常压和中压范围内，泡沫 PVT 行为可以由两相 PVT 性质预测；在高压时，可能会偏离传统的状态方程。这种现象可归因于：首先，气相和液相之间的传质（溶解和蒸发）；其次，温度或压力的变化引起结构和流体性质的变化。总之，没有单一的状态方程可以准确预测泡沫在任何压力和温度条件下的 PVT 性质。

$$v_F = \frac{b^* p + a^*}{p} \tag{4.140}$$

$$a^* = \frac{W_g z R_g T}{M} \tag{4.141}$$

$$b^* = (1 - W_g) v_L \tag{4.142}$$

式中，v_L 为液相比体积，z 为气体压缩系数。气体质量分数和泡沫质量间的关系式为

$$W_g = \frac{\rho_g \Gamma}{\rho_g \Gamma + \rho_L (1 - \Gamma)} \tag{4.143}$$

式(4.140)在气体溶解度的变化可忽略情况下成立。2002年，Lourenço用实验研究了在不同温度条件下水基泡沫的PVT性质，结果表明，当压力增加时，模型预测(Lord，1981)略偏离测量值。

[例1] 在地面条件下水和空气形成质量为95的泡沫。需要计算在井下$p=500\text{psia}$和$T=200\text{°F}$条件下的泡沫质量。

解：在地面条件下，$p=14.7\text{psia}$，$T=60\text{°F}$，并且$\rho_{\text{L}}=62.4\text{lb/ft}^3$。真实气体定律为

$$p=z\rho_{\text{g}}R_{\text{g}}T/M$$

本例中气体压缩系数z约为1。通用气体常数，R_{G}为10.7psia·ft³/lbmol/°R，和$M=28.97\text{lb/lbmol}$。利用上述方程，估算了地面条件下气体的密度为

$$\rho_{\text{g}}=\frac{pM}{zR_{\text{g}}T}=\frac{14.7\text{psia}\times28.97\text{lb/lbmol}}{10.7\text{psi}\cdot\text{ft}^3/\text{lbol}/\text{°R}(60+459.7)\text{°R}}=0.077\text{lb/ft}^3$$

同样，井下条件下的气体密度是

$$\rho_{\text{g}}=\frac{pM}{zR_{\text{g}}T}=2.052\text{lb/ft}^3$$

如果忽略了由于压力变化引起的气体溶解度的变化，地面和井下条件下的气体质量分数是相同的。在地面条件下，应用方程式(4.43)：

$$W_{\text{g}}=\frac{0.077\text{lb/ft}^3\times0.95}{0.077\text{lb/ft}^3\times0.95+62.4\text{lb/ft}^3/(1-0.95)}=0.0228$$

整理式(4.143)，质量的表达式是两相密度和气体质量分数的函数：

$$\varGamma=\left[\frac{\rho_{\text{g}}}{\rho_{\text{L}}}\left(\frac{1}{W_{\text{g}}}-1\right)+1\right]^{-1}$$

应用上式，井下条件下的泡沫质量是：

$$\varGamma=\left[\frac{2.052\text{lb/ft}^3}{62.4\text{lb/ft}^3}\left(\frac{1}{0.0228}-1\right)+1\right]^{-1}=0.4149$$

4.3.2.1.4 稳定性和排液性

在欠平衡钻井时，泡沫的稳定性是至关重要的，稳定性取决于表面活性剂的浓度、泡沫质量和结构及液相流变性之间的复杂关系。在静态条件下，液相流变性能和表面张力控制泡沫稳定性和排液性。一般来讲，当分隔泡沫的液膜因重力和聚结作用排出时，泡沫变得不稳定。随着液膜由于排液变的薄，泡沫破裂的可能性变高。液相黏度通过阻缓液膜中液相的流动对影响排液性。这可以通过向液相中添加聚合物来实现。聚结过程主要由于气泡尺寸(曲率)的变化产生的压差引起的。当两个大小不同的泡沫气泡共用一个边界时，由于压差存在，会有从小气泡到大气泡的质量传递。这种现象可以用拉普拉斯方程进行理论检验，拉普拉斯方程给出了气泡内外的压差：

$$\Delta p=p_{\text{i}}-p_{\text{o}}=\frac{4\sigma}{r_{\text{b}}} \tag{4.144}$$

从拉普拉斯方程可以看出，气泡半径越小，内压越大。这意味着小气泡比大气泡的内部压力高。因此，小气泡聚结成大的气泡，聚结增加了大气泡的直径。

Morrison 和 Ross(1983)研究了不同气泡几何形状之间的相互作用，从表面张力的角度解释了气体和液体体积的限制。针对保持泡沫不同质地或结构所需的势能，研究了泡沫稳定性。他们发现气相在液膜中的扩散和液膜的破裂是影响排液过程的主要因素。除了重力和聚结作用外，泡沫的制备方法对排液现象有很大的影响。Rand 和 Kraynik (1983)研究了泡沫的制备方法对排液时间的影响。他们观察到排液时间随泡沫制备压力的增加和泡沫气泡尺寸的减小而增加。其他研究人员也报道了类似的结果(Harris，1985)。

Nishioka 等(1996)总结了静态和动态泡沫稳定性测量的基本方法。他们比较了圆锥形和圆柱形稳定性测量仪的优缺点。在常压条件下，评估泡沫稳定性最简单的方法之一是测量泡沫排液量随时间的变化。测量步骤如下：

(1)制备给定体积(V_L = 100mL)的发泡液；

(2)使用适当的搅拌器机械混合，在恒定的温度下产生均匀的泡沫；

(3)快速将泡沫倒入量筒，记录初始泡沫体积 V_f；

(4)记录随时间延长排出的液相体积 V_D；

(5)测量留在混合器中的泡沫质量 m_f。

试验结束后，计算给定时间内的排液分数(液体排出体积与样瓶内的总液体体积之比)：

$$F_d(t) = \frac{V_D(t)}{V_L - m_F/\rho_L} \tag{4.145}$$

半衰期是相当于排液 50% 的时间。泡沫质量大致为

$$\Gamma = 1 - \frac{V_L - m_F/\rho_L}{V_F} \tag{4.146}$$

对于成功的钻井作业，泡沫需要在地层水和原油等大量污染物存在的条件下，具有很高的稳定性。Rojas 等(2001)研究了油和盐对水基泡沫稳定性的影响。研究表明，泡沫的稳定性很大程度上取决于表面活性剂的物理化学性质、污染物及其相互作用。为评价盐对泡沫稳定性的影响，研究了不同浓度的一价盐对泡沫稳定性的影响。结果(表4.7)表明，盐的加入大幅降低了水性泡沫的稳定性。

表 4.7　盐对泡沫稳定性的影响(Rojas et al. , 2001)

泡沫型	盐浓度(%)	浓度半衰期(min)
水基泡沫	0.5	64
	1.0	4
聚合物泡沫	0.5	349
	1.0	322

Argillier 等(1998)研究了在一价和二价盐(氯化钠和氯化钙)、不同发泡剂和不同的聚合物(PAC)浓度下泡沫稳定性。基于排液实验，对泡沫稳定性进行了定量分析。将泡沫倒

入漏斗中,将其伸入量筒中,记录排液量随时间的变化。图4.49显示高质量泡沫(大于85%)的稳定性测量结果。结果表明存在三个排液阶段。初期,排液速率随时间延长而增加(阶段Ⅰ);一段时间后,速率达到了一定值,并且一段时内保持基本恒定(阶段Ⅱ);最终,速率渐近下降为零(阶段Ⅲ)。Lourenco(2002)报道了类似的结果,说明三个排液阶段的存在。

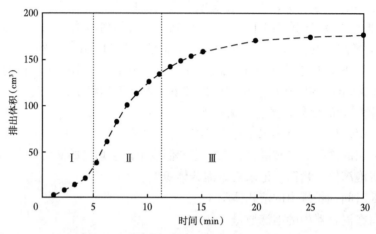

图4.49 排液量与时间的关系(Argillier et al.,1998)

根据Rojas等(2001)的研究结果,当原油浓度小于10%时,原油对泡沫稳定性的影响是微不足道的(图4.49)。结果清楚地显示了原油API重度对泡沫稳定性的影响。重质原油比轻质油具有更高的泡沫稳定性。重质原油比其他原油乳化得更慢,这将会延缓泡沫层的破裂速率。

4.3.2.1.5 泡沫结构与气泡尺寸

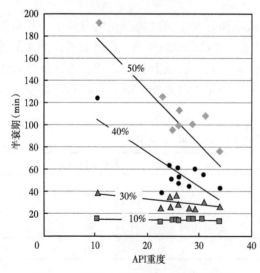

图4.50 原油API重度对不同油浓度下泡沫稳定性的影响(Rojas et al.,2001)

一些研究者(Harris,1985;Lourenco et al.,2004;David and Marsden,1969)研究了泡沫结构和气泡尺寸分布。David和Marsden(1969)在显微镜下测量气泡大小及其分布。实验结果(图4.50)表明,平均气泡直径和气泡尺寸分布受泡沫质量影响。随着泡沫质量的增加,平均气泡尺寸和气泡尺寸范围增大。低质量泡沫的气泡尺寸分布在平均直径附近有一个尖锐的峰值(图4.51)。

在某些情况下,气泡大小可能影响泡沫的流变性。泡沫流动的特征是气泡变形,它对流变性有显著影响。气泡大小是影响气泡变形程度的参数之一。在稳定的均匀剪切流动中,球形气泡的微小变化取决于毛细管数。水基泡沫的毛细管数为

$$C_a = \frac{r_b \mu_L \dot{\gamma}}{\sigma} \qquad (4.147)$$

式中，r_b、σ 和 g 分别表示平均气泡半径、界面张力和剪切率。毛细管数是黏性力和界面张力的比值。当泡沫持续变形时，黏滞力倾向于使气泡变形，而界面力则相反，使泡沫倾向于球性。

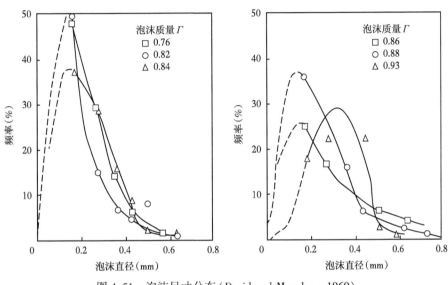

图 4.51　泡沫尺寸分布（David and Marsden，1969）

Harris（1985）用环空循环流动研究了结构、液相黏度和质量对泡沫流变性的影响，发现泡沫的流变性受结构影响较小。结果表明，泡沫的流变性受质量和液相黏度的影响较大。

在较高剪切速率、表面活性剂浓度和压力下产生的泡沫的平均气泡尺寸（细密结构）较小。细纹泡沫的稳定性比粗纹泡沫更好（图 4.52）。

Lourenco（2002）使用非循环环空（单程）进行了大量的实验研究。研究泡沫在管式黏度计（标称直径 2in、3in 和 4in）中的流动特性。泡沫是使空气、水、表面活性剂混合物流过管式黏度计上游一个部分关闭的球阀而产生的。阀门开启位置（通过阀门的压差）用于控制泡沫制备。通过调节阀门，制备不同流动特性的泡沫。保持所有其他测试参数不变的情况下，仔细监测阀门和 4in 管式黏度计的压差。当阀门开启位置改变，在 4in 管式黏度计中观察到压力损失发生显著变化（图 4.53）。从实验结果可以看出，泡沫产生阀的压差对泡沫的流动特性有很大影响。

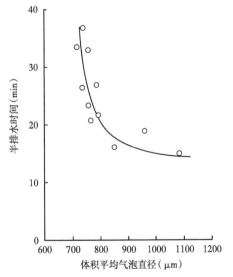

图 4.52　质量 70% 水基泡沫的静态排液时间（Harris，1985）

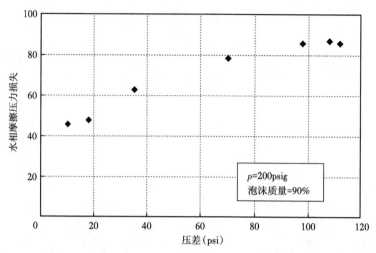

图 4.53 在 4in 管中压力损失与泡沫发生阀上差压的关系(Lourenco, 2002)

4.3.2.1.6 泡沫结构和气泡形状

泡沫质量是描述泡沫宏观结构的基本参数,随着泡沫质量从 0 增加到 1,首先形成低质量的泡沫液。然而,当泡沫质量增加到刚度转变时,会发生一个临界转变,泡沫结构并变得坚硬。这个临界点的值因液相组成略有不同。对于水基泡沫,刚度转变发生质量约为 63%(Ahmed et al., 2003a)。低质量泡沫的气泡结构呈球形。泡沫质量进一步提高,当其质量超过 80% 时,表现出特有的流变性质。泡沫结构开始从球面结构向多面结构改变。气泡与周围的气泡相对变形,但它们仍被液膜所分隔(阻止其破裂)。当这些高质量泡沫受到小的剪切变形时,它们表现出较强的弹性响应和屈服应力(Princen and Kiss, 1989; PAL, 1999)。

随着泡沫质量达到 95%(干泡沫的极限),有越来越多的多面体气泡。由于结构的改变,当泡沫质量达到干泡沫的极限时,泡沫体系达到其最大黏度。以前对泡沫流变学的研究(Debrégeas et al., 2001; Gopal and Durian, 1998)发现当泡沫质量介于 88%~95% 时,主要产生多面体气泡。质量增加超过干泡沫极限时,黏度会适度降低,直到达到泡沫稳定极限。进一步提高泡沫质量,超过稳定极限,干泡沫变成雾,造成黏度急剧下降(《欠平衡钻井手册》, 1997; Okpobiri and Ikoku, 1986)。水基泡沫在常压条件下的稳定极限约为 97%,向液相中加增黏剂可提高此极限(《欠平衡钻井手册》, 1997)。

4.3.2.1.7 消泡

最简单的消泡方法是将泡沫置于露天深坑中降解。然而,由于受成本、空间和环境的限制,海上作业使用其他技术加快消泡。钻井应用中常用的消泡方法有机械法、化学法和综合法。化学消泡剂可显著加快泡沫衰减过程,化学消泡是通过在回流管顶部喷洒适当的消泡剂来完成的,为了有效消泡,应将泡沫和消泡剂充分混合。使用溶剂稀释消泡剂可能有助于混合和消泡,但稀释时应小心,因为使用溶剂可能会降低消泡剂的浓度和消泡能力;因此,有必要通过试验确定消泡剂的有效性。通过使用实验室混合器制造小批量泡沫,并在泡沫上喷洒消泡剂进行实验。现场有几种类型的消泡系统,最简单的方法是将泡沫置于露天深坑中,靠重力排液自然降解。这种自然消泡过程非常慢,因此,需要大的坑容和空间。在某些情况下，可以使用机械搅拌和液相喷射来加快该过程。其他的消泡系统，如旋液分离器，可采用强劲的离心力将液相从气体中分离。在旋流分离器中逆向注入化学消泡剂可显著提高气液分离效率(《欠平衡钻井手册》，1997)。

4.3.2.1.8　泡沫的滤失性

由于钻井液中的压力小于地层压力，欠平衡钻井(UBD)通过降低滤失作用来减少或防止地层伤害。但是，欠平衡钻井很难一直保持欠平衡状态，即使短时间进入过平衡状态也可能造成严重的地层伤害。基于实验室研究，Herzhaft 等(2000)提出，在致密储层中，由于 USD 钻井液比常规钻井液所造成的渗透伤害严重。他们用改进的 API 滤失仪对各种水基泡沫的滤失性能进行了实验研究。该研究指出了表征泡沫滤失性对于选择伤害较小的钻井液的重要性。实验依据经典的滤失测试步骤(7atm，渗透 30min)，使用标准的 API 滤失仪(单元 A)和改进的体积为 1L 的滤失仪(单元 B)。研究了几种含固体的液相配方，包括各种黏土和加重剂。实验结果(图 4.54) 显示了不同液相配方和固体浓度下的滤失量的变化：

(1)BM1+80g/L 固体 A(单元 A)；

(2)BM1+40g/L 固体 A(单元 A)；

(3)BM1+40g/L 固体 A(单元 B)；

(4)BM1+60g/L 固体 A(单元 A)；

(5)BM1+40g/L 固体 B(单元 A)；

(6)BM1+40g/L 固体 A+1g/L PAC(单元 B)。

原始发泡液 BM1 由 1%的表面活性剂和 pH 值为 10 的自来水组成。固体 A 和 B 分别代表膨润土和模拟钻屑的非膨胀黏土颗粒。在设计钻井泡沫时，除压力穿透外，还应考虑化学作用可能造成的储层伤害。

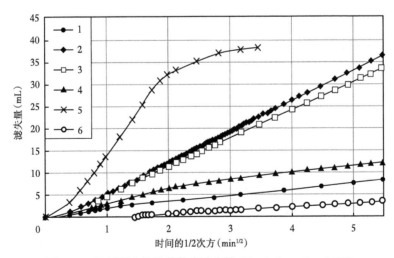

图 4.54　不同配方泡沫的静态滤失性(Herzhaft et al.，2000)

4.3.2.1.9　泡沫流变性和壁面滑移

泡沫的流变性对于计算压力损失和预测钻屑运移非常重要。运动方程基于质量守恒、动量守恒和能量守恒三大定理，但没有将剪切应力和剪切速率联系起来的本构方程仍不能求解。

若剪切应力与剪切速率的关系以图的形式给出，称此关系为流变性曲线(流动曲线)。

Einstein(1906)和 Hatschek (1911)指出，泡沫应被视为黏度明显大于任一相的单相流体。钻井泡沫是一种复杂的气液混合物，它的流变性能和流体力学性能受到多种流动和流体参数的影响，如泡沫质量、液相黏度、泡沫结构、压力和温度等，其中一些参数是不可控的。因此，泡沫流变性测量结果常显示出高度的分散性和随机性。实验研究发现，不可能制造出两种结构(气泡尺寸和尺寸分布)完全相同的泡沫。

钻井泡沫的流变性能受泡沫质量和液相黏度的影响很大。温度和压力通过调节泡沫质量和液相黏度影响其流变性。例如，在给定温度条件下，增加压力会明显减小气相所占体积，间接降低泡沫质量。在恒压条件下，增加温度，明显降低液相黏性，因此随着温度升高，泡沫黏度降低。

(1) 壁面滑移。

由于壁面滑移现象，泡沫流变性的测量存在较大困难。用不同管径的黏度计测试泡沫，得到不同的流动曲线。使用不同尺寸的旋转黏度计进行流变性测试也表明存在壁面滑移现象(Yoshimura and Prud'homme, 1988)。因此，应消除壁面滑移对流变性的影响，以确定剪切速率与剪切应力之间的真实关系。

通常认为壁面滑移是泡沫流动最重要的特征之一。滑移发生在泡沫流动中，是因为气相离开壁面发生滑移(Heller and Kuntamukkula, 1987)。因此，壁面滑移机理的描述是基于薄液膜本身并不存在滑移，但润湿壁面并润滑泡沫流；与不存在滑移时相比，由于壁面滑移，通常可观察到更高的泡沫流速。图4.55是典型的管式黏度计中泡沫流动速度和剪切应力的分布情况，该图夸大了液膜的厚度 δ_s。对于光滑管道中的水基泡沫流动，根据典型实验数据计算有效液膜厚度范围在 $10\mu m$ 之内(Kraynik, 1988)。

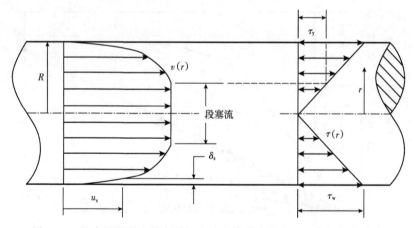

图4.55　具有屈服应力的高质量泡沫在管道中的流速和剪切应力分布

使用粗糙管式黏度计进行的实验研究(Thondavadi and Lemlich, 1985)表明，使用粗糙表面可以减少或消除壁面滑移。Saintpere 等(1999)做了一项相似的研究，以建立泡沫流变性表征方法。研究使用平行板黏度计进行流变性测试，使用的黏度计壁面为凹凸面，最大限度地减小了壁面滑移现象。该凹凸面会使液膜的有效厚度减小。壁面滑移速度可用液膜有效厚度、壁面剪切应力和液相黏度来表示（Kraynik，1988）：

$$\mu_s = \frac{\delta_s \tau_w}{\mu_L} \tag{4.148}$$

若使用表观黏度，上述公式可以进一步应用在非牛顿流体液膜中。

（2）流变性测量和壁面滑移。

建立了用于测量泡沫流变性能的管式黏度计应用系统。管式黏度计用于测量壁面滑移和流变学参数，如稠度系数（K_f）和流变性指数（n_f）。估算壁面滑移的标准程序包括使用不同内径的管式黏度计测试泡沫流变性。若没有壁面滑移，对于给定的流体，在压力和温度恒定的前提下，不同直径黏度计测试结果应为一条流动曲线。由于壁面滑移，使用不同管径的黏度计往往会得到不同的流动曲线。图 4.56 为泡沫的典型黏度数据（未修正的流动曲线），表明壁面滑移的存在；图中虚线表示修正壁面滑移后的流动曲线。修正曲线和未修正曲线之间的空隙表示壁面滑移对于标称牛顿剪切速率的影响。

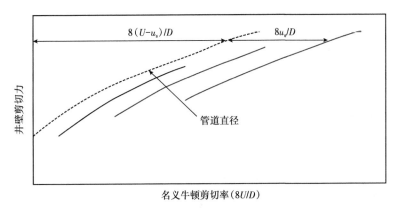

图 4.56　考虑壁面滑移的泡沫流动曲线

为得到真实的泡沫流变性，应系统地消除壁面滑移对标称壁面剪切速率的影响。可以使用不同的方法：Mooney 假设，即假设壁面滑移速度与壁面剪切应力成比例（Mooney，1931），或 Oldroyd-Jastrzebski 法，假定壁面滑移速度 μ_s 取决于壁面剪切应力 τ_w 和管径（Jastrzebski，1967）。两种方法都引入了比例常数或滑移系数，将滑移速度与流动参数联系起来。Gardiner 等（1998）和 Jastrzebski（1967）详细探讨了这两种做法。Oldroyd-Jastrzebski 方法给出了合理的滑移速度，而 Mooney 假设有时预测不准确。Beyer 等（1972）使用穆尼假设并确定了泡沫质量范围 0.75~0.98 之间的滑动速度。结果表明，在一定的壁面剪切应力下，由于有效液膜厚度随液相体积分数的减小而减小，滑移速度随质量的增加而减小。Princen 等（1980）提出了超高质量泡沫和乳液液膜厚度的解析解，得到了类似结论。然而，式（4.148）表明，滑移速度不仅取决于有效液膜厚度，还取决于产生的壁面剪切应力，这对低质量泡沫的影响较小。有效液膜厚度和壁面剪切应力的乘积随着质量的增加而增加，导致滑动速度升高。

根据 Oldroyd-Jastrzebski 方法，壁面滑移速度可用壁面剪切应力、管径和壁面滑移系数来表示：

$$\mu_s = \beta \frac{\tau_w}{D}$$ (4.149)

该方法建议使用三步确定壁面滑移系数值 β:

a. 在壁面剪切应力 τ_w 不变的情况下,获得标称牛顿壁面剪切速率 $8U/D$ 与 $1/D^2$ 的关系图;

b. 根据直斜线求取壁面滑移系数, β 的值由最小二乘直线的斜率 $8\tau_w$ 确定;

c. 通过 β 与 τ_w 的曲线拟合,建立滑移系数和壁面剪切应力之间的函数关系。

除了壁面剪应力外,滑移系数还受泡沫质量和液相黏度的影响(Gardiner et al.,1998;Özbayoğlu et al.,2002)。一旦壁面滑移系数被确定为壁面剪切应力的函数,则管道流动实验中测得的体积流量 Q_m 需要通过下面的公式修正为在不存在滑移情况时的值:

$$Q_c = Q_m - \frac{\pi\beta\tau_w D}{4}$$ (4.150)

修正后的流量代表了与产生的壁面剪应力或摩擦压力梯度相对应的真实剪切流量。修正后的流量用于计算真实的标称牛顿剪切速率 $8(U-u_s)/D$,这有助于确定泡沫的真实流变特性。

4.3.2.1.10 泡沫流变模型

很多学者对泡沫流变性进行了研究并建立了模型。将经验法和数学建模法用于预测泡沫流变性与其质量和液相黏度的关系。对钻井泡沫流变性进行了多项实验研究(Beyer et al.,1972;Lourenco et al.,2004;Özbayoğlu et al.,2002;Khade and Shah,2004;Chen et al.,2005a),涉及泡沫质量、液相组成、温度和压力等方面。虽然这些研究结果存在差异,但是仍可以推断出泡沫的流变性主要取决于质量、液相黏度和结构(泡沫生成方法)。实验结果表明,由于压力的二次效应(不包括质量变化的压力效应)对流变学的影响,摩擦压力损失相差 10%。

4.3.2.2 水基泡沫

这些类型的钻井泡沫是由压缩气体、水和表面活性剂制成的。低质量的水基泡沫(即 Γ <0.54)无刚性或致密泡沫结构,它们衰减得很快。Mitchell 在 1971 年用管式黏度计测量了低质量水基泡沫的流变性能,结果表明低质量水基泡沫表现为牛顿流体:

$$\mu_f = \mu_L (1+3.6\Gamma)$$ (4.151)

式中, μ_f 和 μ_L 分别表示泡沫黏度和液相黏度。高质量水基泡沫不能像低质量泡沫一样自由流动,高质量水基泡沫的流动表现出泡沫干扰、变形和非牛顿特性,如剪切稀释性和屈服应力(Mitchell,1971)。泡沫质量从低质量范围到高质量范围,当其接近刚性转变值时,结构发生变化,水基泡沫的刚性转变值约为 0.63(Holt and McDaniel,2000)。由于液相组成不同,该临界值略有不同。超过临界值泡沫变得坚硬且结构有序,泡沫气泡呈球形或者多面体结构。将高质量水基泡沫(0.54<Γ<0.96)看作牛顿流体,Mitchell(1971)提出了用于估算黏度的经验公式:

$$\mu_{\mathrm{f}} = \mu_{\mathrm{L}} \frac{1}{1 - \Gamma^{0.49}} \tag{4.152}$$

Sanghani 和 Ikoku (1983) 使用同心圆筒式黏度计对高质量水基泡沫（$0.67 < \Gamma < 0.96$）的流变性进行了实验。提出了幂律型流变模型，给出了环空流动中泡沫有效黏度与平均壁面剪切速率的函数关系图。Martins 等（2001）确定了幂律流体参数（稠度系数 K 和流性指数 n）和泡沫质量之间的关系：

$$n_{\mathrm{f}} = 0.82 \left(\frac{1 - \Gamma}{\Gamma} \right)^{0.52} \tag{4.153}$$

$$K_{\mathrm{f}} = 0.081 \left(\frac{1 - \Gamma}{\Gamma} \right)^{-1.59} \tag{4.154}$$

式中，K_{f} 的单位为 Pa·s^{nf}。上述方程适用于高质量的水基泡沫（$0.6 < \Gamma < 0.95$）。Li 和 Kuru（2003）使用 Sanghani 和 Ikoku（1983）的实验数据，提出了经验关系式。当 $0.76 \leq \Gamma \leq 0.915$ 时，关系式为

$$K_{\mathrm{f}} = 0.3543 e^{3.516\Gamma} \tag{4.155}$$

$$n_{\mathrm{f}} = 1.2085 e^{-1.9897\Gamma} \tag{4.156}$$

当 $0.915 \leq \Gamma \leq 0.98$ 时，K_{f} 和 n_{f} 的值可以使用下式求得

$$K_{\mathrm{f}} = -102.8175\Gamma + 103.2723 \tag{4.157}$$

$$n_{\mathrm{f}} = 2.5742\Gamma - 2.1649 \tag{4.158}$$

Özbayoğlu 等（2002）做了一项对比研究（图 4.57），用以探讨现有水基泡沫流变模型的预测能力。他们做了大量的流动实验来确定高质量水基泡沫（70%~90%）的流动曲线。流动曲线分析表明，泡沫表现为假塑性流体，屈服应力和剪切稀释性可忽略不计。流动特性和稠度系数随泡沫质量的变化呈非线性变化。结果表明，在泡沫质量分别为 70% 和 80% 时，幂律模型能够更好地表征泡沫的性质；质量为 90% 的泡沫流变性最符合宾汉塑性模型。

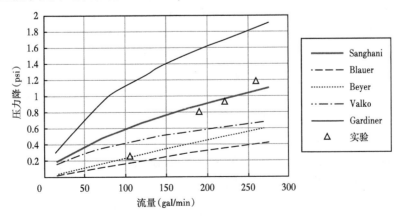

图 4.57　4in 管道中，质量为 80% 的泡沫模拟与实验数据比较（Özbayoğlu et al., 2002）

对比实验结果和现有流变模型的预测结果，发现模型预测结果和压力损失测量值之前存在显著差异。

4.3.2.3　聚合物基泡沫

向液相中添加聚合物增黏剂，可生产出薄且稳定的泡沫。聚合物基泡沫的流变性在很大程度上取决于液相流变性和泡沫质量。一些学者(Mitchell，1971；Reidenbach et al.，1986；Cawiezel and Niles，1987)研究了不同质量和增黏剂浓度下聚合物基泡沫的流动特性，结果表明，屈服幂律模型对这些泡沫的流变性描述最好。最近一项关于瓜尔胶泡沫流变性的研究(Khade and Shah，2004)提出低质量聚合物基泡沫($\Gamma<0.5$)的流性指数和液相相同，流体稠度系数与泡沫质量近似成线性增加：

$$n_f = n_L \tag{4.159}$$

$$K_f = K_L(1+3.6\Gamma) \tag{4.160}$$

除质量和液相流变性外，高质量聚合物基泡沫的流变性还可能受到其他因素的影响，像泡沫结构、组成成分和壁面滑移。因此对聚合物基泡沫的流变性研究往往局限于特定聚合物类型。Khade 和 Shah(2004)提出了瓜尔胶泡沫流变学经验关系式：

$$n_f = n_L \left(1+C_1\Gamma^{\xi}\right) \tag{4.161}$$

$$K = K_L e^{c_2\Gamma+c_3\Gamma^2} \tag{4.162}$$

式中的 C_1、C_2、C_3 和 ξ 都是经验常数(表4.8)，它们的值取决于液相组成。

表4.8　不同瓜尔胶浓度下的经验常数

浓度	C_1	C_2	C_3	ξ
20lb/1000gal	-2.10	-1.99	8.97	7.30
30lb/1000gal	-0.15	-2.38	8.88	6.51
40lb/1000gal	-0.66	-0.49	5.62	5.17

Chen 等(2007)对聚合物基钻井泡沫进行了实验研究，实验是在一个允许泡沫在不同管径(2in、3in 和 4in)和环形测试段(6in×3.5in)流动的大型环道进行的(图4.58)。测试用的泡沫含有不同浓度的聚合物(羟乙基纤维素)和1%的商用表面活性剂。测量了不同气相(液相)注入率、聚合物浓度和泡沫质量下的管道和环形段的摩擦压力损失。不添加和添加增稠剂的泡沫之间存在显著流变差异(图4.59)。除此之外，管道实验数据显示出三条不同的流动曲线，表明确实存在壁面滑移。壁面滑移系数随着泡沫质量或聚合物浓度的增大而减小。

在大型垂直管内泡沫聚合物溶液特性实验研究的基础上，Valkó 和 Economides(1997)，提出体积均衡法来描述聚合物泡沫流变性。该技术使用特定的体积膨胀率 ε 作为气体体积分数的附加参数。该参数为液相密度与泡沫密度的比值，它因压力变化沿流动路径变化。在给定的温度和压力条件下，特定的体积膨胀率为

$$\varepsilon = \frac{\rho_L}{\rho_f} \tag{4.163}$$

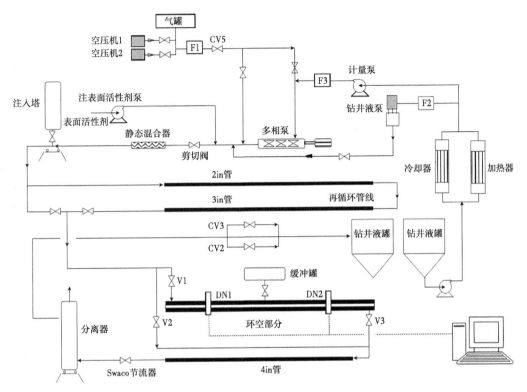

图 4.58　试验设备示意图（Chen et al. ，2007）

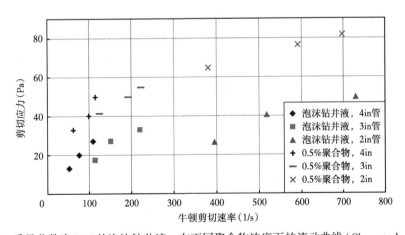

图 4.59　质量分数为 80% 的泡沫钻井液，在不同聚合物浓度下的流动曲线（Chen et al. ，2007）

体积均衡原理从不变性要求出发，假定对于等截面直管流，可压缩流动和不可压缩流动都具有不变性，这就意味着损失的机械能和动能成比例，即摩擦系数是一个常数（Valkó and Economides，1997）。表示所需不变性的本构方程称为体积均衡方程。例如，体积均衡幂律方程可写为

$$\frac{\tau}{\varepsilon} = K_{VE} \left(\frac{\dot{\gamma}}{\varepsilon} \right)^{nf} \tag{4.164}$$

该方法的优点之一是体积均衡壁面剪切应力与体积均衡标称牛顿剪切速率的双对数图是一条适用于各种泡沫质量和压力的直线。

泡沫的流变性能测量需要选用合适的设备。不同类型的泡沫黏度计用于泡沫流变性表征。常用管式黏度计,由于其测量结果受泡沫排液行为的影响较少。当泡沫流经管式黏度计时,可用管式黏度计测量其动态流变性。但是需仔细设置并测量以确保测量结果的重复性。不可违反建立黏滞方程时的假设,管式黏度计是在不可压缩等温层流条件下发展起来的。在测量过程中,泡沫的密度和黏度等物理性质不能改变。维持不可压缩流动条件似乎很难实现,但在流变测量过程中,可以将泡沫膨胀性的影响降到最低。可以通过减小黏度计上的压差与静态压力的比值(即 $\Delta p/p \ll 1$)来实现。除了这些,流动显示端口对于验证泡沫的均匀性也很重要。

为了测量壁面滑移,需要一系列不同直径的管式黏度计,可将它们串联或并联组装,两种方法各有利弊。当黏度计串联时,由于泡沫的膨胀作用,很难使通过各管段的泡沫质量保持完全相同。由于通过测试段和接口处显著的摩擦压力损失导致静压降低,测试泡沫从一个测试段流向另一个测试段时膨胀,特别是从最窄的管道到最宽的管道时,膨胀效应会对测量产生很大的影响。并联管式黏度计时,虽然可以很好地控制各测试段静压力,但是很难保持泡沫构成完全相同。在这两种方法都是在保持其他试验参数如气相和液相流量、压力和温度等恒定的条件下,通过测量测试段的压差来测量流变性。利用实测压差和其他测试参数计算标称牛顿剪切速率($8U/D$)和壁面剪切应力。前面介绍的方法(Oldroyd–Jastrzebski 法)可以用于确定壁面滑移。

一旦壁面滑移速度确定,广义流性指数(n')和广义稠度系数(k')可以通过在双对数坐标图上画壁面剪切应力与滑移修正的标称牛顿剪切速率关系图来确定(图4.60至图4.64)。如果这些点为一条直线,认为泡沫为幂律流体;否则,用另一个本构关系,如屈服幂律模型。

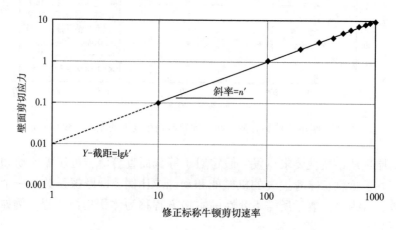

图4.60　双对数坐标上典型的泡沫流动曲线

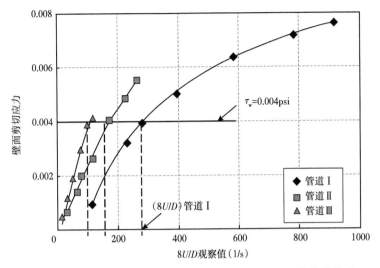

图 4.61　不同尺寸管道中，壁面剪切应力与 $8U/D$ 观察值的关系

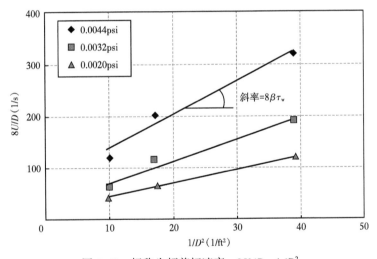

图 4.62　标称牛顿剪切速率，$8U/D—1/D^2$

为了深入了解 n' 和 k'，考虑在速度剖面 $v(r)$ 稳态条件下充分发展的黏性管流（图 4.55）。流体剪切产生的体积流量表示为

$$Q_{sh} = 2\pi \int_0^{R-\delta_s} (v-\mu_s) r \mathrm{d}r \qquad (4.165)$$

式中，δ_s 为壁面滑移层的厚度，当它远小于 R 时，为简便起见，可以忽略。假设 $v(R)-u=0$，整理得

$$Q_{sh} = -\pi \int_0^R r^2 \frac{\mathrm{d}(v-\mu_s)}{\mathrm{d}r} \mathrm{d}r \qquad (4.166)$$

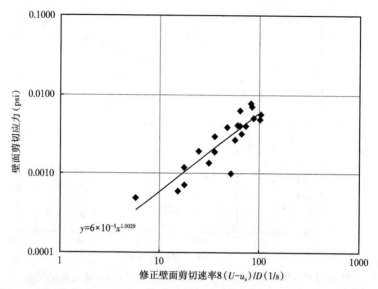

图 4.63　壁面剪切应力与滑移修正的标称牛顿剪切速率，$8(U-u_s)/D$ 的关系

已知 $d(v-u_s)/dr$ 是剪切应力 τ 的一个函数，基于线性动量守恒，对于恒定密度流体的稳态管流：

$$\frac{\tau(r)}{r} = \frac{\tau_w}{R} \tag{4.167}$$

假设忽略滑移层的厚度 δ_s（Yoshimura and Prud'homme，1988），剪切应力的变化可以忽略，因此，在靠近管壁处 $(R-\delta_s)$ 的近似剪切应力 τ_w^* 的计算方程式如下：

$$\tau_w^* \approx \tau_w = \frac{R}{2} \times \frac{\Delta p}{\Delta L} \tag{4.168}$$

改变变量，式 (4.166) 可写为

$$Q_{sh} = -\pi \int_0^{\tau_w} \left(\frac{R}{\tau_w}\right)^3 \frac{d(v-\mu_s)}{dr} \tau^2 d\tau \tag{4.169}$$

用 $d(v-\mu_s)/dr = f(\tau)$ 区别于 τ_w，整理后可得

$$\frac{d(Q_{sh}\tau_w^3)}{d\tau_w} = -\pi R^3 f(\tau_w) \tau_w^2 \tag{4.170}$$

因此，在靠近管壁处 $(R-\delta_s)$ 的剪切速率为

$$f(\tau_w) = \left[-\frac{d(v-\mu_s)}{dr} \right]_R \tag{4.171}$$

$$\dot{\gamma}_w = \frac{1}{\pi R^3} \tau_w \frac{dQ_{sh}}{d\tau_w} + \frac{3Q_{sh}}{\pi R^3} \tag{4.172}$$

需要指出：

$$\frac{Q_{sh}}{\pi R^3} = \frac{U - \mu_s}{R} = \frac{2(U - \mu_s)}{D} \qquad (4.173)$$

因此，式(4.172) 可变形为

$$\dot{\gamma}_w = \frac{\tau_w}{4} \frac{d\left[\dfrac{8(U - \mu_s)}{D}\right]}{d\tau_w} + \frac{3}{4}\left[\frac{8(U - \mu_s)}{D}\right] \qquad (4.174)$$

下式是正确的：

$$\tau_w \frac{d(\lg\tau_w)}{d\tau_w} = \left[\frac{8(U - \mu_s)}{D}\right]\frac{d\left[\lg\dfrac{8(U - \mu_s)}{D}\right]}{d\dfrac{8(U - \mu_s)}{D}} \qquad (4.175)$$

$$\frac{d\left[\dfrac{8(U - \mu_s)}{D}\right]}{d\tau_w} = \frac{\dfrac{8(U - \mu_s)}{D}}{\tau_w}\frac{d\left[\lg\dfrac{8(U - \mu_s)}{D}\right]}{d(\lg\tau_w)} \qquad (4.176)$$

将式(4.174)代入式(4.172)，可以得到计算壁面剪切速率的表达式：

$$\dot{\gamma}_w = \frac{1}{4}\left\{3 + \frac{d\left[\lg\dfrac{8(U - \mu_s)}{D}\right]}{d(\lg\tau_w)}\right\}\left[\frac{8(U - \mu_s)}{D}\right] \qquad (4.177)$$

因此，在双对数坐标下绘制壁面剪切应力(τ_w)和标称牛顿剪切速率$[8(U-\mu_s)/D]$关系图(图4.60)，在给定修正的剪切速率的情况下，可以由曲线的斜率(流动曲线)得到广义流性指数(n')，因此广义流性指数可表示为

$$n' = \frac{d(\lg\tau_w)}{d\left[\lg\dfrac{8(U - \mu_s)}{D}\right]} \qquad (4.178)$$

将式(4.176)代入式(4.175)得

$$\gamma_w = \left(\frac{3n' + 1}{4n'}\right)\frac{8(U - \mu_s)}{D} \qquad (4.179)$$

一般情况下：

$$\tau_w = K'\left[\frac{8(U - \mu_s)}{D}\right]^{n'} \qquad (4.180)$$

式(4.180)是流动曲线(双对数图)的切线方程。如果曲线在双对数图上是一条直线,为幂律流体,换句话说,当 $n = n'$ 时:

$$\tau_{w} = K_{f}\left[-\frac{\mathrm{d}(\nu - \mu_{s})}{\mathrm{d}r} \right]^{n} \qquad (4.181)$$

需要指出 K 和 K' 不同。

[**例 2**] 表4.9中的实验数据从内径分别为 1.92in、2.90in 和 3.82in 的三个管黏度计 Ⅰ、Ⅱ 和Ⅲ获得。将它们串联用于测定泡沫的流变性和壁面滑移。在实验条件下($T = 85$℉ 和 $p = 100$psia),泡沫质量约为 80%。假设流动为层流,建立滑移系数和壁面剪切应力之间的关系,然后确定测试泡沫的流变参数。

解: 利用 Oldroyd Jastrzebski 方法建立滑移系数和壁面剪切应力之间的关系。为了应用该方法,实验数据需要以实测牛顿剪切率($8U/D$)和壁面剪切应力的形式呈现(表4.10),可用于确定各管道中与壁面剪切应力相对应的实测 $8U/D$(图4.61)。

利用图4.61,针对不同的壁面剪切应力得到表4.11。通过图形获得的 $8U/D$ 的值,以 $1/D^2$ 函数的形式呈现在图4.62中。在给定的壁面剪力应力下,用回归线的斜率估计滑移系数(如图4.62所示)。

图解得出滑移系数与壁面剪切应力之间的关系:

$$\beta = 8 \times 10^{6}\tau_{w}^{2} - 46062\tau_{w} + 226.15$$

其中壁面剪切应力和系数的单位分别用 psi 和 ft²/psi·s 表示。由该方程可以确定给定壁面剪切应力的滑移系数。利用该方法可以估算出滑移速度,计算出滑移修正的标称剪切速率 $8(U-u_s)/D$。图4.63给出了壁面剪切应力与修正标称剪切速率的对数图。数据点近似于一条直线,证明是 n_f 值约为 1(即牛顿流体)的幂律流体流变性。稠度系数 K_f 为 6×10^{-5} lbf·s/in²(0.864 lbf·s/100 ft²)。屈服应力忽略不计。

表 4.9　三个管式黏度计的实验数据

流量(gal/min)	测量压力损失梯度(psi/ft)		
	管Ⅰ	管Ⅱ	管Ⅲ
20.0	0.0250	0.0099	0.0063
41.0	0.0800	0.0232	0.0088
50.0	0.1000	0.0323	0.0151
71.2	0.1252	0.0433	0.0239
105.0	0.1600	0.0670	0.0373
140.9	0.1800	0.0795	0.0490
165.0	0.1925	0.0910	0.0515

表 4.10　实测标称牛顿剪切速率与壁面剪切应力

实测 $8U/D$（1/s）			壁面剪切应力（psi）		
管 I	管 II	管 III	管 I	管 II	管 III
10.9	32.2	14.1	0.0010	0.0006	0.0005
227.3	66.0	28.9	0.0032	0.0014	0.0007
277.1	80.4	35.2	0.0040	0.0019	0.0012
394.7	114.6	50.1	0.0050	0.0026	0.0019
582.3	169.0	73.9	0.0064	0.0040	0.0030
781.0	226.7	99.2	0.0072	0.0048	0.0039
914.7	265.4	116.1	0.0077	0.0055	0.0041

表 4.11　确定壁面剪应力下的实测标称牛顿剪切速率

D（ft）	$1/D^2$（$1/\text{ft}^2$）	$8U/D$（1/s）		
		$\tau_w = 0.0044\text{psi}$	$\tau_w = 0.0028\text{psi}$	$\tau_w = 0.0012\text{psi}$
0.16	39.06	320	190	120
0.242	17.12	200	115	70
0.318	9.87	120	60	38

过去，使用库艾特黏度计来测定泡沫流变性的实验（Minssieux，1974；Marsden and Khan，1966）很少。排液作用和壁面滑移现象限制了库艾特黏度计在泡沫流变性测试中的应用。最近，使用库艾特黏度计（旋转黏度计）对泡沫流变性进行大量的实验研究（Washington，2004；Pickell，2004；Lauridsen et al.，2002；Pratt and Dennin，2003；Chen et al.，2005b）。Chen 等（2005b）使用过流式库艾特黏度计测量水基泡沫的流变性能。黏度计杯和转子表面均是粗糙的，以减少壁面滑移。测试用的泡沫是表面活性剂溶液与气体机械混合制备的。测试过程中，泡沫连续流过黏度计（图 4.64）。然而，用过流式黏度计获得可靠且可重复的测试结果，需要确定一个最佳的泡沫流动速率。该流速既要保证有足够的流体穿过黏度计以降低排液的影响，又不能太高，否则轴向流量会干扰黏度计的读数。利用这个设备进行了合理的泡沫流变性测试。一旦保持通过黏度计的适当泡沫流速不变，就可以在不同的转速下进行扭矩测量。

标准的过流式库艾特黏度计（图 4.65）悬挂着一个扭力线和固定杯的旋转内筒。考虑到泡沫的流动被限制在内柱旋转的两粗糙同心圆柱之间。等温层流条件下，当内筒以恒定的角速度（ω）旋转且杯子保持固定，作用在转子上的壁面剪切应力为

$$\tau = \frac{T_m - T_e}{2\pi R_i^2 L_b} \tag{4.182}$$

式中，T_m 是测量扭矩，而 T_e 是由于端部效应和机械摩擦产生的附加扭矩。在较高的剪切应力读数下，端部效应和机械摩擦对测量扭矩影响很小。因此，壁面剪切应力可以近似表示为

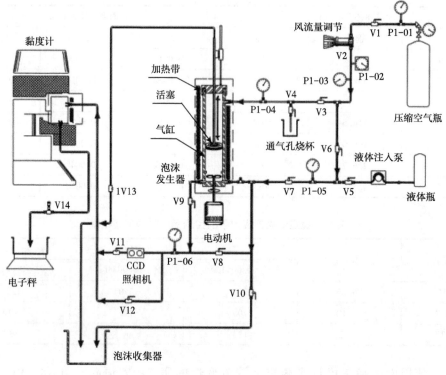

图 4.64　泡沫发生器原理图

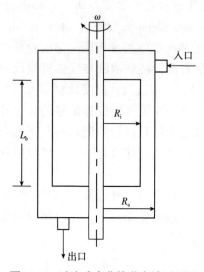

图 4.65　过流式库艾特黏度计原理图

$$\tau \approx \frac{T_m}{2\pi R_i^2 L_b} \qquad (4.183)$$

对于低剪切测量，由于端部效应和机械摩擦产生扭矩可能与测量值相当。在这种情况下，需要用标准液体校准黏度计以校正测量值。

在黏性流动分析中，通常将间隙看作是一个窄缝（即线速度分布）。基于该假设，下列方程可以用于计算剪切速率：

$$\dot{\gamma} \approx \frac{\omega R_i}{R_o - R_i} \qquad (4.184)$$

窄缝近似在 $R_i/R_o > 0.99$ 时有效。为了得到合理的泡沫流变性测量结果，杯和转子之间的间隙不能在气泡大小的范围内（即 $50 \sim 300\text{mm}$）。对于宽缝黏度计（$0.5 \leqslant R_i/R_o \leqslant 0.99$），窄缝近似是无效的。在这种情况下的剪切速率为（Macosko，1994）：

$$\dot{\gamma} = \frac{2\omega}{n^*(1 - k^{2/n^*})} \qquad (4.185)$$

式中，n^* 是扭矩 T_m 与角速度 ω 的对数曲线的斜率。因此：

$$n^* = \frac{\mathrm{d}\ln T_m}{\mathrm{d}\ln\omega} \tag{4.186}$$

将 n^* 视为 1（即假设为牛顿流体）式（4.185）可以进一步简化。然而，这种简化仅当 n^* 为常数且接近 1 时有效。用库艾特黏度计测量不同剪切速率下的剪切应力，将数据绘制在双对数坐标图得到流动曲线。

4.3.3　泡沫钻井流体力学

长期以来，一直将井筒流体力学作为高效、安全、经济作业及实现欠平衡钻井最重要的影响因素之一。钻井规划和设计的一个重要任务是获得摩擦压力损失、井底压力和当量循环密度的可靠预测数据。单独使用低密度钻井泡沫不能保证欠平衡条件。泡沫的摩擦压力损失可能和重力压力梯度相当。即使无静水压头，也可能导致井底压力大于孔隙压力。

一些研究者（Lourenço，2002；Rand and Kraynik，1983；Harris，1985；Nishioka et al.，1996；Rojas，et al.，2001；Argillier，et al.，1998；Lourenço，et al.，2004；David and Marsden，1969；Ahmed et al.，2003b）研究了泡沫的流动特性。泡沫欠平衡钻井的水力优化是指在保证井底循环压力最小的情况下，选择环空回压、气液注入率和钻头喷嘴尺寸的最佳组合，以最大限度地提高钻速，保证有效携岩。在泡沫钻井过程中，需要施加一定的回压，维持泡沫接近地面的稳定性。通常认为96%的质量是含水基泡沫的上限，超过该上限，泡沫变得不稳定，并变成雾（Kuru，et al.，2005）；该上限取决于液相组成，特别是聚合物的浓度。对于聚合物基泡沫，上限可高达99%（《欠平衡钻井手册》，1997）。

4.3.3.1　环空静液柱压力分布

静态泡沫的井底压力可通过回压和在地面质量进行分析。在垂直通道中，任何流体的静液柱压力分布控制方程为

$$\mathrm{d}p = \rho_f g \mathrm{d}h \tag{4.187}$$

泡沫的密度可表示为

$$\rho_f = \frac{p}{b^* p + a^*} \tag{4.188}$$

结合式（4.188）并整理，可得到等温条件下井底压力和深度的关系：

$$a^* \ln\frac{p_b}{p_s} + b^*(p_b - p_s) = gH \tag{4.189}$$

静液柱压力梯度可以使用式（4.188）和式（4.189）来估计。图4.66显示在地面标准回压条件下（即完全打开节流器），地面不同回流质量下静液柱压力梯度随深度的变化。

[例3] 在空气和水分别作为气相和液相的泡沫钻井作业中，井深为5000ft，若井口压力为120psia，泡沫质量 Γ_s 为0.95，假设温度恒定为80℉，计算预期静态井底压力。

解：在地面条件下，$p_s = 120$psia，$T = 539.7$°R，$\rho_L = 62.4$lb/ft³。实际气体定律公式为

$$p = z\rho_g R_g T/M$$

通用气体常数 $R_g = 10.7 \text{psia} \cdot \text{ft}^3/\text{lbmol} \cdot °\text{R}$，$M = 28.97 \text{lb/lbol}$。假设气体压缩因子为 1，地面条件下的气体密度约为

$$\rho_g = \frac{pM}{R_g T} = \frac{120 \text{psia} \times 28.97 \text{lb/lbmol}}{10.7 \text{psia} \cdot \text{ft}^3/\text{lbmol}/°\text{R} \times 539.7°\text{R}} = 0.602 \text{lb/ft}^3$$

若忽略由压力变化引起的气体溶解度的变化，在地面和井底条件下的气体密度相同。在地面条件下：

$$W_g = \frac{0.602 \text{lb/ft}^3 \times 0.95}{0.602 \text{lb/ft}^3 \times 0.95 + 62.4 \text{lb/ft}^3 \times (1-0.95)} = 0.1528$$

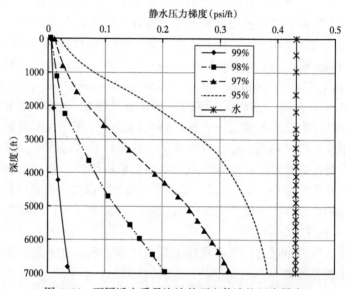

图 4.66　不同返出质量泡沫的环空静液柱压力梯度

根据式 (4.189)，需要参数 a^* 和 b^* 来预测静态井底压力：

$$a^* = \frac{W_g R_g T}{M} = \frac{0.1528 \times 10.7 \text{psia} \cdot \text{ft}^3/\text{lbmol}/°\text{R} \times 539.7°\text{R}}{28.97 \text{lb/lbmol}}$$

$$= 30.46 \text{psia} \cdot \text{ft}^3/\text{lb} = 4386.24 \text{psia} \cdot \text{ft}^3/\text{lb}$$

$$b^* = \frac{1-W_g}{\rho_L} = \frac{1-0.1528}{62.4} \text{ft}^3/\text{lb} = 0.0136 \text{ft}^3/\text{lb}$$

式 (4.189) 用油田单位可表示为

$$a^* \ln \frac{p_b}{p_s} + b^* (p_b - p_s) = \frac{gH}{g_c} = H$$

其中，g_c 是尺寸常数，将所有已知变量代入上述方程得

$$4386.24 \times \ln \frac{p_b}{17280} + 0.0136(p_b - 17280) = 5000$$

迭代求解上述表达式，井底静态压力 $p_b = 344.86\text{psia}$。

4.3.3.2　管道和环空的摩阻压降计算

使用屈服幂律流变模型可以用来预测泡沫的流变性。水力计算过程第一步是基于泡沫的组成和流动参数范围选择合适的流变模型。在本节中，通过假设泡沫为屈服幂律流体并考虑井壁滑移壁开发泡沫水力模型。对于管流和环形流，等温流动条件下的摩擦压力梯度可表示为：

$$\frac{dp}{dL} = \frac{4\bar{\tau}_w}{D_H} \tag{4.190}$$

其中，$\bar{\tau}_w$ 是平均壁面剪切应力。

4.3.3.3　管流

等温管流，平均流速和壁面剪切应力之间的关系式为

$$\frac{8(U - u_s)}{D} = \frac{(\tau_w - \tau_y)^{(1+1/m)}}{K_f^{1/m}\tau_w^3} A^*(\tau_y^2 + B^*\tau_y\tau_w + C^*\tau_y^2) \tag{4.191}$$

其中：

$$A^* = \frac{4m}{3m+1}$$

$$B^* = \frac{2m}{1+2m}$$

$$C^* = \frac{2m^2}{(1+m)(1+2m)}$$

若 U、τ_y、K_f、m 的值已知，可以计算 τ_w 的数值解。然而，滑移速度 U_s 是 τ_w 和 β 的函数；因此，建立可靠的滑移速度预测模型是泡沫水力学研究的重要课题之一。由于在大多数情况下，该壁面滑移对平均流量的影响显著，此信息对准确预测摩阻压降至关重要。当无法获得滑移系数的精确相关性时，可以假设无壁面滑移条件进行水力预测。流变参数（m、K_f 和 τ_y）应该通过井壁剪切应力与未修正的剪切速率关系图获得。

为了确定流动是层流还是紊流，需要计算雷诺数。Blauer 等（1974）研究了泡沫在管式黏度计和毛细管黏度计中流动，结论是泡沫流动的摩阻压降可以通过摩擦系数—雷诺数相关性或单相流体绘制的图表来确定。因此，图 4.67 中所示的 Dodge 和 Metzner（1959）图可用于估算摩擦系数，其中雷诺数表示为

$$Re = \frac{8\rho_f U^2}{\tau_y + K_f\dot{\gamma}_w^m} \tag{4.192}$$

井壁剪切速率 $\dot{\gamma}_w$ 为

$$\dot{\gamma}_w = \frac{3n'+1}{4n'}\left(\frac{8U}{D}\right) \tag{4.193}$$

式(4.193)中的$(3n'+1)/4n'$转换为[*]

$$\frac{3n'+1}{4n'} = \frac{3m+1}{4mC_c} \tag{4.194}$$

参数C_c计算公式为

$$C_c = (1-x)(1 + B^*x + C^*x^2) \tag{4.195}$$

其中，$x = \tau_y/\tau_w$。利用摩擦系数，壁面剪切应力为

$$\tau_w = \frac{1}{2}f\rho U^2 \tag{4.196}$$

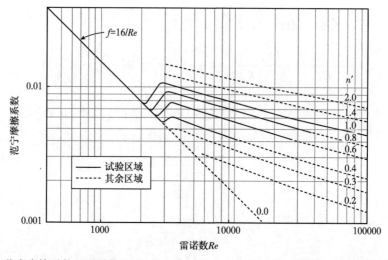

图4.67　范宁摩擦系数和雷诺数(Dodge and Metzner，1959，经美国化学工程师学会许可转载)

参数C_c是壁面剪切应力的未知函数。因此，需要迭代过程来确定给定流速或平均流速下的壁面剪切应力。

4.3.3.4　环流

Hanks(1979)提出了屈服幂律流体层流同心环状流的精确解析解，解析解需涉及数值积分的迭代过程。Hanks得出实用的工程设计图和计算程序，用于预测来自流速的摩阻压降，反之亦然。设计图根据精确的数值解计算得到。

测定摩阻压降的另一个方法是建立同心环空的窄槽模型。对于管孔直径比较高(即$D_i/D_o > 0.3$)的钻孔，可采用窄缝近似法进行合理预测。窄槽近似解析解可表示为

$$\frac{12U}{D_o - D_i} = \frac{(\tau_w - \tau_y)^{(1+1/m)}}{K_f^{1/m}\tau_w^2}\left(\frac{3m}{2m+1}\right)\left(\tau_w + \frac{m}{1+m}\tau_y\right) \tag{4.197}$$

环流的雷诺数表示为

$$Re = \frac{12\rho U^2}{(\tau_y + K_f\dot{\gamma}_w^m)} \tag{4.198}$$

其中壁面剪切速率表示为

$$\dot{\gamma}_{w} = \frac{1 + 2n'}{3n'}\left(\frac{12U}{D_o - D_i}\right) \qquad (4.199)$$

壁面剪切应力和 n' 之间的关系可以表示为

$$\frac{3n'}{1 + 2n'} = \left(\frac{3m}{1 + 2m}\right)\left(1 - \frac{1}{1 + m}x - \frac{m}{1 + m}x^2\right) \qquad (4.200)$$

其中，$x = \tau_y / \tau_w$。

4.3.3.5 使用体积平衡流变模型

如前所述，试图表征动态泡沫的流变行为时，常出现困难。当泡沫流经管道或环空时，压力降低，泡沫膨胀，导致其具有较高的流速和质量。由于泡沫的流变性受质量的影响很大，流变参数可能能在短距离内发生很大变化。在文献资料中可以找到解释泡沫质量变化的不同流变模型。体积守恒模型是最实用的流变模型之一。根据这个模型，泡沫在不同压力下的体积均衡流动数据可以简化为一个主流动曲线，利用膨胀比，将壁面剪切应力和剪切速率相关联。对于低质量的泡沫，体积均衡方法已被不同的作者（Mooney，1931；Saintpere et al.，2000）验证。

4.3.3.6 井筒压力模拟

对于不可压缩流体，能够单独估算摩阻压降和静水压降，然后计算总压降。这种方法不适用于可压缩流体如泡沫，因为摩阻压降和静水压降通过依赖压力的泡沫质量（密度）耦合。因此，要正确设计泡沫水力程序，需要知道井筒中的预期压力剖面、泡沫沿井筒和钻柱的线性流速、质量等。尤其是不同的泡沫流量时，预测预期井底压力、钻头的压力变化和地面注入压力是非常重要的（图 4.68）。为了更好地控制井底压力，提高泡沫钻井作业效率，需要建立准确的水力模型。水力模型应该包括泡沫的关键特性，如压缩性、壁面滑移以及流变性变化等。考虑到这些，稳态环空流的动量平衡可以写成

$$Adp + d(\beta_f \dot{m}U) + \rho_f g\cos\alpha\Delta LA + \pi(D_o\tau_{w,o} + D_i\tau_{w,i})\Delta L = 0 \qquad (4.201)$$

动量修正系数被定义为

$$\beta_f = \frac{2\pi\rho_f\int_{D_i/2}^{D_o/2}v^2 r dr}{\dot{m}U} \qquad (4.202)$$

用平均壁剪切应力代替内外壁面剪切应力，式（4.201）可整理为

$$\frac{dp}{dL} + \frac{d(\beta_f \dot{m}U)}{AdL} + \rho_f\cos\alpha + \frac{4\bar{\tau}}{D_H} = 0 \qquad (4.203)$$

式中，D_H 为水力直径，α 为井斜角（相对于垂直方向），β_f 为动量修正因子。该因子的值取决于速度剖面的形状。对于层流状态下的牛顿管流，动量修正因子为 4/3。幂律流体的管内层流的 β_f 值为

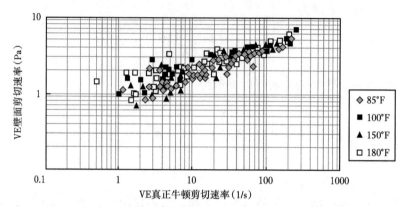

图 4.68 质量 60%~90%的泡沫在不同的温度和压力下体积均衡主流量曲线(Loureno et al., 2004)

$$\beta_{f} = \frac{(1/n + 3)^{2}}{(1/n + 1)^{2}}\left(1 - \frac{2}{1/n + 1} + \frac{1}{1/n + 2}\right) \tag{4.204}$$

式(4.204)中,动量修正因子是流性指数 n 的弱函数。对于剪切稀释流体,动量修正因子的值在 1.00~1.33 之间。很难获得环空流动的类似表达式。管流的 β_{f} 值作为近似值可用于环流。

忽略 β_{f} 在计算段的变化,在两个相邻点 i 和 $i+1$(分别为上游和下游)之间如图 4.69 所示,积分式(4.203),得到

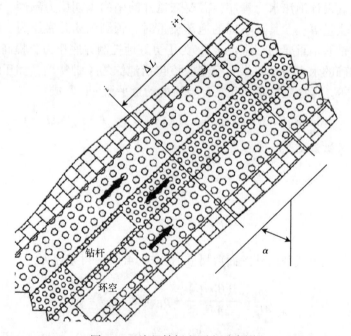

图 4.69 流经钻杆和环空示意图

$$p_i - p_{i+1} + \frac{\dot{m}}{A}\beta_f(U_i - U_{i+1}) + \overline{\rho_f}\, g\cos\alpha \times \Delta L + \frac{4\,\overline{\tau_w}}{D_H}\Delta L = 0 \tag{4.205}$$

式中，$\dot{m}$ 为泡沫的质量流量，对稳态流动条件沿井眼为常数；A 为流动的横截面积；$\overline{\rho_f}$ 为点 i 和 $i+1$ 之间的泡沫平均密度；U_i 为 i 点的平均速度；$\overline{\tau_w}$ 为点 i 和 $i+1$ 之间的平均壁面剪切应力。

用各种迭代技术来确定沿井眼压力横向分布，从而确定所需泡沫速度、质量和表观黏度等。假设环空中井眼顶部的压力 $(p_i = p_1)$ 已知，如果泡沫没有通过井口节流器进入井口，压力即为一个大气压。如果进一步假设上游压力 p_{i+1} 已知，式(4.205)可用于求解 ΔL。这是对应于压差 $(\Delta p_i = p_i - p_{i+1})$ 的井段长度 (ΔL_i) 的初步估计。因此：

$$\Delta L_i = \frac{\left[(p_{i+1} - p_i) + \beta_f \dfrac{\dot{m}}{A}(U_{i+1} - U_i)\right]D_H}{4\,\overline{\tau_w} + \overline{\rho_f}\,gD_H\cos\alpha} \tag{4.206}$$

在计算段，压差 Δp_i 应小到足以忽略膨胀效应对泡沫性能的影响。此外，用于限制该段长度，使 $\Delta L_i < \Delta L_{max}$，其中，$\Delta L_{max}$ 是计算井段的最大长度。应重复计算其他井段直到总段长度 $(\Delta L_1 + \Delta L_2 + \cdots + \Delta L_n)$ 大于井筒长度 L。在最后一段，需要系统地变化上游压力，以获得以下条件：

$$\sum_{i=1}^{n}\Delta L_i \approx L \tag{4.207}$$

式中，n 是计算段的数量，p_{n+1} 是井底压力。

泡沫的质量流量、速度、泡沫平均密度和平均值壁面剪切应力的计算如下所示。

(1)液相和气相的质量流量为

$$\dot{m}_L = \rho_L Q_L \tag{4.208}$$

$$\dot{m}_g = \rho_{g,std} Q_{g,std} \tag{4.209}$$

式中，$Q_{g,std}$ 和 $\rho_{g,std}$ 是在标准条件下气相的流量和密度。假设液相不可压缩。

(2)已知点泡沫密度为

$$\rho_{f,\,i} = \frac{p_i}{a + bp_i} \tag{4.210}$$

其中，

$$a = \frac{w_g RT}{M_g} \tag{4.211}$$

$$b = \frac{B^\circ w_g RT}{M_g} + (1 - w_g)\frac{1}{\rho_L} \tag{4.212}$$

$$w_g = \frac{\dot{m}_g}{\dot{m}_g + \dot{m}_L} \tag{4.213}$$

式中，T 为温度（绝对），B° 为修正的气体第二维里系数。

（3）已知点的泡沫速度为

$$U_i = \frac{\dot{m}}{A\rho_{f,i}} \tag{4.214}$$

（4）从 i 点到 $i+1$ 点泡沫的平均密度为

$$\bar{\rho}_f = \frac{1}{b_2(p_{i+1} - p_i)}\left[b(p_i - p_{i+1}) + a\ln\left(\frac{a + bp_{i+1}}{a + bp_i}\right)\right] \tag{4.215}$$

需要注意的是式（4.210）和式（4.215）中 a 和 b 的值不仅取决于压力，还取决于温度。然而，在第一次迭代中，假定沿着计算段 ΔL_i 温度是恒定的。在第二次迭代中，可以利用地热温度梯度来更新温度。应重复计算，直到获得所需的 ΔL_i 值收敛。确定泡沫平均密度之后，可以计算出泡沫平均速度为

$$\bar{U} = \frac{\dot{m}}{A\bar{\rho}_f} \tag{4.216}$$

如果在计算段内泡沫平均速度和流变参数已知，平均壁面剪切应力可以用式（4.197）来计算。

4.3.4　泡沫的携岩能力

泡沫在层流条件下具有良好的携岩能力。泡沫中的气相提高泡沫质量，并有助于液相形成相对稳定的层状结构。这种结构能够携带岩屑并防止其下沉。因为泡沫具有良好的携岩能力，故泡沫在钻井中的使用越来越多，它有替代传统钻井液的潜力。现已对常规钻井液体系在水平井和斜井中的岩屑运移进行了研究，研究人员通过实验来确定最佳流速，以避免因清洁或流速过大造成的问题，但对泡沫钻井的研究还严重缺乏。

随着泡沫在钻井中的使用越来越多，需要更好地理解泡沫的携岩能力。研究人员（Krug and Mitchell，1972；Okpobiri and Ikoku，1986；Guo et al.，1995）用不同的方法确定使用泡沫在直井中运移岩屑所需的最低气液注入比例。Krug 和 Mitchell（1972）建议以 1.5ft/s 的环空速度作为直井中有效运移岩屑所需的最小速度。

Okpobiri 和 Okpobiri（1986）开发了一个半经验模型，用于预测泡沫钻井和雾化钻井作业的最低气液注入比，该模型考虑了岩屑的摩擦压力损失、钻头喷嘴压降和颗粒的沉降速度。他们观察到，当泡沫钻井作业在层流区进行，泡沫质量在55%~96%之间变化时，随着固体质量流量增加，摩擦压力损失增加，但这种方法仅限于直井。Gui 等（1995）认为应该在井底指定临界钻屑浓度用以计算有效运移岩屑的最小泡沫速度。

钻井液最基本的功能之一就是将钻屑从井筒携出，这就需要设计一个具有更好携岩能力的流体体系。

4.3.4.1　泡沫的承载能力

在泡沫钻井过程中，岩屑与钻井液混合，在钻头处形成悬浮液。当钻井液流经环空时，重力、浮力和水动力等不同的力作用于岩屑颗粒。这些力有影响钻井液中颗粒运动和轨迹的趋势；由于这些力的作用，这些粒子会在钻井液中滑移。因此，它们的速度与钻井液的

速度不同。滑移速度取决于钻井液和悬浮颗粒的性质，对岩屑运移有负面影响。

一般来说，钻井液中的固体颗粒在重力作用下会加速沉降，直到浮力和阻力与重力平衡；然后它继续以恒定速度（沉降速度）下落，沉降速度为

$$v = \sqrt{\frac{4gd_p(\rho_p - \rho_f)}{3\rho_f C_D}} \tag{4.217}$$

颗粒阻力系数 C_D 为

$$C_D = \frac{24}{Re_p} + \frac{6}{1 + Re_p^{0.5}} + 0.4 \tag{4.218}$$

式中，Re_p 是粒子雷诺数。如果在两种情况下粒子雷诺数的定义相同（Dedegil，1987），那么式（4.218）适用于牛顿和非牛顿流体都。因此，有必要用更一般的形式来定义粒子雷诺数：

$$Re_p = \frac{\rho_f v^2}{\tau} \tag{4.219}$$

式中，τ 是剪切应力，代表性的剪切速率流体的流变模型 v_s/d_p（Dedegil，1987）决定的。在计算单个颗粒的滑移速度时，需要考虑岩屑浓度对沉降速度的影响，因为在高岩屑浓度时，影响很大。因此，从式（4.217）中获得的滑移速度，需要通过受阻沉降因子加以修正，以解释流体动力干涉和粒子碰撞。对于介于 0.001~0.4 之间的固体体积分数，该因子为（Govier and Aziz，1972）。

$$f_s = e^{-5.9c} \tag{4.220}$$

式中，c 是原位岩屑浓度。对于有屈服应力的流体，由于屈服应力的影响，一些细颗粒可能无法通过静态流体沉降下来。对于球形颗粒，克服静态流体的屈服强度所需要的力是 $\pi\tau_y d_p^2$。这意味着有一个临界粒径 d_c，临界粒径以下，颗粒不沉降。临界直径可由下式计算（Bourgoyne et al.，1986）。

$$d_c = \frac{6\tau_y}{g(\rho_s - \rho_f)} \tag{4.221}$$

Herzhaft 等（2000）实验研究了不同质量泡沫的固体承载能力。沉降试验是使用直径为 35mm、长度为 240mm 的垂直透明聚氯乙烯（PVC）圆筒进行的，将球形玻璃珠用作岩屑颗粒，测试了不同直径（2~10mm）玻璃珠的沉降速度。在试验中，这些珠子被涂上不同颜色以便观察它们的轨迹。试验中采用了三种不同质量的聚合物基泡沫（基液是 0.3% 的 PAC 溶液），其流变特性见表4.12。结果表明，随着质量的提高，颗粒的沉降速度降低。图4.70 将测量的沉降速度和用式（4.217）预测的沉降速度进行比较，理论预测略低于实测数据。固体颗粒在泡沫等结构流体中的沉降行为不同于普通流体。可以用式（4.217）来估计岩屑的沉降速度，以优化井眼清洁。对于直井，如果原位岩屑浓度已知，则可以估算岩屑输送比。

$$F_s = \frac{U - f_s}{U} \tag{4.222}$$

表 4.12 实验泡沫的流变特性

流体	$\tau_y(Pa)$	$K(Pa \cdot s^m)$	m
PAC (3g/L)	0.00	0.50	0.51
泡沫($\Gamma = 0.84$)	4.70	3.50	0.47
泡沫($\Gamma = 0.90$)	6.10	4.33	0.47
泡沫($\Gamma = 0.96$)	10.10	5.50	0.45

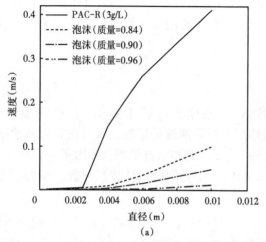 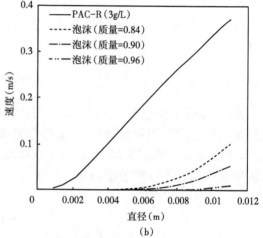

图 4.70 不同质量泡沫沉降速度与粒径的关系

(a)实测结果(Herzhaft et al., 2000) (b)式(4.217)预测结果

Saintpere 等(2000)利用带有斜管段的小型实验装置(图 4.71)评估了泡沫和常规钻井液的承载能力。选择 PAC 水溶液和黄原胶水溶液为常规液体。以这些溶液作为基液制备了不同质量的泡沫。采用不同直径的玻璃球模拟钻屑。在实验过程中,倾斜角度从水平向垂直变化。图 4.72 显示了在不同无量纲循环时间下,随倾角变化而去除的岩屑百分比。结果表明倾角在 30°~45°之间时,岩屑不易清洗。与倾角在 30°~45°之间相比,倾角在 0°~80°左右时,岩屑输送比较高。

4.3.4.2 岩屑运移实验研究

Martins 等(2001)进行了大量的实验,以确定水平井钻井泡沫的对岩屑床的冲蚀能力。本研究主要涉及发泡剂的选择、流变性表征及用于测试大倾角冲蚀能力的流动环空的开发。图 4.73 表明,注气比的提高显著提高了对岩屑床的冲蚀。在给定的气体流量下,较高的液相注入率比较低注入率具有更好的岩屑床冲蚀能力。研究了均衡岩屑床高度对倾斜角度变化的敏感性。实验结果(图 4.74)表明,倾角在 45°~75°之间时,岩屑床冲蚀明显减少。提出了无量纲均衡岩屑床高度(h/D_o)与水平位置雷诺数和幂律指数 n 的函数的经验关系式。

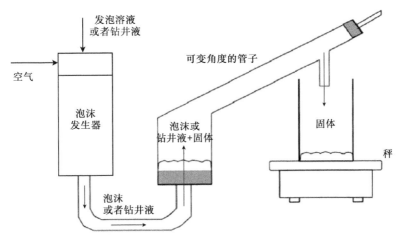

图 4.71　小型实验装置(Saintpere, et al. , 2000)

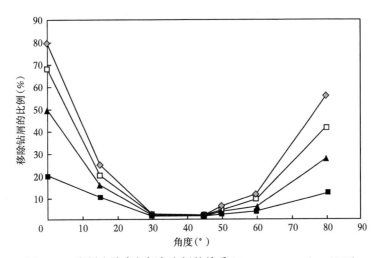

图 4.72　岩屑去除率与倾角之间的关系(Saintpere, et al. , 2000)

得出

$$\frac{h}{D_o} = a_o - b_o Re^{c_o} n^{d_o} \qquad (4.223)$$

式中，系数 a_o、b_o、c_o 及 d_o 为经验常数。

最近，Özbayoğlu 等(2003)在室内温度和压力条件下，使用大型管流(4.5in×8in，测试段)进行了水基泡沫的岩屑运移和水力研究。泡沫的质量在 70%~90% 之间变化，倾角在 70°~90° 之间变化。建立了用于预测泡沫钻井中摩擦压力损失和岩屑运移的数学模型，将模型预测结果与实验结果进行了比较。用岩屑床横截面积表示的实验结果(图 4.75)是平均环空速度的函数。

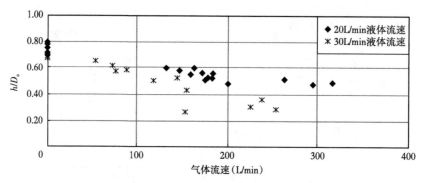

图 4.73　水平条件下，注液速率分别为 20L/min 和 30L/min 时，均衡岩屑床高度
与注气速率的关系（Martins et al.，2001）

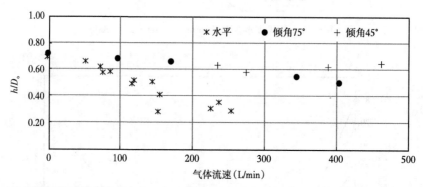

图 4.74　三种不同倾角下平衡床高度与注气速率的关系，液体注入速度 30L/min（Martins et al.，2001）

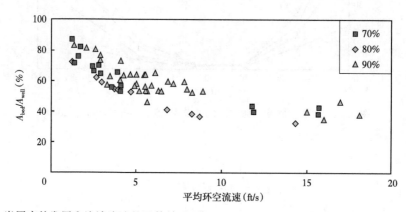

图 4.75　岩屑床的发展和泡沫流速的函数关系（Özbayoğlu et al.，2005，获得爱思唯尔的转载许可）

　　结果表明，在较低流速下（即 $U<10\mathrm{ft/s}$），随着平均环空流速增大，岩屑床面积减小。在流速较高时，随速度增大，岩屑床面积基本保持不变，即使在较高的环空速度下，井筒内存在岩屑床（图 4.76）。这一现象归因于泡沫的高黏度，它抑制了靠近岩屑表面的湍流效应。由于湍流效应减弱，无法有效冲刷井眼底边岩屑。

　　进一步分析图 4.75、图 4.77 至图 4.79，揭示了泡沫质量在 70%~90% 之间，倾角在 80°~90° 之间时，倾角对均衡床高度的影响最小。

图 4.76　在测试阶段形成的岩屑床（泡沫质量 80%，流速 500gal/min）（Özbayoğlu，2002）

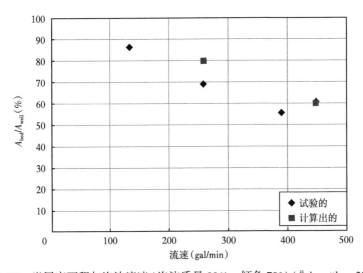

图 4.77　岩屑床面积与泡沫流速（泡沫质量 80%，倾角 70°）（Özbayoğlu，2002）

　　基于管流试验结论，Özbayoğlu 等（2003）建立了以无量纲形式描述测试变量的经验关系式。对一个成功的钻井作业来说，平均岩屑床高度是衡量清洁能力的方法之一。以下变量是控制井筒中岩屑床形成的主要独立钻井变量：倾斜角、输送岩屑浓度、流体密度，表观黏度、平均速度、钻具和井眼尺寸。由量纲分析的结果知五个无量纲数组是重要的变量。这些变量是岩屑体积浓度 C_c、倾斜角 α、无量纲岩屑床面积 $\dfrac{A_{bed}}{A_w}$、雷诺数 $Re = \dfrac{\rho UD}{\mu}$、弗劳德数 $Fr = \dfrac{U^2}{gD}$。

　　无量纲岩屑床面积与其他剩余无量纲数的关系表述如下：

当 $n' \geq 0.9$

$$\frac{A_{\text{bed}}}{A_{\text{w}}} = 4.1232 C_{\text{c}}^{0.0035} Re^{-0.2198} Fr^{-0.2164} \tag{4.224}$$

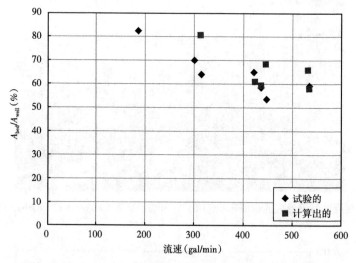

图 4.78　岩屑床面积与泡沫流速(泡沫质量 80%,倾角 80°)(Özbayoğlu,2002)

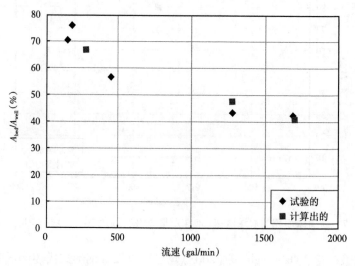

图 4.79　岩屑床面积与泡沫流动速率(泡沫质量 80%,倾角 90°)(Özbayoğlu,2002)

当 $0.6 < n' < 0.9$ 时:

$$\frac{A_{\text{bed}}}{A_{\text{w}}} = 0.7115 C_{\text{c}}^{0.0697} Re^{-0.0374} Fr^{-0.0681} \tag{4.225}$$

当 $n' \leq 0.6$ 时:

$$\frac{A_{\text{bed}}}{A_{\text{w}}} = 1.0484 C_{\text{c}}^{0.0024} Re^{-0.1502} Fr^{-0.0646} \tag{4.226}$$

　　这些经验关系式适用于大斜度井（即 $\alpha>60°$）。在不同倾角（从水平到65°）下做的管流试验显示，倾角大于70°，对岩屑床厚度影响很小，因此将倾角从经验公式中去掉。也就是说，Özbayoğlu 的经验关系式适用于大斜度井。

　　最近，Capo 等（2006）在室内温度和压力条件下，在全尺寸的流动环空中（图4.80）进行了在中间角度泡沫运移岩屑的实验研究。使用阴离子表面活性剂（体积分数为1%）制备水基泡沫。空气和自来水分别用作气相和液相。实验确定了倾角、泡沫质量、泡沫速度、钻进速度等因素对岩屑运移的影响。测量了原位岩屑浓度和摩擦压力损失。图4.81 和图4.82 显示原位岩屑浓度是不同钻速下平均流速的函数。

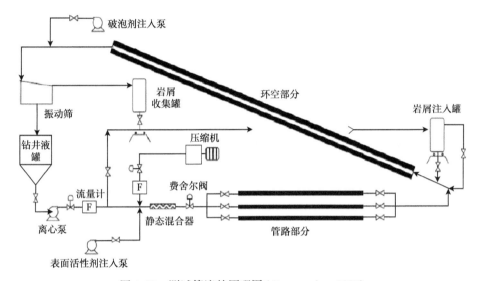

图4.80　测试管流的原理图（Capo et al. , 2006）

　　为了建立适用的岩屑床面积关系式，利用量纲分析技术对数据进行了分析，分析当中考虑的无量纲数组包含体积平衡的雷诺数（Re_g）、阿基米德数（A_r）、弗劳德数（F_r）、固相密度与泡沫密度之比（s）和倾斜角（α）。岩屑床面积与井筒面积的比值与无量纲数组的函数关系如下所示：

$$\ln\left(\frac{A_b}{A_w}\right)=\alpha_1 Ar^{\alpha_2} Fr^{\alpha_3} Re_g^{\alpha_5} \alpha^{\alpha_6} \tag{4.227}$$

Capo 等（2006）给出了经验常数值和无量纲数组方程式。

4.3.4.3　岩屑运移的力学模型

　　可用于预测原位岩屑浓度和井眼清洁优化的泡沫运移岩屑的模型非常有限。这些模型采用的是用于常规钻井的岩屑运移模型。

　　Li 和 Kuru（2004）提出了用于直井的瞬态岩屑运移模型，研究了钻速、环空几何形状和流入速率等关键钻井参数对岩屑输送效率的影响。为了优化岩屑输送，提出了许多井眼净化图版。该模型将泡沫视为单相（液体和气体的均匀可压缩混合物）。假定层流条件和不可压缩固相，在环空的微分段中，可以得到泡沫和固相的物质平衡方程。

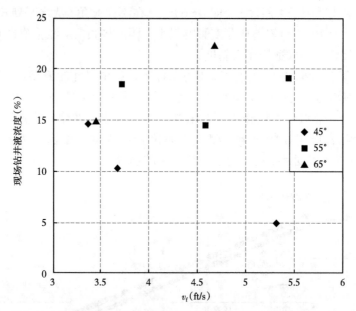

图 4.81　现场岩屑浓度和不同倾角下的泡沫速度(泡沫质量 70% ，
机械钻速 39~55ft/h) (Capo et al. , 2006)

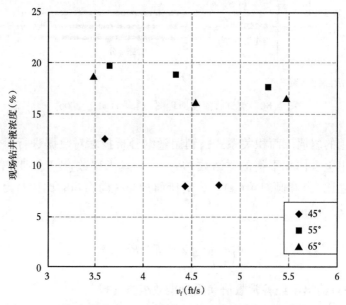

图 4.82　现场岩屑浓度和不同倾角下的泡沫速度(泡沫质量 70% ，
机械钻速 22~44ft/h) (Capo et al. , 2006)

$$\frac{\partial(c_\mathrm{f}\rho_\mathrm{f})}{\partial(t)} + \frac{\partial(c_\mathrm{f}\rho_\mathrm{f}u_\mathrm{f})}{\partial x} = s_\mathrm{f} \tag{4.228}$$

$$\frac{\partial(c)}{\partial(t)} + \frac{\partial(cu_\mathrm{s})}{\partial x} = 0 \tag{4.229}$$

式中　s_f——储层流体流入的源项。

将物质平衡方程与动量方程耦合求解。

Özbayoğlu 等（2003）建立了泡沫携岩的三层力学模型。描述水平井和大斜度井的岩屑运移现象时，宜采用三层模拟方法。模型用由守恒方程和经验关系式中得到的非线性方程组来描述倾斜环空中岩屑和钻井液混合物的流动。通过数值求解方程组，确定移动床层厚度、各层速度、原位岩屑浓度、摩擦压损失等未知数。在开发该模型时，考虑了三个不同的层（图4.83）。此外，还提出了以下假设：

（1）层Ⅰ是流体层，无岩屑且理化性质均匀；

（2）层Ⅱ是可移动层，它是岩屑和流体的混合物；

（3）层Ⅲ是固定的岩屑层，均匀压实，孔隙度恒定，孔隙流体可忽略不计；

（4）假定岩屑均匀、不可压缩，呈球状。

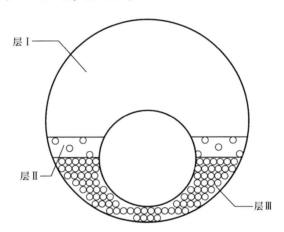

图4.83　井眼横截面图（Özbayoğlu et al.，2003）

为了求解数值解，将井筒划分为小的纵向网格。每个网格的长度要足够小，以最小化单元网格内流体速度、压力梯度和流体特性的变化。然而，由于泡沫的可压缩性，不同网格间的流动参数是不同的。因此，根据相邻网格(i)确定的流动参数计算给定网格$(i+1)$的流量：

$$Q_{i+1} = Q_i \left[(1 - \Gamma_i) + \frac{p_i T_{i+1}}{p_{i+1} T_i} \Gamma_i \right] \tag{4.230}$$

式中，点i和$i+1$代表连续的网格顺序，对于稳态的流动条件，单个网格中液相的质量平衡可表示为（Özbayoğlu et al.，2003）：

$$v_I A_I \rho_f + v_{II} A_{II} \rho_f (1 - C_{c,II}) = v A_w (1 - C_c) \rho_f \tag{4.231}$$

固相物质平衡也可用类似方程表示：

$$v_{II} A_{II} C_{c,II} \rho_c = \bar{v} A_{Iw} C_c \rho_c \tag{4.232}$$

式中，v_{II}是第二层的钻进液速度，可由下式求出：

$$v_{\mathrm{II}} = v_{\mathrm{II,f}} - \frac{v_{\mathrm{slip}}\rho_{\mathrm{c}}C_{\mathrm{c,II}}}{\rho_{\mathrm{s}}} \qquad (4.233)$$

原位钻井液密度 ρ_{s} 可由下式求出:

$$\rho_{\mathrm{s}} = \rho_{\mathrm{f}}(1-C_{\mathrm{c,II}}) + \rho_{\mathrm{c}}C_{\mathrm{c,II}} \qquad (4.234)$$

式(4.231)和式(4.232)中的井筒平均流体速度 $\bar{v}$,输送岩屑浓度 C_{c},可由下式求出:

$$\bar{v} = \frac{Q_{\mathrm{f}} + \lambda A_{\mathrm{bit}}\mathrm{ROP}}{A_{\mathrm{w}}} \qquad (4.235)$$

$$C_{\mathrm{c}} = \frac{Q_{\mathrm{c}}}{Q_{\mathrm{f}} + Q_{\mathrm{c}}} \qquad (4.236)$$

式中,λ 是井眼岩屑中堆积的修正系数。岩屑浓度 C_{c} 不是原位岩屑浓度,岩屑的体积浓度。

图 4.84 给出了井身剖面的自由体受力图,以建立各层的动量方程。假设给定井筒网格的流体密度和流速是恒定的,那么上层(层 I)的动量平衡可以表示为

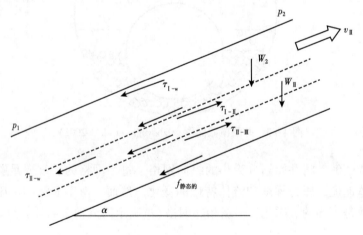

图 4.84　井筒网格的自由体受力图(Özbayoğlu et al.,2003)

$$\frac{\Delta p}{\Delta L}A_{\mathrm{I}} - \tau_{\mathrm{I,II}}S_{\mathrm{I,II}} - \tau_{\mathrm{I,w}}S_{\mathrm{I,w}} - \rho_{\mathrm{f}}gA_{\mathrm{I}}\sin\alpha = 0 \qquad (4.237)$$

同样,层 II 和层 III 的动量方程为:

$$\frac{\Delta p}{\Delta L}A_{\mathrm{II}} + \tau_{\mathrm{I,II}}S_{\mathrm{I,II}} - \tau_{\mathrm{II,III}}S_{\mathrm{II,III}} - \tau_{\mathrm{II,w}}S_{\mathrm{II,w}} - \rho_{\mathrm{s}}gA_{\mathrm{II}}\sin\alpha = 0 \qquad (4.238)$$

和

$$\frac{\Delta p}{\Delta L}A_{\mathrm{III}} + \tau_{\mathrm{II,III}}S_{\mathrm{II,III}} - F_{\mathrm{III-w}} - \rho_{\mathrm{b}}gA_{\mathrm{III}}\sin\alpha = 0 \qquad (4.239)$$

其中，$F_{\text{III-w}}$是在岩屑床和井筒之间的摩擦力。式（4.233）、式（4.234）和式（4.235）中的界面剪切应力通常表示为

$$\tau_{i-j} = F_{i-j} \frac{\rho_i (v_i - v_j)^2}{2} \tag{4.240}$$

式中，i 和 j 指剪切应力作用的界面。

用 Televantos 等（1979）提出了摩擦系数计算层间界面剪切应力。第二层的原位岩屑浓度定对确定混合物密度和黏度非常重要。在稳态条件下，应用对流扩散方程得到原位岩屑浓度。因此：

$$v_y \frac{\partial C}{\partial y} = N_C \frac{\partial^2 C}{\partial y^2} \tag{4.241}$$

其中：

$$v = v_s \cos\alpha \tag{4.242}$$

将所有本构方程带入守恒方程，建立方程组。该方程组是非线性的，需要迭代才能得到数值解。关于现场岩屑浓度和滑动速度的模型和表达式的详细信息，参见前期作品（Özbayoğlu，2002；Özbayoğlu et al.，2003）。图 4.85 所示偏心率为 50%、机械钻速为 50ft/h 的 5in×2½ in 水平井的模型预测结果。假设钻井液和岩屑性能为：钻井液密度为 8.4lb/gal，$K_f = 20$mPa·s（当量），平均岩屑尺寸为 0.118in，相对密度为 2.65。

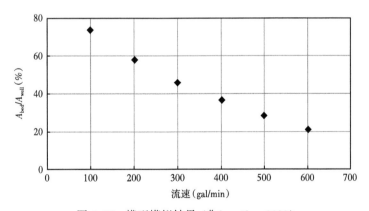

图 4.85　模型模拟结果（Özbayoğlu，2002）

模型预测表明流速（即环空流体速度）对岩屑运移有很大影响。流速增加通过提高流体的携岩能力阻止岩屑床的形成。尤其是当流动为湍流时，岩屑运移将更有效，岩屑床厚度明显减小。

术语

a——维里物态方程参数；

a^*——物态方程参数；

a_o——经验常数；

A——流量横断面积；

A_{bed}——岩屑床横断面积；

A_{bit}——钻头横断面积；

Ar——阿基米德数；

A_w——环状流面积；

A^*，B^*，C^*——无量纲流体参数；

b ——维里物态方程参数；

b^*——物态方程参数；

b_o——经验常数；

B^o——修改的第二维里系数；

c——现场岩屑浓度；

c_o——经验常数；

C_1，C_2，C_3——经验常数；

C_a——毛细管数；

C_c——岩屑体积浓度；

C_D——阻力系数；

C_f——泡沫压缩率；

c_f——泡沫浓度；

C_g——气相压缩率；

d_c——临界直径；

d_o——经验常数；

d_p——颗粒直径；

D——管直径；

D_H——水力直径；

D_i——环空内径；

D_o——环空外径；

e——指数函数；

f——摩擦系数；

f_s——沉降受阻系数；

F_D——部分排水；

F_T——岩屑运输比例；

F_{III-w}——井筒和岩屑床之间的摩擦力；

Fr——弗劳德数；

g——重力加速度；

g_c——量纲常数；

h——岩屑床高度；

H——井底深度；

j——下标，代表有剪切应力的表面；

k——半径比；

K_f——泡沫稠度系数；

K_L——液相稠度系数；

K_{VE}——体积平衡稠度系数；

K'——一般稠度系数；

L——长度；

L_b——黏度计转子长度；

L_i——井筒计算段长度；

L_{max}——井筒计算段最大长度；

m——屈服幂率流体的流动行为指数；

m_F——泡沫质量；

$\dot{m}$——质量流率；

$\dot{m}_g$——气相质量流率；

$\dot{m}_L$——液相质量流率；

M——分子量；

M_g——气体分子量；

n_f——泡沫流动行为指数；

n_L——液相流动行为指数；

n'——一般流动行为指数；

n^*——扭矩的斜率和角速度（双对数坐标系）；

N_C——扩散率；

p——静压；

p_b——井底压力；

p_s——表面环空压力；

p_i——泡沫内压；

p_o——泡沫外压；

Q_m——测量的流速；

Q_c——修正的流速；

$Q_{g,std}$——气体在标准条件下的速率；

Q_L——液体流速；

Q_{sh}——流体的剪切力产生的流速；

r_b——平均气泡半径；

R——管半径；

R_i——黏度计转子半径；

R_o——黏度计杯半径；

R_g——通用气体常数；

Re——雷诺数；

Re_p——颗粒雷诺数；

Re_ε——体积平衡的雷诺数；

s——无量纲组；

S——润湿周长；

$S_{\mathrm{II},w}$——与井壁接触的移动层的湿周；

t——时间；

T——绝对温度；

T_e——由于末端效应和摩擦而产生的附加扭矩；

T_m——测的扭矩值；

u_s——滑移速度；

U——平均速度；

$\overline{U}$——点 i 与 $i+1$ 之间的平均速度；

v——局部速度；

v_F——泡沫的比容积；

v_L——液相的比容积；

v_s——沉降速度；

v_{slip}——滑移速度；

$\overline{v}$——井筒中流体的平均流速；

V_D——排水体积；

V_g——气相体积；

V_f——泡沫体积；

V_L——液相体积；

w——质量分数；

w_g——气体的质量分数；

x——无量纲参数；

z——气体压缩系数；

α——倾斜角；

β——滑动系数；

β_f——动量校正系数；

δ_s——滑移层的有效膜厚度；

ε——比容膨胀率；

$\dot{\gamma}$——剪切速率；

$\dot{\gamma}_w$——井壁处剪切速率；

Γ——泡沫质量；

μ_L——液相黏度；

μ_f——泡沫黏度；

ξ——经验常数；

ρ_f——泡沫密度；

ρ_g——气相密度；

$\rho_{g,std}$——标准条件下气相密度；

ρ_L——液相密度；

$\bar{\rho}_f$——点 i 与点 $i+1$ 之间的泡沫平均密度；

σ——表面张力；

τ_w——管壁剪切应力；

$\tau_{w,o}$——外管壁剪切应力；

$\bar{\tau}_w$——点 i 处的平均管壁剪切应力；

$\bar{\tau}_{\bar{w}}$——点 i 与点 $i+1$ 之间的平均管壁剪切应力；

τ^s——滑动地层的平均管壁剪切应力；

τ_y——屈服应力；

ω——角速度。

参 考 文 献

Ahmed, A., Kuru, K., and Saasen, A. 2003a. Critical Review of Drilling Foam Rheology. Transactions of the Nordic Rheology Society 11 (Session 2).

Ahmed, R., Saasen, A., and Ergun, K. 2003b. Mathematical Modeling of Drilling Foam Flows. Paper 03-033 presented at the CADE/CAODC Drilling Conference, Calgary, 20-22 October.

Argillier, J.-F., Saintpere, S., Herzhaft, B., and Toure, A. 1998. Stability and Flowing Properties of Aqueous Foams for Underbalanced Drilling. Paper SPE 48982 presented at the SPE Annual Technical Conference and Exhibition, New Orleans, 27-30 September. DOI: 10.2118/48982-MS.

Beyer, A. H., Millhone, R. S., and Foote, R. W. 1972. Flow Behavior of Foam as a Well Circulating Fluid. Paper SPE 3986 presented at the SPE Annual Meeting, San Antonio, Texas, 8-11 October. DOI: 10.2118/3986-MS.

Blauer, R. E., Mitchell, B. J., and Kohlhaas, C. A. 1974. Determination of Laminar, Turbulent, and Transitional Foam Flow Losses in Pipes. Paper SPE 4885 presented at the SPE California Regional Meeting, San Francisco, 4-5 April. DOI: 10.2118/4885-MS.

Bourgoyne, A. T., Millheim, K. K., Chenevert, M. E., and Young, S. F. 1986. Applied Drilling Engineering. Textbook Series, SPE, Richardson, Texas 2.

Capo, J., Yu, M., Miska, S. Z., Takach, N., and Ahmed, R. 2006. Cuttings Transport With Aqueous Foam at Intermediate Inclined Wells. SPEDC 21 (2): 99-107. SPE-89534-PA. DOI: 10.2118/89534-PA.

Cawiezel, K. E. and Niles, T. D. 1987. Rheological Properties of Foam Fracturing Fluids Under Downhole Conditions. Paper SPE 16191 presented at the SPE Production Operations Symposium, Oklahoma City, Oklahoma, 8-10 March. DOI: 10.2118/16191-MS.

Chen, Z., Ahmed, R. M., Miska, S. et al. 2005a. Rheology Characterization of Polymer Drilling

Foams Using a Novel Apparatus. Annual Transactions of the Nordic Rheology Society 13.

Chen, Z., Ahmed, R. M., Miska, S. Z. et al. 2005b. Rheology of Aqueous Drilling Foam Using a Flow-Through Rotational Viscometer. Paper SPE 93431 presented at the SPE International Symposium on Oilfi eld Chemistry, Houston, 2-4 February. DOI: 10.2118/93431-MS.

Chen, Z., Ahmed, R. M., Miska, S. Z., Takach, N. E., Yu, M., and Pickell, M. B. 2007. Rheology and Hydraulics of Polymer (HEC)-Based Drilling Foams at Ambient Temperature Conditions. SPEJ 12(1): 100-107. SPE-94273-PA. DOI: 10.2118/94273-PA.

Culen, M. S., Al-Harthi, S., and Hashimi, H. 2003. Omani Field Tests Compare UBD Favorably to Conventional Drilling. World Oil 224(4): 27-30.

David, A. and Marsden, S. S. Jr. 1969. The Rheology of Foam. Paper SPE 2544 presented at the Fall Meeting of the Society of Petroleum Engineers of AIME, Denver, 28 September - 1 October. DOI: 10.2118/2544-MS.

Debrégeas, G., Tabuteau, H., and di Meglio, J.-M. 2001. Deformation and Flow of a Two-Dimensional Foam Under Continuous Shear. Physical Review Letter 87(17): 178, 305-178, 309. DOI: 10.1103/PhysRevLett.87.178305.

Dedegil, M. Y. 1987. Particle Drag Coefficient and Settling Velocity of Particles in Non-Newtonian Suspensions. ASME Journal of Fluids Engineering 109(3): 319-323.

Devaul, T. and Coy, A. 2003. Underbalanced Horizontal Drilling Improves Productivity in Hugoton Field. World Oil 224(4): 33-36.

Dodge, D. W. and Metzner, A. B. 1959. Turbulent Flow of Non-Newtonian Systems. AIChE Journal 5(2): 189-204. DOI: 10.1002/aic.690050214.

Einstein, A. 1906. A new determination of molecular dimensions. Ann. Phys 19: 289-306.

Gardiner, B. S., Dlugogorski, B. Z., and Jameson, G. J. 1998. Rheology of Fire-Fighting Foams. Fire Safety Journal 31(1): 61-75. DOI: 10.1016/S0379-7112(97)00049-0.

Gopal, A. D. and Durian, D. J. 1998. Shear-Induced Melting of an Aqueous Foam. Paper O29.02 presented at the March Meeting of the American Physical Society, Los Angeles, 16-20 March.

Govier, G. W. and Aziz, K. 1972. The Flow of Complex Mixtures in Pipes. New York: Van Nostrand Reinhold. Green, K., Johnson, P. G., and Hobberstad, R. 2003. Foam Cementing on the Eldfi sk Field: A Case Study. Paper SPE 79912 presented at the SPE/IADC Drilling Conference, Amsterdam, 19-21 February. DOI: 10.2118/79912-MS.

Guo, B., Miska, S., and Hareland, G. 1995. A Simple Approach to Determination of Bottom Hole Pressure in Directional Foam Drilling. Proc., 1995 ASME-ETCE Conference, Houston, Drilling Technology PD-vol.65, 329-338.

Hanks, R. W. 1979. The Axial Laminar Flow of Yield-Pseudoplastic Fluids in a Concentric Annulus. Industrial and Engineering Chemistry Process Design and Development 18(3): 488-493. DOI: 10.1021/i260071a024.

Harris, P. C. 1985. Effects of Texture on Rheology of Foam Fracturing Fluids. SPEPE 4(3):

249-257. SPE-14257-PA. DOI: 10. 2118/14257-PA.

Hatschek, E. 1911. Die viskosität der dispersoide. Kolloid-Z 8: 34-39.

Heller, J. P. and Kuntamukkula, M. S. 1987. Critical Review of the Foam Rheology Literature. Industrial and Engineering Chemistry Research 26(2): 318-325. DOI: 10. 1021/ie00062a023.

Herzhaft, B., Toure, A., Bruni, F., and Saintpere, S. 2000. Aqueous Foams for Underbalanced Drilling: The Question of Solids. Paper SPE 62898 presented at the 2000 SPE Annual Technical Conference and Exhibition, Dallas, 1-4 October. DOI: 10. 2118/62898-MS.

Holt, R. G. and McDaniel, J. G. 2000. Rheology of Foam Near the Order - Disorder Phase Transition. Proc., Fifth Microgravity Fluid Physics and Transport Phenomena Conference, NASA Glenn Research Center, Cleveland, Ohio, USA, CP-2000-210470, 1006-1027.

Jastrzebski, Z. D. 1967. Entrance Effects and Wall Effects in an Extrusion Rheometer During the Flow of Concentrated Suspensions. Industrial and Engineering Chemistry Fundamentals 6(3): 445-453. DOI: 10. 1021/i160023a019.

Khade, S. D. and Shah, S. N. 2004. New Rheological Correlations for Guar Foam Fluids. SPEPF 19(2): 77-85. SPE-88032-PA. DOI: 10. 2118/88032-PA.

Kraynik, A. M. 1988. Foam flows. Annual Review of Fluid Mechanics 20: 325 - 357. DOI: 10. 1146/annurev. fl . 20. 010188. 001545.

Krug, J. A. and Mitchell, B. J. 1972. Charts Help Find Volume, Pressure Needed for Foam Drilling. Oil and Gas Journal 70 (February 1972): 61-64.

Kuru, E., Miska, S., Pickell, M., Takach, N., and Volk, M. 1999. New Directions in Foam and Aerated Mud Research and Development. Paper SPE 53963 presented at the Latin American and Caribbean Petroleum Engineering Conference, Caracas, 21 - 23 April. DOI: 10. 2118/53963-MS.

Kuru, E., Okunsebor, O. M., and Li, Y. 2005. Hydraulic Optimization of Foam Drilling for Maximum Drilling Rate in Vertical Wells. SPEDC 20(4): 258-267. SPE-91610-PA. DOI: 10. 2118/91610-PA.

Lauridsen, J., Twardos, M., and Dennin, M. 2002. Shear-Induced Stress Relaxation in a Two-Dimensional Wet Foam. Physical Review Letter 89 (9). DOI: 10. 1103/Phys Rev Lett. 89. 098303.

Li, Y. and Kuru, E. 2003. Numerical Modeling of Cuttings Transport With Foam in Vertical Wells. Paper presented at the Petroleum Society's Canadian International Petroleum Conference 2003, Calgary, June 10-12.

Li, Y. and Kuru, E. 2004. Optimization of Hole Cleaning in Vertical Wells Using Foam. Paper SPE 86927 presented at the SPE International Thermal Operations and Heavy Oil Symposium and Western Regional Meeting, Bakersfi eld, California, 16 - 18 March. DOI: 10. 2118/86927-MS.

Lord, D. L. 1981. Analysis of Dynamic and Static Foam Behavior. JPT 33 (1): 39-45. SPE-7927-PA. DOI: 10. 2118/7927-PA.

Lourenço, A. M. F. 2002. Study of Foam Flow Under Simulated Downhole Conditions. MS thesis, University of Tulsa, Tulsa, Oklahoma. Lourenço, A. M. F. , Miska, S. Z. , Reed, T. D. , Pickell, M. B. , and Takach, N. E. 2004. Study of the Effects of Pressure and Temperature on the Viscosity of Drilling Foams and Frictional Pressure Losses. SPEDC 19(3): 139-146. SPE-84175-PA. DOI: 10. 2118/84175-PA.

Lyons, W. C. , Guo, B. , and Seidel, F. A. 2000. Air and Gas Drilling Manual, second edition, Chap. 10, 1-84. New York: Professional Engineering Series, McGraw-Hill.

Macosko, C. W. 1994. Rheology: Principles, Measurements, and Applications. New York: Advances in Interfacial Engineering Series, Wiley-VCH.

Marsden, S. S. and Khan, S. A. 1966. The Flow of Foam Through Short Porous Media and Apparent Viscosity Measurements. SPEJ 6(1): 17-25; Trans. , AIME, 237. SPE-1319-PA. DOI: 10. 2118/1319-PA.

Martins, A. L. , Lourenço, A. M. F. , and de Sa, C. H. M. 2001. Foam Property Requirements for Proper Hole Cleaning While Drilling Horizontal Wells in Underbalanced Conditions. SPEDC 16(4): 195-200. SPE-74333-PA. DOI: 10. 2118/74333-PA.

Minssieux, L. 1974. Oil Displacement by Foams in Relation to Their Physical Properties in Porous Media. JPT 26(1): 100-108; Trans. , AIME, 257. SPE-3991-PA. DOI: 10. 2118/3991-PA.

Mitchell, B. J. 1971. Test Data Fill Theory Gap on Using Foam as a Drilling Fluid. Oil and Gas Journal 69(September 1971): 96-100.

Mooney, M. 1931. Explicit Formulas for Slip and Fluidity. Journal of Rheology 2(2): 210-222. DOI: 10. 1122/1. 2116364.

Morrison, I. D. and Ross, S. 1983. The Equation of State of a Foam. Journal of Colloid and Interface Science 95(1): 97-101. DOI: 10. 1016/0021-9797(83)90076-0.

Nishioka, G. M. , Ross, S. , and Kornbrekke, R. E. 1996. Fundamental Methods for Measuring Foam Stability. In Foams, Vol. 57, ed. R. K. Prud'homme and S. A. Khan, Chap. 6, 275-285. New York: Surfactant ScienceSeries, Marcel Dekker.

Okpobiri, G. A. and Ikoku, C. U. 1986. Volumetric Requirements for Foam and Mist Drilling Operations. SPEDE 1(1): 71-88; Trans. , AIME, 281. SPE-11723-PA. DOI: 10. 2118/11723-PA.

Özbayoğlu, E. 2002. Cuttings Transport With Foam in Horizontal and Highly-Inclined Wellbores. PhD dissertation, University of Tulsa, Tulsa, Oklahoma.

Özbayoğlu, E. M. , Kuru, E. , Miska, S. , and Takach, N. 2002. A Comparative Study of Hydraulic Models for Foam Drilling. J. Cdn. Pet. Tech. 41(6): 52-61.

Özbayoğlu, E. M. , Miska, S. Z. , Reed, T. , and Takach, N. 2003. Cuttings Transport With Foam in Horizontal and Highly Inclined Wellbores. Paper SPE 79856 presented at the SPE/IADC Drilling Conference, Amsterdam, 19-21 February. DOI: 10. 2118/79856-MS.

Özbayoğlu, E. M. , Miska, S. Z. , Takach, N. , and Reed T. 2005. Using Foam in Horizontal

Well Drilling: A Cuttings Transport Modeling Approach. Journal of Petroleum Science and Engineering 46 (4): 267–282.

Pal, R. 1999. Yield Stress and Viscoelastic Properties of High Internal Phase Ratio Emulsions. Colloid &Polymer Science 277 (6): 583–588. DOI: 10. 1007/s003960050429.

Pickell, M. B. 2004. Preliminary Studies of Aqueous Foam for Transient Rheological and Texture Properties Using a Flow–Through Couette Viscometer. MS thesis, University of Tulsa, Tulsa, Oklahoma.

Pratt, E. and Dennin, M. 2003. Nonlinear Stress and Fluctuation Dynamics of Sheared Disordered Wet Foam. Physical Review. E 67 (5). DOI: 10. 1103/PhysRevE. 67. 051402.

Princen, H. M. , Aronson, M. P. , and Moser, J. C. 1980. Highly Concentrated Emulsions. II. Real Systems. The Effect of Film Thickness and Contact Angle on the Volume Fraction in Creamed Emulsions. Journal of Colloid and Interface Science 75 (1): 246 – 270. DOI: 10. 1016/0021–9797 (80)90367–7.

Princen, H. M. and Kiss, A. D. 1989. Rheology of Foams and Highly Concentrated Emulsions IV. An Experimental Study of the Shear Viscosity and Yield Stress of Concentrated Emulsions. Journal of Colloid and Interface Science 128 (1): 177–187. DOI: 10. 1016/0021–9797 (89) 90396–2.

Rand, P. B. and Kraynik, A. M. 1983. Drainage of Aqueous Foams: Generation–Pressure and Cell–Size Effects. SPEJ 23 (1): 152–154. SPE–10533–PA. DOI: 10. 2118/10533–PA.

Reidenbach, V. G. , Harris, P. C. , Lee, Y. N. , and Lord, D. L. 1986. Rheological Study of Foam Fracturing Fluids Using Nitrogen and Carbon Dioxide. SPEPE 1 (1): 31–41; Trans. , AIME, 281. SPE–12026–PA. DOI: 10. 2118/12026–PA.

Rojas, Y. , Kakadjian, S. , Aponte, A. , Márquez, R. , and Sánchez, G. 2001. Stability and Rheological Behavior of Aqueous Foams for Underbalanced Drilling. Paper SPE 64999 presented at the SPE International Symposium on Oilfi eld Chemistry, Houston, 13 – 16 February. DOI: 10. 2118/64999–MS.

Saintpere, S. , Herzhaft, B. , Toure, A. , and Jollet, S. 1999. Rheological Properties of Aqueous Foams for Underbalanced Drilling. Paper SPE 56633 presented at the SPE Annual Technical Conference and Exhibition, Houston, 3–6 October. DOI: 10. 2118/56633–MS.

Saintpere, S. , Marcillat, Y. , Bruni, F. , and Toure, A. 2000. Hole Cleaning Capabilities of Drilling Foams Compared to Conventional Fluids. Paper SPE 63049 presented at the SPE Annual Technical Conference and Exhibition, Dallas, 1–4 October. DOI: 10. 2118/63049–MS.

Sanghani, V. and Ikoku, C. U. 1983. Rheology of Foam and Its Implications in Drilling and Cleanout Operations. Paper ASME AO – 203 presented at the Energy – Sources Technology Conference and Exhibition, Houston, 30 January–3 February.

Santos, H. , Rosa, F. S. N. , and Cunha, J. C. 2003. Field Case History Shows Merit of UBD in NortheasternBrazil. World Oil 224 (5): 38–42.

Televantos, Y. , Shook, C. A. , Carleton, A. , and Street, M. 1979. Flow of Slurries of Coarse Particles at High Solids Concentrations. Canadian Journal of Chemical Engineering 57: 255–262.

Thondavadi, N. N. and Lemlich, R. 1985. Flow Properties of Foam With and Without Solid Particles. Industrial and Engineering Chemistry Process Design and Development 24 (3): 748–753. DOI: 10. 1021/i200030a038.

Underbalanced Drilling Manual. 1997. Chicago: Gas Research Institute.

Valkó, P. and Economides, M. J. 1997. Foam Proppant Transport. SPEPF 12 (4): 244–249. SPE-27897-PA. DOI: 10. 2118/27897-PA.

Washington, A. 2004. Preliminary Studies of the Rheology of Foam Using Rotational Viscometer. MS thesis, University of Tulsa, Tulsa, Oklahoma.

Yoshimura, A. and Prud'homme, R. K. 1988. Wall Slip Corrections for Couette and Parallel Disk Viscometers. Journal of Rheology 32 (1): 53–67. DOI: 10. 1122/1. 549963.

国际单位转换系数

$1\,cp = 1\,mPa \cdot s$

$1\,ft = 0.\,3048m$

$1\,ft^3 = 0.\,028317m^3$

$1\,ft/h = 8.\,466667 \times 10^{-5} m/s$

$1\,°F = \dfrac{9}{5}°C$

$1\,in = 2.\,54cm$

$1\,in^2 = 6.\,4516cm^2$

$1\,bf = 4.\,48222N$

$1\,lb = 0.\,4535924kg$

$1\,lb/ft^3 = 16.\,01846kg/m^3$

$1\,lbmol = 0.\,4535924kmol$

$1\,psi = 6.\,894757kPa$

5 地质力学

5.1 地质力学与井眼稳定性

——John Cook，斯伦贝谢公司（Schlumberger）；Stephen Edwards，BP 公司

5.1.1 引言

自石油工业诞生之初，地层的力学行为就发挥了重要作用，因为钻井时需要破碎大量岩石并及时清理。为了能高效、快速地钻进，同时不使钻头磨损或损坏过快，人们在钻头设计方面做了许多创新。

自 20 世纪 70 年代以来，尤其是近些年岩石力学在钻井领域得到了广泛应用。分析其主要原因有三个方面：一是斜井和水平井钻井数量不断增加；二是钻井环境逐渐变得更加复杂恶劣（高温、高压、高构造应力），钻井时往往会遇到一些高强度压实和沉降问题；三是新一代钻机（尤其是海上钻机）的开发成本高，以致在出现井眼不稳定问题之后，无法再花时间进行下钻或侧钻作业。

到如今，岩石力学的作用在石油天然气工业中得到了广泛认可。诸多石油公司都要求在审查油气田开发方案时，要充分评估由于岩石的响应可能引起的钻井成本或者开发成本增加的可能性。

本章旨在简要介绍石油地质力学科学问题，收集数据研究为油田作业带来益处的作业措施及在计划和实施中均有效的方法。本书中某些内容是对 Mitchel（2007）的研究成果的总结。其他提供岩石力学基础知识、背景知识和先进计算方法的书籍是 Jaegerand Cook（1979）、Fjaretal（1992）和 Charlez（1991，1997）等的著作。

因本书为钻井教材，所以把研究重点放在井壁失稳上。井壁失稳是在钻井过程中，造成停钻和钻井设备损耗的主要原因；尽管行业里每年因井壁失稳造成的经济损失不同，但通常来讲，年造成的损失在 20 亿至 50 亿美元之间。而这笔庞大的损失多数发生于海洋深水井。在深水钻井中，通过钻杆使井底钻具组合下放到井底的工作每小时要耗资 10000 美元甚至更多（大约每秒钟 3 美元）。陆上钻井要比海洋深水钻井的成本低。单井损失总钻时20% 的时间还不至于使钻井成本增加太多。但是，因为每个钻机要钻许多口井，在油田开发方案中，若每个井存在 20% 的时间损失，就会导致油田开发方案无法实施。

例如，在哥伦比亚州的 Cusiana 油田就存在着很严重井壁失稳问题，为了解决该问题，每口井都需要额外投入数百万美元。在本章会介绍许多的方法来解决井壁失稳问题，并且将典型的钻井时间减少了约三倍，同时能够节约钻进成本（Last et al.，1995）。在北海的 Tullich 油田，通过预先做好详细的钻井设计和相关数据的处理来减少钻进中井壁失稳问题的发生，并且优化井口装置和管汇位置，以尽可能减少钻井复杂情况的出现（Russell et al.，2003）。

有两个因素对于钻井成功至关重要。首先是从预防岩石破坏转向管理其后果。在井壁

稳定性预测的早期，模拟常常表明，一口井可能没有稳定的钻井液相对密度窗口(即没有能够避免失稳和漏失的钻井液密度值)。尽管如此，一口井还是能够成功完钻。现在人们已经认识到，岩石破坏并不一定意味着井眼被破坏，传统的岩石力学方法可能过于保守，即使产生了大量的空洞，井眼净化程序可以缓解这个问题，并允许下套管；第二个因素是随钻测井技术的迅速发展，尤其是在钻井过程中，它能实时监测近钻头环空压力和井径变化情况。这使得能够在相关条件下，将井眼研究看成是一个岩石力学实验，并利用试验结果改善现有井眼的钻井条件，并为下一口井的钻井提供相关依据。

5.1.2 什么是井壁失稳?

井壁失稳现象如下：

(1)由于地应力条件或突然的温度变化所产生的高应力，井眼周围的岩石发生破裂；

(2)井眼附近有松散的、破碎的岩石；

(3)裂缝由井眼扩展到地层当中，有时还会出现钻井液的严重漏失；

(4)岩石与钻井液相互作用导致岩石软化和破裂；

(5)软质岩层(例如盐岩)会被挤压向井眼中蠕变；

(6)与井眼相交的既存断层活动。

前五个现象很常见，其影响程度由小到大。小范围失稳，即少量的岩石从井壁脱落掉入井中，这在钻井过程中不是什么大问题，且在测井和固井时也可以忽略其不利影响。如果失稳问题变得严重，井中会出现大量的掉块，它们会堵塞井底钻具从而会导致扭矩、摩阻和井底压力过大，最后导致钻具扭断、卡钻、钻具组合埋入井底，以至于侧钻。当然，通过良好的钻井和井眼净化作业，可以安全地清除井筒中的掉块。然而，对于岩石物理学家或固井工程师来说，扩大后的井眼仍然是一个大问题。在已经破裂的岩石的裂缝区域会产生大量碎石，即使有一套完善的洗井流程也无济于事，因为掉块会迅速地堵塞井眼。钻井液大量漏失或者渗入裂缝当中，就会使得裂缝进一步扩展。许多岩石(尤其是页岩)会在短期或长期尺度上与钻井液中的水相互作用，从而产生大量软化和膨胀的物质，或者产生更坚硬、更连贯的碎片。这些情况都会延缓或阻止固井套管下入预定深度。

当然，操作方面的问题也导致产生一些井下复杂情况。定向井钻进时的井眼曲率、键槽、循环不好(清洗岩屑而非掉块)、压差卡钻、设备故障及井内落物等都是导致钻柱被卡的原因。在试图解决这些问题前，有一点很重要，那就是确定卡钻机理。本章的重点是研究井壁失稳导致的钻柱卡钻机理。了解和预测井眼失稳是石油钻井地质力学的关键领域之一。钻进过程和地层条件都在井壁失稳过程中起到关键作用，所以，在有问题的井段或区域，钻井工作者和地质工作者能相互沟通是至关重要的。

5.1.3 力学基础

地质力学要求对基本力学有一定的了解，换句话说，就是应力、应变和材料响应。由于一开始就要运用三维技术方法研究井下的受力情况，可能会对读者造成一定的阅读困难。如果对下面的论述在理解上有困难的话可以通过参考 Fjæretal(1992)、Davis 和 Selvadurai(1996，2002)、Priest(1993)和其他有关工程技术手册等获得有助于读者理解的其他辅助知识。

5.1.3.1　应力

　　应力就是单位横截面上所受到的力。力是矢量，既有方向，又有大小。同样，力所作用的区域也有方向和大小。所以应力不是标量，而是矢量。如图 5.1(a)所示，柱体横截面 A 受到压力 F 的作用，那么柱体的横截面上所受正应力为 F/A。因为力垂直作用于所选的截面上，所以截面上并没有剪应力。在图 5.1(b)中，墙上粘着一个钩子，钩子上的载荷为 F（F 的大小与上一个例子相同）。那么该截面上的剪应力为 F/A。由于该力的作用方向与截面平行，所以截面不受到正应力作用。在图 5.1 中，如果在柱体中任意选取一个非水平的截面，就应会有与截面平行和垂直的分量出现，那么截面就会同时受到正应力和剪应力的作用。

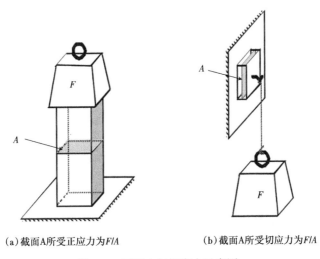

（a）截面A所受正应力为*F*/*A*　　　　　　（b）截面A所受切应力为*F*/*A*

图 5.1　正应力与切应力示意图

　　此示例说明，关于应力，以下两种说法是正确的：
　　(1)作用于平面上的剪应力和正应力的相对大小随平面的方向而变化；
　　(2)有些平面的方向上仅作用有正应力。
　　正如之前所提到的，必须考虑三维应力状态下的受力情况。一般来说，一个应力状态有六个独立分力：以图 5.1 为例，图中仅有一个力，是因为其他方向上的力均为零。假设在某介质中取一个单元体，介质可以是钻杆，或者是地层［图 5.2(a)］。例如，钻杆受到扭矩、钻井液压力及其他力的作用，而地层会受到重力和构造力的作用这样都会在介质表面产生应力。在单元体中，每一对相对的面上都会受到一个正应力和两个剪应力的作用，它们的大小和之前提到的那六个分力的大小一样。（三对相对的面上，每一对面上都有一个正应力和两个剪应力，一共有九个分力而非六个分力，根据剪应力互等定律，只有三个剪应力是独立的。）
　　现在在同样的位置取一个单元体，但是这次改变它的方位；尽管它自身的应力状态没有变，可是六个分力的大小将发生改变。这等同于是改变了图 5.1(a)中的单元体截面的方向，作用于介质的载荷没有变，但作用于单元体截面上正应力和切应力发生了变化。如图 5.2 所示，在某介质中取一个单元体，该单元体的表面仅受正应力的作用。应力状态的六个分力道的为正应力,作用在三对相对的平面上(图中,法向应力叫作主应力)。和其他大多数力学分支一样,在钻井岩石力学中,确定主应力及其方向是描述应力状态的最常用的方法。

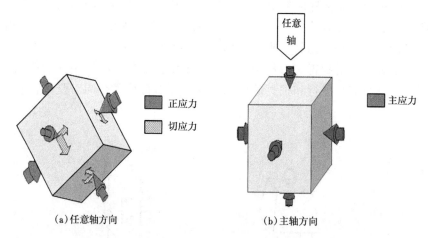

(a)任意轴方向　　　　　　　　　(b)主轴方向

图 5.2　应力张量分力示意图

　　应力是张量,应力状态也称为应力张量。介质中所取的单元体分别对应不同的轴,可在对应轴上对张量进行投影。确定主应力的过程就是进行主应力轴旋转,或称做主应力矩阵对角化。主应力的方向为主轴方向,它们都是相互垂直的。

　　大多数岩石力学以目的层的原地应力或预应力作为研究的起点。为确定原地应力,我们需要三个应力和一些与方向有关的信息。由于在很多目标区域,上覆岩层应力是主应力(换言之,其中的一个主应力是垂直的),原地应力状态通常需要、三个主应力的大小和一个水平主应力的方向才能确定。

　　众所周知,井眼周围的应力状态是很复杂的,所以详细描述应力状态的六个分量是很有必要的。应力的单位是力与面积之比,油田上最常用的单位是磅(lb)/每平方英寸(psi)和兆帕(MPa),二者之间的关系为 1MPa = 145.038psi。有些情况下还是用"bar"这个单位,它与兆帕的关系是 1bar = 0.1MPa(大约一个标准大气压)。在岩石力学中,压应力是正(在大多数其他力学中,拉应力是正),在岩石力学中,通常称 σ_1 为最大主应力,σ_2 为中主应力,σ_3 为最小主应力。

5.1.3.1.1　莫尔圆

　　莫尔圆是用来描述应力性质的一种非常普遍且有效的方法。莫尔圆通常被认为是几何结构,涉及三个主应力中的两个。两个主应力值沿水平线绘制,然后找到它们的中点,并以这个点为圆心,以两应力大小之差为直径,画一个半圆。如图 5.3 所示,该图为主应力为 10MPa 和 40MPa 的莫尔圆。图 5.3(a)中,40MPa 的主应力作用于空间中的 X 轴上,而10MPa 的应力则作用于 Y 轴上(另一主应力沿 Z 轴方向)。将包括 Z 轴在内的所有的面都投影到半圆的圆周上;将 Y—Z 平面投影到 40MPa 这一点上,将 X—Z 平面投影到 10MPa 这一点上。如图 5.3(b)所示,有一个平面与 Y-Z 面夹角为 β,它在圆周上的投影点与 40MPa 的点所夹角度为 2β。从莫尔圆中可以看到,在水平轴方向上的正应力大小(约为 28MPa),以及在纵轴上的剪切应力的大小（约为 14.MPa）。相关证明计算结果可参见附录 A。需要注意的是，这两个面垂直于主应力方向，作用于水平轴上；并且正如预期的那样表面没有剪应力。

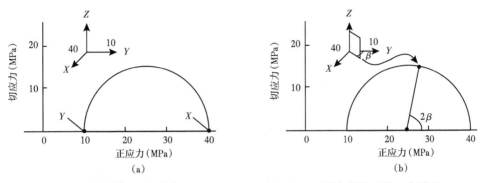

图 5.3　莫尔圆（a）主应力 10MPa，40MPa（b）与 *Y-Z* 面夹角为 *β* 的一个平面

莫尔圆提供了一种图解方法，通过这种方法可以观察在平面方向变化的情况下，正应力和剪应力是如何变化的。这种方法在岩石力学中尤为重要，因为完整或破裂的岩石屈服和破坏都与这些值有关。莫尔圆能够预测完整的岩石在何时发生屈服或破坏，以及将发生破坏的平面的方向，并预测在先前存在的断裂或断层上将会发生的进一步变形的应力值。

如图 5.4 所示，在一个莫尔圆中可以表示三个主应力，其中第三个主应力的小为 20MPa。绘制一个半圆，每对主应力都遵循同图 5.3（a）一样的原理。每个半圆都代表着一个面元，并且面元都对应着一个主应力方向。半圆中的阴影区域代表着应力系统中其余的截面；在二维坐标中，横坐标上的点表示正应力大小。纵坐标上的点表示切应力大小。三维图特别适合用于研究裂缝对原地应力变化的影响，地应力变化是由枯竭、注入和构造运动等因素引起的。三维图中的应力状态的映射在 Davis 和 Selvadurai（2002）的著作中有所描述。

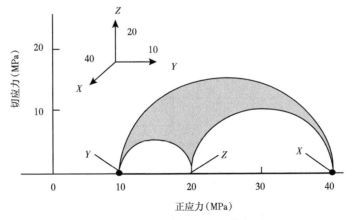

图 5.4　包含三个主应力的莫尔圆

5.1.3.1.2 有效应力

就像大多数岩石也是多孔介质一样，如果材料是多孔介质，其力学特性曲线，不仅受到应力作用的影响，还受到孔隙中流体压力的影响。如果外部压力与孔隙压力随时间变化，就可以分析两者的综合影响，至少对于弹性介质的研究来说，通常以 Biot(1962)的研究为基础，运用多孔介质模型。为了求得 Biot 方程的数值解，人们做了很多尝试，其中包括分析温度、各向异性、化学作用、塑性和其他相关因素的影响等，分析这些因素的影响也有利于理解岩石钻井力学特性，当应力与压力相对稳定或岩石的渗透率足够大导致流体压力梯度快速消失时，可以使用更简单的方式加以分析，从而引出了有效应力这个概念。

对于弹性变形或破坏等特殊过程，有效应力是外部应力和控制该过程的孔隙压力的组合作用。之后将讨论这些过程中的一些特点，并且也会逐一介绍这些过程对应的有效应力。

5.1.3.2 应变

应变是衡量材料在应力作用下形状变化的一种量度，或者用于更正式地描述位移梯度。应变分为正应变和剪应变两种情况：(1)正应变。正应变包括纵向伸长和横向缩短，应变的大小可以用绝对伸长(物体变形伸长量)与物体原始长度的比值表示；(2)切应变。剪应变是由在物体中两条直线变形后而产生的。其大小为两条相互垂直的线之间角度的变化(图 5.5)。在大多数岩石力学研究中仅考虑小应变情况(通常称为微小应变)，其数值约小于 0.1。大应变(通常称为有限应变)在岩石力学的研究中不常见，但在某些情况很重要，例如，在描述盐岩蠕变的时候。大(小)应变的概念、解释，以及与应力张量的关系都很复杂，这超出了本章的研究范围：有兴趣的读者可以参考高等力学教材，例如 Bllington 和 Tate (1980)或 Spencer (1985)等学者的著作。从应变的概念中可以看出应变没有单位，无量纲。

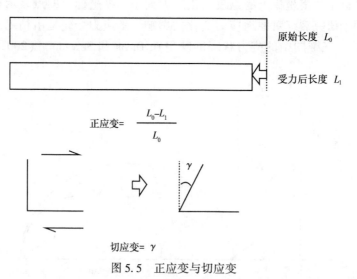

图 5.5 正应变与切应变

与应力一样，应变也是张量，并且它也对应着不同轴的方向，可以找到一个坐标系方向，在这个坐标系方向中仅有正应变而无剪应变，称这个方向为主应变轴或应变主方向：与应力相类似，称正应变为主应变。井眼稳定性分析很少需要计算应变(因为岩石力学屈服准则取决于应力），下一节将会提到应变与弹性模量的关系。

5.1.3.3　材料响应

5.1.3.3.1　弹性

对于材料的应力与应变而言，其最简单的关系就是弹性（当应力移除以后，任何应变或形变都会恢复到原来。弹性最简单的形式就是各向同性线弹性；线性是指应力与应变按比例呈直线关系（施加两倍的应力产生两倍变化的应变）；各向同性是指从介质的应力状态的任意方向施加一个应力都会产生作用效果相同应变（即介质在各个方向上的性质相同）。

如果岩石的性质表现为各向同性线弹性，那么就可以用两个常见的弹性参数杨氏模量和泊松比来描述。杨氏模量描述的是在一个圆柱体上应力与应变的关系。如果压力 F 沿圆柱的轴向方向作用于横截面 A 上。那么平行于圆柱轴向方向上的应力 σ 为 F/A（这种情况下所指的应力通常为正应力和主应力），如果圆柱的原长为 L_0 上，受力之后的长度为 L_1，平行于轴向方向的应变为 $L_0 - L_1/L_0$，则杨氏模量的表达式为

$$E = \frac{\sigma}{\varepsilon} = \frac{F}{A} \frac{L_0}{(L_0 - L_1)} \tag{5.1}$$

杨氏模量的量纲与应力相同。

在应力的作用下圆柱的长度在减小，但是直径从 d_0 增加到了 d_1，故存在一个横向应变 ε_1，即 $\varepsilon_1 = (d_0 - d_1)/d_0$（需要注意的是，因为直径增大所以应变为负；这个应变叫作拉应变）。那么泊松比，即横向应变与纵向应变的比值，是负数。

$$\nu = -\frac{(d_0 - d_1)}{d_0} \frac{L_0}{(L_0 - L_1)} \tag{5.2}$$

在热（动）力学中，泊松比一般在 $-1 \sim 0.5$ 之间；在实际情况中，其数值在 $0 \sim 0.5$ 之间，对于大多数岩石或其他物质来说，一般在 $0.2 \sim 0.4$ 之间。泊松比也是无量纲的。

还有其他的方法可以描述各向同性线弹性，每种描述方法都会用到这两个弹性参数。除了杨氏模量 E 和泊松比 ν 以外，还有其他参数，例如体积模量和剪切模量、压缩系数和拉梅系数，其中任意两个参数都足以描述物体的力学性质；其相关关系及弹性应力—应变方程均于附录 B 中一并给出。

正如之前所提到的，弹性形变与外加应力和孔隙压力有关。这就可以用有效应力的概念来解释弹性。有效应力用 σ' 来表示（σ' 不表示总应力）。在弹性条件下，均质线性介质的有效应力表示为

$$\sigma' = \sigma - \left(1 - \frac{K_{\text{frame}}}{K_{\text{grain}}}\right) p_p \tag{5.3}$$

式中，K_{frame} 和 K_{grain} 分别表示岩石骨架（没有孔隙流体）的体积模量和组成岩石的颗粒的体积模量，p_p 为孔隙压力。括号中的项就是著名的 Biot 系数，通常用 α 表示。对于坚硬的岩石来说，Biot 系数接近于 0；脆性岩石的 Biot 系数接近于 1。因为体积模量可以通过声波测井解释得到，所以这种方法可以得到更加精确的 α 值。用上述方法获得的 α 值有时会得不偿失，除非研究的对象是需要进行水力压裂的坚硬岩石。在地质力学分析中有很多不确

定性，尤其是在对地层应力与岩石强度的分析中，不确定性因素更多，所以在研究工作中，应该把重点放在完善不确定因素的估算值上，而不是放在对 α 值的估算上。对于在研究过程中存在很多问题的脆性岩石，假设 α=1(在本书中其他地方，α 通常用来表示热膨胀系数，然而在岩石力学中 α 被广泛用于表示 Biot 系数，因在本章这样使用，所以为了避免重复，将用 $α_T$ 表示膨胀系数)。

然而不利的一点是，岩石往往是各向异性线弹性介质。层理和沉积结构使得岩石呈现出各向异性；普遍存在的裂缝与微裂缝使得岩石呈现非线性，一般的过程如岩石塑性和井眼失稳都被定义为非线性；并且许多地层均为不连续地层(即这些地层基本都有裂缝)。预测岩石在不连续、各向异性、非线性三个方面的性质(例如钻井液密度窗口)需要非常复杂的模型和很多输入数据。但是这些数据常常无法获得，而且使用的都是各向同性线性简单模型。在大多数情况下，这样做是符合工程要求的，但是在有些情况下，上述方法很难对岩石性质进行准确的评价。在这种情况下，就需要更高级的模型来辅助说明形变过程的内在本质，但这种方法所得出的结论也并非是完整的。钻井时，及时收集数据可以对问题进行更好的分析，将理论与实践结合，及时调整钻井计划，这些措施会让钻井进展的得更顺利，大幅减少钻井过程中遇到的复杂问题。这个方法会在 5.1.7 节中详细讨论。

5.1.3.3.2　屈服与塑性

当岩石或其他介质在应力的作用下，超出了它本身的弹性极限，那么它可能就会屈服(即经受永久性或塑性变形而不破裂)。当卸除载荷后，介质无法恢复到原始的形状。在长时间的地质作用中这种情况经常发生，且形成屈服构造。当然，屈服也可能在较短时间的受力作用过程中发生。例如在常规实验中，虽然许多页岩都很脆[即突然破裂，只有很少的(或根本没有)可塑性]，但当载荷加载很快的时候，页岩会发生屈服，有极大塑性应变而不发生破裂，这和牙轮钻头在钻进时，牙轮牙齿不发生屈服的现象是一样的(Cook et al., 1991)。一般的来说屈服和塑性是由剪切应力引起的(即由最大主应力差决定)。由此推断，克服屈服和塑性的作用就是要减小切应力，也就是要减小主应力之间的差值。

屈服和塑性在油田中很重要，其原因如下：

(1)影响着原地应力场；

(2)决定着盐岩及其周围的应力场分布；

(3)影响水力压裂缝顶端的具体位置；

(4)影响井眼和射孔孔眼周围的地应力场。

随着人们建立了许多钻井液密度窗的解析模型或数值模型(在塑性条件下)，最后一项值得注意。这是因为本章所研究的弹性模型过于保守；这些模型是在一个特定的钻井液密度窗范围下预测的井眼稳定性，并且在这个钻井液密度窗的范围下，井可以成功完钻。同时还有两个原因：一个原因是塑性的存在使得岩石强度变得更高了(就像不锈钢的可塑性增强一样)，另一个原因是岩石塑性强度降低了井眼中的剪切应力。

当剪切应力足够大的时，足以移动晶体结构中的缺陷时，从而产生塑性变形，这用 Tresca 屈服准则表达为

$$\sigma_1 - \sigma_3 > k \tag{5.4}$$

压力对 Tresca 准则和其他金属屈服准则(例如 von Mises 准则)影响不大；金属形变仅与

主应力差值有关，与绝对大小无关。岩石的性质不同于金属：当平均应力水平提高时，岩石通常也会变得更坚硬，并且要有一个对压力敏感的屈服准则来衡量岩石的强度。应用最广泛的就是莫尔—库伦准则，该准则依据滑动面的摩擦性质来判定介质强度。莫尔—库伦准则的表达形式有很多种，其中最为广泛的表达形式为

$$\tau > S + \sigma'_n \tan\Phi \tag{5.5}$$

式中，τ 为特定面上的切应力；S 为岩石的黏聚力；σ'_n 为作用面上的有效正应力；Φ 为岩石内摩擦角。

黏聚力就是阻止切应力破坏岩石完整性的力，而式中右边第二项表示阻力的扩大项，因为摩擦力由作用面上的有效应力引起。对于完整岩石来说，它的面是连续的，所以在一般问题上，摩擦力用内摩擦角代替。对于砂岩来讲，内摩擦角一般为 40°~50°，页岩会更小一些。

在这里所说的有效正应力就是适用于塑性形变条件下的有效应力，它与弹性形变条件下的有效应力是不同的，其表达式如下：

$$\sigma' = \sigma - p_p \tag{5.6}$$

注意孔隙压力前面是没有系数的。

只要给出一组主应力，就可以找到作用面上对应的切应力与正应力（用附录 A 中莫尔圆或莫尔圆方程来计算）并计算抗剪强度（莫尔—库伦准则）以此来判断在作用面上是否发生剪切。然而，这样无法保证这就是最大应力面，并且也不能保证在别的方向上不发生剪切，当然，有很多种方法可以解决这个问题，第一种方法就是直接根据有效主应力来修正莫尔—库伦破坏准则，这种方法非常适合用于计算。其简明表达式为

$$\sigma'_1 - N_\Phi \sigma'_3 > UCS \tag{5.7}$$

在这里 USC 为无围压抗压强度（即最小有效应力为 0 时的抗压强度）。

系数 N_Φ 没有常用名，其表达式为

$$N_\Phi = \frac{1 + \sin\Phi}{1 - \sin\Phi} \tag{5.8}$$

当内摩擦角为 30°时，$N_\Phi = 3$。

通过修改之后的莫尔—库伦准则可以得到：当主应力变化的时候，会发生屈服，但是屈服方向并不是发生屈服的那个平面的方向。在莫尔圆中也可以看到这种情况。图 5.6（a）是普遍的应力结构，但现在在图中添加了一条直线，这条直线代表式（5.5），式中黏聚力 $S = 5MPa$、内摩擦角 $\Phi = 30°$ 中的屈服条件。在图 5.6 中，最小主应力已给出，且破裂线与莫尔圆相切。通过该点，有一对应平面上的切应力与正应力刚好满足相应面上的屈服条件。图中 2β 的意义为：满足屈服条件的截面与最大主应力之间的夹角为 β。

观察图 5.6 可以看到：如果内摩擦角大于 0（即莫尔—库伦准则的斜率为正），角 β 必须大于 45°；换句话说，就是切应力的作用面与最大主应力的方向之间所夹的角度不得小于 45°。这是一条普遍原则，并且，将来在讨论失效和了解地表应力时，MC 准则将会再次被用到。

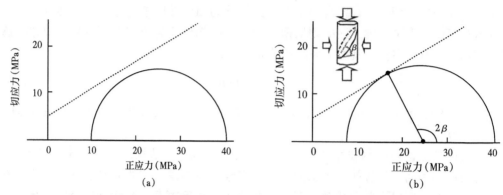

图 5.6　莫尔圆上的莫尔—库伦准则(虚线)(a)屈服之前(b)在屈服点上

　　要明确的一点是，莫尔—库伦准则仅仅是一个模型，它只是真实岩石特性的比较可行的近似值。实际上，真实的岩石特性(例如岩石弹性)要复杂得多。例如，莫尔应力圆图上的屈服线是经常向下弯曲的：正应力较小时，切应力随正应力增大的比率就大，反之则小。

5.1.3.3.3　破坏

　　可以直截了当地描述和定义弹性和塑性(当然弹性和塑性都是很难模拟的)。相比而言，描述和定义破坏就有些困难了。在抗张强度测试中，一块金属在破坏之前会发生很小(或很大)的塑性应变。一段铜管(或铜线)可以根据其作用的不同而弯曲成相应的角度：为使铜管(或铜线)在工作中正常工作，较大的塑性应变也是很有必要的。但若是飞机上的金属也有这样大的塑性应变的话，后果将不堪设想。在地层环境下进行岩心围压测试时，岩心会破裂成两半或更多部分，即便如此，岩心也是具有可以承受足够载荷的稳定结构。所以应该就功能而言来定义破坏，弹性和塑性形变是介质的特性，但是破坏是工程结构的特性。这种差异对于讨论预测井壁失稳和井壁失稳的过程至关重要。

　　在拉伸和压缩过程中，岩石的破坏是非常不同的。首先讨论压缩破坏。破坏是一个复杂的定义，预测大多数岩石结构压缩破坏，都是在实验室中基于岩石受压导致圆柱体剪切破坏而进行的。这种测试的破坏点通常被看作是岩样所能承受的最大载荷，正如前述，岩样在破坏后能继续承受一个看似很低但实际很大的载荷，这是非常普遍的现象。最常见的测试方式就是在大气压条件下测试岩样强度。在这种检测中，峰值应力为 UCS。因为在这种测试中没有围压，岩样储存的弹性能量能突然释放，破坏通常沿岩样的轴线方向裂开，并且很剧烈。三轴实验是另一种典型但更复杂的试验。岩心被两端带有钢板的活动套管包裹住，并放在压力容器中。液压油提供围压，然后在岩样上施加一个附加轴向应力使其发生形变。岩样的轴向应变和径向应变通常通过测量得到。图 5.7 为脆性砂岩三轴压缩实验的典型试验曲线。

　　如图 5.7 所示，轴向应力数据从左边开始，起始时呈斜率较大的线性增长(弹性形变)。应力达到约 75MPa 时开始减小，这是屈服的开始。应力达到约 95MPa 时开始突然减小，这应力峰值点通常称为破坏应力，或称强度。还应当注意该图的以下几个特点：

　　(1)超过应力峰值后继续进行试验，岩心仍可承受一定的应力(该例中约为峰值应力的

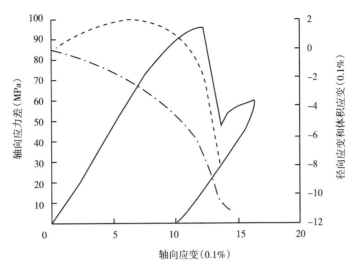

图 5.7　脆性岩心抗压实验典型应力—应变曲线图

此时围压（作用于岩心表面的压力）为 20MPa。水平轴表示轴向应变，单位为图中实线为施加到岩心端面的压力
（轴向压力差），对应左侧的纵轴坐标。长虚线和短虚线分别为径向应变和体积应变曲线，对应右侧的纵轴坐标

一半），这个强度称为残余强度，其主要来自试样中裂缝之间的摩擦强度，以及围压造成的正应力。一些井壁稳定性模型也考虑了残余强度（Somerville and Smart，1991）；

（2）径向应变为负值，初始阶段变化较小，然后越来越快。负值意味着岩心直径增大，增大速度取决于泊松比。由于在屈服形变开始时，岩心中有微裂缝的存在，此时径向形变变大；

（3）体积应变初始阶段为正，随后再次减小，最终变为负数（也就是说，岩心体积先减小后增大，最后超过开始时的体积），这称为膨胀性，也被认为是细小裂缝作用的后果，说明岩石试样内部产生了新的裂隙。

通常，在测试中，较高的围压将会产生以下现象：

（1）增加峰值应力和残余应力，至少持续到岩样被压实；

（2）裂缝不会产生，也不会发生膨胀，除非施加更高的轴向压力。

通常将一系列围压下进行的三轴压缩实验所得的峰值应力与围压做成关系曲线，形成岩石的破坏包络线（图 5.8）。由图 5.8 可以看出，围压增大，岩石强度增大，并且围压越大，岩石强度增大的速率越小。式（5.7）所示的塑性变形的莫尔—库仑破坏准则通常也可用于岩石破坏。破坏包络线可用于估算法向力或内摩擦角，然后用于预测岩石破坏。由于斜率随围压变化而变化，预测时应使压力与所预测实际条件下的压力相接近。

对于弹性和塑性，现实中的岩石压缩破坏要远比莫尔—库仑准则中描述得更加复杂，需要运用更加复杂的数学模型来描述这种破坏。实际破坏行为的复杂性主要体现在以下几个方面：

（1）岩心岩样的尺寸影响。大的岩样比小的岩样更容易被破坏；

（2）环境的影响。尤其是增大岩石中水分含量会使岩石颗粒间胶结变差，或降低颗粒间破裂发生的粘合力（应力腐蚀的一种形式），从而降低岩石强度；

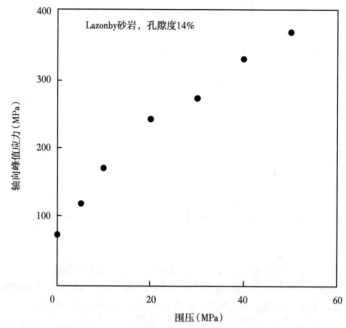

图 5.8　砂岩上进行的 7 组三轴压缩实验的轴向峰值应力随围压变化曲线
该类数据的作图方法有多种，纵坐标和横坐标分别代表最大和最小的有效压缩应力，分别为
σ'_1 和 σ'_3，所以曲线斜率为式（5.7）中的 N_Φ

（3）中间应力。研究表明，中间应力 σ_2 也对破坏性质有影响，这种影响很难通过实验验证，但许多相应的准则考虑了这点，例如 Drucker-Prager 和 Lade 破坏准则（Ewy，1999）；

（4）岩石的各向异性导致岩石会沿着层理面破裂，这一特点对钻井来说很重要；

（5）莫尔—库仑破裂准则是通过三轴应力实验得到的，不一定适用于其他几何形状，例如井眼；

（6）最后，也是最重要的就是其他形式的破坏。低围压下的劈裂抗压和高围压下的压实这两种破坏形式都很重要；压实作用在油藏开发动态研究中起到了重要作用，但对于钻井来说就不那么重要了。如图 5.8 所示，是引起屈服或破坏曲线的凹面向下的主要原因。劈裂抗压破坏发生在低围压状态下，并且围压有微小的变化即可抑制其破坏，也就是说在低围压状态下强度就会很快增强（Ashby and Hallam，1986）。压实作用发生在高围压条件下，一般来说，介质的孔隙度越高，发生压实作用的压力就越低（Wonget et al.，1992），并且会导致复杂的现象发生，具体表现为屈服包络线向下弯曲度。在某些情况下，屈服包络线也会与压力轴相交形成一个上限。

建立一个考虑复杂条件的预测模型是可行的，并且这些复杂条件在某些环境下还是至关重要的影响因素。尽管如此，运用莫尔—库仑强度破坏准则所建立的简单模型也常常被使用。原因如下：

（1）计算速度快；

（2）输入数据的要求低；

（3）运用随钻测井技术监测实钻进的真实状态的能力的提升；

(4) 岩石破坏准则的不完整性也是井壁失稳的发生的原因之一;

岩石的张力破坏比压缩破坏更直接, 岩石在拉力的作用下会变得更加脆弱; 大多数天然岩石存在着许多天然裂缝, 所以它们的抗张强度为零, 即使在完整的岩石中, 裂缝也很容易扩散。对于拉伸破坏, 普遍接受的评价标准是最小主应力 (即, 最低有效应力) 变得比抗张强度 σ_t 更小。

$$\sigma'_3 < \sigma_t \tag{5.9}$$

抗张强度 σ_t 数值为负, 且有可能为 0。

5.1.3.3.4 排水形变与不排水形变

弹性形变和塑性形变均可改变岩石试样的体积。弹性形变 (由压缩应力引起) 通常会导致体积的变小, 但塑性变形往往使体积增大 (正如膨胀), 至少在低—中等的压缩压力下是这样。如前所述, 高围压下的塑性形变可能导致体积减少 (即压实作用)。

大多数情况下, 体积的增加或者减少都是由岩石孔隙体积的变化而引起的 (岩白骨架颗粒体积的变化可以忽略, 但坚硬岩石除外)。如果流体在岩石中不能快速流动, 那么孔隙的减小会使流体压力增大; 另外, 岩石扩容性会导致流体压力减小。当岩石渗透率很高、流体黏度较低时, 流体流动很快, 流体压力变化很小; 当岩石渗透率很低、流体黏度高时, 压力的变化会很大。如果流体的流动和压力变化能够迅速对岩石载荷的变化做出反应, 那么这种形变称为排水形变; 反之, 这种形变称为不排水形变。不排水变形也可能由液体流动的限制条件引起, 如岩石实验周围的保护套。

本章研究的主要载荷是井眼周围怎样产生了应力集中, 载荷时间与钻井时的钻速及钻头尺寸有关, 并且载荷不是瞬间的。一般来说, 像砂岩、粉砂岩、石灰岩这种渗透性岩石在钻井时会发生排水形变, 且孔隙压力的变化是可以忽略的 (注意: 区分有关流体压力变化的影响和进出井眼的流体压力的影响是很重要的)。另外, 页岩和泥岩有着较低的渗透率, 它们在井眼周围的形变是不排水性形变。由井眼周围应力变化所引起的孔隙压力变化可以持续数天或数周, 并且, 这种变化还会影响井眼周围的岩石稳定性, 这部分内容将会在 5.1.4 节中进行进一步讨论。

5.1.3.3.5 化学作用

许多岩石, 尤其是页岩, 在与钻井液中的水接触或长或短的一段时间以后, 会产生大量的软质膨胀物同时也会产生许多坚硬的、黏附力更强的碎屑。这是一个很常见的问题, 并且 (直到油基钻井液应用更普遍的时候) 这也被认为是井眼失稳的主要原因。人们做了大量工作 (通常根据对比离子在流体和页岩之间的化学活性) 来了解这种失稳类型, 从而预防失稳发生。事实证明, 对化学不稳定性进行定量预测 (例如, 预测防止不稳定性所需的钻井液密度变化) 或预测不稳定性发生之前的时间是非常困难的。这个问题的一部分来自对所研究的页岩的描述的困难, 因为它们是非常多变和难以处理的材料; 另一部分来自岩石或液体相互作用过程中物理、机械和化学过程之间耦合的复杂性。由于定量预测的困难, 通常通过测试页岩样品 (有时是在井下条件下) 来解决化学诱发的不稳定性问题。Van Oort (2003) 在这方面有所研究。

本节介绍了岩石的基础力学性质。下一节将研究在钻井过程中, 受力岩石对井眼的影响。

5.1.4　应用于井眼的相关计算

钻头钻穿岩层之前,岩石要承受三个原地主应力,这三个原地主应力在岩石内部某平面上产生切应力。这时,岩石能承受这些应力,否则就会发生屈服或破坏(直到原地主应力差减小,无法产生大于岩石强度的切应力时才不会发生屈服或破坏)。然而,当钻头穿透岩层并超过研究区一段距离时,岩石圆筒就被流体圆筒所取代,而不是原来的岩石了。流体不能有效承受剪应力,或者说它们能承受的剪应力为0,这种变化会导致井眼周围的岩石应力状态重新分布。这种现象称为应力集中,在力学上比较常见(例如,在受力点的井眼或裂缝周围重新分布)。

尽管基岩能承受那些内部的应力,但此时却不一定能承受应力集中发生后重新分布的应力,那么这样岩石就会发生屈服、破坏。这就是造成井眼不稳定的最主要原因。要正确理解并预测井眼不稳定性,就要计算井眼周围应力场,评估坍塌形成的条件,在某些情况下还要评估井眼周围岩石屈服、破坏、坍塌的变化过程。

当满足一定的条件时,计算井眼周围的应力场还是很容易的,但是条件不满足时,计算马上就变得很复杂。这些条件包括:

(1)井眼的轴线要与其中一个主应力方向一致;

(2)岩石具有渗透性,在岩石内部没有流体流动,同时井眼内部或外部也没有流体流动。例如,在同一岩层内流体压力是相同的,并存在不可渗透的滤饼(即井眼周围的岩石发生了排水形变);

(3)岩石是连续的(没有裂缝)、均质的、各向同性的、线弹性的;

(4)从井眼的起点或终点来算目的层的深度有足够深(可以将井眼的长度想象为无限长)。

下面将详细讨论这些条件都能得到满足的情况,然后放宽第一个条件,当然第一个条件对于定向井很重要。接着放宽第二个条件,第二个条件则对页岩和泥岩很重要。放宽第三个条件会让问题变得很复杂,必要时需要进行复查。很少放宽第四个条件,如果必须这么做(例如要计算钻头周围的岩石破裂压力)就要进行数值模拟。

5.1.4.1　简单状态下井眼周围的应力

首先假设所有简化条件都满足。假如岩石具有渗透性和线弹性,井眼压力(p_w)大于孔隙压力(p_p)井内有能形成滤饼的流体,井眼轴向与岩层原地应力的其中一个主方向一致,也就是说井眼轴的方向跟σ_C的方向一致,此时σ_A、σ_B都跟井眼轴互相垂直。在此,对原地应力这样的描述是为了避免使用下标1、2、3,这些下标显示的是相对大小,稍后我们讨论岩石破裂时就需要这些下标。假设$\sigma_C > \sigma_A > \sigma_B$,这就是典型原地应力场中,垂直井眼都具备的条件。在远离井眼的地方,主应力没有受到干扰,并且方向与原地应力一致。由于井内流体不能对井壁施加剪应力,作用在井壁的唯一应力一定是主应力,因此径向方向一定是应力方向。这意味着其他主应力一定与井壁平行,与井壁呈轴向和切向的方向。从远到井壁的地方往井壁处移动,主应力方向变化的大小取决于井眼的空间位置。远离井眼时,应力可以表示为σ_A、σ_B和σ_C,在井壁上应力一般表示为σ_r、σ_θ和σ_z,别为径向应力、切向应力、轴向应力。切向应力通常也称为环向应力。还要研究井眼周围的应力状态,因为在井眼周围,主应力随位置的变化而变化。θ为径向方向与σ_A方向之间的顺时针夹角。

图 5.9 是对井眼几何结构的总结。

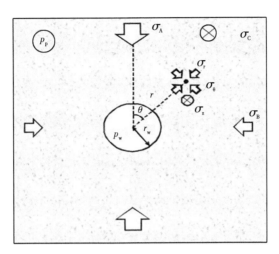

图 5.9 井眼应力集中几何图

井眼半径为 r_w，井眼跟其中一个主应力（σ_C）方向一致。主应力的大小依次为 $\sigma_C > \sigma_B > \sigma_A$，其中 σ_A 和 σ_B 与

井眼垂直，孔隙压力为 p_p，井眼压力为 p_w。井眼角度为 θ，径向、切向、轴向的正应力分别为 σ_r、σ_θ、σ_z，

其中只有 σ_r 和 σ_θ 是当 $\theta = 0$，$\pi/2$，π 或 $3\pi/2$ 时，作用于井壁上的力

井眼周围的有效应力通过下面的方程计算（Fjær et al.，1992）：

$$\sigma'_r = \left(\frac{\sigma'_A + \sigma'_B}{2}\right)\left(1 - \frac{r_w^2}{r^2}\right) + \left(\frac{\sigma'_A - \sigma'_B}{2}\right)\left(1 - \frac{4r_w^2}{r^2} + \frac{3r_w^4}{r^4}\right)\cos 2\theta + (p_w - p_p)\frac{r_w^2}{r^2} \quad (5.10)$$

$$\sigma'_\theta = \left(\frac{\sigma'_A + \sigma'_B}{2}\right)\left(1 + \frac{r_w^2}{r^2}\right) - \left(\frac{\sigma'_A - \sigma'_B}{2}\right)\left(1 + \frac{3r_w^2}{r^4}\right)\cos 2\theta - (p_w - p_p)\frac{r_w^2}{r^2} \quad (5.11)$$

$$\sigma'_z = \sigma'_c - 2\nu(\sigma'_A - \sigma'_B)\frac{r_w^2}{r^2}\cos 2\theta \quad (5.12)$$

$$\tau'_{r\theta} = \left(\frac{\sigma'_A - \sigma'_B}{2}\right)\left(1 + \frac{2r_w^2}{r^2} - \frac{3r_w^2}{r^4}\right)\sin 2\theta \quad (5.13)$$

其他两个剪应力 $\tau_{z\theta}$ 和 τ_{zr} 为 0。如果井眼垂直于其他主应力中的一个，那么式（5.10）至式（5.13）右边的应力的下标也要进行相应变动。

很难记住式（5.10）至式（5.13），尽管井眼结构是最简单的，但几乎所有的分析都要用计算机来进行。定向井或更加复杂的井眼轨迹，方程通常都很长，人工计算很容易产生错误。井眼周围最大应力和最小应力的计算公式也要了解，这些公式相对来说就简单多了。关于上述方程有几个重要的地方需要说明：

（1）井眼远处，应力集中效应会迅速降低（因为 $1/r^2$ 和 $1/r^4$ 的关系）；

（2）井眼周围的应力是不一样的（因为 θ 是变化的）；

（3）井壁上的径向有效应力是恒定不变的，跟正压的大小一致；

(4)如图 5.10 所示，井壁上的切向有效应力最大值为 $3\sigma_{A'} - \sigma_{B'} - (p_w - p_p)$，应力方向为 $\theta = \pi/2$，$3\pi/2$（例如图 5.10 中的 A 点），最小值为 $3\sigma_{B'} - \sigma_{A'} - (p_w - p_p)$，应力方向为 $\theta = 0$，π（例如图 5.10 中的 B 点），切向有效应力在这个范围内变动，最大切向应力常跟井眼坍塌有关，最小切向应力则与钻井引起的井壁破裂有关。

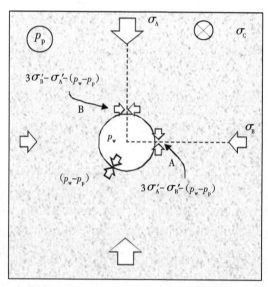

图 5.10　最大和最小切应力的大小与作用位置(假设 $\sigma_C > \sigma_A > \sigma_B$)

5.1.4.2　定向井井眼的应力状态

用于定向井周围应力的计算方程太长了，不方便写出，到时要用张量表示法来计算，此处不做说明（附件 A 有简单的讨论）。

(1)原地应力用与井眼几何结构有关的三个轴来解释，这里说的井眼几何结构一般指井眼轴线、井眼下段的半径及与该方向垂直的矢量。计算需要原地应力的方位角及井眼的井斜角和方位角。

(2)要解出岩石弹性的方程才能得到井眼周围的应力集中情况，这个计算就复杂得多，不是简单的几何问题。这是因为，计算涉及井眼轴线系统的远场地应力，其中包括切应力，且切应力 $\tau_{z\theta}$ 和 τ_{zr} 不一定为 0。

(3)主应力及其方向可以通过应力张量对角化来计算根据几何学的基本原理，一个主应力的方向必须与井眼表面垂直，这样会使计算更容易。

斜井内的应力状态和直井的应力状态的主要差异是：与井眼表面垂直的主应力有两个，其中一个不与井眼轴线平行，另一个则垂直于井的轴线。这在图 5.11 里有说明。从已获取的成像测井资料来看，斜井会让预测和确定失稳模式变得异常复杂。

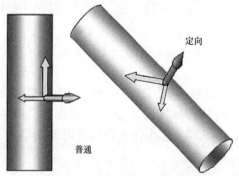

图 5.11　普通井井壁主应力方向及定向井主应力方向(低渗透率岩石和流动地层)

　　此前的讨论中，首先做了一个假设，即岩石具有高渗透率。这意味着岩石内的流体在压力梯度的作用下可以快速流动。这很适合砂岩、粉砂岩、大部分的碳酸盐岩及其他渗透性相对较高的岩石（也就是渗透率大于 $1\mu D$ 的岩石），其孔隙里含有水、气体、中质油、轻质油。遗憾的是，出现失稳问题的井眼大部分都在页岩层。页岩是典型的低渗透率岩石（渗透率约为 1nD 或 $0.001\mu D$），因此不能假设形变是排水性形变，并且不能期望页岩里的流体在几天或几个星期内就能排空。井眼周围的应力变化能让孔隙压力产生巨大变化并且这个变化会持续很长一段时间，计算井眼稳定性时需要考虑到这一点。由于应力状态具有时变性，故弹性条件下的有效应力近似值就不能用于计算了，而且相应的解决方案会更复杂。当其余主应力相等（Brali et al.，1983）或不相等时（Detournay and Cheng，1988），可得到其中一个主应力轴线与井眼平行的结论。Bratli 等（1983）的解决方案是建立在稳定应力状态的基础上的，且该方案与 Bratli 等所提出的试井方程解决方案相似，都假设半径是有限的，且存在边界条件。Detoumay 和 Cheng（1988）解决方案具有时变性，时间为 0 时（完全不排放）的解决方案可用于页岩井眼稳定性的预测。

5.1.4.3　关于复杂的岩石特性

　　现考虑的岩石是连续的、均质的、各向同性的并具线弹性的。如果不进行条件限制，仅凭人们现有的知识是无法解决岩石力学方面的问题的。

　　在土木工程中的矿建和隧道两个方面中，裂缝地层模拟井眼稳定性这项技术是很先进的，但是土木工程所研究的地层都是相对容易钻穿的地层，且人们通常有足够的时间来收集详细信息；如果裂缝分布明显的话，那么就可以绘出分布图并且描述出地层特性。但是在油田上就没有这么优越的条件，并且人们需要建立裂缝地层的广义模型，很少有人建立这种模型（Santarelli et al.，1992b）。也很少有人建立非均质地层模型（井眼一边地层与另一边的地层不同），一些非线弹性模型已经建立并且使用（Santarelli，1987；Nawrocki et al.，1996），但它们通常需要得到比常规方法更多的数据。

　　已经详细研究过各向异性的岩石了，并且可以计算特定地层、井眼周围的应力。现只研究横向均质岩石（TI）的特性，即单一平面上的所有方向的性质都相同的岩石。就其成因来看，这种岩石是油田岩石中最常见的非均质类岩石，单一平面通常对应于层理平面，例如，输入的数据往往比非线性或裂缝性地层的数据更适用，因为这些数据有时可以用地震或测井方法得到。然而，即使是横向均质岩石，其性质也是很复杂的，这取决于经验轨迹（Aadnoy，1987）：

　　（1）如果地层的横向均质轴向沿着主应力方向，并且井的轴线平行或重直于层理面，应力集中的解决方案是相对简单的并且可以写出，计算也比较容易；

　　（2）如果井轴方向偏离应力方向或横向均质轴向，那么解决方案会更复杂；

　　（3）如果横向均质轴向不平行于应力轴向，而且井眼轴向也偏离应力轴向，解决方案则更加复杂。

　　如果井周围的应力状态已经得到，那么就必须采用一个适当的横向均质岩石破坏准则（准则提高了一个难度级别）。已经发表了的横向均质地层井眼模型的应力和失效模型，其复杂程度各不相同（Aadnoy，1987，1989；Amadei，1983；Willson et al.，1999；Ong and Roegiers，1993；Atkinson and Bradford，2001；Aadnoy，1987；Ong and Roegiers，1993；

Atkinson and Braford，2001)。都已经运用岩石、应力场和钻井的一般方位全面地研究了这些问题。大多数地层具有各向异性，并且从诸多不确定的因素来看，这一特性显然起着重要的作用，但是岩石的各向异性仍然不能常规地应用于上述模式中以提高钻井性能，其实用性与预期相距甚远。一部分原因是处理各向异性力学问题本身就存在技术上的难度，另一部分原因是对于各向异性地层中井眼失稳原理的理解还不够，但更重要的原因是，在模型中很难获取良好的地层数据和沿井眼轨迹方向上的应力数据。

人们对井眼周围的塑性已经进行了全面研究，采用的方法从简到繁。最简单的方法是使用具有完全可塑性的各向同性岩石，井眼方向与一个主应力方向相同，其他两个主应力相等。完全或理想的塑性是指当压力不超过屈服应力时，理想化的材料反应一是没有硬化或强化，二是材料可以承受无限的应变。这种情况下的解决方案是简单的，只要使用径向坐标的应力平衡方程(在莫尔—库伦强度破坏准则的条件下)即可。然而，代数计算是很繁琐的，所以，读者如果存在问题的话，可以参考其他参考文献(Somerville and Smart，1991；Bratli and Rinses，1981；Brady and Brown，1993)。

关于更复杂塑性问题的论文有很多，包括硬化的影响、应力各向异性的影响、残余强度的影响、井斜角的影响、其他屈服准则的影响、有限应变的影响及软化的影响等。最后一项特别值得关注，因为它表明岩石有破坏的趋势，这种趋势是由局部的强烈变形而产生的。在这种条件下的计算很繁琐而又耗时，并且需要能反映该剪切区域材料性质的信息。预测井眼周围剪切带的出现和扩展是可能的(Papanastasiou and Vardoulakis，1994)，但在受时间和数据约束的钻进环境中，这是不可行的。这些方法在完井阶段的应用越来越广泛，主要用于出砂量预测(Van den Hoek et al.，2000)。

本节介绍了井眼周围应力场的计算。下一节将探讨应力场如何引起井眼周围壁岩石破裂和井壁失稳。

5.1.4.4 井壁失稳

在材料属性部分，这一概念被作为功能损失问题进行了介绍，而不是作为材料属性。

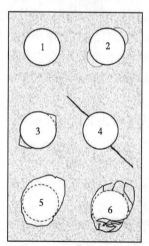

图5.12 井眼周围岩石失效实例图

这在讨论由岩石破裂引起的井壁失稳问题时是非常重要的。图5.12介绍了几种井眼失稳的形式。图5.12为井眼截面，虚线圆或实心圆代表井眼尺寸。

图5.12中，井1是完好的井眼，在坚硬的岩层中(在低地应力条件下)可以钻出这样的井眼。井2的两侧有一对称区域，其中应力已经超过了岩石的屈服准则，而且岩石已经发生了塑性形变(控制因素和类似井2这样的情况将在之后讨论)。虽然岩石不再表现出弹性，但也无裂缝或剪切面出现。但从工程上来说，钻井就失败了吗？显然不是。对于司钻、固井工程师或地质工程师来说，在钻井中出现这种现象都不是什么问题。事实上，对于井1这种情况，使用相应的测井工具就可以检测出塑性区域，而且还可以得到更多的应力状态或岩石的强度数据。

井3的变形过程比井2更严重。井3形成了剪切面，井内的钻井液中会有岩石碎片（从井壁脱落的），而且环空岩屑通过振动筛清除了。井壁岩石显然已经失效了，但是井眼呢？井下钻具组合仍可以在井中上下运动，所以从司钻的角度来说，这口井没有严重的问题。固井工程师和地质工程师必须认真记录测井数据，以便收集有用的信息。但是如果岩石大量失效，并且有很大的一部分岩石脱落，并突然掉到钻具组合的顶部，那么这个问题就很严重了。

在井 4 中，井壁周围的岩石已经失去了弹力，在井的两边已经形成了短裂缝。这个裂缝离井不是太远，所以井漏没有发生，具体原因稍后将讨论，这种现象是由高密度钻井液（高井内压力）造成的。然而，部分流体泄漏到了裂缝中。裂缝面积是随着井深的增大而增加的，因而，这样的流体泄漏不像钻井液漏失一样快速。但是，在几百米的井段中，可能已经有几桶钻井液漏入了缝隙中。尽管岩石已经破坏，它仍然能在钻井和录井方面发挥作用，但需要格外小心关注这口井，如果由于某种原因关闭了钻井泵，或者循环排量降低了，井底压力会下降，裂缝可能会闭合，将流体挤出裂缝、进入井筒。这可能被视为井涌的一个信号，而若发生井涌，首先就要提高钻井液密度。认识到这种破裂已经发生，甚至可能发生在特定的井眼中，对于避免严重的操作失误是很重要的。

最后，井 5 和井 6 的情况比较严重，井眼周围的岩石已经严重破裂：有可能是因为地原应力是非常高的，或者岩石是非常脆弱的，但是大量的岩石已经破碎，产生了许多井中掉块。在井 5 中，钻井液循环良好，正常循环洗井，岩屑已经被清除。虽然测井记录表明井 5 存在一些问题，需要固井，但井 5 可以使套管下到最终深度（TD），井也可以很顺利地完钻。井 6 没有进行洗井，岩屑仍然存在井筒内，井下钻具组合或套管无法自由运动，因此，这口井要报废。从岩石力学角度来说（强度、应力、井眼压力）：井 5 和井 6 的情况可能是相同的。是什么导致了一个井成功，而另一个口井报废呢？这说明了这样一个事实，钻井能否成功，主要取决于钻井技术，面与岩石力学模型或者是输入的数据的好坏无关。然而，岩石方案力学模型是成功的一大因素，为钻井提供了战略方案，并根据出现的问题进行诊断，为避免问题出现提供了决策。现在继续研究井附近的应力如何导致不同类型的岩石失效，参见图 5.12。

5.1.4.5　井眼应力和简单失效形式

先从最简单的情况开始，式（5.10）到式（5.13）描述了在各向同性渗透地层中，井眼周围沿一个主应力方向的有效应力状态，图 5.10 总结所需的井壁数据，同时也提出一个限定的地应力状态，即 $\sigma_C > \sigma_A > \sigma_B$。之后将使用式（5.7）和式（5.9）来计算井壁附近的应力值，分别预测岩石的剪切和拉伸破坏过程。

5.1.4.5.1　井眼周围两个最常见的岩石失效形式

（1）当切向应力是最大主应力 σ_1 和径向应力是最小主应力 σ_3 时，则发生剪切失效（剪切失效准则涉及两个主应力），从而导致岩石剪切破裂；

（2）当切向应力超过岩石的抗拉强度时，从而导致岩石发生拉伸破裂。

莫尔—库伦准则 $\sigma'_1 - N_\Phi \sigma'_3 > UCS$ 给出的图 5.10 位置 A 中，切向值和径向主应力的关系如下：

$$3\sigma'_A - \sigma'_B - (N_\Phi + 1)(p_w - p_p) > UCS \tag{5.14}$$

或：

$$p_w < \frac{3\sigma'_A - \sigma'_B - UCS}{(N_\Phi + 1)} + p_p \tag{5.15}$$

如果在图 5.10 位置 A 中，岩石井眼的压力低于该值，预测发生剪切破坏，并且可能导致钻井中断。大多数井眼稳定性设计中要计算这个最小钻井液压力这是为了避免剪切破坏。最小钻井液压力的增加与垂直于井眼的主应力（本例中 σ_A 和 σ_B）、低岩石强度（UCS）、高孔隙压力和低岩石内摩擦角有关。

式(5.15)描述的失效形式，可能会导致图 5.12 中井 3 那样的失效形式。在这个例子中，破裂是从垂直线顺时针大约 45°方向开始的，这意味着平面的最大应力方向为垂直面逆时针约 45°。

式(5.9)给出的拉伸破裂准则为 $\sigma'_3 < \sigma_t$，与拉伸破裂准则联立：

$$3\sigma'_B - \sigma'_A - (p_w - p_p) < \sigma_t \tag{5.16}$$

或：

$$p_w > 3\sigma'_B - \sigma'_A + p_p - \sigma_t \tag{5.17}$$

如果井眼内压力高于此值，那么裂缝估计在图 5.10 的位置 B 中的形成。稍后将讨论裂缝的进一步扩展。因此井壁的拉伸破裂取决于井内压力，以及垂直井眼的主应力及低孔压力与低的抗拉强度之间差值（σ_t 是负数，并且如果岩石硬度变大，那么它的值就会变得更小）。

下一节将讨论在拉伸破裂强度条件下，远离井眼的初始裂缝扩展或是不扩展的情况。因为裂缝的产生取决于井内压力，所以将这些裂缝称作钻进诱发裂缝；这些裂缝的产生未必就是不利的，其有利的方面是可以明确应力状态与应力方向。

在这些例子中，应力组成（体系）的选择是很重要的。在一般情况下，由于三向主应力随着井眼周围位置的变化而变化，确定潜在裂缝位置和压力需要检查井周围所有主应力的合力。对于一个单一井段的直井，手动检查是可行的，但对于一系列井段的井或定向井，这将是耗时且需要使用计算机才能完成的。

5.1.4.5.2　其他失效形式

还包括两种最简单的井眼周围岩石失效、切向和径向叠加的剪切失效及切向主应力减少的拉伸破裂。岩石的其他破裂形式，下面将简单地进行讨论，其中的一些失效形式将在 5.1.8 节中进一步介绍。

剪切失效是井眼周围三个主应力联合作用的结果。例如，如果轴向有效应力是最大的，径向有效应力是最小的，那么它们的合力将超过莫尔—库伦强度破坏准则，岩石将发生屈服，而井眼形状不发生破坏（即不立刻发生裂缝）。图 5.13 为屈服面的形状（很难定义破坏，这是因为当条件满足时，沿井眼的点会形成相似剪切面，且这些剪切面之间相互影响）。因为轴向应力随着井眼周围方位的变化而变化，这种屈服可以发生在井眼的相对侧面，就像常规的破裂那样。

图 5.13　最大轴向应力与最小径向应力引起失效时预测井附近剪切面的形状

类似的，三个主应力的合力可导致不同形式的剪切失效。这类问题在 Bratton 等（1999）的著作中有所描述，并且有相关的井眼图像。如果通过人工计算每一种情况，那将是一个漫长的过程，但运用井眼稳定性预测软件即可实现快速计算。

5.1.4.6　井漏

上文讨论的拉伸破裂准则式（5.17）适用于钻井诱导破裂，该准则没有描述裂缝从井眼向四周扩展的情况。随着钻井进行，若钻井液向地层中渗透的非常少，裂缝就不会向井眼四周深入扩展，此时，也不会发生井漏。

当裂缝向井眼四周迅速扩展或在井眼通过连续的天然裂缝时，或者钻井诱发的裂缝与连通性好的天然裂缝相连时就会发生井漏（当然还有其他井漏原因，例如极高渗透性薄层或者大孔洞等，但这些原因是不受地质力学影响的）。水力压裂理论与实践说明，裂缝扩展仅发生在（对于诸如钻井液等非穿透流体）裂缝处的流体压力高于形成裂缝所需的最小应力时，所以，钻井诱导裂缝出现时，可以通过式（5.17）计算出的井内压力（或者其等价于斜井），裂缝扩展发生在井内压力超过最小地层压力时。扩展压力显然可高于或低于初始压力。

如果初始压力低于扩展压力（大小取决于垂直于井的主应力的最大差值），井内压力缓慢增加不足以产生裂缝，如果井内压力继续增加，直至达到裂缝扩展压力时，大量钻井液就会突然漏失。另一方面，如果初始压力大于扩展压力增加井内压力将会导致钻井诱导裂缝产生（由于迅速扩展及钻井液漏失原因导致），在这些情况下，选用更高初始压力值作为漏失压力是不明智的（例如，在较高钻井液密度时采用）。如果没有初始裂缝，裂缝就不会扩展（除非原本就是有扩展趋势的），但是地层有很多天然裂缝，这些天然裂缝对水力压裂有很好的起裂作用，并且钻井诱导裂缝会消除对天然裂缝的需求。漏失试验或套管鞋测试试验都说明即使在高断裂起始压力和完整、无裂缝的地层钻井，都无法保证在前方的 100ft 甚至 1ft 钻进中没有裂缝产生，由于井内压力大于最小原地应力而发生钻井液流失。对于最大井内压力来说，最小原地应力是安全且保守的值。

将在 5.1.6 节进一步讨论裂缝初始特征和扩展后的区别以及关于漏失试验的论述。

综上所述，在高井筒压力条件下成功钻井的例子有很多，例如使用堵漏剂，特别是最小原位应力随着地层压力而下降的薄弱层。在 5.1.5 节和 5.1.7 节讨论使用钻井液添加剂来堵塞裂缝的方法。

5.1.4.7　天然裂缝及裂缝性地层

几乎所有的地层都有裂缝，但裂缝主导的力学行为非常罕见。

之前在井漏部分已经提及其中的一个例子，如果井眼存在张开天然裂缝，可能是因为张开后又发生剪切，使钻井液沿裂缝漏失，那么就会产生严重漏失。除非井眼出现完全漏失，否则这种条件下的最大井内压力即为地层应力。如果存在井喷的风险，那么无论采用欠平衡钻井技术还是"钻井液帽"钻井技术，都很困难。

如果井中存在闭合性天然裂缝，则当裂缝张开时，会出现钻井液漏失现象。如果裂缝为垂直方向，裂缝承受的地应力最小，在钻井液柱压力等于该应力值时，会出现钻井液漏失现象。如果裂缝并非垂直方向，则使裂缝张开所需的钻井液密度会更高。

某些地层裂缝非常发育，一般来说，如果裂缝间隙与井眼直径相当，则漏失主导因素为裂缝。当裂缝方位分布不一致时，漏失压力为最小地应力。也存在其他情况，即使钻井液不流入裂缝网中，钻井液滤液也会渗漏到低渗透率的地层(例如页岩中)，从而降低作用在井眼周围岩石表面上的有效正应力，因此也降低了岩石内部的摩擦力和力学稳定性。起下钻、倒划眼或是跳钻均有可能产生井壁掉块，这也会导致不可控的井壁失稳问题。在这些情况下，通过采用与其他井段稳定性一致的，密度尽可能低的钻井液，并将井内压力的动态变化控制至最小，这一点非常重要。

几名学者建立了裂缝地层中井眼失稳的数值模型(Santarelli et al.，1992a，1992b；Zhang et al.，1999；Chen et al.，2002)。由于这些模型需要输入裂缝的特征参数所以很难将其简单化，但普遍都认可控制钻井液滤失的重要性最小。

5.1.4.8 层理影响

在裂缝发育的页岩地层(即页岩随顺层开裂)，如果井眼几乎与层理面平行，那么将会出现不同的裂缝形式(Okland and Cook，1998)。观察页岩层的井斜角增大与井眼稳定性之间变化的关系，当井眼轴线与层理面平行角度相差在十几度之内($10° \sim 15°$)时，井壁可能发生严重坍塌。这种情况不能通过之前讨论的方法预测出来，这种情况在矿井和隧道中可以观察到，避免这一问题最好的解决方法就是不让井眼以这样的临界井斜角穿过页岩层(Edwards et al.，2004)。如果由于目标储层的限制，要求采用该井斜时，那么建议在井内放置一个导向器，以便于以较高的井斜角穿过页岩，以克服因此而产生的额外的扭矩和阻力。

5.1.4.9 热效应

岩石像其他材料一样，受热时会膨胀。在井壁上，地层的其他部分将在很大程度上抑制这种膨胀，温度增加会导致压应力增加；同时，由于孔隙流体也会膨胀，导致孔隙压力增加。如岩石具有良好渗透性，则可迅速排出额外的孔隙压力，但是在页岩中，额外的孔隙压力可在井眼周围持续数小时到数日。

随之出现的流体流动与热力场耦合问题的完整解决方案相当复杂，特别是当井眼温度(此问题的边界条件)不恒定，随时间发生变化时，解决方案将会更为复杂。然而为了预测和解决井眼稳定性，本文中采取了简单的方法。忽略井内压力影响，则温度产生的额外的切线应力 $\Delta\sigma$ 为

$$\Delta\sigma = \frac{E\alpha_{\mathrm{T}}}{1-\nu}\Delta T \tag{5.18}$$

式中，E 为杨氏模量；α_{T} 为岩石的热膨胀系数；ν 为泊松比；ΔT 为温度变化。

大部分固体的热膨胀系数约为 $10^{-5}℃$，大部分泊松比约为 0.33，所以方程可简化为

$$\Delta\sigma \approx 1.5 \times 10^{-5}E\Delta T \tag{5.19}$$

换句话说，19℃产生的应力相当于岩石张力的 0.0015%。对于模量为 10GPa 的岩石，10℃的温度变化会产生 1.5MPa 的热应力。式(5.19)说明除非温度变化大，否则岩石坚硬(即岩石的杨氏模量高)，热效应并不那么重要。有些情况下，井中很容易出现较大的温度变化，例如，在深井中出现复杂情况几个小时之后恢复循环时，温度变化较大。井口的冷钻井液突然与底部热岩石接触，则会降低此处的压应力；井底部的热钻井液与井口的冷岩

石接触，则会增加压应力。由于井眼的上部分通常为套管，所以主要影响底部的裸眼部分，可能在此处产生钻井诱发的裂缝。除非钻井液静压力大于破裂压力，否则不会导致井漏。

如果某些地层异常坚固或者地温梯度异常高，那么应在井眼稳定性分析中考虑热应力：大部分软件都具备这种功能，且仅需额外提供较少的数据。尽管热效应不太可能引发已经存在的的实际问题，但是可以帮助解释某些细节（如钻井产生的裂缝或在意外情况下出现的井眼扩大情况）。几个案例中，故意冷却钻井液以提高其剪切稳定性（Maury and Guenot，1995），但是笔者在实践中发现，这样做的好处是可以增加井眼中随钻测井工具的使用寿命，而非增加井眼的稳定性。

5.1.5 地下应力状态

在井眼稳定性规划和其他地质力学项目中，地下的应力状态是非常重要的。本节将描述地下应力的起源和变化。5.1.6 节将介绍预测应力状态的方法，用于建立地质力学模型（MEM）。

5.1.5.1 应力的起源

地下的应力状态已经成为大量研究和讨论的课题。本章的后面部分会详细说明，地下应力状态是井眼稳定性所需的钻井液密度预测的关键。然而，直接测量地下应力比较困难（如原地应力）。一些原地测量技术（如水压致裂地应力测量和扩展漏失试验）确实存在。然而，估计地下应力通常是基于间接观察应力的结果（例如断层运动或井眼变形）及建模。

石油和天然气行业之外的许多领域对于地下应力也有着很高的关注度，全球板块构造（地壳变化过程）和地震预测也很受关注。其他研究地层应力的行业是隧道工程及采矿业，这些行业中项目通常处于硬质（例如结晶质、火成岩或变质岩）岩石环境。因此，在石油工业中，探讨关于地表应力起源的多种理念的同时，进一步考虑地质背景是非常重要的。

烃类产生于富含有机物的介质中，而这些介质形成于地表并沉积于沉积盆地中。因此，绝大多数石油天然气井都位于沉积盆地上。沉积盆地形成于地壳已经沉降到低于周边地层海拔高度的地方。盆地由周围高地侵蚀的沉积物（冲到坡底）沉积而成。当地球的外刚性层（岩石圈）被视为整体时，沉积盆地通常只在较厚、较硬的基岩顶部形成相对较薄的一层。

图 5.14 为地壳的剖面图。看上去沉积盆地是处于基底顶部的相对较薄的一层。沉积盆地层仅厚 4km 或 5km，而地球岩石层通常厚 10~100km。

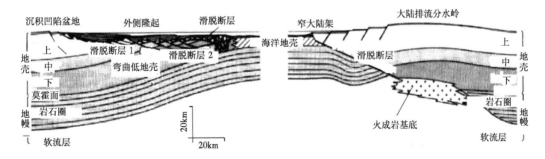

图 5.14   边缘环境下的沉积盆地示例

与整体岩石圈相比，沉积盆地的厚度很小（Busby and Ingersoll，1995）

这是由于岩石圈范围内会引起较大规模的基底变形,例如形成凹处的板块构造,而沉积盆地正是形成在这些凹处。然而在盆地初期,沉积物可能非常被动地位于凹处,并且很大程度上与周围的大规模岩石圈分开。对地壳规模和硬质岩石研究中的地应力特点可能与这些相对年轻的沉积物环境没太大关系,如今碳氢化合物主要是在典型的更年轻的盆地(主要为古近纪,如0~6Ma)形成。例如包括墨西哥湾、北海中部和北部大部分、非洲西海岸、尼罗河三角洲及特立尼达岛大部分近海。在盆地被动处于底层顶面的地方,作用于沉积物的主要力是重力。在下一节中,会考虑重力和沉积物的质量本身如何产生原地应力(若在这些环境中钻井时)。

随着时间的推移,沉积物可能会堆积至很厚,这样的堆积既紧密又坚硬,与下面的地层结合时会更加坚固。因此它们会变得与大规模构造力(控制岁石圈变形的)结合更加紧密。当在这样的盆地中钻探碳氢化合物时,碳氢化合物通常存在于较老的地层中,如北海南部或美国帕米亚盆地陆地,或更活跃的地质构造带,如哥伦比亚州安第斯山脉的前陆褶皱和冲断盆地,或者是与主要剪切带走向相关的拉裂盆地,如加利福尼亚州的圣安德烈亚斯断层。在这样的构造中,尽管重力负荷还是倾向于产生大部分的原地应力,但显著的附加构造应力可能也会存在其中。

5.1.5.2　重力加载

覆盖层的重力通常为大部分沉积盆地中应力的最大来源。就像在前一段中所讨论的,在相对年轻的盆地中尤其如此,而在活跃的地质构造中却不是。这样的盆地通常是指松散的盆地,这里的术语"松散"意为没有压实的构造应力。

沉积物积聚在松散的盆地中时,沉积物的沉积动力由上层介质的重力加载(其他沉积物和水),覆盖层的重力产生垂直应力,沉积物在垂直应力作用下试图向侧面变形时会产生水平应力,但是,水平应会受到周围介质的约束(盆地周围或其他沉积物)。

由于沉积物的聚集,沉积物可能会倾向于向两侧运移。图5.15是沉积物填入裂缝地堑的例子。一旦形成地堑,盆地的周围就可以看成固定边界(如北海地堑中部和北部)。

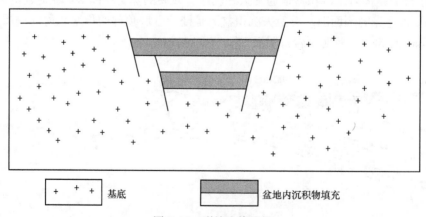

| + + + 基底 | | 盆地内沉积物填充 |

图 5.15　裂缝边缘地堑

利用近似单轴应变条件,发生裂缝之后,沉积和填充的沉积物被这样定义由于沉积物是沉积作用形成的，其可能会向着盆地运移（被动边缘环境条件下）（图 5.16）。在这些情况下，由于楔形沉积物在其自身重力作用下坍塌，正常断层会产生向盆地的滑动（在该环境下也称为同生断层）。这样的盆地在美国墨西哥湾沿岸和墨西哥湾深海存在。

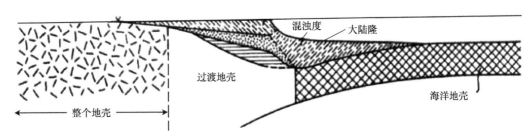

图 5.16   不活动边缘沉积盆地

在重力作用下，沉积物自由向盆地滑落，填充薄大陆地壳和海洋地壳提供的空间。随着更多沉积物的堆积，向着盆地的滑落通常在竖向载荷作用下发生在同生断层（正常断层），因此水平应力大小更可能是由于这些同生断层的摩擦强度所控制（Busby and Ingersoll，1995）

关于沉积变形的两种不同边界条件可能会影响沉积物内应力在重力负荷下的形成方式。在沉积物被两侧约束的情况下（假定这些特点是长度比宽度大得多，这样图 5.15 中进和出平面的运动就可以忽略），存在着单轴的应变条件。按照字面意思单轴是指应变（外加应力作用下的运动）仅能够沿着单一轴出现（在这种情况下指的是垂直轴）。

这种情况形成了单轴应变模型的基础，这个模型是最常用于估计石油地质力学中原地水平应力大小的模型。在此模型中，水平应力的大小由岩石的弹性特性确定，特别是泊松比（见 5.1.3 节）。在垂直加载并受到两侧约束的情况下，具有低泊松比的岩石仅能向侧面传递一小部分载荷来产生水平应力；具有高泊松比的材料能够传递大部分载荷，产生较高的水平应力；泊松比等于 0.5 的材料会横向传递整个负载，这样垂直和水平应力就会相等。关于单轴应变模型将在下一节中介绍。

可以用一个不同的模型来模拟沉积物自由滑向盆地的情况（图 5.16）。在这个情况中，沉积物的强度是控制水平应力大小的关键。垂直应力增加（随着沉积物的堆积）直到其超过沉积物的强度，断层作用终止（或者由向着已有断层运动终止），从而允许断层材料向下或向盆地运动。垂直应力的大小（推进向盆地运动）和水平应力的大小（阻碍向盆地运动）处于平衡状态，这些大小的比率由沉积物本身或断层材料的摩擦强度控制，因此，描述这种应力状态的模型称为摩擦均衡模型（FEQM），同样在下一节中将对此有所介绍。

单轴应变模型和摩擦均衡模型均为简单的重力载荷模型。在简单的重力载荷作用下，垂直应力为主要应力，并且（只要岩石具有有限强度或硬度）是最大应力。

5.1.5.3　单轴应变模型

单轴应变模型描述了图 5.15 所示环境的应力分布。Thiercelin 和 Plumb（1994）给出了此模型的一个更加普遍的模式。然而，如果假定没有水平应变，而且沉积物性质也是各向同性和线弹性的，两个水平应力都可以简单地表示为垂直应力、孔隙压力和泊松比的函数。事实上，很可能这些假设不适用于地质时期。盆地边界可能会扩张或收缩，这就会产生水平应力。岩石被埋及受到压力和温度的作用产生压实和成岩过程，而温度和压力的作用是遵守线性各向同性弹性的假定。因此单轴应变模型可能更加适用于描述水平应力相对较小的变化，水平应力产生于油藏衰竭等较短的时期内，然而尽管存在缺点，单轴应变模型仍为一个经常使用的模型(虽然通常依赖于应力测量的校准和漏失试验的估算)，常用来确定石油工业中的水平应力大小。5.1.6 节将对单轴应变模型的实际应用进行讨论。

考虑单轴应变模型最方便的方式是依据有效应力，式(5.3)已经给出了有效应力的定义。这里假设 Biot 参数 $\alpha = 1$，这样有效垂直应力(σ'_v)就等于总垂直应力(σ_v)减去孔隙压力：

$$\sigma'_v = \sigma_v - p_p \tag{5.20}$$

而有效水平应力(σ'_h)为总的水平应力(σ_h)减去孔隙压力：

$$\sigma'_h = \sigma_h - p_p \tag{5.21}$$

因此，单轴应变模型可以简单地表示为有效应力(有效应力比)和泊松比(ν)的比率：

$$\frac{\sigma'_h}{\sigma'_v} = \frac{\nu}{1 - \nu} \tag{5.22}$$

总水平应力可以表示为

$$\sigma_h = \left(\frac{\nu}{1 - \nu}\right) \sigma'_v + p_p \tag{5.23}$$

5.1.5.4 摩擦均衡模型

摩擦均衡模型描述了图 5.16 中所示环境下的应力状态。如果最大应力已知，摩擦均衡模型可甩于确定任何发育断层环境下的最小应力。然而，由于此处最大应力为垂直应力，这最常见于正常断层的环境(此时，重力载荷是唯一的应力加载来源)，垂直应力通常受到约束(5.1.6 节)。在任何发育断层的环境下，即使不知道绝对应力的大小，但如果知道岩石的摩擦强度，摩擦均衡模型也能够提供确定最大应力和最小应力比的有效方法(Moos and Zoback, 1990)。

在应用摩擦均衡模型时，有许多的岩石破坏准则。最常用的一个是莫尔—库伦强度破坏准则(在 5.1.3 节中已经介绍过)，此准则是基于两个表面的摩擦滑动。这里可以使用莫尔—库伦强度破坏准则来确定最小有效应力的大小(在简单的重力载荷模型中，这是垂直于断层面的平面上的水平应力)作为最大(垂直)有效应力和地层剪切强度的函数，如果必须靠产生新的裂缝才允许岩石发生变形，那就必须有一个足够克服岩石内聚力与岩石摩擦强度之和的剪切力，但在固定边界环境下，大多数发育良好的沉积盆地中，同生断层已经颇具规模，因此，很少有或没有内聚力作用的情况下，这些断层平面中岩石的摩擦强度(有时被称为剩余强度或破坏后强度)很可能就是控制水平应力的大小的决定因素。

可以应用式(5.5)中已经给出的莫尔—库伦强度破坏准则的表达式，在式(5.5)中，最大有效应力和最小有效应力之差已经表示为内摩擦角和内聚力的一个函数。满足这个条件时，在某个平面上就会产生断层。在图 5.16 的重力载荷模型中，假设以合适的角度形成了

现有断层(如形成满足断层条件的平面上)，并且在这些断层上没有产生内聚力，可以将最小总应力大小表达为

$$\sigma_{h} = \left(\frac{1 - \sin\Phi}{1 + \sin\Phi}\right)\sigma'_{v} + p_{p} \tag{5.24}$$

这个情况下内摩擦角(Φ)是现有断层带中岩石的内摩擦角。由于这个参数指破坏后的属性，所以有时也被称为剩余摩擦角。在一个发育的同生断层系统中，裂缝带的岩石已经受到了显著的剪切作用，而该剪切很可能导致岩石强度弱化。因此，剩余摩擦角通常低于无裂缝岩石的内摩擦角。5.1.6 节将进一步对于摩擦均衡模型进行讨论。

5.1.5.5　应力的其他来源

在前面一节中，已考虑了重力载荷是地表中应力唯一来源的情况。由于这些简单模型非常适用于石油工业正在开发的许多盆地(尤其是"年轻"的和"松散"的)，所以需要对那些模型有更深刻的认识，以便于针对更加复杂的应力状态，重力模型也是较适用的。

对于简单重力载荷环境中应力状态的确定和预测是井眼稳定性工程技术人员工作量的很大一部分，然而，许多井眼稳定性问题发生的条件通常更为复杂。有着明显构造应力的油气区(例如哥伦比亚安州第斯山脉的前陆褶皱和冲断盆地)和存在应力扰动的盐丘周围的油气区(如墨西哥湾深海区)是非常容易发生井眼稳定性问题的实例。

5.1.5.5.1　构造应力

在重力载荷之后，构造应力很可能是地层中第二种起重要作用的应力来源。板块构造理论认为：地球外层(或岩石圈)作为独立板块上浮在一个较弱的软流圈顶部，挤压带、延伸裂谷、伴随火山活动的俯冲带和主要剪切带(如圣安地列斯断层所在的区域)等特征是这些板块运动的明显证据。尽管，直到目前还尚不明确这些力是如何传递到岩石圈的，但板块运动和地球的冷却过程是有联系的。板块运动驱动力的两个可能来源包括：软流圈的对流单体引起岩石圈基底的底部拖曳，以及位于膨胀中心的软流圈向上涌引起向两侧的推力。

无论板块运动驱动力的具体机理是什么，由于板块运动都表现出高度的一致性，因此，地壳中都会有应力场，哥伦比亚州安第斯山脉的前陆褶皱和冲断带，就是一个与之相关及其如何影响钻探工作有关的经典案例。

南美板块正在向着大西洋板靠近西北方向移动(图 5.17)。这些板块受压相撞的地方形成了安第斯山脉。板块运动驱动力形成了强烈的 NW/SE 向的应力场，该应力场在油田的山麓区域所钻井眼中有清晰的显示。

在这些井中观察到了井壁破坏和井眼椭圆化，这种井眼椭圆化的方向非常均匀，并且清晰地呈 NW/SE 向，这与产生相邻山脉的强压缩构造应力相一致。图 5.18 为 Cupiagua 油田中测量到的井眼破坏方向。与板块构造应力相关的井眼变形是在该油田及周围油田中造成循环中断或卡钻等钻探问题的主要原因。其结果是，这些井的钻探变得非常困难、耗时且昂贵(Last et al.，1995)。在靠近板块附近或构造应力强烈的区域里钻探不是好的选择，构造板块是能够长距离传递应力的载体，世界应力图(Reinecker et al.，2005)是在板块构造理论框架内绘制的全世界数千个应力测量图的综合，地震测量是其中许多应力数据的来源，

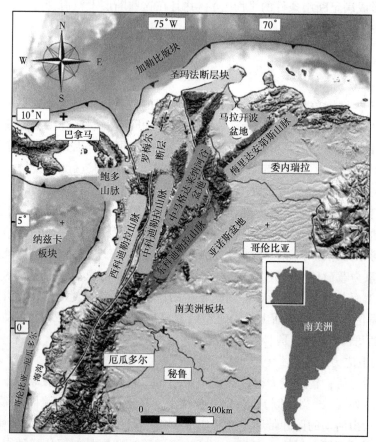

图 5.17　纳兹卡板块和南美板块活跃的西北、东南方向的汇聚运动形成了安第斯山脉,在周围的地壳中产生了高的水平应力。山前带含有深度埋藏、高度岩化并充满褶皱冲断带的前陆盆地。这一过程导致了沉积物与下伏构造基底的强烈耦合,因此直达现在也受高水平构造应力的影响。(Gomez, 2005)

地震主要发生在板块边界沿线,而这些地方恰好也是易发生变形的地方。然而,板块内的地震是很常见的,例如,井眼测量应力的数据显示出了与内陆板块地区应力的一致性,如在欧洲西北部,最接近的主要板块边界是北大西洋海岭,它从东南方向向北推动着非洲板块碰撞到欧亚大陆板块南部。欧洲西北部和北海的应力场表现为这两个板块作用力的结果。图 5.19 是世界地应力图(Reinecker et al., 2005)的摘录部分,该图显示了欧洲西北部及周围的板块边界。

　　两个板块运动力量的影响随着接近程度的增加而增大(例如,最大水平应力的方向逐渐从临近阿尔卑斯山脉的北/南向接近大西洋中脊的西北/东南向偏移)。

　　世界地应力图中最大水平主应力方向的确定主要来自地震或深井测量,因此,这些数据来自地壳中一些深度很深的取样点。在较近代地层的较浅区域(如北海中部和北部的古近—新近纪),应力方向信号不清晰甚至不存在,深层的构造应力并不总是能够有效地传递到较浅的地层,因此,在石油工程应用中进行岩石力学分析时,仔细检查核对地区现有井的数据是非常重要的。井径仪和成像测井的数据是用来确定是否有强的构造应力存在

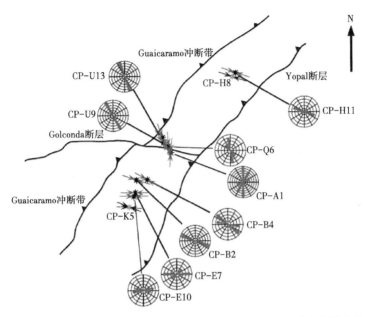

图 5.18　Cupiagua 油田最大水平应力的定向地图（由国际地质力学学会提供）

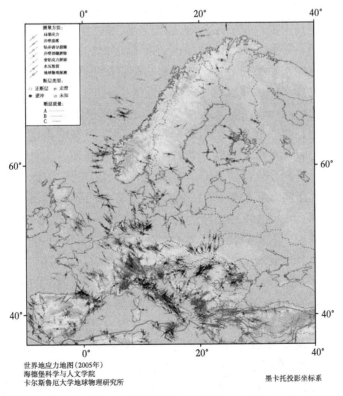

图 5.19　西北欧世界应力图摘录，标明了最大水平应力的方向（Reinecker et al.，2005）

及其构造应力方向的最直接数据来源。关于如何确定应力状态将会在 5.1.6 节中进一步讨论。

在过去的大约 20 年内，尽管有了世界地应力图及其他学术和工业化课题，对世界上大部分沉积盆地的应力状态还是了解甚少，即使在烃类资源的主要产地，还是很少或基本没有可用的公开数据。

5.1.5.5.2　局部应力扰动。

世界地应力图上可以清晰地看到地壳中的大规模应力状态，在一定程度上这些应力状态是可以预测的。但在一个较小区域范围内，可能发生局部扰动，一些已有记载的案例就显示了断层周围及盐体周围的应力发生重新定向和其他主要结构特点变化。

在世界上大部分地区的主要剪切带和断层带附近已经观测到了应力异常，这样的观察结果通常位于地层滑动区域（5.1.5 节）的强构造应力部分（也许是因为这些地方的应力效果更加明显），但并没有具体说明它们为什么发生在该区域。

地壳脆硬部分的冲击/滑动断层通常以冲击/滑动的运移方式产生，这些断层的运动可能被一些关键点控制（断层面的粗糙点或表面微凸体），而不是被均等分布在整个断层面的应力所控制，如果是这样，在关键点周围会出现大的应力集中，而断层其他部分可能会没有应力，或是临近关键点的应力已经被屏蔽，关键点周围的局部应力分布将随着应力在系统内的聚积而明显集中，同时应力"屏蔽"处的断层部分可能会成为自由面，完全的自由面是不会传递剪切应力的，需要临近区域的主应力方向平行或垂直于自由面（图 5.20）。关键点、相关应力集中、自由面及重新定向的应力场等，这些要素的组合产生了一个难以预测的、复杂的应力模型，需要对现有录井数据进行非常详细的分析，从而可将该模型应用于实际井眼稳定性研究中。幸运的是，这些因素的影响似乎仅与主要板块活动的区域有关，并不会对大部分烃类资源产地的井眼稳定性产生显著影响。

过去许多沉积盆地已经出现了蒸发岩类型。厚的盐岩聚集成为大西洋沿岸许多盆地内地层的基础，包括北海、西非近海、巴西近海及环美国墨西哥湾岸区和墨西哥湾。在很长的一段时间内，盐岩有着非常低的剪切强度，有压差产生流动，这种情况发生在盐被大量上覆岩层挤压的时候，与沉积岩不同的是，盐岩是不可压缩的，因此其在沉积时不会变得更致密。盐岩的密度比压实沉积岩低，因此盐岩可能会倾向于穿过沉积岩向上移动；在适当的条件下会形成盐底辟。运移的盐岩还有许多其他的构造，包括盐席、盐脉及盐枕等。上覆沉积岩的沉淀发生在盐岩被挤出时，就会产生上覆岩进一步向低点下沉情况，在一个相当短的地质时期内，会形成一个沉积岩和盐岩相互运移的动态系统。

盐岩的这种运动称为盐岩构造作用。盐岩构造作用过程和相关的沉积变形过程经常统称为盐岩构造岩（Alsop et al.，1996），这里的盐岩构造学与构造板块没有任何关系。

盐岩构造是一个值得进行专门研究的课题，尤其是在墨西哥湾深海，盐岩构造在钻井和完井的岩石力学方面及油气田的开发方面，具有很重要的作用。在墨西哥湾的深水区，英国 BP 石油公司未来 90% 的生产（撰写本节时）都将在盐下层。

尽管世界上一些富含烃类资源盆地的盐岩构造作用十分重要，但对周围沉积岩中的盐岩构造和相关的岩石力学性质还不是很了解。盐岩存在时，尤其是在底辟模式下，盐岩有可能对于周围沉积岩的原地应力有影响。盐岩内的应力场非常简单（由于其表现为一种流

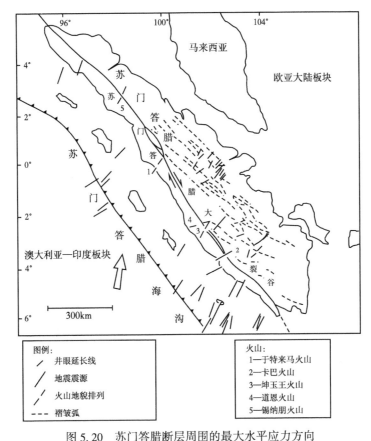

图 5.20　苏门答腊断层周围的最大水平应力方向

集中在断层上关键点周围的应力集中可能是应力方向局部变化的原因(Minster and Jordan, 1978)

体,随着时间的推移,应力将趋于各向同性),而盐岩周围的应力分布可能会比较复杂。盐岩或沉积岩界面可能成为一个自由面(由盐岩不能承受长时间的剪切力),这样主应力的方向就会强制性平行或垂直于平面,在底辟的作用活跃的地方,一个向上和向外的应力就会施加到周围岩石上。类似的,如果盐体被动地处于沉积岩内,由于盐岩的低密度所产生的浮力也会产生附加应力,在圆顶状盐岩体周围,通常会产生辐射型应力。实际上,对于盐岩构造过程更加复杂的应力情况已经显示出,各种各样的应力情况能够存在于盐岩周围,包括水平应力和垂直应力值的增减,应力分量会发生旋转而偏离水平和垂直方向。20 世纪 90 年代后期,基于前人的有限元方法和自由面边界条件,针对北海 Mungo 底辟周围地区建立了第一个三维地质力学模型,该模型用于油田中的钻井优化设计(Bratton et al., 2001)。图 5.21 显示了盐岩周围一个实例数值模拟结果。

　　但盐岩周围可以用来测试这些模型的数据也非常少。在盐体周围,能够确定应力方向的高质量井径仪或成像测井信息也非常少,原因是在盐岩内钻井存在井眼失稳问题(存在测井工具埋在井下的风险);类似的,盐岩地层中的应力数据非常少。尽管有很多来自低漏失试验的扰动应力值和盐岩周围井漏的频繁发生而获得的经验数据,在钻井行业内还是没有充分的数据资料来证实该模型的准确性。

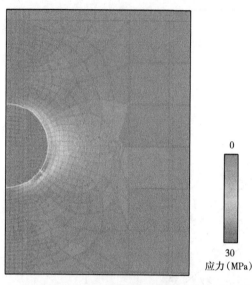

图 5.21　盐岩周围应力数值模型示例

此图显示了球形盐体周围最小水平应力和最大水平应力
之间的不同等值线图(Fredrich et al. , 2003)

接下来要讨论的现象是指应力和地层性质会在盐体周围快速并且不可预期地发生变化,Holt 等(2000)和 Beacom 等(2001)研究了这其中的一些问题,以及基于团队的可视化如何有助于问题的诊断。

Willson 和 Fredrich 对于盐岩内和近盐岩处的岩石力学问题及相关钻井问题给出了一个非常全面的论述。

5. 1. 5. 5. 3　热应力

在某些环境下,温度作为地球上应力的来源,有着非常重要的作用。在密闭环境中,温度增高会导致压力增加。

在大多数盆地内,温度或多或少与深度的增加呈线性关系,这样一来,如果温度对于应力场的影响比较重要,这样就很难使其与上覆岩层的增加区分开来。如果其他所有条件相等,在较热盆地中的应力就会比较冷盆地中的应力大(假定两种情况中都存在单轴应变边界)。在单轴应力和温度变化的条件下,水平应力的增加量($\Delta\sigma_h$)取决于热膨胀系数(α_T)和弹性性能(杨氏模量和泊松比),并且由下式得出

$$\Delta\sigma = \frac{E\alpha_T}{1-\nu}\Delta T \tag{5.25}$$

热膨胀系数值通常不是在沉积岩上测量得到,其数值(是未经发表的,但确实存在的数值)在$(0.1\sim5)\times10^{-5}/℃$范围内。如 5.1.4 节所提到的,在高地温梯度区域温度对于相对坚硬的岩石的影响会比较明显,但没有足够多的数据用来测试这个模型的准确性。

在一定的钻井和采油的时间范围内,热诱导应力变化对于井眼范围和储层可能会更加重要(见 5.1.4 节)。循环的钻井液能够对井眼周围地层有显著的加热或冷却效果,储层产生的流体可能也会对上覆岩层有明显的加热作用,而注入的流体可能会对储层有明显的冷却作用。

5. 1. 5. 6　地层压力

由作用于所有沉积地层内的力由骨架颗粒和孔隙空间内的流体共同承担。在 5.1.3 节已经介绍了有效应力这个概念。之后将会探究地层压力(通常被称为孔隙压力)在沉积和埋藏过程中如何变化,及其对于地应力和盆地范围岩石力学产生的基础影响如何。

5. 1. 5. 6. 1　地层压力的起源。

在沉积物堆积的盆地表面(例如,如果是在海相盆地,则是指海底),各个颗粒间没有应力(例如有效应力为 0),而颗粒都是松散地聚集在一起。地层流体中的压力可能仅由于上覆流体重力引起(如果是在海底环境则是海水,如果是在陆地则是大气压力)。压力和应

力有相同的单位（力除以面积），但仅是数值的，压力施加的力在各方向都相同，不存在剪切力。流体柱的重力施加的压力被称为流体静压力（p），由流体密度（ρ_f）、重力（g）和流体柱高度（h）的积计算而来：

$$p = \rho_f g h \qquad (5.26)$$

在沉积物埋藏过程中，只要孔隙流体与地层压力相通，地层压力就会保持为流体静压力。流体静压力在石油工业中通常被称为正压力，地层内某个深度与地表之间的压力传导的条件下，流体能够在颗粒间流动能够在颗粒间自由流动以使压力均等，它是沉积物的渗透性及允许压力平衡所需时间的函数。如果沉积物的渗透性相对于其沉积速度太低，流体就不会流出，压力传导就会消失；如果压力传导随着埋藏深度继续消失，那么上覆地层负荷就会增加，但是地层流体就不能从颗粒间逃逸。由于流体的高度不可压缩性，上覆地层增加的附加负载就会更多地由流体来承担，而不是由沉积层内颗粒间的框架来承担。因此，地层流体承担着部分上层沉积物和上层流体的重力，这样地层流体的压力就会提升到静水压力值之上。高于静水压力值的压力被称为异常高压或异常压力。

异常高压形成机理通常被称为欠压实或压实不均衡。当钻遇异常高压地层时，当孔隙流体无法分离逃逸时，沉积物就无法压实，钻进这里的测井响应可以很容易被观察到。欠压实沉积地层会比其正常压实情况下有较低的有效应力和较高的孔隙度，这些数据都可以通过声波、密度及电阻率等不同测井方式得到。

欠压实是异常高压现象中最常见的一种，也是现在开发的盆地中遇到的最普遍的情况。墨西哥湾深海欠压实情况比较多，深海环境中的沉积物主要为细质级，即沉积物渗透性较低。此外，在墨西哥湾，由于沉积区域较大，大量沉积物从主要河流流入盆地，所以沉积面积较大（如密西西比河）。低渗透率沉积物和高沉积率的结合是形成异常高压是理想条件。

实际上这种结合在墨西哥湾部分深海区域处处可见，几乎在沉积物整个厚度的海底都产生了异常高压层。另外，在许多地质年代和沉积率相似的盆地在钻进时，其上覆岩层压力都是正常的，这些盆地多为富砂盆地，盆地沉积填满的方式是确定异常高压形成的一个重要因素。

如果地层发生非排水形变且与高压区域连通，该地层仍产生高孔隙压力，而不受压实状态的影响，这通常被称为复压，这是很难处理的。

5.1.6 节中将对于异常高压的形成和预测有更详细的介绍。

5.1.5.6.2 地层压力对地下应力状态的影响

盆地内的整体应力状态基本上与地层流体压力相关，并且在很大程度上受地层压力的控制。原地应力主要由盆地应力载荷形成。在这样的盆地中，最大应力是垂直应力，这是上层地层（沉积物和流体）产生的重力，且会产生较小的垂直压力；水平应力大小与孔隙压力的联系更加紧密。

孔隙压力是总体应力的一部分，见式（5.3），并在各个方向上施加相等的作用力。在异常高压环境下，孔隙压力承担大部分上覆岩层压力，上覆岩层的重力会均等地传导至各个方向，这样总的水平应力会高于同等情况下正常压力环境中的水平应力。在地层孔隙流体承担整个上覆岩层压力的极端情况下，孔隙压力等于总压力(零有效应力)，所有主应力(一个垂直应力和两个水平应力)大小相等。这种情况在墨西哥湾深海等盆地中常见，在这些盆地埋藏过程中也很少有地层水逃逸。

　　孔隙压力和总的水平应力大小之间的关系在之前研究的两个简单重力载荷模型中均有体现(5.1.5节中的单轴应变模型和摩擦均衡模型)。全世界异常高压盆地的现场数据中也可以清晰地观测到。钻井时测得的数据是的孔隙压力和总的水平应力最准确的近似值。

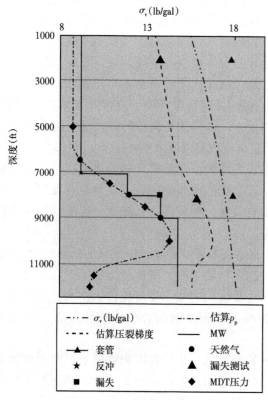

图 5.22　钻井后分析的孔隙压力和破裂压力的典型剖面

5.1.5.6.3　现场数据

　　图 5.22 为来自钻井后分析的典型的孔隙压力和破裂压力剖面。由于井眼已钻成，就有了各种可以评测孔隙压力和破裂压力值的现场数据。

　　孔隙压力可通过各种直接方法或间接方法得到。实际井下压力测量通常在渗透性储层中进行可以提供最精确的压力值。然而，人们通常会将直接技术(如气测和井下流体测试)和间接技术(如声波测井)等结合起来，对孔隙压力进行测定。

　　破裂压力由漏失试验和漏失压力确定。破裂压力通常被看作是最小水平主应力一个合理的近似值。当井眼内压力足够高时(如果采用高密度钻井液或施加附加的井口压力)，破裂压力就能在井壁上产生一个水力裂缝(5.1.4 节)。在正应力范围内(垂直应力为最大应力)(5.1.5 节)，在垂直于最小压应力的面上会出现裂缝，这里的水平应力具有各向异性，这种水平应力称为最小水平应力(σ_h)。裂缝出现时可能必须要克服一些抗张强度和集中在井壁的应力，但井壁岩石可能已经产生了一些小裂缝，这可能是天然形成的，也可能是在钻井过程中造成的。这样的裂缝消除了抗张强度，并且可能会为井内流体提供一个通道(通过井眼附近的应力集中的通道)。一旦裂缝超出井眼附近的应力集中区域，裂缝扩展所需的压力就得大于σ_h。实际上破裂压力通常只是略高于σ_h，随着井眼压力的减小，裂缝就会闭合。然而，受应力作用闭合的裂缝可能会在水力压裂时张开(裂缝就会在井眼内压力近似等于σ_h时重新张开)，所以在漏失试验中，破裂压力可能会非常接近于σ_h。

　　在漏失试验中，压力变化与σ_h之间的具体关系非常重要(虽然不经常使用)，因此就需要对二者关系进行单独讨论(5.1.6 节)。现在可以先下这样一个结论：根据现场经验数据，破裂压力(通常一系列漏失试验得到的)是σ_h的合理近似值。

　　图 5.22 中所示的数据来自正常压力井段。为了使深度标准化，图 5.22 中的压力值转

换为相等的钻井液密度值。从图 5.22 中可以看到在正常压力井段破裂压力梯度(由 σ_h 的大小决定)增大,这主要因为压实作用和钻井液密度增加,产生了较高的垂直应力梯度。然而,随着井眼地层压力下降段,可以清楚地观察到,破裂压力会随着井深增加而增大。

孔隙压力、垂直应力和裂缝压力之间的关系早已得到确认,为了将其量化也做了很多尝试。普遍认为,Hubbert 和 Willis(1957)确定了这几个参数之间的关系,确定了摩擦均衡模型,见式(5.24)。摩擦均衡模型、单轴应变模型和后续所有描述破裂压力(*FP*)模式及孔隙压力和垂直应力,都遵循了相同的基本格式,即用下面方程表示:

$$FP = K(\sigma_v - p_p) + p_p K \qquad (5.27)$$

K 通常是指基岩应力系数或有效应力系数。如果假定 *FP* 可与 σ_h 互换,可以对等式(5.27)进行变化使得 *K* 等于水平应力和垂直有效应力之比,因此称为有效应力比:

$$K = \frac{(\sigma_h - p_p)}{(\sigma_v - p_p)} \qquad (5.28)$$

在单轴应变模型中,*K* 是岩石弹性泊松比 ν 的函数:

$$K = \frac{\nu}{(1 - \nu)} \qquad (5.29)$$

在摩擦均衡模型中,*K* 是强度参数,断层面岩石的内摩擦角 ϕ 的函数:

$$K = \frac{1 - \sin\phi}{1 + \sin\phi} \qquad (5.30)$$

单轴应变模型和摩擦均衡模型均提供了预测水平主应力和破裂压力的理论模型,应用这些模型还需要不容易确定的参数 ν 和 ϕ。此外,还要记住这些模型是为了实际问题的简化和假设(满足各向同性线弹性和单轴向应变)。

在钻井文献的大多数案例中,已经采用了一个更加实际的方法来确定合适的 *K* 值,该方法是从现场试验(获得 σ_h、*FP*、孔隙压力、垂直应力)和测量的数据对 *K* 进行倒推计算。通过对墨西哥湾数据的分析,人们得到了 *K* 值与其他参数的关系,包括 Matthews 和 Kelly(1967)得到的 *K* 和有效垂直应力之间的关系、Pennebaker(1968)得到的 *K* 和深度之间的关系、Eaton(1969,1997)得到的 *K* 值[或实际为一个泊松比值,用于通过式(5.29)计算 *K* 值]和海底深度之间的两个关系—— 一个用于墨西哥湾和大陆架,一个用于墨西哥湾深海区。最后,还有 Christman 得到的 *K* 和密度之间的一个关系。

Breckels 和 Van Eekelen(1982)找到了一个方法(该方法可以用于全世界不同地区),他们通过这个方法,简单地建立了深度和压裂梯度之间的关系,不仅仅是倒推计算 *K* 值。他们特别强调,用于建立这个关系的数据为压裂梯度,而不是钻井诱导裂缝。尽管这一方法并没有建立起通常用于地质力学模型中的详细信息,但仍然是非常有价值的开始。

5.1.5.7 应力状态及它们在钻井过程中的重要性

本节大部分讨论的是关于重力载荷占绝对主导的地层环境中的地下应力状态,在这种环境中,垂直应力是最大应力。如果断层在这种情况下扩展,(断层为正断层)断层平面急剧倾斜,且断层平面上的介质向下移动(这种命名法与之前用于应力和应变描述中的"正"

无关)。这样,垂直应力是最大应力 σ_1,最小应力 σ_3 和中间应力 σ_2 为水平的情况称为正断层应力状态(图 5.23)在石油工程岩石力学中,正断层应力状态用来简单地定义应力大小的相对顺序,但它并不一定是指实际存在的正断层。

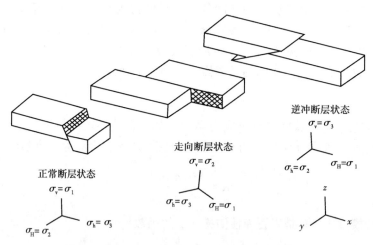

图 5.23　Andersonian 应力状态(Engelder,1993)

(据 Engelder 和 Terry 的《岩石圈内的应力状态》,普林斯顿大学授权)

在水平应力和重力载荷的作用下,主应力大小的相对顺序可以改变,这样的附加水平应力很多时候是在地壳构造上的,但也可能与盐岩或局部结构复杂性有关。构造应力主要是水平的,因此,在一个构造活跃的地区,水平应力可能会变得比垂直应力大,一个水平应力为 σ_1,垂直应力现为 σ_2,另一个水平应力为 σ_3。如果在这种情况下出现断层,那么就是滑动断层(图 5.23)。σ_1 和 σ_2 为水平应力,而 σ_3 为垂直应力的情况是指逆断层或逆断层应力状态(图 5.23)。

在前面所描述的及图 5.23 中所显示的应力状态为理想化的情况,这里三个主应力保持为垂直和水平。对于大多数盆地,这很可能是合理的假设。然而,在靠近高陡地层浅部深度的复杂构造情况下,或在盐体周围,主应力可能会旋转到垂直平面和水平平面之外。

理解三个主应力的相对值(理想情况下应是绝对值)对于解决井壁应力问题督是一个先决条件(5.1.4 节),在过去大约 20 年时间里,由于钻了大量的定向井,所钻的定向井与原地应力相关的井斜角和方位角的重要性越来越突显。

一些经验规则适用于在给定应力条件优选出最稳定的井眼轨迹,这些规则基于将作用在井壁上的两种主应力(不同应力)的应力差最小化。例如,在一个正断层应力状态下,如果假定两个水平应力大致相等:

$$\sigma_3 = \sigma_2 < \sigma_1 \tag{5.31}$$

这时垂直井会通过应力差最小面的轨迹,这是因为井将会垂直于包含 σ_2 和 σ_3 的平面,而 σ_2 和 σ_3 几乎是相等的(图 5.24)。然而,在一个水平应力(σ_2)略小于垂直应力(σ_1),但是 σ_1 和 σ_2 都明显大于 σ_3 的情况下,

$$\sigma_1 = \sigma_2 > \sigma_3 \tag{5.32}$$

这也是一个正常的断层应力状态 y 在这种应力条件下，最稳定的井眼方向是在 NW/SE 向偏角为 60°的方向 [图 5.24（b）]。

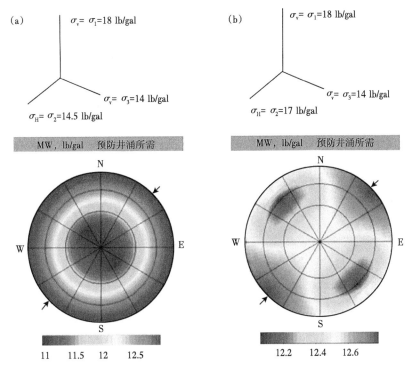

图 5.24 较低半球投射显示了所示应力场内作为井眼方位和偏差函数所需的钻井液比重，深度为 10000ft，孔隙压力 10lb/gal，岩石强度为常值。对于（a）中所示的应力，最稳定井（需要最低密度钻井液的井）为垂直井。在（b）中，应力场也是一个正常断层应力状态，但是在这种情况下最稳定的井是 NW/SE 向偏角为 60°的井

确定最不稳定的井眼方向（考虑压力差而不是可钻性等因素）是较简单的，即一个沿着中间应力方向所钻的井能够遇到最大的压力差，并且最可能发生井壁不稳定的问题。例如，在冲击/滑动断层区域的垂直井最有可能受到高差异应力的影响（尽管实际上这可能是最容易钻进的井，且从在操作性角度上来说是最容易清洁的井），这种结论也可以应用于完井时的定向射孔。

总之，为了得到准确的井眼稳定性预测，应力状态很重要，应力的绝对大小也很重要。实际上，决定所需钻井液密度的其实是井壁上任意给定点的完全有效应力张量和岩石强度，甚至在简单设计方案中，综合考虑所有这些参数的结果有时并不太可行，因此，强烈推荐进行完全井眼稳定性计算，而非依靠经验法则。

5.1.5.7.1 确定应力状态

确定原地应力状态的大小和方向几乎是所有岩石力学研究工作的关键部分，它可以简单和明确，也可以困难和模糊，所需的估算应力状态的方法和数据来源在 5.1.6 节中有详细叙述。

5.1.5.7.2　压力衰竭的影响

随着石油天然气的开采，储层内的孔隙压力逐渐下降（除非有大的连通含水层或强的压实驱动），这就是压力衰竭。随着储层孔隙压力下降，原地应力大小也会下降，由于上覆岩层保持不变，总的垂直应力不受影响，但有效垂直应力仅随着孔隙压力的减小而增加（假定Biot 参数 α 为 1；这对于井壁稳定性计算非常重要，尤其是在地层出砂预测中。从钻井的角度看，由于压力衰竭对破裂压力和水平应力有影响，所以水平应力大小的变化与压力衰竭之间有着更加紧密的关系，但要预测水平应力的变化是富有挑战性的。

正如预测原始原地水平应力大小的问题，概括起来说，有三种可以用于预测 σ_h 随着衰竭如何变化的方法。这些方法分别为（1）假定变化是弹性的；（2）假定系统处于一个摩擦平衡的状态，且变化由断块分界处断层的摩擦强度控制；（3）通过在不同衰竭阶段实测水平应力，得到孔隙压力变化与水平应力大小响应的经验关系。

在弹性假设条件下，最简单的方法是假设单轴应变条件和线性弹性各向同性。水平应力（$\Delta \sigma_h$）的变化对于给定的孔隙压力（Δp_p）变化的变化率称为应力衰竭率 A_{SDR}：

$$\frac{\Delta \sigma_h}{\Delta p_p} = A_{SDR} \tag{5.33}$$

对于线性弹性各向同性，A_{SDR} 为

$$A_{SDR} = \alpha \frac{(1 - 2\nu)}{1 - \nu} \tag{5.34}$$

也有一些学者使用其他的比率来表示衰竭行为的特征，例如有效水平应力的变化与有效上覆岩层的变化之比等。

式（5.34）的含义是如果泊松比保持为常数，则 A 为常数，也就是说水平应力的减小和孔隙压力的减小将会呈线性关系。

在适度衰竭中，应变相当小，并且变形发生的时间也非常短，砂岩可能呈各向同性（至少与层状页岩层相比），基于这些原因，线弹性各向同性和单轴应变的假设可能会非常合适。另外，微地震储层监测数据也在逐渐增多，显示出产出和注入率和微地震活动之间的明显相关性。这些数据来自数量有限的油田，可能不会代表每个案例的情况。然而，有明确的证据显示至少在几个案例中，储层接近于摩擦均衡极限，在这样的情况下，应力衰竭率 A_{SDR} 的表达式将取决于应力状态。在重力载荷的最简单情况下（在正常断层状态），由下式给出：

$$A_{SDR} = \alpha \frac{2\sin\phi}{1 + \sin\phi} \tag{5.35}$$

式（5.35）的意义是（就弹性假设而言）水平应力的减少率与压力衰竭呈线性关系。

世界范围内，只有少数地区存在充足而合理的数据可以确定 A_{SDR} 的实际值。在理想情况下，需要一个初始孔隙压力和 σ_h，以及衰竭发生后的孔隙压力和 σ_h。许多油藏不是整体具有均质性的大型砂体，而是分层的、各向异性的，并且一些层与层之间的压力也不连通。在这样的油藏中，孔隙压力可能在不同层位有相当大的变化，但一旦油藏开始采油，人们

就很少去做详细的压力测量（相反，压力通常由生产压力推测）。水力压裂裂缝能达到几十到几百英尺，因此，裂缝能够扩展到很多层位，从而在不同地层衰竭量不同的地方对 σ_h 的测量造成一些不确定性。

基于以上原因可以看出，数据出处和测量质量是非常重要的。因此，有些作者发表的可靠性高的数据不太多（Addis et al.，1994；Salz，1977；Teufel et al.，1993）。

表 5.1 展示了从文献和其他来源得到的应力衰竭率统计表。从表 5.1 中的值可以看到，A_{SDR} 的值大多在 0.5~0.7 这个范围内。假定 Biot 参数 α 为 1，这相当于如果式（5.34）适用，泊松比在 0.2~0.3 之间，或相当于如果式（5.35）适用，内摩擦角大约在 20°~30° 之间，这些值均处在一个合理的范围内。

表 5.1   应力衰竭率

油田/位置	应力衰竭率（A_{SDR}）	数据来源
南得克萨斯 Vicksburg 地层	0.53	（Salz，1977）
东得克萨斯 Waskom	0.46	（Whitehead et al.，1987）
北海 Magnus 油田	0.68	（Addis et al.，1994）
北海 Ekofisk Chalk	0.8	（Teufel et al.，1993）
英国南郡 Wytch Farm	0.65	（Addis，1997）
墨西哥湾大陆架	0.63	BP **
墨西哥湾深海	0.65	BP†

* 重新印刷得到了爱思唯尔的许可

**，†BP 相关研究但未发布的结果

随着 σ_h 以至少一半的衰竭量降低时，应力衰竭效应十分显著。鉴于 σ_h 与破裂压力之间的密切相关性，在衰竭的产层继续钻探存在潜在的问题。在墨西哥湾沿岸及大陆架、北海等一直生产的盆地，随着开发向深层发展，以及老地层的重复（二次）开发，将要开发的衰竭产层越来越常见。图 5.25 显示了一个包含压力衰竭层的一般性井身剖面。钻井液当量密度必须保持高于孔隙压力以防止地层流体流入井筒或页岩层井壁坍塌。合适情况下，钻井液当量密度还应低于破裂压力以防止井漏。为此，唯一的办法是设立多个套管层或尾管将各衰竭压力层彼此隔离。由于尾管的数量需要具体计算，且压力衰竭地层或原始压力含油砂岩地层的确切位置难以确定，所以，尽管可膨胀尾管对解决这个问题有一定

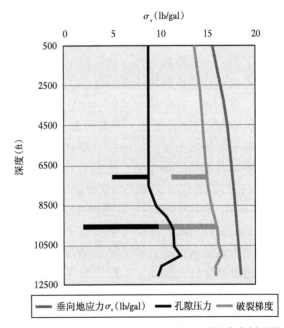

图 5.25   包含压力衰竭的含油砂岩地层的井身剖面图
当含油砂岩地层的压力逐渐下降时，破裂压力梯度也随之降低；这也是油田进行加密钻探时普遍遇到的问题

作用,但应用于此类油井仍然是不切实际的。

经济效益很好的几大新兴油田广泛研究了压力衰竭对未来压力及未来可钻性的影响。对于这一问题产生了两种不同的观点,第一个观点是尽可能避免在压力衰竭层钻井,在新的开发计划中,这意味着自下而上进行开发(即首先向最深的目标层打深钻眼,然后逐步上移),这当然是一种既安全又保守的方法。但因为前期资金投入增加与石油开采延迟的两个因素,因此,有些预钻井项目的投资就十分巨大。这意味着,尽管开发商知道未来当这些地层的压力严重衰竭必须对其进行开发时,浅层目标层也必须首先被钻开。而现实情况是,现在及未来的许多油藏层段都将在钻井液密度已经被超过 σ_h 和天然破裂压力的情况下进行了钻井,井漏在这种情况下十分常见,会损失大量石油。然而,从 2000 年开始,人们开始逐步解决这个问题。钻井液中的添加剂(Van Oort et al.,2003)可以防止裂缝启动;而添加剂(Morita et al.,1990;Alberty and McLcan,2001;Aston et al.,2004)可以快速阻止裂缝进一步伸展。这些方法十分适用于含油砂岩地层,因为含油砂岩地层的渗透率和产生的滤液使添加剂可以集中在井壁上或裂缝处,如果钻井液添加剂的设计符合相应条件,如满足钻井实践、满足环空压力要求,就可以防止井壁和裂缝中移除添加剂(见 5.1.7 节),那么这些方法会非常有效。

5.1.6 钻前设计

5.1.6.1 钻前设计和三维地质力学模型的概念

由于钻井难度越来越大,花费也越来越高,良好的钻前设计变得更为重要。这促使钻井工程师更深刻地意识到,了解地表以下地质特性的重要性。一份良好的现代钻井设计不仅要包含地层顶界深度和下套管深度,还应包括所有可能影响钻井作业的主要近地表因素,如断层、裂缝带、高倾角地层区或其他结构复杂区、脆弱地层或易破裂区,以及其他任何已知的钻井故障,这些信息主要来自临井钻井数据和测井数据及与地震解释的结果的结合。

除了对潜在风险的定性描述,钻前设计还规定了具体的钻井液密度窗。钻井液密度窗的低值是由防止剪切破坏所需的最小钻井液密度(MW_{min} 有时也称为坍塌压力)和任一渗透层段的孔隙压力二者中较大的值决定。如果钻井液密度值偏高,也不能超过破裂压力梯度(破裂压力梯度有许多定义,但本质上它是指发生过度井漏时的钻井液密度)。

地质工程师最主要的工作之一是确定钻井液密度窗。确定钻井液密度窗这项任务主要在于计算钻井液密度最小值,包括岩石强度、孔隙压力和地应力大小(与压裂梯度密切相关)以及它们是怎样随着深度而变化的。对地应力和地层强度的描述常被称为地质力学模型(Plumb et al.,2000)地质力学模型可以被用来计算一系列不同井眼轨迹中的钻井液密度窗。

在钻前设计阶段,地质力学模型是根据地震资料和临井数据得来的。因此,地质力学模型的准确性很大程度上取决于这些数据的质量和适用性,在初探井中,地质力学模型有着明显的不确定性,例如,孔隙压力等参数只能通过地震波速来计算,且在地质结构复杂的地层,即使存在临井数据,在小范围内应力等参数也可能会显著变化,所以,即使预钻地层的地质力学模型总是代表对所钻地层特性的最合适的描述,也要知道在钻新井时应核实,并更新地质力学模型所需要的数据。在 5.1.7 节会讨论如何在钻井时及时更新地质力学模型以及这种更新对钻井作业的影响。

地质力学模型可以是一维模型、二维模型或三维模型。很明显，三维模型是最理想的模型，因为，总可以涵盖整个应力场（或更多），所以，相同模型可以在许多井场应用。人们建立了三维地质力学模型，但是现在很少使用，因为这个模型需要更多的人力投入。最常用的方法是根据井的特点来建立一维地质力学模型。这种模型的建立、编辑都十分容易，并且可以通过简单的电子表格来传送，因此，使用一维模型要比同等的三维模型简单得多。

表 5.2 简述了地质力学模型的主要组成部分，以及估算这些参数通常所需输入的数据。接下来将会更深入地讨论每一个参数。

表 5.2　最大熵法的主要组成成分以及通常所需的输入数据

地质力学模型主要组成	输入参数
岩石强度参数	通常从测井获得，如纵波速度、横波速度、密度（或来自它们的参数，例如剪切模量、杨氏模量）和黏土含量，也可以是在实验室岩心测量中得到，有时还可以通过岩屑和坍塌落块得到
垂直应力（σ_v）	密度测井、声波测井确定的密度（来自声波测井、层速度、地震测井）
孔隙压力（p_p）	从随钻测井（MDT）和重复地层测试（RFT）获得。从声波、电阻率、密度测井计算得到。可从钻井指标、井涌、流量监测、侵入气体估计
最小水平应力（σ_h）	主要基于模型，通过漏失试验（LOTs），扩展漏失试验（XLOTs），水力压裂闭合压力和循环漏失试验验证
最大水平应力方向	成像（或井径）测井仪器观测到的井眼崩落和钻井引起的拉伸、断裂，地震震源机理和世界应力地图
最大水平应力	没有直接的测量方法，主要基于模型，来自井眼崩落和裂缝观测或摩擦平衡模型确定

5.1.6.2　建立地质力学模型
岩石强度

岩石（及相似的多孔的或颗粒状的物质）与其他物质（如金属）不同的特性在于其强度会随着围压的升高而变大。因此通常通过单轴抗压强度值及岩石强度如何随着围压增大而升高的描述来定义岩石强度。在 5.1.3 节，通过使用内聚力参数和内摩擦角论述过这一特性，内聚力是对零围压剪应力的一种量度。图 5.6 展示了强度包络线与莫尔圆剪切轴的交点。内摩擦角（IFA）与图 5.6 中强度包络线倾斜度有关，即正应力（围压）升高指定值后岩石强度会增加多少。

通过内聚力来描述岩石强度是莫尔圆（图 5.6）内部结构的一种直观方法。实际上，实验室中最经常测得的参数是单轴抗压强度（UCS），在 5.1.3 节中已描述过。单轴抗压强度和内聚力是不同的参数，但是它们互相关联。单轴抗压强度和内聚力都可以用来描述岩石的内在强度。现使用单轴抗压强度来进行接下来的讨论，因为相比于内聚力，单轴抗压强度在石油工业中使用更为广泛。

单轴抗压强度和内摩擦角可以通过在实验室测量岩心得到。这对井壁稳定工作提出了一个不容忽视的挑战，因为岩心样品几乎只能在油层有限的井段内获得，大部分上覆岩层性质都与岩心性质相差甚远。为了解决这个问题，人们使用岩心样品实验测得的相对有限的数据，来建立实验强度参数和实际岩石属性(测井得到的岩石属性)之间的关系。通过这些关系可以将地质力学模型应用于上覆岩层。

研究已经确定了岩石强度与颗粒大小、颗粒接触数量、主要颗粒种类，(石英或黏土物质)(Plumb et al.，1992)、多孔性及稳定性等特性之间的关系。关于这一主题出版的著作大部分都是以含油砂岩地层为基础的，因为砂岩油藏岩心比页岩岩心更容易获得。然而，对于井眼稳定性问题，首要考虑的应该是页岩，如果假设页岩的主要成分是细颗粒物质，而其中的黏土矿物质作为承重载体，就可以很大程度地缩小强度关系中变量的范围。尽管这一假设明显过于简单，掩饰了细颗粒岩石的范围和复杂性，但是经过这样的简化，一些页岩强度关系就可以成功地应用，图5.26所示的Horsrud关系(Horsrud，2001)就是例子。

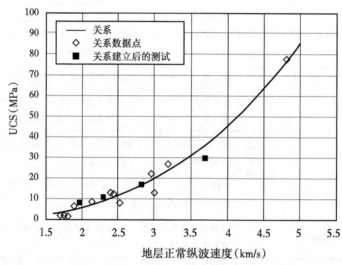

图5.26　实验室对北海页岩的测试得来的单轴抗压强度随纵波速度的变化(Horsrud，2001)
图中的关系为 UCS = 0.77$v_p^{2.93}$

本质上讲，当岩石变得更加坚硬、胶结性更好时，单轴抗压强度和内摩擦角往往会升高。因此，相应的测井获得的参数就能更好地用于建立其与单轴抗压强度的关系，这些测井密度测井、孔隙度测井和声波测井。密度测井和孔隙度测井都很有可能捕获强度变化的一般趋势。然而在胶结程度不确定的情况下，使用这种方法可能会出现问题。相同孔隙度(或密度)的两种岩系，如果一个胶结良好，而另外一个未胶结或胶结情况差，那么它们的强度可能差别很大。由于声波测井反映的是物质的强度，所以它更可能检测到未胶结岩石与胶结岩石的不同，尽管在高围压环境下细颗粒紧密结合时的情况可能与此不同。除此之外，通过横波速度测量岩石强度要好于通过纵波速度测量，因为横波速度只与粒间框架有关，不受流体影响。接下来可以看到，实际上人们更多的是使用纵波速度v_p来估测页岩强度，尽管横波更适用于测量岩石强度，但纵波速度更常见(尤其在钻井时的测量)，这可能是纵波速度测井更广泛应用的原因。

针对页岩强度研究的文献并不多(Horsrud，2001；Lal，1999；Lashkaripour and Dusseault，1993；Chang et al.，2006)。Chang等(2006)对这些著作进行了全面的汇编和整理。

Horsrud（2001）也对这一领域的研究做了很好的总结并继续提供北海页岩实验室的详细数据，阐述了单轴抗压强度和纵波速度的良好关系。图5.26展示了Horsrud关系，这一关系（及根据局部地区数据对它的校正）可用于日常井眼稳定计算。

对页岩内摩擦角的研究比单轴抗压强度更少一些，部分原因可能是内摩擦角的可取值范围要比单轴抗压强度小。页岩内摩擦角几乎总是在20°~45°之间，而单轴抗压强度在很弱的岩石中可以小至100psi，在很强的岩石中可以大至20000psi。有关页岩内摩擦角测量的数据也相对更少一些，而这些数据量是获取内摩擦角关系的基础。

内摩擦角作为测井特性参数的函数是如何变化的，其物理意义没有单轴抗压强度那么直观、易懂。然而，那些已发表的结果都是以比较方便获得的纵波速度为基础的，因为这也是单轴抗压强度关系的依据。Lal（1999）发表的类似的关系被广泛使用。

$$\sin\Phi = \frac{v_{\text{p}} - 1}{v_{\text{p}} + 1} \tag{5.36}$$

最近对沉积岩数据的综述（Chang et al.，2006）提供了一些替代的相关性。

5.1.6.3　测井方法估算岩石强度的缺陷

虽然前面所描述的单轴抗压强度和内摩擦角的关系看起来十分简单，但必须要考虑周到才能保证应用正确。首先，必须使用正确测量的速度作为输入数据，其次，必须获取强度值的范围。

速度受围压和测量波的频率影响，实验室测得的速度构成了关系式的基础，这些速度被用来校正围压的影响，所以它们应该等同于原位声波测井测量。纵波频率也是声波测井工具的工作范围。由其他资源获得的速度必须校正至与声波测井相同，这样才可以将它们用于这些强度关系式中；例如，地震波速可能比声波测井的波速慢大概2%~5%。

使用声波测井时，如果地层为非均质地层（有层理或叠层），那么必须考虑井斜角。在大斜度的井中，测井工具可能在近乎与地层平行的地方采集速度。在地层各向异性很强的地方，与地层平行和与地层垂直的测量可能大不相同。Hormby等（2003）的文献指出，页岩的非均质程度高达50%（图5.27）。

现在，仍然存在着一个潜在问题，孔隙流体对纵波速度的影响可能很大，如果在油气层中进行实地测量，纵波速度会比在流体（水或盐水）环境中慢，同时气体对纵波速度的影响也很大。因为在井眼稳定性问题中主要考虑的是页岩，所以除了在烃源岩石和非常规地层中，这都不算问题。

尽管采用了合适的速度值，但也要理解所获得的强度估算值的范围。这是对与地层平行的连续岩石的估算。如果实际原生岩石受损（破碎、裂缝或裂变），它很容易表现出十分脆弱的特点，且如果岩层有显著的各向异性（非均质性）；例如，沿着易开裂层面，井壁的特性可能受弱层强度控制，而非岩石总体强度控制。

5.1.6.4　垂直应力（σ_{v}）

垂直应力也许是地质力学模型中最重要的组成部分。它对孔隙压力和水平应力有直接的影响。在大多数（简单的）假设中，垂直应力的影响也十分直接并且明显，在简单的假设中，垂直应力通常可以被看作是主应力，相当于上覆岩层每一单位面积的重力（重力可以通

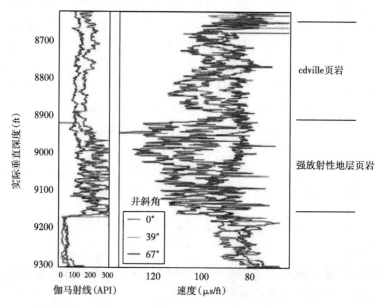

图 5.27　阿拉斯加北坡 HRZ 层及上覆页岩各向异性显著发育，HRZ 是一种有机含量高，
层状发育的烃源岩(Hornby，2003)

过密度测井测量)，这种假设在山区、有强构造应力或盐岩存在的区域，以及存在应力拱的
地方(例如在压实的储油层上面)不能成立。然而在大多数假设中，前面简单的假设是合理
的，而且通常情况下上覆岩层应力这一术语可以和垂直应力等价使用。在接下来的讨论中
把这种假设看作是合理的。

　　也许由于上覆岩层压力这一参数看起来十分直接，因而有很多用来估算它的经验法则。
很长一段时间，1psi/ft 在大部分时间被认为是一个很好的估量值，在水深变化不同的近海
区域。这很明显是不正确的，所以产生了许多的关系式导致上覆岩层压力只简单地随水深
和海底深度的变化而变化。尽管这些关系式是对 1psi/ft 模型的改进，但仍然没有考虑压实
作用，盐或其他岩性存在等情况下的横向变化。因此，除了进行横向均匀假设，使用一个
利用当地可获得的最佳密度值进行测量得到的特定位置的垂直应力，将得到最精确的垂直
应力估计值。

　　垂直应力(σ_v)是对密度从表面到目的层深度积分而得出的：

$$\sigma_v = \int_z^0 \rho g \ \mathrm{d}z \tag{5.37}$$

　　上覆岩层的密度可以通过很多方式来测量，下面列出一些较为常见的方法。

5.1.6.5　密度测井

　　随钻测井和电缆测井都可以获得密度值。对探边井进行密度测量是估算 σ_v，最常见的
方式是假设探边井处的密度分布与地质力学模型位置处的密度分布相同。如果岩性和压实
状态没有发生大范围的横向变化，这是一个好的假设。

　　一般很少会在地表进行密度测井。一般情况下，地表密度与密度测井仪顶部之间的密

度是通过曲线推断法来估算的，但这样做很容易出现错误。在较浅的地方垂直应力会产生更多的误差（图5.28）；在较深的地方，由于垂直应力是该深度以上所有密度的累计值，所以误差会小一些。

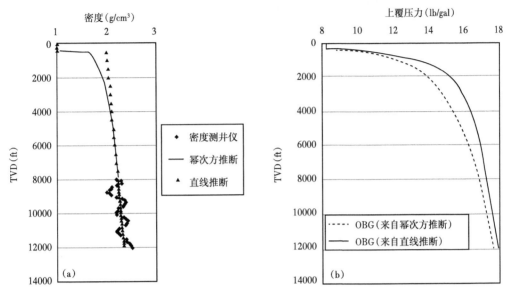

图5.28   密度测井对表层两种可能的估算结果及其对上覆岩层压力梯度（OBG）的影响

图5.28（a）是密度测井推算到表层密度的一个例子，显示了两种可供选择的外推算法。一种是假定泥面以上密度变化符合幂律规律，对于一个新形成的盆地，在压实地层中，这种类型的密度随深度的变化是很典型的；另外一种是回归海底的简单的线性外推法，这种方法可能对于岩石已经被压实的盆地更实用。在这两种例子中，密度曲线一直应用到海底，并且从海底到地表都采用了水的密度约为$1g/cm^3$。由于水的密度比岩石或松散沉积物的密度明显要低，对于垂直应力剖面来说，水深是影响最大的因素之一。

图5.28（b）展示了不同外推法对所得垂直应力的影响。左边的密度剖面上的每一个点都被用来计算垂直应力（上覆压力）。地表外推计算模型的选择会对上覆压力的计算产生很大的影响，尤其是在较浅的区域。选择到地面的外推计算方法不同，会显著影响密度测井顶部到地表之间的密度外推估算值。在缺少密度测量数据时，波速数据（来自测井、地震）可能是最好的选择。

在使用密度测井时，需要注意的是这种测量方法对井眼大小十分敏感，在使用测量值之前一定要仔细地把控质量，在井眼扩大的井段可能产生异常的低密度值。

5.1.6.6   声波密度测量

当直接的密度测量数据不存在时，可以通过声波速度来间接计算密度。对于大多数砂岩或页岩类岩性，密度和声波速度之间存在良好的关系，它们之间存在一些众所周知的关系，如 Gardner 关系（Gardner et al.，1974）：

$$\rho = a\nu_p^b \tag{5.38}$$

式中，ν_p 是以 ft/s 为单位的速度，a 和 b 是由经验得出的常量[在 Gardner 等（1974）的文献中，$a=0.23$，$b=0.25$]，尽管如此，这些数据还需根据当地岩石特性来校核。通常情况下，密度和声波速度的线性关系也为特定井段提供了适当的拟合方式。适当的关系实际上是由岩性和矿物性质决定的，因此，对于在同一井中已经测得的密度和速度，其关系要根据本井数据进行校核。因为，黏土的成岩作用可能导致不同的密度速度关系(例如，从蒙皂石到伊利石的转换)，所以将在一个层段中得出的关系式推广应用到深度或温度显著不同的其他层段时需要十分注意。

使用由速度来计算密度的优点是它可以提供直至地表的全井段数据，而不需要曲线外推，和密度测井仪一样，声波测井很少测到地表，但地表的速度数据可以通过检验地震波获得。如果进行周密的处理方法，也可以使用地表地震的速度，但是必须要注意的是，合理的速度可能要通过提取才能获得，尤其是在非常浅或非常深的井段，或者在结构复杂的地层内。如果要将它们用于密度测井的关系中，还有必要对地震和检验炮速度进行频率校正。

5.1.6.7　特殊案例

在一些特殊情况中，上覆岩层压力会受许多因素的影响，因此它不能简单地由上覆岩层物质的密度累积得出。具体来说包括以下几种情况：

(1)存在应力拱区域。在高水平应力或枯竭和压实的储层之上或者在含盐区周围可能产生应力拱。应力拱可以使地层少承受一些上覆岩层压力，所以应力拱区域下面的垂直应力并不是由上覆岩层物质的密度累积决定的。

(2)地貌沟壑的区域。在山区或存在明显深海特点的地方，高地形的重力不仅仅是由垂直的下部地层支撑的，而部分是由相邻地表支撑的，这可以导致垂直应力的显著变化(尤其在深度较浅的地方)。如果地表存在大范围的密度不连续性，也要考虑这一点，例如在含盐岩区或岩浆侵入区周围。

(3)在水深度变化或密度异常的地方(如盐岩区)钻定向井。在估算定向井的上覆压力时，整合井上任何一点的垂直地层的密度是十分重要的。如果水深度随着水平井轨迹变化，或者如果井穿过了盐岩区，其密度剖面就不能使用本井实际测量值了。

5.1.6.8　地层压力(p_p)

地层压力是地质力学模型的重要参数，也是影响钻井安全和效率的主要参数。5.1.5节涉及静水孔隙压力值的产生及孔隙压力对地应力状态的影响。

确定目标井孔隙压力剖面的方法恐有多种不同，首先必须弄清楚产生过孔隙压力的两种机理。

5.1.5节简单讨论了页岩的欠压实作用。欠压实页岩是由于页岩地层被迅速地挤压，而孔隙流体排出不够及时，不得不承载上覆岩石的重力而形成的。取而代之地，载荷传导到流体，使其压力升高，且埋藏时页岩的孔隙度仍然(大体上)要高于正常值，这里正常孔隙度指的是在同等上覆岩层负荷下(如深度)页岩应有的孔隙度。这种异常高压被称为欠压实孔隙压力(或压实失衡，或Ⅰ类异常高压)，在迅速埋藏的早期沉积物中很常见。其明显的特点是孔隙压力与页岩孔隙度高度相关。

5.1.5节还提到了第二种异常高压，即所研究的井段被来自另外一个地层的流体(或者通过温度或水平应力的改变)重新加压。因为页岩的压实过程是不可逆的，这种再加压并没有实质性地增加该井段页岩的孔隙度，这种异常高压被称为再加压（或Ⅱ类异常高压），其显著特点是孔隙压力与页岩孔隙度的关系并不密切。

下一节讨论的是为地质力学模型建立孔隙压力剖面的方法。通过与地质物理学家讨论及对边界井钻井经验的检验，在早期发现Ⅰ类异常高压和Ⅱ类异常高压在所研究领域的重要性是十分重要的。

由于地层压力预测对安全钻井至关重要，人们在很多年以前就开始研究这一问题，在已有的文献中也给出了许多方法。不会涉及所有的方法，而是对主要原理进行介绍。Mouchet 和 Michel（1989）提供了一个好的基础（以实际地层压力估算），还可以从 Mitchell 和 Grauls（1998）以及 AADE（1998）的著作中找到最新的研究成果。

5.1.6.9 欠压实异常高压

目前已有很多实用的预测欠压实或Ⅰ类异常高压，以及建立地质力学模型所需的孔隙压力剖面的方法。这些方法是以与正常压实过程或考虑区域沉积趋势的差异基础的。由于通过测井数据很难准确地测量页岩的孔隙度，因此使用其他属性参数，例如密度、电阻率，尤其是声波时间等来进行测量。通常使用的方法如下（这里使用声波速度作为例子，但也可以使用电阻率或密度）：

（1）对所考虑区域进行目标井测井数据采集。这些数据来自越多的沉积厚度好，尤其是深度较浅、年代较新的地层；

（2）定位页岩井段（通常通过把伽马射线值提交到一个固定值之上）；

（3）沿着垂直井深度绘制这些井段的声波时间图（或时间对数）；

（4）寻找存在明显的传播时间随着深度增加而较少的线性趋势的井段。直线的倾斜度代表此区域正常的压实趋势；

（5）在所考虑深度对正常压实趋势进行外推，并且寻找偏差值。声波时间高于正常压实趋势表明孔隙度高于正常趋势预期值，因此也表明此处存在欠压实异常高压；

（6）可以通过多种方法对压力进行量化，下面两种方法之一都可以采用（Traugott，1997）。

欠压实方法假定测量只与有效应力有关（例如，不取决于地层的岩性变化或温度变化），也就是说不存在附加压，而且沉积物永远被埋藏，从不上升（因此页岩的有效应力是他们遇到的最大值）。尽管这些看起来具有一定的局限性，但欠压实方法确实很有效而且被广泛使用。除此之外，当放宽了一个或多个假设条件，还存在更复杂的不同结果。

垂直方法：图 5.29 通过页岩声波速度值阐释了这一方法。首先，在传播时间与深度呈线性关系的井段，根据传播时间画一条正常压实趋势线（虚线），然后在给定深度 z_i 找到实际时间值。

压力值：下一步，根据正常趋势线确定当量深度（z_e），在这一深度可以预测测量值的大小。然后（由于传播时间取决于孔隙度，而孔隙度取决于有效应力），给定深度的有效应力与当量深度的有效应力（计算上覆压力和正常孔隙压力差值）相同。根据 z_i 的上覆岩层压力和计算出的有效应力的不同，计算出 z_i 孔隙压力值。众所周知的当量深度方法就是垂直方法（Foster，1966）。

水平方法：图 5.30 展示了这一方法，首先，和垂直方法一样，在传播时间与深度呈线性关系的井段，根据传播时间轴画一条正常压实趋势线，然后在给定的深度找到测量出的

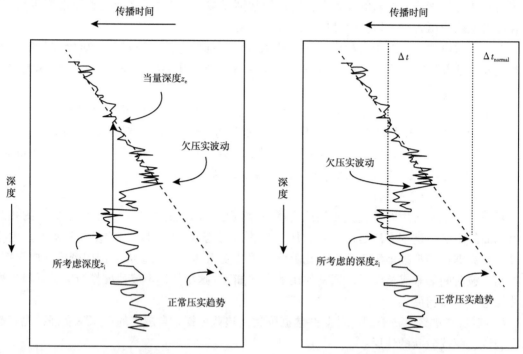

图 5.29　欠压实条件下预测孔隙压力的　　　　图 5.30　欠压实条件下预测孔隙压力的
　　　　　　垂直方法示意图　　　　　　　　　　　　　　平行方法示意图

传播时间值 Δt，在同一深度根据正常压实曲线找出预测值 Δt_{normal}。将测量值和预测值代入根据区域校准的公式中求出给定深度的有效应力。然后和垂直方法相同，根据上覆岩石压力和给定深度有效应力的不同计算出该深度的孔隙压力，Eaton 的公式（Eaton，1975）是最著名的水平应力方法计算公式，也是最广泛使用的孔隙压力预测方法：

$$\sigma' = \sigma'_{\text{normal}} \left(\frac{\Delta t_{\text{normal}}}{\Delta t} \right)^3 \tag{5.39}$$

这两种方法存在许多不确定性，包括为获取正常压实线而绘制深度数据图的不同方式（如对数型与直线型）。获取有效应力值使用应力成分的不同组合方式（例如使用应力的各向异性分量而非上覆压力），以及水平方法使用的不同方程（如 Eaton 公式中的指数值通常由实际经验决定）。水平方法的优点之一是其公式表达简单且易于编辑，例如通过电子表格，将 Eaton 公式与给定点的有效应力关系结合，根据声波测井数据计算的公式为

$$p_{\text{p}} = \sigma_{\text{v}} - (\sigma_{\text{v}} - p_{\text{p}}^{\text{normal}}) \left(\frac{\Delta t_{\text{normal}}}{\Delta t} \right)^3 \tag{5.40}$$

根据电阻率测井数据计算的公式为

$$p_{\text{p}} = \sigma_{\text{v}} - (\sigma_{\text{v}} - p_{\text{p}}^{\text{normal}}) \left(\frac{R}{R_{\text{normal}}} \right)^{1.2} \tag{5.41}$$

在讨论欠压实异常高压的时候已经解释了可使用的测井数据，但这并不是可使用的唯

一的数据。正如用随钻声波测井数据、电测井数据、密度测井数据及通过地震测井数据(地表和井眼地震数据获得的声波传播时间一样)计算一样,岩屑密度数据也可以在这里用来计算,这意味着欠压实方法适合应用于全油田范围来建立三维孔隙压力图(Sayers et al.,2002b),也可应用于实际钻井中。例如,通过随钻测井测量收集的声波时间和阻力值可以校正所钻井而非参数井的正常压实趋势,也可以通过对这些数据的处理来估算自最近正在钻井的最新页岩层的孔隙压力;如果发现钻头前方几英尺的地方存在已知的或未知的砂岩储层,这一点将十分有利(Sayers et al.,2002a;Malinverno et al.,2004)。

在深水环境中会出现一些其他问题(Smith,2002),这是因为异常高压出现的速度太快了(也就是说,太接近于泥线以致于不能检测到正常压实趋势线)。这意味着必须另外寻求有效应力和速度的直接关系;例如,Dutta 等(2001)提供了这方面的模型。

最近一个关注度较高的项目是使用公有和私有的地震测井数据来建立整个墨西哥北海湾的钻前孔隙压力三维模型(Sayers et al.,2005)。Tollefsen 等(2006)报告了如何使用这一三维模型进行 Vrillion Block 338 井的井身结构设计,将钻前设计和实际更新数据结合,减少了一层套管,同时也进行了其他设计变更,预计可节约 170 万美元。

5.1.6.10　再加压异常高压

再加压,或 II 类异常高压预测起来要困难得多,由于有效应力在埋藏和排水期间的增加,页岩压实会导致孔隙度和弹性强度变化,这可以通过欠压实方法中声波时间和电阻率的大幅变化体现出来。然而,如果压实后孔隙压力上升,或者页岩的有效应力由于其他因素而减少,就说明压实就没有被改变。只有当有效应力增大时,页岩孔隙度才会只受到有效应力影响。当有效应力减小时,页岩孔隙度确实会升高,但是程度要比降低时小得多,而且相应的声波时间或电阻率的变化也小得多。因此,对偏离压实趋势的简单分析并不能解释再加压异常高压的机理。

还有一些研究这种异常高压的方法。Bowers(1995)明确地解释了加力加载和卸载过程,并提出了基于测井数据来确定卸载开始点的方法。Doyle(1998)给出了综合的方法,包括通过之前描述的相关技术和盆地模型技术来进行预测的方法(跟踪盆地在其地质形成历史进程中压力和孔隙度的演变),以及使用随钻的地震和以基于岩屑的测量方法在钻井时对预测结果进行实时更新。Standifird 和 Matthews(2005)对盆地模型方法进行了更详细的描述,这种描述是采用钻进时利用顶层和电阻率测井数据。

5.1.6.11　最小水平主应力大小 σ_h

在 5.1.5 节中讨论了地下应力状态,介绍了一些简单的水平应力计算模型。现讨论怎样将它们应用到实践中来估算最小水平主应力(σ_h)。使用这些模型时,需要时刻考虑它们假定的条件和简化方式,要时刻对这些模型的计算结果保持谨慎采用,直到有足够的现场数据充分确认这些结果的正确性。接下来会描述如何使用相关现场数据进行确认。

5.1.5 节描述了计算 σ_h 值的两种简单模型(极限强度模型和摩擦均衡模型),以及这两种模型可应用的地质(盆地)边界条件。这两种模型是以重力载荷作为主要(唯一)应力来源,在更复杂的情况下(例如地质构造成为重要的决定因素),需要更复杂的模型或者更加依靠经验公式(数据)进行验证。

5.1.6.12　极限强度模型

尽管有一定的限制条件(见 5.1.5 节),极限强度模型以各种不同形式被广泛应用。如式(5.22)所示,理论上讲,在给定垂直应力(σ_h)和孔隙压力(p_p)的情况下,σ_h值是由泊松比控制的。然而,在储层井段以外很少有岩心模型,在纵波速度和剪切波速度已知的情况下,也可以通过下面的方程式确定泊松比:

$$\nu = \left[\frac{\left(\dfrac{v_p}{v_s}\right)^2 - 2}{2\left(\dfrac{v_p}{v_s}\right)^2 - 2} \right] \tag{5.42}$$

式(5.42)被称作动态泊松比,因为它是由高频(动态)变形得来的,这些变形的比率要比地质载荷产生的原地岩石和地层变形比率要高得多。在原地重力载荷条件下,静态泊松比例(通过几分钟或几小时的实验室测量获得)更适用于实际地层条件。因此,为了在极限强度模型中使用测井得来的泊松比,需要将动态泊松比转化为静态泊松比例。在实际应用中,很难有效地将动态值转化为静态值。因此,通过极限强度模型获取的σ_h的绝对值通常通过对水力压裂和漏失试验(接下来更多的是通过这一方法)的测量和观察来校核的。然而,极限强度模型使用的泊松比仍然可以体现出不同岩性中σ_h的差异;例如,具有相似动态泊松比的连续地层可能具有相似的σ_h值。但拥有显著不同的泊松比的连续地层可能存在较大的应力差异。

当测量动态泊松比时要考虑十分重要的一点——孔隙流体影响。由于气体的压缩性很强,所以对纵波速度有很大的影响,因此也对动态泊松比有很大影响,如果存在气体,需要进行流体校正,从而确定所有地层的泊松比。

在实际应用中,通过极限强度模型获取的σ_h值需要由通过某种测量或测试得来的极限σ_h值进行校正。广泛使用的Eaton压裂梯度公式(Eaton, 1969)就是这种校正的一个例子(假设破裂压力梯度和σ_h等值)。Eaton压裂梯度公式(Eaton, 1969)仅仅是依靠经验得来的,并且以漏失试验结果为基础。墨西哥湾海岸区与墨西哥湾大陆间存在一个经验公式,另外一个经验公式存在于墨西哥湾深水区(Eaton and Eaton, 1997),每种经验公式都采用根据深度推算的泊松比,对已知值的校正不仅能表现出静态泊松比和动态泊松比的不同,还能表现出地层沉积时岩石的非弹性性质变化(如缓慢沉积作用)。

标准的漏失试验可以测量出地层破裂阻力的大小。这种方法本身不是直接测量σ_h的方法,但漏失压力经常被用作σ_h的近似值。5.1.4节更详细地讲述了σ_h和漏失压力的关系。为了便于讨论,可以假定漏失试验中仔细选取的漏失压力是σ_h合理的近似值。

由于漏失试验几乎都在页岩中进行,这样的方式提供了预估页岩σ_h的方法。砂岩的σ_h值可以由储层水力压裂前的小型压裂来决定,并且观测到的值通常要低于页岩的值。

5.1.6.13　摩擦均衡模型

正如5.1.5讨论的那样,在活动断层出现的盆地中,σ_h可能并不是像极限强度模型假设的一样,是由加载过程中的弹性反应控制的,取而代之,σ_h可能是由某种定向的断层的摩擦力来控制的(Addis et al., 1994)。在式(5.24)中,可以看到,在给定σ_v和p_p的情况下,σ_h值是由残余摩擦角($\Phi_{residual}$)决定的。残余摩擦角可以在实验室里测量,脆性页岩的残余摩擦角在11°~20°之间(Wu et al., 1998),在更加砂质的地层或更强的(高度压实或非弹性)地层中，残余摩擦角可能更大。

人们也曾尝试过通过测井方法来估测摩擦角，然而，在实际工作中，和极限强度模型一样，大量通过摩擦均衡模型预测的 σ_h 值都要通过用应力测量和漏失试验的数据来校核。

图 5.31 展示了在假定泊松比和残余摩擦角的条件下，在不同孔隙压力范围内（正常压力和轻度异常高压），分别由极限强度模型和摩擦均衡模型计算出的 σ_h 值的理论变化。需

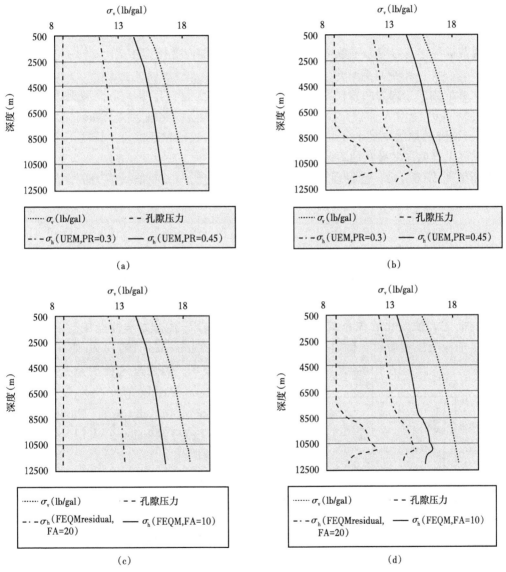

图 5.31　在不同模型和环境下的泊松比（PR）和残余摩擦角（FA）的变化对预测 σ_h 的影响

（a）在正常压力装置中，PR 取值为 0.3~0.45 时对计算出的 σ_h 值（使用单轴应变模型）的影响；（b）在异常高压装置中，PR 取值为 0.3~0.45 时对计算出的 σ_h 值（使用单轴应变模型）的影响；（c）在正常压力装置中，FA 变化时对计算出的 σ_h 值（使用摩擦均衡模型）的影响；（d）在异常高压装置中，FA 变化时对计算出的 σ_h 值（使用摩擦均衡模型）的影响

要注意的是(为了简化),图 5.31 中的关系假定了泊松比和残余摩擦角不随深度的变化而变化。下一节将会讨论,在实际工作中泊松比和残余摩擦角通常会随着深度的变化而变化。

5.1.6.14 σ_h 校验模型

以上讨论清晰地表明,σ_h 常用模型可以通过测量和观察的方法进行校验。以下讨论曾在实际中应用并进行校验。

正如 5.1.1 节所讨论的,单轴应变模型和摩擦均衡模型有相同的表达形式:

$$\sigma_h = K\sigma'_v + p_p \tag{5.43}$$

K 通常被称作基岩应力系数或有效应力比。在单轴应变模型中 $K = \nu/(1-\nu)$,在摩擦均衡模型中,$K = (1+\sin\Phi)(1-\sin\Phi)$。

在实际应用中,因为两种模型的表达方式相同,无论假定哪一个模型更适用,只需将通过也测到的 σ_h 值对 K 值进行校验。尽管理解这些模型的物理意义及如何应用于(或不能应用)于所研究的地层中是十分重要的,如果不考虑泊松比和摩擦角,只需一个简单的经验 K 值,就可以避免许多潜在的不确定性。

重新整理式(5.43),会发现 K 仅仅是水平有效应力与垂直有效应力的比值(因此称它为有效应力比):

$$K = \frac{\sigma'_h}{\sigma'_v} \tag{5.44}$$

此处,$\sigma'_h = \sigma_h - p_p$,$\sigma'_v = \sigma_v - p_p$。

通常垂直应力(σ_v)和孔隙压力(p_p)在大部分深度井段都很容易被估测到,因此可以在任何能够测量出 σ_h 值的点计算出对应的 K 值,当确定了几个 K 值后,可以简单地确定出最合适的描述 K 值变化的关系式,K 值很可能随着岩石某种力学性能的改变而变化(例如,当单轴应变模型假设正确时,可能是泊松比)。Christman(1973)发现了 K 值与密度的关系,可通过这种关系来描述 K 值是如何随着深度的变化而变化的,正如 Matthews 和 Kelly 关系(Matthews and Kelly,1967)及 Eaton 公式(Eaton,1969)摘述的那样。

5.1.6.15 σ'_h 校验实例

下面的例子展示了某油田中一口井典型的情况,从该井可以获得有效的标准数据,通过这些数据可以得到 K 的变化关系,并且使用这个关系将 σ_h 导入简单的地质力学模型中。假设 K 只随深度的变化而变化,这在简单的重力载荷环境中是合理的。

在图 5.32 中展示了 p_p、σ_v 和由现有探井的漏失试验得到的一些 σ_h 估测值。

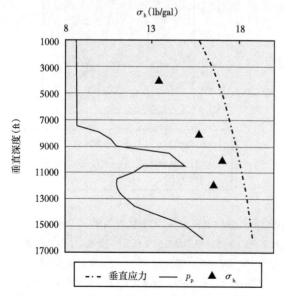

图 5.32 建立应力模型所需要的输入数据

图 5.33 展示了由沿着深度绘制的 σ_h 点的曲线图而得到的 K 值，图中还标出了 Eaton 的墨西哥湾大陆架 K 值作为参考，两种可能最合适的拟合趋势线——幂律拟合及线型拟合，K 值通过这两种拟合展示出来，两种拟合都提供了所考虑深度的合理拟合值，但是在较浅（4000ft 以上）和较深的地区（15000ft 以下）会有显著的差异，通过这两种拟合趋势线和整个深度范围内计算出的 σ_h 值得出了图 5.34 所示的结果。作为参数 Eaton（1969）也绘制出了墨西哥湾大陆架趋势线作为参考。

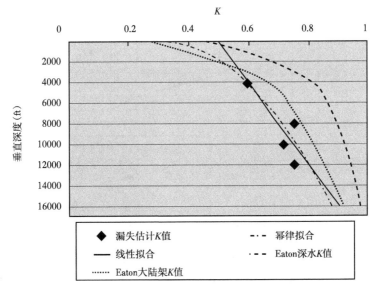

图 5.33　根据深度绘制的由图 5.32 获得的 K 值曲线

图中展示了两种可能最合适的拟合趋势线——幂律趋势和线型趋势。图中还标出了 Eaton 的
墨西哥湾大陆架趋势线及深水趋势线作为参考

需要说明的是，通过图 5.34 得来的图 5.32 曲线是以漏失试验获得的 σ_h 值为基础的，因此就其本身而言它很可能代表的是页岩的关系。通常情况下这并不是一个问题，因为在井眼稳定性计算中主要考虑的是页岩。但当寻求其他岩性的 σ_h 值时，需要不同的关系。

在复杂地质构造环境中，有效应力比可能不只是根据深度的变化而变化的，因此推广这些关系时要格外谨慎。

如果主要地质特征有变化，例如地形起伏（大范围背斜结构，例如在顶部延伸或在中心压缩），以及存在断层等（通过基岩传导的构造应力可能不存在于深度较浅的岩石中，因为它们被隔离带隔离开了），那么构造应力可能发生显著的变化，而盐岩区周围的应力变化更是难以预测，在这些情况下，很可能需要更复杂的模型来预测 σ_h 值。

5.1.6.16　漏失压力与 σ_h 的关系

通常用漏失压力估测 σ_h 值，然而，漏失试验并不是为了测量 σ_h 而进行的，因此有时可能导致错误的结果。为了确定固井工作是否成功地封闭了套管环空，并且为了对下一井段进行顺利钻井而评估钻井液密度的安全上限和当量循环密度，通常在钻出套管鞋后要进行漏失试验。

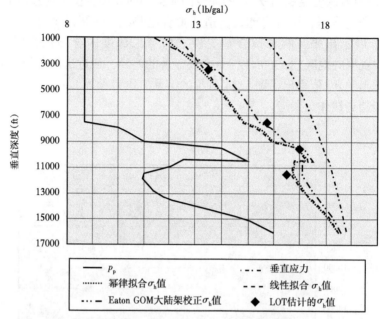

图 5.34　由图 5.33 中 K 的多种关系得来的 σ_h 值

图中还展示了漏失得来的原始输入数据作为参考

　　为了理解井眼内压力(通过漏失试验测量得到)与井眼周围岩石应力的关系,很明显,建立漏失试验的完整循环是具有十分重要的意义。这一过程与在科学试验井眼中进行的专门用于测量 σ_h 的水力压裂应力测量方法(Hickman and Zoback,1983)或者与为了确定大型油藏压裂增产作业设计所需的各种参数(包括 σ_h)而进行的小型压裂(也称为数据压裂)十分相似。尽管扩展漏失试验在石油工业中应用很少,这一试验的第一部分与标准漏失试验相同。

　　图 5.35 是来自扩展漏失试验的压力—时间曲线。阶段 1 是关井时最初的附加压力,线

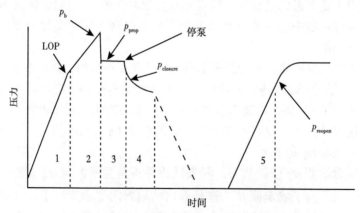

图 5.35　扩展漏失试验压力—时间曲线

标准漏失试验通常会在漏失压力出现后的很快就停止

段的斜率与整个井段的压缩程度(钻井液、套管、管道和设备,以及接触测试的岩石等有关。通常将压力上升斜率偏离线性的那个点定义为漏失压力点(图5.35),漏失压力代表系统稳定性开始降低,且在正常情况下(假设不是封闭系统某一部分的结构发生故障,如胶结或抽汲)开始发生拉伸裂缝的那个点。之后会进一步讨论其与σ_h的关系。

在漏失试验中,这一最初偏离直线的点是停止泵送的点,在扩展漏失试验中,泵会继续进行并且压力通常会持续升高(阶段2)直到到达了破裂压力(p_o)压力开始下降的点定为破裂压力,它表明拉伸破裂以比泵送流体的速率以更快的速度(就体积而言)进行。

在将一定体积的液体泵入裂缝以保证它已经延伸到距井壁有一定距离(图5.35阶段3的裂缝扩展压力)后,泵停止工作。在阶段4期间,压力卸载裂缝闭合。曲线上刚好使裂缝闭合的那一点的压力称为裂缝闭合压力($p_{closure}$),它是一个很好的衡量垂直作用于裂缝的应力的值,这就是最小压应力(通常被称为σ_h)。

在扩展漏失试验中,接下来会进行第二次再加压循环来再次打开裂缝(阶段5)。在1~4阶段产生的裂缝很可能在第4阶段以后保持打开(尽管在力学机理上是闭合的)。因此,在第二个加压循环过程中继续加压,这样裂缝重开压力(p_{reopen})又是衡量σ_h的值。

因为很少会进行扩展漏失试验,尽管闭合压力($p_{closure}$)和重开压力(p_{reopen})是衡量σ_h的值,但它们却很难取准。另一方面,漏失试验大多数都在套管鞋处进行,因此能提供更大的数据量。

那么,标准漏失压力与σ_h的关系是怎样的呢?这一答案在很大程度上取决于加压循环过程中井壁的性质。现就以下两个方面来考虑井壁的性质:

(1)完整的非渗透性岩石;

(2)一个相对长的(大于或等于一个井眼直径)、原生的、在与σ_h垂直的方向有可渗透性裂缝的岩石。

在完整的情况中(情况1),漏失压力理论上与破裂压力相等[在这里破裂压力p_b是式(5.17)中井内压力p_w],它是由水平应力和拉伸强度决定的,可能比σ_h高得多,这取决于所有参数的相对值。因此在这一情况中,漏失压力类似于破裂压力,因为在它出现之后压力会明显下降。

在有原生裂缝存在的情况中(情况2),钻井液会在加压期间因压力作用于井壁而渗入裂缝,因而漏失压力可能近似于σ_h。在这种情况下,漏失压力可能会接近于图5.35中裂缝重开部分的点,漏失压力可以被看作近似于重开压力(p_{reopen}),这是σ_h很好的近似值。当然,这种长期存在的裂缝可以是自然形成,除此之外,也可能是由于在下套管和注水泥浆过程中压力的波动,在套管下面也可以形成大规模的拉伸裂缝。

在实际工作中,许多漏失压力很可能代表与这两种情况都吻合的过程(情况3)。尽管存在大规模的原生裂缝是可能的,但是绝对完整的地层却是很少见的。除了在地层自然变化过程中形成的裂缝,在对地层钻孔的过程中也可能在井眼周围产生细小的微观裂缝。因此,如果漏失压力代表这些裂缝开始启裂的那个点,那么它很可能成为σ_h的合理估量值,但是它比情况2的端面处更容易受到近井眼作用(例如,压力传到裂缝顶端、固相含量、流体黏度),以及岩石拉伸强度或裂缝韧性(Rummel and Winter,1983)的影响。在这种情况,仍然需要一些额外的压力使裂缝迅速的传播,这看起来与标准的漏失压力曲线一致。

图 5.36 是由之前讨论的情况(情况 1、情况 2，以及中间情况——情况 3)得来的漏失试验曲线图。情况 1 的漏失压力可能不是 σ_h 更好的估计值，情况 2 的漏失压力可能是 σ_h 更好的估计值，而情况 3 的漏失压力可能是 σ_h 的合理估计值。

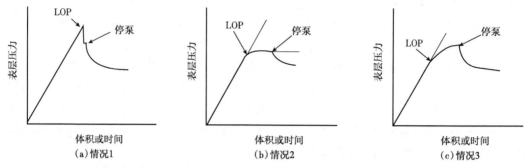

图 5.36　不同形式的漏失试验，代表不同的井底压力变化情况

总结来说，漏失压力和 σ_h 的关系是很复杂的，受原地应力原生裂缝及漏失试验过程中钻井液性能的影响。使用漏失压力数据估测 σ_h 时要十分谨慎，在分析漏失试验时，最好对原始压力或体积及其他任何作业参数进行检查。

最后，在有些情况中，可以通过钻井数据获得有用的最小应力信息。Edwards 等(2002) 描述通过钻井时测量的环空压力来获得 σ_h 值，来评估水力裂缝的打开和闭合。

5.1.6.17　水平应力方位

在水平应力各向异性显著存在的地方，保持井眼稳定性所需的钻井液密度是所钻井处方位角(及井斜角)的函数。因此，水平应力方位成为地质力学模型的重要参数。在相对最简单的情况下，假设一个主应力是垂直的(5.1.5 节)，那么另外两个主应力就是水平的(并且互相垂直)，通过确定其中一个主应力的方向，就可以确定完整的应力张量方位。

最大水平应力(σ_{H_Az})的方向通常是普遍板块构造运动驱动力作用的方位角，世界地应力图标记出的区域应力图在极大程度上反映了这一点。图 5.19 是来自欧洲西北部的世界地应力图的一部分(Reinecker et al.，2005)，由图中可以看出，最大水平应力很大程度上取决于当今主要的版块边界，大西洋中脊延伸至西北部，欧非板块碰撞(形成阿尔卑斯山脉)延伸至南部，构造应力在与底层基底结合不牢固的较浅(较新)的沉积物地层中没有，且由于不同的地质结构和特点，可能存在局部干扰(例如盐岩的干扰)。综上原因，推荐通过对研究区域内的实际测井资料的研究来确定该区域及目的范围内的局部应力场。另外，世界地应力图仍然提供了一些有用的信息，并且能够给一些无邻井参数可以参考的初探井提供一些决策所需的条件。

在过去 20 年左右的时间里，测井数据在决定水平应力方位上的应用越来越多。井壁破坏这一现象起初是由 Leeman (1994)提出的，而后 Babcock (1978)进一步的研究表明，它形成于井壁垂直方向上，方位角垂直于最大水平应力方向(图 5.37)。通过定向多臂井径测井数据来探测井眼破坏这一方法是由 Bell 和 Gough (1982)，Plumb 和 Hickman (1985)确定的。最近，来自电缆(Zoback et al.，1985)和随钻测井工具(Bratton et al.，1999)的井眼图像也应用于对井眼破坏的识别。

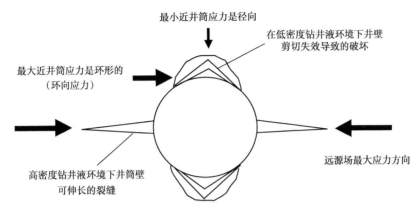

图 5.37　井眼横切面示意图，展示了与最大应力方向垂定向的典型井眼破坏形式。
一个垂直的井眼若存在水平应力各向异性，井眼破坏点的方位角与 σ_H 垂直

　　使用四臂井径测井数据必须注意将井眼破坏与其他特征区分开来，例如冲洗、钻井引起的键槽等。图 5.38 展示了这几种现象的不同之处（Plumb and Hickman，1985）。一个常犯的错误就是将破坏和键槽混淆，键槽是由底部钻具组合及钻杆对井眼一边或多边的磨蚀形成的，在定向井中，钻杆总是趋向于与井眼顶部或底部接触，钻杆旋转时会磨蚀井眼壁而形成键槽，尽管人们有时认为这种现象只有当井眼角度偏离至少 10°时才会发生，其实当井眼偏离任何角度的情况下都可能发生，所以最好是对所有高边或低边的变形都做仔细分析。当方位角发生改变时，相似的磨蚀现象也会在井壁发生；因此，当探测井眼发生破坏情况时，高全角变化率处的井眼变形也应引起重视。

　　成像测井法提供了比较清晰的测量应力方向的方法，这些测井法实际上可以提供井壁上发生破坏的图像。井眼破坏的对称性（例如它们形成于井眼的两侧）可以帮助将其与键槽类特征区分开来。井眼破坏的裂缝边缘与磨蚀所形成的边缘有很大不同。图 5.39 展示了不同成像测井法所测出的井眼破坏实例。

　　钻井诱导裂缝（DITFs）是成像测井常见的另一种结果。在 5.1.4 节讨论过，井眼破坏是由于井口压力不足（钻井液密度相对较低）而形成的，然而钻井诱导裂缝是由于井壁张力过大（钻井液密度相对较高）而形成的。钻井诱导裂缝的形成与最

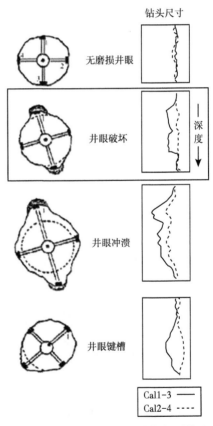

图 5.38　使用四臂井径测井数据对井眼破坏和其他井眼几何形态的区分
（Plumb and Hickman，1985）

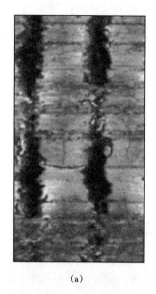
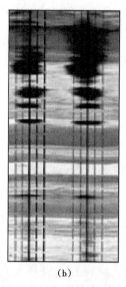
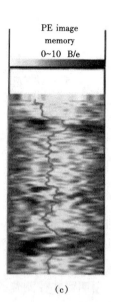

（a）　　　　　　　　　　　（b）　　　　　　　　　　　（c）

图 5.39　不同成像测井法所探测出的井眼破坏实例

（a）使用电缆超声波测井工具（UBI）成像；由国际地质力学公司提供（b）使用随钻测井（LWD）钻头处电阻率测井仪（RAB）成像（c）使用随钻测井（LWD）密度测井仪的光电因子数据成像。实例（b）是来自于 Paper JJJ，由 T. Bratton，T. Borneman，Q. Li，R. Plum，J. Rasmus 和 H. Krabbe 于 1999 年在挪威奥斯陆举行的职业测井分析家协会 40 周年会议上展示

图 5.40　通过全井眼微电阻成像测井仪（FMI）（浅色部位为低电阻率）测得的钻井导致伸张裂缝的实例，裂缝通过泥岩及细粉质砂岩延伸

小压应力相垂直（例如与井眼破坏成 90°角），这是垂直井眼水平应力定向的又一有价值的发现。钻井诱导裂缝是十分少见的特征，因此很难被井径测井仪（大多数井径测井仪都比钻井诱导裂缝还要宽）检测到。然而，它们能够很清楚地呈现在拥有更高分辨率（以稳定性为前提）的成像测井仪中，因为，它们是典型的沿井眼轴向的裂缝，所以不容易与其他裂缝混淆。图 5.40 是钻井诱导裂缝的一个实例。

井眼破坏和钻井诱导裂缝对于决定垂直井水平应力方向都具有一定参考价值。当井斜角发生变化时，如不与主应力之一平行，那么井眼破坏、钻井诱导裂缝及其他形式的破裂仍可能发生，但是它们并不一定和原地应力场有简单的（水平或垂直）关系。分析这种因井斜角变化而产生的特征时需慎重考虑。

通过对井眼破坏和钻井诱导裂缝现象的观察来决定地应力方向是最常用的方法，其他基于岩心和测井仪的方法也会使用，但是它们需要有更专业的分析才能取得更稳妥的结果，这类方法如下：

（1）基于声波测井的声学各向异性（Franco et al.，2005）。这一方法基于在井壁横波和纵波传播的方位角变化，这种变化是原地应力各向异性的函数。解决速度变化作为井眼方位角和进入地层的深度的函数需要以特定模式操作声波测井工具，消除由于地层构造（如底层）导致的层内各向异性中压力的影响，还需要专家来进行处理。

（2）许多基于岩心的探测方法。显而易见，这些方法都需将岩心以某种方式定向，基于岩心的探测方法包括非弹性形变恢复（ASR）（Teufel，1983），微差应变分析（DSA）（Strickland and Ren，1980；Ren and Roegiers，1983），和声波各向异性（Ren and Hudson，1985）。

5.1.6.18　最大水平应力值（σ_H）

最大水平应力值 σ_H 是三维地质力学模型中最难确定的参数，它不像 σ_h 可以通过水力裂缝或漏失试验直接测量，这里没有直接的方法可以测量 σ_H。因此，需要通过特殊的以模型为基础的方法来测量 σ_H。下面是对两种常见方法的详细描述，这两种方法是基于摩擦平衡原理以及对井眼破坏和钻井诱导裂缝现象的观察，第三种方法是基于多口井井漏实验数据的反演，这种方法在本书的5.1.2节中被描述为"标准法和反演法"。

可通过摩擦平衡原则估算 σ_H。地壳的摩擦平衡概念在5.1.5节中已经讲过了。如果已经决定三维地质力学模型的所有其他组成参数（如上面所描述的），就可以通过摩擦平衡原则来估算 σ_H，换言之，对于给定的 σ_v、σ_h 和 p_p 值，σ_H 的上限值（最大值）取决于岩石的摩擦强度（通常是现有良好断层的剩余摩擦角）。

给定摩擦强度的应力的可取值范围可以通过应力多边形图来阐释（Zoback et al.，1985），应力多边形图展示了在给定 σ_v、p_p 和 $\Phi_{residual}$ 取值的情况下，水平应力（假设摩擦平衡）的取值范围，应力多边形图由三部分组成，每一部分都代表不同的 Andersonian 裂缝机理（见5.1.5节）。

图5.41是两个应力多边形（Zoback et al.，2003）。图5.41假设静水产生的孔隙压力在深度3km处，$\Phi_{residual}$ 取值为30°，已知 σ_v 的值为70MPa的条件下的水平应力取值范围。图5.42展示了除 p_p 取值显著升高（异常高压环境）以外，其他条件与图5.41相同的情况下的水平应力的取值范围。孔隙压力的增加使水平应力可取值范围显著减小，这与在超高压环境下，很难看到明显的应力各向异性这一现象相一致。图5.41和图5.42中，σ_H 的取值范围可以被看作是由已知 σ_h 的值决定的。

5.1.6.19　通过观察井眼失效估算 σ_H

当井壁的应力集中超过岩石强度时，井壁的岩石就会出现破裂，破裂可能是压缩或是拉伸。如果能够观测到这一破裂并知道破裂发生时的井眼压力（钻井液密度），就可以通过一些破裂准则和描述井壁应力的方程［例如式（5.10）至式（5.13）］来估算（假设知道三维地质总模型的组成成分）σ_H 的值。

应力导致的井壁破裂有很多不同的形式，它取决于原地应力的相对值、岩石强度和钻井液密度（Bratton et al.，1999）。然而，最常见的破裂是井眼破坏（在相对低的钻井液密度下井壁发生剪切破坏）和钻井诱导破裂（在相对高的钻井液密度下井壁的张性破裂）。如果能够正确识别这些不同形式的破裂，就可以通过观察这些破裂的相关特征来估算 σ_H。

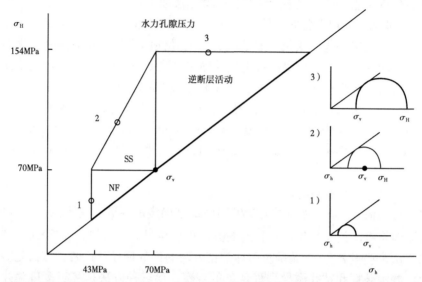

图 5.41　应力多边形图(Zoback et al.，2003)。对于给定的应力和摩擦力，可以计算出水平应力的取值范围。应力状态可以存在于多边形的任何一个位置。然而，如果已知其即将裂缝，应力状态将位于多边形的一个边界上(取决于三个应力的相对值——例如应力状态)，如图例的应力状态所示(1—正断层活动，2—走向断层活动/滑断层活动，3—逆断层活动)。经爱思唯尔的许可转载

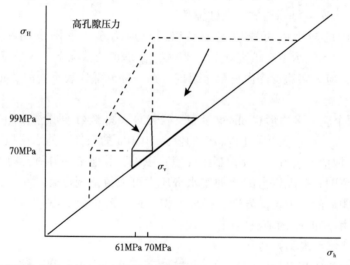

图 5.42　显著异常高压对应力多边形图的影响(Zoback et al.，2003)。此图描述的参数组合与图 5.41 的相同(垂直应力和岩石强度)，但是其孔隙力升高了。经由爱思唯尔许可转载

在钻井液密度可知的情况下，如果观测到井眼破坏现象，就可以得出结论——基于井眼稳定性计算原理(5.1.4 节)，一定是 σ_H 超过了特定的值从而导致井眼破坏，这就提供了 σ_H 的最小值(σ_H 一定要达到这个最值才能形成井眼破坏)。

另一方面，如果观测不到井眼破坏现象，可以知道 σ_H 一定没有超过特定值，这样就可以获得一个最大值(σ_H 肯定没有超过这个值，否则就会形成井眼破坏)。依据井眼破坏探测

机理，未观察到井眼破坏现象也许比观察到井眼破坏现象更难证实。例如只有四臂井径仪数据，测量的井眼也许有破裂，但是破裂的岩石可能不会脱离井壁。因此，高分辨率的成像测井仪在检测破裂或完整岩块方面更具可信性。

通过观测钻井导致的张性裂缝（钻井诱导裂缝）也可以估算 σ_H。对于井眼破坏的假设为导致钻井诱导裂缝形成的井眼压力是井壁的应力集中（因此也是 σ_H）的函数，见式（5.10），根据这一假设，若 σ_H 的取值较 σ_h 高，可以促进钻井诱导裂缝的形成，因此，当观察井眼破坏时，在给定井眼压力的条件下观测到了钻井诱导裂缝，就可以估算出 σ_H 更低的取值；换言之，可以说到至少要比这个值更高才能形成钻井诱导裂缝。

尽管这种方法已被广泛应用，有几点仍需牢记：首先，当使用式（5.10）去求 σ_H 时，要先假设式（5.10）的边界条件适用。边界条件之一是井壁起初是完整并且非渗透性的，在本节前面有讨论过，在井眼试压的过程中，钻井液可能会渗入原生裂缝并使其加压，这一点式（5.10）没有体现。在漏失试验的分析讨论中，可以看到当压力接近 σ_H 时，拉伸裂缝实际上可能从井壁开始延伸，因此需要谨记，当观测到钻井诱导裂缝时，钻井（或起钻过程中的压力波动）后的井眼压力可能接近或超过 σ_H 值。如果式（5.10）的假设成立，那么在计算时需要把岩石的拉伸强度加进去，估算与实际测量得来的拉伸强度会有很大不同，这就使估算 σ_H 值增加了很大的不确定性（尽管假设拉伸强度为 0 也会得到更低的估量值）。

当通过观测井眼破裂和钻井诱导裂缝来估算 σ_H 时，了解在钻井和观测期间作用在井壁上的最压力是很重要的，通常是通过井眼裸露处的钻井液当量密度来估算的。然而也需要考虑在正常钻井实践中产生的诸如抽汲、波动等瞬时压力（尤其是对于钻井诱导裂缝的观测），例如，井眼封闭时所产生的波动压力可能会比钻井液静水压力高出几百 psi。钻井诱导裂缝的产生可能由波动压力所致，而非静水压力；同样地，如果井内压力由于抽汲而显著降低，从而导致井眼破坏，σ_H 值的计算必须要基于抽汲压力，这样才能得出准确的数值。理想上，需要通过对井底压力的实际记录来确保计算中井眼压力的准确性。

5.1.6.20 通过观察井眼破坏和钻井诱导裂缝来估算 σ_H 的实例

井 A 是一口垂直井，高分辨率成像测井仪在井内工作并检测到分别在 5000ft、8000ft 和 10000ft 处发生了井眼破坏，除了 σ_H，地质力学模型所有参数都已知，表 5.3 列出了不同深度井眼破坏所对应的各项数据。表 5.3 的值可以代入到式（5.15）（σ_A 相当于 σ_H，σ_B 相当于 σ_h）中来决定 σ_H 的下限值（最小值）（例如 σ_H 的值至少要达到这个值才能形成井眼破坏）。表 5.3 列出了计算出的 σ_H 下限值，图 5.43 是最终估算出的压力剖面图。

表 5.3　垂直井 A 观测到的不同深度的井眼崩落对应的三维地质模型各项数据及计算出来相应的 σ_H 下限值

观测深度 （ft）	σ_v （lb/gal）	p_p （lb/gal）	σ_h （lb/gal）	UCS （lb/gal）	Φ （°）	井眼最小压力 （lb/gal）	σ_H 下限值 （lb/gal）
5000	16.99	8.70	12.77	15.41	25.00	9.00	15.54
8000	17.63	9.10	13.28	14.45	27.00	9.60	15.92
10000	17.98	11.20	14.52	13.49	30.00	11.80	17.60

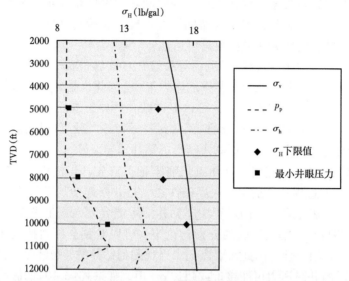

图5.43   压力剖面图以及有井 A 观测到的井眼崩落处计算出的 σ_H 下限值

井 B 也是垂直井,但是与井 A 处在不同环境。井 B 中也工作着一个高分辨率成像测井仪,并且在 3 个点观测到了钻井诱导裂缝。表5.4 列出了观测到的不同深度的钻井诱导裂缝对应的地质力学模型各项数据。这些值可以代入到式(5.16)(σ_A 相当于 σ_H,σ_B 相当于 σ_h)中来决定 σ_H 的下限值(最小值)(例如,σ_H 的值至少要这么大才能形成钻井诱导裂缝)。表5.4 列出了计算出的 σ_H 下限值,图5.44 是最终估算出的压力剖面图。

表 5.4   从井 B 中观测到用来确定 σ_h 下限值 DITFs 数据

DITF 观测深度 (ft)	σ_v (lb/gal)	p_p (lb/gal)	σ_h (lb/gal)	拉伸强度	井眼最大压力 (lb/gal)	σ_H 下限值 (lb/gal)
5000	16.99	8.7	12.77	0	11.2	18.40
7000	17.43	8.7	12.98	0	11.5	18.74
10000	17.98	11.2	14.52	0	12.9	19.47

5.1.6.21   钻井液密度窗

在前面的描述中已经建立了地质力学模型,接下来准备计算给定井眼轨迹的钻井液密度窗。在最普通的一维地质力学模型情况下,参考垂直深度,该模型可以简单地成为包含沿所述井眼轨迹所有地质力学模型参数的文本文件或电子表格,在这个阶段的过程中,需要通过软件来有效地计算钻井液密度窗,这个软件只是简单地应用式(5.10)到式(5.17)来计算所需的钻井液密度。然而,如果井眼轴线与主应力方向不平行,并且要在不同深度处计算,那么手动计算就会很耗时。

需要在多少个井深处进行计算取决于精度的要求。例如,对于岩性变化多样的井剖面来说,需要在更多的深度处不进行计算(也许是每 10ft 算一个点),而如果井段模型主要是泥岩,可能只需每 100ft(30.48m)计算一次。若在一口有特定问题的井内,或在用高分辨

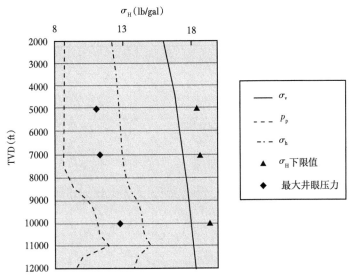

图 5.44　压力剖面图以及有井 B 观测到的钻井诱导裂缝计算出的 σ_H 下限值

率成像测井仪进行校准的井内，往往希望能在较短的井段里仔细检查各个细节，这样一来，就会争取每 1ft 都计算一次。

在 5.1.6 节的简介中提到过，钻井液密度窗的下限是由渗透层段的孔隙压力或为防止剪切破坏发生的最小钻井液密度（MW_{min}）所决定的，任何一个数值都十分重要。在坚固的地层中，最小钻井液密度会低于孔隙压力（图 5.45，区域 1），如果这种岩石为非渗透性岩石，那么在钻井液密度低于孔隙压力的情况下可以安全钻井。然而，最小钻井液密度常常会高于孔隙压力，尤其是在构造环境中或定向井中。

钻井液密度窗的上限是破裂压力梯度。尽管破裂压力梯度可以由包括破裂压力、测得的漏失压力、预估的最小水平应力在内的多种方式来确定，实际上，它是由井眼在不受重大损坏的情况下所能承受的最大压力确定的。在有些井中，在井控和井涌允许的极限环境下所发生的小漏失并不是主要关注的事情。而在其他情况下，任何循环漏失现象都可能给井控带来威胁，因此需要使用更保守的破裂压力梯度。不同岩性需采用不同的破裂压力梯度，在正断层地层环境下，因为坚硬的砂岩颗粒分担较少的水平应力，所以通常认为砂岩的压裂梯度低于页岩的压裂梯度。通常，可以通过合理地使用堵漏剂来提高砂岩的压裂梯度，从而防止拉伸裂缝在砂岩中的延伸。

图 5.45 是钻井液密度窗曲线图。图中考虑了两种不同的井眼轨迹：一口垂直井（井 A）和一口有着井斜角 60° 稳斜段的大位移井（井 B）。假设地质构造是横向连续的（"千层饼"模式），所以两种轨迹穿过的岩石属性都相同，并处于同一垂直深度。可以通过简单的一维地质力学模型来计算两种井的钻井液密度窗，图 5.46 列出了地质力学模型的主要数据，这里所选的破裂梯度是页岩中的最小水平应力。这一破裂压力梯度被认为是最接近实际上限的（如果高于这个上限，裂缝会延井眼壁迅速扩展）。

在 A 井，从地表到大约 2500ft（762m）深，岩石强度足以支撑进行欠平衡钻井（即钻井液密度小于孔隙压力）。在此区间内可能会有渗水带，因此孔隙压力是钻井液密度窗的下限

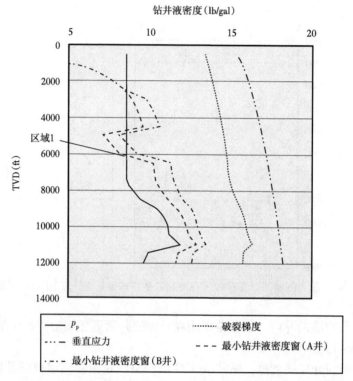

图 5.45　相同地质力学模型下 A 井(垂直)和 B 井(偏离 60°)的钻井液密度窗。任意深度的下限值是由最小钻井液密度或孔隙压力(较大)决定的，上限值是由压裂梯度决定的

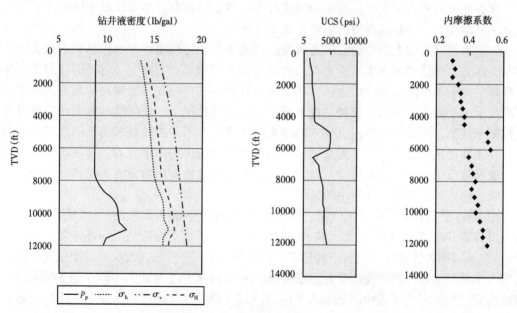

图 5.46　图 5.45 列出了计算钻井液密度窗所需的输入参数，对于以上计算，泊松比和 Biot 系数分别被假定为常量 0.3 和 1

值。在井的其他大部分区域，下限值是由计算出的最小钻井液密度窗决定的。只有在格外坚固的区域 1（比如说是胶结性的十分良好的砂岩）孔隙压力才能再次成为钻井液密度窗口的下限值。

B 井的垂直深度和 A 井相同，都是 2500ft。在 2500ft 以下，B 井开始迅速偏离 60°角。为防止剪切破坏，井眼的井斜角越大（在这种正断层活动状态中）需要的钻井液密度就越高。

图 5.46 计算钻井液密度最小值是为了防止井壁可能发生的一切剪切破坏。实际上这种决定钻井液密度的方式可能过于保守，现实中，钻井液密度取决于特殊井段的需求，例如，井壁可以承受一定程度的剪切破坏，不需要严格的钻井处理和下套管作业。因此如果目标只是钻进和套管，可以使用较低的钻井液密度以减少风险；另外，如果目标是获得高质量地层测井数据，最好让测量仪与井壁近些，因为测井数据的质量可能受凹凸不平的井壁的影响而下降。相似地，在生产层段，尽可能地让测量仪与井壁靠近一些也是有利的，这样可以优化完井工具的安装。与简单的套管柱不同，完井工具进入多褶皱的井眼中可能更加复杂和困难，在标准井中有时更容易完成好固井作业（所有水泥浆均匀固化）。与此相似地，有些完井工具，例如膨胀防砂筛管，就要依赖于与井壁的均匀接触，在多褶皱的井眼中，在生产和坐封过程中可能会由于完井工具的不均匀加载而产生问题。

5.1.6.22　标定和校对—比较补偿井径仪、钻井经验和其他因素

在通过地质力学模型给将钻的井计算钻井液密度之前，最好先用现有井的数据对模型进行测试以确保计算出的钻井液密度与实际用的一致，尽管这一步骤看起来很重要，但它经常被忽视。如果已经建立了在 5.1.6 节讲到的地质力学模型，那么就应该把能够得出地质力学模型数据的大量油井资料考虑进去。然而，无论在这些井还是在其他还未提到的井中，与实际钻井时测到的数据相比，通过地质力学模型推测出的钻井液密度真的有意义吗？这个问题可以从钻井报告中得到，日常钻井和作业报告中通常会描述井眼复杂情况发生的时间和位置。

5.1.6.23　真实性检验实例

假设依据 X 井和 Y 井的数据建立了地质力学模型，X 井和 Y 井提供了完好的数据集，包括高质量漏失试验记录、井径测井记录，以及用来估测应力方向和数值的成像测井记录。Z 井和 X 井、Y 井处于同一个油田，其所处位置的地质深度和压力与那两口井稍有不同，因此为 Z 井的位置建立了新的一维地质力学模型。Z 井具有一套更有确定性的测井系列，其中包括用来估测岩石强度和孔隙压力的密度测井和声波测井。根据对这个区块的了解，似乎可以认为 Z 井的应力范围与 X 井和 Y 井有可比性，因此，建立了包含垂直应力、孔隙压力和 Z 井位置特定岩石强度的地质力学模型和能适用于 Z 井所处位置的其他临近井的应力模型。

5.1.6.23.1　案例 1

通过建立的地质力学模型来运行 Z 井的轨迹，并计算出防止发生剪切破坏所需的钻井液密度最小值。然而，当查阅 Z 井的钻井报告时，发现在 12¼in 井段，实际上使用的钻井液密度为 0.5~1.0 lb/gal，这要低于通过地质力学模型计算出的数值。继续查阅钻井报告直到最后井段，通过观察下套管，并没有发现井眼复杂情况出现的迹象。由于没有应用成像

测井仪或井径测井仪，不能直接观察到井壁发生了什么。这意味着什么？下面列出了一些可能的解释。

解释（一）：地质力学模型有问题。建立的地质力学模型可能与实际情况有本质上的不同，例如，原本假设从 X 井和 Y 井获得的应力可以应用到 Z 井上，而这也许是不正确的。这在结构上复杂或地质构造的环境中是很有可能的。或者说，估算的泥岩孔隙压力（基于声波和密度测井）可能包含不确定性或者一定的误差。用来估测孔隙压力的各种岩石物理模型把速度和有效应力联系起来并且对成岩、胶结、上升和排液等过程很敏感。当这些二次过程很明显时，泥岩压力估算的不确定性就会增加，即使测得的邻近砂岩压力都很准确，由于横向压力传导这一过程对砂岩和页岩的影响不同，因而页岩压力仍然具有很大的不确定性。

简而言之，地质力学模型的每一项数据都包含某种不确定性，因此需要一定的经验和工程鉴定来对可能出错的数据进行校正。

解释（二）：岩石出现破坏，但不是完全破裂。在本章的简介部分讨论了岩石破裂和井壁坍塌。井眼稳定模型计算出为防止井壁坍塌所需的钻井液密度。一般来说，在完好的脆性地层中，当岩石发生破坏，它很容易与井壁分离并掉入（或被钻具组合或钻柱碰撞）环空，产生潜在的钻井复杂情况。在黏性更高的地层（更柔软的页岩或多孔砂岩）中或者钻具组合或钻柱对井壁的碰撞比较柔和时，可能不会发生这种岩石在破坏后的崩落掉块，而且还可能保持井壁的完整性。

解释（三）：井壁正在发生破裂，但是并不会明显影响钻井作业。再次强调，正如在本章简介所讨论的，应该记住岩石破坏和井壁破坏的区别。井壁可能正在发生破坏，而且产生的坍塌落块正掉入环空，然而，其对钻井过程产生负面影响程度取决于许多因素。井眼不稳定性可能正在发生，仔细观察可能会发现振动筛上的坍塌落块或其他证据，但如果对钻井作业没有产生负面影响，这种现象并不会在钻井报告中提到。实际情况或许包括以下几点：

（1）在大尺寸井眼中（例如，$17\frac{1}{2}$ in 或更大），坍塌落块与环空尺寸（钻柱的最大直径为 $6\frac{5}{8}$ in）相比十分微小。

（2）井眼净化良好。现代钻井泵的功率和地表压力等级可以实现非常大的排量，再与良好的钻井液流变学相结合，即使有时井眼发生某种程度的增大并且产生坍塌落块，也可以使井眼的大部分保持清洁。

（3）在近垂直井中。在大斜度井中，井眼褶皱可以引起井径缩小、封闭，甚至导致钻杆在起钻过程中被卡住。然而，在近垂直井中，由于井眼净化状况良好，大部分岩屑都可以被迅速除去，钻柱可以自由移动而不会被推挤到井壁边上，因此在工作过程中大多数褶皱井段可以正常工作（取决于井底钻具组合的结合和其他因素）。

总的来说，井壁不稳定性是否会影响钻井作业取决于多种因素。在一个井中，一些不稳定性也许不会产生任何问题，但是对于另外一口井，由于井眼净化能力、底部钻具组合等多种因素的组合，相似的不稳定性可能会导致钻杆被卡或进行侧钻等问题。

5.1.6.23.2　案例 2

我们通过建立的地质力学模型来运行 Z 井的轨迹，并计算出防止剪切破坏所需的钻井液密度最小值。然而，当查阅 Z 井的钻井报告时，发现在 $12\frac{1}{4}$ in 井段，实际使用的钻井液密度为 0.5~1 lb/gal，低于通过地质力学模型计算出的数值。继续查阅描述这一井段最近的钻井日志，并没有发现有任何井眼复杂情况出现。查阅这一井段是怎样在记录时间内到达目标井深的，还比计划提前了几天，这意味着钻井队可能通过这两周的工作拿到了额外的奖金。如果只看到这里，可以得出结论：建立的模型有误差。然而，套管一直下到最深处并且水泥凝固过程存在出现井壁破裂的潜在可能性。实际上，许多（即使不是大多数）情况下，只有在钻具从井中抽出的时候那些不稳定性才会发展成严重问题。继续查阅后了解到，在井底进行短循环后，钻井队员们迅速起钻，起出几根立柱后，井眼被抽汲，他们反冲洗后又试着起钻，但是这次他们很快撤回去而且差点被卡住。越往后看发现情况变得更加恶劣，接下来的一周都在对付不稳定性。他们将钻井液密度提升了 0.5~1.0 lb/gal，很快就超过了最初提供的钻井液密度值，由于过高的钻井液密度和连续憋压，突然导致压力骤增而发生井壁，压裂并开始漏失钻井液，花了整整一个星期的时间解决钻井液漏失与不稳定性问题，直到这口井被放弃或侧钻，或是用提供的新的钻井液密度重新钻井。

总的来说，井眼失稳不总是发生在钻井的时候，它可能发生在钻井后的几小时甚至几天。尽管岩石起初可以迅速被钻开，但井可能处于多压力波动环境中（例如，由于下套管和启泵停泵导致的抽汲），这使得被钻开的地层受扰动而产生不稳定性。这样不稳定的井段可能对其之后的钻井作业影响不大，因为它只包含一个钻柱，然而，如果想要从这一井段起出长几百英尺比钻柱直径大得多的井下钻具组合则可能会十分困难。

5.1.6.23.3 案例 3

通过建立的地质力学模型来运行 Z 井的轨迹，并计算出防止过剪切破坏所需的钻井液密度最小值。然而，当查阅 Z 井的钻井报告时，发现在 12¼ in 井段，实际上使用的钻井液密度与计算出的钻井液密度相同或偏高。尽管这一次看起来使用了合理的钻井液密度，但接下来的报告中出现了许多井眼复杂情况。尽管没有提到坍塌落块，也没有对井眼不稳定性的明确描述，但仍有大量问题发生，例如井径缩小、高扭矩和高摩阻，甚至钻柱被卡等。

通过进一步查阅分析，发现井内使用了定向四臂井径仪，并获取了数据。井径仪数据显示出几个井段的井眼有扩大现象，起初认为一定是建立的井眼稳定性模型出错了，然而当沿着井眼轨迹分析井径仪数据时，发现大部分井眼扩大都发生在井的高边和低边，在这些部位，相对柔软的岩石被钻杆的运动所磨蚀（就像键槽），而相对坚硬的岩石未被磨损。当把钻具从扩大井眼起出并下入无磨损井眼中时，会导致井内压力增大，将使本来就扩大的井段井径进一步扩大。井径扩大井段的环空流速较低，这意味着井眼不能被有效清洗，这样就形成了岩屑垫层，这并不是不稳定性问题，而只是井眼形状问题，或是与之相关的井眼净化问题。

在另一井段发现扩张现象发生在井边，起初认为这是剪切破坏和井眼崩塌，然而，仔细观察后发现，这一扩张正发生在井眼方位角急剧变化的地方。在前面的几百英尺，井眼方位角偏离了标准方向，然后在这个点采取了某种矫正方法把它矫正回了轨道，这一做法产生足以侵蚀较软部分的大狗腿角和井壁侧力，这一井段在整个轨迹上是存在问题的，但是这不是一个井眼稳定性问题，而是一个井眼几何形状问题。

5.1.6.23.4 案例 4

通过建立的地质力学模型来运行 Z 井的轨迹，并计算出防止过剪切破坏所需的钻井液密度最小值。当查阅 Z 井的钻井报告时，我们发现在 12¼ 英尺井段，实际上使用的钻井液密度与计算出的井段的钻井液密度相同或偏高。然而，尽管看起来使用了合理的钻井液密度，仍然有许多井眼复杂性问题发生。钻井报告描述了刚钻开这一井段时，摇动筛上就有大量的坍塌落块，钻井队又花了几天时间尝试继续钻井，但是钻井液密度并没有提高，而且对井眼的清洗工作也并未有效，然后升高钻井液密度，一天之后的密度比井眼稳定性模型推荐的密度要高出 1 lb/gal，而井眼不稳定性状况继续恶化，最终该井被放弃。井眼状况太差以至于不能进行任何电缆测井仪，所以一开始并不知道导致不稳定性的原因。然而，当查阅底部钻井组合报告时，发现在这一井段使用了随钻密度测井工具，然后回头再看这些数据，发现钻井工人将随钻密度测井工具代替电缆密度测量的工具，电缆密度测量工具原计划的是在接近井底的产层使用，尽管密度测井仪可以提供在钻井过程中记录的井眼图像及定向超声波井径数据，但是他们拒绝了，因为这是一项额外的费用。Z 井被侧钻，侧钻时的钻井液密度更高，井眼稳定性模型提供的密度高出 1.5 lb/gal。除了钻井液密度提高，井的其他方面参数并无改变，钻井报告记录和第一次尝试钻井的报告内容十分相似，结局是钻杆被卡住、钻具组合丢失。幸运的是，随钻测井仪保存着 Z 井主井眼的原始数据，并能提供密度、光电测井数据和井径数据，这些数据清晰地显示，所有井眼扩大都是沿层理面和裂缝带发生的。重新对地震进行检测，发现由于此区域地层倾斜，井轨迹几乎与地层平行；除此之外，还存在一些小裂缝发生的迹象，而这些在一开始都被忽视了，这口井已经明显遇到了存在裂缝页岩的区域，其中的岩石构造对不稳定性的发生起到了重要作用。在这种情况下，由于钻井液趋向于渗入脆弱的岩石中，钻井液压力起不到支持井壁的作用。井眼稳定性模型只是完整岩石剪切破坏的简单模型，它并不能解释这一种地层下的钻井问题。提升钻井液密度不能解决这类不稳定性问题。

以上案例 1~4 描述了实际工作中的一些井眼稳定性模型预测与现场的实际经验并不是很吻合。当建立并测试这些模型时，应该对整体设计有清晰的认识。必须始终考虑井眼不稳定性随时间的变化，钻探设备与不稳定性间的联系，其他对钻井机构有影响的钻井过程，以及不能通过所用模型来解释的其他不稳定性机理，当然，地下的地质复杂情况不是通过观察几英里外的临井观察就能够描述准确的。

5.1.6.24 判别并交流其他事故

前面已讨论了怎样建立地质力学模型并计算出安全钻井液密度窗。然而，在验证校核部分提到，即使钻井液密度保持在安全窗内，仍然会遇到其他钻井事故，这些钻井事故通常发生在典型的不连续复杂地层、断层或高度变形的地层，这些事故可能发先在岩石高度破裂和断裂的区域，因此不能通过钻井液密度来使其稳定。它们可能在发生包含自然裂缝的区域，只要钻井液密度高于孔隙压力就可能发生循环漏失。对于这些事故，正确选择钻井液密度并不一定能成为成功的因素。对于这些事故最好通过定性分析的方式（描述它们是什么，致使它们产生的机理、相应的缓解办法，以及对这些问题的评估等）来描述，并且，钻前设计中仍然能够考虑到它们是很重要的。

好的钻井设计方案应该试着在钻井前判断并告知可能发生的事故。如果预知到事故的发生，可以采取相应的钻井实践方案，从而使不利影响降到最低。由于对地表以下地层预测固有的不确定性，判断钻井事故是一项艰巨的任务，理想情况下，应该广泛的从钻井队员中寻求数据，在一些情况下，熟悉当地钻井的人对某些事故的特性有很好的见解，如果在新的钻井区，并没有这一区域的临界井钻井数据和经验，那么就只能主要依靠地震解释和地质模型来推测了。无论是哪种情况，都需要寻求多领域专家人士的见解，包括地质学家、地球物理学家、岩石物理学家、钻井工程师及井场钻井人员（井场地质师、钻井液工程师、钻井师等）。

所有潜在事故都被考虑到以后，需要写入文件并传达下去，重点是团队提取出的知识能够以清晰、简洁的方式传达给在前线负责钻井决策的人，包括办公人员和钻井操作人员。钻井界常有传达错误或完全没有传达的例子，要么是地下信息与钻井队之间，要么是办公室与钻台操作之间。

可视化是传达钻井事故的重要部分。近年来趋向于使用三维可视化技术，首先，这可以帮助阐明地质结构与事故的关系，从而帮助钻井队理解问题的根本起因，其次，清晰的可视化图像对于将事故传达给更广泛的团队来说很重要。图5.47和图5.48展示了两个钻井事故的三维可视化图像，这样的模型一般建立于存在临井数据的情况。井眼轨迹、地质结构模型及钻井问题能够同时显示在图像中，可以将设计的井眼轨迹加进去来帮助发现哪里可能会发生事故。

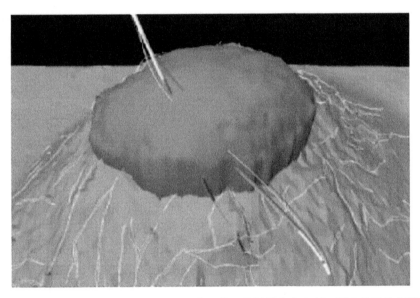

图5.47　复杂地质构造环境中的三维可视化图像，分析并交流实例。图中显示的井眼轨迹
横贯穿透透盘丘，发生事故的地方都标记了，如盐丘周围含裂缝的易剥裂页岩，盐丘侧面
与地层平行处的钻井，以及盐丘基层标记内的自然开门裂缝处等（Bratton et al.，2001）
图像版权归斯伦贝谢所属，经许可在此使用

钻井完成后，需要更新数据和模型。如果在实际工作中做了这一步，那么在钻井时，它可以帮助解释任何新出现的问题。在钻井时，事故可能会发展得很快，因此做好这一阶段的交流工作至关重要。钻井时采取的任何帮助分析和交流的方式方法都十分有意义。将在5.1.7节进一步讨论这种实时或钻井时的各种方法。

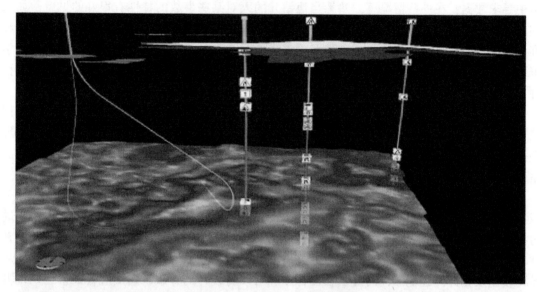

图 5.48　三口垂直开发评价井中已填图的井眼事故的三维可视化图像。图像同时展示了井眼轨迹和主要的地质构造特点，如地质顶层和断层(为了清晰度，此图并没有把它们全部显示出来)；只要点击鼠标，就可以在视图中进行添加或删除。此图通过不同的符号来显示现有井中的钻井事件，清晰地展示了这些钻井事件在地质构造方面与预计的勾状井眼轨迹的关系(Greenwood et al. ，2006)

5.1.7　钻井过程中的井壁稳定性：建模、监测、诊断和改善

　　前面章节讲述了井壁稳定控制的机理，并概述了钻前井壁稳定性设计所需的数据和资料。基于以上知识、理论，可以很好地预防井壁失稳问题的发生。然而，实际上在钻井前，人们对于井下的理解和认识是不完善的，尽管近几年在地震技术和其他井下技术方面取得了很大的进步，在实际钻井过程中，仍然会遇到各种各样的基本问题(尤其是在勘探井，甚至评价井和开发井在一定程度上也会遇到)，例如深度、岩性、压力、断层、地层构造等方面存在很大的不确定性。

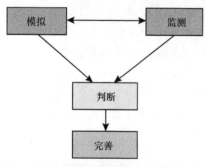

图 5.49　钻井过程中用于解决井壁失稳问题所需的典型信息的概念性总结。模拟、监测、诊断和完善四个部分，将在以下部分按照顺序讨论

　　考虑到即使是最好的钻井设计，也会遇到内在的钻前不确定性因素，那么，如何尽可能降低在钻井过程中遇到井壁失稳的潜在问题？这是一个值得思考的问题，有必要回顾前面所学知识来思考一下这个问题。人们一般倾向于预测问题并避免它发生的可能性，实际上，一旦发生问题(没有预测到的)，再来模拟和监测就为时已晚。如对于井壁失稳问题，该类问题可能会持续几个小时甚至几天，所以早发现问题可以及时采取补救措施，从而防止导致更严重的后果。所以，尽管钻前设计对于钻井过程是非常重要，但之后将讨论的随钻的分析同样重要，甚至更重要。

　　如图 5.49 所示，是一种有效的方法。该方法的

第一部分包括随着新获得的数据(如随钻测井)实时更新井壁稳定性模型,结合对井壁失稳情况的监测,模拟和监测提供了认识不稳定和判断不稳定机理的信息,从而提出适当的补救措施来完善或控制井壁不稳定性。

术语"钻井过程中的井壁稳定性监测"就是指观察的过程。钻井过程中获得的多种信息(坍塌落块;钻井参数,如扭矩、阻力和环空压力;随钻井径测井,甚至井眼成像测井)都是井眼实时状态的一个显示。这和术语"钻井过程中的井壁稳定模拟"这一概念有区别。模拟意味着运行软件,需要有信息输入(岩石强度和地应力、孔隙压力)和输出,通常,在给定深度和井眼轨迹条件下的钻井液密度要求能防止井壁失稳问题发生。

随钻过程井壁失稳模拟:在5.1.6节中已经对钻前的井壁稳定模拟进行了描述,但是在实际钻进过程中,发现问题并不像之前所预期的那样,如果想继续用井壁稳定模型,需要对输入数据进行更新。

在开发过程中,如果有很多可获得的探井数据来约束钻前输入参数,那就几乎没有更新的必要了,或许需要对特定地层的深度进行微小的调整,或对孔隙压力进行小调整。另一方面,在某一些勘探井中,可能只有很少的钻前信息可以获得;例如,在墨西哥湾的深水钻井时,孔隙压力等参数(有效应力和岩石强度)都不确定,整个钻进过程包括钻出盐岩层底部是非常盲目的。

相比其他,井壁稳定模型对于输入参数是很重要的。钻前每个参数的不确定性大小也不同,钻进过程中更新模型时所需参数的不确定性也不同。所以,尽管保证所有输入参数的精确性是非常重要的,但一些输入数据往往比其他输入数据更重要且更容易更新。表5.5为钻井和随钻测量过程中一些可更新的输入参数汇总表,这些将在之后进行更详细的讨论。

表 5.5　井壁稳定模型所用的实时更新数据汇总表

参数	更新所需数据	对模型的敏感性影响程度	更新难度
孔隙压力 (p_p)	页岩的随钻声波、电阻率、密度测井分析,砂岩的实时压力测量、溢流等	非常敏感,需要控制钻井液密度防止剪切破坏,与孔隙压力密切相关	当有适当的测井资料时,非常容易。这是随钻最容易最普通的参数
岩石强度	从声波、电阻率、密度测井得到岩性相关参数,岩屑和塌块的井场强度测试:强度和泥质含量的关系	中等敏感。强度各向异性,如果是裂缝发育的页岩,可能对井壁稳定性影响很大	各向同性岩石从测井、岩屑和塌块容易更新,各向异性岩石更新困难
垂直主应力 (σ_v)	随钻密度测井或间接地(从声波或密度测井转化),岩屑和塌块的密度也可以用于修正井下情况	非常不敏感。因此垂直主应力是某一深度以上的岩石类型,一般没有改变,因为很长井段的密度异常才会导致垂直主应力的改变	理论上容易更新,因为一般认为垂直主应力不重要,软件中一般不设置这个参数的改变
最小水平主应力 (σ_h)	与 p_p 相同,因为 σ_h 是 p_p 的函数,另外,漏失试验、诱导裂缝或漏失量	σ_h 改变对破裂压力梯度影响很大。中等敏感,依赖于井眼轨迹方位和应力场	孔隙压力改变时,σ_h 可通过应力横型很容易改变。大多数井都进行漏失试验,但解释都很困难

续表

参数	更新所需数据	对模型的敏感性影响程度	更新难度
最小水平主应力（σ_H）	基于井径或图像的观测的井壁崩塌	中等敏感，依赖于井眼轨迹方位和应力场：于钻前的预测一般没有大的改变，除非构造应力复杂的区域	更新困难，钻井过程中很难被清楚检测到，需通过其他参数来确定
与表 5.3 钻前的井壁稳定模型比较			

5.1.7.1 孔隙压力

在异常压力盆地（包括现今正在开发的盆地）孔隙压力可能是钻井过程最重要的参数，孔隙压力通常比预测的要高或低，孔隙压力随井深的变化与预测情况不同是井壁失稳问题的主要原因，已经成为影响钻井液密度的重要因素。如果孔隙压力变化，通常意味着模型中输入的其他参数（例如水平主应力的大小）需要改变，对于一定的孔隙压力变化，所需钻井液密度的改变量是与很多参数相关的，通常情况下，孔隙压力发生 1lb/gal 的变化，钻井液密度应变化 0.5lb/gal 或以上。

在钻前阶段，孔隙压力可以通过探井邻井数据、地震速度或盆地模型来预测。在钻进过程中，通常可以利用随钻测井来估计页岩压力，声波测井、电阻率测井和密度测井，都可以用来估算页岩孔隙压力。现今在异常高压盆地，在井场通过随钻测井（实时孔隙压力分析数据）来计算页岩孔隙压力是非常普遍的。许多随钻测井服务商可以提供该项服务，一些专门的致力于实时孔隙压力分析的公司也可以提供该项服务。

在随钻测井方面，在可渗透地层（典型砂岩地层）直接监测孔隙压力是近期发展起来的一项技术。以前必须等电缆测试结束后才能获知结果，而这项新的随钻测井技术提供了一种在钻进过程中就可随时测量孔隙压力的重要方法。对于井眼稳定性，通常对页岩地层压力更感兴趣，而不是砂岩地层压力，从地质学角度来看，是因为在一定程度上可以根据砂岩地层压力测试结果来估算页岩地层压力。

5.1.7.2 岩石强度

岩石强度是钻井过程中另一个实时更新的重要参数，可通过钻井过程中的一系列资料来估算。强度参数（单轴抗压强度、内聚力、摩擦角）与测井直接测得参数（密度、压缩滞后和剪切滞后）或通过测井推出的参数（杨氏模量、剪切系数、孔隙度）存在一定的关系，这些参数中的一些可通过随钻测井工具获得（Plumb et al.，1992；Horsrud，2001），很多都和钻前阶段的关系相同。

钻井过程中，除了随钻测井数据，也有几种通过岩屑和井中掉块来确定岩石强度的技术。这些方法都是专业性太强，没有被广泛使用。它们包括以下内容：

（1）用黏土矿物含量或阳离子交换容量（CEC）来估算岩石强度（Leung and Steig，1992）；

（2）通过塑性指数实验来估算岩石强度（Kageson-Loe et al.，2004）；

（3）使用压痕或划痕方法对岩屑或井中落块进行直接强度测试（Schei et al.，2000）；

（4）在小的样本中进行超声波测试，通过类似声波测井来估算岩石强度（Schei et al.，2000）。

5.1.7.3　垂直应力

任意一点的垂直应力或上覆岩层应力与其上部地层密度有关，因此，钻前预测值与实际值的密度的局部一点差异对整体值的影响较小。垂直应力与其他性质（如强度和孔隙压力等），有根本区别，一般在钻井时不需要很大的实时更新。

这些普遍规律的例外情况如下：

（1）对于浅部地层，可能深度只有几百英尺，密度预测的一点误差可能会导致上覆岩层压力的很大偏差，这个问题是由于浅部地层的密度和声波测量数据缺失等；

（2）如果是在深部地层的密度预测发生明显误差，累积效应是很大的。例如墨西哥湾的深水盐层妨碍了地震波速度的钻前精确测量。在探井中，地震波速度一般用来预测上覆地层压力（通过速度对密度的转化），所以，如果速度有明显误差未知，上覆岩层压力会产生很大不确定性。图 5.50 为上覆地层压力预测值（明显小于根据压实预测值）的实例，上部地层的高度欠压实不仅意味着垂直地应力远低于预测值，且孔隙压力远高于预测值，严重缩小了钻井液密度窗口。

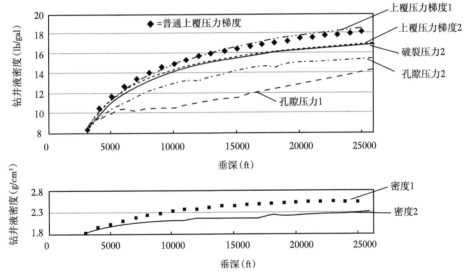

图 5.50　墨西哥湾深水地层实际垂直地应力剖面

OBG 为上覆压力梯度

5.1.7.4　最小水平主应力（σ_h）

最小水平主应力 σ_h 可通过与有效垂直应力相关的模型估算（5.1.6 节）或根据经验通过基于漏失试验、扩展漏失试验、循环漏失或水力压裂测试的邻井来估算。同理，在钻井过程中，孔隙压力（和垂直应力）会实时变化，基于 σ_h 的模型也要随之更新，如果钻井过程漏失试验或循环漏失数据取得全面，也可用来佐证或更新 σ_h。

σ_h 与钻前预测发生重大改变的例子包括以下几种：

（1）当垂直应力或孔隙压力与钻前预测值相比有明显不同时，σ_h 也随之变化。例如图 5.50 所示（垂直应力变化），水平应力大小与垂直应力和孔隙压力有关系，一个变化，另一个就随之变化，但大多数情况下孔隙压力单独变化。孔隙压力突变，增大或减小，对 σ_h 影响很大,在用于估算σ_h的简单模型(5.1.6节)中,孔隙压力变化改变$1\text{lb}/\text{gal}$将使σ_h增大约$0.5\text{lb}/\text{gal}$。

(2)岩性变化。在简单的重力相关模型中,σ_h与垂直有效应力的关系与岩石特性有关,不同的岩石的特性是不同的(如泊松比或摩擦角等特性)。

(3)当地下应力的重要组成部分来自重力载荷以外的来源(如构造、结构、盐岩层),σ_h的变化与其他因素相关而非孔隙压力和垂直应力。在这样的复杂情况下,σ_h的更新需要直接测量(如通过扩展漏失试验)。

5.1.7.5 最大水平主应力 σ_H

最大水平主应力方位的确定方法已经在5.1.6节中讨论了,多数情况下,在钻井过程中难以更新(假设钻前已知);另一方面,在复杂的构造环境或盐层中需要及时更新。随钻成像测井和导向井径随钻测井为在钻井时识别断层或钻井引起的裂缝等提供了可能。随钻成像测井和导向井径随钻测井将在之后进一步论述。

在钻前和钻井过程中,最大水平应力的大小是最难确定的参数。没有直接测量最大水平主应力的方法。5.1.6节描述了一些通过模拟确定σ_H的方法,其结果与井壁失稳的结果相对应,这在钻井过程中用随钻成像测井确定也是可行的。在构造应力复杂的环境中,σ_H是钻井过程中需要实时更新的重要参数,然而,由于估算该参数的困难很大,在钻井过程中默认为固定值。

5.1.7.6 钻井过程中的井壁失稳监控

井壁失稳监控方法分为直接法和间接法。直接法是通过随钻成像测井、随钻井径测井或井壁崩落岩石提供了对井壁失稳的直接观测结果。间接法是通过环空压力或扭矩和阻力,推论可能由于井眼失稳或其他原因(井眼未清洁)导致的井眼问题。

5.1.7.6.1 直接法:随钻成像测井法

随钻成像工具对井壁成像,这些图像与5.1.6节展示的一些电缆测井图像相似,随钻成像测井可对钻进中的井壁进行直接观测,这为用图像信息来确定钻进方法提供了可能。

图像来源于对岩石和钻井液之间差异敏感的参数的定量测定。密度、电阻率、伽马电位用随钻成像工具都可以获得。当仪器开始运行,传感器将对井壁周围进行测量,使得形成全方位成像,这些工具将在第6章详细描述。

随钻密度测井和电阻率成像测井将在井壁失稳机理判断一节中通过实例论述。当井眼直径超过钻头直径时,仪器会测量钻井液性质而非岩石性质。因此,尽管必须避免混淆扩眼和偏心,图像可以显示井眼在哪儿失稳,在哪儿井眼会由于某种原因而扩大。因为图像具有方位性,因此可确定出井筒扩眼的方位(见井壁失稳机理判断一节)。这些仪器还可以对地质特征成像,这些地质特征通常是发生井壁失稳的主要原因,层理、裂缝、断层和岩石组成等地质特征也会对井壁失稳的机理和程度产生重要影响(见诊断一章案例分析的案例2)。

将随钻测井图像(即实时图像)从井底传输到地面要占用遥感带宽。图像压缩技术使得传输更容易,但目前的带宽通常太窄,无法传送井下所测量的一切信息,现由于这个原因,通常将工具带到地表之后,通过存储器下载才可使用图像。目前,通过储层使用地质导向工具的井是唯一常规使用实时图像的井。显然,对于存在失稳问题的井,信息越早使用,效果就越好。因此,对于井眼失稳分析,实时传输数据远优于存储器存储数据。随钻遥感测量技术的进展，实现实时图像作为可应用的标准测井越来越可能。

5.1.7.6.2　直接法：随钻井径测井

井眼直径是钻井过程中稳定性分析的重要参数。井眼特定部位井径扩大的简单观测结果，与实例井中井壁掉块等其他观测结果相结合，对于分析井壁失稳是很有用的。随钻测井仪器不像有线仪器，不能提供井径数据。在随钻测井过程中，井径是通过其他测量数据推算出来的。

超声波测径器是最普遍的，或许也是最直接的随钻测井测径仪（Maeso and Tribe，2001）。超声波脉冲从仪器中发射出去，到达井壁上，然后反射信号被接收器接收到。声波在钻井液中的传播速度是已知的（随钻井液密度和温度变化），因此，仪器和井壁之间的距离可通过声波速度和传播时间就可以很简单地计算出来。图 5.51 展示了以各种方式呈现的超声波测径仪数据的一些示例。

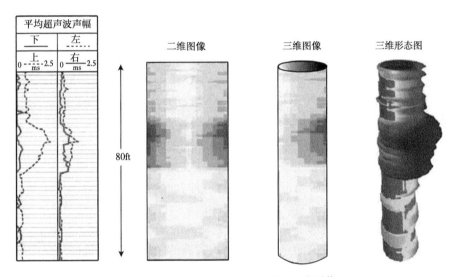

图 5.51　超声波井径实例展示，源数据及其制成的二维和三维图像（Maeso and Tribe，2001）

井径还可以通过随钻密度测井和电阻率测井得到，这些计算方法依赖于地层和钻井液的密度或电阻率，然后建模使井眼的井径和几何形状与观测结果相吻合。正如在第 6 章中所讨论的，这些计算结果相对超声波井径是间接方法，会有更多的不确定性。

这些对井眼状态的直接观测结果（井径和图像）很可能是钻井过程中分析井壁稳定性最有用的信息，其可实时获得性也为将来的钻井技术发展提供了很大的发展进步空间。

5.1.7.6.3　电阻率

与伽马测井一样，电阻率测井也是一种最普遍的测井方法。多数工具至少能进行两种不同的电阻率测量。每一个测量都是对地层不同深度进行取样，在页岩储层，正常条件下不会发生储层伤害，尤其是使用油基钻井液钻井，因此，测得的电阻率与实际值相差不大（如果井眼标准且岩石为各向同性）。

在裂缝发育的页岩储层，钻井液可侵入到裂缝，当油基钻井液侵入储层裂缝中，电阻率曲线上可观测到侵入剖面，因为油基钻井液和水湿性储层的巨大反差，浅层的电阻率比深层的电阻率高。图 5.52 说明了这种情况。

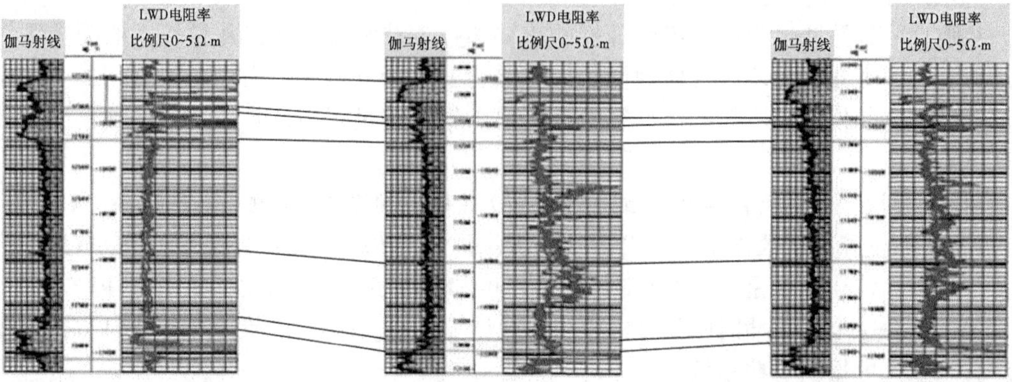

图 5.52　墨西哥湾的三口井。井 2 和井 3 为油基钻井液侵入裂缝/裂隙发育地层的电阻率异常曲线
图像来源于 James Brenneke，BP

　　页岩地层的侵入剖面很可能是井壁失稳的前兆，电阻率曲线会由于很多原因而表现出异常(与侵入剖面类似)。井眼扩大也可能是井壁失稳的征兆，地层本身各向异性(薄互层储层)，在井眼以一定角度穿过油层会引起电阻率曲线偏离。钻井诱导的张性裂缝也是电阻率曲线异常的一个普遍原因，这些也可能伴随着钻井液的严重漏失。

　　时间差异电阻率(即将原先的测井曲线与过一段时间测井的曲线做对比)是监测井眼状况变化的重要手段。通常，电阻率剖面异常随着时间而变化，其原因很可能是井壁失稳或裂缝，而不会是地层本身固有异常(如各向异性等)。

　　电阻率行为的简单描述掩饰了它与众多因素相关的复杂性，包括各向异性、井眼扩大、钻井液入侵和裂缝，考虑到目前的科学状况，从实践的角度出发，最好用页岩储层的电阻率异常观测结果来表示异常情况，也许是井壁失稳的前期征兆。这样的观测结果能警示监测井眼状况，并诊断井眼问题。

5.1.7.6.4　时间差异随钻测井

　　通常所做的测井曲线是随着深度而变化，在一条标准的测井曲线上，各时间段的测井曲线是随测井作业的继续而连续的。因此，在正常情况下，成像测井、井径测井，或电阻率测井，都代表着井眼在被钻开后短期内(时间长度依赖于钻头的深度和机械钻速)的状态。然而，在钻井过程中，常常多次起下钻，所以可能会在井眼钻成后进行多次测量或成像。这就称为时间差异随钻测井，它表征了井眼稳定性随时间变化的情况，是监测井眼状态和理解失稳原因的有效方法(Rezner Cooper et al.，2000)。图 5.53 为时间差异随钻测井数据的实例。图 5.54 为时间差异随钻测井曲线。

　　电缆工具存在坠入井内而损失的风险，电缆成像测井并不可能在钻井过程中对井壁进行实时成像，所以，随钻测井提供了一种可获得平常不易获得的资料的可能性。

　　尽管时间差异信息理论上可从大多数进行随钻测井的正钻井中获得，但测井公司一般只提供测井曲线，因此并不能建立提供时间差异格式曲线的地面软件。因此，此类信息也很少被处理和分析。

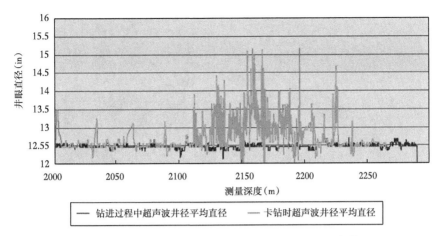

图 5.53　时间差异测井数据，收集于钻进过程和卡钻

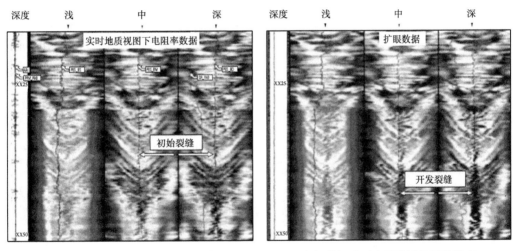

图 5.54　裂缝开裂的时间差异测井。XX25 和 XX50 之间的钙质页岩钻进诱导裂缝发育。
图上部钻井过程中实时采集的，展示出井眼底部孤立裂缝从开启到张开，图下部是裂缝
扩展几小时是后采集，展示了一条长裂缝在同一深度井段的扩展。该图自左向右展示了
浅侧向、中、深侧向电阻测量值(Inaba et al.，2003)
图片版权归斯伦贝谢，使用得到许可

5.1.7.7　井壁掉块

有时候使用岩屑和井壁掉块这两个术语是相当不严格的。从严格意义上讲，岩屑是指被钻头或其他凿眼工具(如井下刮削器)切削下来的碎片，其他所有的都称为井壁掉块。一般是当井眼形成后，井壁上某些地方崩落的块状物。

图 5.55 为岩屑，与图 5.56 到图 5.57 中所示的井中落块有所不同。

井壁掉块在钻井过程中是易于观测，它对于理解井壁稳定问题又非常重要，在地面发现掉块说明正在发生井壁失稳。事实上，这样的观测结果通常仅仅是区别井壁失稳问题和其他井眼问题(如井眼净化)的片面证据。钻井后的任何时刻都会出现井壁掉块，所以，它不像岩屑一样能根据上返到地面的时间来判断落块的位置，井壁掉块在钻井后数小时或数

图 5.55　以 PDC 钻头通过密度为 17195 的油基钻井液形成的页岩岩屑

天后才形成。正在产生井壁掉块的层段可能持续几天继续掉块，也可能在较短的时间后达
到稳定。当井眼中存在几种明显的岩性差别时，井中掉块的岩性可反映出失稳发生的地点。
通常情况下，在单一井段遇到的页岩几乎无法用肉眼从表面去辨别，微体古生物学有时候
被用来辨别裸眼井中的掉块是从何而来的，但它通常不用于实时测井。总之，井壁掉块的
观测结果是井壁失稳问题的提示，但不能说明掉块在哪里发生。

　　井中掉块另一个重要意义在于它是研究井壁失稳机理的重要依据。在 5.1.4 节中介绍
了一系列井壁失稳的机理。因为这些机理都是由岩石的内在结构所控制的，所以由此产生
的井中掉块的形态往往是一个特定机理的特征。如果可以用井中掉块来确定井壁失稳的原
因，那么就可以采取适当的补救措施。因此，井中掉块的形态可能是一个非常重要的信息，
三种类型的井中掉块——棱角状或碎片状、扁平状和块状和碎石状，都将在之后描述。

5.1.7.7.1　棱角状或碎片状

　　整块岩石脱落(井壁应力超过整块岩石的强度，且与岩石本身组织构造有关一般产生校
角状和碎片状井中掉块(如图 5.56 所示，井中掉块的一面可能是井壁，其他面是新形成的
裂缝表面，不存在平行面和块状或扁平状。当保持这些特征时(特别是当良好抑制性的水基
钻井液或油基钻井液迅速离开井壁)，尖锐棱角和新开启裂缝面就很容易形成，增大钻井液
密度可更好地支撑井壁，增大了径向(最小)有效应力，减小了切向(最大)有效应力这样就
可以抑制井壁失稳(5.1.4 节)。

5.1.7.7.2　扁平状和块状

　　该类井中掉块可能是最清楚、最容易辨认的井中掉块类型，它们多形成于有强烈层理
组织结构(如裂缝性页岩)之处，也是井壁失稳的主要因素，此类状况常见于钻井轨迹与弱
层理面平行，如平行于裂缝性页岩层理。图 5.57 为平行状弱层理面(层理面、解理或裂缝)
脱落而形成的扁平状落块。块状井中落块也形成于两块或多块已存在脆弱胶结的情况，如含
裂缝的裂缝性页岩(图 5.57 左下)。增大钻井液密度对该类井壁失稳效果不确定，取决于这些
弱面是否可渗透；现场实践表明，增大钻井液密度对控制该类井壁失稳通常是无效的。

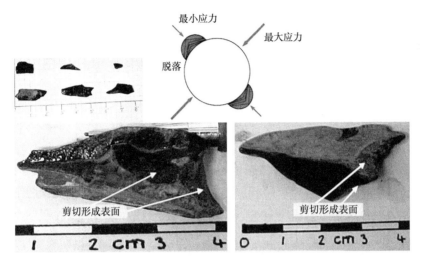

图 5.56　整块岩石从井壁脱落而形成的棱角状井中掉块

图片出自 BP 公司的 Kristiansen

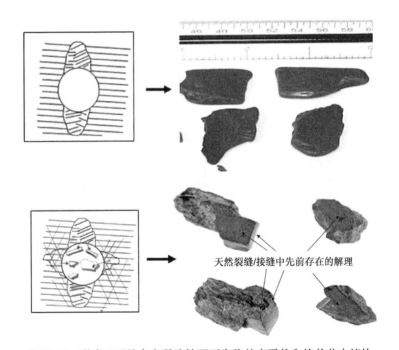

图 5.57　形成于天然存在弱胶结面而失稳的扁平状和块状井中掉块

5.1.7.7.3　碎石状

当遇到严重井壁失稳情况并在振动筛处可见碎石时，钻井工人常用到"碎石区域"这个术语。碎石的主要特征是形状各异、大小不同，并呈现自然随机分布形态。碎石体积一般大于返出的岩屑，因此，振动筛处返出的整体形态就像在建筑工地上看到的沙堆。多数情况下，碎石的来源不能被直接观测到，因此，碎石带的具体井深位置并不清楚。然而，在墨西哥湾碎石带一般与盐层邻近或盐层之下，原因有多种，一种说法是碎石带是由盐层和周围岩石相对运动造成的大剪切带或裂缝带，在盐体周围造成拖拉带和剧烈变形带；另一种说法是盐层顶部到边缘的壳状岩石沉降以后被其他地层掩埋。

碎石状掉块也出现于无盐区，因大的断层而形成。在地震剖面上呈现离散性的断层通常是厚几十英尺到几百英尺的变形带，在露头处观察到的断层带组织通常为碎石状的角砾岩。断层处呈线状或零碎状分布的角砾岩渗透性很好的结构。通常碎石带处的岩石结构性较差，呈鸭嘴状或鱼鳞状，与裂隙发育的页岩结构无明显差别，但并非完全杂乱无章。

由于每一碎石带的岩石成分都不同，所以难以从教科书上找到碎石带岩石组成的例子。一些碎石带物质包含一些如图5.58所示的看起来很像校角状和碎片状的井中落石。在其他一些碎石带，如果碎石来自易分散的岩层或形成于几条断层和裂缝的交叉处，则碎块组成从扁平状到块状形态逐渐增多。图5.58展示了一些来自碎石带的井中掉块的不同例子。

图5.58   来自断层和碎石带的碎石或角砾石的井中掉块照片

矿场实践表明，碎石带非常难处理，一旦井壁开始失稳，情况将越来越糟，甚至导致井眼废弃。其原因是：因为钻井液不能对井壁提供支撑(5.1.4节所解释)，增加钻井液密度通常无效，或只能暂时起一点抑制性效果。

5.1.7.8   井壁失稳的间接表现

随钻测井井径仪和图像，以及井中掉块提供了井壁失稳的直接表现，从钻台和井下测得的钻井参数变化为井壁失稳提供了间接表现。这些参数是井眼总体状况的体现，必须对井眼状况变化的起因加以重视(如井壁失稳或其他问题)。这些间接观测的结果虽然不足以完全确定问题是井壁失稳或其他状况，但它们经常是井眼问题最早出现的迹象，因此是问题的重要组成部分。

5.1.7.9　扭矩和阻力

在井壁的不稳定段会增大驱使钻柱转动的扭矩，当井中落块开始在井下钻具和钻柱周围脱落时，为了使钻柱继续转动，需要施加额外的扭矩。同理，在该井段的阻力也增大，这些影响在定向井中最明显，在定向井中不稳定井段的清洗工作也更困难。井壁失稳还会在稳定井段和失稳井段之间产生"暗礁"，这在缩径段是很常见的。

井眼问题的最早表现是扭矩和阻力指示曲线偏离正常趋势线（Smirnov et al.，2003）。图 5.59 是每次起下钻时记录的缩径位置的图示。虽然有几个其他可能的原因（如井眼形态、

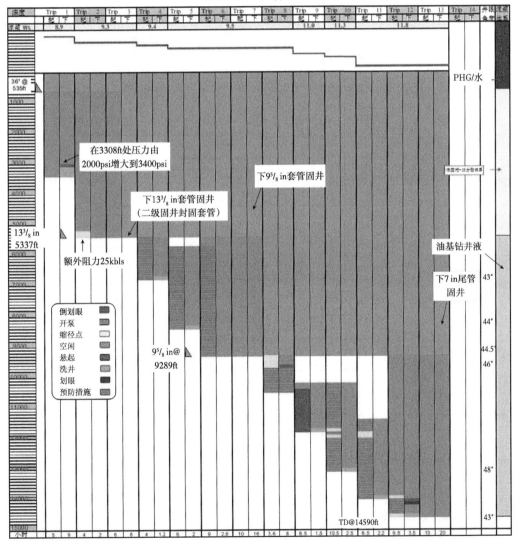

图 5.59　钻柱活动记录曲线示例

图片来自 Baroid Trnidad 服务有限公司

井眼净化、滤饼过厚等),但一个不变的集中点很可能是一个区域的井眼不稳定的结果。

5.1.7.10 钻井中的环空压力

目前,环空压力传感器在随钻测井底部钻具组合中安装,通常称为随钻压力测量(PM-WD),该工具将在第6章中详细介绍。

随钻压力测量为钻井工人提供了最简单且最有用的井下信息。随钻压力测量数据可被多种用途所使用,尤其对于井眼稳定性监测非常有用,其原因有以下两点:第一,随钻压力测量测得了地层所承受的真实钻井液压力,因为很多因素,诸如钻井液循环和抽吸,都会影响井下压力,真实的井下压力远远不同于钻井液液柱所施加的压力,由于要精确控制井眼压力来维护井壁稳定,因此了解真实的井下压力要比测地面钻井液密度更为重要。

第二,当随钻压力测试测得的压力随时间变化而变化时,这是井眼恶化早期、有效的指示。底部钻具组合的任何限制条件(如由于在不稳定井段的卡钻)将会直接反应在环空压力上,图5.60展示了随钻压力测量随时间的变化曲线实例。在这里,当接单根停泵时,岩

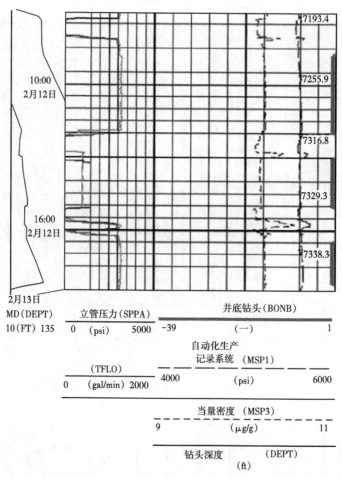

图5.60　随钻测试压力随时间变化图。在这里,当接单根停泵时,岩屑和井中落石滚落到井底,在底部钻具顶部聚集,卡钻一开始会有压力突然升高现象,每次重新开泵,压力又恢复正常

Nonpupllshed BP 公司数据:Schlumberger 测井

屑和井中落块滚落到井底，在底部钻具组合顶部聚集，每次重新开泵，一开始压力会突然升高，然后压力又恢复正常。随钻压力测试数据将在后续"改善钻井过程中的井壁稳定性"这一节中深入讨论。

5.1.7.11 钻井过程中井壁失稳的判断

前述小节已经讲述了钻井过程中井壁稳定性模拟及检测，如果确定了是井壁失稳，接下来的问题是井壁失稳的机理是什么？因为这将决定采取什么正确、恰当的补救措施。

井壁失稳机理的判断已经在钻前设计小节中讨论过。在邻井数据可获得的钻前阶段，利用测井资料（主要是成像和井径测井）和井壁稳定模型来判断井壁失稳情况。在钻井阶段，成像和井径数据仍然是判断井壁失稳的关键。尽管随钻测井图像和井径数据缺少部分详细资料，但井中落块等井壁失稳的间接信息也可在钻井阶段使用。

在钻前阶段，确定井眼和岩石结构之间的关系是理解失稳机制的关键。在此再次使用井壁失稳机理分类的理论（5.1.6节和本节之前的部分），在分析随钻测井图像和井径数据时，必须时刻谨记测量方法的差异和测量时间的不同（随钻测井在前，电缆测井随后）。然而对于在数据中观测到的这些机理中的每一个现象（例如对称性脱落、沿层理面的破坏），其实时井眼判断特征与钻前分析阶段的井眼判断特征是相似的。

表5.6总结了可用于判断井壁失稳机理的随钻数据。从已有数据判断井壁失稳的起因是具有挑战性的，并且没有依据可循。结合表5.6中的所有方法，可对当前的井眼状况有足够的了解，这对于钻井作业是意义重大的。

表5.6 可用于判断井壁失稳机理的随钻数据汇总表

信息来源	完整岩石的剪切破坏	不可渗透弱面的剪切或拉伸破坏	沿着可渗透弱面的破坏	不完整的碎石或角砾石带
随钻方位、密度、电阻率、伽马成像	在井筒的对面对称型扩大为脱落失稳。常在脱落边缘的剪切裂缝可见	图像显示破裂面为先前存在的弱面（如层里面），发生于井眼平行接近于弱面	电阻率图像显示出钻井液侵入弱面，不渗透弱面。反之，图像不能解决	可见裂缝带边缘和单独的封闭裂缝，裂缝与层理相交，高分辨率图像可见碎石和角砾岩，井眼在该处扩大，或单独在高部位或低部位扩大
超声波井径	方向性井径可观测到井眼椭圆化	方向性井径在井眼遇弱面处可观测到井眼扩大	方向性井径在井眼遭遇弱面处可观测到井眼扩大	井眼扩大不会直接发生或发生在井眼于碎石带或角砾石带，仅发生在薄断层，井眼尺寸通常会很大，大于完整岩石脱落后的尺寸
井中掉块	棱角状、新产生的裂缝表面	主要为扁平状到块状的平行分布	主要为扁平状到块状的平行分布	碎石状或角砾石状井中落石，可能是形状和大小的混合体，其特征是以先前存在的弱面为界

续表

信息来源	完整岩石的剪切破坏	不可渗透弱面的剪切或拉伸破坏	沿着可渗透弱面的破坏	不完整的碎石或角砾石带
模拟	完整的岩石剪切破坏(如塑性和脆性破坏),实时更新的模型可显示出钻井液密度的不恰当	难以定量模拟,当完整的岩石模型指示钻井液密度足够大时,也适用	稳定模型确定的钻井液密度不能用于此,因其不能支撑井壁稳定	稳定模型确定的钻井液密度不能用与此,因其不能支撑井壁稳定
电阻率、钻井液入侵	油基钻井液不会入侵完整的页岩	钻井液不能入侵,因为弱面不渗透	电阻率可显示出油基钻井液入侵剖面,入侵或发生在钻井开始,或发生在几小时后,高密度钻井液入侵量更大	电阻率可显示出油基钻井液入侵剖面,在高度碎石状或角砾岩状区域,入侵发生在钻井刚开始

5.1.7.12　案例判断分析

5.1.7.12.1　厄瓜多尔例子

图 5.61 展示了一个显示在井的侧面有脱落的井眼的近钻头电阻率(RAB)图像(Bratton,

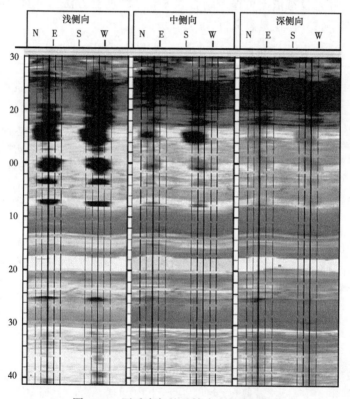

图 5.61　厄瓜多尔的近钻头电阻率图像

来自 Papr JJJ,1999 年由 T. Bratton、T. Bornemann、Q. Li、R. Plum、J. Rasmus 和 H. Krabbe
发表于挪威奥斯陆第 40 届 SPWLA 年度大会

et al.，1999)。这表示了完整岩石的剪切破坏，这一例子来自近乎垂直的井，该脱落是对称且明确的。这种脱落往往出现在脆性适中的硬地层中。在较软且延展性较好的地层中不太常见。

厄瓜多尔一口探边井的等效截面的井中落块如图5.62所示。这口井中的落块和新生成的裂缝面的角度表示了完整岩石的剪切破坏。

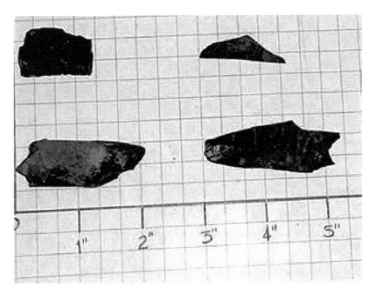

图5.62　来自厄瓜多尔一口井的脱落的井中落石

使用一个简单的线弹性模型来对井眼稳定性建模似乎相当适合这块地层。模型结果如图5.63所示。模型预测：由于采用了原设计的钻井液密度，井壁将形成掉块。

在这个例子中，直接观察到的不稳定性、井中落石类型的分析及剪切破坏的一个简单模型都得出同一结论，即不稳定是完整地层剪切破坏的结果，控制好它需要增加钻井液密度。

5.1.7.12.2　墨西哥湾大陆架例子

图5.64展示了墨西哥湾大陆架一口大斜度井的定方位的随钻密度图像和相关的超声波井径数据(Edwards et al.，2004)。这口井中，井眼1(WB1)被钻进至接近平行于泥岩层理和泥岩裂缝层面。图5.64中显示了密度和光电吸收截面指数的图像，光电吸收截面指数对地层压力和钻井液密度的差值非常敏感，这清楚地表明井壁失稳沿着层理面发生(即图5.64中的低振幅正弦波)，主要发生在井眼的高边和低边，井斜角大约为60°，层理面倾角大约为12°，迎角大约为18°。随钻测井超声波井径数据的结果也在图中有所表示，从图5.64中可以看出，在与井眼失稳相对应的层段中，在该层井段中井径是扩大的。

图5.64中所示的测井图像来自测井仪的存储工具，并且在钻井过程中没有进行实时研究。如果对图像进行了实时研究，那么井眼稳定性问题可能已经被及时发现，并能防止进一步的钻井复杂问题。图5.64中所示的是层段被钻开后过了数小时后的测井曲线(这一井段在钻井过程和测井过程之间进行了短起下钻)。然而，随着钻进的继续，这一层段变得越

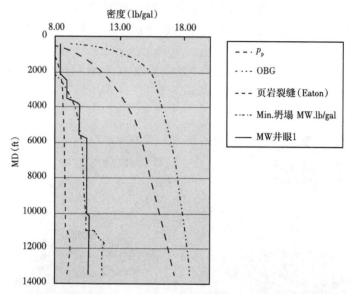

图 5.63　简单的井壁稳定模型结果，表明井的下部使用的钻井液密度偏低，所以在井壁
发生剪切破坏，产生了所观察到的坍塌和棱角状井中掉块

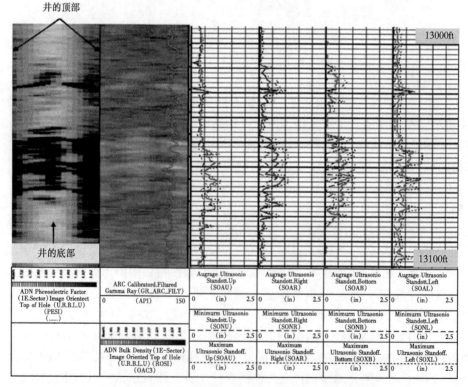

图 5.64　来自订方位的随钻测井密度和超声波井径数据

图中所示轨迹(从左至右)：井眼的光电吸收截面指数图像；井眼的密度图像；
超声波测得的四个象限隙距(即测井仪与井壁之间的距离)分别为上、右、下、左来越麻烦，直至最终导致卡钻。这口井被侧钻，这一层段也将被重新钻进，井眼2（WB2）有着更高的钻井液密度，较高的钻井液密度并不能起什么作用。实际上，伴随着观察到体积更大的井中落块，它可能使情况恶化，在这种情况下底部钻具组合可能会丢失，也就没有图像可以恢复。图5.65显示了在此井段内产生的页岩落块，它们在本质上呈明显的片状，与沿着层理面的破坏性一致。

图5.65　图5.64所反映的不稳定层段的井中板状页岩落块。这种类型井中的落块
显示了沿着原本就脆弱的层面的破坏，在本例中可能是层理面

虽然底部钻具组合和井眼2的存储数据一起丢失了，但仍记录到了实时的随钻测井数据。图5.66显示了通过这一层段的两口井的随钻测井电阻率。这一电阻率对于页岩来说异常高（本节中范围通常为$1\sim1.3\Omega\cdot m$），再加上电阻率曲线的偏离正常表明油基钻井液正在渗透原本就存在的裂缝和破裂层理面。这表明这里出现了的某种类型的不稳定，且提出警示：增加钻井液密度将无法对井眼稳定提供更多的支撑和帮助。

图5.67显示了在此层段内对井眼稳定性建模的结果。这个简单的模型假设岩石是完好的。被标记为"坍塌"的曲线是在给定井斜角下要求防止井眼的过剪切破坏所计算的钻井液密度。这种计算表明，在井眼1中，钻井液密度应该恰好足够防止失稳，在井眼2中，还应有比足够的钻井液密度更大的钻井液密度来防止失稳。该模型与观测结果不一致（假定输入参数有非常高的可信度）这一事实有力地表明除了完好岩石的简单剪切破坏以外，还有一些其他机理因素是占主导地位的。

在这个墨西哥湾大陆架的例子中，在这一地质环境下使用了多条信息来确定不稳定的位置和机理。单独使用这么多信息中的任何一条可能不足以明确地确定不稳定的性质，但如果几条信息一致指向同一个结果，那么就可以做出判断。总结如下：

（1）随钻测井电阻率通过不稳定区域时显示有异常分布，表明油基钻井液可能侵入裂缝或脆弱的岩层面，这也表明钻井液密度可能无法支撑井壁，因此，增加钻井液密度不会使井壁更稳定；

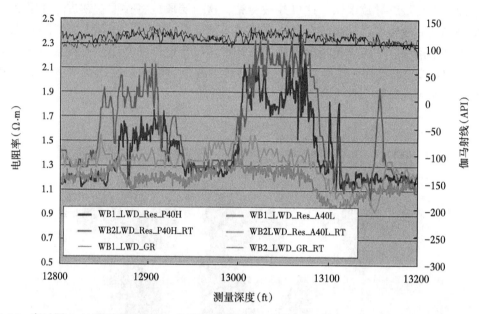

图 5.66　穿过图 5.64 所示层段的两口井的随钻测井电阻率曲线。井眼 1（WB1）是第一个穿透此井段的井眼，钻井液密度为 10.7μg/g。在井眼 1 中因为这一层段的不稳定性而失效后，井眼 2（WB2）以相同的方位和井斜，但采用(可能是错误的)更高的钻井液密度（11.7μg/g）重新钻穿这一层段

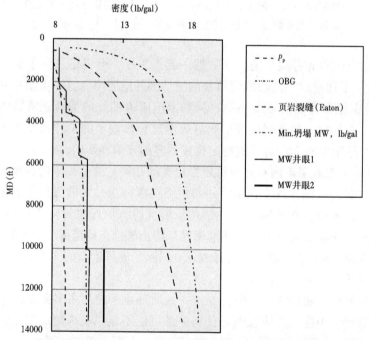

图 5.67　假设岩石完好的情况下，简单剪切破坏的建模结果。两个井眼中（MW WB1 和 MW WB2）中使用的钻井液密度高于防止坍塌（最小坍塌钻井液密度）所计算出的最小钻井液密度，应该足以防止这种机理失效

（2）随钻测井超声波井径数据证实了这一井段的井径扩大且不稳定；

（3）随钻测井光电吸收截面指数和密度的图像证实了失稳的位置，并表明失效是沿层理面发生的，这一说法得到了地质条件的支持（即在与层面呈 18°角处钻井）；

（4）页岩井中掉块是典型扁平形到块状，表明原本就存在的脆弱层面是失稳的主要原因；

（5）简单井眼稳定模型模拟结果和不稳定的观测结果之间的不一致与一个更加复杂的失效机理一致。

例 2 中对于这种稳定性问题的解决方案并不像例 1 中只需增加钻井液密度一样简单。可能的解决方法如下：

（1）沿与脆弱层理面呈更大角度的方向钻井。实验和现场数据（Okland and Cook，1998）已经表明，井眼轴线与脆弱层理面之间角度小于 20°会导致井壁失稳。例 2 中，沿大角度（与层理面呈 45°，而不是井眼 1 和井眼 2 中所用的 18°）重新钻井（井眼 3），将钻井液密度降至 $10.8\mu g/g$，则不会产生任何明显的不稳定问题；

（2）改变钻井液性能使它不能进入脆弱的渗透性层面，而不是为了给井壁提供支撑。有可能通过改变钻井液的化学性质使页岩轻微膨胀，也可以通过降低脆弱层面的渗透性或添加裂缝黏连添加剂来实现这一点。其他井的事实证据表明这种方法取得了一定的成功；

（3）一个更具实验性，迄今为止尚未尝试过的办法是避免环空压力波动来限制不稳定。本例中出现的力学不稳定在很大程度上是由环空中的连续压力波动造成的。开泵之后，环空压力增加，迫使更多流体进入裂缝/脆弱部位，关泵后（或由于底部钻具组合的运动导致井内发生抽汲之后），环空压力降低，允许流体回到环空，这个过程重复多次后造成井壁失稳。另一方面，如果井眼中的压力保持不变或随时间逐渐增大（即在井眼与地层之间总是存在正的压力差），或许可以避免这种失稳现象。一种能够实现这一目标的方法是连续循环，目前已经存在实验性连续循环工具，但目前尚不清楚这种技术今后是否将被广泛使用。

5.1.7.13　提升随钻井壁稳定性

在前面的章节中已经讨论了确定井眼稳定性问题的各种方法，这当然只是解决该问题的第一步，下一步即是采取适当的措施，来解决或处理这一问题。本节讨论了钻井工作是如何影响井壁稳定性的，并提出了可以完善或处理稳定性的方法。

5.1.7.13.1　钻井液类型、配方和密度

正如在 5.1.2 节中所讲到的，许多井眼不稳定问题源于钻井液的含水成分与地层之间的物化作用，而这些地层通常是页岩或泥岩组成的盖层，或是油藏本身。比起水基钻井液，通常油基钻井液产生的井眼不稳定问题要少得多。在新的项目中，如果可能出现井眼不稳定问题，而环境因素和经济条件也允许的话，那么油基钻井液是一个明智的首选。在钻前期几口井时获得的信息（例如，页岩类型）可以用于评估水基钻井液是否可以用于钻后期的井并达到设计目标。

将钻井液类型从水基钻井液转变为油基钻井液，不是对当前这口井在钻进过程中遇到的预料之外的钻井问题做出的调整；它需要大量的技术支持和财务规划，当井中遇到已知的事故时，通常是以规划好的方式解决的。

修改钻井液配方（增加新成分或保持在规定范围内）既是常规地，也是对存在的问题做

出的调整, 有许多种情况, 也有许多种添加剂可能会使钻井液性能出现变化, 所以大多数时候最好把这个任务留给专业的钻井液工程师。对于油基钻井液, 保持水相的矿化度和离子种类及规定范围内的失水性特别重要。

地质力学对钻井液配方具有很大的影响, 其中用来钻穿压裂梯度下降的枯竭油藏的添加剂是一个相对较新的领域, 需要钻新的井进入剩余油区或更深层的油藏, 新井必须通过需要高的钻井液密度以稳定具有低压裂梯度的枯竭储层及储层之间的页岩。从理论上说, 可以通过设置许多层套管来实现, 但在实践中这是不经济的, 因此目前已经开发出了允许以高钻井液密度钻进衰竭砂层的钻井液添加剂和钻井技术。所谓的应力罩蔽效应就是其中一种方法(Alberty and McLean, 2001)。解决方法或技术背后的原理尚不够健全, 但似乎可以认为有以下原理:

(1)当裂缝在井眼周围形成时立即被钻井液中的固相成分堵住;

(2)由于这种堵塞可以防止流体从井眼沿着裂缝渗透, 所以可以防止井眼压力引起的裂缝的继续扩展;

(3)堵塞材料也可以楔开裂缝, 增加局部箍紧应力, 从而使产生后续裂缝扩展所需要的应力提高;

(4)封堵材料可以连续添加, 也可以作为处理重点; 它的大小可以用来计算短裂缝, 其颗粒直径可以通过应力条件和岩石弹性性质来计算。

钻井液密度是地质力学工程师的主要工具, 因为它为控制井眼周围的应力奠定了基础。对于成功进行高难度的钻井施工来说, 监测钻井液密度, 使它保持在规定范围内, 并根据钻井过程中的新情况做出适当调整是至关重要的。通常, 如果在振动筛上看见过量的井中掉块, 或者如果遭遇缩径状况, 或者如果看到其他典型的井眼失稳状况, 就需要增加钻井液密度。这往往是正确的, 毕竟传统方法是建立在经验的基础上的。现在, 油井数量在减少, 成本在增大, 例外情况可能会导致代价更高昂, 那么在调整钻井液密度前能正确地判断问题就非常重要了。如果问题的根源是脆弱但完好的岩石出现脱落(如第5.1.5节中所描述的情况), 那么提高钻井液密度是有用的, 可以增加井壁处的最小有效主应力。但如果岩石在钻头穿透之前已经有裂缝, 增加钻井液压力可能会迫使流体进入裂缝, 松动和润滑井眼周围的岩石碎片, 加剧了不稳定性。在这种情况下(通过监测井中落块来确定), 更好的处理办法是避免任何来源(如静态钻井液密度、高黏清屑钻井液、抽汲压力、悬浮岩屑、钻屑)的井眼压力增加, 并使用良好的井眼净化方法从井眼中轻柔地清除各种岩屑碎块等。

如果机械钻速上升, 则环空中悬浮岩屑增加, 并可能开始产生高的钻井液密度和井眼压力。在钻井液密度窗狭窄的井中, 这可能会导致井漏、抽汲及裂缝网的变化, 在这种情况下, 最好能够监测和限制机械钻速。悬浮岩屑过多也可能会出现问题, 例如循环被中断, 尤其是在大位移井段, 掉下来的岩屑可能会形成厚岩屑床或崩塌。

5.1.7.13.2 井眼净化

从司钻的角度来看, 产生井壁不稳定的最大问题可能是井眼里的岩屑, 它们会导致扭矩和摩阻增大、引起卡钻, 还会导致井底压力增大, 并给地面设备增加负担。如果井眼周围的岩石失稳, 除去碎片是预防进一步失稳的重要任务, 所以井眼净化是处理井壁不稳定性的一个重要工具。当然, 这是一门非常成熟的学科, 许多文章和论文中都提出了详细的井眼净化方式和方法。记住井眼周围岩石的情况，并确保所采用的净化方法不会使问题恶化是非常重要的，倒划井眼就是一个这方面的例子。在条件适当的情况下，它能破坏位于井底的破碎物并将其搅拌成为流动的钻井液，在错误的情况下，它通过钻井液过平衡破坏组合在一起的天然裂缝岩层的微小内聚力，并产生大量的额外井中掉块。这方面的一个例子出现在库西亚纳气田（Last et al.，1995），人们在这里发现，当井倒划眼后，可以看见岩屑量在地面上有所增加；实际上，持续不稳定的根源是用来处理不稳定的井眼净化。通常，不应该机械地使用倒划井眼，而是在考虑了可能会对井眼周围剩余岩石产生什么样的影响之后才可以使用，特别是可能引起井壁严重破裂的情况。

其他井眼净化技术也应考虑类似的问题，例如通井（从井眼中起出若干立柱以清除和清洗底部钻具组合周围的岩屑和井中落块），还有低/高黏度清扫（泵入低黏度钻井液以在环空中形成紊流而清除岩屑床，然后泵入高黏度钻井液以悬浮固体并将它们替出井外）。对于脆弱井眼，通过持续良好的井眼净化（例如通过较高的钻杆转速）避免形成井中落块和岩屑床的方法与周期性增强净化方法相比，效果可能会更好。

连续监测振动筛可以确定是否需要进行井眼净化。例如，如果井眼中固定尺寸的岩屑稳定流出，那么当岩屑突然停止流出时，即使机械钻速保持继续，岩屑也可能会在某处聚积，若迅速地采取适当措施可以消除这种聚积，并能确定井眼净化特性变化的原因。如果钻前设计表明可能出现不稳定，但在振动筛上并没有看到井中落块，那么就需要进行仔细通井或类似的措施来确定或否定原设计，并清理所有井下聚积物。连续监测是关键，记录正常过程以确定是否变化是非常重要的。

5.1.7.13.3 井内压力监测

利用本节之前所讨论的随钻压力测量（也称 PMWD）的数据来井眼不稳定性的，同样的方法可以用改进提高井眼稳定性。连续监测仍然非常重要，这样可以观察到变化趋势，并知道突然变化时具体发生了什么。当钻井液密度窗非常狭窄或存在井眼压力限制不得超出时，连续监测尤其重要，例如当钻穿裂缝性页岩时（Bradford et al.，2000）就是这样。

5.1.7.13.4 起下钻

井下存在不稳定问题时，应严格注意起下钻过程。钻头起下过快的抽汲压力和波动压力可能造成严重破坏。如果可能的话，应明确最大钻柱起下速度，当最大钻柱起下速度时计算出的抽汲压力或波动压力不应大于相应静态钻井液压力的较小值，这可能意味着要花费很长时间来起下钻，但在易出问题的井中，在此类工作上花费时间可以节约要处理缩径眼或井眼坍塌的时间。同样的道理，当地层已经严重破裂时，起下钻是极其重要的，波动压力可以非常显著地增加裂缝内的流体压力，而抽汲可以明显地破坏所钻的松散地层的井壁稳定。

在易出问题的井段，可能需要采取其他措施来降低起下钻时的压力波动。例如，起钻时增加静态钻井液密度、循环钻井液以降低其静切力（无论在地面的容器里还是井底通过钻柱旋转），甚至在下钻期间降低静态钻井液密度（Bradford et al.，2000）等。

限制问题井段的起下钻速度是比较普遍的做法，但应该记住的是，钻头下方的抽汲压力不仅限于钻头近下方的井段。起下钻速度往往随着钻头进入套管而升高（因为地层被认为是受保护的），但由这种原因产生的压力激动可能会持续存在套管鞋以下，并在套管鞋造成破坏。

由于起下钻是长时间的，且比较繁琐，所以全体钻井队成员都了解保持底部钻具组合缓慢运动的重要性，所以在晚上和周末进行轮班和人员需更替继续工作，以避免更长时间、更乏味的作业。

5.1.8 难点

在正应力的环境下，垂直井穿过整块地层是相对简单的；即使地层脆弱且不稳定，也可采用上述方法。然而，某些其他情况对井眼失稳问题提出了较大挑战，本节将对此问题进行探讨。在前面章节已提及的部分，下文将直接引用。

5.1.8.1 裂缝地层

5.1.4节中已经讨论了严重裂缝地层的失稳问题以及潜在的解决方法。

5.1.8.2 顺层断裂

如果沿含裂缝的平行层理方向钻井，经常会出现不可控的井壁掉块，此种情况在层状页岩中更为严重。通常，唯一的解决方案是改变钻井方向。在5.1.4节和5.1.7节中对此种情况进行了细节性论述。

5.1.8.3 压力衰竭地层

钻穿压力衰竭地层的情况很常见，伴随出现的问题是由压力衰竭地层中常见的破裂压力梯度降低而引发的。一般可以通过钻井液处理剂解决这些问题，在5.1.5节和5.1.7节中对此问题进行了细节性讨论。

5.1.8.4 近盐岩层钻井

盐体在油田环境中很常见，例如底辟(穿刺构造)。由于其应力场变化快速，导致附近会产生钻井问题；在盐体构造学中由于强烈变形而产生碎石，很难用地震法确定它们和周围环境的特征。5.1.5节中讨论了盐岩区附近的钻井问题。

5.1.8.5 盐岩层钻井

到目前为止，本章节几乎都围绕岩石破裂及碎块掉入井眼所引发的问题进行讨论的，盐岩区的情况通常是不同的，当压力差较低时，在较大的、持续时间较长的塑性应变情况下不会发生断裂。换句话说，此种情况下，盐岩出现蠕变，这样甚至可以闭合井眼。此处所指的盐岩不仅包括石盐、氯化钠(尽管其为最常见的蒸发岩矿物)，还包括钾盐(氯化钾)、杂盐(三氯化镁钾)及硬石膏(氯酸钙)等。

盐体的蠕变速度变化很大；成分、应力、温度和含水量均会对其蠕变速度产生影响(Alsop et al.，1996)。在盐区的部分钻井作业基本不受井眼闭合的影响；例如，Dieksand项目中大位移井延伸经过数千米的Haselgebirge盐区，并无明显问题发生(Sudron et al.，1999)。有些井在钻井过程中可以很快闭合，需要不断进行倒划井眼，以保证底部钻具组合自由运动(Holt and Johnson，1986)。

相对于地质年代表来说，盐体的整体运动很快，但是相对于人类或者钻探时间表来讲，盐体的运动仍然很慢。Poliakov等(1996)总结出在盐岩底辟作用下，德博拉数 D_e (黏弹性松弛时间和黏性松弛时间的比率)很小($\approx 3 \times 10^{-4}$)，因此盐体大规模运动产生的大量切应力会快速松弛。所以，首先可以近似地假设盐区的各向原地应力几乎各向同性，蠕变切应变使切应力降低(需强调此仅为近似值，即使在盐体正在进行整体运动时，仍存在较小的切应力）。

总的来说，由于盐体的构成成分对盐体影响较大，特别是水和黏土的含量，因此需对盐体进行详细的实验室研究，以便准确地预测井眼的闭合速率。例如，研究盐体的这些特征可评估存储放射性废物的地下储气、洞室系统的寿命。

尽管确实出现这些情况，但是在油田进行如此详细的特征描述很少见（Maia et al.，2005）。基于当地或者全球经验，在处理盐体出现的问题时通常采用较少定量的研究策略。例如，由于盐体蠕变的基本原则众所周知（其应力和温度对它们的影响近似值相同），所以在不同的应力水平或者不同的温度条件下（鉴于盐的类型并未发生变化），可将一口井眼的闭合速率的经验应用在另一口井上。在此需要回答的一个重要问题是"在此钻井液密度下，此井眼可保持张开多长时间？"这里所说的张开就是指钻井设备可通过的直径以及可继续的钻井和重新钻井的次数。存在此情况的模型，有简单模型（Barker et al.，1994）和复杂模型（Maia et al.，2005；Carcione et al.，2006）。由于盐体通过热激活蠕变，对温度很敏感，所以温度是此类模型中的一个重要参数。钻井液密度和原地应力大小对闭合时间的影响规律与应力对蠕变速率的影响规律一样；这不是脆性岩石及其他岩土材料的莫尔—库伦强度关系，而是幂律关系。

有时，因为井眼闭合速率太快，以致不能进行顺利钻井。可选择频繁扩眼或使用不饱和水基钻井液来溶解不断挤入的盐。由于盐的溶解度随盐的类型和温度发生变化，所以溶解盐的办法可能在较长的或者混合的盐层段中难以实施，且可能会引发较大的扩径问题，以及随之而来的井眼净化问题。

即使此井段已完成并已下入套管，还是存在一些问题，即盐继续蠕变，最终会将全部载荷施加在套管上。例如由原地应力各向异性引发的所有载荷不对称情况，都会加快挤坏套管。Willson 等（2003）通过对比不均匀井眼（总的来说是那些使用水基钻井液钻井的井眼）和均匀井眼（采用油基钻井液钻井或者合成基钻井液钻井的井眼）的坍塌情况进行对比，讨论了如何解决此问题，显然后者更好，在此情况下，后者可能会在盐区井段的环空固井水泥胶结状态良好。

钻穿盐区时还存在其他潜在的危害；Willson 和 Fredrich（2005）对此进行了很好的回顾。

5.1.8.6 欠平衡钻井

在欠平衡钻井中，井眼内压力低于地层压力，因此流体会从渗透性地层流进井中。需要在表面用专门的设备来减少井底压力使其达到需要的水平，并且安全地在没有地面排放的情况下处理来自井中的流体。欠平衡钻井有助于增加机械钻速，减少压差卡钻，降低套管费用和减少储层伤害（Moore et al.，2004）。从井眼失稳的角度来看，欠平衡钻井带来了一些特殊的问题：

（1）井底压力较低，即便是在渗透地层也不存在来自钻井液的压力支持。原因在于流体流入井中，径向有效应力在井壁上会拉伸，这能够提高切应力和岩石的拉伸破坏强度。

（2）井眼稳定性分析要尽力考虑有关稳定性的井眼压力建议。在这些井中井眼压力的选择取决于流动的流体。

（3）即使采用了推荐的压力，也可能不能实现将井底压力控制在所要求的范围内。对于现存在于环空中的多相流体而言，预测压力下降是很困难的；渗出的流体将大量涌入；并且可能发生气塞，会对井壁施加较大的压力波动。

(4)在欠平衡钻井的过程中能够从井内获得的数据很少，存在于钻杆中的天然气组分能够强烈地减少随钻测井遥感勘测的带宽，这种天然气组分被用于控制环空压力。因为气体处理设备准备就绪，在地面观察坍塌落块的形态变得越来越难。

(5)流体在环筒内携带岩屑和坍塌落块的能力可能会急剧下降，使得井眼的净化变得更加困难，如此一来，岩石破裂更容易转化为钻井过程中的复杂问题。

对于复杂问题中的岩石力学部分而言，可以采用与常规钻井设计中所用到的相同的井眼稳定性模型，应力及强度数据的采用和收集，可利用同样的方式继续进行。有些工作者采用更复杂的力学模型；例如，Parra 等(2003)使用了一种不排水、多孔弹性的耦合模型，虽然能够推测出在页岩的井矿区——但是把以前的方法应用到更复杂的模型中，会需要大量的数据，并且计算时间也会更长。

对于复杂问题中的井底压力部分而言，需要详细的井筒流体力学模型，Saponja(1998)对其过程和问题进行了详细的总结。

由于不稳定导致的井眼扩大影响了水力参数，所以会出现复杂的耦合问题。Hawkes 等(2002)提出了这个问题，并通过例子进行解释，即在页岩夹层中，井眼的扩大是如何为欠平衡作业有效地减少或消除井内的压力，亦即注射速率窗口。

最终，Guo(2001)讨论了流体力学模型，为潜在的温度变化给出了简单的公式，这种温度变化是由于在欠平衡钻井过程中钻头引起气体膨胀而引起的。尽管这不可能导致钻井问题，但是地层中任何地方的热收缩都有可能导致意想不到的拉伸破坏，这都往往会被误认为是钻井诱导裂缝。

5.1.9　地质力学的其他方面

地质力学通常用于油田作业的其他领域，也用于钻井方面。本节简要概述了其他方面。

5.1.9.1　出砂

当一口井投入生产后，井周围的应力可能会超过岩石的强度(就像井壁失稳一样)，造成固体颗粒随油气一同产生。这被称为出砂或固体产出，这是一个过去在水井里发现的老问题。尽管很多传统的应对方法都源自墨西哥港湾的作业经验，但是在世界各地都存在这一问题。如果从经济学角度，这会导致井放弃生产或完全废弃。不受控制的出砂造成的后果包括桥塞和井堵塞，当井筒填满时井的生产力下降，由于孔洞地层导致完井段塌陷，由于要对油砂进行环境友好性处理从而导致成本上升，尤其会对从井下管线到地面管线这一生产线上的所有设备造成腐蚀。最后一点对于气井尤为重要，因为高的生产速度加速了侵蚀，且地面管道弯头和其他部件的侵蚀造成的泄漏后果非常严重。

以下是钻井环境的不同之处：

(1)出砂被限制在油藏的渗透性层段，一般是砂岩或者石灰岩，然而大多数钻井问题出现在不渗透的页岩区；

(2)地层中的流体从地层中流出然后流入井中，然而对于钻井而言，几乎一直流入地层(或者至少压力差在该方向上起作用，即使滤饼能阻止显著的流体流动)；

(3)通常安装套管井井壁失稳不再是一个问题，完井后，或多年之后当含水率上升或油藏枯竭时出砂会立即成为一个问题；

（4）在钻井时有很多种方法可以用来改善井眼稳定性。进行完井作业之前的几个月或几年就要开始制订相应的计划并购买必要的设备，防止出现意想不到的问题时，只有非常有限的机动空间。此外，对于完井作业，一般情况下，越来越多的数据都是可以获得的。

本章将使用与前面所述相似的技术和方法来进行出砂预测。但在实际生产环境中会有额外的应力来源。当采出流体流过地层并进入井眼时，这个额外的应力来源是流体通过储层颗粒时，这个阻力就是从地层进入井筒最后几毫米的拖拽力。对于大多数井的典型生产速度来说，这个额外的拖拽力通常是很小的或不重要的。然而在下面的一些环境中，它是非常重要的：

（1）当岩石极其脆弱（即基本上是松散的）或有时被叫作沙滩砂。在这些情况下，仅拖拽力就能够打破单个砂颗粒的胶结并使它们进入生产流动。在许多松散的砂中，将颗粒聚集在一起的唯一的力是来自颗粒接触处的水膜中的毛细压力，一个可行的经验法则是，如果储层可以取心，可以形成一个能支持其自身的重力的小圆柱岩心（例如，直径1in），岩石强度在大多数情况下足以承受拖拽力。

（2）当生产速度不具代表性时。如果没有对孔眼进行恰当的净化会导致这种情况发生，因此整个井的流体就是由在一两组小的射孔孔眼产生，或者在一口井关井阶段结束之后重新开井生产时，也会导致这种情况。如果开井迅速，井底压力会迅速下降，会在出砂面形成一个非常大的压力梯度，这样会导致产生短暂的、非常高的流体速度，并进而产生的出砂。

（3）当流体非常黏稠，如在重油中，即使是低流速都可以对岩石颗粒施加足够的拖拽力使其移动。

出砂预测包括计算最大井底压差，这个井底压差就是考虑特定的岩石性质和完井结构的情况下保持不出砂，它通常是基于测井数据（特别是声波速度），也通常通过参考岩心测试进行校准（当岩石强度非常低时，声学性质和强度之间的相关性较差）；有时可以通过改变完井几何结构来增加最大无砂量压差。例如，在考虑所有可能垂直于井眼方向的（随机排列）射孔，在对稳定性最不利的方向上也一样，给定一个适当的应力场，可以定向射孔而不是在实验层的最佳方向进行射孔，即能获得大量额外的允许压差（Sulbaran et al.，1999）；另一种可能是指在储层性质较好的层段选择性地射孔，如果渗透性良好，补偿流动允许的压差越高，允许开放流动的面积越小。

这种砂体预测不仅要针对油藏现状，还要针对油藏未来的情况进行预测（因为井场作业人员一般希望它们的井在整个生产过程中能保持无砂状态）。以下两个主要因素影响井的长期性能：

（1）随着储量的消耗，其应力状态发生变化，这可能导致情况变得更好或更坏，有必要知道或计算出储层的压力传导系数，以便对这种长期行为进行预测。

（2）含水量的减少可能会破坏颗粒间的胶结，削弱地层以使其在原地应力下失效，或将毛细管内的内聚力降低至0，所以，之前的稳定颗粒和砂土结构会突然发生运动。由于当含水率增加时，还存在一个间接的影响，即井的压降通常要增加以保持油的平面上升。

如果这些计算结果表明可能会产生砂，并且可能会对油井动态产生负面影响，那么必须采取控砂措施，这是一个广泛的范围，此处不再详述。它们包括砾石充填、独立筛网（即管式过滤器)、压裂充填(结合水力压裂的砾石充填)、树脂胶结、可膨胀防砂筛管及筛管完井等。这类设备的安装不易可逆,所以必须很仔细地设计和执行,并且组件在井工作过程中必须保证正常,所以它们是高度工专化和耐腐蚀的合金,这意味着控砂完井的成本占一口井总成本的很大一部分。

5.1.9.2 水力压裂

储层层段的生产力由许多因素决定,例如流体黏度、岩层渗透性及井眼周围所谓的表皮效应。一般情况下,井内流动达不到工业油流的标准,没有开采价值,因此需要对井采取增产措施。水力压裂或许是使用最广泛的增产形式。对井眼射孔后,用大功率压裂泵将黏稠或滤饼形式的流体泵入套管和射孔形成的通道里,通过内部加压可将井眼周围或射孔周围的应力减小到 0 以下,正如 5.1.4 节里式(5.10)至式(5.19)所描述的那样。开始压裂之后,裂缝从井眼向四周扩展,压裂范围通常在井两边的数百米范围之内。一般在刚开始的时候只使用流体进行压裂,但不久之后砂子和支撑剂也会被泵入。压裂由沿着水力裂缝运动的黏性压裂液携带向前并在某处停止,它可以让流体流入地层对钻井液进行脱水或减小(破裂)携砂液的黏性或静切力,通常采用化学方式或热力方式进行破裂之后,残留的压裂液从井眼流出(清除),使砂子或支撑剂留在从油藏远处到达油井的高渗透性渗流通道的裂缝中。

通常,水力压裂被用于气井增产,特别是在低渗透性气藏,但在近几年,水力压裂有了很大程度的发展,如今水力压裂被用在各种类型的井中进行压裂。高渗透性的脆弱砂岩在安装砾石充填防砂装置过程中经常会自发地破裂,可以提供较高的生产能力并确保无孔隙砾石充填。

示意图难以准确地呈现水力压裂的复杂性,水力压裂是世界范围内的主要业务,虽然它主要针对气井,但也可以运用在油井上。引起和传播压缝的过程已经成为许多实验和理论研究的主题,同时在商界和学术界可以使用多种计算机程序来预测裂缝的形状和范围。

如前所述,初始裂缝是由式(5.10)至式(5.19)所控制的,所以初始裂缝压力及其位置和方向,取决于井相对于地应力场的方向,传播压力主要取决于最小地应力,当裂缝传播了很远且已经超过受井眼影响的区域时,裂缝的方向一般垂直于最小地应力方向。

裂缝的其他重要参数有高度、宽度和长度,高度主要由用泵传送的流体压力及现场压力等级决定,在裂缝的设计上,通常使用附近页岩层范围内更高应力水平将裂缝控制在储层层段内。通常使用声波测井来测量砂岩或页岩的泊松比,例如对可能的压力变化水平(见5.1.5 节)及其对裂缝高度产生的影响进行评估。

宽度是由流体压力和杨氏模量控制的,随着压裂的扩展裂缝宽度增加,但裂缝宽度随着泵送停止而再次下降并且裂缝开始闭合,必须进行支撑剂处理(颗粒与流体中的体积分数)的设计,以至于当裂缝闭合时,砂充填层厚度适合,最好没有破碎,以达到正确的裂缝导流能力水平,渗透率越高,对裂缝导流能力的要求也就越高,因为这会影响该井的产能。

裂缝长度由地质学、流体泵送量及压裂效率(即泵入井内的流体量)所控制。正如之前提到的,裂缝长度可长达数百米,特别是在低渗透性岩层中,在这些岩层里,支撑剂浆体脱水也比较缓慢,在渗透性更高的地层中,在压裂脱水前,裂缝可生长至数百米;设计人员可以针对这种脱水，使得在软、低模量、高渗透性的岩层中，泵送压力可以增加，因此可以产生额外的裂缝宽度和高的导流能力。

研究水力裂缝增长的模型有很多。大部分是基于两个假设的几何形状之一。Perkins-Kern-Nordgren 模型（Perkins and Kern，1961）是最为常用的模型，它假设断裂的横截面沿其长度方向看是一个椭圆形，裂缝的开口朝着上端和下端的边界平稳延伸。Kristianovitch-Geertsma-DeKlerk 模型（Geertsma and de Klerk，1969）假定横截面为矩形，裂缝开口高度不变，上下边界以储层的相对滑动为标志。两个模型均假设存在裂缝（即限制其增长高度），且为二维平面裂缝，行业中存在一些更复杂的模型，可放宽其中的一些假设。

此处给出的双翼裂缝从井壁平滑向外延伸的图片是基于模型得出的。近年来，基于压裂引起的斜裂缝（在表面和井附近）的测量和解释，以及随之引起的微震等，已经开发出了用于测定裂缝生长的方法。这两项技术在解释上都有相当大的困难，但是显示出现实中水力裂缝的几何形状在比模型中假定的要复杂得多（Wright et al.，1999）。

这个讨论涉及生产能力的提高，但该技术也广泛应用于钻井废弃物的处理，钻屑和坍塌落块在地面被研磨、浆化，然后沿着当前的井或附近的井被泵入环空，以使裂缝延伸或者用来处理固体废物。在几乎不可渗透的页岩地层中，这种情况经常出现，所以压裂液基液流体泄漏得很慢。这表明裂缝可以延伸得又宽又长，所以施工队必须了解裂缝走向，并谨慎采取措施（Moschovidis et al.，2000）。

5.1.9.3　储层管理

如果储层中的油气被采出，而没有及时注水或注气，那地层压力将会下降，改变地层有效应力，并对其造成了一定的影响。

例如，当有效应力增加时，许多地层被压实，最显著的例子是北海的 Ekofisk 油田，在1969 年发现了一个厚厚的白垩储层，于 1971 年开始投产，1984 年发现海底下沉，必须采取措施来提高平台的安全高度以免受到海浪威胁。岩石力学研究表明，白垩储层在压实和注水的作用下，增加了压力，扩大了压实效果，也引起了在储层力学方面的更多研究内容（Chin et al.，1994；Sylte et al.，1999）。同样，在加利福尼亚州的硅藻土地带，压实和剪切诱导沿着矿床边界造成了数百个井筒的损坏（Fredrich et al.，1996）。

产出或注入的影响并不局限于压实和沉降。在科罗拉多的 Rangelyfield 地层，注入引发了小地震（Scholz，2002）。在北海的 Shearwater 地带，为完成设备及对出砂管理方案做出合理的选择（Kenter et al.，1998），有必要对衰竭的影响进行预测。在许多储层中，流体流动的方向主要受原地应力场中形成的裂缝影响，这使得注水和其他二次采油方法的设计必须得到改进（Heffer et al.，1997）。

这种行为的某些方面存在简单的模型，例如，Geertsma（1973）的压实模型体现了地表沉陷对储层的影响。最近 Segall（1992）使用了一个更复杂的方法，枯竭的水平应力的变化可以使用简单的弹性方程或更实际的屈服方程来估算（Addis et al.，1994），如 5.1.5 节所述。在一般情况下，这些方法只能得出近似的答案。近年来，一些软件已可用于储层和覆盖层的力学响应建模，这些通常是基于有限元方法，经常涉及力学响应和地层流体响应之间的耦合，先前所提到的硅藻土储层变形，如使用一个大的三维流体模型研究（超过 90000 个节点的石油储层模拟器）耦合的三维有限元力学模型，有近 50 万个节点。研究的地层非常薄弱，因此，模拟包括它们的可塑性响应的过程复杂和漫长的，但它们很好地预测了井眼屈服位置(Kenter et al.，2004)。这种类型的耦合模拟现在可以在小型计算机上广泛使用，尽管计算时间仍然是相当长的。大多数的模拟是一样的，输出结果的质量取决于输入的数据的质量，然而，它在预测油里的初始条件和演化过程方面是一种有用的新工具(Samier et al.，2003；Onaisi et al.，2002；Stone et al.，2003)。

由采油引起的应力变化也被用来表示流体运移和损失。流体或压力的变化可以显著地改变储层的地震特征，有时这在重复地震调查中可以看出。由于储层通常是很薄的，其对整体地震反应的影响可能很小，如果它引起上覆岩层的应力变化，这些应力变化会存在于更大的范围，并且相应地更大程度地影响地震波传播，这已被用于监测油藏演化过程(Kenter et al.，2004)。

符号意义

a——相关常数；

A——面积；

A_{SDR}——应力衰竭率($\Delta\sigma_{\text{h}}/\Delta p_{\text{p}}$)；

b——相关常数；

d_0，d_1——初始直径和变化后直径；

D_{e}——黏弹性松弛时间和黏性松弛时间的比率；

E——杨式模量；

F——力；

g——重力加速度；

G——剪切模量；

h——流体柱高度；

I——单位矩阵；

k——特莱斯卡准则常数；

K_{frame}——岩石骨架体积模量；

K_{grain}——岩石矿物体积模量；

K——基岩应力系数(有效应力比)；

l_{ij}——方向余弦；

L_0、L_1——初始长度和变形后长度；

MW_{min}——最小钻井液密度窗口；

$\hat{n}$——垂直于表面的单位矢量，为同一个轴的应力分量；

N_{Φ}——库仑摩尔准则中的系数；

p——压力；

p_{p}——地层孔隙压力；

$p_{\text{p}}^{\text{normal}}$——正常压实状态下的地层压力；

p_{w}——井眼压力；

p_b——扩展漏失试验中的破裂压力；

p_{prop}——扩展漏失试验中的裂缝扩展压力；

$p_{closure}$——扩展漏失试验中的裂缝闭合压力；

p_{reopen}——扩展漏失试验中的重开压力；

r——半径；

r_w——井眼半径；

R——测量电阻率；

R_{normal}——普通电阻率；

S——岩石黏聚力；

T——温度；

V_p——纵波速度；

V_s——横波速度；

x，y，z——笛卡尔坐标系；

z——深度；沿井眼轴的长度；

$\boldsymbol{R}$——旋转矩阵；

$\boldsymbol{T}$——表面牵引向量；

α_T——热膨胀系数；

α——毕奥常数；

β——可压缩性；莫尔圆图中的角度；

Δt——测量声波时长；

Δt_{normal}——普通声波时长；

ε——普通应变；

ε_1——横向应变；

θ——井眼周围方位角，或与主轴的角度；

λ——拉梅系数；

ν——泊松比；

ρ——岩石密度；

σ——总应力；

σ——总应力张量；

σ_1、σ_2、σ_3——分别为最大压应力、中间压应力、最小压应力；

σ_A、σ_B——垂直于井轴的主应力；

σ_C——平行于井轴的主应力；

σ_r、σ_q、σ_z——分别为径向应力、环向应力、轴向应力；

σ'——有效应力；

σ'_h——有效水平应力；

σ'_n——垂直于破裂面的有效应力；

σ'_{normal}——有正压实趋势的有效应力；

σ'_v——有效垂直应力；

σ_t——岩石抗拉强度；

σ_v——垂直应力；

σ_h——最小水平应力；

σ_H——最大水平应力；

σ_{H_Az}——最大水平应力的方位角；

σ^T——应力张量矩阵的转置；

τ——切应力；

ϕ——内摩擦角；

$\phi_{residual}$——剩余内摩擦角。

附录 A　应力转换方程

图 5.2 表明了应力分量的大小随着其轴的方向的变化是如何变化的，这是因为应力是一个张量，更是二阶张量(阶级是指其组成部分的指数，标量可看作零阶张量，而向量可作为一阶张量。张量的重要性质之一是在一个旋转的坐标系中其分量要变化，以这样一种方式来保持其几何意义或物理意义不变)。

考虑介质中相对于 X 轴、Y 轴和 Z 轴的一点。作用于表面垂直于 X 轴的力产生一个垂直于表面的力 σ_x，以及一个平行于表面的剪切应力，剪切应力可以分解为沿 Y 轴和 Z 轴的两部分——τ_{xy} 和 τ_{xz}。作用于一个垂直于 Y 轴的表面的应力与 σ_y、τ_{yx}、τ_{yz} 是相等的，作用于一个垂直于 Z 轴的表面的应力与 σ_z、τ_{zx}、τ_{zy} 是相等的。综合这些状况，得出了所有的作用于点的应力张量分量：

$$\boldsymbol{\sigma} = \begin{pmatrix} \sigma_x & \tau_{xy} & \tau_{xz} \\ \tau_{yx} & \sigma_y & \tau_{yz} \\ \tau_{zx} & \tau_{zy} & \sigma_z \end{pmatrix} \qquad (A-1)$$

粗体代表多元量如向量或矩阵。τ_{xy} 是 Y 轴方向上作用于 X 轴平面的法向应力。因为该材料变应力作用后是静止的，所以就没有净旋转力。

$$\begin{aligned} \tau_{xy} &= \tau_{yx} \\ \tau_{xz} &= \tau_{zx} \\ \tau_{zy} &= \tau_{yz} \end{aligned} \qquad (A-2)$$

这意味着应力张量包含六个独立的分量。

其他符号也被用于应力张量的分量可被写为

$$\boldsymbol{\sigma} = \begin{pmatrix} \sigma_{11} & \sigma_{12} & \sigma_{13} \\ \sigma_{21} & \sigma_{22} & \sigma_{23} \\ \sigma_{31} & \sigma_{32} & \sigma_{33} \end{pmatrix} \qquad (A-3)$$

至少在两个维度上，应力张量的分量随轴旋转而变化的规则是很容易推导的，考虑作

用在 X 轴、Y 轴和 Z 轴材料表面上的力，如图 A-1 所示。如果作用在材料中唯一的力在 X—Y 平面，可以把它看作一个单位厚度的二维情况。材料是静止的，所以作用于表面 AB 的力必须通过作用于表面 OA 和表面 OB 的力来平衡。例如，在 Y 轴方向的力由 σ_y 作用于区域 OB 和 τ_{xy} 作用于区域 OA 产生，然后分解到 Y 轴方向。需要注意的是，压力必须先转化为力才可以计算它们在特定方向上的分量—应力不能直接分解。因此，假设 OA=1，平衡力沿 X 轴方向：

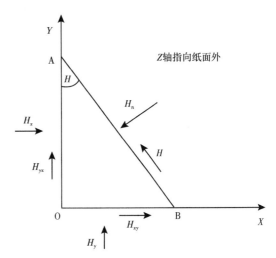

图 A-1　二维条件下的应力旋转几何计算

$$\sigma_x + \tau_{yx}\tan\theta = \frac{\sigma_n}{\cos\theta}\cos\theta + \frac{\tau}{\cos\theta}\sin\theta \qquad (A-4)$$

和 Y 轴方向：

$$\tau_{xy} + \sigma_y\tan\theta = \frac{\sigma_n}{\cos\theta}\sin\theta - \frac{\tau}{\cos\theta}\cos\theta \qquad (A-5)$$

解这两个方程得出：

$$\sigma_n = \sigma_x\cos^2\theta + \sigma_y\sin^2\theta + \tau_{xy}\sin2\theta \qquad (A-6)$$

以及：

$$\tau = \frac{1}{2}(\sigma_x - \sigma_y)\sin2\theta - \tau_{xy}\cos2\theta \qquad (A-7)$$

需要注意的是，θ 值是可以选择的，使得平面 AB 上的剪切应力 τ 为 0。该值由以下公式给出：

$$\tan2\theta = \frac{2\tau_{xy}}{\sigma_x - \sigma_y} \qquad (A-8)$$

这意味着可以选择平面 AB 的方向，使得作用在它上的唯一非零应力是正应力。这一方程给出了这样两个平面，其法向是应力状态的主要方向，这在 5.1.3 节提及过，由此产生的两个法向应力是主应力。主应力值是将式（A-8）带入式（A-6）得出

$$\sigma_1 = \frac{1}{2}(\sigma_x + \sigma_y) + \sqrt{\tau_{xy}^2 + \frac{1}{4}(\sigma_x - \sigma_y)^2} \qquad (A-9)$$

$$\sigma_2 = \frac{1}{2}(\sigma_x - \sigma_y) - \sqrt{\tau_{xy}^2 + \frac{1}{4}(\sigma_x - \sigma_y)^2} \qquad (A-10)$$

可以使用式（A-6）和式（A-7）来看莫尔应力圆是如何发挥作用的。如果假设 σ_x 和 σ_y

是目前的主应力，则 τ_{xy} 为 0，可以计算出与 σ_x 的方向之间有 θ 角的方向的法向应力 σ_n 和剪切应力 τ：

$$\sigma_n = \sigma_x \cos^2\theta + \sigma_y \sin^2\theta \tag{A-11}$$

$$\tau = \frac{1}{2}(\sigma_x - \sigma_y)\sin2\theta \tag{A-12}$$

几行代数证明这些指定的坐标点是由摩尔应力圆构建的：

$$\sigma_n = \frac{1}{2}(\sigma_x - \sigma_y) + \frac{1}{2}(\sigma_x - \sigma_y)\cos2\theta \tag{A-13}$$

以及：

$$\tau = \frac{1}{2}(\sigma_x - \sigma_y)\sin2\theta \tag{A-14}$$

同样的原则也适用于三维应力状态，但用代数表达很繁琐。让从将一个应力状态用它在 X 轴、Y 轴和 Z 轴的相应分量表示开始，如式（A-1）中：

$$\boldsymbol{\sigma} = \begin{pmatrix} \sigma_x & \tau_{xy} & \tau_{xy} \\ \tau_{yx} & \sigma_y & \tau_{yz} \\ \tau_{zx} & \tau_{zy} & \sigma_z \end{pmatrix}$$

图 A-1 表示的过程是任意平面正应力和剪应力的确定。这个三维模式中不另外确定剪切应力的方向。可以说，它已经位于选定的平面。这可以通过引入表面牵引向量 $\boldsymbol{T}$ 来解决，表面牵引向量是力与其作用的面积的比值的极限值：

$$\boldsymbol{T} = \lim_{dA \to 0} \frac{dF}{dA} \tag{A-15}$$

需要注意的是，这是一个向量，其大小和方向取决于区域 A 的方向。柯西方程（Davis and Selvadurai，1996）将给定表面的牵引力与应力状态和垂直于表面的单位向量相关联：

$$T = \sigma^T \hat{n} \tag{A-16}$$

其中 σ^T 是应力分量矩阵的转置矩阵，$\hat{n}$ 是垂直于表面的单位向量（称为对应应力分量相同轴系）。当 $\boldsymbol{T}$ 已经根据式（A-16）计算出，其垂直和平行于表面并作用在表面上的正应力和最大剪切应力的分量是可计算的：

$$\sigma_n = T\hat{n} \tag{A-17}$$

$$\tau = \boldsymbol{T} - (T\hat{n})\hat{n} \tag{A-18}$$

最大剪切应力 $\boldsymbol{\tau}$ 是向量，现在可以将其分解到所选择的位于表面上的一对轴上。

找到主方向和主应力意味着找到三个表面方向，其中牵引向量是平行于表面的法向向量，也就是说：

$$T = \sigma^T \hat{n} = \alpha\hat{n} \tag{A-19}$$

或者：

$$(\sigma = \alpha I)\hat{n} = 0 \qquad (\text{A-20})$$

因为应力分量矩阵是对称的。I 是单位矩阵。这有一个独特的解决方案，如果：

$$\det(\sigma - \alpha I) = 0 \qquad (\text{A-21})$$

这可以解出三个主应力 α 的值。在式（A-20）中给出了三个主要方向的特征向量。

由式 A-1 所表示的应力状态也可以在其他轴上表示，例如 1、2 和 3。两组轴之间的关系由方向余弦表示，例如，如果 l 轴和 X 轴、Y 轴及 Z 轴之间的夹角分别是 δ_{1x}、δ_{1y} 和 δ_{1z}，那么这些轴的方向余弦是：

$$\begin{cases} l_{1x} = \cos\delta_{1x} \\ l_{1y} = \cos\delta_{1y} \\ l_{1z} = \cos\delta_{1z} \end{cases} \qquad (\text{A-22})$$

综合两个轴线的所有方向余弦，得出旋转矩阵：

$$\boldsymbol{\sigma}^* = R\sigma R^T \qquad (\text{A-23})$$

例如，当原地应力状态与井眼的坐标系统相一致的时候，如在 5.1.4 节中对斜井井眼的稳定性分析，式（A-23）是可用的方程。方向余弦 l_{ij} 来自井相对于原地应力方向的方位角和偏差，也来自井眼周围目标点的位置。式（A-23）代表了六个方程，每个方程右边有九项，通常在井眼周围和许多沿井眼轨迹的点进行评估，这是使用软件进行此类计算的恰当理由。

附录 B　各弹性常数之间的弹性行为和关系

式（5.1）和式（5.2）中定义的杨氏模量 E 和泊松比 ν，分别作为线性各向同性弹性材料的两个独立弹性常数。法向应力 σ 和剪切应力 τ、法向应变 ε 和剪切应变 γ 之间的关系可以用多种方式表达，并且允许用几种不同的方式表达各弹性常数。然而，总是有两个独立的数字，地质力学中最有用的方法之一如下：

$$\begin{cases} E\varepsilon_x = \sigma_x - \nu(\sigma_y + \sigma_z) \\ E\varepsilon_y = \sigma_y - \nu(\sigma_x + \sigma_z) \\ E\varepsilon_z = \sigma_z - \nu(\sigma_y + \sigma_x) \\ G\gamma_{xy} = \tau_{xy} \\ G\gamma_{xz} = \tau_{xz} \\ G\gamma_{yz} = \tau_{yz} \end{cases} \qquad (\text{B-1})$$

这里的 G 是剪切模量，它不是独立于 E 和 ν 的，但考虑到：

$$G = \frac{E}{2(1+\nu)} \qquad (\text{B-2})$$

式（B-1）的前两行应用于单轴应变模型和水平应力相似模型（见 5.1.5 节）。例如，

使 σ_x 和 σ_y 与水平应力相等。在单轴应变模型中,假定 ε_x 为 0,所以式(B-1)的第一行变成:

$$0 = \sigma_x - \nu(\sigma_x + \sigma_z)$$

$$\sigma_x = \frac{\nu}{1-\nu}\sigma_z \tag{B-3}$$

对于具有孔隙压力的多孔材料,取而代之的是有效的压力。

另一个常用的弹性常数是体积模量 K,压缩系数 $\beta(=1/K)$,和拉梅常数 λ(G 也被称为另一个拉梅常数)。拉梅常数用应变表达应力,如下:

$$\begin{cases} \sigma_x = (\lambda + 2G)\varepsilon_x + \lambda(\varepsilon_y + \varepsilon_z) \\ \sigma_y = (\lambda + 2G)\varepsilon_y + \lambda(\varepsilon_x + \varepsilon_z) \\ \sigma_z = (\lambda + 2G)\varepsilon_z + \lambda(\varepsilon_x + \varepsilon_y) \\ \tau_{xy} = G\gamma_{xy} \\ \tau_{xz} = G\gamma_{xz} \\ \tau_{yz} = G\gamma_{yz} \end{cases} \tag{B-4}$$

相关的其他弹性常数如下所示:

$$\begin{cases} E = 2G(1+\nu) \\ E = 3k(1-2\nu) \\ E = \dfrac{\lambda}{\nu}(1+\nu)(1-2\nu) \\ \nu = \dfrac{\lambda}{2(\lambda+G)} \\ \nu = \dfrac{3K-2G}{2(3K+G)} \\ K = \lambda + \dfrac{2}{3}G \end{cases} \tag{B-5}$$

参 考 文 献

AADE 1998. Pressure Regimes in Sedimentary Basins and Their Prediction. American Association of Drilling Engineers (AADE) Industry Forum, Lake Conroe, Texas, USA, 2-4 September.

Aadnoy, B. S. 1987. Continuum Mechanics Analysis of the Stability of Inclined Boreholes in Anisotropic Rock Formations. PhD dissertation, Norwegian Institute of Technology, Trondheim, Norway.

Aadnoy, B. S. 1989. Stresses Around Boreholes Drilled in Sedimentary Rocks. J. Petrol. Sci. Eng. 2 (4): 349-360. DOI: 10.1016/0920-4105(89)90009-0.

Addis, M. A. 1997. Reservoir Depletion and Its Effect on Wellbore Stability Evaluation. International Jour-nal of Rock Mechanics Mining Sciences 34 (3-4): 423.

Addis, M. A. , Last, N. C. , and Yassir, N. A. 1994. Estimation of Horizontal Stresses at Depth in Faulted Regions and Their Relationship to Pore Pressure V ariations. SPEFE 11 (1): 11 - 18. SPE-28140-PA. DOI: 10. 2118/28140-PA.

Alberty, M. W. and McLean, M. R. 2001. Fracture Gradients in Depleted Reservoirs—Drilling Wells in Late Reservoir Life. Paper SPE 67740 presented at the SPE/IADC Drilling Conference, Amsterdam, 27 February-1 March 2001. DOI: 10. 2118/67740-MS.

Alsop, G. I. , Blundell, D. J. , and Davison, I. ed. 1996. Salt Tectonics, 291 - 302. Bath, UK: Special Publication No. 100, The Geological Society.

Amadei, B. 1983. Rock Anisotropy and the Theory of Stress Measurements. Heidelberg, Germany: Springer-V erlag.

Anderson, E. M. 1951. The Dynamics of Faulting and Dyke F ormation With Applications to Britain. Edinburgh, UK: Oliver and Boyd.

Ashby, M. F. and Hallam, S. D. 1986. The Failure of Brittle Solids Containing Small Cracks Under Compressive Stress States. Acta Metallurgica 34 (3): 497-510. DOI: 10. 1016/0001 - 6160 (86)90086-6.

Aston, M. S. , Alberty, M. W. , McLean, M. R. , de Jong, H. J. , and Armagost, K. 2004. Drilling Fluids for Wellbore Strengthening. Paper SPE 87130 presented at the IADC/SPE Drilling Conference, Dallas, 2-4 March. DOI: 10. 2118/87130-MS.

Atkinson, C. and Bradford, I. 2001. Effect of Inhomogeneous Rock Properties on the Stability of Wellbores. Proc. , IUTAM Symposium on Analytical and Computational Fracture Mechanics of Non-Homogeneous Materials, Cardiff University, UK, 18-22 June.

Babcock, E. A. 1978. Measurement of Subsurface Fractures From Dipmeter Logs. AAPG Bulletin 62 (7): 1111-1126. Reprinted 1990 in F ormation evaluation II—log interpretation, 457-472, ed. N. H. Foster and E. A. Beaumont. Tulsa: Treatise of Petroleum Geology Reprint Series No. 17, AAPG.

Barker, J. W. , Feland, K. W. , and Tsao, Y. -H. 1994. Drilling Long Salt Sections Along the U. S. Gulf Coast. SPEDC 9 (3): 185-188. SPE-24605-PA. DOI: 10. 2118/24605-PA.

Beacom, L. E. , Nicholson, H. , and Corfi eld, R. I. 2001. Integration of Drilling and Geological Data To Understand Wellbore Instability. Paper SPE 67755 presented at the SPE/IADC Drilling Conference, Amsterdam, 27 February-1 March. DOI: 10. 2118/67755-MS.

Bell, J. S. and Gough, D. I. 1982. The Use of Borehole Breakouts in the Study of Crustal Stress. In Workshop on Hydraulic Fracturing Stress Measurements Proceedings, 539-557, ed. M. D. Zoback and B. C. Haimson. US Geological Survey Open - File Report 82 - 1075, Reston, Virginia, USA.

Billington, E. W. and Tate, A. 1980. The Physics of Deformation and Flow. Dallas: McGraw-Hill.

Biot, M. A. 1962. Mechanics of Deformation and Acoustic Propagation in Porous Media. J. Appl. Phys. 33 (4): 1482-1498. DOI: 10. 1063/1. 1728759.

Bowers, G. L. 1995. Pore Pressure Estimation From V elocity Data: Accounting for Overpressure

Mechanisms Besides Undercompaction. SPEDC 10 (2): 89 - 95. SPE - 27488 - PA. DOI: 10. 2118/27488-PA.

Bradford, I. D. R. , Aldred, W. A. , Cook, J. M. et al. 2000. When Rock Mechanics Met Drilling: Effective Implementation of Real-Time Wellbore Stability Control. Paper SPE 59121 presented at the IADC/SPE Drilling Conference, New Orleans, 23-25 February. DOI: 10. 2118/59121- MS.

Brady, B. H. G. and Brown, E. T. 1993. Rock Mechanics for Underground Mining, second edition. The Netherlands: Springer.

Bratli, R. K. and Rinses, R. 1981. Stability and Failure of Sand Arches. SPEJ 21 (2): 236 - 248. SPE-8427-PA. DOI: 10. 2118/8427-PA.

Bratli, R. K. , Horsrud, P. , and Risnes, R. 1983. Rock Mechanics Applied to the Region Near a Wellbore. Proc. , 5th International Congress on Rock Mechanics, Melbourne, Australia, F1- F17.

Bratton, T. , Bornemann, T. , Li, Q. , Plumb, R. , Rasmus, J. , and Krabbe, H. 1999. Logging-While-Drilling Images for Geomechanical, Geological and Petrophysical Interpretations. Paper JJJ presented at the 40th Annual Logging Symposium, SPWLA, Oslo, Norway.

Bratton, T. , Edwards, S. , Fuller, J. et al. 2001. Avoiding Drilling Problems. Oilfi eld Review 13 (2): 32-51.

Breckels, I. M. and van Eekelen, H. A. M. 1982. Relationship Between Horizontal Stress and Depth in Sedimentary Basins. JPT 34 (9): 2191 - 2199. SPE - 10336 - PA. DOI: 10. 2118/10336- PA.

Busby, C. J. and Ingersoll, V. R. 1995. Tectonics of Sedimentary Basins. London: Blackwell Science.

Carcione, J. M. , Helle, H. B. , and Gangi, A. F. 2006. Theory of Borehole Stability When Drilling Through Salt Formations. Geophysics 71 (3): F31-F47. DOI: 10. 1190/1. 2195447.

Chang, C. , Zoback, M. D. , and Khaksar, A. 2006. Empirical Relations Between Rock Strength and Physical Properties in Sedimentary Rocks. Journal of Petroleum Science and Engineering 51 (3-4): 223-237. DOI: 10. 1016/j. petrol. 2006. 01. 003.

Charlez, P. A. 1991. Rock Mechanics, V ol. 1 Theoretical Fundamentals. Paris: Editions Technip.

Charlez, P. A. 1997. Rock Mechanics, V ol. 2 Petroleum Applications. Paris: Editions Technip.

Chen, X. , Tan, C. P. , and Detournay, C. 2002. The Impact of Mud Infi ltration on Wellbore Stability in Fractured Rock Masses. Paper SPE 78241 presented at the SPE/ISRM Rock Mechanics Conference, Irving, Texas, USA, 20-23 October. DOI: 10. 2118/78241-MS.

Chin, L. Y. , Boade, R. R. , Nagel, B. , and Landa, G. H. 1994. Numerical Simulation of Ekofi sk Reservoir Compaction and Subsidence: Treating the Mechanical Behavior of the Overburden and Reservoir. Paper SPE 28128 presented at Rock Mechanics in Petroleum Engineering, Delft, The Netherlands, 29-31 August. DOI: 10. 2118/28128-MS.

Christman, S. A. 1973. Offshore Fracture Gradients. JPT 25 (8): 910-914. SPE-4133-PA. DOI:

10. 2118/4133-PA.

Cook, J. M. , Sheppard, M. C. , and Houwen, O. H. 1991. Effects of Strain Rate and Confi ning Pressure on the Deformation and Failure of Shale. SPEDE 6 (2) : 100-104 ; Trans. , AIME, 291. SPE-19944-PA. DOI: 10. 2118/19944-PA.

Davis, R. O. and Selvadurai, A. P. S. 1996. Elasticity and Geomechanics. Cambridge, UK: Cambridge University Press.

Davis, R. O. and Selvadurai, A. P. S. 2002. Plasticity and Geomechanics. Cambridge, UK: Cambridge University Press.

Deere, D. U. and Miller, R. P. 1966. Engineering Classifi cation and Index Properties for Intact Rock. Technical Report, AFWL-TR-65-116, US Air Force Systems Command Air Force Weapons Lab, Kirtland Air Force Base, New Mexico, USA.

Detournay, E. and Cheng, A. H. - D. 1988. Poroelastic Response of a Borehole in a Non - Hydrostatic Stress Field. International Journal of Rock Mechanics and Mining Science & Geomechanics Abstracts 25 (3) : 171-182. DOI: 10. 1016/0148-9062 (88) 92299-1.

Doyle, E. F. 1998. Case Study—Comprehensive Approach to Formation Pressure Prediction and Evaluation on a Norwegian HPHT Well. In Overpressures in Petroleum Exploration, ed. A. Mitchell and D. Grauls, 149-155. Pau, France: Bull. des Centres de Recherches Exploration—Production Elf EP Memoire 22, Elf Aquitaine.

Dutta, N. , Gelinsky, S. , Reese, M. , and Khan, M. 2001. A New Petrophysically Constrained Predrill Pore Pressure Prediction Method for the Deepwater Gulf of Mexico: A Real-Time Case Study. Paper SPE 71347 presented at the SPE Annual Technical Conference and Exhibition, New Orleans, 30 September-3 October. DOI: 10. 2118/71347-MS.

Eaton, B. A. 1969. Fracture Gradient Prediction and Its Application in Oilfi eld Operations. JPT 21 (10) : 1353-1360 ; Trans. , AIME, 246. SPE-2163-PA. DOI: 10. 2118/2163-PA.

Eaton, B. A. 1975. The Equation for Geopressure Prediction From Well Logs. Paper SPE 5544 presented at the SPE Annual Technical Conference and Exhibition, Dallas, 28 September-1 October. DOI: 10. 2118/5544-MS.

Eaton, B. A. and Eaton, T. L. 1997. Fracture Gradient Prediction for the New Generation. World Oil 218 (10) : 93-100.

Economides, M. J. and Nolte, K. G. ed. 1989. Reservoir Stimulation, second edition. Upper Saddle River, New Jersey: Prentice Hall.

Edwards, S. T. , Bratton, T. R. , and Standifi rd, W. B. 2002. Accidental Geomechanics— Capturing In - Situ Stress From Mud Losses Encountered While Drilling. Paper SPE 78205 presented at the SPE/ISRM Rock Mechanics Conference, Irving, Texas, USA, 20 - 23 October. DOI: 10. 2118/78205-MS.

Edwards, S. T. , Matsutsuyu, B. , and Willson, S. 2004. Imaging Unstable Wellbores While Drilling. SPEDC 19 (4) : 236-243. SPE-79846-PA. DOI: 10. 2118/79846-PA.

Engelder, T. 1993. Stress Regimes in the Lithosphere. Princeton, New Jersey: Princeton University

Press.

Ewy, R. T. 1999. Wellbore-Stability Predictions by Use of a Modifi ed Lade Criterion. SPEDC 14 (2): 85-91. SPE-56862-PA. DOI: 10. 2118/56862-PA.

Fjær, E., Holt, R. M., Horsrud, P., Raaen, A. M., and Risnes, R. 1992. Petroleum Related Rock Mechanics, second edition. Oxford, UK: Elsevier Science.

Foster, J. B. 1966. Estimation of Formation Pressures From Electrical Surveys—Offshore Louisiana. JPT 18 (2): 165-171. SPE-1200-PA. DOI: 10. 2118/1200-PA.

Franco, J. L. A., de la Torre, H. G., Ortiz, M. A. M. et al. 2005. Using Shear-Wave Anisotropy To Optimize Reservoir Drainage and Improve Production in Low-Permeability Formations in the North of Mexico. Paper SPE 96808 presented at the SPE Annual Conference and Technical Exhibition, Dallas, 9-12 October. DOI: 10. 2118/96808-MS.

Fredrich, J. T., Arguello, J. G., Thorne, B. J. et al. 1996. Three-Dimensional Geomechanical Simulation of Reservoir Compaction and Implications for Well Failures in the Belridge Diatomite. Paper SPE 36698 presented at the SPE Annual Technical Conference and Exhibition, Denver, 6-9 October. DOI: 10. 2118/36698-MS.

Fredrich, J. T., Coblenz, D., Fossum, A. F., and Thorne, B. J. 2003. Stress Perturbations Adjacent to Salt Bodies in the Deepwater Gulf of Mexico. Paper SPE 84554 presented at the SPE Annual Technical Conference and Exhibition, Denver, 5-8 October. DOI: 10. 2118/84554-MS.

Gardner, G. H. F., Gardner, L. W., and Gregory, A. R. 1974. Formation V elocity and Density—The Diagnostic Basis for Stratigraphic Traps. Geophysics 39 (6): 770-780. DOI: 10. 1190/1. 1440465.

Geertsma, J. 1973. Land Subsidence Above Compacting Oil and Gas Reservoirs. JPT 25 (6): 734-744. SPE-3730-PA. DOI: 10. 2118/3730-PA.

Geertsma, J. and de Klerk, F. 1969. A Rapid Method Of Predicting Width And Extent Of Hydraulically Induced Fractures. JPT 21 (12): 1571-1581. SPE 2458-PA. DOI: 10. 2118/2458-PA.

Gomez, E., Jordan, T. E., Allmendinger, R. W., and Cardozo, N. 2005. Development of the Colombian Foreland-Basin System as a Consequence of Diachronous Exhumation of the Northern Andes. GSA Bulletin 117 (9): 1272-1292. DOI: 10. 1130/B25456. 1.

Greenwood, J., Bowler, P., Sarmiento, J. F., Willson, S., and Edwards, S. 2006. Evaluation and Application of Real-Time Image and Caliper Data as Part of a Wellbore Stability Monitoring Provision. Paper SPE 99111 presented at the IADC/SPE Drilling Conference, Miami, Florida, USA, 21-23 February. DOI: 10. 2118/99111-MS.

Guo, B. 2001. Use of Spreadsheet and Analytical Models To Simulate Solid, Water, Oil and Gas Flow in Underbalanced Drilling. Paper SPE 72328 presented at the SPE/IADC Middle East Drilling Technology Conference, Bahrain, 22-24 October. DOI: 10. 2118/72328-MS.

Hawkes, C. D., Smith, S. P., and McLellan, P. J. 2002. Coupled Modeling of Borehole Instability and Multi-phase Flow for Underbalanced Drilling. Paper SPE 74447 presented at the IADC/SPE Drilling Conference, Dallas, 26-28 February. DOI: 10. 2118/74447-MS.

Heffer, K. J. , Fox, R. J. , McGill, C. A. , and Koutsabeloulis, N. C. 1997. Novel Techniques Show Links Between Reservoir Flow Directionality, Earth Stress, Fault Structure and Geomechanical Changes in Mature Water-floods. SPEJ 2 (2) : 91-98. SPE-30711-PA. DOI: 10. 2118/30711-PA.

Hickman, S. H. and Zoback, M. D. 1983. The Interpretation of Hydraulic Fracturing Pressure Time Data for In - Situ Stress Determination. In Hydraulic Fracturing Stress Measurements, ed. M. D. Zoback and B. C. Haimson. Washington, DC: National Academic Press.

Holt, C. A. and Johnson, J. B. 1986. A Method for Drilling Moving Salt Formations—Drilling and Under-reaming Concurrently. SPEDE 1 (4) : 315 – 324. SPE – 13488 – PA. DOI: 10. 2118/13488-PA.

Holt, J. , Wright, W. J. , Nicholson, H. , Kuhn-de-Chizelle, A. , and Ramshorn, C. 2000. Mungo Field: Improved Communication Through 3D Visualization of Drilling Problems. Paper SPE 62523 presented at the SPE/AAPG Western Regional Meeting, Long Beach, California, USA, 19-23 June. DOI: 10. 2118/62523-MS.

Hornby, B. E. , Howie, J. M. , and Ince, D. E. 2003. Anisotropy Correction for Deviated – Well Sonic Logs: Application to Seismic Well Tie. Geophysics 68 (2) : 464-471. DOI: 10. 1190/1. 1567214.

Horsrud, P. 2001. Estimating Mechanical Properties of Shale From Empirical Correlations. SPEDC 16 (2) : 68-73. SPE-56017-PA. DOI: 10. 2118/56017-PA.

Hubbert, M. K. and Willis, D. G. 1957. Mechanics of Hydraulic Fracturing. In Petroleum Development and Technology. Transactions of the American Institute of Mining and Metallurgical Engineers, V ol. 210, 153-168. Littleton, Colorado: AIME.

Inaba, M. , McCormick, D. , Mikalsen, T. et al. 2003. Wellbore Imaging Goes Live. Oilfield Review 15 (1) : 24 - 37. Jaeger, J. C. and Cook, N. G. W. 1979. Fundamentals of Rock Mechanics. London: Chapman and Hall.

Kageson-Loe, N. K. , Stage, M. C. , Christensen, H. F. , and Havmoller, O. 2004. Application of Overburden Strength and Deformation Properties Derived From Drill Cutting Ip Data. Proc. , 6th NARMS Conference (Gulf Rocks 2004), Houston, Paper No. ARMA/NARMS 04-456.

Kenter, C. J. , Schreppers, G. M. A. , Blanton, T. L. , Baaijens, M. N. , and Ramos, G. G. 1998. Compaction Study for Shearwater Field. Paper SPE 47280 presented at SPE/ISRM Rock Mechanics in Petroleum Engineering (EUROCK 98), Trondheim, Norway, 8 - 10 July. DOI: 10. 2118/47280-MS.

Kenter, C. J. , van den Beukel, A. C. , Hatchell, P. J. et al. 2004. Evaluation of Reservoir Characteristics From Timeshifts in the Overburden. Presented at Gulf Rocks 2004, 6th North American Rock Mechanics Symposium (NARMS): Rock Mechanics Across Borders and Disciplines, Houston, 5-9 June.

Lal, M. 1999. Shale Stability: Drilling Fluid Interaction and Shale Strength. Paper SPE 54356 presented at the SPE Asia Pacifi c Oil and Gas Conference and Exhibition, Jakarta, 20-22 April. DOI: 10. 2118/54356-MS.

Lashkaripour, G. R. and Dusseault, M. B. 1993. A Statistical Study on Shale Properties: Relationships Among Principal Shale Properties. Proc. , Conference of Probabilistic Methods in Geotechnical Engineering, ed. K. S. Li and S. - C. R. Lo, Rotterdam, The Netherlands: Balkema.

Last, N. , Plumb, R. , Harkness, R. , Charlez, P. , Alsen, J. , and McLean, M. 1995. An Integrated Approach to Evaluating and Managing Wellbore Instability in the Cusiana Field, Colombia, South America. Paper SPE 30464 presented at the SPE Annual Technical Conference and Exhibition, Dallas, 22-25 October. DOI: 10. 2118/30464-MS.

Leeman, E. R. 1964. The Measurement of Stress in Rock; Part I, the Principles of Rock Stress Measurements; Part II, Borehole Rock Stress Measuring Instruments. Journal of the South African Institute of Mining and Metallurgy 65 (2): 45-114.

Leung, P. K. and Steig, R. P. 1992. Dielectric Constant Measurements: A New, Rapid Method To Characterize Shale at the Wellsite. Paper SPE 23887 presented at the SPE/IADC Drilling Conference, New Orleans, 18-21 February. DOI: 10. 2118/23887-MS.

Maeso, C. and Tribe, I. 2001. Hole Shape From Ultrasonic Calipers and Density While Drilling—A Tool for Drillers. Paper SPE 71395 presented at the SPE Annual Technical Conference and Exhibition, New Orleans, 30 September-3 October. DOI: 10. 2118/71395-MS.

Maia, C. A. , Poiate, J. E. , Falcão, J. L. , and Coelho, L. F. M. 2005. Triaxial Creep Tests in Salt Applied in Drill-ing Through Thick Salt Layers in Campos Basin-Brazil. Paper SPE 92629 presented at the SPE/IADC Drilling Conference, Amsterdam, 23 - 25 February. DOI: 10. 2118/92629-MS.

Malinverno, A. , Sayers, C. M. , Woodward, M. J. , and Bartman, R. C. 2004. Integrating Diverse Measurements To Predict Pore Pressure With Uncertainties While Drilling. Paper SPE 90001 presented at the SPE Annual Technical Conference and Exhibition, Houston, 26 - 29 September. DOI: 10. 2118/90001-MS.

Matthews, W. R. and Kelly, J. 1967. How To Predict Formation Pressure and Fracture Gradient From Electric and Sonic Logs. Oil and Gas Journal 65: 92-106.

Maury, V. and Guenot, A. 1995. Practical Advantages of Mud Cooling Systems for Drilling. SPEDC 10 (1): 42-48. SPE-25732-PA. DOI: 10. 2118/25732-PA.

Minster, J. B. and Jordan, T. H. 1978. Present - Day Plate Motions. J. Geophysical Research 83 (B11): 5331-5354. DOI: 10. 1029/JB083iB11p05331.

Mitchell, A. and Grauls, D. eds. 1998. Overpressures in Petroleum Exploration, workshop proceedings. Pau, France: Bull. des Centres de Recherches Exploration-Production Elf EP Memoire 22, Elf Aquitaine.

Mitchell, R. F. ed. 2007. Petroleum Engineering Handbook, V ol. 2—Drilling. Richardson, Texas:

SPE.

Moore, D. D. , Bencheikh, A. , and Chopty, J. R. 2004. Drilling Underbalanced in Hassi Messaoud. Paper SPE 91519 presented at the SPE/IADC Underbalanced Technology Conference and Exhibition, Houston, 11–12 October. DOI: 10. 2118/91519–MS.

Moos, D. and Zoback, M. D. 1990. Utilization of Observations of Well Bore Failure To Constrain the Orientation and Magnitude of Crustal Stresses: Application to Continental, Deep Sea Drilling Project, and Ocean Drilling Program Boreholes. J. Geophys. Res. 95 (B6): 9305–9325. DOI: 10. 1029/JB095iB06p09305.

Morita, N. , Black, A. D. , and Fuh, G. –F. 1990. Theory of Lost Circulation Pressure. Paper SPE 20409 pre–sented at the SPE Annual Technical Conference and Exhibition, New Orleans, 23–26 September. DOI: 10. 2118/20409–MS.

Moschovidis, Z. , Steiger, R. , Peterson, R. et al. 2000. The Mounds Drill–Cuttings Injection Field Experiment: Final Results and Conclusions. Paper SPE 59115 presented at the IADC/SPE Drilling Conference, New Orleans, 23–25 February. DOI: 10. 2118/59115–MS.

Mouchet, J. P. and Mitchell, A. 1989. Abnormal Pressures While Drilling: Origins, Prediction, Detection, Evaluation. Paris: Elf EP–Editions, Editions Technip.

Nawrocki, P. A. , Dusseault, M. B. , and Bratli, R. K. 1996. Semi – Analytical Models for Predicting Stresses Around Openings in Non–Linear Geomaterials. In EUROCK'96: Prediction and Performance in Rock Mechanics and Rock Engineering, V olume 2, ed. G. Barla. Rotterdam, The Netherlands: Balkema.

Okland, D. and Cook, J. M. 1998. Bedding – Related Borehole Instability in High – Angle Wells. Paper SPE 47285 presented at SPE/ISRM Rock Mechanics in Petroleum Engineering, Trondheim, Norway, 8–10 July. DOI: 10. 2118/47285–MS.

Onaisi, A. , Samier, P. , Koutsabeloulis, N. , and Longuemare, P. 2002. Management of Stress Sensitive Reser–voirs Using Two Coupled Stress–Reservoir Simulation Tools: ECL2VIS and A TH2VIS. Paper SPE 78512 presented at the Abu Dhabi International Petroleum Exhibition and Conference, Abu Dhabi, UAE, 13–16 October. DOI: 10. 2118/78512–MS.

Ong, S. H. and Roegiers, J. –C. 1993. Infl uence of Anisotropies in Borehole Stability. Intl. J. of Rock Mech. Min. Sci. and Geomech. Abstr. 30 (7): 1069–1075. DOI: 10. 1016/0148–9062 (93)90073–M.

Papanastasiou, P. C. and V ardoulakis, I. G. 1994. Numerical Analysis of Borehole Stability Problem. In Soil – Structure Interaction: Numerical Analysis and Modelling, ed. J. W. Bull. London: Taylor and Francis.

Parra, J. G. , Celis, E. , and De Gennaro, S. 2003. Wellbore Stability Simulations for Underbalanced Drilling Operations in Highly Depleted Reservoirs. SPEDC 18 (2): 146–151. SPE–83637–PA. DOI: 10. 2118/83637–PA.

Pennebaker, E. S. 1968. An Engineering Interpretation of Seismic Data. Paper SPE 2165 presented at the Fall Meeting of the Society of Petroleum Engineers of AIME, Houston, 29 September–2

October. DOI: 10. 2118/2165-MS.

Perkins, T. K. and Kern, L. R. 1961. Widths of Hydraulic Fractures. JPT 13 (9): 937-949. SPE-89-PA. DOI: 10. 2118/89-PA.

Plumb, R. A. , Edwards, S. , Pidcock, G. , Lee, D. , and Stacey, B. 2000. The Mechanical Earth Model Concept and Its Application to High-Risk Well Construction Projects. Paper SPE 59128 presented at IADC/SPE Drilling Conference, New Orleans, 23-25 February. DOI: 10. 2118/59128-MS.

Plumb, R. A. and Hickman, S. H. 1985. Stress-Induced Borehole Elongation: A Comparison Between the Four-Arm Dipmeter and the Borehole Televiewer in the Auburn Geothermal Well. Journal of Geophysical Research 90 (B7): 5513-5521. DOI: 10. 1029/JB090iB07p05513.

Plumb, R. A. , Herron, S. L. , and Olsen, M. P. 1992. Composition and Texture on Compressive Strength V aria-tions in the Travis Peak Formation. Paper SPE 24758 presented at the SPE Annual Technical Conference and Exhibition, Washington, DC, 4-7 October. DOI: 10. 2118/24758-MS.

Poliakov, A. N. B. , Podladchikov, Y. Y. , Dawson, E. C. , and Talbot, C. J. 1996. Salt Diapirism With Simultane-ous Brittle Faulting and Viscous Flow. In Salt Tectonics, ed. G. I. Alsop, D. J. Blundell, and I. Davison, 291-302. Bath, UK: Special Publication No. 100, Geological Society Publishing House.

Priest, S. D. 1993. Discontinuity Analysis for Rock Engineering. London: Chapman and Hall.

Reinecker, J. , Heidbach, O. , Tingay, M. , Sperner, B. , and Müller, B. 2005. The World Stress Map Project. http: //www - wsm. physik. Unikarlsruhe. de/pub/home/index_ nofl ash. html. Downloaded 3 July 2008.

Ren, N. K. and Hudson, P. J. 1985. Predicting In - Situ Stress State Using Differential Wave Velocity Analysis. Proc. , 26th Symposium on Rock Mechanics, Rapids City, South Dakota, USA, 1235-1244.

Ren, N. K. and Roegiers, J. C. 1983. Differential Strain Curve Analysis: A New Method for Determining the Pre-Existing In-Situ Stress State From Rock Core Measurements. Proc. , 5th ISRM Congress on Rock Mechanics, The Netherlands, V ol. 2, F117-127.

Rezmer-Cooper, I. , Bratton, T. , and Krabbe, H. 2000. The Use of Resistivity - at - the - Bit Measurements and Annular Pressure While Drilling in Preventing Drilling Problems. Paper SPE 59225 presented at the IADC/SPE Drilling Conference, New Orleans, 23-25 February. DOI: 10. 2118/59225-MS.

Rummel, F. and Winter, R. B. 1983. Fracture Mechanics as Applied to Hydraulic Fracturing Stress Measure-ments. Earthq. Predict. Res. 2: 33-45.

Russell, K. A. , Ayan, C. , Hart, N. J. et al. 2003. Predicting and Preventing Wellbore Instability Using the Latest Drilling and Logging Technologies: Tullich Field Development, North Sea. Paper SPE 84269 presented at the SPE Annual Technical Conference and Exhibition, Denver, 5-8 October. DOI: 10. 2118/84269-MS.

Salz, L. B. 1977. Relationship Between Fracture Propagation Pressure and Pore Pressure. Paper SPE 6870 presented at SPE Annual Technical Conference and Exhibition, Denver, 9 – 12 October. DOI: 10. 2118/6870-MS.

Samier, P. , Onaisi, A. , and Fontaine, G. 2003. Coupled Analysis of Geomechanics and Fluid Flow in Reservoir Simulation. Paper SPE 9698 presented at the SPE Reservoir Simulation Symposium, Houston, 3-5 February. DOI: 10. 2118/79698-MS.

Santarelli, F. J. 1987. Theoretical and Experimental Investigation of the Stability of the Axisymmetric Wellbore. PhD dissertation, Imperial College, London.

Santarelli, F. J. , Dahen, D. , Baroudi, H. , and Sliman, K. B. 1992a. Mechanisms of Borehole Instability in Heavily Fractured Rock Media. Intl. J. Rock Mech. Min. Sci. & Geomech. Abstr. 29 (5): 457-467. DOI: 10. 1016/0148-9062(92)92630-U.

Santarelli, F. J. , Dardeau, C. , and Zurdo, C. 1992b. Drilling Through Highly Fractured Formations: A Prob – lem, a Model, and a Cure. Paper SPE 24592 presented at the SPE Annual Technical Conference and Exhibition, Washington, DC, 4-7 October. DOI: 10. 2118/24592-MS.

Saponja, J. 1998. Challenges With Jointed-Pipe Underbalanced Operations. SPEDC 13(2): 121-128. SPE-37066-PA. DOI: 10. 2118/37066-PA.

Sayers, C. M. , den Boer, L. , Nagy, Z. , Hooyman, P. , and Ward, V. 2005. Pore Pressure in the Gulf of Mexico: Seeing Ahead of the Bit. World Oil 226(12).

Sayers, C. M. , Hooyman, P. J. , Smirnov, N. et al. 2002a. Pore Pressure Prediction for the Cocuite Field, V eracruz Basin. Paper SPE 77360 presented at the SPE Annual Technical Conference and Exhibition,

San Antonio, Texas, USA, 29 September-2 October. DOI: 10. 2118/77360-MS.

Sayers, C. M. , Johnson, G. M. , and Denyer, G. 2002b. Predrill Pore-Pressure Prediction Using Seismic Data. Geophysics 67(4): 1286-1292. DOI: 10. 1190/1. 1500391.

Schei, G. , Fjær, E. , Detournay, E. , Kenter, C. J. , Fuh, G. –F. , and Zausa, F. 2000. The Scratch Test: An Attractive Technique for Determining Strength and Elastic Properties of Sedimentary Rocks. Paper SPE 63255 presented at the SPE Annual Technical Conference and Exhibition, Dallas, 1-4 October. DOI: 10. 2118/63255-MS.

Scholz, C. H. 2002. The Mechanics of Earthquakes and Faulting, second edition. Cambridge, UK: Cambridge University Press.

Segall, P. 1992. Induced Stresses Due to Fluid Extraction From Axisymmetric Reservoirs. Pure and Applied Geophysics 13(3-4): 535-560. DOI: 10. 1007/BF00879950.

Smirnov, N. Y. , Lam, R. , and Rau, W. E. 2003. Process of Integrating Geomechanics With Well Design and Drilling Operation. Paper AADE-030NCTE-28 presented at the AADE National Technology Conference, Houston, 1-3 April.

Smith, M. A. 2002. Geological Controls and V ariability in Pore Pressure in the Deep Water Gulf of Mexico. In Pressure Regimes in Sedimentary Basins and Their Prediction, ed. A. R. Huffman and G. L. Bowers, 107–113. Tulsa: AAPG Memoir 76, American Association of Petroleum Geologists.

Somerville, J. M. and Smart, B. G. D. 1991. The Prediction of Well Stability Using the Yield Zone Concept. Paper SPE 23127 presented at Offshore Europe, Aberdeen, 3–6 September. DOI: 10. 2118/23127–MS.

Spencer, A. J. M. 1985. Continuum Mechanics. London: Longman.

Standifi rd, W. and Matthews, M. D. 2005. Real Time Basin Modeling: Improving Geopressure and Earth Stress Predictions. Paper SPE 96464 presented at Offshore Europe, Aberdeen, 6–9 September. DOI: 10. 2118/96464–MS.

Stone, T. W., Xian, C., Fang, Z. et al. 2003. Coupled Geomechanical Simulation of Stress Dependent Reservoirs. Paper SPE 79697 presented at the SPE Reservoir Simulation Symposium, Houston, 3–5 February. DOI: 10. 2118/79697–MS.

Strickland, F. G. and Ren, N. K. 1980. Use of Differential Strain Curve Analysis in Predicting the In–Situ Stress State for Deep Wells. Proc. , 21st US Symposium on Rock Mechanics, Rolla, Missouri, USA, 523–532.

Sudron, K., Berners, H., Frank, U. et al. 1999. Dieksand 2: An Extended Well Through Salt, Increases Production From an Environmentally Protected Field. Paper SPE 52854 presented at the SPE/IADC Drilling Conference, Amsterdam, 9–11 March. DOI: 10. 2118/52854–MS.

Sulbaran, A. L., Carbonell, R. S., and Lopez–de–Cardenas, J. E. 1999. Oriented Perforating for Sand Prevention. Paper SPE 57954 presented at the SPE European Formation Damage Conference, The Hague, 31 May–1 June. DOI: 10. 2118/57954–MS.

Sylte, J. E., Thomas, L. K., Rhett, D. W., Bruning, D. D., and Nagel, N. B. 1999. Water Induced Compaction in the Ekofi sk Field. Paper SPE 56426 presented at the SPE Annual Technical Conference and Exhibition, Houston, 3–6 October. DOI: 10. 2118/56426–MS.

Teufel, L. W. 1983. Determination of In–Situ Stress From Anelastic Strain Recovery Measurements of Oriented Core. Paper SPE 11649 presented at the SPE/DOE Low Permeability Gas Reservoirs Symposium, Denver, 14–16 March. DOI: 10. 2118/11649–MS.

Teufel, L. W., Rhett, D. W., Farrell, H. E., and Lorenz, J. C. 1993. Control of Fractured Reservoir Permeability by Spatial and Temporal V ariations in Stress Magnitude and Orientation. Paper SPE 26437 presented at the SPE Annual Technical Conference and Exhibition, Houston, 3–6 October. DOI: 10. 2118/26437–MS.

Thiercelin, M. J. and Plumb. , R. A. 1994. A Core–Based Prediction of Lithologic Stress Contrasts in East Texas Formations. SPEFE 9 (4): 251–258. SPE–21847–PA. DOI: 10. 2118/21847–PA.

Tingay, M., Müller, B., Reinecker, J. et al. 2005. Understanding Tectonic Stress in the Oil Patch: The World Stress Map Project. The Leading Edge 24 (12): 1276. DOI: 10. 1190/1. 2149653.

Tollefsen, E., Goobie, R. B., Noeth, S. et al. 2006. Optimize Drilling and Reduce Casing Strings

Using Remote Real-Time Well Hydraulic Monitoring. Paper SPE 103936 presented at the International Oil Conference and Exhibition in Mexico, Cancun, Mexico, 31 August-2 September. DOI: 10. 2118/103936-MS.

Traugott, M. 1997. Pore/Fracture Pressure Determinations in Deepwater. World Oil: Deepwater Technology Special Supplement (August 1997): 68-70.

van den Hoek, P. J. , Hertogh, G. M. M. , Kooijman, A. P. et al. 2000. A New Concept of Sand Production Prediction: Theory and Laboratory Experiments. SPEDC 15 (4): 261-273. SPE-65756-PA. DOI: 10. 2118/65756-PA.

van Oort, E. 2003. On the Physical and Chemical Stability of Shales. Journal of Petroleum Science and Engineering 38 (3-4): 213-235. DOI: 10. 1016/S0920-4105 (3) 00034-2.

van Oort, E. , Gradishar, J. , Ugueto, G. et al. 2003. Accessing Deep Reservoirs by Drilling Severely Depleted Formations. Paper SPE 79861 presented at the SPE/IADC Drilling Conference, Amsterdam, 19-21 February. DOI: 10. 2118/79861-MS.

Whitehead, W. S. , Hunt, E. R. , and Holditch, S. A. 1987. The Effects of Lithology and Reservoir Pressure on the In-Situ Stresses in the Waskom (Travis Peak) Field. Paper SPE 16403 presented at the Low Permeability Reservoirs Symposium, Denver, 18-19 May. DOI: 10. 2118/16403-MS.

Willson, S. M. and Fredrich, J. T. 2005. Geomechanics Considerations for Through- and Near-Salt Well Design. Paper SPE 95621 presented at SPE Annual Technical Conference and Exhibition, Dallas, 9-12 October. DOI: 10. 2118/95621-MS.

Willson, S. M. , Last, N. C. , Zoback, M. D. , and Moos, D. 1999. Drilling in South America: A Wellbore Stability Approach for Complex Geological Conditions. Paper SPE 53940 presented at the Latin American and Caribbean Petroleum Engineering Conference, Caracas, 21-23 April. DOI: 10. 2118/53940-MS.

Willson, S. M. , Fossum, A. F. , and Fredrich, J. T. 2003. Assessment of Salt Loading on Well Casings. SPEDC 18 (1): 13-21. SPE-81820-PA. DOI: 10. 2118/81820-PA.

Wong, T. -F. , Szeto, H. , and Zhang, J. 1992. Effect of Loading Path and Porosity on the Failure Mode of Porous Rocks. Applied Mechanics Review 45 (8): 281-293.

Wright, C. A. , Weijers, L. , Davis, E. J. , and Mayerhofer, M. 1999. Understanding Hydraulic Fracture Growth: Tricky but Not Hopeless. Paper SPE 56724 presented at the SPE Annual Technical Conference and Exhibition, Houston, 3-6 October. DOI: 10. 2118/56724-MS.

Wu, B. , Addis, M. A. , and Last, N. C. 1998. Stress Estimation in Faulted Regions: The Effect of Residual Friction. Paper SPE 47190 presented at SPE/IADC Rock Mechanics in Petroleum Engineering, Trondheim, Norway, 8-10 July. DOI: 10. 2118/47210-MS.

Zhang, X. , Last, N. , Powrie, W. , and Harkness, R. 1999. Numerical Modeling of Wellbore Behavior in Fractured Rock Masses. J. Pet. Sci. Eng. 23 (2): 95-115. DOI: 10. 1016/S0920-4105 (99) 00010-8.

Zoback, M. D. , Moos, D. , Mastin, L. , and Anderson, R. N. 1985. Well Bore Breakouts and In-

Situ Stress. Journal of Geophysical Research 90 (B7)： 5523 – 5530. DOI： 10. 1029/ JB090iB07p05523.

Zoback， M. D. ， Barton， C. A. ， Brudy， M. et al. 2003. Determination of Stress Orientation and Magnitude in Deep Wells. International Journal of Rock Mechanics and Mining Sciences 40 （7-8）： 1049-1076. DOI： 10. 1016/j. ijrmms. 2003. 07. 001.

5.2 标准化及反演方法

——Bernt S. Aadnoy，斯塔万格大学；Joannes Djurhuus，Statoil-Hydro 公司

5.2.1 引言

要正确理解本章内容，需要运用 5.1 章所介绍的有关井眼稳定的知识。由于 5.1 章对此已有介绍，本章不再赘述，另外，读者也可参阅本章末尾的参考资料。

本章将介绍一些非常有用的井眼稳定性分析的方法，但是在建模时需遵循如下两个原则：

(1)当建模及分析结果要用于对下一口井的预测时，要一直使用同一模型，保持一致性；

(2)建模前，按照同一深度基准将所有数据标准化，例如本章所提出的平台高度、水深、岩石体积密度、孔隙压力等。

接下来会介绍不同的方法，首先是关于压力和压力梯度使用的讨论。

5.2.2 压力、压力梯度及孔隙压力例子

钻井工业一贯的做法是使用压力梯度而不是实际压力，实践中，也用到相对密度。假如钻井液的相对密度为 1.5，这意味它的密度是水的 1.5 倍。在钻井工程中，钻井液密度是一个关键的参数，因为它跟地层压力、井眼稳定性等有关。正因如此，其他参数如孔隙压力、上覆岩层应力、地层坍塌压力、地层破裂压力等都被转成相对密度，以便于和钻井液重力进行对比，但是要注意只有在稳态过程中才允许这么做。如果是在瞬态过程中，如发生井涌时就要用压力而不是压力梯度。

要理解压力和压力梯度之间的异同，就要研究地层孔隙压力，接下来简单解释一下孔隙压力的来源，产生孔隙压力的因素有很多，例如构造效应、烃类的转化，然而笔者认为最主要的原因是浮力。

地下最多的流体是水，沉积物也一般沉淀在水里(例如沉积物沉积在河里)。水存在于所有的岩石中。图 5.68(a)阐述了水里沉积物所承受的压力。假如存在完全的垂直向上流动，任一深度水所受压力取决于水柱的重力。这种情形适用于地质学中的含水层模型。

水柱底面所受压力为

$$p(bar) = 0.098 d_{water} z(m) \tag{5.45}$$

这里，括号内为单位，水的密度以相对于纯水密度的形式给出，$d = \dfrac{\rho}{\rho_{water}}$，海水的相对密度为 1.03。

经过漫长的地质年代，有机物慢慢沉淀累积，在压力和温度的长时间作用下形成了碳氢化合物。碳氢化合物一般不溶于水，因为它们的密度小于水，所以它们往上浮，最终聚集到水上面。

如果存在垂直流动，更轻的流体就会一路往上，聚集到表面。假如在岩石的某处放了一个密封物，如图 5.68(b)所示，然后这个密封物能把流体盖住，一段时间后，密封物下方就完全被油注满了。想象一下这个情景，这个密封物完全注满了油，然后在它的上下方都存在正常压力，那么 A 点的压力等于：

$$p_A = 0.098 d_{water} z_A \tag{5.46}$$

可将之定义为正常孔隙压力。再来计算下 B 点的压力，它等于 A 点的压力减去从 A 点到 B 点的油柱体所产生的压力，或

$$p_B = 0.098 d_{water} z_A d_{oil}(z_A - z_B) \tag{5.47}$$

B 点的异常高压可由式 5.2.3 减去该深度处的正常压力，或

$$\Delta p = 0.098(d_{water} - d_{oil})(z_A - z_B) \tag{5.48}$$

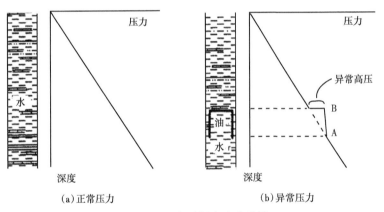

(a)正常压力　　　　　　　　(b)异常压力

图 5.68　压力随深度变化曲线

式(5.48)描述了孔隙压力的基本原理，也就是浮力。异常高压的形成需要三个条件：油水密度差、深度差、圈闭原油的盖层。

在之前有关压力的公式推导中，其物理意义是正确的，但是在钻井过程中，一般所用的钻井液密度是恒定的。用密度梯度可以忽略深度的影响，运用这个密度可以简化压力计算量，对于某一深度的正常压力，其孔隙压力的当量密度与水的密度成正比。异常高压 B 点的当量密度可简化为

$$p_B = 0.098 d_{eq} z_B \tag{5.49}$$

联立式(5.47)，B 点的当量密度可表达为

$$\rho_{eq} = \rho_{oil} + (d_{water} - d_{oil}) \frac{z_A}{z_B} \tag{5.50}$$

图 5.69 为图 5.68 的两种情况下的当量密度曲线。图 5.69 为异常高压回归直线，随深度变化呈递减趋势。回归直线的斜率直接由油水密度比决定，即使当量梯度减小，压力曲线总是随深度增加而增加，说明存在垂直流动的情况。

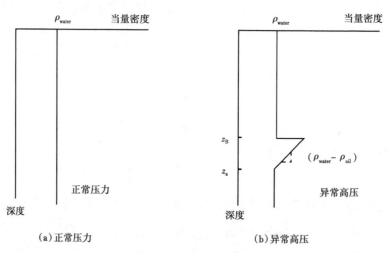

图 5.69　当量密度曲线

可以得到如下结论：
(1)从当量梯度曲线中可以看出，压力的增加是随着深度的增加而增加的；
(2)孔隙压力随深度增加可能不连续，盖层可能会导致上下不连续；
(3)平均当量梯度通常用于实践中，但是要注意的是，这与局部梯度和导数是不同的。

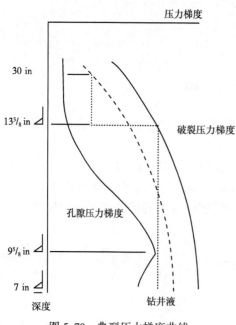

图 5.70　典型压力梯度曲线

图 5.70 为一钻井过程中典型的压力梯度曲线，其中，两条最重要的曲线是破裂压力曲线和孔隙压力曲线。在这种情况下，$9 \frac{5}{8}$ in.(24.45cm)的生产套管位于油藏顶部，$13 \frac{5}{8}$ in.(33.97cm)套管必须下到足够的深度，以避免压破套管鞋上部地层。

地层从上部的黏土到 $9 \frac{5}{8}$ in (24.45cm) 套管鞋处，只能用间接的方法估算在不渗透地层中的孔隙压力，如对黏土层孔隙压力的计算。在钻井工业中，尽管有人质疑它的正确性，可以把这个计算结果作为孔隙压力的一个合适取值。对于易出问题的井，在黏土层中可能需要调整孔隙压力，并且可能存在导致井控问题的不渗透层。

$9 \frac{5}{8}$ in (24.45cm) 套管以下是砂岩储层，可以从井眼测得孔隙压力。从以上分析中可以得出，储层回归直线的斜率取决于储层流体的密度，通过这个例子，说明了缺少非渗透层孔隙压力资料及受到渗透岩石浮力的影响。

5.2.3 深度修正

地质学家常用海拔平面作为深度基准，钻井人员则用钻台作为深度基准，钻井和采油平台的海拔高度可能各不相同。

如果所使用的数据来自同一区域或平台，就可以不加修改直接使用。但数据往往来自钻台不同高度的浮动式钻井平台或固定式钻井平台及深度可能差别很大的油井，因此要对这些数据进行修正。

显然，如果数据来源不同，不加修正就直接使用可能会导致严重的错误，现阐述如何用简单的方法来保持数据的一致性，其关键就在于选定一个通用的参照系统，并据此将所有数据标准化。

在这里首先要考虑的数据是钻井液密度、地层破裂压力梯度、上覆岩层压力梯度、水平应力及孔隙压力梯度，其他的压力梯度数据也需要根据通用参照系统加以修正。

正如前面所提到的，地质学家经常根据平均海平面对数据进行修正。这样做的一个好处是可以消除因钻台海拔高度的不同而带来的影响（Aadnoy，1997）。

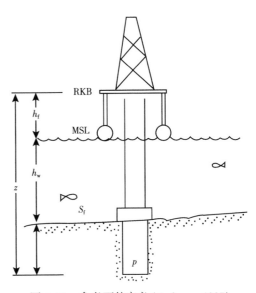

图 5.71   参考面的定义（Aadnoy，1997）
翻版经过 Elsevier 许可

考虑图 5.71 的情况，钻台到海平面的海拔高度为 h_f，假设已知深度 z 和压力 p，这个压力可以是钻井液的静液柱压力、破裂压力或孔隙压力，该压力相对于钻台平面的表达式为

$$p = 0.098d_{RKB}z \qquad (5.51)$$

如果想将压力表示为与平均海拔平面有关的表达式，那么在压力相同、但压力梯度因不同参考面而不同时，其表达式为

$$p = 0.098d_{MSL}(z - h_f) \qquad (5.52)$$

联立以上两式，将补心海拔修正为平均海平面高度：

$$d_{MSL} = d_{RKS}\frac{z}{z - h_f} \qquad (5.53)$$

相反，用相对海拔平面的高度来表示补心海拔，则

$$d_{RKB} = d_{MSL}\frac{z - h_f}{z} \qquad (5.54)$$

在此例中，参考深度 z 选择的是钻台面，也可以选择其他参考面，重要的是，井底压力为定值，不会因参考面选择不同而变化。

修正另一钻台面高度时常常遇到的问题是，现场数据分为两部分，一部分是基于钻井平台的，另一部分是在采油平台的，这两个平台高度一般不同，如图5.72所示。

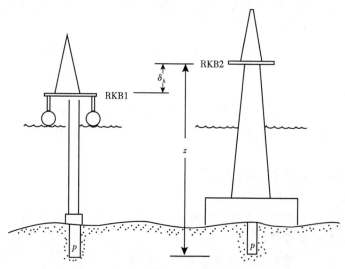

图5.72　不同钻井平台参考面定义（Aadnoy，1997）

翻版经过 Elsevier 许可

下面将采油平台高度（RKB2）作为基准面，则深度 z 处的压力 p 可以表示为

$$p = 0.098 d_{RKB2} z = 0.098 d_{RKB1} (z - \delta_h) \tag{5.55}$$

修正的公式为

$$d_{RKB2} = d_{RKB1} \frac{z - \delta_h}{z} \tag{5.56}$$

或者如果想用 RKB1 作为基准，则

$$d_{RKB1} = d_{RKB2} \frac{z}{z - \delta_h} \tag{5.57}$$

如在相对海平面1000m处（相对钻台面高度1025m）的漏失压力梯度为1.5，钻台面高度为25m，则相对于钻台面的压力梯度为

$$d_{RKB} = 1.5 \frac{1025 - 25}{1025} = 1.46$$

5.2.4　深水钻井的地质力学模型

目前深水钻井活动在世界范围内都比较活跃，特别是在墨西哥湾和巴西近海，但在欧洲还比较少，1997年欧洲的第一口深水油井才在挪威近海开钻，此后又有数口深水油井相继开钻。英国的深水钻井活动主要集中于大西洋半边靠近设特兰岛和奥克尼群岛一带，可以预测将来在法罗群岛及挪威会有更多的深水钻井活动。

通常，水越深，钻井过程的极限压力越小，平均上覆岩石压力越低，破裂压力越小。这就意味着，在水深超过 10000ft 时，最终的钻井液就变成了水。为了克服这一难题，发明了几项新技术，在墨西哥湾采用了所谓的双密度钻井方法，这种方法是在井口安装一个泵，来对隔水管施加额外的举升力，Herrmann 等（2001）研究表明，这种技术可以节省套管；另一种方法是在挪威采用的，它是在浅水安装有浮力的井口，有浮力的井口装在长 20ft（50.8cm）的隔水管上，放在浮力器件的顶部，保持其位置固定在海底，主要优势是可以用常规钻机来钻井。

深水钻井有两个重要问题。第一，钻井工程的问题，如井漏、井壁坍塌、井涌，从而引起钻井成本增加。有时候也会发生卡钻、侧钻，废弃上部主井眼等问题。由于钻井狭窄压力窗口，确定下套管的深度显得尤为重要。第二，与钻井施工设计相关的问题。双密度方法会减少套管的使用量，但有一个缺点就是在井口安装泵系统的成本增加，该方法要求钻机有深水作业的功能。假如它们具有动力定位系统，那浅水浮力井口的井就可使用常规钻机。这两种方法都是可行的。

本节重点研究深水钻井的一个重要方面——地质力学，这对建立破裂压力梯度的模型和其精度尤其重要，Webb 等（2001）讨论了另一个重要问题，即设计钻井液密度与控制钻井液漏失等问题，后者将不再讨论。

5.2.4.1　深水地层的破裂压力

浅层沉积层在深水中常常处于一种较松散的状态。上覆岩层压力和水平主应力主要由压实作用造成，在这种条件下，破裂压力与上覆岩层压力有关。Aadnoy 等（1991）研究表明，北海渗透性较好的浅地层的破裂压力与上覆岩层压力接近。Rocha 和 Bourgoyne（1996）利用美国墨西哥海岸和巴西海岸的数据做了类似的研究，表明平均破裂压力等于上覆岩层压力，他们的模型是基于指数压实程度模型确定的。

Asdnoy 也得到了同样的结论，但是所用的数据以海底为基准面，它可适用于任何水深，应用此方法测得的深水井具有很好的相关性。同样，基于同样的模型建立了水深的标准化方法，对于估算上覆岩层压力，他采用了 Eaton 在 1996 年推导的模型。

5.2.4.2　新结果

Asdnoy 和 Saetre（2003）在 Eaton（1969）模型的基础上提出了一个广泛应用于深水破裂压力的模型，研究数据来自挪威、墨西哥湾、设得兰群岛、安哥拉、尼尔利亚等。最近模型又在挪威海上几口新钻的井中得到了验证，并且从中获得了一些新的认识：第一，每口井的岩性不同，导致上覆岩层压力不同；第二，Eaton 模型预测的上覆岩层压力偏大，至少在挪威的海上平台是这样。基于此，破裂压力模型将进一步修正。

详细研究挪威的 5 口海上油井，为得到每口井精确的上覆岩层压力变化曲线，分析了岩性和岩石体积密度。

对比测得的漏失压力数据和上覆岩层压力，得到了最好的相关性式子，从中发现当裂缝破裂压力为 97% 的上覆岩石应力时，挪威海域的深水破裂压力模型最优：

$$p_{wf} = 0.97\sigma_v \tag{5.58}$$

式中，σ_v 为每口井的上覆岩石应力。

该式适用于海底渗透率为 403~2586mD，并且为正常压力地层时。图 5.73 为该关系式的应用结果。

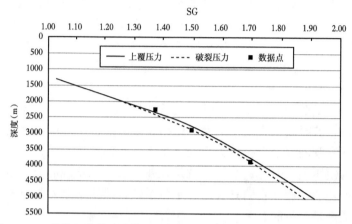

图 5.73 A 井的压力梯度曲线；水深 1238m（Kaarstad and Aadnoy，2006）

5.2.4.3 标准化方法

将式（5.58）应用于挪威海上油井的破裂压力预测。在其他地方，也推荐使用同样的公式进行破裂压力的预测，然后比较测得的漏失压力数据。如果是在同一区域钻井，这口井的数据是可用于对比的。

一般来说，深水井在不同的水深钻探。但是为了便于对比数据，通常将对同一参考面标准化。假设其具有类似的体积密度剖面（上覆岩石应力）。Aadnoy（1988）推导了以下标准化公式，后期 Kaarstad（2006）又对其进行了改进。

深度标准化的通式为

$$D_{wf2} = D_{wf1} + \Delta h_w + \Delta h_f + \Delta D_{sb} \tag{5.59}$$

$$d_{wf2} = d_{sw}\frac{h_{w2}}{D_{wf2}} + \left(d_{wf1}\frac{D_{wf1}}{D_{wf2}} - d_{sw}\frac{h_{w1}}{D_{wf2}}\right)\frac{\int_{D_{sb2}}d_{b2}(D)\,\mathrm{d}D}{\int_{D_{sb1}}d_{sb1}(D)\,\mathrm{d}D} \tag{5.60}$$

该公式需要详细的体积密度剖面资料，适用于重要数据齐全的情况。常常为简化假设，它们可以被分类。

[**实例 1**] 体积密度不同，但其为常量时，常量的体积密度在积分时可以约去，标准化公式可表示为

$$D_{wf2} = D_{wf1} + \Delta h_w + \Delta h_f + \Delta D_{sb} \tag{5.61}$$

$$d_{wf2} = d_{sw}\frac{h_{w2}}{D_{wf2}} + \left(d_{wf1}\frac{D_{wf1}}{D_{wf2}} - d_{sw}\frac{h_{w1}}{D_{wf2}}\right)\frac{d_{b2}D_{sb2}}{d_{b1}D_{sb1}} \tag{5.62}$$

[**实例 2**] 体积密度相同且为常量时，对于位于同一区域的井，通常假定体积密度相同。式（5-61）和式（5-62）进一步简化得到

$$D_{wf2} = D_{wf1} + \Delta h_w + \Delta h_f + \Delta D_{sb} \tag{5.63}$$

$$d_{wf2} = d_{sw} \frac{h_{w2}}{D_{wf2}} + \left(d_{wf1} \frac{D_{wf1}}{D_{wf2}} - d_{sw} \frac{h_{w1}}{D_{wf2}} \right) \frac{D_{sb2}}{D_{sb1}} \tag{5.64}$$

这些方程可用于标准化不同的水深、平台高度、岩性渗透率的井。

[**实例 3**] 用于预测的数据为海底有岩石露出，积密度为常量。当假定 $\Delta D_{sb} = 0$，则

$$D_{wf2} = D_{wf1} + \Delta h_w + \Delta h_f + \Delta D_{sb} \tag{5.65}$$

$$d_{wf2} = d_{wf1} \frac{D_{wf1}}{D_{wf2}} + \frac{d_{sw} \Delta h}{D_{wf2}} \tag{5.66}$$

5.2.4.4　标准化方法应用实例

数据标准化是比较不同参考面数据的必不可少的方法。式(5.64)定义了用于不同体积密度的压力对比的标准化通式(如上覆岩石压力、漏失压力、原始地层压力)。它用于不同的体积密度、钻台面高度、水深、渗透深度等。为了证实该方程的实用性，现举两个例子。

[**例 1**]

参考井位于 400m 水深，用来推导预测 1100m 水深的数据。假定钻台面高度、体积密度、渗透深度保持不变。以下数据应用实例 3 中的：

钻台面高度：$h_f = 25m$；

井深：$z_1 = 900m$；

井 1 的水深：$h_{w1} = 400m$；

井 1 的漏失压力：$d_{wf1} = 1.5(SG)$ 在 900m 深度；

井 2 的水深：$h_{w2} = 1100m$；

海水密度：$d_{sw} = 1.03SG$；

新的参考深度：

$$
\begin{aligned}
D_2 &= D_1 + \Delta h_w + \Delta h_f \\
&= 900m + (1100m - 400m) + (25m + 25m) \\
&= 1600m
\end{aligned}
$$

预测一口在水深 1100m 的类似井的漏失压力梯度为

$$d_{wf2} = 1.5SG \frac{900m}{1600m} + 1.03SG \frac{1100m - 400m}{1600m} = 1.29SG$$

在本例中，水深从 400m 增加到 1100m，导致漏失压力梯度从 1.5SG 减少到 1.29SG。

[**例 2**]

除非是非常相邻的井，否则一般假设体积密度不同是合理的。岩性的改变对上覆岩石压力梯度有非常重要的影响，因此，归一化应当考虑体积密度的不同。

在本例中，想说明不同的体积密度对两口井的影响。实例 1 在此适用。其他数据与实例 2 相同，另外如下：

参考井的体积密度梯度：$d_{b1} = 2.05(SG)$；

新井的体积密度梯度：$d_{b2} = 1.85(SG)$。

新参考深度为：
$$\begin{aligned}
D_2 &= D_1 + \Delta h_w + \Delta h_f + \Delta D_{sb} \\
&= 900 + (1100 - 400) + 0 + 0 \\
&= 1600
\end{aligned}$$

新的漏失压力梯度为：

$$d_{wf2} = 1.03\frac{1100}{1600} + \left(1.5\frac{900}{1600} - 1.03\frac{400}{1600}\right)\frac{1.85}{2.05} = 1.24(SG)$$

在井 2 中可以发现，上覆岩石压力随着体积密度的降低而降低，从而导致漏失压力的降低。同样也发现水深对总的上覆岩石压力影响很大，因此，对于同样的渗透深度，水深的增加会导致上覆岩石压力和破裂压力的减小。

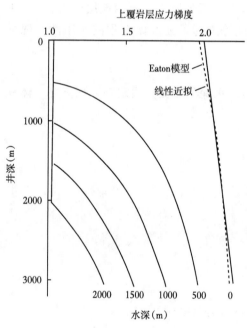

图 5.74　不同水深的上覆岩层应力
(Aadnoy, 1998)

图 5.74 是一口陆地油井的上覆岩石压力曲线图。上覆岩石压力梯度在地面时是 2.0SG，由于压实作用，梯度随着深度增加而增大。假设在体积密度一样的情况下，绘制了数个深水油井的上覆岩石压力曲线图。例如，水深为 2000m 时，在井深 3000m 处的平均上覆岩石压力梯度约为 1.4SG，原因是上覆岩层包括 2000m 处的水和 1000m 处的岩石。这个例子很好地解释了为什么上覆岩层压力和破裂强度随着水深的增加而减小。在水深 3000m 或更深的地方，要使用的钻井液的密度应接近海水的密度。

5.2.5　反演法测定原地应力

在本节中主要提出了一个有效的方法来，可通过多个压裂(或漏失)数据来计算主原地应力的大小和方向。首先必须定义一个压裂模型，Aadnoy 和 Chenevert (1987)提出了不同油井方向的压裂方程。

破裂理论。由下式得出井壁上的主应力为

$$\begin{cases}
\sigma_1 = p_w \\
\sigma_2 = \dfrac{1}{2}(\sigma_\theta + \sigma_z) + \dfrac{1}{2}\sqrt{(\sigma_\theta - \sigma_z)^2 + 4\tau_{\theta z}^2} \\
\sigma_3 = \dfrac{1}{2}(\sigma_\theta + \sigma_z) - \dfrac{1}{2}\sqrt{(\sigma_\theta + \sigma_z)^2 + 4\tau_{\theta z}^2}
\end{cases} \quad (5.67)$$

计算完主应力之后，重新整理下标，使下标 1 始终都指最大主应力，下标 2 指中间主应力，下标 3 指最小主应力。

在石油钻井中，将每层套管固定后都要进行漏失测试。这是为了测试套管下方的井眼强度（一是确保井眼能够承受一定的钻井液密度，二是确保井不出现压力失控，如井涌）。这些测试结果将作为压裂预测的主要输入参数。孔隙压力剖面与破裂压力剖面是油井两个最重要的参数。

当岩石应力从压力变为拉力时，井眼开始破裂。通过增加井眼应力，可以相应减小围压，因此，破裂往往发生在井眼压力较高时。在井内的增产措施中，同时进行小型压裂测试，或在扩大漏失作业时，需要压裂井壁。另一方面，常规漏失测试一般在井眼易被压裂处进行。

当最小有效主应力达到岩石拉伸强度 σ_t 时，此时井眼破裂，其表示为

$$\sigma'_3 = \sigma_3 - p_p \leqslant \sigma_t \tag{5.68}$$

将式（5.67）代入式（5.68），可以得出临界切向应力为

$$\sigma_0 = \frac{\tau_{\theta z}^2}{\sigma_z - \sigma_t - p_p} + p_p + \sigma_t \tag{5.69}$$

将切向应力代入式（A-2），由下式得出临界井眼应力为

$$p_w = \sigma_x + \sigma_y - 2(\sigma_x - \sigma_y)\cos(2\theta) + 4\tau_{xy}\sin(2\theta) - \frac{\tau_{\theta z}^2}{\sigma_z - \sigma_t - p_p} - p_p - \sigma_t \tag{5.70}$$

对式（5.70）进行微分，产生破裂的井壁位置是

$$\frac{dp_w}{d\theta} = 0 \rightarrow \tan(2\theta) = 2\frac{\tau_{xy}}{(\sigma_x - \sigma_y)} \tag{5.71}$$

由此可以得出一般的压裂方程，它适用于任意方向和各向异性应力等各种情况下。

忽略二阶剪应力，并假设裂缝产生的拉伸强度为 0，可以得出下列压裂方程：

$$当\ \sigma_x < \sigma_y\ 且\ \theta = 90°时，p_{wf} = 3\sigma_x - \sigma_y - p_p \tag{5.72}$$

同时

$$当\ \sigma_x < \sigma_y\ 且\ \theta = 0°时，p_{wf} = 3\sigma_y - \sigma_x - p_p \tag{5.73}$$

这些方程定义了各种地应力条件下的破裂压力。对于垂直井段，适用下列方程：

$$p_{wf} = 3\sigma_h - \sigma_H - p_p \tag{5.74}$$

图 5.75 为地漏测试中的典型压力记录。直线偏离时的点通常被定义为原始漏失或破裂压力。

实例：假设油井数据如下：

上覆岩层应力 $\sigma_v = 100\,bar$；

水平应力 $\sigma_H = sh = 90\,bar$；

孔隙压力 $p_p = 50\,bar$；

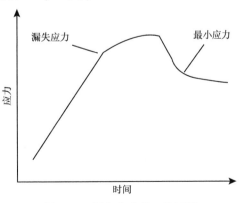

图 5.75　漏失应力的一般解释

井斜角 $\phi = 40°$；

井眼方位角 $\vartheta = 165°$。

按上述方程可以确定垂直井和定向井的破裂压力。

对于垂直井，原地应力与井眼方向直接相关，

$$\sigma_x = \sigma_y = 90\text{bar}$$

可以直接通过式 5.2.21 确定破裂压力，即

$$p_{wf} = 2\sigma_h - p_p = 2 \times 90 - 50 = 130\text{bar}$$

对于斜井，必须首先通过式(A-7)至式(A-12)将应力的方向转换成井眼方向，即

$$\sigma_x = 94.13\text{bar}$$

$$\sigma_y = 90\text{bar}$$

$$\sigma_z = 95.87\text{bar}$$

$$\tau_{xz} = 4.92\text{bar}$$

$$\tau_{yz} = \tau_{xy} = 0$$

则破裂压力为

$$p_{wf} = 3 \times 90 - 94.13 - 50 = 125.9\text{bar}$$

这个例子中可以得出，破裂压力随着井斜角的增大而减小。

我们现在使用压裂模型来计算地应力的大小。所谓反演法指的是 Aadnoy (1990)使用漏失数据来预测地层压力，同时也可以预测新井破裂压力的方法。需要输入破裂压力、孔隙压力、每个压裂位置的上覆岩层压力及方向数据(井眼方位角和井斜角)等参数。可以根据反演法得出以上的数据结果。

图 5.76 解释了反演法。在两个或多个数据集中时，使用反演法计算所有数据集的水平应力场，也就是计算它们的最大水平主应力和最小水平主应力及它们的方向。这一数据对岩石力学分析非常有用。本节将重点介绍井眼压裂作业。

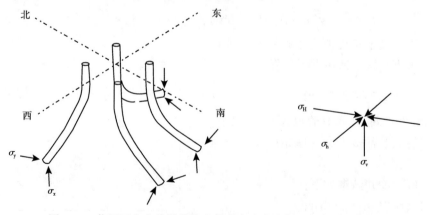

图 5.76 作用于定向井眼的应力是来自地应力场(Aadnoy, 1997)

压裂过程由式 5.2.20 决定。两个正应力被它们的变换方程所取代，并且重新整理，即式（5.73）变为

$$\frac{p_{\mathrm{wf}}+p_{\mathrm{p}}}{\sigma_{\mathrm{v}}}+\sin^2\phi=(3\sin^2\vartheta-\cos^2\vartheta\cos^2\phi)\frac{\sigma_{\mathrm{k}}}{\sigma_{\mathrm{v}}}+(3\cos^2\vartheta-\sin^2\vartheta\cos^2\phi)\frac{\sigma_{\mathrm{l}}}{\sigma_{\mathrm{v}}} \tag{5.75}$$

或可以简单地表示为

$$p'=a\frac{\sigma_{\mathrm{k}}}{\sigma_{\mathrm{v}}}+b\frac{\sigma_{\mathrm{l}}}{\sigma_{\mathrm{v}}} \tag{5.76}$$

上面的方程有两个未知数，即水平地应力 σ_{k} 和 σ_{l}。从两个井段中获得不同方向的两个数据集，可以用来确定这两个未知的应力。计算出应力后，σ_{H} 重新定义为最大值，而 σ_{h} 定义为最小值。

反演法利用了上述介绍的优点。在一般情况下，会有各种井的不同数据，将这些数据代入方程中，可以计算出两个水平地应力和它们的方向。假设有许多数据集，将这些数据集列为矩阵形式，即

$$\begin{bmatrix} p'_1 \\ p'_2 \\ p'_3 \\ \cdots \\ p'_n \end{bmatrix}=\begin{bmatrix} a_1b_1 \\ a_2b_2 \\ a_3b_3 \\ \cdots \\ a_nb_n \end{bmatrix}\begin{bmatrix} \sigma_{\mathrm{k}}/\sigma_{\mathrm{v}} \\ \sigma_{\mathrm{l}}/\sigma_{\mathrm{v}} \end{bmatrix} \tag{5.77}$$

或可以简单表示为

$$[p']=[A][\sigma] \tag{5.78}$$

这里：

$$a_{\mathrm{i}}=3\sin^2\vartheta_{\mathrm{i}}-\cos^2\vartheta_{\mathrm{i}}\cos\phi_{\mathrm{i}}$$
$$b_{\mathrm{i}}=3\cos^2\vartheta_{\mathrm{i}}-\sin^2\vartheta_{\mathrm{i}}\cos\phi_{\mathrm{i}}$$
$$p'_{\mathrm{i}}=\frac{p_{\mathrm{wfi}}+p_{\mathrm{pi}}}{\sigma_{\mathrm{Vi}}}\sin^2\phi_{\mathrm{i}}$$

式（5.78）是一组不定方程组，原因在于它用许多组数据来确定两个未知应力。一般情况下，计算结果与部分数据集之间会出现误差，因此可以通过反解上述方程来消掉方程中的未知应力。为了解决这些问题，可以把模型和测量值之间的误差定义为

$$[e]=[A][\sigma]-[p'] \tag{5.79}$$

平方误差为

$$e^2[e]^T[e] \tag{5.80}$$

最小化误差需要满足下列条件：

$$\frac{\partial e^2}{\partial[\sigma]}=0 \tag{5.81}$$

通过上述分析，地应力为

$$[\sigma] = \{[A]^T[A]\}^{-1}[A]^T[p'] \tag{5.82}$$

在这一过程中可以观察到，通过手工计算应力方程过于繁琐，所以需要计算机计算。尚未讨论的另一问题是如何确定地应力的方向。式(5.82)是在假设地应力的方向为 $0\sim90°$ 的条件下计算的，误差为最小值时的方向可以作为水平地应力的一个方向。Aadnoy 等 (1994)提出了一个现场实例来说明如何应用反演法来确定地应力。在下面的章节中，将使用一个数值例子来说明反演程序的应用。

地质方面用两种情况来说明反演法的基本应用。

在松散的沉积地层中，往往忽视构造作用，并假设水平地应力场只与岩石压实有关，它通常被称为在水平面上的静水应力场或各向同性应力场，这意味着在所有方向上水平应力相等。如果钻成定向井井眼，并且在相同的井眼倾角下没有异常定向，那么在地质方向上可以得到相同的漏失值。因为松散的沉积地层中的水平应力低于上覆岩层应力，所以压裂梯度随着井斜角减小而减小，如图5.77(a)所示。这种情况的分析比较简单(即假定应力场的水平应力梯度不变)，但是，即使存在松散的地层，这种理想的受力情况也很少，受力情况一般都很复杂。

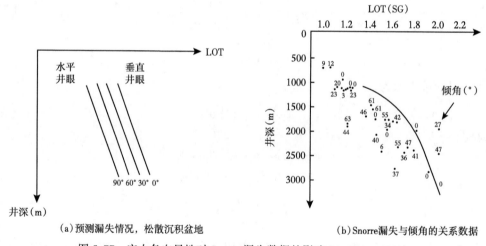

(a)预测漏失情况，松散沉积盆地　　　　　　(b)Snorre漏失与倾角的关系数据

图5.77　应力各向异性对 Snorre 漏失数据的影响(Aadnoy，1997)

转载经过爱思唯尔许可

水平应力场通常随着方向改变而改变，有两个不同的水平主应力。这种应力状态称为各向异性，这可能是由如板块构造或者是如盐丘、地形或断层等局部效应等全球地质过程造成的，它们所产生的应力状态随区域而变化。图5.77(b)为挪威近海 Snorre 油田的一个例子。从中可以直接观察到两个结果，一是漏失变化相当大；二是与井眼倾角没有明显的关系。很明显可以观察出前面定义的各向同性模型不适用于这种情况，因为应力状态随着数据点而不同。通过为 Snorre 油田建立的非常复杂的应力模型，可以在合理精度范围内预测到大多数数据点，其经验是大多数油田的应力场都具有一定程度的各向异性。

接下来，给出一个例子来说明反演法的一些特征和应用。假设一个油田已有三口井，第四口井正在设计中。这种情况的数据见表5.7，油井如图5.78所示。

表 5.7　油田数据（Aadnoy，1997）

数据集	井	套管 (in)	井深 (m)	p_{wf} (SG)	p_p (SG)	σ_v (SG)	Φ (°)	θ (°)
1		20	1101	1.53	1.03	1.71	0	27
2	A	13⅜	1888	1.84	1.39	1.82	27	92
3		9⅝	2423	1.82	1.53	1.89	35	92
4		20	1148	1.47	1.03	1.71	23	183
5	B	13⅜	1812	1.78	1.25	1.82	42	183
6		9⅝	2362	1.87	1.57	1.88	41	183
7		20	1141	1.49	1.03	1.71	23	284
8	C	13⅜	1607	1.64	1.05	1.78	48	284
9		9⅝	2320	1.84	1.53	1.88	27	284
10		20	1100		1.03	1.71	15	135
11	新	13⅜	1700		1.19	1.80	30	135
12		9⅝	2400		1.55	1.89	45	135

注：转载经过爱思唯尔许可。

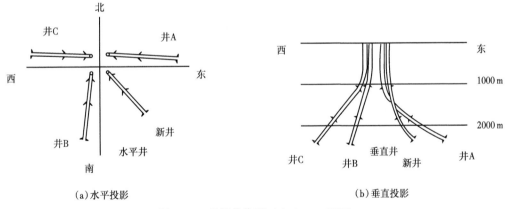

（a）水平投影　　　　　　　　（b）垂直投影

图 5.78　现场井位置（Aadnoy，1997）
转载经过爱思唯尔许可

第一个实例计算：

为了开始模拟，首先使用所有数据集估算出地层平均应力。计算机得到下列结果：

$$\sigma_H / \sigma_V = 0.864$$
$$\sigma_h / \sigma_V = 0.822$$
$$\beta_H = 44°$$

对上述计算结果的解释如下：最大水平主应力是上覆岩层应力的 0.864 倍，方向为偏北（东北）44°。最小水平主应力是上覆岩层应力的 0.822 倍。但是需要注意的一点是，这一数据覆盖了相当大的井深跨度和地理区域。因此必须评估模拟的质量及应力模型是否可以充分描述该区域。计算机程序可以自动提供质量控制。计算完应力后，程序将这些应力作为输入数据，并对每个输入数据集做出预测，如果测量值与预测数据相似，说明模型非常好；相反，若出现大的差异则质疑应力模型的有效性。

测量值与预测漏失值之间的对比表现出较差的相关性（表 5.8）。在实际应用中，这种差异可能是 0.05~0.10 SG。这一阶段的结论是，单个应力模型不适用于这一应力场，而是需要用多个子模型建模。

表 5.8　使用所有数据进行模拟

数据集	1	2	3	4	5	6	7	8	9
测量值（SG）	1.53	1.84	1.82	1.47	1.78	1.87	1.49	1.64	1.84
预测值（SG）	1.75	1.64	1.58	1.78	1.66	1.43	1.88	1.86	1.65

第二个实例计算：现在研究井深接近 1100m 时的应力状态，即套管鞋位置为 20in（50.8cm）。标出数据集 1、4、7 和 10，然后进行计算，得出下面的应力状态结果：

$$\sigma_H / \sigma_V = 0.754$$
$$\sigma_h / \sigma_v = 0.750$$
$$\beta_H = 27°$$

可以观察到，这两个水平应力几乎相等，这是可以预测到的，因为在这个深度是不存在地质构造的，且在松散的沉积环境中，可以预测到相等的水平（静水）应力状态，这里的作用原理是压实。可以通过比较输入压裂数据与建模数据，来评估一下模拟的质量。

在表 5.9 中可以看到完美的匹配，所以可以认为这个模型在这个深度可以正确评估应力状态。另外，将数据集 10 加入模拟后，也可以对新井进行预测。

表 5.9　使用井深 1100 m 的数据进行模拟

数据集	1	4	7	10
测量值（SG）	1.53	1.47	1.49	
预测值（SG）	1.53	1.47	1.49	1.53

第三个实例计算：现在要探讨井深 1607~1888m 时，13⅜ in（39.97cm）套管鞋处的应力。使用数据集 2、5、8 和 11 可以获得以下结果：

$$\sigma_H / \sigma_V = 1.053$$
$$\sigma_h / \sigma_v = 0.708$$
$$\beta_H = 140°$$

在表 5.10 中，可以观察到较差的可比性。最有可能的原因是三个输入数据集不一致，因为一个应力状态不能充分模拟三个位置。为了进一步研究这个问题，将继续对这些数据集的若干组合进行模拟。

表 5.10　使用井深 1600—1900 m 的数据进行模拟

数据集	2	5	8	11
测量值（SG）		1.84	1.78	1.64
预测值（SG）	1.73	1.37	1.31	0.77

在表 5.11 中，可以看到两个模拟结果均完美匹配。因为需要计算两个未知的地应力，所以只使用两个数据集时，通常会出现这种情况。但第一个实例计算的预测值中漏失值过高；第二个实例计算更接近实际情况。

表 5.11　使用其他组合数据进行模拟

数据集	2	5	11
测量值（SG）	1.84	1.78	
预测值（SG）	1.84	1.78	1.95
数据集	5	8	11
测量值（SG）	1.78	1.64	
预测值（SG）	1.78	1.64	1.71

第四个实例计算：最后一个例子是对油藏条件下的应力进行建模。使用表 5.7 中的数据集 3、6、9 和 12。计算结果为

$$\sigma_H/\sigma_v = 0.927$$
$$\sigma_h/\sigma_v = 0.906$$
$$\beta_H = 77°$$

表 5.12 中所示为较好油藏条件下的应力场。

表 5.12　油藏模拟

数据集	3	6	9	12
测量值（SG）	1.82	1.87	1.84	
预测值（SG）	1.82	1.87	1.84	1.86

前面的例子说明了如何使用反演法来估计应力，并对新井进行预测。已经提出一种方法来评估模拟的质量，分析油田的实用方法是先计算出较大井深范围与较宽区域的平均值，然后在研究较小的范围或区域，利用测量值与预测值的比较来评估每个模拟的质量，可以通过这种方式生成应力模型。

将表 5.6 中的数据进行组合，然后模拟，结果见表 5.13。总而言之，本实例中得出的应力场见表 5.14。

表 5.13　模拟结果

模拟次数	数据集	井	套管（in）	σ_H/σ_V	σ_h/σ_V	β_H（°）	注
1	1~9	A，B，C	All	0.861	0.825	41	局部均值
2	1，4，7	A，B，C	20	0.754	0.750	27	模拟良好
3	2，5，8	A，B，C	13⅜	1.053	0.708	50	模拟较差
4	2，5	A，B	··	0.891	0.867	13	
5	2，8	A，C	··	—	—	—	模拟较差
6	5，8	B，C	··	0.854	0.814	96	模拟良好
7	3，6，9	A，B，C	9⅝	0.927	0.906	77	模拟良好
8	2，3	A	13⅜~9⅝	0.982	0.920	90	模拟较差
9	5，6	B	··	—	—	—	模拟较差
10	8，9	C	··	—	—	—	模拟较差

表 5.14　最终现场模拟结果（Aadnoy，1997）

模拟次数	套管（in）	井深（m）	σ_H/σ_V	σ_h/σ_V	β_H（°）	新井（SG）
2	20	1100~1148	0.754	0.75	44	1.53
6	13⅜	1607~1812	0.854	0.814	96	1.71
7	9⅝	2320~2423	0.927	0.906	90	1.86

注：转载经过爱思唯尔许可。

从表 5.13 中可以观察到一些结果，应力场强度随着井深而增加，这个结果是符合预期的。此外，结果表明应力场可能是各向异性的，尤其是在油藏水平下，最大水平应力明显接近上覆岩层应力。预测的应力场如图 5.79 所示。

5.2.6　压实模型

已经推导出了压实模型，它是用来解释油田衰竭时孔隙压力的变化。通过引入这一模型，可以进行压力历史计算，如果孔隙压力随时间而变化，则可以估算它对破裂压力的影响。实例计算中，将所有漏失数据标准化到一个给定的参考孔隙压力，如果所有的数据形成一种趋势，则可以理解为所有数据具有相同的来源，本节首先定义一个简单的压实模型，然后通过实例来说明它的应用。

Crockett 等（1986）提出了所谓背应力概念更加通用的推导，它是变化的孔隙压力对破裂压力的影响，Morita 等（1988）也解决了同样的问题。Aadnoy（1991）通过更简单的方法推导出这个概念，图 5.80 显示了岩石在孔隙压力变化前后的变形。假设上覆岩层应力保持不变，且岩石的两侧没有应力，那么可以计算出岩石水平应力的变化。因为上覆岩层应力不变，所以又降低了孔隙压力，例如，岩体必须承担由原始孔隙压力保持的负荷。这种增加的垂直基质应力将通过泊松比来增加水平应力，增加的水平应力为

$$\Delta\sigma = \Delta p_p \frac{1-2\nu}{1-\nu} \tag{5.83}$$

将该基岩应力变化代入一般压裂方程中，可以计算出破裂压力的相应变化：

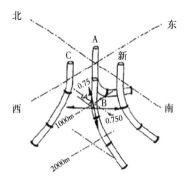

(a)井深1100~1148m处的预测应力场

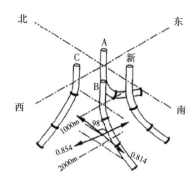

(b)井深1607~1812m处的预测应力场

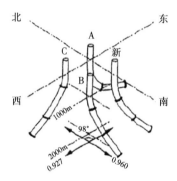

(c)井深2320~2428m处的预测应力场

图 5.79   从模拟结果中预测地应力场（Aadnoy，1997）

转载经过爱思唯尔许可

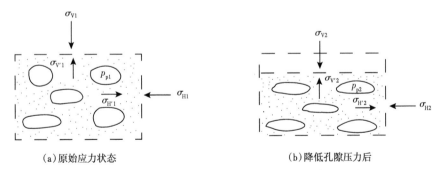

(a)原始应力状态   (b)降低孔隙压力后

图 5.80   压实模型图解，增加水平应力，同时，上覆岩层压力保持不变（Aadnoy，1991）

转载经过爱思唯尔许可

$$\Delta p_{wf} = \Delta p_{p} \frac{1 - 3\nu}{1 - \nu} \tag{5.84}$$

例如，表 5.15 显示了一些漏失数据及相关的孔隙压力梯度。如果将数据标准化至相同的孔隙压力梯度，可以选择 1.80SG 和泊松比 0.25，则第三项为

$$p_{wf} - 1.98 = \frac{(1.80 - 1.44)(1 - 3 \times 0.25)}{1 - 0.25}$$

或:

$$p_{wf} = 2.10(SG)$$

表 5.15　油田数据(Aadnoy,1997)

井深(m)	LOT(SG)	p_p(SG)
3885	2.10	1.79
3821	2.13	1.84
3818	1.98	1.44
3914	2.06	1.58

注:转载经过爱思唯尔许可。

原始数据和修正后的孔隙压力数据如图 5.81 所示,可以观察到,修正后的数据与原始数据几乎没有任何关系。另一方面,修正后的压实数据几乎在一条线上,具有合理的相关性。对此的解释是:这些数据非常相似,或具有相同的来源,四个井的原始应力状态可能是相似的,但观察到的破裂压力变化主要取决于孔隙压力的局部变化,换句话说,地层压力衰减历史也被反映在破裂压力中。

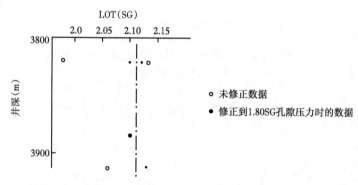

图 5.81　未修正数据和通异常高压实模型修正的压裂数据
转载经过爱思唯尔许可

假设图 5.81 中的垂直趋势线(2.11SG)可以合理地描述破裂压力,则压实方程可表示为

$$2.11 - p_{wf} = \frac{(1.80 - p_p)(3 \times 0.25)}{1 - 0.25}$$

或将压裂方程重新整理为

$$p_{wf} = 1.51 + \frac{1}{3} p_p$$

如果使用表 5.14 重建数据和方程,则结果非常接近于原始数据。

另一个例子是，在油田中，钻探的原始压裂梯度为 1.7SG。油田投入生产后，整个油藏压力梯度从 1.5SG 降至 1.3SG。那么水平应力和油藏的破裂压力将发生什么变化？

水平应力梯度的变化为

$$\Delta\sigma = \frac{(1.5-1.3)(1-2\times0.25)}{1-0.25} = 0.13SG$$

如果后期钻探加密井，那么破裂压力梯度的估值为

$$p_{wf} = 1.7 - \frac{(1.5-1.3)(1-3\times0.25)}{1-0.25} = 1.63SG$$

5.2.7 地层应力范围

由于在 20 世纪 80 年代初已将井壁稳定性分析引入油田，可以观察到许多分析结果在地应力分析中的应用效果不好，所计算出的应力状态可能超出允许范围。一个典型的结果是，临界坍塌曲线可能与压裂曲线交叉，如图 5.82(a)所示。调整地应力使压裂和坍塌曲线不再交叉，如图 5.82(b)所示，这是符合物理规律的。早期的结论是，油井可以在一定的倾角(例如 60°)范围内保持稳定，超过则不稳定。事实并非如此，只要设计合理，可以在任意方向钻探大多数油井。在 2005 年，Aadnoy 和 Hansen 分析并确定了原地应力的允许范围。

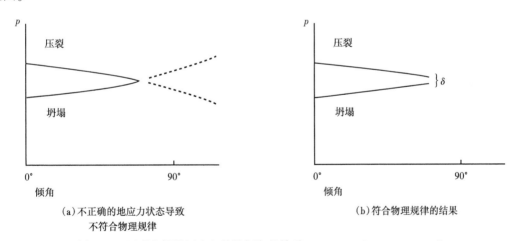

(a)不正确的地应力状态导致　　　　　(b)符合物理规律的结果
不符合物理规律

图 5.82　压裂和坍塌压力与井眼倾角的关系(Aadnoy and Hansen，2005)

因为，确定了地应力的允许范围，所以使模型中井壁的稳定性得到了明显的改善。下面的章节中将通过两个数据实例来简单说明。

不稳定问题是出现在全井中，还是在稳定的井段。已经知道有些油井在某些给定方向上存在稳定性问题。在这种情况下，必须确立临界压裂压力和坍塌压力，从中可以确立沿着主地应力方向之一的稳定性系数。如果油井几乎不可钻，可能会产生一个非常小的稳定性系数 δ。另外，可以使用无故障的井段来评估应力水平的范围，应力大小应标在图 5.81 中并用于预测类似井。假设已经确立油田或油井的应力数据，可以将这些数据描到图 5.81 中，将两点间的直线作为应力模型。如果只有一个数据集，那么通过该点和点(1，1)的直

线可以确定所需的应力模型。

未知的稳定性问题

现代钻井技术的发展，可以在具有良好的设计和后续作业的情况下，对任意方向钻探大部分井眼，而且成功和失败之间的差距有时非常小。一般情况下，提出一个默认模型如下：让稳定性系数等于表5.16中的黏结强度，常数 C 的最后一个参数消失了，所以 $C=2pp(1+\sin\theta)/\sigma_v$。这种情况下，应力范围如图5.82中的实线所示，因此，实线将作为默认应力模型。在钻探过程中，假设下限为此模型，只有漏失数据可用时，才会根据上面概述的过程重新估算。

表 5.16　各种应力状态下地应力的一般范围

应力状态	上限	下限
正断层	$\dfrac{\sigma_h}{\sigma_v}\dfrac{\sigma_H}{\sigma_v}\leqslant 1$	$\dfrac{\sigma_h}{\sigma_v}\dfrac{\sigma_H}{\sigma_v}\geqslant\dfrac{B+C}{A}$
走向/滑断层	$\dfrac{\sigma_H}{\sigma_v}\leqslant\dfrac{A-C}{B}$	$\dfrac{\sigma_H}{\sigma_v}\geqslant 1$
走向/滑断层	$\dfrac{\sigma_h}{\sigma_v}\leqslant 1$	$\dfrac{\sigma_h}{\sigma_v}\geqslant\dfrac{B+C}{A}$
逆断层	$\dfrac{\sigma_h}{\sigma_v}\dfrac{\sigma_H}{\sigma_v}\leqslant\dfrac{A-C}{B}$	$\dfrac{\sigma_h}{\sigma_v}\dfrac{\sigma_H}{\sigma_v}\geqslant 1$
若所有 $\sigma_H>\sigma_h$ 当 $A=7-\sin\theta$，$B=5-3\sin\theta$ 时， $C=[2p_p(1+\sin\theta)+2(\delta-r_c\cos\theta)]/\sigma_v$		

该模型的另一个优点是可以根据井深确立连续应力剖面，它与目前的做法相反，目前的做法是可以在每个套管鞋(漏失试验测定)处获得离散的应力状态，只通过这些点进行推断，这将在下面的实例中进行说明。

此分析是基于压力系数和地应力张量之间的关系，从作业的角度来看，其表明所有的井都在某些方向比其他井更易出问题。为了找出这些方向，则需要深入了解地应力及其方向。因此，应分析所有临界井(如长距离井)，来确定压力系数，它明显影响套管下入深度。接下来将举出挪威近海油田的两个例子。

在这个例子中，将探讨实际的井壁稳定性分析结果中的地应力范围。以下数据来自北海油田：

井深：1700m；

上覆岩层应力梯度：1.8SG；

孔隙压力梯度：1.03SG；

岩石粘结强度：0.2SG；

岩石摩擦角：30°；

$1\geqslant\dfrac{\sigma_H}{\sigma_v}\geqslant 0.80$；

$$1 \geqslant \frac{\sigma_h}{\sigma_v} \geqslant 0.80;$$

$$\frac{\sigma_H}{\sigma_v} \geqslant \frac{\sigma_h}{\sigma_v}。$$

这些条件保证临界破裂压力和临界坍塌压力之间的最小差值不超过 δ。为了确定两个水平地应力的大小，还必须采用其他方法。这种情况下将采用反演法来分析漏失试验数据。

图 5.83 为北海生产中某油田的上覆岩层压力梯度和孔隙压力梯度，中间套管放置在井深 1100~1900m 处，这一间隔的特点是，孔隙压力从顶部的 1.03SG 增加到底部附近的 1.40SG，区间隔大部分是新近沉积的黏土。因为大多数油井倾角较小，所以形成通用模型的数据量也有限，因而难以确立应力大小来为整个井段提供实际的压裂压力预测。

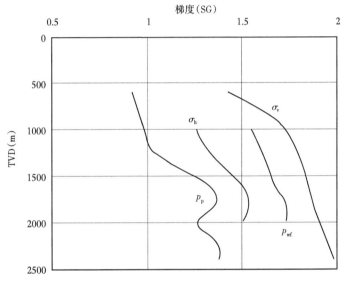

图 5.83　案例中的梯度曲线（Aadnoy and Hansen，2009）

在这里，出现了两个问题：第一，通过在模拟研究中改变相对于水平的倾角，会形成上文所述压裂和坍塌曲线的交叉，因此质疑早期使用的地应力数据的质量；第二，漏失试验数据仅存在于井深 1200m 和 1800~1900m 处，因为套管柱下入深度为 $18\frac{5}{8}$ in 和 $13\frac{3}{8}$ in（47.31cm 和 33.97cm）。井身结构优化的研究表明，下入深度应改为介于这两个深度，但这里没有实际数据。

顶部和底部的应力状态是不同的，使用任一应力状态可以在一端获得良好的结果，但在另一端的结果较差。将利用这一章的方法来建立一种应力状态，可覆盖整个井深井壁。表 5.17 给出了地应力的范围，最小水平应力和压裂预测如图 5.83 所示。图 5.84 为地应力范围内所有方向井眼的实际压裂和坍塌曲线。本例中表示的是正断层应力状态，如图 5.84（a）所示。

该地区现有井的 20in（50.8cm）套管柱下到井深约 1100m 处，而 $13\frac{3}{8}$ in（33.97cm）套管下到井深约 1800m。因为可以在这些深度进行漏失试验，所以只能在这些深度预测应力状态。

表 5.17 案例中的地层应力范围和压裂预测

井深(m)	p_p(SG)	σ_v(SG)	σ_h/σ_v, σ_H/σ_v	σ_h(SG)	p_{wf}(SG)
1000	0.97	1.73	>0.73	1.26	1.55
1200	1.02	1.78	>0.74	1.31	1.60
1400	1.15	1.82	>0.77	1.40	1.64
1600	1.33	1.85	>0.81	1.50	1.67
1800	1.36	1.87	>0.81	1.54	1.73
2000	1.26	1.91	>0.78	1.50	1.73
参数 $\delta=0.1$SG，$\theta=35°$，$\tau_c=0.5$SG					

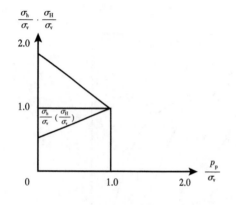

(a)正断层应力状态   (b)走向/滑断层应力状态

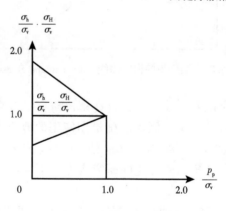

(c)逆断层应力状态

图 5.84 地应力范围，假设：$\theta=30°$，$\delta=0.886T$（Aadnoy and Hansen，2005）

图 5.83 为所得出的垂直井（井深间隔 1000~2000m）的水平应力和压裂压力梯度。但是需要注意的是，这些在整个井深中是连续的，不再需要通过两个套管点来进行推断，还观察到压裂压力预测中显示出了深度的持续增长。图 5.83 的结果表明，在过去十年中油田应力分析的明显改善。

符号意义

d——压力梯度与水的密度相关；

d_{b1}——参考井的体积密度梯度；

d_{b2}——新井的体积密度梯度；

d_{eq}——等效密度与超压有关；

d_{oil}——油密度梯度；

d_{sw}——海水密度梯度；

d_{water}——水密度梯度；

d_{wf}——漏失压力梯度；

D_{sb}——海底岩石深度；

D_{sb1}——参考井海底岩石深度；

D_{sb2}——新井海底岩石深度；

D_{wf1}——参考井漏失压力梯度；

D_{wf2}——新井漏失压力梯度；

e——误差；

h——长度或高度；

h_f——钻井平台到海平面距离；

h_w——水深；

I_1、I_2、I_3——应力不变量；

p——压力；

p'——用于反演法的归一化压力；

p_p——孔隙压力；

p_w——井底压力；

p_{wf}——破裂压力；

s_f——海底参考水平面；

z——真实垂深；

β_H——角度从北到最大水平应力；

Δ——两参数之差；

Δp——压差；

δ——稳定性系数；

δh——在两个平台之间的钻台高度差；

θ——井壁周围角；

ν——泊松比；

ρ——密度；

ρ_{water}——纯水密度；

σ——正压力；

σ_1——最大主应力；

σ_2——中间主应力；

σ_3——最小主应力；

σ'——有效应力；

σ_H——最大水平应力；

σ_h——最小水平应力；

σ_k——未知水平地原应力；

σ_l——未知水平地原应力；

σ_v——上覆岩层应力；

σ_t——拉伸岩石强度；

σ_r、σ_θ、σ_z、$\sigma_{\theta z}$——井壁应力；

σ_x、σ_y、σ_{xy}——XY方向的上地原应力；

τ——切应力；

τ_c——黏合地层强度；

τ_{xy}——切应力在Y方向的分量，相关面垂直于X轴；

τ_{xz}——切应力在Z方向的分量，相关面垂直于X轴；

τ_{yz}——切应力在Z方向的分量，相关面垂直于Y轴；

ϕ——井斜角；

ϕ_i——i方向上井斜角；

Φ——岩石内摩擦角；

ϑ——井眼方位角；

ϑ_i——方向上i最大水平应力的井眼方位角。

标识

T——转置；

-1——负号。

参 考 文 献

Aadnoy, B. S. 1990. Inversion Technique to Determine the In-Situ Stress Field From Fracturing Data. Journal of Petroleum Science and Engineering 4 (2): 127-141. DOI: 10. 1016/0920-4105 (90) 90021-T.

Aadnoy, B. S. 1991. Effects of Reservoir Depletion on Borehole Stability. Journal of Petroleum Science and Engineering 6 (1): 57-61. DOI: 10. 1016/0920-4105 (91) 90024-H.

Aadnoy, B. S. 1997. Modern Well Design. Houston: Gulf Publishing Company.

Aadnoy, B. S. 1998. Geomechanical Analysis for Deep-Water Drilling. Paper SPE 39339 presented at the IADC/SPE Drilling Conference, Dallas, 3-6 March. DOI: 10. 2118/39339-MS.

Aadnoy, B. S. and Chenevert, M. E. 1987. Stability of Highly Inclined Boreholes. SPEDE 2 (4): 364-374. SPE-16052-PA. DOI: 10. 2118/16052-PA.

Aadnoy, B. S. and Hansen, A. K. 2005. Bounds on In-Situ Stress Magnitudes Improve Wellbore

Stability Analyses. SPEJ 10 (2): 115-120. SPE-87223-PA. DOI: 10. 2118/87223-PA.

Aadnoy, B. S. and Saetre, R. 2003. New Model Improves Deepwater Fracture Gradient V alues off Norway. Oil and Gas Journal 101 (5) 51-54.

Aadnoy, B. S. , Soteland, T. , and Ellingsen, B. 1991. Casing Point Selection at Shallow Depth. Journal of Petroleum Science and Engineering 6 (1): 45-55. DOI: 10. 1016/0920-4105 (91)90023-G.

Aadnoy, B. S. , Bratli, R. K. , and Lindholm, C. 1994. In-Situ Stress Modeling of the Snorre Field. Proc. , EUROCK 94: Rock Mechanics in Petroleum Engineering, Delft, The Netherlands, 871-878.

Crockett, A. R. , Okusu, N. M. , and Cleary, M. P. 1986. A Complete Integrated Model for Design and Real-Time Analysis of Hydraulic Fracturing Operations. Paper SPE 15069 presented at the SPE California Regional Meeting, Oakland, California, 2-4 April. DOI: 10. 2118/15069-MS.

Eaton, B. A. 1969. Fracture Gradient Prediction and Its Application in Oilfi eld Operations. JPT 21 (10): 1353-1360; Trans. , AIME, 246. SPE-2163-PA. DOI: 10. 2118/2163-PA.

Herrmann, R. P. , Smith, J. R. , and Bourgoyne, A. T. 2001. Application of Dual-Density Gas Lift to Deepwater Drilling. World Oil Deepwater Technology Supplement (October 2001): 17-22.

Kaarstad, E. and Aadnoy, B. S. 2006. Fracture Model for General Offshore Applications. Paper SPE 101178 presented at the SPE Asia Pacifi c Oil and Gas Conference and Exhibition, Adelaide, Australia, 11-13 September. DOI: 10. 2118/101178-MS.

Morita, N. , Whitfi ll, D. L. , Nygaard, O. , and Bale, A. 1988. A Quick Method to Determine Subsidence, Reservoir Compaction, and In-Situ Stress Included by Reservoir Depletion. JPT 41 (1): 71-79. SPE-17150-PA. DOI: 10. 2118/17150-PA.

Rocha, L. A. and Bourgoyne, A. T. 1996. A New Simple Method to Estimate Fracture Pressure Gradient. SPEDC 11 (3): 153-159. SPE-28710-PA. DOI: 10. 2118/28710-PA.

Webb, S. , Anderson, T. , Sweatman, R. , and V argo, R. 2001. New Treatments Substantially Increase LOT/FIT Pressures to Solve Deep HTHP Drilling Challenges. Paper SPE 71390 presented at the SPE Annual Technical Conference and Exhibition, New Orleans, 30 September-3 October. DOI: 10. 2118/71390-MS.

附录 A　井眼应力

径向应力：

$$\sigma_r = p_w \tag{A-1}$$

切向应力：

$$\sigma_\theta = \sigma_x + \sigma_y - p_w - 2(\sigma_x - \sigma_y)\cos(2\theta) - 4\tau_{xy}\sin(2\theta) \tag{A-2}$$

轴向应力，面应变：

$$\sigma_z = \sigma_{zz} - 2\nu(\sigma_x - \sigma_y)\cos(2\theta) - 4\nu \cdot \tau_{xy}\sin(2\theta) \tag{A-3}$$

轴向应力，面应力：

$$\sigma_z = \sigma_{zz} \qquad (A-4)$$

切应力：

$$\tau_{\theta z} = 2(\tau_{yz}\cos\theta - \tau_{xz}\sin\theta) \qquad (A-5)$$

$$\tau_{rz} = \tau_{r\theta} = 0 \qquad (A-6)$$

应力转换率：

$$\sigma_x = (\sigma_H\cos^2\vartheta + \sigma_h\sin^2\vartheta)\cos^2\varphi + \sigma_v\sin^2\varphi \qquad (A-7)$$

$$\sigma_y = (\sigma_H\sin^2\vartheta + \sigma_h\cos^2\vartheta) \qquad (A-8)$$

$$\sigma_{zz} = (\sigma_H\cos^2\vartheta + \sigma_h\sin^2\vartheta)\sin^2\phi + \sigma_v\cos^2\phi \qquad (A-9)$$

$$\tau_{yz} = \frac{1}{2}(\sigma_h - \sigma_H)\sin(2\vartheta)\sin\phi \qquad (A-10)$$

$$\tau_{xz} = \frac{1}{2}(\sigma_H\cos^2\vartheta + \sigma_h\sin^2\vartheta - \sigma_v)\sin(2\phi) \qquad (A-11)$$

$$\tau_{xy} = \frac{1}{2}(\sigma_h - \sigma_H)\sin(2\vartheta)\cos\phi \qquad (A-12)$$

主应力：

$$\sigma^3 - I_1\sigma^2 - I_2\sigma - I_3 = 0 \qquad (A-13)$$

其中：

$$I_1 = \sigma_x + \sigma_y + \sigma_z \qquad (A-14)$$

$$I_2 = \tau_{xy}^2 + \tau_{xz}^2 + \tau_{yz}^2 - \sigma_x\sigma_y - \sigma_x\sigma_z - \sigma_y\sigma_z \qquad (A-15)$$

$$I_3 = \sigma_x(\sigma_y\sigma_z - \tau_{yz}^2) - \tau_{xy}(\tau_{xy}\sigma_z - \tau_{xz}\tau_{yz}) + \tau_{xz}(\tau_{xy}\tau_{yz} - \tau_{xz}\sigma_y) \qquad (A-16)$$

$$\sigma_i = p_w \qquad (A-17)$$

$$\sigma_{ik} = \frac{1}{2}(\sigma_\theta + \sigma_z) \pm \frac{1}{2}\sqrt{(\sigma_\theta - \sigma_z)^2 + 4\tau_{\theta z}^2} \qquad (A-18)$$

对于井眼应力而言，让：

$$\begin{cases} x = r \\ y = \theta \\ z = z \end{cases}$$

6 井筒测量：工具 技术 解释

6.1 随钻成像技术

Tom Bratton 和 Iain Cooper，斯伦贝谢公司

6.1.1 引言

通过获得随钻测井（LWD）图像（由密度测井和电阻率测井测得），司钻可以真实地"看"到井下环境。随钻成像用于确定地层裂缝，同时也能清晰地显示出地层层理和倾角。在本节中，将描述如何使用随钻成像来确定地层裂缝和井壁失稳的类型。使用图像的数据，不仅可以确定最大主应力的方向，这些信息还可用于修正地应力模型以便更精确地分析井眼稳定性，并能根据情况实时地采取正确的补救措施，如调节钻井液密度，这样就可以使井壁垮塌程度保持在一个可允许的安全范围内。

然而，这种测量结果的组合能够提供最精确的钻井解释。在本节的后半部分，将重点介绍一些关于测量结果的组合和延时测井技术如何来避免钻井事故的实例。事实上，结合井径的测量（提供井眼形状图像）与图像数据可以说明地层的破裂严重程度和破裂主要方向。

从单点电阻率测井工具获取大量图像的应用，到后来的密度测井图像的出现，这些都是意义重大的技术突破，加上结合地面动态测量（如扭矩、大钩载荷、泵压）、钻井液录井测量和其他井下随钻测井（LWD）测量（随钻时内部和环空压力，井下所受重力和扭矩等）的多点测量技术，使之能够能建立起一个更完整的随钻井眼图像。

6.1.2 井下测量的意义

环空压力和与之相关的井下及地表的测量赋予了当代司钻敏锐的视觉和触觉，使他们能够"看见"和"感知"钻柱的动态变化及钻井液的井下状态，以便做出最佳的决策。振动、冲击、扭矩及钻压的数据都可以用来优化钻井参数从而提高钻头和井底钻具组合的可靠性和实用性。钻井液是整个钻井过程的"血液"，井下环空的钻井液压力是最重要的信息之一，它可以使司钻在控制钻头进入每一个新的地层或在起下钻时意识到井下发生的各种情况。

井下环空压力的测量应用于许多钻井工艺中，包括欠平衡钻井、大位移钻井、高温高压钻井等，最显著的是深水钻井。例如，在狭窄的钻井液稳定范围内，由于浅层水涌入深水井中，所以零点几磅每加仑的有效钻井液密度的差异就能确定是否需要额外的套管柱来保护浅部地层。精确的漏失实验和地漏实验对于将当量循环密度（ECD）有效地控制在安全压力范围之内也是非常必要的。

结合其他钻井参数，实时环空压力的测量可以提高钻机的安全性，通过检测气水的侵入量，帮助避免了潜在危险的井控事故的发生。这些测量通常用于早期检测卡钻、悬挂或泥包扶正器、钻头破损情况、岩屑堆积等问题，还可以用来提高导向性能。实时压力数据

具有很重要的价值，通过这些测量取得的信息也可以用于下一口井的钻井设计当中。然而，环空压力的测量结果或钻井液当量循环密度（ECD）只能得到关于其本身的一些信息，压力数据应该放在其他的钻井变量的背景下以便对钻井事故进行有效的诊断（Hutchin-son and Rezmer-Cooper, 1998）。

近些年关于井底压力数据的经验强调了如何用钻井液当量循环密度（ECD）的变化趋势来预测钻井事故以避免更严重的事故。除了实时解释，事后诊断仍然是必要的，并非所有的钻井问题或事故都是十分明确的，或是可以实时得到解决的。

成功的钻进需要钻井液产生的压力维持在较小的安全密度窗口内，即维持井壁稳定的压力限制范围内。下限是地层孔隙压力或是避免井壁坍塌极限压力。上限是钻井液压裂地层的最小压力，如果超过这个压力，地层就会产生裂缝或使裂缝张开，从而导致井漏和地层伤害。地层破裂压力梯度是根据上覆岩层的重力、该深度地层横向应力和局部岩石属性所确定的。密度和声波测井数据可以用来估测岩石的强度（Brie et al., 1998）。在计算海上深水区地层破裂压力梯度时出现了一个特殊问题。最上面被水层取代，水的密度小于岩石密度，在这些井中上覆岩层的压力要低于陆上同深度下的上覆岩层压力，这样便导致了海上井的地层破裂压力梯度相对较低。一般来说，地层破裂压力梯度随着水深增加而降低。因此，水深的增加将会缩小平衡地层孔隙压力所需要的钻井液密度和导致地层破裂的钻井液密度之间的差值。

一旦确定了保持井筒稳定的压力范围，司钻就必须将钻井液密度控制在该范围内。要正确解读井下环空压力测量结果（和相应的钻井液当量循环密度）所反馈的信息，重要的是要明确其依托的物理原理。首先是井眼环空中由流体的密度梯度所产生的静压力——垂直于传感器上方流体的重力。钻井液液柱的密度通常被称为当量静态密度，流体的密度随压力和温度的变化而变化。

其次是动压力，其与管柱的运动速度（抽汲、激动、钻柱旋转）、起下钻时管柱的加速或减速所产生的惯性力、用来破坏钻井液凝胶的剩余压力、循环流体与固体并将其带到地面的累计压耗等因素有关。过流限制，例如岩屑床或膨胀地层、井眼几何形状的变化及流体和固体流入（流出）环空中等，这些因素都会形成动压力。在定向井和大位移井的钻探过程中，有效的井眼净化是至关重要的，优化井眼净化问题仍然是面临的主要挑战之一。虽然井眼净化的影响因素有很多，但是司钻可以控制的两个重要因素是泵流量和钻杆的旋转。

在井眼有效净化的过程中，泵流量是最重要的参数之一。流量过小会造成岩屑在环空中堆积，岩屑的堆积会导致环空中横截面积的减少，钻井液的当量循环密度也因此会提高，最终会导致环空被封隔。使用实时环空压力测量能对因低效井眼净化而引起的钻井液当量循环密度值的上升趋势进行早期的识别。这样就可以帮助司钻来避免因过大的激动压力而造成地层破裂或高代价的卡钻事故，其具体的测量过程与应用将在 6.3 节中做详细介绍。从近钻头电阻率图像反馈的附加信息中得到启示，钻井的实践过程并没有达到最优化，必须采取相应的补救措施。

随钻测井（LWD）图像不仅会为岩石物理学家和地质学家提高论证的准确性，同样对钻井工程师来说效果也是很显著的。如果考虑到岩石力学的影响，侵入剖面就更容易理解了。

区分天然裂缝和诱导裂缝的关键是增加失效模式的地质力学模型，钻井工程师就可以通过参考钻井的力学数据（如随钻环空压力）来确定可疑的失效类型和造成失效的钻井的过程，实时图像的运用价值将会进一步增大。

钻井现场的电阻率曲线发生分离首先表明在油藏中确实发生了一些不符合预期结果的现象。钻井时曲线分离可能是由于钻井液的当量循环密度过大导致地层破裂造成的。

基于三维线弹性的分类方案在和井眼稳定性分析结合使用时可以识别钻头电阻率图像中由于应力诱导而产生的假象。这种分析可以用来验证井筒强度和应力剖面并应用于后期井筒规划中。此外，通过正确地区分天然地层和钻井诱导的地层的特征也能使岩石物理学和地质学的解释得到进一步改善。图像解释法也可以延伸运用到有传导性的油基钻井液中，虽然还处于起步阶段，但已表现出很大的潜力。

实时随钻测井数据、环空压力的测量结果以及钻头电阻率图像可以用于：

（1）识别钻井中的危险；

（2）改进地质学模型和岩石物理学解释；

（3）区分天然裂缝和诱导裂缝；

（4）监测地层破裂和侵入伤害等动态变化；

（5）帮助选择补救措施来优化钻井作业，如降低起下钻的速度来尽可能降低液压冲击；

（6）提供更准确的钻井液当量循环密度的管理。

在结合传统的地层评估测量、图像和钻井力学测量的过程中，下一步是使用实时图像来得到有关潜在的地层破裂的早期信息。然后钻井操作过程就可以实时地进行修正，以尽可能减小压力变化带来的影响。

在这一节中不仅研究了和井下液压相关的物理过程，还在一套测量方法中增加了一个可以用于解释的新方法——电阻率成像，在电阻率图像中司钻可以真正"看"到井眼中的动态变化。然而，在解读图像时，首先要了解井筒中应力的性质。井筒周围应力的状态对井眼稳定有直接的影响，最终影响了钻井的效率。

6.1.3　井筒应力

在井眼岩石力学分析中有两组重要的主应力，即远场应力和井筒应力。远场应力在地层中远离井筒并不受井眼的影响。而井筒应力作用于钻井液与地层的交界面上。这些应力受钻井液密度（和开泵时所对应的钻井液当量循环密度）的控制，远场应力除外。图6.1举例说明了这两组应力。

笛卡尔坐标系描述的远场应力：一个垂直应力（σ_v）和两个互相正交的水平应力。如果两个水平应力的大小不同，那它们被称为最小水平应力（σ_h）和最大水平应力（σ_H）。水平应力的方向完成了对远场应力的总体描述。

在直井中，可以使用圆柱坐标系描述井筒应力。其中一个是径向应力（σ_r），另外两个正交的应力是轴向应力（σ_a）和切向应力（σ_t）。轴向应力沿着井眼的轴向方向定向，而切向应力是沿井眼圆周定向。图6.1左下角的两幅图揭示了远场应力在不断地接近井筒时是如何变化的。左侧曲线表示低钻井液密度或钻井液当量循环密度（相对于最小水平应力），而右侧曲线表示高钻井液密度或钻井液当量循环密度。在这两幅图中，最小水平应力转变成径向应力，最大水平应力转变成切向应力，并且该垂直应力转变成轴向应力。

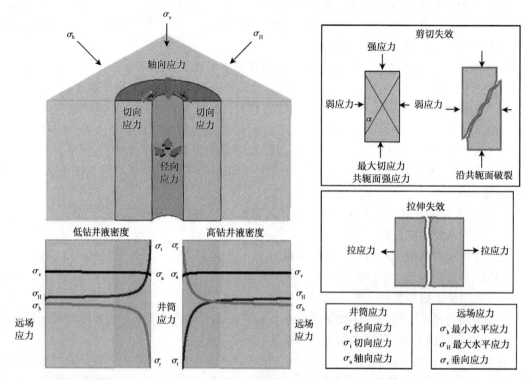

图 6.1　远场应力与井筒应力关系图、剪切失效和拉伸失效示意图
低钻井液密度（或钻井液当量循环密度）产生较小的近井径向应力，较大的近井切向应力；
高钻井液密度（或钻井液当量循环密度）产生较大的近井径向应力，较小的近井切向应力

地球上的应力通常是压应力。例如，地层颗粒被远场垂直应力挤压在一起，而远场垂直应力是由上覆岩层的重力作用形成的。拉应力作用在相反的方向上，使颗粒分开（图 6.1 的右侧）。这两种应力导致的屈服和失效机理是完全不同的。剪切破坏最初是由两个大小不同的正交的应力造成的。拉伸破坏是由一个单一的拉伸应力引发。这两种不同的机理在井眼图像中都可以观察到。剪切破坏和拉伸破坏是相互独立存在的。地层可以只出现剪切破坏没有拉伸破坏，也可以只出现拉伸破坏没有剪切破坏，还可以两种破坏模式先后或同时发生。破坏的几何形状取决于引起的剪切破坏的两种应力和引起的拉伸破坏的单一应力。

6.1.4　失效类型

在直井井眼中剪切破坏有 6 种，拉伸破坏有 3 种。图 6.2 展示了三维图像。其分类如下（Bratton et al.，1999）：

可按成因方式（剪切破坏和拉伸破坏）和按形态学（例如长断裂、高角度阶梯式）分类。模式如下：

（1）剪切破坏——长断裂，该破坏更常被称作断裂；

（2）剪切破坏——浅层撞击，周向覆盖范围小，并可能形成垂向裂缝；

（3）剪切破坏——高角度阶梯式，该类型产生大角度的裂缝，能涵盖多达四分之一的井眼周长；

（4）剪切破坏——短断裂，典型特征是环形覆盖范围小于30°；

（5）剪切破坏——低角度阶梯式；

（6）剪切破坏——深层撞击，该破坏通常发生在垂直平面上，并集中在最大水平应力的方位上；

（7）拉伸破坏——圆柱面，该类型与井眼同心，但在井身图像中并不明显；

（8）拉伸破坏——水平面，该类型产生水平裂缝；

（9）拉伸破坏——垂直面，该类型通常用在水力压裂技术中。

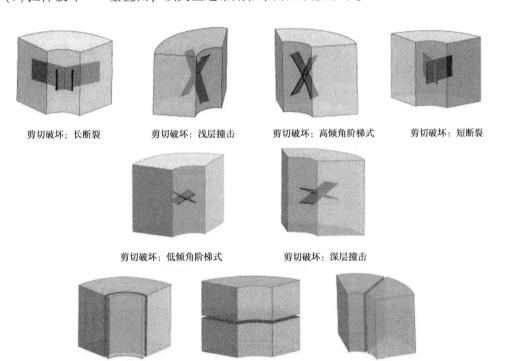

剪切破坏：长断裂　　剪切破坏：浅层撞击　　剪切破坏：高倾角阶梯式　　剪切破坏：短断裂

剪切破坏：低倾角阶梯式　　剪切破坏：深层撞击

拉伸破坏：圆柱　　拉伸破坏：水平　　拉伸破坏：垂直

图6.2　直井中的剪切破坏与拉伸破坏

作用于地层的应力受两种来源不同的因素所控制，径向应力是由钻井液的液柱压力所产生，主要由司钻控制并通常根据具体操作需要而定，这个压力可以由环空随钻压力传感器来实时测量。轴向应力和切向应力由远场应力控制。

因此，各种类型的失效都与不同的形成机理联系起来，这有助于电阻率成像的解释。

6.1.5　电阻率成像技术

使用随钻测井（LWD）技术得到的最高分辨率的图像记录在钻头电阻率工具内。该工具在用水基（或导电）钻井液钻井时测量电极电阻率，它可以在任何复杂构造条件下运行，可以提供多达5种电阻率测量结果。首先，这些测量应用于井眼的定位和地层评价，方位角定向系统使用地球磁场为基准来确定钻柱转动过程中井眼内工具角位置。这使得该工具可以得到方位电阻率的测量结果。其次，井筒中径向上和纵向上的振动及温度都可以测得。当该工具旋转时，角度分辨率约为6°。

该工具提供的电阻率测量有三种不同的类型：

(1)钻头电阻率的获取是将钻头和该工具末端几英寸一起作为测量电极，所得的电阻率测量结果的测量点在电极的中点处，并且其垂直分辨率等于电极长度；

(2)环形电阻率具有精确度高、分辨率高的特点，能集中横向地进行测量。它是通过工具最下端向上大约 3ft 处安装的圆柱状电极(高约 1.5in)完成测量的。环形探测直径约为22in，这也可以理解为其探测的深度大约是 11in；

(3)三个纽扣电极集中提供侧向电阻率的测量，安放在一个夹式套管内。纽扣纵向隔开，以提供不同的探测深度。该工具同时记录三个不同探测深度(1in、3in 和 5in)的方位角数据。

方位电极测量结果显示为地层电阻率全井眼的图像，这些数据代表了浅层、中层、深层的图像。分辨率相对于有线成像工具减少了五分之一。所有的电阻率测量结果每 5s 获取一次。此外，裂缝、地层特征有时也在该钻头电阻率成像中可见。例如，获取的图像信息中会出现上下滑动或折叠、不整合面和岩性的变化。电阻率成像技术主要应用在建井过程中构造地质学、地质导向(见 6.2 节)及井壁失稳机理的诊断等领域的研究中。

6.1.6　天然特征和诱导特征

钻井过程中，重要的是要区分地层天然特征和钻井诱导特征，使得可以实时修正钻井程序以最大限度地降低诱导裂缝的影响。图 6.3 左侧表示页岩和砂岩的层序，伽马射线绘制在深度轨迹中。从伽马射线一直延伸到右侧边缘的浅色底纹表示的是砂层。当测量覆盖到页岩层时，砂岩中浅层电阻率的测量值要比深层电阻率测量值低。电阻率曲线的分离部分似乎是一个典型的侵入剖面，可以用来估测岩石的物理性质。图 6.3 右侧表示其对应的电阻率图像，浅色代表了高的电阻率，深色代表了低电阻率。这口井的定向为典型的斜井，

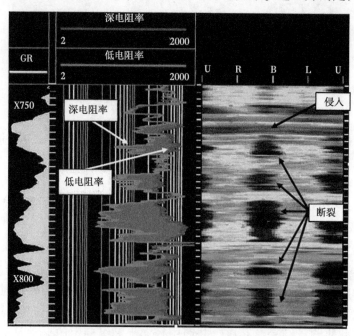

图 6.3　井筒电阻率曲线剖面图与页岩、砂岩序列图

轨迹的左侧边缘与井眼顶端对齐（图像上部的字母 U、R、B、L 分别代表了井眼的上、右、下、左四部分）。

　　附加图像与标准测井曲线相结合可以证实曲线的分离并非是由于钻井液的侵入，而是由于井壁破裂。井壁破坏对浅层电阻率的影响很强烈，井壁裂缝中填充有导电钻井液。然而，间隔顶部附近的区域发生侵入，这种曲线的分离并不表明井壁破裂。

　　对井眼图像进行地质分析还包括寻找张开的天然裂缝，将诱导裂缝当成天然裂缝就会错误地形成一种乐观的预测，在钻井过程中就会建议实施一些不正确的补救措施。图 6.4 显示了正弦曲线的特征，可能是诱导特征或者是天然特征。地质力学的分析将会预测钻井诱导裂缝的深度、方位和长度。在测井过程中，对诱导裂缝及其影响的认识会大幅提高地质和岩石物理信息的使用价值，也会带来更高效的钻井。在推断图 6.4 中所示的特征性质之前，必须研究一下井眼应力分布。

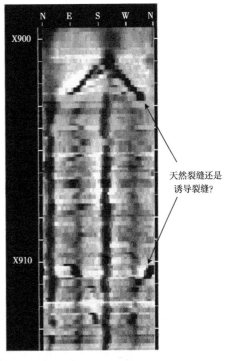

图 6.4　电阻率图像中的裂缝

　　图 6.5 表示在不同的钻井液当量循环密度作用下井筒应力的分布图。在直井中，径向应力随钻井液当量循环密度增大而增大，切应力随钻井液当量循环密度的增大而减小，而轴向应力与钻井液当量循环密度无关。当井筒应力超过地层强度时就会发生破裂。通常可

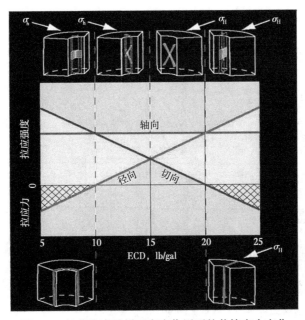

图 6.5　钻井液当量循环密度作用下的井筒应力变化

以观察到两种破坏类型——剪切破坏、拉伸破坏。剪切应力超过剪切强度将发生剪切破坏。剪切应力与井筒应力的最大值和最小值之间的差值成比例,图中的剪切应力已用突出标识出来。当任何应力变得大于地层拉伸强度时将会发生拉伸破坏。按照惯例,拉伸应力为负值,所以小于零的任何应力都是拉伸应力并且散列表示。裂缝的几何形状与钻井液当量循环密度的变化有关,因为引起破裂的应力改变了方向。下面将仔细研究其中一种破裂类型——长断裂。

长断裂是由低钻井液当量循环密度引起的剪切破坏。切向应力非常大,而径向应力非常小(图6.5),巨大的压差导致了井壁的破裂。这种破裂与最大应力即切向应力之间成一个小角度(如图6.6中的十字形)。长断裂通常发生在最小水平应力方向,而浅层撞击也发生在这个方向上。由于高的钻井液当量循环密度而产生的破裂类型通常发生在最大水平应力的方向上。与剪切破坏——长断裂相关的电阻率图像已绘制在图6.7中。在浅层"纽扣"图像中诱导特征往往是最明显的,随着探测深度的增加,该特征就会逐渐消失,由此可见侵入主要发生在近井段。

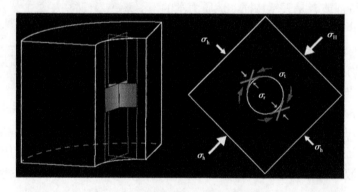

图6.6   剪切破坏—长断裂的机理

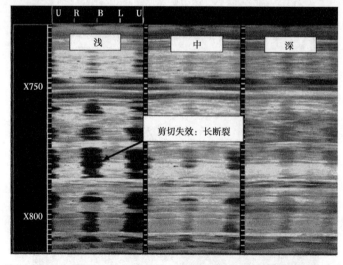

图6.7   剪切破坏—长断裂的电阻率图像,电阻率成像作用随探测深度的变化而变化

图 6.8 是一口直井钻入水平应力不平衡的盆地内的一个实例，其最大水平应力比最小水平应力大 20%左右，在这张图中显然出现了多种破坏类型。长断裂出现在上部，其偏移 90°可以看到一条垂直的裂缝，也可以看到其他的裂缝类型。为了解释在相同的钻头进程中一副图像中如何出现了破裂和裂缝，必须研究一下应力分布。钻该井时使用的是静态钻井液密度为 9.5lb/gal 的钻井液。

图 6.9（a）显示了断裂中心方位处的井筒应力分布情况。如果钻头钻进过程中使用的是静态钻井液密度为 9.5lb/gal 的钻井液，钻井液当量循环密度的变化范围是 9.5~12.5lb/gal，图中该范围用浅色表示。如果破裂发生在该范围的下半部分，裂缝的几何形状将是一个长断裂，因为此时最大应力是切向的，而最小应力是径向的。如果

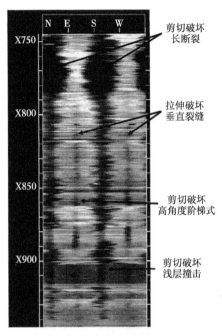

图 6.8　直井钻入水平应力失衡盆地内的电阻率图像实例

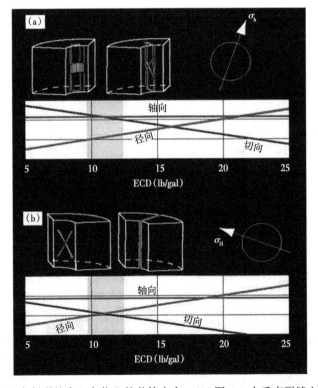

图 6.9　（a）图 6.8 中断裂的中心方位上的井筒应力；（b）图 6.8 中垂直裂缝方位上的井筒应力

破裂发生在该范围的上半部分,则裂缝的几何形状将是一个浅层撞击,这看起来非常像一条垂直裂缝,其与断裂具有相同的方位角,都沿着最小水平应力的方向。

图 6.9(b)显示了在垂直裂缝方位上即最大水平应力的方位上的井筒应力的分布。在此方向上,切向应力是截然不同的,比在最小水平应力方向上的切向应力低得多。这里,切向应力为负值,或者说是拉伸力,其在钻井液当量循环密度变化范围内的上半部分中会产生垂直裂缝。在扩大了垂直比例后,图像上就能清楚地凸显出不同破坏类型的几何形状。

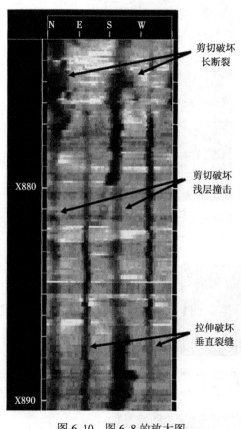

图 6.10　图 6.8 的放大图

图 6.10 显示了钻井液当量循环密度处在其变化范围的上半部分时造成的地层破裂的层段。预测浅层撞击作用在最小水平应力的方向上,而在最大水平应力的方向上形成垂直裂缝。这两种模式的几何形状是相同的,因此它们在图像中的表现完全一样,但是它们之间却偏移了 90°。在图像的上部,剪切破坏模式转变成长断裂。

图 6.11 回答了图 6.4 中提出的问题。这两个正弦信号表示的是诱导裂缝。它们起始于最大水平应力的方位上,并以大约 60°的高角度延伸远离。垂直裂缝是不太明显的,而高角梯队特征更占优势。

既然可以识别出电阻率图像上的特征和机理,那么就可以将图像与钻井力学测量结果结合起来以了解诱导裂缝形成的原因。延时测井凸显了井筒属性的动态变化,在诊断井筒事故方面也是至关重要的。

6.1.7　延时测井

电阻率测井曲线分离首先表明在储层中发生了一些不符合预测结果的问题,曲线分离的原因如下:

(1)具有高表观地层倾角的各向异性;

(2)在试井中未检测到非常接近的致密条带;

(3)碳酸盐岩储层中渗透率的变化;

(4)加重钻井液(或高的钻井液当量循环密度)下动态地层破裂。

Tabanou 等(1997)使用真实和模拟的案例说明了在钻井过程中和钻井后 2MHz 多源距电阻率测井的附加值,并且随后评价了电阻率曲线的分离与时间的关系。他们探讨了一个墨西哥湾上使用重质油基钻井液钻井的海上油井钻探的具体实例。电阻率测井曲线分离被认为是由于高密度油基钻井液压裂了页岩层造成的。随着钻井液的泵入,司钻发现钻井液有漏失。裂缝发育在井眼附近,其中大多数裂缝在井眼轨迹平面上呈翼状扩散。由于油基钻井液侵入裂缝中,它们阻断了 2MHz 电流的循环,浅层的影响程度要大于深层。随着时间

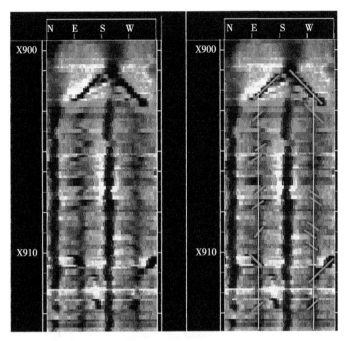

图 6.11　钻井诱导裂缝

的推移，翼状裂缝会不断延伸并影响到所有的测量深度。

　　显然，环空压力测量与上述的观测相结合将会有益于确定裂缝深度处的真实的漏失压力和真实的有效钻井液密度。这使得可以对钻井液或钻井程序做出更精确地优化，以尽量减少漏失，甚至是在潜在的漏失发生之前将其识别出来。下一阶段将运用图像和环空压力来识别早期的诱导裂缝，并从天然存在的裂缝中准确区分出它们。

6.1.8　水平井实例

　　现已确定了各种破坏的机理，并强调了如何使用模型结合电阻率图像来区分诱导裂缝特征和天然裂缝特征。但是关于裂缝的形成机理可能仍存在疑惑。现在结合图像与环空随钻压力测量结果来看一下。图 6.12 显示了水平井的钻井轨迹，也是操作员寻找天然裂缝的轨迹。在水平井眼的顶部和底部可以隐约地看到一个轴向裂缝（图 6.13）。这个图中的图像已转动了 90°，由左、上、右、下四部分显示，这样一来，轴向裂缝的两翼更加明显。请注意，该裂缝已延伸了 1000 ft 以上的距离。此外，一些间隔表明一个更大的特征，除了一个较短的 60 ft 的间隔。为了更好地解释这些数据，所有的随钻测井数据应该整合在一起。

　　图 6.14 中的浅色线表示的是钻头深度与时间之间的函数关系。深层传感器位于钻头上方 53 ft 处。随着该钻头的钻进，井下的环空压力记录下来。图 6.14 中白色线表示的是钻进过程中导出的钻井液当量循环密度。

　　LWD 数据通常由传感器在第一次通过一个新的、更深的地层深度时记录下来的。在第一个 1.75h 这个时间段内，钻井从 X1933 ft 到 X2017 ft，成像从 X1880 ft 到 X1964 ft。在这个时间段内当钻头位于井底时，下方虚线表示井筒的底部；上方的虚线表示传感器的位置。图 6.14（a）是钻头在 1h 内穿透地层时捕捉到的，并显示有一条非常模糊的裂缝。在接下来

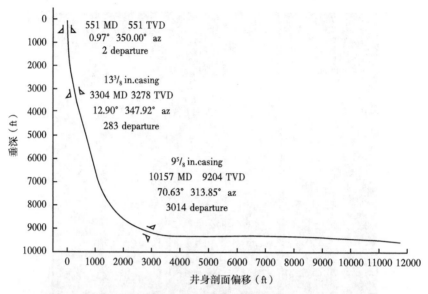

图 6.12　井的垂直剖面图，用于钻头电阻率和环空压力组合解释

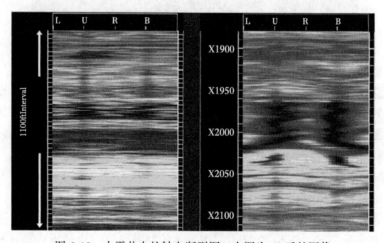

图 6.13　水平井中的轴向断裂图，右图为 6h 后的图像

的 6h 里，底部钻具组合不断地起下数次。在大约 8h 后仍在继续钻探，在刚进入 7h 的一段时间间隔内终于捕捉到了图像 6.14(c)，这部分录井除了发现了想要得到的天然裂缝外，还发现了一个宽诱导裂缝，表现为低角正弦曲线。图 6.14(c) 是随钻 7.75~8.75h 得到的。在这个延时图像中可以清楚地发现裂缝在钻后不久扩大了，然而井眼开放的 6h 要大于从 X1964ft 到 X2040ft 所用的钻时，轴向裂缝似乎就是在此时间段延伸了。虽然给出的代表性数据通常是由传感器第一次通过一个新的深度时记录的数据，但延时的数据也可以利用。如果在套管工作时发现了数据，通常感兴趣是图像数据表示的是什么[图 6.14(b)]。在起下套管时，要注意图 6.14(a) 与图 6.14(b) 之间的巨大变化。看来裂缝大概已经从井筒 X1900ft 延伸到了 X2020ft。在井眼底部之外也出现了一条长 15ft 的裂缝(从 X2020~X2035ft)，它是在前期钻井阶段形成的。

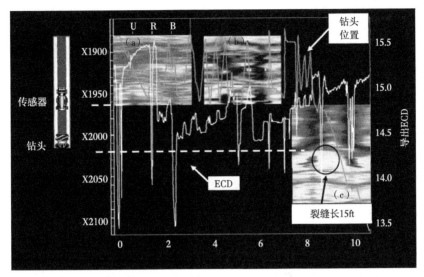

图 6.14　钻井过程中延时成像和环空压力显示了高钻井液当量循环密度引起的水力裂缝的生长。深电极电阻率传感器的深度是时间的函数。中间的图像是通过管道的工作获得的

在钻头钻进期间，ECD 的变化在 13.5~15.5 lb/gal 之间。在钻进时间区间的顶部，ECD 的累积是很明显的，并在 1.5h 达到最大值。当每次流量增加超过一定水平时，在该井段就会发生严重漏失。在该区域孔隙压力和破裂压力梯度之间的允许偏差非常小，在高流量和冲击压力导致了较高的 ECD。ECD 增加值致使在此处发生水力压裂，最终，司钻设法通过对钻杆进行操作和循环减少 ECD，恢复钻井。天然裂缝成像的原始焦点也出现在图 6.14 (c)；它们显示为低角度的正弦信号。

术语

σ_a——轴向应力；

σ_h——最小水平应力；

σ_H——最大水平应力；

σ_r——径向应力；

σ_t——切向应力；

σ_v——垂向应力。

参 考 文 献

Bratton, T., Bornemann, T., Li, Q., Plumb, D., Rasmus, J., and Krabbe, H. 1999. Logging-While-Drilling Images for Geomechanical, Geological and Petrophysical Interpretations. Trans., SPWLA 40th Annual Logging Symposium, Oslo, Norway, 30 May-3 June, Paper JJJ.

Brie, A., Endo, T., Hoyle, D. et al. 1998. New Directions in Sonic Logging. Oilfi eld Review 10 (1)：40-55.

Hutchinson, M. and Rezmer-Cooper, I. M. 1998. Using Downhole Annular Pressure Measurements to Anticipate Drilling Problems. Paper SPE 49114 presented at the SPE Annual Technical Conference and Exhibition, New Orleans, 27-30 September. DOI: 10.2118/49114-MS.

Rezmer-Cooper, I., Bratton, T., and Krabbe, H. 2000a. The Use of Resistivity-at-the-Bit Images and Annular Pressure While Drilling in Preventing Drilling Problems. Paper SPE 59225 presented at the IADC/SPE Drilling Conference, New Orleans, 23-25 February. DOI: 10.2118/59225-MS.

Rezmer-Cooper, I. M., Rambow, F. H. K., Arasteh, M., Hashem, M., Swanson, B., and Gzara, K. 2000b. Real-Time Formation Integrity Tests Using Downhole Data. Paper SPE 59123 presented at the IADC/SPE Drilling Conference, New Orleans, 23-25 February. DOI: 10.2118/59123-MS.

Tabanou, J. R., Bruce, S., Bonner, S., and Wu, P. 1997. Time Lapse Opens New Opportunities in Interpreting 2-Mhz Multispacing Resistivity Logs Under Diffi cult Drilling Conditions and in Complex Reservoirs. Trans., SPWLA 38th Annual Logging Symposium, Houston, 15-18 June, Paper II.

6.2   地质导向

——W. G. Lesso Jr,斯伦贝谢公司

6.2.1   什么是地质导向?

即利用水平井的轨迹设计,在钻进过程中不断调整轨迹以找到储层中井眼的最佳位置。地质导向也可以被更加精确地定义为"在钻水平井或其他斜井时,根据实时的地质和油藏数据做出决定,不断调整其井眼轨迹的过程"。

在传统的定向井和水平井钻井过程中,井眼轨迹是根据预先设计的几何轨迹进行导向的。其目的是在三维空间中,以最小的误差尽可能跟随预先设计的井眼轨迹,最终到达储层靶点。然而地质导向不同于传统的导向,当储层靶点难以确定、允许误差很小或者地质条件过于复杂以至于使传统的定向钻井技术难以实现时,才会需要地质导向(图6.15)。

地质导向意味着将全部有用的信息不断反馈到井眼轨迹及油藏模型中。这种定向钻井管理体系是根据油井生产力进行判断的,而不是一味依据图中曲线甚至依据大量全角变化率来进行判断。生产中的潜在收益务必与附加钻井及地层评价所消耗的成本保持平衡。准确的表征需要了解井眼轨迹所处的位置、当前轨迹计划所要决定的井眼轨迹位置、井筒应向何处延伸等信息。地质建模中的不确定性和最大限度地提高盈利的需要,这些都要求必须通过采取跨学科团队合作的途径来完成。

传统的定向钻井曲线也没有充分展示地质导向结果以供人们理解。定向图的重点始终是在纵坐标(垂深)和横坐标(截面或位移)中保持1:1的宽高比。和钻井进尺有关的水平转向的变化非常小,因为储层厚度通常比其延伸长度小很多。也许一个厚10ft(3.05m)的砂岩透镜体横向延伸了数千英尺,常见比率一般介于5:1~20:1(参照图6.16和图6.17)。将这些类型的定向图从传统的定向钻井的图中区分出来是非常重要的,它们是地质导向的原理图。

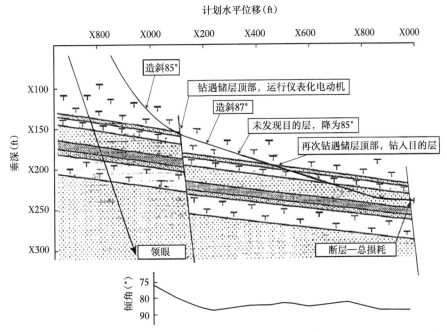

图 6.15　一个关于地质导向的早期例子。当井筒处于高井斜角而非水平时，对比标志层可以实现更改，并精确控制方向最终中靶（Peach and Kloss，1994）

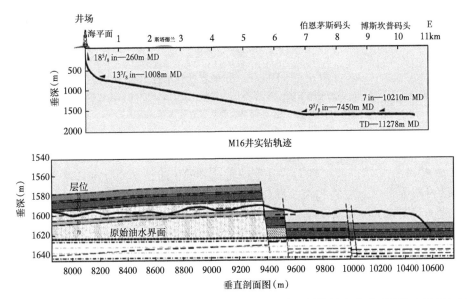

图 6.16　一个大位移地质导向井钻遇了大量的断层，在油藏附近其海拔高度或垂深发生了很大的变化。值得注意的是在轨迹图的上部，井眼轨迹看起来像一个普通的水平井。在下部地质导向示意图中，相对于水平比例尺（位移）而言，只有当垂直比例尺（垂深）被大幅放大时，地质导向决策的复杂特性才开始显现出来（Meader et al.，2000）

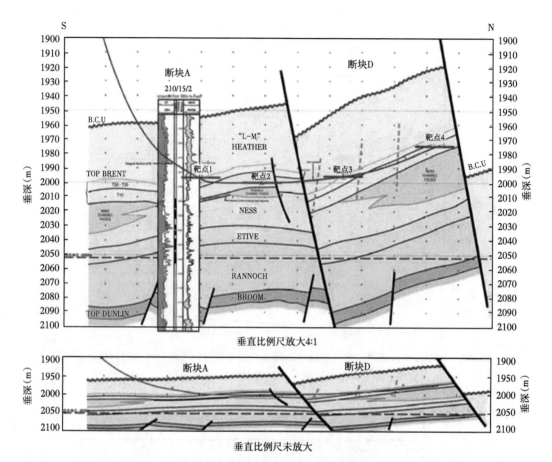

图 6.17　这是第二张地质导向示意图

该图显示了一些可以添加的细节(上图)。下图中纵横比例尺之比为1∶1。评价、测井数据、

有关透镜体更好的解释和轨迹选择等都对投资决策过程有帮助 (Tribe et al., 2003b)

6.2.2　地质导向的发展

20世纪80年代末,随着可转向的井下动力钻具的引进,地质导向在水平井钻井变得越来越容易的过程中自然地发展起来。操作人员发现相比于直井或标准的定向井,他们可以在大型油藏内打水平井来显著提高油气产量。尝试在薄的油藏内打水平井也是理所当然的事情。发生了几起典型失败案例,如泄油井段末端漏掉了一个总厚度达10ft(3.05m)的砂层,导致产量令人失望。来自定向钻井和岩石物理地层评价这两个学科的独立工作小组已经开发出三种方法来解决此问题:

(1)岩石物理建模;

(2)水平导航;

(3)垂深(TVD)、真实垂直厚度(TVT)、真实地层厚度(TST)的分析。

岩石物理建模是通过在高井眼角度下模拟测井响应而被开发出来。电阻率测井对测量地层学中的地层时所处的角度更加敏感。它们还有一些额外的特征,例如电阻率异常,如果能够明白这些电阻率产生异常的原因,则有助于在地层中对比或决定井眼放置的位置。

水平导航起源于定向钻井界。探边井和导眼井之间进行地层对比，通过地层对比可以在垂直剖面定向图中绘制出地层的边界。其与地层边界之间的距离或处于地层内部的长度将会通过测量图上距离来计算。定向投影允许使用各种曲率来确定在钻遇或离开地层之前的进尺长度。

分析垂深、真实垂直厚度及真实地层厚度的目的是严格地校正这些测井曲线。在大角度的斜井或水平井中所得的测量井深记录数据需要依据这三种指数中的一种来重新计算，这将允许层位确定人员将邻井资料与这些曲线联系起来，这种方法与之前的垂直或标准定向井的处理过程非常相似。

项目团队将根据特定情况下的问题、可用的测量数据及运行项目的多学科团队中占主导地位的小组来决定使用这些技术中的哪一种。

地质导向从定向钻井和高角度岩石物性测井分析中发展而来，这不足为奇。地质学家和测井分析人员通常也分析水平井的经济性。高角度电阻率数据的问题，是开发提高水平井位置准确性方法的一个起点。

6.2.3 岩石物理建模

岩石物理建模的前提是：需要了解在高倾角井或低倾角井中交叉形成的地层界线各向异性的影响。这些各向异性效应在电阻率数据中最明显。基本上，当测量工具垂直于地层时，这些工具将读出一个值 R_h，当其平行于地层时则会出现一个不同的值 R_v。在地层当中，R_v 与 R_h 的比值越高，电阻率传感器显示的各向异性越强。

所有的最新开发的电阻率测井仪用垂直于地层层理面的工具下入。假定在径向上远离仪器时的储层物性保持不变，而储层性质沿仪器的长度而变化。边界和薄层效应存在于大多数这样的测井曲线中。此外，环境特性也影响测井数据。在直井中，可以假定这些仪器位于井筒的中心。然而在水平井中，它们极有可能处在水平井井眼的低边上。在直井和大角度的斜井之间，岩屑堆积和测井仪器的运送也有不同之处。大多数工具沿着的优先方位进行测量，使得其效果更为显著。

但在水平井评价中最容易引起混淆的是电阻率设备上出现的各向异性效应。在直井中，深探测是电阻率测井曲线的一个预期功能，其目的是得到地层电阻率的真实值。对于水平井来说，深探测穿过了多个地层，也许会引起异常特性。虽然这些特征使地层评价变得复杂，但通过观察钻头所在位置的上下地层标志，能够提高钻井的地质导向能力。在水平井中使用双向传播电阻率随钻测井技术的独特之处在于存在偏振角，即当工具穿过了具有明显电阻率差异的地层边界时，电阻率激增（图6.18）。在直井中，地层边界是水平的，且平行于电流回路。在水平井中，地层边界将闭合电流回路切断，并在地层界面上堆积电荷。这种次生场的形成是由测量工具在地层界面移动上而引起的。在这种地层中，仪器响应可以通过建模来实现。

个别的随钻测井工具在近水平井眼所处的地层当中的响应可以被模拟出来，以此来显示预期的电阻率值及任何的边界效应。这一过程涉及确定每个类型的电阻率测量的各向异性的响应。油服公司已经做到了这一点，同时这些响应模型通常是相当复杂的。电阻率模型往往是从邻井或若干邻井组合的电阻率测量结果中得到的。这些通常为多探测深度的电阻率数据，被用于计算真实电阻率（R_t）。这就是地层实际的电阻值。当一套传感器组合几

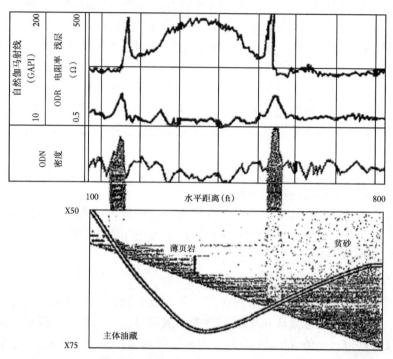

图 6.18　地质导向井中的实际电阻率和伽马射线，其中主体油藏和其上方的贫砂层之间的
电阻率差异很高(注意在地层边界的电阻角)。通过比较这些数据与模拟计算结果，
会更容易确定地层边界(Meehan，1994)

乎垂直于地层时，或 R_h 和地层厚度无限大时，测量结果最接近真实值。邻井中使用的工具
所对应的响应模型被用来计算 R_v。接下来，定义邻井的地层序列。水平井预计放置的地方
被分为若干离散部分，每部分内的真实电阻率可以认为保持恒定。这些间隔厚度可以小于
1ft(0.30m)，也可以高达 10ft(3.05m)。这些恒定值 R_t 导致测井曲线呈方形，显示了电阻
率的阶跃变化。这些真实电阻值接下来被用于电阻率工具的响应模型中，这些电阻率工具
期望用于设计好的水平井(图 6.19)当中。通常情况下，一系列接近水平角度的计算结果填
到一个表格里，比如说以 1°的增量从 85°~95°或±5°的角度范围。

6.2.4　导航计算

　　地质导向的导航是以将地层顶部或结构性数据加入到定向曲线中为基础的。测井的相
关性是在邻井和水平井之间或试验井和水平井之间形成的。

　　使用测量差值计算的方法将这些测得的深度成对的转换到三维笛卡尔坐标中，这样一
来，各点就可以被绘制到垂直剖面图中的井眼轨迹上了。一条连接井之间的相关性的曲线
有效地显示了地层边界及视倾角。图 6.20 中可以观察到断层的出现和地层的边界变为一种
解释。水平井和任意地层边界之间的距离可直接测量或通过计算得出。在钻遇地层界面之
前，钻井过程中根据当前增斜率、降斜率、转换率进行定向投影的目的是确定测量点之间
的距离。当不慎碰到地层边界，各种曲率对应的定向投影可以用来计算再次进入地层所需
的进尺长度。每个额外地层边界的确定都增加了相关性的信息，同时也改善了结构模型。

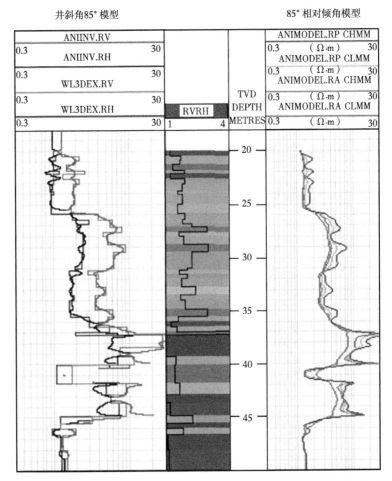

图 6.19 一个邻井电阻率模型在地质导向中应用的例子。原始电阻率数据用于计算垂直和水平的真实电阻率值，左侧轨迹图中表示计算结果，这些曲线形成的方形区域，反映了各个地层恒定值，这些地层参数 R_v 和 R_h 及其比值（中间曲线），用来模拟在水平井或接近水平井内的特定工具的响应。在这种情况下，右侧曲线表明井斜角为 85 的条件下四种电阻率探测深度所对应的计算工具响应

6.2.5 测井对比方法（垂深、真实垂直厚度和真实地层厚度）

斜深对应的测井曲线的对比仅在直井中可行。当进行定向钻井时，会根据垂深重新计算测井曲线，这将有效地使井显示为垂直井。倾角约 70° 的定向井也可以进行对比。当倾角增大甚至接近 90° 时，此时的垂深变化很小，直到最终所有测井曲线数据被压缩成一个点（或垂深）。此外，地层的走向和倾角对处于更高的角度和不同的方位的井有更大的影响。

因此就形成了一个二次测井指标计算值的定义，即真实垂直厚度。将真实垂直厚度定义为：“沿着固定的方向或罗盘所指方向的地层垂直厚度”。由于很难获得地层倾角和走向，因此真实地层厚度使用起来有一定的困难。真实地层厚度是垂直于地层层理面时所测的地层厚度。它是地层的实际厚度，不随着地层的走向和倾角的变化而变化。它的主要缺点是，在较长的距离间隔下它是不可行的。但是当在单一地层或一系列紧密相连的地层内研

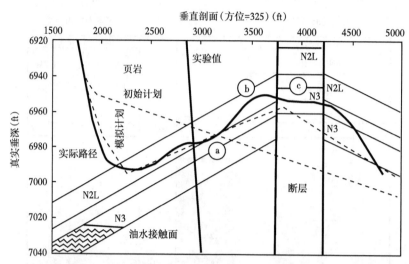

图 6.20　复杂油藏剖面内使用导航技术的导向。根据一口试验井内所得的关联性和部分计算
使用的数据可以确定该井在ⓐ处退出了目的层；其他计算表明，该井正接近故障段，
即ⓑ和ⓒ(Lesso and Kashikar, 1996)

究相关性时，这些缺点又可以避免。垂深、真实垂直厚度和真实地层厚度之间的差别如
图 6.21所示。

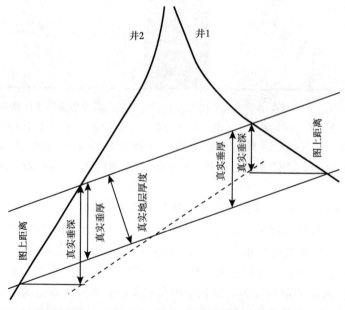

图 6.21　各种深度指标计算值，这些深度指标可以用来缩放测井数据以便进行两口井之间的对比。
测量深度只有在直井中效果很好。垂深用于标准定向井，真实垂直厚度和真实地层厚度用于水平
的地质导向井，在这类井中由于地层倾角和走向的原因，很难使用垂深测井曲线进行相关性分析
(Lesso and Kashikar, 1996)

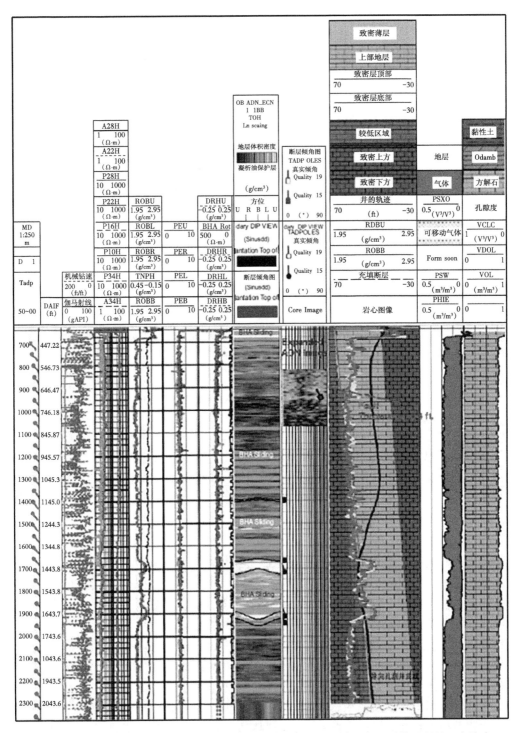

图 6.22　综合水平井段的方向、钻进、储层物性、倾角、图像和岩性计算所得的一个综合测井曲线，地质导向要求利用所有这些数据来决定其轨迹，如果没有实时软件这样的工具，很难处理这种复杂问题（Efnik et al.，1999）

测井对比方法通常使用没有显著各向异性效应的岩石物理资料。它们在仅仅使用了伽马射线数据的相对较简单的地质导向工程中运行良好。它们可能是行之有效的，那些拥有岩石物理学背景的地质导向决策者经验丰富，并拥有娴熟的测井曲线对比技术。

6.2.6 综合图表

实现地质导向的这三种方法的结果通常总结在一张综合数据图表中，该图表应用于钻水平井段的地质导向过程中。这些曲线绘制以一种测井曲线的形式（图6.22）或沿一个定向轨迹垂直放置的形式（图6.23）；通常是两者的结合，但其中一种方法占主要地位。

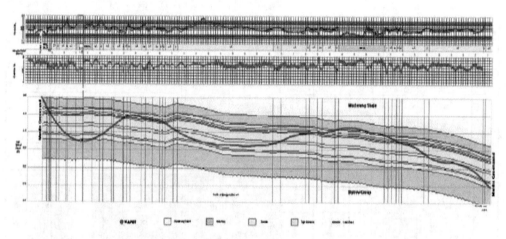

图6.23 另一个综合测井曲线，该图是将岩石物理参数和定向轨迹、地层倾角计算结果相结合。注意此图与图6.22有不同的侧重点（Tippet and Beacher，2000）

这些图表将包含岩石物理数据、倾角的计算、图像、岩性、钻井和钻井液录井资料及轨迹计算。图像是对一口井的记录，便于油藏及产量计算，以及诊断在油井生产过程中的产量变化问题，例如在油井生产的后期底水锥进这类的问题。在实际的地质导向过程中，它们通常不是一个决策的良好指标。

6.2.7 实时操作

实时地质导向决定是来自测井曲线和轨迹数据分析的最初意见，而这些测井曲线及轨迹数据已在各种纸质图表中被重新定义了格式。多种版本的解释导致了很多保存的记录。显然这些分析需要从纸质版转移到视频显示器上，并且一些油服公司已经开发出地质导向显示器。它们通常分为三个部分：（1）位移的岩石物理数据通常在有或无各向异性效应建模数据的垂直列中所示。这种图示一般出现在屏幕左侧部分，虽然可以标注为TVT或TST，但一般将其标注为TVD；（2）垂直剖面显示当前井眼轨迹及地层顶部；（3）当前的随钻测井数据显示在垂直剖面指标上，常伴随着被延伸的位移模拟数据，来保持和当前的测量匹配或相关，这些数据与轨迹曲线图具有相同的分布范围，一般在它下面。因此，相关性曲线可以从位移数据垂直列的标记点向右一直绘制到轨迹上的点。紧接着所绘制的第二条线是从该轨迹点到当前测井曲线（模型中）并且和相同的标记物所匹配。只有当地质构造被正确反映在所述轨迹曲线上时，上述这种事情才会发生。因此，最终得到的垂直剖面指标中的随钻测井数据将具有相关性（图6.24和图6.25）。

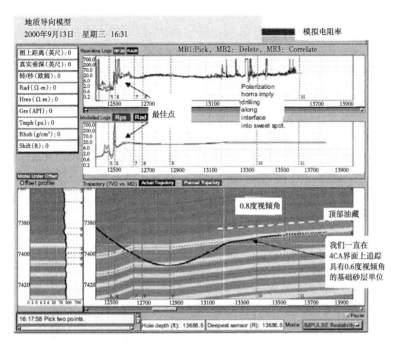

图 6.24　一个有关实时地质导向显示器应用软件产品的例子，这种软件可以帮助确定井眼轨迹的位置。地层垂直序列如图中左下方所示。图的右侧为包含地层倾角的解释的井眼轨迹部分，它是通过迫使模拟的（中间曲线）与实际的随钻测井（上方曲线）电阻率数据相匹配获得的（Tribe et al.，2003a）

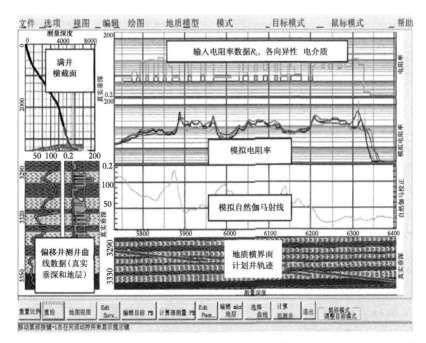

图 6.25　第二个例子显示出垂直序列的和顶部拉伸测井曲线中的建模数据。在此分析中使用了伽马射线和电阻率数据（Lott et al.，2000）

　　创建地质导向显示器软件使工作人员在位移垂直测井曲线和实时随钻测井曲线中选择相关性的标志对。在这些应用软件中输入地层顶部的分层数据和地层厚度值，这些应用软件则会利用各种技术来调整地层的倾角，以获得一个唯一的相关性。简单的模型一般假设在二维的直角坐标系中不存在断层，地层均质且相互平行。随着这些软件产品的不断成熟，如 3D 特征、地层尖灭和断层模型等更多的复杂特性将可解释，并被工作人员使用。这增加了针对相关性的选择，也增加了地质导向协调人员做出更为复杂的解释需要。

　　随着技术的成熟，方位角测量技术已经被地质导向工作人员所使用。伽马射线或电阻传感器分别沿着随钻测井工具环并以优先的方向被封装。当钻遇到一个新的（或未预料到的）地层边界时，钻井停止，并对边界进行探测。井眼下部钻具组合会被定向，这样传感器就能够测量到井眼的顶部和底部了。试验（图 6.26）表明，在井眼上方的伽马射线读数比井眼底部的高。这表明该砂层位于井眼下方，为了重新进入砂层，井眼轨迹应向下移动，返回到砂层。

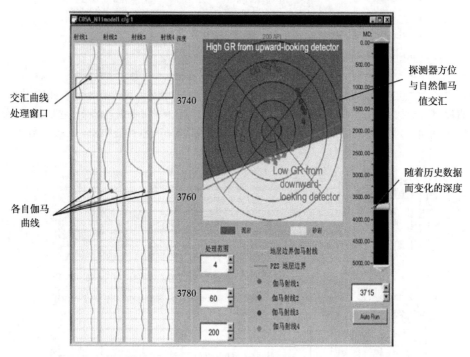

图 6.26　该图显示了一个方位测试结果，该测试结果是由伽马射线有关数据所得。在这种情况下，随钻测井工具具有四个传感器分别以 90° 的间隔沿轴来测量上、下、左、右地层。这些数据以测井记录的格式出现图中左侧，右侧是表示 γ 射线强度的极坐标图，伽马射线强度从中心开始增长，这说明较低的数值来自下部传感器。这表明，砂层在下方，油层应该继续向下钻进（Phillips et al, 2000）

6.2.8　井眼成像和倾角计算

　　井眼成像也被应用到地质导向工作中。从方位角测量中所获得的电阻率和密度变化展示了井眼壁成像，其中颜色编码代表测量值大小（图 6.27 和图 6.28）。方位角测量值之间的角度越小，图像中的细节越详细且数据量越大。图像最初仅应用在记录模式下，然而在底部钻具组合开始运行之后，地面工具中的数据被弃置。这个过程是必要的，因为有大量的数据被记录下来。随着实时随钻测量（MWD）遥感技术进一步发展，方位角测量中获得的图像可以进行传输。这给地质导向提供一个更好的工具来确定地层边界的取向和位置。当工具旋转时，用于测量电阻率和密度数据的方位传感器来记录数据，无须停止钻进进行测量。这些图像可用于确定钻遇的不断变化地层的倾角。

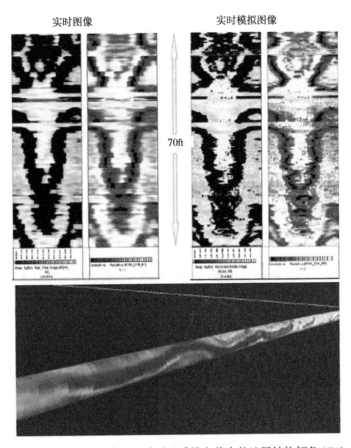

图 6.27   井壁三维视图的图像能够直观地看到地质导向井中的地层结构倾角（Tribe et al.，2003b）

6.2.9   三维可视化

地质导向显示器不能充分展示三维结构，如沿背斜侧翼进行钻井。可以得到视倾角计算值，但作为三维设计人员，不断发展井眼轨迹并利用先进的旋转导向系统进行钻井，想要看到方位角显著变化的井眼轨迹及它是如何与地层边界相交已经越来越难。通过开发近井体积三维立方体模型来解决此问题。帝式曲线（图 6.29）中一个曲面包围了井筒或泄油井段，此帝式曲线也将被定义在多维数据体中。地层结构的三维特性可以显示在幕布图中，这些曲线在实际应用中的用途有限。它们多是用在规划阶段，在此阶段针对这些三维问题提供了一个全面的理解，因此对地质导向的决策具有间接影响。

地震资料也可以用在地质导向工作中。为了做到这一点，必须将随钻时变化的地震数据转换为随深度（单位 ft 或 m）变化的地震数据。已经定义了参考平面或曲面并且井眼轨迹

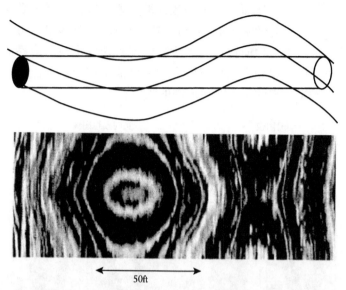

50ft

图 6.28 该图为用于检测接近平坦或零倾角地层中拐点的电阻率图像。靶心图案表示拐点，
任一侧上的正弦模式可用于计算相对倾角，轨迹数据可以将相对倾角与实际地层
倾角联系起来（Rosthal et al.，1995）

图 6.29 三维水平轨迹的三维帘式曲线。曲面展示了地层结构的真实三维性质。这些曲线通常
可以旋转和缩放，呈现出不同的视。这样就可以更方便地进行导航计算和地质导向决定
（Le Turdu et al.，2004）

也添加上了。通常会在一口井的地质导向井段附近增加一系列的地震层位（图 6.30）。当定义出一个高分辨率且标度精细的地质模型时，该方法是一个有价值的方法。然而，当从大规模地震范围到精细的测井范围时，直接从三维地震模型中建立的范围会有很多的不确定性，并且可能会遇到分辨率问题。

图 6.30   一个根据地震资料建立的地质导向井的大规模的可视化图。该井被包含在地震数据
的垂直帘式显示中，而曲面表示水平井段附近的地震顶部；通常这些图像可以旋转和缩放
来显示更精细的细节，并有助于做出决策（Mitra et al. ，2004）

6.2.10   向前探测和四周探测

地质导向决策所需的信息往往使工作人员想要钻更深一点的地层，目的在于获得进一步的数据来更好地阐明决策。但这是错误的做法。最好的办法是停钻、确定井的位置，并在重新开始钻井之前确定轨迹。

地质导向最根本的策略是要得到钻头前面地层储层物性、地质情况、地层结构等信息，为确定井眼轨迹提供明智的决策。要进行此项测量就必须处在钻头背后一段距离沿着井下钻具组合进行。这往往让地质导向处于被动，只有在进入地层或被传感器感应到时才能做出决定。非常有必要开发一种可以看到钻头前面地层或井眼周围地层的工具。结合定向天线及长测量间距的新随钻测井仪器已经开发出来，它可以描述距离井筒约 15ft（4.57m）远的地层边界（图 6.31、图 6.32），这些环视工具是迈向地质导向新阶段的第一步。新的解释软件已经发展到能够将这些测量值转化为实时构造图。该过程和第一个地质导向显示器相同，都是基于简单的分层"蛋糕"模型。根据这些假设，到地层边界的距离和方向都能够显示出来（图 6.33）。

6.2.11   地质导向调查研究

新工具将继续开发，以帮助解决更多有关确定井轨迹的更难的问题。从本质上讲，地质导向仍属于一个多学科调查研究（图 6.34）。项目组必须根据岩石物性、井眼轨迹和钻井数据来确定最佳井眼位置。必要时在不影响水平井稳定性的前提下，及时做出决策调整位置。这一直持续到为该井钻出足够数量的储层以使其可用于油气生产为止。一个成功的地质导向井应有足够的计划以便应对地层变化引发的突发事件，并具有学习反馈回路以有效应对所发生的意外事件。

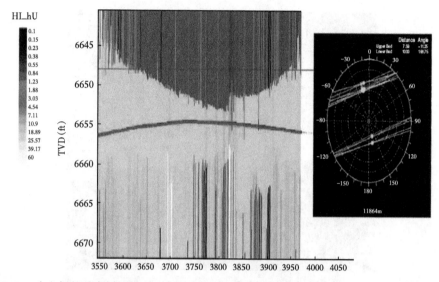

图 6.31   在左侧的垂直剖面图中，来源于四周电阻率探测的数据显示出了一个正在接近地层顶部的井的轨迹，在垂直截面视图向左为一个地层顶；右侧的方位图显示了井在地层中的位置和到地层顶部、底部的距离及方向 (Omeragic et al. ，2005)

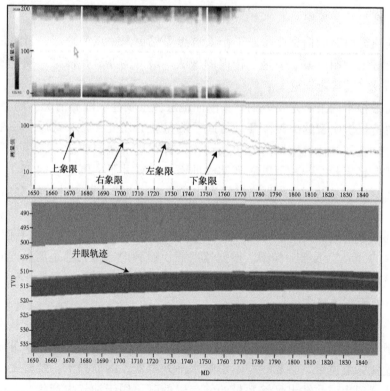

图 6.32   四周探测数据的一种不同表示方法，图像、测井数据两者和轨迹剖面图相结合 (Bittar et al. ，2007)

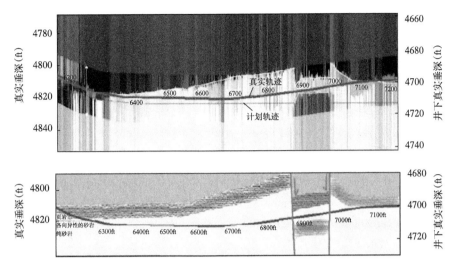

图 6.33　此环视截面图表明，像断层这样的更加复杂的结构，可以通过在简单的分层"蛋糕"
模型中画出井筒以上和以下各 15ft(4.57m)来确定；实际电阻率的地层对比出现在上方曲线，
而下方的曲线是解释草图(图片由斯伦贝谢公司提供)

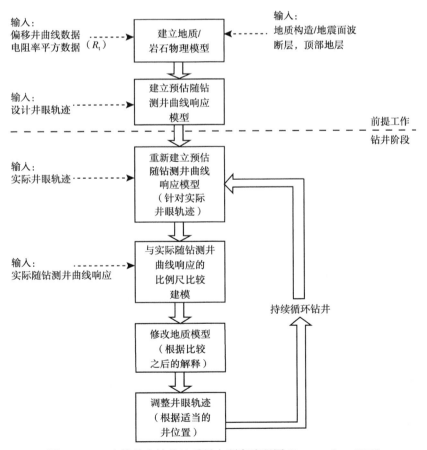

图 6.34　一个简单有效的地质导向研究流程图(Lott et al., 2000)

术语

R_H——当传感器读取面为水平时，仪器所测得的电阻值；

R_t——地层的实际或真实电阻率；

R_v——当传感器读取面为垂直面时，仪器所测得的电阻值。

参 考 文 献

Bittar, M. , Klein, J. , Beste, R. et al. 2007. A New Azimuthal Deep-Reading Resistivity Tool for Geosteering and Advanced Formation Evaluation. Paper SPE 109971 presented at the SPE Annual Technical Conference and Exhibition, Anaheim, California, 11-14 November. DOI: 10. 2118/109971-MS.

Efnik, M. S. , Hamawi, M. , and Shamri, A. 1999. Using New Advances in LWD Technology for Geosteering and Geologic Modeling. Paper SPE 57537 presented at the SPE/IADC Middle East Drilling Technology Conference, Abu Dhabi, 8-10 November. DOI: 10. 2118/57537-MS.

Lesso, W. G. Jr. and Kashikar, S. V. 1996. The Principles and Procedures of Geosteering. Paper SPE 35051 presented at the IADC/SPE Drilling Conference, New Orleans, 12-15 March. DOI: 10. 2118/35051-MS.

LeTurdu, C. , Bandyopadhyay, I. , Ruelland, P. , and Grivot, P. 2004. New Approach to Log Simulation in a Horizontal Drain—Tambora Geosteering Project—Balikpapan, Indonesia. Paper SPE 88448 presented at the SPE Asia Pacifi c Oil and Natural Gas Conference and Exhibition, Perth, Australia, 18-20 October. DOI: 10. 2118/88448-MS.

Lott, S. J. , Dalton, C. L. , Bonnie, J. H. M. , Roberts, M. J. , and Cooke, G. P. 2000. Use of Networked Geosteering Software to Optimum High-Angle/Horizontal Wellbore Placement: Two UK North Sea Case Histories. Paper SPE 65542 presented at the SPE/CIM International Conference on Horizontal Well Technology, Calgary, 6-8 November. DOI: 10. 2118/65542-MS.

Meader, T. , Allen, F. , and Riley, G. 2000. To the Limit and Beyond—The Secret of World-Class Extended-Reach Drilling Performance at Wytch Farm. Paper SPE 59204 presented at the IADC/SPE Drilling Conference, New Orleans, 23-25 February. DOI: 10. 2118/59204-MS.

Meehan, D. N. 1994. Geological Steering of Horizontal Wells. JPT 46(10): 848-852. SPE-29242-PA. DOI: 10. 2118/29242-PA.

Mitra, P. P. , Joshi, T. R. , and Thevoux-Chabuel, H. 2004. Real Time Geosteering of High Tech Well in Virtual Reality and Prediction Ahead of Drill Bit for Cost Optimization and Risk Reduction in Mumbai High L-III Reservoir. Paper SPE 88531 presented at the SPE Asia Pacifi c Oil and Natural Gas Conference, Perth, Australia, 18-20 October. DOI: 10. 2118/88531-MS.

Omeragic, D. , Li, Q. , Chou, L. et al. 2005. Deep Directional Electromagnetic Measurements for

Optimal Well Placement. Paper SPE 97045 presented at the SPE Annual Technical Conference and Exhibition, Dallas, 9-12 October. DOI: 10. 2118/97045-MS.

Page, G. and Benefi eld, M. 2002. Improved Rt and Sw Defi nition from the Integration of Wireline and LWD Resistivities, To Reduce Uncertainty, Increase Pay and Aid Reservoir Navigation. Paper SPE 78341 presented at the European Petroleum Conference, Aberdeen, 29-31 October. DOI: 10. 2118/83968-MS.

Peach, S. R. and Kloss, P. J. C. 1994. A New Generation of Instrumented Steerable Motors Improves Geosteering in North Sea Horizontal Wells. Paper SPE 27482 presented at the SPE/IADC Drilling Conference, Dallas, 15-18 February. DOI: 10. 2118/27482-MS.

Phillips, I. C. , Paulk, M. D. , and Constant, A. 2000. Real Real-Time Geosteering. Paper SPE 65141 presented at the SPE European Petroleum Conference, Paris, 24-25 October. DOI: 10. 2118/65141-MS.

Rosthal, R. A. , Young, R. A. , Lovell, J. R. , Buffi ngton, L. , and Arceneaux, C. L. 1995. Formation Evaluation and Geological Interpretation from the Resistivity-at-the-Bit Tool. Paper SPE 30550 presented at the SPE Annual Technical Conference and Exhibition, Dallas, 22-25 October. DOI: 10. 2118/30550-MS.

Tippet, P. J. and Beacher, G. J. 2000. Integration of Subsurface Disciplines To Optimize the Development of the Mardie Greensand at Thevenard Island, Western Australia. Paper SPE 59410 presented at the SPE Asia Pacific Conference on Integrated Modeling for Asset Management, Yokohama, Japan, 25-26 April. DOI: 10. 2118/59410-MS.

Tribe, I. , Burns, L. , Howell, P. D. , and Dickson, R. 2003a. Precise Well Placement with Rotary Steerable Systems and LWD Measurements. SPEDC 18 (1): 42-49. SPE-82361-PA. DOI: 10. 2118/82361-PA.

Tribe, I. , Holm, G. , Harker, S. et al. 2003b. Optimized Horizontal Well Placement in the Otter Field, North Sea Using New Formation Imaging While Drilling Technology. Paper SPE 83968 presented at Offshore Europe, Aberdeen, 2-5 September. DOI: 10. 2118/83968-MS.

6.3　随钻压力测量

——Iain Cooper, Schlumberger, Chris Ward
（国际地质协会、彼德伯恩公司、BP 公司）

6.3.1　引言

本节介绍井场中实施钻井作业的过程中对井下压力测量的应用。大多数钻井停钻是由于钻井事故造成的，这些事故主要包括井漏、地层流体侵入（或井涌）、井壁坍塌、压差卡钻和井眼净化不彻底。这些事故既费时又增加成本，例如钻井液和井下工具的损耗、井控事故、卡钻、卡套管。据估算，在北海这些事故占了 10%~15% 的钻井作业时间。随钻压力测量有助于更好地研究钻井事故形成机理和实施补救措施。

大多数钻井事故的发生，是因为井下安全操作压力超出极值，这些极值是由孔隙压力、地层坍塌压力和地层破裂压力值确定的。这些值通常从邻井资料获取，或者是通过模型试验，或者是钻井时测量得到，例如地漏试验(LOTs)和地层完整性测试(FITs)。在钻探过程中，一旦施加的压力超过安全压力极值，钻井事故就可能发生。施加的压力是由钻井液的重量加上或者减去任何管柱运动产生的动态压力(例如抽汲、波动和旋转)、由流体流动产生的力(如剪切力)或由节流产生的力(如岩屑床、封隔、漏失、井控、控压钻井)。静态钻井液重量通常在地面测量，而动态影响一般直采用水力学模型进行估算。其他的钻井事故可能是由于井眼内钻屑没有充分清除产生的。井眼净化能力差往往导致钻时增加、堆积和卡钻。随钻压力测量可以实时测量环空压力损失。这可以揭示关于井眼净化、重晶石沉积、抽吸和波动压力的重要信息。

随钻压力测量应用于各种结构类型的井，但大多数应用于以下方面：

(1)孔隙压力和破裂压力梯度之间窗口狭窄的大位移井；

(2)井漏失返、井眼净化能力差、重晶石沉积(Bern et al.，1996)；

(3)欠平衡钻井监控循环压力，确定水力参数方案，优化气体注入速率，或优化机械钻速(ROP)；

(4)深水井钻井液密度窗口比陆地或浅水作业明显要窄，用于及早发现井控问题、精确控制压井作业和常规井筒压力管理；

(5)高压高温井中用于了解温度对井下流体密度和流变性的影响、控制漏失、重晶石沉积和井控(Leach and Quentin，1994)。

6.3.2 环空压力测量

环空压力测量技术最早要追溯到 20 世纪 50 年代，当时记录的压力用来验证简单的水力学计算。在 20 世纪 80 年代中期，Gearhart 工业公司生产了记录环空压力的传感器，将其安装在随钻测量仪器上用于测定地层的压力下降情况。第一个商业性的实时工具的出现是在 20 世纪 90 年代中期。从那以后，所有主要的随钻测量服务公司都研制了井底随钻测量传感器。现在的井下测量工具主要是石英压力计、应变仪和波纹电阻压力表三种类型。

测量规格

在大中型井眼中，随钻压力传感器已经集成为 $6\frac{3}{4}$ in、$8\frac{1}{4}$ in 和 $9\frac{1}{2}$ in。在小井眼中，传感器大小为 $4\frac{3}{4}$ in、$3\frac{1}{8}$ in 大小。对于连续油管，$2\frac{1}{8}$ in 的大尺寸传感器也可提供。

环形压力传感器通常可以在许多不同的范围内使用，根据井眼大小或需要测量的井段来使用(通常为 5000psi、10000psi)。环形或内部压力传感器分辨率接近 1psi。

在测量中精度表示测量的正确性。精度严格说应该是测量误差，测量误差表示通过借助各种手段进行测量得出的实际值与理论值的接近程度。所以误差始终是未知数，不精确度是一个概率问题，假设测量方式在理论上是正确的，所求的物理量独立存在并合理给定范围。

在环空某真实垂直深度(TVD)的压力往往用成同一深度上当量钻井液密度(EMW)来表示，计算公式如下，使用油田单位：

$$\text{EMW}\ (\mu g/g) = \frac{p(\text{psi})}{0.052 \times TVD(\text{ft})} \tag{6.1}$$

EMW 的计算精度还取决于 TVD 传感器准确性，这通常会导致 EMW 的最大误差。除了实际的深度误差，还有时间同步误差，尤其是当钻柱迅速移动时（例如下钻期间）。应十分注意评估下钻 EMW 数据。虽然 PMWD 传感器通常离钻头有一定距离，但它也有助于测量钻头深度，因为与随钻测井（LWD）不同，PMWD 反应的通常都是当前的钻头深度。

除去滞后效应的影响，每个传感器的误差为最大压力量程的 0.03%，技术要求误差包含滞后效应，误差为最大压力量程的 0.1%，例如一个量程为 5000psi 的压力传感器会产生 1.5psi 的误差（滞后效应产生 5psi 的误差），一个量程为 20000psi 的压力传感器会产生 6psi 的误差（滞后效应产生 20psi 的误差）。

压力传感器测试结果非常可靠，随着全球数以万计的应用，一些常见的故障模式如下：

（1）振动破坏，通常被视为无法弥补的损伤，振动会破坏整个钻具；

（2）来自调幅器或者是搅拌器的循环压力导致仪器老化，这表明会产生会越来越多的地面偏差，这种故障最令人头疼，因为一旦出现这种故障，就会出现错误的数据。通常情况小于最大量程的 0.5%，并且仅在高温、高压环境下才会出现；

（3）钻井液堵塞传感器，这类故障比较罕见，并且地面偏差值产生误差，但通常不会影响井下测量。这种堵塞会出现平滑的环空压力响应曲线，环空压力在抽吸时大于井筒压力，对装置的改进可减少这类故障的发生。

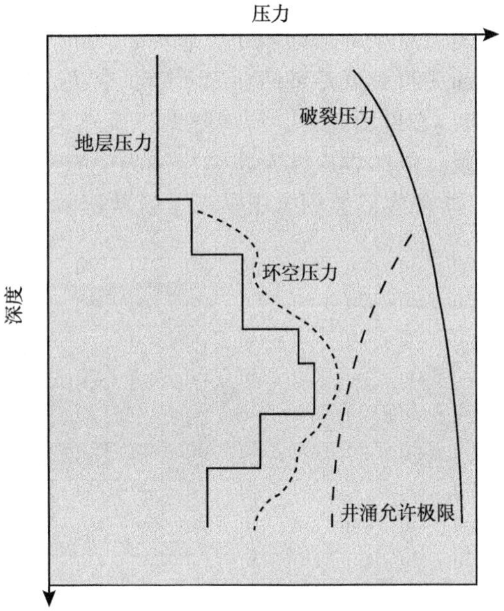

6.3.3　当量循环密度

成功的钻井作业需要控制钻井液压力严格保持的钻井液安全密度窗口范围内，以控制井筒压力或保持井筒的完整性或稳定性。压力下限既可能是地层孔隙压力（在渗透性地层流体进入井筒的压力）或是避免井塌的极限压力（图 6.35）。如果环空压力小于地层孔隙压力，地层流体或气体可能流入井筒，并伴随产生井下或是地面井喷风险，如果环空压力小于井壁坍塌压力，地层易剥落，增加堵塞或者卡钻的风险。

图 6.35　压力窗（图片版权归斯伦贝谢公司，已获得使用权）

钻井液压力上限为地层破裂压力的最小值，如果钻井液压力超过上限就会使地层产生破裂，在地层中压开裂缝，导致井漏并破坏地层。

压力通常表示成压力梯度或是当量流体密度，压力窗口的上限通常称为地层破裂压力梯度，下限称为孔隙压力梯度或坍塌压力梯度。

井下环空压力分三个部分：

（1）第一部分在井筒环形空间中由流体密度梯度决定的静压力：垂直于压力计的上方流体重量，钻井液柱密度包括固体（如钻屑）或者可能进入井筒的流体，称作当量静态密度（ESD）。流体密度是由压力和温度决定。

(2)第二部分是动态压力,与钻柱钻进速度,如抽吸、波动(Rudolf and Suryanarayana,1998)和旋转(McCann et al.,1995),起下钻时钻柱加速和减速产生的惯性压力,破坏钻井液凝胶的剪切力,钻井液在环空举升时压力损失有关。流体流动经过缩小井眼处,例如岩屑床井段或缩径地层段、井眼尺寸变化,以及液体、气体、固体的流入和流出都会改变动态压力。当量循环密度 ECD 定义为在某一深度等效钻井液密度,是循环时由总静液压力(包括岩屑重力)和动态压力共同作用产生的。

(3)第三部分是与循环系统中的堵塞有关,当过多的钻屑、井壁坍塌掉块或井眼净化不干净使环空堵塞时,导致压力过大或偏小超出窗口范围。此外,地面关闭环空时(如地露实验、发生井控事故或控压力钻井过程)也会产生比循环系统畅通时过大或偏小的压力。

钻井液的流变性能(包括黏度、动切力和静切力)和流态(层流、过渡流或紊流),这些都会影响环空压力的动态响应。流变性质随着流量和温度变化而变化,并影响井下测量压力。一些参数可以由钻井人员控制,而其他参数诸如井下温度则不能人为控制,且建模不够准确。

随着环形间隙的减小,钻杆压力损失的影响变得更为重要。当钻杆旋转速率变化时,环空压力损耗或是轴向压力下降,取决于哪一部分流态起主导作用(图 6.36,Aldred et al.,1998)。在低流速下,压降随钻杆旋转速度增加而减小。在较高的流动速率下,观察到的结果相反。同时也应该考虑钻杆偏心度起到了重要的作用,且钻杆旋转随井斜角变化的影响。图 6.37 的实验数据突出显示了这些影响(Hutchinson and Rezmer-Cooper,1998)。

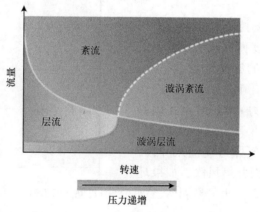

图 6.36　流动区与环空压力损失的关系。在低流量区,压降随旋转速度增大而减小;在较高流量区,出现相反的效果(Aldred et al.,1998,图片版权归斯伦贝谢所有,经许可使用)

6.3.4　数据显示格式

在 PMWD 中数据记录和显示模式有三种。

6.3.4.1　内存模式(也称为记录模式)

在这种模式下,井下仪器将连续记录的数据储存到内存中。然后当仪器被带回地面时取得数据。与实时数据采样相比,记录模式倾向于在较高的频率采样数据,因此记录模式的数据在细节上更丰富,但更容易受干扰。记录仪是可编程的,并且可以按照所需的时间间隔进行存储数据,间隔在 1s 以上。通常的时间间隔设置是 5~20s。重要的是要意识到记

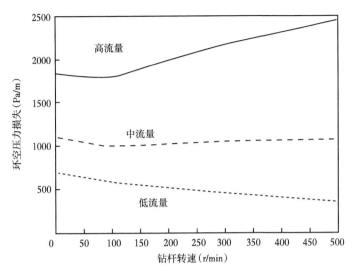

图 6.37　环空压力损失分别在泵入低、中、高流量无固相清洁钻井液时，
与钻杆转速的关系试验对比图

忆模式中错误的记录间隔设定可能错过一些短时间的现象。例如，可能会错过抽吸或波动引起的快速瞬变，或者它们的压力振幅峰值可能会失真。

6.3.4.2　实时模式

在这种模式中，井下压力数据与井下 MWD 系统连接（这可能是钻井液脉冲系统、电磁波系统或地面连线电路系统），并且实时数据每 30s 左右发送到地面。对于钻井液脉冲 MWD 系统只有当泵流量超过临界值时，数据才会传到地面；如果低于这个临界流量，数据无法传到地面；电磁波系统或地面连线电路系统没有这样的局限性。

6.3.4.3　停泵模式

对于脉冲型 MWD 系统，在这种模式下，由井下工具对记录模式数据进行处理，当泵重新工作时，传到地面的信息相对有限。此模式在管柱连接和地漏试验时使用。无论是连续还是不连续的停泵压力记录都可传输。具有代表性的数据将被处理并传送至地面，这些数据为：

（1）最大环空压力（用当量循环密度 ECD 表示）；

（2）最小环空压力（用当量循环密度 ECD 表示）；

（3）管柱连接时平均环空压力；

（4）管柱连接期间所有瞬态流体流动停止条件下的静态钻井液密度或平衡压力（用当量静态密度表示）。

钻井过程中，必须在地面将钻杆的附加接头连接到钻柱，这样才能使钻机向更深层的目标范围延伸。在每根管柱连接时（一般在停泵时），许多因素会对井下压力产生影响。事实上其中的一些因素是动态的，井下压力通常在每根管柱连接时（井下压力曲线）变化或波动。在连接时影响井下压力曲线的因素（Ward and Andreassen，1997）有：

（1）钻柱在井筒内的活动（旋转或往复运动）；

（2）井筒温度和温度梯度；

（3）井筒中压力梯度和压力前缘的传播速度；

（4）钻井液的黏度、可压缩性和其他静（动）态的流体特性，以及物理性质对温度变化的敏感性；

（5）钻井液加重剂和钻屑载荷，两者在钻井液中分散的均匀性和不均匀性；

（6）流体流入和流出井眼；

（7）井筒和套管的弹性膨胀和非弹性膨胀；

（8）钻柱的弹性膨胀和延伸；

（9）由于井眼几何形状变化和钻井液流变性产生的摩阻压力损失（Haciislamoglu and Langlinais，1990；Haciislamoglu，1994）。

在管柱连接过程中的压力曲线实例如图 6.38 所示。

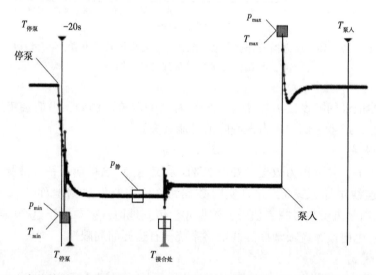

图 6.38　在连接过程中典型的环空压力曲线图。在连接后，通常将静压（$p_{静}$）、最大压力（p_{max}）与对应时间（T_{max}）、最小压力（p_{min}）与对应时间（T_{min}）发送至地面

6.3.5　随钻测井曲线

在 PMWD 数据的三种显示模式中，每个模式的数显示都对信息的有效性有重要的影响。必须注意每种显示格式的设置。

通常，随钻测井曲线有两种不同的显示模式：基于时间和深度的测井曲线。基于深度的测井曲线与地层评价方法关系更加密切，对储层表征至关重要。对于实时钻井信息和记忆模式数据的后续解释，基于时间的测井曲线格式更为合适。

运用随钻测井和测井电缆地层评价数据，三组数据一起显示，第一道是伽马射线数据，第二道是电阻率数据，第三道是孔隙度数据。如果不结合上下地层的联系来解释地层，会使岩性描述变得困难。同样解释钻井信息和测量结果应结合上下地层间关系。

目前影响环空压力数据解释的重要因素之一是多种多样呈现数据的格式。通常情况下，前后有关联的关键信息丢失，既不利于对环空压力不同的影响之间进行区分，又不利于确定发生钻井事故的位置。

压力数据应该与其他许多钻井参数一起进行解释才有用。例如环空压力曲线仅能说明该时间或深度间隔下的最小和最大压力。其他关键测量参数如下：

(1)泵流量；

(2)立管压力；

(3)地面环空、套管压力（如适用）；

(4)钻柱每分钟转数；

(5)地面和井下载荷；

(6)地面和井下扭矩；

(7)机械钻速（ROP）；

(8)钻井液性质（钻井液初始密度、范式黏度计读数、静切力、温度和压力相关性）；

(9)气体总量；

(10)钻屑体积数量；

(11)钻井液池液位；

(12)钻机举升。

同样重要的是，测量值应该与该区域以前的钻井历史相结合。基于钻机的软件工具现已可以自动评估钻机状态（即起下钻、底部循环），这有利于压力变化曲线的解释。钻井事故通常会导致低机械钻速，结果有时会将数据压缩到某一深度范围内。基于时间的描述更适合对发生事故的钻井周期进行详细的分析，因为钻头离开井底时也会发生许多问题。

对随钻测井相关信息备注也很重要，如钻头类型、底部钻具组合（BHA）设计、钻井液的流变性、起下钻原因及起下钻后 BHA 和钻头情况。

6.3.5.1 基于时间的测井数据格式

图 6.39 展示了一个典型的基于时间的测井数据格式，这是将 PMWD 与其他地面和井下测量方式相结合。要注意的是，对于实时应用中，各种参数大小范围必须谨慎选择，将预期的特征曲线清晰度最大化，尤其是对于环空压力、ECD 或 EMW 是很重要的。例如，如果 ESD 是 12 lb/gal，ECD 是 14 lb/gal，预计的抽吸和波动压力约为±1 lb/gal，则 ECD 大概应绘制成 11~15 lb/gal 的范围，所以，详细的压力曲线具有很高的灵敏度，可以轻松地可视化钻井异常。

6.3.5.2 基于深度的测井数据格式

以深度为基础的测井数据对于掌握和岩性

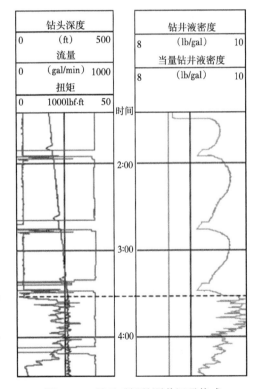

图 6.39 基于时间的测井记录格式

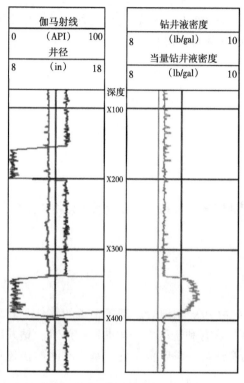

图 6.40　基于深度的测井记录格式

相关的底部钻具组合的钻井事故非常重要。图 6.40 给出了冲蚀实例。

6.3.6　压力测量校准

压力传感器的校验是使用负荷压力计在一系列温度条件下进行检验。在现场或井场，使用手压泵对每口井进行液压试验前后要校准。

重要的是，压力计下井前要进行出厂校准，使压力记录准确。否则会导致压力测量不准确，并有可能误导解释。

6.3.7　水力学模型和岩屑运移的验证

PMWD 的价值在于无论在哪个位置都能用来监测压力，它也可以用来验证预测的水力学模型，并将一些未知参数计算优化或确定这些模型参数以优化实验结果。即使计算机功能的增强可以开发出更复杂的水力学模型，PM-WD 也可以用于了解水力学模型的局限性，特别是环空中产生的钻屑的复杂分布，常规的水力学模型无法很好地处理其影响（Luo et al.，1992，1994）。

测量 ECD 和模型预测 ECD 之间对比实例如图 6.41 所示。可以看出，在这种情况下，模型预测值始终低于 ECD 测量值。零流量时检

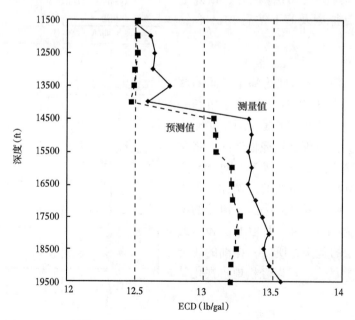

图 6.41　预测 ECD 和实测 ECD 的对比

查 PMWD 数据表明，流体静压力比基于地面钻井液密度的压力更高。这种差异通常在0.1~0.25 lb/gal 的范围内。可以基于环空中岩屑堆积作用增加了有效的静态钻井液密度解释这种差异。这个解释与图 6.41 结果一致，因为在高机械钻速下密度差也越大（图 6.42）。模型没有考虑到钻屑对 ECD 的影响。在实践中，最好使用（如果可能）实际现场数据并考虑岩屑对钻井液密度的影响。但基于钻屑供给速率（机械钻速决定）、流量、井眼直径、传输率这些因素只能做粗略的预测。

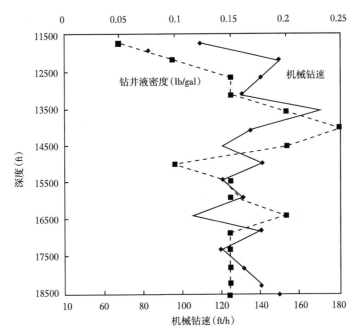

图 6.42　机械钻速在预测 EMW 和测量 EMW 之间的影响差异

　　图 6.42 是 PMWD 和钻井液密度数据之间的差异。已用于校正基于实际井下钻井液密度模型预测（图 6.43）。校正后结果如图 6.44 所示，可见，测量和预测的 ECD 非常吻合。

　　压力传感器对钻井参数的水动力学响应是不易预测的，如上所示钻屑的例子。在没有针对这些影响的预测模型的情况下，需要开发相应的现场工序以校准每个井控变量。这样才有可能区分岩屑对 ECD 的影响，并确定井眼是否被有效地清洗。

6.3.8　地漏实验

　　由于许多钻井项目成本较高，如大位移井和深水井，节约时间和精确测量至关重要。准确的地漏实验对于有效控制 ECD 在压力窗口范围内及相应的钻井液方案至关重要。

　　通常在套管固井之后，在每个井段的开始处执行一次地漏实验，测试水泥密封的完整性并确定套管鞋下面的压力梯度。在一般情况下，在钻到套管鞋之后，地面或地下关井，安装防喷器（BOP）进行测试。以恒定的速率缓慢地将钻井液泵入井眼（一般为 0.3~0.5bbl/min），使整个循环系统压力增加。井下压力升高根据立管压力进行估算，但也可以直接通过环空压力传感器来监测。如果压力值在立管中测得，那么必须对温度对钻井液密度的影响和其他对井下流体压力的影响进行复杂的校正。压力记录针对注入的钻井液体积直到观察到线

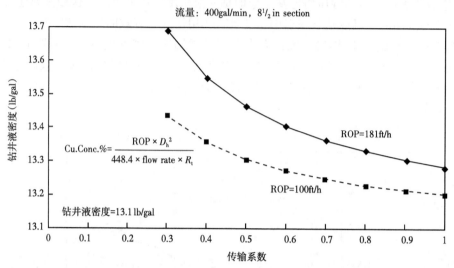

图6.43 岩屑对钻井液密度的影响。D_h 为水力直径，R_t 为搬运系数。搬运系数表示钻井液携带岩屑相比环形流体速度的快慢程度。如果没有滑脱发生，搬运系数为一定值；搬运系数可以被视为钻井液携带岩屑从井底到地面行程的倒数

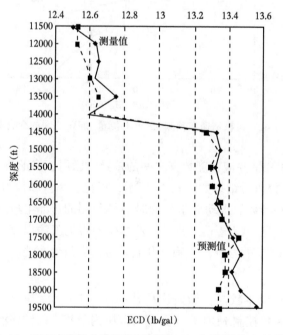

图6.44 基于真实钻井液密度的测量ECD与预测ECD的关系

性趋势的偏差，这表明钻井液吸入井中。这可能是由于水泥密封不严或出现裂缝。地漏测试非线性响应首先出现的点是用于计算地层破裂梯度。有时漏失压力达到前停止增压。在这种情况下，所设计井段钻井液密度要比预期破裂压力下的最大钻井液密度低一些，并且地漏测试压力值并不伴随裂缝出现，这称为FIT。如果继续泵注使压力超过破裂压力，则可

产生裂缝，压力将下降，裂缝延伸扩展。在某些情况下，地层破裂且一条裂缝扩展后进行测试，通常称为延伸漏失测试，可精确测量井下应力。

根据以往的经验，地漏测试时压力在地面上测量，井下压力计算根据地面钻井液密度和增加的静态钻井液密度计算出来，在井筒中视为均匀液柱。PMWD 在 FIT 和 LOT 中可以得到相同的地层应力，因此，更能精确地测量地层强度（Rezmer-Cooper et al.，2000）。

现场操作人员的标准做法是，进行 FIT 或 LOT 测试以降低解释的不确定性之前循环井使得钻井液密度均匀（有时称为调节钻井液）。这时用 PMWD 可以将数据准确地记录并保存。

Alberty 等（1999）强调在压力恢复曲线上很难找到漏失压力点，因为有其他因素会导致压力变化不明显，例如：

（1）泵速变化；

（2）钻井液静切力变化；

（3）管线中有空气；

（4）压力表不准确；

（5）漏失压力和使用的钻井液密度的区别不明显。

Alberty 等（1999）提出建议在曲线上取两个易于识别点：第一个是最大压力（或最大破裂压力），即造成地层破裂最大的 ECD 值，低于此值会出现轻微破裂，超过此极限值会造成更严重的破裂；建议取的第二个值是在停泵后立即取值，即初始关井压力，它表示在该点任意压开裂缝会遭到破坏；当量静态密度不能超过这个值。Alberty 等（1999）描述了在大井眼段和浅层套管中实施高质量的 FIT 测试的难度，并就如何更好地进行测试提供了指导。

在深水层，由于环空中的压力和温度的分布，环空中钻井液的密度变化显著。使用高压缩性的合成钻井液情况更加复杂。在深水层钻井时，外部温度沿井眼轨迹从地表到海底逐渐降低。在深冷水域，温度低于水的正常凝固点。在陆上，根据地热梯度，外部温度通常随深度增加而增加。同样的井钻到 5000ft，钻到海底的水温很可能比陆地钻到的岩石温度低 100℉。降低的外部温度分布对循环温度和钻井液的黏度及密度有着显著的影响。冷却量受水深与井深之比的强烈影响，井越深，钻井液就越需要在遇到冷冻管柱前加热。

在深水井中，钻井液比陆上时密度更大、更黏。钻井液密度通常会随着压力增加而增加，并随着温度的升高而降低。对于水基钻井液（WBM），压力对其影响小，而温度决定其性能。通常平均钻井液密度是相当接近初始钻井液密度。但是，由于深水冷却作用，套管鞋以上的有效密度认为高于初始钻井液密度。如果平均钻井液密度等同于初始密度，则 LOT 测试的压力会估计错误。在陆地上钻井，可压缩性或膨胀性效应实际上更明显，但孔隙压力和破裂压力梯度之间的有效范围相对更大。

事实上，钻井液类型的选择已被确认为是影响漏失试验解释准确度的关键因素。油基钻井液（OBM）或合成钻井液（SBM）有关的泄漏测试的操作十分关键。如果测试使用 OBM 造成地层破裂，则地层将不会恢复到之前应力状态。进行 LOT 测试 WBM 通常是优选的，如果可以的话，后续钻井将用 WBM 代替 OBM（Alberty et al.，1999）。用 WBM 测得 LOT 压力比用 OBM（或 SBM）的值高。国际钻探承包商协会（IADC）深水指南指出这种差异可高达 0.5～0.7lb/gal。图 6.45 展示了 FIT 期间井下压力和后续 EMW 的变化。在这种情况下，

PMWD 数据表明，测试井下 EMW 达到 1.952SG 的实际值。

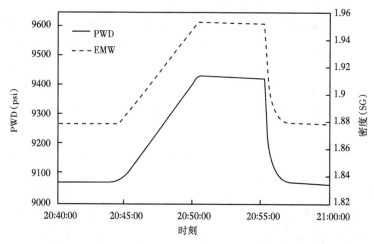

图 6.45   在 FIT 期间，EMW 在井下压力作用下的变化情况

Rezmer-Cooper 等(2000)描述了使用两个井下压力点来校准地面和井下之间的静水压力和可压缩性偏移量的方法。继续常规注入作业，然后就能在地面新建一个完整的 LOT 信息，压力信息也会被发送回地面，并因此有可能更精确地输出真实地层破裂的可能性，因为压力和温度变化对钻井液密度的影响和对井眼和套管的塑形的影响都包括在内。使用这种方法只需要两个停泵测试，将数据传到地面，完成 LOT 测试之后便可继续进行循环作业。

分析表明，在 FIT/ LOT 测试过程中，在井下环空压力与立管压力有一个简单的线性关系：

$$p_{ann} = a + b p_{sp} \tag{6.2}$$

式中，p_{ann} 是 LOT 期间记录的井下环空压力，p_{sp} 是立管压力，而 a 和 b 参数(偏移和增大倍数)用拟合确定。参数 a 代表流体静力学偏差，参数 b 代表钻井液压缩性/(膨胀性)及井眼和套管的塑性。LOT 中塑性参数应该较小，因为只有少量的地层处于裸露状态。通常，套管的塑性强度比地层在数量级上要小(Johnson and Tarvin，1993)。

图 6.46 显示的是通过 FIT 测试绘制的井下环空压力与立管压力关系曲线，此次测试地点在北海中部距离阿伯丁正东方向 150km 的 Marnock 油田。确定并记录最小和最大的井下和地面压力，然后确定参数 a 和 b。使用压力最小值和最大值来确定参数是很重要的，因为在确定线性拟合的斜率和截距时，即使很小的范围也可能导致很大的误差，从而无法正确估计流体静力学偏差和压缩(膨胀性)的影响。图 6.46 还表示出了通过线性拟合得到的倍数和偏差参数。最后峰值的时间也是匹配的。图 6.47 显示了井底实测数据和根据地面立管压力还原的井下压力数据。这说明模型的一致性非常好，可以根据地面数据和不完整的井下数据很好地还原得到完整的井下数据。

图 6.47 中再次强调，与实时 LOT 一样，地面压力测量比井下压力受到的干扰大，强调了需要精确的地面测量工具。

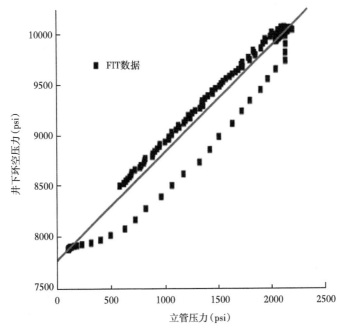

图 6.46   FIT 期间井下环空压力和地面立管压力的交会图

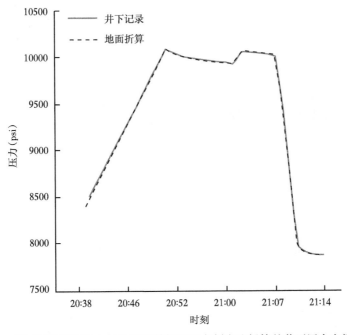

图 6.47   井下记录环空压力与从地面数据和两点刻度法折算的井下压力之间的对比

6.3.9   无隔水作业和浅水流

在许多深水井，第一层套管或导管直径通常为 30in 或 36in。下部井径是 24in 或 26in，往往无隔水管。在这些井中，钻井液和钻屑返回到井口周围的海底。其中危险最大的是当钻到无导管部分时候遇到浅水流(SWF)(Hauser, 1998)。深水井的标准操作方法是在泥线使用带有摄像头的远程操作车辆(ROV)来监视从井口出来的流量。同时司钻保持钻杆固定并关闭泵几分钟以让振动的流体 U 形管稳定，并观察是否有在井口有流体流出。对此可以通过补充使用压力测量工具帮助识别，以监视和减轻 SWF 影响。随着井筒流体流动，弱固结砂流入井筒，环空中的额外固体重量增加导致井下压力读数明显增加。

根据一份关于美国内政部矿务局在过去所做调查的报告显示，在墨西哥湾大约 60 个租赁区块涉及 45 个油气田或勘探区有 SWF 事件发生。造成危害的浅层流体所携带进的砂通常出现在深度 950~2000ft，但有报道称在 3500ft 以下的海底也发现有砂存在。这都是由于存在海底以下浅层超压及疏松砂岩所导致。当产水量无法控制时将会导致地层坍塌。如果流量过大，持续水流作用会导致井发生损坏。大量的冲刷会破坏支撑整口井的套管结构。

在深水钻井中，在钻到无隔水管部分通常都能观测到 SWF。在水深超过 1500ft 时，这些现象可能会发生在泥线以下约 5000ft 的地方。这在墨西哥湾地区尤为常见，但在其他的深水区域例如在挪威北海也已经观察到。这部分通常使用未加重海水进行钻井，任何存在超压和渗透性层段钻穿时都可能发生流动。还提出可以通过地层增压引发 SWF。在这个深度的沉积物是非常松散的，所以地层能被海水迅速冲蚀。由于钻探这些地层没有隔水管，所以自喷井没有任何地面征兆(如钻井液池增量、气体、关井压力)。只能用 PMWD 传感器识别，之后可以用 ROV 确认流量。

如果 SWF 持续时间短并且好控制，就不会造成任何问题。但在极端的情况下，持续的 SWF 导致在墨西哥湾第一座 Ursa 平台钻井底座受损，造成套管侵蚀和井壁坍塌 (Eaton, 1999; Pelletier et al., 1999)。发现 SWF 的情况后，PMWD 传感器既有助于监测和控制减轻流动作业。现在已经尝试几种不同的方法，在流动区上方安装套管，用加重钻井液向前钻进，钻进及加重时允许浅层水流动，同时注入双重密度加重钻井液系统平衡流动并不将其返回(通常被称为"泵送")，高机械钻速钻进时用固体以加重平衡浅层水流动。

监测 ECD 可以帮助作业人员来掌握水流深度和水流的严重程度，并决定水流是否严重到需要停钻。常规的水力学模型没有考虑钻井液返回时对海底的影响，从而不能准确地预测 ECD 值。直接的测量钻井液压力的方法解决了这个问题。

图 6.48　进行无导管钻井过程中
典型的浅水流动事故

图 6.48 显示了如何使用 PMWD 传感器识别典型的 SWF 情况和区分浅层水流动和井塌的方法(Ward, 1998; Ward and Beique, 1999)。

　　图 6.48 反映了无隔水管钻井经过 SWF 区时的典型情况。该图简化了在这种情况下影响 PMWD 传感器测量的三个不同流段的累积效果。第一段为海平面和海底之间的海水的主体。除了海浪和潮汐的微弱影响，这段压力保持不变。下一个是海底和 SWF 初始点之间的间隔。环空压力等于这段海水钻井液重量、环空中向上返回的钻屑重量及浅层流动源头产生的钻井液重量之和 。除了压力的分布本身，ROV 仪器观察静态井周围，浅层流动不是纯粹的地层水流动，而是地层水和松散砂砾的组合 (砂子和淤泥) 形成的高密度钻井液。最下面流体段是在浅层流动源头与钻头之间的间隔。在这个例子中，通常位于钻头后面较短的距离，即 PMWD 传感器所处位置。此段环空压力为海水钻井流体柱重量加悬浮钻屑的重量。此外，钻井液循环时，由于动态压力损失，所以要在钻井液线下添加额外压力 (即 ECD)。通常在无隔水段这些因素影响较小。

　　循环 ECD 压力、SWF 钻井液、井壁坍塌和堵塞及钻屑堆积等因素导致环空压力和 EMW 发生变化。PMWD 传感器点源测量读数是之前所述的三个区域内压力的累计读数。解释 EMW 的变化必须结合许多处在或邻近钻头位置的变量信息，以及在远离钻头位置的动态钻井信息。

　　图 6.49 是钻到一系列泥质岩区和无流体清洁区时 PMWD 传感器进行深度测井的示例。伽马射线工具多次测量到有大量冲蚀，那么认为是砂岩层是错误的。为了搞清真相，将把任意间隔当作空白区处理，则其中 γ 射线测量值就会接近零。这是在无隔水管钻井作业时解释 EMW 的基本情况。当钻到清洁区时 ，上部层段不一定会受到冲蚀，使用井径测量结果可以证明这一点，所以 EMW 也就不会受影响。在底部清洁区，冲蚀段超出伽马射线传感器的勘测深度。当段发生冲蚀时，EMW 值从 0.1 lb/gal 显著增加到 0.7 lb/gal。但是，这种影响仅在清洁区持续时间内持续，之后钻到疏松层段时 EMW 值将会回到初始值。在这种情况下，井周围无流动，可以安全钻井。

　　当清洁区充满高于正常压力梯度的海水时会产生 SWF 现象。图 6.50 是一个钻到 SWF 时的 PMWD 传感器深度测井示意图。在这个基于深度示例中，EMW 和之前一样出现急剧增加，但钻过这段之后并没有回到到初始值。相反，当继续向前钻进时还有流体不断流出来，且由于流体包含固相 EMW，高于海水钻井液重力梯度。EMW 通常会随深增加慢慢降低 (许多理论片面地解释了这种逐渐减少的现象)。首先，随着继续钻进，溢流区和钻头之间的流体重量将

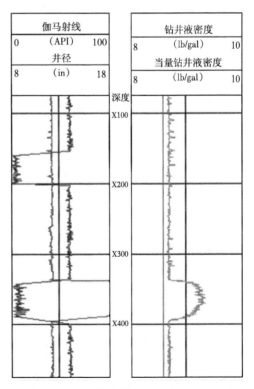

图 6.49　无导管钻井过程中无流动冲蚀时基于深度的测井记录格式

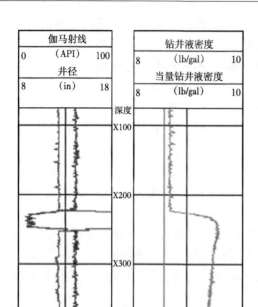

图6.50 基于深度的浅水流动

占到总环空压力更多的部分。通常在此层段的环空中流体的平均密度比钻井液混合物的混合密度小。其次，溢流本身可能随着时间的推移逐步减弱，但目前还没有已知的SWF测试来证明这个理论。另一种可能的解释是，钻井液中的固体在减少使流体性质发生改变。这种特有的SWF现象在整个墨西哥湾和北海地区一直存在。

前面的示例都是环空压力和EMW与深度相关。作业人员最大的收获来自PMWD传感器获取的信息，因为大部分时间都花在井底，其数据都使用时间格式。PMWD传感器时间格式数据和与之同步的井口数据结合，使钻井工程师能够将井下事件与地面钻井数据相关联。标准的地面数据测量包括立管压力、流量、ROP、每分钟旋转转速和扭矩。即便对PMWD的解释再有经验，测量和显示的数据量也会让解释人员变得不知所措，因此必须特别小心，应实时地呈现最相关的数据。

图6.51为PMWD所测的典型SWF过程随时间变化示意图。注意当遇到SWF时，EMW值突然增加。突然增加时间少于一分钟，并能超过上部套管鞋的安全附加值。图中时间域和深度域的EMW峰值逐渐变细、变尖且十分明显。在时间图像上，不同的钻井作业中EMW的变化有助于解释井下情况。

钻柱连接过程中，泵和转盘将停止工作，导致ECD清除。通常由于流量的增加和钻井液流变性会导致ECD在SWF期间较高。在流动区中的摩擦阻力损失会继续影响传感器(在本例及其他例子中，已放大并简化了PMWD传感器特征，使解释更清晰)。井况并非一成不变，在钻柱连接时EMW持续下降证明了这一点。这种下降归因于海水钻井携砂能力下降固相发生沉降。当循环作业和旋转钻井恢复时，EMW曲线特征证实了钻柱连接时悬浮的钻屑发生沉降的猜测。当钻屑重新悬浮时，增加的

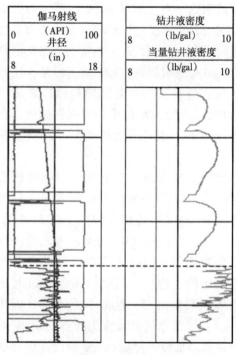

图6.51 基于时间的浅水流动，虚线
表示EMW初期达到高峰

钻屑负荷使 EMW 曲线增大到最大值(图 6.51)。该负荷迅速由井筒传至达海底,随着环空恢复到稳定状态 EMW 逐渐减小。下一次连接循环往复上述过程。SWF 最初通过增加环空流速辅助去除钻屑。最终该层段冲洗干净,以至于钻井液流动减缓到一定程度后出现相反的情况,EMW 曲线增大。对与 PMWD 传感器记录的数据仔细地实时观测可以提醒作业人员这些状况,以最大限度地减少问题的发生。

　　PMWD 传感器记录的时间曲线(图 6.51)描述了一些常见的 SWF 特征。在示例中流量是在增大的,但是循环钻井液和流体的总举升能力不足以完全清洗井眼。在持续的 SWF 情况下,最大 EMW 增加趋势很明显。

　　由于井加深到流动层位以下,井眼净化难度越来越大。此时,井壁经常不稳定,当循环停止时井筒井形成砂桥和砂堵。此时,钻井液和钻屑的流动超过了井眼净化能力。图上时刻大约在 3h35min,在连接后 EMW 立即增加,由于限制条件变得不稳定、高低不平。与此相关的是地面扭矩的急剧增加。在此阶段,由于钻柱卡住向前钻进非常困难。

　　前面的例子中已经描述了的 SWF 处于一个关于海底泥线的相对较浅深度上发生的问题。不是在这些层段内的所有问题都与 SWF 相关,关于 PMWD 深度曲线如图 6.52 所示。

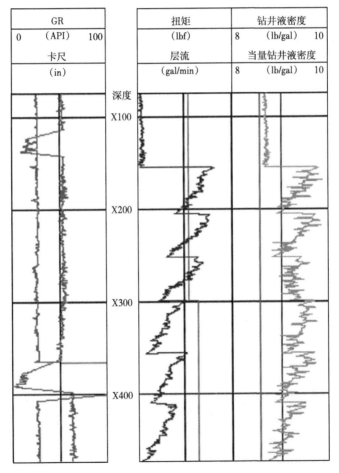

图 6.52　浅层无立管钻井的井眼净化问题

在本例中没有时间显示流动变化，但 EMW 和扭矩曲线在钻遇页岩井段时发生急剧上升。这个明显的井筒事故导致了几乎失控的井眼净化难题。在这种情况下，在每个接头处出现坍塌；锯齿形状的曲线表明钻立管时情况有所好转，但是在连接处立即恶化；但 X300 处增加的泵速有助于井眼净化并降低扭矩和 EMW。

在许多无隔水导管部分的深水钻井中，浅水流经证明是极其危险的。从历史资料上看，由于地面和井下信息的不足，这些流动已经难以应对。在过去的几年中，PMWD 传感器信息已经越来越多地应用于解决这一问题，以通过更彻底、更明智的决策来减少钻入此部分时的风险。

6.3.10　井壁稳定

在一些井中，尤其是定向井和大位移井，孔隙压力和破裂压力之间的间隙可能很小，精确的环空压力信息对于在安全极限内进行作业至关重要。井控要求从水下防喷器流出，到长节流阀和压井管线的流动循环会提供一定的缓冲。

图 6.53 是对图 6.35 的修改，现在在包含 30° 和 70°这两个不同井斜角下对井壁稳定性的影响。井斜角对压力窗口的影响表明，大位移井中通过环形压力损失来调节钻井液密度较为困难，这对于有较长水平段的井而言本就难度较大。

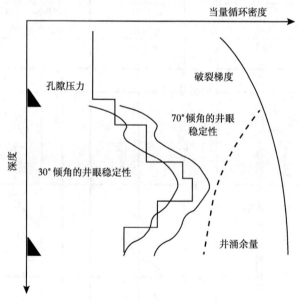

图 6.53　压力窗口减小与井斜率的函数关系示意图（Hutchinson and Rezmer-Cooper，1998）

6.3.11　井眼净化

井下压力测量的主要用途之一是对井眼净化进行监测。高效的井眼净化对于定向井和大位移井的钻进是至关重要的，且对井眼净化进行优化仍然是净化过程中的一项主要难题。尽管影响井眼净化的因素很多（图 6.54），其中司钻可以控制的两个重要因素是流速和钻杆转速。

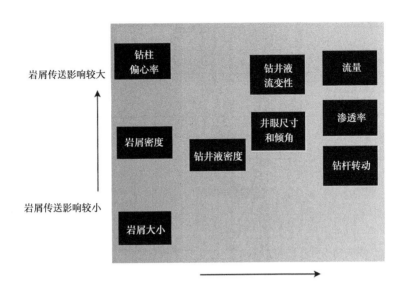

图 6.54　影响井眼净化的因素。有些因素是受钻机控制的，如地面钻井液流变性、机械
钻速、流速及小井斜角，其他因素包括钻杆偏心率和钻屑的密度和大小很难控制
（Aldred et al.，1998，图片版权来自斯伦贝谢，且经许可使用）

6.3.12　流速的影响

循环钻井液的流速是决定井眼净化效果的最重要参数。针对层流中的流体，仅靠流体的流速不能有效清除倾斜井眼中的岩屑。流速会扰乱位于岩屑床上的岩屑，并会将它们推进主流流体中。然而，如果流体携带能力不足（动切力、黏度、密度），那么岩屑将会重新落在岩屑床上。在这种情况下，由于钻杆旋转或倒划眼等机械搅动有助于净化井眼，但有时无效甚至使情况更加糟糕。若搅动过于剧烈，如电机弯外壳的旋转速度过快，则会对井下设备的寿命产生不利影响。流动不充分会导致环空中的岩屑含量减少。岩屑的堆积导致环空截面积减小，导致当量循环密度升高，最终导致环空堵塞。实时测量井下环空压力有利于尽早确定由增加的环空堵塞而造成的当量循环密度的增加趋势，引起环空限流的增加，并且帮助钻井人员避免由大的压力波动，甚至卡钻事故所造成的地层破裂。

通过一个例子来说明 PMWD 是如何帮助检测岩屑堆积的（图 6.55）。图中曲线表明该环形空间在 1h 20min 开始堆积。其他的钻井参数也变得不稳定，如地面扭矩的增大及转速变化。立管压力也稍有增加。这些警告可以解释为与地面扭矩增大相关联的电动机扭矩增大。但当量循环密度的大幅增加表明钻井液在环空压力仪上方的底部钻具组合周围流动受限。基于 PMWD 的证实，司钻降低钻井液的流速，并调整钻杆以防止 ECD 超出破裂压力。

6.3.13　钻杆旋转的影响

另一个示例展示了在 12¼ in 井眼水平段钻杆旋转对井眼净化的影响。图 6.56 中，滑动钻进时岩屑从悬浮液中脱落，导致钻井液的当量密度逐渐减小，从而产生环空压力。在大约 20 时 20 分时，钻柱恢复旋转，由于流体在偏心环空的重新分布及岩屑的重新悬浮，导致井底压力瞬间增加大约 50 psi。

当岩屑被搅拌起来流动时其压力持续增加，有效密度增大。一旦岩屑全部流动，且循

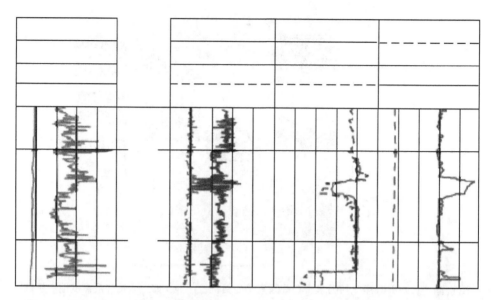

图 6.55   堆积堵塞，当环空堆积发生在 MWD 工具上方时，司钻将对 ECD 的增大做出
实时响应(Hutchinson and Rezmer-Cooper, 1998)

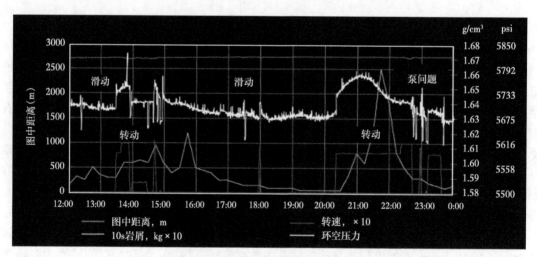

图 6.56   改变钻杆转速移动钻屑，并输送至井中倾斜度较小的井段

环到直井段时，压力将会达到最大值，延迟之后地面可见岩屑中的对应峰值；随着地面可见岩屑相应减少，该压力则会降回正常值。

在正在发生冲蚀的井段中可能会出现这种情况，PMWD 仪器不会发现在冲蚀井段过程中静止岩屑，直到随钻柱移动发生脱落后才可以看见。然后，它们将底部钻具封隔，导致较大的压力波动。PMWD 仪器可以反馈事故，但也应注意其他指示特征，如摩阻过大、悬重增大和 MWD 读数异常等。为了改善井眼状况，有必要进行倒划眼。为了避免事故发生必须保持井壁稳定性。井径偏大会避免环空堆积、封堵和严重的卡钻事故。合适的钻井液密度对井斜角、早期识别井壁不稳定迹象及最大限度地减少井眼尺寸超限至关重要。

图 6.57 显示了钻井液流变性偏低的影响。当岩屑举升进入钻井液中时，则会出现振动筛超载、封堵及过大当量循环密度等现象。当动切力 15 lbf/100ft² 增加到 25 lbf/100ft² 时，这些现象才会减少，随后逐渐消失。

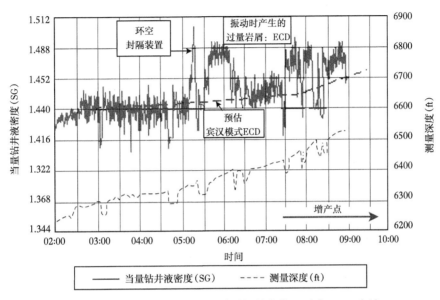

图 6.57　PMWD 等效钻井液密度随时间的变化（12¼ in，55°倾角），
由于钻井液流变性偏低导致井眼净化较差

在起下钻之前要保持井眼通畅，这样就可保证将底部钻具或钻头从井眼中起出时没有（或有限的）卡钻风险。图 6.58 显示出当循环井眼净化时，从 PMWD 仪器中显示随钻测量数据减小。环空中充满岩屑，并且循环进行井眼净化时，ECD 值则会降低。在这种情况下，

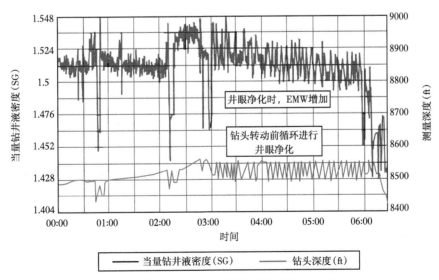

图 6.58　EMW 随时间的变化，起下钻之前进行井眼净化引起的 EMW 下降

振动筛中的材料与地面显示相结合，MWD 仪器则会显示井眼的确已净化。

必须认识到钻杆旋转引起的 ECD 增加是和岩屑床的大小有关。就滑动钻井而言，井眼净化效率不高，并且岩屑倾向于积聚在井眼低部位。随着长时间的滑动钻井，建议钻杆以正常转速钻进的同时，也要循环进行井眼净化。

假设在滑动钻进阶段没有岩屑移出，建议在滑动模式下每 100ft 旋转循环 45min。这是基于井眼分别为 12¼in 和 8.5in 条件下的数据。其他注意事项如下：

(1)钻杆不转则会严重影响井眼净化效果，在高井斜角时会更明显；

(2)起钻前循环次数应通过岩屑返出和 PMWD 数据决定。从井眼净化表中可以看出自下而上的循环次数普遍在 1.5~3 次，但根据 PMWD 仪器中的显示数据可以减少循环次数；

(3)重要的是在井眼净化时确定井底压力变化趋势，并注意井底压力是否有异常增加趋势，这可能表明井眼清洁净化效果较差；

(4)确定一个最大机械钻速，以避免滑动(旋转)钻进时环空压力过大；

(5)建议对所有的定向井实施水力参数和井眼净化模拟分析，这样可以对钻井液性能及流速进行优化，以便对所有井段进行充分的井眼净化；

(6)提升通过缩径段是可以接受的，只要钻杆能自由放下，不要立即采用最大拉力进行提升，而要逐步地进行作业，确保钻杆在任何地方都可以自由下放；

(7)必要时才可进行倒划井眼，使用模型来确定最大允许倒划眼速率。

6.3.14　压力传感器下部封隔

PMWD 是井眼中从传感器到地面影响的一个综合测量。通常压力传感器位于钻头上方不远位置(距钻头几英尺到几十英尺)。因此，如果要将环空中 PMWD 传感器下面的部分进行封隔，那么不会有迹象表明封隔是从 PMWD 传感器开始进行的。然而，如果立管压力轨迹较为清晰整齐，那么通过泵的压力增大趋势来指示封隔开始的位置(图 6.59)。事实表明 PMWD 仪器几乎可以看到所有的封隔事件，仪器显示大多数封隔事件发生在围绕底部钻具周围的传感器上。

6.3.15　破胶

当钻井液没有循环时，钻井液的触变凝胶特性必须保证岩屑和重晶石避免在此期间从悬浮液中分离出来。当钻井液不循环时，甚至在钻杆连接过程中，在静态条件下钻井液也会产生凝胶强度，这需要很大的压力才能在每次连接后破坏凝胶。在某些情况下，这足以使压力上升从而导致损失。事实上，失去循环往往归咎于地层本身或钻井液，而根据 PMWD 的数据显示，它同样可以归咎于钻井作业(如通过泵抽，而不是先旋转来进行剪切和破胶)。一个实例展示了破胶所产生的附加压力如图 6.60 所示(Ward and Andreassen，1997)。例子发生在储层向下扩眼过程。在这种情况下，在连接开始之后的每一次循环测量得到钻井液密度的压力波动将会达到循环当量密度的两倍以上。

6.3.16　起下钻过程

在起下钻过程中，由于流体的流动产生摩擦损失，当钻杆下入时产生一个正向的骤增压力，反之，当其上提时则会产生负的抽汲作用。然而，下入过程中由于流体振荡产生的负压力是可见的，并且已经大到足以将流体从地层中抽汲出来。由于几何形状的不确定性、井下流体特性及钻杆加速度效应等因素，要准确模拟动态抽汲以及压力波动是非常困难的。

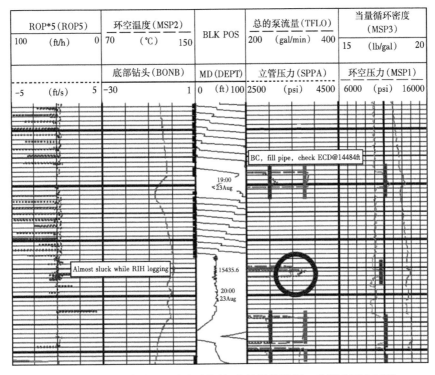

图 6.59   对压力传感器下方的封隔部分的早期检测，井眼中下入时的
立管压力增值没有在环形压力器上显示

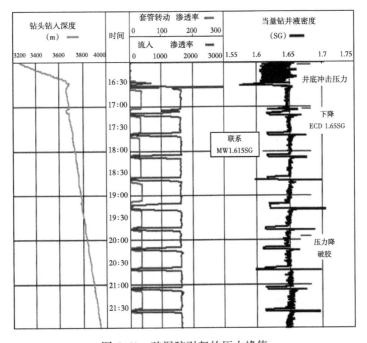

图 6.60   破泥胶引起的压力峰值

记录 PMWD 数据可以帮助确定模型中的不准确程度，并且可以在某种程度上进行校准。

图 6.61 是一个测量抽汲压力和波动压力（Ward and Andreassen，1997）的例子。可以看出，钻杆的运动可以产生明显的压力瞬变。在某些情况下足以造成井壁问题或井控问题。

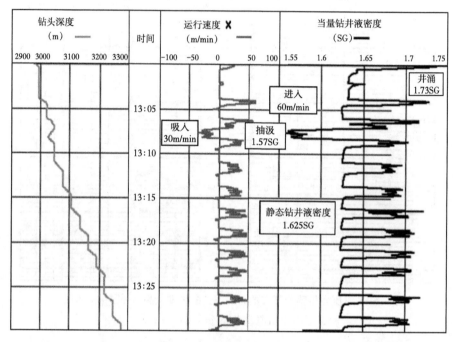

图 6.61　抽汲和波动压力

6.3.17　井控监测

由于异常地层压力使地层流体和气体侵入井筒是钻井过程中最为严重的风险之一。侵入流体的特性主要取决于密度、流速、体积、钻井液性质及井眼和钻杆的几何形状。

在气侵时，当将密度较大的钻井液替换为密度较小的气体或流体时，ECD 响应由钻井液密度的降低决定，当气体侵入使钻井液流速加快时由于摩擦和惯性作用会增大环空压耗。在较小的环形空间内间隙变小（如套管钻井）会引起特殊的钻井事故。

持续监测所有可利用的钻井数据是检测井下是否发生侵入事件的关键。图 6.62 显示了 PMWD 对于气体流入的响应。当气体与钻井液混合时，钻井液的密度（环空压力）则会降低。ECD 在 50min 后在曲线道 3 中显示开始减小，流体检测证实发生气侵。注意曲线道 2 中的环空温度升高，这是由于地层流体温度高于循环钻井液温度造成井筒升温。

时间和深度的压力响应不同井控条件变化很大。然而，井涌类型相似形成的 PMWD 曲线可能相似。例如，盐水井涌（图 6.63）发生在最后一个连接完成之后，可以观察到 EMW 降低和钻井液池液量增加。确认井涌后停止钻进并关井。井筒变成一个封闭系统，并且 PMWD 传感器记录了侵入地层的孔隙压力达到平衡时的压力恢复曲线。这些记录的数据用于分析压井过程及改进技术人员所用的钻井技术。通常由于较低的循环速率，因此无法从脉冲 MWD 系统获取此信息。但当检索 PMWD 数据时可以获得从关井到循环带出井涌流体

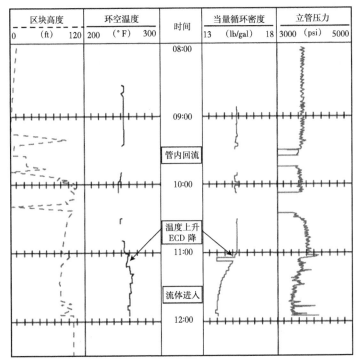

图 6.62　气体侵入时的 PMWD 响应（Hutchinson and Rezmer-Cooper，1998）

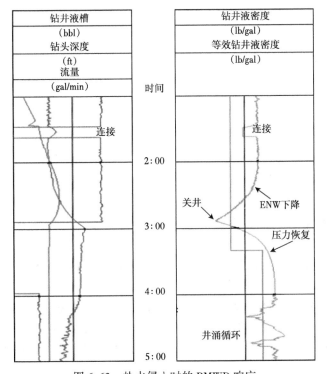

图 6.63　盐水侵入时的 PMWD 响应

这一过程的完整数据。像有线钻杆和电磁钻杆这样的遥测系统能够用于在井控期间进行实时地获取井下压力轨迹。

在没有其他数据情况下,很难通过实时泵送 PMWD 数据确定井控问题。但这些数据与常规钻井液录井数据结合时则会形成更清晰的图像。图 6.64 展示了在 PMWD 资料解释中气态烃平均值(百分比)和钻井液液面的作用。

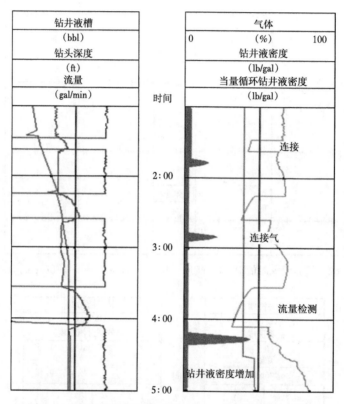

图 6.64　利用附加信息来解释 PMWD 的气体侵入示意图

钻井液池液量和钻井液中气体百分比表明在本例所示的三个之前连接过程中该井处于欠平衡状态。完成前两个连接所持续的时间可以解释钻井液槽液量增加及气体的渗入。从数次连接中获得模糊的地面数据很常见,尤其是漏失或溢出的情况。事实上,直到第三次连接时钻井液池持续增量约为 10bbl 时作业人员才开始增加钻井液密度。早期响应会阻止这种侵入情况。

钻井操作过程中随时都会出现井控问题,但尤为危险的是起下钻时出现的井涌问题。图 6.65 所示的曲线是一个起钻时发生井涌的例子。事件发生后,测量的孔隙压力为 16.05lb/gal。此值是在关井后从稳定的 PMWD 累计曲线中得到的。回顾一下循环 EMW 和静态 EMW 仅仅是在短距离起下钻之前才会大于孔隙压力。但是,较低的 EMW 时起下钻时的抽汲压力小于孔隙压力,并且井中有气体侵入。然而下钻时,PMWD 传感器监测到抽汲过程中进入轻质气体时应注意到压力的下降。

只有钻井液脉冲 PMWD 服务器才能将这些事件记录下来。因此,在整个短期起下钻过程及关井期间没有任何循环，通常压井所需的低泵速不能实时地进行数据传送。无论循环与否，对这项功能的改进将会结合钻井过程中所需的实时资料来进行。

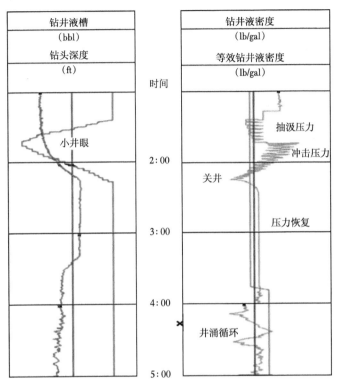

图 6.65　起下钻时发生井涌时的 PMWD 响应

6.3.18　损失（增加）、膨胀和排气

井壁鼓胀、排气、钻井液损失（增加）或井筒储存等现象可能是由于在接近破裂压力井段钻进而引起的。钻进时所观察到钻井液缓慢漏失在关泵之后（例如在连接或流量检查期间）又返回到井筒中。通常在此期间的任何流动都要注意，因为可能误认为是地层水、液态烃或气体的侵入。术语"鼓胀"最初的含义是由于存在附加 ECD 循环开始时井径扩大，循环停止时井径收缩（Gill，1986，1987，1989）。这就解释了所观察到的钻井液损失和增加现象，类似于气球吹气和放气。一些作业人员把这种现象称为呼吸现象，即井吸入和返出钻井液对应打开和关闭泵。所观察到的钻井液损失和增加其他人也称为井漏（增量）。现在看来这种现象的存在很可能是由于钻井液循环和停止循环引起的环空压力波动而导致了裂缝的张开和闭合（Bowman，1989；Holbrook，1989；Aadnoy，1996）；遗憾的是依然在用"鼓胀"。

如前所述，地层中的任何流体侵入都可能产生井控问题，其重要程度取决于它的体积及组成。如果流体是返出的钻井液，那就不存在井控问题。那么现在的问题是如何明确地知道它是地层流体侵入还是返回到井眼中的钻井液呢？如果是关井状态，这两种情况都会出现压力上升。

这种钻井液损失(增加)的情况常常被误认为是地层流体侵入井眼。误判通常导致不必要的耗资巨大的井控作业。识别这种情况的方法之一就是在停泵期间观察 PMWD 特征。图 6.66 显示了发生这种情况的三次连接过程。当停泵或开泵时,正常情况下的图形是典型的正方形。当停泵时,EMW 为整个环空中的钻井液密度,在这种情况下其值约为 14.5 lb/gal。循环过程 EMW 很快达到一个恒定值,示例中其值接近 15.5 lb/gal。当钻井液损失(增加)进一步发展,PMWD 连接的特征会产生变化。停泵时,由于钻井液以类似地漏试验的方式从地层流失,则 EMW 会慢慢衰减,最终在 4 时达到静止钻井液密度值。当重新建立循环后,裂缝慢慢回填,EMW 也会逐渐升高到 ECD 水平。

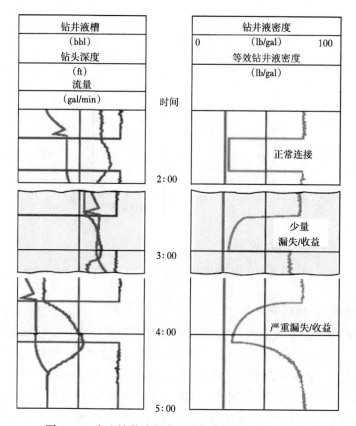

图 6.66　发生钻井液损失和增加期间的 PMWD 特征

由于深水井中上覆岩层较薄,因此钻井液损失(增加)属于较为常见的问题。如果将钻井液的损失和增加情况误判为井涌,正常反应是增加钻井液密度,而这常常会导致更严重的膨胀甚至最终会发生井漏。正确的应对措施是降低钻井液密度,降低 ECD(降低流速),或承受钻井液的损失和增加。

循环过程中发生充气钻井液会漏失,但这只是一部分而不是全部。钻进时不会轻易发现程度较小的漏失,但在长时间的钻进过程中可以累积到一个相当大的体积。漏失必定是进入到有限缝网范围内的裂缝中,很少量或几乎没有流体会漏失到孔隙中。当停泵时,环空压力下降,漏失进入裂缝的钻井液会回流到井筒。这样的回流比漏失更要注意,因为这种回流会很迅速但在此期间不希望有流体流动产生。

当鼓胀发生时，在停泵期间所记录的 PMWD 响应是诊断出现压力急剧下降，但在某些情况下，由于来自漏失层段的钻井液流动，压力则缓慢地衰减到静压力水平。如果停泵时间足够长，那么在钻井液返流停止时才会达到静压力水平。压力衰减速率与钻井液的返出速率有关，并且可以根据压力衰减曲线估算出钻井液返出体积。在任何情况下，压力将最终达到并保持在静压力水平，直到重新开泵。

一旦重新开泵，且假定停泵前后流流速相同，那么环空压力应返回到停泵前的水平。当缝网重新形成时，达到之前的压力水平也许会延迟。在这种情况下，不是所有被泵入的钻井液都会首先返回到井筒中。一些钻井液会重新充填裂缝并储存在裂缝中直到下一次停泵。

图 6.67 显示出了墨西哥湾一口井（Ward and Clark，1998）的 8.5in 井段正常的接单根过程中的压力变化。使用密度为 15.70lb/gal 的合成油基钻井液。在这种情况下，钻柱向下钻到 15856ft，然后在停泵前进行一次扩眼。在停泵这段时间内，钻井液池流进约 35bbl 的钻井液，且该流动属于循环停止时的一种正常流动。大约 23min 后再次开泵。当停泵时，压力峰值会降至静压力水平。当重新开泵时，压力骤升至扩眼之前水平。该正方形剖面图是一个没有膨胀或流动迹象的正常连接特征图。连接前后的 EMW 值是相同的，都为 16.26lb/gal。

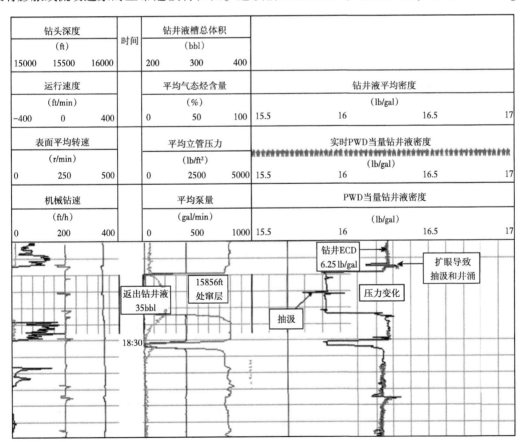

图 6.67　在 8.5in 井眼剖面上的预鼓胀连接过程，具有正方形特征

上下扩眼引起抽汲从而导致 EMW 降为 16.14 lb/gal，停泵前又升至 16.32 lb/gal。除了钻杆被轻微移动的两次之外，EMW 下降至 15.92 lb/gal 并维持在这一水平。一旦再次开泵后，EMW 会迅速回升到 16.25 lb/gal，与连接之前相同。要注意的是在图 6.67 中，井下钻井液的当量密度比报告值高出大约 0.22 lb/gal。地面和井下密度之间的差异是由于井眼中钻井液的温度和压力影响而产生的。

图 6.68 显示了在深度 16679 ft 的连接。在该点上钻井液密度已提高到 15.9 lb/gal，同时 ECD 为 16.48 lb/gal。上下扩眼那么抽汲和波动就与之前示例类似。停泵时，EMW 急剧下降至 16.16 lb/gal，然后在接下来的 20min 内逐渐降为接近静压力水平约为 16.12 lb/gal。当重新开泵时，EMW 迅速回升至 16.47 lb/gal，基本上为连接前的水平。在这段时间内，尽管井返出了 45 bbl 钻井液，比先前还多了 10 bbl 钻井液，地面没有任何显示。

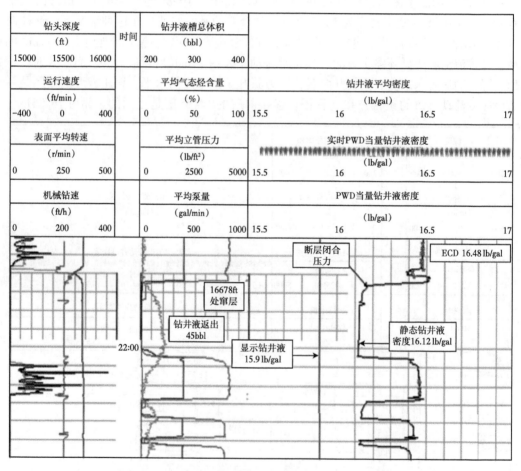

图 6.68　开始膨胀。通过 PMWD 所观察到的早期膨胀迹象，但地面没有显示迹象

图 6.69 显示了 17230 ft 处发生膨胀的连接。钻进时该处的 ECD 值为 16.42 lb/gal。停泵时，EMW 迅速下降至 16.37 lb/gal，然后在泵重新启动之前逐渐降为 16.13 lb/gal。泵重新启动之后，EMW 最终升至 16.40 lb/gal，或与连接之前的值相同，但当泵运行 15min 以上时，流动速率会略微升高。在该深度记录了膨胀现象，流量检测返出了大约 85 bbl。图 6.48

显示的压力逐渐下降至静压力水平表明停泵时钻井液正在返出。图 6.67 所示的膨胀井中返出的钻井液流防止压力迅速下降至静态水平压力。

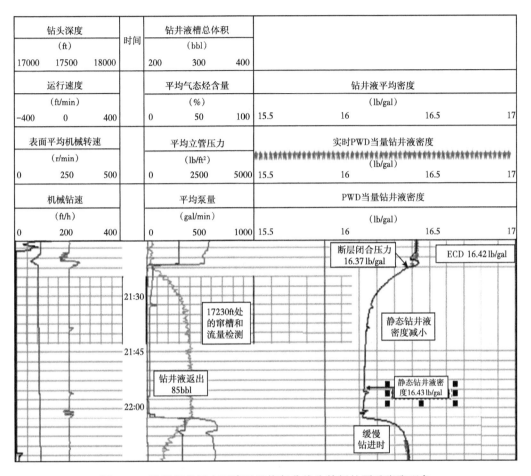

图 6.69　以缓慢的压力下降以及恢复曲线为特征的严重膨胀现象

　　图 6.70 显示了在 17696ft 处的连接，在发生大型漏失事件之前膨胀非常严重。钻井时当量循环密度的缓慢增长比较明显，通过实时 PMWD 数据可以观察到。在停泵 8min 压力未达到静压力平衡。

　　从图 6.67 到图 6.70 的膨胀事件与地层流体侵入相比如何？未公开的井侵和井涌的 PM-WD 观察显示，随着加重钻井液的进入（以及膨胀在加重钻井液接近破裂压力时一直会发生），侵入流体的密度始终低于钻井液密度，气体密度会更低。因此，流体侵入时无论循环、静止或者起下钻，EMW 下降都表征了 PMWD 数据。在图 6.63 中 ECD 下降说明连接之后地层流体侵入，下降的幅度取决于侵入流体的相对密度以及钻井液和侵入流体的体积。在膨胀井中 ECD 最终会回升到与静态期之前所观察到的 ECD 值相同的值。钻井液池中的增量是由连接期间流体侵入引起的，ECD 不会回升到 16.45lb/gal，而是比其偏低一点。

　　膨胀之前所形成的连接可以在图中观测到，该图引发了关于时间—压力曲线上停泵阶段所形成的初始曲线形状问题，图中的这部分曲线有一定的曲率。这可能是由于钻井液回

钻头深度			时间	钻井液槽总体积						
(ft)				(bbl)						
17000	17500	18000		200	300	400				
运行速度				气态烃含量			钻井液平均密度			
(ft/min)				(%)			(lb/gal)			
−400	0	400		0	50	100	15.5	16	16.5	17
表面平均转速				平均立管压力			实时PWD当量钻井液密度			
(r/min)				(lb/ft²)			(lb/gal)			
0	250	500		0	2500	5000	15.5	16	16.5	17
机械钻速				平均泵量			PWD当量钻井液密度			
(ft/h)				(gal/min)			(lb/gal)			
0	200	400		0	500	1000	15.5	16	16.5	17

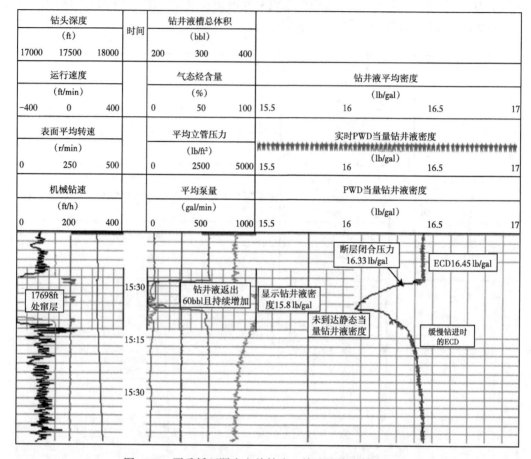

图 6.70　严重循环漏失之前鼓胀，快速连接无静态平衡

流被忽视或是太小以致无法检测到所引起的。如果这种情况属实，那么当钻台上膨胀现象变得明显之前，可以通过 PMWD 仪器对其进行检测。在膨胀期间，停泵止时压力曲线下降及开泵后压力曲线的缓慢上升，其 PMWD 特征是不同的。此外，在曲线的下降段有一个典型的坡折，这解释为裂缝闭合压力，该压力与地露试验中停泵时的压力相似。

从之前对膨胀所进行的讨论中得出（Ward and Clark，1998）：

（1）膨胀是由钻井过程中缓慢的钻井液漏失及停泵时等量体积的钻井液返出引起的；

（2）当停泵时，返出的钻井液流动将会延缓压力下降至静压力水平；

（3）在连接或流量检测之前，泵再次开启之后，钻井液漏失会减缓 ECD 返回到所观察到的值；

（4）假设泵效和转速相同，连接或流量检测前后的 ECD 是相同的，开泵后 ECD 低，说明发生溢流；

（5）在连接或流量检测期间井底压力对开关泵的响应可以诊断是否发生膨胀现象。实时的 PMWD 仪器可以对其测量，并做出正确决策。

6.3.19　解读指南

在本章中，单一对地面压力进行实时监控可能导致对钻井事故的曲解，这主要是因为环空中充满的流体和岩屑的性质及压力窗所致。井下测量所监测到的 ECD 肯定有助于解释钻进过程中可能发生的复杂事故。但是，通过组合所有可用信息（包括地面和井下信息），可以更全面地了解事故和潜在原因。

对所监控事故进行合理的实时分析原因、特征及参数是不断发展的，并不能观测出所有可能出现的事件。但某些常见的事故在地面和井下测量过程中有重复特征。表 6.1 是对一些常见钻井事故的简单解释指南，着重说明 ECD 在实时深度（或更多的是时间曲线）钻井曲线上的特征是如何变化的。沿着某事故的 ECD 特征，也可以看到完整测量曲线中的其他表征或趋势，如地面泵压、地面和井下扭矩、大钩负载、钻井液流入（流出）等。最后一列是针对一些补救措施的评论或对一些潜在井下事件复杂性提出了警示。

表 6.1　常见事故的简要分析

事件/程序	ECD 变化	其他特征	备注
钻井液成胶/开泵	突然上升	泵压增大	调整转速及泵压来避免波动
收集岩屑	增加到稳定状态	地面返出岩屑	明显转速增加
环空堵塞	间歇性"尖峰"增加	立管压力 波动压力增加 扭矩或转速波动 上部拉力增大	经常出现卡钻的早期提示；提示地层破裂之前下入封隔器
岩屑加载	逐渐上升	地面没有预期岩屑 扭矩增加 机械钻速减小	如果接近柱塞，会出现波动压力的突起
传感器下部堵塞	堵塞通过传感器时突然上升，堵塞位于传感器之下无变化	上部拉力增大 立管压力的持续增加	监测立管压力和 ECD
气体运移	关井时 ECD 上升	关井时地面压力直线上升（近似）	注意估算气体运移速率
下钻	上升幅度取决于环空间隙、流变性、流速	监测钻井液补给罐	喷嘴越小，影响越大
起钻	下降幅度取决于环空间隙、流变性、流速	监测钻井液补给罐	喷嘴越小，影响越大
接钻柱	下降到静态钻井液密度	开泵或停泵指示泵入速度降低	观测静态钻井液密度的显著改变
重晶石沉降	静态钻井液密度减小或钻井液密度变化无法解释	高扭矩和上部拉力增大	周期性滑动钻进或旋转搅动岩屑床，采用合理的钻井液流变性
气侵	常规尺寸井眼中下降	钻井液池液面上升和压差增大	初始无法识别到钻井液池增量
流体侵入	低于钻井液密度时下降 伴随有固体侵入时上升	如果有，确定钻井液管线中流量	如果浅层水流动设计对应方案

术语

a——静水压力补偿；

b——体积压缩系数（包括钻井液压缩系数和套管/裸眼一致性效应）；

p——压力；

p_{ann}——井底环空压力；

p_{sp}——立管压力。

参 考 文 献

Aadnøy, B. S. 1996. Evaluation of Ballooning in Deep Wells. In Modern Well Design, second edition, Appendix B, 224-233. Rotterdam, The Netherlands: A. A. Balkema.

Alberty, M. W. , Hafl e, M. E. , Mingle, J. C. , and Byrd, T. M. 1999. Mechanisms of Shallow Waterfl ows and Drilling Practices for Intervention. SPEDC 14 (2): 123-129. SPE-56868-PA. DOI: 10. 2118/56868-PA.

Aldred, W. , Cook, J. , Bern, P. et al. 1998. Using Downhole Annular Pressure Measurements To Improve Drilling Performance. Oilfi eld Review 10 (4): 40-55.

Bern, P. A. , Zamora, M. , Slater, K. S. , and Hearn, P. J. 1996. The Infl uence of Drilling Variables on Barite Sag. Paper SPE 36670 presented at the SPE Annual Technical Conference and Exhibition, Denver, 6-9 October. DOI: 10. 2118/36670-MS.

Bowman, G. R. 1989. Borehole Ballooning in Response to Gill. Oil and Gas Journal 87 (10 April 1989).

Eaton, L. F. 1999. Drilling Through Deepwater Shallow Water Flow Zones at Ursa. Paper SPE/IADC 52780 presented at the SPE/IADC Drilling Conference, Amsterdam, 9-11 March. DOI: 10. 2118/52780-MS.

Gill, J. A. 1986. Charge Shales: Self-Induced Pore Pressures. Paper SPE 14788 presented at the SPE/IADC Drilling Technology Conference, Dallas, 9-12 February. DOI: 10. 2118/14788-MS.

Gill, J. A. 1987. Well Logs Reveal True Pressures Where Drilling Responses Fail. Oil and Gas Journal 85: 41-45.

Gill, J. A. 1989. How Borehole Ballooning Alters Drilling Responses. Oil and Gas Journal 87: 43-51.

Haciislamoglu, M. 1994. Practical Pressure Loss Predictions in Realistic Annular Geometries. Paper SPE 28304 presented at the SPE Annual Technical Conference and Exhibition, New Orleans, 25-28 September. DOI: 10. 2118/28304-MS.

Haciislamoglu, M. and Langlinais, J. 1990. Non-Newtonian Flow in Eccentric Annuli. Journal of Energy Resources Technology 112 (3): 163-169.

Hauser, B. 1998. Opening Remarks. Drilling Engineering Association (DEA) Shallow Water Flow

Forum, The Woodlands, Texas, 24-25 June.

Holbrook, P. 1989. Discussion on Borehole Ballooning in Response to Gill. Oil and Gas Journal 87 (12 June 1989).

Hutchinson, M. and Rezmer-Cooper, I. 1998. Using Downhole Annular Pressure Measurements to Anticipate Drilling Problems. Paper SPE 49114 presented at the SPE Annual Technical Conference and Exhibition, New Orleans, 27-30 September. DOI: 10. 2118/49114-MS.

Johnson, A. B. and Tarvin, J. A. 1993. Field Calculations Underestimate Gas Migration V elocities. Oil and Gas Journal 91 (46): 55-60.

Leach, C. P. and Quentin, K. M. 1994. Static and Circulating Kick Tolerance. Paper presented at the IADC Asia Pacifi c Well Control Conference, Singapore, 1-2 December.

Luo, Y. , Bern, P. A. , and Chambers, B. D. 1992. Flow-Rate Predictions for Cleaning Deviated Wells. Paper SPE 23884 presented at the SPE/IADC Drilling Conference, New Orleans, 18-21 February. DOI: 10. 2118/23884-MS.

Luo, Y. , Bern, P. A. , and Chambers, B. D. 1994. Simple Charts To Determine Hole Cleaning Requirements in Deviated Wells. Paper SPE 27486 presented at the SPE/IADC Drilling Conference, Dallas, 15-18 February. DOI: 10. 2118/27486-MS.

McCann, R. C. , Quigley. , M. S. , Zamora, M. , and Slater, K. S. 1995. Effects of High-Speed Pipe Rotation on Pressures in Narrow Annuli. SPEDC 10 (2): 96-103. SPE 26343-PA. DOI: 10. 2118/26343-PA.

Pelletier, J. R. , Ostermeir, R. M. , Winker, C. D. , Nicholson, J. W. , and Rambow, F. H. 1999. Shallow Water Flow Sands in the Deepwater Gulf of Mexico: Some Recent Shell Experience. Paper presented at the Interna-tional Forum on Shallow Water Flows, League City, Texas, 6-8 October.

Rezmer-Cooper, I. M. , Rambow, F. H. K. , Arasteh, M. , Hashem, M. N. , Swanson, B. , and Gzara, K. 2000. Real-Time Formation Integrity Tests Using Downhole Data. Paper SPE 59123 presented at the IADC/SPE Drilling Conference, New Orleans, 23-25 February. DOI: 10. 2118/59123-MS.

Rudolf, R. L. and Suryanarayana, P. V. R. 1998. Field V alidation of Swab Effects While Tripping-In the Hole on Deep High Temperature Wells. Paper SPE 39395 presented at the IADC/SPE Drilling Conference, Dallas, 3-6 March. DOI: 10. 2118/39395-MS.

Smith, M. 1998. Shallow Water Flow Physical Analysis. Paper presented at the IADC Shallow Water Flow Conference, Houston, 24-25 June.

Ward, C. 1998. Pressure-While-Drilling: Shallow Water Flow Identifi cation. Paper presented at the Drilling Engineering Association (DEA) Shallow Water Flow Forum. The Woodlands, Texas, 24-25 June.

Ward, C. and Andreassen, E. 1997. Pressure-While-Drilling Data Improves Reservoir Drilling Performance. SPEDC 13 (1): 19-24. SPE 37588-PA. DOI: 10. 2118/37588-PA.

Ward, C. and Beique, M. 1999. Pressure-While-Drilling Application for Drilling Shallow Water

Flow Zones. Paper presented at the International Forum on Shallow Water Flows, League City, Texas, 6-8 October.

Ward, C. and Clark, R. 1998. Anatomy of a Ballooning Borehole Using Pressure While Drilling™ Tool. Paper presented at the Overpressures in Petroleum Exploration Workshop, Pau, France, 7-8 April.

6.4　随钻地层压力

——Julian Pop, Paul Hammond, Iain Cooper；斯伦贝谢公司

6.4.1　引言

在过去几年里复杂井的钻井成本显著提高。许多随钻测井(LWD)工具都致力于通过评估地层孔隙压力来降低随钻风险。对地层压力的认识将影响钻井安全和所有套管设计方案。对孔隙压力的认识有利于形成最优的钻井液方案，避免或尽可能减少井眼稳定和井控事故，可以以最优钻速进行钻进(Barriol et al.，2005)。通常情况下，选择使井筒总压力大于地层压力的钻井液重力，从而控制地层压力和避免井控事故。但是，从9.1节中可以看到，可以在静态钻井液重力小于地层压力的情况下钻进或欠平衡钻进。在深水钻井条件下的钻井液密度窗口范围(压力范围在地层孔隙压力/和地层破裂压力之间)非常狭窄，并且很难确定，特别是因为其他参数也控制着钻井液属性的选择，如钻柱中钻井液井眼净化能力和稳定性能。因此，地层压力是一个关键的钻井参数。

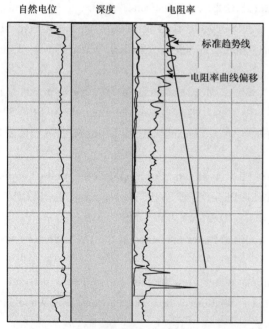

自然电位　　深度　　电阻率

标准趋势线

电阻率曲线偏移

图 6.71　正常压实趋势情况下电阻率出现偏差可能表明存在异常地层压力(Alford et al.，2005，图像版权属斯伦贝谢公司，已获得允许使用)

通常情况下，地层孔隙压力可以从钻前的地震测量和针对电阻率和声波特性的 LWD 测量中间接地估算。地层电阻率直接取决于孔隙，包括孔隙中的流体和其离子浓度。在正常压实的条件下，页岩电阻率随深度增加，也就意味着孔隙度的降低。因此，测井中电阻率的降低，表明异常地层压力与正常压实变化趋势相关(与孔隙度正相关，图 6.71；Alford et al.，2005)。

然而，由于这些测量的间接性，其他因素可以潜在地掩盖正常压实趋势的变化，并可以造成异常压力检测的不准确(Aldred et al.，1989)。

使结果复杂的因素如下：

(1)有机质的沉积将会增加电阻率；

(2)井眼几何结构的缺陷(如冲蚀或坍塌)会增加电阻率测量的误差；

(3)变化的井筒温度会影响地层水

的电阻率。

　　地震测量中的声波速度是孔隙度的函数（即声波速度越低，孔隙度越大）。另外在正常压实地层中，压实程度随深度的增加而增加；孔隙度随深度增加而减小，声波速度和地震波速度一般随深度增加而增加。

　　超压区通常与尚未压实沉积物有关，所以这种趋势的差异表明存在潜在钻井风险。然而，深部地层地震测量分辨率通常较差，很难从声波测量中确定钻前风险。随钻声波测量可以获得超压地层钻前更精确的风险提示（图6.72）。

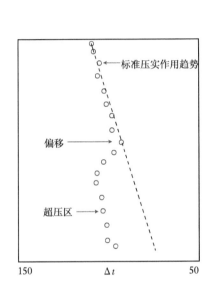
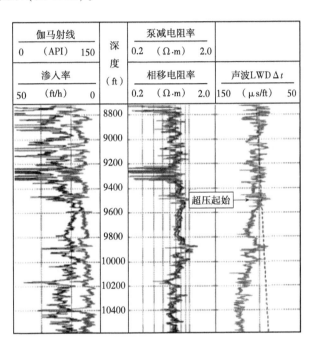

图6.72　声波随钻测量来识别潜在的超压层（Alford et al.，2005，
图像版权属斯伦贝谢公司，已获得允许使用）

　　不过定量预测需要周期性的标定点。目前地漏测试、地层完整测试、井涌及井侵事件可用来确定压力界限，也构成了校准点。

　　然而地层压力随钻测量（FPWD）彻底改变了地层孔隙压力评价并使钻井效率和质量大幅度提高。如FPWD测量可协助以下作业：

　　（1）套管设计。更好地认识近井压力环境，设计优选套管下深。避免提前下套管或下错套管位置以节约成本。

　　（2）地质导向和地质定位。在FPWD测量的基础上，可以针对实时环境优化这些决策（Neumann et al.，2007）。快速决策可以消除在钻遇废弃压力地层时间上的浪费，并且可以保留原定用于侧钻开发或完井的原始压力区。原始地层压力和流体流动能力的详细数据可以帮助确定高产层段，结合模型有助于优化水平井产层长度。

　　（3）高陡断裂地层。实时压力数据可以辅助进行不同隔层之间的地质导向决策。

　　（4）碳酸盐岩储层。FPWD压力和流动数据，与地面测量相结合（如热解或氢气的比例），有助于地质导向判断沥青垫上喷射器的位置，以避免进入稠油层(Seifert et al. , 2007)。

(5)测定地层性质。准确地测定油藏中的地层压力可以同时分析原始油藏和发育良好的油藏。在原始地层中，可以将压力剖面与其他随钻测井测量结果结合起来建立油藏的完整静态模型，从而针对未来开发规划决策进行改进。在已开发的储层中，压力剖面可用于了解地层内不同压力水平的储层中的流体流动。在发达的储层中，压力曲线可用于了解地层内不同高度的储层中的流体运动。

(6)油藏动态建模与仿真。压力分布、限定梯度和接触点可以与生产历史(除了静态储层模型)结合以建立一个地层动态压力模型。这些模型是优化特定储层最终采收率的关键要素，且可以确定用于生产的完井系统的类型和复杂程度。

之后将介绍 FPWD 测试工具、测试程序及测量方法的基础理论，将重点分析压力解释中明显的增压现象(钻井液滤失导致的岩石表面张力增加)，以及如何通过通常采用有线部署的钻后测量来验证测量结果。

6.4.2　测量设备和方法

所有大型服务公司都提供 FPWD 服务，很多文献中也有该服务的详细信息。本书将提供测量的基本原理，文献中有特定的工具和案例研究的详细描述(Finneran et al. , 2005;Fletcher et al. , 2005;Pop et al. , 2005b)。

开发的任何新测量方法都必须提供稳定、可靠和可重复的读数。各种类型的 FPWD 工具在某种程度上类似于有线部署工具，通常是基于钻铤或稳定器的探针式测量。

其工作原理十分简单。暂时停止钻进，将探针推入地层，并将测量区与井眼隔离的密封装置包围。探针式地层测试器仅测量井壁地层内压力，本质上是外部滤饼与地层之间界面压力。图 6.73 为地层压力剖面示意图。

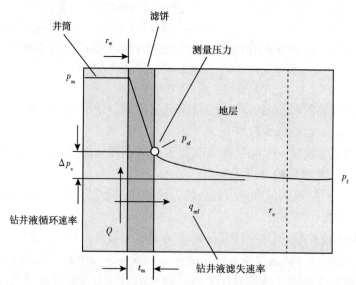

图 6.73　探针式 FPWD 工具时抵靠地层井壁时压力状态，取决于不同的钻井液渗滤速度和滤饼与地层之间渗透率的对比度，井底压力无法接近真实地层压力。钻井液循环会限制滤饼厚度，从而促进钻井液渗透，在静止条件下钻井滤饼将产生，最终达到最大阻力(Pop et al. , 2005b)

典型的操作程序将在后面章节中介绍，但该设计的这种循环可保持钻井液和井眼可调节，并减少地层中工具卡钻的风险。注意如果在井底钻具组合（BHA）中有一个钻井马达，循环会导致振动，所以对于底部动力钻具结构的问题，最好的办法是停泵。典型的 FPWD 工具结构如图 6.74 所示。

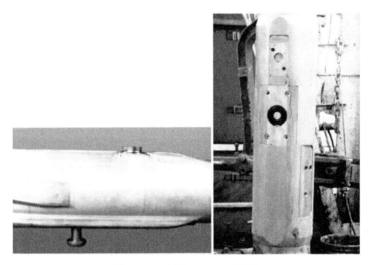

图 6.74　典型 FPWD 工具图

FPWD 工具的主要功能如下（Pop et al.，2005b）：

（1）用弹性密封元件将探针压在井壁上，以提高密封质量；

（2）活塞将工具压在墙上，并有助于保护探头附近的滤饼形成，防止钻井液循环造成的冲蚀；

（3）钻铤和稳定器的设计，改变探测器周围流体流动和减小钻井液流速，从而减少滤饼侵蚀和钻井液滤失；

（4）电源允许工具在开泵和停泵两种模式下运行；

（5）机电式预测试系统可精确控制预测试的速度和吸入工具的体积；

（6）出油管线和井筒压力表。

这些工具通常可以在随钻模式下或钻探后随旋转导向系统一起运行。为了减小停钻的时间和避免卡钻的潜在风险，最小化总测量时间（通常为几分钟至几十分钟）。

通常首先通过预探井和邻井分析来确定要进行测量的深度，并通过其他 LWD 测量进行修正。部署好探头并进行测量后，会发出信号并收回探头。根据作业需求，实时或事后数据会传输到地面。

6.4.3　增压

地层和钻井液性能将决定产层表面是否能对远井地带的压力做出准确的表述。如果滤饼致密，则应形成良好的密封性，与密封性差的滤饼相比，测量结果将更准确地表示地层压力。如果滤饼的密封性不理想，会有一个从井底到边界的地层压力下降。当井底与地层压力之间存在显著差异，地层会产生增压。增压的大小可表示为如下：

$$\Delta p_s = p_{sf} - p_f \tag{6.3}$$

式中，p_{sf} 是井底压力，p_f 是边界地层压力(图 6.73)。

可能影响井底压力测量的其他因素是：

(1)钻井液类型(油基钻井液、水基钻井液、合成基钻井液)；

(2)储层流体类型；

(3)岩石润湿性；

(4)毛细管压力影响。

增压的量取决于从最初钻探地层到发生渗滤的那一刻起的钻井液渗滤速率的累积效应，以及地层实际容纳任何滤液的能力。Phlips 等(1984)已经表明增压量应该是反比于地层的流动能力(即抑制滤失滤饼的密封性增加了增压效果)。例如，限制滤饼生长的钻井液循环或侵蚀或刮除滤饼都可能导致增压增加。

循环钻井液时的动态情况对滤饼的形成影响显著。对水基钻井液和油基钻井液体系(Longeron et al.，1998)在文献中有详细的记录。对于一个给定的底部钻具组合和循环速度，影响滤失程度的基本因素如下：

(1)钻井液类型(固体粒径分布)；

(2)钻井液流变参数(屈服应力、有效黏度)；

(3)钻井液胶凝强度；

(4)滤失流体和地层流体的流度比。

Popetal(2005b)强调指出增压可能至少与下列三种情况有关：

(1)静态效应。当互不相溶的钻井液滤液侵入地层时，岩石的润湿性和毛细管压力受到影响。通常压力测量过程使用小容量预测试，结果非常明显。

(2)拟静态效应。滤饼形成有效密封之后存在的超压不能在地层测试的时间范围内消散，因为地层流动性非常低，会抑制泄漏；

(3)动滤失。由于滤饼未形成有效密封，而在近井区域中存在一定程度的超压。这可能是由三个因素引起的：一是，钻井后滤饼未完全形成。这与地层渗透率、过平衡钻井程度、钻井和测试之间的时间有关；

二是，由于循环速率而导致的滤饼侵蚀和生长抑制特性；

三是，机械因素干扰滤饼的完整性(如 BHA 振动导致稳定器凿壁现象)。

由 Popetal (2005b)所描述的实验表明，井底压力测量直接受循环速率的影响，在没有执行循环条件下进行测试有好处。然而，在设计测试过程中必须考虑卡钻的风险。

该工具的设计使密封元件和探针达到最佳的密封效果，并在可能的情况下将钻井液循环的影响降到最低，以避免渗滤泄漏到探头附近的地层中。

为了在测试过程中考虑到增压的影响，已经开发了模型来考虑影响增压的因素(Chang et al.，2005)。用来模拟地层压力暂时性变化和滤液漏失的模型对于理解钻井过程中的地层压力测试是有价值的，并且强调了因为滤失速度的影响，已钻井的地层压力测试在随钻测试中不是必须相关的。

首先概述了用于模拟钻井液—滤液滤失、地层压力和增压的模型背后的基本思想。

6.4.4 流体滤失建模

为了预测增压，必须将两个要素结合起来：一种是钻井液滤液滤失速率模型，从开始发生渗透直到测量的时间点；另一个是井筒周围地层压力和流量模型，经历的是同样的时间段。滤液滤失模型是滤饼形成模型和井筒水力计算的组合（Chang et al.，2005）。

对于钻井过程中的井筒滤失模型而言，钻遇地层后孔隙快速封堵，几分钟内形成较大的滤饼且逐渐变厚，并且滤液滤失速率相应减小。在静态滤失过程中，控制钻井液滤失的因素是井筒和地层之间的压差。一段时间后，滤失速率停止减小，动态平衡滤失速率值受滤饼表面的钻井液剪切作用控制，进而受钻井液的循环速率、流变性、井眼和钻柱的几何形状控制（Fordham et al.，1991）。

如果钻井液循环速率降低或者地层与 BHA 之间的压差增大会进一步使滤饼增厚和滤失量减少。如果水力作用变得更强烈（高循环速率、窄间隙）滤饼侵蚀和滤失速率也相应增加。

标准钻井水力计算得到井筒压力和摩擦压力损失梯度（与水力剪应力密切相关），进而可以获得滤饼形成和滤失的主要控制因素。钻井过程中，假设某时刻钻井液循环速率不变，由于钻头和井底钻井液流动间隙很小，水力剪应力会在固定的深度首先达到较大值。钻铤和小外径下部钻具组合部件进入地层，剪切应力开始下降。如果 BHA 中存在任何大直径部件（稳定器或 FPWD 工具），剪应力可能上升，最终钻杆到达后将下降到低值。

循环速率变化（如连接时）、钻杆作业、机械碰撞或钻柱摩擦会导致情况复杂。前两个在任何模拟中都很简单，但无法模拟滤饼上滤失过程的机械作用机理。

为了模拟实际的滤失率，还必须输入有关特定钻井液的流变性和滤失性。理想情况下，这些数据来源于现场实际流体的测量。虽然测量的可能是实际的流变性和静态滤失性能，对于动态滤失特性的测量还需要更复杂的装置。出于这个原因，动态参数可能要依靠典型值的数据库，或者认识到此处存在明显的不确定性并模拟一系列情况。

用于模拟滤液滤失速率与时间的关系及不断变化的水力条件的方法，是将滤饼以限定速率形成或侵蚀，直到滤失速率等于当前水力条件测定在动态平衡滤失速率值。如果当前滤失速率大于相应的动态平衡滤失速率，相应的滤饼的增长速度应视为相同材料饼的当前井眼（地层）压差下静态滤失速率所测量的滤饼增长速率。如果滤失速率小于相应的动态平衡值，侵蚀率是一个独立的参数。钻井液水动力条件更剧烈时，专门设计研究滤饼动态的实验来确定侵蚀率。在目前的模拟中除非钻井液流动为湍流，否则侵蚀率为零。

相反地层中的过程模拟相对比较熟悉。在压力不稳定的试井中，达西定律与质量守恒和流体可压缩性相结合。近似为单相条件下油基钻井液侵入两个原油性质相似的含油带，可以建立简单的压力扩散方程。在多相条件下，如水基钻井液侵入油气层，可建立一组饱和度和压力的方程。为简单起见，此处仅讨论单相情况。

这些模型背后的数学原理如下。这里采用的滤失模型方法受到 Dewan 和 Chenevert（2001）模型和 Fordham 等（1991）思想的强烈影响。总而言之，回顾 Fordham 等（1991）的文献，在连续循环的井筒条件下，钻井液滤失可以按一系列阶段来理解：

（1）早期准静态阶段：如果钻井液不流动，流体滤失和滤饼增长继续以同样的方式进行，其中占主导地位的控制因素是井筒与地层之间的压力差。

(2)过渡阶段。

(3)后期动态平衡滤失阶段：在此阶段滤饼已经停止增长，滤液滤失速率为一恒定值，取决于滤饼表面流动的钻井液切应力，与井眼和地层之间的压力差及地层性质无关。

在动态平衡滤失阶段，认为钻井液颗粒不再积聚到滤饼上［也有观点认为，这并不符合所观测到的建立平衡的积聚和去除的过程(Fordham et al.，1991)］。进一步认为积聚停止是因为滤液滤失率已经下降到低于临界值，这取决于滤饼的表面剪切应力。引用 Fordham 等(1991)的摘要："关于动态滤失率的推测……意味着侵入量应该独立于钻井液失衡和地层特性……除非地层渗透率非常低，以至于限制滤失流量低于临界渗透率。"在这篇文章中，作者对前面列出的三个阶段的滤失率都提出了一个简单的数学描述。本研究的模型只是将这些想法重新构造为更适合包含在能够预测随时间变化的井眼条件下滤失率的模拟器中的格式。

本研究的模型与 Dewan 和 Chenevert (2001)的模型在许多方面有所不同：

(1)这里避免了从简单实验难以确定的滤饼厚度和渗透率等概念，而是直接使用实验确定的量，如基于压力的解吸率。

(2)同样，通过使用动态滤失中流体滤失率的简单临界流体滤失速率截止值，避免了需要知道钻井液中粒度分布的要求。

(3)该模型用微分方程建立。

虽然这些简化模型接近实验测量数量，但也存在不足之处。例如，不能反映动态流体滤失率的缓慢下降，并被认为是滤饼缓慢固结的结果(Fordham et al.，1991)或粒子增长的平均尺寸(和数量)的减少(Dewan and Chenevert，2001)。问题的严重程度取决于需要为流体滤失率建模的时间尺度。在钻头后面 50ft 的地层压力测量工具，在第一次接触后 1h 左右首先到达目标地层，这可能是一个短暂的时间，长期的滤饼压实作用可以忽略不计。另一方面，地层压力的测量可以在第一次接触几天后实施，例如在钻进较深的地层后重新对浅地层进行测试。在这种情况下如果发生重大变化，不仅要考虑长期的压实作用，还要评估并考虑起下钻、波动和抽汲、钻柱与滤饼之间的机械作用、钻井液性能的长期变化的影响。

下面章节中首先描述了基本的数学模型，然后详细地给出本构关系(即用于描述钻井液滤失特性随井筒水力条件变化的函数形式)。在可能的情况中，尝试使用模型来表征流体体系滤失特性的数量接近于已经进行常规测量的数量。例如，静态滤失的关键描述指标是直接从一系列美国石油学会(API)标准的钻井液滤失试验中获得。

该模型包含了一个假设为单相、径向、轻微可压缩流体的流动模型。可以实施更加精细的地层模型，这对于正确预测增压压力是必要的，例如，在相对渗透率和毛细管压力贡献很大的情况下，或者在滤液和天然流体差别很大的情况下。原则上，用两相或三相地层流动模型取代单相模型没有明显的困难，至少可保持在这里描述的数值框架内。正确的预测可能也是必要的，如在相对渗透率和毛细管压力的显著作用，或滤液和纯流体黏度是明显不同的情况下。原则上，由二相或三相地层流动模型代替单相模型并没有明显的困难，至少在描述的数值框架内。

6.4.4.1　基本方程

单位井底面积滤失到地层中滤液的总体积 V，与单位井底面积滤液体积损失率 q，用下式表示。

$$\frac{dV}{dt} = q \tag{6.4}$$

在钻到目的层时，取时间 $t=0$，这时钻井液开始滤失，所以

$$V(0) = 0 \tag{6.5}$$

钻井时钻头附近流体的流失对钻井液的侵入的影响可以忽略。通过已测定的钻头附近钻井液损失率来比较预计近钻头侵入深度与 $V(t)$ 计算出的侵入半径可以得出误差，$R_{inv}(t)$ $= r_w[1+2V(t)/\phi r_w]^{1/2}$。流量损失方程（6.5）可以进行合理的修正。钻井液进入地层滤失量的大小通常与钻井液中固体颗粒在井筒表面形成的滤饼有关系。（忽略固体小颗粒对地层孔隙的堵塞。）单位井底区域的滤饼质量记为 M。滤饼质量由于固相沉积可能会以 D 的速率增加，也会以 E 的侵蚀速率而减小，所以：

$$\frac{dM}{dt} = D - E \tag{6.6}$$

在此"侵蚀"一词用来指在过去的某个或多或少的时间里，由于新施加的强力井筒流体流动，清除滤饼上沉积下来的物质的过程。它和方程（6.6）不应被理解为一旦在恒定井筒流动条件下达到稳定动态流体滤失条件，固体沉积与侵蚀之间存在动态平衡状态。事实上，在动态滤失过程中恒定的滤失速率并不是达到动态平衡而是指沉积停滞。因为在地层刚被钻开时，并没有形成滤饼，$M(0) = 0$。

引入一个新的变量，来代替 $M(t)$。

$$V^*(t) = \frac{M(t)}{\kappa} \tag{6.7}$$

式中，V^* 是指在恒定的压差和剪应力条件下，钻井液滤失并形成滤饼，指单位面积上的滤失量。κ 是指单位每体积滤液所含的钻井液固体量。记：$D^* = D/\kappa$，$E^* = E/\kappa$，所以：

$$\frac{dV^*}{dt} = D^* - E^* \tag{6.8}$$

服从：

$$V^*(0) = 0 \tag{6.9}$$

假设单相微可压缩流体在均匀地层中径向流动，则压力公式满足：

$$\frac{\partial}{\partial t} = \frac{K}{\phi \mu c_t} \frac{1}{r} \frac{\partial}{\partial r}\left(r \frac{\partial p}{\partial r}\right) \tag{6.10}$$

式中，K 为地层渗透率，ϕ 为孔隙度，c_t 为总压缩系数，μ 为流体黏度。

在井底，$r = r_w$，地层流体的流动必须匹配滤液的流入，所以：

$$-\frac{K}{\mu} \frac{\partial p}{\partial r}(r_w, t) = q \tag{6.11}$$

离井筒越远，压力越接近于原始地层压力，任意时刻 $r \rightarrow \infty$ 时，$p \rightarrow p_{\infty}$，在初始时刻，$p(r,0)=p_{\infty}$，$r \geqslant r_{w}$。为方便起见，井底的地层压力表示为 $p_{sf}=p(r_{w},t)$ 井筒压力与井底压力的差值可表示为 $p_{well}(t)-p_{sfn}(t)=\Delta p(t)$。增加的压力可简单地表示为 $p_{sf}-p_{\infty}$。

公式（6.4）、式（6.8）、式（6.10）综合起来可以及时预测井底漏失和增压。这样做时，有必要确定井筒压力、$p_{well}(t)$ 和 $dp_{well}(t)/dt$ 及钻井液循环的时间变化。利用钻井水力学软件包，可计算得到由流体循环产生的壁面剪切速率和剪应力及局部雷诺数，为表格形式的随时间变化一系列数据。

6.4.4.2   滤失模型

钻井液中的固相沉积成滤饼的速率与当前滤失速率 q 相关，

$$D^{*} = qa \tag{6.12}$$

$$a = \begin{cases} 1, & q > q_{crit} \\ 0, & q \leqslant q_{crit} \end{cases} \tag{6.13}$$

当滤失速率小于临界值 q_{crit} 时，固体颗粒不会沉积形成滤饼。当滤失速率大于临界值时，钻井液中的固体颗粒沉积成滤饼的速率会与滤失速率成正相关关系。Fordham 等（1991）的主要观点是，当滤失量低于一个水力学相关值时，沉积停止；而在 Dewan 和 Chenevert（2001）的模型中，随着滤失速率的减小，钻井液中的小颗粒才能吸附在滤饼上。

对滤饼在强力的井筒流体循环或者钻柱的机械作用条件下发生侵蚀的过程不太清楚（等同于说，对流体漏失时对滤饼的压实损失和钻柱与井壁之间的机械作用引起的碰撞损失知之甚少），根据 Dewan 和 Chenevert（2001）的模型，获得一个纯理论的探索方法。

假设侵蚀过程遵循线性动力学规律，有一个恒定的速率（即时间的倒数）λ。假定施加在滤饼表面的流体压力小于临界值 τ_{crit} 时，滤饼不发生侵蚀。另外假设侵蚀过程会朝着达到滤失平衡并适合当前井筒水动力学的状态进行。假设不存在滤饼就没有侵蚀。综合以上四点，E 的表达式可表示为

$$E^{*} = \begin{cases} 0, & V^{*} < 0 \\ \lambda b_{max}(0, \ V^{*}-V^{*}_{crit}), & \text{其他情况} \end{cases} \tag{6.14}$$

因子 b 表示侵蚀的水动力学井壁剪切应力门限效应，

$$b = \begin{cases} 1, & \text{如果 } \tau_{w} > \tau_{crit} \\ 0, & \text{其他情况} \end{cases} \tag{6.15}$$

当滤失速率 q 联系到 M 和 Δp 时，V^{*}_{crit} 值会减小。从本质上说，当 $V=V^{*}_{crit}$ 时，流体滤失率 $q=q_{crit}\tau(\omega)$。为简单起见，认为钻井液达到湍流状态时发生滤饼侵蚀。因此，假设当局部钻井液流体的雷诺数超过过渡到湍流的临界值时会发生滤饼侵蚀，而不是去设置一个剪切应力的极限值来判别滤饼侵蚀。可能会有不同的侵蚀发生条件，但它们本质上不会改变过滤模型的结构。

众所周知（Fordham et al.，1991），钻井液进行静态过滤时，基质上的阻力可忽略不计，单位面积上的总滤失量随时间变化，$V(t)=S(\Delta p)t^{1/2}$。因子 S 为解吸系数，从实验得知，当滤失压力先减小后增加时，S 变化微弱且表现出变化滞后的现象。

在静态过滤过程中的流体滤失比率是 $q(t) = [S(\Delta p)t^{-1/2}]/2$，沉积的滤饼质量是 $M(t) = \kappa S(\Delta p)t^{1/2}$，结合这两个表达式，消除随时间变化的量 M，可以得到

$$q(t) = \frac{\kappa S^2(\Delta p)}{2M(t)} \tag{6.16}$$

这个表达式是在恒定滤失压力条件下得到的静态滤失数据。这部分的主要建模假设如下：在井筒滤失每一瞬间的流体滤失率、滤饼固体质量和滤失的瞬时值压力对于公式 (6.16) 都成立。因此联系 q、V^* 和 Δp 得到

$$q = \frac{S^2(\Delta p)}{2V^*} \tag{6.17}$$

在每一个瞬间，无论是在有滤饼增加的准静态渗流中，还是在无物质加入滤饼的平衡动态渗流中，或是在井筒压力或钻井液循环速率发生变化的瞬间。

这种模型假设的物理解释是：

(1) 假设滤饼随着滤失控制参数的变化而瞬间调整；

(2) 滤饼的状态和通过滤饼的流体损失，通过固体在滤饼中的质量和固体的压实状态得以控制（而压实状态又由滤饼上的压降控制）。

通过考虑不可压缩的情况，可以获得更深入的认识。众所周知 $S \propto \sqrt{\Delta p}$，滤饼厚度 T 仅与 V^* 成比例。结果方程 (6.17) 变成 $q \propto \Delta p/T$，这就是所得到的与达西定律的关系。

模型假设滤饼能根据变化的条件进行瞬间调整，因此有助于预测滤失和滤饼生长过程的长期特征，而对解释时间尺度上的特征与滤饼内部调整的特征是无效的。此外，当滤饼压力变化时，无法跟踪滤饼中挤出或吸入的滤液，因此会产生微小的质量平衡误差。

通过方程 (6.17) 的简单重组，固体的质量在滤饼侵蚀的最后过程中必须满足下式：

$$V_{crit}^* = \frac{S^2(\Delta p)}{2q_{crit}(\tau_\omega)} \tag{6.18}$$

这是侵蚀模型的最后一个参数。

现在仅需说明解吸率和动态平衡流体滤失率如何变化。首先，由于已知滤饼表现出压实滞后，因此有必要引入一个带有演化方程的信息变量，以便跟踪这种现象。$\Delta p_{max}(t) = \max\limits_{0 < t' < t}[p_{well}(t') - p_{sf}(t')]$，滤饼目前为止所经历的最大压力差：

$$\frac{d\Delta p_{max}}{dt} = \begin{cases} \max(0, \dfrac{dp_{well}}{dt} - \dfrac{dp_{sf}}{dt}), & 如果 \Delta p \geqslant \Delta p_{max} \\ 0, & 其他情况 \end{cases} \tag{6.19}$$

最初时，$\Delta p_{max}(0) = p_{well}(0) - p_{sf}(0)$，这个量的值可以从早期的相似性解决方案中找到。对于可解吸性对压力的依赖性，遵循土壤力学，使

$$S(\Delta p) = \begin{cases} S_{ref}(\Delta p_{ref})\left(\dfrac{\Delta p}{\Delta p_{ref}}\right)^n, & 如果 \Delta p \geqslant \Delta p_{max} \\ S_{ref}(\Delta p_{ref})\left(\dfrac{\Delta p_{max}}{\Delta p_{ref}}\right)^n\left(\dfrac{\Delta p}{\Delta p_{max}}\right)^n, & 其他情况 \end{cases} \tag{6.20}$$

对于压实滤失滤饼 $0<n<1/2$ 和 $n'\geq n$，如果在 Δp 减少时滤饼非致密压实则 $n=1/2$。使用简单的能量定理来表示流体滤失动态平衡率随循环钻井液剪切力的增加（Hammond and Pop，2005）。在这个阶段为了避免需要详细考虑钻井流体流变学，让：

$$q_{crit}(\tau_w) = q_{crit}\dot{\gamma}_{ref}\left(\frac{\dot{\gamma}_w}{\dot{\gamma}_{ref}}\right)^m \tag{6.21}$$

式中，γ 是流动钻井液在滤饼表面的剪切率。

6.4.4.3　增压模拟示例

图 6.75 显示了对于一个具有良好动态流体滤失特征的 WBM 模拟流体 29h 向渗透率为 5mD 地层的滤失和相关的增压结果。表 6.2 给出了本次和后续模拟中使用的钻井液流变学参数和宾汉塑性流变学参数的值。钻柱几何形状是通用的，并不需详细对应任何特定系统，详细信息见表 6.3。图 6.76 显示了钻头位置、钻井液循环速率、井筒压力及其他因素随时

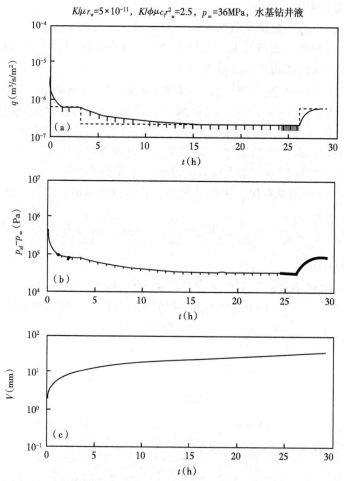

图 6.75　井筒滤失和地层压力耦合模拟的计算结果，上图实线为滤失速率，虚线为静滤失曲线；
中间图为井底压力折算为远距离的地层压力，当压力测量工具面对目标地层时曲线会变粗；
下图为累计滤失量；地层渗透率 5mD，钻井液的参数如图 6.71 所示

间的变化。

表 6.2 钻井液滤失和流变参数表

	水基钻井液	油基钻井液
$S_{ref}(\Delta p_{ref})$	10^6 Pa 时，50×10^{-6} m/s$^{1/2}$	3.4×10^6 Pa 时，18×10^{-6} m/s$^{1/2}$
$q_{crit}(\gamma_{ref})$	300 1/s 时，3×10^{-7} m/s	270 1/s 时，1.9×10^{-6} m/s
n	0.3	0.3
n'	0.45	0.45
m	1	0.75
λ	8.33×10^{-4} L/s	10^{-2} 1/s
μ_p	50×10^{-3} Pa·s	50×10^{-3} Pa·s
τ_y	3Pa	3Pa
ρ	1100kg/m^3	1100kg/m^3

表 6.3 钻柱和井筒参数

	直径（in）	长度（ft）
井筒内径	8.75	—
钻头外径	8.5	1
工具/钻铤外径	6.75	215
钻杆外径	5	—

首先在 $t=0$ 时刻，地层首先被钻头穿透。周期性连接钻杆时，循环会停止 60s，在图 6.76 井筒压力（井筒摩擦引起压力变化）模拟图和图 6.77 滤失率和界面压力图（井筒压力的改变和静态泥饼微小增长和侵蚀引起）可以看到相关的尖峰信号。在钻井连续过程中，钻铤、地层压力测量工具、钻铤连接短节，甚至钻杆都与测量压力的地层相对，这种顺序改变了钻柱和地层界面之间的间隙，因此影响了钻井液在环空中的平均速度和滤失过程。（例如图 6.76 中的伽马值与在图 6.75 中动态平衡滤失率的相关性，因为对于这种流体，滤饼的增长和侵蚀过程相对缓慢，在实际滤失中伽马值的变化变平缓）。钻进时间 $t=1$ 小时停钻 10min 进行第一次地层压力的测量（测量位置在钻头后方 100ft 处，钻进速度为 100ft/h）。再钻进 100ft，大约 2h 后拉回钻柱进行第二次地层压力测量。图 6.77 显示了滤失率和界面压力在这段时间的特征。然后以恒定的钻速继续钻进 22h。在大约 26h 后上拉钻柱进行第三地层压力测量。

地层压力测量工具每次到达目标地层 5min 后所测量的压力相对于远地层压力分别增加了 0.842bar、0.707bar 和 0.339bar。随着时间的推移，增压作用的减弱是由于滤失率普遍下降的结果，而滤失率的下降是由于钻柱与地层间隙增大时水力剪切应力下降及钻井液滤饼增长和侵蚀速率减慢共同作用的结果。仔细观察图 6.75 中的滤失率，可以看到两个阶段的准静态滤饼增长，大致从 $t=0$ 到 $t=2$h，从 $t=4$h 到 $t=15$h，对应在 $t=2\sim4$h 之间以及从 $t=15\sim$ 26h 之间具有恒定滤失率的动态过滤周期。在接近模拟结束的时候，从 $t=26$h 开始，增压增加是钻铤周围湍流钻井液造成的滤饼侵蚀的结果（当钻杆与地层相对时，流动是层流）。

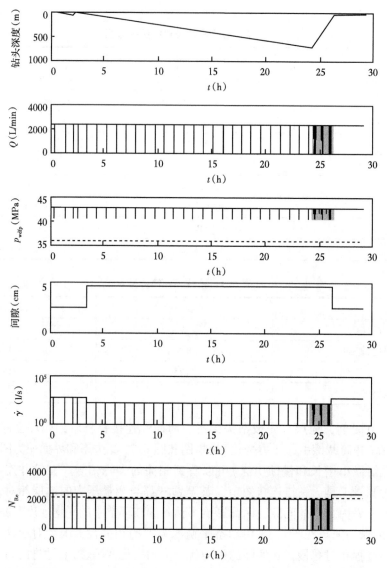

图 6.76　钻井水力输入参数,图片顺序从上到下:测量地层压力的区域下方的钻头深度;钻井流体
的循环速率;井筒压力(实线)及远地层压力(虚线);待测地层和钻柱之间间隙;相对地层流动
钻井液的剪切速率;实线为钻井液流动的雷诺数,虚线为钻井液紊流时对应的雷诺数。每次接
单根时钻井液停止循环 60s,因此井筒压力,壁面剪切速率和其他因素会下降

6.4.5　增压的最佳时间

　　前面的模拟结果表明,由于井筒水力条件的变化及滤饼的增长和侵蚀,滤失速率会随时间发生很大的变化。这会影响任何对增压水平的简单或者准确的估算。但基于自开钻以来滤失率一直取其现值就可以对其进行粗略的估算。

　　使用众所周知的地层压力扩散方程的恒定速率解,可以得到 $p_{wf}(t) = p_{\infty} + (\mu r_w/2K)q(t)E_i$ $(\phi\mu C_t r_w^2/4Kt)$。在这些情况下,得到的近似值是可以接受的,最大的误差一般在滤失速率

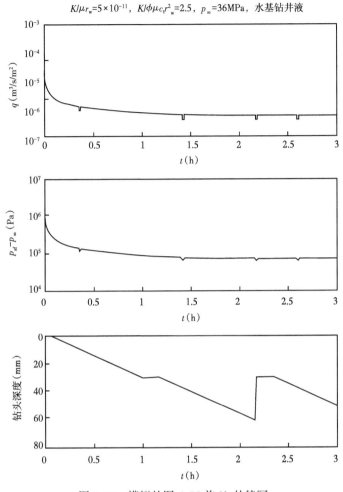

图 6.77　模拟的图 6.75 前 3h 的特写

快速变化之后。进一步的论证可以估算出在滤失率逐步变化 Δq 后界面压力值变化 Δp 后所需的时间 t_{forget}，该值应等于滤失率变化之前所有时间值。用上述恒定滤失速率求解界面压力，之前的时间大致可以表示为 $t_{\text{forget}} = t_0 / [\exp(2K\Delta p/\mu r_{\text{w}}\Delta q) - 1]$。如果开钻后时间 t_0 为 1h，渗透率 K 为 10mD，流体黏度为 1mPa·s，井眼半径为 0.1m，对于压差 10^4Pa 和产量 $\Delta q = 10^{-6}$m/s，时间 t_{forget} 约为 10min。至少对于这些参数值，10min 后预测变化条件很大程度上会忽略。在低渗透地层或滤失速率变化较大或者精度较高的计算（较小的压差值）中需要的时间相对较长。在滤失情况发生较大变化之后进行多次时间测量，根据当前的滤失速率估算井底压力时比较合理的。

　　为了测量可用假设现在确定增压必须小于一个特定的水平值 p_{super}。用上面表述粗略的估算增加的压力，开钻后的任意时刻，可以将渗透率和滤失速率分为两部分。第一部分是压力值低于 p_{super}，另一部分则是高于 p_{super}，图 6.78 中，$p_{\text{super}} = 1$bar，时间分别为开钻后的 1h、1d 和 10d。在渗透率和滤失速率在预测曲线之上（即低渗透率或者高滤失速率）区域确定第一次开钻后的增压时间及其重要。

如果钻井液在动态渗滤过程中有较高的滤失，则增压在高渗透率情况下具有重要作用。然而在容易测量的静态滤失数据和窜流滤失之间的相关性较弱(Fordham, et al., 1991)。因此，如果没有进行适当的测量，实际上不太可能知道 q 的确切值，因此，在规划工作时模拟一系列可能性(强调一个简单易用的工具的价值，这个工具可以轻松研究多种假设情景)，以及制作表格形式的滤失率现场特征或合理的钻井液性能是很重要的。

这一部分所讨论的允许在给定情况下近似估计可能的增压压力。如果需要更加准确的预测，或者钻井液的造壁性使得无法假定滤饼可快速适应当前的水力条件，就可以进行详细的模拟。但是一个特定水平的增压是否重要取决于测量地层压力的用途。特殊水平的加压是否重要还依赖于所使用的压力测试方法。Chang 等(2005)给出了一个讨论增压分区影响的例子。

6.4.6   增压设计

对滤失和地层压力的耦合模拟表明随着钻井的深入，增压水平可能会发生显著变化。研究表明，增压水平既取决于地层渗透率，又取决于滤失率，而这又随井筒的水力条件(及钻井液的性质)而变化。因此，随钻增压预测，特别是随时间变化的预测，需要一个模型，在这个模型内可以获取全部的流体循环和钻井作业历史。如果需要粗略估计可能的增压水平，可以使用图 6.78。

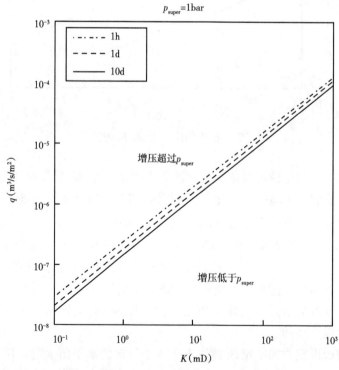

图 6.78   每条对角线将渗透率和流体的平衡动态滤失率分为两部分，其中一部分钻后相应时间增压小于 1bar，另一部分则是增压大于 1bar，较大的压力增加一般在高滤失地层或者低渗透率地层中出现

　　模拟结果表明，较高的钻井液循环速率或较窄的钻具形成地层间隙会导致滤饼侵蚀和滤失率增加，进而导致增压压力升高（甚至增压压力随时间增加）。电缆地层压力测量中，随钻增压与增压的主要区别在于，随时间变化的可能性（和非单调性）是地层滤失率变化的主要原因。精细模拟是研究这种新的地层压力测量环境的特点的一种有效手段。

　　受操作限制的影响，可在作业设计中利用滤失率和增压改善对井筒水力条件的敏感性，以尽量减少测量时的增压量。

　　为了模拟钻井过程中的增压作用，有必要了解钻井液的动态特性。由于这些测量需要专用设备，因此可能无法始终获得准确的动态滤失参数值。在那种情况下，必须明智地选择使用默认值进行模拟（即使是最坏的情况下）。

　　因此，能够详细地模拟滤失和地层压力，对于设计、理解和解释钻井过程中测得的地层压力有重要的帮助作用。

6.4.7　校正 FPWD 测量中的增压

　　现在已经了解了增压作用是如何受到钻井液滤失影响的，描述了修正增压作用的方法，以便能够准确地估计地层压力。Hammond 和 Pop（2005）所描述的方法是有意识地改变井筒压力、测量井筒压力和界面压力响应，再利用数学模型，考虑滤饼和地层中的流体流动，对界面压力增加进行量化。然后，通过从实际测量值中减去此增压估算值，得出真实的地层压力。

　　这种用于估算和消除增压对测量压力的作用的方法可以在以前无法进行准确测量的情况下，在钻井时获得准确的地层压力。收集数据进行解释所需的时间非常短，因此该方法符合与钻井过程中地层压力测量相关的作业限制，如避免卡钻等。由于某些必要的钻井液滤失信息是根据现场测量，而不是单独的实验室测量值或数据库确定的，因此减少了误差。

　　这种方法不同于先前的增压校正方法，具体不同之处如下：

　　（1）这种解释是基于对地层内流动、滤失过程和滤饼变化的详细瞬态描述；

　　（2）在井筒中有意引起变化，扰乱滤失过程，然后在现场获取滤失速率的相关信息。

　　在推导模型后，对实际井中采集的数据进行了探讨，并用于论证新的增压—校正方法。

6.4.8　解释方法

　　新解释方法的中心思想是利用测量因有意引起的井筒压力变化而产生的界面压力变化来描述滤饼的滤失阻力，并由此估计当前的滤失速率，然后估算界面压力在远距离上的增压值。然后将这个增压估计值从实测的界面压力中减去，得出真实的远地层压力。

6.4.9　增压值估算和校正的历史拟合

　　在此提出的增压值估算及校正方法是一种历史拟合方法。在前面已描述了一个正演模型，可以计算出界面压力，给出井史、水力学、地层特性及钻井液性质等信息。象征意义上这个模型可以写成：

$$p_{sf}(t) = \mathop{F}_{t'=-t_0}^{t'=t} \left[钻井液性质, \ p_\infty, \ K, \ \phi L \ 水动力(t') \right] \tag{6.22}$$

　　其中，F 表示过去所有时期的函数形式，并且地层在时间 $t=-t_0$ 时首先产生滤失。历史拟合是为正演模型中出现的各种地层参数和钻井液参数选取值的过程，目的是使实测压力与模拟压力在一定时间内相差最小，也就是寻求最小化的参数：

$$\varepsilon = \sum_j \left| p_{sf}(t_j) - \int_{t'=-t_0}^{t'=t} F \left[\text{钻井液性质 } p_\infty, K, \phi L \text{ 水动力}(t') \right] \right|^2 \qquad (6.23)$$

用这种方法可以确定参数 p_∞，即真实的地层压力。除了任何自然产生的流体波动外，还可以有意地施加井筒压力变化，以确保参数确定尽可能合理。

前面的过程计算量很大，因此已经开发了一种基于近似计算但在相同历史匹配框架内的快速方法。这种近似计算还有助于了解该技术的局限性和施加的最适当的井筒压力变化类型。近似计算的主要组成部分是连接滤饼滤失率和界面压力的地层流动模型、滤饼滤失历史和与滤饼变化时间尺度相关的测量过程持续时间的一些假设，以及滤饼滤失率与滤饼当前状态和两端的压差有关的模型。

粗略估算的主要部分是将模型流动过程中滤失速率和井底压力相结合的综合信息。关于历史滤失及测量过程中滤饼的变化的一些假设，当前滤饼厚度下的钻井液滤失速率及通过滤饼前后的压力。每一部分将在下面边依次详细阐述：

对于单相流体、弱可压缩性、各向同性均匀介质的平面径向流，流体进入地层的流速用 q_t 表示，井底井壁处压力用 $p_{sf}(t)$ 表示，通过卷积积分将两部分联系起来：

$$p_{sf}(t) = p_\infty + \int_{-t_0}^{t} R(t - t') q(t') dt' \qquad (6.24)$$

脉冲值 R：

$$R(t) = \frac{\mu r_w}{K} \frac{4\kappa}{\pi} \int_0^\infty \frac{e^{-ktu^2}}{u [J_1^2(u) + Y_1^2(u)]} du = \frac{\mu r_w}{k} \kappa R_D(\kappa t) \qquad (6.25)$$

式中，K 是地层渗透率，ϕ 是孔隙度，C_t 是流体和基质岩石的总压缩系数，μ 是孔隙流体的黏度，为了方便计算令 $\kappa = K/\phi \mu C_t r_w^2$，$J_1$ 和 Y_1 为贝塞尔函数。井底界面压力和恒定的滤失速率对应，$H(t)$ 由式(6.26) 计算得到，表达式如下：

$$H(t) = \frac{\mu r_w}{k} \frac{4}{\pi} \int_0^\infty \frac{(1 - e^{-ktu^2})}{u^3 [J_1^2(u) + Y_1^2(u)]} du = \frac{\mu r_w}{k} H_D(\kappa t) \qquad (6.26)$$

在接下来的内容中，该表达式对卷积积分，即方程(6.24)至关重要。参数 κt 可以通过计算卷积或者通过查找 R_D 和 H_D 表快速地推导出来。

利用等式 (6.24)计算界面压力，必须给出地层开钻以来所有时间的滤失率值。要有把握地做到这一点并不容易，因为即使测量和记录了钻井水力学的历史，BHA 组件和滤饼相互之间的机械作用可能会影响滤饼的滤失率，这是未知的。

可以对模型进行适当的简化，假设测量的开始时间为 $t = 0$，同时井底压力随着时间变化。$-t_0 \leq t' \leq 0$ 时引入 $q_{history}$ 和 $q(t')$ 相等，当 $0 \leq t \leq t'$ 时其值定义如下：

公式(6.24)整理为

$$p_{sf}(t) = p_{\infty} + \int_{-t_0}^{t} R(t-t') q_{\text{history}}(t') dt'' + \int_{0}^{t} R(t-t') \left[q(t') - q_{\text{history}}(t') dt' \right] \quad (6.27)$$

可以理解为界面压力是过去历史（前两个时期）和最近事件（最后一个时期）影响的总和。方程（6.27）中的第一个积分项的合理近似值，称为 $p_{\text{history}}(t)$，假设自开钻以来的任何时候井筒滤失情况下滤失率的值都等于其当前值，其近似值为

$$q_{\text{history}}(t') = q(0), \quad -t_0 \leqslant t' \leqslant t \quad (6.28)$$

当 $t>0$ 时：

$$p_{\text{history}}(t) \approx p_{\infty} + \int_{-t_0}^{t} R(t-t') q(0) dt' = p_{\infty} + q(0) H(t+t_0) \quad (6.29)$$

且：

$$p_{sf}(0) \approx p_{\infty} + q(0) H(t_0) \quad (6.30)$$

现在考虑流体流过滤饼模型，通过滤饼的滤失速率和滤饼前后的压差有关。

$$q = \frac{S^2(\Delta p)}{2V^*} \quad (6.31)$$

式中，V^* 是在恒定压差和水力剪切应力条件下形成当前滤饼时损失的滤液量，$\Delta p(t) = p_{\text{well}}(t) - p_{sf}(t)$ 为当前情况下井筒和界面之间压力差值，$S(\Delta p)$ 为水力扩散系数。如果注意到滤失过程中已经存在滤饼且时间尺度比滤饼增长的时间短，可以认为 V^* 为常数。这种情况下滤失速率仅是滤饼两端压差的函数。水力扩散系数的压力模型为

$$S(\Delta p) = \begin{cases} S_{\text{ref}}(\Delta p_{\text{ref}}) \left(\dfrac{\Delta p}{\Delta p_{\text{ref}}} \right)^n, & \Delta p \geqslant \Delta p_{\text{max}} \\[3mm] S_{\text{ref}}(\Delta p_{\text{ref}}) \left(\dfrac{\Delta p_{\text{max}}}{\Delta p_{\text{ref}}} \right)^n \left(\dfrac{\Delta p}{\Delta p_{\text{max}}} \right)^{n'} \end{cases} \quad (6.32)$$

如果在测试过程中，滤饼受到的压差小于经历的最大压差，那么只有减压部分，即公式（6.32）右侧下部表达式是相关的，可以写成如下形式：

$$S(\Delta p) = \alpha \Delta p^{n'} \quad (6.33)$$

由式（6.31）可得出

$$q(t) = \frac{\alpha^2 \left[\Delta p(t) \right]^{2n'}}{2V^*} \quad (6.34)$$

如果在减压过程中滤饼几乎为不可压缩，则 $n' \approx 1/2$，更加说明滤饼和流体滤失模型的特殊性。

最后滤饼和地层模型通过式（6.27）和式（6.34）联立，并由式（6.29）得出结论：

$$p_{sf}(t) \approx p_{\infty} + \frac{\alpha^2 \left[p_{well}(0) - p_{sf}(0) \right]^{2n'}}{2V^*} H(t + t_0)$$

$$+ \int_0^t R(t - t') \frac{\alpha^2 \left\{ \left[p_{well}(t') - p_{sf}(t') \right]^{2n'} - \left[p_{well}(0) - p_{sf}(0) \right]^{2n'} \right\}}{2V^*} dt' \quad (6.35)$$

虽然可以使用该表达式作为参数拟合解释的基础,但数值实验表明最好使用 $p_{sf}(t) - p_{sf}(0)$ 而不仅是 $p_{sf}(t)$。这就减少了一个必须考虑的未知参数,实际上等式(6.39)显示在当前等式中 p_{∞} 不独立于其他参数。用式(6.30)可以从式(6.35)得到

$$p_{sf}(t) - p_{sf}(0) \approx \frac{\alpha^2 \left[p_{well}(0) - p_{sf}(0) \right]^{2n'}}{2V^*} \left[H(t + t_0) - H(t_0) \right]$$

$$+ \int_0^t R(t - t') \frac{\alpha^2 \left\{ \left[p_{well}(t') - p_{sf}(t') \right]^{2n'} - \left[p_{well}(0) - p_{sf}(0) \right]^{2n'} \right\}}{2V^*} \quad (6.36)$$

式中,$A = \alpha^2 \mu r_w / (2kV^*)$ $m = 2n'$ 将式(6.26)和式(6.27)代入可得

$$p_{sf}(t) - p_{sf}(0) = A \left[p_{well}(0) - p_{sf}(0) \right]^m \left\{ H_D \left[\kappa(t + t_0) - H_D(\kappa t_0) \right] \right\}$$

$$+ A\kappa \int_0^t R_D \left[\kappa(t - t') \right] \left\{ \left[p_{well}(t') - p_{sf}(t') \right]^m - \left[p_{well}(0) - p_{sf}(0) \right]^m \right\} dt' \quad (6.37)$$

这个方程是基本的时域卷积模型,将井底压力和界面压力联系起来,钻进时存在压实滤饼滤失。如果等式(6.37)中的三个参数 A、κ、m 的值确定,井点远端真实地层压力可以通过等式(6.30)得到

$$p_{\infty} = p_{sf}(0) - A \left[p_{well}(0) - p_{sf}(0) \right]^m H_D(\kappa t_0) \quad (6.38)$$

这就完成了对基本增压修正模型的描述。

原则上,适当情况下在一定时间 t_i 时测量井底压力和界面压力,式(6.37)中三个独立参数 A、κ、m 的值可以通过使误差的平方之和最小的标准化方法得到 $\sum_i \varepsilon^2(t_i)/\sigma_i^2$,如下表述:

$$\varepsilon(t) = p_{sf}(t) - p_{sf}(0) - A \left[\Delta p(0)^m \left\{ H_D \left[\kappa(t + t_0) \right] - H_D(\kappa t_0) \right\} \right.$$

$$\left. + \kappa \int_0^t R_D \left[\kappa(t - t') \right] \left[\Delta p(t')^m - \Delta p(0)^m \right] dt' \right] \quad (6.39)$$

其中,σ_i 为测量误差的近似值。

实际上通过这种方法不可能得到 m 的准确值,只有对 $\Delta p(t') - \Delta p(0)$ 做适当的变化之后才可以得到较为可靠的值。因此,必须在钻井液滤失率测量的基础上,将 m 值独立地纳入解释过程。在设计测试方案时,可以利用滤饼的相对不可压缩性来限制测试方案的可能值。

此外,正如下文中论述的,参数 κ 对方程(6.39)的影响非常微弱。在安装测量探头时,结合所测得的孔隙度和压缩系数,可以从测得的流度值中获得合理的值。

最后仅剩下一个未知参数 A,可快速、直接地确定其值的最优化过程。

实际的应用中，通过不连续的时间点来测量界面压力和井筒压力。因此有必要对卷积积分在方程式中的数值计算方法进行详细说明，式（6.39）列出了一系列时间点 $t_i(t_1=0)$ 对应的压力变化 $\Delta p(t)$ 值，可写成如下形式：

$$f(t') = \Delta p(t')^m - \Delta p(0)^m$$

同时令

$$I(t) = \kappa \int_0^t R_D\left[\kappa(t-t')\right]f(t')\,\mathrm{d}t' \tag{6.40}$$

对其连续性参数进行离散化，通过某个区间内的 $f(t')$ 的平均值来替代 $f(t')$ 值，可以得到

$$I(t_j) \approx \sum_{i=1}^{j-1} \kappa \int_{t_i}^{t_{i+1}} R_D\left[\kappa(t_j-t')\right]\mathrm{d}t'\frac{f(t_{i+1})+f(t_i)}{2} \tag{6.41}$$

但：

$$\kappa \int_{t_i}^{t_{i+1}} R_D\left[\kappa(t_j-t')\right]\mathrm{d}t' = \kappa\int_{t_i}^{t_j} R_D\left[\kappa(t_j-t')\right]\mathrm{d}t' - \kappa\int_{t_{i+1}}^{t_j} R_D\left[\kappa(t_j-t')\right]\mathrm{d}t'$$

$$= H_D\left[\kappa(t_j-t_i)\right] - H_D\left[\kappa(t_j-t_{i+1})\right] \tag{6.42}$$

所以：

$$I(t_j) \approx \frac{f(t_2)}{2}H_D\left[\kappa(t_j-t_1)\right] + \sum_{i=2}^{j-1}\frac{f(t_{i+1})-f(t_{i-1})}{2}H_D\left[\kappa(t_j-t_i)\right] \tag{6.43}$$

令上式中 $H_D(0)=0$、$f(0)=0$，得出一系列值。通过上述流程可以得到

$$\varepsilon(t_j) = p_{sf}(t_j) - p_{sf}(0) - A\left[\begin{array}{l} \Delta p(0)^m\{H_D\left[\kappa(t_j+t_0)\right]-H_D(\kappa t_0)\} \\ +\dfrac{\Delta p(t_2)^m-\Delta p(t_1)^m}{2}H_D\left[\kappa(t_j+t_1)\right] \\ +\displaystyle\sum_{i=2}^{j-1}\dfrac{\Delta p(t_{i+1})^m-\Delta p(t_{i-1})^m}{2}H_D\left[\kappa(t_j-t_i)\right] \end{array}\right] \tag{6.44}$$

至此便完成了数值求解。还需要证明的是方程（6.40）和参数 κ 的相关性较弱。对等式（6.43）整理可得

$$I(t_j) \approx \frac{1}{2}\{f(t_{j-1})H_D\left[\kappa(t_j-t_{j-2})\right]-f(t_j)H_D\left[\kappa(t_j-t_{j-1})\right]\}$$

$$+ \sum_{i=1}^{j-1}\frac{f(t_{i+1})}{2}\{H_D\left[\kappa(t_j-t_i)\right]-H_D\left[\kappa(t_j-t_{i+2})\right]\} \tag{6.45}$$

对上式取对数近似可得

$$H_D(\tau) \approx (\pi/2)\lg\tau \tag{6.46}$$

至此可以看出，除了两个变量 κ 外，其他的只出现在对数中，数值计算显示和参数 κ 的相关性较弱。

6.4.10　实例应用

为了说明该方法，利用 Hammond 和 Pop（2005）所描述的真实示例。在钻头为 $12\frac{1}{4}$ in、垂深 3100ft 的直井钻井过程中，收集了用于测试解释和探索井筒滤失现象的数据。使用水基钻井液，目的层深度为 3050ft，为含水石灰岩，渗透率约为 1mD，孔隙度为 16%。用 FP-WD 工具测量了地层和井筒压力，并记录了钻井液循环速率和地面压力。之前利用电缆式地层压力工具已测定了邻井目的层和相邻地层的压力和压力梯度。这些测量结果作为当前压力解释的基础，直到揭示此处的解释结果。

进行了一系列有关井筒滤失及其对地层压力影响的实验，使作业流程复杂化。该井一直钻到地层压力测量工具与目标地层相对，随后进行约 14h 的钻井液循环，然后上提钻柱将工具置于浅部地层位置，并将钻头置于目标地层之上，进行约 18.5h 的静态滤失（即零钻井液循环）。然后再次下入管柱以将工具放置在目标位置，进行一系列三个循环周期，每个周期包括 1h 的全循环和 1h 的零循环。在这些零循环周期的最后一个阶段，在地层钻开后大约 38h，关井地面压力升高，然后分三个阶段降低压力，每个阶段大约持续 400s。在该步骤中，将工具安装在对应地层上，并收集要解释的界面压力和井筒压力数据。

利用正演模拟方法研究了滤失率和界面压力的可能变化规律。假定地层为常压地层，并使用估计的地层特性和钻井液设计参数值（表 6.4）。因为钻井液的动滤失特征一般很难测量，一般用近似的实验数据替代。

表 6.4　现场模拟测试的钻井液性能表

	水基钻井液
$S_{ref}(\Delta p_{ref})$	6.895×10^5Pa 时，93×10^{-6}m/s$^{1/2}$
$q_{crit}(\gamma_{ref})$	300s^{-1}时，3×10^{-7}m/s
n	0.3
n'	0.45
m	1
λ	8.33×10^{-4}s^{-1}
μ_p	50mPa·s
τ_y	2Pa
ρ	1114kg/m^3

图 6.79 显示了模拟的界面压力，图 6.80 总结了目标地层相对的水力参数随时间的变化，图 6.81 显示了各种滤失相关的输出量。由于地层渗透率较低，预计界面压力会有所增加。由于井眼尺寸较大，预计目标地层相对的钻井液流动不会产生湍流（在宾汉塑性流体模型的基础上，用幂律模型计算的雷诺数较大），因此，估计不会有滤饼的侵蚀。这使得预测的滤失率值偏小，因为在长时间静止过程中沉积的滤饼在钻井液重新开始循环时不会被清除。结果表明，压力波动前的增压值接近 1.3bar，可能低于预期值。当井筒压力在波动过程中升高时，增压最大值约为 2bar。图 6.81 中值得注意的另外一点就是时间为 38h 的压力波动过程中，滤饼几乎没有增加。这表明，解释结果背后的基本假设（滤饼在测量过程中不会发生太大变化）可能是正确的。

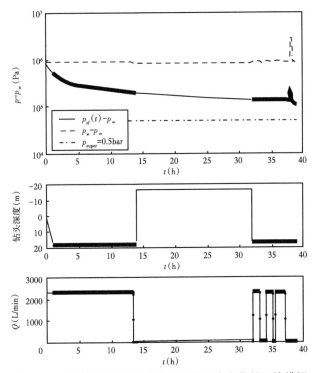

图 6.79　现场实例的滤失速率及井底压力变化的正演模拟

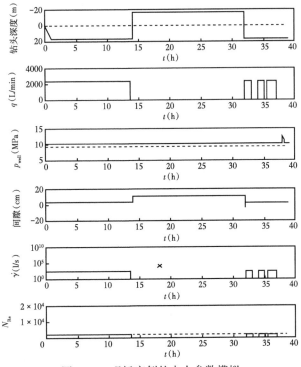

图 6.80　现场实例的水力参数模拟

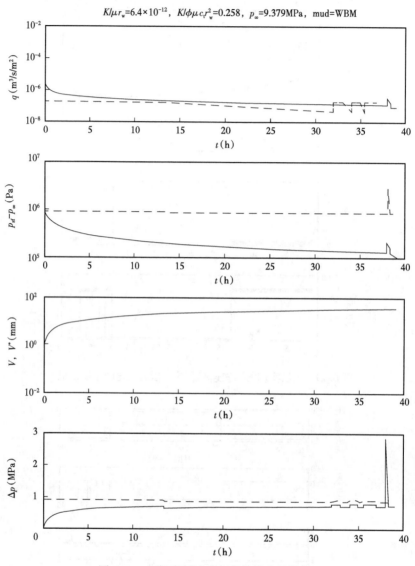

图 6.81　现场实例滤失相关的输出量模拟

　　图 6.82 显示了实际测量的界面和井筒压力。探针下入测量之前，时间为任意起点。在 $t=200s$ 时，井筒压力大约增加 20bar，$t=600s$ 和 $t=1000s$ 时压力逐步降低。大约从 $t=100\sim 1300s$ 之间测压探头连接地层。在 $t=100$ 和 $t=700s$ 后下方的流体抽离探测压力大幅下降。探头未固定时，井筒压力下降，因此未观察到地层对该事件的响应。

　　在图 6.82 的下部曲线中可以看到，对于井筒压力变化，最明显的界面压力响应是在 $t=200s$ 时出现一个向上的尖峰，以及在 $t=550s$ 和 $t=1000s$ 后出现两个 "V" 形的低谷。根据这里没有记录的计算，使用可压缩滤饼模型，首先解释为当井筒压力增加时，滤饼压缩到一个新的、更低的孔隙比时，界面压力对流体的响应。后两个事件解释结果一样，一个小的暂时性的滤失率下降是由于低压差下滤饼吸收了流体。由于滤饼压缩滞后现象的存在，减压程度比压缩程度小（压差降低或消除时的孔隙比变化小于施加压差时的孔隙比变化）。

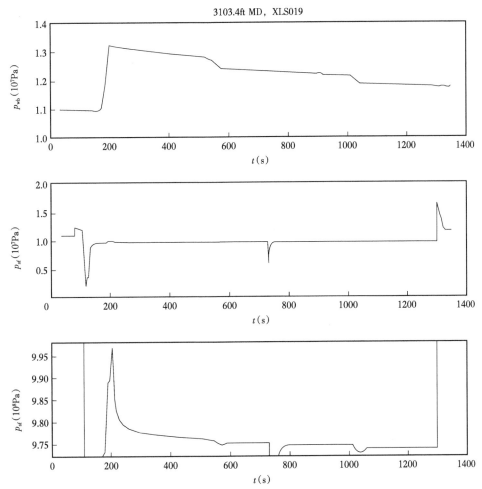

图 6.82　现场测试数据。测量的井筒压力随着时间的变化（上图），界面压力（中图和下图），
在 75s 时下入探测器，曲线第一次和第二次下降分别是在 100s、700s、1300s 时
取出探测器，其中 MD 为测深

用于分析解释的滤饼滤失模型无法模拟这些瞬态的、有效的、滤饼压实相关的事件。因此，将它们从数据中剔除，实际上是基于去除这些瞬时压实流动的影响后的界面压力长期趋势的解释。图 6.83 显示了第一次井筒压力降低之前测得的界面压力特征；图上还显示了拟合井筒压力阶梯的每个步骤相对应的每段数据的直线，这些直线拟合产生的编辑数据输入到解释中（图 6.84）。同样的过程也消除了探头降落的瞬变现象。

参数拟合的结果如图 6.85 所示。估算的地层压力值为 9.5988MPa。利用初始界面压力与估算地层压力的差值，得出解释序列开始时的增压值 1.64bar，与正演模拟结果相近。利用原始的井底压力值结合估算的压力值，可以得出所增加的压力值为 1.64bar 时的。通过拟合上下非增压地层电缆测量的地层压力趋势线，估算真正远处地层压力值为 9.5437MPa。

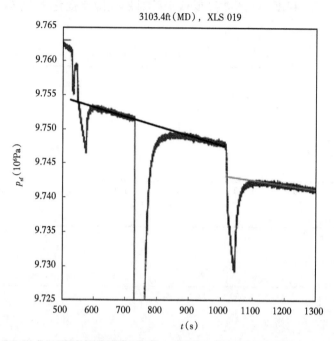

图 6.83　表示井筒压力下降时所测得的界底压力值和拟合直线，
去除探头下降或者滤饼压实对数据的影响

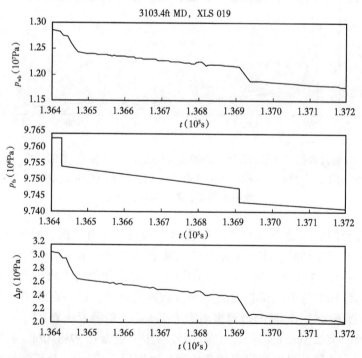

图 6.84　增压解释的数据输入，图 6.83 的直线拟合用来在中间轨迹中创建界面压力数据，上面的轨迹
是井筒压力，较低的轨迹是滤饼上的压差；移动时间轴的原点以反映地层首次钻探以来的时间

解释的地层压力与趋势线值相差 0.55bar。考虑到去除了与压缩性有关的对数据处理的影响，这是一个合理的结果。但相较临近井的电缆测量效果不佳，因此，应该对解释方法进行进一步测试以评估其可靠性。

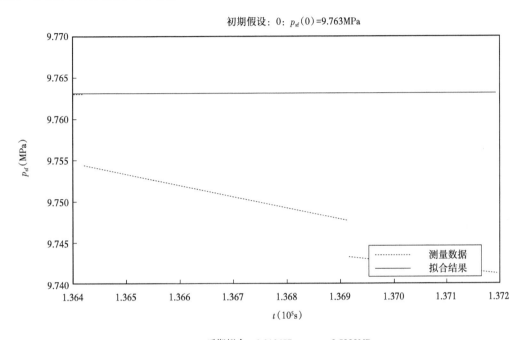

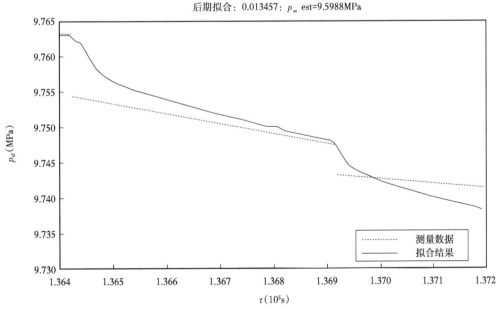

图 6.85　解释输出包括拟合的界面压力

可以从理论和实践两方面，估算和量化钻井过程中增压作用对地层压力的影响。应用该方法时，通过界面压力测量可以得到真实的远距离地层压力值。这种方法需要对正常的钻井作业进行一些改变，但这些改变仅限于在收集地层压力数据时，流体循环速率的变化最多只持续几分钟。

无论是在设计还是在进行解释时，使用正演模型来模拟滤失过程和界面压力都是非常有帮助的。这些模拟允许工程师在设计工作时探索可能的系统行为和反应，评估该方法的可行性和适用性，检查它所基于的假设是否合适，并对可能测得的压力及其随时间变化的行为进行一些预测。对钻井液滤失性的了解越多(特别是在动态条件下)，这些模拟就越精确，测试方案就能设计得越好。

6.4.11 测试及预测试流程

已经了解了如何进行增压，现在更详细地了解在钻井过程中典型的地层压力测量发生的事件顺序。

图 6.86 给出了一个典型的固定模式操作序列，显示了探头的延伸、下放、上提和测试结束(Pop et al.，2005a)。当可确定地层流动性时，通常使用固定模式的预测试 (固定的回落体积)。鉴于在随钻环境中可用的信息有限，并且希望最大限度地减少静止时间(或不实际钻进)，使用电缆部署的地层测试装置时经常使用的参数设置范围是不适用的，因此在确定适当的预测试参数方面将许多智能直接应用到工具中。

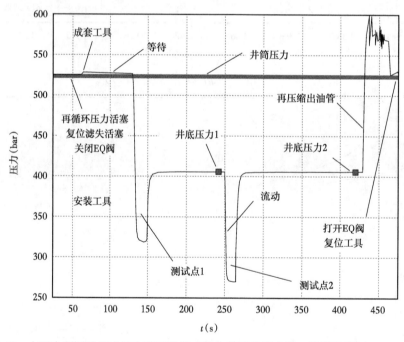

图 6.86　由两个预测试组成的典型固定模式操作序列的示意图，数据是使用 FPWD 工具
以 2.5mD/(mPa·s)的形式在泵循环的情况下执行的内存模式数据

理想的典型预测试阶段如下：
(1)初始阶段。可以确定界面压力低于地层压力、地层流体流入工具的点；
(2)调查阶段。初步估计地层性质，主要是地层压力及传播性；
(3)测试阶段：获得更准确的压力及其传播信息。

在进行测量之前，在调查期间或以前的测量过程中获得的信息将用于设计最佳测试流程，以便在每个测量阶段结束时获得稳定的界面压力，总测试时间有时间限制。

Pop 等（2005）描述了基于限时预测试的优化测试序列的详细信息，他们表明该问题可以作为工具中的优化问题来解决。固定模式预试验通常效果良好，但在某些情况下，当超压很大或变化很大时，例如枯竭油藏中预试验效果可能不佳。（5.1 节中解决了这个问题和其他困难的钻井情况，比如天然裂缝性储层，这类储层也可能存在问题，容易进行难以解释的测试）；第二种情况发生在地层非均质的情况下，地层存在大范围渗透性。有时间限制的预测试验可以减少这些类型储层的问题。详细顺序流程如下（Pop et al.，2005a）：

（1）调查阶段。

①以缓慢恒定的速率（以连续或一系列测量步骤进行）来控制流量；

②识别从地层中抽汲流体的点或区域（即滤饼被破坏，界面压力低于地层压力，流体从地层流入井下工具）；

③从地层中抽汲一定体积的流体后，终止沉降；

④让探头压力在尽可能短的时间内达到基本稳定的界面压力；

（2）从第一次的压力下降和上升段进行第一次估算地层压力信息及地层流动性；

（3）测试阶段：

①根据刚刚估算出的地层压力和流动性，可以估算出预测试体积和速率参数。这些可用于第二次预测试，以使在规定的测试时间结束时，探针压力将在稳定的界面压力的特定范围内；

②用所确定的参数进行预测试。

如果在调查阶段结束时确定地层属性不能保证测量阶段，则在调查阶段将不间断地进行到测试阶段结束。但是，如果压力上升在指定的测试周期结束之前已经稳定下来，则可以执行一个或多个附加测量阶段。

调查阶段无需事先了解要进行测试的特定条件，即可快速估算地层参数，并有效地限制了从地层中抽汲的流体流量。

产生测量阶段预测试参数的约束优化有效地确定了测量阶段预测试的速率和持续时间，以使在用户指定的测试周期结束时，探针压力处于稳定的界面压力和压力范围内，并从地层中提取出符合以前要求的最大体积。Pop 等（2005a）详细给出了优化的数学细节，包括稳定时间、工具形成响应模型的细节及预测试参数的选择。

6.4.12 固定模式和限时预测试的示例

在本小节中将给出一些限时预测试的示例，以突出该算法在一定条件下的性能（Pop et al.，2005a）。

6.4.12.1 低流动性地层

图 6.87 给出了用于 $0.1mD/(mPa \cdot s)$ 地层的算法所确定的测试流程。在这种情况下，在调查阶段之后的剩余时间内无法达到稳定的压力，因此没有开始测量。在略有不同的条件下（如较小的过平衡、流体的弱压缩性和流动性强的地层），可以进行小体积测量的预测试。该示例突出显示了在致密地层中很难获得稳定的界面压力。

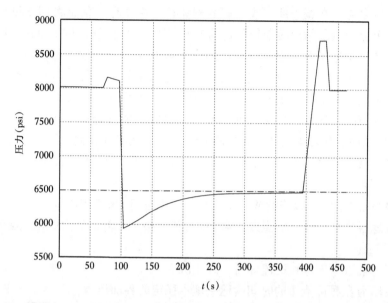

图 6.87 模拟 0.1mD/(mPa·s)地层的预测试,采用单一预试验。虚线代表地层压力

6.4.12.2 中等流动性地层

图 6.88 给出了对 1mD/(mPa·s)地层的限时预测试的预期响应。在这种情况下,初始量调查阶段之后是较大量的测量阶段的预测试。

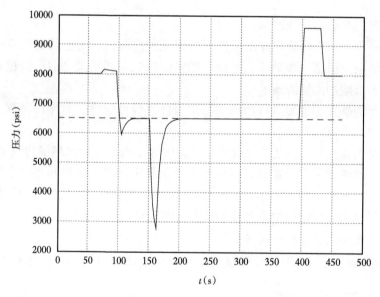

图 6.88 模拟 1mD/(mPa·s)地层的限时预测试,采用单一预试验。虚线代表地层压力

6.4.12.3 适度流动性地层

在 20mD/(mPa·s)的适度流动性地层中,压力稳定非常迅速,并且有进行多次预测试的机会。但是,如果根据研究确定的界面压力与第一次测量阶段一致,则不必在多个测量阶段预测试(图 6.89)。

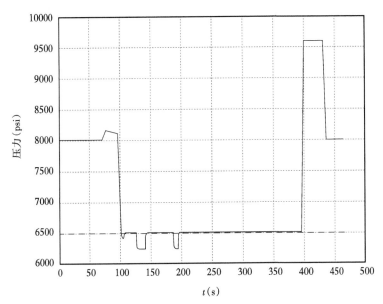

图 6.89 20mD/(mPa·s)的地层进行的模拟限时预测试。在这种情况下，在达到终止阶段的标准之前，测试序列的所有阶段都达到稳定

6.4.12.4 超平衡

在此示例中，在超平衡压力（5000psi）和地层渗透率相对较低[1mD/(mPa·s)]的条件下对比了典型的两种体积固定模式预测试和限时预测试优化。图 6.90 表明，在固定模式情况下，第一次和第二次预测试的总体积不足以使探头压力低于现场地层压力。图 6.91 显示，通过限时预测试，调查阶段在两个阶段成功完成后，均在局部界面压力以下，且没有过多的流量。

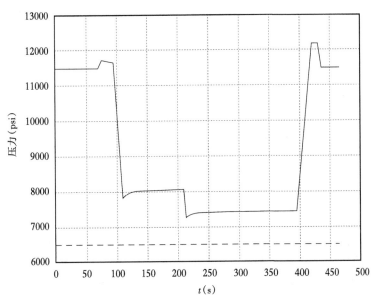

图 6.90 当两个体积都不足以克服过平衡时的固定模式预测，这是典型产能枯竭油田

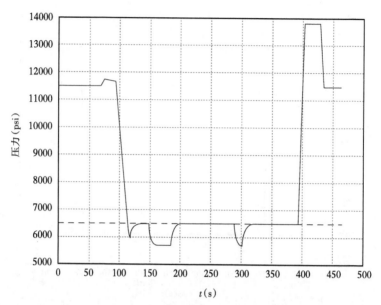

图 6.91   与图 6.90 中描述的情况相同，使用了限时预测试

Pop 等(2005b)给出了更详细的综合实际研究案例，强调了限时预测试的重要性，并表明在进行 FPWD 测量时，可以考虑到随钻领域的独特环境。

6.4.13   钻后数据和电缆式地层测试仪对比

电缆布井工具已成为地层压力测试的传统方法。然而，随着更多的定向井和水平井的钻探，电缆技术的部署变得更加困难，通常需要使用钻杆或牵引设备。FPWD 工具可以获得地层压力和流体流动性的估算值，而不用担心钻杆部署工具的风险，但是由于在钻井过程中可以传输的数据量受到限制，这些工具有时被认为是质量较低的测量方法。最近有许多研究比较了电缆部署和随钻地层压力测量的质量，结果都表明在正确的条件下，FPWD 测量的质量可以与电缆测量一样好(Seifert et al. ，2007；Chang et al. ，2005)，这使得FPWD 测量作为一种可靠的现场测试方法迅速被接受。

Fletcher 等(2005)强调，测量之间的相似性可以表现在各个仪表的精度上(图 6.92)。比较有线测井和随钻测井的数据时，必须注意：

(1)测量深度和电缆深度之间的不同；

(2)探测器方向的不同；

(3)传感器量精度的不同。

也有实例对电缆测量和随钻测量进行了对比，结果显示在 1psi 以内和流体压力梯度差小于 0.004psi/ft 时相匹配(Mishra et al. ，2007)。测试的流变率范围为 4~1100mD/(mPa·s)，并且在开泵和关泵情况下进行了测试。S 形井在进入储层之前有 70°正切值偏差，因此测井条件恶劣时必须使用钢丝绳测井仪。电缆测试工具下井大约 3 天后，FPWD 测试工具下入井中。图 6.93 中明显可看出对于所研究的其中一口井，每个工具估算的地层压力几乎相同。

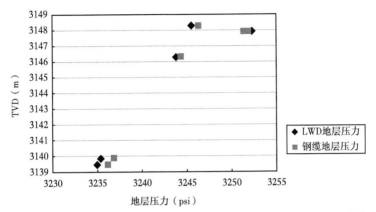

图 6.92　水平井电缆和随钻测井数据的比较（Seifert et al.，2007），TVD 为真实垂深

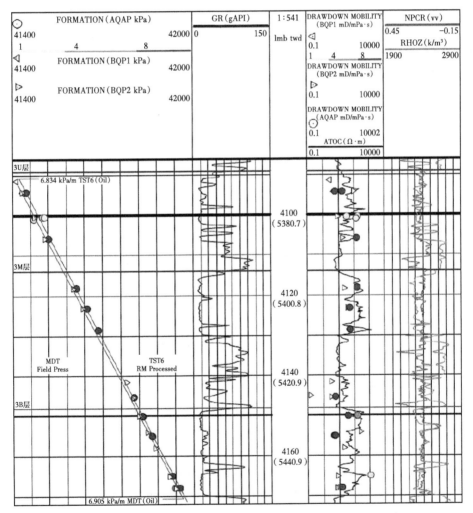

图 6.93　FPWD（圆圈）测试的压力和流变率数据以及电缆测试数据（空心三角形），
每个工具测量的压力梯度几乎相同（Mishra et al.，2007，国际石油技术大会）

参 考 文 献

Aldred, W. , Bergt, D. , Rasmus, J. , and V oisin, B. 1989. Real-Time Overpressure Detection. Oilfield Review 1(3): 17-27.

Alford, J. , Goobie, R. B. , Sayers, C. V. M. et al. 2005. A Sound Approach to Drilling. Oilfield Review 17(4): 68-78.

Barriol, Y. , Glasser, K. S. , Pop, J. et al. 2005. The Pressures of Drilling and Production. Oilfield Review 17(3): 22-41.

Chang, Y. , Hammond, P. S. , and Pop, J. J. 2005. When Should We Worry About Supercharging in Formation Pressure While Drilling Measurements. SPEREE 11(1): 165-174. SPE-92380-PA. DOI: 10. 2118/92380-PA.

Dewan, J. T. and Chenevert, M. E. 2001. A Model for Filtration of Water - Base Mud During Drilling: Determination of Mudcake Parameters. Petrophysics 42(3): 237-250.

Finneran, J. M. , Green, C. , Roed, H. , Burinda, B. J. , Mitchell, I. D. C. , and Proett, M. A. 2005. Formation Tester While Drilling Experience in Caspian Development Projects. Paper SPE 96719 presented at the SPE Annual Technical Conference and Exhibition, Dallas, 9-12 October. DOI: 10. 2118/96719-MS.

Fletcher, J. , Seymour, G. , Flynn, T. , and Burchell, M. 2005. Formation Pressure Testing While Drilling for Deepwater Field Development. Paper SPE 96321 presented at the Offshore Europe Conference, Aberdeen, 6-9 September. DOI: 10. 2118/96321-MS.

Fordham, E. J. and Ladva, H. K. J. 1989. Crossflow Filtration of Bentonite Suspensions. Physico - Chemical Hydrodynamics 11(4): 411-439.

Fordham, E. J. , Allen, D. F. , and Ladva, H. K. J. 1991. The Principle of a Critical Invasion Rate and Its Implications for Log Interpretation. Paper SPE 22539 presented at the SPE Annual Technical Conference and Exhibition, Dallas, 6-9 October. DOI: 10. 2118/22539-MS.

Hammond, P. S. and Pop, J. J. 2005. Correcting Supercharging in Formation-Pressure Measurements Made While Drilling. Paper SPE 95710 presented at the SPE Annual Technical Conference and Exhibition, Dallas, 9-12 October. DOI: 10. 2118/95710-MS.

Longeron, D. G. , Alfenore, J. , and Poux - Guillaume, G. 1998. Drilling Fluids Filtration and Permeability Impairment: Performance Evaluation of V arious Mud Formulations. Paper SPE 48988 prepared for pre-sentation at the SPE Annual Technical Conference and Exhibition, New Orleans, 27-30 September. DOI: 10. 2118/48988-MS.

Mishra, V. K. , Pond, S. , and Haynes, F. 2007. Formation Pressure While Drilling Data V erifi ed With Wireline Formation Tester, Hibernia Field, Offshore Newfoundland. Paper IPTC 11249 presented at the Interna-tional Petroleum Technology Conference, Dubai, 4-6 December. DOI: 10. 2523/11249-MS.

Neumann, P. M. , Salem, K. M. , Tobert, G. P. , Seifert, D. J. , Dossary, S. M. , Khaldi, N. A. , and Shokeir, R. M. 2007. Formation Pressure While Drilling Utilized for Geosteering. Paper

SPE 110940 presented at the SPE Saudi Arabia Technical Symposium, Dhahran, Saudi Arabia, 7–8 May.

Phelps, G. D., Stewart, G., and Peden, J. M. 1984. The Effect of Filtrate Invasion and Formation Wettability on Repeat Formation Tester Measurements. Paper SPE 12962 presented at the European Petroleum Conference, London, 22–25 October. DOI: 10. 2118/12962-MS.

Pop, J., Follini, J. -M., and Chang, Y. 2005a. Optimized Test Sequences for Formation Tester Operations. Paper SPE 97283 presented at the Offshore Europe Conference, Aberdeen, 6–9 September. DOI: 10. 2118/97283-MS.

Pop, J., Laastad, H., Eriksen, K. O., O'Keefe, M., Follini, J. -M., and Dahle, T. 2005b. Operational Aspects of Formation Pressure Measurements While Drilling. Paper SPE 92494 presented at the SPE/IADC Drilling Conference, Amsterdam, 23–25 February. DOI: 10. 2118/92494-MS.

Seifert, D. J., Neumann, P. M., Dossary, S. M. et al. 2007. Characterization of Arab Formation Carbonates Utilizing Real-Time Formation Pressure and Mobility Data. Paper SPE 109902 presented at the SPE Annual Technical Conference and Exhibition, Anaheim, California, USA, 11–14 November. DOI: 10. 2118/109902-MS.

6.5 钻井振动

6.5.1 介绍

钻柱不稳定，因此不可避免地会发生井下振动，但是在振动较低水平下，它是无害的。然而，严重的井下振动会引起许多问题，如井底钻具组合的冲蚀、扭曲、钻头过早失效、井下设备加速失效、工具接头过度磨损及顶驱和提升设备的损坏；它还会导致机械钻速降低和井径扩大。钻井振动造成的经济损失是巨大的，据估计约为钻井成本的 5% ~ 10% (Payne et al., 1995)。随着钻井成本的不断上升及日益复杂且昂贵的井下工具，减振和控制成为钻井优化的一个关键问题。

在钻井过程中，各种来源都会激动钻柱。最终钻柱振动的振幅取决于激动强度、系统阻尼及激动频率与钻柱固有频率的接近程度 (Macpherson et al., 1993)。当任一激动源的频率接近钻柱的固有频率（轴向、扭转或侧向）时，钻柱发生共振，振幅会增大。

如果振幅水平很高，因为它们通常在轻阻尼条件下处于共振状态，那么钻柱将承受疲劳载荷，可能导致局部或灾难性失效 (Reid and Rubia, 1995)。振动水平通常在共振时最高，但是只要存在高频激动，钻柱就可能存在高频振动，而与钻井共振无关。大振幅振动钻井将导致钻具加速失效。关于钻柱失效 (Hill et al., 1992) 的研究表明疲劳是所检查的失效的主要原因。

6.5.2 振动类型

振动可以引起钻柱和钻头的三种振动形式（图 6.94）：扭转振动，会引起扭转/扭矩；侧向振动，导致左右移动；轴向振动，沿钻柱轴线轴向振动。这些振动的组合和相互作用通常导致更复杂的振动，所有振动和组合都对钻头和钻柱有害。

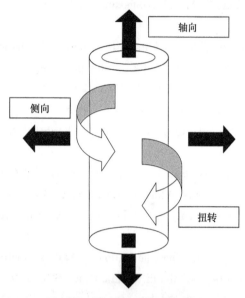

图 6.94 振动的三种主要形式：
轴向、侧向和扭转

6.5.2.1 扭转振动、黏滞(滑移)

扭转振动是由钻头和 BHA 上的摩擦扭矩触发的钻头的周期性加减速和钻柱旋转引起的,它会引起大量的破坏性扭转振动。

由于钻柱的抗扭刚度较低,钻头的瞬时转速很少与地面转速相同。由于钻头和沿钻柱的摩擦力,钻柱连续地受到轻微的扭摆效应。钻头旋转不均匀,使钻头以规则的时间间隔瞬时停止旋转,导致钻柱扭矩的增加,加快钻头进行高速运转(Pavone and Desplans,1994)。随着扭矩的释放,钻头速度可能会降低到小于地面旋转速度,在严重的情况下会停止旋转,甚至立即反转旋转方向,这种机制通常称为黏滞(滑移)振动。

黏滞(滑移)使钻柱产生低于 1Hz 的扭转振动,通常是 0.05~0.5Hz(图 6.95)。

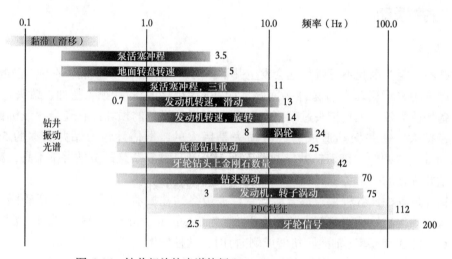

图 6.95 钻井相关的光谱特征(Macpherson et al.,2001)

严重时,扭转振动也可以触发横向 BHA 振动。它通常在聚晶金刚石(PDC)钻头上产生,因为这种钻头可以产生较大的摩擦力,但可能发生在牙轮钻头或稳定器上。黏滞(滑移)常常可以在地面通过大扭矩或每分钟转数波动进行观察。

黏滞(滑移)的相关问题包括：由于冲击载荷增加,导致损坏 PDC 切削齿、连接扭矩过大及顶驱停转。对从硬地层到软地层及不同钻头的岩石进行的测试表明,黏滞(滑移)导致平均机械钻速降低 35%(Dubinsky et at.,1992)。还得出的一个结论是,根据现场数据的详细分析黏滞(滑移)将机械钻速降低了 30%~40%(Payne et al.,1995)。

6.5.2.2 侧向振动(旋转)

侧向振动,或钻头或底部钻具组合在井眼周围移动,可能会由于钻头和底部钻具组合反复冲击井眼,从而导致较大的破坏性应力。严重时,还会触发轴向和扭转振动。这种振动模式通常称为"旋转",通常在地面看不到,因为侧向弯曲振动会沿钻柱衰减。

钻头涡动是指钻头绕其几何中心以外的某个点的偏心旋转,这是由于过大的侧向切削力造成 PDC 钻头与井筒作用引起的。结果,钻头在井筒周围走动并产生异常的井底图案(图 6.96)。这种振动机制根据钻头的旋转速度和钻头刀具的数量导致 5~100Hz 范围内的高频扭转和侧向振动。这会导致 PDC 切削齿受到很大的冲击载荷,从而导致其迅速失效。

底部钻具涡动是由于稳定器或工具接头与井眼的摩擦驱动传动装置引起的底部钻具在井眼周围的转动。根据转速和稳定器叶片的数量,可能会在钻柱中引起 5~20Hz 的侧向和扭转振动。这会导致底部钻具对井眼的反复冲击,并造成稳定器和工具接头的损坏(图 6.97)。

图 6.96　PDC 钻头在软岩中产生的井底图案。
"五角星"形模式和一个 1¼ in (3.18cm) 的
超大井眼表明钻头是向后旋转的

图 6.97　由底部钻具旋转引起的稳定器
损坏示例(哈里伯顿公司提供)

6.5.2.3 轴向振动(跳钻)

轴向振动是由于较大钻压的波动而导致钻头抬离底部,然后下落形成对地层的冲击,这种运动通常称为跳钻。跳钻严重时,可能触发侧向钻具振动。这种现象与钻杆和大部分底部钻具(Dubinsky et al., 1992)的轴向刚度有关,同时也与牙轮钻头有关;有时由于顶部驱动和提升设备的轴向剧烈晃动能在地面识别出来,尤其是在浅层直井中。

跳钻通常发生在三牙轮钻头在坚硬地层进行钻井的过程中,它能够导致钻头的轴向振动,其振动频率在 1~10Hz 范围内。导致的冲击荷载增加会损坏钻头和底部钻具组合,并导致井下工具失效。

6.5.2.4　其他振动类型

另外，其他更复杂且更罕见的振动类型也存在。这些不是众所周知的且更难以识别，但它们同样会导致破坏性问题。

钻头振动是由个别钻头的牙齿撞击岩石而造成的。它通常是高频率的低等级振动，频率一般在50～350Hz范围内，且依赖于旋转速度和牙齿数。

受迫振动是由于BHA共振被另一个振动机制所触发。即使所有的其他破坏性机制不存在时，这种机制依然存在于大小不同的基础振动中。由这种非剧烈的振动机制所引起的失效通常是因为疲劳裂缝扩展，而不是加速失效。

轴向载荷的动态组成主要是由钻头与地层的相互作用引起的，这就导致了钻压的波动(Dunayevsky et al.，1993)。当考虑了这些波动后，随着钻柱侧向振动的快速增长，机械稳定性的损失就变得显而易见。这与通过以特定频率上下移动其末端在垂直悬挂的绳索中引起"蛇形"运动的方式几乎相同。这种与特定轴向波动有关的现象称为参数共振。这种类型的共振一般发生在比静态分析中所得到的比临界钻压小得多的钻压值的情况下。

此外，可以将上述所有机制进行耦合，在这种情况下，一种机制可以触发其他机制。有时将其称为模态耦合，并且通常具有一个0～20Hz的频率。例如，钻头涡动可以通过在黏滞(滑移)运动中所产生的较高的钻进速度来触发；黏滞(滑移)可能会导致底部钻具(参数共振)的侧向振动，如滑动期间钻进速度加快；反之，底部钻具的侧向振动也会导致底部钻具与井筒相互作用及跳钻。但这些振动的根本原因是很难识别的。

6.5.3　振动原因和来源

振动是在一定的钻井条件和地层序列(Dubinsky et al.，1992)条件下，钻柱和钻头与岩石之间的相互作用引起的。震源可以直接激发振动，触发其他振动机制或在钻柱中引起共振或自然谐波，这些都会破坏井下工具、钻头、井眼质量和机械钻速。

钻柱旋转期间，如失衡、错位、管柱弯曲、钻柱井筒直径范围内的摆动或其他几何现象等都会激发一种或多种频率的振动(Besaisow and Payne，1988)。产生的力和应力以激发产生转速数倍的频率振动。当激发的频率与底部钻具的固有频率相匹配时，就会产生应力不断增大的共振条件，发生共振条件的速度称为临界速度。

由于在钻头与钻柱的运动之间存在耦合，因此，对这些激励机制的钻柱响应非常复杂。在地面上进行的钻柱中的频率范围测量可以分为两个不同的域。与激发现象对应的低频区(1～20Hz)是由于旋转速度和它的一次谐波及第一轴向，钻杆或底部钻具的扭转或弯曲的自然模式所引起的。这个频率范围代表了钻柱失效风险领域；它表现出钻柱的共振及复杂形式的活动(如BHA涡动、黏滞/滑移)。与钻头特性对应的高频域(20～200Hz)，无论是在纯粹的旋转模式或井下动力钻井模式下，这种钻进效率对于机械钻速的优化是有益的。

对于建模，需要所涉及的激励机制及其性质，以及来自复杂的模型中的(Besaisow and Payne，1988)底部钻具共振的良好评估信息。对于现场使用，模型可以用来确定转速和钻压(WOB)的安全操作范围，或者改变BHA配置以使风险最小化(图6.98)。已经开发出许多模型来识别和避免临界转速(Dykstra et al.，1995)。虽然有些具有比较先进的分析能力，但其预测的准确性还有局限性。特别是输入数据的不确定性，尤其是像井眼尺寸和形状等关于边界条件的预测。由于是在分析过程中做出的假设，其中最重要的是对激发幅度和位置。尽管具有局限性，但应谨慎使用分析钻柱动力学的程序；该程序可以通过与实时监控信息比较预测来有效提高钻井性能，并调整动态参数，还可以通过对之前的钻头钻进过程的后期分析来帮助提高现场钻井性能。

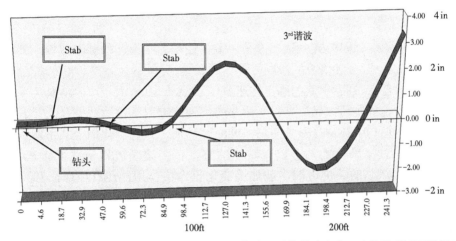

图 6.98　预测 BHA 谐波的模型示例显示了钻柱位移和可能的冲击点。这些模型还可以用于预测关键转速和运行参数，以避免振动热点；第三次谐波：沿 BHA 的位移，以 in 为单位，最大位移为 16in（40.64cm）的底部钻具的无线间隙的井眼（图片由哈里伯顿公司提供）

6.5.3.1　质量失衡

当一个旋转体重心与其旋转（Dykstra et al.，1995）的轴线不重合时，称这种旋转体是不均衡的。当钻柱以其固有的横向振动频率之一进行旋转时，由于质量不平衡而引起的偏转可能非常大；这种现象称为共振，而发生共振的转速称为临界速度。质量不平衡主要会在横向上引起激振，且该激振频率是以旋转频率为基础的。该横向激励领域会产生一个较小的或二次轴向激励，即旋转频率的两倍；同时也会诱导一到两个数量级上的扭转激励。管柱弯曲机制类似于质量不平衡机制（Besaisow and Payne，1988）。

6.5.3.2　错位

钻柱的错位或底部钻具屈曲均会导致接近旋转频率的横向激励。错位也会导致两倍旋转频率的轴向激励和扭转激励。假定所钻地层的底部不完全平坦，非对称岩石强度的对比也可会引起横向激励。

6.5.3.3　三牙轮钻头

三牙轮钻头导致的激励主要是三倍的旋转频率。因为幅度较大的横向运动会使扭矩产生波动幅度，同时也会诱发产生具有三倍旋转频率的扭转激励机制。由于机械钻速减小及钻头与地层接触面的刚性变小，能够看出一至五倍旋转频率的更多谐波。

6.5.3.4　旋转

另一个重要的激励机制是轴旋转或钻柱滑动机制。如果出现打滑，则在旋转频率下会出现明显的同步涡旋振动。与井眼接触的底部钻具屈曲部分，尤其是稳定器，由于其与井眼接触产生摩擦而进行反向钻进。假定没有滑动，那么钻进时的转动频率为 $[D_H/(D_H - D_D)]w$，其中 D_H 是井眼直径，D_D 是钻铤的直径，w 是转速。需要注意的是这种机制只会集中发生在井口部分，并会产生屈曲及与井眼接触；另外，反向钻进机制最有可能发生在中性点以下的屈曲部分。

6.5.3.5   底部钻具的共振

在固有频率附近地区的钻柱激励可能导致异常高振幅共振的形成，并诱发较为严重的振动(Macpherson et al.，1993)。早已认识到这些，例如已经注意到三倍钻头的转速/分钟信号与许多钻柱的第一轴向模式一致。这是许多钻柱动力学模型的基本假设，其中在谐波分析中应用了钻头转速/分钟倍数的激励，以预测转速/分钟的运行窗口(转速/分钟范围内预测的振动水平较低)，通常称其为临界转速。

利用有限元方程或波动方程及方程所建立的模型能够用于预测共振及设计底部钻具组合使其不易发生共振(Besaisow and Payne，1988)。然而，这些简化的公式不能预测较为重要的横向模型。钻柱激励可能不会出现转速的整数倍；建模边界条件可能是不正确的；往往在形成高振幅激励的关键时期出现地层变化及地层作用；还有横向固有频率的间隔如此密集以至于显然要全部关闭操作窗口。因此，避免破坏性共振往往取决于对其进行的实时监控。

6.5.4   振动监测

20 世纪 60 年代初期，首次尝试记录和处理发生在地表及井下的振动(Dubinsky et al.，1992)。振动可以在地面通过扭矩，转速及立管压力的变化来进行检测，可以在钻进过程中根据井下测量值(如冲击力、加速度、扭矩及机械钻速)检测到此振动；钻井后对损坏的井下设备进行检查，也可以发现其存在的证据。

6.5.5   工具检查

井下钻井部件的损伤性质可以直接反映振动源和机理。例如，工具接头的局部磨损表明接头绕井眼周围进行涡动，稳定器叶片损坏是由于稳定器—井眼相互作用而使底部钻具产生涡动。

6.5.6   实时振动建模

引入了预测激发横向共振的临界转速的模型，以辅助 BHA 设计和推荐作业参数(图 6.99) (Heisig and Neubert，2000)。这些模型已修改以供实时使用，但是，井下数据显示这些模型往往在实践中应用受限(Rewcastle and Burgess，1992)。在定向井中，钻杆与井筒之间的接触阻碍了振动的传播。在垂直井中，大多数模型对边界条件具有高敏感性(如底部钻具与井筒的接触点、井眼大小、钻头与岩石的相互作用)，这些都将导致预测值具有局限性。将这些模型与实时地面或井下振动监测相结合，可以提高其应用价值。

6.5.7   地面振动监测

地面的扭矩和转速的波动可以提供井下振动信息(Dubinsky et al.，1992；Macpherson et al.，1993)。特别是对是否存在黏滞(滑移)振动振动提供了很好的指示，以及是否可以实时调整钻孔参数以避免这种情况。地面的扭矩及较小程度的转速都趋于几秒钟的振荡周期。通常以信号灯形式出现的报警系统可以检测出黏滞(滑移)振动并对司钻发出警报。

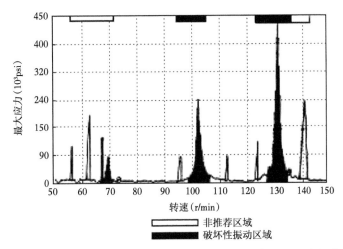

图 6.99　17½ in（44.45cm）井眼谐波分析示例。需要注意的是所有的激励机制
都包括在内，并强调将初始机制作为破坏性振动区

　　除了扭转、黏滞（滑移）及偶尔出现的轴向（跳钻）振动，振动的地面测量不能很好地指示井下振动环境（Rewcastle and Burgess，1992）。横向振动是分散的、高度衰减的，通常在到达地面之前会在钻柱中衰减。然而，横向振动将通过线性或参数耦合耦合到轴向，因此有时可以在轴向振动通道的地面检测到（Macpherson et al.，1993）。

6.5.8　井下振动监测

　　第一个井下 MWD 振动装置具有一个简单的振动传感器，旨在监测特定工具部件上的累积横向振动周期，主要是帮助确定工具疲劳程度（Alley and Sutherland，1991；Rewcastle and Burgess，1992；Cook et al.，1989）。当加速度超出其门限值时（通常为25G），记录一次电击计数，并使用累积的电击历史记录通过统计分析确定故障的可能性。即使可以提供实时的冲击信息，但这通常不足以诊断振动模式，因此有时很难确定减轻振动所需的正确操作过程。

　　最近的工具连续监测底部钻具的振动及对振动相关问题进行检测（Heisig et al.，1998）。诊断的振动类型和严重性会传输到地面，并显示在平台或远程监视器上。这就可以使司钻通过改变钻井参数来及时采取补救措施，可以优化钻井过程。

　　MWD 脉冲遥感技术的低传输频段不能将原始振动数据及时传送到地面。井下动态数据的诊断及诊断标志向地面的传输是问题的关键所在。传感器技术和微电子的最新进展已经开发出最新的井下仪器，该仪器包含全套动态传感器及高速的数据采集和处理系统（Heisig et al.，1998；Zannoni et al.，1993；Close et al.，1988）。该传感器能够通过测量轴向、切向及径向上加速度的变化从而检测出有害的底部钻具动态条件，如涡动、横向 BHA 振动及黏滞（滑移）；还可以为司钻提供可行的建议以减轻振动。

　　高频加速度的快速傅立叶变换（FFT）过程（图 6.100）也可以用来确定振动频率，还可以帮助进一步诊断振动的原因及激励机制和来源。

　　钻头制造商最近开发了易于使用的存储模式振动记录工具，这些工具可获取相关的评估钻头选择、设计功能和运行参数的钻头数据（Schen et al.，2005；Desmette et al.，2005；Roberts et al.，2005）。通常，工程师只能评估这种类型的数据，因为 MWD 工具在运行时通常放置在 BHA 钻头的上方，该处的动态明显不同于钻头处。

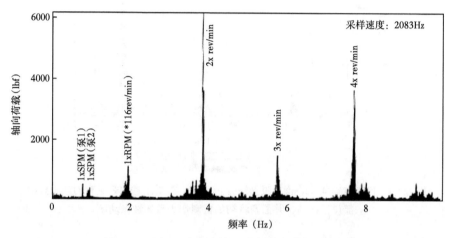

图 6.100　BHA 疲劳失效之前的轴向力光谱特征

6.5.9　振动模式检测

每个振动机制都有自己的特征以协助对其进行检测。有时它可以在地面或进行随钻测量时在井底中观测到，并且该机制往往是由井下设备磨损而形成的。由于这些机制之间的耦合，剧烈的井下振动常常伴随着多种机制的特征，这使得检测过程出现重复。

6.5.9.1　黏滞(滑移)

地面：以表面扭矩，转速的波动和周期性为特征；还可能是顶部驱动停滞、机械钻速减小。

井底：低频扭转振动。

工具损坏：PDC 切削齿冲击损坏，钻柱扭断或冲蚀，超扭矩或反向连接。

6.5.9.2　钻头和底部钻具的涡动

(1)地面：通常没有直接现象，机械钻速减小。

(2)井底；井下高频横向振动和扭转振动。

(3)工具损坏：切削齿或稳定器的损坏，超尺寸井眼，井底扭矩增大。

6.5.9.3　跳钻

(1)地面：大面积振动(吊装设备的晃动)，钻压的大幅波动，机械钻速减小。

(2)井底：轴向运动。

(3)工具损坏：钻头损坏(例如牙齿断裂、轴承损坏)，对井底钻具的冲蚀。

6.5.9.4　参数共振与模态耦合

(1)地面：钻压大的波动，机械钻速减小。

(2)井底：大幅度横向、扭转及轴向振动。

(3)工具损坏：钻柱的扭曲/冲蚀。

6.5.9.5　井场展示

　　如今普遍认识到井下振动成本较高，因此作业者也不断依靠地面信息和井下信息来减少成本。

　　实时数据分析的基本目标是以清晰、简单的形式为现场监督或司钻提供振动数据。随钻测井仪随钻进深度或时间来绘制随钻测井振动强度图（图6.101）。当观察到高强度振动时，司钻可以改变作业参数以减少振动。因为井下振动的复杂性及传输数据的低带宽性，可以利用MWD系统来诊断井下振动机制并将其结果发送到地面。已经开发出智能咨询系统应用于钻井行业中，可以为司钻提出建议改变转速和钻压，以使振动减轻，同时提高机械钻速。

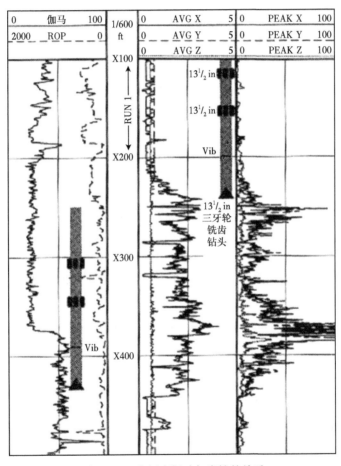

图6.101　大幅度振动与岩性的关系

6.5.10　减少井下振动

　　钻井过程中可以通过调节钻井参数来控制振动，尤其是对转速、钻压及钻井液润滑性的调节。振动所带来的风险还可以通过改进BHA/钻头设计来降低，并且可以使用机械振动阻尼器（如震击器、反涡动钻头）及软扭矩系统来进行进一步缓解。由于振动是很难完全消除的，因此改善井下工具的可靠性对于减少振动也是有帮助的。

6.5.11　减振钻井系统

多年来，为了减少井下振动，已经开发了多种不同的钻井系统和井下钻井设备。

早期，开发了直接位于钻头后面的减震器以抑制钻头到底部钻具的振动。但是，减振器如果放错位置、标定或磨损到不符合规格的程度，可能造成更大的破坏(Macpherson et al., 1993)。弯钻头也会出现相同的情况。

设计了许多钻头以减少特定类型的振动(表 6.5)，如反涡动钻头、方向盘钻头、低后倾角钻头和大规格钻头，它们通常在减少侵蚀性钻头产生的振动方面非常有效。

6.5.12　高强度井下振动的缓解

可以试图通过以下两种方式来避免高强度振动：建立 BHA 模型及利用谐波分析系统来预测工作条件，还可通过调节钻压和转速来避免共振，或钻井时对振动进行直接监测来决定最佳的工作条件(图 6.102，监测钻压、转速和泵速)。

6.5.12.1　黏滞(滑移)

软扭矩系统为该问题提供了最有效的解决方案。该系统包括一个顶部驱动(转盘)反馈机构，该机构通过改变旋转速度来调节地面扭矩的不稳定性，从而使钻头旋转更加均匀。至关重要的是，该系统会定期进行调整以考虑对参数进行改变，如深度和 BHA 的组成等。其他的补救措施包括提高转速、降低钻压(当黏滞或滑移是由于钻头与岩石的相互作用引起的)，以及增加钻井液的润滑性和牙轮扩眼器的使用(此时黏滞或滑移是由于底部钻具与井筒摩擦引起的)，所有措施都会减小钻头与底部钻具之间的摩擦。

6.5.12.2　钻头涡转

某些情况下，反向旋转的钻头使 PDC 钻头钻入坚硬地层，但是它们无法钻入具有较厚夹层的地层。在地质状况已知的情况下，当穿过地层界面时必须注意此处可能会出现钻头振动，从而损坏钻头。此外，钻头在底部旋空或进行扩眼时可能出现涡转，这是因为该钻头制约着井眼的啮合。因此，随着 PDC 钻头的钻入，一种可行的做法是在对底部进行标记以后增加全速。

表 6.5　针对不同振动机制的钻井建议

	钻进过程	起钻
黏滞/滑移	提高转速/降低钻压	加牙轮扩眼器
	提高转速/降低钻压	使用柔性驱动系统
跳钻	逐步调节转速	加冲击短节
	避免钻压循环变化	下入 PDC 钻头
旋钻	停钻并以低转速高钻压开钻	优合钻具组合
	划眼	加扩眼器
	提高钻井液黏度	加钻杆保护器 选用抗转钻头 改变 PDC 钻头剖面

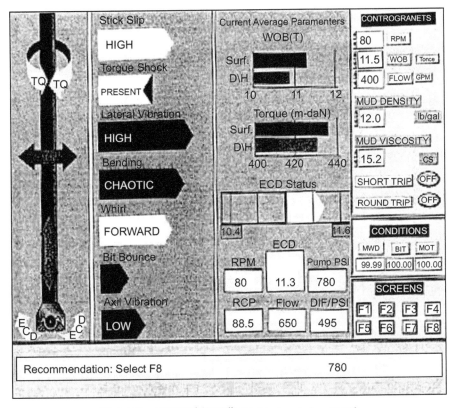

图 6.102 司钻的建议屏幕(Dubinsky et al.，1992)

6.5.12.3 BHA 旋转

钻井液性能在底部钻具的旋转过程中发挥着重要的作用。牙轮扩眼器及非旋转稳定器在钻头由于稳定器和井眼啮合而旋转时，提供了一个良好的环境。对于钻头旋转的情况，由于仪器接头与井眼的啮合，因此非旋转钻杆可以对其进行有效的保护。

6.5.12.4 跳钻

在靠近钻头的位置运行震击器可以有效避免跳钻。然而，利用转速和机械钻速的有效窗口对震击器进行操作是非常重要的。运行的冲击子靠近位置即可提供有效的解决方案。目前针对如何选择震击器还没有研究出可利用的指导原则；在没有震击器的情况下，可以尝试着改变钻井参数。

6.5.12.5 参数共振

改变转速或减少钻压可能会解决该问题。另外，通过使用震击器使钻压减小，这也可以作为解决该问题的一个方案。

术语

D_D——钻铤直径；

D_H——井眼直径；

w——钻转速度。

参 考 文 献

Alley, S. D. and Sutherland, G. B. 1991. The Use of Real-Time Downhole Shock Measurements to Improve BHA Component Reliability. Paper SPE 22537 presented at the SPE Annual Technical Conference and Exhibition, Dallas, 6-9 October. DOI: 10. 2118/22537-MS.

Besaisow, A. A. and Payne, M. L. 1988. A Study of Excitation Mechanisms and Resonance Inducing Bottom-hole-Assembly Vibrations. SPEDE 3 (1): 93-101. SPE-15560-PA. DOI: 10. 2118/15560-PA.

Close, D. A. , Owens, S. C. , and Macpherson, J. D. 1988. Measurement of BHA Vibration Using MWD. Paper SPE 17273 presented at the IADC/SPE Drilling Conference, Dallas, 28 February-2 March. DOI: 10. 2118/17273-MS.

Cook, R. L. , Nicholson, J. W. , Sheppard, M. C. , and Westlake, W. 1989. First Real Time Measurements of Downhole Vibrations, Forces, and Pressures Used To Monitor Directional Drilling Operations. Paper SPE 18651 presented at the SPE/IADC Drilling Conference, New Orleans, 28 February-3 March. DOI: 10. 2118/18651-MS.

Desmette, S. , Will, J. , Coudyzer, C. , Richard, T. , and Le, P. 2005. Isubs: A New Generation of Autonomous Instrumented Downhole Tool. Paper SPE 92424 presented at the SPE/IADC Drilling Conference, Amsterdam, 23-25 February. DOI: 10. 2118/92424-MS.

Dubinsky, V. S. H. , Henneuse, H. P. , and Kirkman, M. A. 1992. Surface Monitoring of Downhole Vibrations: Russian, European, and American Approaches. Paper SPE 24969 presented at the European Petroleum Conference, Cannes, France, 16-18 November. DOI: 10. 2118/24969-MS.

Dunayevsky, V. A. , Abbassian, F. , and Judzis, A. 1993. Dynamic Stability of Drillstrings Under Fluctuating Weight on Bit. SPEDC 8 (2): 84-92. SPE-14329-PA. DOI: 10. 2118/14329-PA.

Dykstra, M. W. , Chen, D. C. -K. , Warren, T. M. , and Azar, J. J. 1995. Drillstring Component Mass Imbalance: A Major Source of Downhole Vibrations. SPEDC 11 (4): 234-241. SPE-29350-PA. DOI: 10. 2118/29350-PA.

Dykstra, M. W. , Chen, D. C. - K. , Warren, T. M. , and Zannoni, S. A. 1994. Experimental Evaluations of Drill Bit and Drill String Dynamics. Paper SPE 28323 presented at the SPE Annual Technical Conference and Exhibition, New Orleans, 25-28 September.

Heisig, G. and Neubert, M. 2000. Lateral Drillstring Vibrations in Extended-Reach Wells. Paper SPE 59235 presented at the IADC/SPE Drilling Conference, New Orleans, 23-25 February. DOI: 10. 2118/59235-MS.

Heisig, G. , Sancho, J. , and Macpherson, J. D. 1998. Downhole Diagnosis of Drilling Dynamics Data Provides New Level Drilling Process Control to Driller. Paper SPE 49206 presented at the SPE Annual Technical Conference and Exhibition, New Orleans, 27 - 30 September. DOI: 10. 2118/49206-MS.

Hill, T. H. , Seshadri, P. V. , and Durham, K. S. 1992. A Unifi ed Approach to Drillstem-Failure Prevention. SPEDE 7 (4): 254-260. SPE-22002-PA. DOI: 10. 2118/22002-PA.

Macpherson, J. D. , Jogi, P. N. , and V os, B. E. 2001. Measurement of Mud Motor Rotation Rates Using Drilling Dynamics. Paper SPE 67719 presented at the SPE/IADC Drilling Conference, Amsterdam, 27 February-1 March. DOI: 10. 2118/67719-MS.

Macpherson, J. D. , Mason, J. S. , and Kingman, J. E. E. 1993. Surface Measurement and Analysis of Drillstring Vibrations While Drilling. Paper SPE 25777 presented at the SPE/IADC Drilling Conference, Amster-dam, 23-25 February. DOI: 10. 2118/25777-MS.

Pavone, D. R. and Desplans, J. P. 1994. Applications of High Sampling Rate Downhole Measurements for Analysis and Cure of Stick-Slip in Drilling. Paper SPE 28324 presented at the SPE Annual Technical Conference and Exhibition, New Orleans, 25-28 September. DOI: 10. 2118/28324-MS.

Payne, M. L. , Abbassian, F. , and Hatch, A. J. 1995. Drilling Dynamic Problems and Solutions for Extended-Reach Operations. In Drilling Technology 1995, PD-V olume 65, ed. J. P. V ozniak, 191-203. New York: ASME.

Reid, D. and Rubia, H. 1995. Analysis of Drillstring Failures. Paper SPE 29351 presented at the SPE/IADC Drilling Conference, Amsterdam, 28 February-2 March. DOI: 10. 2118/29351-MS.

Rewcastle, S. C. and Burgess, T. M. 1992. Real-Time Shock Measurements Increase Drilling Effi ciency and Improve MWD Reliability. Paper SPE 23890 presented at the SPE/IADC Drilling Conference, New Orleans, 18-21 February. DOI: 10. 2118/23890-MS.

Roberts, T. S. , Schen, A. E. , and Wise, J. L. 2005. Optimization of PDC Drill Bit Performance Utilizing High-Speed, Real-Time Downhole Data Acquired Under a Cooperative Research and Development Agreement. Paper SPE 91782 presented at the SPE/IADC Drilling Conference, Amsterdam, 23-25 February. DOI: 10. 2118/91782-MS.

Schen, A. E. , Snell, A. D. , and Stanes, B. H. 2005. Optimization of Bit Drilling Performance Using a New Small Vibration Logging Tool. Paper SPE 92336 presented at the SPE/IADC Drilling Conference, Am-sterdam, 23-25 February. DOI: 10. 2118/92336-MS.

Zannoni, S. A. , Cheatham, C. A. , Chen, C. -K. D. , and Golla, C. A. 1993. Development and Field Testing of a New Downhole MWD Drillstring Dynamics Sensor. Paper SPE 26341 presented at the SPE Annual Technical Conference and Exhibition, Houston, 3-6 October. DOI: 10. 2118/26341-MS.

7 深水钻井

7.1 深水钻井技术

7.1.1 深水钻井工艺

——J. C. Cunha，艾尔伯塔大学 (University of Alberta)

从远古时代起，人类就使用"地球 (earth)"一词来表示土壤和命名我们所居住的星球。尽管对于陆地居民来说，人类自然而然地将自己的星球与尘土和岩石区分开来，但这样做是出于对世界的无知。土地在地球上只占较小部分，在这个星球上占主导地位的是水 (Brantly，1971)。

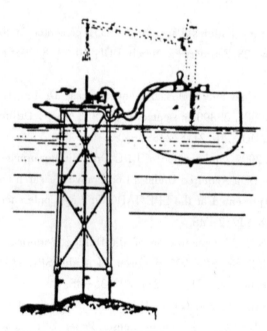

图 7.1 Rowland 的钻井专利 (1869 年 5 月 4 日)

尽管海上深水钻井是近代才出现的，但是寻找海上的石油和天然气几乎与现代石油工业发展是同步的。也仅在德雷克井钻成 10 年后，托马斯·F. 罗兰于 1869 年 5 月 4 日从纽约申请了"海底钻井设备"的专利 (图 7.1)。罗兰设计的装置由一个平台和供应船组合而成，将近 100 年后的 20 世纪 40—50 年代，这种设备主要用于海上钻井活动。

1869 年晚些时候，另一个来自美国的发明家 Samuel Lewis 申请了"海底钻探机"的专利。该钻机由置于船顶的钻探装置组成，该钻探装置可升到水面上方并由六个可调节的支柱接触海底。这项非凡的发明设想了一个世纪后的现代自升式钻机的基本原理。

尽管从未使用过 Rowland 和 Lewis 的设计，石油工业仍在 19 世纪开始了海上勘探，1897 年以后，在美国加利福尼亚州圣巴巴拉的萨默兰比奇海滩上钻了许多油井 (图 7.2)。这些井仅仅是最初在陆上发现的油田开发的延续，后来又发现它们在海洋中的一部分成藏。尽管如此，这些油井的可行性及不断发展的技术发展表明，石油工业的未来肯定有一部分会在海上。

本章将专注于深水钻井过程，将介绍近海钻探的简要进展，然后讨论深水井设计方面，包括对特殊设备和非常规井的描述，也会提供现场实例。

图 7.2　1899 年美国圣巴巴拉萨默兰海滩的海上油井

图片来源：南加州大学图书馆，加州历史学会收集，1860—1960 年

7.1.1.1　海上钻井的演变

最初，海上钻井是陆上活动的延伸，因此，第一批海上油井钻在浅水海岸附近。为了进行这些早期钻井作业，在海岸线附近修建了堤道、码头和小型人工岛。1910 年，美国第一次成功的水上钻探发生在路易斯安那州卡多教区的渡轮湖上（Chevron，2007），所使用的钻机可以用拖船和驳船拖到井边安装在桩上。

随着美国成功钻得第一口水上井，到 1920 年，在湖泊和近海区域钻井成为常规作业，其他国家也开始开发近海或内陆水域的石油资源。1924 年，委内瑞拉的马拉开波湖岸已经取得勘探成功，之后在此湖里发现了很多资源并进行了开发。1925 年，阿塞拜疆里海的人工岛屿上也成功钻井（AzerMSA，1999）。

随着能源需求的增长和技术的进步，海上钻井设备在接下来的几十年中取得了惊人的发展，1947 年，第一口"视线外"的井在墨西哥湾海岸边的固定平台上钻探深度达 14.5km。这口井位于路易斯安那州的船舶海岸的浅岸滩，它不仅代表墨西哥湾第一个重大油田的发现，也代表了现代海上石油工业的起点。

1949 年，使用 John Hayward 设计的第一台潜水钻驳船（也是第一台可移动钻机）钻探了多口井。这是海上石油工业第一次实现经济钻探和测试评价探井，并在完钻后可将钻机设备转移到另一个井点。1953 年，一艘名为 Submarex 的海军货船在其侧面悬臂安装了陆地钻机，制造出了第一艘浮式钻井船。石油工业朝着深水开发迈出第一步。

钻井作业已可以在水深超过 3000m 的区域进行。世界多个地区已实现在水深超过 2000m 的区域进行石油开采，且每年的纪录都会被打破。接下来将简要介绍现代可移动钻机及深水钻井平台。虽然本章的重点是深水钻井技术，但也提到了浅水钻井平台，以更好地强调该行业向更具挑战性的深水环境的发展。

7.1.1.1.1　海上移动钻井平台

可移动钻机最初是为勘探而开发的，因为除了比固定钻井平台便宜外，它们还可以在多个位置使用。如今,可移动钻机可用于勘探或开发钻井,具体取决于油田开发的策略。

钻井船是一种仅用于水深50m以下的浅水区的钻井设备,它可应用于湖、河和运河的钻井,但是它不适用于海上(因为剧烈的海水运动,而它需要被拖船从一个地方拖到另一个地方)。

钻井驳船是通常仅在水深小于50m的浅水区使用的活动钻机。其设计使其适合在湖泊、河流和运河中钻井。它不适用于通常在剧烈洋流时,因它需用拖船从一个地方拖到另一个地方的。

自升式平台(图7.3)是应用最广泛的海上钻井平台,占全球钻井的50%以上,可应用于水深达110m的浅水区。自升式平台被拖到钻探位置,在此处"支腿"下降到海底,然后将平台抬升至高于海平面实施钻井工作。

图7.3 自升式平台
由诺布尔钻井服务公司提供

潜水钻机(图7.4)用于水深不超过40m的浅水区,目前使用较少,目前仍在使用中的钻井平台还不到10个(Marine Drilling Rigs,2003)。它有一个浅驳船和一桩平台,在区域之间运输的时候,驳船里是空气,可使船舱漂浮;一旦到达目的地就装上水下沉,停留于此。

半潜式钻井平台(图7.5)是使用最广泛的海上钻井平台,可在超过100m水深的区域钻探。半潜式潜水器由两个或两个以上的浮船构成船体。钻井平台、存储区域和宿舍都安装在船体的顶部。当从一个地方转移向其他地方时,压载仓是空的,可以确保平台在拖曳期间是漂浮的。当到达另一个地方时,舱内装满水,下半部分沉入水里。由于半潜式钻机应

图 7.4 潜式钻井装置
由凯玻尔海上船队提供

图 7.5 半潜式钻井平台进行深水钻井
由诺贝尔钻井服务公司提供

用于深水区, 因此下部船体将不会搁置在海底, 可以使用两种不同的系统将平台固定在适当的位置: 一种使用巨大的锚, 并与船只的淹没部分保持稳定; 另一种是动力定位系统, 利用推进器和精准的航海系统在钻井作业期间保持船舶稳定。

随着对深水区油气藏的不断探索, 近年来深水钻井纪录已经不断被打破, 现已有半潜式钻机能够在超过 2400m 的水深中进行钻探。

图 7.6 所示的钻井船是最终的深水钻井船。即使第一艘钻井船不是为超深水环境设计的, 但是现如今, 在深水中最具有挑战性的井都是用现代钻井船钻得的。

图 7.6   超深水的钻井船

钻井船使用的定位系统具有多个锚或动态推进(推进器), 或是两者的组合。通常情况下, 钻井船在深水和超深水中使用动态定位系统, 这虽然可比半潜式钻机承受更多的有效载荷, 但运动性能较差。

使用钻探船在水深大于 3000m 的情况下进行钻探操作已经可行。近年来, 随着深水记录的不断打破, 难以预测此类作业的深度极限。

7.1.1.1.2   深水开发系统

远比钻井更具挑战的是开采处于深水环境的石油。水深大于 2000m 的油田已经可以开采; 然而, 这种发展在石油行业中不认为是常规的。因为其费用极其昂贵, 仅适用于开采油气储量大的高产井。图 7.7 是深水中最常见的生产系统的概述。

固定平台通常可以安装在水深 500m 处。水套放在海底, 甲板放置在顶部, 为设备、钻机(可能是钻井作业结束后拆除)、人员宿舍和生产设施提供了空间。

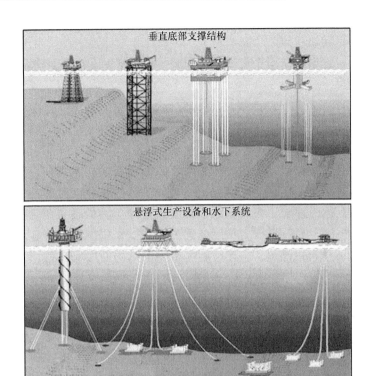

图 7.7　深水开发系统

美国内政部矿产资源管理服务部门于 2008 年提供

柔性塔是一个狭窄、灵活的塔。在顶部的甲板上有钻井设备和生产设备。不同于旨在抵抗风力的常规平台,柔性塔会在风、波浪和电流的作用下弯曲,这使得它们适用于较深的水域,它可在水深超过 800m 的区域使用。

张力腿平台是一个浮动平台,它会通过富有弹力的钢筋固定好位置;这些钢筋是分别由顶部和底部将其连接到整体结构和海底的。张紧的钢筋将限制垂直运动,使张力腿平台可用于深度超过 1400m 的水域。

迷你平台相当于一个小型 TLP。其成本相对较低,适用于小型深水油气藏的开发。使用传统的平台开发小型深水油气藏是非常不划算的。

Spar 平台是一个被系泊线或拴绳固定的高大垂直圆柱(图 7.7)。圆柱结构有螺旋法兰,以减少在强流涡旋中的脱落。Spar 平台可用于深度大于 1600m 的海水,并且现有技术表明,其使用深度可以扩展到 2000m。

水下系统可用来生产一口或多口油井。产物将通过管汇和管道系统被送到一个远距离的生产设施。目前,该系统可在水深超过 1500m 的区域使用(Minerals Management Service,2008)。

浮式生产系统由一个半潜式单元组成,该单元可以配备钻井设备和生产设备,并且可以通过系泊系统或动态定位系统保持在适当的位置。它用于生产海底油井,将其油通过生产立管运输到地面。它可以用于 200~2000m 的水深范围。

大型海底油轮是由一个浮动的生产、存储和卸载系统(FPSO)组成。FPSO 系统从附近的井里收集油并且定期地卸到一个载油轮上。在设计和构建另一种平台的同时，FPSO 可以用作临时生产系统。它也可以用于边际经济领域，从而避免了管道基础设施的成本。

7.1.2　深水钻井液

——Rosana Lomba，巴西石油公司(Petrobras)

7.1.2.1　简介

复杂的深水钻井工程和超深水钻井工程需要不断更新的技术支持，以最大限度地减少井眼问题并提高油井生产率。在这种情况下，钻井流体的化学性质和物理性质可决定钻井作业是否成功。在其他因素中，海底低温、高度疏松地层、低破裂压力、浅层水流动和浅层气流动，以及孔隙压力和破裂压力梯度之间的狭窄操作裕度都需要在设计钻井液的时候充分考虑，以确保钻井顺利进行。同样，越来越多的枯竭储层要求使用水基或非水基轻质钻井液作为充气流体的替代品。

7.1.2.2　钻井液体系

钻井液可以分为水基钻井液和非水基钻井液两大类。岩性、预期的井下压力和温度、井的几何形状、地层评估要求(测井和流体取样)及环境限制将决定体系的选择。

7.1.2.2.1　水基钻井液体系

表 7.1 和表 7.2 是水基钻井液配方的例子。典型的添加剂是聚合物、桥联固体、润滑剂，加重剂、盐类和消泡剂。每一个成分都有着特定的功能属性。

表 7.1　典型的水基钻井液页岩抑制成分

添加剂	作用	浓度(质量分数,%)
海水	连续相	按所需
纯碱	钙去除剂	0~0.2
黄原胶	增黏剂	0.15~0.45
聚丙烯酰胺	增黏剂	0.15~0.45
聚合物		
PAC 聚合物	降滤失剂	0.3~0.45
氯化钠页岩	页岩抑制剂	5~31
阳离子聚合物	黏土膨胀抑制剂	1.5~2.0
三嗪杀菌剂	杀菌剂	0~0.1
苛性钠	pH 值调节剂	0~0.45
洗涤剂	钻头防泥包	0.02~0.1
重晶石	加重剂	按所需

表 7.2　典型的水基钻井液成分

添加剂	作用	浓度
水	连续相	按所需
氯化钠	页岩抑制剂或加重剂	质量的 2.8%～31%
消泡剂	防止泡沫产生	体积的 0.1%
黄原胶	增黏剂	质量的 0.2%～0.55%
改性淀粉	降滤失剂	质量的 1.7%～2.3%
氯化镁	pH 值调节剂	质量的 0.25%～0.45%
碳酸钙	桥接材料或加重	质量的 10%～14%
润滑油	润滑剂	体积的 2%～3%
三嗪杀菌剂	杀菌剂	质量的 0%～0.15%

7.1.2.2.2　非水基钻井液体系

非水基钻井液是油包水乳剂。可以使用不同的基础油来配制钻井液。烯烃、正构烷烃、异链烷烃、酯、醚是常用的基础成分；内相是低水分活度的盐水，以确保页岩的化学稳定性；乳液是通过表面活性剂保持水滴聚结稳定。润湿剂加入到体系中使固相亲油；该体系的其他组分还有降滤失剂、增黏剂和加重剂。表 7.3 为一个典型非水基钻井液制剂的配方，油水比为 70∶30。

表 7.3　典型的非水基钻井液成分（油∶水＝70∶30）

添加剂	作用	浓度
基础油	连续相	按体积的 0.67%
主乳化剂	乳化剂	质量的 2.5%
氧化钙	碱性	质量的 1.5%
饱和盐水氯化钠	内相	体积的 0.34%
二次乳化液	降滤失剂	质量的 0.4%～1.7%
有机土	增黏剂	质量的 1%～1.2%
流变改性剂	增黏剂	质量的 0.5%～0.6%
润湿剂	润湿性	按所需
晶石	加重剂	按所需

在深水中的轻质无伤害流体：孔隙压力和破裂压力梯度之间狭窄的操作裕度通常与一些钻井问题有关，例如循环损失和井控事件。使用轻质流体增加了钻超深水油井成功的可能性，这对勘探活动有着明显的影响。此外，一些深水储层已开发殆尽，需要能够避免循环损失并最小化地层伤害的轻质流体。

目前，从作业的角度来看，开发工作的重点主要集中在两个部分：(1)基于轻质流体的双梯度钻井（DGD）系统；(2)无伤害钻井液的配方。

(1)基于轻质流体的 DGD 系统。

在过去几年,业界一直非常关注轻质流体的使用。通过几个行业项目和独立研究小组正在进行技术评审和设备、材料、计算机模拟器的研究。其中在深水中使用轻质流体最有用的方法之一就是对狭窄的压力窗口的控制。

为了达到 DGD 的使用条件,行业一直在基于两种截然不同的概念方法来开发系统:第一种是使用轻质流体,这是开发工作的重点,第二种是机械举升(包括泵送)系统将海底的钻井液举升到地面。在海底油管的底部注入轻质流体,以保持水下井口压力等于与海水同深度的静压力。DGD 系统在地表和海底之间具有一个有效的流体梯度,而在海底井中具有另一个有效的流体梯度。因此,先前套管的钻井液当量密度小于当前钻井深度的有效钻井液当量密度。

和机械举升系统不同的是,使用轻质流体是为了满足双梯度条件,包括稀释钻井液返回到海底,通过注入低密度的成分降低钻井液的密度。注入低密度成分后,钻井液的密度会低于海底有效钻井液的密度。

DGD 系统要求钻井液流经立管产生的静水压力等于在海底的海水压力。所以,稀释材料必须添加在一个合适的浓度以降低钻井液的密度,满足 DGD 系统的要求。除了注入稀释材料,也可以从钻井液表面分离出物质。通过这种分离,钻井液需要加工以保持适当的物理性质和化学性质,然后通过钻柱压到井里。如果空心球被用作稀释材料,将产生一种不可压缩的轻质流体,在表面被提取后可重复使用。然而,尽管 DGD 系统所有公认的优势都基于此稀释材料,但这种创新的钻井过程中需要发展新的设备和新的操作方法。

气举立管 DGD 系统是由防喷器(BOP)注入气体,以降低海上立管内流体密度来达到海水密度,这个方法比中空球体系统的工作量要小,因为近年来引进及改进了欠平衡钻井技术。主要的方法是通过高压同心套管将氮气注入到井下,因此降低了立管内径泵送容积的要求。外立管和内部套管之间的环形空间填充有海水,以防止外立管的塌陷。高压旋转控制头位于同心立管的顶部密封的环形空间里,而且回流被引到一个自动化的三相分离器里,从而使该混合物再分离循环。

气举立管 DGD 系统涉及一个封闭加压的循环体系的使用。在浮动钻井平台上,重点是确定旋转的设备施加压力的最佳位置。这个问题至关重要,但根据以往的经验,将旋转控制头放在顶部立管应该是最好的选择。常规钻井立管的低强度破裂压力和内部的压力,是需要考虑的一个重要方面。然而,除了使用同心立管外,另一个非常有用的替代方法是表面装防喷器。这种替代不仅解决了常规钻探立管强度的难题,还很好地结合了细长井概念,显著降低了整体钻井的成本。

(2)无伤害流体。

滤失控制是流体设计的一个重要标准,避免液体的损失和减少地层伤害,取决于钻井液和岩石之间最小的相互作用。为了实现这个目的,通常用静态(动态)滤失实验来对钻井液进行研究。

一般情况下,流体侵入储层会降低井的产能。滤液和固体的侵入会导致储层伤害和渗透率降低。合理的钻井液配方避免了流体渗透到储层,影响储层渗透性。通常添加无害的酸溶性固体(如碳酸钙)到钻井液可以使孔隙堵塞,降低流体渗透。此外,使用特定的聚合物，通过其表面化学性质和黏度的影响来减少流体入侵。无伤害流体侵入制剂的开发，需要了解多孔介质中含固体聚合物溶液的滤失机理。

该研究以多种方式进行。为寻找影响滤失相对重要的因素，对以减少流体入侵到多孔介质的聚合物的评价，以及对非侵入性的流体制剂的开发。对水基钻井液的静态（动态）滤失的理论和实验研究，已经对以下因素进行了评估：流体类型、固体形状、大小和浓度、聚合物类型和浓度、岩石渗透率、压差。

在滤失期间，粒状不同的固体通过高渗透性疏松多孔介质起的作用不同，证实了形状对滤失机制效果影响的重要性。此外，固体浓度的增加并不一定导致在过程中的入侵。粒度分布和颗粒形状是控制流体入侵的主要因素。

工业上对于非侵入型流体的构想是基于物理化学原理、添加剂和储层岩石之间的相互作用，取决于岩石类型、井下条件和钻探情况。

钻井液比重与安全相关的要求。加强的安全措施使既定的钻井液比重和海水一起构成对地层的压力，可以避免不稳定性。另外，无井涌允差被定义为控制井涌的最大钻井液比重梯度。脱扣安全裕度造成的井底压力，通常等效为钻井液比重。尽管在衡量钻井液比重的时候要慎重考虑这些因素，但深水钻井时很难做到。

7.1.2.3　非水溶液的气体溶解度

关于进入井中的地层气体流量的最重要的操作是所谓的井涌，是对流量的检测及其从井外的受控循环。探测井涌所花费的时间与井眼的大小或井内的初始体积成正比，并且该因素将决定在井控程序中遇到的压力。为了避免由于设备故障或地层破裂而导致的气体泄漏（可能导致危险情况），气体在地面，井下作业时（位于泥线处）和最后一个套管鞋处的最大压力特别重要，以避免气体泄漏，从而发生井喷事故。

深水和超深水的钻井情况非常复杂，应减少井喷的风险。在井下压力和温度条件下，地层气体与钻井液之间的相互作用是关系到钻井作业安全性的一个非常重要的问题。它决定了钻井过程的可控性，一个小环节的失败就可能导致设备的破坏，以致危及人的生命。

为了克服技术制约和环境限制，已经将合成液体应用于钻井液的配方中。合成的非水基钻井液具有出色的润滑性和页岩稳定特性，在高压/高温（HP／HT）环境中进行钻井时可能是唯一的选择。关于深水和超深水情况，使用合成钻井液会使井控情况变得更加复杂，这是因为固有困难和海上钻井的成本较高，且这种钻井液之间存在特殊的热力学相互作用钻井液和气体会发生作用。更好地了解在预防井涌和循环情况下地层气体与合成基钻井液之间的相互作用，将有助于安全、经济地开采海上油井。

关于气体在常规油基钻井液中的溶解问题，已经发表了几篇论文（O'Brien，1981；Thomas et al.，1984；O'Bryan，1983；O'Bryan et al.，1988；O'Bryan and Bourgoyne，1990）。很少有研究集中在其他有机流体上（Berthezene et al.，1999；Bureau et al.，2002）。

介绍了当前在深水和超深水钻井液系统中使用的甲烷和有机液体（线性链烷烃和酯）混合物的压力/体积/温度（PVT）测量。在不同温度下进行甲烷/液体混合物的热力学性质的测量，例如泡点压力、溶解度、油体积系数、气体体积系数和液体密度。结果表明，在井下条件下及在井涌循环过程中，准确地计算出地层气体在流体中的溶解度，对于安全地钻深水和超深水井是一个非常重要的问题（图7.8至图7.12）（Silva et al.，2004）。

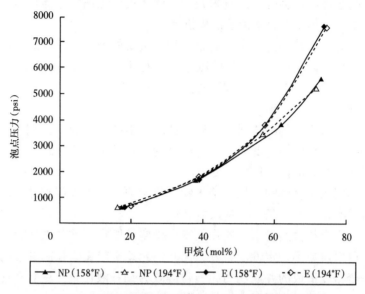

图 7.8　甲烷摩尔百分数和泡点压力的函数关系图

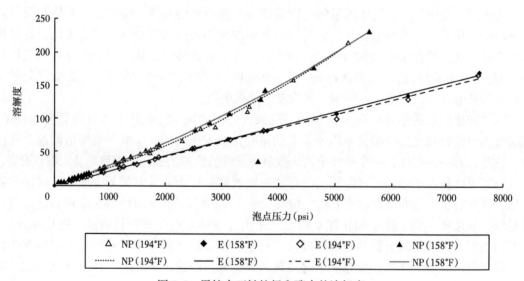

图 7.9　甲烷在正链烷烃和酯中的溶解度

7.1.2.4　水 合 物

随着水深的增加，钻井液中形成水合物的可能性也随之增加。低的海底温度和高压为水合物的形成提供了适当的条件，尤其是在水基钻井液中。一旦水合物开始形成，其生长可能会非常迅速，并且在井眼、压井节流管线中和 BOP 内部可能会形成固体。固体物质可能会阻止流体循环，甚至强度足以阻止钻柱移动。

为避免该问题，配制了钻井液以抑制或延迟水合物的形成。另一种方法是一旦形成水合物就阻止其生长。

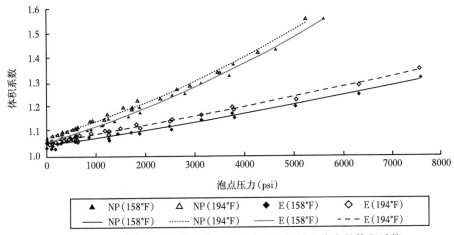

图 7.10   随着泡点压力的变化，甲烷在正链烷烃和酯中的体积系数

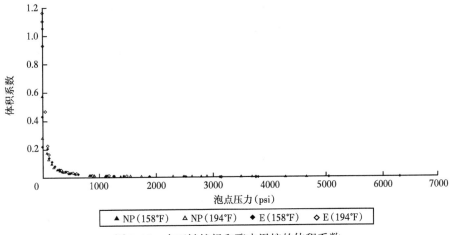

图 7.11   在正链烷烃和酯中甲烷的体积系数

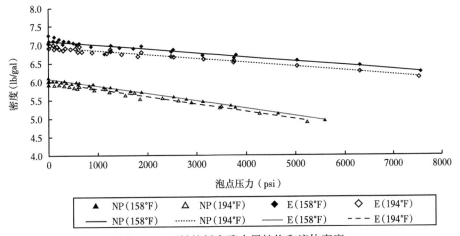

图 7.12   正链烷烃和酯中甲烷饱和流体密度

7.1.2.4.1 热力学抑制剂

甲醇、乙醇、乙二醇和盐是防止钻井液中水合物形成的常用添加剂。根据温度和压力条件及所需的抑制程度确定组合和产物浓度。通过实验获得压力—温度图,以针对给定的钻井条件定义更合适的钻井液成分,典型浓度为 20%NaCl 和 10%乙二醇(Kotkoskie et al.,1992;Ebeltoft et al.,1997)。

7.1.2.4.2 动力学抑制剂

在某些条件下,动力学抑制剂可通过延迟临界晶核的出现来延迟水合物的形成。动力学添加剂是低浓度使用的共聚物或表面活性剂,因此它们对流体性能的影响有限,其性能取决于冷却所需要的最低温度。

7.1.2.4.3 抗凝剂

这类添加剂用于避免水合物开始形成时的生长,也被称为结晶改良剂。它可以减缓水合物形成的速率,并且防止附着聚集过程。

7.1.2.5 与温度有关的流体流变学

在海底(低于 5℃)遇到的低温直接影响流体流变性并导致严重的钻井液凝结。此外,立管底部的静水压力通常是非常高的,这取决于流体的密度和水深。水基钻井液的流变性同时也可能受压力影响;另一方面,合成的非水基钻井液的流变性受温度和压力的影响。

与未考虑流变学对温度和压力的依赖性而计算出的等效循环密度(ECD)相比,在计算出的 ECD 中可能会发现显著差异(Davison et al.,1999)。这些变化可能会导致井控问题,尤其是孔隙压力和破裂压力梯度之间的窗口狭窄时。

井下流变性的降低和 ECD 的降低通常会导致井眼净化效果差,重晶石沉降,或与井底静态和循环温度下流变性低有关的其他问题。向上调节流变性可能会导致 ECD 值和凝胶强度过高。

由黏度和 ECD 的不利增加引起的循环损失问题可能会导致井控问题、成本加大及严重的地层伤害。因此,新的钻井液系统应在很宽的温度和压力范围内显示出改进的流变特性。这种行为可以保持较高的黏度,从而提高切屑的承载能力和防止重晶石沉降,同时不会对ECD 造成不利影响(Van Oort et al.,2004)。

7.1.3 深水固井

——Cristiane Richard de Miranda,巴西国家石油公司(Petrobras)

7.1.3.1 简介

与陆上井和浅水井的固井作业相比,深水井的固井作业的主要区别如下:极低的温度,海洋和地层存在不同的温度梯度,孔隙压力和破裂压力梯度之间的作业窗口狭窄,在钻井、下套管和固井时会导致大量流体损失,可能发生浅水或气体流动问题,气体水合物的形成和不稳定作用。

水泥浆设计和注水泥作业必须进行合理的设计,以便认识到深水油井的问题。合理的设计和执行可以保证良好的层间封隔、支撑结构及水泥环的持久性。

7.1.3.2 温度

可参考以下文献:Zhongming and Novotny,2003;Ward et al.,2001,2003;Romero and

Touboul，1998；Calvert and Griffin，1998。

陆上井和浅水井的井底循环温度（BHCT）可以参照美国石油学会（API）规范给出的数据来确定的，从而可以准确地设计水泥浆固井作业。

与陆上井相比，深水油井的温度受更多因素的影响。影响深水条件下温度的主要因素是海水的温度和水泥浆的热度。因为用于设计和测试的水泥浆的温度极大地影响它们的性质（如稠化时间、压缩强度、流变性和流体损失）。有必要以恰当的方式去确定井底循环温度和静态温度在深水油井中遇到的特殊情况。

温度的微小变化会导致水泥浆性质发生重大变化，如稠化时间和抗压强度。在现场，这可能导致水泥浆设计与现场情况不匹配。例如，如果井底循环温度估算太高，那么水泥浆反应可能会过于缓慢，导致产生的气体或水从浅地层流出。在深水开发时，钻井时间是非常宝贵的，时间晚一点就会带来不小的损失。如果水泥浆在完全置换之前凝结，会带来严重的问题。

建议使用数值传热模拟器来预测循环过程中的预期温度及由于停止循环后的热量回收而达到的温度。一般而言，合适的数值传热模拟器应考虑海流速度、海水温度、井斜测量数据、流变参数和流体密度（钻井液、洗井液和水泥浆）、水合物的水化热、水泥浆的水化热、温度梯度、循环效率和时间、注入流体的温度等。

由于深水油井的复杂性，文件 ISO 10426-3（2003）建议使用数值模拟器或采用来自邻井的测量数据，以使实验室测试的情况，可以接近在深水油井的实际情况。把在实验室试验的温度、压力和实际深水油井的状况相结合，这将会提高工程师设计特殊井钻井液的能力。

7.1.3.3　浅水流（SWF）

在大于 152m（500ft）的水深中，尤其是在大于 305m（1000ft）的水深中，水会从浅的高压地层中涌出，这可能会破坏上部井段的水力完整性。水的流入将导致水泥封隔性差，进而导致诸如套管的屈曲或剪切，与其他浅层地层的压力/流体连通及由于海底的穿透而对海底造成干扰的问题。浅水进入泥线（RP65，2002）。除水外，其他流体也可以从浅层地层中喷出，例如水、气和地层细砂的混合物。与常规水深和浅水相比，浅层气体在深水井中引起的问题更少。长海水柱提供的静压抑制了气体膨胀，因此由浅层气体引起的井眼侵蚀或破坏的可能性较小（Rae and Di Lullo，2004）。但是，在水泥凝固过程中气体流入水泥中显然是一个问题。

浅水流可能会导致巨大的经济损失，因为油井坍塌和海床沉降会导致井的损失和放弃井位。

最常见的是，浅水流是由于快速沉积（水下滑坡称为浊积岩沉积事件）而导致的压实不足和压力过大而导致异常高孔隙压力的结果。另一个原因可能是与较深的高压地层形成液压连通，从而导致异常的浅层压力。在钻井、下套管和固井作业过程中不稳定的天然气水合物也会引起浅水流（RP65，2002）。

为避免或控制 SWF，建议遵循一些有关井位选择、钻井和固井的一些实例。减少水的损失、等效循环密度（ECD）、钻井液重量等措施也可以防止浅水流的发生（Alberty et al.，1999）。

建议使用计算模拟器，通过调节流体一些参数，如流变参数、密度、体积、和溢流率等，来完成固井工作，确保所产生的压力在孔隙压力和裂缝压力的范围内。集中注水泥是初级固井作业的基础。

除了确定适当设计流变参数以有效地排入泵中的先前流体，还需要适当的水泥浆密度，避免超过地层破裂压力，水泥浆应呈现某些特性，以避免浅水流的问题：液体到固体的快速转变、长期的密封、良好地控制流体损失及游离水和沉淀。

水泥浆的快速凝固是非常重要的特性，它可以避免在胶凝过程中产生水流，这是因为当胶浆开始形成凝胶强度，并失去充分传递静水压力的能力时，会导致状态不平衡，从而导致流体侵入。

为了确保静水压力总是传递到地层，可以使用两种浆液具有不同的增稠时间，前泥浆比尾泥浆的稠化时间更长。

浅水流的问题在很多地方发生，但相当多报告案例都发生在墨西哥湾。在巴西坎普斯盆，浅水流并不是问题，因此，常规的固井作业可以在那里施加。通常，套管被提到大约50m 高，没有水泥用于支持这种套管。随后的套管（20in 或 13in）将进入合格的地层，通常用常规的扩展水泥浆固结。

7.1.3.4 水合物

天然气水合物是固体冰状结构，由水和天然气的混合物形成。水有钻井液、地层两个来源。气体水合物的形成取决于气体组成、液体成分、温度和压力。在深水井里发现，在立管和防喷器处高静压力和低温产生水合物的概率比较大。

水合物属于化合物一种，由分子形成的一个晶格结构和气体分子一起组成的化合物。小分子容易形成水合物，例如烃 C_1—C_4，硫化氢（H_2S）、二氧化碳（CO_2）和水可产生水合物。分子太大不适合形成水合物。由于大量的气体存储在水合物中，降低压力或升高温度水合物分解，产生大量的气体。

图 7.13 显示了压力温度和密度条件下水合物的稳定程度。如果在注水泥之前，气体水合物出现了，那么有必要使用更合适的水泥浆材料来降低产生水合物的风险。

7.1.3.5 水泥体系

因为在大多数深水油井的钻探下发现，水泥浆料必须满足很多条件，包括浅水流、浅气体流量、气体水合物及孔隙压力和压裂压力之间的裕度较窄，才能够确保水泥环的完整性。一些理想的性质包括低密度、较短的增稠时间、快速的液—固转变、机械性质的快速发展及低渗透性。

为了降低水泥浆料密度，有必要加入一定的添加剂。如果要求生产一定数量的水泥浆，添加剂的使用可以相应的降低密度。添加剂分类如下：

（1）水填充剂：添加定量而不会引起水泥浆的沉降的填充剂。黏土和水稠化剂都是水填充剂。

（2）密度低于水泥固体的低密度材料，通过在水泥浆成分中使用这些材料降低水泥浆的密度。

（3）气体填充剂：用于发泡水泥的氮气或者是降低水泥浆密度的气体。

轻质水泥体系包含发泡水泥、黏土水泥、硅藻土水泥、微球水泥、颗粒水泥。

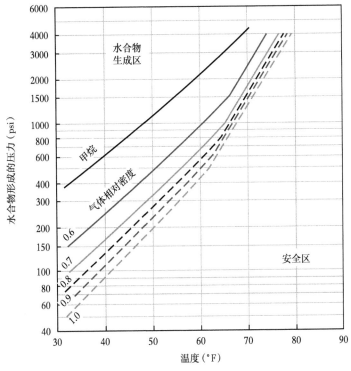

图 7.13　天然气水合物形成的条件（Barker and Gomez，1989）

7.1.3.5.1　发泡水泥

可参考以下文献：Rae and Di Lullo，2004；Ravi et al.，2007；Reddy et al.，2002；White et al.，2000；Biezen and Ravi，1999；Davies and Cobbett，1981；Smith，2003。

发泡水泥是由水泥浆和氮组成的混合物，这样就得到了一个更实用水泥稳定体系。这种体系可以用来避免浅水流问题。与水泥系统相比，发泡水泥的优势是它拥有非常低的密度且相对强度较高，因此可以更好地控制气体流动和浅水流。该体系的缺点一是与传统的水泥系统相比，发泡水泥浆操作困难，二是要求更精确的水泥浆氮气比例。

水填充剂中最常见的是黏土中膨润土，主要由蒙脱石组成。当加入水时，膨润土膨胀原来的几倍，导致流体黏度升高，胶凝强度增加，以及固体悬浮能力增加（Nelson，1990）。

（1）硅藻土水泥。

硅藻土是由硅藻生物组成，这种添加剂的密度要比水泥的密度低，并且它需要大量的水，才能使水泥浆的密度降低。

（2）微球水泥。

可参考以下文献：Rae and Di Lullo，2004；Smith，2003。

陶瓷微球可以添加到水泥中，使水泥浆密度降低至 $959kg/m^3$。不同微球的破裂强度会在很大的范围内变化，有的材料甚至可以抵抗压力大于 414MPa（60000psi）的静水。在选择材料时要考虑其性质，以及水泥浆在井里所能承受的最大压力。

可将微球添加到水泥中形成混和物，因为材料之间的密度差大，由于重力，轻微球从混合物顶部分离出来，使水泥材料不均匀。

石油行业首次使用了以 OPSD 为基础的水泥体系。水泥的成分被砂和砾石或者其他材料取代，如粉煤灰、高炉矿渣、或微粒硅，这些可以增加水泥的抗压强度。在水泥研究中，可以优化这些材料的属性来设计水泥浆，这种技术广泛地应用于石油工业。

这种技术的使用，使不同粒径的材通过减少它们之间的空隙可以达到很高的密度。相比传统的水泥浆，在这些体系中，水的使用量减少，该体系有较高的固体含量，而且需要高的抗压要求。OPSD 水泥的密度范围比较大，密度大小取决于设计密度的固体含量。

图 7.14 展示了三种水泥系统的抗压强度和密度之间的关系，分别为充水水泥、高强度瓷珠水泥和发泡水泥。

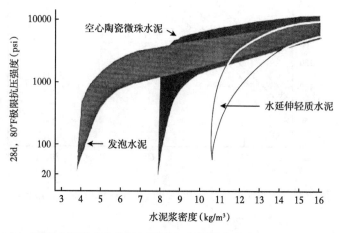

图 7.14   不同水泥浆成分的抗压强度与水泥浆密度(Hannes et al., 1992)

水泥浆呈现极低密度时，需要认真计算，因为其混料的密度近似水的密度，从而无法通过混合物密度控制混料和水的比例。对于准备少量的水泥浆，可以使用已知数量的混料和水。但对于大量的水泥浆，需要设备来确保适当数量的混料和水。可以通过测量混合物的流量和计算固体混合物含量，设计超轻型水泥。

7.1.3.5.2   水泥体系的物理特性

深水固井工作中，使用的水泥浆必须前面提到的一些必备属性。为了避免一些施工情况的发生，水泥浆必须具有以下特点：(1)低密度以避免破裂压力梯度低的地层破裂；(2)液体到固体的快速过渡和长期密封以避免液体或气体流动；(3)恰当的控制失水量，使水泥浆密度不会增加，避免井漏和改变水泥浆的性质；(4)零自由水和沉积以避免气体或液体流失，避免造成密度差异而导致静水压力不足，从而无法保持井控。

在天然气水合物存在时，水泥浆必须表现出较低的水化热，以避免不稳定的天然气水合物出现。如果要提供一个长期液压密封和支撑结构，水泥浆必须具有灵活性和耐化学性。因为水泥环将承受强劲的水流，所以这些参数必须综合评估考虑。

水泥浆水化会产生热量，应更好地估计水泥的温度。因为水化将加速水泥的反应速度，为了更好地理解这个反应速率，可以通过减少钻机工作时间进行深水钻井作业。

7.1.4　深水水力学

——André Leibsohn Martins，巴西国家石油公司（Petrobras）

简介：在深海环境中对油气勘探提出了几个关于水力学特性的设计。由于沉积物覆盖，岩层经常呈现低承受力，因此水力学应该考虑孔隙压力和裂缝压力。这还可能面临其他的困难，如在较低的情况下，井筒的压力高于孔隙压力或上层的井筒压力低于破裂压力。

在这种情况下，由于成本高，必须全面了解深水情况下井底压力的控制。在其他情况中，环空中的固体对底部压力的预测起着重要作用。

固体在环空中传递静水压力，这将直接影响井底压力。由于天然固体在低速环形流中通过立管加载，结果随着水深的增加而增加。评价固体加载带来影响的一个常见的方法，是考虑平均流体岩屑混合物的密度 ρ_m：

$$\rho_m = \rho_f(1-C_s) + \rho_s C_s \tag{7.1}$$

式中，C_s 为固体浓度；ρ_f 和 ρ_s 分别是流体和钻屑的密度。

图 7.15 说明在一定的水深范围，钻井液中存在切屑所引起的压力增加。图 7.16 显示了典型深水井中碎屑载荷对 ECD 的影响。

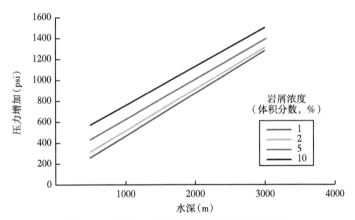

图 7.15　不同水深处岩屑浓度对压力的影响

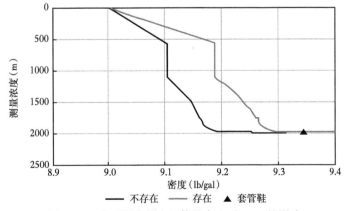

图 7.16　典型深水井中固体的存在对 ECD 的影响

在大斜度井段形成岩屑床的固相，不仅不能传递静水压力，而且会限制流动面积，增加环空限制，导致压力峰值。

讨论影响深水井中固体浓度的作业参数对井底压力的影响：

7.1.4.1　钻进速度 ROP

从不同方面影响固相浓度。高角度井段，倾向岩屑床形成趋势增加；而低角度井段，岩屑荷载将会增大。一般来说，ROP 的增加会使深水井 ECD 增加。应特别注意保持固体浓度和 ECD 在可接受的范围。图 7.17 和图 7.18 说明了在斜井段和隔水管中，ROP 对固相浓度的影响。这种结果是基于桑塔纳等人对机械两层模型的。当然，不同的模型可以用不同的方法解释这种趋势。

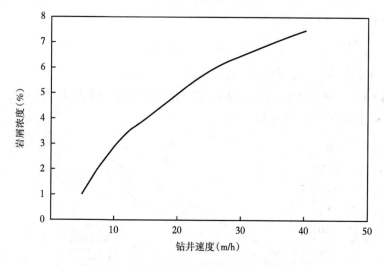

图 7.17　斜井里岩屑浓度对钻进速度的影响

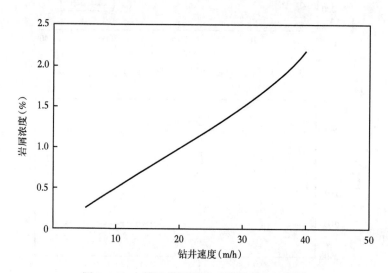

图 7.18　立管里岩屑浓度对钻进速度的影响

7.1.4.2　井深

　　测量深度的增加直接影响摩擦系数。清洁大直径井眼环空的摩擦损失可以忽略不计，较小直径井眼产生的摩擦压力损失对井底压力影响比较大。图 7.19（Martins et al.，2004）表示在深水环境中长水平段水力极限的讨论。这个数字表明一个 0.216m 的裸眼水平井眼需要 5in 的钻杆，同时考虑两种不同井眼标准的流量：总岩屑床高度的 15% 被清除。该图表明，在紧急情况下，必须降低泵送速率，同时必须有岩屑床情况下开展钻探活动。在这种情况下，需要额外的井眼净化过程，例如使用专用刮屑器。拥有长水平段的井，可能构成了开采海上稠油油田的经济动力（Vicente et al.，2003）。

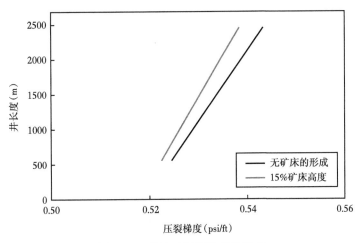

图 7.19　井长对压裂梯度的影响

7.1.4.3　钻杆旋转

　　尽管 ECD 测量可能无法反映出井眼净化问题，但钻杆的低速旋转或不旋转会在高度倾斜的井中形成岩屑床。另外，高旋转速度会增加固体悬浮，影响 ECD 的测量。图 7.20 显示

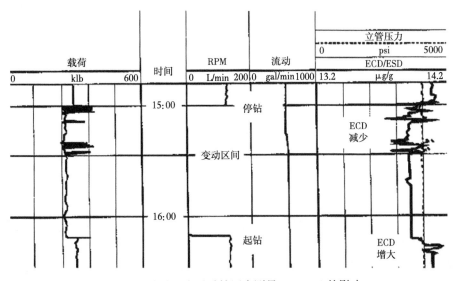

图 7.20　旋转速度对随钻压力测量（PMWD）的影响

了随钻压力测量（PMWD）结果对旋转速度的响应。图 7.21 根据 Sanchez 等（1999）提出的经验模型显示了旋转对固相浓度的影响。

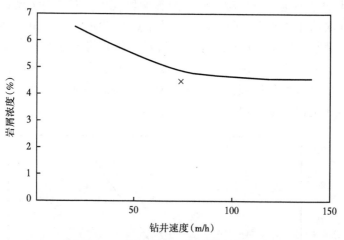

图 7.21 旋转速度对岩屑浓度的影响

7.1.4.4 流速

提高流速度能提高井眼净化能力，因此固体岩屑浓度将会降低。另外，摩擦损失和速率成正比，ECD 的增加或减少取决于这两个因素。图 7.22 显示了 ECD 曲线的最小情况，在作业过程中是否出现这个最小值，取决于井的具体设计。

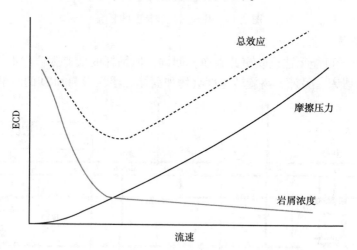

图 7.22 考虑井眼净化和压力变化时流速对 ECD 的影响

7.1.4.5 流变性

流变性在井下压力的作用情况是复杂的，影响了井下的一些活动，包括井眼清洁、摩擦压力损失和循环停止后的压力峰值。在动态条件下，需要高度假塑性行为。低剪切速率下的高黏度会阻止钻屑沉降，而在高剪切速率下的低黏度会增强岩屑悬浮，并使摩擦压力损失最小化。图 7.23 说明了低剪切黏度和高剪切黏度在钻井过程中的作用。

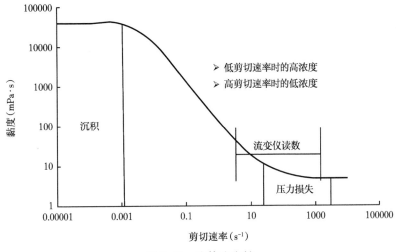

图 7.23 流体流变性

流变性能的合理评估是水力学模拟器操作的基础，它提供了深水作业的水力设计。评价流变特性反映了深水井中的流体特性，这是一个重要的话题。如图 7.23 所示，典型油田流变仪剪切速率的变化范围是从 $5\sim1022s^{-1}$。获得大范围的剪切速率数据是最理想的，这可以在几何循环系统内，正确地说明流体的性质。表 7.4 和图 7.24 说明流变仪读数对钻井液流变参数的影响。可通过流变曲线与剪切应力轴的截距来获得屈服应力。

表 7.4 流变参数作为含油流变仪读数数量的函数的估计

转数（r/min）	读数（°）	剪切率（s^{-1}）	剪切力（lbf/ft²）
3	7	5.109	7.46
6	8	10.218	8.53
100	32	170.3	34.11
200	48	340.6	51.17
300	65	510.9	69.29
600	90	1021.8	95.94
/	μ_p [kg/(m·s)]	τ_0（Pa/1000m²）	相关系数
读数 2	2.503	64.16	1.00
读数 6	4.217	19.17	0.95

流变模型的选择也会影响水力参数的预测。由范氏读法获得的动态黏度，代表了正常摩擦压力损失，但不能反映沉积现象。低剪切速率流变仪（DV-Ⅲ+流变仪，1998）可用于实验室使用，但其结果的可靠性不在浮动容器实现。表 7.5 强调使用传统设备和实验室流变仪两种仪器在评价屈服应力时的差异，选择不同流变模型的影响也可以从表中看出。

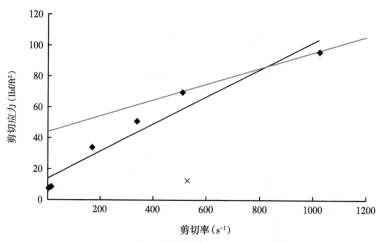

图 7.24 流变仪读数对流变参数影响

表 7.5 通过不同的流变仪评估产量值

流变学模型	流体	油田电流计	低剪切率电流计
宾汉模型	合成基流体	8.41	8.52
	基于聚合物液体	9.40	4.03
赫歇尔—巴尔克莱	合成基流体	5.99	7.67
	基于聚合物液体	6.13	2.96

图 7.25 和图 7.26 分别说明了在一口典型的深水井中,流体流变性对岩屑浓度和 ECD 的影响。流变仪读数从 A 降低到 C。水力优化过程是固体浓度和井下压力的设计。不同于陆上和浅水井,其破裂压力是不限制的,深水钻井优化设计优先考虑具有高黏度流体在低剪切速率和低黏度流体在高剪切速率时的流动,这可以保证较低速率的岩屑输送。

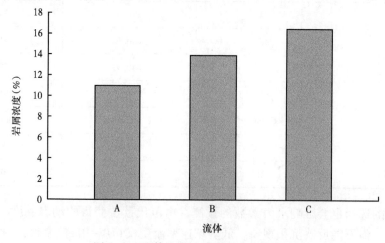

图 7.25 流体流变性对岩屑浓度的影响

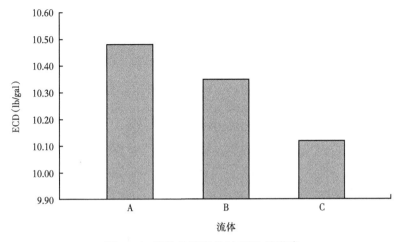

图 7.26   流体的流变性对 ECD 的影响

当关泵时，需要钻井液快速凝胶可以防止钻屑下沉，同时避免在循环再次开始时出现压力峰值，凝胶一般发生在深水立管的低温条件下。当凝胶结构形成时，打破它需更多的力，因此，就会出现压力峰值。这样，再次开泵后，凝胶流体引起压力峰值出现。压力峰值达到的破裂压力时会给作业带来风险。

影响启动循环压力重要的参数是温度、压力、关泵时间和启动速度。图 7.27 显示了一个典型的 PMWD 数据记录，循环恢复时压力会增加。除其他操作参数，数据记录还显示了流体速率和井底压力。这样的峰值可以通过简单的启动操作程序最小化，如泵启动前旋转和往复钻，并以低速开始逐渐增加至所需速率。这样做是为了流速恢复时打破凝胶结构，从而降低压力峰值。

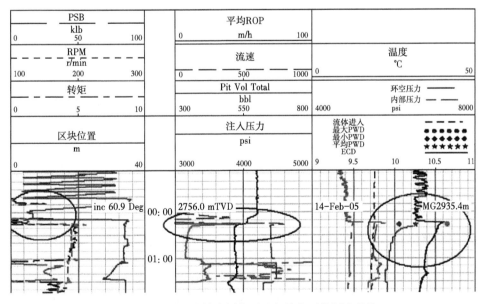

图 7.27   当循环在静态周期后重新恢复时的压力峰值

尽管凝胶趋势向可以根据流变仪估计，但重要的参数还是要以不同的流变实验来分析，包括小振幅振荡试验、蠕变恢复试验、或流体启动循环。在所有的情况下，评估海底低温条件下的凝胶性能是必不可少的。

7.1.4.6　流体驱替

在钻井和完井时，会产生流体驱替。长水平段的井这样操作的原因是由于压力的限制、需要较长的时间和大量的流体参与。这些会导致流体污染、效率降低及成本问题。

流体置换的质量是由两种流体之间的界面形状来控制的。尖锐轮廓倾向导致流体窜流，而平面轮廓通常促进有效位移。流体流变性能的优化，是流体置换操作成功的关键。一些学者(Haut and Crook, 1979, 1982; Sauer, 1987; Lockyear and Hibbert, 1989)指出，驱替和被驱替流体之间的黏度比，偏心环空中的速度分布，井眼角度和流体密度差影响着整个过程。

流体驱替动力学，将由仿真的两相流来模拟，使用不同物理性质的流体 A 代替流体 B。每个阶段的线性动量方程的求解，都是为了获得液体之间的界面形状(Bittleston et al.，2002; Dutra et al.，2005)。

在深水环境中两种流体替代作业至关重要：

(1)在储层中用水基流体替换合成流体：通常情况下，操作界面达到环空管时是最重要的。因为流体在立管速度低，流体污染是一个大问题。由于驱替液比流体密度低，环形立管的流动效率比较低，图 7.28 说明了这一点(Dutra et al.，2005)。可以选择增大流速或者泵入垫片来降低污染。图 7.29 显示了由于驱替液和流体的高黏度比所造成的污染。浅色表示流体(合成基)，而深色表示驱替液(水基)。

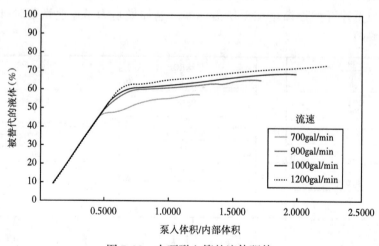

图 7.28　在环形立管的流体驱替

(2)裸眼井长水平段完井液代替钻井液：在深水井里，流量速率受作业窗口所限制，需要清除所有裸眼井的钻井液，保证在无固体环境下的运行。图 7.30(Dutra et al.，2005)显示 8.5in 井中所需的排量百分比与体积的关系曲线是流量的函数。在这种情况下，应泵送多余的完井液以确保完全清除。井中允许的最大流速可以提高驱替效率。图 7.31 是偏心圆驱替模式，浅色代表被驱替的流体，而深色代表了驱替液。

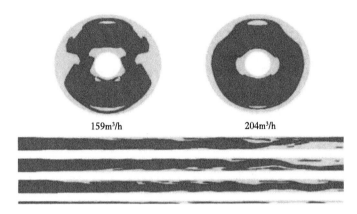

159m³/h　　　　　　　204m³/h

图 7. 29　由于黏度差产生的流体污染

环形管是 0. 508m×0. 127m，被替代的流体是合成基(浅色)，驱替液是水基(深色)

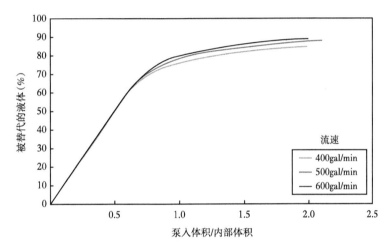

图 7. 30　0. 216m 水平井的流体驱替

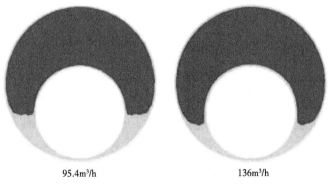

95. 4m³/h　　　　　　　136m³/h

图 7. 31　偏心水平截面的水流驱替模式

环形管为 0. 216m×0. 216m，被替代流体是钻井液(浅色)，驱替液是完井液(深色)

7.1.5　深水井控

——Antonio C. V. M. Lage，巴西国家石油公司(Petrobras)

简介：如4.2节所述，采用压井流体安全地将其从井中清除的方法称为井控操作。文中指出，无论操作环境如何，井控是一个非常关键的步骤，值得监督人员及设计工程师的特别注意。然而，由于井筒破裂压力梯度相对较低，这个问题给深水钻井带来了一些额外的挑战。由于这一特殊性，深水井建设意味着要管理与孔隙压力和地层破裂压力曲线之间狭窄的工作裕度相关的困难。在这种情况下，主要是由于井眼尺寸的限制，传统的设计标准可能会抑制成本，或者会大幅降低达到目标的概率。除此之外，在井下事件中在深水中控制井是困难的，因为存在失去循环的风险。

本节的目的是描述重要概念、设计计算及处理在深水中的井控情况。

7.1.5.1　井涌余量

在过去的30年间井涌余量被不断研究并提高(Pilkington，1975；Redmann，1991；Leach and Wand，1992；Lage et al.，1997)，其发展的主要动力不仅是与深水环境相关的困难，还有高临界压力和高临界气温方面的难题。在这两种情况下，孔隙压力和地层破裂压力曲线之间的狭窄操作裕度都是技术难题。

首先，在本主题的范围内提出了两个基本定义：公差，即某个变量的极限值，最大值或最小值；裕度，即变量的值与其限制之间的差。基于此，定义了三个参数：

(1)井涌余量：允许的孔隙压力最大值，用等效质量密度来表达。像这样一定的涌出量在一个特定深度井的钻井液里，井就可以安全地关闭和启动循环系统，就不会在裸眼井段压裂薄地层。

(2)井涌安全系数：根据等效循环密度估算的循环压力和相同循环密度下关井或循环出井时压力最大值的差异(式7.7)。

(3)孔隙压力边界：井涌余量和预计孔隙压力间形成的差异。用等效质量密度来表达(式7.6)。

预测井涌余量最简单的方法是建立在单一气泡假说之上的。然而，即使是这样简化模型，也要考虑井况及相关的涌入量。最常见的评价井涌余量的方法是假设气体占据环形空间估计井涌量。当控制井涌时，关井是最危险的(关闭余量)(Redmann，1991)

图7.32是是基于单一气体涌入的定向井得到井涌余量方程的主要几何变量。因为关井被认为是最关键的条件，气泡停留在底部。依照图7.32，L_{vk}是气泡长度的垂直投影，D_{vbh}是井真正的垂直深度，D_{vcs}是套管底部垂直深度。

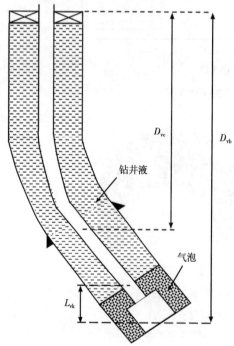

图7.32　基于单个气泡的井涌方程

当裸眼井最弱地层破裂导致井控事故时，才能得到井涌余量。假设地层破裂发生在底部，地层压力减去井底和套管底部之间的静水柱压力等于破裂压力，公式如下：

$$\rho_{kt}D_{vbh}g - \rho_g L_{vk}g - \rho_{df}(D_{vbh}-D_{vsc}-L_{vk})g = \rho_f D_{vcs}g \tag{7.2}$$

根据等式(7.2)可以导出的ρ_{kt}表达式：

$$\rho_{kt}D_{vbh}g - \rho_g L_{vk}g - \rho_{df}(\rho_f - \rho_{df}) - \frac{L_{vk}}{D_{vcs}}(\rho_{df}-\rho_g) \tag{7.3}$$

考虑套管鞋执行漏失实验后的钻井方案，图7.32中所有变量，除了L_{vk}，其余都是已知的。L_{vk}取决于油井几何变量和关井前的气体体积，但是如果用几何直线关系来定义油井，那么井效益与L_{vk}之间就成一个直线关系。因此，这就是一个增函数。

当气体达到裸眼和钻杆之间的环形空间时，直线的斜率减小。同时，顶部的气体到达套管底部之后，ρ_{kt}值保持不变。

式(7.3)对于完全理解与井涌余量相关的一些重要数据非常有意义。对偏导数的分析导致对趋势的理解，同时增加或减少变量(表7.6)。

表7.6 ρ_{kt}的敏感性分析

变量	偏导数	符号	ρ_{kt}的变化
D_{vbh}	$\dfrac{L_{vk}(\rho_{df}-\rho_g)-D_{vcs}(\rho_g-\rho_f)}{D_{vbh}^2}$	<0	$\rho_{kt}>\rho_{df} \Rightarrow \rho_{df}\downarrow$
ρ_{df}	$1-\dfrac{D_{vcs}+L_{vk}}{D_{vbh}}$	$\geqslant 0$	$\rho_{kt}\leqslant\rho_{df} \Rightarrow \rho_{df}\uparrow$
D_{vcs}	$\dfrac{\rho_f+\rho_{df}}{D_{vbh}}$	$\geqslant 0$	$\rho_{kt}\uparrow$
$==L_{vk}$	$\dfrac{\rho_f-\rho_{df}}{D_{vbh}}$	<0	$\rho_{kt}\downarrow$
ρ_g	$\dfrac{L_{vk}}{D_{vbh}}$	$\geqslant 0$	$\rho_{kt}\uparrow$

用一个简单的算法(Redmann，1991)可以计算出井涌时气体膨胀体积。当顶部的气体达到套管底部时，这种方法可以计算ρ_{kt}值。一般来说，此时是裸眼井最薄弱的时候。因此，采用的ρ_{kt}值，必须是图7.32中取到值中的最小值，图7.34给出了例子。值得注意的是，最初的关井条件控制着井收益的最低值；另外，套管底部气体的状况代表更大的井收益。

最初的关井条件决定了ρ_{kt}的最小值。从井底到套管底部的扩流，并不足以抵消环形空间的几何变化。一部分气体占据了裸眼井和钻柱之间的环形空间，在套管底部，涌入液占据了裸眼井/钻杆环空。图7.33及表7.7可以说明这一点。值得注意的是，和常规井的相比，它的钻柱长度比较短，裸眼井段比较长。否则，最初的关井条件将会影响曲线的最小值。

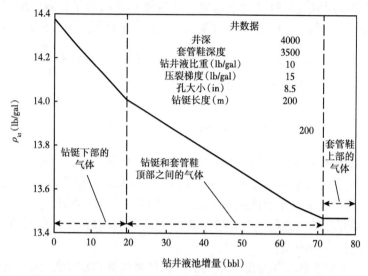

图 7.33 井涌余量与井增益的函数关系 (Lage et al. , 1997)

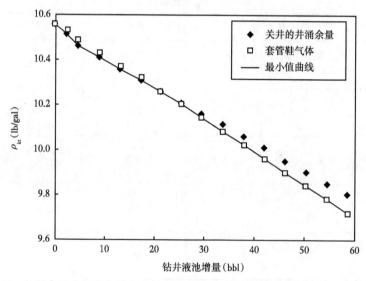

图 7.34 井涌余量在关井条件和气体到达套管底时的函数图像(Lage et al. , 1997)

表 7.7 关井条件和套管鞋处天然气

	关井条件	套管鞋处气体
涌入量(m³)	3.40 (21.4)	14.3 (89.9)
L_{vk}(m)	150	119
ρ_g(kg/m³)	233.7 (1.95)	79.56 (0.664)
ρ_{kt}(kg/m³)	1229 (10.26)	1229 (10.26)

以前，利用井涌余量最常见的方法之一（Pilkington，1975；Redmann，1991）就是在给定的条件下，把它和钻井液联系起来。井涌余量安全值 K 定义如下：

$$K = \rho_{kt} - \rho_{df} \tag{7.4}$$

注意，随着钻井液密度的增加，K 减小，ρ_{kt} 值就越接近井涌余量。因此，每当达到一个特定的值，K 值就会作为设置一个新套管的指标。然而，只有在地层孔隙压力是钻井液密度唯一的决定条件，这个概念才是正确的。尽管如此，其他因素也可以增加钻井液密度，如井眼稳定性，立管安全系数（RS）或其他因素。在这种情况下，如果 K 值是井设计的唯一参数，套管下入的深度低一些，这是因为 K 值会低于最小值。

式（7.3）和式（7.4）的偏导数明确了这一点。首先，表 7.6 表明，ρ_{kt} 值可能伴随着 ρ_{df} 增加，这不同于式（7.4），在式（7.4）中 K 值伴随着 ρ_{df} 而减少。

$$\frac{\partial K}{\partial \rho_{df}} = -\frac{D_{vcs} + L_{vk}}{D_{vbh}} < 0 \tag{7.5}$$

因此，由于孔隙压力以外的原因导致的钻井液密度增加，会认为套管应该根据 K 值下入到某个高度。这不是一致的，因为同样情况下，ρ_{kt} 值会增加。因此，为了避免这个问题，井涌余量和估计孔隙压力之间的直接对比才是最好的办法。因此，在孔隙压力余量 ρ_{kt} 的表达式为

$$\Delta\rho_{kt} = \rho_{kt} - \rho_p \tag{7.6}$$

$\Delta\rho_{kt}$ 值清楚地表达了，裸眼井上最大允许储层压力和孔隙压力之间的安全裕度。

图 7.35 是钻井史上的一个例子，1993 年钻了一个口水深为 746m 的井，名为 ALS-47。图 7.35（a）是两种不同钻井液密度的孔隙压力和梯度。根据使用的钻井船的类型，可能采用的是停泊或动态定位这两种方法。如果一个停泊单元被分配到钻井，将孔隙压力加到非平衡安全裕度中来定义钻井液密度。考虑到最小井涌余量 $K = 59.9 \text{kg/m}^3$（0.5lb/gal），图 7.35（b）显示了下一个套管应该设定在 2450m。否则，如果采用动态定位单元，添加孔隙压力的 RS 裕度评价需要特定的钻井液密度。在这种情况下，它将不可能根据 K 值提前钻井，如图 7.35（c）所示。

在前面的例子中，ρ_{df} 值如果与孔隙压力无关的话，K 就没有任何意义。因此，如果处于不安全井条件下，K 就很有可能是低值甚至负值。这个范例就产生了基于 K 值套管设计分析的麻烦。如果钻井液的重量远远高于孔隙压力，这种情况下不会正常工作。

图 7.35（b）和 7.35（c）是 $\Delta\rho_{kt}$ 与深度的函数关系。在动态定位船中采用 RS 裕度，会导致停泊船舱泥砂质量增加，如图 7.35（b）所示，同时导致 ρ_{kt} 和 $\Delta\rho_{kt}$ 增加。根据图 7.35（b），4400m 是设置套管的最佳深度。随着泥砂质量增加，设置的套管可能深达 4500m，如图 7.35（c）所示。这种 $\Delta\rho_{kt}$ 方法是一个更好的解决途径，因为它在 ρ_{kt} 值和孔隙压力值之间。

在井底孔隙压力和地层压力相关。或者说，最薄弱的套管鞋处可以实行一种相似的流程。在这种情况下，安全裕度的计算要使用下式：

$$\Delta\rho_{ksm} = \rho_f - \rho_{eq.cs} \tag{7.7}$$

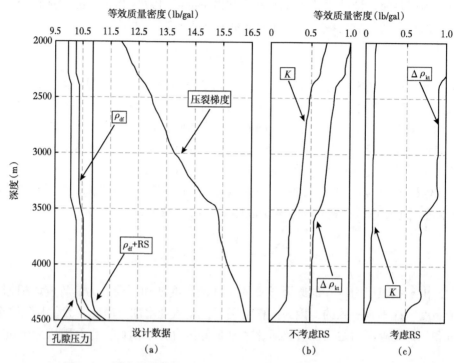

图 7.35　深水钻井的情况下，K 和 K_t 的使用(Lage et al., 1997)

在图 7.36 和图 7.37 中，这两个裕度是有关联的，下面的公式可以表示出来两者的关系：

$$\Delta\rho_{kt} = \frac{D_{vsc}}{D_{vbh}}(\rho_f - \rho_{eq.\,cs}) = \frac{D_{vsc}}{D_{vbh}}\Delta\rho_{ksm} \tag{7.8}$$

从图 7.38 中，两个裕度都表示了相同的方面。那就是它们在验证关井和计算反冲力的可行性方面显示了相关性。最后，这两个裕度在计算海平面压力时也被用到。图 7.38 中，可用以下公式表示：

$$D_{vsc}\left[(\rho_f - \rho_{df}) - (\rho_{eq.\,vs} - \rho_{df})\right] = D_{vbh}\left[(\rho_{kt} - \rho_{df}) - (\rho_f - \rho_{df})\right] \tag{7.9}$$

考虑套管的封闭压力(SICP)和钻杆的封闭压力(SIDPP)，

$$SICP_{max} - SICP = SIDPP_{max} - SIDPP \tag{7.10}$$

因此，可以得出结论，环空和钻柱内部的表面压力裕度完全相同。再一次证明了孔隙压力裕度和反冲安全裕度的一致性。

7.1.5.2　两相流动模型

先前的研究已证明了两相流动模型(Leach and Wand, 1992；Nakagawa and Lage, 1994；Rommetveit, 1994)。就是气体以气泡方式而不是连续冲击进入井底，而且比钻井液上升快(Lage et al., 1997)。根据混合物的特性，气体和钻井液相互作用并且形成了不同的流动方式。当气体进入井口时，以气泡形式流动，两种物质混合在套管中有条不紊地流动，气泡不断膨胀聚集。有时候它们以泰勒气泡形式，形成段塞流。然而，在大多情况下，井涌计算只处理泡沫流。

图 7.36 以物理角度比较这两种方法之间的差异，天然气被作为连续段塞流和两相流混合物。值得强调的是，给定的井涌余量和井内气体分散差异比较明显，这对气体到达时间和表面气体流速是有意义的。

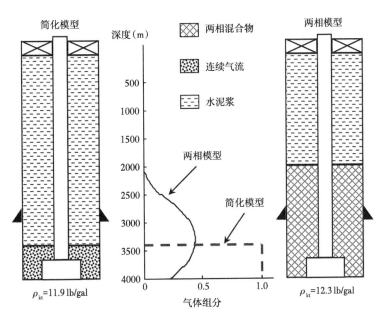

图 7.36　气体分布的比较（Lage et al.，1997）

在图 7.37 中显示了井涌余量受到气体分散的影响。1 曲线是基于假设环形空间气体为连续段塞流，而 2 曲线、3 曲线、4 曲线是基于两相流的方法。两种模型曲线之间的差异是由于不同的储层属性：即储层生产力指数越高（Craft and Hawkins，1959），井涌余量值越低。

另外，只有通过计算机模拟，两相流的方法才是可行的。由于复杂的数学模型，这些模拟器需要详细的方案和复杂的数值方案，导致计算井涌余量非常耗费时间。收集井控程序数据是非常重要的，如储层物性和渗透率准确信息。这些数据对于预测储层的生产速度很重要。

最后，值得注意的是，对于较小的涌入量，计算公差值、简化模型及两相流模拟基本相同。

在同一图中，在相对于所定义的两相混合物的顶部位置出现三个区域。在第一区域中，气体仍然处于井底；在第二区域，该气体已到达钻杆和裸眼之间的环形空间内；最后，该气体开始到达第三区域套管底部。很明显的是，储层生产率指数降低时，在套管底部会有更小体积的气体涌入。换言之，更低的生产指数对应着气体在环空更多的分散体。因此，在较小体积内，气体到达套管底部会造成较小的静压损失，这时会出现较高的 ρ_{kt} 值。

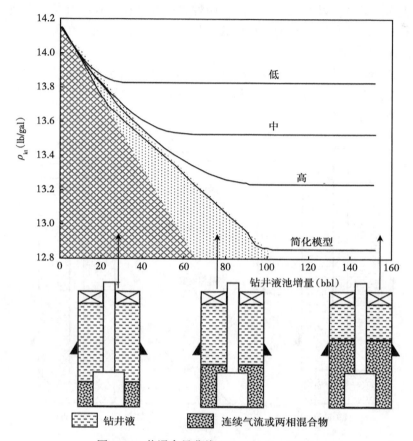

图 7.37　井涌余量曲线(Lage et al. , 1997)

7.1.5.3　一些案例历史

在过去的 15 年中, 石油行业一直专注于深水勘探。因此, 文献中可以找到很多的案例, 如井 PAS-25(Lage et al. , 1997), 在 1993 年钻于亚马逊河的入海口处, 即巴西北部海岸地区, 由于物流的限制, 井设计和其他计划活动需要专家研究更好的方法和更先进的工程工具。

尽管有精细的计划, 预测和实测数据之间仍然存在显著的差距。其结果是, 钻井计划未能很好地按预期执行。图 7.38(a) 是钻 0.31m 井眼结构示意图。在 3200m 钻井, 钻井液密度从 1258kg/m³(10.5 lb/gal) 增加到 1306kg/m³(10.9 lb/gal), 解决了井眼稳定性问题。在这种情况下, 提出了几个关于安全到达这个深度的问题。使用简单的模型计算出结果为 7.95m³(50bbl), 这就是最大可接受的井涌余量。公式(7.3)中给出了 $K = 0.02$ lb/gal。使用这个值, 过早设置额外的套管柱是合理的。然而, 钻机的钻井液录井仪测得值为 2.4kg/m³(10.2 lb/gal), 这意味着, 在 3200m, $\Delta\rho_{kt}$ 的值为 81.5kg/m³(0.68 lb/gal), 可继续安全地进行钻井。

图 7.39 显示了图 7.38(a)中的井涌余量曲线。第一种是基于简化模型, 另一种是基于所述的两阶段模型。井的深度、钻井液密度、孔隙压力和 $\Delta\rho_{kt}$ 值分别为 3514m、1306kg/m³

（10.9lb/gal）、1270kg/m³（10.6lb/gal）、35.9kg/m³（0.3lb/gal）。需要注意的是井收益大于3.18m³（20×10⁸bbl），曲线开始分离。当井增益为7.95m³（50bbl），$\Delta\rho_{kt}$在简化模型和两阶段模型的值分别为33.6kg/m³（0.28lb/gal）、59.9kg/m³（0.50lb/gal）。需要注意的是，虽然简化模型表明，钻井作业应停止，添加一个套管柱，但是两阶段模型表明，钻探可以继续进行。更重要的是，在这种情况下，所描述的井涌余量的方法，避免了钻探过早停止（3200m），节省约45万美元的套管柱花费和运行时间。

在另一种情况下，在巴西东北部海岸地区，井CES-111必须钻水深1772m的井。如图7.38（b）所示，这口井有一个比较浅的目的层在2300m。因此，需对以下几点进行详细分析：（1）温度对摩擦压力损失的影响；（2）井涌余量分析与节流管线摩擦阻力损失（FPLCL）的评价；（3）简化两相井涌余量模型；（4）从2140~2300m，安全地钻0.31m井眼的可行性。

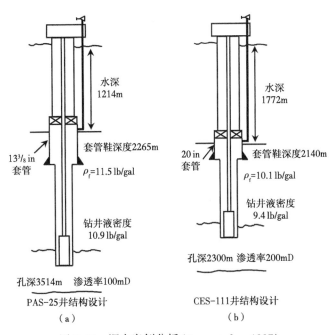

图7.38　深水案例分析（Lage et al.，1997）

图7.40表明井涌余量计算必须确定在60℃和4℃两个温度条件下，各自的钻井液密度、黏度值和屈服点是1126kg/m³、15mPa·s、7.18Pa和1126kg/m³、30mPa·s和14.4Pa。考虑这两种情况的原因是，温度变化显著影响着钻井液性能。对于一个典型的流体，当气温从60℃下降到4℃，钻井液性能提高。由于这种顺序的温度变化过程是可预期的，所以温度对FPLCL和井涌余量影响也可以确定。

对于60℃、1089kPa的FPLCL，以6.31L/s的速度降低溢流是不足以影响井涌余量，因为它小于计算的1758kPa（255lb）。然而，对于4℃、2172kPa的FPLCL，会使井涌余量减小（图7.40）。总之，考虑到预期孔隙压力相当于1054~1078kg/m³（8.8~9.0lb/gal），因此在该井中的井涌余量可以忽略不计。

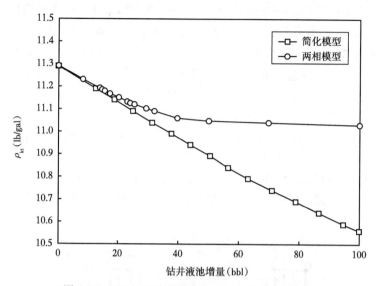

图 7.39   PAS-25 的井涌余量(Lage et al. , 1997)

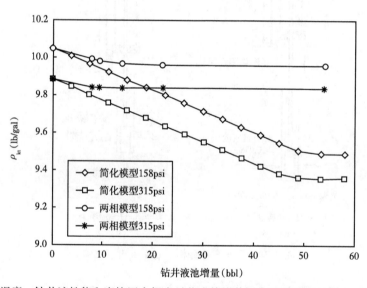

图 7.40   温度、钻井液性能和摩擦压力损失对节流管线井涌余量的影响(Lage et al. , 1997)

使用简化的模型和两相模型之间的差异显示在图 7.40 中。简化的模型表明，如果井是关着并且涌入量达到 8.27m³(52bbl)，该气体将在套管靴。另一方面，使用两相模型更复杂的模拟表明，流入到套管靴的量小于 2.39m³(15bbl)，更重要的是，如果井关闭了，并且超过 8.59m³(54bbl)井增益，这种涌入将会出现在立管内。

最后，要考虑的一个方面是，在该井使用 RS 裕度的可能性。考虑到预期孔隙压力相当于 1054kg/m³，所需的钻井液密度将是 1172kg/m³。在这种情况下，即使没有气体流入井内，循环流体通过节流管线也会引起套管底部的破裂。减少流量造成 1089kPa 的 FPLCL，相当于 51.5kg/m³。因此，在套管底部的等效压力是 1223kg/m³(10.1lb/gal)，比在该点破裂压力梯度更大，相当于 1210kg/m³。因此，RS 裕度不能在这些情况下采用。

这一规划的评价表明了 FPLCL 的精确定量在深水钻井作业中的重要性。事实上，它的相关性在钻 0.22m 的 CES-111 井之前就进行了油田测试。这样做的主要目的是：(1)评估采用 FPLCL 的实用性；(2)评估温度的影响；(3)提高 FPLCL 计算机预测；(4)验证通过压井和节流管线以减少 FPLCL 的优点。

9⅝in 套管下在 3067m，并且测试是在减少水泥之前。FPLCL 由三种不同的方法测量：(1)通过钻柱泵送钻井液并通过节流管线返回；(2)通过节流管线泵送钻井液并通过压井管线返回；(3)通过钻柱泵送钻井液并节流管线和压井管线返回。

测量表明，用这三种不同的方法来评估 FPLCL 结果几乎相同，它们之间的差异并不显著。因此，这三个程序都可以用来测量 FPLCL。此外，不管采用哪种测量程序，钻井液的温度都是 11.6℃（53℉）。

实验数据和理论预测之间最佳的配合是通过幂律模型获得数据并考虑返回温度，用于测量钻井液的流变性能。图 7.41 显示了实验数据并同计算机预测值做比较。在层状流中，这个特定的流速小于 7.57L/s，幂律模型预测的 FPLCL 更接近实验结果。另外，当惯性力量主导黏度时，在混合流态中，不管使用宾汉模型还是幂律模型，它都不受任何影响。

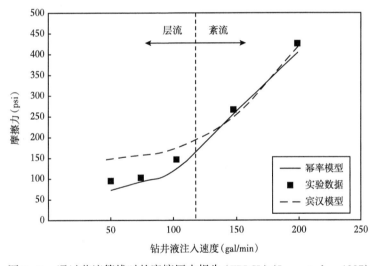

图 7.41　通过节流管线时的摩擦压力损失（FPLCL）（Lage et al.，1997）

此外，节流管线和压井管线并行对于减少 FPLCL，会有更好的效果，这都取决于流态。如果只使用其中一条线来疏通紊乱状况，可比同时使用产生更大的优势。另一方面，如果它导致层流现象，比同时应用更不利于降低 FPLCL。如图 7.41 所示，溢流率从 12.6L/s 的降到 6.31L/s 产生的 FPLCL，有了非常显著的变化。降至 430~140 lb，这等于初始值的三分之一。另一方面，如果通过单行线的流动是层流，这种数值上降低可以忽略不计。图 7.41 表明当流率从 6.31L/s（100gal/min）减少到 3.15L/s（50gal/min），FPLCL 从 965kPa（140psi）下降到 655kPa。

在 BSS-70 井获得经验的基础上，为 BSS-78 井制订出一个最优化的方案（图 7.42）。该区域的某些部分特征是被石灰岩层段包围的超压砂岩（页岩）层序。从邻近 3500m 开始，这些层位显示一种递增的孔隙压力分布，并迅速接近破裂压力梯度曲线(图 7.43)。除了高孔隙压力梯度大约为 2157kg/m³(18 lb/gal)，底部的温度达到 171℃ (340℉)。

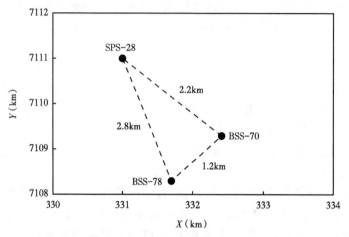

图 7.42　BSS-78 的位置和参考井(Lage et al.，1997)

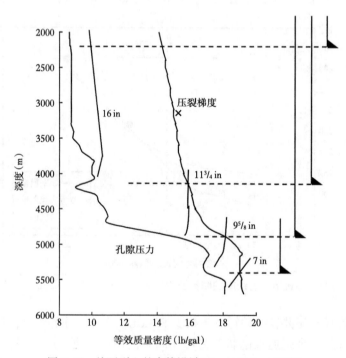

图 7.43　从下到上的套管设计(Lage et al.，1997)

图 7.43 显示了 BSS-78 井的设计方案。井涌量公差标准可用于判断从底部到顶部套管鞋深度。从方程式(7.3)和式(7.6)中裕度为 35.9kg/m³，通过余量方程得出的孔隙压力与预期的孔隙压力的比值，得出了最大允许压裂梯度。其中，两条曲线交点得出套管鞋深度。通过这种方法设置了 0.18m(7in)，0.24m(9⅝ in)和 0.30m (11¾ in)的套管。其他较浅的套管则用来保护过度暴露在钻井液中的长井筒或隔离较浅的区域。

除了套管设计应用简化涌量公差模型外，重要的井常常需要使用复杂的井涌模拟器，用于设计一个或多个钻井段。一般情况下，由于井涌量公差曲线的计算非常耗时，所以使用它来定义整个套管不切实际。然而，有时候必须用它们来检查可行的替代方案，替代方案更简单、便宜、安全，这对钻井非常好。例如，当收集的孔隙压力和破裂压力梯度数据与设计有差别时，可能有必要重新评估，并确定该种情况下钻井的可能性。

用两种方法来确定套管深度之间的差异是很重要的。图 7.43 从底部到顶部和图 7.44 从顶部到底部。图 7.45 是这两种不同的套管设计技术数据比较，根据不同的情况，其中一个可能更安全和更经济。第一种方法，在破裂压力梯度范围内，该过程中根据每个套管的最小深度计算，套管长度会被最小化。第二种方法，通过裸眼约束允许的最大孔隙压力，套管长度会被最大化。通过这个特例，与其他的设计方法相比，从顶部到底部的方法被排除。然而，这种经济性只能通过拓展其他钻井部分来实现，主要是 0.41m 井眼钻进，它必须从 500m 钻至 4500m 处。实际上，钻井设计可能出现相关的操作风险，这些风险与长裸眼井段钻井问题相关。

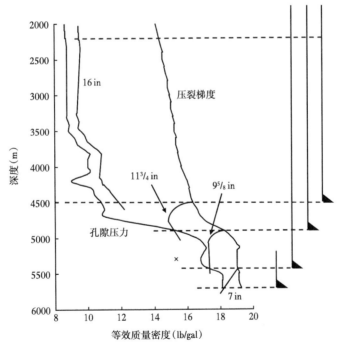

图 7.44 从下到上的套管设计（Lage et al.，1997）

安全和经济的套管设计需要井涌量公差小的假设。对于 BSS-78 井，对于孔隙压力和破裂压力梯度差异，需要井涌量小于 $4.77m^3$。然而，这些井预测也可使钻井队关井。因此，有必要确定井设计和操作程序之间的关系。

检测到小的钻井液池增量后快速关井，下列事项需要优先安排：如指定的池内液位上升传感器、钻井操作人员警报、训练钻井队及根据井口定义关键井的程序。实际上，要实现更安全、更经济的套管方案，需要进行同样的安排。

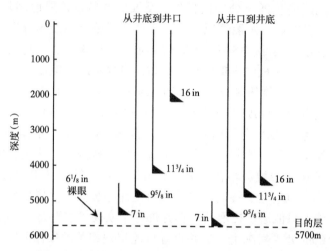

图 7.45　套管设计方法的对比（Lage et al.，1997）

术语说明

D——深度，m；

D_{vbh}——井底的实际垂直深度，m；

D_{vcs}——套管鞋实际垂直深度，m；

J——生产力指数，L/s/kPa（bbl/d/psi）；

K——井涌量临界，这是井涌量公差（RKT）和钻井流体（RDF）质量密度之间的差，表示在等效质量密度，mL^{-3}，kg/m^3（lb/gal）；

L——长度，m；

L_{vk}——垂直的气泡的长度，m；

ρ——质量密度，mL^{-3}，kg/m^3；

ρ_{df}——钻井液质量密度，mL^{-3}，kg/m^3；

ρ_{eq}——最大等效质量密度作用在井中一个特殊点，当它接近这一点时，井涌就会流出，mL^{-3}，kg/m^3；

$\rho_{eq,cs}$——最大等效质量密度作用在套管鞋，在关井或溢流出井时，mL^{-3}，kg/m^3；

ρ_f——地层破裂或吸收压力中表达的等效质量密度，mL^{-3}，kg/m^3；

ρ_g——涌入的质量，通常认为是气体，mL^{-3}，kg/m^3；

ρ_{kt}——井涌量，它表示孔隙压力的等效质量密度，mL^{-3}，kg/m^3；

p_r——等效质量密度表示的地层孔隙压力，mL^{-3}，kg/m^3；

D_{rksm}——溢流最大安全系数，这是区别当井关闭时最弱构造处破裂压力等效循环密度和作用在这点的最大等效循环密度，表示为等效质量密度，mL^{-3}，kg/m^3；

D_{rkt}——孔隙压力裕度，这是井涌余量（r_{kt}）和的孔隙压力（p_r）之间的差，表示等效质量密度，mL^{-3}，kg/m^3。

下标

df——钻井液；

eq——等价物；

eq，cs——相当于在套管鞋；

f——地层破裂；

g——气体；

kt——井涌量；

ksm——井涌安全系数；

p——孔隙；

vbh——相对于所述孔底部的真正的竖直深度；

vcs——相对于所述套管鞋的真正的竖直深度；

vk——相对于气泡长度的垂直投影。

7.1.6　深水破裂压力梯度

——Clemente J. C. Gonçalves, José L. Falcão, Luiz A. S. Rocha；
巴西国家石油公司（Petrobras）

7.1.6.1　简介

破裂压力梯度被定义为压力梯度，将导致裂缝形成。换句话说，如果超过其破裂压力的极限，将形成裂缝，可能会发生井漏。

较小的孔隙压力和破裂压力梯度差值，减小了钻井时的压力安全系数，对于深水钻探来说是一个挑战。在深水中破裂压力梯度的降低，主要是由于低应力状态为压力梯度降低的结果。另外，在浅地层中常见的欠压薄弱结构和松散沉积物可以进一步降低破裂压力梯度。在这些情况下，由孔隙压力和破裂压力梯度形成的作业范围，将随着水深的增加而减少。下入过多的套管柱，井眼达到的最大深度（或不能达到的总深度），井控过程中地层破裂，是降低深水钻井和超深水钻井工作范围影响的典型方式。

估计破裂压力梯度可以分为直接和间接的方法。直接的方法是直接测量岩石破裂和传播裂缝所需的压力。通常基于漏失试验（LOT）过程，并使用钻井液对井加压，直到开始形成裂缝。漏失试验通常是地层破裂压力梯度没有建立的直井中的一个正常程序。间接的方法是基于数值分析模型，并且可以估计整个井破裂压力。部分模型在石油工业是公认的，其他用于特殊领域。一般情况下，所需的数据也难以获得。

7.1.6.2　背景

破裂压力应低于上限，以避免形成裂缝引起漏失。虽然计划时通常采用假设压力上限的方法，有时其他方面也要考虑进去（图 7.46）。

图 7.46 显示了典型的 LOT 中四

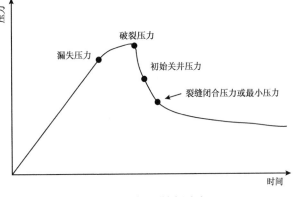

图 7.46　扩展漏失测试

个压力点:

(1)漏失压力是发生塑性变形,并且确定压力点曲线是不是"直线"。根据不同的岩石类型,打开已有的小裂缝,并且开始进入流体。一般来说,典型的 LOT 是达到这种压力后停止,并且该值被设定为破裂压力;

(2)曲线图中击穿最大压力点,也是岩石的抗张强度被克服的峰值点。通常情况下,峰值压力形成裂缝前开始吸收流体(Fjær et al.,1992);

(3)初始关闭压力(ISIP)是压力泵停止后记录的压力。压力将下降到可以平衡试图闭合裂缝的地层应力的水平。

(4)裂缝闭合压力等于形成裂缝的最小主应力。

尽管实际的上限是击穿压力,假设漏失压力为安全极限压力的情况在石油领域里是非常常见的。假设裂缝闭合压力(最小地应力)作为上限为是一个保守的方法,结果已表明,漏失压力大约高于相应的最小应力的10%(Fjær et al.,1992)。事实上,破裂压力梯度并不总是明确的,它表示漏失压力或击穿压力,在某些情况下,它也可以是平均裂缝闭合压力。必须指出的是,斜井中的许多井可能反映出破裂压力会降低,与井的方位无关的最小地应力仍然是相同的(Fjær et al.,1992)。在这一节中,破裂压力梯度就是漏失压力。

估计破裂压力梯度的方法。本节的主要思想是提出方法,并引用一个例子来说明。许多不同的压裂梯度方法将被验证,根据其基本假设分成三组。

九口选自同一盆地的深水油井将被用于这项研究。随后解释不同的方法,校准数据来自六口深水油井,称为"六口井"。结果与剩下的被称为"三口井"的三口深水油井破裂压力梯度相比。数据包括上覆压力、孔隙压力和井漏失试验。可以说,所有使用的漏失检验报告都是在页岩中采集的。图7.47显示6口井(深色)用于校准模型和三口井(浅色)用于验证结果。表7.8记录了一些井特征,如水深度、转盘海拔、最终深度、漏失试验、孔隙压力和上覆岩层压力梯度。

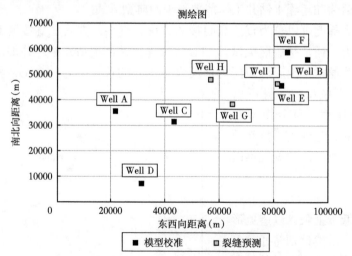

图 7.47　显示井位置的地图。深色井是用来校准模型,浅色的井来验证

表 7.8　井特征参数

	井号	水深 (m)	最终深度 (m)	轮盘高度 (m)	测试深度 (m)	LOT (lb/gal) (pa/m)	孔隙压力 (lb/gal) (pa/m)	上覆岩层 压力梯度 (lb/gal) (pa/m)
模型 校准	A	1361	5020	14	1935	9.8	8.8	10.7
						11516	10341	12574
					2765	11.6	9.3	12.9
						13631	10928	15159
裂缝 预测	B	1549	5528	24	2286	10.3	8.6	11
						12103	10106	12926
	C	1522	3157	18	2169	9.9	8.8	11
						11633	10341	12691
	D	1831	3898	18	2790	10.5	8.8	11.3
						12339	10341	13279
	E	1489	4529	24	2310	10.0	8.7	11.3
						11751	10223	13279
	F	1412	5347	14	1985	10.4	8.8	11
						12221	10341	12926
	G	1490	4826	24	2395	10.3	8.5	11.3
						12103	9988	13279
	H	1391	6024	24	2741	10.6	8.9	12.7
						12456	10458	14924
	I	1491	3675	14	2450	9.8	8.7	11.8
						11516	10223	13866

　　基本上，估计破裂压力梯度程序可分为三种：基于井眼周围应力的方法、基于最小原位应力的方法、基于特定区域开发的相关性。本节将描述每个过程及其应用。

7.1.6.3　根据井眼周围应力的破裂压力梯度

　　钻井前原始压缩应力作用于岩石，可分为三个部分：第一个是垂直的，上覆岩层压力；另外两个是最大水平应力和最小水平应力，并且通常不相等；钻完井后，钻井液替代了钻出的岩石，导致井眼周围的应力集中，这些重新分布的应力称为环向应力，表示为：(1)σ_θ，即沿井眼壁周向作用力；(2)σ_r，即径向应力；(3)σ_z，即平行于井眼轴线作用的轴向应力；(4)$\tau_{\theta z}$，即附加的剪切分量，在斜井中产生。因为大多数强度准则以主应力状态表示，其他应力必须被转换成这些压力，方便与导致岩石破裂的压力进行比较。这是在本节中所描述的方法的基础上，用于估算压裂梯度的基本假设。

　　虽然容易说明，但确定井眼周围的应力是一个相当复杂的问题。它包括原位应力、岩石类型、井眼角度、钻井液性能、孔隙压力等因素的共同影响。一般来说，提出的解决方案是基于假设，使问题简单可行。在大多数文献中，假设岩石均匀、各向同性和理想的线弹性材料，通常是模型描述的共同出发点。众所周知，岩石通常是不均匀的，所以一般结果具有较高的不确定性，尽管它们有助于解释某些现象。此外，尽管有很多简化，仍然难以获得建模需要的数据。

导致岩石破坏的应力状态很难确定也是由于缺乏数据。岩石破裂准则需要大量的实验室测试，通常仅仅为了储层岩石的经济性来判断。虽然有这些限制，但已经进行了大量的工作来建立井筒周围的应力，并将它们与一个给定的破坏准则相关联。下面描述相对简单的方法，该方法是基于线弹性的方法，可用于垂直井和定向井。

(1)原位应力的测定(初始压应力状态) σ_v、σ_H 和 σ_h：虽然这是该方法的最重要方面，缺乏地应力值通常会使工程师做出假设：

$$\sigma_v = 上覆岩层压力 \tag{7.11}$$

$$\sigma_H = \sigma_h \tag{7.12}$$

$$K_{saw} = \frac{\sigma_H - p_f}{\sigma_v - p_f} \tag{7.13}$$

式中，K_{SAW} 为"井眼应力"方法中的应力比。

(2)将原地应力张量转换为坐标系，其中一个轴平行于井眼轴，另一个平行于水平面：

$$\sigma_x = \sigma_H \sin^2\beta + \sigma_h \cos^2\beta \tag{7.14}$$

$$\sigma_y = \cos^2\alpha(\sigma_H \cos^2\beta + \sigma_h \sin^2\beta) + \sigma_v \sin^2\alpha \tag{7.15}$$

$$\sigma_{zz} = \sin^2\alpha(\sigma_H \cos^2\beta + \sigma_h \sin^2\beta) + \sigma_v \cos^2\alpha \tag{7.16}$$

$$\tau_{xy} = \cos\alpha \sin\beta \cos\beta(\sigma_H - \sigma_h) \tag{7.17}$$

$$\tau_{yz} = \sin\alpha \cos\alpha(\sigma_v - \sigma_H \cos^2\beta - \sigma_h \sin^2\beta) \tag{7.18}$$

$$\tau_{xz} = \sin\alpha \sin\beta \cos\beta(\sigma_h - \sigma_H) \tag{7.19}$$

(3)确定井眼壁处的环向应力，因为在使用线性弹性方法时，它们通常会形成最临界的应力状态：

$$\sigma_r = p_W \tag{7.20}$$

$$\sigma_\theta = (\sigma_X + \sigma_Y - p_F) - 2(\sigma_X - \sigma_Y)\cos2\theta - 4\tau_{XY}\sin2\theta - (p_W - p_F)\left[1 - \frac{h(1-2\nu)}{1-\nu}\right] \tag{7.21}$$

$$\sigma_Z = \sigma_{ZZ} - 2\nu\left[(\sigma_X - \sigma_Y)\cos2\theta + 2\tau_{XY}\sin2\theta\right] + \frac{h(1-2\nu)(p_W - p_F)}{1-\nu} \tag{7.22}$$

$$\tau_{\theta Z} = 2(\tau_{YZ}\cos\theta - \tau_{ZY}\sin\theta) \tag{7.23}$$

$$p_f = p_F + h(p_W - p_F) \tag{7.24}$$

其中 q 在 0 到 360°之间变化，代表井眼壁周围的点。

(4)使用以下公式将井眼壁处的应力转换为三个主应力：

$$\sigma_A = \frac{\sigma_\theta + \sigma_Z}{2} + \sqrt{\left(\frac{\sigma_\theta - \sigma_Z}{2}\right)^2 + \tau_{\theta Z}^2} \tag{7.25}$$

$$\sigma_B = \frac{\sigma_\theta + \sigma_Z}{2} - \sqrt{\left(\frac{\sigma_\theta - \sigma_Z}{2}\right)^2 + \tau_{\theta Z}^2} \tag{7.26}$$

$$\sigma_C = p_W \tag{7.27}$$

此外，令

$$\sigma_1 = \max(\sigma_A, \ \sigma_B, \ \sigma_C)$$

$$\sigma_3 = \min(\sigma_A, \ \sigma_B, \ \sigma_C)$$

$$\sigma_2 = 中间主应力$$

这三个表达式意味着在 σ_1 是 σ_A、σ_B 和 σ_C 中最大的压力，σ_3 是 σ_A、σ_B 和 σ_C 中最小的压力，σ_2 是位于中间的压力值。

（5）比较最小有效主应力和抗拉强度：破坏是由于启动时的最小有效应力小于抗拉强度产生的：

$$\sigma_3 - p_f \geqslant -|\sigma_t| \tag{7.28}$$

下面公式是检查裂缝是否扩展，假设最小水平主应力小于最小有效应力，而且可以表示为

$$\sigma_3 - p_f \geqslant \sigma_h \tag{7.29}$$

除了前面的假设，对于方法的应用来说，假设零抗拉强度的方法是必要的。该模型的校准是由变应力比实现的，直到所计算的破裂压力梯度与六口井漏失试验点相匹配。图 7.48 最后的结果显示，K_{SAW} 决定沉积物的深度。随着不同的漏失试验沉积物深度增加，就会有不同的应力比。在最后，为了更好地预测，曲线拟合用来表示整个盆地的应力比。

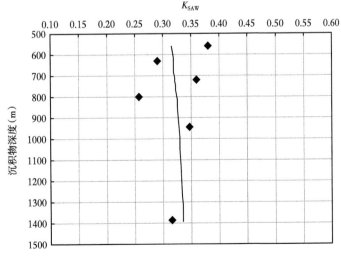

图 7.48 基于"井眼周围应力"方法的泄漏测试的应力比 K_{SAW}

表7.9是该方法用于六口井校准模型的应用结果。表7.10是对三个井的预测。

表7.9　六口井的校准结果

井号	测试深度 (m)	LOT (lb/gal) (Pa/m)	破裂压力 (lb/gal) (Pa/m)	误差 (lb/gal) (Pa/m)
A	1935	9.8	10.03	−0.23
		11516	11786	−270
	2765	11.6	11.71	−0.11
		13631	13760	−129
B	2286	10.3	10.12	0.18
		12103	11892	212
C	2169	9.9	10.06	−0.16
		11633	11821	−188
D	2790	10.5	10.41	0.09
		12339	12233	106
E	2310	10.0	10.34	−0.34
		11751	12150	−400
F	1985	10.4	10.11	0.29
		12221	11880	341
平均误差				−0.04
				−47

表7.10　三口井的压力梯度预测结果

井号	测试深度 (m)	LOT (lb/gal) (Pa/m)	破裂压力 (lb/gal) (Pa/m)	误差 (lb/gal) (Pa/m)
G	2395	10.3	10.33	−0.03
		12103	12139	−35
H	2741	10.6	11.38	−0.78
		12456	13373	−917
I	2450	9.8	10.70	−0.90
		11516	12574	−1.058
平均误差				−0.57
				−670

基于最小应力破裂压力梯度法。最小应力方法根据水平和垂直的有效应力，相关方程如下（Rocha and Bourgoyne，1996；Bowers，2001；Fjær et al.，1992）：

$$K_{MS} = \frac{\sigma_h - p_f}{\sigma_v - p_f} \tag{7.30}$$

K_{MS}是用于最小应力的应力比。这里的主要假设切向应力分量等于最小地应力时发生地层破裂：

$$\sigma_f = \sigma_h \qquad (7.31)$$

用式（7.31）替换式（7.30），表达式变为

$$\sigma_f = K_{MS}(\sigma_v - p_f) + p_f \qquad (7.32)$$

根据在前面的方法，直接使用公式（7.32），意味着上覆岩层压力和孔隙压力梯度已经估算。不同方法之间的差异是基于最小应力计算K_{MS}的方法。获得整个井的K_{MS}最简单的方法之一是使其与沉积物深度相关联。过程如下：（1）K_{MS}通过公式（7.32）和表 7.8 中值来计算六口井。结果显示在表 7.11；（2）K_{MS}根据沉积物深度计算（图 7.49）；（3）整个区域的K_{MS}相关性（图 7.49）。

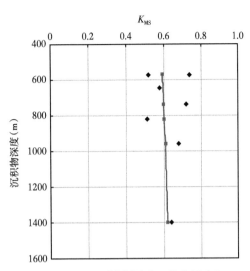

图 7.49　基于漏失测试"最小压力"法的应力比 K_{MS}

表 7.11　六口井的校准结果

井号	LOT（lb/gal）（Pa/m）	测试深度（m）	K_{MS}	破裂压力（lb/gal）（Pa/m）	误差（lb/gal）（Pa/m）
A	9.8	1935	0.59	10.03	−0.23
	11516			11786	−270
	11.6	2765	0.62	11.71	−0.11
	13631			13760	−129
B	10.3	2286	0.6	10.12	0.18
	12103			11892	212
C	9.9	2169	0.59	10.06	−0.16
	11633			11821	−188
D	10.5	2790	0.61	10.41	0.09
	12339			12233	106
E	10.0	2310	0.6	10.34	−0.34
	11751			12150	−400
F	10.4	1985	0.59	10.11	0.29
	12221			11880	341
平均误差					−0.04
					−47

表 7.11 是该方法对六口井应用的结果，表 7.12 是对这三口井的预测结果。

表 7.12　三口井的压力梯度预测结果

井号	LOT（lb/gal）（Pa/m）	测试深度（m）	K_{MS}	破裂压力（lb/gal）（Pa/m）	误差（lb/gal）（Pa/m）
G	10.3	2395	0.6	10.19	0.11
	12103			11974	129
H	10.6	2741	0.62	11.20	−0.60
	12456			13161	−705
I	9.8	2450	0.61	10.55	−0.75
	11516			12397	−881
平均误差					−0.41
					−486

7.1.6.4　破裂压力梯度的相关性

通过使用具体的相关性来评估特定区域的破裂压力梯度。良好的相关性必须考虑到多种因素，如井深、水深、现有的应力状态和漏失试验测量等。上覆压力梯度本身就是一个地应力，因为它是井深和水深的函数，是与漏失试验数据直接相关的参数。

这个方法的思想可以进一步应用于两个场景：上覆岩石压力梯度和漏失试验，或单独的漏失试验。

上覆岩石压力梯度和漏失试验场景。图 7.50 是漏失试验数据和上覆岩石压力梯度之间的两个直接相关性的曲线图，这些对六口井的相关性已经在表 7.8 中显示了。这些相关性，可以用来预测这个区域的破裂压力梯度，如下：

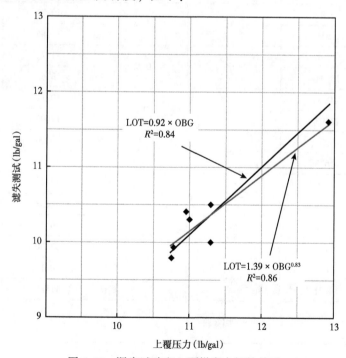

图 7.50　漏失试验和上覆梯度之间的关系

$$FG = 0.92 \times OBG (以\ lb/gal\ 为单位；R^2 = 0.84) \qquad (7.33)$$

$$FG = 1.633 \times (OBG/1175)^{0.83} (以\ pa/m\ 为单位；R^2 = 0.86) \qquad (7.34)$$

$$FG = 1.39 \times OBG^{0.83} (以\ lb/gal\ 为单位；R^2 = 0.86) \qquad (7.35)$$

表 7.13 显示了此六口井应用图 7.33 后得到的相关结果，表 7.14 是对另外三口井的预测。

表 7.13   六口井基于相关性 FG = 0.92×OBG 的破裂压力梯度

井号	测试深度 (m)	LOT（lb/gal）(Pa/m)	上覆压力（lb/gal）(Pa/m)	破裂压力（lb/gal）(Pa/m)	误差（lb/gal）(Pa/m)
A	1935	9.8	10.7	9.84	-0.04
		11516	12574	11568	-52
	2765	11.6	12.9	11.87	-0.27
		13631	15159	13946	-315
B	2286	10.3	11.0	10.12	0.18
		12103	12926	11892	212
C	2169	9.9	10.8	9.94	-0.04
		11633	12691	11676	-42
D	2790	10.5	11.3	10.40	0.10
		12339	13279	12216	122
E	2310	10.0	11.3	10.40	-0.40
		11751	13279	12216	122
F	1985	10.4	11.0	10.12	0.28
		12221	12936	11892	329
平均误差					-0.03
					-30

表 7.14   六口井基于相关性 FG = 0.92×OBG 的破裂压力梯度

井号	测试深度 (m)	LOT（lb/gal）(Pa/m)	上覆压力（lb/gal）(Pa/m)	破裂压力（lb/gal）(Pa/m)	误差（lb/gal）(Pa/m)
G	2395	10.3	11.3	10.40	-0.10
		12103	13279	12216	-113
H	2741	10.6	12.7	11.68	-1.08
		12456	14924	13730	-1274
I	2450	9.8	11.8	10.86	-1.06
		11516	13866	12757	-1241
平均误差					-0.75
					-876

表 7.15 显示了此六口井应用图 7.34 后得到的相关结果，表 7.16 是对另外三口井的预测。

表 7.15　六口井基于相关性 FG = 1.39×OBG$^{0.83}$ 的破裂压力梯度

井号	测试深度 (m)	LOT (lb/gal) (Pa/m)	上覆压力 (lb/gal) (Pa/m)	破裂压力 (lb/gal) (Pa/m)	误差 (lb/gal) (Pa/m)
A	1935	9.8	10.7	9.97	−0.17
		11516	12574	11716	−200
	2765	11.6	12.9	11.61	−0.01
		13631	15159	13643	−12
B	2286	10.3	11.0	10.16	0.14
		12103	12926	11939	165
C	2169	9.9	10.8	10.01	−0.11
		11633	12691	11763	−129
D	2790	10.5	11.3	10.40	0.10
		12339	13279	12221	118
E	2310	10.0	11.3	10.38	−0.38
		11751	13279	12197	−447
F	1985	10.4	11.0	10.15	0.25
		12221	12936	11927	294
平均误差					−0.03
					−30

表 7.16　六口井基于相关性 FG = 1.39×OBG$^{0.83}$ 的破裂压力梯度

井号	测试深度 (m)	LOT (lb/gal) (Pa/m)	上覆压力 (lb/gal) (Pa/m)	破裂压力 (lb/gal) (Pa/m)	误差 (lb/gal) (Pa/m)
G	2395	10.3	11.3	10.38	−0.08
		12103	13279	12197	−94
H	2741	10.6	12.7	11.42	−0.82
		12456	14924	13420	−964
I	2450	9.8	11.8	10.75	−0.95
		11516	13866	12632	−1116
平均误差					−0.62
					−725

7.1.6.5　仅可使用 LOT 的方案

前面介绍的所有方法都是基于这样的假设，即可以轻松获取诸如上覆岩层压力梯度、孔隙压力梯度、LOT 和岩石特征等信息。但由于通常不是这种情况，因此基于可用参数的简单关联对工程师可能非常有用。

最后所提出的方案在文献中称之为视上覆岩层（Rocha and Bourgoyne，1996）。视上覆岩层论源于公式（7.36）（Bourgoyne et al.，1986）仅仅采用 LOT 数据作支撑。

$$\sigma_{\text{pseudo}} = A\left[\rho_w Z_w + \rho_g Z_s - \frac{(\rho_g - \rho_{\text{fl}})\phi_0}{K_0}\ (1 - e^{-K_0 Z_s})\right] \tag{7.36}$$

公式（7.36）梯度形式也可以表示如下：

$$G_{\text{pseudo}} = B\frac{\sigma_{\text{pseudo}}}{Z} \tag{7.37}$$

式中：$B = 1$（当 σ_{pseudo} 单位为 Pa，G_{pseudo} 单位为 Pa/m，Z 为 m）或 $B = 5.869$（当 σ_{pseudo} 单位为 psi，G_{pseudo} 单位为 lb/gal，Z 为 m）。

要应用该方法，需要对 σ_{spseudo} 与 LOT 和 G_{pseudo} 与 LOT 进行交叉绘图，以找到参数 ϕ_0 和 K_0。公式（7.36）与（7.37）的刻度同时校准目的是使在每个 LOT 位置计算出的视上覆岩层压力点与视上覆岩层压力梯度点与裂缝数据匹配，并使这些点沿直线下降穿过原点的坡度为 1 的直线。获得匹配后，假定破裂压力梯度等于视上覆岩层压力梯度：

$$FG = G_{\text{pseudo}} \tag{7.38}$$

图 7.51 和图 7.52（分别以 lb/gal 和 psi 为单位）显示了相对于 LOT 的视覆盖曲线。计算中用于 ρ_w 和 ρ_g 的平均值，以及从 ϕ_0 和 K_0 获得的结果如下：

$$\rho_w = 1.03 \times 10^3 \text{kg/m}^3$$

$$\rho_g = 2.6 \times 10^3 \text{kg/m}^3$$

$$\phi_0 = 0.627$$

$$K_0 = 4.90 \times 10^{-4}$$

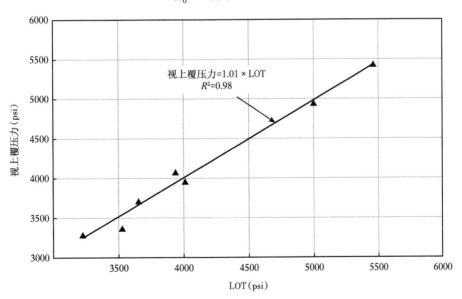

图 7.51　漏失试验和视上覆岩层压力梯度之间的关系

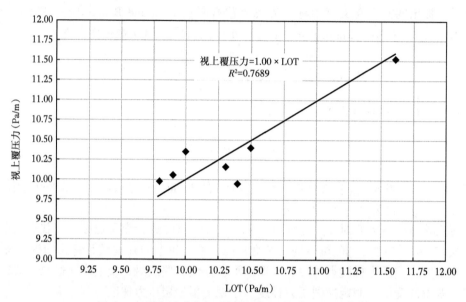

图 7.52   漏失试验和视上覆岩层压力梯度之间的关系

表 7.17 是六口井应用此方法所得的结果，表 7.18 是对另外三口井的预测。

表 7.17   六口井的校准结果

井号	LOT（lb/gal） （Pa/m）	测试深度 （m）	视 OBG（lb/gal） （Pa/m）	误差（lb/gal） （Pa/m）
A	9.8	1935	9.99	-0.19
	11516		11739	-223
	11.6	2765	11.52	0.08
	13631		13537	94
B	10.3	2286	10.19	0.11
	12103		11974	129
C	9.9	2169	10.04	-0.14
	11633		11798	-165
D	10.5	2790	10.42	0.08
	12339		12244	94
E	10.0	2310	10.37	-0.37
	11751		12186	-435
F	10.4	1985	9.96	0.44
	12221		11704	517
平均误差				0.00
				2

表 7.18　三口井破裂压力梯度预测结果

井号	LOT（lb/gal）（Pa/m）	测试深度（m）	视 OBG（lb/gal）（Pa/m）	误差（lb/gal）（Pa/m）
G	10.3	2395	10.53	−0.23
G	12103		12374	−270
H	10.6	2741	11.34	−0.74
H	12456		13326	−870
I	9.8	2450	10.62	−0.82
I	11516		12480	−964
平均误差				−0.60
平均误差				−701

7.1.6.6　不同方法之间的对比

表 7.19 总结了六口井由不同方法推断出的破裂压力梯度值与实际 LOT 值的误差。表 7.20 展示了六口井的破裂压力梯度估算值，表 7.21 与表 7.22 是对其余三口井的推断。

表 7.19　比较六口井不同方法产生的误差

井数据		K_{SAW}	K_{MS}	线性关系 0.92×OBG	指数关系 1.39×OBG$^{0.83}$	视 OBG
井号	LOT（lb/gal）（Pa/m）	误差（lb/gal）（Pa/m）	误差（lb/gal）（Pa/m）	误差（lb/gal）（Pa/m）	误差（lb/gal）（Pa/m）	误差（lb/gal）（Pa/m）
A	9.8	−0.23	−0.14	−0.04	−0.17	−0.19
A	11516	−270	−165	−52	−200	−223
A	11.6	−0.11	0.07	−0.27	−0.01	0.08
A	13631	−129	82	−315	−12	94
B	10.3	0.18	0.29	0.18	0.14	0.11
B	12103	212	341	212	165	129
C	9.9	−0.16	−0.07	−0.04	−0.11	−0.14
C	11633	−188	−82	−42	−129	−165
D	10.5	0.09	0.19	0.10	0.10	0.08
D	12339	106	223	122	118	94
E	10.0	−0.34	−0.24	−0.40	−0.38	−0.37
E	11751	−400	−282	−465	−447	−435
F	10.4	0.29	0.32	0.28	0.25	0.44
F	12221	341	376	329	294	517
平均误差		−0.04	0.06	−0.03	−0.03	0.00
平均误差		−47	71	−30	−30	2

表 7.20　比较六口井的破裂压力梯度估算值

井数据		K_{SAW}	K_{MS}	线性关系 0.92×OBG	指数关系 1.39×OBG[0.83]	视 OBG
井号	LOT (lb/gal) (Pa/m)	误差 (lb/gal) (Pa/m)	误差 (lb/gal) (Pa/m)	误差 (lb/gal) (Pa/m)	误差 (lb/gal) (Pa/m)	误差 (lb/gal) (Pa/m)
A	9.8	10.03	9.94	9.84	9.97	9.99
	11516	11786	11680	11568	11716	11739
	11.6	11.71	11.53	11.87	11.61	11.52
	13631	13760	13549	13946	13643	13537
B	10.3	10.12	10.01	10.12	10.16	10.19
	12103	11892	11763	11892	11939	11974
C	9.9	10.06	9.97	9.94	10.01	10.04
	11633	11821	11716	11676	11763	11798
D	10.5	10.41	10.31	10.40	10.40	10.42
	12339	12233	12115	12216	12221	12244
E	10.0	10.34	10.24	10.40	10.38	10.37
	11751	12150	12033	12216	12197	12186
F	10.4	10.11	10.08	10.12	10.15	9.96
	12221	11880	11845	11892	11927	11704

(1) 最大误差不出现在深度较小或较大的情况;

(2) 所有结果与相邻的 LOT 相似;

(3) 最坏和最好的关于破裂压力梯度的设想可以应用于所有深度的对比研究。

表 7.21　比较三口井不同方法产生的误差

井数据		K_{SAW}	K_{MS}	线性关系 0.92×OBG	指数关系 1.39×OBG[0.83]	视 OBG
井号	LOT (lb/gal) (Pa/m)	误差 (lb/gal) (Pa/m)	误差 (lb/gal) (Pa/m)	误差 (lb/gal) (Pa/m)	误差 (lb/gal) (Pa/m)	误差 (lb/gal) (Pa/m)
G	10.3	−0.03	0.11	−0.10	−0.08	−0.23
	12103	−36	129	−113	−94	−270
H	10.6	−0.78	−0.60	−1.08	−0.82	−0.74
	12456	−917	−705	−1274	−964	−870
I	9.8	−0.90	−0.75	−1.06	−0.95	−0.82
	11516	−1058	−881	−1241	−1116	−964
平均误差		−0.57	−0.41	−0.75	−0.62	−0.60
		−670	−486	−876	−725	−701

表 7.22　比较三口井的破裂压力梯度估算值

井数据		K_{SAW}	K_{MS}	线性关系 0.92×OBG	指数关系 1.39×OBG$^{0.83}$	视 OBG
井号	LOT（lb/gal）（Pa/m）	误差（lb/gal）（Pa/m）	误差（lb/gal）（Pa/m）	误差（lb/gal）（Pa/m）	误差（lb/gal）（Pa/m）	误差（lb/gal）（Pa/m）
G	10.3	10.33	10.19	10.40	10.38	10.53
G	12103	12139	11974	12216	12197	12374
H	10.6	11.38	11.2	11.68	11.42	11.34
H	12456	13373	13161	13730	13420	13326
I	9.8	10.7	10.55	10.86	10.75	10.62
I	11516	12574	12397	12757	12632	12480

　　图 7.53、图 7.54 和图 7.55 分别是三口井的相关数据，展示了经过上述不同方法估算出的孔隙压力、视上覆岩层压力梯度、破裂压力梯度。

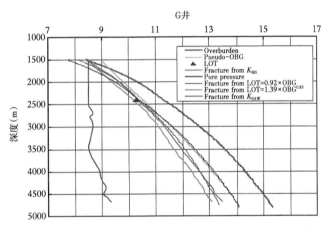

图 7.53　梯度与深度图显示了用不同方法反映井 G 的破裂压力梯度变化

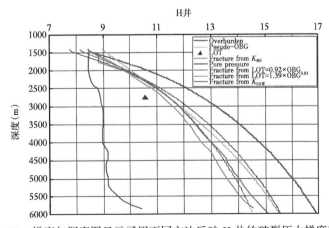

图 7.54　梯度与深度图显示了用不同方法反映 H 井的破裂压力梯度变化

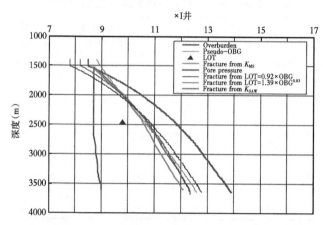

图 7.55　梯度与深度图显示了用不同方法反映 I 井的的破裂压力梯度变化

　　对表 7.19 至表 7.22 的分析表明：(1)上述所有方案中六口井的绝对平均误差均小于 0.06 lb/gal(70.5Pa/m)，而另外三口井的则小于 0.75 lb/gal(876Pa/m)；(2)视上覆压力梯度方案在六口井中绝对平均误差最小；(3)以最小压力为基础的方案可以给三口井带来最小的绝对平均误差；(4)G 井在应用所有方案中所得的绝对平均误差最小；(5)H 井和 I 井的结果最不理想，误差达到 1.08 lb/gal(1274Pa/m)。(6)通过图 7.55 对图 7.53 进行分析，应用不同方法所得的具体结果如下：①应用不同方案所得的结果的最大差异在于是在浅水井还是深水井进行测试；②所有方法在 LOT 位置附近显示的结果非常相似；③通过同时应用所有方法，可以得出每个深度处的破裂压力梯度估算的最差结果和最佳方案。

术语说明

G_{pseudo}——视上覆岩层梯度；

K——应力比；

K_{MS}——最小应力法的应力比；

K_{SWA}——井眼应力法的应力比；

p_f——井壁孔隙流体压力；

K_O——拟稳态；

p_F——远场地层压力；

p_W——井压力；

Z——井深；

Z_S——沉积物深度；

z_w——水深；

α——井斜角；

β——井斜方位角；

ϕ_o——伪表面孔隙度；

ρ_{ft}——地层流体密度；

ρ_g——晶粒密度；

ρ_w——水密度；

σ_f——破裂应力；

σ_h——最小水平应力；

σ_H——最大水平应力；

σ_{pseudo}——视上覆岩层压力；

σ_r——径向应力；

σ_t——抗张强度；

σ_v——垂直应力；

σ_z——轴向应力；

σ_1——最大值（σ_A，σ_B，σ_C）；

σ_2——中间主应力；

σ_3——最小值（σ_A，σ_B，σ_C）；

σ——井壁周围的应力；

$\tau_{\theta z}$——剪切分量；

q——井眼角度。

7.1.7　深水钻井设计

——Joao Carlos R. Placido, Emmanuel Franco Nogueira,
巴西国家石油公司(Petrobras)

7.1.7.1　小井眼钻井技术

小井眼钻井技术是为了利用第二代和第三代深水平台减少空间占用的优点，同时又比第四代和第五代深水平台的费用低。小井眼钻井技术的设计囊括了钻井施工，竣工及油井维修。此技术的目的是将钻井隔水导管从21in(0.533m)减少至15in(0.381m)。

小井眼钻井技术优势之一就是可减少钻井开支，因为少了一个套管柱，这也是此技术最基本的目的之一。将传统钻井理念变为小井眼钻井理念，减少了一个20in的套管柱，传统钻井与小井眼钻井的对比如图7.56所示。

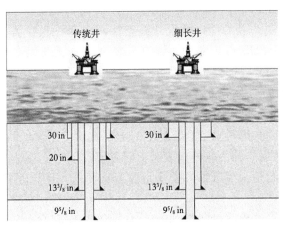

图7.56　传统井和小井眼示意图

为了减少 20in 的套管柱，则尺寸为 $17\frac{1}{2}$ in 的无隔水管模型就必须更深，因此有必要对目标区域有一个更好地了解，这也就意味着必须知道孔隙压力与断裂应点。因此并不将小井眼钻井技术推广至其他井上使用。

小井眼钻井技术优点之一是减少隔水导管容积，防止可能出现泄露点，以便减少由于液体泄漏引起环境问题。

小井长井为 $16\frac{3}{4}$ in 或者 $18\frac{3}{4}$ in，且能够承受来自隔水导管外露带来的所有力。设计要求井口能容纳两个套管柱，其中一个必须为直的。高压机器位于套管柱顶端 $13\frac{3}{8}$ in 处而不是按照传统的套管柱设计位于套管柱 20in 处。

在巴西，小井眼钻井分三个步骤。

(1)步骤 1：喷气，钻眼，固定。在热带草原盆地区(阻力较小)，只需要在大小为 $13\frac{3}{8}$ in 的两个套管柱接口处加上三个 30in 的套管柱结合点来承担压力。在某些地区，需要用上 4~5 个结合点，然后才能够钻眼。钻井需要用一个 26in 的定向钻头和一个 6in 的开眼钻头，然后安装固定在 30in 的套管柱上。喷气过程需要用到喷气机凸轮，在喷气结束后不经起钻即可钻井，因而能节省机器运作时间。

(2)步骤 2：反复钻井，由于前一阶段使用喷气，步骤 2 则可以再钻井接触地面后用 30in 的套管柱开始工作，也可以运用 16in 或者 $17\frac{1}{4}$ in 的钻机。此长度从 600~1200m 不等，由于相位直径变短，打钻的速率也比传统设计应用 26in 的钻机快。井口越小，井壁稳定性越强。为了增强 $13\frac{3}{8}$ in 套管柱的阻力，在高气压房的底部管道的顶部增加了一个 $16\frac{3}{4}$ in 或者是 $18\frac{3}{4}$ in 的特殊压力结合点。此特殊压力结合点紧贴于高压房底部，拥有 $13\frac{3}{8}$ in 的井壁双重密封的套管柱结合点，可承受直径渐变，减少中心压力，适用于任何小井眼井，然后用钻井隔水器安装隔水导管。

(3)步骤 3：反复钻井：此过程中需要使用大小为 $12\frac{1}{4}$ in 的起钻机，在目的区域运作，用传统钻井设备施工。

小井眼技术的开发，不仅可降低钻井成本，还可减小立管直径。也就能用具有更少的甲板空间的第二代和第三代海上平台。以此为前提，21in 或 $18\frac{5}{8}$ in 的标准立管可以用于钻井和修井作业，即使是 15in 的管也可使用。因此巴西国家石油公司开发了新的小井眼口：$16\frac{3}{4}$ in 和 13in (68.9MPa)。高压壳体的外部形状保持与 $16\frac{3}{4}$ in (0.425m) × "10ksi (68.9MPA)井口相同。这个新的井口被设计成连接两个套管悬挂器，分别为 $9\frac{5}{8}$ in 和 7in，后一种很少使用。在一个标准的小井眼井中，$9\frac{5}{8}$ in 的壳体通常属于安全标准，因为 $13\frac{3}{8}$ in 的套管磨损难以评估；另外，$9\frac{5}{8}$ in 也可以作为一个衬管。

1998 年 3 月，巴西的马力木场第一次小井眼钻取，成为新的坎波斯盆地钻探纪录。从喷射到最终深度耗时 7.6d。能取得这样的成果，不单单是小井眼设计这一主要因素，也少不了卓越的操作技能和团队的默契配合。从那时起，在坎波斯盆地的钻井数超过 400。通过与马力木场 65 个最佳常规井的比较分析表明，前者节省了约 17%钻井时间。

需要再次重点提到的是，由于钻井安全是非常重要的，所以小井眼技术必须应用于已知领域。

此外，为了达到减轻立管质量的目的，一些研究采用更轻的替代材料，如钛、铝和复合材料。这些新材料立管在获得批准之前必须提交若干分析，像应力、疲劳、振动和磨损的相关分析数据。即使这些分析数据是良好的，原型也必须进行现场测试。

7.1.7.2　水上防喷器

应用水上防喷器的目标是一种可以达到更高效、更安全、更快速地超深水勘探工程项目。其主要目的是避免使用常规且复杂的水下防喷（图7.57和图7.58），这类防喷器通常需要相当长的停机时间，同时还会出现固有的电子和水力问题。此外，SBOP技术在增加水深方面更具优势。

使用水上防喷器（SBOP）的主要优点是节约成本。和常规提升管及允许在深水中使用的较小的钻机相比，这种技术显著降低了钻机甲板载荷。

水上防喷器（Azancot et al.，2002）（图7.58），便于维修，表面上没有冗余的自升式或张力脚式钻油台（TLP）BOP，提升了操作效率。在这种情况下，没有必要像常规方式那样用立管进行海底防喷。因此，停机时间缩短了，因为在提升管中是一个套管柱，而不是一个特别的法兰接头。

在深水作业中使用SBOP意味着质量更轻。然后，可以用低成本的第三代钻机代替通常用于深水较贵的第四代和第五代钻机。

建立一个SBOP的具体制度设计的指导方针：系泊、立管、防喷器和张力。

图7.57　常规水下防喷器：双管闸板、剪切
闸板和环形防喷器（巴西国家石油公司）

图7.58　常规水下防喷器：下隔水组件（LMRP）
（巴西国家石油公司）

该系泊系统是一个浮动的钻机的SBOP的关键组成部分，并且是唯一不同于张力脚式钻油台（TLP）或自升式钻井系统。该系统的完整性对立管完整性有非常大的影响，因为弯曲应力涉及钻机偏移。被设计的系泊是为了保持船只最小偏移范围及最佳偏移范围，减少了对提升管中的弯曲应力。系泊系统必须符合RP 2SK（2008）中的标准。

提升管是钻井液和环境之间的唯一屏障，因此，它的设计和分析是极为重要的。提升管受到来自不同来源的负载，其中许多负载相互结合增加了整体的负荷水平，并且这些必须设计成支持井压、电流、电磁波、风极端组合和船只偏移。立管必须提交静态分析和动态分析。提升管的最关键点是贴近的海底和略低于水上防喷器部分。在海底,最大负载是船只位移,从而产生很大的弯矩。略低于水上防喷器部分受到较大的波浪力,也经历因为该船只位移的载荷。水上防喷器下面的所有部件必须核对弯矩。在表面上,所述张力是在最高水平。因此,局部状态必须考虑张力、弯矩和内部的压力。在水上防喷器下面,提升管需经受由波浪产生的力的循环,这可能会导致主要向井口、管和下面的水上防喷器第一连接器的破坏。提升管还必须核对涡激振动(VIVs),因为如果旋涡脱落的频率变得接近于隔水管系统的固有频率之一,就会导致从涡旋脱落的交替力引起的显著振动。为了确定立管组件的寿命,需要评估应力系数在连接器的影响。总之,提升管必须设计成以下标准:

(1)为设计、选型、操作和海洋钻井隔水管系统维修的推荐规程;

(2)用提升设备设计推荐规程浮式生产系统和张力腿平台;

(3)ASME 锅炉和压力容器规范第 2 部(2007);

(4)NACE MR-01-75-98(1998)。

SBOP 系统由水上防喷器、球头、滑关节、张紧环、BOP 框、井口组成。这些元素的设计和制造符合 NACE 标准 MR-01-75 服务和 API 6A 规格。

水上防喷器是常规的表面型防喷器组,这通常是在一个自升式 TLP 找到,并且它由两个管闸板、一个剪切闸板及一个环形防喷器组成。防喷器和压井管线允许在良好的控制下操作,这将以相同的方式进行着最大灵活性上的自升式或 TLP 控制操作。在水表面上,水上防喷器处理所有井控功能。所述水上防喷器底部到顶部的组成为:$13\frac{5}{8}$ in(0.346m)的机械井口连接器 $13\frac{5}{8}$ in(0.346m)、低管闸板、压井管线入口、13in(0.346m)上管闸板、节流管线出口、13in(0.346m)串联升压剪切闸板 RAM 和 $13\frac{5}{8}$ in(0.346m)环形防喷器。闸板的额定值通常为 10ksi(68.9MPa),环形防喷器的额定值通常为 5ksi(34.5MPa)。防喷器框架必须放置在与月池碰撞风险及波浪对防喷器系统的影响风险最小的位置。

球窝接头必须接受操作范围与预期 BOP 位移兼容。滑动接头和冲程设计主要的设置运行必须考虑,升沉和潮流。这种最大贡献来自根据水深和最大偏移的设定。

张紧系统是钻机和水上防喷器系统之间的最关键的接口。大多数未升级的第三代钻机质量为 640klb,它必须被提高到 1280klb 上的一个张紧容量。该系统必须对提升机系统在不同的操作模式下进行检查,如固井和钻井所需的张力。可通过张紧系统的变形来检查钻机结构。

一个 13in(0.340m)的常规套管,从顶部到海底被用作立管连接水上防喷器(SBOP)。通过使用张紧系统的张紧环,此立管被保持在表面。此 $13\frac{5}{8}$ in 和传统的立管 FL 安格斯(0.340m)的壳体相比,更容易连接。此外,$13\frac{5}{8}$ in 的壳体具有相对于立管更高的压力限制。$13\frac{5}{8}$ in(0.340m)立管的 API 破裂额定值为 7.5ksi(51.7MPa);但它被视为 5ksi(34.5MPa)的钻井隔水管。过渡接头位于立管底部,SDS 上方、隔水顶部、SBOP 下方。这些接头避免了立管和 SDS 和 SBOP 之间的应力集中,与立管相比,SDS 和 SBOP 强度更大。

在海底,常规海底包的质量约为 650000lb,现在替换为约 150000lb 的海底包。海底包包括上部和下部连接器及两个剪切闸板。SDS 用于在紧急情况下剪切钻柱、封井和断开隔水管。SDS 从下到上的主要组件为 $18\frac{3}{4}$ in 井口连接器、$13\frac{5}{8}$ in 上下切力全封闸板和 $13\frac{5}{8}$ in 立管连接器(朝上)。所述全封闸板必须隔开,以便钻杆连接器能够在两个顶杆之间，以确保至少有一个冲头在切管的主体内，而不是一个连接器。SDS 配备有机械式自动闭合系统。

常规井控制是通过使用水上防喷器来保持。它并不需要任何的 SDS 定期操作。虽然这种能力被设计到系统中，是因为没有固定的液压从表面到 SDS 供给管路，而是由一个复合多元的电液压系统控制。有两个控制面板的 SDS：主控制面板在带队队长的办公室，另一个在钻工控制板机舱。这些面板信号以两种方式发送：声学信号通过从一个表面安装的换能器，再经过水传递到两个相同的接收器，电子控制吊舱上的 SDS，电信号通过连接导线发送立管。这些信号通过在 SDS 发送液压油功能来驱动阀门的控制。

为了安全和负责地使用 SBOP 技术，管理制度是必要的，它需要一个一致的标准来设计，以及 SBOP 系统操作。它是一个动态的系统，用于学习从前的经验，以扩展到能够解决更严重的问题，如深海问题。这种方法可以减少及控制定量风险分析过程中的风险。通过风险鉴定，识别和评估每个关键系统，实现知识和经验的结合。风险操作（HAZOP）也在开始操作之前进行。风险操作分析的目的是找出潜在的重大事故隐患的具体操作。对于任何新技术，HAZOP 被认为是管理风险、积累经验和反馈，以及培训运营人。运营商已经使用水上防喷剂，在深水钻井情况下，SBOP 技术被认为比传统的水下系统更安全。其有以下原因：井喷风险更小、停机时间更短、偏移量更大、钻机成本更低（第三代）、井控系统更可靠，减少 VIV 和断裂，可更好地水合物管理，减少紧急断开时向环境的排放。

在远东地区，SBOP 技术被证明是成功的。在加里曼丹、安达曼海和苏禄海，优尼科公司已钻探约 140 口井。雪佛龙公司在中国渤海湾钻 4 口井；在壳牌文莱公司已钻三口井；以及沙捞越壳牌已钻探两口井。在这些钻井中，有近一半在水深度超过 900m 里进行。

在巴西，这项技术是由壳牌公司和温特斯公司和挪威国家石油公司首次在动态定位钻井船中应用（Brad et al.，2004）。在 2003 年，深水井 1-SHEL-14RJS 由壳牌公司成功钻出。这个井由斯特诺泰钻井船钻到 5200m 深以上，在水里总深度为 2887m。该井为开钻 52.8 天开始释放，总非生产时间为 15 天。壳牌公司已经和斯特诺泰公司合作，且在 2 年内具有非常良好的安全水平。

7.2 深水双梯度钻井

7.2.1 双梯度钻井

为了满足世界能源增长的需求，对石油和天然气的寻找已经日渐扩展到一些挑战性环境的深水区域就是这种环境之一。随着技术的不断进步，深水的定义更大、更深，并且随着水深的增加，相关的技术、经济性和安全的复杂性也相应增加。这就导致对油田普遍适用的新技术有了更高的要求，尤其是提高钻井技术水平。全行业的目标是增加储量的可及性、提高井眼的完整性、降低管理费用，最重要的是提供安全的工作环境。应用双梯度技术在近海钻井是一种新理念，但是这需要提升关注度以满足行业目标。

钻深水近海井所面临的挑战之一是降低地层孔隙压力与地层破裂压力之间的窗口。在某些沉积层较年轻的近海区，地层孔隙压力和破裂压力之间存在的细小差距给钻井带来了巨大的挑战，随着水深的增加，这种挑战更大（Rocha and Bourgoyne，1996）。这种情况可以解释为上覆岩层压力较低的结果，由于海水的压力梯度比外露的砂岩/页岩压力梯度低。由此产生的情况是近海井的上覆岩层压力和破裂压力明显低于类似深度的陆上井，并且更难保持用超压钻井技术钻进近海未压裂的地层（Johnson and Rowden，2001）。通常，解决这个问题的方法是增加井筒套管，在钻井和完井中增加套管柱的数量。然而，材料成本和时间都很昂贵。目前已经证实，如果孔隙压力和破裂压力之间的差值可以被更好地控制，那么套管柱的数量就可以减少。这就造成了控制压力钻井技术（MPD）的发展。国际钻井承包商协会（IADC）欠平衡作业委员会把 MPD 定义为"用一种自适应钻井过程来精确控制井筒的环压分布。目标是确定井下压力环境的限制，并相应地控制环空液压的分布。MPD 的意图是避免地层流体连续流入地面，利用适当的过程使任意涌入所附加的操作都安全可控"（Drilling Contractor，2008）。其目标是确定井下压力环境的限制，并相应地控制环空液压的分布（MPD，2005；Grottheim，2005）。双梯度钻井就是用于深海环境中具有商业价值的 MPD 技术。

7.2.2 使用双梯度钻井的意义

双梯度钻井移除了典型深水钻井系统中充满钻井液的隔水管。在传统系统中，隔水管的环空部分充满钻井液，海底环空中的压力很高，可以避免井筒压力超过地层破裂压力，这就必须在技术上和经济上更加频繁地优选设置套管柱。

当使用双梯度钻井系统时，把隔水管从系统中移除（形象说是取决于双梯度系统的变化）。该系统允许海底压力低于常规系统的海底压力（海水的压力梯度低于大多数的钻井液），并且可以使钻机在地层破裂压力和孔隙压力之间的窗口导航得更准确。只要在井筒环压梯度和破裂压力梯度之间有一个安全的余量（近似 0.5lb/gal 的梯度），就不需要像常规系统那样设置套管柱。图 7.59 解释了如何控制压力使环空压力保持在钻井深度上高于孔隙压力，但在深度较浅时低于破裂压力。

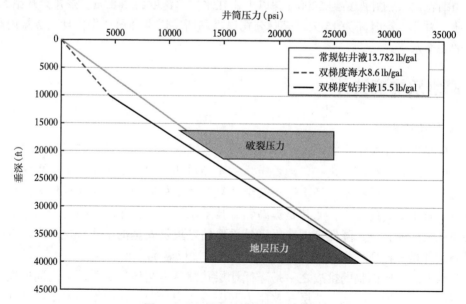

图 7.59　双梯度系统中的井筒压力

　　控制地层破裂压力和孔隙压力之间的压力窗口来降低需要的套管柱数量以维持井眼的完整性。图 7.60 和图 7.61 是传统的深水钻井套管要求和双梯度深水钻井套管要求的比较。

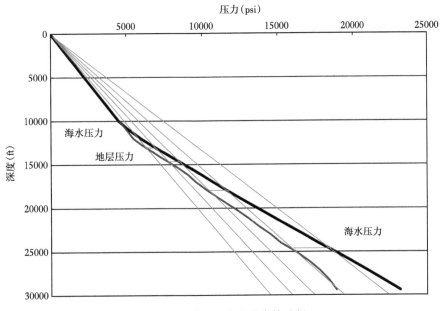

图 7.60　传统系统中的套管选择

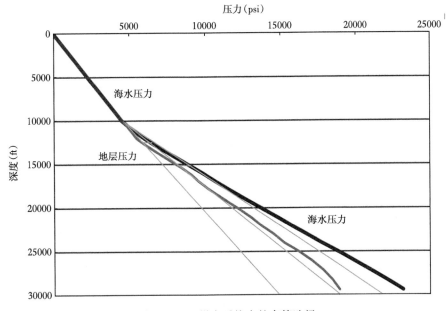

图 7.61　双梯度系统中的套管选择

　　在深水条件下常规钻井时，隔水管被当作井眼的一部分，井眼内的压力随水深增加而变化。然而，当使用双梯度钻井系统程序时，水深不再是影响井眼压力的因素，它就像"一种与水无关的方法"。

在深海环境中采用双梯度钻井技术优点如下：

(1)需要较少的套管柱；

(2)较大的生产油管(提供更高的生产速度)；

(3)提高井眼控制并减少井漏；

(4)降低成本，"较小钻机的水深性能可以扩展"(Smith et al.，2001；Schumacher et al.，2001；Eggemeyer et al.，2001；Alford et al.，2005)。

7.2.3 双梯度钻井的历史和演变

双梯度钻井的概念于1960年首次提出。当时这个想法是简单的外排隔水管，因此该技术被称作无隔水管钻井。然而，该技术在当时没有继续进行下去，这是因为它没有推动经济性和技术需求来改善海上钻井。随着海上钻井进展到更深的水域，在20世纪90年代期望能够提高项目开发的经济性和技术特性。

从1996年开始，四个主要项目开始努力实现双梯度系统，以提高深水钻井技术。这四个项目是壳牌公司的深水远景项目，莫尔科技公司的中空玻璃球项目，海底钻井液举升钻井(JIP)(Schubert et al.，2003)。

海底钻井液举升钻井(JIP)是研究最广泛的，始于1996年，当时一群深水钻井承包商，运营商，服务公司和制造商齐聚一堂，讨论无导管或双梯度钻井的优点。结果就是跨越5年的大量的系统设计、建造和现场试验。该团队有兴趣发展这项技术的主要原因是希望能减少必需的套管柱数量，特别是在墨西哥湾，高孔隙压力和低地势需要在钻井和完井操作中经常下套管柱(Smith et al.，2001；Schumacher et al.，2001；Eggemeyer et al.，2001)。

海底钻井液举升钻井(JIP)承担的任务是设计硬件和必要的程序，从而有效和安全地运行双梯度钻井系统。1996年9月至1998年4月进行一期工程，耗资约1.05亿美元。一期工程是概念上的工程阶段，参与者创建一个双梯度可行的钻井设计，考虑井控要求，适应大型钻机舰队(不只是一些专门的钻井平台)。第一期的设计被认定很成功，因此设计钻大位移，在总垂深上12¼in井眼，水深10000ft的水。设计中最大的挑战是如何通过井筒举升循环后的钻井液。

一旦通过井筒循环，钻井液中就会包含游离气体、金属碎屑、岩屑，和其他钻屑。什么样的泵能够把泵入海底的钻井液返回到平台上？JIP回答了这个问题，在第一阶段用正位移隔膜泵来反应。但是不存在这样的泵能满足JIP的需求，于是有人总结说JIP需要设计和建造一个这样的泵。第一阶段的其他结论认为该技术可行，但是井控程序需要改进，现场测试是必不可少的，尤其是在墨西哥湾的试验是推动该技术发展的基础。

第二阶段，组件的设计、测试、过程和发展开始于1998年1月，并一直持续到2000年4月，耗资约1265万美元。第二阶段的目的是实际设计、建造和测试水下泵系统，创建所有的钻井作业和井控程序，把双梯度钻井技术与现有的钻机相结合得到最佳方法。第二阶段产生了一个可靠耐用的海水驱动隔膜泵系统，钻井和井控程序都能够承受设备可能出现的故障，并且认识到系统训练的必要性。

第三阶段，系统的设计、制造和测试阶段，开始于2000年1月在2001年11月完成，预算3120万美元。第三阶段的目的是通过实际的现场应用来验证该技术。这一目标已经实现，第一口双梯度试验井开钻于2001年8月24日，到2001年8月27日下入20in的套管并加固。8月29日，水下钻井液举升钻井系统终于在油田试验。虽然开始的时候出现很多问题（特别是电气系统），现场人员说："一旦问题被确认和修复，它就停留在修理的状态。"

最终，90%的现场测试目标得以实现，并认为是成功的。虽然还需要行业支持，双梯度钻井被证明是可行有用的技术。

另一个JIP项目始于2000年，并最终在2004年成功的测试应用程序。AGR发展了无隔水管钻井液回收（RMR）系统。该系统的设计和测试是专门用于钻井筒上部的炮眼部分。期望能提高浅层水和气体流量的控制，并通过减少通常选择的套管座数，来增加表面套管柱的深度。

RMR系统是在水深450m处被评定的，但是一般的测试在水深330m处。2004年12月在北海成功进行了现场试验（Stave et al.，2005）。该JIP项目得到的结论是使用双梯度钻井技术进行上部井眼钻井导致：

（1）提高井眼的稳定性，减少冲刷；

（2）提高浅层气和水流的控制；

（3）提高气体检测（因为精确的流量检查和改进的钻井液体积控制）；

（4）防止钻井液和钻屑在水下模板上的积累，并防止钻井液分散至环境敏感区域；

（5）减少必要的表面套管柱数量。

在双梯度钻井领域开展的最新研究是通过海洋科技研究中心（OTRC）的一个项目，它是美国国家科学基金会（NSF）的一个部门，是由得克萨斯州农工大学和得克萨斯大学奥斯汀分校共同合作的。OTRC正在进行的这个项目最初由美国矿产管理局（MMS）资助，被称为双梯度钻井技术在上部炮眼钻进的应用。这个项目的目的是针对深海环境中钻进的上部井眼来设计和测试双梯度钻井系统，虽然它已经在浅水中实现。

OTRC项目着眼于深水中应用双梯度上部炮眼钻井系统（DGTHDS）。这个项目的驱动因素是在深海环境中日益危险的常见的浅层危害，特别是在墨西哥湾。这些浅层危害是超压浅层气区、浅水流动和甲烷水合物，它们危害在深水区的钻探活动。据推测DGTHDS可以在深水钻井时控制这些浅层危害。该项目将探索在两个方面增加这些危害的控制：一是通过DGTHDS增加井控的可用性，二是通过放置比常规钻井更深的表面套管来提高井筒的完整性。一旦浅层危害被控制并且下入更深的表层套管，这也将允许在井的中间深度部分安全钻孔，并最终降低整个井使用的套管柱数目。

7.2.4　实现双梯度的条件

在海上钻井时，实现双梯度的方法有很多种。基本上，当环空中存在两个不同的压力梯度时，即井筒内径（ID）和钻柱外径（OD）之间的空间可以实现双重梯度。该条件可以通过降低部分井筒或隔水管中钻井液的密度、完全移除隔水管并允许海水成为第二梯度，或控制隔水管内钻井液的液位，并允许隔水管内的第二个梯度是其他流体来实现（Herrmann and Shaughnessy，2001）。

有一种方法是基于空气钻井程序和欠平衡钻井技术注氮。该技术是通过注氮来减低隔水管中钻井液的质量（Schumacher et al.，2001）。为了减少氮气的量要求隔水管中的钻井液压力梯度较低，同心隔水管系统被认为是最经济的。在这个系统中，套管柱被放置在隔水管内，在隔水管顶部有旋转防喷器（BOP），以控制返回溢流。钻井液保持在套管柱和隔水管之间的环空,氮气在隔水管底部注入环空。浮力使氮气向上流动到环形空间,由于氮气的持液性质,从而降低了钻井液的密度和压力梯度。氮气的注入可以把钻井液密度由16.2lb/gal 减少到6.9lb/gal. 当期望的第二梯度低于海水时可以用这一方法,典型的压力梯度是8.55lb/gal。该方法最显著的特点是利用注氮来创造两个梯度使地层不再欠平衡,正如人们最初所判定的。套管井的欠平衡是在一定深度上,但是在套管的下方,开放井眼处,井筒实际上是过平衡的,这可以防止流体从地层流入到井筒。使用这种方法需注意双密度系统的不确定性,井控和井涌的识别是否会更困难。在这种情况下,该系统是动态的,井控和井涌的检测肯定会更复杂,但是不一定不安全(Schubert,1999)。

建立双梯度系统的另一种方法是在无隔水管的情况下钻进上部井段,并将钻井液返到海床。在此设置中,海底井筒内的压力与海底压力是相同的。换句话说,从海洋表面至海底的压力梯度就是海水的压力梯度。钻井时为了保持合适的压力,井筒内的钻井液比一般的钻井液要重。一旦开钻并下入结构管,海底防喷器组的安装在常规系统上会有一些变化。钻井液返排是通过旋转分流器从井口移动到海底泵,通过一个直径6in 的返回线返回钻台。钻井时继续使用该装置,剩余套管柱的设置都选用双梯度系统,钻井液经过一个单独的管线返回在钻台上(Schumacher et al.,2001)。图 7.62 为双梯度系统结构。

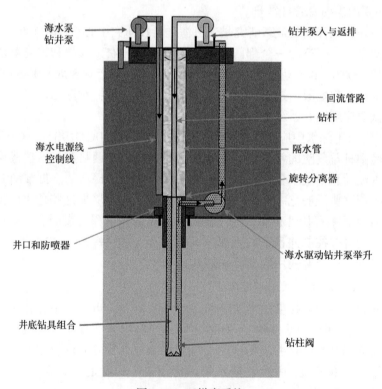

图 7.62　双梯度系统

最初,这种方法被认为很难检测井涌。然而,在更先进的技术和更精确的海底防喷器压力监测下,井涌检测和循环漏失的检测更加可靠和准确。事实上,在这个系统中可能把立隔水管作为钻井液补给罐(Schubert,1999)。

另一种创建双梯度系统的方法与注氮相似。美国能源部（DOE）项目进行测试如何把空心球体注入钻井液返回，通过隔水管可以创建一个双梯度系统。该系统类似于氮喷射方法，但是在钻台上把气体从钻井液中分离被简化，因为钻井液中有溶解气体也无影响。玻璃球在隔水管底部从钻井液中分离和回注。图 7.63 演示了一个典型的空心玻璃球体注入系统。

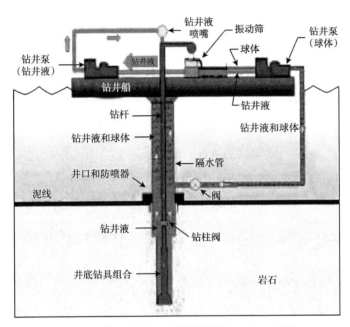

图 7.63　空心球注入双梯度系统（NETL，2003）

7.2.5　典型的双梯度系统和组件

实现双梯度系统最常用的研究方法是无立管系统（图 7.62），该系统通过钻柱泵入钻井液，从钻头喷嘴出来，进入裸眼，向上到环形空间，进入防喷器组，通过在旋转头，进入海底钻井泵，然后向上通过 6in 的返排管线回到钻台。然后钻井液在钻台清洗，进入钻柱再次循环。该系统中的主要组件对双梯度系统来说都是独一无二的，有钻柱阀（DSV）、旋转头、水下钻井泵和钻井液返回线路。

一旦钻井液流动超过环空进入防喷器，它就必须被转移以便泵入返回线路。海底钻井液举升钻井 JIP 可以通过一个被称为海底旋转转向器（SRD）的旋转头来实现。该 SRD 能够处理 6⅝in，5½in 和 5in 钻杆并具有额定值为 500psi 的可回收旋转密封装置，虽然通常情况下经过这种密封装置的压力小于 50psi。一旦钻井液转移到海底钻井泵，主要问题是固体的处理。这可以通过增加一个海底岩石破碎装备来解决。基本上，当返回的钻井液通过该装置时，任意岩屑都会在两个带齿的旋转圆筒之间破碎。图 7.64 是这种岩石破碎装置的结构。

一旦钻屑被粉碎，并通过该单元处理，它们已被碎成小片。粉碎的岩屑和钻井液就能通过进入海底钻井泵。该泵的要求是非常苛刻的，这个泵必须能够泵出占体积 5% 的钻井液钻屑，产生的流量在 10~1800gal/min 之间，最大作业压力为 6600psi，作业温度在 28~180°F 之间，最后，在需要循环气体出井时能够 100% 的泵入气体。

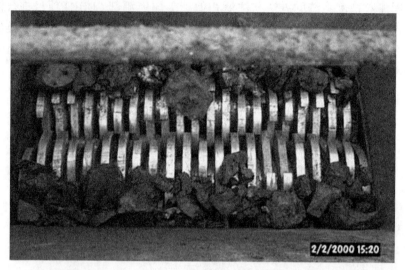

图 7.64 用于海底钻井举升 JIP 的岩石破碎装置(GE 天然气钻井和生产系统许可使用)

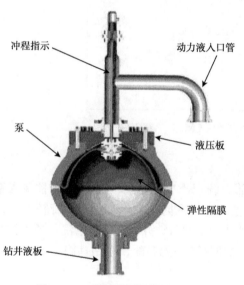

冲程指示

动力液入口管

泵

液压板

弹性隔膜

钻井液板

图 7.65 正排量隔膜泵的截面图
(GE 石油天然气钻井和生产系统许可)

如前所述,需要一个由海水液压驱动的正排量隔膜泵。海水提供液压动力从钻台上泵入,采用传统的地面钻井泵,沿着辅助管线到达钻井泵。图 7.65 是隔膜泵工作机理的截面图。

隔膜泵也可以作为止回阀,防止回流管中的钻井液静压力影响井筒内的压力。这种泵通常是在自动模式下运行的,这意味着它被设置为以恒定的进口压力运行,并且泵速率自动该改变以保持恒定泵入口压力。它像传统的系统一样,允许司钻钻改变地面翻浆速率(Kennedy,2001)。泵在正常钻井作业时会设定一个恒定的进口压力。如果井控事故发生,需要井涌循环来保持井筒压力,泵将切换到恒定的泵入速率,该泵速等于地面泵的泵速。

无隔水管双梯度钻井系统的主要部件之一是井下安全阀(DSV)。DSV 的开发是用来控制 U 形管的影响,它通常是在钻井和完井操作中用到的。U 形管效应的是由于钻柱中流体的总液压与环空中流体总液压不同而引起的。作为响应,流过钻头喷嘴的流体从有较高液压的钻柱或环空流到液压较低的地方。在常规作业中,U 形管效应仅偶尔发生,最常见的是在固井过程中。然而,在无隔水管双梯度钻井时,U 形管作用始终是一个影响因素,因为钻柱中流体的液压高于流体在井筒环空中的液压和井底液压之和。令人担忧的是,当钻井液循环停止可能会打断钻杆连接,钻柱内的钻井液会流到井筒和向上的环空中。DSV 被放置在钻柱线路中，当钻井液停止循环时，DSV 被关闭防止钻柱内的流体自由下落。DSV 组件在该系统的放置如图 7.66 所示。

7.2.6 双梯度与常规作业

双梯度钻井与常规的钻井作业有所不同。对于一般的钻井作业，双梯度钻井技术可以使用比常规钻井更小的平台。其中一个原因是为了支撑 21in 的隔水管（在常规钻井中通用的尺寸），钻台必须足够大以支持隔水管的重量。在无隔水管的双梯度钻井系统中，悬挂在钻机的重量减少到钻柱，钻井液返回管线，及脐带控制线。另外常规钻井的大型钻井平台受甲板空间的限制，这是由于需要大量的钻井液。在常规钻井系统中，需要大量的钻井液来充满隔水管。另一个问题是，在钻井筒上部的炮眼时使用泵入和外排的方法会流失大量钻井液。在

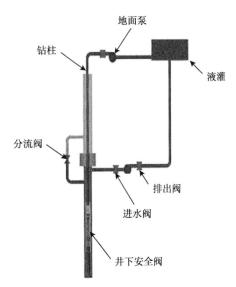

图 7.66　双梯度系统与井下安全阀
（获 GE 石油天然气钻井和生产系统许可）

双梯度上部井眼钻井系统（DGTHDS）中，仅钻柱必须充满钻井液，钻井液返回到钻台后可被清洁和再循环。这减少了所需的甲板空间和供给必要的钻井液相关的成本。钻机的额定重量和必要的甲板空间减少就允许使用更小的钻台。常规钻井系统和双梯度钻井系统之间的另一区别是，去除隔水管后仅有钻柱受到洋流施加的力。由于钻柱的直径比 21in 的隔水管小得多，这些外力对钻井作业的影响就降低了。

与常规钻井相比应用双梯度钻井最节省时间和成本的优势是可减少必要的套管柱数量。一是允许最终油管尺寸更大，从而提高生产流量；二是减少了钻井所需的时间，因为完井所需的时间更少。

从安全的角度来看，双梯度钻井与常规钻井最主要的区别是井控程序。基本上，双梯度系统作为控制压力钻井技术提高了井控。无隔水管双梯度钻井中使用的改性钻井方法将在 7.2.7 节中描述。

两个系统的相似之处在于钻井程序没有明显的区别，都用相同的方式连接处理及钻井的基本作业，例如钻头选型和通用的钻井程序是不变的（Schubert et al.，2003）。

7.2.7 双梯度系统井控程序

井控并不是简单的事，它必须能控制可能发生的井涌。合适的井控是钻井作业的所有阶段都必须考虑的。这在最初的计划、完井，直至废弃阶段都必须考虑。适当井控的基本目的是防止井喷和更好地创造井筒。通过准确的地层孔隙压力和破裂压力预测能够更好地完成井控，设计并且使用适当的设备（如防喷器、井涌监测设备和套管），合适的井涌监测，停止程序（Schubert et al.，2003；Hannegan and Wanzer，2003）。

钻井中常发生井涌，需要为此做好准备。快速的井涌监测和适当的井控反应是必要的。井涌可以通过不同的观测来监察，司钻人员必须认识到钻井中所有可能遇到的问题。最常见的井涌现象是：钻屑、流量增加、钻井液池的涨势，循环压力的下降伴随着地面泵泵入

速率的增加；如果井的流动是在地面泵关闭时，旋转扭矩和阻力就会增加，钻柱的重量也会增加。

这些井涌检测技术同样适用于双梯度钻井和常规钻井。双梯度钻井和常规钻井之间的主要差别是 U 形管效应。当钻井液循环通过钻柱，向上到环空，并通过海底钻井泵停止时出现 U 形管效应。U 形管效应导致系统试图平衡钻柱和环空之间的静水压力，把钻柱中的钻井液排出，通过钻头喷嘴进入环空。此外，钻柱中流体的静水压力不同于环空中流体的静水压力，这种情况在任何时候都会发生。可用一个简单的井下安全阀来解决 U 形管效应，已在 7.2.5 节中进行了描述。然而，U 形管效应发生在双梯度钻井中有好处，此效应允许钻机泵入较低的循环压力，从而更容易检测出压力的微小变化，这些压力的变化都是极好的井涌检测器。

另一种井涌检测的方法涉及海底钻井泵的进口压力和出口压力。当井涌进入井筒中，环空中钻井液的增加量等于井涌流出的量。一般来说，钻井过程中海底钻井泵被设置为一个恒定的入口压力模式。这意味着如果因为井涌流量增加，海底钻井泵泵入的速率也将自动增加，以保持恒定的进口压力。对钻井作业者来说这是一个明显的出现井涌的指标，钻井作业者就可以采取良好的措施来防止井涌流入环空。近似一半的井涌都发生在起下钻过程中。最好的也是最早使用的确定井涌发生的方法是在移除隔水管后测量填充井眼的钻井液体积。这通常是在下入 5 根钻杆后做的。如果需要充满井眼的钻井液体积小于移除的钻杆的体积，井涌就会进入井筒。这是常规钻井实践中使用的井涌检测。在双梯度钻井中，井涌检测过程必须考虑到有 DSV 和没有 DSV 的情况。在没有 DSV 作业时，精确地确定填满井筒的钻井液量是不可能的，直到 U 形管效应停止之后才可能测得准确值。当有 DSV 作业时，充填井眼的钻井液体积等同于一个圆柱体的体积，该圆柱体的直径等于移除的管子的外径。与常规操作的唯一主要变化是必须更频繁地填充井眼间隔；如果可能的话，连续地填充井眼间隔更好。

一旦发现井涌，必须采取必要的行动来阻止大量流体的涌入，避免过高的套管压力。过高的套管压力可能导致漏失、地层破裂，甚至会发生井喷。最初检测到井涌，通常的反应是通过关闭防喷器组来关井。关闭双梯度钻井系统时，除非 DSV 到位否则不能立即关井。DSV 必须在关井前关闭，确保钻柱中的钻井液静压力不会引起地层破裂。如果没有适当的 DSV，就有必要使 U 形管效应发生，然后通过关闭防喷器关井。U 形管效应发生时，很难避免其他东西涌入井筒。这就是为什么建议在所有双梯度钻井作业中安放 DSV。DSV 可以立刻关井，终止程序就可以用常规的方式进行。然而，当钻井作业者没有应用完整的关井方案(即没有 DSV)，下面的程序应该坚持使用(Schubert et al.，2003；Schubert et al.，2002；Choe and Juvkam-Wold，1998；Forrest et al.，2001)。这就是所谓的改进的司钻法，被认为是最有效且最常见的双梯度系统，步骤如下：

(1)减慢海底泵入的速率(保持钻机以恒定的钻速泵入)；

(2)让钻杆压力稳定，记录下压力和循环速率；

(3)不断循环的钻柱压力和流量在第二步中记录，直到井涌流体被循环出井筒；

(4)通过调整海底泵的入口压力来保持恒定的钻柱压力，这类似于调整套管压力和在常规终止程序中的可调节油嘴；

(5)井涌的流体循环出井后，循环较高密度的压井液增加井底的静液压力。

其他方法，例如等候加重法和容量法适用于无隔水管双梯度系统。然而这些方法都需要使用DSV。虽然DSV适用于改进的司钻法，但并不必要，而且它总是依赖于尽可能少的设备来确保适当的井控。

7.2.8　双梯度钻井的挑战

双梯度钻井面临的主要挑战是那些相关的新技术，该技术的设计、开发和现场试验都很成功。现在的技术关键是精简设备和程序，以确保双梯度技术无瑕疵的用于下一步深水钻井。

在海底钻井液举升钻井（JIP）的现场试验中，随钻测试孔中的主要延迟是设备调试问题。该技术成功运行，但在设计时有电力和调试的延误。一旦这些问题被解决，所钻的测试孔就会最小限度地延迟。

为了使行业接受例如双梯度钻井技术这样的新技术，就必须解决存在的问题，并且新技术要比传统技术好处更多。

双梯度系统需要某些自定义参数，这取决于水的深度、温度上限、泥线下限、地层压力、海洋环境及一些其他的条件。然而，即使在常规技术中也没有两口井的钻进是使用完全相同的设备或程序。工作人员都熟悉如何改变现有的技术以适应当前的钻井环境。为了让人们像传统技术那样熟知的双梯度系统，必须进行培训。

最终，双梯度系统将变成常规技术，是司钻人员掌握的众多技术之一。剩下的问题是设备调试、人员培训和克服初始行业阻力。

7.2.9　应用双梯度技术进行上部井眼钻进

当进行上部井眼钻进时可能会遇到浅层危害问题，而控制这些浅层危害，已经成为勘探和生产公司在深水环境中作业的一部分。浅层危害包括甲烷水合物、浅层气区和浅水流动。这些危害可能在深水环境中，一般出现在泥线和泥线以下5000ft之间。对于不同的勘探和生产公司，产生的浅层危害也不同，这些问题经常发生在深层油气田中。浅层危害看似只发生在钻井和完井作业中，但是实际上，浅层危害在长期的现场实践中都有影响。浅层危害在安全作业、井控、井筒完整性安全方面具有重要影响。

这就是为什么钻井筒的上部井眼部分、常规的泵入和外排方法仍然要遵循行业标准。泵入和转储在许多方面都未被利用，双梯度系统可以很容易地控制浅层危害，接受在钻井和完井设备、钻井程序和井控程序中的改变。

7.2.9.1　常规技术：泵入和外排

目前，泵入和外排的方法被广泛地应用于深水层的顶部井眼钻探中。钻井液被打入钻杆，进入井眼，到达环形空间，最后进入海底。这没有防喷器组没有钻井液返回到钻台。泵入和外排的方法会造成一些问题。这些问题包括但是不限于：有限的井控、增加浅层套管柱的数量、井筒完整性差、增加初始孔尺寸（需要较大的钻台）、钻井液漏失和负面的环境影响，这限制了符合规定的钻井液类型。

当出现井涌时，该泵入和外排方法提供了一些井涌监测方法和有限的井控方法。因为钻井液没有返回钻台，钻井作业者只能得到有限的井下压力信息，常依靠"看得见"的井涌监测方法来确定流体流入井筒的时间。为了避免诸如水合物和浅层气区的浅层危害，仔细地分析地震数据，也可以移动钻台的地面位置来避免这些危害。这导致需要复杂的定向钻井技术，从而增加了钻井时间、成本及风险。如果不能避免这些可能的危害区，钻井作业也没有好的井控方法。在浅层水流动的情况下，这些区域可以一直生产直到地层压力下降。但这种情况发生时，往往会出现地层腐蚀。

相比于钻进正常的压力区，可以通过增加套管柱的数量来处理这些危害。为了确保钻井液足够重来保持过平衡钻井，即使是钻进超压浅层气区，套管也必须下入以防止井筒的浅层部分破损引起漏失。漏失可能导致卡钻，甚至地下井喷。井筒质量差往往是由于泵入和外排。泵入和外排的方法限制钻井液以较低的循环速度举出钻屑。这意味着为了举升出非钻井液的钻屑，循环速度必须增加。增加钻井液的循环速率可能导致井眼腐蚀，井筒往往呈为棱状，使得高质量的固井工作难以实施。

泵入和外排方法除了技术、安全和经济上的缺点，它对环境也有明显的影响，更不要说钻井液的连续漏失需要高成本，这约束了油田的发展。环境限制了钻井液的类型，这使钻井作业不能使用对地层最佳的钻井液，也应防止添加化学物质，以减少设备内水合物的形成等问题。泵入和外排的方法并不是一种真正意义上的方法。这只是一种行业标准，明显需要一种钻上部炮眼的新方法。应用双梯度钻井技术在钻上部的炮眼消除了大多数相关问题（Judge and Thethi，2003）。最重要的原因可能是双梯度技术有益于上部井眼钻进控制浅层危害，可改善井控，并且提高了安全性。

比较双梯度钻井技术和泵入外排方法。钻井液在 DGTHDS 中的流动与常规隔水管钻井中流动的变化不大。但是与泵入外排方法中的流动不一样。这个系统固有的优势是其是一个封闭的系统。因为钻井液的再循环和重复使用，所需的钻井液量减少。海底污染减少，因为没有对环境造成影响，符合规定的钻井液类型增多。事实证明，选择合适的钻井液可以明显改善钻井作业。同样重要的是，在封闭系统中如何允许反压力进入增加井筒环空压力。钻井作业者用较重的钻井液在低速循环时保持环压。防止井筒腐蚀一般与泵入和外排方法有关。这种附加的压力控制也提高了井涌检测，提供了良好的井控方法，最终减少了浅层套管柱的数量。

7.2.9.2　井涌检测

除了在泵入和外排方法中已经使用的技术，DGTHDS 提供了更准确且更快速的井涌检测方法。如前所述，在标准钻井方式中海底钻井泵在恒定的进气压力下操作。当出现井涌时，泵的进口压力增加。为了保持恒定的进口压力，海底钻井泵通过增加泵送速率补偿由于大量涌入产生的额外入口压力。这种泵速的增加是第一个井涌指标。随着海底泵的泵入速率增加，它的出口压力增加，并且钻井液池的水平面会上升。这分别是第二种、第三种井涌指标。最后，作为井筒内压力变化的响应，地面泵的压力下降，这是第四种井涌指标。当检测到井涌时，DGTHDS 系统使用改进的司钻 SK 防止进一步的涌入并把涌入的流体安全的循环出井。

7.2.9.3　井控改进的司钻法

一旦系统监测到井涌，海底钻井泵就会返回井涌之前的泵入速率，并且保持恒定的泵入速率模式，该速率等于地面泵入速率。这对井筒环空内的流体产生背压，增加井底压力，直到它与地层孔隙压力平衡，防止进一步涌入。它对记录稳定的钻杆压力和泵送速率很重要。继续循环钻井液，记录通过改变海底泵送速率保持平衡的钻杆压力（这类似于常规终止程序中的调节式节流嘴）。持续循环直至井涌流体出井。一旦井涌流体出井，压重钻井液就被循环来增加井底的静水压力，钻井就恢复正常。增加海底钻井泵送速率，是为了在流体涌入井筒中时保持恒定的进口压力。同时，地面泵的出口压力降低。一旦检测到井涌并且井控程序启用，可以看到海底钻井泵的泵送速率返回到井涌之前的速率，该速率等于地面泵的速率；它还可以看出如何使水下泵入口压力和地面泵出口压力增加。

7.2.9.4 DGTHDS 控制甲烷水合物

如前面所述，甲烷水合物影响钻井作业是通过在设备内形成和在井筒环空内分离。双梯度系统应用于炮眼钻探可以控制这些由甲烷水合物引起的问题。

引入的封闭系统允许使用化学剂，例如水合物抑制剂被添加到钻井液。事实证明，这些水合物抑制剂可以成功地防止水合物在钻井和生产设备中形成。

在通过解离水合物钻井的情况下，一个重要的井控问题是双梯度系统提供了快速的井涌检测。当甲烷水合物分离进入井筒时，双梯度钻井系统会做出和气体流入井筒一样的反应。海底钻井泵的入口压力将增加，并且海底泵速率将自动增加以补偿。然后池内液位增长会发出警告，增加海底泵出口压力，并且减少地面泵的出口压力，将提醒钻井作业者采用井控方法。海底钻井液回流系统提供给钻井作业者提供了反压力来控制地层，阻止游离的甲烷水合物的形成涌入。游离的甲烷水合物可以主动、安全地从井筒中循环出去，从而快速恢复钻井作业。

7.2.9.5 DGTHDS 控制浅层气流动

DGTHDS 控制浅层气的方法和控制游离的甲烷水合物的方法是相同的：通过有效的井涌检测和积极地井控方法。此外，气体涌入井筒可被快速地监测到，改进的司钻法可以迅速地把井涌流体循环出井，防止进一步的流动。钻井液的重量被调整适应新地层的孔隙压力，钻井继续进行且不需要设置动态的选择式套管座。

7.2.9.6 DGTHDS 控制浅层水流动

浅层水比甲烷水合物溶解和气体井涌更容易控制。控制浅层水的流动可以防止地层腐蚀，最终确保获得高质量的井筒，因为套管座可被安全地固定到地层中（Roller，2003）。

7.2.9.7 DGTHDS 控制浅层危害

这是一种新的技术，它仍然处在研究和开发阶段，但它明显有益于海上钻井行业，并将被采用作为一种常规技术。与这种新技术相关的技术优势和安全效益远远超过实施该技术的固有行业阻力。在本行业实施双梯度钻井技术，可以获得从经济、安全到环境方面的好处（Stave et al.，2005）。

7.2.10 双梯度钻井技术的未来发展

双梯度钻井技术并不是遥不可及。这项技术已经被设计、制造，并进行了可行性测试。此技术已经被应用到井孔的顶部通孔部分（表层套管被设置之前），在浅水环境和在深水环境后表面壳体已被设置。2005 年，OTRC 推出了一个名为双梯度钻井技术在顶孔施工中的应用研究项目。这个项目的主要目的是为了证明双梯度钻井技术将适当控制浅层的危害（浅层气和浅层水的流动及甲烷水合物），这种情况在深水钻井环境中会经常遇到。双梯度系统将会利用两种方式来控制井：第一，它将使表层套管被设置得更深，这将提高井筒的完整性和中间钻孔的深度；其次，当浅层危害出现，海底泥回流系统将使钻头实现更完整和更安全的控制。

双梯度钻井技术有望改善钻井安全，降低成本，提高井身质量，并减少对环境的影响。即使如此，开发一种新技术也是昂贵的并且难以实施。下一步也是最重要的，即实现双梯度技术转化为商业应用，是指说服行业最终用户(运营商和服务公司的青睐)相信双梯度钻井技术将显著提高深水钻探作业(Elieff, 2006)。

7.3 浮重井口装置——大溪州深水技术

7.3.1 深水区面临的挑战——深水钻探

大多数深水作业面临的挑战就是浮力钻井装置与井眼顶部(包括井口装置与旋转防喷器)之间的距离较大，并且在较大水深处安装必要的井控装置的作业环境难度大。钻井隔水导管、压井管线、钻井船上的巨大载荷，对于平台性能的要求逐步扩大。因此，老的钻井船不能用于深水。隔水管浮力装置可用于平衡隔水管自身重量，但是耗资巨大并且可能对水动力行为和甲板储存等因素产生一些不好的影响。

在水深超过2000m的时候，很少有区块可以运作。换句话说，由于较高的运行资金，即使在浅水区这些区块也有可能没法生产。除此之外，个别的深水区面临的经济或者安全相关的难题是由于钻井隔水导管以下与旋转防喷器之间的距离过大而造成的。

由于在油藏与旋转防喷器之间气体不会膨胀过大，所以气涌很不容易被检测出。这有可能导致气体在被检测出之前进入油管，从而造成防喷器的关闭。

在气体循环出井的过程中，压井管线过长会造成巨大的压力漏失，这就使传统的井控方法的使用更加复杂。

管柱内钻井液柱的变大会导致整口井内钻井液柱的变大，这会影响自下而上的循环时间、调整钻井液系统的时间、导管内岩屑的数量，在旋转防喷器附近沉积并有可能堵塞旋转防喷器。

没有表层导管的情况下，旋转防喷器器以下的压力必须能够维持正常的地层压力。如果存在回流，关井之后非膨胀性的气体回流到井内旋转防喷器以下，由于井眼底部压力的增加，可能会造成井的坍塌，甚至发生井喷。

当一项深水作业调查准备就绪，其操作可能面临很多挑战，而这些都与浅水作业不同。浅水区的一些勘探开发技术都已经延伸到了深水区。这些技术主要包括具有选择性的浮动生产平台设计、较高的海水压力和低温条件下的水下生产装置、深水生产装置的控制系统、深水的水下机器人装置、深水设备和隔水管的安装和悬挂装置、具有较高的轴向和切向载荷的隔水管、深水平台的系泊装置。

然而，深水作业的设备比普通浅水作业的设备更复杂，价格也更高，承压能力更强，井口通道有限，缺乏长期作业的经验，这给深水作业维持一个良好的可信度增加了难度。

井间干预是深水作业中一项很重要的技术，如果油井没有定期的维护，很容易损害稳定的井筒存储流动。为了保证井口的稳定性，一些深水平台采用了新的思想，例如张力腿平台、SPAR平台，这种平台具有刚性的隔水导管和表层采油树。由于隔水导管垂向的自重载荷及水流的载荷，这种方法局限于达到一个最大水深。所有与此类平台相关的海底完钻邻井都将无法使用。

7.3.2　浮重井口的原理

浮重井口的目标就是通过深水井采用浅水井中所用到的水利结构，使井口稳定在水面以下 200~500m 处。这可以通过浮筒来悬浮井口及旋转防喷器，使其在设定的深度处，将深井当作浅水井来对待，进而将浅水井的生产思想加以运用，例如浮动生产；这个原理就叫作浮重井口。

从海底处采用浮动钻机钻表层井眼，下放表层导管。相似尺寸的套管柱从海底井口延伸到浮筒。海底的套管可保证延伸隔水导管及浮筒的稳固性。

7.3.3　锚定、浮力、势力、锚定的原理

图 7.67 表明在 α 角度时，作用在浮筒上的侧向力 F 与网状浮筒上的力 K_{net} 之间理想化的关系，而忽略更深一层由水流引起的侧向运动力。图 7.68 表明当延伸管柱是竖直的情况下的主要部分，重力不考虑在内。

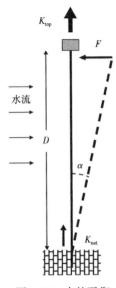

图 7.67　力的平衡

$$F = K_{net} \times \tan\alpha \qquad (7.39)$$

海流将浮标和延伸套管推到一边，直到达到 F 与水流总阻力的平衡的 α 值。K_{net} 指在海床处网状垂直方向的张力（K_{net} 是网状的浮力来自浮力减去立管和液体的重力）。

然而，公式（7.39）是理想状态下的情况，在较小的船体型值表及较大的 K_{net} 时，公式才基本符合实际情况。当延伸管的角度较大时，其自身的重力及内部高密度的流体可能会导致延伸管的弯曲。这就会使 α 和 F、K_{net} 的计算复杂化，通过控制管线的连接，对表层导管或者浮筒注入或放出气体来实现对计算结果的控制。

当井口在浅水区深度时，针对此深度层的设备在深层钻进、完井、生产过程中可能发生井间干预。钻井、生产、井间干预操作规程很大程度上会受到影响，因为大多数的井都低于机械井的边界因素。

（1）网状浮力 K_{net}。

网状浮力 K_{net} 是海床上作用于套管上的垂直方向的力。井口处套管上的牵引力 K_{top} 是：

$$K_{top} = K_{net} + 导管的重力 + 流体的重力 - 导管/流体在海水中的浮力 \qquad (7.40)$$

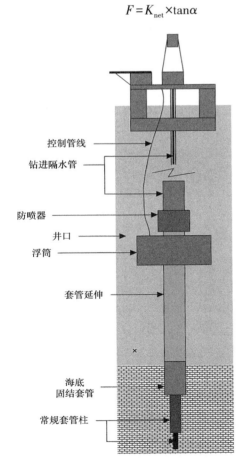

控制管线

钻进隔水管

防喷器

井口

浮筒

套管延伸

海底
固结套管

常规套管柱

图 7.68　浮力井口系统

（2）整个浮筒上的浮力。

在浮筒装上之后，浮筒连接着延伸管顶部张力 K_{top}、自身重力，以及井口所有装置的重量，包括旋转防喷器。K_{net} 必须保持最小值，以避免更大的偏移量。因此，在增加新的载荷之后，必须通过向浮筒内注入空气来增加浮筒的浮力。而新增加的载荷包括套管柱、更重的钻井液及钻柱。除此之外，浮力可能也包括边缘备用的紧急悬挂钻柱。在设计浮筒的容积时，它的体积通常应该包括一部分的空气暂时性漏失量。

（3）延伸管柱的压力和疲劳。

较大的垂向张力与由洋流或者其他内部力引起的偏移量相结合就会产生延伸管的局部弯曲应力。模拟实验表明，这个力是海床及浮筒底部最大的力。为了防止延伸管在海床处发生局部弯曲，浮力 K_{net} 必须足够大。

模拟实验表明，不管是在底部还是顶部，都需要用弯曲限制器来防止延伸管上产生不必要的压力。此外，当海水流经延伸管时，会产生感生涡流的振动，也有可能造成延伸管的振动。由浮筒造成的这种水动力学的行为也有可能引起延伸管的环状载荷。所有这些高低频率的振动及环状载荷都将使延伸管产生疲劳影响，这也必须通过具体的设计和操作来进行控制。

7.3.4　钻井作业的影响

标准井的隔水管及浮动井口的图标如图 7.69 所示。井口在海床上的深水钻井与生产仍

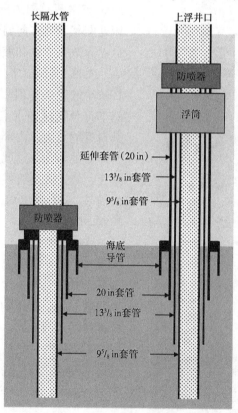

图 7.69　隔水管以及浮动井口

是一个挑战；并且水深越深，挑战越大。

在使用浮力井口原理时，不管多深，必须保证井口在浅水层深度，并且操作上的复杂性没有办法降低。然而，浮动钻井或生产单元需要保证一个定位系统，为全井深度而设计（也就是纤维绳锚定）。

7.3.4.1 井控

作为深水钻井中最重要的一部分，浮动海床的使用使井控可以按照浅水区的操作进行指导。这主要是因为大多数井的井口都在旋转防喷器以下，而且井深结构并不受水深的影响。有利于溢流在到达旋转防喷器之前就被发现，这在浅水区也有利。

溢流在被检测到之后就必须关井，而溢流可以通过传统的压井循环消除，这主要是因为压井管线很短且能够保持一个很好的压力漏失。

7.3.4.2 隔水管限度

隔水管限度是附加到所需的钻井液密度之上，为了使井底钻井液柱与海水柱同时平衡表层套管以下套管鞋处的地层压力，以防套管漏失或突然分离。表层套管与井口不可能在深水钻井中维持在海床处。如果由于套管发生严重泄漏或者紧急情况下套管必须迅速拔出，而导致套管中的钻井液柱发生严重漏失，这就意味着井将失去平衡。

只有迅速关旋转防喷器才有可能阻止井发生井涌。由于短钻井隔水管及浮力隔水管的使用，才有可能使隔水管限度维持在浅水层的范围内。

7.3.4.3 隔水管脱离

深水区并且隔水管较长，一次可控制的隔水管分离会花费很长时间，主要是用海水来取代大的隔水管中的钻井液柱的时间及松开井口、旋转防喷器处钻柱的时间。当重新恢复操作，由于缺乏管总成的侧向控制，导致重新连接将会花费很长时间。有了浮动井口，套管的分离与重接将会与浅水区相似。

7.3.4.4 钻井液与井眼监测

深水钻井由于钻井隔水管较长，很大一部分钻井液是在套管中，并且由于与小套管相比，隔水管的直径很大，所以钻井液体积是很大的。而隔水管体积较大与浅水钻井相比有很多不利的因素：整个钻井液与添加剂的消耗增加，调节与循环钻井液的时间增加，从底部到顶部循环样品及监测信号时间增加，钻井液排放对环境的污染增加。有了浮动井口之后，这些问题都将得以解决，因为隔水管的长度将缩短。

7.3.5 随钻装置的影响因素：井口装置及旋转防喷器的弯曲应力

井口装置与旋转防喷器坐在海床上，隔水管受到较大的拖曳力。这些里也有可能传到旋转防喷器、到井口及任何可以产生较大的弯曲应力的导向套管。因此，深水区隔水管较长，旋转防喷器、井口、导向套管都应该比浅水钻井时有更高的承载力。有了浮力井口之后，旋转防喷器、井口都不用承受如此大的压力。

由于载荷较大，深水区隔水管的设计必须达到一定的要求，而不仅只是浅水区隔水管的延伸。由于深水区隔水管的自重较大，隔水管锚定系统的设计也必须能够悬浮较大的隔水管重量。有了上浮的井口装置之后，浅水区的隔水管可以在深水区使用，另外，也可以使用隔水管锚定系统。

7.3.6 钻井的经济效果

上浮的井口装置的使用,除了具有良好的操作效果之外,还有明显的经济效果。最大的经济效果就是降低了钻井日费。这是因为浅水钻井与深水钻井花费的巨大不同导致的。除此之外,在某些情况下,上浮的井口装置也可以节约钻井时间。

7.3.7 区块开发与生产效果

上浮井口装置也可以用于区块开发,并且与探井类似,对于生产井的设计与钻进也具有一定的影响。不管是单井还是多分支井的浮筒都可以用于生产井。浮筒也适用于海底生产装备。

上浮井口装置对于生产井具有以下优势:

(1)对于至关重要的生产设备改善了其操作环境;

(2)使井间干扰的通道变得更加简单;

(3)很容易接触到重要的海底设备;

(4)减少了井间干扰的费用;

(5)降低了形成水合物的风险。

7.3.8 "亚特兰蒂斯" 上浮井口装置

具有专利的"亚特兰蒂斯"系统是目前唯一商业化的上浮井口装置系统。第一个用于勘探井的模块构建于 2002—2003 年,并且通过了海水的考验。制造商用"人工浮床"为其命名(图 7.70)。其首次应用是 2009 年在中国的深水钻井过程中。它的主要圆柱形刚体本身直径 16m,高度约 7.5m。除此之外,制作浮标的元件中处在真空条件,与刚体圆周相连接。

图 7.70　ABS 首次下水

术语说明

F——侧向力，kN；

K_{net}——网状浮力，kN；

K_{top}——套管井口处的拉力，kN；

W——重力，kg；

α——角度，°。

8 高压/高温井设计

P. V. Suryanarayana、Blade Energy Partners 和 Knut Bjorkevoll，
挪威科技工业研究所（Sintef）

8.1 引言

随着全球范围内对新的油气资源不断勘察，高压/高温（HP/HT）井成为不可避免的技术手段。高压/高温井中不断提高的温度和压力使井的设计、钻进和其他作业等方面更具挑战性。在设计此类井时，需要重新考虑设计本身的基本条件——由于相较于常规井设计中不常见的多种管柱连接形成如环空压力恢复等受力载荷，使得高压/高温井单根管柱的设计也会影响其他管柱的设计。高压/高温条件导致多种不常见的载荷受力情形，因而也需要非标准流体及材料、先进设计方法和新型设计程序。另外，此类井的设计在材料和设备的需求方面在现阶段不易满足。

本章中，首先回顾高压/高温井设计所需要考虑的因素，尝试给出高压/高温井的具体定义，并给出世界范围内高压/高温条件地层的分布范围。本章为感兴趣的读者提供了一份关于高压/高温井详尽的文献调研综述，该调研综述为本章内容提供了主题思路；紧接着讨论了在高压/高温井设计中非常重要的压力和温度评价的方法和手段。接着分析了高压/高温条件对流体、材料特性和性能及非标准载荷的影响；最后讨论了高压/高温条件下特别是井控方面的钻井操作要求。本书中其他章节与高压/高温井设计相关内容也可供参考借鉴。

本章对高压/高温井设计的考虑因素做了较为广泛的讨论，这必然导致部分主题只能做有限的论述。在本章最后，为感兴趣的读者提供了详细的参考文献列表，为他们今后更深入这一极具挑战性并最终有益于石油和天然气钻探的后续研究过程提供了基础（Baird et al.，1998）。

8.1.1 钻井中高压/高温条件定义

关于高压/高温井的广义定义尚未形成共识，然而，大多数钻井工程师认为井底温度超过 148.89℃（300°F），地面关井压力超过 68.95MPa（10000psi）的井称为高压/高温井（Harrold et al.，2004）；而将井底温度超过 218.33℃（425°F），井底压力超过 103.43MPa（15000psi）的井，称为超高压/高温井（Baird et al.，1998）或极端高压/高温井。

在众多管理部门中，英国健康安全协会提出将原始地层温度超过 148.89℃（300°F），孔隙压力梯度超过 0.018MPa/m（0.8psi/ft）或者要求应用井控设备的额定工作压力超过 68.95MPa（10000psi）作为划分高压/高温井的依据（Seymour and MacAndrew，1993）。

值得注意的是：井底温度和孔隙（或地面）压力不是判别高压/高温条件的唯一依据。当需要对温度特别关注时，也需要使用第三个参数——地温梯度来进行判别。当地温梯度高于 0.046℃/m（0.014℃/ft）时，在设计时应需要特别考虑热效应。

8.1.2 高压/高温井分布

高压/高温油田和超高压/高温油田一般是非常重要的产气区，主要由于是高温一般伴

随着高孔隙压力。部分井分布在海上，主要集中在墨西哥湾和北海。印度尼西亚、印度的东海岸、西非、中国、美洲大陆、也门、科威特也是主要的高压/高温储层分布地区。图 8.1 展示了全球几个重要的高压/高温油田储层和超高压/高温油田储层的压力和温度分布。此图表是基于 Baird 等（1998）的统计结果并结合近年来一些高压/高温油田最新数据绘制而成。

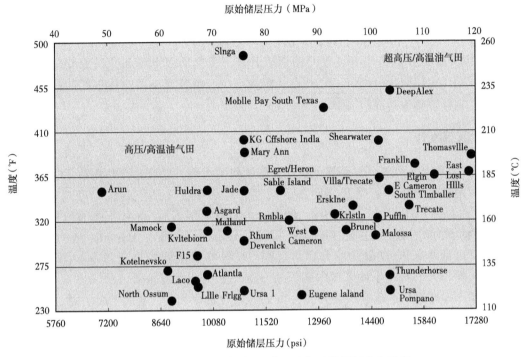

图 8.1　高压/高温和超高压/高温油气田储层压力和温度

MacAndrew 等（1993）总结了在世界范围内高压/高温井分布及发展史。20 世纪 80 年代初期，在塔斯卡卢萨到路易斯安那方向钻探了大量气井，与此同时，在美国南部其他州也钻遇井温超过 176.67℃（350℉），井底压力超过 110.32MPa（16000psi）的井。绝大多数北海地区的高压/高温井位于中央地堑（一系列隆起和坳陷岩体）。中央地堑包括深度范围 3657.6~6096.0m（12000~20000ft），系压力为 124.11MPa（18000psi）及井温为 204.44℃（400℉）的几个侏罗纪凝析气藏。位于中央地堑的 Elgin and Franklin 油气田曾是世界上最大的高压/高温油气田，富含丰富的凝析天然气。

挪威的 Kristin 油田是第一个在海上开发的高压/高温油田。在墨西哥湾雷马（Thunder Horse）项目以地层压力高而出名，且水深超过了 1828.8m（6000ft），是世界上最难钻探的高压/高温油田之一。尽管条件恶劣，但高压/高温井的数量逐年增加，其中一个重要的原因是高压储层的油气产量远高于那些常压井（MacAndrew et al.，1993）。因此，此类区域的不断勘探开发预期获得可观收益。

8.1.3　高压/高温对钻井和建井的影响

高压/高温大幅改变了井身结构设计基础，压力越高的区域对建井材料要求越高。井筒温度与各种作业条件（钻进、循环、固井、关井、生产、注水等）相关。温度本身也影响着钢材、水泥、流体的性能，流体的流变性和温度、体积、压力（PTV）同时影响着钻井操作性能和井控安全。套管柱和井内环空流体性能随着温度变化。在大部分情形中，温度差是非常重要的参数，它是初始或静态条件下与后期作业过程中存在的温度差。例如，完井时安装油管柱，当井筒流体温度接近地层温度时，就需要安装封隔器。当改井开始生产时，油管柱会被加热（套管柱也一样）。温度的变化会导致油管和套管受热膨胀。取决于封隔器（即封隔器在管尾部允许的运动量），其自身重量及内部和外部流体的作用，油管柱可能会发生弯曲变形。同时，由于温度升高导致油套环空流体膨胀，进而引起油套环空带压（即ABP）。温度升高也会引起井口装置的偏移或升高，引起地面设备和井筒的安全隐患。最后，钻井后续作业如测井、测试、完井也受温度影响。由井筒温度变化引起的此类现象将严重影响套管柱的载荷和井筒完整性。

8.2　文献调研

关于高压/高温井的各个方面都可找到大量的相关文献，尽管此类井在钻井时面临极大挑战，然而由于此类井具备高产能而备受欢迎。绝大多数文献把井底温度超过 148.8℃（300℉），地面关井压力大于 69MPa（10000psi）作为判别高压/高温条件的依据（Harrold et al.，2004；Baird et al.，1998；Seymour and MacAndrew，1993）。Brownlee 等（2005）绘制了北海和墨西哥湾高压/高温井的分布状况图，此分布状况图的更新版本如图 8.1 所示。MacAndrew 等（1993）提供了此区域内高压/高温油气田开发的有价值信息。

因为高压和高温几乎影响了钻井各个方面，包含套管设计、设备、钻井液、固井、井控、连接处、钻井材料和完井等方面，造成常规设计方法在高压/高温井情况下常常失败。Shaughnessy 等（2003）讨论了与超深高压/高温井相关的问题以及可能的解决方案。这些问题主要集中在井控、钻进和完井等方面。高压/高温井中温度和压力的准确预测是非常关键的。Swarbick（2002）提供了预测孔隙压力的常规方法并指出了基于孔隙度预测技术的局限性。Esmersoy 和 Mallick（2004）讨论了一种可以预测钻头前方地层压力的新技术，称为垂直地震剖面技术（VSP）。单一预测孔隙压力的技术有其局限性。Skomedal 等（2002）提供了关于储层岩石孔隙压力和应力发生改变时其力学特性变化的研究。油藏衰竭式开发将使水平方向总应力减小，进而导致剪切变形。Maury 和 Idelovici（1995）提出了在高压/高温地区钻井时由于受瞬态温度场影响导致井壁失稳现象的研究案例，其中包括井筒交替受热和冷却。井筒冷却会增加额外拉应力、切应力和轴向压力，导致需要提高钻井液密度；井筒受热则会产生相反的效果。这一切都将影响着地层裂缝的闭合与张开。Kelley 等（2001）、Sweatman 等（2001）和 Webb 等（2001）讨论了高压/高温井地层压力完整性问题及其改进方法。引起井眼压力完整性下降的原因包括原始原地应力导致的岩石脆弱和裂纹，钻进过程产生的诱导应力，以及钻井液不匹配导致的地层强度降低。

Hasan 和 Kabir（2002）撰写了一篇非常好的有关井筒传热问题的文章。在井筒中钻井液循环和油气生产会形成不同的热效应；Hasan 和 Kabir（2002）、Marshal 和 Bentsen（1982）讨论了地层和井筒材料的典型热性质；Prensky（1992）讨论了地层温度的预测方法，其对套管设计非常重要；Sathuvalli 等（2001）认为海上油田井之间的高地温梯度是非常接近的，会对钻井液性能、MWD 设备选择和井涌余量设计方面有不利影响。在预测地温梯度时地质异常会对预测造成一定误差（Beardsmore and Cull，2001）。

Ramey（1962）发表了一篇有关井筒热分析的经典文献，他建立了井筒注入和生产时预测温度的半解析模型。大多数传热模拟软件是基于 Ramey（1962）的方法或其修正模型。Raymond（1969）和 Willhite（1967）也提出了一种类似的方法。可以通过补偿数据、温度探测器和温度计来测得井下温度，对模拟软件所得结果进行校对。Vidick 和 Acock（1991）则指出了某些流温测量技术的缺陷。

高温也会影响材料的性能。Berckenhoff 和 Wendt（2005）研究了高温对合成橡胶的影响，温度升高时合成橡胶会变软，这会对合成橡胶系统的密封完整性造成不利影响。除了温度之外，腐蚀性流体也会影响材料的性能。Brownlee 等（2005）发表了一篇针对石油工业高压/高温酸性井所用材料选择流程的综述，文献表明坚硬、高强度耐腐蚀合金（CRA）或含耐腐蚀合金涂层材料最适合应用于高压/高温酸性井。Nice 等（2005）介绍了在 Kristin 油田生产套管所使用的耐一般酸性物质、抗压达 861.8MPa（125ksi）的高强度低合金的应用研发。

高压/高温条件也影响储层流体的 PVT 特性，重组分化合物的挥发性随温度升高而增加。Gozalpour 等（2005）开展了针对高压/高温流体在较高温度条件下水的挥发性提高的相关研究；Danesh（2002）实验表明含水量越高，会导致地层流体黏度增加；Fisk 和 Jamison（1989）、Oakley 等（2000）及 Zamora 等（2000）讨论了高温对钻井液性能的影响，钻井液密度和粘度随着温度的升高而显著降低，温度也会影响其高温流变性、滤失性和热降解性；Harris 和 Osisanya（2005）指出在高压/高温井中假设钻井液密度不变是错误的；Rommetveit 和 Bj．rkevoll（1997）研发了模拟软件可用于考虑钻井液密度和流变性条件下预测压力、温度；Wang 和 Su（2000）提出了一个在高温高压井条件下预测当量静密度（ESD）的压力—温度模型，模拟结果表明温度梯度对当量静密度影响非常大，并研究了当量静密度受井眼压力，当量循环密度（ECD）、激动和抽汲压力的影响变化；Saasen 等（2002）讨论了在北海 Huldra 油田应用甲酸铯的优势，而采用油基钻井液（OBM）由于重晶石下沉而发生了井涌；使用甲酸铯的优势包括避免潜在的加重剂下沉、较低的 ECD、流体静止时热稳定良好和不会出现筛网阻塞风险。Romero 和 Loizzo（2000）、MacAndrew 等（1993）和 Mansour 等（1999）分析了温度对水泥力学性能变差的影响，高温影响水泥的水化作用、稠化时间、稳定性及抗压强度。因此，固井之前在井筒内可能出现的最高温度条件下进行水泥测试实验是非常重要的。Griffith 等（在 2004）讨论了使用泡沫水泥系统的可行性。

Bradley 等（2005）和 Carcagno（2005）解决了因高温产生明显的热负荷从而影响套管连接的问题。连接性能良好在高压/高温井中尤为必要，其设计必须采用 ISO 13679（2002）标准并经过严格的测试程序。

高温载荷会引起未支撑部分的屈曲变形。Paslay（1994）、Kyllingstad（1995）、Lea 等（1995）、Mitchell（1986）、Sparks（1984）、Hammerlindl（1980）、Lubinski（1951）、Lubinski 等（1962）和 Handelman（1946）解决了受限管柱的屈曲问题；Suryanarayana 和 McCann（1995）分析了屈曲机理并开展了实验研究；Handelman（1946）、Lubinski（1951）、Lubinski 等（1962）和 Sparks（1984）提出了研究屈曲有效应力和后屈曲分析的计算公式与基础理论。

井口运移(WHM)和环空压力升高(APB)在套管设计中非常重要。Samuel 和 Gonzales (1999)针对环空流体膨胀和井口偏移联合作用优化了多层套管的设计。他们引入了一个无量纲参数——井口偏移指数,其是套管环空流体膨胀体积与水泥环上部环空体积之比。Adams(1991)应用弹性模型,提出了计算管柱膨胀引起的 WHM 和热载荷的计算公式;Halal 和 Mitchell(1993)强调了多层套管设计时要考虑套管系统的弹性作用;Adams 和 MacEachran(1994)讨论了环空压力升高对套管设计的影响,并建立了一个模型,将复合系统中产生的应力与受热导致的压力构建了联系。一系列经典文献(Bradford et al.,2002;Ellis et al.,2002;Gosch et al.,2002)针对马林油田事故,强调在此行业中相对于裸眼套管鞋应将有关环压升高的实际影响及缓解策略的需求放在首位。Loder 等(2003)针对一口海上的井,开展了降低环压升高的案例研究;Payne 等(2003)、Sathuvalli 等(2005)、Ellis 等(2004)和 Belkin 等(2005)讨论了降低环压升高的方法,提供了一个基于 PVT 分析的选择方法;Oudeman 和 Kerem(2006)分析了对减缓环压升高的方法选择开展瞬态分析的重要性。减缓方法包括氮气缓冲、真空隔热油管(Azzola 等,2004)、合成泡沫和应用防破裂膜。Klever、Stewart(1998)和 Adams 等(2001)指出除了针对 APB 减缓方法开展载荷分析外还应考虑油管强度影响。

高压/高温井套管设计经常应用极限强度、载荷和强度预估概率分析法。Maes 等(1995)、Mason、Chandrashekhar(2005)和 Payne 等(2003)考虑了在管柱设计中载荷和强度的随机性。美国石油协会(API)TR 5C3/ ISO-TR 10400(2008)分析了极限状态设计和极限强度概率应用。

除高温高压井的设计,高温高压条件也影响着高压/高温井的井控、钻进、固井、地面设施、测井和完井等钻井作业。Berckenhoff 和 Wendt(2005)、Young 等(2005)分析了高温高压条件对井控材料和设备的影响;Rommetveit 等(2003)强调了在高温高压井溢流先进探测仪器的重要性,溢流原因主要为钻井液体积随着温度升高而变化。Mason 和 Chandrashekhar(2005)建立了考虑油基钻井液中气体溶解度的随机溢流载荷模型。Rudolf 和 Suryanarayana(1997)强调了在高压/高温井中顺利起下钻的重要性,由于起钻速度会产生抽汲压力,再结合高温的影响易导致溢流;Berckenhoff 和 Wendt(2005)和 Walton(2000)分析了高压/高温条件对地面设施的影响,如果腐蚀性流体的存在,则情况更加严重;Boscan 等(2003)强调了测试时井下设备适应性分析和选择合适的地面和井下设备的重要性;Hahn 等(2000)再次强调了高压/高温井完井设备必须经过严格设计和测试。

8.3 压力预测

8.3.1 孔隙压力和破裂压力

准确预测孔隙压力和破裂压力对高压/高温井是非常重要的,因为其钻井过程中钻井液密度和破裂压力梯度之间的密度窗口非常小。压力过渡区域梯度和深度预测尤为重要的。预测的准确性会影响套管下入深度、材料和接头选择、钻井液设计及溢流和潜在漏失层的识别。

通常孔隙压力预测的基础是地震和地质或盆地模型,和邻井数据分析。由于产生超压机理目前尚不明确,且数据也不一定准确(Swarbick,2002)。特别对于高压/高温井,传统技术被证明不可靠。例如，沿北海中央地堑轴中心，存在两个完全不同的上覆岩层压力体系，中间被一低孔隙度水平压力密封区分隔(Ward et al.，1994)。

直接测量孔隙流体压力，如电缆压力测试：重复式电缆地层测试器(RFTs)和模块式电缆地层动态测试器(MDTs)，或者生产测试：钻杆测试(DSTs)，可校准预测结果(Brownlee et al.，2005)。传统实时孔隙压力预测法主要依靠测量的孔隙参数(通过地震获得地震速度、测井测量的电阻率和密度)和实时钻井参数(钻井速率、地层气体等)。然而由于缺乏钻前数据，导致这些方法应用在很大程度上受到了限制，不能为井下工具提供准确预测所需的精度。此外，在混合岩性储层和非均衡压实以外的超覆机制中，基于孔隙度的地层压力预测法，如伊顿比值法和等效深度法都是无效的。针对钻前地层压力预测，超前垂直地震剖面(VSP)预测技术能够测量声阻抗，可实现钻前岩性变化的预测。然而，在孔隙压力逐渐增大和声阻抗急剧变化的情况中，仅依靠此技术无法实现预测(Esmersoy and Mallick，2004)。为准确预测孔隙压力，就不能只依靠单一的方法，复合技术(随钻声波、垂直地震剖面和地震法)增加了分析结果的可靠性。准确的孔隙压力预测也能够实现对压力更有效地控制(Kuyken and de Laange，1999)。

破裂压力预测通常通过漏失或地层完整性试验得到的。如果有邻井资料，也可以从中获取破裂压力的合理取值范围。在有大量基础数据的区域内，通过建立的岩石力学模型可得到裂缝闭合压力和上覆岩层压力剖面。某些钻井液在高温条件下的静切力提高，因而分析漏失和地层完整性测试时应该注意到凝胶效应。在井眼中开展钻井液稠化试验时，在地面上施加的部分压力可能传递不到裸眼段。钻井液循环一段时间后，这种凝胶效应会消失，地面压力增加裸眼井压力。

因为在压力预测中还存在很多不确定性因素，应用多数据源研究孔隙压力和破裂压力剖面是非常重要的。工程设计可以基于多种孔隙压力和破裂压力预测模型。图8.2给出了应用不同方法(包括实时数据)预测和测量孔隙压力和破裂压力的案例。应用不同方法进行压力预测的不确定性和可变性是非常明显的，如图8.2所示。

8.3.2　循环压力

除了一些在常规井通常忽略但高压/高温井中不可忽略的影响因素，静态和动态的水力计算过程与非高压/高温井类似。这类影响因素包括流体性质受压力和温度变化(此部分将会在之后中详细讨论)，以及胶凝效应(在高温条下某些流体影响显著)。

本部分引入了与时间相关的流变性和触变性的概念，但笔者认为其缺乏准确的数学描述。然而，已开展的关于钻井液研究(Bjørkevoll et al.，2003；Herzhaft et al.，2006)表明简单流变仪测试的结果可以预测钻井液部分流变特征。钻井液凝胶行为可以总结为两种效应：凝胶的形成依赖于时间，凝胶的破胶可用一个或者两个指数函数表征，其破胶速率取决于剪切速率。在凝胶形成和破胶之间存在一个临界剪切速率。接近临界剪切速率，稀释前的凝胶变化会很缓慢。当钻井液在临界剪切速率区域时，作业前建议测量钻井液实际的凝胶强度。当启动泵和压力测试试验时，需要采用各种测量方法检验钻井液凝胶强度是否需要额外注意。钻井液凝胶强度高会降低通过压力脉冲操控井下钻具的可靠性。

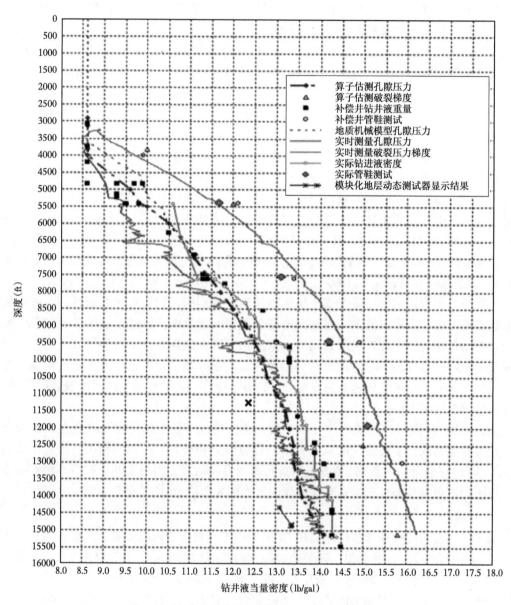

图 8.2　孔隙和破裂压力预测方法和不确定性案例

8.4　温度预测

　　温度预测主要基于地温数据的测量或估计和基于不同流动条件（生产、钻进、固井）的模型获取温度剖面。虽然高压/高温井中温度预测非常重要，但其同样是高压/高温井设计中最为复杂的一方面，因为井底高温、高产意味着井筒将受到明显的加热。在此部分，编者将讨论井筒传热问题和温度预测的各种方法。

8.4.1　传热问题

　　Hasan 和 Kabir（2002）撰写了关于井筒流体流动和热传递最全面的著作。图 8.3 和图 8.4

分别阐述了钻进(或循环)和生产过程中的基本传热问题。在钻井液循环过程中,泵入钻柱的钻井液的温度和速度是已知的,钻头保持温度的连续性。热量在循环钻井液和地层间传递,钻井液返出速度一般等于注入速度。在生产过程中,地层液体在已知的温度和假定的速度条件下进入生产管柱,流至地面时其温度部分未知(注入过程与此相似,注入流体地面温度已知)。生产时热量从井筒向地层进行热传递。返出温度和从中心线的任意半径处的温度剖面图是有研究价值的。

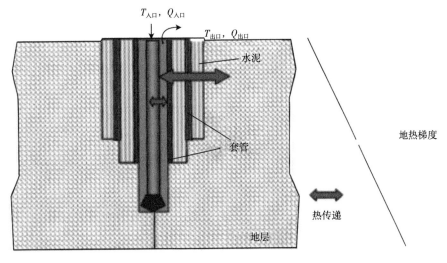

图 8.3　钻进时井筒热问题

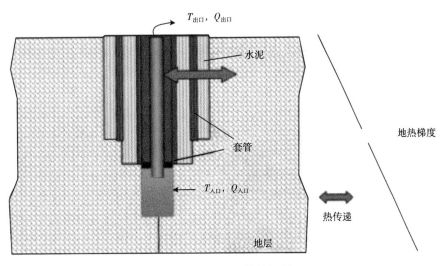

图 8.4　生产时井筒热问题

　　尽管油气生产时时高压/高温井其井筒温度通常是最高的,然而钻进条件对其结果的影响也非常重要,尤其是对外层管柱而言。钻进时温度剖面不仅影响钻井液本身的性能和特性,且其本身就是关键的设计考虑因素。

8.4.2   地层和井筒材料传热性能

热传导性、比热容、导热系数和导热各向异性是所关注的主要传热性能。热分析过程中经常用到的此类传热性能见表8.1。特别是在高压/高温井中，根据岩性确定地层传热特性而不是使用常数来代替是非常重要的。最起码，在砂岩和泥岩中的传热性质差异是非常大的。

表 8.1   地层和井筒材料的传热性能通用值(Hasan and Kabir，2002; Marshall and Bentsen，1982)

地层/材料	导热性 K[Btu/(h·°F·ft)]	比热 C_p[Btu/(lb·°F)]
地层	1.3~3.33	0.2~0.625
水泥	0.38~0.5	0.4771
地层原油	0.08~0.1	0.4~0.5
地层气	0.1~0.3	0.25
水	0.36	0.997
钢	30	0.09542
封隔液(纯盐水)	0.35	0.9

8.4.3   地层温度预测

此部分所指地层温度是原始地层温度，在指在钻进、生产和注水等作业之前的温度。地层温度可以用测井温度、邻井或区域内的温度数据进行预测。电缆传输温度计和连续可读热敏电阻温度计可用来测量绝对温度、温度差异和地温梯度(Prensky，1992)。地层温度通常用地层温度梯度进行表征，所用单位为℃/m 或 °F/ft，在世界不同地区其取值范围差异很大。地温梯度通常在 0.022~0.033℃/m(0.012~0.018°F/ft)之间，在地热能量充足地区，其地温梯度可高达 0.05℃/m(0.027°F/ft)。

对套管设计和传热模型，特别是在深水和高压/高温井中，地层温度预测是非常关键的。因此，获得准确的温度数据是非常重要的。如果必须预测地温梯度，推荐在预估地温温度梯度的一定范围内进行敏感性评价。

在海上油田，通过近距离布井实现生产设备优化。因为井距非常小，井筒之间的热传递明显影响地温梯度(Sathuvalli et al.，2001)。已开发的海上油田中新钻井邻近区域已有生产 6 个月甚至更长时间的开发井，其浅层地温梯度会变高。新钻井中更高的地温梯度在很大程度上影响钻井液、注水泥作业和套管设计，导致用于上部井段的随钻测量工具、钻井液和电动机不适合在此高温环境中使用。除此之外，地层冷却(或加热)会引起岩石收缩(或膨胀)、在井筒附近产生剪切(或拉力)应力。这种不断交替的温度反过来会影响到钻井液密度、井涌允值和当量循环密度设计等方面。

8.4.3.1   海上油田地层温度

靠近海水表面水层吸收了绝大部分的阳光，海水表面层通常称为混合层，其深度随位置和季节而变化。在 300~1000m 之间，海水温度随着深度迅速下降。此温度梯度剧烈变动的区域称为温跃层，在温跃层下更深的水层温度会随深度增加其缓慢下降。温跃层将上面温暖的混合层和下面冰冷的深水层隔离开。

对于海上油井，地层温度预测必须包括受外界环境影响(其是与海水深度有关的函数)

的温度递减区，海水温度迅速递减区直到海底平面之下正常地温梯度区。本部分给出了一个经典的方法（图8.5）：

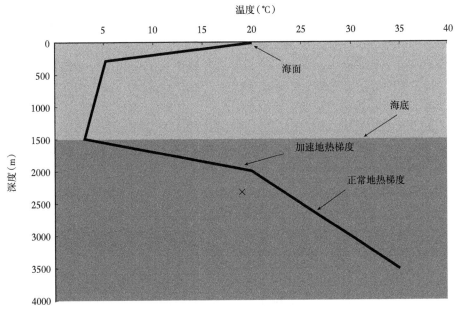

图8.5　海上地热梯度分布图

（1）从地表到海底平面，应用该区域内海水温度梯度变化特性；

（2）海底平面温度是指水底到海底平面间的海水温度，对大多数深水井来说（水深大于610m），海底平面温度基本保持在4℃（39℉）左右，但也有例外；

（3）在海底平面以下，假设存在一个高于正常（加速）温度梯度的区域，一般在泥线以下305m（1000ft）的温度就与其在陆上地层温度相等；

（4）当海底平面以下深度超过305m（1000ft）时，就可用常规地温梯度。

8.4.3.2　地层温度预测误差分析

预测地层温度估计的一些可能来源为：

（1）与数据相关的地质噪声影响信噪比，地温梯度较高的区域通常会产生更强的噪声测井数据（Beardsmore and Cull，2001）；

（2）在更高的温度下，如果没有进行相应的标定会导致传感器的准确性下降；

（3）由于绝缘故障或电缆电阻波动而将数据传输到表面的误差可能影响温度读数；

（4）如果井筒未达到热平衡，则所记录的测井曲线可能导致错误的读数（非平衡态测井）。

8.4.4　应用热模型预测流动温度

井筒传热学是一个成熟的学科，井筒温度计算已有标准是成熟的技术。从井设计和分析来看，在生产、投注和关井期间确定井筒温度是必要的。通常固井期间确定井筒温度一般作为关井后循环的一个特例。

Ramey（1962）发表的经典论文中分析了在通过油管生产或投注期间井筒传热特性。Ray-

mond(1969)解决了循环和钻进过程中热传递问题。Willhite(1967) 详细分析总结了应用
Raymond 所提出的传热模型的核心方程及相关公式。随着科技进步, 尽管先进计算机软件
的发展能够模拟井筒传热, 但是由 Ramey、Willhite 和 Raymond 所著的论文堪称经典, 因为
他们为井筒传热研究打下了坚实的物理基础。这些论文对于所有想研究井筒中温度变化作
用及传热导致的载荷的工程师们来说是必须掌握的。

关于管内和环空传热有大量文献研究, 其大多数研究主要集中在静态流体或牛顿流体
(如空气、水或者常规流变模式的纯油)的热交换方面。Childs 和 Long(1996)指出环空单相
流体传热比单相管流传热更为复杂。

采用不同方式开展的经典热交换试验研究所用的井筒差异很大, 特别是针对钻井模拟
时: 钻井时井眼长度比其直径大几个数量级; 流体通常是高黏度的非牛顿流体; 钻柱是不
规则、偏心、旋转和振动的。重要的是要区分不同流动形态, 纯层流单相径向传热在井筒
内很少见并且具有基本的导热性, 任何规则的泰特漩涡或更多不稳定紊流将会显著增强径
向传热。针对所有流态应建立一种可同时模拟当时流态和即使相关性不大的流态的井筒传
热数学方法。在评价模型的可靠性时, 尽管具体问题复杂性的分析是非常有用的, 但更加
务实的方法是建立满足绝大多数实际案例的通用模型。

井筒传热最简单的情形是没有强制对流的静态井并给定初始温度的分布。如果流体具
有足够大的黏度或在给定温度梯度下稠化, 且所有材料的热性能已知, 热传递将变为单纯
的热导传热并可准确计算。低黏度或高温度梯度会引发自然对流, 此方面研究公式已经公
开发表(Hasan and Kabir, 2002)。当应用非牛顿流体传热表达式时, 需将表观黏度的预测
带入计算, 此类情况最好采用自然对流的特定剪切速率来计算。

由于涉及太多不确定因素, 使得强制性对流传热变为非常复杂的数学问题, 但在井筒
传热时经常出现不同程度的紊流, 并且应用紊流传热公式具有可行性, 其中一些在文献中
有详细叙述(Chapman, 1974; Bejan, 1984)。在泵速很低并且钻柱不转动时, 就有可能会
高估热传递的效率, 因而要注意正确选择应用热传递公式。

关于井筒热传递更加详细的方法此处不再详述。建议读者可参考 Hasan 和 Kabir
(2002)撰写的有关此问题实用方法的经典论述和提供的近年开创性论文的参考书目。

8.4.4.1　应用总传热系数的半解析模型

Ramey (1962)为预测注入和生产时瞬态温度建立了非常经典的半解析模型, 其至今仍
然是大部分井筒热模型的基础。当然, 目前也建立了几个针对 Ramey 模型的修正模型, 并
且在采油工程和管流工业领域的众多传热模拟软件一直采用 Ramey 模型。

从本质上来讲, Ramey 模型非常简单, 其假定井筒传热是一维对称传热(径向热传递是
井筒传热的主要形式)提出了一维拟稳态问题, 瞬态传热主要是在地层到井筒井壁之间进
行。在一维空间内以传热总系数 U_0 解决了稳态传热问题[在井筒中定义一个合适径向位
置, 通常是油管的外径(OD)、U_{to}]。可以使用分析电阻的方法确定总传热系数 U_{to}, 这样,
在稳定传热区域, 在任何轴向单元体内 ΔZ, 其热阻不随深度而变化(即在单元体内其几何
形状或流体不随深度而变化), 传热 Δq 可以表示为

$$\Delta q = U_0 A_h (T_h - T_f) = U_{to} \pi d_{to} \Delta Z (T_h - T_f) \tag{8.1}$$

其中，A_h 即为在 U_0 所在区域内的传热面积（例如油管外径面积）；T_h 为井筒边界温度（在半径 $r = r_h$ 处）；T_f 为流体温度。总传热系数为在选定单元区域内系统中径向部分电阻组合而成，可以表示为

$$U_0 = \frac{1}{\sum_{i=1}^{N} R'_i} \tag{8.2}$$

式中，R' 代表每个部分电阻率（如钢、流体和水泥）。

在单元 ΔZ 以及传热区域 $r_h < r \leqslant \infty$ 内的瞬时温度分度是由一维瞬态热传导方程控制：

$$\frac{\delta^2 T}{\delta r^2} + \frac{1}{r} \frac{\delta T}{\delta t} = \frac{1}{\alpha_e} \frac{\delta T}{\delta t}, \quad r_h < r \leqslant \infty \tag{8.3}$$

初始条件：

$$T = aZ + b \quad 当 \ t = 0 \ （地温梯度，假设为线性） \tag{8.4}$$

边界条件：

$$T = T_e = aZ + b, \quad r \to \infty, \quad t > 0 \ （远离井眼的地层温度） \tag{8.5}$$

和：

$$-k_e \frac{\delta T}{\delta r} = \Delta q = U_0 A_h (T_h - T_f) = U_{to} \pi d_{to} \Delta Z (T_h - T_f) \ （热传递连续性方程） \tag{8.6}$$

这是传热学中的经典问题，其解决方法如下：

$$\Delta q = \frac{2\pi k_e (T_h - T_e)}{f(\tau, Bi)} \Delta Z \tag{8.7}$$

式中：Bi 是 Biot 数；τ 是 Fourier 数；函数 f 来自零点处 Bessel 函数。

因为 Δq 是守恒的，同时由于 Δq 是流体在沿油管向上流动时所消耗的热量，因而有

$$\Delta q = \frac{2\pi k_e (T_h - T_e)}{f(\tau, Bi)} \Delta Z = U_{to} \pi d_{to} \Delta Z (T_h - T_f) = -Q_m C_{p,f} dT_f \tag{8.8}$$

在公式（8.8）给出含 T_f 的一阶常微分方程（ODE），其处理方法（无量纲化）如下：

$$T_f(Z, t) = aZ + b - aA(t) + (T_0 + aA(t) - b) e^{Z/A} \tag{8.9}$$

其中：

$$\frac{A}{L} = Pe \left[\frac{1}{Bi} - f(\tau, Bi) \right] \tag{8.10}$$

$$Pe = \frac{Q_m C_{p,f}}{2\pi k_e L} \tag{8.11}$$

$$Bi = \frac{U_{to} r_{to}}{k_e} \tag{8.12}$$

$$\tau = \frac{\alpha_e t}{r_h^2} \qquad\qquad (8.13)$$

式中，Pe 是 Peclet 数，代表流动流体热容率与地层散热率之比（Pe 高说明流体传热要高于地层散热）；Bi 是 Biot 数，代表井筒中热传递系数与地层中传热系数比值；τ 是 Fourier 数，无量纲时间。

在上述方程中，L 是公式 8.3 中单元体长度；T_0 是已知深度的边界条件。

Pe、Bi 和 τ 是控制方程的三个无量纲数（虽然，Ramey 在 1962 年的研究中没有使用无量纲数，但是如上所述使用无量纲数处理更加方便），其相对应的数量级表征了温度对井筒设计的影响程度。比如，Pe 值和 Bi 值高表示了井筒环空和钻柱外部传热效果明显，Bi 值低表示无论 Pe 值大或小其钻柱外部和环空传热效果不明显。

应用无量纲常数，当 $\tau > 0.01$ 时（转化为时间，其接近 1h 或更多）公式（8.8）给出了很好的结果。在高压/高温情况下传热所需时间更短，因而此值对其井筒传热足够长。Hasan 和 Kabir（2002）提出了有关此模型的优化方法，以便当时间更短时确保其精确度更高。

应用公式（8.9）时一旦确定 T_f，应用 Δq 公式及其径向连续性方程可以很容易地确定其他任何径向位置的温度。

值得注意的是，因解决自然对流问题需要在求解井深范围内温度梯度是已知的（但一般是未知量），因此针对此问题需要迭代求解。而上述方法前期应用显示了其收敛速度很快（只需 3 到 5 次迭代）。

对于流动流体而言，其传热系数可以用合适的相关公式计算得到，但需要与轴向位置函数的流体热性能是已知的。解决该问题的一个准确方法要求使用与多相流相关式（在任何位置多相流中液体和气体分数已知，进而得到在此位置的密度和黏度）。也可以使用简单的多相流相关式（Hasan and Kabir，2002）。

然而，对于此问题可应用流体性质平均值，这是因为管内流动流体热阻比环空流体和水泥浆小几个数量级。因此，流动流体传热系数误差对温度预测误差的影响并不大。

8.4.4.2　有限差分法：传热模拟软件应用

大多数井筒传热分析是利用井筒传热模拟程序开展的。给出一口井的条件，模拟软件利用解析解或数值法（或这些方法的组合）计算出井筒在不同作业条件下的温度分布。模拟软件将井筒处理为一个轴对称的二维有限差分网格井筒（Wooley，1980）。从流体到井筒的热传递通常应用热交换相关公式计算得到。环空中自然对流的模拟可使用常见的相关公式（Dropkin and Somerscales，1965），其可用于确定传热扩大系数。目前应用的传热模拟软件中使用的自然对流相关式是基于长度较短的垂直环空或高宽比（长度的差距）约为 100 的平板试验得到的经验公式。应用此公式可导致温度预测中的误差，因为井筒中自然对流发生在长度非常大的垂直的环空内。出现多种自然对流环的高垂直环空中的自然对流问题至今仍未能解决。在油管和水泥部分中热传递通过热传导模拟，地层中传热是通过应用二维热传导方程计算求解。模型求解时需要施加适当边界条件（远离井筒及在井筒和地层界面的边界条件）。通常，所给出的地热边界条件的距离是由使用者来确定的。

因为油气生产时流动通常为多相流，压力/温度同时存在，因而此问题的解决需要应用多相流模型及相关公式。大多数采油工程计算软件其主要关注压力和产量计算，应用了大量多相流模型(既有理论模型又具有经验公式)。在钻井工程中应用的某些井筒传热模拟软件则关注于温度的预测,这将导致在使用多相流模型时会不适用。一些研究人员(Hasan and Kabir,2002)针对 Ramey 方法存在的问题已研发了简单多相流修正模型和此类模型通常主要应用在气油比低到中的流动系统里。不言而喻,为获得压力和温度的正确预测,选择合适的多相流模型至关重要。需要说明的是,已有的大多数模型公式都适用于直井,因而在处理水平井和斜井时,需要格外注意。

在处理高压/高温条件时,生产流体(包括钻井液和完井液)的 PVT 特性是非常重要的。合理的 PVT 模型选择取决于所模拟的条件,但大多数至少可应用于常规的黑油 PVT 模型。

井筒热模拟软件的输出数据包括与深度有关的每段环空和管柱的温度。除此之外,也计算流动压力并输出。

8.4.4.3　流温预测误差分析

有时,可以通过测量得到的流动温度来校正模型和辅助设计。用来预测井筒循环和静态温度的技术的优缺点将在表 8.2 中讨论。

表 8.2　用于测量井筒循环和静态温度的技术(Vidick and Acock,1991)

技术	说明
API 表格	不精确,所用井数量有限
现场经验	不精确
计算机模拟	需要通过更多条件进一步验证
温度传感器	精确,需要假定一个温度,在有岩屑的表面很难恢复
井下温度计	高成本,耗时多

8.5　热效应

8.5.1　温度对材料性能影响

井筒中一般需要使用几种材料,高压/高温井中的高温会影响这些材料的性能。

8.5.1.1　屈服和极限强度

材料应力—应变曲线是温度的函数。高温应力—应变曲线用于获得井筒所用钢材和合金的屈服强度。对套管材料而言,屈服强度随温度的下降速率是套管钢级的函数,其必须由实验获得。为了便于设计,通常应用屈服强度的线性递减,其递减速率通常在 0.04%/℃ 到 0.09%/℃(0.02%/℉~0.05%/℉)左右,一般取值为 0.054%/℃(0.03%/℉)。

在设计中,在强度计算中用递减屈服强度代替最小屈服强度以满足温度的影响,在递减强度计算中所用的温度为所求深度处的地温。破裂和 von Mises 等效应力(VME)的屈服强度递减均为常见现象。虽然现场表明抗挤强度通常不随温度而递减。采用上述方法是合适的,因为在四分之三挤毁破坏模式中,屈服强度控制挤毁破坏。

在极限状态方程中,经常用极限应力代替屈服应力。钢材极限强度在实际井筒温度的范围内(小于500°F或者260℃)与温度关联性不是很强,因而,因温度原因导致极限强度减小的设计是不合适的。

8.5.1.2 热性能

在需要考虑热延伸和热应力的影响时,材料的导热性通常随温度而降低并且应该在设计中予以考虑。

8.5.1.3 材料其他性能

断裂韧性是控制脆性破坏的一个非常重要的材料特性,是与材料温度有关的函数。因为高压/高温井经常要求使用非合金钢,断裂韧性大小取决于现场环境和温度条件。断裂韧性和受环境影响的断裂会在之后讨论。

8.5.1.4 密封元件和橡胶材料

橡胶材料性能受温度影响明显。在低温条件下,橡胶材料变硬并且不易变形,在较高温度下,其会变软甚至在压力条件下趋于塑性流动(Berckenhoff and Wendt,2005)。在高压/高温作业中,温度对密封元件的影响非常重要。虽然在高温条件下可采用金属密封替代橡胶材料,但会导致成本过高。热塑性塑料在高温条件下的稳定性更高,可以作为密封元件。

8.5.2 温度对流体性能影响

高温高压条件也会影响井筒中不同流体的性能,部分流体及温度对其性能的影响会在本节中讨论。

8.5.2.1 高温高压流体

高温/高压流体组分与常规油藏流体有明显差异。高温高压条件增加了原油中重质组分的挥发性,致使其富含更多的凝析气;同时水的挥发性也随温度而增加,因此水成为高温高压流体的一个重要组分并且在研究高温高压流体的相态时应当予以考虑(Gozalpour et al.,2005)。图8.6比较了当温度为200℃(392°F)且压力高于泡点压力,不含水与含水率为5.4mol%(Danesh,2002)的挥发原油测量黏度。由于水的存在使流体黏度增加了20%,因而与常规油藏流体不同,高温高压流体中含水量较高对流体相态影响非常显著,同时对于

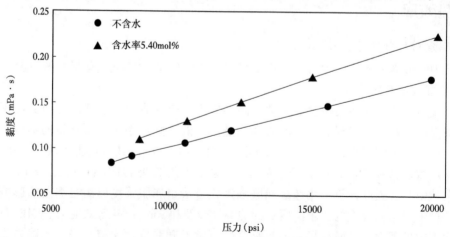

图8.6 当温度为200℃(392°F)不同压力下不含水与含水率为5.4mol%
挥发原油测量黏度(Danesh,2002)

大多数高温高压流体也需要考虑固相含量。

8.5.2.2　钻井液

钻井液是由不同化学添加剂组成的复杂流体，其在高温高压下仍需保持稳定性。水基钻井液（WBM）一般含有膨润土，而用膨润土配置的基液一般面临热不稳定性；油基钻井液（OBM）一般含有亲有机质的黏土，这种黏土矿物在膨润土基液中当温度升高时其物理性质并未发生很大的变化（Fisk and Jamison，1989）。许多钻井液产添加剂在高温条件下容易出现热降解情况，油基钻井液和水基钻井液在高温条件下除了易出现失水外还容易出现高温凝胶（Oakley et al.，2000）。在水基钻井液中，黏土（膨润土）絮凝引起凝胶，加之稀释剂热降解、pH 值变小和失水量增加导致凝胶进一步加剧。在油基钻井液中，胶体颗粒间相互作用（黏土和失水控制剂）及乳化剂的分解都会引起凝胶。在高压/高温条件下为避免出现井眼清岩效果不好、重晶石下沉及环空中密度不均匀的情形，必须对钻井液的流变性进行调控。由于甲酸铯类钻井液不会出现可能的下沉及固相含量低，因而建议在高压/高温井中使用。

在高温/高压井中，井筒内高温条件会引起流体膨胀，然而高压条件会导致流体压缩。这两个条件对钻井液当量钻井液密度和井底压力预测产生相反的效果（Harris and Osisanya，2005）。因而在高温/高压井中必须考虑温度和压力对钻井液当量密度的影响。图 8.7 阐述了在考虑和不考虑温度和压力的情况下对钻井液当量密度预测的差异。随着深度增加，相较于当钻井液密度设为定值，考虑温度和压力时井筒钻井液当量密度不断降低。这种现象是由于相对于压力导致的压缩而言热膨胀的影响而更加明显（Harris and Osisanya，2005）。

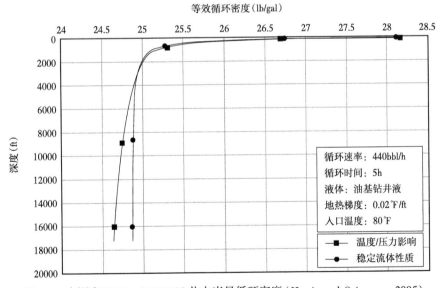

图 8.7　在深度 5182m（17200ft）井中当量循环密度（Harris and Osisanya，2005）

在高温/高压井中准确预测钻井液当量密度需知道钻井液流变性受温度和压力影响规律及井筒中准确的温度剖面（Maglione et al.，1996；Rommetveit and Bjørkevoll，1997）。在缺少实验数据的情况下，可用模型来预测流变性随温度和压力变化规律。图 8.8 到图 8.11 呈现了在北海地区井深为 5000m 且水深约为 100m 的高压/高温井中采用模拟软件得到的结果。采用了水基钻井液和油基钻井液两套不同的钻井液，其中油基钻井液受压力影响明显比水基钻井液更大。两套钻井液体系的循环温度剖面也不同，在井眼下部水基钻井液温度要比油基钻井液低，这是由于水基钻井液黏度较低而比热容更高。图 8.8 和图 8.9 中给出了油基钻井液和水基钻井液随井深变化的密度剖面。相对油基钻井液，水基钻井液密度更易受到温度影响。图 8.10 和图 8.11 给出了水基钻井液和油基钻井液随深度变化的当量黏度剖面。钻井液流变性不仅受到温度和压力的影响，而且受到剪切过程的影响。在上部立管段，由于环空过流面积较大并且由于剪切速率低而导致其当量黏度也较大。在立管以下到井深 3000m 处，钻井液剪切速率要比其在立管中的剪切速率大，两套钻井液体系的黏度均随温度升高而降低，在井眼下部，剪切速率和温度均比较大。在环空下部油基钻井液的黏度随着温度升高而降低，而水基钻井液的黏度受温度影响并不大。显而易见，在高压/高温井中循环密度、黏度和压力剖面更加复杂(同样，在生产过程中温度会影响油套环空中隔离液的热性能)。

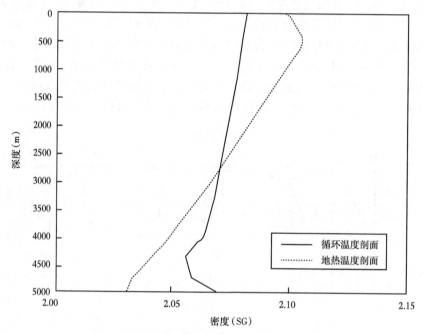

图 8.8   在地温梯度和循环温度剖面下水基钻井液井筒密度剖面
(Rommetveit and Bjørkevoll , 1997)

针对井筒流体已发展形成了各种 PVT 模型，Zamora 等 (2000)提出了表征井筒流体受温度和压力影响规律的方法且广泛应用于井筒传热分析，他们提出了二元六参数模型实现对考虑温度压力条件的密度预测模拟，方程中的参数均由实验得来。推算实验数据之外的结果预测时应注意，二阶项可能会导致错误数据。一般来说需检验 Zamora 模型与实验数据是否吻合；如果不吻合，则需要考虑采用应用标准的内插/外推的方法校正模型，但应用时需谨慎。

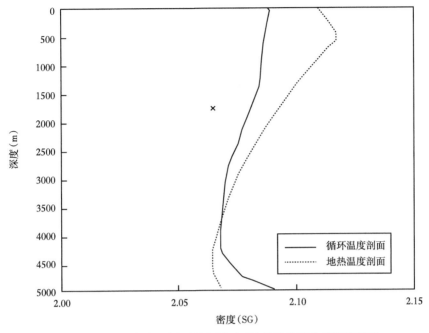

图 8.9　在地温梯度和循环温度剖面下油基钻井液井筒密度剖面
（Rommetveit and Bjørkevoll，1997）

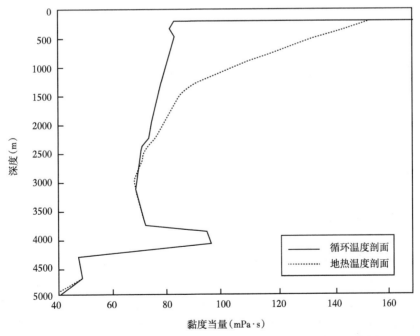

图 8.10　在地温梯度和循环温度剖面下水基钻井液井筒当量黏度剖面
（Rommetveit and Bjørkevoll，1997）

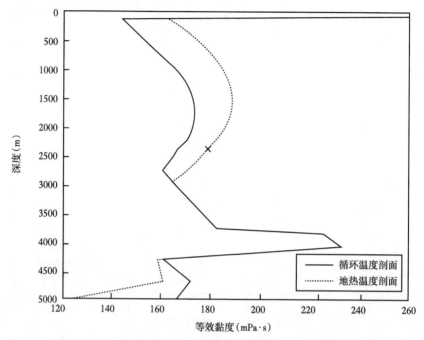

图 8.11　在地温梯度和循环温度剖面下油基钻井液井筒等效黏度剖面
(Rommetveit and Bjørkevoll，1997)

当所需实际流体的温度和压力缺乏的情况下已建立了大量相关预测模型并进行了应用。这些模型应谨慎使用，特别是在所用模型应用范围外预测压力和温度时。现存在一些适用于石油(Glassø，1980；Standing，1977)和海水(Kemp and Thomas，1987)的模型，但对于钻井液通常使用 Zamora 等(2000)的方法或通过测试获得不同温度和压力的条件下的密度和黏度曲线。Zamora 等(2000)建立了一个考虑温度 T 和压力 p 条件下的密度 ρ 预测曲线：

$$\rho(p,T)=\rho_{\mathrm{W}}\left[(a_0+b_0)+(a_2T+b_1)p+(a_2T+b_2)p^2\right] \tag{8.14}$$

通常将方程中的六个系数称为 Zamora 系数，并需通过实验确定。

8.5.2.3　水泥

在高温固井作业中通常使用 API 标准的 G 级或 H 级水泥，高温促进了水泥的水化作用，进而减少了其凝固时间。水泥浆水化作用在很大程度上取决于温度，这是因为水化作用的放热速率随温度而增加(Romero and Loizzo，2000)。由于高压/高温井的井底静态温度高，准确地预测井底循环温度对于确保在合适的时间下水泥固化至关重要。诸如流变性、失水性、稳定性和抗压强度等因素均受温度的影响，固化水泥的抗压强度随时间而减弱，这种现象在井底静态温度超过 107.22℃(225 ℉)的井中发生的概率非常大(MacAndrew et al.，1993)。除了水泥的抗压强度、拉伸强度、弯曲强度外，弹性模量及泊松比对最大限度提高水泥完整性非常重要。隔离液、防气窜添加剂和缓凝剂的选择必须基于井下最大预期温度(Mansour et al.，1999)。因此，准确的温度预测对于在实施固井作业前模拟和调试水泥浆极为重要。

在高温/高压井中采用泡沫水泥系统替代传统水泥系统是目前发展趋势。泡沫系统通过调整氮量、基浆成分补偿体积的减少及优化力学性能(Griffith et al.，2004)。对密度良好的控制性能增加了整个井筒水泥浆液柱调节可能性，此外，泡沫水泥系统改善了顶替效果、控制失水量和流变性，同时也增加了固井水泥石的弹性、断裂韧性及抗拉强度。

8.5.3　温度对接头性能影响

高温井热效应很有可能使油管接头在采油时承受更高的抗压载荷并且由于环空流体膨胀承受更高的外部压力(Bradley et al.，2005)。这些载荷应用于三维环境中，管柱接头设计主要基于通常称为 VME 应力的三轴性能标准。有限元分析方法经常作为 API、专用套管和油管螺纹接头的设计工具，设计时按照 ISO 13679(2002)标准所规定的测试程序进行。值得注意的是(Carcagno，2005)，新的 ISO 13679(2002)标准公布了对极端负载条件下和在180℃下热压循环的的管柱连接设计程序，比之前 API RP 5C5 版本中所规定的要求更加严格，而 ISO 13679(2002)正是借鉴采纳了之前的版本。径向金属密封件是隔离或封闭高压/高温井钻进和完井中遇到的高压地层的重要部件，也是将弹性密封件作为备份(Bradley et al.，2005)。其实对于高压/高温井的应用中(通常意味着存在气体)，通常要求使用专用套管接头，其检测要符合 ISO 13679(2002)中 CAL IV 的测试协议。

8.5.4　温度对载荷影响

在井筒设计中标准载荷依然适用，但是在高温/高压井设计时热效应需要特别考虑。此外，在高温/高压井设计时会出现特殊载荷情形并且需要考虑。

8.5.4.1　热延伸和热应力

油管在温度升高的情况下会伸长。水泥完全胶结的井段不会发生延伸但会产生一个轴向收缩热应力。根据边界条件，对油管未胶结井段不允许出现部分延伸或完全延伸，如果一旦出现则会再一次产生热应力。在传统井筒设计时通常忽略热应力，但是在高温/高压井设计时热应力却非常关键。

未胶结管柱的平均温度变化可以通过计算初始和最终温度分布所得

$$\Delta T = \frac{1}{L_{uc}} \int_0^{L_{uc}} (T_{final} - T_{initial}) \, ds \qquad (8.15)$$

L_{uc} 为套管外未胶结部分的长度。套管柱的平均热膨胀计算公式如下：

$$\Delta L_T = \alpha_{steel} L_{uc} \Delta T \qquad (8.16)$$

α_{steel} 是钢的热膨胀系数，其一般取值范围为每 1℉ 为 $(6.5 \sim 6.9) \times 10^{-6}$。如果超过了这个范围，钻柱上就会产生热应力，这样就有

$$\sigma_{thermal} = E\alpha_{steel} \Delta T \qquad (8.17)$$

E 是钢的弹性模量，通常取 3×10^7 psi。E 和 α_{stell} 都是温度的函数。但是在美国，通常两者乘积取值接近 200psi/℉，形成了众所周知的热应力计算经验法则，$\sigma_{thermal} = 200\Delta T$。

钻柱相应的热应力，由下式给出：

$$F_{thermal} = A_p E\alpha_{steel} \Delta T \qquad (8.18)$$

式中，A_p 是套管的横截面积。

8.5.4.2　未胶结井段屈曲

静水压力和热应力联合作用使未胶结套管或油管井段加载了有效的压缩载荷，进而导致屈曲。地层沉降和环空压力变化等非热性载荷也会使套管柱发生屈曲变形。不论何种载荷引起屈曲，如果屈曲状态影响钻柱或油管的完整性就必须要明确引起管柱屈曲的原因并确定屈曲程度。

在套管柱承受的有效压缩载荷超过其临界屈曲载荷时，其未胶结套管柱就会发生屈曲变形。临界屈曲载荷是套管几何结构、井眼属性（如垂直、倾斜和弯曲）、套管和井眼之间的空隙及套管内外液体等方面的函数。

井筒中的钻杆、套管和油管的屈曲已被钻井界广泛研究。事实上，石油工业用管材的屈曲是受到静水压力、热力和机械载荷联合作用的管柱力学的一部分。强烈建议读者参考如下著作：Paslay（1994），Paslay 和 Kyllingstad（1995）、Lea 等（1995）、Mitchell（1986）、Sparks（1984）、Hammerlindl（1980）、Lubinski（1951）、Lubinski 等（1962）、Suryanarayana 和 McCann（1995）和 Handelman（1946），此类著作重点研究了常规限制性管柱的力学问题，尤其是弹性稳定问题。屈曲变形和过屈曲特性的详细探讨部分可参考本书 3.4 节的内容。

8.5.4.3　有效应力

如前所述，如果 $|F_e| > |F_{cr}|$，则可以判定油管屈曲，其中，F_e 是有效压缩载荷，F_{cr} 是临界屈曲载荷，在未胶结管柱的一部分（通常是下部部分）可能会发生屈曲，因而提出了屈曲中性点的概念，屈曲中性点之上管柱所受应力为拉应力，因此不会发生弯曲。

值得注意的是，在屈曲趋势判定是使用了有效应力，而不是实际应力。在屈曲和过屈曲分析中，必须弄清楚有效应力和实际应力的区别，Handelman（1946）、Lubinski（1951）、Lubinski 等（1962）和 Sparks（1984）描述了两种应力区分的物理基础，尤其是 Sparks 的工作，很好地描述了有效应力的概念和其在受到机械作用和流体作用的所有机械系统中的重要性。通过流体传递的压力作用在油管上，但是因为流体没有抗弯强度，则弯曲和屈曲行为不受这些流体压力所影响。当排除此类应力作用影响外，有效应力基本等于施加应力。

$$F_e = F_{real} - p_i A_i + p_0 A_0 \qquad (8.19)$$

式中，F_e 是有效压缩载荷，F_{real} 是真实轴向作用力，p_i 和 p_0 分别是作用于油管的内压力和外压力，A_i 和 A_0 和分别是油管内表面积和外表面积。屈曲变形主要受压力和实际轴向力的影响（如，重力、超载提升或下钻遇阻、热应力），用有作用力来描述这些作用力联合作用的效果最为恰当。注意，在公式（8.19）中，即使在实际力为正（即所受应力是拉伸作用力）时有效力可以是负的（即可能发生屈曲），其取决于内外压力和钻杆内外表面积。相反，即使实际力为压缩，也不一定会发生屈曲。

这就是解释了只存在静水力环境中，尽管压缩应力随深度而增加（如将一钻杆下入无限深的海水中）钻杆不会屈曲变形的原因（在这种情况下读者可验证钻杆的自由端有效压缩力为零且不受井深影响）。

8.5.4.4 滞后压屈现象

滞后压屈螺旋应变会在油管中产生额外的弯曲应力，滞后屈曲的弯曲应力 $\sigma_{b,h}$，由下式给出（Lubinski et al.，1962）：

$$\sigma_{b,h} = \pm \frac{d_0 r_c}{4I} F_e \tag{8.20}$$

式中，F_e 是有效压缩应力，d_0 是油管外径，I 是相对于其直径的管状截面惯性矩，r_c 是径向间隙。注意，弯曲应力是作用于油管有效作用力的函数。

油管螺旋弯曲时，其与井筒相接触或钻井过程中在未完全胶结套管钻杆与井筒接触。钻柱上的压缩载荷在屈曲的钻柱和限制性井筒或接触钻杆间产生接触力 F_n，这个接触力由 Mitchell（1982）给出：

$$F_n = \frac{r_c F_e^2}{4EI} \tag{8.21}$$

注意，此接触力是单位接触长度上所承受的作用力。

针对螺旋屈曲钻杆，通常通过计算有效全角变化率（DLS）确定，其是几何形状、刚度和有效压缩作用力的函数。DLS 是对屈曲变形特性常用的表征方法，尤其是应用在屈曲井段钻井时对磨损的预测。DLS 由下式给出：

$$\text{DLS} = C_n \frac{r_n |F_e|}{2EI} \tag{8.22}$$

其中，C_n 是转换常数，取决于系统所用单位。在美国常用单位中 $C_n = 68755$，DLS 以每 100ft 的全角变化率做计量，其他变量之前已定义。

高温/高压井设计注意事项。在高压/高温井中，由于温度梯度较高，导致返排钻井液温度非常高，会对井筒上部（通常这部分未胶结）部分套管加热，导致钻井液密度增加（导致具有更高的内压）和温度升高，未胶结套管井段的有效作用力可能变为负的，进而导致管柱屈曲。因为钻杆与屈曲套管相接触，接触应力会导致套管磨损，因此会影响其完整性。在设计中必须考虑井筒完整性。现场实践表明，如果屈曲套管等效全角变化率小于 2°/100ft 见式（8.23），将不会发生磨损；如果出现磨损，那么就不得不考虑诸如磨损保护和预拉伸套管等补救措施。

8.5.4.5 井口运移和油管应力重新分布

井筒温度的变化（且在一定程度上环空压力也会改变）会引起油管长度的改变。因为其中至少部分油管延伸至井口处，因这部分油管在井口轴向位移相同，迫使油管发生移动，这样的现象称为井口运移。尽管井口运移发生在井建过程中不同的阶段，但通常在生产过程中所引起的运动称为井口运移。

井口运移是对钻柱膨胀产生热应力（关闭井口）和在环空中压力区的响应，钻柱的轴向刚度和井身结构构成（通常是安装在井口的表层套管或导管）阻力抑制了这种响应。

油管轴向刚度取决于其固定点（即油管最下部轴向位移为零）。通常情况下，井筒内管柱的固定点与水泥顶面重合，有时取决于井的特殊几何形状，关于井筒内钻柱固定点的假设必须加以检验确定。然而，选择结构部件的固定点(通常与水泥环和地层相接触)以及预测对井筒内管柱施加的热作用力的反作用力，都造成了一定难度。海底平面附近的多孔地层(未随井深而压实)的热膨胀也影响井口运移。

尽管建立了井口运移模型(Samuel and Gonzales，1999)，在实际井中检测的运移增加数据和模型中所预期增长的关联性并不好。现场检测的井口运移值和预期值之间关联性差的原因如下：

(1)未充分认识或模拟浅层土壤阻力模型及井筒结构构成的相互作用，特别是在海底平面附近的；

(2)忽略了地层和孔隙流体热力膨胀的影响，假定在稳产阶段条件最大温度变化发生在海底平面附近；

(3)非线性地层—套管相互影响不完整模型(或忽略)会导致棘轮效应，这种效应是由长时间生产和关井循环周期引起的；

(4)钻柱上预加载荷的影响；

(5)在套管—水泥界面的混合效应及有关固定点假设方面。

用来解释这些效应的完整模型通常需要使用有限元法。如果考虑到井口运移，则需要建立一个精细模型，这个模型必须考虑到井筒具体特征、地层性质及其他相关信息。

8.5.4.6　环空压力恢复

环空压力恢复(APB)是由于环空流体体积的变化和套管柱环形体积变化的不同所致。环空流体体积的变化可能是由于流体热膨胀或流体的增加或减少，环空体积变化是由于流体压力和温度变化同时为保持力学平衡而引起的。虽然 APB 物理成因很好理解并且计算 APB 的方法也已充分证明其准确性，但是 APB 所引起的风险评估的不确定性也非常明显，部分原因是 APB 是多变量函数，而其中主要变量随流体压力温度体积(PVT)而变化，用于预测井筒温度传热模型中存在不确定因素，以及存在二阶未知变量，如井筒弹性、裸眼井段状态、在海底环空内密封流体的长期流动特性(Halal and Mitchell，1993；Payne et al.，2003)。因此，大多数 APB 的评估虽然理论上行得通，但只能将其作为可能的估计范围。因此，必须进行套管柱和井筒设计，保证井筒具有足够的稳定性而能够克服由于 APB 诱导载荷所引起的不确定因素。

在高温/高压井和深水井中，井筒整体性问题仅通过增加油管强度是很难得以解决(Payne et al.，2003)。在不同钻柱上所承受不同的挤毁和破裂载荷必须通过明确的 APB 管理和充分考虑基于套管设计的 APB 诱导载荷进行控制，井筒完整性研究建议至少用两种缓解措施(忽略裸露套管鞋处)来控制 APB (Payne et al.，2003；Sathuvalli et al.，2005)，并要求每个环空都是独立的(即钻柱形成的任何给定的环空及邻近的环空必存在 APB)。此建议是基于载荷考虑，这个载荷很可能是在井的服务年限里产生的，而不是刚开井时，需要考虑的因素包括井筒后期热态敏感性分析、生产井转为注入井的可能性及环空钻井液长期效应的分析。一般而言，通过在缓解策略中对载荷反复试验分析并同时优化评估总体加权风险损失，进而最终确定整体 APB 管理策略。现阶段的工艺水平表明采用破裂盘、氮气减振器和固相复合泡沫是减少 APB 常用的方法(增加成本)。尽管已有人采用真空隔热油管，例如在墨西哥湾的 BP Marlin 井(Ellis et al.，2004)，但是其并不是经济有效的解决办法。

也有人建议采用气体钻井液结合稳定气泡（因此具有较高的体积压缩系数）等方法（Belkin et al.，2005），然而此类方法还未进行现场验证。

8.5.4.7　缓解措施设计

APB 缓解措施的设计是基于明确压力—温度对环空和缓解设备的反应基础之上。Payne 等（2003）详细分析了最常用的缓解方法的基本原理，Sathuvalli 等（2005）描述了这些缓解方法设计的原则。在一般情况下无论采用何种缓解措施，该设计应包含确定激活缓解策略的工作点，这个工作点（通过温度和压力描述确定）通过预测生产产热的环空响应获得的。通常，此过程包括常规（有时是繁琐的）但需合理确定热力和 APB 敏感性分析。

图 8.12 说明了在实施三种常用的缓解策略时 PVT 的相应变化。破裂盘的设计是基于确保钻柱中圆盘运移不会影响钻井载荷的完整性，这通常意味着直到受到 APB 诱导载荷引起的压差时，钻柱完整性不会遭到破坏。

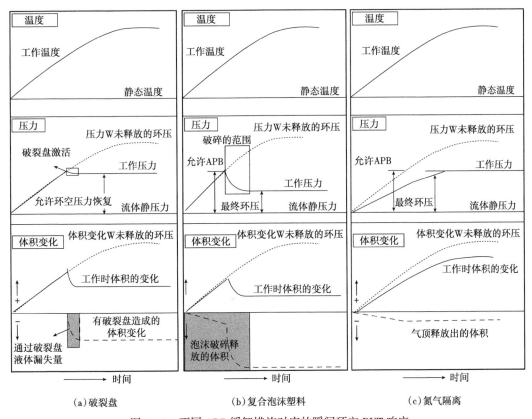

图 8.12　不同 APB 缓解措施对应的瞬间环空 PVT 响应

复合泡沫的压碎压力是为了保证它在规定的压力下被压碎而选择的，该压力必须小于或等于环空中的容许 APB。容许 APB 是套管设计的函数。因为复合泡沫的压碎压力通常随着温度的增加而降低，设计原则要保证压碎压力与容许 APB 相匹配。一旦确定工作点，环空几何形状和流体膨胀就足以确定对所需尺寸和体积的要求，但仍然要确保泡沫响应压力要超过在开井过程中环空瞬时压力的增加值，设计时同样要保证在不同载荷组合下井筒的完整性。

气顶设计相对简单,不涉及新的物理理论。该设计需要更多的实践和可操作性方面的考虑。一般的经验做法是在现场就地体积(在放置过程中)大约是环形体积的10%时,气顶效率最大。然而,水泥顶深度和其他考虑因素会影响气顶的最终参数。

缓解措施中一个关键的方面是容许 APB 的概念,容许 APB 与井筒设计基础相关。例如,当油管环空(即在生产油管外的环空)内压最小时,生产套管上就会产生最大的外剂载荷。如果在生产后期采用气举采油,则需要考虑把油管外环空可看作近似真空条件来处理;否则,如果不采取气举采油,则可视作枯竭油气藏进行分析评价。总之,通过逐步分析确定在不利情形载荷的情况下,确保缓解策略能够运行和起到保护作用。因此,这个过程需要认真审查井筒(油田)的基础设计。

同时,载荷评估与油管强度评需估紧密结合,研究表明石油管材(OCTG)的性能(如果按井的极限规格制造)一般会超过该规格。据此国际标准化组织和美国石油协会工作组正在修正 OCTG 性能标准(ISO DIS 10400, 2004)。根据井筒参数,一个完整的缓解措施需要关于油管强度的评估,该评估基于工厂数据统计分析和采用先进模型评估油管性能(Klever and Stewart , 1998;Adams et al. , 2001)。此类方法目前已经应用于墨西哥湾深水开发区(Payne et al. , 2003)。

因此,在整个缓解措施完整设计实施前要检查井筒基础设计并逐段分析确定钻柱所能承受的允许载荷,在这一步骤要同时确定每个环空的允许 APB,可以用之前的成果来设计缓解措施。如前所述,井筒完整性研究建议每个环空最少有两种缓解措施,最后一步要评估每个环空内两种缓解措施的性能和措施之间的相互影响。

8.5.4.8 地应力重新分布及分布后载荷

在高温高压井中的孔隙压力非常高,并且生产过程中储层能量消耗对储层段的地应力有很大影响,这是因为在高温高压井储层消耗的能量远比常规储层大,孔隙压力降低与水平应力降低有关。因此,裂缝闭合应力(低于临界破裂压力)减小会显著影响钻井作业和井身结构设计,这是一个众所周知的现象,并且此现象经常在枯竭油气藏的水力压裂过程中得到了现场验证。通常定义一个线性应力路径系数,用来表征破裂压降与孔隙压降的比值,许多公开发表的数据(Salz, 1977;Warpinski et al. , 1991;Kristiansen, 1998)表明破裂压降大约是孔隙压降的50%~80%。例如,Salz (1977)根据得克萨斯南部 Vicksburg 地层实测数据得到了孔隙压力和破裂压力梯度的关系式,其是地层能量消耗的函数,所得的关系式如图 8.13 所示。原始地层孔隙压力梯度在 0.8~0.9psi/ft 范围内,而相应的破裂压力梯度范围为 1.0~1.05psi/ft。在此实例中,在孔隙压力降到 0.5psi/ft 时,能量衰竭约40%,而破裂压力梯度降低到 0.8psi/ft。

大量能量消耗引起的地层沉陷和压实是影响钻井设计的另外两个因素,其已经在本书5.1节中地质力学和井眼稳定性中讨论。在这里提到的地层沉陷和压实会导致井眼管柱上产生剪切力,影响水泥胶结并且最终导致建井作业失败。由于在高压/高温井中一般能量消耗会更大,因而在研究中需特别注意。

8.5.4.9 温度长期影响作用

腐蚀和所处井筒环境因素易导致管柱开裂,因而在高压/高温井中经常使用抗腐蚀合金，特别是对于生产油管。因为许多高压/高温储层流体中含有硫化氢和二氧化碳及在这些井中使用的井筒工作液氯含量高，在高压/高温井设计中腐蚀和环境因素仍然是很重要的问题。二氧化碳腐蚀通常随温度升高而加剧，合金的选择应考虑到二氧化碳的分压、氯含量及温度。

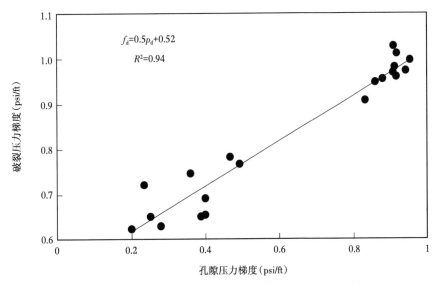

图 8.13　在得克萨斯南部 Vicksburg 地层孔隙压力和破裂压力梯度关系曲线（Salz，1977）

　　选择使用具有抑制剂的碳钢管作为油管整体式设计的一部分需细致考虑。由于生产的石油可提供天然抑制性，因而油管可通过确定流态来判定碳钢的适用范围。

　　由于原始压力较高，在高压/高温井中（Craig，1993）硫化氢的分压非常高，因此，虽然温度能减少硫化物应力开裂（SSC），但更高的分压会导致氢原子在合金基体容易活跃，使得硫化物应力开裂加速。在硫化物应力开裂的设计中，临界应力强度是一个需要考虑的重要因素，ISO DIS 10400（2004）和 ISO 15156（2003）［即早期美国全国防腐工程师协会标准 MR-0175（2003）］描述了测量临界应力强度的方法。临界应力强度特性有时称之为断裂韧性，通常在常温常压（分压 14.7psia）并饱和硫化氢的条件下，由美国防腐工程师协会通过协会标准中的 D 方法测得。虽然在大多数的应用条件下将所测得的值视为最危险情况下的临界应力强度值，但这也许并不适用于温度和硫化氢分压升高的条件。对于钻井设计和材料选择而言，硫化物应力开裂与硫化氢侵入量和体系压力（最高的储层压力）有关，但这只是假设的理想情况，在压力更高的情况下，硫化氢溶解度比理想气体低。因为溶解的硫化氢与硫化物应力开裂相关，因而确定高压条件下硫化氢的溶解度非常重要，可以用非理想气体方程（如 Henry 定律）来确定在该条件下溶解的硫化氢等效摩尔分数，建议在适当的硫化氢分压条件下进行测试，确定其临界应力值，并用所得值设计硫化物应力开裂。ISO DIS 10400（2004）包涵了一个基于断裂力学和失效预测图的脆性破坏方程，其可应用于利用所测得的临界应力强度值来设计硫化物应力开裂问题。

8.5.4.10　应力—应变曲线中的滞后现象
　　金属的力学响应不仅取决于其目前的应力状态，同时也取决于其变形历史（Xiang and

Vlassak，2005)。图 8.14 为金属材料的一个典型应力—应变曲线，δ_f 是向前流动应力，δ_r 是反向塑性流开始流动的反向流动应力，δ_y 是屈服应力。如果 $\delta_y = \delta_f$，则材料各向同时硬化。然而，对许多材料而言，其反向流动应力比向前流动应力低，将这种各向异性的表现行为称为包辛格效应(Bauschinger 效应)，通常与应变方向改变时(Han et al.，2005)金属屈服应力降低有关。这种效应导致的强度降低在现场实际应用非常重要，特别是如果工作应力相对于制造应力处于相反方向时。施加在油管上的循环载荷也同样重要(如在气井中)。在更多经典高压/高温井应用中，值得注意的是设计极限状态允许井壁部分塑化。总之，在极限设计中包辛格效应是重要的考虑因素。

8.5.4.11　热蠕变

在常温且没有腐蚀性的环境下，从 0～50℃(32～122℉)时一个设计合理的构件可以在没有时间限制的条件下支撑其静态设计载荷(Boresi et al.，1993)，但是温度升高，长时间负载可使材料发生非弹性应变，这种应变会随时间而增加。在这种情况下，就称该材料发生了蠕变，蠕变的定义是：在长时间负载和高温条件下随时间变化而发生的非弹性应变。如果蠕变持续足够长的时间，就会出现蠕变失效或断裂，这种现象与其材料与环境有关。因此，美国金属协会手册(1976)指出，不同的金属具有不同的最高温度。例如，低合金钢的最高温是 371℃(700℉)；奥氏体铁基高温合金的最高温是 534℃(1000℉)；混凝土和某些塑料的最高温是 0～50℃(32～122℉)(Boresi et al.，1993)。一般情况下，蠕变是材料、作用应力、温度、时间及压力和温度的历史函数。高温条件下的蠕变特征是：大部分的变形是不可逆的并且在去除载荷后只有一小部分的应变能够得以恢复。同时，蠕变速率和压力的关系是非线性的，因此，金属蠕变理论是对真实情况中塑性理论分析后得出的(Boresi et al.，1993)。

随着极高压/高温井的日益增多，其将低合金碳钢套管暴露在关井压力超过 8618MPa (18000psi)、温度变化为 10～232℃(50～450℉)，以及含有硫化氢、二氧化碳和水的酸性环境中，使得在钻井设计需要考虑热蠕变对其设计的相关性。在这种苛刻条件下，就需要考虑进行蠕变性测试。

然而，一般情况下当钢材温度低于 371℃(700℉)时，热蠕变不是主要考虑问题，但对抗腐蚀合金来说却仍是需要考虑的问题。

8.6　高温高压井的设计条件

高温高压井特殊的原因是：

(1)随着温度和压力的升高，需要具特殊性能的材料；

(2)特殊载荷的情况，如环空压力恢复、井口运动、沉淀、压实及未胶结钻柱的屈曲在井筒设计中非常重要；此外，因为设计选择了某管柱可以影响另一管柱的响应，标准管柱设计方法不再适用，管柱间非标准荷载所产生的相互作用在传统井是不常见的；

(3)流体和水泥的设计必须考虑高压/高温条件，因为与标准井的设计相比，流体和水泥的 PVT 及流变性很不一样。

这样，高温高压井的设计条件就要求特殊的设计方法，本章节涵盖了一些高温高压条件在井筒设计中的重要影响。

8.6.1　设计载荷基础

在常规井设计中应用的标准载荷基础依然适用，然而，适用于常规井确定载荷的方法对于高温高压井来说太过保守。确定载荷基础可能过于保守的两种最常见的载荷是钻井套管中最常用的载荷：井涌载荷和井控载荷及对于生产套管的油管泄漏载荷。井涌设计通常考虑最坏情况，即气侵，将环空充满气体用以平衡最薄弱裸露地层的破裂压力（通常位于之前的套管鞋处）。通常将油管泄漏的情况认为是发生在近地面的油管中，这样最高的关井压力就作用在完井液柱上，通常用这些载荷的定义估测套管柱的最高载荷。然而，由于这些载荷的变化性和不确定性，所以出现最高载荷的可能性就很低，特别是在复杂井中给出标准操作规范和质量保证或质量控制（QA/QC）。因此，设计师们开始质疑这些载荷的工况并用概率的方法估测载荷。（Payne et al.，2003；Lewis，2004；Maes et al.，1995；Mason and Chandrashekhar，2005），载荷的概率考虑涉及复杂统计法的应用，在面对诸如高压和高温等挑战性条件时，用该方法估测载荷就显得更加可靠。

在高温高压井设计中，必须要考虑诸如环空压力恢复这样的新载荷，这往往常迫使设计者在一些钻柱或环空中引入缓解措施。通常，缓解措施改变了设计基础并且必须重新检查标准载荷以确保井的良好完整性，此外，由于固体的沉淀使钻井液不能流动，而导致环空中的静水压力随时间而减小，在设计中也必须考虑到。

8.6.2　强度设计

套管设计需要工程师对估计载荷和强度进行比较，比较的方法是基于油管的性能评价和强度理论。钻井设计时高压/高温条件是设计强度的选择的重要考虑方面之一，在设计过程中，最常规的油管性能评价是通过对管体屈服强度的测评，内部压力额定值（耐内压强额定值），和外部压力额定值（挤毁额定值），其等级通常是基于最低性能和初始屈服标准的强度理论。这些等级历来都是由其生产者管理和美国石油协会 TR 5C3/ISO 10400（2008）文件中描述的方程所决定，这些方程可以追溯到 20 世纪 60 年代后期。但对于高压/高温井来说，使用这些方法则意味着无法进行设计。

随着石油管材制造技术的提高，更先进的强度理论发展及对性能的更好控制使得该行业正在重新审视美国石油协会 TR 5C3/ISO 10400（2008）中的性能及这些性能对石油管材的适用性，尤其是在遇到复杂井况设计时。ISO DIS 10400（2004）是在这种趋势中形成的，其介绍了该行业中的破裂、挤毁及脆性破裂的极限状态。使用极限状态的一个重要的原因是在设计中有更多的管柱空间，同样重要的是，设计极限状态强度意味着允许油管的部分塑化，这会影响材料的循环使用（即，在高压/高温井关井和再生产时）。应力—应变曲线滞后作用在设计循环载荷条件中变得非常重要。

首先，ISO DIS 10400（2004）还允许考虑基于测量材料的性能和尺寸参数上的强度概率。因此，如果一个设计师不辞辛劳地去测量性能和尺寸及在极限状态的强度定义里所使用得到的分布，其所得的结果是一种可直接用于设计的强度概率密度函数。这说明强度在确定性或随机性载荷的条件下均可使用，从本质上来讲，其在设计阶段增强了材料的性能，从而使设计更加合理。在实际情况中，强度分布可以作为一个确定性或概率性的载荷，可以估计理论上的破裂概率（即载荷超过强度的概率）并且可作为设计的基础。如果载荷是确定性的并且代表了一种最坏的情况，那么，该破裂概率是估计破裂概率的上界。图 8.14 说明了如何在设计过程中使用的随机性和确定性荷载。

使用概率强度设计给设计过程带来的两个额外的工作环节:

(1)额外的测量和测试用以来确定实际的强度分布;

(2)更严格的质量保证和质量控制确保了材料的一致性并使其能够充分显示强度分布的特征。

尽管有这些额外的工作量,正如 Payne 等(2003)所说:"在这一领前期工作是需要不断地识别概率的工程,这对于设计优化有效方法来说非常关键。"这里所说的概率设计的方法对高压/高温井的设计来说也是必要的。

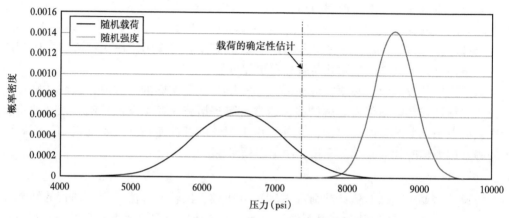

图 8.14   强度和载荷的界面显示了确定性和随机性载荷

8.7   高压/高温井作业的影响

8.7.1   井控

高压/高温条件使井控设备的运行面临更加残酷的环境,在该环境中金属材料的强度降低、合成橡胶失去了保持长期密闭的能力(Berckenhoff and Wendt,2005)。由于高压/高温作业的更高热通量使热循环成为问题,大多数材料的性能,如强度和弹性模量随温度的增加而减少;同时在内部井控设备使用时必须要考虑硫化氢和二氧化碳对材料的影响。合成橡胶是最常见的密封元件,其物理性能随温度的变化很大,高压工作的环境要求井控设备的外部尺寸及其总质量都应增加(Young et al.,2005)。

可将部分设备设计成适用于在高温条件下的操作,同时也可将其他设备设计成适用于在低温条件下的操作,这增加了总高度和设备部署的重量(Berckenhoff and Wendt,2005)。此外,预计的频繁弹性变化可作为预防性维护的一部分。

每口高压/高温井的井控事故发生的概率高于其他井,在完井过程中井控故障发生的事件不断增加(Rommetveit et al.,2003)的主要原因是:

(1)在高压/高温条件动态影响钻井液性能;

(2)破裂压力和地层压力密度窗口小;

(3)由于油基钻井液的气体无限溶解能力,侵入的气体在钻井液中不断地溶解;

（4）重晶石沉降，特别是发生在井身结构中倾斜和水平部分。

一种包括热动力模型和采用瞬时井控模拟软件模拟井涌得到的先进模拟软件（Rommetveit et al.，2003）来评价井控。在高压/高温井中特别需要注意对井涌的探测，这是因为在温度和压力剧烈变化条件下，钻井液体积的变化很大。绝对温度和温度均会随着深度而增加。由于钻井液流变性能和密度对温度具有依赖性，因此，温度的变化将会影响钻井液体积的变化，进而可能会导致井涌。然而，在真正的意义上来讲，这是一个与温度有关的井涌。

在高压/高温井中较为显著的另一个重要的现象是所谓的井筒呼吸，井筒呼吸是指在井筒流体不循环时流体从地层流入井筒（如管柱连接过程中），在深井环空间隙非常小，在循环时摩擦损失（当量密度影响）非常显著，导致很大程度的过平衡。在此期间，可能导致钻井液入侵和近井筒储层压力增加，这是因为在非循环期间井底压力的降低（缺少摩擦压降），导致回流。井底压力降低导致的井筒弹性收缩对井筒呼吸作用具有促成作用。可以将这种回流认为是井涌，尽管这不是真正的井涌，当循环恢复或压力达到平衡时，该效果结束。这种效果更多地出现在致密地层，该近井筒地层油流的进入和衰竭更为常见，这也可能导致在起下管柱这样长时间的非循环事件过程中出现大量返排，通常情况下，大多数的返排液是侵入滤液。

在高压/高温井情况下，计算最大预期地面压力导致的载荷方法一般是为满足最坏的情形并且可能会导致井的过度设计。此类方法包括气体流入到地面过程中在套管鞋试漏法和矿产资源管理系统（MMS）的计算方法（Mason and Chandrashekhar，2005）。随机井涌载荷模型对高压/高温井来说是一种新兴技术，这是因为该模型考虑了整个物理系统，从井涌开始，该系统提供了比其他方法都具体的信息，其计算了一系列基于随机变量不确定性的设计载荷。此方法同样考虑了气体在油基钻井液中溶解度特性及井筒外界条件的影响作用。

8.7.2　钻井和固井

正在进行的钻进作业钻井液密度及流变性受温度影响并且沿井筒变化较大。由于温度的变化导致钻井液膨胀或收缩，井筒中的这些变化改变了钻井液的有效体积（Rommetveit et al.，2003）。静水压力随钻井液的密度而变化，热效应改变了钻井液的流变性进而影响了其摩擦压力，钻井液流变性的变化影响井筒的清洁。高压/高温井中的高温导致了流体的膨胀和有效密度的减小（Rudolf and Suryanarayana，1997）。在起下钻作业过程中易出现压力波动，起钻过程中易出现抽汲压力，下钻过程中易出现激动压力。然而，在下钻时可能会有明显的抽汲作用（Rudolf and Suryanarayana，1997）。二次抽汲作用及下钻时高温和弹性地层导致的欠平衡环境易引发井涌，因此，遵循正确的起下钻操作原则极为重要。在调整钻井液比重时应考虑温度和抽汲的影响，下钻速度是一个重要的操作参数，这是因为该速度会引起二次抽汲效果从而导致井涌（Rudolf and Suryanarayana，1998）。所以，适当的钻井液重量和安全的下钻速度在设计高压/高温井时，必须作为设计参数来考虑。

8.7.3　地面设备

由地面设备导致的温度变化由初始起下钻或长期关井后的海底温度到循环过程中更高温度范围（Berckenhoff and Wendt，2005）。流体温度高会导致相对高的热膨胀力，在设备的设计中需要考虑到这种情况。同时可能还需要在地面安装冷却装置以降低循环液的温度。

在设备安装前传热模拟和测试极为重要，高压条件导致的设计结果需增加了杆柱的厚度和质量，尤其是高压阀和节流管汇处更是如此（Walton，2000）。此外，井筒流体所包含的成分可能具有腐蚀性，如硫化氢和二氧化碳，其腐蚀速率是温度的函数。高压/高温井要求配备有采样点、温度传感器系统和报警系统的大容量地面气体处理系统。钻井液管线控制要求用密封元件设计能够承受恶劣条件，并要求该设备可以承受大幅的温度变化。

8.7.4 对试井、完井和地层评价影响

在一口井的测试作业中，井底和地面需要不同的工具和设备。因为操作条件的要求，对于高压/高温测试设计和设备的选择需要谨慎的考虑。这些条件要求使用具有永久性的井底封隔器，而不是可回收的封隔器（Boscan et al.，2003）。对于高压/高温环境来说，井下阀门和仪表器必须经受得住在高压/高温条件下的测试。在高压/高温井的测试中，其排量和压力都非常高，地面检测设备包括采样点、分离设施及测量产生的流体。建议预测关键的参数，如在选择测井设备之前在邻井的数据中预测最大的温度和压力、流速及产生具有腐蚀性流体的可能性。

与油气井测试设备类似，完井设备要求严格的设计和测试。在大多数情况下，生产油管通常选择具有耐腐蚀的合金，因为高压/高温井很有可能含有硫化氢等酸性气体（Hahn et al.，2000），选择耐腐蚀合金材料后要根据可能遇到的不同的载荷条件进行测试。在用耐腐蚀合金进行设计时，必须要注意设计中使用的耐腐蚀合金的性能是否相同。在高压/高温井中优质接头可确保对泄漏起连续阻隔作用，井下安全阀的需要性是基于对高压/高温阀应用整体性的评价（Hahn et al.，2001），因为高压/高温封隔器是一个永久性设备，重要的是封隔器材料具有抗腐蚀性。另外，提到的完井液是清洁的盐水，因为其具有无固相的优势。因为采用电缆作业相关的压力控制风险，因而首选油管输送射孔系统。

在1960—1970年间，恶劣环境测井（HEL）包括高压/高温测井（Sarian and Gibson，2005）。井下电子设备限制和受温度影响而使信号衰减是主要问题，同时温度可能降低了传感器的敏感度。然而，如今井下传感器技术有了明显的提高，例如，标准电缆工具可以在177℃和137.5MPa（350℉和20000psi）的条件下连续工作。

由于工具内有热量产生，使用低功耗组件和设计高效电路可以减少其内部温度的增加（Baird et al.，1998），保温筒作为高压/高温测井工具的外壳，可以在钻孔中的高温条件下保护电子电路。通过电控制薄弱环节的高强度电缆可承受较高的拉力用以下方电缆组和测井工具。针对工具遇阻和占用时间的规划软件是用来预测工具卡钻的情况并防止高温故障（Sarian and Gibson，2005），像其他所有高压/高温设备，高压/高温测井仪器要比标准的测井仪器更为严格的维护程序。

参数解释

A_h——在该位置的传热面积，用 U_0 表示，ft^2；

A_p——套管的横截面积，in^2；

A_i——内表面积，in^2；

A_o——外表面积，in^2；

B_i——Biot 系统；

C_n——转换常数；

$C_{p,f}$——比热容，Btu/（lb·℉）；

d_{to}——油管的外直径，ft；

E——钢的弹性模量，$3×10^7$psi；

f——函数；

F_{cr}——屈曲临界应力，lbf；

F_e——有效应力，lbf；

F_{rea}——真实应力，lbf；

F_n——正常接触力，lbf；

I——转动惯量，in^4；

K_e——地层热导率，Btu/（D·ft·℉）；

K_{ISSC}——临界应力强度因数；

L——长度，ft；

L_{uc}——套管未胶结部分长度，ft；

p——压力，psi；

p_i——内部压力，psi；

p_o——外部压力，psi；

Pe——Peclet 系数；

Q_{inlet}——热流入量，Btu/lb；

Q_m——周围环境传热，Btu/lb；

Q_{out}——热流出量，Btu/lb；

r——半径，ft；

r_h——井筒边界的半径，ft；

r_o——径向间隙，ft；

R'——电阻；

t——时间；d；

T——温度，℉；

$T_{initial}$——初始温度，℉；

T_{final}——最终温度，℉；

T_0——已知参考温度 Z，℉；

T_e——地层温度，℉；

T_f——流动流体温度，℉；

T_h——井筒边界温度（半径 $r=r_h$），℉；

τ——Fourier 常数；

U_o——综合传热系数，Btu/（D·ft²·℉）；

U_{to}——油管外径综合传热系数，Btu/（D·ft²·℉）；

Z——深度，ft；

α_{e}——地层热扩散率，ft^2/D；

α_{steel}——钢热膨胀系数，℉；

Δq——传热率，Btu/D；

ΔZ——深度差，ft；

ρ——密度，lb/gal；

σ_t——热压力，psi；

σ_f——向前流动压力，psi；

σ_r——反向流动压力，psi；

σ_y——屈服压力，psi；

$\sigma_{b,h}$——屈曲后的弯曲压力，psi。

致 谢

笔者非常感谢 Anamika Gupta of Blade 能源合作伙伴对本章的写作所做出的贡献。

参 考 文 献

Adams, A. 1991. How To Design for Annulus Fluid Heat-Up. Paper SPE 22871 presented at the SPE AnnualTechnical Conference and Exhibition, Dallas, 6-9 October. DOI: 10.2118/22871-MS.

Adams, A. J. and MacEachran, A. 1994. IMPact on Casing Design of Thermal Expansion of Fluids in Confined Annuli. SPEDC 9 (3): 210-216. SPE-21911-PA. DOI: 10.2118/21911-PA.

Adams, A. J., Moore, P. W., and Payne, M. L. 2001. On the Calibration of Design Collapse Strengths for Quenched and Tempered Pipe. Paper OTC 13048 presented at the Offshore Technology Conference, Houston, 30 April-3 May.

ASM Handbook. 1976. Russell Township, Ohio: ASM.

Azzola, J. H., Tselepidakis, D. P., Patillo, P. D. et al. 2004. Application of Vacuum Insulated Tubing To Mitigate Annular Pressure Buildup. Paper SPE 90232 presented at the SPE Annual Technical Conference and Exhibition, Houston, 26-29 September. DOI: 10.2118/90232-MS.

Baird, T., Drummond, R., Langseth, B., and Silipigno, L. 1998. High-Pressure, High-Temperature Well Logging, Perforating and Testing. Oilfi eld Review 10 (2): 51-67.

Beardsmore, G. R. and Cull, J. P. 2001. Crustal Heat Flow: A Guide to Measurementand Modelling. Cambridge, UK: Cambridge University Press.

Bejan, A. 1984. Convection Heat Transfer. New York: Wiley Publishing.

Belkin, A., Irving, M., O'Connor, R., Fosdick, M., Hoff, T., and Growcock, F. B. 2005. How Aphron Drilling Fluids Work. Paper SPE 96145 presented at the SPE Annual Technical Conference and Exhibition, Dallas, 9-12 October. DOI: 10.2118/96145-MS.

Berckenhoff, M. and Wendt, D. 2005. Design and Qualifi cation Challenges for Mudline Well

Control Equipment Intended for HP/HT Service. Paper SPE 97563 presented at the SPE High Pressure/High Temperature Sour Well Design Applied Technology Workshop, The Woodlands, Texas, 17-19 May. DOI: 10. 2118/97563-MS.

Bjørkevoll, K. S. , Rommetveit, R. , Aas, B. , Gjeralstveit, H. , and Merlo, A. 2003. Transient GelBreaking Model for Critical Wells Applications With Field Data Verifi cation. Paper SPE 79843 presented at the SPE/IADC Drilling Conference, Amsterdam, 19-21 February. DOI: 10. 2118/79843-MS.

Boresi, A. P. , Schmidt, R. J. , and Sidebottom, O. M. 1993. Advanced Mechanics of Materials, fifth edition. New York: Wiley and Sons.

Boscan, J. , Almanza, E. , and Wendler, C. 2003. Successful Well Testing Operations in High-Pressure/High Temperature Environment: Case Histories. Paper SPE 84096 presented at the SPE Annual Technical Conference and Exhibition, Denver, 5-8 October. DOI: 10. 2118/84096-MS.

Bradley, A. B. , Nagasaku, S. , and Verger, E. 2005. Premium Connection Design, Testing, and Installation for HP/HT Sour Wells. Paper SPE 97585 presented at the SPE High Pressure/High Temperature Sour Well Design Applied Technology Workshop, The Woodlands, Texas, USA, 17-19 May. DOI: 10. 2118/97585-MS.

Bradford, D. W. , Fritchie, D. G. , Gibson, D. H. , Gosch, S. W. , Pattillo, P. D. , Sharp, J. W. , and Taylor, C. E. 2002. Marlin Failure Analysis and Redesign: Part 1, Description of Failure. Paper SPE 74528 presented at the IADC/SPE Drilling Conference, Dallas, 26-28 February. DOI: 10. 2118/74528-MS.

Brownlee, J. K. , Flesner, K. O. , Riggs, K. R. , and Miglin, B. P. 2005. Selection and Qualification of Materialsfor HP/HT Wells. Paper SPE 97590 presented at the SPE High Pressure/High Temperature Sour Well Design Applied Technology Workshop, The Woodlands, Texas, 17-19 May. DOI: 10. 2118/97590-MS.

Carcagno, G. 2005. The Design of Tubing and Casing Premium Connections for HT/HP Well Paper SPE97584 presented at the SPE High Pressure/High Temperature Sour Well Design Applied TechnologyWorkshop, The Woodlands, Texas, 17-19 May. DOI: 10. 2118/97584-MS.

Chapman, A. J. 1974. Heat Transfer, third edition. New York: Macmillan Publishing.

Childs, P. R. N. and Long, C. A. 1996. A Review of Forced Convective Heat Transfer in Stationary and Rotating Annuli. Proc. Instn. Mech. Eng. Part C: Journal of Mechanical Engineering Science 210(C2): 123-134. DOI: 10. 1243/PIME_PROC_1996_210_179_02

Craig, B. D. 1993. Practical Oilfi eld Metallurgy and Corrosion, second edition. Tulsa, Oklahoma: Pennwell Books.

Danesh, A. 2002. Reservoir Fluid Studies. Sharp IOR eNewsletter 3 (September 2002): 4. 2. 2

Dropkin, D. and Somerscales, E. 1965. Heat Transfer by Natural Convection in Liquids Confined by TwoParallel Plates Which Are Inclined at Various Angles With Respect to the Horizontal.

Trans. ASME Journal of Heat Transfer 87 (1): 77-84.

Ellis, R. C., Fritchie, D. G. Jr., Gibson, D. H., Gosch, S. W., and Pattillo, P. D. 2004. Marlin Failure Analysis and Redesign: Part 2—Redesign. SPEDC 19 (2): 112-119. SPE-88838-PA. DOI: 10. 2118/88838-PA.

Esmersoy, C. and Mallick, S. 2004. Real-Time Pore-Pressure Prediction Ahead of the Bit. Final Report RPSEA-0016-04, Subcontract No. R-515, Sugar Land, Texas (January-September 2004) prepared forResearch Partnership to Secure Energy for America (RPSEA). www. rpsea. org/attachments/wysiwyg/4/realtime_ porepressure_sum. pdf.

Fisk, J. V. and Jamison, D. E. 1989. Physical Properties of Drilling Fluids at High Temperaturesand Pressures. SPEDE 4 (4): 341-346. SPE-17200-PA. DOI: 10. 2118/17200-PA.

Glassø, Ø. 1980. Generalized Pressure-Volume-Temperature Correlations. JPT 32 (5): 785-795. SPE-8016-PA. DOI: 10. 2118/8016-PA.

Gosch, S. W., Horne, D. J., Pattillo, P. D., Sharp, J. W., and Shah, P. C. 2002. Marlin Failure Analysis and Redesign: Part 3, VIT Completion with Real Time Monitoring. Paper SPE 74530 presented at the IADC/SPE Drilling Conference, Dallas, 26-28 February. DOI: 10. 2118/74530-MS.

Gozalpour, F., Danesh, A., Fonseca, M., Todd, A. C., Tohidi, B., and Al-Syabi, Z. 2005. Physical and Rheological Behavior of High-Pressure/High-Temperature Fluids in Presence of Water. Paper SPE94068 presented at the SPE Europec/EAGE Annual Conference, Madrid, Spain, 13-16 June. DOI: 10. 2118/94068-MS.

Griffith, J. E., Lende, G., Ravi, K., Saasen, A., Nødland, N. E., and Jordal, O. H. 2004. Foam Cement Engineering and Implementation for Cement Sheath Integrity at High Temperature and High Pressure. Paper SPE 87194 presented at the IADC/SPE Drilling Conference, Dallas, 2-4 March. DOI: 10. 2118/87194-MS.

Hahn, D. E., Pearson, R. M., and Hancock, S. H. 2000. Importance of Completion Design Considerations for Complex, Hostile, and HP/HT Wells in Frontier Areas. Paper SPE 59750 presentedat the SPE/CERI GasTechnology Symposium, Calgary, 3-5 April. DOI: 10. 2118/59750-MS.

Halal, A. S. and Mitchell, R. F. 1993. Casing Design for Trapped Annular Pressure Buildup. SPEDE 9 (2): 107-114. SPE-25694-PA. DOI: 10. 2118/25694-PA.

Hammerlindl, D. J. 1980. Basic Fluid and Pressure Forces on Oilwell Tubulars. JPT 32 (1): 153-159. SPE-7594-PA. DOI: 10. 2118/7594-PA.

Han, K., Van Tyne, C. J., and Levy, B. S. 2005. Effect of Strain and Strain Rate on the Bauschinger Effect Response of Three Different Steels. Metallurgical and Materials Transactions 36Å (9): 2379-2384. DOI: 10. 1007/s11661-005-0110-7.

Handelman, G. H. 1946. Buckling Under Locally Hydrostatic Pressure. Journal of AppliedMechanics 13: A198-A200.

Harris, O. O. and Osisanya, S. O. 2005. Evaluation of Equivalent Circulating Density of Drilling Fluids Under High-Pressure/High-Temperature Conditions. Paper SPE 97018 presented at the SPE Annual Technical Conference and Exhibition, Dallas, 9 - 12 October. DOI: 10. 2118/ 97018-MS.

Harrold, D. , Ringle, E. , Taylor, M. , Timte, S. , and Wabnitz, F. 2004. Reliability by Design—HP/HT System Development. Paper OTC 16393 presented at the Offshore Technology Conference, Houston, 3-6 May.

Hasan, A. R. and Kabir, C. S. 2002. Fluid Flow and Heat Transfer in Wellbores. Richardson, Texas: SPE. He, X. and Kyllingstad, A. 1995. Helical Buckling and Lock-Up Conditions for Coiled Tubing in CurvedWells. SPEDC 10 (1): 10-15. SPE-25370-PA. DOI: 10. 2118/ 25370-PA.

Herzhaft, B. , Ragouillaux, A. , and Coussot, P. 2006. How To Unify Low - Shear - Rate Rheologyand Gel Properties of Drilling Muds: A Transient Rheological and Structural Model for Complex Wells Applications. Paper SPE 99080 presented at the IADC/SPE Drilling Conference, Miami, Florida, 21-23 February. DOI: 10. 2118/99080-MS.

ISO 13679, Petroleum and Natural Gas Industries—Procedures for Testing Casing and Tubing Connections. 2002. Geneva, Switzerland: ISO.

ISO 15156, Petroleum and Natural Gas Industries—Materials for Use in H_2S - Containing Environments in Oil and Gas Production, Part 1, Part 2, and Part3. 2003. Geneva, Switzerland: ISO.

Kelley, S. , Sweatman, R. , and Heathman, J. 2001. Treatments Increase Formation Pressure Integrity in HT/HPWells. Paper AADE 01-NC-HO-42 prepared for presentation at the AADE National Drilling Conference, Houston, 27 - 29 March. http://www. aade. org/TechPapers/ 2001Papers/formation/AADE%2042. pdf. Downloaded 11 August 2008.

Kemp, N. P. and Thomas, D. C. 1987. Density Modeling for Pure and Mixed - Salt Brines as a Function of Composition, Temperature, and Pressure. Paper SPE 16079 presented at the SPE/IADC Drilling Conference, New Orleans, 15-18 March. DOI: 10. 2118/16079-MS.

Klever, F. J. and Stewart, G. 1998. Analytical Burst Strength Prediction of OCTG With and Without Defects. Paper SPE 48329 presented at the SPE Applied Technology Workshop on Risk Based Design of WellCasing and Tubing, The Woodlands, Texas, 7-8 May. DOI: 10. 2118/48329- MS.

Kristiansen, T. 1998. Geomechanical Characterization of the Overburden Above the CoMPacting Chalk Reservoir at Valhall. Paper SPE 47348 presented at the SPE/ISRM Rock Mechanics in Petroleum Engineering, Norway, 8-10 July. DOI: 10. 2118/47348-MS.

Kuyken, C. W. and de Lange, F. 1999. Pore Pressure Prediction Allows for Tighter Pressure Gradient Control. Offshore 59 (12), 64-65.

Lea, J. F. , Pattillo, P. D. , and Studenmund, W. R. 1995. Interpretation of Calculated Forces on Sucker Rods. SPEPF 10 (1): 41 - 45; Trans. , AIME, 299. SPE - 25416 - PA. DOI:

10. 2118/25416-PA.

Lewis, D. B. 2004. Quantitative Risk Analysis Optimizes Well Design in Deep, HP/HT Projects. The American Oil and Gas Reporter(October 2004): 103-109.

Loder, T. , Evans, J. H. , and Griffi th, J. E. 2003. Prediction and Effective Prevention Solution for Annular Pressure Buildup on Subsea Completed Wells—Case Study. Paper SPE 84270 presented at the SPE Annual Technical Conference and Exhibition, Denver, 5 - 8 October. DOI: 10. 2118/84270-MS.

Lubinski, A. 1951. A Study of the Buckling of Rotary Drilling String. API Drilling & Production Practice(1951): 178-214.

Lubinski, A. , Althouse, W. S. , and Logan, J. L. 1962. Helical Buckling of Tubing Sealed in Packers. JPT 14(6): 655-670; Trans. , AIME, 225. SPE-178-PA. DOI: 10. 2118/178-PA.

MacAndrew, R. , Parry, N. , Prieur, J. , Wiggelman, J. , Diggins, E. , Guicheney, P. , and Cameron, D. 1993. Drilling and Testing Hot, High Pressure Wells. Oilfi eld Review 5(2): 15-32.

Maes, M. A. , Gulati, K. C. , McKenna, D. L. , Brand, P. R. , Lewis, D. B. , and Johnson, R. C. 1995. Reliability-Based Casing Design. Journal of Energy Resources Technology 117 (2): 93-100. DOI: 10. 1115/1. 2835336.

Maglione, R. , Gallino, G. , Robotti, G. , Romagnoli, R. , di Torino, P. , and Rommetveit, R. 1996. A Drilling Well as Viscometer: Studying the Effects of Well Pressure and Temperature on the Rheology of the Drilling Fluids. Paper SPE 36885 presented at the European Petroleum Conference, Milan, Italy, 22-24October. DOI: 10. 2118/36885-MS.

Mansour, S. , Schulz, J. , Haddad, G. S. , and Helou, H. 1999. Cementing Under Extreme Conditions of High Pressure and High Temperature. Paper SPE 57582 presented at the SPE/IADC Middle East Drilling Techno logy Conference, Abu Dhabi, 8 - 10 November. DOI: 10. 2118/57582-MS.

Marshall, D. W. and Bentsen, R. G. 1982. A Computer Model To Determine the Temperature Distribution in a Wellbore. J. Cdn. Pet. Tech. (January-February): 63-75.

Mason, S. and Chandrashekhar, S. 2005. Stochastic Kick Load Modeling. Paper SPE 97564 presented at the SPE High Pressure/High Temperature Sour Well Design Applied Technology Workshop, The Woodlands, Texas, 17-19 May. DOI: 10. 2118/97564-MS.

Maury, V. and Idelovici, J. L. 1995. Safe Drilling of HP/HT Wells: The Role of the Thermal Regime in Lossand Gain Phenomena. Paper SPE 29428 presented at the SPE/IADC Drilling Conference, Amsterdam, 28 February-2 March. DOI: 10. 2118/29428-MS.

Mitchell, R. F. 1982. Buckling Behavior of Well Tubing: The Packer Effect. SPEJ 22(5): 616-624. SPE-9264-PA. DOI: 10. 2118/9264-PA.

Mitchell, R. F. 1986. Simple Frictional Analysis of Helical Buckling of Tubing. SPEDE 1(6): 457-465; Trans. , AIME, 281. SPE-13064-PA. DOI: 10. 2118/13064-PA.

Mitchell, R. F. 1986. Simple Frictional Analysis of Helical Buckling of Tubing. SPEDE 1 (6):
457–465; Trans. , AIME, 281. SPE-13064-PA. DOI: 10. 2118/13064-PA.

NACE Standard MR – 0175: Metals for Sulfi de Stress Cracking and Stress Corrosion Cracking
Resistance inSour Oilfi eld Environments, 2003 revision. 2003. Houston: NACE.

Nice, P. I. , Øksenvåg, S. , Eiane, D. J. , Ueda, M. , and Loulergue, D. 2005. Development and
Implementation ofa High Strength "Mild Sour Service" Casing Grade Steel for the Kristin HP/
HT Field. Paper SPE 97583presented at the SPE High Pressure/High Temperature Sour Well
Design Applied Technology Workshop, The Woodlands, Texas, 17–19 May. DOI: 10. 2118/
97583-MS.

Oakley, D. J. , Morton, K. , Eunson, A. , Gilmour, A. , Pritchard, D. , and Valentine, A.
2000. Innovative Drilling Fluid Design and Rigorous Pre–Well Planning Enable Success in an
Extreme HP/HT Well. Paper SPE62729 presented at IADC/SPE Asia Pacifi c Drilling
Technology, Kuala Lumpur, 11–13 September. DOI: 10. 2118/62729-MS.

Oudeman, P. and Kerem, M. 2006. Transient Behavior of Annular Pressure Buildup in HP/
HTWells. SPEDC21 (4): 234–241. SPE-88735-PA. DOI: 10. 2118/88735-PA.

Paslay, P. R. 1994. Stress Analysis of Drillstrings. Paper SPE 27976 presented at the Universit of
Tulsa Centennial Petroleum Engineering Symposium, Tulsa, 29–31 August. DOI: 10. 2118/
27976-MS.

Payne, M. L. , Pattillo, P. D. , Sathuvalli, U. B. , and Miller, R. A. 2003. Advanced Topics for
Critical Service Deepwater Well Design. Paper presented at the Deep Offshore Technology
(DOT) Conference, Marseille, France, 19–21 November.

Prensky, S. 1992. Temperature Measurements in Boreholes: An Overview of Engineering and
ScientificApplications. The Log Analyst 33 (3): 313–333.

Ramey, H. J. 1962. Wellbore Heat Transmission. JPT 14 (4): 427 – 435; Trans. , AIME,
225. SPE-96-PA. DOI: 10. 2118/96-PA.

Raymond, L. R. 1969. Temperature Distribution in a Circulating Drilling Fluid. JPT 21 (3):
333–341; Trans. AIME, 246. SPE-2320-PA. DOI: 10. 2118/2320-PA.

Romero, J. and Loizzo, M. 2000. The Importance of Hydration Heat on Cement Strength
Development for Deep Water Wells. Paper SPE 62894 presented at the SPE Annual Technical
Conference and Exhibition, Dallas, 1–4 October. DOI: 10. 2118/62894-MS.

Rommetveit, R. and Bjørkevoll, K. S. 1997. Temperature and Pressure Effects on Drilling
FluidRheologyand ECD in Very Deep Wells. Paper SPE/IADC 39282 presented at the SPE/
IADC Middle East Drilling Technology Conference, Bahrain, 23 – 25 November. DOI:
10. 2118/39282-MS.

Rommetveit, R. , Fjelde, K. K. , Aas, B. , Day, N. F. , Low, E. , and Schwartz, D. H. 2003.
HP/HT Well Control: An Integrated Approach. Paper OTC 15322 presented at the Offshore
Technology Conference, Houston, 5–8 May.

Rudolf, R. L. and Suryanarayana, P. V. 1997. Kicks Caused by Tripping-In the Hole on Deep,

High-Temperature Wells. Paper SPE 38055 presented at the SPE Asia Pacifi c Oil and Gas Conference and Exhibition, Kuala Lumpur, 14-16 April. DOI: 10. 2118/38055-MS.

Rudolf, R. L. and Suryanarayana, P. V. 1998. Field Validation of Swab Effects While Tripping-In the Holeon Deep, High Temperature Wells. Paper SPE 39395 presented at the IADC/SPE Drilling Conference, Dallas, 3-6 March. DOI: 10. 2118/39395-MS.

Saasen, A. , Jordal, O. H. , Burkhead, D. et al. 2002. Drilling HT/HP Wells Using a Cesium-Formate-Based Drilling Fluid. Paper SPE 74541 presented at the IADC/SPE Drilling Conference, Dallas, 26-28 February. DOI: 10. 2118/74541-MS.

Salz, L. B. 1977. Relationship Between Fracture Propagation Pressure and Pore Pressure. Paper SPE6870 presented at the SPE Annual Technical Conference and Exhibition, Denver, 9-12 October. DOI: 10. 2118/6870-MS.

Samuel, G. R. and Gonzales, A. 1999. Optimization of Multistring Casing Design With Wellhead Growth. Paper SPE 56762 presented at the SPE Annual Technical Conference and Exhibition, Houston, 3-6 October. DOI: 10. 2118/56762-MS.

Sarian, S. and Gibson, A. 2005. Wireline Evaluation Technology in HP/HT Wells. Paper SPE 97571 presented at the SPE High Pressure/High Temperature Sour Well Design Applied Technology Workshop, The Woodlands, Texas, 17-19 May. DOI: 10. 2118/97571-MS.

Sathuvalli, U. B. , Suryanarayana, P. V. , and Erpelding, P. 2001. Variations in Formation Temperature Due to Mature Field Production IMPacts Drilling Performance. Paper SPE 67828 presentedat the SPE/IADC Drilling Conference, Amsterdam, 27 February-1 March. DOI: 10. 2118/67828-MS.

Sathuvalli, U. B. , Payne, M. L. , Patillo, P. , Rahman, S. , and Suryanarayana, P. V. 2005. Development of a Screening System To Identify Deepwater Wells at Risk for Annular Pressure Buildup. Paper SPE 92594 presented at the SPE/IADC Drilling Conference, Amsterdam, 23-25 February. DOI: 10. 2118/92594-MS.

Seymour, K. P. and MacAndrew, R. 1993. The Design, Drilling, and Testing of a Deviated High-Temperature, High-Pressure Exploration Well in the North Sea. Paper OTC 7338 presented at the Offshore Technology Conference, Houston, 3-6 May.

Shaughnessy, J. M. , Romo, L. A. , and Soza, R. L. 2003. Problems of Ultradeep High-Temperature, High-Pressure Drilling. Paper SPE 84555 presented at the SPE Annual Technical Conference and Exhibition, Denver, 5-8 October. DOI: 10. 2118/84555-MS.

Skomedal, E. , Jostad, H. P. , and Hettema, M. H. 2002. Effect of Pore Pressure and Stress Path on Rock Mechanical Properties for HP/HT Application. Paper SPE 78152 presented at the SPE/ISRM Rock Mechanics Conference, Irving, Texas, 20-23 October. DOI: 10. 2118/78152-MS.

Sparks, C. P. 1984. The Influence of Tension, Pressure and Weight on Pipe and Riser Deformations and Stresses. Journal of Energy Resources and Technology 106(1): 46-54.

Standing, M. B. 1977. Volumetric and Phase Behavior of Oil Field Hydrocarbon Systems.

Richardson, Texas: SPE.

Suryanarayana, P. V. R. and McCann, R. C. 1995. An Experimental Study of Buckling and Post-Buckling of Laterally Constrained Rods. ASME Journal of Energy Resources Technology 117 (2): 115-124. DOI: 10.1115/1.2835327.

Swarbick, R. E. 2002. Challenges of Porosity-Based Pore Pressure Prediction. CSEG Recorder 27 (7): 75-77.

Sweatman, R., Kelley, S., and Heathman, J. 2001. Formation Pressure Integrity Treatments Optimize Drillingand Completion of HTHP Production Hole Sections. Paper SPE 68946 presented at the SPE European Formation Damage Conference, The Hague, 21-22 May. DOI: 10.2118/68946-MS.

TR 5C3/ISO 10400, Petroleum and Natural Gas Industries—Formulae and Calculation for Casing, Tubing, Drill Pipe and Line Properties, firstedition. 2008. Washington, DC: API.

Vidick, B. and Acock, A. 1991. Minimizing Risks in High-Temperature/High-Pressure Cementing: The Quality Assurance/Quality Control Approach. Paper SPE 23074 presented at Offshore Europe, Aberdeen, 3-6 September. DOI: 10.2118/23074-MS.

Walton, D. 2000. Equipment and Material Selection To Cope With High-Pressure/High-Temperature Surface Conditions. Paper OTC 12122 presented at the Offshore Technology Conference, Houston, 1-4 May.

Wang, H. and Su, Y. 2000. High Temperature and High Pressure (HTHP) Mud P-T Behavior and Its Effect on Wellbore Pressure Calculations. Paper IADC/SPE 59266 presented at the IADC/SPE Drilling Conference, New Orleans, 23-25 February. DOI: 10.2118/59266-MS.

Ward, C. D., Coghill, K., and Broussard, M. D. 1994. The Application of Petrophysical Data ToImprovePore and Fracture Pressure Determination in North Sea Central Graben HPHT Wells. Paper SPE 28297 presented at the SPE Annual Technical Conference and Exhibition, New Orleans, 25-28 September. DOI: 10.2118/28297-MS.

Warpinski, N. R., Teufel, L. W., and Graf, D. C. 1991. Effect of Stress and Pressure on Gas Flow Through Natural Fractures. Paper SPE 22666 presented at the SPE Annual Technical Conference and Exhibition, Dallas, 6-9 October. DOI: 10.2118/22666-MS.

Webb, S., Anderson, T., Sweatman, R., and Vargo, R. 2001. New Treatments Substantially Increase LOT/FITPressures To Solve Deep HTHP Drilling Challenges. Paper SPE 71390 presented at the SPE Annual Technical Conference and Exhibition, New Orleans, 30 September-3 October. DOI: 10.2118/71390-MS.

Willhite, G. P. 1967. Over-All Heat Transfer Coefficients in Steam and Hot Water Injection Wells. JPT 19 (5): 607-615. SPE-1449-PA. DOI: 10.2118/1449-PA.

Wooley, G. R. 1980. Computing Downhole Temperatures in Circulation, Injection and Production Wells. JPT32 (9): 1509-1522. SPE-8441-PA. DOI: 10.2118/8441-PA.

Xiang, Y. and Vlassak, J. J. 2005. Bauschinger Effect in Thin Metal Films. Scripta Materialia 53 (2): 177-182. DOI: 10.1016/j.scriptamat.2005.03.048.

Young, K. , Alexander, C. , Biel, R. , and Shanks, E. 2005. Updated Design Methods for HP/HTE quipment. Paper SPE 97595 presented at SPE High Pressure/High Temperature Sour Well Design Applied Technology Workshop, The Woodlands, Texas, 17 – 19 May. DOI: 10. 2118/97595-MS.

Zamora, M. , Broussard, P. N. , and Stephens, M. P. 2000. The Top 10 Mud-Related Concerns in Deepwater Drilling Operations. Paper SPE 59019 presented at the SPE International Petroleum Conference and Exhibition in Mexico, Villahermosa, Mexico, 1-3 February. DOI: 10. 2118/59019-MS.

国际单位制公式转换

$1\,\mathrm{bbl} = 0.\,1589873\mathrm{m}^3$

$1\,\mathrm{Btu} = 1.\,055056\mathrm{kJ}$

$1\,\mathrm{Btu/h} = 2.\,930711 \times 10^{-4}\mathrm{kW}$

$1\,\mathrm{Btu/(lb \cdot {}^\circ F)} = 4.\,868\mathrm{kJ(kg \cdot K)}$

$1\,\mathrm{cP} = 1.\,0 \times 10^{-3}\mathrm{Pa \cdot s}$

$1\,\mathrm{ft} = 0.\,3048$

$1\,{}^\circ F = \dfrac{9}{5}{}^\circ C$

$1\,\mathrm{gal} = 3.\,785412 \times 10^{-3}\mathrm{m}^3$

$1\,\mathrm{ksi} = 6.\,854757 \times 10^{3}\mathrm{kPa}$

$1\,\mathrm{lb} = 0.\,4535924\mathrm{kg}$

$1\,\mathrm{psi} = 6.\,894757\mathrm{kPa}$

9 创新钻井方法

9.1 欠平衡钻井作业

9.1.1 什么是欠平衡钻井?

欠平衡钻井(UBD)官方定义源于加拿大阿尔伯塔能源局,国际钻井承包商协会(IADC)欠平衡作业(UBO)委员会也对欠平衡钻井做定义如下:钻井过程中,人为地将井眼中钻井液静液柱压力设计成低于待钻地层的地层压力。静液柱压力可能本身就比地层压力低,或经过人为诱导处理,使其低于地层压力。人为诱导处理的方式可能是向钻井液液柱中注入天然气、氮气或空气。不管这种欠平衡状态是自然形成的还是人为形成的,只要满足了欠平衡条件,那么地层液体就有可能流入井眼,这些地层流体要被循环出井并在地面进行处理。在此定义中"人工诱导处理"一词很关键,说明其将欠平衡作业过程作为钻井设计的一部分。

常规过平衡作业,钻井井眼内一定密度的液柱压力是主要的井控机制,一般将井底压力设计得高于地层压力,即 $p_{井底} = p_{水力} + p_{摩擦}$。

在欠平衡钻井中,用低密度流体代替钻井液液柱,并且在整个作业全过程中人为地使井底压力低于地层压力。这表明在进行欠平衡作业时,孔隙度和渗透率较大的储层将会有地层流体流入井筒。

过平衡钻井时有: $p_{储层} < p_{井底} = p_{水力} + p_{摩擦}$。

欠平衡钻井时有: $p_{储层} > p_{井底} = p_{水力} + p_{摩擦} + p_{抽吸}$。

不同于常规过平衡钻井,在欠平衡作业中静液柱压力不再作为主要的井控机制。反而,用于欠平衡钻井作业的地面设备成为主要的井控控制手段,如旋转控制分流器(RCD)和节流管汇。防喷器组作为二级井控设备与常规过平衡作业中一样,其不用于常规欠平衡钻井作业,但该设备必须存在作为二级井控的保障。与过平衡钻井相同,在欠平衡钻井整个作业过程中必须进行压力控制。这意味着在进行钻井和地面设备设计时必须保证其能够实现压力控制。欠平衡钻井最大的不同是允许地层流体有控制地流入井筒,然而在常规过平衡钻井中,这种情况严禁出现的。

在选定适用于欠平衡钻井的候选井并合理地计划、进行作业时,可以得到良好的钻井性能、生产状态和安全记录。在欠平衡作业过程中储层表征的最新进展使得在现有成熟的油藏发现了以前未知具备生产能力的产层区,从而使储量显著增加。

9.1.1.1 压力控制钻井

国际钻井承包商协会(IADC)欠平衡作业(UBO)委员会对压力控制钻井的定义如下:

压力控制钻井(MPD)是一种用于精确控制整个井筒环空压力剖面的自适应钻井过程,其目标是确定井下压力环境的界限及管理环空水力压力剖面。压力控制钻井的目的是避免地层流体不断涌至地面,在该操作中使用适当方法可以使任何突发的涌入事件变得安全。

该定义还包括以下几点：

(1)压力控制钻井过程需要大量的工具和技术，这些工具和技术通过在小井眼环境中对环空水力压力剖面的控制，从而降低钻井的风险和成本；

(2)压力控制钻井还包括了对反向压力、流体密度、流体流变性、环空流体液位、循环摩阻、井眼几何形状等综合的控制；

(3)压力控制钻井可以更快地对观测到的压力变化进行校正，具有动态控制环压能力的钻探那些可能在经济上可望而不可及的前景资源区。

9.1.1.2　欠平衡钻井史

最初，所有的井都是使用欠平衡电缆钻井工具所钻而成。众所周知，早期所钻的井都是自喷井。1895年，出现了旋转钻井，循环钻井液可以将岩屑带出井筒；1920年，钻井液体系改善了岩屑输送性能；1928年，首次使用防喷器来控制井喷和关井。此后，采用过平衡钻井，于1950年将空气钻井引入在硬岩地层中钻井，泡沫钻井是在20世纪60年代引入的，它允许上返以钻穿漏失层。

在1980年，在奥斯汀白垩层使用低压旋转密封和连接废液池的放喷管线的空气钻井钻出了第一批欠平衡井。将这些放喷管线称为气体钻井的排岩屑管，为了提高地面钻井液池中烃类流动的安全性并测量流速，加拿大人于1980年在返排管线中引入了分离器，为现代欠平衡钻井技术迈出了第一步。

多相流模型的改进和应用及更先进分离系统的使用促使欠平衡钻井的发展，随着钻出越来越多的井，这项技术及服务供应商还在不断改进以推进欠平衡钻井技术进步。

9.1.2　为什么要进行欠平衡钻井？

进行欠平衡作业的原因可以分为以下三点：

(1)减少与压力相关的钻井问题；

(2)最大限度地提高油气采收率；

(3)评价储层。

9.1.2.1　减少压力相关钻井的问题

通过使用欠平衡钻井可以解决大多数与钻压相关问题，这使得该技术适用于成熟衰竭油气藏的加密钻井，这也是现在大多数欠平衡钻井的使用情况。

9.1.2.1.1　压差卡钻

过平衡地层压力的出现及滤饼的缺失可以防止钻柱产生压差卡钻。

9.1.2.1.2　流体滤失

通常来讲，环空静水压力的降低减少了流体向储层中的滤失，在欠平衡钻井中，静水压力降低到不会发生滤失的水平，这在保护储层裂缝方面特别重要。

9.1.2.1.3　增加机械钻速

静水压力的降低与无固相钻井液对机械钻速有显著影响，这对钻头的使用寿命也有积极影响。机械钻速的提高与地层类型、孔隙度、抗压强度、钻压及转速有关。这很难说明在欠平衡钻井时，机械钻速一直会显著增加，在一些储层中，机械钻速的增加受其他钻井因素限制。

尽管在欠平衡钻井时钻进速度会更快，但是由于需要在地面进行油气处理，使接单根和起下钻时间明显延长，这会抵消提高机械钻速的时间（Moore et al.，2004；Pinkstone et al.，2004；Tetley et al.，1999；Gedge，1999）。

9.1.2.2　提高最终采收率

尽管最初这不是选择欠平衡钻井技术的主要原因，早期的欠平衡井显示出使用欠平衡钻井明显提高了储层的产能，并且推动了欠平衡钻井技术的应用。提高产能的主要原因可以归结为储层中未发生固相或钻井液滤液的侵入。由于欠平衡井产能的提高及在衰竭油藏打加密井的能力，使重新开采"死油气"变成可能，这将显著延长油田开发寿命。井产能的提高的使得井采用较低的压降生产，从而反过来减少水锥。这一点现在从一些长期欠平衡井的生产结果中可被证明。虽然欠平衡井初始产量可能没有显著变化，长期的生产剖面显示欠平衡井具有较慢的下降曲线。

这种现象可归结与差储层的产能受到的伤害较小，从而有助于全井得以生产更长的时间（Bennion et al.，1998；Helio and Queiroz，2000；Luo et al.，2000a，2000b；Hunt and Rester，2000；Labat et al.，2000；Stuczynski，2001；Pia et al.，2002a，2000b；Culen et al.，2003；Devaul and Coy，2002；Sarssam et al.，2003；Kimery and McCaffrey，2004）。

9.1.2.3　储层特征

识别裂缝和高产储层及最初被认为不具有生产能力的产层，随着钻进的进行使得钻井工程师对储层有了更好的了解。这种能力与实时引导井进入储层更高产特征的能力以及根据钻井结果改变完井设计的能力相结合，使得对储层有了更好的了解，从而明显提高了欠平衡作业的产能。然而，石油行业至今还未广泛使用该技术（Kneissl，2001；Biswas et al.，2003；Murphy et al.，2005）。

欠平衡钻井作业的优缺点总结在表9.1。

表9.1　欠平衡钻井作业优缺点

优点	缺点
提高钻进速度	可能存在井筒稳定性问题
减少地层伤害	增加钻井成本
清除压差卡钻的风险	与常规随钻测井的兼容性
减少井漏的风险	钻井系统通常比较复杂
增加钻头寿命	可能会增加扭矩和阻力
允许钻探枯竭储层区	施工现场需要更多人员
随钻油藏描述和试井	

9.1.3　国际钻井承包商协会对欠平衡作业系统的分类

由国际钻井承包商协会制订的一个用来帮助建立与欠平衡井有关的风险分类系统见表9.2，目的在于描述所有的风险、应用类别及用于欠平衡作业的流体系统和控制压力钻井，这也让该行业很容易地对欠平衡井进行比较，并共享欠平衡钻井过程中的经验，依据以下几点进行井的分类：

（1）风险级别（0~5）；

（2）应用分类（A、B、C）；

(3)流体系统(1~5)。

这个分类系统为定义最低设备要求、专门的程序、安全的管理措施提供了一个框架，进一步的信息请参照国际钻井承包商协会的《欠平衡作业　健康安全和环境规划指南》及其他相关文件。

表9.2　国际钻井承包商协会对欠平衡作业的风险分类系统

0级	只提高钻井效率，不涉及油气层
1级	油井依靠自身能量无法自流到井口，油井是稳定的，从井控角度看其风险较低
2级	油井依靠自身能量克自流到地面，如果发生灾难性的设备失效，可以采用常规压井方法进行处理
3级	地热井不产油气。最大关井压力小于欠平衡设备的承受能力。如果发生灾难性设备失效会导致严重后果
4级	有原油产出，最大关井压力小于欠平衡设备的工作压力。如果发生灾难性设备失效会立即导致严重后果
5级	最大关井压力大于欠平衡作业压力，但小于防喷器的最大承受能力。如果发生灾难性设备失效会立即导致严重后果

表9.3为按应用类型划分欠平衡井的类别。这表明是否使用欠平衡钻井、控压钻井或钻井液"帽"钻井技术。表9.4为作业流体类型。

表9.3　国际钻井承包商协会对欠平衡井的分类

A类	控压钻井(MPD)：在使用的当量钻井液相对密度大于或等于裸眼井地层孔隙压力时，就会发生钻井液上返现象
B类	欠平衡作业(UBO)：作业时使用的当量钻井液相对密度低于裸眼井地层孔隙压力，会发生钻井液上返现象
C类	钻井液帽钻井：用变长度环形液柱钻进并保持液柱压力大于地层压力，这会导致流体注入地层，岩屑不返排至地面

表9.4用于按流体系统进行欠平衡井的分类。

表9.4　欠平衡井的流体类型

气体钻井	1
雾状钻井	2
泡沫钻井	3
充气钻井	4
液体钻井	5

[分类系统的应用实例]　使用控压钻井技术钻出 $10000 \sim 12000 \mathrm{ft}(3048 \sim 3657.6 \mathrm{m})$ 的井，其地层孔隙压力为 $14.5 \mathrm{~lb/gal}(1737.5 \mathrm{kg/m^3})$，破裂压力梯度为 $16.5 \mathrm{~lb/gal}(1977.1 \mathrm{kg/m^3})$。设计是基于使用 $13.0 \mathrm{~lb/gal}(1557.7 \mathrm{kg/m^3})$ 的流体与地面压力平衡保持平衡，旋转控制装置(RCD)和紧急关井系统的额定压力为 $5000 \mathrm{psi}(34.5 \mathrm{MPa})$。

由以上信息可知，关井最大允许地表压力(MASP)小于井底静液压力或小于套管鞋处地层破裂压力：

$MASP_{BHP} = 12000 \times 0.052 \times (14.5-2) = 7800\,psi\;(53.78MPa)$；

$MASP_{frc} = 10000 \times 0.052 \times (16.5-2) = 7540\,psi\;(51.99MPa)$。

因为最大预期的地面压力超过了欠平衡作业/控压钻井设备的承压极限，该井的类型为第五等级、A 类，流体系统为 5 或 5A5。

所有分为 4 级或 5 级的井将需要大量的工程和作业规则以确保可以安全地钻井，井在设计时应确保设备可以承受更高一级的风险。

9.1.4　欠平衡钻井目标储层的筛选

在所有的欠平衡作业中对储层性质及与储层流体和岩石性质相关的问题都进行了详细的评价、这对于井壁稳定、井的产能和储层压力都特别重要。

欠平衡钻井对储层的筛选在过去几年中更为严格，现在有一些用来协助筛选储层的自动化软件系统，这些候选模型也为欠平衡作业提供了技术风险和经济风险的评估。筛选过程如图 9.1 所示。

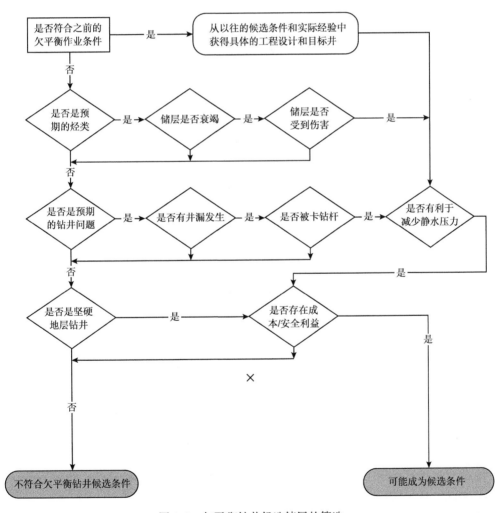

图 9.1　欠平衡钻井候选储层的筛选

为欠平衡钻井作业选择一个合适的储层非常重要,候选储层的筛选方法可以用来确保所有储层都使用相同的标准参数进行分析(图9.2)。欠平衡钻井可以避免储层伤害,但必须注意的是欠平衡钻井不能改善受伤害储层或致密储层。

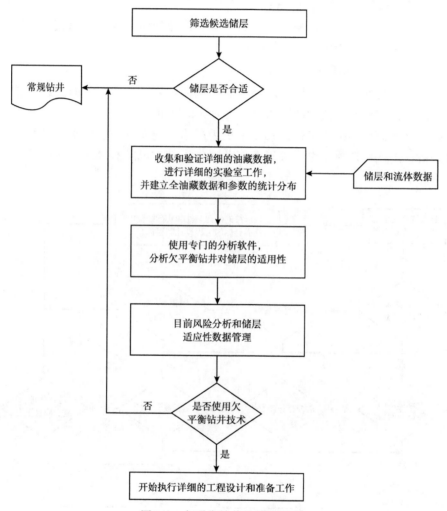

图9.2　欠平衡钻井的储层筛选

表9.5给出了适合或不适合使用欠平衡钻井的储层类型。

表9.5　适合或不适合使用欠平衡钻井的储层类型

适合	不适合
钻进和完井作业过程中受到伤害的地层;表皮系数不小于5的井	使用常规低成本钻进的井区
有压差卡钻倾向的地层	使用超高钻进速度的井区(如钻进速度大于1000ft/d)
在钻进或完井作业中有流体入侵或严重泄漏的地层	超高渗透井
有明显裂缝的井	超低渗透井

适合	不适合
渗透率低的井	胶结程度低的地层
由不同渗透率、孔隙度和孔喉半径特征的强非均质性或高度层状发育的井	井壁稳定性差的井
具有中—低渗透率的高产储层	具有胶结程度低的层状边界井
具有流体敏感性岩石的地层	具有多个不同压力层位的井
常规过平衡钻井呈现低钻速的地层	具有薄互层页岩和泥岩或煤层的储层

9.1.4.1　井的类型

欠平衡钻井技术的主要目标是针对储层，一旦确定储层见效就可以检查井型是否适合储层。欠平衡钻井技术可以应用到新钻井以及现有侧钻井。欠平衡钻井技术既适用于陆地和海上，又可以应用于含硫井，使用欠平衡技术可以钻多分支水平井，已实现用浮式钻机完成欠平衡作业（Purvis and Smith，1998；Xiong and Shan，2003；Garrouch and Labbabidi，2003）。

9.1.4.2　考虑储层影响

适用于欠平衡钻井的储层使用欠平衡钻井技术可以使油井增产，这是因为欠平衡钻井技术可以消除钻井液对生产的伤害影响（Xiong et al.，2003；Van der Werken，2005）。

9.1.4.3　地层伤害机理

地层伤害可能是由于许多作用而引起的，然而，最常见的原因是钻进、完井、修井和生产损害。钻进、完井和修井作业一般通过引入与地层不配伍或含杂质的液体造成地层伤害。这已经说明"这样的钻井方法可能是一个储层在开发年限中最具破坏性的过程"。

虽然不及钻进和完井引起的伤害，但井的生产也会引起地层伤害。这种伤害通常是由于流体的不配物性或产出流体相关压力的改变而造成的。不管什么原因，地层伤害原因如下：

（1）储层绝对渗透率的改变；

（2）烃类相对渗透率的改变；

（3）地层流体黏度的改变。

地层伤害有时可以通过增产措施来改善，但是必须提出通过使用欠平衡钻井来预防的效果不如增产措施改善的效果好，地层伤害主要分类为以下四点：

（1）机械因素引起的地层伤害；

（2）化学因素引起的地层伤害；

（3）生物因素引起的地层伤害；

（4）热引起的地层伤害。

引起地层伤害的机理可以进一步细分为三个部分：

（1）储层颗粒自然发生的物理迁移和运移；

（2）由于固体颗粒侵入地层引起的运移和堵塞；

（3）相对渗透率的影响，相圈闭或油气滞留。

通过使用欠平衡钻井不可以避免所有的伤害机制，化学成因引起的地层伤害通常是由于流体的不配伍，这种不配伍可能会使盐溶液或地层乳液与储层流体形成沉淀；化学机理伤害的另一个主要原因是孔隙中黏土矿物含量的改变；地层生物伤害主要是由于一些化学处理向储层中引入了细菌而引起的；地层的热伤害通常只有在硬岩石地层中使用气体或空气的欠平衡钻井时才会发生并且产生的岩屑未冷却时对地层会有磨光作用。光滑致密的薄膜的形成会严重地影响井的生产。钻进过程引起的伤害可以统称为井的表皮系数，是试井分析中常用的术语。

必须强调的是欠平衡钻井也会对井造成伤害，在使用过程中，气体钻进会打磨地层，而水基钻井液可能会引起明显的渗吸效果，导致滤液的侵入。当部分井段过平衡钻进过程中由于没有滤饼保护措施可导致大量滤液和固相的侵入，并使固相控制系统效率变低，特别是在水平井中效果更加明显，井筒中较低侧由于受到重力的影响，使得岩屑和该侧井壁的接触时间增长，从而增加了伤害程度（Brant et al.，1996；Helio and Queiroz，2000；Kimery and van der Werken，2004；Ding et al.，2006；Qutob，2004）。

9.1.4.4 井壁稳定性影响

欠平衡钻井中井壁稳定性是一个重要的影响因素。页岩和煤层的隔层通常都有井壁失稳的问题，在钻页岩和煤层时为防止坍塌的钻压要比目的层采用欠平衡钻井时的钻压高。在页岩地层中出现欠平衡钻井的偏差足以使井壁发生严重坍塌，页岩岩心样品的研究可以确定井壁失稳可能性和受影响井眼面积大小。井眼稳定分析已有相应的预测模型（Falcao and Fonseca，2000；Parra et al.，2000；Hawkes et al.，2002；Wang and Lu，2002）。

9.1.4.5 经济因素

选择欠平衡钻井所考虑的经济因素要比仅提高井的产能更加复杂，高产井结合储层研究可以提高井的采收率及缩短可采储量的开采时间。但由于设备和人员数量的增加及其他服务等增加了建井成本，因而抵消潜在的生产收益和储层长期采收率。在某些情况下，欠平衡钻井允许剩余储量的开采并且允许打加密井，从而延长了井的开发年限。

欠平衡钻井所考虑的经济因素不能是仅基于对钻井成本的考虑，储层改善和减少钻进相关压力的问题所带来的经济利益必须可以抵消实施欠平衡作业的费用。费用的大小将取决于井的位置(海上或陆上)及项目的复杂性。一个远海独立的、单一的欠平衡井需要生产氮气并回收和全封闭高压分离系统将大幅增加欠平衡钻井的成本。一个多井项目允许将钻前工程、人员和设备进行优化，从而获得一些资金用以抵消钻井所需费用。

9.1.5 欠平衡钻井作业设计

欠平衡井的设计遵循了大多数井的设计模式。欠平衡井的设计过程与常规井类似，但是，欠平衡井在设计方面会有一些额外的要求。搜集邻井数据及选择良好的候选储层的过程对钻井设计而言必不可少。钻出第一口欠平衡井时，所参与钻井的操作人员和钻井承包商在此之前并没有钻欠平衡井的经验，这对钻井的规划时间有很大的影响。欠平衡井的规划时间在很大程度上取决于目标井、储层的复杂性及钻井作业。与陆地井相比，海上井的生产平台的设计需要更多的规划时间（Giffin and Lyons，1999；Nas and Laird，2001；Rommetveit and Lage，2001；Lage et al.，2003）。图9.3为典型欠平衡钻井作业的规划时间。

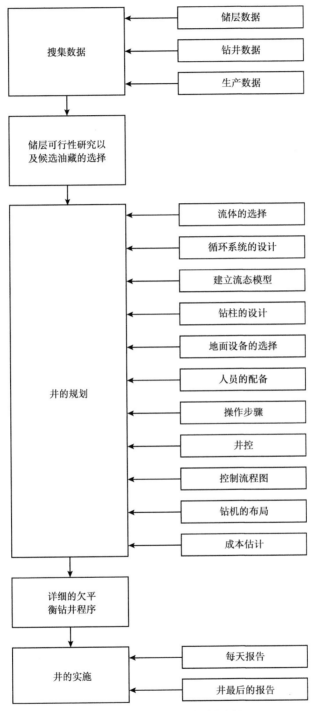

图 9.3　欠平衡钻井的规划过程

9.1.5.1　流体选择

在欠平衡作业中流体的选择在设计过程中既复杂而又是非常重要的一步，流体基于所需的当量循环密度（ECD）将流体主要分为气体、雾、泡沫、气化液体和液体五类。

在欠平衡钻井作业中流体的选择是非常复杂的，流体的选择主要根据储层特征、地质特征、井筒流体性质、井的几何形状、兼容性、井筒清洁度、温度稳定性、腐蚀性、井下钻具组合(BHA)、数据传输、地面流体的处理和分离、地层岩性、健康和安全、环境影响、水源的可用性及欠平衡钻井的主要目标，在最终流体设计前必须对这些内容进行考虑。

最重要的一个设计标准是流体的类型，流体密度需要与预期压力一同考虑。

流体选择的最后一步必须结合井筒清洁度、井壁稳定性及可用性对流体进行优化。流动建模使用了特殊的多项流模型，以确保流动模型在欠平衡状态下可以建立并保持(表9.6)。

计算：当量流体密度($99.69 kg/m^3$) = 储层压力($0.0068948 MPa$)/(储层深度$0.3048 m ×$ 0.052)

说明：$1 lb/gal = 99.69 kg/m^3$，$145 psi = 1 MPa$，$1 m = 3.281 ft$；TVD 为总垂深。

表 9.6　欠平衡钻井的流体选择(Divine 2003；Luo et al.，2000c)

当量流体密度	国际钻井承包协会分类	流体系统
$0 ~ 0.2 lb/gal$	1	氮气/天然气
$0.2 ~ 0.6 lb/gal$	2	雾
$0.6 ~ 4 lb/gal$	3	稳定泡沫
$4 ~ 7.5 lb/gal$	4	泡沫或气化液体
$7.5 ~ 8.5 lb/gal$	4	原油或柴油
$8.5 ~ 10 lb/gal$	5	单相流体
$10 ~ 12 lb/gal$	5	盐水
$>12 lb/gal$	5	高压欠平衡钻井(要求专业工程师)

9.1.5.2　气体

气体钻井使用干气体作为钻井介质，没有刻意加入流体。该气体可以是氮气、天然气或废气，气体钻井是在硬岩钻井中常用的一种方法。

在油藏应用中不可使用空气，使用氮或脱氧空气系统可避免潜在爆炸性混合物的形成。将天然气作为钻井液，其来源充足并且可以给近井地带提供足够的天然气压力。在使用烃类气体作为钻井介质时必须严格考虑其安全性，气体钻井作业的特点有：

(1)机械钻速高；

(2)更长的钻头寿命；

(3)更深的钻头进尺；

(4)可以控制极小流体的侵入；

(5)可能发生段塞流；

(6)流体进入时可能存在的水泥环；

(7)依靠高循环速度清理井内岩屑。

9.1.5.3　雾

雾状钻井是在气流中注入少量流体的气体钻井，一个雾状系统所具有的液体含量小于其体积的 2.5%。通常，这项技术需要应用于存在地层水的地层，这就防碍了干气钻井的使用。雾状钻井的特点如下：

(1)依靠高循环速度清理井内岩屑；

(2)减少了水泥环；

(3)需要比干空气钻井多30%~40%的气体；

(4)压力通常高于干气钻井；

(5)不合理的空气液比(或者气液比)引起段塞流，压力会随之而增加。

9.1.5.4 泡沫

稳定的泡沫钻井使用的是由液体气体和乳化剂(如表面活性剂混合而成的均质乳状液)，稳定的泡沫含有大量的气体，气体含量通常达到55%~97%。几种可用于形成泡沫的气体中，氮气在如今的泡沫应用中最为常见，因为其化学性质稳定并且环保。如果可以建立起泡沫稳定性，空气也可以形成泡沫。泡沫结构中封隔了氧气，这就消除了很多井下的火灾风险。

稳定泡沫钻井受到青睐是由于泡沫体系产生的流体静力密度非常低。泡沫具有良好的流变性和优良的携液性能；事实上，稳定泡沫的天然黏度及降滤失性使泡沫在钻井介质中非常受青睐。在泡沫钻井过程中，需要控制好注入井内液体和气体的量，这可以确保在地面液体进入气流时可以形成泡沫。泡沫钻井液充满了整个循环路径：下至钻柱底上到整个环空及井外。

在停止注入时，由于流体和气体的分离速度较慢及泡沫稳定的性质使井底压力更具有连续性。在早期的泡沫系统中必须要严格检测消泡剂的量，以使任何流体在进入分离器之前泡沫破裂。近来开发的稳定泡沫体系，包括油基泡沫体系，都易发生破裂，液体可以再次起泡即可减少起泡剂的用量，并且使液体适用于封闭的循环系统。这些系统通常都是依赖于化学方法制造并消除泡沫，在地面用于钻井泡沫的量(气体的量)通常为泡沫体积的80%~95%。

泡沫体系的特征(Argillier et al. ，1998)有以下几点：

(1)泡沫体系中多余的流体减少了地层水的影响；

(2)稳定泡沫具有很高的携液力；

(3)提高了岩屑的返排能力减小了泵排量；

(4)稳定泡沫减小了井筒发生段塞流的倾向；

(5)稳定泡沫可以承受有限的循环中断而不影响岩屑的返排及循环当量密度；

(6)稳定泡沫提高了地面的控制能力，改善了井底稳定性；

(7)泡沫的破裂问题需要在设计阶段解决；

(8)如果使用循环泡沫体系，需要更多的地面设备。

9.1.5.5 气化流体

在流体系统中，通过向液柱中注入气体可以降低井底压力(BHP)。该流体系统可以是水、原油、柴油、水基钻井液或油基钻井液。注入的气体通常是氮气或天然气。

有很多方法可用于气化液系统，这些方法将在之后进行讨论。所用的气体和液体、井筒循环系统、复杂流体的流态及气液比都必须经过仔细的计算来确保所使用的循环系统是稳定的，如果气体使用量过大就会发生段塞流，如果气体使用量不足，井底压力将会超过

所要求的压力并且可能变为过平衡钻井。气化液系统的特点(Giffin and Lyons, 2000)有以下几点:

(1)在该系统中多余的流体几乎可以消除地层流体的影响,除非发生不配伍的情况;

(2)在开始作业前可以很容易地判断出流体性质;

(3)通常所需要气体的量比较少;

(4)必须正确地处理流体和气体的段塞流;

(5)存储并且清理基液需要增加地面设备;

(6)减少井下和地面设备的磨损及侵蚀将会降低流体的流速,特别是在地面条件下。

9.1.5.6　单相流体

如果地层压力足够高以提供所需的欠平衡条件,那么就可以使用单相流体。许多油藏已在充分的欠平衡条件下钻出原油。

9.1.6　气举系统

如果需要向井筒内注入气体以达到欠平衡状态,这不仅需要选择所使用气体的类型,还需要选择注气的方式。

9.1.6.1　钻柱注入

对于钻柱注入系统而言,气体将在立管管汇处注入,并在立管管汇处与钻井液混合。钻柱注入的一个优点是在井筒内不需要特殊的井下设备,在钻柱上必须使用止回阀以确保沿钻柱没有气体向上返排。使用钻柱注入可以确保实现井底低压力状态。

钻柱注入的一个不足之处是在连接每根钻柱前需要排出气体,因此,在油藏快速钻进时,很难获得一个稳定的循环系统,并且可以避免出现压力峰值。

钻柱注入的另一个缺点是所用到的脉冲式随钻测量工具只能在最大含气量为20%的情况下使用,如果含气量较高,则可能必须使用电磁随钻测量工具。在利用钻柱向井下橡胶元件注入气体时,还需要考虑其他的问题。在使用钻柱注气时,为了确保避免橡胶泄压时发生爆炸,需要谨慎选用正排量电机。

此外,井下马达由于可压缩流体系统发生的停转经常会导致超速,以及将停转的螺杆钻具向上提起离开井底时发生的马达故障。

9.1.6.2　环空注入

环空注入通过同心管柱应用于欠平衡井中这样的现象非常普遍。通常下好尾管并在目地层进行固井,这个尾管的另一端需要倒挂在地面并且利用套管和尾管间的环空向井筒注入气体。

利用环空向井筒内注入气体的主要优点是在接单根过程中可以连续注气,这样就可以形成更稳定的井底压力。沿钻柱泵入单相流体的优点在于可以使用常规的随钻测量工具(Mykytiw et al., 2003)。

9.1.6.3　寄生管注入

利用寄生管柱注入气体的方法仅应用于直井。通常,两根1in或2in的油管连接并搭接在套管上,套管沿井壁下入。气体沿寄生管柱注入钻井环空(Westermark, 1986)。

一根套管柱结合两根寄生管的安装是一项复杂的作业,通常需要对井口系统进行一些修改,以提供与寄生管柱的地面连接。寄生管柱在美国得到广泛的应用,不仅可以避免循环漏失，还可以防止压差卡钻。虽然可以解决漏失问题，但为了避免钻柱卡钻，作业人员下入寄生管柱。

9.1.6.4 环空和钻柱共同注入

钻柱注入和环空注入的结合可以提供所要求的井底压力，这将使地面作业更复杂化一点，但是这种方法已在很多井内成功应用。

9.1.7 欠平衡作业中的水力因素

在欠平衡钻井中循环系统是最关键的因素，循环系统结合了钻井和生产作业，这样就将井控变成了流量控制。一个设计合理的循环系统管理压力不允许极端的储层流入速度或地面环空的过高流压。循环系统必须有效地实现欠平衡状态，提供井眼净化、充足的井下动力钻具组合及井控设备。在井筒规划阶段，多相流模型需要确定循环系统的参数。多相流的计算是非常复杂的流体工程计算，可压缩流体随压力和温度而变化。需要专业软件确保在钻进过程中可压缩流体可用来建模。目前可用的两种模型有静态流和动态流模型，但多相流模型的使用需要工程师进行大量培训。在对欠平衡井进行水力计算之前，应征求专家意见。

根据使用的液体和气体，用不同的模型来确定欠平衡钻井的操作窗口。欠平衡钻井的多相流模型应该包括以下五点：

(1)预测井筒内任何给定点的流态；

(2)计算井筒内任何给定点的携液量；

(3)计算摩擦阻力损失；

(4)地热压力/体积/温度(PVT)的计算；

(5)井眼净化和岩屑返排指标。

作业前就确定好范围，以便在开始作业前制定循环系统应急预案。

9.1.8 井底压力循环系统

在设计欠平衡循环系统时，必须使井底压力在静态和动态条件下都低于储层压力。地面压力和储层流速都应尽可能地保持较低的状态，并且要保持良好的井控，确保进行适当的水力计算。欠平衡钻井操作窗口示意图通常是由欠平衡工程师制作(图9.4)。该图中显示了液体泵排量、气体注入速度、井底压力，并提供了在钻井过程中可以保持欠平衡条件的一系列钻井参数。

根据 Saponja (1998)的文献，欠平衡钻井的压力范围应保持在以摩擦为主的压力窗口内(图9.5)。因为静水压力为主导区域有负斜率曲线，所以其描绘的是一个不稳定的系统。在这个区域内，注气速率很小的改变或地层气体的流入都会对井底压力造成很大的影响。气体的流入不仅会减小井底压力且会促进更多气体流入到油藏，从而进一步地减小井底压力。在以摩擦为主导范围内的循环操作系统由于气体注入速率的改变或流入油藏气体的改变而变得更加稳定。增加氮气的注入速率会使井底压力得到略微提升，因此，在以摩擦为主导范围内的循环操作系统最终得益于对地层气体流入的控制(Saponja, 1998; Bijleveld et al. , 1998; Guo and Ghalambor, 2002; Smith et al. , 1998; Rommetveit et al. , 2004)。

进一步的液流建模计算步骤通常为：

(1)确保井下马达可以提供充足的泵排量，为了达到这一点，可以计算气体和液体的排量从而得到通过马达的当量液体排量。

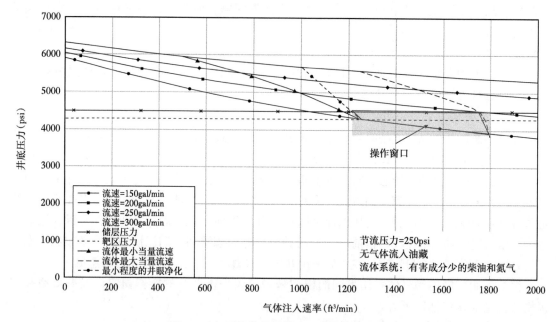

图 9.4　欠平衡钻井操作窗口的典型示意图

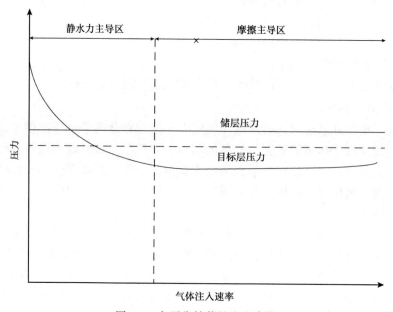

图 9.5　欠平衡钻井的液流建模

（2）在欠平衡钻井过程中，必须密切监测井眼的净化。流体流变性的降低（一个非常薄、非固体的悬浮液，常伴有紊流两相流），通常情况下会提高钻进速度（ROP）。两相流的井眼净化在很大程度上依赖于与单相流相同的标准。井眼净化率和固体的携带主要受到液相流速和固体浓度的控制，液体的速度是控制系统携带固体的关键参数。从过去的经验中，得知在井斜角大于 10° 的井筒中要求最小液相环空速度为 180~250 ft/min。

（3）环空摩擦阻力和注气速率。环空摩擦阻力提供了压力在环空中损失的可视指标，这在欠平衡钻井作业中很重要，如在接单根时，环空摩擦损失致使油藏出现压力峰值。环空压力损失的指示有助于工程师设计和制定接单根程序。

（4）环空中的持液量。该计算主要是为了明白一旦停止起下钻或接单根时井内发生的情况。了解环空中所含气体和液体的平均百分数，可以帮助工程师计算液位及起下钻时井底的压力。

（5）必须计算注入压力，确保在循环时具有足够的泵压将气体和液体注入钻柱。

9.1.9　欠平衡钻井的井下设备

欠平衡钻井不需要特殊的钻柱工具，在接单根时，为了避免返排所使用的井下钻具组合有井下双浮子阀或止回阀。注气时，钻柱顶端的止回阀有利于避免在接单根时整个钻柱发生气体外溢。

通常，使用随钻压力测量（PMWD）工具测量井底压力。这些传感器在每个欠平衡钻井作业中都是极为重要的，传感器安装在钻柱内且操作时无需停机。

在常规钻井过程中，随钻测量和随钻测井工具所收录的数据以压力脉冲的形式通过钻柱中的流体传递到管柱顶端的接收器。钻井液脉冲数据传输几种方法都适用于单相流体（不可压缩流体）。在可压缩流体通过管柱循环时，压力脉冲受到抑制而不能传输信息。如电磁类工具，从井底钻具组合传输低频电磁信号，通过地层传达至地面接收器。在可压缩流体泵入钻柱时，气化或泡沫钻井中经常使用这类电磁工具。

9.1.9.1　配置阀

井下配置阀作为套管或裸眼段衬管柱的一部分进行安装。起钻时，钻头通过配置阀，该阀关闭井筒，下钻时，该阀打开井筒。配置阀将井筒从地层压力中隔离，因此，允许起下管柱时无需承压起下管柱或不压井起下管柱。这在起下钻过程中节约了时间（Herbal et al.，2002；Muir，2004；Sutherland et al.，2005）。

9.1.9.2　钻柱

在欠平衡钻井过程中对钻柱没有特殊的要求，在为欠平衡钻井选择特定的钻柱时，一些工作人员要求气密性接头或具有高扭矩的接头作为指定的欠平衡钻井钻柱。管柱上任何耐磨带应尽可能地平滑，以减少对旋转橡胶接头的磨损。

9.1.9.3　弹性体

必须认真考虑弹性体在欠平衡钻井中的应用，在压力逐渐增大的气态环境中，气体将会溶解、渗入到弹性体中。

弹性体内可以溶解大量的气体。在高压下，每 $1cm^3$ 的弹性体可以溶解高达 $700cm^3$ 的气体。一旦压力减小，这些气体就会向外逸出，通常会导致减压爆炸，从而损害橡胶元件。目前，正在为井下工具和防喷器组件制造特殊的橡胶复合物，目的是确保减少气体的入侵。

9.1.9.4　连续油管或连接管

井眼尺寸和定向的要求及一些经济因素将决定连续油管或连接管是最佳的钻柱。井眼尺寸大于 6in，可使用连接管，井眼尺寸小于 6in，就可以使用连续油管。但是欠平衡钻井作业要求的连续油管尺寸由很多因素决定，有关连续油管尺寸的建议应该咨询连续油管钻井专家。通常,在欠平衡钻井方面,连续油管比连接管系统有很多优势。对于连接管而言,承压起钻和接单根是一些需要认真考虑的问题(Nas,1999;Graham,1998;Luft and Wilde,1999;van Venrooy et al.,1999;Tinkham et al.,2000;Thatcher et al.,2000;Fraser and Ravensbergen,2002)。

9.1.9.5　气体欠平衡钻井

9.1.9.5.1　空气

压缩空气是最便宜也是使用最为简单的气体来源,因为空气只需要压缩。这项技术已在浅层气钻井中得到了广泛的应用,现在大多应用于矿业和钻水井中。由于井下着火的风险,即空气中的氧气和油藏中的烃类气体混合就有可能着火,致使这项技术在油井和气井中的应用越来越少。

9.1.9.5.2　天然气

天然气已经应用于欠平衡作业中,但其通常与环空注气一起使用。天然气的使用解决了腐蚀和井下着火的问题,这是典型的空气钻井,在气化系统中与钻井液混合时具有良好的性能。可以通过钻柱注天然气,但是在接单根时,必须执行安全程序。

如果使用天然气,在合适的体积和压力下,必须保证天然气的来源充足。在连续油管作业中,气体通常不是通过连续油管注入,这是因为在连续油管表面卷筒上有气孔泄露的潜在问题。

9.1.9.5.3　氮气

氮气是石油工业中欠平衡钻井用气的首选,特别是在海上设施中。氮是惰性气体,不可燃,不具有爆炸性且没有腐蚀性。氮气在欠平衡井的清洁作业中已经应用了很多年,并且在陆上和海上作业中对氮气的处理方面有丰富的经验。

低温或液态的氮气通常装在7570.8L(2000gal)的运输罐中进行运输,液态氮通过氮气转换器进行转换,在这里液体会转换为气体,然后将气体注入管柱。

1995年,一项美国专利提出利用钻井现场产生的氮气可将气体膜分离技术应用于油井和气井的钻井中(图9.6)以取代作为欠平衡钻井的高成本替代气源——低温液化氮气。氮气产生器可将氧气从空气中过滤,从而使产生氮气的纯度约为体积的97%,然后将氮气压缩并注入井筒内或钻柱内(Chitty,1998)。

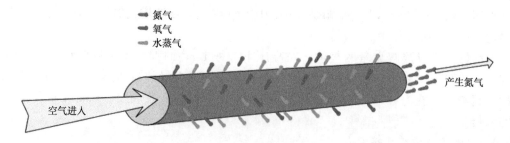

氧气和水蒸气是快速气体,通过薄膜的渗透速度快,而氮气在纤维孔中流出

图9.6　氮气隔膜产生器

9.1.9.5.4　废气

气体系统中的一些新技术是以废气排放系统的形式引入，丙烷在发动机中燃烧后排出的废气用作欠平衡钻井中的举升气。在常规柴油机中排出的废气不可用于欠平衡作业，因为这些废气中依然含有大量氧气。

9.1.9.6　井控设备

在欠平衡钻井作业中油井需要连续增压，钻柱通过井口密封实现旋转及轴向移动。各种各样的密封系统可以容纳旋转和欠平衡钻井作业相关的轴向载荷，这些密封系统基本上都是与旋转钻柱不断接触的环空密封部件，并且与管柱一起旋转。密封部件安装在轴承上，轴承围绕机架可以旋转。

常规的防喷器包括环空防喷器和各种闸板防喷器，这种防喷器仍在常规作业中使用（图9.7）。防喷器和钻头的节流管汇通常不会用于常规的欠平衡钻井作业中，作为二级井控设备维护。有两种环空旋转密封部件或旋转控制设备，分别为：

（1）被动密封或强制密封；

（2）主动密封。

被动密封设备利用橡胶部件的弹性及在井筒压力中获得能量以维持钻柱周围的密封。

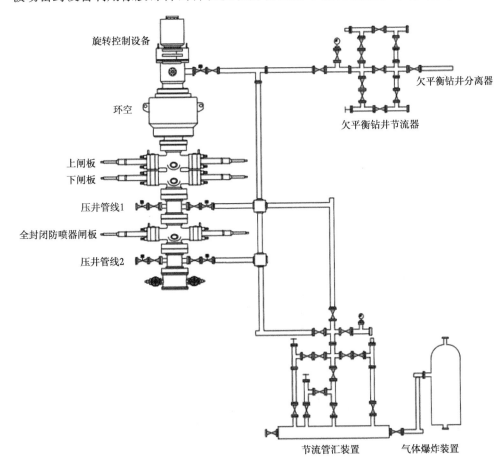

图9.7　典型的欠平衡钻井的防喷器组

图 9.8　典型的旋转
控制设备结构

在主动密封设备中，密封的能量来自水力压力。

旋转控制设备安装在传统防喷器的顶部是欠平衡钻井作业过程中控制井内压力主要屏障的部分。传统的防喷器组在其打开的位置使用，正如在常规钻井中保留了二级井控屏障。在井控情况中如果有需要可以激活二级井控屏障。

9.1.9.6.1　被动旋转控制设备

被动旋转控制设备使用橡胶部件的弹性，在井筒压力中获得能量以维持钻柱周围的密封性。压差提高了密封部件中管柱和橡胶元件之间的压力配合接触(图 9.8)。

密封元件安装在支撑轴承装置上，密封元件与旋转管柱间的接触力所产生的摩擦力足以使支撑装置转动。因为钻柱和橡胶元件间存在很大的摩擦力，大轴承载荷，上升或下降，从密封件到支撑装置间产生并传递。高度承压载荷产生热量，系统周围的循环冷却油将支撑装置冷却并润滑。

9.1.9.6.2　主动旋转控制设备

在主动旋转控制设备中，由于水力压力的存在使橡胶密封元件或环空封隔器发生膨胀。正如在被动旋转控制设备中，支撑装置由旋转管柱上的夹持力带动旋转，循环油冷却并润滑支撑件。在特定的旋转控制设备中，水力模块装备了自动控制系统，可以自动调节压力，水力压力和密封压力随着井口压力的增加而自动增加(图 9.9)。用于欠平衡钻井作业中大多数普通旋转控制设备的额定工作压力为：静压为 34.48MPa(5000psi)，旋转压力为 17.24MPa(2500psi)。

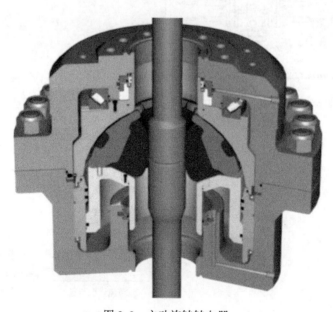

图 9.9　主动旋转转向器

9.1.9.6.3　不压井起下钻系统

井筒中的静水压力产生沿钻柱底部向上的轴向力——压力越高，向上的应力越大。如果静水应力大于钻柱的重力，静水应力就会将钻柱顶出井外（重量较轻的钻柱）。因此要求系统可以确保钻柱在起钻时得到控制，在下钻时可以将钻柱下入井筒中。

如果在欠平衡条件下进行起下钻，就必须将不压井起下钻系统安装在旋转控制头系统的顶部。用于欠平衡钻井作业中最常见的系统是钻机辅助起下钻系统。冲程为 10ft 的千斤顶用于在井筒内起下管柱，一旦管柱的重量超过了井筒向上的应力，不压井起下钻系统就会切换到备用设备并使用绞车将管柱下入井筒。为了有利于下入或起出管柱，在下入管柱时将钻机辅助不压井起下作业装置安装在钻台上。如海上自升式钻机，钻台下有充足的空间可以将钻机辅助不压井起下作业装置安装在钻台下，允许钻台以常规的钻井方式使用（Robichaux，1999；Aasen and Skaugen，2002；Schmigel and MacPherson，2003；Hannegan and Divine，2002；Hannegan and Wanzer，2003；Cantu et al.，2004）。

9.1.9.7　分离系统

欠平衡钻井中的分离系统必须与预期的储层流体相匹配。该分离系统必须可以控制预期储层流体的流入，并且可以有效地处理任何段塞流（图 9.10）。

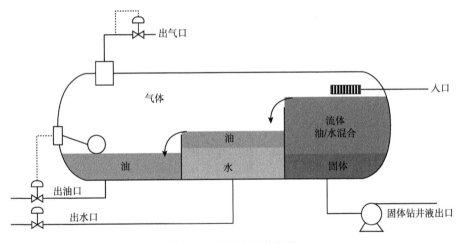

图 9.10　四相水平分离器

欠平衡钻井中的地面分离系统必须与工艺计划相匹配，该分离系统与加工工业有很多相同点。欠平衡钻井过程中的流体流态通常分为四相流，如返回流体包括油、水、气和固体。用于欠平衡钻井的任何分离设备所面临最大的问题是有效地将返回流体的不同流态分为均一流态。在成功分离技术中的重要因素可以归结为以下五点：

（1）在进入和离开分离器期间，即相态分离期间，有足够的滞留时间（4～5min）；

（2）将紊流最小化，特别是在分离器中由于大量气体或很高的流速诱发的紊流；

（3）避免搅动和已经分离的相态再次混合；

（4）对不同流态保持合适的控制水平以避免输气管道中蒸汽中携带过多液体及在液流管道中出现漏气的情况；

(5)有足够的能力以适应混流、压力脉冲及流体流入时发生的体积波动。

地面分离系统的谨慎设计要求确保可以分离不同的流速及储层流体，水平或垂向的分离器都可用于欠平衡钻井中。

在返排物主要为液体时，垂向分离器更为有效；然而，水平分离器在处理气体时更加有效。在大多数情况下，井位和储层特征及钻井要求将决定使用的最优分离系统。

9.1.9.8　固体处理

根据分离系统的结构，固体通常在该分离器的第一阶段被清除，然后传送至地面处理。可以将固体泵回至钻井液振动筛或作为分离系统的一部分完全不依赖于钻机进行离心分离。在大型的水平分离器中，有时候直到分离结束分离器中还有固体残余。

9.1.9.9　数据的获得

欠平衡钻井作业中获得的数据应该尽量多提供有关储层和钻井作业的信息。根据具体操作，监测的信息应该包括以下七个参数：

(1)返排流体的泵排量、压力和温度；

(2)注入流体的泵排量、压力和温度；

(3)井下随钻测量的温度和压力；

(4)地面钻井数据(如大钩载荷、深度、钻进速度)；

(5)分离器操作的条件(流体水平、压力、温度)；

(6)节流阀位置；

(7)随钻测井信息。

监测系统通常为视听警报的报警器，在监测数据超出其通常操作的范围时，提醒操作员进入数据采集舱。

储层特征是欠平衡钻井的主要目标，并且应该获得准确的储层流动数据。

9.1.9.10　冲蚀

在一些流速高、排量大的气井中，固体管道系统的冲蚀会导致管道系统受到冲蚀。需要在欠平衡作业过程中和之后实行管道系统的检查程序以确保设备的安全。

9.1.9.11　腐蚀

气体的使用和钻井过程中的储层流体会导致一些钻杆和井设备发生腐蚀的情况。引入氧气会使氮气产生系统产出不纯净的氮气，增加了欠平衡井中潜在的腐蚀。很难准确预测到欠平衡钻井流体系统中潜在的腐蚀，应该在欠平衡作业中实施一些腐蚀监测和管理的程序。

某些信息可以极大地增强腐蚀管理程序的有效性，腐蚀机理的鉴别从分析以下几点开始：

(1)储层流体类型和化学成分；

(2)井底温度；

(3)井底压力；

(4)酸性气体浓度(H_2S 或 CO_2)；

(5)流体的导电性；

(6)流体流速。

即使在油基体系中，也应考虑使用缓蚀剂。随着作业的开始，腐蚀监测计划应尽快实施。如果要使用氮气隔膜，那么也应该使用氧气传感器并且由操作人员进行常规的监测。

9.1.10　欠平衡井的完井

许多早期的欠平衡井在完井前被过平衡压井液所替代，如果欠平衡钻井的目的是改善储层，有一点很重要，即储层不可暴露在非储层流体的过平衡压力中。因为完井，部分欠平衡钻井出现了产能的明显降低。应该通过永久性生产封隔器和尾管塞，或通过使用井下配置阀，或一些可回收的膨胀塞系统对储层进行隔离。

如今，有许多技术应用于欠平衡井的完井作业中。在井内安装的永久性封隔器和尾管塞可以作为阻挡层，允许欠平衡井以常规的方式进行完井（Harting et al.，2003；Cavender and Restarick，2004；Cuthbertson et al.，2003）。

欠平衡固井

如果欠平衡井中使用水泥，那么这将抵消欠平衡过程中所产生的效果。泡沫水泥是解决方案之一，但是对于在欠平衡井使用轻质水泥进行完井的研究很少。

9.1.11　欠平衡钻井中的健康、安全和环保（HSE）

在介绍欠平衡钻井时，必须从 HSE 的角度去认识有关欠平衡钻井的危险和挑战。欠平衡作业中很多危险一般是由于钻井、井场作业和生产活动而产生的，这些都可以通过各种行之有效的措施来进行处理。

国际钻井承包商协会欠平衡作业委员会发布了一份文件，这份文件主要是为了辅助管理与欠平衡钻井作业有关的 HSE 问题。这份文件为与欠平衡钻井作业相关的 HSE 问题提供了详细的指导，所以建议将这份文件作为 HSE 计划指导性文件，可以在国际钻井承包商协会的网站上进行下载。

9.1.11.1　欠平衡钻井中的屏障和井控

人们普遍认为因为欠平衡井中井底流体可以循环到地面，所以不需要考虑井控。尽管欠平衡井的井底流体确实可以循环至地面，要控制好储层的流体速度，尽量保持低地面压力和低流速以保持井控。矩阵图显示了地面压力和流速通常用来作为规划过程的一部分，对井控的决策过程提供帮助（图 9.11）。

如果，在欠平衡井的钻进过程中出现了必须放弃钻机或人员安全问题，则必须压井。这可能是由于以下四种情况：

（1）压力控制设备出现故障；

（2）钻杆断裂；

（3）意外地出现硫化氢气体；

（4）一般紧急情况。

在一些情况中，欠平衡井的压井可能是一个复杂的过程。欠平衡井压井的损失几乎都是严重的。欠平衡井压井通常使用司钻法，首先循环出井内的油气。如果需要紧急压井，就必须选择最快的压井方法。紧急压井的方法必须在该项目中井的设计阶段达成一致并记录文件中（Ramalho et al.，2006；Graham，2008）。

		旋转控制设备的额定压力		
		压力>旋转控制设备动态额定压力的50%	压力>旋转控制设备动态额定压力的75%	压力>旋转控制设备动态额定压力的90%
储层流入速度	低	可管理的	增加井底循环压力	关闭钻机井底防喷器组
	中	增加井底循环压力	增加井底循环压力	关闭钻机井底防喷器组
	高	关闭钻机井底防喷器组	关闭钻机井底防喷器组	关闭钻机井底防喷器组

图 9.11　欠平衡钻井井控矩阵图

9.1.11.2　欠平衡钻井的紧急系统

在任何欠平衡钻井作业中通常都安装有完整的紧急关井系统。根据项目的复杂性，海上平台的紧急关井系统包括对火和气体的探测，或者仅仅是陆上低压作业的简单警报。安全系统的全部要求必须在设计阶段进行审查(Knight et al.，2004；Arild et al.，2004)。

参考文献

Aasen，J. and Skaugen，E. 2002. Pipe Buckling at Surface in Underbalanced Drilling. Paper SPE 77241 presented at the IADC/SPE Asia Pacifi c Drilling Technology Conference，Jakarta，8-11 September. DOI：10.2118/77241-MS.

Argillier，J.-F.，Saintpere，S.，Hertzhaft，B.，and Toure，A. 1998. Stability and Flowing Properties of Aqueous Foams for Underbalanced Drilling. Paper SPE 48982 presented at the SPE Annual Technical Conferenceand Exhibition，New Orleans，27-30 September. DOI：10.2118/48982-MS.

Arild，Ø.，Nilsen，T.，and Sandøy，M. 2004. Risk-Based Decision Support for Planning of an Underbalanced Drilling Operation. Paper SPE 91242 presented at the SPE/IADC Underbalanced Technology Conferenceand Exhibition，Houston，11-12 October. DOI：10.2118/91242-MS.

Bennion，D.B.，Thomas，F.B.，Bietz，R.F.，and Bennion，D.W. 1998. Underbalanced Drilling：Praises and Perils. SPEDC 13(4)：214-222. SPE-52889-PA. DOI：10.2118/52889-PA. Bijleveld，A.F.，Koper，M.，and Saponja，J. 1998. Development and Application of an Underbalanced Drilling Simulator. Paper SPE 39303 presented at the IADC/SPE Drilling Conference，Dallas，3-6 March. DOI：10.2118/39303-MS.

Biswas, D. , Suryanarayana, P. V. , Frink, P. J. , and Rahman, S. 2003. An Improved Model to Predict Reservoir Characteristics During Underbalanced Drilling. Paper SPE 84176 presented at the SPE Annual Technical Conference and Exhibition, Denver, 5 – 8 October. DOI: 10. 2118/84176-MS.

Brant, B. D. , Brent, T. F. , and Bietz, R. F. 1996. Formation Damage and Horizontal Wells—A Productivity Killer? Paper SPE 37138 presented at the International Conference on Horizontal Well Technology, Calgary, 18-20 November. DOI: 10. 2118/37138-MS.

Cantu, J. A. , May, J. , and Shelton, J. 2004. Using Rotating Control Devices Safely in Today's Managed Pressureand Underbalanced Drilling Operations. Paper SPE 91583 presented at the SPE/IADC Underbalanced Technology Conference and Exhibition, Houston, 11-12 October. DOI: 10. 2118/91583-MS.

Cavender, T. W. and Restarick, H. L. 2004. Well-Completion Techniques and Methodologies for Maintaining Underbalanced Conditions Throughout Initial and Subsequent Well Interventions. Paper SPE 90836 presented at the SPE Annual Technical Conference and Exhibition, Houston, 26-29 September. DOI: 10. 2118/90836-MS.

Chitty, G. H. 1998. Corrosion Issues With Underbalanced Drilling in H_2S Reservoirs. Paper SPE 46039 presented at the SPE/ICoTA Coiled Tubing Roundtable, Houston, 15-16 March. DOI: 10. 2118/46039-MS.

Culen, M. S. , Harthi, S. , and Hashimi, H. 2003. A Direct CoM Parison Between Conventional and Underbalanced Drilling Techniques in the Saih Rawl Field, Oman. Paper SPE 81629 presented at the IADC/SPE Underbalanced Technology Conference and Exhibition, Houston, 25-26 March. DOI: 10. 2118/81629-MS.

Cuthbertson, R. , Green, A. , Dewar, J. A. G. , and Truelove, B. D. 2003. Completion of an Underbalanced Well Using Expandable Sand Screen for Sand Control. Paper SPE 79792 presented at the SPE/IADC Drilling Conference, Amsterdam, 19-21 February. DOI: 10. 2118/79792-MS.

Devaul, T. and Coy, A. 2002. Underbalanced Horizontal Drilling Yields Significant Productivity Gains in the Hugoton Field. Paper SPE 81632 presented at the IADC/SPE Underbalanced Technology Conference and Exhibition, Houston, 25-26 March. DOI: 10. 2118/81632-MS.

Ding, Y. , Herzhaft, B. , and Renard, G. 2006. Near – Wellbore Formation Damage Effects on Well Performance: A CoMParison Between Underbalanced and Overbalanced Drilling. SPEPO 21(1): 51-57. SPE-86558. PA. DOI: 10. 2118/86558-PA.

Divine, R. 2003. Planning Is Critical for Underbalanced Applications With Under-Experienced Operators. Paper SPE 81627 presented at the IADC/SPE Underbalanced Technology Conference and Exhibition, Houston, 25-26 March. DOI: 10. 2118/81627-MS.

Falcao, J. L. and Fonseca, C. F. 2000. Underbalanced Horizontal Drilling: A Field Study of Wellbore Stabilityin Brazil. Paper SPE 64379 presented at the SPE Asia Pacifi c Oil and Gas Conference and Exhibition, Brisbane, Australia, 16-18 October. DOI: 10. 2118/64379-MS.

Fraser, R. G. and Ravensbergen, J. 2002. Improving the Performance of Coiled Tubing Underbalanced Horizontal Drilling Operations. Paper SPE 74841 presented at the SPE/ICoTA Coiled Tubing Conference and Exhibition, Houston, 9–10 April. DOI: 10. 2118/74841–MS.

Garrouch, A. A. and Labbabidi, H. M. S. 2003. Using Fuzzy Logic for UBD Candidate Selection. Paper SPE81644 presented at the IADC/SPE Underbalanced Technology Conference and Exhibition, Houston, 25–26 March. DOI: 10. 2118/81644–MS.

Gedge, B. 1999. Underbalanced Drilling Gains Acceptance in Europe and the International Arena. Paper SPE52833 presented at the SPE/IADC Drilling Conference, Amsterdam, 9–11 March. DOI: 10. 2118/52833–MS.

Giffi n, D. R. and Lyons, W. C. 1999. Case Histories of Design and Implementation of Underbalanced Wells. Paper SPE 55606 presented at the SPE Rocky Mountain Regional Meeting, Gillette, Wyoming, USA, 15–18 May. DOI: 10. 2118/55606–MS.

Giffi n, D. R. and Lyons, W. C. 2000. Case Histories of Design and Implementation of Underbalanced Wells. Paper SPE 59166 presented at the IADC/SPE Drilling Conference, New Orleans, 23–25 February. DOI: 10. 2118/59166–MS.

Gough, G. and Graham, R. 2008. Offshore Underbalanced Drilling—The Challenge at Surface. Paper SPE112779 presented at the IADC/SPE Drilling Conference, Orlando, Florida, USA, 4–6 March. DOI: 10. 2118/112779–MS.

Graham, R. A. 1998. Planning for Underbalanced Drilling Using Coiled Tubing. Paper SPE 46042 presentedat the SPE/ICoTA Coiled Tubing Roundtable, Houston, 15 – 16 March. DOI: 10. 2118/46042–MS.

Guo, B. and Ghalambor, A. 2002. An Innovation in Designing Underbalanced Drilling Flow Rates: A Gas Liquid Rate Window(GLRW) Approach. Paper SPE 77237 presented at the IADC/SPE Asia Pacifi c Drilling Technology Conference, Jakarta, 8–11 September. DOI: 10. 2118/77237–MS.

Hannegan, D. and Divine, R. 2002. Underbalanced Drilling—Perceptions and Realities of Today's Technology in Offshore Applications. Paper SPE 74448 presented at the IADC/SPE Drilling Conference, Dallas, 26–28 February. DOI: 10. 2118/74448–MS.

Hannegan, D. and Wanzer, G. 2003. Well Control Considerations—Offshore Applications of Underbalanced Drilling Technology. Paper SPE 79854 presented at the SPE/IADC Drilling Conference, Amsterdam, 19–21 February. DOI: 10. 2118/79854–MS.

Harting, T. , Gent, J. , and Anderson, T. 2003. Drilling Near Balance and Completing Open Hole To Minimize Formation Damage in a Sour Gas Reservoir. Paper SPE 81622 presented at the IADC/SPE Underbalanced Technology Conference and Exhibition, Houston, 25–26 March. DOI: 10. 2118/81622–MS.

Hawkes, C. D. , Smith, S. P. , and McLellan, P. J. 2002. Coupled Modeling of Borehole Instability and Multiphase Flow for Underbalanced Drilling. Paper SPE 74447 presented at the IADC/SPE Drilling Conference, Dallas, 26–28 February. DOI: 10. 2118/74447–MS.

Helio, S. and Queiroz, J. 2000. How Effective Is Underbalanced Drilling at Preventing Formation Damage? Paper SPE 58739 presented at the SPE International Symposium on Formation Damage Control, Lafayette, Louisiana, USA, 23-24 February. DOI: 10. 2118/58739-MS.

Herbal, S. , Grant, R. , Grayson, B. , Hosie, D. , and Cuthbertson, B. 2002. Downhole Deployment Valve Addresses Problems Associated With Tripping Drill Pipe During Underbalanced Drilling Operations. PaperSPE 77240 presented at the IADC/SPE Asia Pacifi c Technology Conference, Jakarta, 8-11 September. DOI: 10. 2118/77240-MS.

Hunt, J. L. and Rester, S. 2000. Reservoir Characterization During Underbalanced Drilling: A New Model. Paper SPE 59743 presented at the SPE/CERI Gas Technology Symposium, Calgary, 3-5 April. DOI: 10. 2118/59743-MS.

Keshka, A. , Al Rawahi, A. S. , Murawwi, R. A. , Al Yaaqeeb, K. , Qutob, H. , Boutalbi, S. , and Villatoro, J. 2007. Reservoir Candidate Screening: The SURE Way to Successful Underbalanced Drilling Projects in ADCO. Paper SPE 108402 presented at the SPE Asia Pacific Oil and Gas Conference and Exhibition, Jakarta, 30October-1 November. DOI: 10. 2118/108402-MS.

Kimery, D. and McCaffrey, M. 2004. Underbalanced Drilling in Canada: Tracking the Long-Term Performance of Underbalanced Drilling Projects in Canada. Paper SPE 91593 presented at the SPE/IADC Underbalanced Technology Conference and Exhibition, Houston, 11-12 October. DOI: 10. 2118/91593-MS.

Kimery, D. and van der Werken, T. 2004. Damage Interpretation of Properly and Improperly Drilled Underbalanced Horizontals in the Fractured Jean Marie Reservoir Using Novel Modeling and Methodology. Paper SPE 91607 presented at the SPE/IADC Underbalanced Technology Conference and Exhibition, Houston, 11-12 October. DOI: 10. 2118/91607-MS.

Kneissl, W. 2001. Reservoir Characterization Whilst Underbalanced Drilling. Paper SPE 67690 presented at the SPE/IADC Drilling Conference, Amsterdam, 27 February-1 March. DOI: 10. 2118/67690-MS.

Knight, J. , Pickles, R. , Smith, B. , and Reynolds, M. 2004. HSE Training, Implementation, and ProductionResults for a Long-Term Underbalanced Coiled-Tubing Multilateral Drilling Project. Paper SPE 91581 presented at the SPE/IADC Underbalanced Technology Conference and Exhibition, Houston, 11-12October. DOI: 10. 2118/91581-MS.

Labat, C. P. , Benoit, D. J. , and Vining, P. R. 2000. Underbalanced Drilling at Its Limits Brings Life to Old Field. Paper SPE 62896 presented at the SPE Annual Technical Conference and Exhibition, Dallas, 1-4 October. DOI: 10. 2118/62896-MS.

Lage, A. C. V. M. , Sotomayor, G. P. , Vargas, A. C. et al. 2003. Planning, Executing and Analyzing the Productive Life of the First Six Branches Multilateral Well Drilled Underbalanced in Brazil. Paper SPE 81620 presented at the IADC/SPE Underbalanced Technology Conference and Exhibition, Houston, 25-26 March. DOI: 10. 2118/81620-MS.

Luft, H. B. and Wilde, G. 1999. Industry Guidelines for Underbalanced Coiled Tubing Drilling of

Critical Sour Wells. Paper SPE 54483 presented at the SPE/ICoTA Coiled Tubing Roundtable, Houston, 25-26May. DOI: 10. 2118/54483-MS.

Luo, S., Hong, R., Meng, Y., Zhang, L., Li, Y., and Qin, C. 2000a. Underbalanced Drilling in High-LossFormation Achieved Great Success—A Field Case Study. Paper SPE 59260 presented at the IADC/SPEDrilling Conference, New Orleans, 23-25 February. DOI: 10. 2118/59260-MS.

Luo, S., Li, Y., Meng, Y., and Zhang, L. 2000b. A New Drilling Fluid for Formation Damage Control Used in Underbalanced Drilling. Paper SPE 59261 presented at the IADC/SPE Drilling Conference, New Orleans, 23-25 February. DOI: 10. 2118/59261-MS.

Luo, S., Meng, Y., Tang, H., and Zhou, Y. 2000c. A New Drill-In Fluid Used for Successful Underbalanced Drilling. Paper SPE 58800 presented at the SPE International Symposium on Formation Damage Control, Lafayette, Louisiana, USA, 23-24 February. DOI: 10. 2118/58800-MS.

Medley, G. and Stone, C. R. 2004. MudCap Drilling When? Techniques for Determining When To Switch From Conventional to Underbalanced Drilling. Paper SPE 91566 presented at the SPE/IADC Underbalanced Technology Conference and Exhibition, Houston, 11-12 October. DOI: 10. 2118/91566-MS.

Moore, D. D., Bencheikh, A., and Chopty, J. R. 2004. Drilling Underbalanced in Hassi Messaoud. Paper SPE91519 presented at the SPE/IADC Underbalanced Technology Conference and Exhibition, Houston, 11-12 October. DOI: 10. 2118/91519-MS.

Murphy, D., Davidson, I., Kennedy, Busaidi, R., Wind, J., Mykytiw, C., and Arsenault, L. 2005. Applications of Underbalanced Drilling Reservoir Characterization for Water Shut Off in a Fractured Carbonate Reservoir—A Project Overview. Paper SPE 93695 presented at the SPE Middle East Oil and Gas Show and Conference, Bahrain, 12-15 March. DOI: 10. 2118/93695-MS.

Mykytiw, C. G., Davidson, I. A., and Frink, P. J. 2003. Design and Operational Considerations To Maintain Underbalanced Conditions With Concentric Casing Injection. Paper SPE 81631 presented at the IADC/SPEUnderbalanced Technology Conference and Exhibition, Houston, 25-26 March. DOI: 10. 2118/81631-MS.

Nas, S. 1999. Underbalanced Drilling in a Depleted Gas Field Onshore UK With Coiled Tubing and StableFoam. Paper SPE 52826 presented at the SPE/IADC Drilling Conference, Amsterdam, 9-11 March. DOI: 10. 2118/52826-MS.

Nas, S. and Laird, A. 2001. Designing Underbalanced Thru Tubing Drilling Operations. Paper SPE 67829 presented at the SPE/IADC Drilling Conference, Amsterdam, 27 February-1 March. DOI: 10. 2118/67829-MS.

Parra, J. G., Celis, E., and De Gennaro, S. 2000. Wellbore Stability Simulations for Underbalanced DrillingOperations in Highly Depleted Reservoirs. Paper SPE 65512 presented at the SPE/CIM International Conference on Horizontal Well Technology, Calgary, 6-8

November. DOI: 10. 2118/65512-MS.

Pia, G. , Fuller, T. , Haselton, T. , and Kirvelis, R. 2002a. Underbalanced—Undervalued? Direct Qualitative CoMParison Proves the Technique! Paper SPE 74446 presented at the IADC/SPE Drilling Conference, Dallas, 26-28 February. DOI: 10. 2118/74446-MS.

Pia, G. , Fuller, T. , Haselton, T. , and Kirvelis, R. 2002b. Underbalanced Production Steering Delivers RecordProductivity. Paper SPE 77529 presented at the SPE Annual Technical Conference and Exhibition, SanAntonio, Texas, USA, 29 September – 2 October. DOI: 10. 2118/77529-MS.

Pinkstone, H. , Timms, A. , McMillan, S. , Doll, R. , and de Vries, H. 2004. Underbalanced Drilling of Fractured Carbonates in Northern Thailand Overcomes Conventional Drilling Problems Leading to a MajorGas Discovery. Paper SPE 90185 presented at the SPE/IADC Annual Technical Conference and Exhibition, Houston, 26-29 September. DOI: 10. 2118/ 90185-MS.

Purvis, L. and Smith, D. D. 1998. Underbalanced Drilling in the Williston Basin. Paper SPE 39924 presentedat the SPE Rocky Mountain Regional/Low – Permeability Reservoir Symposium, Denver, 5-8 April. DOI: 10. 2118/39924-MS.

Qutob, H. 2004. Underbalanced Drilling; Remedy for Formation Damage, Lost Circulation, and Other Related Conventional Drilling Problems. Paper SPE 88698 presented at the Abu Dhabi International Conference and Exhibition, Abu Dhabi, 10-13 October. DOI: 10. 2118/88698-MS.

Ramalho, J. and Davidson, I. A. 2006. Well – Control Aspects of Underbalanced Drilling Operations. Paper SPE 106367 presented at the IADC/SPE Asia Pacifi c Drilling Technology Conference and Exhibition, Bangkok, Thailand, 13-15 November. DOI: 10. 2118/106367-MS.

Robichaux, D. 1999. Successful Use of the Hydraulic Workover Unit Method for Underbalanced Drilling. Paper SPE 52827 presented at the SPE/IADC Drilling Conference, Amsterdam, 9-11 March. DOI: 10. 2118/52827-MS.

Rommetveit, R. and Lage, A. C. V. M. 2001. Designing Underbalanced and Lightweight Drilling Operations; Recent Technology Developments and Field Applications. Paper SPE 69449 presented at the SPELatin American and Caribbean Petroleum Engineering Conference, Buenos Aires, 25-28 March. DOI: 10. 2118/69449-MS.

Rommetveit, R. , Fjelde, K. K. , Frøyen, J. , Bjørkevoll, K. S. , Boyce, G. , and Eck-Olsen, J. 2004. Use of Dynamic Modeling in Preparations for the Gullfaks C – 5A Well. Paper SPE 91243 presented at the SPE/IADC Underbalanced Technology Conference and Exhibition, Houston, 11-12 October. DOI: 10. 2118/91243-MS.

Saponja, J. 1998. Challenges With Jointed Pipe Underbalanced Operations. SPEDC 13(2): 121-128. SPE-37066-PA. DOI: 10. 2118/37066-PA.

Sarssam, M. , Peterson, R. , Ward, M. , Elliott, D. , and McMillan, S. 2003. Underbalanced

Drilling forProduction Enhancement in the Rasau Oil Field, Brunei. Paper SPE 85319 presented at the SPE/IADC Middle East Drilling Technology Conference and Exhibition, Abu Dhabi, 20–22 October. DOI: 10. 2118/85319–MS.

Schmigel, K. and MacPherson, L. 2003. Snubbing Provides Options for Broader Application of Underbalanced Drilling Lessons. Paper SPE 81069 presented at the SPE Latin American and Caribbean Petroleum Engineering Conference, Port–of–Spain, Trinidad and Tobago, West Indies, 27–30 April. DOI: 10. 2118/81069–MS.

Smith, S. P. , Gregory, G. A. , Munro, N. , and Muqueem, M. 1998. Application of Multiphase Flow Methods to Underbalanced Horizontal Drilling. Paper SPE 51500 presented at the SPE International Conference onHorizontal Well Technology, Calgary, 1 – 4 November. DOI: 10. 2118/51500–MS.

Stuczynski, M. C. 2001. Recovery of Lost Reserves Through Application of Underbalanced Drilling Techniques in the Safah Field. Paper SPE 72300 presented at the SPE/IADC Middle East Drilling Technology, Bahrain, 22–24 October. DOI: 10. 2118/72300–MS.

Sutherland, I. and Grayson, B. 2005. DDV Reduces Time to Round–Trip Drillstring by Three Days, Saving£ 400, 000. Paper SPE 92595 presented at the IADC/SPE Drilling Conference, Amsterdam, 23–25 February. DOI: 10. 2118/92595–MS.

Tetley, N. P. , Hazzard, V. , and Neciri, T. 1999. Application of Diamond–Enhanced Insert Bits in Underbalanced Drilling. Paper SPE 56877 presented at the SPE Annual Technical Conference and Exhibition, Houston, 3–6 October. DOI: 10. 2118/56877–MS.

Thatcher, D. A. A. , Szutiak, G. A. , and Lemay, M. M. 2000. Integration of Coiled Tubing Underbalanced Drilling Service To Improve Effi ciency and Value. Paper SPE 60708 presented at the SPE/ ICoTA Coiled Tubing Roundtable, Houston, 5–6 April. DOI: 10. 2118/60708–MS.

Timms, A. , Muir, K. , and Wuest, C. 2005. Downhole Deployment Valve—Case History. Paper SPE 93784 presented at the SPE Asia Pacifi c Oil and Gas Conference and Exhibition, Jakarta, 5–7 April. DOI: 10. 2118/93784–MS.

Tinkham, S. K. , Meek, D. E. , and Staal, T. W. 2000. Wired BHA Applications in Underbalanced Coiled TubingDrilling. Paper SPE 59161 presented at the IADC/SPE Drilling Conference, New Orleans, 23–25 February. DOI: 10. 2118/59161–MS.

van der Werken, T. , Boutalbi, S. , and Kimery, D. 2005. Reservoir Screening Methodology for Horizontal Underbalanced Drilling Candidacy. Paper IPTC 10966 presented at the International Petroleum Technology Conference, Doha, Qatar, 21 – 23 November. DOI: 10. 2523/10966–MS.

van Venrooy, J. , van Beelen, N. , Hoekstra, T. , Fleck, A. , Bell, G. , and Weihe, A. 1999. Underbalanced Drilling With Coiled Tubing in Oman. Paper SPE 57571 presented at the SPE/ IADC Middle East Drilling Technology Conference, Abu Dhabi, 8 – 10 November. DOI: 10. 2118/57571–MS.

Vefring, E. H., Nygaard, G., Lorentzen, R. J., Nævdal, G., and Fjelde, K. K. 2003. Reservoir Characterization During UBD: Methodology and Active Tests. Paper SPE 81634 presented at the IADC/SPE Underbalanced Technology Conference and Exhibition, Houston, 25-26 March. DOI: 10.2118/81634-MS.

Wang, Y. and Lu, B. 2002. Fully Coupled Chemico-Geomechanics Model and Applications to Wellbore Stability in Shale Formation in an Underbalanced Field Conditions. Paper SPE 78978 presented at the SPEInternational Thermal Operations and Heavy Oil Symposium and International Horizontal Well Technology Conference, Calgary, 4-7 November. DOI: 10.2118/78978-MS.

Westermark, R. V. 1986. Drilling with a Parasite Aerating String in the Disturbed Belt, Gallatin County, Montana. Paper SPE 14734 presented at the IADC/SPE Drilling Conference, Dallas, 9-12 February. DOI: 10.2118/14734-MS.

Xiong, H. and Shan, D. 2003. Reservoir Criteria for Selecting Underbalanced Drilling Candidates. PaperSPE 81621 presented at the IADC/SPE Underbalanced Technology Conference and Exhibition, Houston, 25-26 March. DOI: 10.2118/81621-MS.

国际单位制公式转换

$1\,bbl = 0.1589873 m^3$

$1\,ft = 0.3048 m$

$1\,ft^3 = 0.02831685 m^3$

$1\,in = 2.54 cm$

$1\,lb = 0.4535924 kg$

$1\,psi = 6.894757 kPa$

9.2 套管钻井

9.2.1 引言

套管钻井（CWD）是使用标准的油田套管代替钻柱的过程，这样钻井和下套管就可以同时在一口井内进行。地面和井下工具及其部件对于实现这个过程都很关键。虽然许多功能和用途都类似于使用钻杆和钻铤的常规钻井过程，但它们与特殊工程所考虑的内容完全不同。

当20世纪初期第一次引入旋转钻井时，因为当时还不存在钻杆，所以通常使用套管代替钻柱。由于接头不牢固，因此随着时间的推移，钻杆逐步改进以使连接变得更为牢固。但是，改进后的钻杆价格十分昂贵，所以不能为每口井都配置钻杆。

在20世纪50—60年代，套管钻井的想法被再次提出。虽然这种技术有许多潜在的优势，但是由于与之配套的材料和切割工具都存在局限性，因此导致其无法商业化。早期的套管钻井工作分别在美国和俄罗斯完成（Kammerer, 1958; Brown, 1971; Gelfgat and Alikin, 1998）。随着顶部驱动、聚晶金刚石复合钻头（PDC）、更好的钻杆冶金技术和更牢固的接头设计的应用和发展，加之钻井挖潜的需要，尝试用套管钻井的想法于 1990 年再次提出（Leturno，1993；Tessari and Madell，1999）。这些倡议大力地促进了套管钻井的发展，并使其成为成功的商业服务项目。

传统的石油和天然气钻探过程中使用由钻铤和钻杆组成的钻柱，将机械能（旋转力和轴向载荷）传递给钻头，并为钻井液提供水力通道。即便是通过井下动力钻具来提供旋转能量，钻柱的功能在本质上也没有改变。

每当钻具的部件需要更换、钻达下套管的深度或需要调节井眼时，常规钻柱都将被起出井眼。然后，作为一个完全独立的过程，套管将被下入井中并为井筒提供一个永久性的通道。

套管钻井系统结合了钻进与下套管的过程，通过取消钻柱的起下和允许同时进行钻进和下套管两个过程，提供了更有效率的建井系统。

9.2.1.1　套管钻井的优势

使用套管钻井系统最根本的原因是可以通过以下三点显著地降低钻井成本：

（1）使用钻井和下套管同时进行的钻井系统；

（2）设计地面和井下设备以便于更有效地实现这一过程；

（3）围绕这一过程设计钻井方案。

可以从以下方面节省开支：降低钻柱的采购、处理、检验、运输及起下钻费用，减少与起下钻有关的井眼事故，缩短与循环漏失、井壁稳定性及井控相关的故障时间，消除下套管的时间，降低钻机设备的投资费用和操作费用。

在任何特定的情况下都很容易节省起下钻柱和处理的费用，但是通过减少井筒事故而得到的节约费用却很难量化。在很多情况下，诸如漏失、井控及井壁稳定性等问题都可以直接归因于起下钻柱。此外，许多常规操作，例如调节起下管柱，仅仅是为了防止事故，因此不能作为潜在节省的费用。

在其他情况下，由于井筒质量差，因此常规起钻后很难下套管。这其中的一些难点与钻柱振动所引起的井筒稳定性问题息息相关。然而，其他难点更多地与井筒的几何形状及所钻遇的地层条件有关（Santos et al.，1999）。套管钻井系统通过在钻井的同时立即下套管的作业方式减少了以上事件的发生。

套管钻井中所设定的下套深度比常规钻井中的更深，并且消除了在起钻下套之前需要足量的钻井液密度以提供起下钻过程余度。套管钻井这一过程也机械地增加了井壁滤饼的厚度以减少漏失。更好地控制漏失及消除对起下钻余量的需要使得套管的下放深度得以增加，从而避免了使用多层套管柱。

除了能够降低成本，套管钻井过程也比常规钻井过程更安全。在起下钻和下套管过程中，对管柱的人工处理操作也减少。这两个过程在钻机操作过程中发生事故的概率最高。套管钻井过程也总是提供一个可以到达井底的循环路径，降低了与井控操作相关的风险。为了起出常规钻柱，在整个起钻过程中必须使井筒保持静止状态。然而，由于激动和抽汲效应的影响，井筒内起下钻柱的过程将破坏压力环境的稳定性。如果这种干扰引起了溢流，在起钻过程中没有循环路径可以使井筒再次稳定。套管钻井不仅总是可以提供一个到达井底的循环路径，还能够消除常规钻柱在起下钻过程中的激动和抽汲效应。

　　钻进高压地层时，控压钻井配合套管钻井系统可以使用比常规钻井中要求更低的低密度钻井液进行钻进。有了适合的钻井设计、地面设备和方案，可将流动钻井液的动态摩擦用于井控。到达总井深时，可以用相对密度更大的水泥浆代替钻井液，在不伤害浅部地层的位置通过使用流速驱替计划来水泥封固套管。

9.2.1.2　井下设备

　　套管钻井过程使用套管作为水力通道并给钻头传递机械能，从而避免了对常规钻柱的使用。井下钻井工具是由直接安装在套管上的一次性钻头或可回收并再次下入井内的井下钻具组合（BHA）组成的。

　　最简单的不可回收系统通过一个转换接头将常规钻头接在套管底部。使用常规钻头的另一种方法是将钻头接在一个钻头释放工具上，一旦到达下套深度，钻头将被投弃。到达总井深以后，起出几个套管接头，测井工具就可以穿过套管探测井底部分，但实际上只起出下入井内的最后一节套管。

　　另一种不可回收系统配置可磨铣钻头，从而允许下入下一节套管。图9.12显示了两个可磨铣钻头的样品。第一个由铝芯和热稳定聚晶（TSP）金刚石钻刀所组成的钻头可以被常规PDC钻头钻穿；第二个是具有PDC钻刀的钢质外壳，但它要求钻头具有特殊性能以将钢质外壳钻穿。

　　在到达下套深度前或使用定向钻具组合的情况下，可回收钻具组合将被用来更

Defyer™　　　　　　　EZCase™

图9.12　磨铣钻头的样本

图片来源：威得福公司（Defyer）和贝克休斯公司（EZCase）

换钻头。可回收井下钻具组合将被固定在套管底部，在套管鞋下端伸出并钻出一段允许套管自由通过的大尺寸的井眼。井下组合钻具顶部将安装一个套管底部的过渡接头（螺纹接套剖面），这样井下钻具组合就可以被回收利用，并且不需要在替换时起出钻杆（图9.13）。

　　套管下端的井下钻具组合部件包括导向钻头和井下扩眼器，可以使钻井套管顺利下入并钻出一个井眼，为钻井套管和之后的固井提供足够的间隙。

　　井下钻具组合的部件还包括井下马达或其他工具，如随钻测量（MWD）工具、取心设备或打捞工具，几乎在任何使用常规钻柱的作业中都会用到这些工具。

　　钻井鞋用于稳定套管底端，且有时配有PDC钻刀或硬质合金芯片以确保在下套管前钻出全径井眼。套管应包括合适的扶正器以防止磨损，并有助于固井。

　　回收的井下钻具组合可以通过钢丝绳和钻杆下入井内，也可将其泵入指定的位置。它经常用钢丝绳提拉，但对于直径较大的工具，也可以用钻杆进行提拉。工具的安置和释放功能依赖于特定工具的设计，通过钢丝绳的控制或泵压辅助得以实现。

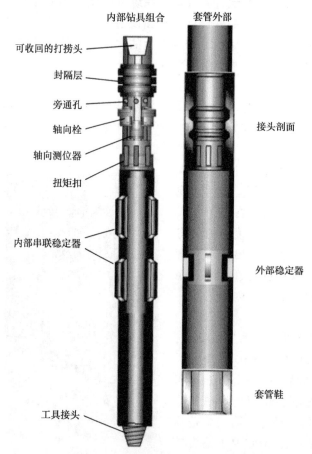

图 9.13　钻扣组合和稳定器将井底钻具组合与套管鞋连接

图片来源于 Tesco 公司

9.2.1.3　地面设备

除了上述的井下设备外，还必须选择能够支持套管钻井过程的地面钻机设备。在某些情况下，需要为套管钻井专门设计钻机，但多数情况下，还是使用常规钻机。在任何情形下，钻机必须配有顶部驱动设备以使套管钻井更加有效。顶部驱动一般用于扭转套管以达到匹配的生产商规格及在钻井的过程中旋转套管。

在要求使用钢丝绳下入和回收井下钻具组合的系统中，钻机必须配备有钢丝绞车。在大多数情况下，不能用钢丝绞车进行电法测井，因为钢丝不能保证在不破坏导管的前提下承受载荷。可用于套管钻井系统的钢丝绞车的承载能力可以达到 18143.69kg（40000 lb）。

同样需要一种可将顶部驱动装置安装在钻进套管上的方法。这如同将转换接头安装在顶部驱动装置上以拧入套管的盒状连接中一样简单。

另外，套管驱动钻具组合提供了一种处理套管的方法，这种方法更加快捷，并且破坏连接螺纹的可能性更小。套管驱动钻具组合（图 9.14）是安装在顶部驱动装置下方，并且没有通过螺纹连接而安装在套管上的设备。它具有可以下入套管内的密封打捞装置及夹在套管上的滑脱装置。这使得套管在组成上，以及在钻井过程中不需要经历套管螺纹的连接和断开过程。

图 9.14　套管驱动设备
图片来源于 Tesco 公司

　　滑脱装置通常位于直径较大的套管内部和直径较小的套管外部。套管驱动组合包括有助于将套管从井架人字形门中取下的水力扩展单根提升器。

9.2.2　套管钻井的工程因素

　　在许多方面，套管钻井的设计与常规井类似，例如都考虑如下因素：井眼稳定性、井控、套管下深、定向方案及钻头选择。井场作业人员一般要对这一过程负责，服务供应商在设计套管钻井的操作过程中，也应尽可能地考虑这些限制性因素。

　　套管钻井与常规钻井显著的不同点是：在套管钻井的环境中，套管所承受的压力不同于其在常规钻井中所承受的压力。

　　刚开始设计套管钻井的过程与常规井完全相同，下套深度和套管设计是基于井筒稳定性、井控和生产要求而选择的。井的定向设计是为了钻达所选择的目标区域，同时也应进行钻井液设计。一旦初步完成试验性的常规设计过程，必须对该设计进行复查，以保证套管钻井工艺可以成功地用于套管柱的安装并保持所要求的套管性能规格。

　　图 9.15 展示了套管钻井中影响套管完整性的相互影响因素。图 9.15 的右侧展示了套管完整性的三个主要因素（弹性载荷、磨损及疲劳）。图 9.15 的左侧展示了作业人员控制下

的参数(施工参数、管柱性能、接头设计及井设计)。套管整体的完整性由一个非常复杂的相互影响的系统所控制,所涉及的参数直接受到作业人员的控制,从而降低了套管的完整性。

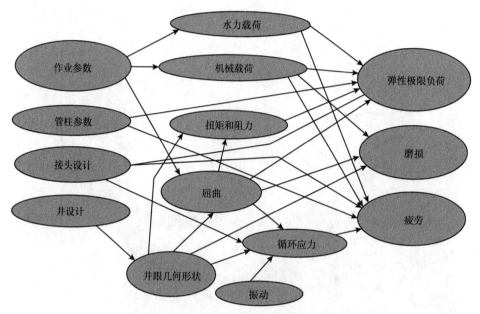

图 9.15　CWD 应用中套管的完整性互动影响

在套管钻井和常规钻井中,流体流动通道的几何形状是另一个重要的不同点。套管内的流动通道很大且没有限制,因此在套管内部通常压降很小。

套管钻井的环空限制更多一些,因此套管钻井环空压力损失比常规钻井系统更大。尽管环空流动通道受到更多的限制,但其内部规格更为均匀,所以从套管鞋到地面的环空流速基本是恒定的。进而,可以用相对较低的流速清洗井筒,但是必须适当地考虑钻井液的性能,并提供足以清洗钻头和井下扩眼器的水力能量。由于受到地层应力和压力环境影响的循环当量密度的限制,因此必须考虑上述因素。

调整部分常规井的计划以更好地实施套管钻井过程往往是十分有利的。例如,井眼尺寸通常由常规钻头的尺寸决定。应用于套管钻井的最优井眼尺寸也许并不是标准钻头尺寸。当使用可回收套管钻井系统钻进时,由于最终的井眼大小是由井下扩眼器决定的,且井下扩眼器相对容易定制,因此钻头尺寸很容易相适应。

调整定向(设计)方案对套管钻井过程的优化应用十分必要。例如,使用大直径套管钻井时的造斜率有时会比常规钻井低,或者在井眼中不使用小尺寸的定向工具来更好地完成定向钻井作业的情况下,使用小直径套管的工作效率更高。

实际操作中也需要加以调整以优化套管钻井的过程,通常使用较低的泵排量。控制漏失最好的办法是在引入堵漏材料的同时持续低速钻进,而不是停止钻进。在套管钻井中取消了大多数的井眼调整措施,除非存在过多的水力举升,才预示着需要进行调整。

本节是提供见解和工程工具以帮助设计和实现套管钻井,提出了影响套管钻井过程的解释说明，并且根据在套管钻井设计中遵循的正常实施过程而编写。

9.2.3　套管钻井水力学

套管钻井中的水力计算和常规钻井相似，大多数计算可以通过手动计算或使用任意的水力学计算软件。然而，一些只针对于套管钻井的特殊计算不能使用通用的钻井水力学计算软件。下面主要对常规钻井和套管钻井之间的不同点进行讨论。

套管和井壁之间相对较窄的环形空间在常规循环速度下增加了摩擦损失，加剧了波动和抽汲效应，在一些情形中产生了对钻井套管旋转速度敏感的环空摩擦损失，并且在套管柱上会产生水力举升力。

9.2.4　压力计算

通常套管钻井中循环系统的压力剖面与用钻杆钻井中的压力剖面相反。在常规钻井系统中，钻柱内径中的摩擦阻力占整个循环阻力中的主要部分。但是套管内径中的摩擦阻力却小得多，因为与钻杆内径相比，套管内径具有更大的通流面积。但对于环空摩擦阻力，情况却恰恰相反。

套管钻井系统中的环空摩擦压阻力比其他阻力更加重要，因为它直接影响地层的完整性并在套管上产生水力举升力。该阻力必须被适当地管理以更好地服务于套管钻井。

环空中的摩擦压力取决于环空的几何形状、流速、流体的流变性、钻柱的旋转速度及井内井眼中套管的偏离度。旋转速度和偏心度对于常规钻井而言并不重要，但对于套管钻井的环空而言却非常重要。

套管通常位于井眼中较低的一侧，如图9.16所示(假设套管没有居中)。套管的偏离度(e)将会影响环空中的摩擦阻力及清除钻屑的能力。流体在套管中较厚一侧的流速较快，而在朝着井筒环空尖灭的较低一侧流速迅速降低(Ooms et al.，1999)。总的结果显示在管柱从中心位置移动到完全偏离位置的过程中，环空摩擦阻力降低了大约30%。

相对于钻柱直径，在环空间隙比较小的情况下，环空摩擦压力随着钻杆旋转速度的增加而增加。一些研究者(Ooms et al.，1999)声称，压力随着旋转速度的增加而增加只适用于层流条件，并不适用于紊流条件。其他研究表明这种影响会一直延续到紊流状态，但在层流状态中更加明显。

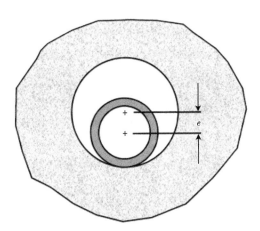

图9.16　井筒中套管偏离度

套管钻井中的环空流态一般介于层流和紊流之间的过渡区。图9.17展示了在直径为0.11m的(4⅜in)井筒中用直径为0.094m(3.7in)的平接式管子(套管直径与井筒直径的比值为0.85)所测量的套管钻井数据的雷诺数变化范围(Bode et al.，1991)。

100r/min的数据可能是较为典型的套管钻井操作条件。在这个速度下，由于套管的旋转，环空摩擦压力增加了15%~40%。其他数据和现场观测结果显示，在旋转速度增加的情况下摩擦压力的增量较小(通常忽略不计)。

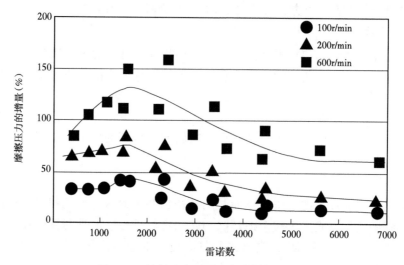

图 9.17　旋转速度对环空压力损失的影响

如果流态为紊流，摩擦压力也受到管内粗糙度的影响。在大多数常规钻井情况中，流态为层流或过渡流；因此，可以忽略井壁的粗糙度。

然而，在套管钻井应用中使用低黏度或低密度流体作为钻井液时，流态可能为紊流。当使用水基钻井液时，流态往往为紊流。在这些情况下，实际的环空摩擦压力可能高于计算值，因为井壁粗糙度的值大于用模型来确定的管流摩擦系数的值。

在可能发生漏失的情况下进行套管钻井时，要注意计算环空摩擦压力的不确定性。紧急情况下，可以考虑下入一个环空压力监测器，用以监测水力举升。此外，监测液压举升也是跟踪监测直井中环空压力的有效途径，但由于机械摩擦，在定向井中不是很有效。

9.2.5　套管环空

可以计算环空中的摩擦压力，并且典型套管钻井的井筒环空摩擦压力比常规井中的更高。所有环空中压力部分的总和通常称为循环当量密度（ECD），循环当量密度是总压力（在环空中钻头附近）转换为钻井液密度，在同一深度产生相同的压力。例如，在 2438.4m（8000ft）的垂深（TVD）处，1.38MPa（200psi）的环空摩擦压力和 1.07kg/L（9.0lb/gal）的钻井液得到 1.14kg/L（9.48lb/gal）的循环当量密度［9.0+200/（0.052×8000）］。

循环当量密度包括除了清洁钻井液加摩擦压力之外的环空岩屑载荷的影响，减少泵排量会降低摩擦，但可能以固定的钻井速度会增加环空岩屑的载荷。因此，在任何给定井的几何形状、流体性质及钻进速度的条件下，可能会有一个最佳泵排量。

例如，图 9.18 显示了循环当量密度在采用 0.16m（6⅛in）的钻铤和 0.1m（4in）钻杆的常规井中与套管直径为 0.18m（7in）的套管钻井在垂深为 975.36m 处（钻井液密度为 1.06kg/L（8.9lb/gal）中的比较。在套管钻井中，最小循环当量密度的泵排量为 18.92L/s（300gal/min），相对于在常规井中其最小循环当量密度的泵排量为 34.7L/s（550gal/min）。虽然套管钻井的钻井泵排量是 18.92L/s（300gal/min）而常规井的钻井排量为 37.85L/s（600gal/min），套管钻井仍然具有一个更高的 0.23kg/L（0.5lb/gal）的循环当量密度。

通常，为确保在钻柱起下钻时使井保持稳定，常规钻井至少携带超过 0.036kg/L 的钻

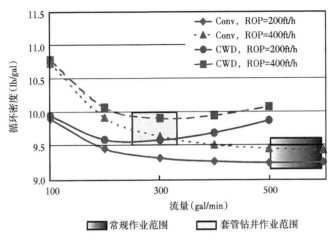

图 9.18　套管钻井作业与常规作业的最佳流量范围

井液密度(0.3lb/gal)起下钻余量。因为在套管钻井系统中不需要裸眼起下钻，通常也没有起下钻余量。这通常会使循环当量密度降低到可以忽略不计的水平，但仍高于常规钻井系统中的循环当量密度。

套管钻井的经验表明，套管钻井中发生循环漏失的概率要比在传统钻井中的小，这种作用还没有得到充分的解释，但这似乎是由套管机械地将钻屑充填井壁引起的，这会堵塞井壁的小裂缝并降低了岩石表面的有效渗透率。固体颗粒对微裂缝的封堵通过应力保持效应提高了井壁强度(Aston et al.，2004)，流体进入井筒也会受到抑制，使套管钻井的井控变得更为容易。

即使这种作用难以量化，但这种效果非常显著且是套管钻井的主要优势。一些操作人员因为这种效果，更偏向于在易发生循环漏失的地层使用套管钻井。

9.2.5.1　减少大钩载荷

环空摩阻在套管上产生的应力将减小大钩载荷，摩阻增加了沿套管下端向上的压力，环空液流会在套管表面产生阻力。

总提升力的计算方法如下。但最终的影响是：环空摩阻使管柱的行为与悬浮在更高密度的钻井液中的管柱非常相似。

如图 9.19 所示，集中应力作用在套管的底部并且阻力沿套管两侧分布，表面压力为 0(假设管线不堵塞并且通过扼流圈时流量不分流)，底部增加的压力即为环空摩阻。

作用在套管底部的环空压力产生以下应力：

$$F_{\text{end}} = \Delta p_o \pi r_o^2 \qquad (9.1)$$

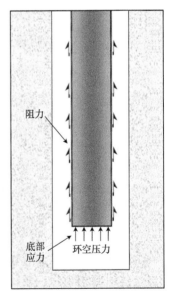

图 9.19　作用于套管的水力举升应力

式中，F_{end} 为底部应力；Δp_o 为环空摩阻；r_o 为套管外表面直径。

作用在套管侧阻力的分布不是那么简单，图 9.20 显示了在井筒中套管附近环空液流的自由体受力图及计算公式。环空截面的压降等于井壁上所有阻力与套管外表面的阻力之和，但只有套管壁上的阻力会影响大钩载荷。

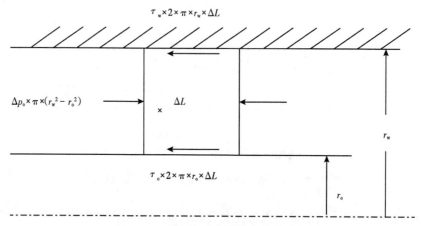

图 9.20　环空流动流体的自由体受力

由该自由体受力情况，下面的等式可以写为

$$\Delta p_o \pi (r_w^2 - r_o^2) = 2\tau_w \pi r_w \Delta L + 2\tau_o \pi r_o \Delta L \tag{9.2}$$

式中，r_w 为井筒半径；r_o 为套管外半径；τ_w 为井壁切应力；τ_o 为套管壁切应力；ΔL 为套管长度。

套管切应力与井壁切应力不相同，但二者都可以由下式计算：

$$\tau = \rho f_f v^2 \tag{9.3}$$

式中，ρ 为流体密度；f_f 为摩擦系数；v 为平均速度。

对井筒壁和管壁的平均流速和流体密度是相同的，但摩擦系数可能不同。这意味着井壁的剪应力等于管壁处的剪应力乘以摩擦系数的比值。

井壁阻力 F_d 可以用套管参数表示为

$$F_d = \tau_w f_o / f_w 2\pi (r_o / r_w) r_w \Delta L \tag{9.4}$$

式中，f_o 为套管摩擦系数；f_w 为井壁摩擦系数。

大钩载荷的变化是由泵排量从零增加到某一值而引起的：

$$\Delta HL = 2\tau_o \pi r_o \Delta L \tag{9.5}$$

式中，ΔHL 为大钩载荷的变化。

根据表面阻力会引起大钩载荷的变化，结合公式(9.2)、公式(9.4)和公式(9.5)可以表示环空摩擦压力：

$$\Delta p_o = \Delta HL (1 + f_o / f_w \times r_w / r_o) \pi (r_w^2 - r_o^2) \tag{9.6}$$

根据大钩载荷总变化量包括末端效应和阻力，可以结合公式（9.1）和公式（9.6）表示环空的压力损失：

$$\Delta p_o = \Delta HL / \left[\pi (r_w^2 - r_o^2) / (1 + f_o / f_w \times r_w / r_o) + \pi r_o^2 \right] \tag{9.7}$$

井壁和套管的摩擦系数，都根据雷诺数 Re（二者的摩擦系数相同）及每个表面的相对粗糙度得到；图9.21表明，层流摩擦系数与粗糙度无关，但在雷诺数较高时，摩擦系数会根据表面粗糙度甚至能增大三倍。

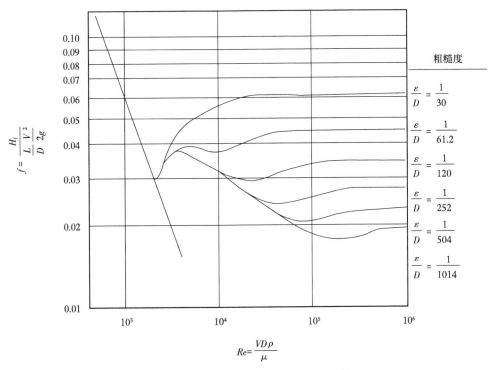

图9.21　摩擦系数是井壁粗糙度的函数

在很多套管钻井的情况下雷诺数小于4000时，粗糙度对摩擦系数几乎没有影响。将水作为钻井液使用时，雷诺数会非常高，并且套管的阻力效应将是总水力举升的一小部分。

图9.22显示了钻杆上的摩擦力与可代表井壁的粗糙壁摩擦力之比（$\varepsilon / D = 1/30$）。

在使用两种尺寸不同的套管时，必须计算作用于这两种套管的水力举升，该水力举升不仅包括切应力和底部应力，还包括由于套管直径变化而在套管口产生的压力。

例如，由长304.8m（1000ft）、直径0.127m（5in）的套管与长1981.2m（6500in）、直径0.114m（4½in）的套管组成的套管柱，可以观察到作用于该套管柱的水力举升为3.56kN（8000lbf）。在直径为0.127m（5in）的套管中，钻井泵排量为0.014m³/s（215gal/min）时，其雷诺数为6000；在直径为0.114m（4½in）的套管中，钻井泵排量为0.014m³/s（215gal/min）时，其雷诺数为5000。假设二者的摩擦系数相同，则其相应的流速分别为1.9m/s和1.4m/s。

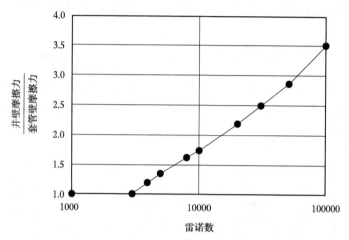

图 9.22 　井壁摩擦力与套管壁摩擦力之比

在这种情况下,两段套管中都会出现环空摩擦压力 [0.127m (5 in)、0.114m (4½ in) 套管],环空摩擦压力等于摩擦系数乘以套管长度再乘以流速的平方,因此,78% 的摩擦损失反而发生在 0.114m (4½ in) 的套管中。

必须将 0.127m 和 0.114m 之间(5in 和 4½in)向上的末端应力调整为向下的应力,计算如下:

$$F_{\text{end}} = \Delta p_{\text{o}} \pi \left[2.5^2 - 0.78(2.5^2 - 2.25^2) \right] = 16.72 \Delta p_{\text{o}}$$

阻力为

$$F_{\text{d}} = \Delta p_{\text{o}} \left[0.22\pi(3.125^2 - 2.5^2)/(1 + 3.125/2.5) + 0.78\pi \right.$$
$$\left. \times (3.125^2 - 2.25^2)/(1 + 3.125/2.25) \right]$$

$$F_{\text{d}} = \Delta p_{\text{o}}(1.08 + 4.82) = 5.9 \Delta p_{\text{o}}$$

环空压力损失为

$$\Delta p_{\text{o}} = 8000/(16.72 + 5.9) = 354 \text{psi}$$

在现场很容易观测到水力举升力,必须考虑在钻头上施加合适的重量及监测井筒的清洁性和循环当量密度。图 9.23 显示的是泵以全速工作时的泵压和大钩载荷的工作状态。在泵第一次投入生产时,因为钻柱已经充满,所以大钩载荷没有变化。当钻柱充满时,流体开始从套管下方沿环空向上循环,大钩载荷随着泵排量和泵压的增加而降低。

水力举升力受到流体性质的影响并(或更多)受到泵排量的影响,例如,钻井液 A [0.92kg/L,18mPa·s,5.74Pa (9.25 lb/gal,18mPa·s,12 lbf/100ft²)] 的水力举升力和钻井液 B [0.89kg/L,12mPa·s,2.4Pa (8.9 lb/gal,12mPa·s,5 lbf/100ft²)] 的水力举升力比较显示,钻井液 A 的水力举升力远高于钻井液 B 的,甚至以 18.96L/s 泵速工作的钻井液 A 的水力举升力比以 22.75L/s 泵速工作的钻井液 B 的水力举升力更高(图 9.24)。用于套管钻井作业的钻井液 A,穿过枯竭层并变为钻井液 B 以减少循环漏失并提高井筒的清洁性以及机械钻速(ROP)。

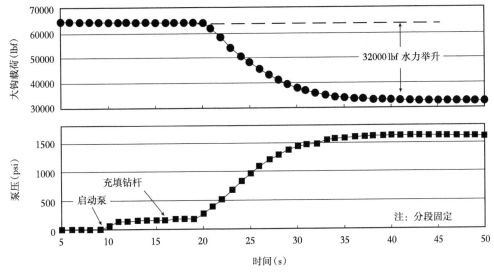

图 9.23　大钩载荷随着泵以正常排量工作而降低

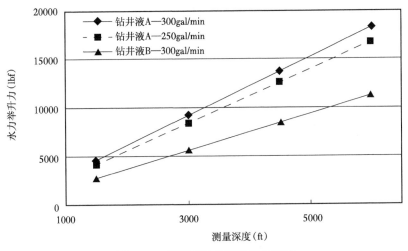

图 9.24　停泵对钻井液性能的影响

设计套管钻井时最常犯的一个错误是对钻井液的过度设计，通常，低黏钻井液比高黏钻井液更适合于套管钻井作业。即使预计会出现漏失层，常规钻井需要低黏钻井液情况下也如此，低黏钻井液不仅可以降低 ECD，减少套管上的剪应力，还可以提高流速，更好地清洁井筒。

图 9.25 显示了饼状的黏性黏土（注意图中的硬币）在使用钻杆和上述钻井液 A 进行钻井后，在振动筛中可以恢复原状。尽管环空中钻井液流速很高，但还是会在套管外造成页岩的堆积，由于低黏钻井液的流变性，使用钻井液 B 时，不仅会减少水力举升力，还可使井筒清洁效果变得更好，并抑制滤饼的形成。

在套管钻井时，应该通过监测水力举升力，以监测井眼清洁情况，通常，因为环空摩擦压力的增加，水力举升力会随着井筒深度的增加而增加；水力举升力也会随钻井液密度

图9.25 使用高黏钻井液钻井时黏滤饼的再形成

和流速的增加而增加。因此，在给定作业和钻井液条件下，应该根据水力举升力来确定基线，这样就较容易确定井眼欠清洁的情况。

应该通过泵排量的计划和预期的钻井液性能，估算预期的水力举升力。通过在钻进过程中对预期的水力举升力和观测到的水力举升力进行比较，有助于探测井筒的清洁性，在常规井中通常省略了这一步。

通过将观测到的和预期的水力举升力绘制在同一图中，可以清楚地看到井筒的清洁度。例如，图9.26显示了在得克萨斯南部用直径为0.18m(7in)的套管钻井作业中，比较预期和

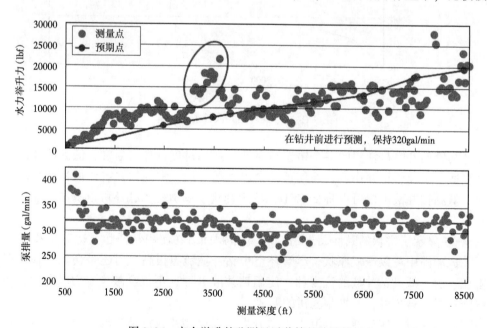

图9.26 水力举升的监测显示井筒的清洁性

观测到的水力举升力。在钻出的大多数层段，预测的和观测到的水力举升力非常匹配。在将近914.4m（3000ft）时，水力举升力突然增加，活动钻柱并划眼至1066.8m（3500ft）使水力举升力如期退回到基线以下。在水力举升力增加且没有补救措施继续钻进的情况下，很容易发生循环漏失。

现场作业人员经常错误地认为可以通过套管鞋和扶正器的设计来消除水力举升力。在大多数情况下，并不是套管鞋或扶正器附近的流体限制而导致了水举升，而是由于套管上的孔壁和外壁的剪应力引起的环空摩擦压力损失。但在套管鞋或稳定器发生堵塞时，会增加水力举升力。

钻头下入井底泵速增加使大钩载荷发生变化，通过大钩载荷的变化测量水力举升力。在钻头下入井底并开钻时水力举升力有可能会增加。如果单根连接时机械钻速高且井眼循环干净（通常在浅层），水力举升力会随着环空岩屑载荷的增加而增加，同时，泵压也会增加。任何时候出现泵压增加，最好的操作是上提钻柱并将钻压归零。

9.2.5.2   波动和抽汲

钻杆的移动通过以下方面影响井底压力：（1）由于流体驱替改变了环空的泵排量；（2）流体加速的影响；（3）流体的剪切力。这些因素对套管钻井井眼轨迹的影响要比对常规井的大。

扩眼时连接单根，在循环时，套管下得更深一些。在这种情况下，钻杆的排量会增加整体泵排量，例如，0.18m（7in）的套管在0.22m（8½in）的井筒中的排量约25.2L/m（2gal/ft）（假设使用了钻井浮子），因此，整体泵排量的增量为0.13L/s（2gal/min）乘以钻杆的移动速度（单位为ft/min）。此外，由于泵排量的增加和钻杆的移动都使环空压力增加，并加速了环空流体的流速。鉴于这些原因，在钻头下入井底时，最好减少泵排量以避免钻进过程中有任何诱导循环漏失情况导致的钻柱位移量的突增。

9.2.5.3   清除岩屑

套管钻井的环空流体速度通常比常规井中的高，更高的流速有助于携带岩屑，但不能保证有效地清除岩屑。在定向应用中，结合套管的偏移和相对低的旋转速度，使固体沉降在套管低的一侧。相对密度较轻的流体在井筒较低一侧清除固体的能力比相对密度较高的钻井液更强。周期性的旋转套管有助于抑制岩屑的沉降堆积。

在黏性地层中钻井时，套管提供了较大的外表面积并可能形成"泥包"，套管上的稳定器会明显增加这一现象，相对密度较轻的钻井液有助于解决黏性问题。

9.2.6   机械载荷

在重力和稳定的摩擦力状态中，套管的机械载荷和动态载荷都是由不同的振动模式而引起的，在设计套管钻井的应用时应考虑到这些。通过计算扭矩和阻力较容易预测稳定应力，然而，预测动态应力却很难。

因为普通套管接头的强度限制，扭矩力通常比轴向力更关键。在大直径套管的极端情况下，还需要考虑顶部驱动的扭矩额定值。

9.2.7   钻柱的扭矩和阻力

最通用的钻井软件包应包括一个模块（johancsik et al.，1984），即可计算用以提供整体钻柱载荷的扭矩和阻力。这些程序计算轴向和正交力，这两个力与库仑摩擦力随着钻柱结合在一起用以提供扭矩和阻力,在计算中使用的摩擦系数通常假定与速度无关,因此,只要钻柱以恒定速度旋转,就认为旋转扭矩与旋转速度无关。

对于给定的井筒几何尺寸,对套管钻井比常规钻井扭矩和阻力的差异主要与钻柱的平均重量和直径的差异有关。

根据井的深度、套管的尺寸及常规钻柱的设计,套管钻井中钻柱的平均重量比常规井中的更重。例如,图9.27显示了34.1kg/m、0.18m(23lb/ft、7in)的套管与常规钻柱非常相似,该常规钻柱是由0.11m(4½in)的钻杆和0.51m(20lb/ft 6¼in)的钻铤组成。但0.24m(9⅝in)的套管比该钻柱重很多,这个例子表明,通常在同一口井中,直径较小的套管和钻柱重量相似,但直径较大的套管要比钻柱重得多。使用小直径套管时,套管钻井中钻柱的有效直径(套管接箍)通常比常规钻柱(钻杆连接工具和钻铤)稍大,而使用直径较大的套管时,二者的差距会更大。套管重量和直径的综合作用导致使用大套管的特定井的钻井扭矩通常大于使用常规钻柱钻井的扭矩。

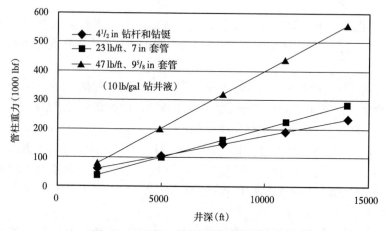

图9.27　套管、钻杆和钻铤的管柱重力

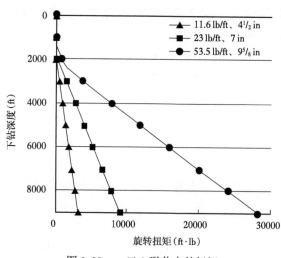

图9.28　一口S形井中的扭矩

井眼轨迹的几何形状在确定扭矩中非常重要,因为,首先,井斜度在确定法向力中是一个非常重要的参数,法向力引起摩擦力。其次,由于随着钻杆在弯曲部分的拉伸而改变了拉力的方向,轨迹决定总曲率以及弯曲的位置,有助于法向力的形成。通常,井筒内弯曲度较高的部分比位于更深处相同弯曲度的部分更有助于扭矩和阻力的形成。

图9.28显示了在S形井中三种不同尺寸套管内扭矩的比较,井眼轨迹包括609.6m(2000ft)曲率为20°造斜段和304.8m(1000ft)稳斜段,然后在每

30.48m(1/100ft)降1°最终降到倾角为10°，这个倾角一直延续到井底。需要注意的是，直径从0.11~0.18m(4½in~7in)和直径为0.18~0.24m(7in~9⅝in)套管的重量将近增加一倍，因为套管直径的增加，而扭矩增加一倍以上。

因为倾斜段的底部，即井筒中1524m处(5000ft)的倾角只有10°，所以可以认为扭矩非常低。事实上，井筒中这部分的法向力很低，但轴向力在井筒304.8~1219.2m(1000~4000ft)的倾斜段产生的拉力却非常高。总的结果是S形井中的扭矩在井斜角较低的地方非常高。

9.2.7.1　弯曲度和井底钻具组合对钻柱扭矩的影响

因为井眼轨迹对阻力和扭矩起决定性作用，所以在套管钻井应用中井眼轨迹的准确性非常重要。在选择套管连接时，套管接箍处扭矩的限定值作为一个合理的扭矩估测值。此外，在钻井时为使钻井操作效率更高，通过实践控制扭矩非常重要。

如上所述，井眼轨迹的几何形状在决定钻柱的旋转扭矩中是一个非常关键的参数，井眼轨迹通过专门的定向测量，即用一口真实的井或一个假设点来确定井的设计。在上述任一情况下，沿井眼轨迹离散点的倾角和方位角确定测点，并用一个光滑的圆弧勾勒出这些测点之间的井眼轨迹。

要求测点之间紧密相邻，以确定井眼轨迹并计算扭矩，但通常测点间的距离为30.5m（100ft）或更长，直井中会更高。鉴于上述情形，定量地使用弯曲度代表测点间没测量到的曲率。

例如，图9.29中通过在"a"和"a+1"点间的测量计算模型确定轨迹，如图中的虚线，如果测点间的距离相隔非常远，真实的轨迹如图中实线所示。在两种情况中倾斜度（井斜角和方位角）在测点中的值相同，但是两种轨迹却差异巨大。

弯曲度是用来量化这种不可测的曲率参数，这是一个统计参数，特指在测点之间不可测量曲率的平均数，其单位为度/单位长度，通常为1°/30.48m（100ft）。

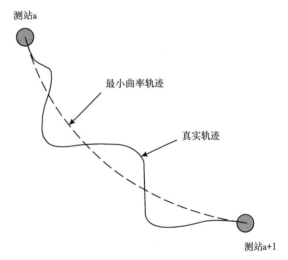

图9.29　测量井眼轨迹和实际井眼轨迹之间的区别

Shepard等（2002）讨论了用套管钻出的直井，并举了一个很好的例子说明了钻柱设计对弯曲度的影响以及弯曲度对扭矩的影响。这些井是用全井眼钻头和17.2kg/0.11m(11.6 lb/ft、4½in)套管钻出的，其深度大约为2895.6m(9500ft)。在0.11m(4½in)和钻头之间使用总长度为457.2m(1500ft)34.4kg/m、0.13m(5in)的光套管以提供附加重量。

图9.30显示了用光钻铤组合钻出井1到井3之间井斜测量，即使井内观察到的最大倾角不超过4°，在底部旋转时，这些井的倾角发生很大的变化，并且扭矩比计算出的值大得多（基于实测井眼轨迹）。

更高的扭矩比摩擦系数中任何合理的变化下预期的更高，由此得出的结论是，更高的扭矩是由于测点间的弯曲度。为了钻出更直的井眼轨迹将钻井组合换为满眼井下钻具组合

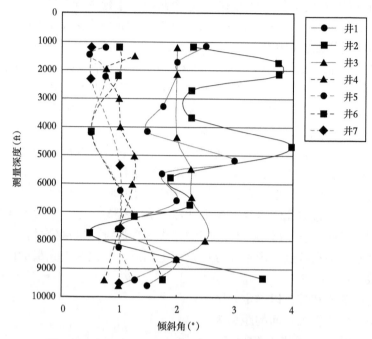

图 9.30　Wamsutter 地区 0.11m（$4\frac{1}{2}$in）和 0.13m（5in）
套管钻井和全井眼钻头钻出井的井斜测量

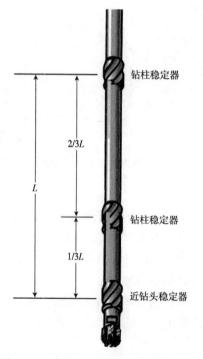

图 9.31　用于井 4 到井 7 之间的稳斜钻柱

（图 9.31）。

　　最下部的稳定器由常规近钻头稳定器（也作为浮箍）及在钻头上的旋转连接和套管连接处的转换接头组成，上面的两个螺旋片的稳定器是表面硬刀片的刚体扶正器短节。

　　这个设备组合应用于该油田其余 11 口井。图 9.30 显示了井 4 到井 7 间的井斜角，各井的井斜角变化明显减小。

　　旋转扭矩的减少比井斜角减小的变化更加明显，图 9.32 显示了采用光钻铤组合转成的井 1 底部未接触井底的扭矩图（井 2 和井 3 几乎相同）。对于裸眼井通常摩擦系数为 0.3，下套管井的摩擦系数为 0.2，在垂深（虚线）预计扭矩约为 1085m·N（800ft·lbf）。在假定井筒是光滑时，测量出的扭矩是计算出的 3~4 倍，要求将每 30.48m（100ft）弯曲度 0.6°与实测扭矩相匹配。

　　如图 9.33 所示，在接下来的 4 口井中扭矩明显降低，这四口井由稳定钻具组合钻成，这些井的扭矩为每 30.48m（100ft）弯曲度 0.15°。很明显，

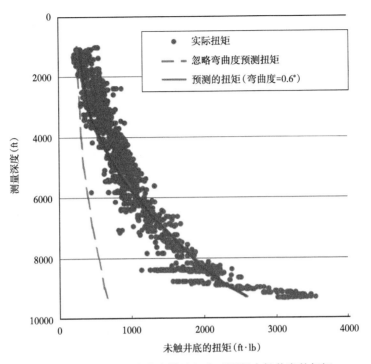

图 9.32   未使用稳定井底钻具组合时测得未触井底的扭矩

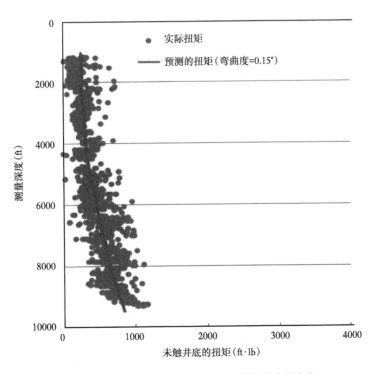

图 9.33   使用稳定井底钻具时测得未触井底的扭矩

稳定钻具组合钻出的井更直,因此扭矩明显降低。

将这些井中的观测结果可应用于其他套管钻井中,首先,在钻直井时,井底钻具组合对扭矩的改变很大。如果井组深度较浅(小于1524m,即5000ft),扭矩的变化就不是很重要,但对于深井,过大的离底扭矩可能会限制钻井扭矩,从而对增大钻压不利。

其次,在设计井的时候,在扭矩和阻力模型中使用一个合适的弯曲度非常重要。在稳定旋转钻井组合中,每30.48m(100ft)弯曲度0.15°比较合理,在不稳定的旋转钻井组合中,每30.48m(100ft)弯曲度0.6°比较合理。回顾文献表明,在使用可控导向动力钻具时,每30.48m(100ft)弯曲段为0.8°,在切线段每30.48m(100ft)弯曲度为0.5°比较合理(Rezmer-Cooper et al.,1999;Weijermans et al.,2001)。

9.2.7.2　钻柱扭矩稳定的要点

在任何特殊情况中,必须运行使用真实井的几何形状和钻柱定义的扭矩和阻力模型,以了解需要多大的钻柱载荷,但由于稳态旋转摩擦,有关扭矩的要点归结为以下10点:

(1)钻柱扭矩不受转速影响;

(2)直井中钻柱扭矩为0;

(3)在非直井中,钻柱扭矩随着套管直径和重量增加而增加;

(4)钻柱扭矩随着井斜角的增大而增加;

(5)钻柱扭矩随着井眼总曲率的增加而增加;

(6)井眼中较高点的井斜角比低点相同井斜角对扭矩的增加值更大;

(7)流体类型对扭矩的影响,油基钻井液对其影响较小,水基钻井液和空气对其影响较大;

(8)扭矩随钻井液密度的增加而降低,在空气钻井中的扭矩最大;

(9)只有具备井眼精确测斜时,才能进行实际扭矩计算;

(10)在井的设计阶段,合理地估计弯曲度是非常重要的。

9.2.7.3　横向振动

在套管钻井中观察到的最具破坏性的振动是横向振动,通常是指旋转振动。在持续振动时,振动会导致套管接头发生疲劳故障,因此,确定套管发生涡动及缓解的方法非常重要。

如上所述,随着滑动速度变化摩擦系数变化不大,恒定旋转的接触应力不会变化,因此,在任何旋转速度下,扭矩为定值。由于在钻井液中套管的旋转引起的黏性应力引起的扭矩是可以忽略不计的。

在一些情况中,随着旋转速度的增加扭矩大幅增加。任何时候,它都应该作为一个警告,说明破坏性的横向振动可能在钻柱的某个点上发生。有时认为横向振动发生在与井眼轴线对齐的一个平面上,事实上,由于横向位移是在井筒中心的轨道上,所以这些振动通常与钻柱的旋转相互影响。

图9.34显示了钻柱和井壁接触时的井筒截面积,在套管钻井中,这个接触点可能会在扶正器、接箍或钻杆表面的一点。该接触可能是由屈曲造成的,随着钻柱旋转,最初较小的横向力引起摩擦并产生牵引力,使接触点沿逆时针方向绕井移动。普通套管和井眼尺寸中,钻柱每转一周,套管将会绕井筒旋转几周。

这种围绕井眼的旋转(通常称为涡动)产生离心力,增加接触力。如图9.34所示,当转速较低时，涡动不太可能启动，但一旦启动，接触力的增加会使涡动自我维持，即使转速降低，涡动也会继续。

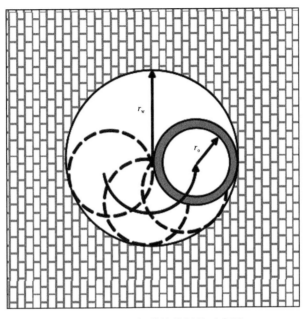

图 9.34　钻杆与井筒接触的示意图

图 9.35 所示的数据是在用常规钻柱和 0.22m（8.5in）牙轮钻头在硬地层中钻进时收集的。钻压增加到 178kN（40000lbf）的同时，旋转速度增加到了 2.5r/s（150r/min），扭矩保持在 282.6m·N（2500ft·lbf），在这些条件下该钻井扭矩的值很正常，但保持的时间很短暂，之后猛增到 845.5m·N（7500ft·lbf），稍后将钻头起出，扭矩降低约 282.6m·N（2500ft·lbf），但

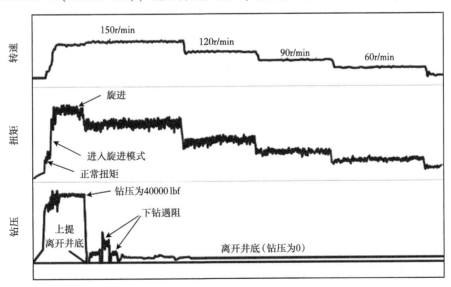

图 9.35　钻柱旋转引起的扭矩

其值依然很高。旋转速度的增量随之降低 0.5r/s(30r/min),扭矩随着旋转速度的变化下降。这种扭矩和转速间的相互影响几乎总是预示着井下钻柱部分的横向振动。

图 9.36 显示了在相同深度使用 0.11m(4½in)的套管钻出的两口井中测得钻头离开井底时的扭矩。该井显示了扭矩在钻柱旋转次数小于 $1×10^6$ 后,经历了套管的疲劳失效,随旋转速度的增大而大幅增加,甚至在超过 $2×10^6$ 转次后,井筒内的套管显示扭矩没有增加。这两口井在地面都没有表现出任何可辨别的振动,但显然第二口井经历了横向振动。

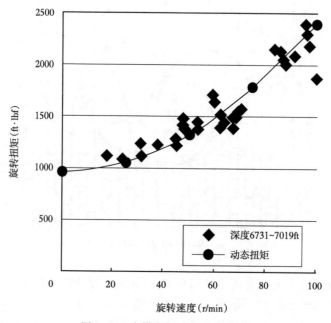

图 9.36　由横向振动引起的扭矩

横向振动不仅引起了接头疲劳,还显著地增加了套管浮箍的磨损。由于接触应力的增加和有效旋转数的增加致使磨损加剧。

涡转最有可能发生在钻柱底部的钻头上,该处钻柱受到挤压和屈曲。涡转可能是在钻粗砂层时引起的,同时钻柱的摩擦力增加。没有再次发生涡转,旋转次数逐渐增加前,下入单根钻进时,很有必要减少旋转速度。另一个可以用于解决这个问题的技术是使用一个钻井动力钻具以给钻头提供动力,这样套管旋转速度就会很低[低于 0.67r/s(40r/min)]。

在使用润滑性较小的钻井液(例如,水和聚合物钻井液)进行钻进时,很可能会发生横向振动。在一些情况中,泵入黏性清洁液可以暂时有效地避免发生涡转的倾向。

下面的方程式显示了计算涡转速度和扭矩,说明不同参数对该现象的影响。最重要的是检测钻机上不利的涡转条件并将之消除。如果不使用一些监测振动的随钻测量仪器,那么监测地面扭矩是检测套管发生涡转的唯一方法。

9.2.7.4　涡转引起的扭矩

如果套管围绕井眼没有滑移,那么将会以一个给定的速率绕井眼旋转:

$$\mathrm{RPM_m} = \mathrm{RPM_s} d_o (d_w - d_o) \tag{9.8}$$

　　式中，RPM_m 为围绕井眼的旋转速度（c/m）；RPM_s 为钻柱转速（r/min）；d_w 为井筒直径，in；d_o 为接触点钻柱的直径，in。

　　例如，如果井筒的直径为 0.16m（6.25in），那么一个 5.5in 的扶正器将会以 880c/m 的速度在井眼周围旋转，即使转柱的转速只有 120r/min。增加的速度将会以 7.3 倍的钻柱旋转速度来循环累积弯曲应力周期。

　　由涡转引起的扭矩的增加可以被解释。来自涡转钻柱的离心力提供需要增加扭矩摩擦力的正常接触力。涡转的重力包括钻柱的钢结构和钻井液的内部容量。因涡转引起的接触力的大小由以下公式确定：

$$F_n = 0.000014\omega(RPM_s d_o)^2/(d_w - d_o) \tag{9.9}$$

　　式中，w 为旋进的重力，lbf，RPM_s 为钻柱的旋转速度，r/min；d_w 为井筒的直径，in；d_o 为连接处井筒的直径，in。由此产生的扭矩为

$$M = \mu_f F_n r_\omega/12 \tag{9.10}$$

　　图 9.36 显示了使用 $4\frac{1}{2}$in、11.6lb/ft 套管的例子，其中扭矩随着旋转速率增加，并表明了一部分套管柱是涡转的。且绘制成图是要运用公式（9.10）计算的扭矩，这里在稳定状态下的扭矩为 970ft·lbf，摩擦系数为 0.3，并假定 550ft 的套管是横向振动的。这种特殊的套管长度使用简单是因为它的长度与现场数据吻合，但在给定的特殊钻井条件下这种长度似乎也是合理的。图中显示的振动偏离导致在套管上接头中最后啮合螺纹的疲劳断裂。

　　当钻柱涡转是这种情况下的唯一指示时，地面扭矩会增加。钻柱涡转时，继续钻进会导致加剧磨损和快速的累积疲劳周期。这两种情况对于一系列的套管钻井操作来说非常不利。

　　检测涡转的最佳方法是密切监测扭矩和周期性的绘制钻进扭矩图并与扭矩—阻力预测模型的结果做比较。当钻头的重力增加和钻进软地层会使钻速降低时，钻进扭矩一般会增加。这些结果往往会掩饰涡转的效果。

　　当扭矩较高和钻柱的涡转不能确定时，以下的步骤可以用来确定较高的扭矩是否是由钻柱的涡转引起的：

　　（1）记录底部的钻进扭矩，然后在不降低旋转速率的情况下使钻头离开底部；

　　（2）记录扭矩，然后慢慢地把转速降至 0；

　　（3）重新使钻柱在大约 30r/min 的速率下旋转并记录扭矩；

　　（4）如果当钻头被抬起时扭矩依然很高，扭矩会随着转速降低而慢慢降低，当转速重新建立时，扭矩会达到一个相当低的值，肯定的是钻柱还在涡转。

　　当检测到涡转时，必须采取措施消除涡转以防止套管接箍的疲劳失效。一旦检测到涡转，钻柱的转速应该降低至 0，在较低的转速下重新开始钻进。在没有完全停止钻柱涡转的情况下单单降低转速通常会减少扭矩，以至于钻柱的涡转可能会检测不到。当钻进下一个井段为防止涡转重新开始，可能需要降低旋转速度。

　　一个涡转的钻柱能造成与地层坍塌非常相似的情形，以图 9.37 为例。在大约 4min 的时间里，扭矩增加了一倍，且这是由涡转所引起的。继续钻进持续 6min，钻头会在不降低旋转速度的情况下被提起离开井底。在没有降低扭矩的情形下，将整个套管接头从转盘下

方拉出,然后下放管柱。钻头开始增加钻压和扭矩,好像扩眼通过了桥塞。在进行几分钟的扩眼后,顶部驱动旋转会停止一阵,之后会以一个较低的速度重新启动。在没有增加钻压或增加扭矩的情况下,套管可以轻易地滑回底部。这些情形与一个预估的易坍塌地层比较相似,但实际的原因是涡转。

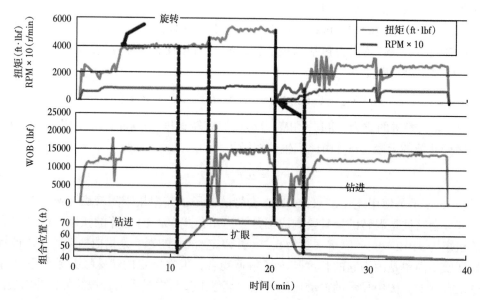

图9.37　使用114mm(4½in)套管钻进时的漩涡显示了与地层坍塌相似的状况

关于套管旋转的要点如下:

(1)当转速增加时,扭矩增加往往表示涡转;

(2)当钻头被提起离开井底时,扭矩会保持很高((在处于恒定转速时),但当转速降低为0时,扭矩恢复正常,之后转速重新开始表明存在涡转;

(3)通常会存在一个WOB和RPM的门限值来促使钻柱发生涡转;

(4)涡转通常可以通过降低RPM和WOB来消除;

(5)当在坚硬、研磨性地层中钻进时更容易产生涡转;

(6)涡转有时会与弯曲有关;

(7)涡转可能会与钻柱的横向谐振频率有关,在有些情况下可能会通过快速增加RPM达到一定程度并高于谐振频率来避免旋转;

(8)在使用润滑性能较差的钻井液时可能会出现涡转;

(9)扶正器可以提高涡转的趋势,特别是如果它们不平滑的话;

(10)一些钻头的设计相对于其他的钻头来说更容易引起涡转;

(11)在套管水泥中钻进发生涡转的可能性大于在地层中钻进,并对PDC钻头有害;

(12)在环空孔隙中岩屑的堆积可以引起涡转,上下活动套管来清理井筒可能会减少涡转的可能;

(13)当通过液压上部驱动测量来的扭矩来检测涡转前,由于流体摩擦的影响,应该校正。

9.2.7.5　扭转振动

硬岩石套管钻进时较为常见的振动是扭转振动，而这种类型的振动不具有与套管涡转一样的破坏性，但它依然可以通过产生过大的力矩损坏接头处，也可能导致钻头向后旋转或诱发一个短时间的钻头涡转来损坏钻头。

当使用常规钻柱钻进时，通常会遇到几秒钟（一个完整周期的时间）的转矩振荡。这种振荡是由钻柱的扭摆引起的，随着作为集中质量的钻铤的钻进，钻杆会表现为一个扭曲的弹簧。在严重的情况下，这种振荡可能会产生黏滑现象，此时钻头会完全停止，受扭摆影响时间会超过预测值。

当上述现象发生时有很多次，会听到钻工说在钻头好像在振荡点上卡住了，此时扭矩为最高值。实际上，在地面观察到的扭矩相对钻头与岩石的相互作用来说更多地与钻柱的惯性有关。

为了理解这些过程，必须把钻柱看作一个相当长的柔性弹簧。忽略沿管柱的摩擦力，钻柱将会随其两端扭矩增加而弯曲：

$$\alpha = ML/JG \tag{9.11}$$

式中，α 为扭曲度（弧度），M 为扭矩，L 为钻柱长度，J 为极惯性矩，G 为材料剪切模量。

对于一个给定的施加扭矩，弯曲会随着深度线性增加，但与管径的四次方成反比。因此，直径较大的套管扭转幅度比直径较小的套管小。

有人自然会得出这样的结论：扭转振动对于 CWD 的应用可能没有意义。实验已经表明这个结论并不对，即使没有大规模使用井底钻具组合。扭转振动的实验主要使用 7in 或更小尺寸的套管。

钻柱在钻进时总是会表现出一定程度的弯曲度。如果弯曲度是恒定的，那么钻头将会以地面转速旋转。当钻柱的弯曲度增加时，钻头转速会低于地面转速，当钻柱的弯曲度减少时，钻头转速则高于地面转速。

由 PDC 钻头在恒定钻压下引起的扭矩会随着旋转速度的增加而降低。当钻柱钻进比较坚硬的岩石时会提供负阻尼，这些负阻尼会引起并维持套管内的扭转共振。

不仅钻头速度快慢都可以引起振荡，甚至当地面转速恒定时也会出现振荡，但钻柱的惯性会增加钻头处的扭矩变量。钻柱地面的扭矩振荡高于钻头的扭矩振荡。

钻柱振动软件能确定沿钻柱的振动频率、力的大小（扭矩）、位移（弯度）还有速度（RPM）。例如，可以考虑 2560.32m（8400ft）的 0.1143m（4½in），5.26kg/0.3048m（11.6lb/ft）套管和 304.8m（1000ft）的 10.52kg/0.3048m（23.2lb/ft）0.127m（5in）的底端套管。扭矩的固有频率是 0.25Hz，可以在扭矩的最大峰值之间提供 4s 的时间。

图 9.38 显示了当钻头提供了 1ft·lbf 振幅的正弦电幅时，扭矩沿钻柱基频的模型。实际的大小取决于随钻的阻尼，这个特殊的阻尼绘图可用于验证是否与现场观察数据相符。扭矩的大小也是受到钻头扭矩特性的影响，这并不是具有正弦特性且少了对称性。

模型的形状仅仅表示了沿套管柱的周期性振动的幅度。例如，在钻柱的三个位置，扭矩与时间关系显示为扭转振动。

在处于基频下，经常遇到的是扭矩幅度会从钻头处的最小值逐渐增加到钻柱表面的最大值。在 304.8m (1000ft) 套管的底端也可以观察到微小的影响。只要上部驱动是相对稳定的，钻柱上的扭矩不会高于地面扭矩。但用于钻机的扭矩测量系统一般不能足够快地显示出扭矩的峰值。

在钻柱任意点上实际扭矩振动的振幅是图 9.38 中的放大因数乘以测定钻头振动的幅度。换句话来说，模拟结果表明，地面观察到的扭矩振幅大约会比钻头振幅高 15 倍。

类似的，钻头速率的变化如图 9.38 所示。即使钻头的扭矩相对恒定，钻头速率会以大约 200r/min 波动，相当于 3000ft·lbf 的地面扭矩振动。

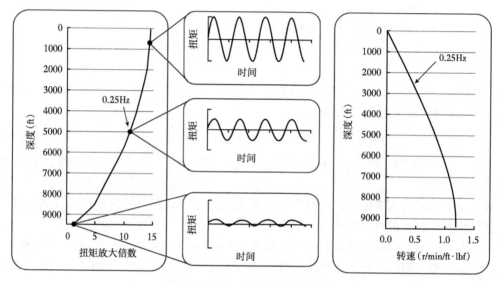

图 9.38　第一个扭转振动的模型

这些模拟是在套管顶部进行的。而上部驱动不是完全刚性的，它会改变扭转响应程度，模拟实验足以显示出扭转振动的原理。

扭转振动可能不太会出现在 CWD 系统中 (特别是大尺寸套管中)，因为套管比钻杆更坚硬，钻铤的重量被消除，但仍有可能出现套管扭转振动。如果钻头处的轻微扭转振动发生在正确的频率上，并且管柱的性质能够激发固有频率，套管柱可能会放大这些振动。扭矩力的来自套管加速和减速的惯性，而不是滑动摩擦。

相对于传统的钻柱来说，套管的扭转振动时间更短。这个时间一般不超过 5s 且与套管的尺寸不相干。时间只取决于套管的长度和上部驱动的特性。底部使用更重的套管也会改变固有频率。

扭转振动有三个主要的原因。首先，对于 CWD 系统来说，套管的连接可能会导致过度的扭动。其次，如果时间相当长，当钻头旋转过快时，间歇涡转可能会对钻头造成损害。最后，由于扭转振动使得钻头可能逆方向旋转。这可能会对 PDC 钻头造成非常有害的影响，因为这使得金刚石处于拉伸状态，经常会引起金刚石刀面剥落。

通常来说，扭转振动在低转速和高钻压下会加剧，更有可能发生在使用 PDC 钻头钻进硬岩和使用磨损钻头钻进的时候。事实上，当牙轮钻头轴承失效时，通常报告的高扭矩实际上是由牙轮摩擦引起的扭转振动引起的。

加速顶部驱动和减少钻压通常能消除扭转振动。在某些情况下，如果顶部驱动没有足够的功率，上述情况也可能不会发生。在钻头使用寿命后期，任何情况的扭转振动都会发生，应该考虑要更换钻头。

图9.39显示了在钻头上使用304.8m(1000ft)，23.2lb/ft 5in 套管的11.6lb/ft，4½in的套管钻井钻进过程中所记录的扭矩。这些数据是在5216.31kgf(11500lbf)钻压和50r/min条件下钻进到2499.36m(8200ft)过程中收集的，在使用小套管钻进更硬的岩石时这种典型的扭转振动是常见的。

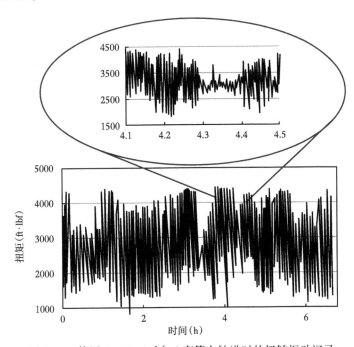

图9.39 使用0.114m(4½in)套管在钻进时的扭转振动记录

关于套管扭转振动的要点如下：

(1)与传统的管柱相比，扭转振动是不太可能发生在套管中的，特别是大直径的套管；

(2)当扭转振动发生时，相对于传统的钻柱来说，持续的时间可能更短；

(3)扭转振动可能是因为钻头已磨损；

(4)降低WOB和提高钻速能够消除扭转振动；

(5)扭转振动是不利的，因为它会使连接处过度扭曲并可能损害钻头；

(6)如果一部分很重的套管被用在套管柱的底部，扭转振动很有可能发生；

(7)钻井越深，越有可能发生扭转振动。

9.2.7.6 组合振动

在套管钻井时两种最常见的振动类型是横向振动和扭转振动。前文讨论过上述两种振动的性质，这两种振动都可以避免。不足之处在于降低一种振动可能会增加另一种振动发生的概率。

提高转速会降低扭转振动产生的概率，但增加了横向振动产生的概率。在某些情况下，不可能选择一个同时避免两种振动的转速。有时,当提高转速来消除扭转振动时,扭矩会平滑达到一个较高的值。有人可能认为振动已经被消除了,但事实上扭转振动已经变为了钻柱涡转。

　　要确定振动是否被消除,知道标准摩擦扭矩的值是很重要的。这个值可以通过从井底拉起钻头,使钻柱停止运行,然后观察处于低转速下的扭矩来确定(15~25r/min)。如果钻进的扭矩高于这个标准值加上一个有效的钻头扭矩,那么就有可能产生横向振动。

9.2.8　屈曲

　　常规钻井和套管钻井之间的一个明显的区别是是否用钻铤提供钻压。多年来,司钻需要下入钻铤以确保钻柱不会因屈曲而受损。但如果不使用钻铤,CWD 怎么安全运行?以下的讨论说明了屈曲的一些基本理论和它对于 CWD 的影响。

9.2.8.1　钻柱屈曲

　　用于向钻头施加重量的套管柱的下部是受压的。对于直井来说,临界屈曲载荷(在套管柱的这点上可以弯曲)是由管柱刚度(EI)、重力的侧向力(管重和井斜角)和距井壁的距离(径向间隙)来确定的。

　　当倾斜井眼上的套管柱开始屈曲时,它通常会变为平面的正弦形状(正弦屈曲)。随着轴向载荷的增加,套管柱会围绕井内转变为一个螺旋状。如果井是垂直的,那么屈曲会立即变为螺旋状而不经过正弦屈曲阶段。

　　临界屈曲载荷可以通过下式计算(Dawson and Paslay,1984):

$$F_{\mathrm{crit}} = \sqrt{4w_1 \sin\theta EI/r} \tag{9.12}$$

　　式中,F_{crit} 为临界屈曲应力;w_1 为单位长度钻铤浮减重力;E 为杨氏模量;I 为惯性矩;r 为套管和井眼的径向间隙;θ 为倾角。

　　螺旋屈曲一般发生在当载荷增加时到给定的力达到 $2.8F_{\mathrm{crit}}$。套管一旦进入螺旋屈曲阶段,直到载荷降低到 $1.4F_{\mathrm{crit}}$,否则套管仍将保持螺旋屈曲(Mitchell,1996)。其他的参考资料值显示了螺旋屈曲起始值为 $1.4F_{\mathrm{crit}}$。

　　图 9.40 显示了使用 11.6 lb/ft、4½ in 套管、23 lb/ft、7 in 套管、36 lb/ft、9⅝ in 套管达到螺旋屈曲的临界载荷对比。这些计算结果是通过以 $1.4F_{\mathrm{crit}}$ 作为螺旋屈曲起始点得出的。

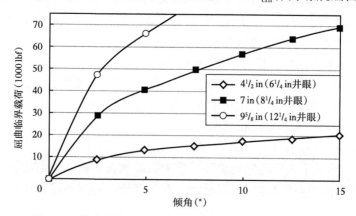

图 9.40　随着套管尺寸的增加螺旋屈曲力也在快速的增加

从这些计算得出的结论是，对于套管钻井实用的钻压值来说，如果井斜角低于 $2°$、尺寸大于 7in 的套管上屈曲是不明显的。

对于钻井性能来说，屈曲影响两个关键方面。首先，井壁接触力影响旋转钻柱产生扭矩，套管磨损会通过对下入套管的检验得出。接触的位置决定了磨损是否位于套管接箍上或影响套管本身。

其次，屈曲将会使套管弯曲，这会影响管柱应力分布。如果应力足够高，管柱将会屈服失效。若处于较低的应力水平，应力会影响管柱疲劳的速率。但在多数 CWD 的情况下，井壁与套管之间的空隙是足够小的，屈曲引起的应力不会过大。

从 CWD 工程学的观点来看，使整个钻井过程保持套管的完整性和钻进效率是非常重要的。这个过程的第一步就是检查在特定井况下是否显著。这可以通过手工计算或钻井工程软件得出。

图 9.40 表明了 $4\frac{1}{2}$in 套管在近直井中会在低重力下发生屈曲。管柱弯曲度是通过一个有限元钻柱分析程序从 $0\sim15000$lbf 的范围内计算在一个带有全径套管鞋和 30ft 套鞋管的 $6\frac{1}{4}$in 斜井内 $4\frac{1}{2}$in 套管得出的。图 9.41 显示了 $4\frac{1}{2}$in 套管的有限元模型的结果。这个套管在 4000lbf 的钻压下不会屈曲，即使在第一个钻铤上的管柱空隙降低到大约 0.150ft。随着 WOB 增加，直到管柱开始屈曲，屈曲应力会一直增加到略低于 8000lbf。

屈曲的倾斜距离会在 8000lbf 钻压从大约 130ft 处降至 15000lbf 下约套管鞋 90ft 附近。即使施加 15000lbf 的 WOB，管柱的屈曲率约为 $2°/100$ft，$4\frac{1}{2}$in 套管会产生一个大约 3000psi 的屈曲应力。

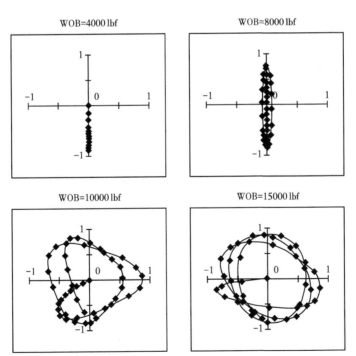

图 9.41　$0.5°$ 倾角的 114mm（$4\frac{1}{2}$in）、9.5lb/ft 套管的侧视图

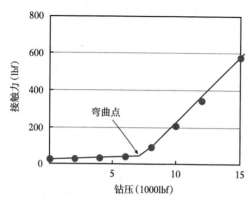

图 9.42　0.5°倾角下 0.114m(4½ in)套管在底端 91.44m(300ft)处的全部侧向力

由 15000 lbf 钻压下 4½ in 套管屈曲产生的应力低于使套管弯曲的应力,它也低于管柱的疲劳极限(疲劳失效发生的最小应力);因此套管疲劳不再是个问题。然而,屈曲的不利影响实际上是套管接触井壁引起的,如果套管在研磨性地层中下行很长时间将会造成磨损,还可能触发涡转。

图 9.42 显示了套管底端 300 ft 处渐增的接触力,不仅显示了接触力,还在 7000 lbf 钻压下的不连续性还清楚地表明了在该点开始屈曲。

只要是直井,加重到大约 6000 lbf 不会出现明显的套管磨损情况。如果钻井作业需要更高的钻压,那么就需要合适的套管扶正器,或者使用电机以减少磨损。即使稍微增加井斜也会增加可下入的允许钻压;因此,应该根据实际井况来进行完整的屈曲分析。在 7 in 及更小的套管上使用稳定器来预防屈曲不是很有效,因为可能需要多个稳定器。

9.2.8.2　扭矩影响

可以通过扭动套管来降低临界屈曲力,但下降得不会太多。通常,临界屈曲力的降低值只会是达到管柱屈服极限扭矩的一小部分(He et al.,1995)。

一旦套管屈曲,扭动套管会增加套管与井壁之间的接触力。这种影响是非常小的,但在某些情况下是不可忽略的。螺旋屈曲套管产生的接触力由轴向力分量和扭矩分量组成,可以由以下公式计算:

$$F_c = \left[rF_e^2 / (4EI) \right] (1 + \sqrt{M \cdot EI}) \tag{9.13}$$

式中,F_c 为横向接触力;F_e 为有效张力。

9.2.8.3　弯曲井眼

常规做法是在没有屈曲(临界屈曲载荷)的钻柱计算的最大可施加载荷,并在低于该最大载荷值下作业。对于直井,之前讨论过关于计算临界屈曲载荷的方法,前人已经建立并完善了,但很少有关于弯曲井眼方面被认可的屈曲方程。

当倾角增加时,弯曲井眼中套管的临界屈曲载荷会高于同样井斜的直井的载荷。这是由于轴向压力迫使套管进入弯曲井眼外部使套管的重力压向井壁。相反,在低曲率下井斜减小时,套管可能会变得不稳定。

井斜在低曲率时减小,曲率减小了,那么临界屈曲载荷会随着套管在某一点附近的不稳定而减小,从曲线内侧向外侧移动。在这种情况下,套管会被推向曲线外侧,它会重新变得稳定并超出直井的临界载荷。

由 He 和 Kyllingstad(1995)提出的模型是在斜井弯曲井眼中消除临界屈曲载荷最好的方法。它可以被用来计算弯屈井眼中套管的正弦屈曲和螺旋屈曲临界载荷:

$$F_{crit}^4 = (1 + a_{ni} F_{crit})^2 (a_{n\theta} F_{crit})^2 \tag{9.14}$$

式中，$a_{ni} = a_i\sqrt{BEI/rw\sin\theta}$，$a_{n\theta} = a_\theta\sqrt{\beta EI\sin\theta/rw_1}$，$F_{crit}$ 为临界载荷，$\beta=4$ 时为正弦屈曲，$\beta=8$ 时为螺旋屈曲，a_i 为造斜速率，a_θ 为方位角偏转速率，a_{ni} 为标准造斜速率，$a_{n\theta}$ 为标准方位角偏转速率。

图 9.43 显示了 6¼ in 井眼中 4½ in 套管的增长（实线）和下降（虚线）曲率的正弦屈曲临界载荷。小直径套管对于 CWD 来说效果最差。对于低倾角条件下曲率的上升和下降，套管会弯曲。在水平井中，弯曲临界载荷会由于下降曲率而减小，但可能并不明显。

9.2.8.4　水力举升力

液压作用前述讨论表明环空摩擦产生套管的水力举升，这个值可能比钻压更高。这当然会引起套管下端的轴向压缩，但它可能并不会导致屈曲。

因为，钻柱的中性点是管柱的分隔点，从这点处一部分钻柱会屈曲，另外一部分不会屈曲。人们认为在这一点上轴向张力为 0，但对于悬浮在液体中的管柱来说并不是如此。中性点被正确定义为这么一点，在该点处轴向应力等于径向和切向应力的平均值（Hammerlindl，1980）。

上述的定义可以通过想象竖直悬浮在深 10000ft 的海中的套管管柱来理解。因为套管不会弯曲。海中的静水压力显然能够提供一个作用在套管末端的压力，这个压力为套管的横截面积乘以 4524psi（10000ft×0.052×8.7lb/gal）。在静水条件下，套管末端的径向应力和切向应力也有 4524psi。因此，中性点在套管的最末端，这里的轴向应力等于径向应力和切向应力的平均值。

通常解释这种作用是通过用套管的钻铤减浮重力取代钻柱钻柱悬于空气中的重力来确定中性点的，此时作用在套管上的力只有集中的机械端面压力和静水压力。这种情况的中性点仅通过机械端面压力除以每英尺套管浮力来确定。

轴向力和切向力必须包括这些条件：末端集中力是由静水压力产生的。水力举升力是由环空压力引起的，环空压力从钻头到钻体表面在逐渐降低。但这种压力也可以提高套管内部的压力，几乎可以消除环空压力对中性点的影响。因此，即使环空压力能够在套管底端形成一个显著的压力，只要环空压力沿钻柱分布，那么它对弯曲的影响也是可以忽略的。

例如，对于一个相对较小间隙的情况，在 3048m（10000ft）处 9⅝ in 套管下部用 7in 的套管钻井。对于特殊的钻井液条件，流量为 1.196m³/min（316gal/min）时可以提供 9071.84kgf（20000lbf）的水力举升力，而流量为 1.81m³/min（479gal/min）时可以提供 18143.69kgf（40000lbf）的水力举升力。在没有流量的情况下，施加 4535.92kgf（10000lbf）的钻压，中性点位于 2868.78m（9412ft）。如图 9.43 所示，增加流量到足以引起 18143.69kgf（40000lbf）的水力举升力只能使中性点提高到 2809.34m（9217ft）。换句话说，在这种情况下，中性点大约在套管末端每施加 453.59kgf（1000lbf）机械力时提高了 17.92m（58.8ft），但每施加 453.59kgf（1000lbf）水力举升力时仅提高了大约 1.49m（4.9ft）。

然而，如果环空压降是由靠近套管端部的局部受限制所引起的（如密封管鞋），那么水力举升力会明显的影响管柱屈曲，因为外部压力不再随着管柱长度分布。

在如上述的例子的实际情况下，套管内部压力与外部压力不同，如果管柱弯曲，使用有效的轴向张力来确定中性点和屈曲程度。

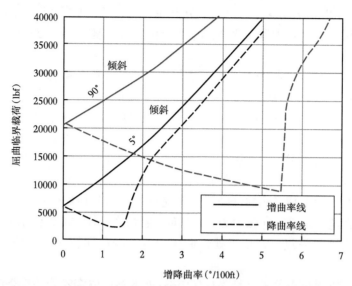

图 9.43   在 5°和 90°倾角下 0.1587m(6¼ in)井筒中 0.114m(4½ in)
套管的临界压弯载荷

若有效张力确定了管柱是否弯曲, 那么确定接触力的定义式为

$$F_e = F - A_i p_i + A_o p_o \tag{9.15}$$

式中, F_e 为有效张力; F 为实际施加张力; A_i 为管内面积; A_o 为外部管道面积; p_i 为管内压力; p_o 为管外压力。

规定力符号的张力为正, 压力为负。因此, 提高套管内压会增大套管的弯曲度。

9.2.9   CWD 应用中的疲劳问题

钻柱构件的设计已经发展多年, 形成了目前用于常规钻井的特定连接的几何形状、管体尺寸和材料特性。前人的经验可以帮助谨慎和安全地选择钻柱操作指南。即便如此, 疲劳破坏占钻井作业中井下工具失效的 60%~80%(Baryshnikov, 1997)。

疲劳失效是由于循环载荷在远低于零件弹性强度的应力下引起的。反复荷载作用下, 在局部高应力的某点形成裂缝, 并沿管柱扩展直到剩下的横截面积不足以支持静态负荷。

钻柱疲劳失效一般是由于摆动弯曲载荷而不是轴向力和扭转载荷造成的。它主要分布在钻柱的下部, 而不是在静态应力最高的顶部。在许多情况下, 在最终破裂之前, 疲劳裂纹会导致泄漏; 因此, 大部分被发现的钻柱刺坏实际上是由疲劳裂纹引起的。这些破坏点往往位于连接的螺纹部分或钻杆滑移区, 如果允许继续钻进则会形成最常见的脱扣造成钻柱分开。

CWD 的钻柱设计和操作实践都与常规钻杆和钻铤明显不同。常规钻柱疲劳失效率使得工程人员必须谨慎考虑 CWD 操作疲劳的影响。

9.2.9.1   钻杆疲劳

图 9.44 显示了 D 级和 E 级钻杆疲劳寿命。疲劳数据不是一条线而是一条断裂带。大多数疲劳测试都显示这种特征。

疲劳寿命随材料许多小缺陷和表面光洁度有所不同，并不是材料的固有特性。图 9.44 中显示的数据表明钻杆的疲劳极限约为 20000psi，这意味着如果弯曲应力低于 20000psi 时管柱没有机会疲劳。

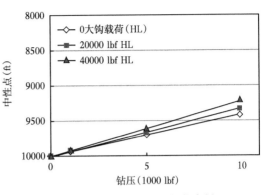

图 9.44　中性点随大钩载荷降低

9.2.9.2　套管疲劳

从钢件预期的疲劳寿命与材料抗拉强度直接相关（Reed‐Hill and Abbaschian，1991）。表 9.7 显示套管和钻杆的强度规格比较。在该表的基础上，可以预期 K55 级套管的疲劳寿命将与图 9.45 的 D 级和 E 级钻杆非常相似。

表 9.7　套管和钻杆的性能比较

项目	屈服强度（psi）		最小抗拉强度（psi）
	最小	最大	
D 级钻杆	55000		95000
E 级钻杆	75000	105000	100000
G 级钻杆	105000	135000	115000
S 级钻杆	135000	165000	145000
J55 级套管	55000	80000	75000
K55 级套管	55000	80000	95000
N80 级套管	80000	110000	100000
P110 级套管	110000	140000	125000

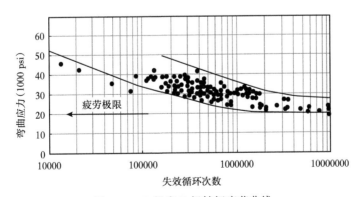

图 9.45　D 级和 E 级钻杆疲劳曲线

图 9.46 显示具有锯齿形螺纹连接套管与 D 级钻杆疲劳试验结果对比。很明显，套管的性能略有下降，并低于钻杆的下限。该点为管体弯曲应力和连接拉伸效率确定应力水平确定。这些结果与 7⅝in N80 级加强接头试验数据接近。基于这些测试，对 K55 级加强接头

疲劳极限估计为 12000 psi。

连接部位真实局部应力可能高于该方法计算的值，但使用管体应力更便于钻杆与套管对比。

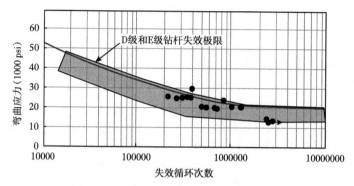

图 9.46　源于 4½ in K55 套管的失效数据

9.2.9.3　疲劳应力

发生疲劳失效，零件必须承受交变拉应力。在钻柱存在两种常见循环拉伸应力：首先是弯曲应力，由管柱在弯曲的几何形状中产生弯曲应力，第二种是振动。

当油管以曲率半径 R 弹性偏转时(图 9.47)，该管柱在曲线内部单元承受压应力，而与之对比曲线外侧承受拉应力。当管柱旋转时，每一点交替暴露在拉伸载荷和压缩载荷中，这些载荷被加到管内的任意平均轴向拉力或压力中。

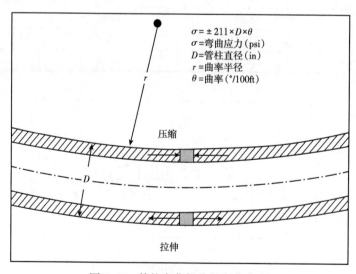

图 9.47　管柱弯曲部分的弯曲应力

由于管壁相对较薄，整个壁厚交替地暴露在拉伸应力和压缩应力作用下。管壁外表面会比管壁内部稍有压差，但不会太大。

交变弯曲应力的大小与管直径和狗腿严重度的乘积成正比。也规定了较大的套管必须限制在较小的曲率内以防止疲劳失效。

图 9.48 显示了四种尺寸套管的交变应力，其可用于 CWD 旋转并通过每 100 英尺曲率从 0 ~ 15° 的范围。以任意极限应力为 12000 psi 时，$13\frac{3}{8}$ in、$9\frac{5}{8}$ in 和 $4\frac{1}{2}$ in 套管分别允许的最大狗腿严重度为 4°/100 ft、6°/100 ft、8°/100 ft 和 12°/100 ft。

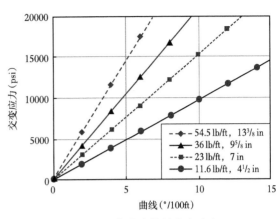

图 9.48 弯曲套管的交变应力

除了交变弯曲应力，套管也受到从钻柱吊重的轴向应力和钻井流体引起的内部压力。这些应力增加了管柱中的平均应力水平，减少了在不疲劳的情况下耐受的交变应力水平（Reed Hill and Abbaschian，1991）。附加的轴向载荷和压力载荷导致弯曲载荷可以降低 20% ~ 30% 或更多可容忍的最大狗腿严重度。

一个 CWD 的最大允许工作压力取决于预期交变应力周期的数量。如果应力水平低于 12000 psi，那么就不会发生疲劳破坏。在市场驱动的情况下，疲劳极限以上的压力水平也是可以接受的，但需要更好地设计工作参数以低于疲劳极限。

图 9.45 和图 9.46 可以用来比较在相同的应力水平下套管和钻杆的疲劳寿命，但要注意的是，对于一个给定的曲率，用于钻同样大小井眼的套管可能会承受比钻杆更高的交变应力。例如，在 $5\frac{1}{2}$ in 套管的弯曲应力约为 $3\frac{1}{2}$ in 钻杆的 1.5 倍，而 7in 套管的弯曲应力约为 $34\frac{1}{2}$ in 钻杆的 1.5 倍。

9.2.9.4 套管接头应力

上面的疲劳讨论认为套管有均匀的管体，但套管接头造成了不均匀性，其可能是疲劳最薄弱环节。从套管接头处降低疲劳抗力可能是由多个因素引起的，但最重要的原因是套管接头几何形状可能会产生管柱应力集中凹槽，局部应力高于区域的期望值。

任何因弯曲管旋转而施加到管体上的弯矩也适用于套管接头，但可能会对高于管体的套管耦合产生交变应力。

当接头在地面装配时，通过螺纹的扭矩产生一个千斤顶螺钉效应，将扭矩压在扭矩台肩上（如果接头包括一个台肩），但也会在连接壁上形成一个相对较高的张力区。这种拉应力的大小取决于上扣扭矩、螺纹设计、耦合壁厚度、节点复合摩擦系数和螺纹过盈量。这种拉伸荷载作用于平均应力，增加了拉应力，可用于计算任意弯曲程度的有效交变应力。

接头可能会出现类似的扭矩额定值，在实际的井下条件中，它们可以承受的扭矩可能有很大的不同。在 CWD 的应用选择一个接头时，疲劳寿命和极限扭矩值必须是平衡的。

疲劳试验是各种 CWD 系统的接头合格的关键组成部分。迄今为止进行的少量测试结果如下：

(1)以合理的成本为 CWD 提供足够强度的套管接头是可实现的；

(2)各种供应商提供的接头的抗疲劳性能范围很大；

(3)高扭转强度并不意味着高的抗疲劳性能。

必须进行足够的测试以便充分提供每一个接头具有代表性的疲劳曲线,这可作为 CWD 操作中常规操作。这些曲线使工程分析为任何钻井情况提供良好的设计和套管设计。

9.2.9.5 应力计算的曲率

弯曲循环次数和弯曲应力幅值控制疲劳。弯曲应力与管柱的曲率成正比,可能由于管柱在井眼中弯曲,屈曲或水平井钻柱振动引起。

9.2.9.5.1 井眼曲率

在弯曲的井眼中旋转套管引起的曲率是最简单的情况。套管的曲率是通常与测井确定的狗腿严重度相同。弯曲井眼中的旋转管柱所经历的循环数等于曲线上管柱的转数。

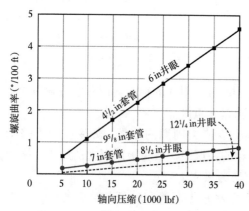

图 9.49 由于螺旋弯曲造成的曲率

9.2.9.5.2 屈曲

管柱的后屈曲曲率比管柱是否屈曲更为重要。

当管柱弯曲时,它的曲率大于井眼的曲率。对直井段,增加的曲率可以计算,图 9.49 显示了在螺旋临界屈曲载荷以上的 $4\frac{1}{2}$ in, 7 in 和 $9\frac{5}{8}$ in 套管与轴向载荷的关系。

曲率增加对于两个较大的套管来说是可以忽略的,但在近垂直井中使用较小的套管和倾斜下降曲率下的处于低的重力处可能发生螺旋屈曲时,在计算疲劳时必须考虑这种曲率变化。从弯曲井屈曲计算附加曲率并没有普遍接受的方式,但是由 Schuh(1991)所提出的方法之一表明曲率在数量上的增加与图 9.50 相似。

普遍认为,管柱可以在弯曲的井眼中转动,但弯曲管柱也可作为一个单元旋转,类似于以螺旋状进行旋转。如果发生这种情况,屈曲曲率不会增加疲劳载荷,但会导致更高的扭矩和套管外部的螺旋形磨损。

考虑屈曲的净效应时,必须假定套管可以在近垂直井的下部弯曲,同时在许多区域钻有负曲率(降低倾角)。只要套管和井之间的间隙足够小,对于较大尺寸的套管,屈曲不会对管道疲劳造成很大的影响。

9.2.9.5.3 振动

拉伸应力循环也可以导致无论是轴向或横向的钻柱振动。轴向振动,如钻头回跳,在管柱中产生轴向振动应力,但很少引起套管疲劳。

横向振动,如钻柱旋转,可在接近扶正器和套管接箍处引起明显的弯曲应力。它往往是钻柱失效的根源。反向应力频率一般是旋转速度的几倍,其大小取决于旋转加速度和管柱与井壁之间的间隙。如之前讨论的那样,这种振动不利,应该使用一定的工艺来识别并预防。

9.2.9.6 与疲劳有关的操作实践

CWD 的谨慎操作实践与常规钻井有所不同,而其中最关键的区别是采取适当的方法以防止管柱疲劳失效。

装配接头中的应力存储会影响接头的疲劳寿命。但无法评估多大的变化会引起这一情况，所以有必要对所有的连接按照适当的规范进行。

9.2.9.7　套管装卸

在套管装卸上扣过程中，必须保护套管不受周向滑动和大钳咬痕的影响。图 9.50 显示的应力集中系数来源于 Hossain 等（1988）的报道中的钻柱模痕。这种应力集中系数乘以弯曲应力，得到疲劳寿命计算中的交变应力，因此，即使是一个小的分数也是相当可观的。例如，深 0.01in 的模痕可以将安全压力从 12000psi 降低到 8000psi。

CWD 系统中监测旋转速度可比常规钻井作业更重要。疲劳是应力循环直接累积导致，而旋转管柱则占疲劳产生应力的大部分。在钻井过程中，转速不应高于钻进速度的线性增加；不钻进时应尽量减小转速。

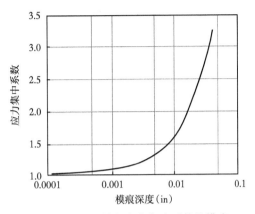

图 9.50　钻杆轴向应力集中系数的模痕

9.2.10　套管定向钻井

CWD 技术可应用于定向井，其优点与直井相似。套管定向钻井一般需要可回收的和可再下入定向钻具以便能够回收定向钻具，并在到达套管下入点前更换失效的钻具。可回收定向 BHA 提供用于常规定向 BHA 的所有功能，一般由常规工具组成。定向轨迹控制可以由被动稳定的 BHA、导向 BHA 或旋转导向 BHA 提供。

9.2.10.1　被动稳定定向钻具组合

CWD 钻具组合上适当放置稳定器可以稳斜、造斜或降斜。这种稳定器通常应用于扩眼器下方先导井眼的钻具组合，在与可以使用全尺寸稳定器，足够小可以穿过套管。图 9.51 展示了一组简单的被动钻具组合，用于钻直井段。同样扩眼器下方可以是钟摆钻具组合，用来降斜，也可以是造斜钻具组合来增加井斜。

这些钻具组合与传统的被动定向钻具（图 9.52）有相同的设计原理（Bourgoyne et al. 1986）。在某些情况下，造斜钻具组合与扩眼器在钻头附近组合使钻头轴线在井眼中更加倾斜，以更快的速度造斜。总的来说，这些组合的通用性有限，对作业条件和地质条件很敏感。

稳定导向钻头和扩眼器是导眼井中钻具组合，提供定向控制和稳定扩眼，防止横向振动。先导井眼钻稳定器通过钻一个比任何套管稳定更平滑的井眼来降低旋转扭矩。缩径稳定器可在套管底部使用以保证固

套管

非磁性钻铤

MWD

螺杆钻具

扩眼器
钻头

图 9.51　被动 CWD 的
钻具组合

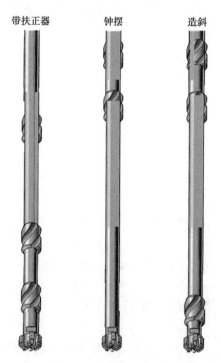

图 9.52 可以下面使用扩眼器的
被动定向钻具组合

柱的一部分需要通过套管这一事实的限制。然而,一般在使用套管钻井时,可以使用合适的弯曲角度来钻的最大曲率,这样可确保安全。

由于套管表面与螺杆之间的扭曲小,在套管钻井时往往容易使螺杆定向。特定情况下套管扭曲比钻杆扭曲小得多。这可以使螺杆定向不必往复地使套管释放所有扭曲,而常规钻杆钻井时采用螺杆定向需要释放所有扭曲。

定向井中采用导向螺杆时稳定的钻头和扩眼器(图 9.53)比使用被动钻具组合更为困难。因为要钻的井中部分没有管柱旋转,管下扩眼器必须安装在螺杆下方,这将使得螺杆直接与钻头相接。

目前没有全尺寸的刚性稳定可以放置在钻具组合的扩眼器之上。而对于大尺寸套管这并不构成任何问题;然而,在较小井眼尺

井时套管居中并控制磨损,但对定向轨迹的影响不大。

9.2.10.2 导向钻具组合

主动轨迹控制可由可操纵的螺杆钻具实现,其中井斜角和方位角变化均可以控制。导向螺杆钻具组合(图 9.53)通常由导向钻头、扩眼器、导向螺杆、MWD 工具和延伸到套管下方的无磁钻铤组成(Warren et al. 2005)。除了扩眼器外,与常规定向钻井中常用组合类似。对于较小尺寸的套管,螺杆可能比相同尺寸井眼中的常规定向作业所用的螺杆要小。磁力随钻测量工具通常用于导向,它需要在套管和套管鞋之间安装一段非磁性的钻铤,这使得钻头和扩眼器延伸到套管鞋以下的 80~120ft。

在某些尺寸的套管上,较小的螺杆限制了旋转功率,但对尺寸大于 7in 的套管影响不大。螺杆的弯曲度也受到钻具组合作为钻

图 9.53 导向螺杆定向钻具组合

寸时，往往需要高倾角，并且使用不稳定的导向钻具组合往往更难控制方向。在螺杆顶部安装一个可膨胀的稳定器可以消除这个问题，但它又给钻具组合引入了另一个部件。

使用 CWD 系统选择螺杆的弯曲角度需要考虑常规钻井所需的额外因素。螺杆、钻头、扩眼器必须能够通过可能只比螺杆外壳略大的套管。因为钻具组合中加入了扩眼器，使得钻头弯曲时的长度比正常更长。在相同的期望曲率下，这也限制了其弯曲角度比常规钻井的小。在某些情况下，较小的弯角可能会增加相对于旋转的滑动量，但在大多数情况下，较小的弯曲将提供足够的造斜率，并不像预期的那样具有限制性。

在设计造斜率时，必须考虑套管的尺寸和等级，以尽量减少疲劳失效的可能性。表 9.8 显示了可以用于一些典型套管的建议值最大的造斜率。

表 9.8　各种不同线重和等级套管的最大允许造斜率

套管尺寸（in）	套管线重（lb/ft）	套管级别	最大造斜率（°/100 ft）
5½	17	P110	13
7	23	L80	8
9⅝	36	J55	4.5
13⅜	54.5	J55	3

扭矩也影响某一特定井是否是合适的定向 CWD 候选井。当调整后的套管重量和外径后，定向井套管钻井所需的力矩与常规井类似。例如，图 9.54 显示了用 9⅝ in（水基钻井液）和 7 in（油基钻井液）套管钻井预测和观察到的扭矩对比。在较大的套管是用来钻到 2400 ft 同时造斜到 15°，随后使用导向马达 7 in 套管来钻切线段。两个段中水基钻井液的摩擦系数为 0.3，和油基钻井液的摩擦系数为 0.2 以便充分预测扭矩。这两个井段均采用在螺杆之上安装稳斜器钻成。

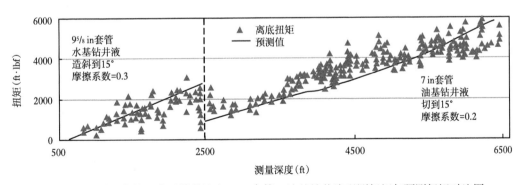

图 9.54　9⅝ in 套管、水基钻井液和 7 in 套管、油基钻井液观测扭矩与预测扭矩对比图

一般来说，采用水基钻井液的摩擦系数为 0.25~0.35、油基钻井液的摩擦系数为 0.20~0.25，合成钻井液的摩擦系数为 0.15~0.20，可以很好地预测底部旋转力矩。一个合适的弯曲度在计算中使用是很重要的。适当的弯曲度取决于所使用的钻具组合类型。对于不稳定钻具组合可能需要更高的弯曲度（0.8°/100 ft），而当钻井用旋转导向工具（RST）时可能低至 0.15°/100 ft。

安装螺杆在套管钻井中带来了挑战,当螺杆安装在钻杆和钻铤下方时挑战并不明显。螺杆压力和套管延伸率之间的相互作用影响着螺杆钻具钻井时的动力性能。这是一个必须纳入螺杆选择和作业实践的考虑因素。

当螺杆负荷增加时,套管内部压力随之增大。这使得套管尽量拉长并且钻柱的中性点越来越高,从而增加钻压。这反过来又进一步增加了钻头扭矩和螺杆负荷。例如,图 9.55 显示了给定的内部压力变化时钻压增加的情况,当使用同样尺寸的螺杆时 7in 套管的钻压 3½in 钻杆的六倍。这是在忽略钻铤的影响的基础上得到的,如果考虑钻铤的影响差异可能更大。

这种内部压力和钻压相互作用的影响 CWD 的最佳螺杆的选择也影响套管钻井任何套管与螺杆的作业。这种相互作用的重要性可以通过 5½in、7/8 叶片螺杆与 5in、6/7 叶片螺杆这些在 7in 套管下使用的对比。两种螺杆均可以提供 2500ft·lbf 的扭矩(图 9.56),5in 螺杆需要 900psi,而 5½in 螺杆相对比只需要 350psi。这增加的压力对 7in 套管钻井的效率造成了不利影响。

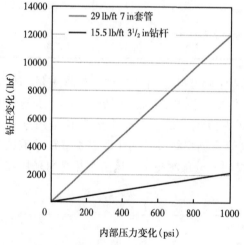

图 9.55 7in 套管和 3½in 钻杆比较

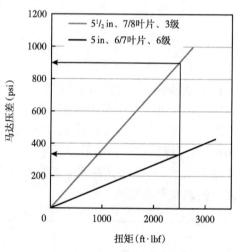

图 9.56 在低压力时 5½in、7/8 叶片螺杆比 5in、6/7 叶片螺杆提供更大的转矩

图 9.57 显示 5in 和 5½in 螺杆钻井模拟器预测螺杆性能对比,该模拟器它包括 ROP、钻头扭矩、螺杆特性和管柱延伸的模型(Warren et al.,2005)。钻柱突进时,小功率螺杆比较大功率的螺杆敏感两倍。两种螺杆能提供 7in 套管钻井导向钻头和扩眼器所需扭矩。但 5in、6/7 叶片六级螺杆可提供更高的压力,使其在突然增加负荷的任何活动中更敏感。这种突然的螺杆钻具负载变化可能是由于地面上的装置移动引起的,但更可能是由于钻柱钻进时卡钻或滑移引起的。

图 9.58 显示的现场数据说明在 6¾in 螺杆在 12¼in 井眼处于 715m 深钻井时螺杆与套管的相互作用。当以约 20m/h 的速度滑动前进时,下钻遇阻螺杆失速只是略高于正常值。这表明钻井钻压约为 15000lbf,有 150lbf 的压力差。关泵前压力增加了约 800lbf,当螺杆失速时钻压增加到约 21000lbf。

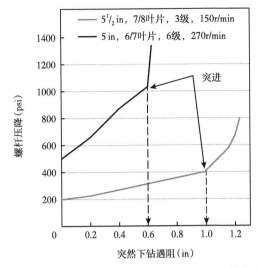

图 9.57   相似的两螺杆突然发生钻柱突进后的灵敏度对比图

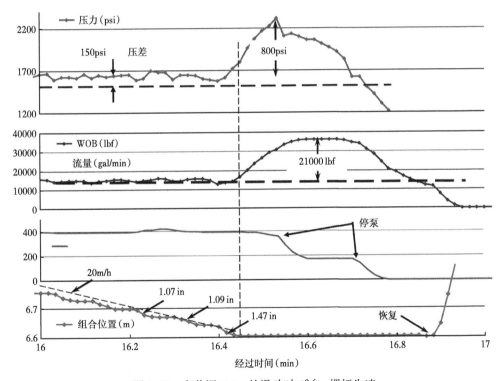

图 9.58   在井深 715m 处滑动时 6¾ in 螺杆失速

类似的条件模拟（图 9.59）表明，螺杆将与地面钻柱继续旋转到大约 1.15 in，观察到继续旋转高达 0.9 in 时容易处理。而 1.3 in 的继续旋转将使螺杆失速，造成 950 psi 的螺杆压降，钻压增加到 22000 lbf。

9⅝ in 套管比 7 in 套管钻井螺杆失速时钻压增加更高。事实上，在同一深度和压力的增加，40 lb/ft 下 9⅝ in 套管钻压增加将是 29 lb/ft 下 7 in 套管钻压增加的 2 倍。即便如此，由于 6¾ in 螺杆扭矩容量是 5½ in 螺杆的约 2.5 倍，因此在 9⅝ in 套管中螺杆作业更容易。而 12¼ in 扩眼器要求的扭矩比 8⅞ in 扩眼器小两倍。

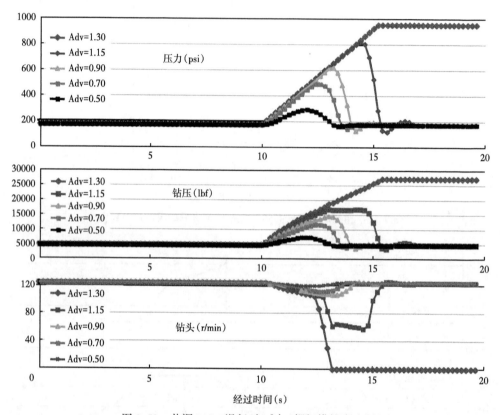

图 9.59　井深 715m 滑行时 6¾ in 螺杆模拟失速图

套管的特点结合钻头特征定义扭矩需求 [单位：(ft·lbf)/psi]，并相对于套管内部压力的变化。螺杆性能曲线定义螺杆的传递扭矩 [单位：(ft·lbf)/psi]。只要传递的扭矩比需求扭矩大，套管的相互作用是微不足道的。使用 CWD 进行螺杆选择时，传递转矩与电机压差之比比螺杆将提供绝对的最大转矩更重要。这几乎总是将用户引导到具有相对高叶片数的低速螺杆。

无论是模拟器和钻井经验都表明，使用螺杆钻进时，只要螺杆选择合理，采用合适钻压，螺杆的额定压差不超过其额定压力的一半，那么套管伸长影响产生的后果很小。随着负载的增加，钻压变得飘忽不定，有可能遇到螺杆失速问题。这些变化可能发生在地面控制过程和滑动钻进阻力不一致时。

但当使用导向钻具钻定向井时，套管不能像钻杆一样容易滑动。套管由于其重量更高使得其与井壁接触可能具有较大的接触力，从而使滑动更难。克服摩擦接触力的一种方法是顺时针和逆时针地旋转套管，将轴向摩擦阻力转化为圆周力，从而使滑动受到抑制。这个过程，称为摇摆，这对于处理套管摩擦阻力非常有效，因为扭转刚度的套管允许少部分套管表面旋转是有效的。

　　图 9.60 显示了 7 in 套管在定向井 15° 切线段套管滑动的实例，此时摇摆使其钻井性能有很大差别。在这种特殊情况下，用于钻井的螺杆没有针对特定应用进行优化，因此由于压力伸长效应而对失速非常敏感。如果不摇摆，在螺杆失速时无法将钻压施加到钻头上。从区块位置数据的斜率可以看出，将套管摇到中性位置的两侧约 90°，几乎完全消除了失速，并显著提高了机械钻速。

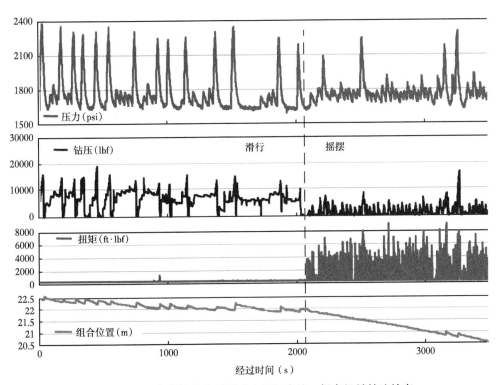

图 9.60　7 in 套管钻井中摇摆减少螺杆失速，提高机械钻速效率

9.2.10.3　旋转导向定向钻具组合

　　定向井中主动轨迹控制使用旋转导向工具（RST）进行常规井钻井往往更有效。RST 允许旋转钻柱时轨迹连续可调并消除滑动的需要。套管下使用旋转导向钻具组合可以提供与常规钻井同样的优势。RST 技术也可钻出光滑的井眼和减少意外引入局部的井斜角可能导致套管疲劳失效的可能性。

　　图 9.61 显示了一个典型的套管钻井用 RST 可回收钻具组合。RST 安装在导向钻头上方以提供导向井眼的轨迹控制。这使得传统的 RST、MWD 和 LWD 工具可在设计井中的井眼尺寸进行操作。现提供一个不需要任何调整的传统的工具用于 CWD 的补充完整实例。

　　导向井眼由安装在定向工具上方的井下扩眼器在套管鞋下方打开。通常，稳定器（稳定器或牙轮扩眼器）位于扩眼器的下方在它钻开最终直径井眼时稳定扩眼器。

　　RST 的旋转动力可能由套管下部的螺杆提供。螺杆可以使套管在低速旋转时降低套管磨损和套管头的疲劳。将螺杆设计为直井螺杆比弯曲定向螺杆更好。这不只是可以确保螺杆没有残余弯曲，同时让螺杆拥有一个更强大的驱动轴，这在旋转导向钻具需要旋转大幅

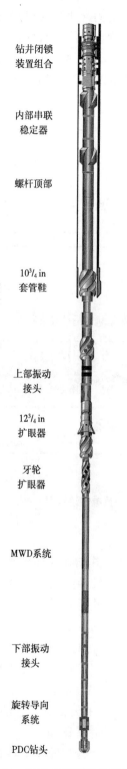

钻井闭锁
装置组合

内部串联
稳定器

螺杆顶部

$10^3/_4$ in
套管鞋

上部振动
接头

$12^3/_4$ in
扩眼器

牙轮
扩眼器

MWD系统

下部振动
接头

旋转导向
系统

PDC钻头

图 9.61　CWD 的旋转导向钻具组合

度时非常重要。

由于转速一般限制在 150 r/min 以保护扩眼器,因此螺杆的选择有些复杂。出于 ECD 考虑,流量可能受到限制。驱动钻具组合需要相对高的扭矩。螺杆的尺寸因为它需要放置在套管内而受到限制。最后,螺杆的选择涉及上述套管延伸效应的考虑。当所有这些考虑因素都被纳入钻具组合设计中时,可以提供令人满意的性能的可用螺杆相对较少。

当使用螺杆驱动钻具组合时,MWD 工具将位于螺杆下方,这意味着钻井液循环时 MWD 工具也会旋转。许多测量工具都设计为在接单根钻井液恢复循环后获取测量资料。这种类型的 MWD 工具不能用于螺杆驱动的旋转导向钻具组合,此时应选择在泵关闭时获取测量资料、当泵恢复工作后传输数据的随钻工具。钻井液脉冲测量数据通过螺杆传输,但未发现压力信号有明显的衰减。在适当的钻井液脉冲工具不可用时,在一些情况下使用了电磁随钻测量工具。

旋转导向 CWD 的工具已用于陆上井和海上井,主要用于需要明显造斜和改变井眼轨迹的井中。图 9.62 显示 RST 技术在北海钻 $10^3/_4$ in 和 $7^3/_4$ in 套管段的应用实例。该井成功钻成并钻遇原来用 CWD 钻井的目标。然而,钻井中有许多定向工具发生故障,这与所使用的工具的复杂性有一定的关系。

图 9.6 的例子中的这口井表明采用 CWD 技术是一项比较复杂的钻井技术,但与常规定向钻井来说它并不复杂。定向井中 CWD 的技术的使用尚处于起步阶段,持续的使用该技术将允许钻更复杂的井,钻具组合的使用也会使可靠性进一步提高。事实上,几个主要的定向工具提供商正努力开发用于 CWD 的定向工具。这些工具可以使更多的钻具组合放置在套管内,在那里它将受到更大的保护,并且可以使伸出的杆短一些。

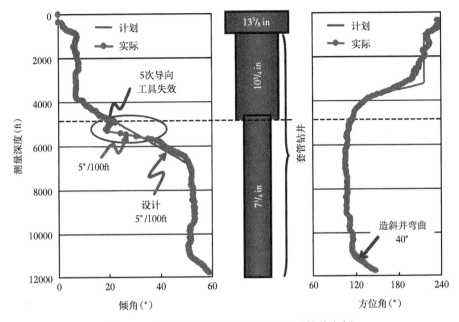

图 9.62 北海采用旋转导向 CWD 工具钻井实例

参数说明

a_i——造斜率，°/100ft；

a_{ni}——归一化造倾率，无量纲；

a_{nq}——归一化方位改变率，无量纲；

a_q——方位改变率，°/100ft；

A_i——内管面积，in^2；

A_o——外管面积，in^2；

d_o——接触管外径，in；

d_w——经验直径，in；

D——管道直径，ft；

E——杨氏模量，psi；

f_F——摩擦系数，无量纲；

f_o——水力摩擦系数，套管壁，无量纲；

f_w——水力摩擦系数，井壁，无量纲；

F——外施张力，lbf；

F_c——侧向接触力，lbf；

F_{crit}——屈曲临界力，lbf；

F_d——井壁拉伸力，lbf；

F_e——有效拉力，lbf；

F_{end}——端面压力，lbf；

F_n——涡动接触力，lbf；

g——重力加速度，32.174ft/s^2；

G——刚性模量，lbf/in^2；

H_f——水头损失，ft；

I——面积惯性矩，in^4；

J——极惯性矩，in^4；

L——钻柱长度，ft；

M——扭矩，ft·lbf；

p_i——管内部压力，psi；

p_o——外管压力，psi；

r——管井径向间隙，in；

r_o——套管外半径，in；

r_w——井眼半径，in；

Re——雷诺数，无量纲；

RP_{Mm}——井眼周围质量推进速率，周期/min；

RP_{Ms}——钻柱转速，r/min；

n——平均速度，ft/s；

v——流体速度，ft/s；

w——旋转质量，lb；

w_1——单位长度的支撑质量，lbft；

a——扭曲，°；

b——4代表正弦屈曲，b——8代表螺旋屈曲；

D_{HL}——钩载变化，lbf；

D_L——套管单元长度，in；

D_{po}——环空摩擦压力，psi；

e——管壁粗糙度，in；

m_f——库仑摩擦系数，无量纲；

r——流体密度，lb/gal；

t_o——套管壁切应力；

t_w——井壁切应力；

q——倾角。

参 考 文 献

Aston, M. S., Alberty, M. W., McLean, M. R., de Jong, H. J., and Armagost, K. 2004. Drilling Fluids for Wellbore Strengthening. Paper SPE 87130 presented at the IADC/SPE Drilling Conference, Dallas, 2–4 March. DOI: 10.2118/87130-MS.

Baryshnikov, A. 1997. Downhole Tool Full-Scale Fatigue Test: Experience and Practice

Recommendations. Paper presented at the ASME 8th Annual International Energy Week Conference and Exhibition, Houston, 28-30 January.

Bode, D. J., Noffke, R. B., and Nickens, H. V. 1991. Well Control Methods and Practices in Small-Diameter Wellbores. JPT 43 (11): 1380-1386; Trans., AIME, 291. SPE-19526-PA. DOI: 10.2118/19526-PA.

Bourgoyne, A. T., Chenevert, M. E., and Millheim, K. K. 1986. Principles of BHA. In Applied Drilling Engineering, Vol. 2, 426-443. Richardson, Texas: Textbook Series, SPE.

Brown, C. C. 1971. System for Rotary Drilling of Wells Using Casing as the Drillstring. US Patent No. 3, 552, 507.

Dawson, R. and Paslay, P. R. 1984. Drillpipe Buckling in Inclined Holes. JPT 36 (10): 1734-1738. SPE-11167-PA. DOI: 10.2118/11167-PA.

Gelfgat, M. and Alikin, R. 1998. Retractable Bits Development and Application. Journal of Energy Resources Technology 120 (2): 124-130. DOI: 10.1115/1.2795022.

Green, M. D., Thomesen, C. R., Wolfson, L., and Bern, P. A. 1999. An Integrated Solution of Extended-Reach Drilling Problems in the Niakuk Field, Alaska: Part II—Hydraulics, Cuttings Transport and PWD. Paper SPE 56564 presented at the SPE Annual Technical Conference and Exhibition, Houston, 3-6 October. DOI: 10.2118/56564-MS.

Hammerlindl, D. J. 1980. Basic Fluid and Pressure Forces on Oilwell Tubulars. JPT 32 (1): 153-159. SPE-7594-PA. DOI: 10.2118/7594-PA.

He, X. and Kyllingstad, A. 1995. Helical Buckling and Lock-Up Conditions for Coiled Tubing in Curved Wells. SPEDC 10 (1): 10-15. SPE-25370-PA. DOI: 10.2118/25370-PA.

He, X., Halsey, G. W., and Kyllingstad, A. 1995. Interactions Between Torque and Helical Buckling in Drilling. Paper SPE 30521 presented at the SPE Annual Technical Conference and Exhibition, Dallas, 22-25 October. DOI: 10.2118/30521-MS.

Hossain, M. M., Rahman, M. K., Rahman, S. S., Akgun, F., and Kinzel, H. 1998. Fatigue Life Evaluation: A Key To Avoid Drillpipe Failure Due to Die-Marks. Paper SPE 47789 presented at IADC/SPE Asia Pacific Drilling Technology, Jakarta, 7-9 September. DOI: 10.2118/47789-MS.

Johancsik, C. A., Friesen, D. B., and Dawson, R. 1984. Torque and Drag in Directional Wells—Prediction and Measurement. JPT 36 (6): 987-992. SPE-1380-PA. DOI: 10.2118/11380-PA.

Kammerer, A. W. Jr. 1958. Rotary Expansible Drill Bits. US Patent No. 2, 822, 149.

Leturno, R. E. 1993. Drilling With Casing and Retrievable Drill Bit. US Patent No. 5, 271, 472.

Mitchell, R. F. 1996. Buckling Analysis in Deviated Wells: A Practical Method. Paper SPE 36761 presented at the SPE Annual Technical Conference and Exhibition, Denver, 6-9 October. DOI: 10.2118/36761-MS.

Ooms, G., Burgerscentrum, J. M., and Kampman-Reinhartz, B. E. 1999. Infl uence of Drillpipe

Rotation and Eccentricity on Pressure Drop Over Borehole During Drilling. Paper SPE 56638 presented at the SPE Annual Technical Conference and Exhibition, Houston, 3-6 October. DOI: 10. 2118/56638-MS.

Reed-Hill, R. E. and Abbaschian, R. 1991. Physical Metallurgy Principles, third edition, Chap. 21. Belmont, California: Pws-Kent Series in Engineering, Cengage Learning.

Rezmer-Cooper, I. , Chau, M. , Hendricks, A. et al. 1999. Field Data Supports the Use of Stiffness and Tortuosity in Solving Complex Well Design Problems. Paper SPE 52819 presented at the SPE/IADC Drilling Conference, Amsterdam, 9-11 March. DOI: 10. 2118/52819-MS.

Santos, H. , Placido, J. C. R. , and Wolter, C. 1999. Consequences and Relevance of Drillstring Vibration on Wellbore Stability. Paper SPE 52820 presented at the SPE/IADC Drilling Conference, Amsterdam, 9-11 March. DOI: 10. 2118/5 2820-MS.

Schuh, F. J. 1991. The Critical Buckling Force and Stresses in Pipe in Inclined Curved Boreholes. Paper SPE 21942 presented at the SPE/IADC Drilling Conference, Amsterdam, 11 - 14 March. DOI: 10. 2118/21942-MS.

Shepard, S. F. , Reiley, R. H. , and Warren, T. M. 2002. Casing Drilling Successfully Applied in Southern Wyoming. World Oil 223 (6): 33-41.

Tessari, R. M. and Madell, G. 1999. Casing Drilling—A Revolutionary Approach to Reducing Well Costs. Paper SPE 52789 presented at the SPE/IADC Drilling Conference, Amsterdam, 9-11 March. DOI: 10. 2118/52789-MS.

Warren, T. , Tessari, R. , and Houtchens, B. 2004. Directional Casing While Drilling. Paper WOCWD - 0430 - 01 presented at the World Oil Casing Drilling Technical Conference, Houston, 30-31 March.

Warren, T. , Houtchens, B. , and Madell, G. 2005. Directional Drilling With Casing. SPEDC 20 (1): 17-23. SPE-79914-PA. DOI: 10. 2118/79914-PA.

Warren, T. M. 1984. Factors Affecting Torque for a Roller Cone Bit. JPT 36 (9): 1500-1508. SPE-11994-PA. DOI: 10. 2118/11994-PA.

Warren, T. W. , Oster, J. H. , Sinor, L. A. , and Chen, D. C. K. 1998. Shock Sub Performance Tests. Paper SPE 39323 presented at the IADC/SPE Drilling Conference, Dallas, 3 - 6 March. DOI: 10. 2118/39323-MS.

Weijermans, P. , Ruszka, J. , Jamshidian, H. , and Matheson, M. 2001. Drilling With Rotary Steerable System Reduces Wellbore Tortuosity. Paper SPE 67715 presented at the SPE/IADC Drilling Conference, Amsterdam, 27 February-1 March. DOI: 10. 2118/67715-MS.

国际单位制公式转换

1 cP = 0. 1Pa · s

1 ft = 0. 3048m

1 ft/h = 8. 466667×10^{-5} m/s

$1 ft/s = 3.048 m/s$

$1 ft \cdot lbf = 1.355818 J$

$1 gal/min = 6.30902 \times 10^{-5} m^3/s$

$1 in = 2.54 cm$

$1 in^2 = 6.4516 \times 10^{-4} m^2$

$1 lbf = 4.448222 N$

$1 psi = 6.894757 kPa$

$1 lb = 0.4535924 kg$

$1 lb/gal = 99.77633 kg/m^3$

9.3　控压钻井

——Don M. Hannegan，威德福国际公司

9.3.1　引言

控制压力钻井（MPD）是初级井控的一种先进形式，通常采用一个封闭加压的循环钻井液系统，该系统有助于使用精确控制的井筒压力分布钻井。控压钻井的主要目标是通过减少非生产时间（NPT）和降低钻井伤害来优化钻井流程（Malloy et al.，2009）。

MPD的基本概念是对传统钻井智慧的挑战，但是因为这些概念是有意义的，当遇到复杂井时，它能够更大程度地实现探索。因此，这里介绍的方法并不是对所有井都适用，而是当遇到传统方法无法解决的钻井相关问题和伤害时才考虑应用。

自19世纪60年代中期以来，MPD的专业设备和技术的变化就被用于安全、有效地实现控压钻井并逐步发展起来，这些专业设备和技术在美国数千个陆上钻井计划中得到了发展并广泛应用。相对于传统的钻井程序，MPD建立了难能可贵的井控事件记录。

由于控压钻井（MPD）减少停钻时间（NPT），该技术对海上钻井具有最大潜在效益，因为海上钻井的停钻时间花费比陆上钻井高得多。尽管MPD已经被安全、有效地应用于各种类型的海上钻井平台并且得到预期的结果，它仍然被认为是海洋环境中一种相对较新的技术。因此，在海洋环境中的应用将是主要焦点。

直到2003年，海上钻井决策者才充分认识到控压钻井技术的特点。MPD是一种常规方法不能解决的一系列钻进相关问题或障碍的解决方法。钻井事故区在增加，部分原因是要求钻进更深水深并穿过废弃层或废弃油气藏。而且很多人认为，大多数浅水区及深水区的易采储量已经钻出，那么这些剩余油的区域更可能遇到液压挑战，因此就需要更精确的井筒压力分布的井控管理措施来安全、有效地钻井。

节9.1是控压钻井技术的先导性技术——欠平衡钻井技术。MPD需要的许多工具都已做了阐述。

钻井的相关问题，诸如过高的钻井液成本、低机械钻速（ROP）、井筒膨胀/收缩、井涌检测的局限性、避免总过平衡状况的难题、压差卡钻、钻杆扭断和引起的井控问题等，这些问题也是海上钻井工业对MPD技术的需求。在钻进狭窄或相对未知的井下压力环境时，

井涌—钻井液漏失的情况经常发生，这些问题也提出了对不同于常规钻井方法的需求。过长的钻井作业时间，健康、安全和环境（HSE）问题进一步表明，有必要采取一种技术来解决根本问题。

大多数钻井伤害都有一个共同点：它们都可以在一定程度上通过较精确的井筒压力控制钻井得到解决。

控压钻井（MPD）概念的一个主要特征是：它使钻探决策者把循环液系统视为一个压力容器。当井筒中有钻井液时，可以在很少或不中断钻井进程下更广范围地调整钻井液当量密度（EMW）。

控压钻井（MPD）技术可以和其他减少钻井伤害的技术（如内衬/套管和膨胀油管钻进技术）协同、补充使用（Galloway，2003）。

除了在传统的石油和天然气钻井方面，控压钻井（MPD）技术对煤层气、地热资源、钻取商业数量价值的天然气水合物具有独特的应用。

9.3.2　封闭和加压流体系统

一个封闭和加压循环钻井液系统最基本的配置包括一个旋转控制装置（RCD），专用钻井节流器和钻柱单向阀［例如，浮筒（Bourgoyne，1997；Rehm，2003）。旋转控制装置（RCD）是闭环循环流体系统的关键启动工具，该技术基于其概念和众多陆地钻井设计和海上钻井设计共同发展（Hannegan，2001）。

陆地和海上固定钻机如自升式和平台式钻井平台上应用旋转控制装置（RCD）经常使用地面模型，这些模型经常在顶部或上部安装典型防喷器（BOP）组（Hannegan and Wanzer，2003）。一类 RCD 设计采用其轴承和密封组件在固定钻机现有的钟形导向短节内可远程锁定，另一种设计是将 RCD 固定在钻机现有的分流装置或专用环空或管闸板防喷器内。

悬浮式钻机如半潜式平台和钻井船使用 RCD 设计为在船井区域配置一个典型的海洋立管（Terwogt et al.，2005）。也有设计有利于在海底采油管系统上对接 RCD 轴承和环形密封组件上部，通常在上部伸缩滑动接头的下方。这种设计要求对钻机的传统钻井液回收系统做最小的修改，并从传统的钻井液回收到压力回收迅速转型，反之亦然。所有的悬浮钻机RCD 设计都引入了柔性出油管，以此来补偿钻机和采油管之间的相对运动。

海底 RCD 设计适用于无导管钻井、有（或无）导管钻井液回收和用海底导管系统进行双梯度钻井的一些变化情况。

9.3.3　背景知识

20 世纪 60 年代，RCD 使得用可压缩流体（天然气、空气、水雾和泡沫）进行钻井的实践得到蓬勃发展。现在这些技术被称为性能钻井（PD），或者直接称作空气钻井。它的价值主要体现在提高了机械钻速，延长钻头寿命并降低钻井至目的层的总成本。

在 20 世纪 90 年代，RCD 相对广泛的尺寸范围、设计和压力密闭能力得到发展并满足了不断增长的行业需求。RCD 技术的使用成为用钻井液和硝化液进行欠平衡钻井（UBD）的主要推动者，使易受伤害的油气藏的产能得到改善。

随着时间的推移，RCD 的其他用途得到发展——不仅仅是空气钻井和欠平衡钻井作业等。行业内开始在传统钻井液系统钻井时用 RCD 能够更精确地操纵环空压力分布。它同时使人们用 EMW 在更接近油气藏孔隙压力的条件下安全钻进。尽管在钻井过程中不允许烃的溢流，但应做好安全高效地处理任何可能的操作附带事故的准备。2003 年，MPD 技术被确认为一种专门的钻井技术，并且特给出了名称——控压钻井（Hannegan，2001）。

美国有大约 45%的陆地井使用 PD 技术钻探，约 5%的井使用欠平衡钻井来分别提高可钻性或油井产能；在另外大约 25%的井中使用 MPD 技术来改进可钻性，减少 NPT 和增强井控能力。平衡钻井使用传统开放的钻井液回收系统钻井。换言之，美国四分之三的陆地钻井项目的井眼中至少有一段使用 RCD。

9.3.4　UBD、PD 和 MPD 相同点和区别

正如之前所提到的，使用 UBD、PD 和 MPD 技术都需要封闭的、可加压的钻井液回收系统。这种共性自然产生了问题，尤其是这三种技术有什么不同？

欠平衡钻井（UBD）是钻井时用专门设计 EMW 并维持其低于相邻井筒地层压力，允许地层流体侵入的钻井。欠平衡钻井（UBD）的主要目标是提高井的经济效益和通过减小钻井引起的地层伤害并提供储层特征来部署开发策略。尤其需要一个由分离和燃烧（敞开）设备组成的一个完整的地面辅助补充系统，来适当地处理钻井过程中产生的烃。一些欠平衡钻井（UBD）过程需要硝化液来实现钻井液当量密度（EMW）小于目标区域的孔隙压力（Bennion，1999）。

空气钻井（PD）运用空气、雾或泡沫钻井液系统，在静液柱压力条件下钻进来提高机械钻速（ROP）和延长钻头使用寿命。PD 的主要目标是优化钻井经济效益。PD 主要用于钻进坚硬的岩石。

控压钻井（MPD）不允许地层流体侵入（溢流），但是它却能控制井下发生复杂情况时产生的流体。MPD 的目的是从欠平衡钻井技术的优势和可实现安全钻进的工具中受益，来更精确地控制整个井筒压力分布。控压钻井的重点是降低钻井风险：

（1）使用轻于常规的钻井液钻井时，避免钻压超过井筒破裂压力梯度；

（2）保持钻井液当量密度（EMW）高于所钻地层孔隙压力，即使地层可能是静压欠平衡；

（3）当关井为了连接管接头时应采用回压的方法；例如，停钻时保持循环，若未计算停钻井底压力，将会和井底压力非常接近；

（4）用封闭加压的钻井液回收系统来遏制和控制侵入的外来流体；

（5）遵循传统井控原则。

总之，欠平衡钻井（UBD）的一个主要目的是避免伤害油层的生产能力，欠平衡钻井一般和油气藏伤害问题相关。空气钻井（PD）的主要目的是用于提高钻速，一般和可钻性相关。控压钻井（MPD）的主要目的是解决一系列钻井相关的问题，或者是经济可钻性的问题；MPD 一般和钻井问题相关。

9.3.5　国际钻井承包商协会（IADC）对控压钻井（MPD）定义

如今，成千上万的陆地钻井项目和数量快速增长的海上钻井项目已经证明，一个封闭加压的钻井液回收系统可以获得更精确的井筒压力控制。对 MPD 技术的兴趣迅速增长，2003 年国际钻井承包商协会（IADC）欠平衡操作（UBO）委员会成立了一个小组委员会作为一个技术交流媒介。2004 年，该委员会的名称改为 IADC UBO & MPD 委员会。可交付成果是一个定义，这个定义描述了该技术的本质。在之后的 SPE 应用技术研讨会，监管机构和大企业最终更加严谨地给出了 MPD 的如下定义：MPD 是用于精确控制整个井筒压力分布的

自适应钻井过程。其目标是确定该井下压力环境的限制，并相应地管理该环空液压分布。MPD 是为了避免地层流体持续溢出到地面。整个操作过程中的任何溢流都将被安全地使用一个适当的过程以实现控制。

技术说明：（1）MPD 工艺采用一系列工具和技术，通过主动控制环空液压分布来减少钻狭窄井下环境（压力窗口）井的风险和成本；（2）MPD 包括控制回压、流体密度、流体流变性、环空液面、循环摩阻、孔隙几何形状或其组合；（3）MPD 允许更快的校正措施，以应对观测压力的变化；动态地控制环空压力的能力将有助于钻井，否则无法达到预期的经济指标。

9.3.6 控压钻井(MPD)在钻取水合物上应用

上文对 MPD 的定义中没有提到温度控制也许是一个疏忽。例如，MPD 技术是唯一可以应用于钻取具商业价值的一定量的天然气水合物的技术（Hannegan et al.，2004）。甲烷水合物服从波义耳定律，波义耳定律描述的是气体的压力和温度之间的关系。

由于大陆架的压力和温度适合甲烷和水共存，因此大陆架含有巨大的数量的甲烷水合物，在陆地冻土层发现了甲烷水合物。它们的自然存在状态为一个冻结的晶体晶格结构，该结构由开放的、笼状晶格的包含甲烷分子的水分子组成。取决于甲烷水合物的纯度，在标准温度和压力下，甲烷水合物可以包含 $70 \sim 164$ 倍自身体积的自由气体。钻探具商业价值的一定量的甲烷水合物而不发生井控事件需要温度控制和精确的压力控制（Todd et al.，2006）。

9.3.7 传统水力学及水力参数控制

为了了解控压钻井（MPD）的潜力，在遇到艰难的钻井前景资源时遵循常规循环液系统的限制是重要的。传统的钻井液回收系统设在钻台下，一般都是露天的。钻井液和钻屑因重力作用从钻台下方流动到振动筛和钻井液池。

BHP 或 EMW 由钻井液重力静压头 [$HH_{(MW)}$] 和循环环空摩阻（AFP）的总和来确定，即 $BHP = HH_{(MW)} + AFP$。

当突然停钻，关闭钻井泵来连接如接单根等作业时，即存在环空摩阻（AFP）。因此，动态井底压力（BHP）显著高于静态流体系统的 BHP。为了顺利钻井，钻井液当量密度（EMW）必须处于地层压力和地层破裂压力之间，即处于钻井压力窗口中（图 9.63）。

图 9.64 显示当钻遇狭窄压力窗口或未知地层孔隙压力和破裂压力梯度的压力窗口范围时，溢流或钻井液漏失的情况经常会发生。当关闭钻机的钻井泵来单根时，油气可能会溢流到井眼，这将会中断钻井进程，烃会被循环到地面。在这种情况下，钻井液重力静液柱压力（HH）单独作用产生的井底压力（BHP）小于同样深度地层的孔隙压力。或者，如果钻井液静液柱压力接近地层破裂压力，钻机的钻井泵重新开始循环可能导致钻井液漏失到地层。在这个案例中，钻井液重力静压头（HH）和环空摩阻（AFP）之和导致当量钻井液压力（EMW）超过了破裂压力。过大的钻井液成本、压差卡钻、脱扣风险，会引起井控问题或钻井损失。

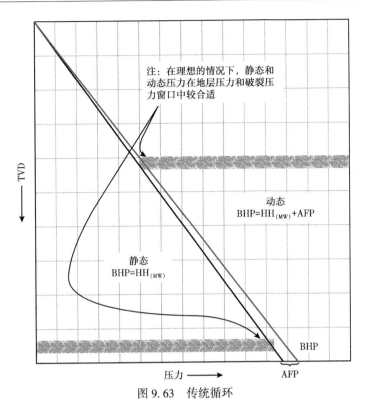

图 9.63　传统循环

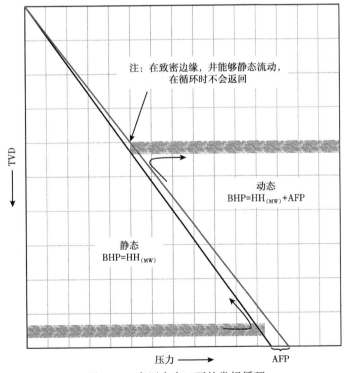

图 9.64　窄压力窗口下的常规循环

9.3.8　控压钻井(MPD)分类

9.3.8.1　被动式控压钻井

这种控压钻井方式是把 MPD 作为应急措施。设计好常规的合理井建方案和流体方案，同时钻机应至少配备一个旋转控制装置(RCD)、节流器和钻柱浮子(或多个)作为更安全和有效地处理井下情况的手段，例如，意外的井下压力环境的限制(如井筒中出现钻井液对钻井窗口不是最适合的情况)。例如，美国四分之一的陆地钻井项目都使用 MPD，但许多使用的是被动式 MPD。作为一种应对未知变化的手段，钻井项目从一开始就具备了高效和安全地处理井下事故的能力，也解释了为什么一些保险商要求他们所担保的井带有封闭系统和加压钻井液回收系统。

应当注意的是，当 MPD 应急措施配合一个常规合理钻井项目时；计划、培训、HazId/HazOp 工艺、设备资格预审和适用的规章制度允许都应该去考虑 MPD 是否为主要程序(US MMS，2008)。

9.3.8.2　主动式控压钻井

钻井项目是从设计套管、流体和裸眼井钻井计划或备用方案设计开始的，这些计划要能充分地发挥较精确地控制井筒压力分布的能力。这种 MPD 技术类型给陆地和海上钻探项目都提供了很大的帮助。大多数海上项目至今一直使用这种控压钻井类型。且越来越多的陆地 MPD 项目从被动式转变为主动式控压钻井。这种转变要求对井进行更完整的预计划，但钻探项目的收益明显能抵消额外的 MPD 工程和项目管理的成本。

9.3.9　控压钻井(MPD)的演变类型

MPD 有四个关键的变种技术。每个都是在可行性的基础上处理钻井危险。有时，会在相同的有挑战性的前景资源区中使用这些变种的组合。随着 MPD 技术在钻井决策者心中的常态化和资源区变得越来越难钻，在相同的资源区结合一项或多项变种技术有望变得更加频繁。

9.3.9.1　回流控制技术

为了健康、安全和环保(HSE)而利用封闭环空回流系统钻井，是回流控制技术的唯一目的。例如，在大气开放系统的常规生产平台上进行钻井操作会导致易爆气体从钻屑中逸出，并触发大气监视器或自动关停平台上其他地方的生产。这种 MPD 变体的其他应用包括预防钻井过程中流体散发有毒蒸气到钻台上的后果，特别是在有浅层气危害的风险和在人口密集的地区钻井时。通常只需在钻井操作过程中添加一个旋转控制装置(RCD)就可以实现这种 MPD 的演变。

9.3.9.2　井底压力恒定技术(CBHP)

保持恒定的 BHP 独特地适用于在孔隙压力和破裂压力梯度之间的窗口比较狭窄或相对未知的范围钻进。这种方法的目的是不论钻井泵工作与否都保持恒定的当量钻井液密度(EMW)。通常情况下，都在轻于常规合理流体的项目中使用，这个项目是近平衡的，甚至可能是静水压欠平衡。当关井接单杆时，表面回压(BP)有助于钻井液静压力(HH)维持所需的正压水平，以防止地层流体的侵入。

图 9.65 展示了一个典型的井底压力恒定控压钻井技术(CBHP MPD)的应用；节流器在钻井时打开，在接钻杆时关闭。不循环时所需的回压(BP)值约等于循环时所需的环空

摩阻（AFP）值。

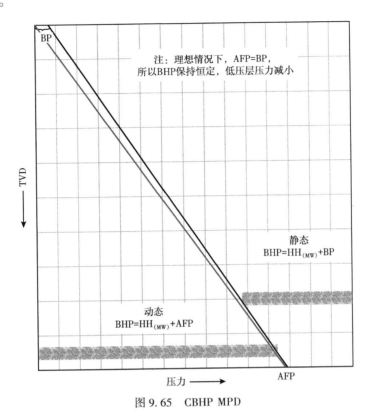

图 9.65　CBHP MPD

图 9.66 显示了 BP 在无套管井或套管鞋上应用时的局限性。在这种情况下，BP 的值将导致在套管鞋处出现钻井液漏失。

9.3.9.3　双梯度和深水双梯度技术

双梯度 MPD 是指在环空返回路径上，井眼暴露于两个或更多不同深度与压力梯度的地层。如图 9.67 所示，从安装在套管或海底采油管上的寄生管串向环空中一些预定深度处注入低密度流体可以实现双梯度。引入空气、惰性气体、轻液体、无岩屑钻井液或固体使流体密度从那一点开始降低直至地面。在海上，有多种方法来实现双梯度；例如，可以在海洋采油管中注入低密度介质来调整 BHP 而不改变基本 MW。

另一种实现深水双梯度的方法是使用海底泵人为地将返出钻井液从海底举升到地面，并通过外部的专用返回管线到达钻井立管（Smith，2001；Eggemeyer，2001）。在这种情况下，钻井立管被海水充满来防止坍塌。这样做的目的不是将当量钻井液压力（EMW）或有效井底压力（BHP）减小到低于地层孔隙压力。相反，这样做是为了避免严重的正压失衡和 EMW 或有效 BHP 值不超过破裂压力梯度。在这两种情况下，井筒中有两种流体密度：低于注入或泵送点时为一种密度，高于该点为另一种密度。虽然海底旋转控制装置（RCD）具有优点，这种形式的 MPD 在有无海底 RCD 的情况下都可以实施（Forrest et al.，2001）。但当气体注入立管时，地面 RCD 必须运转。

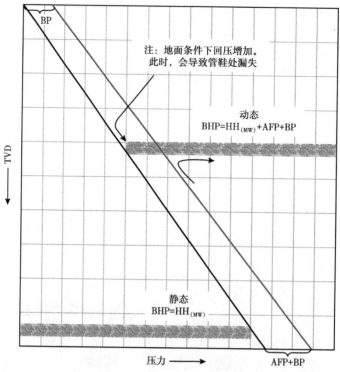

图 9.66   CBHP MBD 的局限性

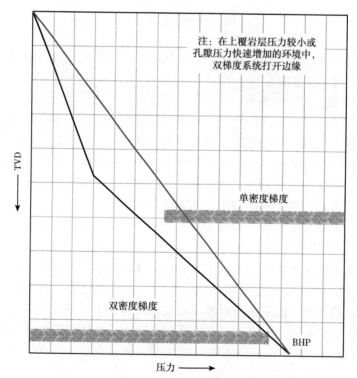

图 9.67   双梯度 MPD

9.3.9.4 加压钻井液帽钻井(PMCD)

PMCD 是处理钻井液严重漏失或近乎完全漏失的方法。预定柱高度的重钻井液或钻机的压井液，通过 RCD 的返出线路连接(Terwogt，2005)被泵送到井底。形成的钻井液帽充当环空屏障，防止钻井液返至地面。地面变化的 BP 值用来确保钻井液塞防止钻井液返回地面的能力，并作为钻井程序尽量减少改变钻井液塞柱的高度(图 9.68)。

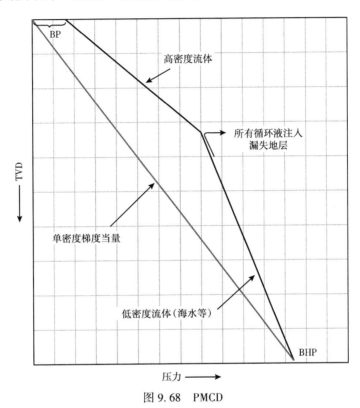

图 9.68　PMCD

用于 PMCD 的消耗液通常是一种较轻且无伤害(地层)的流体，比如海水。钻井液和岩屑单独通过或被迫进入具有循环液漏失危害的上部其他问题区域。轻液体可以增加机械钻速(ROP)。泵送到损耗区的钻井液比常规钻井液便宜，并且井控能力得到增强。在储层，消耗液对井的最终产能具有很小的侵入伤害。以下两种情况也会考虑 PMCD，其一是当探区为酸性烃类时；其二是在需要钻穿严重废弃地层达到更深目的层的深水层位时。一旦钻穿漏失区和利益层，一些探区可能无法适应用来起出钻柱的压井液(Urselmann et al.，1999)。这解释了为什么很多 PMCD 是和套管隔离或井下配置阀结合使用(Sutherland et al.，2005)。

9.3.10　MPD-水力学和水力参数控制

大多数 MPD 的应用使用闭环循环流体系统。有人可能会认为控压钻井(MPD)是从制造加工工业中吸取的教训，即避免对大气开放的系统有许多优点(Hannegan，2001)。

MPD 给确定有效的井底压力(BHP)或钻井液当量密度(EMW)公式增加了另一个变量。MPD 有能力将期望的液压 BP 值循环应用到循环流体系统上。当使用不可压缩流体钻井时，

BP 的调整导致几乎可以瞬间改变有效 BHP 值，即 MPD BHP＝HH$_{(MW)}$＋AFP＋BP。

BP 的应用理所当然对传统的井控方法也十分重要，所以说 MPD 常被认为是井控的一种先进形式。

在一些双梯度 MPD 应用中，BP 通过高速海底环空返回泵施加，而不是从地面施加（Forrest et al.，2001）。

9.3.11　海洋环境

据估计，至少有一半的海洋探区使用传统的钻井设备和方法在经济性上是不可行的。随着时间的推移，储层压力降低和在更深的水域钻井时要求的增加，这一比例也在增加。

钻没有经济效益的探区主要由钻井相关问题和障碍引起的成本过高导致。钻井相关情况，如漏失、压差卡钻、钻杆扭断、总井深（TD）钻井液密度变化、溢流问题与狭窄钻井窗口的结合等导致越来越多的探区注定超过钻井费用计划授权支出的范围。

上述所有的钻井相关问题都有一个共同点：它们需要更精确的井筒压力管理、遏制和控制，并造成较少的钻井中断。在海洋环境中钻井时，对整个井筒使用较精确的压力管理能解决大量的、不同程度的这些传统难题。

最近的一项研究定量分析美国墨西哥湾的钻井项目非生产时间（NPT）的起因。在从开钻到目标井深（TD）的总天数中，大约22%是 NPT。漏失所导致的压差卡钻和钻杆扭断，溢流情况与狭窄井底环境的限制，接缝时间和其伴随的钻井项目中断会增加或减少 MW 时间，减少的 MW 时间接近 NPT 总时间的一半。平衡与停钻相关，例如等待天气或钻机设备故障。在墨西哥湾（GOM）的停钻天数和它们的起因不同程度地映射了全球钻井的普遍现象。

如果 MPD 技术的海上应用能够解决一半的总 NPT 时间，可能多达10%～15%的临界钻井探区可以经济的钻探。大量曾经的不可钻探区就能被成功地开采，增加了运营商的可收回资产。

9.3.12　MPD 的发展机遇

所有的 MPD 变化类型都包括以下一点或多点：

（1）能迅速改变井筒中钻井液的当量密度（EMW）的能力；

（2）把摩擦损失的劣势变为优势；

（3）改变流体密度；

（4）加固井筒。

9.3.13　MPD 的变化引申出的一些概念

受到加压钻井液系统钻井能力的启示，业内形成发展了许多特殊的应用。

9.3.13.1　无立管 MPD

这是利用海底井控的无立管来抽和排。当通过无立管钻进建立海底井位时，使用的海水或其他能配伍的流体在海底排放，并且需要使用海底旋转装置。通常使用该技术的目的是通过分批钻井确定深水井位。因为没有海上立管和海底防喷器（BOP）的浮标指示，使用小型较便宜的钻机来确定水中比预定要使用的钻机更深的井位。远程潜水器（ROV）和水下自动节流器在海底旋转控制装置（RCD）的管线出口调节回压（BP）。关闭海底节流器增加井底压力（BHP），实际上就好像海底井位被充满钻井液和岩屑的海洋立管钻探。结果是正压程度超过钻井液会在出现浅水流动或浅层气危害时发挥作用和为海底井控提供帮助（图9.69）。

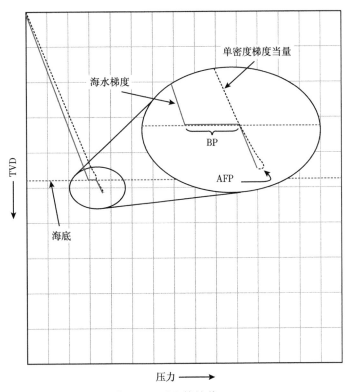

图 9.69　无立管钻井 MPD

9.3.13.2　双梯度无立管钻井

这也被称为无立管钻井液回收钻井。海底泵返回钻井液和岩屑到钻机进行分析和适当处理。通过控制海底环空回压（BP）和钻机及海底泵的速度及可以调整有效BHP（图9.70）。

9.3.13.3　可压缩流体控压钻井（MPD）

更精确的井筒压力控制的概念应用到空气、雾、泡沫和气体等钻井介质。例如把井底空气分流器安装到钻柱，工具对钻柱和环空压力之间的预设压力差做出反应。一定量的无岩屑压缩气体被转移到环空。改进井眼的清洗，并且 BHP 相应地减小增加了冲击锤压差，也就显著提高了其性能。机械钻速（ROP）的增加使得在某些情况下，能在湿井眼中钻至更大的深度。

9.3.13.4　MPD 深水地面防喷器（BOP）的应用

从配有地面防喷器（BOP）的停泊半潜式或动态定位钻井船钻井的最初目的是：当使用深海防喷器组时（Gallager and Bond，2001），确保在水深超过钻机深度时钻井。然而，在深水中使用地面防喷钻井使得许多其他只适用于固定钻机的 MPD 技术被使用。高压和通常较小直径套管用作海上立管（Leach et al.，2002）。

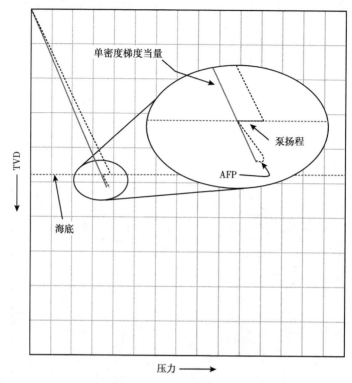

图 9.70　无立管双梯度 MPD

9.3.13.5　连续循环同轴套管 MPD

这个过程包括更精确和几乎瞬时的井底压力(BHP)管理,它是通过持续的环空流体循环来控制返回环空的的摩擦损失。通过同轴(心)套管或钻柱泵送额外体积的钻井液,就能操控井底的环空摩擦压力(AFP)保持在一个更稳定的状态。在接钻杆时增加环空流体沿同心套管下流的速率使其等于正常立管速率,井筒中井底环境就有更恒定的 AFP。通常,可以使用该方法消除或显著降低与接钻杆相关的压力峰值。

9.3.13.6　加强井筒 MPD 技术

19 世纪 90 年代初,已经研究了通过在钻井液中保持一定的固相含量来加强井筒的影响,随着钻井液密度的增加,这种钻井液能够有效地封堵较弱(压力较低)地层的微裂缝。虽然这在一定意义上不是需要封闭和加压钻井液回收系统的 MPD,但它通过增加孔隙压力和破裂压力之间的范围,在井筒实现类似的目标。

9.3.13.7　井下泵送 MPD

通过在钻柱中使用一个钻井液动力泵并在套管内增加环空流体返回的能量,这是新出现 MPD 类型。这样的一种 ECD 减少工具对于在泵上产生一个显著的压差变化,减少或消除摩擦压力对 BHP 的影响有巨大的作用(图 9.71)。

9.3.13.8　液压流量模型和过程控制计算机的应用

过去几十年以来,加工行业(如化工、炼油、造浆和造纸)从采用封闭和加压系统中受益。如今,操作这些系统基本都需要过程控制计算机的帮助。这些应用极大地提高了安全

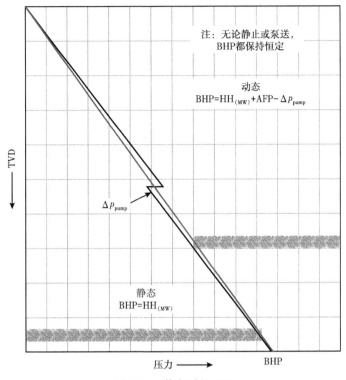

图 9.71   井底泵送 MPD

性，能获得更稳定的产品质量，减少了浪费，降低了能源消耗并引起正面的环境影响。

MPD 的闭环特征推动了一种技术的发展，该技术使流量和压力分布数据的测量和分析达到时间和温度调整质量守恒精度。这种技术使得对循环流体系统的控制达到加工业的水平能力。极少量的流体侵入和钻井液漏失都能被检测到，根据实际应用情况来看，这些并没有被预测到，同时钻井窗口在更少的停钻时间（NPT）内被安全、有效地显示和反映出来。这些微侵入控制特别适用于恒定井底压力钻井技术（CBHP）、控压钻井技术（MPD）和其他钻井程序，在这些项目中，进行早期井涌监测是极其有利的。

9.3.14   MPD 工具箱

一些技术已经发展到能在所有类型的钻机上使用 MPD 技术，其他的技术则被其变体类型和应用所促进推动：

（1）地面和海底旋转控制装置（RCD）设计，这种设计能让各类钻机的压力承载能力达 34.47MPa（5000psi）并能应用于所有的 MPD 技术中；

（2）有线可回收钻柱浮筒；

（3）手动、半自动和过程控制节流管汇；

（4）套管隔离阀、井下部署阀（DDV）；

（5）氮气生产单元；

（6）海底钻井液回流泵；

（7）地面钻井液录井；

(8)实时压力和流量监控;

(9)MPD 液压软件建模;

(10)连续流动钻柱接头(连续流量阀);

(11)连续循环系统;

(12)ECD 减少工具;

(13)MPD 的选择。

9.3.15　海上应用 MPD 现状

三种控压技术中(空气钻井、欠平衡钻井和控压钻井),海上钻井决策者往往最热衷的是最后一种技术。空气钻井不适用于海洋环境。欠平衡钻井在某些司法管辖区内面临法规禁止的情况,多数海上钻机缺少设备所需的足够空间,且其处理产生的烃的能力有限;另外,MPD 使许多业内人士把它排在第二位,仅次于水平井和定向钻井技术,因为在未来它也许将成为有影响力的技术。

联合产业项目资助(DEA1552008)的风险评估研究,从全球范围内大量套管历史的数据中,得出了如下有关 MPD 在各类海上钻机的应用:

(1)适当地应用该技术,能近乎全部或极大程度地减小钻井的相关风险;

(2)该技术持续展现一个光明的未来;

(3)该技术和目前常规钻井技术同样安全,甚至更安全;

(4)该技术是井控的高级形式,值得对风险进行客观的正面和负面的质量评价。

9.3.16　结论

上游产业已可使用相对简单和沿用百年的旋转钻机循环钻井液系统的水力系统获得大量丰富的油气资源,这个系统设在钻台之下对直接开放于大气中。传统的方法植根于使用加重钻井液和在该深度的静水压头的作用下进行钻井的原则之中。唯一的改变有效井筒压力分布(EMW)的方法是在井筒中改变循环速度。

使用加压循环流体系统钻井的最大的优点之一是能在流量和压力监测精度的阶跃变化。这实现了实时监控及对流量和压力的预期以主动控制其偏差。这种意识促进了对钻井问题的快速反应,防止常规钻井问题的不断升级,从而降低非生产(钻进) 时间(NPT)。

在过去,大量的改进钻井液、钻机、HSE 问题、复杂的电子化、自动化、材料、油藏特征描述和探区分析的方法得到发展。然而,从海上钻井开始以来,至今大多数的海洋工业仍然使用基本循环液系统概念钻井。更多的上游的技术人员得出了这样的结论:这种传统方法在未来的探区钻井具有严重的局限性,因为这些未来探区面临更多的水力学挑战。

许多人都曾将封闭加压循环流体系统和欠平衡钻井,以及空气(雾、泡沫)钻井结合起来使用,在用钻杆钻进时就需要 RCD。这在某种程度上也解释了为什么海上钻井决策者一直很少关注 RCD,但也导致他们很少关注加压钻井液体系钻井这一概念。

MPD 不允许钻井过程中地层流体侵入。相反,根据需要任意控制不同回压(BP)是遏制和安全控制 MPD 操作中随机发生的流体侵入的关键技术。

使用旋转控制装置(RCD)、节流管汇和钻柱浮子已或多或少地成为陆地钻井的现状,特别是美国的陆地钻井项目。井下套管阀正在迅速被接受作为基本的 MPD 装备,以帮助减少慢的起下钻时间,和避免抽汲(激动) 压力问题。当使用加压钻井液帽钻井(PMCD),并且一旦发生严重漏失被迫使用该方法时，井下套管阀（套管）隔离阀（DDV）是在空腔内起出钻柱的重要技术，否则在这个空腔内填充压井液是成本极高或几乎不可能的。

美国陆地钻探项目在井筒内部分钻井段使用封闭加压流体系统钻井的应用从 15% 增加到 1996 年的 75%。

相对于传统的循环流体系统钻井，MPD 已建立起积极的 HSE 措施和可报告的井控事件追踪记录机制。实际上在钻井过程中，合理规划和执行的 MPD 项目，油气溢流到地面的可能性比常规开采技术要小。

越来越多的上游技术专家认为，所有的井都应该使用 MPD 技术钻采。如果 MPD 能越来越多地应用于海上钻井，那么 MPD 技术也就更能被海上钻井决策者接受。

9.3.17　总结

如今，越来越多的探区在传统的技术条件下是经济不可钻的，且这种趋势是不可阻挡的。MPD 为增加经济可钻性提供了一种手段，并且使地层流体在钻井过程中很少能到达地面。MPD 的应用已被证明可以提高可收回海上资产。MPD 有一个不错的陆地钻井记录，这个记录已经多次在海上钻井中应用。

MPD 技术是一种更易于接受的逐步控制的步骤，是负压钻井的必然要求。MPD 的封闭加压循环钻井液系统的特点是过程控制操作压力管理的一个必要工具。

9.4　连续油管钻井

9.4.1　背景

连续油管（CT）是指在起下钻时不需要或破坏连接，将油管缠绕在滚筒上可以连续下入井筒的油管管柱。

现代连续油管（CT）源于盟军在"二战"期间的一项秘密计划——PLUTO 计划，即海下管道首字母的缩写词，该计划部署了 23 个连续油管管线穿越英吉利海峡给入侵部队供给燃料。其中 17 条是主要管线，总长度为 30mile，剩余 6 条管线用 20ft 接头焊接内径 3in 的钢管构成。这些管线被缠绕在直径为 40ft 的滚筒上，并在船后拖运（图 9.72）。

然而，直到 18 年后，波文工具公司 Bowen Tools（国际 IRI）和加利福尼亚石油公司开发了一种带有注入头的 CT 修井机，即垂直的、反向旋转的链带传动系统，这种注入头安装在一连串外径为 1.315in（OD）的管柱上（NOV CTES，2005）。

1963 年起，CT 已被誉为石油领域具有革命性的潜力技术。然而，早期的机械故障主要是由于手工焊接工艺和低强度的钢管质量问题，导致大量的打捞作业，从而使这项技术应用不多。此外，较高的油价及石油行业不愿采取改变的态度，都限制了 CT 的发展。后来，CT 的使用率急剧增加，因 1986 年油价的下跌引起了人们对低成本技术（如 CT 技术）的关注。

连续油管钻井技术（CTD）在全球范围内呈上升趋势，但该项技术的普及程度仍然有限，所以 CTD 仍被作为一种新型技术。CTD 技术现已成熟，在世界范围内 CTD 的操作已经有了极大的改变，其成功是通过建立了连续的学习曲线及完善的管理系统。

CTD 已成功应用于加拿大（每年超过 600 口井应用 CTD 技术）、美国阿拉斯加州、委内

图 9.72　PLUTO 计划连续油管（NOV CTES, 2005）

瑞拉、阿曼和沙迦，所提及的这些地区中，除了委内瑞拉，其他地区都是陆地作业，这是因为在委内瑞拉需要在马拉开波湖上进行作业。操作之间的相似性是工作时间长、大量的井及动员成本低，有充足的时间来学习和掌握。

9.4.2　适用性和局限性

CT 相比常规连接管钻井方法有许多优势和独特的适用性，同时也存在一些自身的局限性和劣势。

CT 的适用性有以下六点：

（1）承压起下钻；

（2）更快的起下钻（高到 4 倍）；

（3）起下钻的同时连续循环；

（4）地面与井下之间存在连续高质量的双向遥测（电线或光纤）；

（5）小井眼和过油管的能力（4in 油管）；

（6）便携式。

CT 的局限性有以下七点：

（1）不能旋转；

（2）打捞能力有限（起管柱时受限、没有旋转等）；

（3）由于摩擦，在水平井中的水平位移受限（没有旋转）；

（4）水力循环差（取决于生产套管管柱的尺寸）和井眼净化能力受限；

（5）油管寿命受限（通过冷加工导致疲劳）；

（6）高维修成本；

（7）高成本（额外的设备和人员）。

CTD 的主要应用在以下七个方面：

（1）从主井钻分支井；

（2）侧钻时无须拆卸完井工具；

（3）钻欠平衡井并通过减少储层损害而提高产能；

（4）控压钻井；

（5）无须常规钻机钻井；

（6）使用常规钻机钻井；

（7）成本低，可适应多变的环境。

不适合采用 CT 应用有以下三个：

（1）钻大位移井（超过 16000ft）；

（2）8½in 或更大尺寸的井眼（由于井眼净化、重量转移的问题）；

（3）在不稳定地层的钻井。

9.4.3　地面设备

在规定设备的要求时，有一些注意事项需要考虑。CT 的主要要求和设备的影响将在本节中进行讨论（图 9.73）。

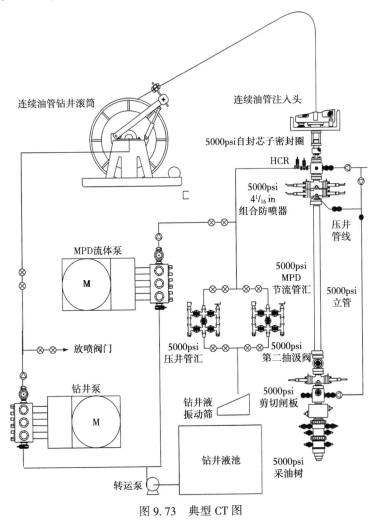

图 9.73　典型 CT 图

9.4.3.1　CT 的选择和设计

CT 的选择和设计涉及以下四点：

(1)油管力；

(2)水力学；

(3)CT 疲劳破坏；

(4)后勤方面的限制，如起重机，道路，甲板装载。

管柱的选择和设计是一个需要迭代的过程，通常需要考虑液压系统、油管力、疲劳之间的协调，同时还受到井位最大重力的限制。详细的敏感性分析需要使用不同直径、等级和壁厚的 CT 进行论证。

油管力分析将确定 CT 能否在不自锁的情况下到达井底，自锁是盘管通过正弦和螺旋弯曲阶段的状态，不论地面是否施加重力，压力都不会传递到管柱底部。

在 CTD 中，建议钻头上至少施加 2000lbf 的钻压（WOB）以及 15000lbf 的拉力（拉伸屈服值的 80%）。

需要使用程序进行水力计算用以了解地面增加的油管数，从而确定地面压力以及泵压。通过增加常规钻井液水力模型中立管的长度，在一定程度上可以模拟这个程序，但不能解释为何油管缠绕在滚筒上，因此，特定的 CT 水力模型的模拟结果会有所不同。

有关 CT 尺寸的水力计算优化的结果是减小泵压和鹅颈压力，其将缩短 CT 的寿命周期和降低地面设备的可靠性。施加在 CT 管柱的循环数取决于许多因素。主要参数是管柱的外径、壁厚、材料等级及在油管通过鹅颈时的内部压力。通常，CT 的外径越大，循环数越少；同样，压力越高，循环数越少。

事物具有两面性，由于管内的摩擦损失使直径较小的 CT 比直径较大的 CT 需要更高的泵压。虽然直径较大的 CT 传递压力的性能较好并改善了水力条件，但是直径较大的 CT 寿命却更短，这可以由盘管中下降的泵压来抵消。但是，直径较大的管柱会比直径较小的管柱具有更低的循环临界值。

对 CT 疲劳最敏感的地方是鹅颈管和滚筒。在油管穿过鹅颈管或在滚筒上时，内部压力会升高，内部压力越高对油管的寿命影响越大。

理想情况下，在设计 CT 管柱时，厚壁油管安装于管柱的顶部，以提供附加力，从而增加了可用外拉力，降低了对管柱疲劳的影响。CT 承包商在操作过程中密切监测循环数，使用管柱切割规范使管柱上某点的寿命周期最小化从而避免故障。

所有的海上作业必须考虑油管柱和滚筒的质量，陆地运输需要考虑质量及总尺寸。如果受到后勤的限制，则需要调整管柱以适应特殊的应用。同样重要的是模拟油管的质量，这包括安装在油管中的任何有线电缆或液压管缆（LEAding Edge Advantage International Ltd，2002）。

如果需要进一步减少钻压，则应该在钻井过程中下入电缆；然而，这种操作最好是在移动前，进行脱机工作。滚筒下降系统可以用来协助减少钻压。

如果不能充分减小油管的重力，可以将盘管分段运输到井位，进而焊接或连接，在井场使用一个可绕式的连接器。在海上井位，油管可缠绕在拖船的平台上。

9.4.3.2　滚筒

CT 作业机的滚筒提供了油管的存储装置（图 9.74）。在表 9.9 中列出了标准的滚筒的容量（宽为 87 in，核心为 112 in，外径为 180 in）。

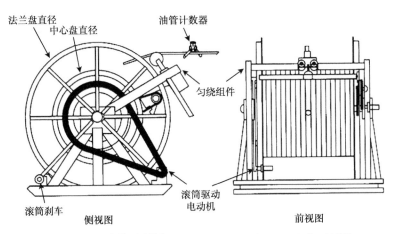

图 9.74　CT 滚筒示例图（LEAding Edge Advantage Ltd，2002）

表 9.9　标准滚筒容量表

CT 尺寸（in）	长度（ft）
2	25937
2⅜	19165
2⅞	12408
宽度 87 in，中心盘直径 112 in，滚筒外径 180 in	

　　注入头提供了起下 CT 所需的力，滚筒只提供油管和注入头之间的拉力。这样，在下钻时可以顺利地将 CT 从滚筒下入井筒，起钻时，将油管缠绕在滚筒上。

　　滚筒驱动系统包括马达和刹车。在给定的操作或在注入头控制阀处于中立位置时提供合适的反张力。

　　在下管或停止下管期间，滚筒通常被束缚住以防止油管运动。

　　滚筒采用水平卷管器的目的是引导 CT 自动缠绕在滚筒上。控制舱内也有手动控制装置用以规范操作或防止任何不当的缠绕。可调整水平卷管器的高度，使之与滚筒和注入头之间的角度协调。在大多数情况下，安装在绕管绕平装置上的机械深度计数器通过摩擦轮与 CT 接触。机械计数器提供里程表类型的读数，用作注入头上使用的深度测量系统的备份。

　　在 CT 管柱上安装管缆或电缆、旋转计集电器以在地面到盘管之间传输电子数据或水力流体。

　　CT 滚筒最后的主要组件为 CTU 提供了优势，滚筒旋转接头和管汇提供了压力旋转密封，确保流体在下钻或起钻时通过 CT 泵入井筒。

　　滚筒管汇的设计有所不同，但至少包括滚筒中心盘阀门，从而在地面可以隔离 CT。

9.4.3.3　鹅颈管

　　为了减少疲劳周期并增加 CT 的寿命，通常要求使用最小半径为 100 in 的鹅颈管。使用半径较小的鹅颈管，对 CT 的寿命有很大的影响。

9.4.3.4 注入头

CT注入头的主要目的是提供井筒中起、下CT所需的动力和牵引力，注入头包括两根反链夹持块以匹配CT的尺寸。

链条通常由两个或四个液压链轮驱动，CT操作人员通过调节水力给进压力，从而控制CT起下的速度。

9.4.3.5 压力控制设备

压力控制设备是指提供压力容器的所有设备，一级井控不足将导致大量油气涌入井筒。此外，现场井位之间的干预通常也是操作过程的一部分。这样，一旦地面发生泄漏，缓减和控制措施必须到位。主要的井控设备包括以下设备：

(1)CT自封芯子；

(2)防喷器(BOP)组和环形防喷器；

(3)节流管汇；

(4)水力控制调节器(HCR)。

额外的井控设备和压力容器包括：

(1)额定压力为34.47MPa(5000 psi)的串联井底钻具组合(BHA)止回阀；

(2)地面止回阀；

(3)低剪切(密封)闸板。

CT防喷器和自封芯子的主要功能是始终保持井控。必须妥善维护防喷器及自封芯子，且随时保持就绪状态。在使用之前，必须检查防喷器和自封芯子并进行功能测试和压力测试。

所有的防喷器和自封芯子在相同的设计原则下进行操作。标准CT防喷器可单独或组合使用(图9.75)。

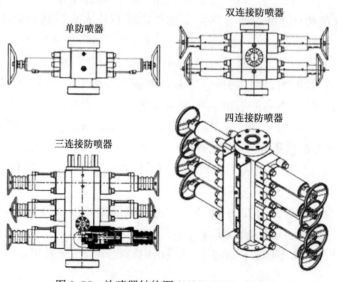

图9.75 放喷器结构图(NOV CTES，2005)

每一组闸板的功能彼此独立，操作者在操作控制台以手动的方式选择水力进行控制。许多旧防喷器组的额定压力为 34.47 MPa(5000 psi)，但现在越来越多的防喷器组的工作压力为 68.95 MPa 或 103.42 MPa(10000 psi 或 15000 psi)，甚至有些为 137.90 MPa(20000 psi)。防喷器的工作压力是根据整体设计和较低的连接等级为基础设定的。

目前常用的闸板有四种，它们的配置如下：

(1)闸板 1：全封闸板。一旦起出管柱，全封闸板可以密封井筒。

(2)闸板 2：剪切闸板。剪切闸板旨在切割 CT 或有线电缆(如果将水力管线安装在盘管上，剪切闸板可能需要升级或将助推器安装在阀盖的底部)。

(3)闸板 3：卡瓦式闸板。卡瓦式闸板使管柱处在拉伸或管重位置。

(4)闸板 4：油管闸板。油管闸板密封 CT 外部的环空区域，防止井筒流体涌至地面或卡瓦牙。然而，通常防喷器钻机包括了组合闸板。在不增加防喷器组高度下的情况下，井控有更大的灵活性。

(5)顶部闸板：剪切(密封)闸板。插入闸板通常是一种两用剪切(密封)闸板，可以剪断 CT 和任何有线或控制管缆，同时密封井眼。根据应用的不同，增压装置可以安装到闸板的帽端，增加闸板提供的有效切削力。

(6)中部闸板：管子(卡瓦)式闸板。卡瓦式闸板防止管路向上或向下移动，这取决于所受的力。插入件包括密封装置，防止井筒流体绕过闸板。密封闸板也防止流体与卡瓦牙相互作用。

(7)底部闸板：剪切(密封)闸板。这种闸板通常与顶部闸板相同，位于套管法兰的顶部或井口处。可为上部井控设备出现问题时提供井控方法。

环形防喷器通常安装在上部剪切(密封)闸板上方防喷器组内，这可以封住底部防钻具组合外径不同于 CT 的部位。环空防喷器和注入头之间装有自封芯子，这是液压驱动承压装置。当起下 CT 时，自封芯子包含井筒流体并可保持井筒的完整性。自封芯子采用大量弹性密封元件，该元件易磨损并且需要进行定期维修。自封芯子的额定工作压力为 34.47MPa、68.95MPa 或 103.42MPa(5000 psi、10000 psi 或 15000 psi)。

特别是在高压气井中，将自封芯子串联在一起，在作业过程中以提供充足的压力余量，这样的安排为起下管柱提供了灵活性。上面的自封芯子是主要的密封装置，为下面的自封芯子和环空防喷器提供双重屏障以在适当情况下更换元件。

如果在切断管线的情况下，压井管线的入口在正常作业或在压井管线下入盘管时，将流体泵入 CT 的环空，则该侧的出口不应用于流体的返排。

防喷器和自封芯子都使用了弹性密封元件，在正常操作过程中均存在机械磨损和化学降解。一些井筒液体和气体可以与密封元件发生反应，这种反应降低了弹性体的有效寿命。必须根据井筒流体而进行设定维修程序，含有 H_2S 的井必须使用认证的 H_2S 设备，在这些应用中，核实所有的阀门和 BOP 部件都经过了 H_2S 认证。

此外，定位闸阀应接近采油树，这样可以延伸井筒长度以部署井下工具。下部剪切/密封闸板是最终的井控屏障，因此不能作为部署工具的屏障。

9.4.3.6　动力机组

动力机组的动力来源于柴油或电力。Ⅱ区要求必须满足所有的动力机组，并且所有相关的紧急关井在操作之前进行安装和测试。

动力机组驱动水力泵组，可为每个系统或电路提供所需的水力压力和排量。该动力机组还提供了必要的组件以安全、有效地提供动力及控制相关辅助 CT 的设备。

9.4.3.7　测量设备

双注入头上需要重压力传感器或振动膜测量管柱推力和拉力。为在注入头和滚筒提供足够的冗余度，应使用双重深度计量器。深度计量器在使用前需要进行校准，每转高脉冲与深度编码器在碾磨和钻井过程中可提供更高的精度；在可能的情况下应使用这些设备。经常使用的两个深度编码器，一个来自 CTD 供应商，另一个来自 BHA 供应商，而后者提供冗余度以防主编码器出现故障。

9.4.3.8　CTD 支撑设备

通常，应避免井口支撑整个防喷器组的重力，即注入头和 CT 的重力。CTD 升降架、桅式井架或起重机应支撑起 CTD 设备的重量，直到将 CTD 设备运输到钻台或地面，并且应避免将重量转移到采油树。

9.4.3.9　防喷器组

由于受传递至采油树的顶部重力的限制，地面设备的相关性受到了限制。因为在钻井作业过程中，采油树一般保持就绪状态，因此建议在井中提供测量支撑防喷器设备、注入头和 CT 重力的方法。

所有的防喷器隔水管连接器应安装在二级井控设备的最高部分。在许多情况中，完整的立管都带有法兰，如果需要快接接头可以用上面的最高闸板。如果所有的接头都带有法兰，在部署 BHA 后，需要快速连接将注入头连接到立管的顶端。在打开立管前进行组装，每次连接需要进行压力测试。为了将对作业或钻井液的影响降到最低，通常需要使用 Cromar 接头或 Hydracon 接头。

这些快接接头可以提供夹在两个 O 形密封圈间的压力测试端口。在这些密封器间进行压力测试，需要将体积降到最小并从钻井液中隔离测试流体。

9.4.3.10　钻井液密封装置的考虑因素

钻井液循环系统是钻井设备的主要组件，需要慎重选择。海上工作时，需要进行详细的现场调查，以确定适用于小井眼钻井，其用量明显低于常规钻井作业。

钻井液密封装置的关键设备包括以下九个部分：

(1)钻井液罐：

①地面管线可使钻井液在不同罐之间进行传输及在混合时提供灵活性；

②钻井液补给罐(可选)。

(2)转运泵。

(3)流体监测器：

①硫化氢和碳氢化合物的气体监测器；

②泵冲程计量器；

③流出和流入的流量计；

④使用雷达或声波液位传感器在恒定的钻井液池液面进行监测，可以提高监测精度；

⑤使用声光报警器的钻井液池液面监测。

（4）钻井液净化设备：

①优选两种变速椭圆振动筛；

②离心机（钻井液系统和地层要求）。

（5）脱气器：

①泥气分离器；

②真空脱气装置（可选）。

（6）钻井泵：

①两个钻井泵（最小）；

②标准 CTD 钻井泵规范。

（7）压力：5000psi。

（8）最大泵速度：3bbl/min。

（9）功率：370HP。

应在 CTD 操作室对钻井液密封装置进行控制。钻井液密封装置上应安装视觉显示装置，使钻井液工程师可以监测钻井液罐内的钻井液流动。

9.4.3.11　数据的采集

数据采集系统监测和记录所有相关实时监控的 CTD 参数及报告，并对内容进行解释。系统必须具备出现不同参数时即会警报的能力，同时还提供声音和视觉的报警。能够记录并实时显示数据，包括以下四点：

（1）CTD 参数：深度、质量、速度、CT 寿命（实时）；

（2）钻井液参数：立管压力、井口压力、节流管汇压力、流入量、流出量、钻井液液面计，增加或损耗；

（3）井控：防喷器位置指示器、储能器压力、自封芯子压力、节流阀位置；

（4）BHA 数据：倾角、方位角、γ 射线、井底压力（BHP）、钻压、振动。

在操作期间，需要经常将操作数据与历史数据的趋势和模拟结果按要求进行比较和更新。

9.4.3.12　控制设备

现代的 CTD 控制设备较几年前更为复杂。CTD 控制设备除了可以监测井下状况及改变工具的设置，还可以实时监控 CT、更新 CT 服务寿命、进行水力计算及预测井筒的摩擦力。控制室应该包含所有必要的控制仪和测试仪，使 CTD 可以在控制中心进行操控。因此，控制室应至少具有以下功能：

（1）控制并监控所有的 CT 操作功能；

（2）监测所有井下工具和信息；

（3）控制钻井钻具组合的方向；

（4）监控 CT 井控设备的操作；

（5）监测并控制泵和地表体积；

（6）监测并记录主要的井和 CT 管柱参数，其中包括井口压力、循环压力、注入头的油管质量及油管深度。

在 CTD 室有用的附加属性包括：

(1)在欠平衡钻井或控制压力钻井情况下，对井的回压进行远程操控的方法；

(2)控制和监视任何地面分离设备的方法。

在现代的控制室中，一个操作员就可以控制 CT 并在控制室对司钻负责的泵作业进行操作。这类飞线控制不再使用控制板，允许操作人员在司钻椅的扶手操作处进行操作。

9.4.3.13 平台与设备

如果在海上平台进行操作，对设备的接口有特殊的要求，通常，平台和生产模块的接口非常重要。在开始规划项目时，必须对所需的接口进行详细的审查，并且需要对基础设施进行一些修改以适应 CTD 的展开(图 9.75)。为了实现这一目的，必须在早期分配足够的时间和预算。

9.4.4 井下设备

CTD 井下设备有简单的，也有复杂的。简单的垂直钻井设备由钻头、井下电动机和一些钻铤组成。定向井则更加具体和复杂，如图 9.76 所示(NOV CTES，2005)。

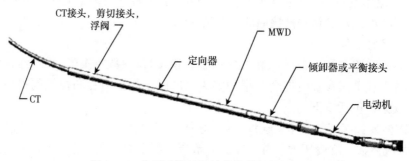

图 9.76　典型连续油管钻井的井下钻具组合

9.4.4.1 油管接头

许多 CT 操作需要根据特定的应用，在油管底部使用各种工具，使用 CT 端连接器将工具连接在油管的端部。可供选择的八种类型的工具如下：

(1)凹槽和固定螺钉。操作者使用多个固定螺钉将油管接头和管端连接。通常会让套管在此之前开一些小凹槽口，凹槽用来让固定钉定位并固定，而在另一端使用螺纹工具。所使用的工具利用单或双 O 形密封圈以保持压力的完整性。

(2)世伟洛克接头。操作者使用世伟洛克箍连接世伟洛克油管接头的管端，在另一端头使用螺纹工具。

(3)滚装。油管接头有 O 形密封圈和凹槽，这允许操作者将连接器滚装到油管上。操作者使用切管器代替刀片将这种连接器连接到油管。螺纹工具的使用情况正好相反。最大连接器的外径与 CT 的外径相同。由于井眼几何形状的限制，或在双滚装将两种长度不同的CT 暂时连接在一起的情况下，通常将这些连接器安装在光钻铤组合。因为连接器无法承受扭矩，所以滚装油管接头不能用于任何井下电机的操作。

(4)卡瓦和抓钩。这种类型的连接器采用卡钩机理，即在连接过程中卡紧油管。连接器由两部分组成，上部有导向器可卡住 CT 的外部。后续的模型使用小六角固定螺钉以增加连接器扭矩的能力。连接器上的 O 形圈可获得良好的密封性，同时在另一端使用螺纹工具。

（5）现代凹槽连接器。该连接器是内部连接器，通过液压将 CT 压入连接器加工凹槽中。这类连接器提供了优良的转矩和屈服特性，并且是 CTD 应用中最常见的连接器类型。

（6）回压阀。通常双止回阀组合属于井底钻具组合，其位于 CT 连接器的下部，以防止流体从井眼进入油管。钻具组合中安装止回阀的主要原因是如果 CT 出现针孔或发生断裂时，可以防止地层流体流入地面。通常使用的两种回压阀：

（7）球阀。球阀是止回阀的基本类型，其主要优点是结构简单、维护方便、可靠性强及成本低，主要缺点是通流面积及阀门下的通道受到限制。

（8）瓣状阀。当需要投球或流量要求不允许使用球阀时，可以使用瓣状阀，通常有一对阀门提供双屏障。

9.4.4.2　断开装置

几乎在所有的 CT 应用中都用到了断开装置接头。断开装置一般是插在工具管柱正下方的双瓣状止回阀或在一些钻井作业的马达上。在理想的情况下，断开装置的高度应低于止回阀的高度，然而，考虑到 CTD 钻具组合的成本问题，只运行 MWD 或导向器以下的断开装置即可。只有在低于卡点时断开，断开装置才能发挥作用。用于驱动断开装置方法主要有以下四点：

（1）水力驱动法。只有在 CT 没有电缆、水力管线或其他限制的条件下，才可以使用这种断开法。因为水力驱动法可以防止球掉落到接头。此时应该将 BHA 卡住，以防止起出油管，可以在 CT 管柱的滚筒内下入小球并将其泵送至盘管，以激活断开装置中的活塞，然后释放断开接头底部的一半。水力断开装置底部的一半仍然连接到钻井组合较低的一端并且通常与外部打捞颈相结合，将外部打捞颈扣上并回收打捞钻具组合。应慎重选择断开装置中的球（阀）尺寸，以确保球可以顺利通过盘管中的限制及断开接头上的 BHA 组件。

（2）机械驱动法。在球无法下入并通过盘管或在作业要求不使用球驱动接头的情况下，使用机械断开。机械断开包括单向驱动、双向驱动断开两种不同的方法。单驱动工具只依赖于工具的激活。预应力建立在下入管柱之前的地面上，并且可以通过使用剪切销（剪切杆）或通过一组预应力弹簧对其进行设置。双向驱动工具需要使用工具激活主要的释放机制，然后附加的压力或向下的运动最终从工具管柱中释放。机械断开不需要向管道内下入小球，但操作受到限制，因为在下钻之前产生了释放力，因此在激活工具之前，有效地降低了应用于井下的最大应力。

（3）电驱动法。电驱动法是从地面通过电子信号传递至井下工具并对其进行激活的一种驱动方法。用以上的方式屏蔽电信号，防止发生意外的激活。在发生激活前，该工具必须处于拉伸或压缩的状态。

（4）水力地面激活法。这类工具与 CT 中一对控制管缆一起运行。水力管缆通常用于常规操作中钻具工具面的定位。需要断开时，在压力和管缆的同时作用下，激活断开接头，从而实现断开。

9.4.4.3　循环接头

循环接头的作用是在不旋转电机和钻头的情况下进行循环。在钻进一段后和起钻前或下钻前，允许较高的流速。这些驱动可以是机械或电力的。

9.4.4.4　震击器

震击器是通过旋转钻井作业激活向上或向下的冲击载荷的仪器。旋转组件震击器的作用是解除卡钻。在 CTD 作业中,有水力震击器和机械震击器两种。

(1)水力震击器。水力震击器使用活塞和油来产生时间延迟。时间延迟将能量储存在拉伸的油管或加速器中,一旦储存了能量,绕过震击器活塞,产生击锤和撞击效应,使冲击载荷传递到工具装置的尾部。随着震击器产生张应力,活塞通过受限制的含油井筒,这个过程使系统储存了能量。继续向上拉时,活塞到达内径更大的圆柱,加速器或油管释放存储的能量,使活塞加速到达冲程的顶端,在这一过程中产生的冲击力要比穿过油管的张力大得多。提供力的大小取决于施加在工具上的力。震击器可起上行、下放或双向作用。

(2)机械震击器。机械震击器是利用地面上的物理力以激活向上或向下的震击运动。其困难点在于 CT 可以作为弹簧减弱作用于井下的力。

通常,在 CTD 操作中并不经常使用震击器,因为经验表明,这些震击器不能非常有效的解(卡)管柱。在许多 CTD 操作中,常会出现盘管的机械卡钻或压差卡钻,BHA 中的震击器是无效的。

9.4.4.5　加速器

加速器与震击器同时运行,但通常在 CTD 操作中不使用加速器。

9.4.4.6　测井工具

测井工具或随钻测量工具的主要功能是在钻井过程中测量方向和 γ 射线。组件通常包含一个非磁性接箍(或蒙乃尔合金),以防止电磁的干扰。这些工具通常依靠四种方法在管柱和地面之间传输数据,这四种方法是钻井液脉冲工具、电动工具、电磁工具和光纤工具。

(1)钻井液脉冲工具。这些都是基于常规的钻井液脉冲技术。信息通过钻井液从钻井液脉冲工具中发送。该系统通常非常稳定,并取消了油管中对电缆或控制管缆的要求,但也存在一些局限性,钻井液脉冲工具向地面发送信息的过程受到了限制。向井下钻井液脉冲工具传输信息,必须循环泵压并考虑其他工具管柱的成分,这可能会对工具管柱造成影响。钻井液脉冲工具也有局限性,这是因为所用的钻井液中气体含量不超过 20%,从而导致在欠平衡环境中的使用受到限制。如果在流体气体含量超过 20%,则该充气钻井液的可压缩性就会减弱信号的转播强度,使信号不能到达地面。通过工具泵入堵漏材料,有时会阻碍脉冲传播,这取决于材料的大小。

(2)电动工具。通常在 CT 的内部,使用单一电缆、同轴电缆或七线电缆,与地面始终保持联系。由于传输数据的大量增加,从工具获得的信息可以更好地对操作进行控制并且可以发送更多的信息到地面。这使得工具管柱不仅可以获得定向信息和 γ 射线,还可以获得其他的井下信息。在欠平衡钻井时,这些信息显得特别重要。

(3)电磁工具。这些工具为钻井液脉冲遥测无效的欠平衡钻井(如使用空气、泡沫或雾)提供了一个有利条件。因为没有移动部件,电磁工具的稳定性已经在苛刻的钻井条件下得到了证明。该系统利用双向通信的优势,提供的数据传输速率约为传统随钻测量的四倍。然而,还需要考虑到深度(<12000 ft)和上覆岩层(盐)的局限性。

(4)光纤工具。光纤正逐步投入使用。光线的数据传输速率超过了电力传输速率,而且电缆的重量和尺寸也已最小化,减少了通过线圈时对装运重量和压力降的影响。

目前,工具可以涵盖一系列数据采集系统:

(1)方向(方位);

（2）角度（倾角）；

（3）γ 射线；

（4）内部压力；

（5）外（环空）压力；

（6）温度；

（7）钻压（正的和负的）；

（8）过载（振动）；

（9）电阻率（有限的可用性和井眼尺寸）；

（10）扭矩。

9.4.4.7　井下马达

马达的选择对井下钻具组合性能的影响很大。马达必须在低流速时为钻头提供足够的扭矩。在选择马达外径时还需要考虑驱动钻头功率的要求、可用流量及环形间隙的要求。

下列是 CTD 螺杆选择的经验准则：

（1）可靠性：延长底部和循环时间以减少对连续油管寿命和井眼成功率的影响；

（2）持续实现 $30° \sim 40°/100\,ft$ 的全角变化率；

（3）在必要泵排量下优化转矩；

（4）输出扭矩在 $300 \sim 500\,ft \cdot lbf$ 之间；

（5）电机最大压差小于 750psi；

（6）使电机长度最小以减少钻头、方向和倾角之间的距离；

（7）钻头转速保持在 $200 \sim 400\,r/min$；

（8）耐井底温度；

（9）属耐钻井液弹性体。

可用于小井眼钻井的井下电机主要有正位移电机和涡轮电机两种类型。

（1）变容积式马达。这种类型马达的选择取决于扭矩和转速输出的要求，这依赖于对钻头的选择、ROP（机械钻速）优化及可用流量。作业过程中，马达的转子和定子之间需要一个橡胶密封圈。橡胶元件在气体侵入接触到芳香烃时很容易发生膨胀，尤其是在高温条件下。在选择马达时，建议通过对弹性体部件进行膨胀性试验来确定钻井液对螺杆的影响。

（2）涡轮马达。涡轮马达可在高速下运转，一般超过 900r/min。马达没有橡胶元件，不会受到温度或流体类型产生的不利影响，然而，输出速度严重限制钻头的选择，只能使用超高速钻头，如孕镶金刚石钻头。在马达下安装变速箱可以减小输出速度，可使用聚晶金刚石复合片（PDC）钻头，但这降低了马达的造斜能力。由于其传动机构，马达作业的压差通常超过 1000lbf，这将导致地面压力超高及流量减少，从而影响井眼的清洁力。在非常坚硬的地层中，虽然比较适合使用涡轮马达，但涡轮马达很少应用于常规的 CTD 中。变容积式马达与涡轮马达相比的主要优点是：一是低工作压差；二是低速输出：$200 \sim 500\,r/min$，允许使用 PDC 钻头；三是与马达尺寸有关的中—高扭矩的输出；四是可调节弯曲外壳与电动机的设计相结合。

马达的叶片结构决定扭矩和转速。更多的叶片可以使转子在较低的速度下产生较高的扭矩。图 9.77 显示了各种变容积式马达（PDM）的叶片结构。

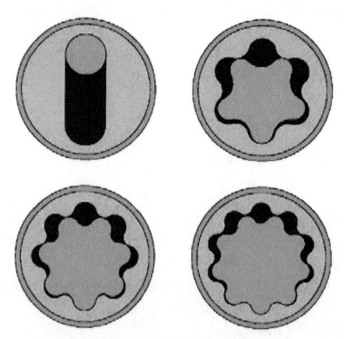

图 9.77　PDM 叶片结构图(NOV CTES, 2005)

马达的最大尺寸通常受到裸眼井口尺寸或现有井筒的限制。在选择过程中要注意的一个问题是由于轴承组件或耐磨垫的尺寸，电动机的外径可以比标准尺寸更大。

为了防止失速，扭矩要求与钻头所提供的反扭矩相关联。钻头的设计应该可以减少过度的反转矩。如果地层中包含许多不同地质特征的岩层，确保钻头钻穿一系列软硬类的岩石是很重要的。马达提供足够的扭矩以防止失速非常重要。

马达频繁的失速对于线圈寿命、马达、钻井效率和潜在的井眼稳定性都是非常不利的，因为泵的每次循环都会引起井底压力的波动。

马达输出的最大额定功率应该是失速扭矩。如果没有提供，那么根据经验，应该是最大作业扭矩的两倍。确定最大输出扭矩的方法如下：

(1)CT 的额定扭矩；

(2)钻具组合的接头和 CT 接头的额定扭矩；

(3)在不超过地面限制的条件下，电动机的最大压差。

马达的一个主要功能是提供从造斜点到靶点所需的造斜率。这些井斜角可能相当大，许多井要求造斜率超过 30°/100ft。由于所需的工具面和钻压保持在实现理论造斜率上存在内在困难，特别是在没有使用过 CT 技术钻探的地层。在许多情况下，如果造斜没有达到要求，有可能是没有机会纠正井眼轨迹，这时需要进行侧钻。这样会伴随着高风险和高成本，因此需要尽量避免。

为确保按照要求的轨迹钻井，通常安装可调造斜接头（AKO）来提供比计划中更大的造斜率。为了实现此灵活性，理论上马达的选择应能够提供一个大于井眼轨迹要求的全角变化率（DLS）。如果马达的可调造斜接头最大调整度小于要求的造斜率，应有几个可以进行试验的选择。

一个附加的弯接头可以纳入工具中的马达上方。弯接头通常预设置 1°~1.5°弯管。这种类型的钻具组合没有通过的限制，可以达到全角变化率大于 45°/100ft。一个耐磨衬垫或套筒也可用于轴承工具以提高造斜能力。同样，需要对井筒的限制条件进行检查，以确保没有阻碍。为了提供对现有井剖面的要求做出反应的能力，能够改变钻机上可调造斜接头的设置非常重要。

选择的马达必须能适应井底的环境和钻井液的性能。因此，橡胶部件，特别是定子，必须在井底温度下与钻井液相容，不发生过度膨胀或变化。理想的马达具有高电位的最大扭矩、低压降、短长度及高全角变化率。要完全做到这些不太现实，因此需要做一些轻微的调整。从水力学模型可以选择使用马达的类型，同时可以避免过大的地面压力。

9.4.4.8　定向工具

因为油管不可以转动，所以这些工具可以将钻头转向所需的方向。在地面可以通过水力或电力的方式对定向工具进行控制，定向操作的两种主要水力方法是钻井液法和控制管线法。

（1）钻井液法。在这此方法中，钻井液用于标识工具面。这些工具用于减少或停止泵量以降低指示工具间的压差，根据工具使用的类型，压力的释放使工具内的弹簧将工具面旋转了 30°~60°。工具面只能显示一个方向，通常是逆时针的，不能摇摆工具面的任何一侧。然而，该工具已旋转 300°以上并回到了正确的轨迹，这非常浪费时间，特别是由于工具面内正向指示很难确定，直至钻井开始并确定反扭矩的影响。这种定向器的优点是内部结构简单，所以相当可靠。

（2）控制管线法。控制测线需要通过连续油管插入一个或更多小的控制电缆，以允许水力流体从地面控制单元泵入定向器，从而调节工具面的位置。该系统的优势在于工具面可以随意调整，钻井时不会受到其他钻进参数的影响，定向器通常在两限位器之间的转角为 400°。

电子系统操作的两个主要方法包括利用水力泵或井下电动马达提供动力。第一种方法是，在定向工具中电流使水力泵运转，迫使定向器内圆柱轴转动以改变工具面。这个工具有从地面直接进行控制的优势，然而，工具面最终是由水力控制，所以限位器之间最大角度为 400°，以防止连续旋转。另外一种方法将电流直接提供给电动机，然后将工具面调整到合适的角度。

该系统允许在钻井过程中连续转动工具面，当需要定向或水平钻井时，可以使井眼更加光滑。

尽管，在连续油管柱上任何电缆或管线增加了重力，减少了有效内径，但它们通过提供双向通信和从井下设备中获取高质量的实时数据，显示出连续油管设备明显优于常规随钻测井系统。

连续油管井底钻具组合导向板允许连续调整工具面和井眼曲率，在功能上与旋转导向组合类似。连续油管井底钻具组合导向板显著地改善了井筒，但限制了井眼曲率，井眼曲率大多限制在 15°/100ft。

9.4.4.9　钻头

连续油管和小井眼钻井技术的引入造成在选择和设计钻头特征方面的局限性。由于扭转限制和低排量，油管的尺寸和规格限制了马达的选择，因此，马达通常提供高泵速、低扭矩。小井眼影响技术的规格和环空间隙，因此要注意钻头的类型和设计。

在钻头的设计和选择过程中，需要注意如反扭矩、可控制性、持久性及机械钻速等主要特征。在每个应用中，需要在一口井中或井筒内特定的部分决定这些主要特征的优先次序。

(1)扭矩。因为井眼尺寸较小，通过连续油管的排量相对较低，在钻进时，必须对钻头进行设计以限制反扭矩。锋利型钻头提供了更大的瞬时机械钻速，但更有可能引起电机失速，这将对电机造成伤害并增加了降低泵速、提离井底、再开钻及调整工具面的时间。锋利型钻头也会造成反扭矩的波动，并不利于保持工具面的稳定。如果要求较高的井眼曲率，工具面的波动可能会导致无法达到水平目标，由于一个恒定的反扭矩比一定范围内钻压值更重要，所以，需要牺牲机械钻速以获得更稳定的工具面。

(2)可控制性。可控性较好的电机，尤其是在裸眼段部分，对于进行任何以满足井的导向要求的工作是非常重要的。相反，这一层段有关地层和钻井组合的兼容性的信息最少，谨慎的做法是设计一个钻头以提供较好的控制性，可能是以牺牲其他性能为代价，以保证获得预期的井眼轨迹。钻头的结构也非常重要，因为这会影响到钻头的稳定性，这对于切线段很重要。

(3)持久性。使用任何钻头必须提供有效的钻头寿命及合理的机械钻速，井筒必须在可测范围内。由于进行一次起下钻需要更换钻具组合的时间，通常更倾向于牺牲一些钻压以在井底更长时间地钻井并获得更规则的井眼。

(4)机械钻速。在大多数钻头设计中，机械钻速非常重要。提高机械钻速可以减少井的成本并降低了在未到达要求深度前，发生井下工具失效或取出钻头而需要再次起下钻的可能。

在常规作业中，应该有备用钻头。如果不能直接与邻井信息相比较，明智的做法是准备可供选择的钻头，如果关注最大化延伸的可能及地质问题或机械问题，还要包括同心钻头或双中心钻头的选择。

9.4.5　连续油管钻井流体

有关连续油管钻井的文献非常多，但大多没有特别强调钻井液。本节会着重强调钻井液，一些钻井液技术服务公司(特别是那些与连续油管相关的公司)开始密切关注连续油管钻井流体的要求。

连续油管作业中钻井液的基本流变学要求与常规旋转钻井明显不同，但与小井眼中的应用要求相近。与常规钻井液的基本区别在于在连续油管作业中，采用小直径钻杆以及环空较窄，要求选定一种流体以使压力损失和循环当量密度(ECDs)最小。

在连续油管作业的设计过程中，必须考虑以下因素：

(1)油管内径；

(2)连续油管的长度；

(3)流体的类型和流变性；

(4)平均流体温度；

(5)流体密度；

(6)环空尺寸；

(7)环空流体流速；

(8)节流器及井口压力(如果应用)。

泵排量和油管压力降可以通过使用水力程序由以上信息计算而得到。

在连续油管作业中设计流体流变性和水力学时，必须要考虑以下几点：

(1)泵排量足够携带岩屑；

(2)通过油管沿环空向上压力降低，限制最大流量；

(3)井下马达和钻具组合有最大(最小)的流量，通常限制钻井液的流量；

(4)一些导向钻井设备对固相有限制(如堵漏材料碳酸钙)。

连续油管定向井段井眼净化的一大问题是钻柱不能转动，这将限制对岩屑床的搅动，需要增加流量进行弥补。流体的理想黏度取决于实际应用，因为有一部分固体是悬浮在流体中，所以层流中较稠的流体可以提高携带能力。然而，由于连续油管钻井的性质，油管总是处于滑动模式。正因如此，一旦固体从钻井液中分离，就很难再将固体融入高黏度的钻井液中。由此可见，低黏度钻井液可以提高井筒清洁性，因为在流量减少时，流体处于紊流状态的时间更久，从而防止固体在油管附近沉淀，提高了井筒清洁度。通常，偶尔循环高黏度清除剂以保证井筒的清洁性，但必须谨慎使用以避免破坏基钻井液流变性。适当的流变性的选择需要考虑循环当量密度的限制以防止地层破裂。

文献中一些有关小井眼和连续油管应用中涉及减小摩擦的专业术语的定义存在歧义，因为在连续油管作业中管柱不能转动，对润滑剂更多的要求是减少油管与直径更大套管(即大于所钻井眼直径)的锁卡，增加钻压，最大限度地减少压差卡钻，便于起下钻。在连续油管钻水平井时，机械转速的增加对于水平井经济、有效地排驱非常必要，有时候很有必要在钻井液中添加润滑剂以达到要求的性能。所使用的添加剂一般是以植物油为基础的，也可以使用小玻璃珠或类似物来降低套管或裸眼井和连续油管之间的摩擦系数。因为可能会在储层段造成过度伤害，使用这些添加剂必须仔细考虑与地层的配伍性。

减阻剂是在流体流入管柱或环空时，应用于流体以降低压力损失额外添加的物质(故将其称为流动改进剂)，这个现象也称为减阻。这会将二者混淆，这是因为该现象没有涉及钻井液的润滑功能，常规上通过添加润滑剂降低钻柱扭矩和阻力，钻柱本身就与套管或地层紧密接触。

基本上，任何与井下动力钻具和其他循环系统中使用的弹性体相容的流体都可作为连续油管作业中的钻井液，必须满足与小井眼相似的标准：

(1)适用的黏度；

(2)控制密度；

(3)良好的页岩抑制剂(如果页岩暴露在外)；

(4)地层配伍性；

(5)良好的润滑性；

(6)良好的携带岩屑的能力；

(7)良好的流体的漏失特性；

(8)良好的温度稳定性。

因为连续油管钻井中管柱不可以转动，所以在小井眼井中对固体分离没有要求。

9.4.6 小井眼井井控问题

小井眼井的井控原则与其他尺寸井使用的原则一样，然而，因为井眼和钻柱几何形状的影响，使各种因素的相对影响与常规井有很大的不同。

因为连续油管钻井的候选井内在本质，所以在钻井液相对密度的选择方面比较复杂。例如，许多候选的连续油管井用来开发枯竭油藏，可能含有正常压力区或页岩段。为了保持井筒稳定性，采用比要求更重的钻井液相对密度对井控非常必要。连续油管钻井液相对密度的选择通常取决于：

(1)一级井控；

(2)压差卡钻；

(3)井筒稳定性；

(4)最小的循环当量密度影响；

(5)限制地层伤害。

9.4.6.1 常规井与小井眼井的井控

与常规井不同，由于连续油管井中管柱体积是裸眼井内环空体积的许多倍，所以等待加重法并没有优势，从而小井眼井井控应始终采用司钻法。例如，3048m、0.057m（10000ft、2⅜in）管柱的内部体积为6598L（41.5bbl），然而，152.4m、0.08m（500ft、3¼in）裸眼井的环空体积为810.8L（5.1bbl）（NOV CTES，2005）。

因为环空间隙较小以及具有足够的岩屑举升速度，所以使用较低的钻井液循环速度就可实现井筒的清理。即使在循环速度较低的情况下，也很少见到环空中出现紊流条件。紊流有助于破碎和分散气泡，导致环空中的压井压力比预期值更低。

在钻穿特殊地层后，迟到时间和岩屑到达相对较快。应尽可能早地建立识别高压区的方法以会降低发生井涌的风险。

系统循环摩擦压力相对较低，与标准井不同，环空压力在总压力中的比例更大，这意味着环空中流动条件微小的变化反映在总系统中的压力损失是可检测的。

环空中高循环摩擦压力会造成高井底循环当量密度。掩盖了这样的事实：高压层不能由钻井液静水压力形成过平衡，但其实已经有滤失了。井在循环停止之前可能不会发生井涌。循环当量密度必须在井筒中当前钻井液的循环速度范围内。

小井眼井中的二次井控具有潜在的危险是被大家所公认的。因此保持一级井控是非常必要的。应该用每一个可能的指标预警可能进入高压过渡区，钻井液密度应作相应的调整。此外，在起钻和执行其他所有作业时必须有最好的做法。

9.4.6.2 小井眼井中井涌的探测

由于小体积流体的涌入在环空内填充了高度，少量的气涌对井筒最大压力的影响很大，如果发生井涌，必须尽一切努力尽早检测以限制涌入量，可以通过以下措施实现：

(1)训练井队人员(迅速反应非常必要)。

(2)有灵敏的流量测量仪器。

(3)进行准确的流进（流出）的测量和比较。

(4)在钻井液池中有灵敏的钻井液液面指示器。

（5）灵敏的钻井液体积计算仪。

（6）进行立管压力计算值和实际测量值的连续对比。

（7）在钻完一段并停止循环后，进行长期并彻底的溢流检查。发生井涌是因为新钻出地层的孔隙压力梯度高于静水钻井液压力梯度。

（8）应该将钻进放空作为潜在的井涌情况对待，每次钻进放空造成停止循环后应立即关井，同时需观察井的任何压力恢复。

（9）在循环一周时，应密切监测任何井涌迹象（如增加钻井液返排、钻井液池液面增加及泵压的变化）。

（10）对钻井液补给罐进行灵敏校准和监测，在下钻时通过井口不断循环。

（11）井筒内进行抽空（套管内和裸眼井中）时应该考虑避免抽汲作用。

早期井涌检测是任何 CTD 计划成功的关键。因为裸眼环空体积小于 $3.12\,L/m(0.006\,bbl/ft)$，所以小井眼井涌探测是一个难题。通常，在总深度上裸眼体积小于 $2384.8\,L(15\,bbl)$，常规系统的井涌探测合理关注时可探测小于 $1590\,L(10\,bbl)$ 的涌入，然而，对于小井眼钻井来说即使出现 $795\,L(5\,bbl)$ 意味着裸眼段的很大一部分已经被抽空。

在常规过平衡钻井时，可在以下操作后采取低泵速循环速率：

（1）改变井底钻具组合；

（2）改变钻井液相对密度；

（3）超过预定井的深度，通常为 $152.4\,m$（$500\,ft$）；

（4）每次司钻换班时；

（5）检修泵。

在连续油管钻井中，这个理论并没有改变，但泵速必须足以抵消除大部分循环当量密度的影响。但这一点并不现实，因为大多泵排量无法低于 $1.3\,L/s$（$0.5\,bbl/min$），甚至专门为连续油管钻井作业制作的泵也是如此。如果在连续油管钻井作业中使用钻机泵，泵速也无法低于 $2.7\,L/s$（$1\,bbl/min$）；此时应该改变衬管以提供符合操作要求的范围。

9.4.7　连续油管钻井计划考虑因素

在计划任何连续油管钻井作业时，主要考虑的是使其操作简单并遵循该行业中任何钻井作业最佳作法。

（1）确保所有的投资者提供支持和承诺。

（2）确保钻井过程中，可以提供最佳的机会来学习和改进，并提供备用的候选井以防止一口或多口井退出序列。

（3）从最简单的候选井开始，调整井组人员和设备。

（4）确保正确的资源是可用的。团队需要足够多且有经验的人员，资源不足将导致规划设计不当。

（5）必须有充足的时间以修正计划和操作（对初期阶段的井），否则将在项目中增加大量的时间和精力。

（6）应尽量减少各种复杂性问题直到有足够的知识允许尝试更大的技术挑战。

（7）作业应该由钻井队承担而不是修井队，以保证作业的重点是钻井而不是有关连续油管的作业。

(8)投资者对项目目标的预先同意,并确保该项目是清晰、可行且可衡量的。

(9)计划尽可能多地完成日常工作,以降低该项目的成本和风险。

从零开始实现规划中的任何项目都非常重要,需要提早准备时间安排表,并经常更新。该计划应该考虑到:

(1)内部审批流程;

(2)同行之间进行评审和风险评估;

(3)订立合同;

(4)长期的项目采购;

(5)平台或现场的修改;

(6)新建立的设备(即设备的运行情况);

(7)设计与管理;

(8)测试、调试、试验(特别是如果井的设计是受到试验结果的影响);

(9)培训;

(10)动员。

可以看到,有许多条例都非常关键。复杂和重要的承诺并且很早就应列入在项目里。在可行性研究或概念评审阶段提出的任何承诺都需要鉴别,以保证获得许可。

9.4.7.1　地面考虑因素

需要重新审查,以决定该井是否是符合连续油管钻井候选井的条件,现将这些问题总结如下:

(1)储层的特征、流体及压力;

(2)井的类型、使用期限及现有完井方式;

(3)井的完整性;

(4)钻井和停钻历史;

(5)目的层:井的长度、到主井眼的距离及井眼轨迹;

(6)生产和完井要求;

(7)候选井的数量;

(8)地层。

在设计任何裸眼段时,需要考虑很多因素。如能够钻出很大狗腿角的小井眼钻井,其优势在于能够直接进入储层部分,但不足之处在于小井眼井无法下筛管隔离问题层。因此,在井的设计中需要考虑、克服以下挑战:

(1)页岩、煤及其他地层;

(2)压力、稳定性及活动性;

(3)层位的划分;

(4)枯竭区和高(低)压层;

(5)裂缝和角砾状区;

(6)岩性突变;

(7)井筒稳定性;

(8)上覆岩层。

因为连续油管钻井逐渐发展为成熟的技术，因此会出现储层欠压情况。在油井刚投入生产前，上覆岩层与储层之间的压差非常大，随着压力的衰减，这种现象更加严重。因此，建议在井眼轨迹设计时尽量让整个完井井眼处于储层中。

如果储层压力明显降低，储层中的定向作业就有可能会受到限制。一般来说，在大尺寸井眼中如果作业遇到困难，那么在连续油管井中的问题会更多。

理想情况下，在进入储层之前，轨迹应该是直线。但如果该井是重入井，套管出口通常在储层段，因此，不可避免高全角变化率。只有专门为连续油管井钻出新的井，之前套管的轨迹才可以与最后的储层段对齐。

在井的施工阶段，井眼轨迹和导向性到压差卡钻和井控需要考虑到地层、岩性、构造及倾角。

通常，连续油管钻井的候选井目标是与现存井临近的小型油气藏。一般情况下，地下井组的筛选目标是现有井水平半径 304.8~609.6m(1000~2000ft)的范围内，所含石油储量为(0.5~1.5)×10⁶bbl，通过钻井团队考察后可作为合格的候选井。理想的情况下，在候选井接近或到已到生产年限，要最大限度地降低剩余储量，需要考虑的问题有：

(1)层间分隔要求；

(2)压力预测和侧窗管鞋强度(没有中间套管)；

(3)在小目标中经济损失的风险。

确保井筒位于最优位置，必须开发并议定通往目标井的通道。这条通道可以通过控制钻机钻出规划的轨迹传输给操作人员，这条允许的通道与地质目标不同，因为其依然是一个指导原则而不是合同的目标。在接近油藏顶部设计井时这点非常重要，这是因为存在深度的不确定性，必须在进入盖层和未开发储层间平衡风险。随着电阻率工具的改进，可以探测更深的层位，主动导向技术可以确保井眼保持在最佳位置。

在整个钻井过程中，在钻进和地下井组之间必须保持良好的联系以确保所钻井眼轨迹与规划井眼轨迹一致。在向靶区钻进时，大幅改动井眼轨迹会导致井眼轨迹路径缩短或在下筛管时出现问题，因此，井队必须能够在计划发生变化时做出反应。

在标准井的设计中，地质学家将定义与轨迹相交的目标。为了最大限度地提高钻井效率，应该让地质学家提供尽可能大的目标区。减少任何操作都将显著地节省时间，大多数连续油管钻井组合都不能沿切线段钻进，井的设计中应该考虑到这点，通过保持慢慢倾斜或重新规划。

测量深度为 3657.6~4267.2m(12000~14000ft)直径为 30.48m(100ft)的司钻目标，其尺寸非常合理。如果目标在水平方向上有交错，则应提供垂直目标范围。

对目标尺寸和形状应该沟通清楚，这样整个团队就会对该问题有一个清楚的认识，在轨迹接近目标的边缘并决定如何继续进行时，这将非常关键。这部分的长度受到了连续油管钻柱、水力(循环当量密度和地面压力)和重力传递因素的限制。

在设计阶段，建议对井眼轨迹的可行性和常规连续油管能否到达目标区进行评价，并为之后下入测井电缆的通道进行检查。

9.4.7.2　候选井的筛选

应该对所提议井的完井进行筛选以确保可以顺利地下放井底钻具组合，主要考虑因素

包括以下几点:

(1)通过完井的最小井斜。在连续油管钻井应用中,井下钻具组合系统通常要求最小井眼尺寸为 0.095m(3¾in),通过最小的油管尺寸为 0.11m(4½in)。截面中的凸起通常不是问题,可以在需要的情况下将其磨铣掉,但是,偏心筒、滑动侧门等都无法磨铣掉。为确保在井筒内没有偶然性卡阻,建议使用井径仪或通径器;另一个选择是进行通井测试,这将提供一个指示器,用于显示钻井设备是否出现问题,这是特别有用的,建议使用双中心位或高角度可调造斜设备。更小的 0.06m(2⅜in)的钻井组合提供了通过 0.1m(4in)油管和井眼尺寸小于 0.08m(3in)的入口。然而,油管应力和水力模型在这些井眼尺寸中非常关键,并可能限制总长度。

(2)油管的使用年限和条件。可以根据油管的条件决定是否可以进行钻井。油管必须有压力的完整性并不能有明显磨损(如从测井电缆运行情况看),可以通过查看井史和运行测井电缆井径仪或超声波测井成像工具(USIT)对油管条件进行评价。值得注意的是,如果管道是塑料涂层,在铣削(钻井)时会被磨铣掉,这将影响完井寿命。

(3)生产井或注水井。注水井通常通常不能作为理想的候选井,这是因为油管在一定程度上已经处于恶化状态。在钻进过程中任何内部涂层也会引发问题,因为在钻进时,夹持设备会将其剥落。

(4)结垢(结蜡)问题。在油管中,结垢和结蜡会引起限制性问题。如果知道在候选井中会发生这类问题,在设计阶段就应该考虑到下入电缆通径仪、井径仪或测量仪。如果有必要,在下入造斜器前应该下钻清理。

(5)完井利器。如果候选井的电缆在合适的位置有可回收的安全阀将会非常有用,这可以回收阀门并下入保护套筒。如果油管在合适的位置配有可回收的地下安全阀(TRSSSV),可以将保护套筒安装在需要的地方,然而,下套筒有优点也有缺点,应该逐个评估井筒。

9.4.7.3　法律、健康、安全和环保因素

连续油管钻井的引入对健康、安全及环境的要求产生了影响。引入连续油管钻井设备、作业及操作人员会增加危险,通过对其进行管理将风险降低至可接受范围内。必须及时取得许可证、同意书、通知单和合同以促进项目的进度。

HSE 重点领域应该包括:

(1)HSE 项目要求的定义、目标、策略、方法、责任、资源;

(2)风险管理(即识别、分析、评估、控制的定义和重新估计);

(3)HSE 的原则在钻井设备技术的设计开发中应用;

(4)自我验证安排在设备和修改中的应用;

(5)设备的评价、操作对 HSE 管理系统的影响(如紧急响应)、实际的安排(如紧急关井系统)及必要的修改;

(6)资产安全情况下文件的审查并进行必要的修订;

(7)需要进行审查、规划、交付许可证、同意、通知及咨询;

(8)与承包商交谈以确保性能并整合健康、安全与环境管理体系(HSEMS)和安全管理系统(SMS)协议的生成以满足项目 HSE 的目标;

（9）评估和同步操作控制；

（10）井控政策在设备的选择、提供程序以及培训中的应用；

（11）通过开发和交付培训材料识别培训和意识；

（12）项目 HSE 审计工作的认可以及与现在程序的整合；

（13）HSE 履行目标、监控和报告的应用；

（14）职业健康危害的认识并规定将剩余风险降低到可接受的水平。

参 考 文 献

An Introduction to Coiled Tubing—History, Applications, and Benefits. Intervention and Coiled Tubing Association（ICoTA），www. icota. com. Downloaded 27 August 2008. Coiled Tubing Manual. 2008. Conroe：NOV CTES 18−20 and 551−556.

Introduction to Coiled Tubing Drilling. 2002. Aberdeen：Leading Edge Advantage International Ltd. ，32.

US Department of Energy Microdrill Initiative：Initial Market Evaluation. 2003. Tulsa：Spears & Associates，6.

国际单位制公式转换

1 bbl = 0. 1589873m^3

1 bbl/h = 4. 416314×10^{-5}m^3/s

1 ft = 0. 3048m

1 ft · lbf = 1. 355818J

1 in = 2. 54cm

1 bf = 4. 448222N

1 psi = 6. 894757kPa

9.5　新型钻井技术

——BP. Jeffryes，斯伦贝谢油田研究中心

9.5.1　引言

新的或不寻常的钻井方法的讨论，首先必须承认 Maurer（1968，1980）和 Eskin 等（1995）的综述。

要将不同的钻井技术进行比较并不容易，因为除了简单的数值指标以外，还有许多不同的约束条件或优势。然而，一个基本衡量标准是比较破碎一定体积岩石所需的能量，这被称为钻进比能。岩石钻进试验表明，能量需求与机械转速关系很少有或没有相关性；因此，以两倍机械钻速（ROP）钻进就需要大约两倍的动力。钻进比能同样也是一个方便的工具，可通过小型实验室岩石破碎实验来估计不同尺寸井眼实际使用所需的功率。钻井比能的一种方便的单位是 J/cm^3，能量除以体积在大小上与压力相同，因此 1J/cm^3 = 1MPa。

任何新的钻井方法，在它能与传统旋转钻井方法在经济和计算上相竞争之前有很多的

障碍需要克服。破岩时所需的能量必须传递到切割面,这距离地面很远,但同时需要清除的材料必须被带到地面,且必须保持井控,破岩方式必须与地下的温度和压力环境相适应,形成的井眼必须适合于后续作业,如测井、下套管及完井。

新方法的实际应用往往是在常规方法受到高度限制的井眼中,如钻进极坚硬岩石或小井眼,或在不能向钻头提供足够钻压的地方。

本章中描述的方法是在尽可能接近实际或在最近的研究和发展工作水平的基础上选定的。

9.5.2　盘形钻头

在这里考虑用这种方法是由于盘形钻头最接近常规油田钻井技术。薄、硬、滚动的盘形刀刃对岩壁施力。切削齿边缘上的高接触应力使岩石破碎,产生大量岩屑。现在在硬岩中钻进的标准技术就是使用盘形刀具,主要研究由天然气研究所(GRI)主导在油田条件下应用盘形钻头技术(Friant,1997;Friant and Anderson,2000)。图9.78为盘形钻头的图片实例。五个盘形刀刃的直径为 $3\frac{1}{4}$ in。

图 9.78　$8\frac{1}{2}$ in 的盘形钻头(Plácido and Friant,2004)

在大气压条件下钻进硬岩,盘形钻头的钻井效率明显比牙轮钻头优越。当钻进熔结凝灰岩,Friant(1997)引用 $15\sim19$ hp-h/t($100\sim130$ J/cm³)作为盘形钻头的钻进比能对比 $80\sim120$ hp-h/t($550\sim800$ J/cm³)牙轮钻头的钻进比能。就像三牙轮钻头,压力和地应力会增大钻进比能。在承压下对熔结凝灰岩和印第安那石灰岩进行的实验室测试显示,盘形钻头的优势降低,尤其在石灰岩中更明显;然而,在同样条件下盘形钻头可提供比牙轮钻头更高的机械钻速。

使用图9.78所示的钻头对奥克拉何马 Catoosa 的 GRI 试验井做现场试验(Plácido and

Friant，2004）。在硬岩层段钻进的机械钻速与使用牙轮钻头的钻速一样，但盘形钻头施加的钻压更低。对于软岩层段，必须降低钻压以避免钻头堵塞。在这些测试中，有一些关于盘形钻头刀刃的力学问题。如在滚动轴承上施加了很高的压力，这些问题是可预测的；然而，观察到钻井中钻柱振动非常小，这可能会增加钻柱其他原件的寿命和可靠性。

在近垂直井中使用盘形钻头是最佳的（这样可以很容易施加高钻压），在近垂直井中的钻井时间受到钻硬质、低渗透率地层所需时间的控制。

9.5.3 激光钻井

现在使用激光进行材料切割在工业环境中已较为成熟，所以研究在深井钻井中使用激光也就不足为奇。在 20 世纪 70 年代早期，研究在硬岩钻进时将激光与常规切削手段相结合，在 20 世纪 60 年代末第一次建议利用井下激光进行射孔（Venghiattis，1969；Carstens and Brown，1971）。在 20 世纪 90 年代又重新对激光器进行研究，主要是通过 Ramona Graves 和同事的工作（Graves and O'Brian，1998；O'Brian et al.，1999；Graves et al.，2002）。Gahan 等人发表了实验结果（2001），结果表明，在可接受的能源预算下有可能进行激光射孔。通常情况下，激光能量与熔化甚至汽化材料所需的高能量密度相关；然而，这将是一个低效的岩石清除过程。标准的钻井方法使岩石颗粒变小，这个过程所需的最小能量仅需创建颗粒的自由表面积，大幅低于将岩石物理转化为液体所需的能量。通过跟踪岩石样品上的脉冲激光，同时降低能量密度（通过使用聚焦透镜和改变激光到样品的距离），发现有一个使岩石破坏的最佳能量密度，通过热处理过程使岩石产生裂缝和剥落。如果能量密度太高，激光能量在蒸发和融化时被浪费；如果能量密度太低，热量传播没有任何破坏性的作用。图 9.79、图 9.80 的例子显示了清除页岩的理论比能。

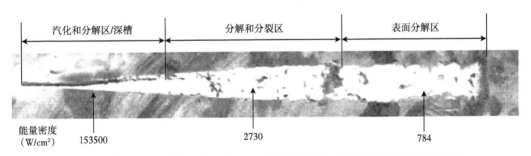

| 汽化和分解区/深槽 | 分解和分裂区 | 表面分解区 |

| 能量密度（W/cm²） | 153500 | 2730 | 784 |

图 9.79　线性 Nd：用恒定焦点的 YAG 激光器通过改变频率跟踪测试砂岩岩样，确定了激光与岩石的反应区域及计算的能量密度（Gahan et al.，2001）

尽管这些结果是在实验室条件下得到的并不能代表井下环境，施加应力后，压力条件下对饱和了流体的岩石进行了试验（Gahan et al.，2005）。结果显示，在这些条件下进行激光破岩没有任何根本性的障碍，但在一般情况下测定的钻进比能要比 10kJ/cm³ 大。即以 20ft/h 的速度，10kJ/cm³ 的钻进比能钻直径为 8½in 的井眼需要的激光功率为 1.5mW。

激光钻井对于岩石渗透率影响的实验表明出现了零或负的表皮系数（Gahan et al.，2004）。使用小井眼钻井所需的更易获得的能量（以 120ft/h 和 10kJ/cm³ 钻 0.5in 的井眼需要输出功率 5kW）进行激光钻井时，就可以理解集中于激光钻井是合乎逻辑的。输出功率在该范围内的光纤激光器，或光纤耦合激光二极管可以设计成适合于井眼几何形状的紧凑形

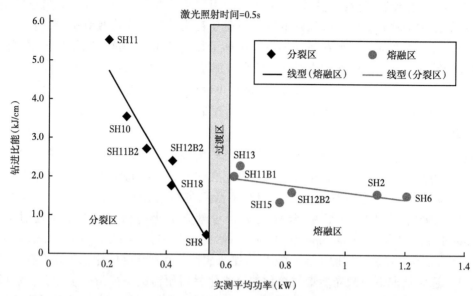

图 9.80　图示为页岩岩样受 Nd 激光(YAG 激光器)辐照情况下材料清除方法
由分裂到熔融的改变(Gahan et al.，2001)

式,而必然产生的热量作为副产品可以通过冷却液而消除(将电能转化为光能的效率通常为 25%~30%,但这会随温度降低);然而采用激光在地下钻井仍需要有很长的路走。

9.5.4　电动液压钻井和电脉冲钻井

电动液压钻井(也被称为电火花钻井)和脉冲钻井都是基于高速放电的钻井技术。被绝缘体分开的两个电极之间产生出高电压、引发介质击穿及产生等离子体。存储的电荷在电极之间移动,向绝缘体放电。对于电动液压钻井,放电产生在电极间的流体中,由此产生流体压力冲击岩石表面,造成岩石破碎。在脉冲钻井中,发生放电的岩石中,岩石结构被直接破坏。

由于两个电极位于岩石表面之上,总是会有一个较短的路径连接通过它们浸泡的液体中,而不是通过下面的岩石,除非液体具有极强的抗电介质击穿能力,否则总会发生液体放电。事实上,如果电压上升时间足够短,那么即使是温和的离子液体(如正常的自来水),放电也会在岩石中发生。为了确保这一点,电压的上升时间必须近似为100ns。这种将能量直接应用到岩石内部的方法使得其钻进比能比其他方法低得多,据报道在大气压条件下花岗岩中的钻进比能低至180J/cm^3(Inoue et al.，2000)。

图 9.81 中清楚地显示了一个电脉冲钻头的几何形状。中心导体和电极与三个环状电极相连,它们整体与高压发生装置相连接。管的外表面是接地面,另外三个电极连接在上面。当中央电极上升到一个高电压,穿过岩石的击穿路径,要么沿中心电极和环形电极之间的径向方向,要么在两个环状电极之间。在一个垂直井中,钻头将停留在底部,高压发生器重复放电,优先穿过任何高于岩石表面平均位置的岩石,因此钻头向前推进。每脉冲释放的能量取决于钻头后面的电存储系统,但脉冲数在 100~1000J 区域是正常的(martunovich and Fedorovich,2000)。

电脉冲钻头不适合钻深井，因为没有用于流体循环的设备，但其几何形状允许中央流体流动携带岩屑远离电极。

Maurer 的第 21 章（1980）提供了大量关于利用高能脉冲（通常放电超过 1000J）进行电动液压钻井研究的详细内容，最后得出结论，该技术可达到的机械钻速不能与常规旋转钻井相比。最近更多的研究工作已集中在较低能脉冲，近 100J 及优选电极系上，目的是将声能集中到岩石面上（Moeny and Small，1988；Moeny and Barrett，1999）。

图 9.81　电脉冲钻头（钻头由 High Voltages 研究学会和 Tomsk Polytechnic 大学提供）

电动液压钻井和电脉冲钻井除了要将切削齿靠近井眼底部外都不需要在钻头上施加钻压，因此它们可能适用于钢缆或很难施加钻压的地形中。也使用井下产生的电能提高常规钻井的方法，这个概念至少可以追溯到 1968 年（Smith，1970）。

9.5.5　热量钻井

有至少两种不同的热量钻井方法，即熔融钻井和分裂钻井。熔融钻井使用一个非常热的钻头融化钻头周围的岩石，钻头由高熔点金属（如钼）或陶瓷制成，并施加一些钻压使其向前推进。对于有足够孔隙的岩石（含二氧化硅），井眼周围为致密玻璃状岩层，没有多余的材料需要被运送到井口。

对于低孔隙度岩石，包含玻璃材料纤维的岩屑必须被钻头带走。钻头的温度通常约为 1500℃。熔融钻井的最大优点是没有岩屑（或岩屑量减少）和将孔眼周围玻璃化层可以作为一种套管。然而这一层还不足以作为长期替代传统的套管材料，它可以为钻进疏松地层或井眼完整性很难实现的裂缝性地层提供短期的衬管。由于二氧化碳的产生和生成的氧化钙的高熔点，在碳酸盐岩中使用熔融钻井是比较麻烦的。不出所料，熔融钻井的钻进比能高。引自 Cort 等(1994)的数据，钻一个 3.5in 的孔眼其钻进比能转变为 13kJ/cm³，且根据岩石类型不同有微小差异。

融熔钻井研究曾在美国和苏联的核武器实验室中进行。对美国的研究工作进行的总结刊登在 Maurer 第 23 章(1980)以及 Rowley 和 Neudecker(1986)上。20 世纪 90 年代末在 Los Alamos 国家实验室中重新开始了一个小规模的研究，作为微孔眼钻井项目的一部分，旨在将熔融钻头安装在连续油管上(Bussod et al.，1998)，研究也在 St. Petersburg Gorny 学院进行(Soloviev et al.，1996)。

分裂钻井采用井下火焰局部加热岩石，由热产生的应力压裂岩石。与融熔钻井相反，分裂钻井会产生正常量的岩屑。该方法还具有较高的能量效率，因为岩石只是破碎，而未被融化。采用传统意义上的无钻头钻井，因此钻头磨损等问题不会出现；然而，因为工具和切割面之间没有接触，必须控制火焰的位置，以便得到合适的间隔(Rauenzahn and Tester，1991)。硬脆性岩石实际上是那些在热引发应变下容易被破坏的岩石，这使分裂钻井在这种地形下是一种很有吸引力的选择。与其他方法相比其能源效率的计算并不十分丰富，由于化学能量通过燃烧直接传送，避免了其他方法中存在的不可避免的转换损失。Willams (1986)引用试验钻机得到在花岗岩表面以 15.7m/h 的机械钻速钻直径为 20~25cm 的孔眼，燃油速度为 5.7L/min(每钻进 1ft 约需 5L)。使用液态烃的燃烧热的文献价值，钻进比能为 2~2.5kJ/cm³(忽略将燃料和空气泵入燃烧器所需的能量)。

当然实践中也有很多困难。燃料和空气必须被送到燃烧器，必须提供额外的流体来冷却和提升岩屑。不能控制孔眼的形状和质量，相比于传统的岩石切割方法这种方法会形成更多的锯齿状和不规则的孔眼。在特定情况下，例如在硬岩表面钻孔，分裂钻井的优点会大于缺点。

9.5.6　粒子冲击钻井

利用高速，致密颗粒破碎岩石至少可以追溯到子弹射孔器的使用，在钻头上使用钢粒的概念可以追溯到 1952 年(Deily，1955)。在 20 世纪 60 年代和 70 年代早期，海湾石油公司采用各种研磨材料进行钻头系统的大量的测试和开发，包括钢粒钻头及高速钻头喷嘴，目的是最大限度地提高颗粒的破坏潜力。地面压力在 8000~14500lbf 的范围内，钻井液中携带约 6%(体积分数)的钢粒。使用刮刀来除去孔眼间被颗粒切碎的岩石(Goodwin et al.，1968；Hasiba，1970；Juvkam-Wold，1975)。腐蚀问题及如何将很高的泵压力和磨料颗粒结合的问题，导致该项目被放弃。这一概念被 Curlett 等重新提出(2002)，他们发现若使用比早期低得多的颗粒速度和浓度可获得较高的机械钻速，所需的泵压力更符合常规油田设备。此外，聚晶金刚石复合片(PDC)刀具的使用改善了设计的常规岩石清除问题，较低的速度也增加了钻头喷嘴的寿命和耐久性。

图 9.82 为粒子冲击钻头，它的两个近表喷嘴钻出环形槽，靠近钻头轴的另一个喷嘴可清除中央部分的岩石。在实验室对现场侧限应力和压力进行的试验显示在高硬岩中可以达到较高的机械钻速(Rach，2007)。

粒子冲击钻井的一个优点是与旋转钻井的常规力学具有相容性。只要颗粒可以被添加到钻井液中，并从钻井液中去除，地层压力窗比环空钻井液中有无钢粒所产生的井底压力

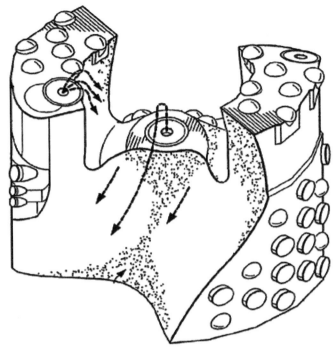

图 9.82　粒子冲击钻头（Tibbetts et al. , 2007）

差更大，则该方法就适用于在硬岩中钻垂直井。然而，降低压力需要增加操作的可行性，但是如何将钢粒加入到钻井液中是该技术的主要难点。

9.5.7　无孔钻井

用于生产井的钻井，很明显，必须要有一个可通到地面的通道。但对于探井，唯一需要的东西就是数据，只要在钻井时可以获得所需的所有数据，就不需要通向地面的管道。这就是图 9.83 一次性钻孔装置背后的理念（Stokka，2006），该理念正在向商业化推行。

当该装置开始运行时将电源和通信电缆结合。从装置底部清除的岩屑被机械压实到装置上部的孔眼，或压入井壁；因此，代替连接到地面的井眼，该装置会产生一个可容纳装置的移动空间，装置与地面的电缆相连接。这个空间的压力与围岩压力相同，所以它会被地层原始流体充填。

该装置中包含了测量仪器，因此不仅可以测量岩石的性质，还可测量孔隙流体性质。由于所有的能量必须通过电缆传输，传到钻头的能量就会很低，但当工具的操作成本低时，就不是问题。按照设想，控制仓中的操

图 9.83　一次性钻孔装置
（Stokka，2006）

作者(当然不需要钻机)就可以同时控制多个装置。

概念变成现实的过程中当然有相当大的障碍。该装置的所有组件,包括钻头、控制管缆和其他的机械移动部件都必须在从地面钻到靶点的整个过程中不被损坏。在钻井开始前必须决定所有需要的测量值,且获取得到的测量值的位置不确定性比常规钻井更高(尽管装置中地震接收器的使用使得装置能够准确地放置在地震层位)。

9.5.8 喷射钻井

使用高速流体射流切割材料是得到公认的,无论用清洁液或含少量磨料(Summers and Henry,1972)。该技术非常适合于钻小孔,因为所有需要的流体可以通过细软管携带,这个软管只需要维持内部的压力和不旋转或在进行传统的中途测试时会发生扭转或压缩。此外,操作过程中的压力(一般大于10kpsi)使连续油管成为一个有吸引力的选择。在钻井操作中传统的工具接头不适应这种压力,同时高压下要求的速度和频率接单根或卸扣也不适合。大直径的连续油管操作不方便,它有一个较低的额定压力,可在实际限制了在小孔眼环境下进行喷射钻井。因此,在油田的应用中,喷射钻井的商业实用性是在较大的主孔外钻出短的侧井眼(通常是垂直的)。喷射钻井的特殊优点在于软管的灵活性允许在主井眼之外可以钻垂直的孔。

喷射钻头通常包含多个喷嘴,这些喷嘴的方向允许钻多个目标。而前方的喷嘴切割岩石,后方喷嘴帮助冲洗岩屑并可以提供向前的推力。切向式喷嘴产生转矩使向前的喷嘴组件旋转,侧式喷嘴有助于扩孔并可潜在地用于控制切割方向。

已经开发出用于脱气煤层钻井的商业系统,其可用于煤层气生产或作为采矿的开始(Trueman et al.,2005)。该系统需要在水平面钻一个扩眼腔(半径约0.3m),以便于展开水力造斜器来指引钻井装置进入地层。在流量为234L/min、泵压为16kpsi时钻一个192m的窄孔需要97min。可以将三轴加速度计和磁力计等仪器与钻头结合,通过电缆连接到地面,可对轨迹的位置和方向进行监控并调整孔的方向。这是通过转动旋转造斜器到一个喷嘴通道而完成,从而改变钻头角度。

如果在一个现有的套管井中钻孔,就必须满足两个条件。首先,系统必须能够通过现有的套管钻孔;其次,在现有孔眼的直径下必须达到90°的角度变化。(另一种方法是磨出一个窗口,但时间和成本也随之增加)。已经建成了能够实现这一目标的系统并可正常使用(Landers,2000;Buset et al.,2001;Cirigliano and Blacutt,2007;Medvedev and Tencic,2007)。为了在套管中钻初始孔,使用了常规井下钻具驱动的磨铣钻头及柔性轴,用柔性软管将钻头替换为喷射式钻头。显然,为了使喷射式钻头进入先前所钻孔眼,就需要一个导向器,因此钻井操作通过一个部署在管内的固定造斜器进行,它确保了井眼可重新进入,并诱导挠性轴和喷射钻头软管通过90°偏转。造斜器可拆卸、旋转或移动,允许在同一水平面或在不同水平面上进一步钻孔。可以钻出直径达2in、长度达100m的孔眼,其需要的泵压为10kpsi。钻四个深度相同的侧向孔大约需要24h(Cirigliano and Blacutt,2007)。同时也需要连续油管装置和泵,修井设备来部署造斜器。

最近有人建议不使用水而是将超临界二氧化碳作为喷射钻井的钻井液(Kolle,2000,2002)。当流体通过钻头喷出,它的体积增加,这种膨胀过程帮助流体渗透到岩石中。实验测试表明,这种方法的钻井速度与用水作为钻井液相比,该方法可以在较低的泵送压力下达到相同速度。

9.5.9　射流辅助钻井

正常运转时，在钻井作业过程中地面压力为 10~15kpsi，这是一个很大的安全隐患。为了在低地面压力下产生很高的钻头速率，另一种方法是利用井下增压器。增压器利用多数流体的液压能来提高少数流体的压力。例如，约 7% 的流体压力增加到 30kpsi，对于地面系统则需要压力额外增加 1500~2000psi（Veenhuizen et al.，1997；O'Hanlon et al.，1998）。由于大多数的流体压力并不高，这样的系统必须以另一种方式被用来增加钻头的切割作用而达到破碎岩石的作用。

对射流辅助牙三轮钻头的试验中，一个试验报告已经将 ROP 改善了大约 50%（Veenhuizen et al.，1997），另一个例子中报道了（Santos et al.，2000）一个量化的改善。如图 9.84 所示，靠近岩石表面安装了有孔的高压喷嘴，并将其固定以便于在孔周围切割出一个圆槽。这具有缓解槽内岩石部分压力的效果，有助于去除传统的锥形牙轮。当然，井下泵的可靠性是个问题，且必须注意做好钻井液的固相控制以避免侵蚀。

图 9.84　改良后带一个高压喷嘴的三牙轮钻头（Santos et al.，2000）

也有人曾尝试在射流辅助钻井中使用 PDC 刮刀钻头（Cohen et al.，2005），在这种情况下，所有的压力在地面产生，因此所有的钻井液会以高速度通过喷嘴喷出。钻头压降接近 10kpsi。喷嘴在岩石中切割出通道，刀具被定位于去除它们之间的脊线。对于钻头的一些实验测试表明使用高压流体时 ROP（机械钻速）增加了 2~4 倍。有限深度的测试显示，ROP 比在邻井中用常规钻井快 2~6 倍，但由于钻井发生在测试中心，但尚不清楚在钻邻井时是否曾尝试优化 ROP。出于同样的原因，对于喷射钻井，地面操作的高压力限制了该技术使用连续油管钻小孔眼。

9.5.10　酸液钻井

酸液钻井的概念是 2001 年引入的(Rae and Di Lullo，2001)。其概念很简单，包含了将液体喷射系统与酸相结合，在酸溶性岩石中形成孔眼。然而酸液钻井的使用受到明确限制，在实践中钻碳酸盐岩，该技术的简单易行是它的一个很大优势；且没有钻屑返回到地面，无须施加钻压，无须昂贵的井下设备。安全和环境问题要求必须使用无缝管(连续油管)。

对简单喷射器几何体的地面试验表明，使用酸液钻井比只使用水的速度快得多，钻一个能使喷射器装置本身可以进入的孔眼就需要合适的喷嘴(Portman et al.，2002；Rae et al.，2004)。实验表明，一些小的喷嘴均匀地分布在一个圆圈上，能产生一个干净的、近圆形的孔眼(Rae et al.，2004)(图 9.85)。

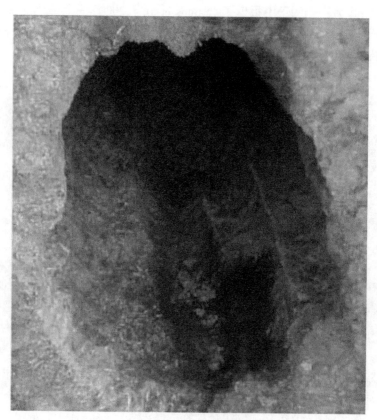

图 9.85　由 55/16in、10 个喷嘴的酸钻井装置钻成的孔(Portman et al.，2002)

酸液钻井已在现场被用于 1½in 的连续油管上(Rae et al.，2007)，以及用来在远离主井眼的地方产生一些短水平通道。在 Rae 等(2007)文献中，描述了一项独特的工作，其目的是在低产井中增产。将工具降到需要的深度，施加泵压使转向节转动喷嘴喷射到井壁，新井眼就形成了。最初使用约 15% 的氢氟酸，后降低到 10%。使用这种方法已经在超过 100ft 的地方钻了侧分支井。钻新井所需的平均酸量为 1.25bbl/ft，在增产效率方面，比传统的增产措施需要的酸液量更少。

参 考 文 献

Buset, P. , Riiber, M. , and Eek, A. 2001. Jet Drilling Tool: Cost - EffectiveLateral Drilling Technologyfor Enhanced Oil Recovery. Paper SPE 68504 presented at the SPE/ICoTA Coiled Tubing Roundtable, Houston, 7-8 March. DOI: 10. 2118/68504-MS.

Bussod, G. Y. , Dick, A. J. , and Cort, G. E. 1998. Rock Melting Tool With Annealer Section. US Patent No. 5,735,355.

Carstens, J. P. and Brown, C. O. 1971. Rock Cutting by Laser. Paper SPE 3529 presented at the SPE Annual Meeting, New Orleans, 3-6 October. DOI: 10. 2118/3529-MS.

Cirigliano, R. A. and Blacutt, J. F. T. 2007. First Experience in the Application of Radial Perforation Technologyin Deep Wells. Paper SPE 107182 presented at the Latin American & Caribbean Petroleum Engineering Conference, Buenos Aires, 15 - 18April. DOI: 10. 2118/107182-MS.

Cohen, J. H. , Deskins, G. , and Rogers, J. 2005. High - Pressure Jet Kerf Drilling Shows Significant PotentialTo Increase ROP. Paper SPE 96557 presented at the SPE Annual Technical Conference and Exhibition, Dallas, 9-12 October. DOI: 10. 2118/96557-MS.

Cort, G. E. , Goff, S. J. , Rowley, J. C. , Neudecker, J. W. , Dreesen, D. S. , and Winchester, W. 1994. The Rock Melting Approach to Drilling. Technical report presented at the Drilling Technology Symposium, Energy - Sources Technology Conference and Exhibition, New Orleans, 23 - 26 January; Los Alamos NationalLaboratory, Report Number LA - UR—93 - 3191; CONF-940126-2.

Curlett, H. P. , Sharp, D. P. , and Gregory, M. A. 2002. Formation Cutting Method and System. US Patent No. 6, 386, 300.

Deily, F. H. 1955. Pellet IMPact Core Drill. US Patent No. 2,724,575.

Eskin, M. , Maurer, W. C. , and Leviant, A. 1995. Former - USSR R&D on Novel Drilling Techniques. Houston: Maurer Engineering.

Friant, J. E. 1997. Disc Cutter Technology Applied to Drill Bits. Paper presented at the US DOE Natural GasConference, Houston, 24-27 March, Paper 2. 3.

Friant, J. E. and Anderson, M. A. 2000. Small Disc Cutter, and Drill Bits, Cutterheads, and Tunnel Boring Machines Employing Such Rolling Disc Cutters. US Patent No. 6, 131, 676.

Gahan, B. C. , Parker, R. A. , Batarseh, S. , Figueroa, H. , Reed, C. B. , and Xu, Z. 2001. Laser Drilling: Determinationof Energy Required ToRemove Rock. Paper SPE 71466 presented at the SPE Annual Technical Conference and Exhibition, New Orleans, 30 September-3 October. DOI: 10. 2118/71466-MS.

Gahan, B. C. , Batarseh, S. , Sharma, B. , and Gowelly, S. 2004. Analysis of Effi cient High-Power Fiber Lasersfor Well Perforation. Paper SPE 90661 presented at the SPE Annual Technical Conference and Exhibition, Houston, 26-29 September. DOI: 10. 2118/90661-MS.

Gahan, B. C. , Batarseh, S. , Watson, R. , and Deeg, W. 2005. Effect of Downhole Pressure Conditions onHigh-Power Laser Perforation. Paper SPE 97093 presented at the SPE Annual Technical Conference and Exhibition, Dallas, 9-12 October. DOI: 10. 2118/97093-MS.

Goodwin, R. J. , Mori, E. A. , Pekarek, J. L. , and Schaub, P. W. 1968. Hydraulic Jet Drilling Method Using Ferrous Abrasives. US Patent No. 3,416,614.

Graves, R. M. and O'Brian, D. G. 1998. Star Wars Laser Technology Applied to Drilling and Completing Gas Wells. Paper SPE 49259 presented at the SPE Annual Technical Conference and Exhibition, New Orleans, 27-30 September. DOI: 10. 2118/49259-MS.

Graves, R. M. , Araya, A. , Gahan, B. C. , and Parker, R. A. 2002. CoMParison of Specific Energy Between Drilling High Power Lasers and Other Methods. Paper SPE 77627 presented at the SPE Annual Technical Conferenceand Exhibition, San Antonio, Texas, USA, 29 September-2 October. DOI: 10. 2118/77627-MS.

Hasiba, H. H. 1970. Relief Type Jet Bits. US Patent No. 3,548,959.

Inoue, H. , Lisitsyn, I. V. , Akiyama, H. , and Nishizawa, I. 2000. Drilling of Hard Rocks by Pulsed Power. IEEEE lectrical Insulation Magazine 16(3): 19-25.

Juvkam-Wold, H. C. 1975. Drill Bit and Method of Drilling. US Patent No. 3,924,698.

Kolle, J. J. 2000. Coiled Tubing Drilling With Supercritical Carbon Dioxide. Paper SPE 65534 presented atthe SPE/CIM International Conference on Horizontal Well Technology, Calgary, 6-8 November. DOI: 10. 2118/65534-MS.

Kolle, J. J. 2002. Coiled Tubing Drilling With Supercritical Carbon Dioxide. US Patent No. 6,347,675.

Landers, C. 2000. Method and Apparatus for Horizontal Well Drilling. US Patent No. 6,125,949.

Martunovich, A. A. and Fedorovich, V. V. 2000. Electropulse Method of Holes Boring and Boring Machine. US Patent No. 6,164,388.

Maurer, W. C. 1968. Novel Drilling Techniques. Oxford, UK: Pergamon Press.

Maurer, W. C. 1980. Advanced Drilling Techniques. Tulsa: Petroleum Publishing Co.

Medvedev, P. and Tencic, M. 2007. Radial Formation Drilling: Economic Recovery of Remaining Reserves. TNK-BP Innovator 18 (October-November 2007): 15-17.

Moeny, W. M. and Barrett, D. M. 1999. Portable Electrohydraulic Mining Drill. US Patent No. 5,896,938.

Moeny, W. M. and Small, J. G. 1988. Focused Shock Spark Discharge Drill Using Multiple Electrodes. USPatent No. 4,741,405.

O'Brian, D. G. , Graves, R. M. , and O'Brian, E. A. 1999. Star Wars Laser Technology for Gas Drilling and Completions in the 21st Century. Paper SPE 56625 presented at the SPE Annual Technical Conference and Exhibition, Houston, 3-6 October. DOI: 10. 2118/56625-MS.

O'Hanlon, T. A. , Kelley, D. P. , and Veenhuizen, S. D. 1998. Downhole Pressure Intensifi er and Drilling Assembly and Method. US Patent No. 5,787,998.

Plácido, J. C. R. and Friant, J. E. 2004. The Disc Bit—A Tool for Hard-Rock Drilling. SPEDC 19 (4): 205-211. SPE-79798-PA. DOI: 10.2118/79798-PA.

Portman, L., Rae, P., and Munir, A. 2002. Full-Scale Tests Prove It Practical To "Drill" Holes With Coiled Tubing Using Only Acid; No Motors, No Bits. Paper SPE 74824 presented at the SPE/ICoTA Coiled Tubing Conference and Exhibition, Houston, 9-10 April. DOI: 10.2118/74824-MS.

Rach, N. M. 2007. Particle IMPact Drilling Blasts Away Hard Rock. Oil & Gas Journal 105 (6): 43-48.

Rae, P. and Di Lullo, G. 2001. Chemically Enhanced Drilling With Coiled Tubing in Carbonate Reservoirs. Paper SPE 68439 presented at the SPE/ICoTA Coiled Tubing Roundtable, Houston, 7-8 March. DOI: 10.2118/68439-MS.

Rae, P., Di Lullo, G., and Portman, L. 2004. Chemically Enhanced Drilling Methods. US Patent No. 6,772,847.

Rae, P., Di Lullo, G., Moss, P., and Portman, L. 2007. The Dendritic Well: A Simple Process Creates an Ideal Reservoir Drainage System. Paper SPE 108023 presented at the European Formation Damage Conference, Scheveningen, The Netherlands, 30 May-1 June. DOI: 10.2118/108023-MS.

Rauenzahn, R. M. and Tester, J. W. 1991. Numerical Simulation and Field Testing of Flame-Jet Thermal Spallation Drilling—Part I and II. Intl. J. of Heat Mass Transfer 34 (3): 795-818.

Rowley, J. C. and Neudecker, J. W. 1986. In Situ Rock Melting Applied to Lunar Base Construction and for Exploration Drilling and Coring on the Moon. In Lunar Bases and Space Activities of the 21st Century, ed. W. W. Mendall, 465-477. Houston: Lunar and Planetary Institute, NASA.

Santos, H., Placido, J. C. R., Oliviera, J. E., and Gamboa, L. 2000. Overcoming Hard Rock Drilling Challenges. Paper SPE 59182 presented at the IADC/SPE Drilling Conference, New Orleans, 23-25 February. DOI: 10.2118/59182-MS.

Smith, N. D. Jr. 1970. Shaped Spark Drill. US Patent No. 3,500,942.

Soloviev, G. N., Kudryashov, B. B., and Litvinenko, V. S. 1996. Method of Electrothermal Mechanical Drillingand Device for Its Implementation. US Patent No. 5,479,994.

Stokka, S. 2006. Drilling Device. US Patent No. 7,093,673.

Summers, D. A. and Henry, R. L. 1972. Water Jet Cutting of Sedimentary Rock. JPT 24 (7): 797-802. SPE-3533-PA. DOI: 10.2118/3533-PA.

Tibbetts, G. A., Padgett, P. O., Curlett, H. B., Curlett, S. R., and Harder, N. J. 2007. Drill Bit. US Patent No. 7,258,176.

Trueman, R., Meyer, T. G. H., and Stockwell, M. 2005. Fluid Drilling System With Flexible Drill String andRetro Jets. US Patent No. 6,866,106.

Veenhuizen, S. D., Stang, D. L., Kelley, D. P., Duda, J. R., and Aslakson, J. K. 1997. Development and Testing of Downhole Pump for High-Pressure Jet-Assisted Drilling. Paper

SPE 38581 presented at the SPE Annual Technical Conference and Exhibition, San Antonio, Texas, USA, 5-8 October. DOI: 10. 2118/38581-MS.

Venghiattis, A. A. 1969. Well Perforating Apparatus and Method. US Patent No. 3, 461, 964.

Williams, R. E. 1986. The Thermal Spallation Drilling Process. Geothermics 15 (1): 17-22. DOI: 10. 1016/0375-6505 (86) 90026-X.

国际单位制公式转换

$1\,bbl = 1.589873 \times 10^{-1} m^3$

$1\,Btu = 1.055056 \times 10^0 kJ$

$1\,ft = 3.048 \times 10^{-1} m$

$1\,℉ = \dfrac{9}{5}℃ + 32$

$1\,hp = 7.46043 \times 10^{-1} kW$

$1\,hp \cdot h = 2.684520 \times 10^0 MJ$

$1\,in = 2.54 cm$

$1\,kW \cdot h = 3.6 \times 10^0 J$

$1\,psi = 6.894757 kPa$

$1\,ton = 9.071847 \times 10^{-1} Mg$

10 井内热传导

10.1 井筒温度和流动模拟

——Robert F. Mitchell，哈里伯顿公司；

Ildaya B Sathuvalli，勃莱德能源合作咨询公司

10.1.1 引言

下套管、固井、后续钻井作业、生产和修井作业都会产生套管载荷。套管、油管设计和分析的基本原理（在本书的第 2 章、第 3 章和第 8 章中有不同程度的阐述）表明，套管载荷可以大致分为压力和温度载荷。压力诱导载荷是由套管内的流体、水泥和套管外的流体、钻井和修井作业中施加的压力以及钻井和生产过程中地层施加的压力产生的。温度诱导载荷是由油套管、环空流体和地层的热膨胀引起的。

即使可以想到这些载荷的最坏情况，仍需要一套更精确的方法来确定井内的实际压力和温度。对于深水、高温高压油田等具有挑战性环境的关键井来说，这一点尤为重要。在恶劣的环境中，更大的水深和完井深度会给管柱带来更高的负荷。因此，管柱可能在接近其自身结构承受的极限条件下工作。

对于目前正在钻的复杂井，需要评估多种载荷，以反映在井的生命周期中可能发生的各种情况。现在的套管设计和分析都是通过计算机程序来完成的，这些程序可以生成合适的受力组合（通常是为特定的作业者制定）和评估结果，有时甚至可以自动确定成本最低的设计方案。

准确评估温度载荷和压力载荷对于井的优化设计至关重要。本章重点讨论井筒及其组成部分的热效应，并介绍计算这种效应的方法。热效应的确定需要测量以下数据：

（1）套管、油管、隔水管的温度；

（2）管柱间环空的温度；

（3）地层温度（通常限定在 15~20 个井筒半径的径向范围内）；

（4）各种流动压力；

（5）未胶结环空的压力变化（如果存在）。

上述参数通常是在钻井、反循环、生产或注入等特定井筒作业过程中测得。这些结果可用来确定由温度变化引起的载荷。

井筒传热是一门成熟的学科，目前已有规范的井筒温度计算方法。从套管设计和分析的角度来看，在生产、注入、钻井和关井过程中，需要确定井筒内的温度。固井期间的温度通常可以作为循环后关井的一种特殊情况来确定。

在早期关于井筒温度的论文中，Ramey（1962）讨论了油井生产或油管注入过程中的传热问题，Raymond（1969）研究了循环和钻井过程中的传热问题。Ramey（1962）和 Raymond（1969）的论文很有价值，因为他们描述了井筒传热的基本物理原理。读者可以参考 Hasan 和 Kabir（2002）对井筒传热问题的全面总结以及过去几十年的重要论文。

10.1.2 温度对套管和油管柱的影响

井筒温度是其工作条件的函数。根据作业(如钻井、循环、固井、关井、生产、注入)的不同,井筒不同部位的温度会发生变化。套管柱和井筒环空内的流体会对温度变化做出反应。几乎所有的情况下感兴趣的参数都是温度的变化,它是在初始或静止状态和某些最终工作条件之间的温度差。这些温度的变化会从以下几个方面影响管柱设计。

10.1.2.1 油管热膨胀

由于热收缩或膨胀,温度的变化会改变管柱的轴向应力剖面。例如,在增产作业期间,由于将冷却液泵入井筒,导致油管长度(两端固定)缩短,这可以成为关键的轴向设计标准。相反,在生产过程中,由于热膨胀导致的张力降低会增加屈曲,并可能导致井口受压。

10.1.2.2 环空液体膨胀压力或环空压力恢复(APB)

套管下入后温度的升高会导致密封环空内流体的热膨胀,从而产生较大的压力载荷。这种压力变化被称为APB。这些压力变化是流体压力/体积/温度(PVT)响应、环空压力及温度变化的函数。计算APB的方法由Halal和Mitchell(1994)以及Adams和MacEachran(1994)阐述。在陆地井和平台完井中,如果可以释放压力,APB引起的载荷可能不需要考虑。然而,在水下井中,悬挂器下入后,外部环空无法进入,压力增加会影响套管的轴向载荷和压力剖面。在深水井中,特别是墨西哥湾(GOM)的钻井中,APB诱导载荷会对井的完整性造成严重威胁,并导致了几起令人震惊的事故,如Marlin生产套管坍塌(Bradford et al.,2004;Ellis et al.,2004年;Gosch et al.,2004年;Pattillo et al.,2006)。

10.1.2.3 温度相关屈服强度

由于温度的变化会影响材料的屈服强度,更高的井筒温度会降低套管的爆裂、坍塌、轴向和三轴额定值。随温度降低屈服强度的典型值是每升高1℉就降低0.03%(Steiner,1990)。

10.1.2.4 含硫气井设计

在含硫环境中,作业温度可以决定井中不同深度使用何种材料。

10.1.2.5 油管内压力

由于气体密度是温度和压力的相关函数,气井生产温度会影响油管内的气压梯度。

10.1.3 井筒温度和流量剖面

热负荷分析的第一步是确定给定作业条件下的井筒温度。井筒内的温度和流量剖面是通过井筒热模拟分析软件确定。

井筒模拟器结合了许多工程学科,并预测井筒温度和流动的流体变量。计算模型的建立取决于具体应用所需的关键技术参数。

给定井身结构,井筒数值模拟器通过解析解或数值模拟法(或这些方法的组合)为在不同操作环境下的井计算井筒中的温度分布。大多数的模拟器将井筒处理成轴对称的有限差分网格模型(Wooley,1980)。从油流到井筒的热传递是通过对流热传递的正相关性计算的。地层的热传递是通过二维热传导的方程计算的。适当的边界条件(如远离井筒或在井筒与地层的交界面)是人为加上去的。

对于模拟器来说,首先需要的是最佳的可行性和相关性以模拟不同流体和井筒的性质。这些相关性与控制方程的质量、动量和能量有关。以下建立模型的讨论包含这些基本方程。

引用了特定的参考文献，以记录在模拟器中使用的属性和相关性的基础。应审查参考文献，以便更全面地了解每种相关性及其适用性范围。

10.1.4　井筒传热的独特性

接下来的几个小节将介绍井筒模拟器的理论基础。这些原理是基于对流体流动和传热原理的调整，以适应典型井筒中遇到的特殊情况。然而，在进一步研究之前，有必要考虑井筒温度计算过程中需要注意的一些问题。这些假设包括地热剖面、油管和井筒中流动多相流体之间的热相互作用，以及生产流体的组份模型。

井眼几何形状和地温梯度对井筒的热响应有重要影响。由于井筒的几何形状特征是一个非常大的长径比，热传导的主导方向几乎总是径向。在生产过程中，传热是径向向外的，而在注入过程中，传热是径向向内的。然而，由于流体的流动，对流换热是强烈垂直的。循环、钻井和固井等作业往往会冷却井筒下部，而加热井筒上部。

10.1.4.1　地温

图 10.1 为基于墨西哥湾某深水油田探井温度测井的地温剖面。深色实线与数据近似线性拟合。然而，对曲线的进一步研究表明，温度并非严格地与深度成线性关系。这种情况下，地热温度随深度的函数关系可以用双线性曲线更好地表示，如图 10.2 所示。图中，井浅层段的地温梯度较高，在离泥线一定距离以下地温梯度减小。

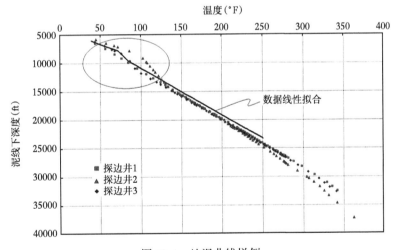

图 10.1　地温曲线样例

图 10.2 说明了准确使用地温剖面图的重要性。深色实线和浅色实线分别代表在开采过程和注水过程中油管和环空 A 的温度。由图知，根据假定的线性地温剖面（虚线），开采过程的平均变化温度是 $(T_3-T_1)/2$。若假定双线性地温剖面（实线），这个值降到 $T_3-(T_1+T_2)/2$。根据 T_2 温度的大小可知，若假定双线性地温剖面，则平均变化温度就会被高估。类似的观点认为，在注水期间，假定的线性剖面低估了给定井筒点的温度变化。热管件的长度变化和环空流体体积的变化受温度变化的控制，且地温梯度的误差对井的最终设计有着重大影响。

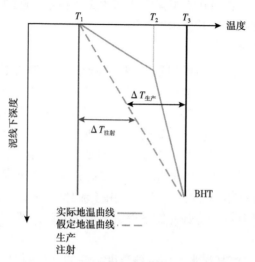

图 10.2　地温曲线估测温度改变的影响

图 10.3 说明的是一口实井的有关讨论。实线是由有效实际地温(根据测井)描绘的,而虚线是根据对有效实测数据的线性拟合得到的。大部分热力数值模拟器允许用户进入实测地温剖面作为不同深度的一系列温度参数。当数据有效时(在开发井中通常是这样的),使用实际地温比用这个数据线性剖面更好。

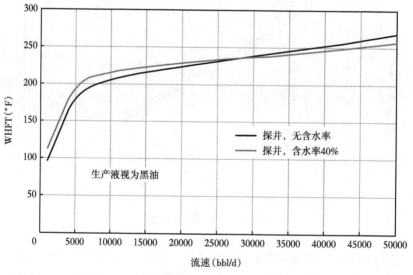

图 10.3　地温梯度对海洋井油管温度的影响

10.1.4.2　多相流和流体组分模型的影响

生产过程中多相流的分析可能是井筒传热中最复杂的方面。多相流体中的流动参数和传热与单相流体中的不同(Ramey, 1962; Hasan et al., 1998)。由于温度会受到产出的气、油和水的相对含量以及生产油管中多相流的性质的影响,因此在模拟过程中必须特别注意这方面的问题。大多数井筒热模拟器允许用户指定多种多相关联。

图 10.4 为稳态井口温度随含水量和流量的变化规律。随着井的寿命接近尾声，产出水的相对含量会增加，预计井筒（以及环空同）的温度会显著升高。最后，图 10.5 和图 10.6 显示了组分模型对典型海底生产井不同环空温度的影响。

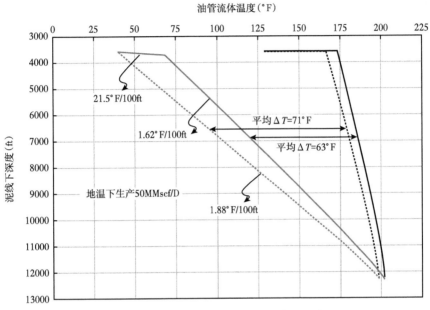

图 10.4　流速和含水率对井头温度的影响

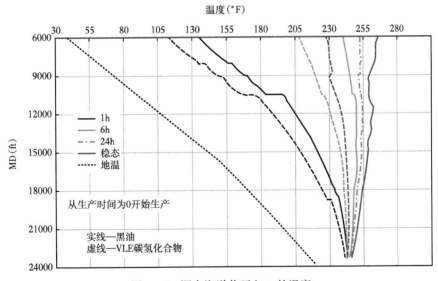

图 10.5　深水海洋井环空 A 的温度

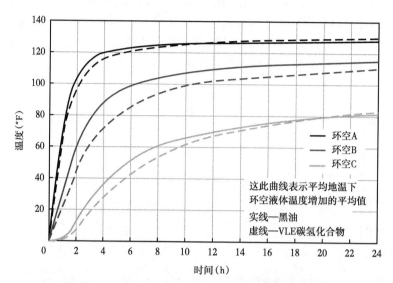

图 10.6　产出流体在不同组分模型中的温度增加对比

10.1.5　井筒数值模拟器的重要性能

为了解决井筒作业问题，井筒数值模拟器必须有较多的功能。这些功能分成以下四种：

(1)瞬态效应；

(2)流体模拟功能；

(3)井筒几何尺寸功能；

(4)流动选项功能。

许多用于操作设计的应用程序是要对瞬态数据进行分析的。钻井、固井、压裂和试产都是瞬态操作，流体温度在流入井内的数分钟里可以变化大约 100°F 甚至更大。开采生产和注水分别起到加热和冷却井筒的作用，从井的整个长度而言，循环作业和钻井作业冷却井的低部位并加热井的高部位。这些现象决定了套管柱载荷分布的复杂程度且会大幅影响井的完整度，如大部分深水区和高温高压井在开采过程中经历过环空压力大幅度增加的情形。压力缓解方案的设计如使用安全隔板和复合泡沫塑料都与井筒环空的瞬时响应紧密相关(Payne et al.，2003)。

图 10.7 显示的是深水井环空温度的平均变化率。开采后不久，井筒迅速升温(温度改变高达 80°F/h)。

表 10.1 是各种管柱及钻井液循环到井底各自环空的平均变化温度。在地温做参比条件的情况下，变化的温度可根据井筒的热力数值模拟器的数值来计算。负值代表冷却，正值代表加热。

套管载荷分析需要确定图 10.7 与表 10.1 中的数据。这些数据的采集建立在热力数值模拟器大量的敏感性分析的基础上。虽然主要变量可根据 Ramey (1962)、Raymond (1969)和 Arnold (1990)所发明的技术分析方法来定性研究，但一套完整的设计需要进行完整的数值分析。

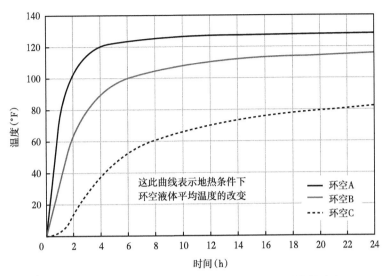

图 10.7　海洋高产井在生产期间的井筒环空温瞬态热响应

表 10.1　在一个典型的深水井 9⅝in 生产套管总深度（TD）循环的影响

	总深度循环				从 9⅝in 套管鞋钻到总深度
	0.25d	1d	10d	40d	
流体	−12.95	−14.81	−20.48	−19.10	−19.10
钻柱	−9.55	−11.72	−17.81	−16.36	−16.36
钻柱环空	−0.17	−2.83	−9.61	−8.02	−8.02
9⅝in	−8.61	−21.05	−38.88	−35.98	−35.98
9⅝in 环空	−6.01	−17.45	−34.62	−31.60	−31.60
11⅞in 环空	−4.35	−8.80	−17.51	−15.56	−15.56
11⅞in 环空	−3.25	−7.57	−15.93	−13.97	−13.97
13⅝in	16.33	21.85	22.22	23.13	23.13
13⅝in 环空	10.23	18.16	20.15	21.08	21.08
16in	17.7	22.62	23.26	24.15	24.15
16in 环空	15.46	21.1	22.37	23.27	23.27
17⅞in 环空	20.57	26.12	27.29	28.12	28.12
17⅞in 环空	18.46	24.65	26.39	27.24	27.24
22in	31.73	41.26	44.02	44.69	44.69
22in 环空	18.54	33.37	39.31	40.02	40.02
28in	3.74	18.24	30.9	31.58	31.58
28in 环空	1.73	12.48	25.87	26.56	26.56

　　所以，完整的瞬态热响应体系必须建立在流体流动、井身结构和地层模型的基础上。这种模型必须能处理井下流动的各种状况，包括流动速率、入口温度和压力、流动类型和流动方向的变化。

　　油气井中包含许多不同类型的流体。热传导的特性和压力与温度的耦合性随流体类型改变而变化。油基液和水基液及聚合物在可压缩性和两相流系统中所表现出的特性是不同的。井筒中的多相流体(包括隔离液和驱替液)是重要的考虑因素。温度有关的特性和井壁吸收系数必须变化，这种变化是随温度与流变特性随时间与深度的变化而变化的。即使使用钻井液，在钻井液沿钻杆向下和环空上升的过程中，黏度也会随温度变化，从而影响整体水力系统。

　　井身的几何尺寸要灵活多变以适应不同情况下的井，如定向井、衬管井、双层完井、海洋立管井等。井的几何尺寸决定着流动截面积和流动速率，这些因素反过来会影响井传热。衬管固井间的温度在很大程度上受衬管尺寸和环空间隙的影响。

　　流动状态包括开采过程、注水过程、正向循环、反向循环、钻井和关井。钻井是循环的特例，循环深度和井筒热阻随钻深和套管下入而改变。流动路径和方向的灵活性是为了适应潜水泵、热油循环、多层完井的情况。数值模拟器必须适用于环空和管道内的各种流体。

10.1.6　模型表达

　　数值模拟器应该能同时解决井筒传热和流体流动的数值化问题并包含前面所提到的特定性质，这一点对可压缩流动是非常重要的。当然这对与温度有关的性质也是非常必要的，比如黏度，其对热性能和流动特性上有着重大的影响。

10.1.7　控制方程

　　井筒数值模拟器为井筒和地层解决了与能量有关的方程组问题，并也解决了每一种流动的有关质量、动量和能量守恒的方程组问题。井筒和地层被阐述为一个轴对称的、瞬态传热的问题。井筒传热包括热传导、热对流和热辐射。地层传热包括热传导和热对流。流体流动被视为一维等截面流动，尽管三维热传导效果包括在不连续区域的改变。质量守恒方程和动量守恒方程是一维的，并且压力梯度和密度梯度在流动的正常方向是可以忽略的。

　　一维流动的假设意味着流动变量，比如密度、速率和黏度，取的是流动横截面上的平均值。摩阻压降方程组和井内数值模拟器的传热系数方程组与国际惯例保持一致。比如在管内的流动，摩阻压降是根据平均流速、密度和黏度而公式化的。流动方程组分为单相流和双相流两个部分。对这些基本方程组和一维流动假设的更深层次的讨论可参考 Zucro 和 Hoffman(1976)和 Bird 等(1960)的文章。

　　质量守恒方程和动量守恒方程是用来解决拟稳态流假设的问题的。这就意味着在所有的变量中除了温度，时间变化在时间增量中是可以忽略的。这就意味着质量累积效应没有考虑到质量守恒方程并且速率也只是动量守恒方程中的位置函数。稳态流中质量和动量方程是用来解决每一次的时间增量问题的。这些解决方案叫作拟稳态，因为他们在时间增量中变化的非常小，因为温度随时间变化增加。

　　平衡方程组写成控制体积的形式。该方程作为一个指定的表面积，而不是在一个点上的偏微分方程指定体积的积分。对于流体，研究的体积包括横截面积 A 和长度 ΔZ。表面积包括圆形的横截面积或环空横截面积 A 和圆柱侧面积。这些方程的数值解中只计算流动变量的出口值和入口值。为了计算积分需要每一空间增量的进口和入口的变化量。比如,井筒数值模拟器会假定密度、速率、黏度和导热系数是常数,并且等于通过体积增量时的入口情况,且压力和温度在出口和入口的变化呈线性关系。经验表明这些假设是合理的,除了接近临界流动情况的可压缩流动。当可充分利用计算机科学技术时,应该使用现代数值计算方法比如龙贝格积分法、自适应的龙格—库塔法或 Bulirsch-Stoer 方法算法来提高精确度并且允许粗糙空间增量的任何类型的流体。

10.1.7.1 单相流动

单相流动的质量平衡由下式给出:

$$\dot{m} = \rho v A = 常数 \tag{10.1}$$

式中,$\dot{m}$ 为质量流速,kg/s;ρ 为密度,kg/m^3;v 为平均流速,m/s;A 为面积,m^2。

并且假定是稳定流(在本章中变量符号一点代表着该量对时间的导数,如 $\dot{m} = \mathrm{d}m/\mathrm{d}t$),则速率和密度对时间的偏导数可忽略不计,也就是说方程组是由当前时间内评估出的性质而解出的。随着温度的改变,密度将会改变,因此速率将随时间变化。与瞬时压力条件相比,可假定这将变化得很慢,没有质量累积和波的传播。由公式(10.1)知质量流量在任何流动下都是常数。注意两种液体有一交界面,因此会有一个不连续质量流量,所以我们假定在交界面的体积流量是连续的。

单向流动的静态能量平衡方程如下:

$$\Delta p + \rho v \Delta v + \int_{\Delta z} \rho g \cos\phi \mathrm{d}z \pm \int_{\Delta z} \frac{2f\rho v^2}{D_\mathrm{h}} \mathrm{d}z = 0 \tag{10.2}$$

式中,p 为压力,Pa;g 为重力加速度,m/s^2;ϕ 为井斜角;f 为范宁摩擦系数;D_h 为水力直径,m;v 为流速,m/s;Δz 为流量长度增量,m。

式(10.2)为平衡控制体的压力区域。由两平面垂直于流动方向和沿流动方向的距离 dz 分开界面,与惯性力、引力和黏性力(由右边的三个术语表示)区分。黏性力是利用范宁摩擦系数计算雷诺兹数的相关性。这个摩擦系数通常取决于流体的密度、速度、黏度、类型及管道粗糙度。井筒模拟器应包含适当的模型,如牛顿流体、幂律流体、聚合物流体。

单相流的能量方程的基本平衡:

$$\int_{\Delta z} \rho \dot{\varepsilon} A \mathrm{d}z = \int_{\Delta z} \rho \frac{\mathrm{d}V}{\mathrm{d}z} A \mathrm{d}z + \phi + Q + R \tag{10.3}$$

式中,ϕ 为黏性消耗,W;Q 为转化为体积热量,W;R 为体积能量增加率,W;$\dot{\varepsilon}$ 为内能变化率,$\frac{\partial \varepsilon}{\partial t} + v\frac{\partial \varepsilon}{\partial z}$,$\Omega/\kappa\gamma$。

方程(10.3)代表一个控制体积的热力学第一定律(即在控制体积的内部能量的增加等于做功和热量增加之和)。方程的右边表示控制容积内能量的变化率。方程(10.3)右边的第一项和第二项分别代表压力体积功和黏性消耗。当涉及可压缩流动时,通过压力进行的做功通常更显著。黏性消耗项 ϕ 代表克服摩擦的功(即剪切应力的流体/管边界)。右边的最后两个术语分别表示控制量的热损失和热量添加(产生)。术语 Q 通常是指到控制体积的总热通量。术语 R 代表在控制体积内的任何热源(例如,水泥水化热)。在大多数井筒流动情况下,R 被设为 0。方程(10.3)可以写成焓的形式:

$$\int_{\Delta z} \rho \dot{h} A \mathrm{d}z = \int_{\Delta z} \rho \frac{\mathrm{d}p}{\mathrm{d}z} A \mathrm{d}z + \phi + Q + R \qquad (10.4)$$

式中,$\dot{h}$ 为焓,$\varepsilon + \rho A z$,J/kg。

通过选择压力和温度作为独立的变量,并通过使用以下的热力学关系得出焓对压力的依赖关系。

$$\mathrm{d}h = C_\mathrm{p} \mathrm{d}T + (1 - \beta T) \frac{\mathrm{d}p}{\rho}$$

方程(10.4)可以写成:

$$\int_{\Delta z} \rho C_\mathrm{p} \frac{\partial T}{\partial t} A \mathrm{d}z + \int_{\Delta z} \rho v \dot{C}_\mathrm{p} \frac{\partial T}{\partial z} A \mathrm{d}z - \int_{\Delta z} v \beta T \frac{\partial p}{\partial z} A \mathrm{d}z = \phi + Q + R \qquad (10.5)$$

式中,C_p 为恒压热容量,即 $\dfrac{\partial h}{\partial T}(p, T)$,J/kg·K;$\dot{\beta}$ 为等压热膨胀系数,即 $-\dfrac{1}{\rho}\dfrac{\partial p}{\partial T}(p, T)$,1/K;$T$ 为绝对温度,K。

10.1.7.2 两相流

两种组分流动质量平衡方程由下式给出:

$$\dot{m}_1 + \dot{m}_2 = \dot{m} = 常数 \qquad (10.6)$$

式中,下标 1,2——组分 1,2;$\dot{m}$ 总的质量流量,kg/s。

假定是稳态流动。本方程的意义是系统的总质量流量是常数且两相是可以交换质量的,只要组分 1 的质量流量变化量等于组分 2。有关两相流动的文献中有许多定义每种组分的流动密度和速率的方法,最常见的定义如下:

Xa 为组分 a 的体积系数,$a = 1$,2(液体体积分数持液率;1 减去持液相体积分数等于气体体积分数);$\bar{\rho}_\mathrm{a}$ 为单相流的 a 的密度;$\rho_\mathrm{a} = Xa \bar{\rho}_\mathrm{a}$,指组分 a 的混合密度,$a = 1$,2;$v_\mathrm{a} = \dot{m}_\mathrm{a}/(\rho_\mathrm{a} A)$,指组分 a 的局部平均流速;$v_\mathrm{sa} = \dot{m}_\mathrm{a}/(\bar{\rho}_\mathrm{a} A)$,指组分 a 的表观速度,$a = 1$,2;$\dot{m} = \bar{\rho}_\mathrm{a} v_\mathrm{sa} A = \rho_\mathrm{a} v_\mathrm{a} A$,$a = 1$,2。

两相流动的能量平衡方程如下:

$$\Delta p + \Delta p_\mathrm{acc} + \int_{\Delta z} (\rho_1 + \rho_2) g \cos\phi \mathrm{d}z \pm \int_{\Delta z} F \mathrm{d}z = 0 \qquad (10.7)$$

式中,$\Delta p_\mathrm{acc} = \int_{\Delta z} \rho_1 v_1 \dfrac{\partial v_1}{\partial z} + \rho_2 v_2 \dfrac{\partial v_2}{\partial z} \mathrm{d}z$,为压降加速率;$F$ 为单位长度两相流的摩阻压降,Pa/m。

两相流的能量平衡方程如下:

$$\int_{\Delta z} \sum_{a=1}^{2} \left[\rho_\mathrm{a} \frac{\partial \varepsilon_\mathrm{a}}{\partial t} + \frac{\partial}{\partial z}(\rho_\mathrm{a} v_\mathrm{a} \varepsilon_\mathrm{a}) \right] A \mathrm{d}z = -\int_{\Delta z} \sum_{a=1}^{2} \left(p_\mathrm{pa} \frac{\partial v_\mathrm{a}}{\partial z} \right) A \mathrm{d}z + \phi + Q + R \qquad (10.8)$$

式中,p_pa 为 a 的分压,Pa;ε_a 为 a 的内能,J/kg。

机械能在扩散速度中是二阶或更高阶的形式被忽略了。利用稳态假设，方程(10.8)可写成焓的形式：

$$\int_{\Delta z} \sum_{a=1}^{2} \left[\rho \frac{\partial h_a}{\partial t} + \frac{\partial}{\partial z}(\rho_a v_a \varepsilon_a) \right] A \mathrm{d}z = \int_{\Delta z} \sum_{a=1}^{2} \left(v_a \frac{\partial p_a}{\partial z} \right) A \mathrm{d}z + \phi + Q + R \tag{10.9}$$

这里 h_a 是 a 的焓值(J/kg)能量方程的最终形式可以写成每一组分的混合温度 T 和部分压力 p 的表达式：

$$\int_{\Delta z} \sum_{a=1}^{2} \left[\rho_a c_{pa} \frac{\partial T}{\partial t} + \rho_a v_a \left(C_{pa} \frac{\partial T}{\partial t} - T \frac{\beta_a}{\rho_a} \frac{\partial p_a}{\partial z} \right) + h_a \frac{\partial}{\partial z}(\rho_a v_a) \right] A \mathrm{d}z = \phi + Q + R \tag{10.10}$$

10.1.7.3　地层热传递

地层的能量方程如下：

$$\rho_f C \frac{\partial T}{\partial t} = \frac{1}{r} \frac{\partial}{\partial r}\left(r K_r \frac{\partial T}{\partial r} \right) + \frac{\partial}{\partial z}\left(K_z \frac{\partial T}{\partial z} \right) + q \tag{10.11}$$

式中，ρ_f 为地层密度，kg/m^3；C 为地层热容值，$J/kg \cdot K$；K_r 为地层的径向导热系数，$W/m \cdot K$；K_z 为地层垂向导热系数；q 为容积热量的增加值，W/m^3。

且在圆柱坐标系下的热传递假定为各向异性的傅里叶热传递。在对地层中的流动建模时，将对流能量包含在内，修正方程(10.11)为：

$$\rho_f C \frac{\partial T}{\partial t} + \rho_{fl} v_{fl} c_{fl} \frac{\partial T}{\partial z} = \frac{1}{r} \frac{\partial}{\partial r}\left(r K_r \frac{\partial T}{\partial r} \right) + \frac{\partial}{\partial z}\left(K_z \frac{\partial T}{\partial z} \right) + q \tag{10.12}$$

式中，ρ_{fl} 为流动密度，kg/m^3；v_{fl} 为流体速率，m/s；C_{fl} 为导热系数，$J/kg \cdot K$。

10.1.7.4　边界条件和初始条件

井筒数值模拟器的边界条件是在模型最大半径、最大深度、地表环境下的确定温度。地层环境与地表环境的热传递由自由对流散热系数给出(Chapman，1967)。

初始条件是与最后流动时期内部压力和流动温度有关流动温度下的温度散播。在油藏流体流进井筒的情况下，油藏的最大径向温度等于油藏内部温度。

第一流动阶段初始温度分布等于整个井筒和地层中用户输入的未受干扰的静态温度梯度。重启选项将保存一次运行的温度条件，作为下次运行的初始条件。

10.1.7.5　流体特性

井筒数值模拟器使用多种类型的流体。这一部分描述了可利用流体的种类和用于确定流体性质的依据。

10.1.7.5.1　钻井液(非牛顿流体黏度)

好的黏度相关性存在于纯水(Wagner and Kruse，1998；Hill et al.，1969)和一系列的碳水化合物(Reid et al.，1977)，水基钻井液和油基钻井液的相关性较小。早期的文献对评价非牛顿流体黏度的问题给出了较全面的描述(Gray and Darley，1980；Annis，1967；Hiller，1963；Combs and Whitmire，1968；Houwen and Geehan，1986)。Alderman 等(1988)和 Sorelle 等(1982)提供了水基钻井液和油基钻井液实际黏度的相关性，而且很多研究都是很有可行性的。

(1)钻井液密度：与温度和压力有关的钻井液密度可由以下关系式计算：

$$\rho(p,T) = \frac{\rho(p_a, T_r)}{1 - \dfrac{f_o \Delta \rho_o}{\rho_o(p,T)} - \dfrac{f_w \Delta \rho_w}{\rho_w(p,T)}} \tag{10.13}$$

式中，$\rho(p,T)$ 为在压力 p 和温度 T 下的钻井液密度，kg/m^3；$\rho(p_a, T_r)$ 为在大气压 p_a 和参考温度 T_r 下的钻井液密度，kg/m^3；f_o 为油在 p_a 和 T_r 下的体积系数；ρ_o 为油相密度，kg/m^3；f_w 为水在 p_a 和 T_r 下的体积系数；ρ_w 为水相密度，kg/m^3；$\Delta \rho_o = \rho_o(p,T) - \rho_o(p_a, T_r)$；$\Delta \rho_w = \rho_w(p,T) - \rho_w(p_a, T_r)$。

水的密度计算公式基于 1997 年所制定的国际标准（Wagner and Kruse，1998）。油相密度的计算基于 Sorelle 等（1982）的研究，即 Zamora 等（2000）所提出的合成油模型。这已被证明和流体的相关性很好，还能扩展应用到其他烃类中去。Soave-Redlich-Kwong 方程和 Peng-Robinson 方程用于轻油的计算。

(2)盐水密度：盐水密度基于 Kemp and Thomas(1987)的热力学电解质模型。

$$\rho(p,T) = \frac{1 + \sum_i M_i M_i}{(1/\rho) + \sum_i m_i \phi_i} \tag{10.14}$$

式中，$\rho(p,T)$ 为盐水密度，kg/m^3；m_i 为第 i 种盐的浓度，mol/kg；M_i 为第 i 种盐的分子量，kg/mol；ϕ_i 为第 i 种盐的表观摩尔体积，m^3/mol。

由于 NaCl 盐水的重要性，Rodgers 和 Pitzer（1982）的关系式被推荐为可取代 Kemp 和 Thomas（1987）的关系式。读者可参考盐水特性的最新文献。

(3)蒸汽和水的特性：水基流体是井筒中最常见的流体。一般选用为工业标准 IAPWS-IF97（Wagner and Kruse，1998）制定的配方。而由 Hill 等（1969）所推导的早期关系式仍是有效的。蒸汽和水的黏度、热传导率、表面张力可由 Wagner 和 Kruse（1998）文献中的附件中的关系式计算。

10.1.7.5.2　产出流体

烃类混合物的性质已为工业上游和下游部门进行了广泛的研究，这个课题的讨论已经超越了本章的研究范围，读者可参阅 Reid 等（1977）；对于更多的油气生产的观点，可参考 Whitson 和 Brule（2000）的专题著作。

通常有两种方法来描述碳氢化合物的特性：一是组分热力学模型，二是黑油模型。天然气和轻烃流体（称为凝析油）的特性通过 Reid 等（1977）和 Whitson 和 Brule（2000）提出的热力学组分模型来研究。为了模拟真实气体的 PVT 和热力学性质，现有两个典型的 PVT 模型，分别是 Soave-Redlich-Kwong 和 Peng-Robinson 的状态方程（Reid et al.，1977），这些模型为研究提供了极大方便，因为压力与体系的关系呈立方，这使得从压力计算体积变得简单，然后利用热力学气液平衡计算模拟凝析井的油气性质。在这些模型中热力学平衡被用来模拟确定气体和液体的组成成分，以及液体混合物的体积分数。一旦这些组分已知，其传递特性，如黏度、热传导率从关系式中就可被确定。

因为这些计算式非常复杂繁琐，所以就研究出了一种简化模型来模拟重油。在这个模型中，残余液相总是存在的。VLE 是通过溶解在液相中的气体达到的。通过关系式可定义出气油溶解比、泡点、地层容积因素（液体密度）。典型的黑油模型是由 Beggs 和 Vasquez（1980）、Standing（1981）和 Brill（1999）所提出的。这些黑油模型通常不是完整的热力学模型。所以需要其他信息来源，如 Katz（1959）发现了油的比热容；黏度的关联性可在其他信息资源中找到，如 Beggs 和 Robinson（1975）的研究。

介于轻油和重油之间的中等质量的碳氢混合物，称为挥发性的油，通常用组分模型来模拟其性质，尽管这些计算会非常复杂。

由于模拟凝析气和重油性质的难度，所以井筒热力学性质就可用另一个方法来模拟，即用一个专用的碳氢化合物模型生成属性表，然后通过热力学数值进行插值计算。

10.1.8　流动关系式

数值模拟器需要计算单相流动关系和两相流动关系的压降。

10.1.8.1　单相流动关系式

单相流动摩阻压降是通过范宁摩阻系数计算的，如式（10.2）所示。摩阻系数可通过基本流体力学中的牛顿流体在油管和环空中的层流性质公式计算。摩阻系数也可以用同样的公式形式从非牛顿流体模型和重新定义的雷诺系数（Gray and Darley，1980；Savins，1958；Govier，1977；Economides et al.，1998）来获得。牛顿流体紊流摩阻系数与 Colebrook 的实验相关，如 Govier（1977）所总结的。对于幂律流体，Dodge 和 Metzner（1959）的紊流关系式适用于所有的非牛顿流体，Dodge 和 Metzner 关系式可以用 Randall 和 Anderson（1982）研究的有关流体在油管和环空的压降关系式来代替。

10.1.8.2　两相流关系式

两相流压降关系式可以预测流体静力学的压力改变和摩阻压降的影响。流体静力学压力改变公式如下：

$$\Delta p_h = (\bar{\rho}_L H_L + \bar{\rho}_v H_v) g\cos\phi \tag{10.15}$$

式中，ρ_L 为液相密度，kg/m^3；H_L 为持液率；ρ_v 为气相密度，kg/m^3；$H_v = 1 - H_L$；ϕ 为垂向管倾角。

持液率与 χ_L 有关，代表液体占有的体积分数。其余部分为气体占有的分数，即 $H_v = 1 - H_L$，持液率通常由液相和气相的性质，每一相的流动速率、管口直径、管倾角的综合性质来确定的。摩阻压降关系式如下：

$$\Delta p_f = 2 f_{tp} \rho_m v_m^2 / D_h \tag{10.16}$$

式中，f_{tp} 为两相摩阻系数；ρ_m 为混合物密度，kg/m^3；v_m 为定义的混合物速率。

用在方程式（10.16）中定义的混合物密度和速率从一个关系式到另一个关系式变化，有时是在一个关系式中变化。

通常用的两相流关系式是由 Brill（1999）研究出的，两相流关系式通常是有效的，这组关系式与管倾角和流动方向有关。其 17.8% 的精度不如特殊关系式的精度好，但这些关系式在垂向流动中较为精确。Orkiszewski（1967）提出的两相流关系式可代替 Brill（1999）的垂向的油、气、水的生产关系式。Orkiszewski 关系式只有大约 8.6% 的精度，并只能应用在垂向流动上。其他的用于两相流动关系式是 Gray（1974）、Hagedorn Brown（1964）和 Duns and

Ros(1963)提出的。新的两相流计算方法(即力学模型)正在研究中(Shoham，2006)。

10.1.9　热传递关系式

对于流体，流动状态和关井状态的关系式都需要能够处理以下六种状况：(1)传导，(2)强迫对流，(3)自由对流，(4)辐射，(5)自由和强迫对流结合状态，(6)紊流强迫对流。

传导和强迫对流状态下的关系式由 Chapman(1967)在标准教材中已总结。最好的环空自由对流关系式是 Dropkin 和 Somerscales(1965)研究的。径向对流关系式取自 Willhite(1967)自由对流和强迫对流状态的结合，紊流对流状态关系式由 White(1984)在其所编写的教科书中总结。

10.1.10　解决方案

求解数值解析解的过程包含两个主要原则：

(1)将能量守恒方程和动量守恒方程化为代数方程；

(2)代数方程的解要适应恰当的边界条件。

10.1.10.1　代数方程的发展过程

有几种技术方法运用于代数方程的研究。在所有的案例中，井筒和地层被细分为小块体积，这些小块体积被称为节点。节点所生成的网格遵从以下形式：

(1)不同的垂向和径向节点组成的网格成矩形；

(2)井筒内部的网格空间受完井状况的影响。在每一深度范围中，径向节点是排列好的，这样每一环空和套管就会有一个对应的节点；

(3)井筒外部的径向节点分布是井筒附近的精细网格和边界附近的粗网格中呈对数分布。

在井筒内，热平衡方法用于导出系数(图 10.8)，这种方法始于单相流的积分方程(10.5)或两相流方程(10.10)。选择合适的热流量(无论是流动的薄膜系数或固体导热系数)，并进行积分。另一种方法是从能量方程出发，应用有限插分法。选择热平衡方法是因为需要条件传热模型来模拟井筒传热(Lunardini，1981)。作为一种选择，有限插分法通常被用来计算地层系数(Peaceman，1977)。注意对于固体材料，这两个公式是等价的。两个公式都允许在径向和垂向网格空间的变化。这些方法的优点是限制代数方程的幅度范围，这样就能获得较为有效的运算效果。

式(10.8)说明了下标为 j、k 的热平衡 j 是与 r_j 有关的径向系数，k 是与 z_k 有关的垂向系数，流向 j、k 方向的热通量方程如下：

$$Q_{j+1,k}^{j,k} = R_{j+1,k}^{j,k} \left[T_{j+1,k} - T_{j,k} \right] \tag{10.17}$$

R 是恰当方向的传热系数，流向 j、k 方向的总的热流通量为：

$$Q^{j,k} = Q_{j-1,k}^{j,k} + Q_{j+1,k}^{j,k} + Q_{j,k-1}^{j,k} + Q_{j,k+1}^{j,k} + Q_{j,k} \tag{10.18}$$

$Q_{j,k}$ 是 j、k 方向的热量，因此瞬态热平衡即为：

$$\overline{C}_{j,k} \frac{\mathrm{d}T_{j,k}}{\mathrm{d}t} = Q^{j,k} \tag{10.19}$$

在这里 $C_{j,k} = 2\pi \iint \rho c_p r \mathrm{d}r \mathrm{d}z$ 是 j、k 方向的总热容量

以下的热传递效应被用来估算以上方程式中的 R：

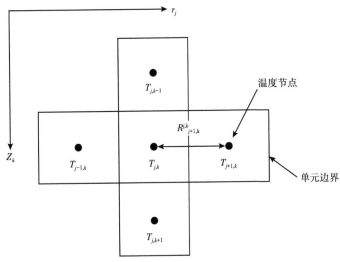

图 10.8　井筒热平衡

(1)流动流体：

①垂向自由流动和强迫对流；

②垂向和径向热传导；

③相态的改变。

(2)井筒：

①垂向和径向热传导；

②环空中的自然对流；

③环空辐射。

(3)地层：

①垂向和径向热传导；

②相态的改变：固态油的溶解和湿油的干燥化。

利用有限插分进行时间求导：

$$\frac{\mathrm{d}T}{\mathrm{d}t} \cong \frac{T^n - T^{n-1}}{\Delta t} \tag{10.20}$$

控制方程结果如下：

$$T_{j,k}^n = A_{j,k}T_{j-1,k}^m + B_{j,k}T_{j+1,k}^m + C_{j,k}T_{j,k-1}^m + D_{j,k}T_{j,k+1}^m + E_{j,k}T_{j,k}^{n-1} + F_{j,k} \tag{10.21}$$

下标 n 代表第 n 个时步，下标 m 也许是 n 或 $n-1$ 系数 $A_{j,k}$ 至 $F_{j,k}$ 是由排列方程(10.17)至方程(10.19)所确定的。对于这些方程的完整描述，参考 Wooley(1980)，Chapman(1967)和 Willhite(1967)的文献。

10.1.10.2　几何方程的求解

几何方程(10.21)的求解是使用传统的油藏工程技术中的方法，如前面所列出的，指数 m 也许是 n 或 $n-1$。如果选 $m = n-1$，则称其为显式方程，这种方程易于求解，因为方程(10.21)的右边是已知的。解决瞬态问题考虑的主要因素是稳定性(Peaceman,1977)。认识到显式方程对达到最大时间步长也是稳定的这一点很重要。因为最大时间步长通常由热对流主控,有代表性的是经过最小单元的流动流体的时间,显式方程需要很长的时间去执行。

如果 $m=n$,则为隐式方程。隐式方程的解提供了稳定性,不足之处是计算难度高和精度较低。

对于大部分应用,一般认为一个完全的隐式计算方法应使用交替式隐式(ADI)运算法则(Peaceman,1977)。由于方程的限制,三对角线解法被用来解决隐式方程,由于其高效性,这种方法已被广泛地用于,包括油藏工程在内的许多领域。另一种方法就是高斯—赛德尔迭代法(Wooley,1980),它对流体系统有很好的适用性,并易于公式化,但对于更复杂的系统不如 ADI 算法有效。

参数解释

A——面积,m^2;

C——地层热容,$J/(kg \cdot K)$;

C_{fl}——流体热容,$J/(kg \cdot K)$;

C_p——给定压力下热容,$J/(kg \cdot K)$;

D_h——水力半径,m;

f——范宁摩擦系数;

f_o——油的体积分数;

f_{tp}——两相范宁摩擦系数;

f_w——水的体积分数;

F——单位长度两相摩擦压降,Pa/m;

g——重力加速度,m/s^2;

h——单位质量热能含量,J/kg;

h_a——a 组分单位质量焓,J/kg;

H_L——持液量;

H_v——气相体积分数;

K_r——地层径向热导率,$W/(m \cdot K)$;

K_z——地层垂向热导率,$W/(m \cdot K)$;

m——质量流量,kg/s;

m_a——a 组分质量流量,kg/s;

m_i——第 i 盐浓度,mol/kg (water);

M_i——第 i 盐的分子量,kg/mol;

p——压力,Pa;

p_a——大气压,Pa;

p_{pa}——组分 a 分压,Pa;

Q——体积传热,W;

q——单位体积热能量,W/m^3;

R——增加能量率,W;

R——传热系数;

r——半径，m；

T——绝对温度，K；

T_r——参考温度，K；

v——流速，m/s；

v_a——组分 a 当地的平均速度，m/s；

v_{fl}——流速，m/s；

v_m——混合物流速，m/s；

v_{sa}——组分 a 表观速度，m/s；

z_k——长度的增加，m；

β——等压膨胀系数，1/K；

Δp_{acc}——加速压降，Pa；

Δp_f——混合摩擦压降，Pa；

Δz——流动长度增量，m；

ε——单位质量内能，J/kg；

ε_a——组分 a 单位内能的内能，J/kg；

ρ——密度，kg/m^3；

ρ_a——单相组分 a 密度，kg/m^3；

ρ_L——液相密度，kg/m^3；

ρ_f——地层密度，kg/m^3；

ρ_{fl}——流体密度，kg/m^3；

ρ_m——混合物密度，kg/m^3；

ρ_o——油相密度，kg/m^3；

ρ_u——气相密度，kg/m^3；

ρ_w——水相密度，kg/m^3；

φ——流动倾角，rad；

ϕ_i——第 i 盐表观摩尔体积，m^3/mol；

ϕ——黏滞扩散，W；

χ_a——组分 a 体积分数；

χ_L——液相体积分数。

参 考 文 献

Adams, A. J. and MacEachran, A. 1994. IMPact on Casing Design of Thermal Expansion of Fluids in Confined Annuli. SPEDC 9 (3): 210-216. SPE-21911-PA. DOI: 10.2118/21911-PA.

Alderman, N. J., Gavignet, A., Guillot, D., and Maitland, G. C. 1988. High-Temperature, High-Pressure Rheology of Water-Based Muds. Paper SPE 18035 presented at the SPE Annual Technical Conference and Exhibition, Houston, 2-5 October. DOI: 10.2118/18035-MS.

Annis, M. R. 1967. High-Temperature Flow Properties of Water-Base Drilling Fluids. JPT 19

（8）：1074-1080；Trans.，AIME，240. SPE-1698-PA. DOI：10. 2118/1698-PA.

Arnold，F. C. 1990. Temperature Variation in a Circulating Wellbore Fluid. Journal of Energy Resources Technology 112（2）：79-83. DOI：10. 1115/1. 2905726.

Beggs，H. D. and Robinson，J. R. 1975. Estimating the Viscosity of Crude Oil Systems. JPT 27 （9）：1140-1141. SPE-5434-PA. DOI：10. 2118/5434-PA.

Beggs，H. D. and Vasquez，M. 1980. Correlations for Fluid Physical Property Prediction. JPT 32 （6）：968-970. SPE-6719-PA. DOI：10. 2118/6719-PA.

Bird，R. B.，Steward，W. E.，and Lightfoot，E. N. 1960. Transport Phenomena. New York City： Wiley and Sons Publishing.

Bradford，D. W.，Fritchie，D. G. Jr.，Gibson，D. H. et al. 2004. Marlin Failure Analysis and Redesign：Part 1—Description of Failure. SPEDC 19（2）：104-111. SPE-88814-PA. DOI：10. 2118/88814-PA.

Brill，J. P. 1999. Multiphase Flow in Wells. Monograph Series，SPE，Richardson，Texas，17. Chapman，A. J. 1967. Heat Transfer，second edition. New York City：Macmillan Press.

Combs，G. D. and Whitmire，L. D. 1968. Capillary Viscometer Simulates Bottom Hole Conditions. Oil and Gas Journal（30 September）：108-113.

Dodge，D. W. and Metzner，A. B. 1959. Turbulent Flow of Non-Newtonian Systems. AIChE Journal 5（2）：189-204. DOI：10. 1002/aic. 690050214.

Dropkin，E. and Somerscales，E. 1965. Heat Transfer by Natural Convection by Fluids Confined by Two Parallel Plates Which Are Inclined at Various Angles With Respect to the Horizon. ASME Journal of Heat Transfer 87：77.

Duns，H. and Ros.，N. C. J. 1963. Vertical flow of gas and liquid mixtures in wells. Proc.，6th World Petroleum Congress，Frankfurt am Main，Germany，Section Ⅱ，451-465.

Economides，M. J.，Watters，L. T.，and Dunn-Norman，S. 1998. Petroleum Well Construction. New York City：John Wiley and Sons.

Ellis，R. C.，Fritchie，D. G. Jr.，Gibson，D. H.，Gosch，S. W.，and Pattillo，P. D. 2004. Marlin Failure Analysis and Redesign：Part 2—Redesign. SPEDC 19（2）：112-119. SPE-88838-PA. DOI：10. 2118/88838-PA.

Gosch，S. W.，Horne，D. J.，Pattillo，P. D.，Sharp，J. W.，and Shah，P. C. 2004. Marlin Failure Analysis and Redesign：Part 3—VIT Completion With Real-Time Monitoring. SPEDC 19（2）：120-128. SPE-88839-PA. DOI：10. 2118/88839-PA.

Govier，G. W. 1977. The Flow of Complex Mixtures in Pipes. Melbourne，Florida，USA：Krieger Publishing Co.

Gray，G. R. and Darley，H. C. H. 1980. Composition and Properties of Oil Well Drilling Fluids，fourth edition. Houston：Gulf Publishing Co. Gray，H. E. 1974. Vertical Flow Correlation in Gas Wells. In User Manual for API 14B Subsurface Controlled Safety Valve Sizing Computer Program，Appendix B. Washington，DC：API.

Hagedorn，A. R. and Brown，K. E. 1964. The Effect of Liquid Viscosity in Two-Phase Vertical

Flow. JPT 16（2）：203-210；Trans. ，AIME, 231. SPE-733-PA. DOI：10. 2118/733-PA.

Halal, A. S. and Mitchell, R. F. 1994. Casing Design for Trapped Annulus Pressure Buildup. SPEDC 9（2）：107-114. SPE-25694-PA. DOI：10. 2118/25694-PA.

Hasan, A. R. and Kabir, C. S. 2002. Fluid Flow and Heat Transfer in Wellbores. Richardson, Texas, USA：SPE.

Hasan, A. R. , Kabir, C. S. , and Wang, X. 1998. Wellbore Two-Phase Flow and Heat Transfer During Transient Testing. SPEJ 3（2）：174-180. SPE-38946-PA. DOI：10. 2118/38946-PA.

Hill, P. G. , Keenan, J. H. , Moore, J. G. , and Keyes, F. C. 1969. Steam Tables：Thermo Thermodynamic Properties of Water Including Vapor, Liquid and Solid. New York：John Wiley and Sons.

Hiller, H. K. 1963. Rheological Measurements on Clay Suspensions and Drilling Fluids at High Temperatures and Pressures. JPT 15（7）：779-788. SPE-489-PA. DOI：10. 2118/489-PA.

Houwen, O. H. and Geehan, T. 1986. Rheology of Oil-Base Muds. Paper SPE 15416 presented at the SPE Annual Technical Conference and Exhibition, New Orleans, 5-8 October. DOI：10. 2118/15416-MS.

Katz, D. L. 1959. Handbook of Natural Gas Engineering. New York City：McGraw-Hill Higher Education. Kemp, N. P. and Thomas, D. C. 1987. Density Modeling for Pure and Mixed-Salt Brines as a Function of Composition, Temperature, and Pressure. Paper SPE 16079 presented at the SPE/IADC Drilling Conference, New Orleans, 15 - 18 March. DOI：10. 2118/16079-MS.

Lunardini, V. J. 1981. Heat Transfer in Cold Climates. New York City：Van Nostrand Reinhold Co. Orkiszewski, J. 1967. Predicting Two-Phase Pressure Drops in Vertical Pipe. JPT 19（6）：829-838. SPE-1546-PA. DOI：10. 2118/1546-PA.

Pattillo, P. D. , Cocales, B. W. , and Morey, S. C. 2006. Analysis of an Annular Pressure Buildup Failure During Drill Ahead. SPEDC 21（4）：242-247. SPE-89775-PA. DOI：10. 2118/89775-PA.

Payne, M. , Pattillo, P. D. , Sathuvalli, U. B. , and Miller, R. A. 2003. Advanced Topics for Critical Service Deepwater Well Design. Paper presented at the Deep Offshore Technology Conference, Marseilles, France, 19-21 November.

Peaceman, D. 1977. Fundamentals of Numerical Reservoir Simulation, first edition. Oxford, UK：Elsevier Publishing. Press, W. H. , Flannery, B. P. , Teukolsky, S. A. , and Vetterling, W. T. 1999. Numerical Recipes in FORTRAN 77：The Art of Scientific Computing, Vol. 1. New York City：Cambridge University Press.

Ramey, H. J. Jr. 1962. Wellbore Heat Transmission. JPT 14（4）：427-435；Trans. , AIME, 225. SPE-96-PA. DOI：10. 2118/96-PA.

Randall, B. V. and Anderson, D. B. 1982. Flow of Mud During Drilling Operations. JPT 34（7）：

1414-1420. SPE-9444-PA. DOI: 10. 2118/9444-PA.

Raymond, L. R. 1969. Temperature Distribution in a Circulating Drilling Fluid. JPT 21(3): 333-341; Trans. , AIME, 246. SPE-2320-PA. DOI: 10. 2118/2320-PA.

Reid, R. C. , Prausnitz, J. M. , and Sherwood, T. K. 1977. The Properties of Gases and Liquids, third edition. New York City: McGraw-Hill.

Rogers, P. S. Z. and Pitzer, K. S. 1982. Volumetric Properties of Aqueous Sodium Chloride Solutions. J. Phys. Chem. Ref. Data 11(1): 15-81.

Savins, J. G. 1958. Generalized Newtonian(Pseudoplastic) Flow in Stationary Pipes and Annuli. Trans. , AIME 213: 325-332. SPE-1151-G.

Shoham, O. 2006. Mechanistic Modeling of Gas-Liquid Two-Phase Flow in Pipes. Richardson, Texas, USA: SPE. Sorelle, R. R. , Jardiolin, R. A. , Buckley, P. , and Barrios, J. R. 1982. Mathematical Field Model Predicts Downhole Density Changes in Static Drilling Fluids. Paper SPE Paper 11118 presented at the SPE Annual Technical Conference and Exhibition, New Orleans, 26-29 September. DOI: 10. 2118/11118-MS.

Standing, M. B. 1981. Volumetric and Phase Behavior of Oil Field Hydrocarbon Systems. Richardson, Texas: Society of Petroleum Engineers of AIME.

Steiner, R. 1990. ASM Handbook Volume 1: Properties and Selection: Irons, Steels, and High-Performance Alloys, tenth edition. Materials Park, Ohio, USA: ASM International.

Wagner, W. and Kruse, A. 1998. Properties of Water and Steam: The Industrial Standard IAPWS-IF97 for the Thermodynamic Properties and Supplementary Equations for Other Properties. Heidelberg, Germany: Springer-Verlag.

White, F. 1984. Heat Transfer. White Plains, New York: Addison Wesley Educational Publishers.

Whitson, C. and Brulé, M. 2000. Phase Behavior. Monograph Series, SPE, Richardson, Texas, 20.

Willhite, G. P. 1967. Overall Heat Transfer Coefficients in Steam and Hot Water Injection Wells. JPT 19(5): 607-615. SPE-1449-PA. DOI: 10. 2118/1449-PA.

Wooley, G. R. 1980. Computing Downhole Temperatures in Circulation, Injection and Production Wells. JPT 32(9): 1509-1522. SPE-8441-PA. DOI: 10. 2118/8441-PA.

Zamora, M. , Broussard, P. N. , and Stephens, M. P. 2000. The Top 10 Mud-Related Concerns in Deep water Drilling Operations. Paper SPE 59019 presented at the SPE International Petroleum Conference and Exhibition in Mexico, Villahermosa, Mexico, 1-3 February. DOI: 10. 2118/59019-MS.

Zucro, M. J. and Hoffman, J. D. 1976. Gas Dynamics. New York City: Wiley and Sons Publishing.

国际单位制公式转换

$$1 \text{ }^\circ\text{F} = \frac{9}{5} \text{ }^\circ\text{C} + 32$$

10.2 井温问题的解析方法

——Eirik Karstad，斯塔万格大学

10.2.1 引言

在各种井作业中，热量被传导到岩石或来源于岩石。在注水作业中，伴随已知的辅助压裂工艺的影响，会发生相当明显的冷却现象。在产能试井中，相当多的热量传递至井口；同时在常规钻井中，热量传递至地面。

很明显热传递在很多方面都有着重要的意义。钻井液膨胀在很长一段时间都被认为是由于井眼弯曲而造成的体积变化，但很明显，钻井液的膨胀与收缩是由于温度和压力的变化。物理参数通常是在地表条件下测量的，在使用静态模型下就会出现明显误差。在高温高压(HP/HT)井中，地表条件和井下条件下的参数差异至关重要，会影响对井涌的解释。

在此项研究工作中，建立了井底时间有关的温度特性模型(Karstad，1999)，这是一个逆流热交换器应用在实际高温高压井中的精确解析模型，同时将介绍一个与钻井液密度、压力、温度有关的新解析模型，结合这些模型研究钻井作业中的有效钻井液密度变量和钻井液体积变量。

10.2.1.1 石油工业中温度数据的用途

井中温度在很多钻井、完井、开采、注水等方面都有重要的用途。以下就是一些需要知道井下准确温度的重要应用方面：

(1)水泥组分，静置和凝固时间；

(2)钻井液和环空流体的组成(流体温度是深度和循环时间的函数，反映流体的本质特性，如黏度和密度)；

(3)确定当量循环钻井液密度；

(4)确定当量静态密度(ESD)；

(5)封隔器的设计和选择；

(6)测井工具的设计和测井解释；

(7)生产油管中蜡的沉积；

(8)套管和油管的热应力；

(9)冻土的解冻和再冻结；

(10)井口和生产设备的设计；

(11)钻头的设计；

(12)弹性体和密封装置的选择；

(13)最大允许泵排量；

(14)烃类的压力、体积、温度模型；

(15)油藏建模和储量预测；

(16)套管水泥胶结不好层段检测；

(17)井间对比；

(18)理解与温度有关的地质过程，如矿物的胶结与溶解、成熟指标的改变和烃类的

生成。

关于油藏和地质方面的应用，需要已知原始地层温度(即原始温度或真实温度)。其他情况，如套管中水泥的组分和热应力，最主要是知道井中作为深度和循环时间函数的流体温度，且由于井中温度直接反映原始地层温度(VFT)，很明显 VFT 对于井下所有温度模型都是非常重要的。

这项研究主要集中于井筒温度的研究。主要目的是估测井中流体与时间有关的温度特性，并将其作为深度和循环时间的函数。后来这项研究成果被用来确定参数和研究钻井作业中温度如何影响井内流体的密度。

10.2.1.2　文献回顾

在文献资料中可以找到许多分析温度特性，以及温度对岩石和井筒的影响的模型。

VFT：VFT 的准确确定对于油气勘探非常重要。因为这些温度对于计算沉积盆地中烃源岩的温度至关重要，因此对于计算出井筒的深度也至关重要。

当某些关键条件满足时可以通过钻杆测试高精度计算出 VFT 值(Hermanrud et al.，1991)。然而与广泛使用的测井导出温度(LDTs)相比，这些程序很耗时，如果在相同的深度记录三个或多个温度测量值，就可以得出地层温度的估计值。

从 LDT 方法演化出的许多 VFT 确定方法在 20 世纪末就已经出现了，现介绍 LDT 方法。

(1)线源模型：最简单使用最频繁的方法是 Honer 曲线法。最初的 Honer 法是用来研究中途测试中的压力的并不是用来确定 VFT 的。Honer 曲线法和其他的线源法已被广泛地研究与讨论(Bullard，1947；Edwardson et al.，1962；Luheshi，1983)，对循环停止后短时间内采集的数据，该模型估算出 VFT 值偏低。

(2)指数递减模型：指数递减模型认为地层的温度恢复随着时间呈指数变化，这个方法被许多学者所讨论(Oxburgh et al.，1972)。但无一人为此特性做出合理的解释。

(3)单一介质，零循环时间模型，这种模型基于井筒中以下的初始条件：

$$\begin{cases} T = T_{mud} & t = 0 \\ T = VFT & t < 0 \end{cases} \tag{10.22}$$

这个模型由 Middleton (1982)提出。

(4)双重介质、零循环时间模型：在这个模型中，根据岩石和钻井液的不同热性能评估钻井液循环引起的瞬时温度下降后的热变化。这个问题已经由 Oxburgh 等(1972)和 Middleton (1982)所研究。

(5)双重介质、非零循环时间模型。Lee(1982)和 Luheshi(1983)对具有非零循环时间的双介质模型进行了数值计算，Cao 等(1988)对其进行了分析。在非零循环的情况下，钻井液循环被认为具有保持井筒钻井液温度恒定或向井眼提供单位时间单位长度恒定热量的作用。

LDT 方法的发展已经从基于相当简单的物理描述的模型转向更复杂的模型，这些模型能够更准确地描述井筒的普遍条件。然而，能够很好地描述井筒物理特征的模型是否最适合于估算 VRT，这一点并不明显。总体趋势似乎是，复杂的模型更精确，但有较大的标准偏差，而基于线源概念的简单模型给出的温度始终过低，但标准偏差较小。

10.2.1.3　循环流体温度

如前所述，油井作业的许多重要方面都受到温度的强烈影响。这在钻探更深的井和恶劣的环境中尤为明显。因此，为了评估与较高温度相关的影响，需要了解流动流体和地层表面的温度。

可靠的温度预测工具是有限的，最常用的方法是参考美国石油学会（API）的数据表，但往往高估或低估了真实温度。虽然随钻测量（MWD）系统更常用于测量井下压力和温度，但通过模拟瞬态过程来计算整个井筒的必要性再怎么强调也不为过。

这一领域的许多经典著作都是由 Ramey（1962）发起的。他提出了预测注入井和生产井中单相不可压缩液体或单相理想气体流动温度的近似方法。

循环钻井液温度是许多变量的函数，如井深、循环速率、地层性质、钻井液入口温度、井筒和钻杆尺寸。为了确定这些变量对流动温度分布的影响，已经进行了大量的研究。出现了两种方法：数值方法（Raymond 1969；Corre et al. 1984）和分析法（Kabir et al. 1996；福尔摩斯和斯威夫特，1970）。数值模型往往需要大量的数据输入，也可能很费时间。

涉及动态流动条件的问题通常在早期表现出数值不稳定性，除非使用非常小的时间步长。尽管如此，通过假设流体流经的管柱和环空中的稳定热流以及地层内的瞬态热传导，仍然可以准确估计循环流体的温度。

上述所有工作都集中在陆上油井。然而，在相当深的水深，隔水管的冷却显然会影响流体温度。水流会导致立管显著冷却，并可能掩盖内部钻井液的地热梯度效应。

另一个被忽略的变量是钻柱旋转和水力泵送系统为井提供的能量。众所周知，循环流体与井筒/套管之间的摩擦会产生热量，但这并没有包括在任何早期的分析模型中。

10.2.1.4　压力和温度对钻井液密度的影响

钻井中的井控和成本控制的最重要也是最基本的因素就是保持钻井液正确的静水压力，所以更为精确地预测钻井液柱施加在井底的压力的方法在现代钻井工业中已经变得越来越重要。

当加热和压缩的时候流体会膨胀，因此流体的密度会随温度的增加而降低，随压力的增加而增加。泵到井底的钻井液受温度和压力的影响而改变密度。

在有关文献中，有几种计算井底压力和密度的方法。组分物质平衡法是使用最为广泛也是最为成功的模型。这些模型从钻井液组分中，在外界温度和压力下钻井液组成的密度，在高温高压下流体所组成的密度来预测井底密度。实际密度是通过数值积分算得的。

然而实验室对高温高压井的研究数据表明：测量的密度和通过组分模型算得的密度之间有差异。钻井液中有大量的化学物质，有些化学物质相互作用，可引起固—液系统的改变，在这些情况下就不能使用组分模型。因此对许多情况而言，精确的解析模型更为有利。

根据经验关系可知，现有的许多模型通过解析方程（Sorelle et al.，1982；Kutasov，1988）来描述井底的钻井液密度。Babu（1996）的研究表明 Kutasov（1988）的经验模型计算出的测量数据比其他钻井液组分模型更为精确。

经验方程的一个重要优势就是需要知道的数据少，在高温高压条件下可靠的实验测量密度对井底密度的精确预测是很有必要的。而且没有一个经验模型可以对温度和压力对钻井液密度的影响给出一个精确的物理解释。

10.2.1.5　数学方法

温度模拟方法可分为数值方法和解析方法。本书主要集中于解析方法上(Karstad,1999)。两个主要原因如下:

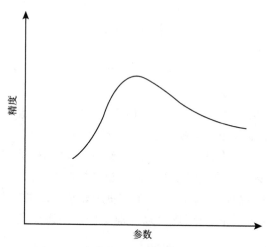

图 10.9　参数数量与建模精度之间可能
存在的相关关系的示意图

(1)数值方法对参数的研究和对整个系统的特性有限定值,而解析法弥补了这些缺陷。但可以限制简单的几何模型并简化假设;

(2)在早期规定中,数值模型需要大量的数据输入并且耗时,但复杂的数字模型可对井筒的一般情况做出精确解释,但并不是说越复杂的模型越适合预测,如循环流体温度或井底流体密度。因此可引进一个新的参数使模型更灵活,但精度不会增加。一种假设认为在参数值和结果精度上有最优值。如图 10.9 所示,通过引进一个新的参数,还引入了更多的不确定性,这取决于新参数的精度。

对于从已知数据的精度计算出的结果精度的方法进行一个简单的介绍。假定想知道数量 N 的精度:

$$N = f(\mu_1, \mu_2, \cdots, \mu_n) \tag{10.23}$$

测量数据的误差会导致计算出的数量 N 的误差 ΔN,通过一系列的泰勒级数展开,并假定 $\Delta\mu$ 是可以忽略的,绝对误差 Err_{abs} 可表示成如下形式:

$$Err_{abs} = (N + \Delta N) - N = \Delta N$$

$$= \left| \Delta\mu_1 \frac{\partial f}{\partial \mu_1} \right| + \left| \Delta\mu_2 \frac{\partial f}{\partial \mu_2} \right| + \cdots + \left| \Delta\mu_n \frac{\partial f}{\partial \mu_n} \right| \tag{10.24}$$

由式(10.24)可知 N 的误差不仅来源于测量数据的误差,还来源于对特定测量的 N 的敏感度,若对 N 很敏感,则 μ 的一个小误差将会是非常显著的;若 N 不敏感,则较大误差都是可以忽略的。

引进参数的缺点,如常提到的数字模型,就引进了很多误差,甚至不知道误差的大小或模型对那个参数的敏感性。这就很难辨清一阶效应和二阶效应,但有许多可利用的数值模拟器,解析模型和数值模型并不相互排斥。

10.2.2　温度模型

实际问题是确定循环流体在各种实际模型中的温度曲线,为此将分析正循环和反循环。

已经有许多有关此课题的研究,这些研究的共同之处就是聚焦于陆上井的研究且不研究井的深度和钻井液温度变化的影响，这些对流体温度有影响，并且钻柱旋转和水力泵送系统对井的能量补充已经很大程度地被忽略了。

在这一部分，提出了计算循环流体温度的模型，用这些模型来研究钻井作业的温度特性，同时也研究井底和钻井液返回流线的温度特性的显示解（关于循环时间方面），最后提出了海上井计算循环流体温度的新模型，会考虑冷却效应引起的升高和由于钻机旋转和钻井泵引起的能量输入的加热效应。

10.2.2.1 所出现的问题

因为在地层中热传导是一个相当缓慢的过程，流体温度总是处在动态中并对流速有较强的敏感性。

井底部分的循环钻井液通常是被冷却的。井底流体在加热过程中，会引起井的上部分流体的热传导和井中的热损失。实际上，水力泵送系统可以称为具有移动外边界的逆流热交换器的逆流（图 10.10）。

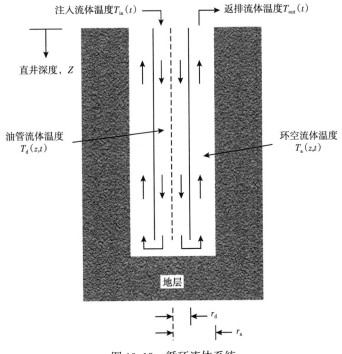

图 10.10 循环流体系统

这就会导致钻井液系统的非线性加热。井底温度剖面的典型图如图 10.11 所示。原始地层温度 T_f 代表钻井前的温度。这不可以直接测量，但这个温度的确定对于温度参数和烃类 PVT 特性的分析有着重要的作用。

钻柱中向下泵入的冷钻井液因为钻杆壁接触而被加热，而钻柱外的返回钻井液暴露在钻柱的外面和环空中，为此钻柱外的温度（T_d）和钻柱内的温度（T_a）是不同的。

井壁的地层温度（T_{wb}）与原始地层温度（T_f）剖面是不同的，这些差异与原始地层的热传导性和裸眼井的暴露时间有关。

在井壁上，有一个地层和钻井液的热交换，这就会产生一个钻井液和环空中被定义为 T_a 的温度剖面。因为钻柱是逆流热交换器，钻柱内部的钻井液温度(T_d)通常比 T_a 低。一般认为热交换过程会产生四个温度剖面。

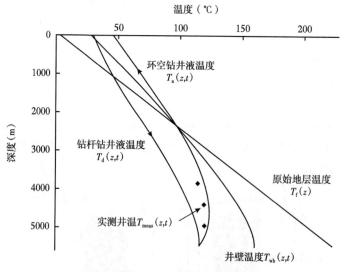

图 10.11   井底温度

最近，在石油工业领域开始测量钻井时的温度。温度测量探针被放置在底部钻具组合的某处，因为探针位于钻柱的内外之间，所以测量的温度可能会反映出 T_d 与 T_a 的平均值。内部是隔热的，探针会测出 T_a 的温度，这对于在井中测量的温度不能直接用在图 10.11 所示的曲线上来说是很重要的。

10.2.2.2 地层/套管热传导

计算循环液体的温度包含从井筒/套管的热传递和井筒周围的热传递。从几何形状方面考虑，井筒周围地层的径向热传递是合理的。从井筒(套管)到周围的地层热传递可写成如下形式(Ramey，1962)

$$q_f = \frac{2\pi k_f}{f(t_D)}(T_f - T_{wb})\,dz \qquad (10.25)$$

$f(t_D)$ 是一个无量纲的时间常数，取决于是地层—井筒热传递的边界条件，描述了从地层到井筒的瞬态热流随时间变化的。首先提出解决方案的是 Carslaw 和 Jaeger(1959)。

为了充分确定无量纲时间函数的准确值，对于从地层到井筒的瞬态热传递这一过程的严格处理是很有必要的。很多模型都可确定 $f(t_D)$(Ramey，1962；Hasan and Kabir，1994a，1994b)。

研究中，专注于循环流体的温度并选择使用已知模型。在油田应用中，使用 Hasan 和 Kabir(1994a，1994b)的模型。该模型假定在井筒—地层界面的热通量是一个常数。

无量纲时间函数：对于柱源中热流通量是一常数的情况下，Hasan 和 Kabir 公式如下：

$$f(t_D) = (1.1281\sqrt{t_D})(1 - 0.3\sqrt{t_D})\,if\,10^{-10} \leqslant t_D \leqslant 1.5, \qquad (10.26)$$

$$f(t_D) = (0.4063 + 0.51nt_D)\left(1 + \frac{0.6}{t_D}\right) ift_D \geqslant 1.5 \qquad (10.27)$$

无量纲时间 t_D 已经给出：

$$t_D = \frac{\alpha_h t}{r_w^2} \times 3600 \qquad (10.28)$$

说明：数字 3600 是为了使单位一致，当循环时间以 h 为单位来测量时。

热扩散系数定义如下：

$$\alpha_h = \frac{k_f}{\rho_f c_f} \qquad (10.29)$$

10.2.2.3　循环流体温度

基于计算循环流体温度的最新研究，提出钻井作业中计算流动流体温度的解析方法和对温度测量的分析。

解决这类流动问题的通常步骤是同时解出能量方程和机械能方程，得到温度和压力分布，且解决方案可近似简化为下面的假设：

（1）循环流体不可压缩且循环速率恒定；

（2）循环流体的轴向热传导与轴向热对流相比可忽略；

（3）钻杆、套管和环空中的径向温度梯度可忽略（在循环期间，井筒钻井液可被认为是混合良好的，可当作是完美的导体）；

（4）地热梯度是常数；

（5）循环流体和地层的物理特性（密度、热传效率、比热容、热传导率）不随温度变化；

（6）地层是径向对称的且热流量可认为是无限大的；

（7）黏性流动能量、旋转能量、钻头能量可忽略；

（8）井筒内的传热是稳态的。与地层中的热量流动相比油管和环空中的热量流动要快得多；

（9）瞬态热传递发生在井筒的周围地层。

考虑此时为单相液体的稳态流动，可以设一个图 10.12 中关于井的微分元素 dz 的能量平衡，选向下为正方向，且流体是沿着钻杆流动的并沿环空上升。

10.2.2.3.1　正循环—流体沿着钻杆流动

在钻杆 z 方向热流通量 q_d 对流进入单元体，环空是 z+dz 的热量 q_a。接下来会有热量 q_{ad} 传递到钻杆中。在环空和地层中的热量 q_f 能量平衡方程如下：

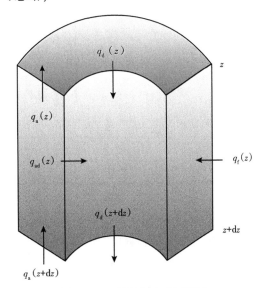

图 10.12　热平衡（正向循环）

$$\begin{cases} q_{\rm d}(z) - q_{\rm d}(z + {\rm d}z) = - q_{\rm ad} \\ q_{\rm a}(z + {\rm d}z) - q_{\rm a}(z) = q_{\rm ad} - q_{\rm f} \end{cases} \tag{10.30}$$

$$\begin{cases} q_{\rm d}(z) = wC_{\rm fl}T_{\rm d}(z) \\ q_{\rm a}(z) = wC_{\rm fl}T_{\rm a}(z) \\ q_{\rm ad}(z) = 2\pi r_{\rm d}U_{\rm d}(T_{\rm a} - T_{\rm d}){\rm d}z \\ q_{\rm f}(d) = 2\pi r_{\rm w}U_{\rm a}(T_{\rm wb} - T_{\rm a}){\rm d}z \end{cases} \tag{10.31}$$

公式(10.31)中,井筒温度 $T_{\rm wb}$ 与环空流体温度有关。整个热传递效率为 $U_{\rm a}$。因此结合公式(10.31)和式(10.25),可消除未知数 $T_{\rm wb}$,且 $q_{\rm f}$ 可写成无量纲时间的函数。函数 $f(t_{\rm D})$ 可描述成从地层到井筒的瞬态热流如何随时间变化。

地层温度通常与 $T_{\rm f}$ 呈线性关系:

$$T_{\rm f}(z) = T_{\rm sf} + g_{\rm G}z \tag{10.32}$$

现在,通过结合公式(10.30)至式(10.32)可得非均质二阶线性微分方程,可以表达出 $T_{\rm d}$ (Kabir et al., 1996; Karstad and Aadnoy, 1997)。正向循环的边界条件是钻柱流体温度等于井口的入口流体温度($T_{\rm d} = T_{\rm in}$ at $z = 0$)。而且在井底钻柱和循环流体的热交换是 0($T_{\rm d} = T_{\rm a}$ 或 ${\rm d}T_{\rm d}/{\rm d}z = 0$ 在 $z = D$)。解微分方程可以给出环空和钻柱液体温度曲线的表达式。

$$\begin{cases} T_{\rm d}(z, t) = \alpha {\rm e}^{\lambda_1 z} + \beta {\rm e}^{\lambda_2 z} + g_{\rm G}z - Bg_{\rm G} + T_{\rm sf} \\ T_{\rm d}(z, t) = (1 + \lambda_1 B)\alpha {\rm e}^{\lambda_1 z} + (1 + \lambda_2 B)\beta {\rm e}^{\lambda_2 z} + g_{\rm G}z + T_{\rm sf} \end{cases} \tag{10.33}$$

$$\begin{cases} A = \dfrac{wC_{\rm fl}}{2\pi r_{\rm w}U_{\rm a}}\left[1 + \dfrac{r_{\rm w}U_{\rm a}f(t_{\rm D})}{k_{\rm f}}\right] \\ B = \dfrac{wC_{\rm fl}}{2\pi r_{\rm d}U_{\rm d}} \end{cases} \tag{10.34}$$

$$\begin{cases} \lambda_1 = \dfrac{1}{2A}\left(1 - \sqrt{1 + \dfrac{4A}{B}}\right) \\ \lambda_2 = \dfrac{1}{2A}\left(1 + \sqrt{1 + \dfrac{4A}{B}}\right) \end{cases} \tag{10.35}$$

$$\begin{cases} \alpha = -\dfrac{(T_{\rm in} + Bg_{\rm G} - T_{\rm sf})\lambda_2 {\rm e}^{\lambda_2 D} + g_{\rm G}}{\lambda_1 {\rm e}^{\lambda_1 D} - \lambda_2 {\rm e}^{\lambda_2 D}} \\ \beta = \dfrac{(T_{\rm in} + Bg_{\rm G} - T_{\rm sf})\lambda_1 {\rm e}^{\lambda_1 D} + g_{\rm G}}{\lambda_1 {\rm e}^{\lambda_1 D} - \lambda_2 {\rm e}^{\lambda_2 D}} \end{cases} \tag{10.36}$$

这是将循环井逆流换热考虑为正循环的通解,而数学上的细节则在 Kabir 等(1996)和 Karstad(1999)的文献资料中。

图 10.11 的温度曲线可由表 10.2 应用式(10.33)计算。

如图 10.11 所示,流体的最高温度并不是在井底,这在很多先前的文献中讨论过(Holmes and Swift, 1970; Kabir et al., 1996)。

当流体流向钻杆时，它被环空液体加热并达到最大值。当流体流向环空时，它会吸收周围地层的热量。钻杆中的流体增加的热量大于失去的热量。因此，环空流体温度持续增加，热量增加的速率随着深度的减小而降低。且在某些远离井底的深度点上，由流体增加的纯热量等于热损失，此时达到最大流体温度。

微分方程在考虑井深 z 时可得其最大值，设其为 0。

$$\frac{\mathrm{d}T_{\mathrm{a}}}{\mathrm{d}z}[z(T_{\max})] = (1 + \lambda_1 B)\alpha\lambda_1 \mathrm{e}^{\lambda_1 z(T_{\max})} + (1 + \lambda_2 B)\beta\lambda_2 \mathrm{e}^{\lambda_2 z(T_{\max})} + g_{\mathrm{C}} = 0 \quad (10.37)$$

因为 $z(T_{\max})$ 在式(10.37)中是隐式的，$z(T_{\max})$ 的数值解已被解出(如通过使用Newton-Raphson 法)。

10.2.2.3.2　反向循环—液体流向环空

在许多钻井和完井作业中，流向环空和流向油管的情况属于这种情况。因此需要反向循环的解析解。通过不同环境下的逆流和跟随想正向循环的步骤方法是很容易得到解的。需要注意的是循环方向是反向的。能量平衡方程如下式：

$$\begin{cases} q_{\mathrm{d}}(z + \mathrm{d}z) - q_{\mathrm{d}}(z) = -q_{\mathrm{ad}} \\ q_{\mathrm{a}}(z) - q_{\mathrm{a}}(z + \mathrm{d}z) = q_{\mathrm{ad}} - q_{\mathrm{f}} \end{cases} \quad (10.38)$$

反循环的边界条件是在井口 $(z = 0)$ $T_{\mathrm{a}}^{\mathrm{rev}} = T_{\mathrm{in}}$，且在井底 $(z = D)$ $\mathrm{d}T_{\mathrm{d}}^{\mathrm{rev}}/\mathrm{d}z = 0$。现在用式(10.31)至式(10.33)，就可以得到温度分布的通解。

$$\begin{cases} T_{\mathrm{d}}^{\mathrm{rev}}(z,t) = \eta \mathrm{e}^{-\lambda_1 z} + \xi \mathrm{e}^{-\lambda_2 z} + g_{\mathrm{C}} z + B g_{\mathrm{C}} + T_{\mathrm{sf}} \\ T_{\mathrm{a}}^{\mathrm{rev}}(z,t) = (1 + \lambda_1 B)\eta \mathrm{e}^{-\lambda_1 z} + (1 + \lambda_2 B)\zeta \mathrm{e}^{-\lambda_2 z} + g_{\mathrm{C}} z + T_{\mathrm{sf}} \end{cases} \quad (10.39)$$

$$\begin{cases} \eta = \dfrac{(T_{\mathrm{sf}} - T_{\mathrm{in}})\lambda_2 \mathrm{e}^{-\lambda_2 D} + g_{\mathrm{C}}(1 + \lambda_2 B)}{\lambda_1 (1 + \lambda_2 B)\mathrm{e}^{-\lambda_1 D} - \lambda_2 (1 + \lambda_1 B)\mathrm{e}^{-\lambda_2 D}} \\[4mm] \xi = \dfrac{(T_{\mathrm{sf}} - T_{\mathrm{in}})\lambda_1 \mathrm{e}^{-\lambda_1 D} + g_{\mathrm{C}}(1 + \lambda_1 B)}{\lambda_1 (1 + \lambda_2 B)\mathrm{e}^{-\lambda_1 D} - \lambda_2 (1 + \lambda_1 B)\mathrm{e}^{-\lambda_2 D}} \end{cases} \quad (10.40)$$

用表 10.2 的数据就可得到反循环期间温度分布的曲线(图 10.13)。

表 10.2　井和钻井液数据*

钻具外径(in)	$6\frac{5}{8}$
钻头尺寸(in)	$8\frac{3}{8}$
井深(m)	4572
循环速率(m³/s)	0.013249
钻井液入口温度(℃)	23.889
钻井液比热容[J/(kg·℃)]	1676
钻井液密度(kg/m³)	1198.264
钻井液热传导率[W/(m·℃)]	1.730

续表

地层热传导率［W/(m·℃)］	2. 250
地层比热容［J/(kg·℃)］	838
地面温度(℃)	15. 278
地温梯度(℃/m)	0. 02315

* Karstad and Aadnoy, 1998; Holmes and Swift, 1970; Kabir et al. , 1996

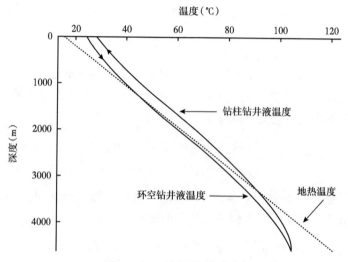

图 10. 13　反循环流体温度

　　在井的上半部分, 流体散发热量到较冷的地层并从钻柱中较热的流体中获得热量。在距离井眼的一些距离上地层温度超过环空中的温度。这里, 液体温度上升如其向下流动一样, 在井底流体开始反向流向钻杆。现在环空中的逆流流体温度较高, 因此如同它向上流动的那样, 热交换是从钻杆到环空, 所以井底温度此时是最高的温度。总之应该观察单相流体温度在所有管道的变化值(近地表的环空流体有一个当地最小温度值)。

　　与正向循环相比, 在井底有更多的热力损失。反循环在地层和泵进井中的流体有一较大的接触区域, 所以循环流体的热传递比正循环的热传递更高效。可以预期有一个更高的井底温度, 比外在靠近地面的位置反循环过程中向上流动流体热损失较小。

10. 2. 2. 4　钻井过程温度变化

　　现用的模型(Kabir et al. , 1996; Holmes and Swift, 1970; Corre et al. , 1984)全都基于井深和钻井液温度是常数的假设。这对于生产技术的诸多应用是足够充分的。在循环流体温度部分就定义了这样一个模型。然而, 由于钻井期间钻井液池温度不断增加, 通常都使入井钻井液温度不断增加。在这一部分中将详细介绍此模型来处理不断增加钻井深度和变化的入井钻井液温度(Karstad and Aadnoy, 1997)。

　　研究的模型给出了在恒定深度的循环井中钻柱和环空的温度曲线。为了模拟不断增加的井深, 此模型必须修正, 钻井期间的垂向井深由下式给出:

$$D(t) = D_0 + ROP \cdot t \tag{10.41}$$

式中，ROP 为机械钻速；t 为钻井时间。

同时通过假定钻井过程中可快速与地层热流对换，假定钻头下的瞬时井底温度等于 VFT，$T_{wb} = T_f$（说明这等于忽略时间函数，在式（10.34）中 $f(t_D) = 0$）。因此，在以下计算中，使用：

$$A = \frac{wC_{fl}}{2\pi r_w U_a} \tag{10.42}$$

与增加的井深类似，变化的钻井液温度函数如下：

$$T_{in} = T_{in}^0 + g_T t \tag{10.43}$$

式中，g_T 为钻井液温度变化速率。

由于在钻头和钻井液返出管线的温度是可监测的，而这些在钻井期间对于此模型来说是非常重要的。利用表 10.2 的数据，多次模拟得出钻井过程中井底温度和返出管线温度的显式温度模型。

（1）返出钻井液温度。

首先考虑钻井期间的返出流线温度。在式（10.33）中设井深 $z = 0$，可得到如下形式：

$$T_{out}(0, t) = T_{in} + Bg_G + B(\alpha\lambda_1 + \beta\lambda_2) \tag{10.44}$$

假定机械钻速是 $5 \sim 25 \text{m/h}$，随钻井液流速的变化返出钻井液温度服从以下公式：

$$T_{out}(0, t) = T_{out}(0, 0) - B\lambda_1 g_T t \tag{10.45}$$

由于钻井液出口温度通常高于钻井液入口温度，流动的钻井液池会逐渐升温。由式（10.2.23）可知，钻井液温度将进一步升高。

在海上高压/高温作业中，钻井液池的温度可能会从 10℃ 左右上升到 60℃。这种温度的上升不仅取决于返流温度，还取决于钻井液池的总比热和热损失。换句话说，钻井液池本身可以被建模为一个热力学系统。Hasan 等（1996）建立了钻井液温度与时间之间的指数关系，并得到了实际数据的验证。本研究未包括钻井液池传热模型的进一步研究。

在钻井液温度恒定的条件下，进一步发现在钻井过程中，钻井液出口温度几乎是恒定的。

$$T_{out}(0, t) = T_{out}(0, 0) \tag{10.46}$$

（2）井底温度。

同样，在钻井过程中也会观察井底温度：

$$T_{bh}(D, t) = \alpha e^{\lambda_1 D} + \beta e^{\lambda_2 D} + g_G D - Bg_G + T_{sf} \tag{10.47}$$

使用表 10.2 中的数据来说明钻井对钻井液井底温度的影响。通过多次模拟发现，模拟的井底温度随深度的增加呈现出明显的线性趋势。由此分析得出如下方程：

$$T_{bh}(D, t) = T_{bh}(D_0, 0) + g_G ROP \cdot t + g_T \left(1 - \frac{\lambda_1}{\lambda_2}\right) e^{\lambda_1 D_0} t \tag{10.48}$$

再次对保持钻井液温度恒定的情况进行研究，得到以下关系：

$$T_{bh}(D,t) = T_{bh}(D_0,0) + g_G ROP \cdot t \tag{10.49}$$

在钻井过程中，黏性流动能量、旋转能量、钻头能量对井底温度有很强的影响。然而，这很可能会导致（10.48）式中的偏移量受到干扰，而地温梯度 g_G 只会发生微小变化。因此，在恒定的钻速和恒定的钻井液温度下钻井，我们可以直接获得地温梯度 g_G 的信息。

10.2.2.5　流体固有性质的变化对循环流体温度分布的影响

温度模型中包含的物理参数（钻井液密度、钻井液比热、传热系数、钻井液导热系数、地层比热、地层导热系数、地层密度）通常可视为常数。然而，对于高温高压作业中温度的剧烈变化，这种假设不符合要求。因此，开展一项研究来分析这些参数变化对循环流体温度的影响。

研究表明，温度变化引起的物理参数扰动对流体温度分布影响不大。只有在接近井底的地方才会有明显的变化。模型常数（即物理参数组成）变化 5%，井底温度变化不到 1%。

因此得出结论，流体性质的变化对循环流体温度分布的影响很小，可以忽略。

10.2.2.6　隔水管、循环系统及旋转的影响

在该模型中扩展了之前提出的温度模型，包括了海上应用中隔水管的影响，以及钻柱旋转和钻井液循环系统的能量输入。由于大多数数学细节在本节的前面已经描述过，所以在这里只讨论一些基本的必要条件。

首先引进一些关于井和钻井液系统的假设：

（1）由于钻杆旋转和钻井液泵入系统的能量供给在整个井中呈均匀分布，由于海水冷却假设隔水管中不产生热效应；

（2）海水温度不随时间变化。

在表 10.12 中不同的微元都可以体现出能量平衡。将能量 q_e 引入系统：

$$\begin{cases} q_d(z) - q_d(z+dz) = -q_{ad} \\ q_a(z+dz) - q_a(z) = q_{ad} - q_f - q_e \end{cases} \tag{10.50}$$

$$q_e = \frac{E_{rot} + E_{pump}}{D} dz \tag{10.51}$$

现在温度曲线可以通过以下相同的步骤即式（10.30）至式（10.36）解出来。初始边界条件如下：

（1）在井口（$T_d = T_{in}$，$z=0$）油管流体温度等于入口流体温度；

（2）在井底（$dT_d/dz = 0$，$z=D$），钻杆和环空中的热交换为 0；

（3）在海底水平面 $[T_d(D_{sb}) = T_{dr}(D_{sb})$ 和 $T_{as}(D_{sb}) = T_{ar}(D_{sb})]$，液体温度是连续的。

求解连续性分析的要求将给出非常复杂的表达式，因此，它通常是通过数值方法解决。

因为水和岩石部分都是循环井中逆流热交换器中要考虑的一部分。温度的表达式与式（10.33）类似，具体结果和表达式参见 Karstad（1999）。

为了证明包含隔水管、钻杆旋转和钻井液泵入能量供给的影响，将使用表 10.3 的数据模拟海上油井。

在图 10.14 中，已经绘出了井底温度曲线（包括隔水管的影响）。通过海水部分环空温度的曲线曲率证明了此影响。

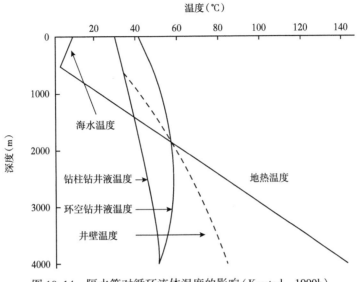

图 10.14　隔水管对循环流体温度的影响（Karstad，1999b）

图 10.14 中，观察不到任何钻井液流向钻杆时的冷却效果，这是由于此实例中的适度热损失造成的。在更深的水域中（如 1000m）钻井液温度的曲线在隔水管部分有一个垂直趋向。

在图 10.15 中，比较了有和没有流体循环系统提供能量的温度曲线。很明显，泵和旋转系统所提供的能量导致温度增加。可见忽略井的能量提供，将会低估井底温度多达 7℃，因为泵入系统能量提供是随时间累积的，这一影响随循环的持续而增加。

表 10.3　综合海上油井与钻井液资料（Karstad and Aadnoy，1999）

水的数据	
水深（m）	500
水面水温（℃）	10
海床水温（℃）	4
钻井液数据	
入口钻井液温度（℃）	20
钻井液导热系数［W/(m·℃)］	1730
钻井液比热容［J/(kg·℃)］	1676
钻井液密度（SG）	2.04

续表

地层数据	
地表温度(℃)	4
地温梯度(℃/m)	0.04
地层热导率[W/(m·℃)]	2250
地层比热容[J/(kg·℃)]	838
地层密度(kg/m³)	2643
井数据	
钻杆外径(in)	5
钻杆内径(in)	4.408
钻头尺寸(in)	83/8
井深(m)	4000
循环速度(L/min)	2000
旋转和泵入系统输入能量(kW)	1500

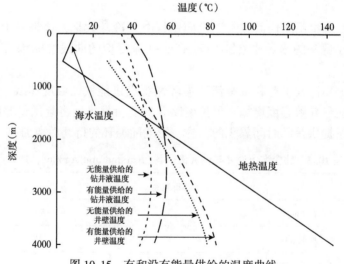

图 10.15 有和没有能量供给的温度曲线

图 10.16 为一个不同的方案。这里有一个包含从泵入系统到旋转系统在循环期间不同的时间提供 1500kW 能量的温度曲线,即使连续地提供能量,循环期间流体温度仍会下降。

这个结果的实际推论,在高温高压井中已经证明了。在临时关井期间,可以观察到井口下方的压力是增加的(Aadnoy,1996)。原因是关井期间,钻井液被地温加热膨胀,密度降低(Babu,1996)。换句话说,静态钻井液密度降低。钻井液的密度、压力、温度特性在下一节讨论。

然而循环钻井液的温度特性和许多因素有关,尤其是钻井液流速。对于不同井的不同特性,可以观测到温度随循环时间而增加(Gao et al.,1998)。

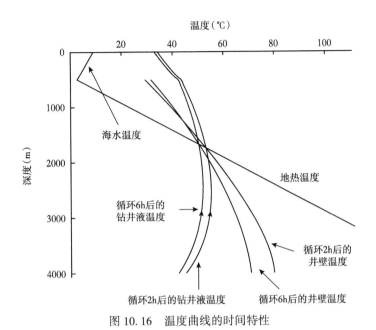

图 10.16　温度曲线的时间特性

10.2.2.7　小结

在这一部分定义了从地层到钻杆的热量传递控制方程。逆流热交换模型模拟了井筒热传递的过程，为了改善全热力学模型的应用性能，进行了参数研究。拟合到简单的显式方程中，以合理的精度描述了全热力学模型。

计算循环流体温度的温度模型也被证明是包含在海上井应用中有隔水管的影响的案例及由于来自钻杆旋转和水力泵入系统而提供能量的案例。

通过这项研究，得出结论如下：

（1）在快速钻井期间，VFT 梯度是直接从井底温度测量值中确定的，条件是钻井速率高于温度在岩石中的传导速率；

（2）在快速钻井期间，若钻井液内的温度是常数，则测量的温度梯度等于 VFT 梯度；若钻井液内的温度改变，则必须进行校正；

（3）任何时间，流动速率或旋转速度的改变，井底温度偏离原先的趋势，为此，确保考虑范围内的深度间隔是在恒定条件下钻的；

（4）钻头停钻时，循环流体会冷却井底并增加出口温度；冷却效果与循环时间和流速有关；

（5）恒定井深下的循环会导致地面出口钻井液温度升高；

（6）利用这一部分导出的显式方程，井口和井底的温度测量值，模型参数可被直接确定；

（7）隔水管对钻井液有一个明显的冷却作用；

（8）忽略对井底的能量提供，将会导致低估井底温度，随着循环的持续效果会增加。

10.2.3　密度模型

钻井期间，可经常观察到返回钻井液量在一定程度上是变化的，返出钻井液量可能过低也可能过高。此外，当钻井泵关掉时，会出现钻井液回流。这种现象称为井底膨胀或呼吸。这种现象的不同解释包括膨胀页岩，裂缝张开或闭合和钻井液的可压缩性(Gill, 1989; Aadnoy, 1996; Ward and Clark, 1999)。但这往往会使得孔隙压力的解释复杂化，如北海几口高温高压井实例。

在关键情况下，很难将膨胀效应从溢流或钻井液漏失反应中区分开来。由于在高温高压井中的钻井液密度窗很小，错误判断会导致无根据的井控作业，将会大幅增加成本。因此井筒稳定性、井控、井信号的解释是与这种现象相关的关键所在。因为温度的改变几乎是瞬态的或伪稳态的，所以温度效应对钻井液量的变化是极为重要的。

这一部分中，对膨胀现象的解释有了较好的结果。提出了对钻井液的密度—压力—温度(DPT)特性的解析模型(Karstad and Aadnoy, 1998)。通过结合此模型与已有的温度模型，可以研究温度对钻井液返出量变化的影响。

10.2.3.1　数学上的发展

假设密度是压力和温度的函数，密度随深度的变化如下：

$$\frac{\mathrm{d}\rho}{\mathrm{d}z}(p, T) = \frac{\partial\rho}{\partial p}\frac{\mathrm{d}p}{\mathrm{d}z} + \frac{\partial\rho}{\partial T}\frac{\mathrm{d}T}{\mathrm{d}z} \tag{10.52}$$

这个方程中做了两个重要假设，假定温度和压力都仅仅是深度 z 的函数。

（1）等温压缩系数。

有效压缩系数 C_{eff}，钻井液由水、油、固相组成，压缩性分别为 c_{w}、c_{o} 和 c_{sd}，关系如下：

$$c_{\mathrm{eff}} = c_{\mathrm{w}}f_{\mathrm{w}} + c_0 f_{\mathrm{o}} + c_{\mathrm{sd}}f_{\mathrm{sd}} \tag{10.53}$$

式中，f_{w}、f_{o} 和 f_{sd} 是水、油、固相的体积分数，定义等温压缩系数如下：

$$c_{\mathrm{eff}} = \frac{1}{\rho}\frac{\partial\rho}{\partial p} \tag{10.54}$$

然而当钻井液受到更高的温度和压力时其体积会改变。由于水、油、固相有不同的压缩性，各自的体积分数也会改变。因此钻井液的有效压缩系数是温度和压力的函数。Peters 等(1990)的研究表明：温度和压力对 c_{eff} 的影响较弱，一阶影响可写成：

$$c_{\mathrm{eff}} = c_0[1 + c_1(p - p_0) + c_2(T - T_0)] \tag{10.55}$$

然后结合式(10.54)和式(10.55)，可以得到：

$$\frac{\partial\rho}{\partial p} = c_0 \rho[1 + c_1(p - p_0) + c_2(T - T_0)] \tag{10.56}$$

（2）热膨胀系数。

所用的等温压缩系数也可写成热膨胀系数。热膨胀的等压系数定义如下：

$$\alpha_{\mathrm{eff}} = \frac{1}{\rho}\frac{\partial\rho}{\partial T} \tag{10.57}$$

用与式(10.55)相似的一阶关系：

$$\alpha_{eff} = \alpha_0 [1 + \alpha_1 (p - p_0) + \alpha_2 (T - T_0)] \qquad (10.58)$$

这是 Kutasov(1988)的研究观点,这可表示水—油基钻井液的热膨胀系数且盐水可表示成温度的线性函数。结合式(10.57)和式(10.58),可以得到:

$$\frac{\partial \rho}{\partial T} = \alpha_0 \rho [1 + \alpha_1 (p - p_0) + \alpha_2 (T - T_0)] \qquad (10.59)$$

(3)压力和温度的密度函数。

式(10.56)和式(10.59)可被式(10.52)所代替。观察式(10.56)和式(10.59)的性质,可知道二次效应 $c_0 c_2$ 和 $\alpha_0 \alpha_2$ 是同量级的,伴随着少量的误差,也可用平均梯度所替代。因此引进以下简化式:

$$c_0 c_2 \approx \alpha_0 \alpha_2 \approx \frac{c_0 c_2 + \alpha_0 \alpha_2}{2} \qquad (10.60)$$

估算压力和温度的密度函数的数学过程已由 Karstad(1999)给出。状态方程如下:

$$\rho = \rho_0 e^{\Gamma(p, T)} \qquad (10.61)$$

其中

$$\begin{aligned}
\Gamma(p, T) = {} & \gamma_p \left(\frac{p - p_0}{p_{max} - p_0} \right) + \gamma_{pp} \left(\frac{p - p_0}{p_{max} - p_0} \right)^2 + \gamma_T \left(\frac{T - T_0}{T_{max} - T_0} \right) \\
& + \gamma_{TT} \left(\frac{T - T_0}{T_{max} - T_0} \right) + \gamma_{pT} \left(\frac{T - T_0}{T_{max} - T_0} \right) \left(\frac{p - p_0}{p_{max} - p_0} \right)
\end{aligned} \qquad (10.62)$$

无量纲常数 γ_p、γ_{pp}、γ_T、γ_{TT} 和 γ_{pT} 是未知的,必须由较高的压力和温度下所测量的钻井液密度来确定。归一化井底压力 p_{max} 和温度 T_{max} 的常数模型,但并不知道确切的温度和压力,所以选取以下值:

$$p_{max} = p_0 + \rho_0 g D \qquad (10.63)$$

$$T_{max} = T_{sf} + g_s D_{sb} + g_G (D - D_{sb}) \qquad (10.64)$$

因此常数 γ_i 是无量纲的,且应尽量避免非常小的数值。p_m 和 T_m 的选取标准并不是很严格,重要的是要根据井中的压力和温度来选取适当值。

若知道井中压力和温度的函数,就可计算钻井液的密度函数。注意假定地面条件(p_{sf},T_{sf})等于初始条件(p_0,T_0)。若地面温度非常高,也就不符合近似情形,这就可用状态方程计算地表条件下的密度来解释。

10.2.3.2 与早期模型对比

与经验模型相似,早期模型中,提出了井底静态钻井液体的密度状态方程。方程由曲线拟合法得到。本模型是从纯粹的解析法中得到的。因此观察分析早期模型的相似处是很重要的。

若让参数 $\gamma_{pp} = 0$,$\gamma_{pt} = 0$,总的密度方程就会简化,且与 Kutasov(1988)提出的经验关系式相符合。若展开状态方程到泰勒级数并忽略二阶项及更高项,可得如下:

$$\rho = \rho_0 \left[1 + \widetilde{\gamma}_p (p - p_0) + \widetilde{\gamma}_T (T - T_0) \right] \tag{10.65}$$

这就是 Sorelle 等(1982)提出的线性模型。这表明早期的模型已经考虑到了纯粹的经验关系，可以非常简单地从密度、压力、温度特性的解析解中得到。从另一个角度看，这可以验证本模型，当用不同的钻井液测量数据时，就可以更多地验证本模型。

现介绍模型在实测数据上的应用。

已经用高温高压下测量出的密度来检测本模型并将结果与其他模型的预测结果进行比较。

常数 γ_i 是用 16 组不同的钻井液测量数据而估算的。1~6 号钻井液来自 Mc-Mordie 等(1952)，7~12 号钻井液来自 Peters 等(1990)，13 号钻井液来自 Sorelle 等(1982)，14~16 号钻井液来自 Isambourg 等(1996)。常数由表 10.4 中测量的数据的线性回归分析得出。已经在标准状态下 p_o、T_o($p_0 = 0\text{Pa}$，$T_0 = 15\text{℃}$)计算出了密度 ρ_0。

表 10.4　不同钻井液的经验常数

编号	钻井液基质	$\rho_0(\text{kg/m}^3)$	$\gamma_p \times 10^2$	$\gamma_{pp} \times 10^3$	$\gamma_T \times 10^2$	$\gamma_{TT} \times 10^3$	$\gamma_{pT} \times 10^3$	平均误差
1	水基	1296	2.945	−4.854	−6.624	−29.245	15.347	0.16
2	水基	1643	2.945	−7.219	−4.993	−34.911	9.559	0.11
3	水基	2171	3.356	−6.686	−3.490	−27.259	8.428	0.11
4	柴油2	1326	7.082	−34.951	−11.676	0.531	44.181	0.14
5	柴油2	1721	6.56	−26.573	−9.042	−4.708	33.801	0.08
6	柴油2	2171	5.575	−24.492	−8.091	−0.860	32.052	0.08
7	柴油2	1328	4.292	−10.070	−10.637	9.183	20.255	0.04
8	柴油2	2047	3.49	−8.537	−7.468	3.587	16.851	0.04
9	矿物油A	1327	5.049	−11.611	−10.361	4.095	22.495	0.06
10	矿物油A	2047	3.654	−8.970	−7.383	−1.906	17.676	0.04
11	矿物油B	1328	5.216	−12.485	−11.145	7.77	24.293	0.06
12	矿物油B	2048	3.827	−9.811	−7.956	2.44	19.368	0.05
13	柴油2	849	5.896	−19.997	−11.271	−3.531	14.833	0.05
14	低毒油	825	6.203	−32.776	−6.633	−28.898	42.746	0.17
15	低毒油	2256	3.802	−11.541	−8.126	−6.372	16.815	0.04
16	水基	2212	2.383	−1.469	−2.818	−34.916	0.79	0.01

对比本模型与其他模型的平均误差会发现有明显改进。不同的平均误差比较结果由表 10.5 给出。图 10.17 表明了表 10.5 的结果，并有更好的视觉效果。

对于水基钻井液，本模型平均误差与 Kutasov's (1988)的模型相比较小(表 10.4)。水基钻井液的常数 γ_{pp}、γ_{pt} 总体低于水基钻井液的。这就意味着在压力和温度之间耦合较小，在此压力范围内有效压缩系数可假设常数 (影响较小的压力函数)。结果是 Karstad 和 Aadnoy (1998)模型被简化为与 Kutasov (1988)的经验模型相一致。

表 10.5　不同模型的平均误差比较

编号	钻井液基质	$\rho_0(kg/m^3)$	Sorelle 等（1982）	组分法	Babu（1996）	解析法
1	水基	1296	1.31	0.38	0.19	0.16
2	水基	1643	1.15	0.41	0.12	0.11
3	水基	2171	1.43	0.8	0.11	0.11
4	柴油 2	1326	1.35	NA	0.25	0.14
5	柴油 2	1721	1.29	NA	0.18	0.08
6	柴油 2	2171	0.49	NA	0.17	0.08
7	柴油 2	1328	0.5	0.27	0.27	0.04
8	柴油 2	2047	NA	0.23	0.23	0.04
9	矿物油 A	1327	NA	0.28	0.31	0.06
10	矿物油 A	2047	NA	0.16	0.24	0.04
11	矿物油 B	1328	NA	0.17	0.33	0.06
12	矿物油 B	2048	NA	0.1	0.27	0.05
13	柴油 2	849	0.4	NA	0.25	0.05
14	低毒油	825	NA	NA	0.25	0.17
15	低毒油	2256	NA	NA	0.07	0.04
16	水基	2212	NA	NA	0.01	0.01

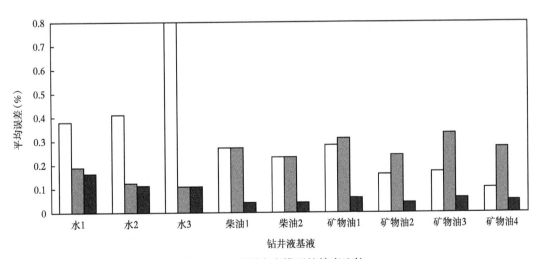

图 10.17　不同密度模型的精度比较

10.2.3.3　模型对输入参数的敏感性

如数学方法一节所述，表达式的误差取决于每个输入参数的误差。在本节中，计算预测密度误差，并比较每个输入参数的误差。井下液体密度可写成如下形式：

$$\rho = f(\rho_0,\ p,\ T,\ \gamma_p,\ \gamma_{pp}、\ \gamma_T、\ \gamma_{TT}、\ \gamma_{pT}) \tag{10.66}$$

ρ 的误差体现在偏微分中。因为这个特例，假定温度是 $200℃$，压力是 $1.05×10^8 Pa$。输入的每一参数 ρ_0、γ_{pp}、γ_{TT}、γ_p、γ_T、P、T 和 γ_{pt} 有 5% 的误差。接下来计算用表 10.4 中的 8 号钻井液所得的误差。每个参数的绝对误差如下：

$$\begin{cases} \left| \Delta\rho_0\ \dfrac{\partial\rho}{\partial\rho_0} \right| = 0.05\rho & \left| \Delta\rho\ \dfrac{\partial\rho}{\partial p} \right| = 0.002\rho \\[2mm] \left| \Delta T\ \dfrac{\partial\rho}{\partial T} \right| = 0.002\rho & \left| \Delta\gamma_p\ \dfrac{\partial\rho}{\partial\gamma_p} \right| = 0.002\rho \\[2mm] \left| \Delta\gamma_{pp}\ \dfrac{\partial\rho}{\partial\gamma_{pp}} \right| = 0.0007\rho & \left| \Delta\gamma_T\ \dfrac{\partial\rho}{\partial\gamma_T} \right| = 0.004\rho \\[2mm] \left| \Delta\gamma_{TT}\ \dfrac{\partial\rho}{\partial\gamma_{TT}} \right| = 0.0002\rho & \left| \Delta\gamma_{pT}\ \dfrac{\partial\rho}{\partial\gamma_{pT}} \right| = 0.001\rho \end{cases} \tag{10.67}$$

从这些方程来看，地面条件下测量的密度误差是最为关键的。考虑到井底预测密度，地面密度的 5% 的误差导致预测密度中 5% 的相对误差，占总误差的 80% 以上。是一级影响因素。

测量的压力或温度中 5% 的相对误差会导致预测密度 0.2% 的相对误差，大概是总误差的 3% 认为是二级影响因素。

研究发现的一个重要结果是常数 γ_i 的敏感性。一级影响因素 γ_p、γ_T 在预测密度上分别提供了 0.2% 和 0.4% 的相对误差。二级影响因素不太显著，在预测密度中仅贡献 0.07% 和 0.02%，或者说是总误差的 0.1% 和 0.03% 相反的二级影响因素 γ_{pt} 在预测密度中相对误差为 0.1%，明显高于其他因素是 γ_{pt} 的相对误差比 γ_{pp} 和 γ_{TT} 大一个数量级。这对压力和温度之间的耦合是非常重要的。

因此，敏感度分析证明在等温压缩系数和热膨胀系数中引入压力和温度的交叉耦合是合理的。

10.2.3.4 定密度条件

钻井液的温度和体积随着深度而增加，钻井液经历两个相反影响。温度的增加造成热膨胀而导致钻井液密度的降低。由于钻井液的压缩性，压力的增加使钻井液密度增加，因此对于一个特殊的温度曲线，期望着两个相反的效果可以相互抵消。定义为恒定密度的温度曲线 $T(\rho_0)$，结果是常数密度 ρ_0 贯穿整个区间。若真正的钻井液温度在 $T(\rho_0)$ 之上，钻井液密度低于地面密度且热膨胀效果是主要的。若温度较低，钻井液密度比地面高，压缩效应为主要影响因素。因此如果确定 $T(\rho_0)$，就可以与井中的真实温度曲线比较且可立刻确定热膨胀或压缩性哪个是主要影响因素。恒定密度：

$$\Gamma(p,\ T) = 0 \ 及 \ (p - p_0) = g\rho_0 z \tag{10.68}$$

现在可通过求解公式（10.68）中的 T 来确定 $T(\rho_0)$。$T(\rho_0)$ 是整个区间为数密度的情况。图 10.18 表示的是 1 号、7 号、10 号钻井液在表 10.4 中的温度曲线。

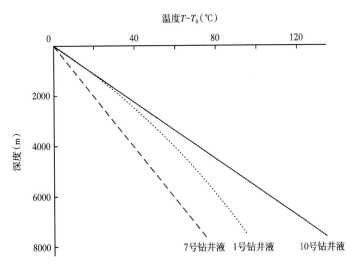

图 10.18　曲线表明温度曲线是不同液体在任意深度的密度都是常数

10.2.3.5　井底密度动态预测

图 10.19 中可看到这个概念应用到井中，假想一个深 4600m 的井，用表 10.4 的 8 号钻井液，Peters 等（1990）认为没有一个先验的预测来预测井底钻井液密度是如何随深度变化的。通过 $T(\rho_0)$ 与不同的静态温度曲线作图。可迅速预测密度的变化。中间的曲线表示井中恒定钻井液密度的温度曲线（现在井底温度是 99℃）。

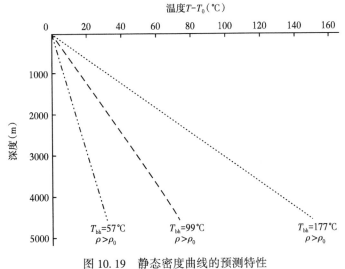

图 10.19　静态密度曲线的预测特性

在井底温度 177℃ 的情况下，钻井液密度将比地面密度低。井底温度为 57℃ 的情况下，钻井液密度比地面的高，Peters 等（1990）测量的结果与此一致。

对于其他的钻井液温度曲线，不容易预测其密度特性。在图 10.20 中，可看到 7 号和 10 号钻井液与地面钻井液密度曲线的对比，当使用 Holmes 和 Swift（1970）在较短循环时间后的温度曲线的井的数据。在上半部分，密度比地面密度低。在循环钻井液中某一深度的压力低于恒定密度下钻井液的压力。循环钻井液将有一个比地面密度更低的密度，即低于两条曲线的交叉点。因此，并非可直接确定哪一深度可以使得压缩效应与热膨胀效应相抵消。或哪一平均密度比地表密度更高或更低。若在 $T(\rho_0)$ 和实际钻井液温度曲线间的面积大于交叉部分的上半部分（下半部分），可以说热膨胀（可压缩性）影响是主要的。

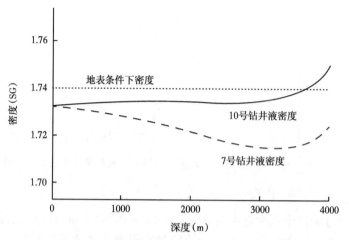

图 10.20　开始短暂循环后不同钻井液密度曲线

10.2.3.6　静压剖面

通过使用动态方程，可以计算出在一个特定的钻井液和给定的温度曲线下的压力剖面。压力随深度变化的关系式如下：

$$\frac{\mathrm{d}p}{\mathrm{d}z} = \rho g = \rho_0 g e^{\Gamma(p, T)} \tag{10.69}$$

地面条件：

$$p(z = 0) = p_{\mathrm{sf}} \ \text{及} \ T(z = 0) = T_{\mathrm{sf}} \tag{10.70}$$

温度曲线 $T(z)$ 认为是已知的。这种非线性初始值问题的解析解并不容易获得。因此，可通过经典的 Runge—Kutta 方法求数值解。

然而，在某些情况下可以近似处理方程，以便可以得到一个解析解。如前所述，水基钻井液的状态方程可通过更简化的模型 Kutasov（1988）来近似。如果井已静置一段时间，可合理地假设温度随深度线性增加。

$$T = g_{\mathrm{G}} z + T_{\mathrm{sf}} \tag{10.71}$$

由式（10.69）可以解出解析解。

10.2.3.7　水基钻井液和线性温度变化

假设式（10.71）地面状态为 $p_{s8} = p_0$、$T_{\mathrm{f}} = T_0$，将状态方程简化，且式（10.69）可以写成一个可分离的微分方程，用适当的方法求解，参考 Karstad（1999）可以获得更详细的数学过程。

$$p - p_0 = \frac{1}{\tilde{\lambda}_p} \ln \frac{1}{1 - F(z)} \qquad (10.72)$$

$F(z)$ 由下式给出：

$$F(z) = \frac{g \tilde{\gamma}_p \rho_0}{g_G \sqrt{-\gamma_{TT}}} \frac{\sqrt{\pi}}{2} e^{\eta^2} [erf(-\eta)] \qquad (10.73)$$

η 是无量纲常数：

$$\eta = \frac{\tilde{\gamma}_T}{2\sqrt{-\tilde{\gamma}_{TII}}} \qquad (10.74)$$

z_D 是深度变量的无量纲数：

$$z_D = g_G \sqrt{-\tilde{\gamma}_{TT}} z - \eta \qquad (10.75)$$

10.2.3.8　当量密度概念

在油田的应用中，比较复杂井液柱和等量单相液柱是很有用的。因此，计算当量密度 ρ_{ed}：

$$\rho_{eq} = \frac{p - p_0}{gD} \qquad (10.76)$$

因此，压力表示为以在密度单位表示的压力梯度。ρ_{ed} 一般在指定深度应用。

通过研究式（10.69），认为当量密度可以用另一种方法计算：

$$p - p_0 = g \int_0^D \rho dz \qquad (10.77)$$

将此式代入式（10.76），得到

$$\rho_{eq} = \frac{1}{D} \int_0^D \rho dz \qquad (10.78)$$

这说明当量密度等于井的平均钻井液密度。

同时，要区分循环井和非循环井的当量密度。由于流体循环，井底压力比钻井液的流体静力压力大。主要来源是环空的压力损失，且钻井液的压缩系数也是主要因素。尤其是在深井中。这种情况下，当量密度用 ECD 表示。

当井停止循环时，没有压力摩阻损失。密度中的任何变化都是由于钻井液的热膨胀和压缩所引起的。为了反映钻井液的密度、压力、温度特性，引用 ESD。对于浅井而言，压力和温度影响是不大的，ESD 与地面密度很接近；同时，ESD 总是比 ECD 的值低。

钻井液增加或损失对密度变化的影响：钻井液返出量经常认为在一定程度上是变化的，不论钻井液返出率太低或太高。这些现象与膨胀有关。Aadnoy（1966）给出了对膨胀评价的讨论。

因为钻井液密度与温度密切相关，由于热效应导致的体积增加或减少幅度很大，但是与短期压力影响相比,热效应较慢,过几个小时温度才能稳定。

由于井筒体积在给定时间内是常数。这个过程被定义为等压的,这是一个等容过程。因此任何池内液量的增加或减少是由于井内钻井液的增加或减少。体积已给出:

$$V = \pi D (r_{c,i}^2 - r_{d,o}^2 + r_{d,i}^2) \qquad (10.79)$$

$R_{c,i}$、$r_{d,o}$、$r_{d,i}$是井眼或套管的内径、钻井时外径、钻柱内径,在时间 t 钻井液体系质量为

$$m_t = \rho_{cq,t} V \qquad (10.80)$$

其中 $\rho_{eq,t}$ 是 t 时刻的 ESD(或平均密度)。经过一段时间 t 后,质量变到了 $m_{t'}$,质量的变化量为

$$\Delta m = \Delta \rho_{cq} V \qquad (10.81)$$

这个质量的改变认为是钻井液池量的增加或损失,可将其表达成地面体积单位:

$$\Delta V = \frac{V}{\rho_0 D} \int_0^D (\rho_{t'} - \rho_t) \, \mathrm{d}z \qquad (10.82)$$

或

$$\frac{\Delta V}{V} = \frac{\Delta \rho_{eq}}{\rho_0} \qquad (10.83)$$

式中,ΔV 为钻井液池体积的增减量;ρ_0 为地表密度。

分别将 ρ_{eq} 与 ECD 或 ESD 交换,式(10.83)在循环和非循环状况下都是有效的。这个模型与 Aadnoy 的方法相一致。

10.2.3.8.1　钻井液池体积增加或减少和钻井液密度的耦合性

在高温高压井的设计中,Aadnoy 对膨胀做了一个很深入的研究。研究中包含以下要素:①压降—流量模型,②钻井液温度特性,③套管和裸眼井与压力相关的体积膨胀。

每一个要素都构建到一个复杂的数值模拟器。利用表 10.6 的数据,ECD 可以被预测。

表 10.6　计算模拟数据

参数	实例1	实例2
井眼直径(in)	12¼	8½
流量(L/min)	4000	2500
井深(m)	4700	5000
井容积(m³/m)	1/15.78	1/41.77
钻井液增量(L)	12000	1400
地面钻井液密度(SG)	1.8	2.12
预测钻井液密度(SG)	1.72	2.08

接下来，将应用相同的数据来描述钻井液池体积增加或减少和当量钻井液密度的公式10.83 中。

[实例1] 在实例1中预测 $12\frac{1}{4}$ in(31.12cm)井当量密度为 1.727SG 的。与模拟预测的1.72(SG)的当量钻井液密度相吻合。

[实例2] 实例2中预测 $8\frac{1}{2}$ in(21.59cm)井当量密度为 2.095SG 的。同样，这与模拟预测的2.08SG 的当量密度是很接近的。

这两个例子表明：钻井液密度的变化量是钻井液膨胀的最主要因素，同时也表明钻井液当量密度的变化可以通过使用在本部分中得到的简单模型式(10.83)来计算。

10.2.3.8.2　循环期间的瞬态密度特性

在这个特殊案例中，只有短时特性是与平时的钻井作业是相关的。通过温度曲线，可以分析与时间有关的密度特性。用表10.4 中的8 号钻井液做模拟实验。

(1)井1：首先考虑陆上油井，并且不包括对井的任何能量的补充。模拟输入数据表10.7 中已经给出。

表 10.7　井和钻井液数据虚构的陆上高温高压井和钻井液数据(**Karstad and Aadnoy, 1998**)

钻柱外径(in)	5
钻头尺寸(in)	$8\frac{3}{8}$
井深(m)	5500
入井钻井液温度(℃)	30
钻井液导热系数(W/m·℃)	1.730
钻井液比热容(J/kg·℃)	1676
钻井液密度(SG)	2.04
地层导热系数(W/m·℃)	2.250
地层比热容(J/kg℃)	838
地层密度(SG)	2.643
地面温度(℃)	4
地温梯度(℃/m)	0.04

已经计算出了在循环之后的井底钻井液密度曲线。在图 10.21 中，已经描制了地面密度(2.04SG)：(1)在地热条件下的密度曲线(ESD = 1.99SG)、(2)循环开始很短时间后的密度曲线(ESD = 1.99SG)、(3)循环 12h 后的密度曲线(ESD = 2.07SG)。

从图 10.21 中可以看到，随着循环的持续，钻井液密度增加。这可以通过在循环期间持续对井的冷却来解释。此案例在 12h 的循环中 ESD 变化值为 0.08SG。明显的钻井液体积损失的量是 5.1m³。

(2)井2：现在考虑海上油井，同时也会考虑有隔水管的影响。包括输入的由于钻杆旋转和水力泵系统的提供的能量。为了进行模拟，使用表 10.7 中的数据：结果如图 10.22 所示的密度曲线：①地面密度(2040kg/m³)；②地热条件下的密度曲线(ESD = 2027kg/m³)；③循环 12h 后的密度曲线(ESD = 204kg/m³)。

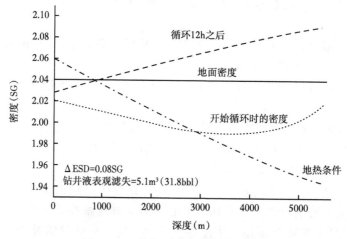

图 10.21　井中不同密度曲线的样例

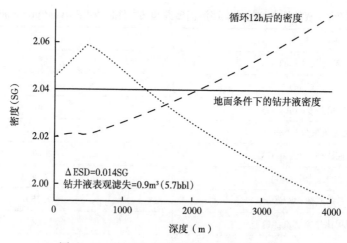

图 10.22　海上井在不同循环时间的密度样例

对这口井而言，在循环中，ESD 仅仅改变了 0.014SG。伴随有 0.9m³ 的钻井液体积损失，这个例子中 ESD 的小变化符合预期。由于隔水管周围的海水温度是不变的，这对钻井液的温度变化会有一个阻尼效应。这会引起钻井液密度的阻尼变化，泵入系统和旋转能量的输入将有相似的阻尼效应。连续的能量供给将导致钻井液循环中冷却效果减少，钻井液密度会减小。因此，这两种效应都抵消了循环期间的收缩效应，ESD 的变化预期较小。

然而注意到 ESD 的变化取决于许多因素这一点是很重要的，在一些井中，压力和温度效应趋于抵消，ESD 的变化很小，在其他井中 ESD 变化值会很大。

通过研究状态方程，发现流速对密度变化有很大影响。更高的循环速率越高对井的冷却效果越好。因此当量密度将更快稳定，并且有一个较高值。在大多数实际作业中，当量密度在 12h 循环后更稳定。

10.2.3.8.3　关井对钻井液密度影响

停泵时，水力泵入系统后的摩擦损失消失，钻井液压力降低。这引起钻井液、套管和裸眼井的体积变化。然而，套管和岩石相对坚硬，由于套管和裸眼井的膨胀引起的体积变化相当于总体积变化的10%（Aadnoy，1996；Karstad，1999）。由于钻井液的可压缩性导致钻井液体积变化更显著。压力的影响几乎是瞬时的，而温度的影响要慢得多。

由于井的加热而导致钻井液膨胀，则钻井液会流回井外。这一现象可在高温高压井井控事故关井后观察到。关井压力的改变已经被解释为油藏孔隙压力的测量值，事实上，应考虑由于温度变化而引起的密度变化会极大地影响关井压力。

10.2.3.9　小结

在本节中，已经提出了钻井液有关密度、压力、温度特性的解析模型。新的状态方程与瞬态温度模型相耦合。结果就是有效流体密度和井筒压力必须考虑压缩性和热膨胀性。

许多例子证明了由于可压缩性和热效应所引起的误差。假设地面密度为2.04SG。地热条件下的有效密度将是1.99SG，在12h循环后，增加到2.07SG。这将导致5m³的钻井液损失。这就证明了诸如在孔隙压力预测等方面存在潜在误差。

通过这项研究，可以得到以下认识：

（1）推导出的液体密度模型考虑了耦合温度和压力的关系，比现有模型更精确。

（2）测量的返出钻井液体积变化为校准模型提供了重要信息，并且可以用来估测井底有效压力。

（3）循环速率高的流体当量密度变化较快，趋于稳定在一个较高的值。大部分实际情况是当量密度在循环12h后稳定。

（4）当停钻时，循环流体将冷却井底，钻井液返回时温度并高。冷却效果将取决于循环时间和流量。

10.2.4　能量平衡方法

由于摩擦力，旋转钻柱和水力泵入系统的能量转化为低热量。能量补充将会抵消循环流体对地层的冷却效应。准确的温度和循环时间，对于确定热应力和当量密度、设计固井程序和测井工具及测井解释来说非常很重要的。鉴于此种情况，很明显对温度模拟而言，能量补充是很有必要的。

早期的分析模型不包括这种影响。一些数值模型将能量源作为位置和时间的函数（Corre et al.，1984），然而正如前面所指出的问题，数值模型的复杂性使得它们很少适用于参数研究或者分析系统特性。

在温度模型中除了能量补充外，还进行了循环井的能量平衡，了解井中热传递的方向和数量可为井底的压力和密度的动态特性提供重要信息。

地层下段冷却，上段加热，当有从井到地面的净热传递时，下部地层的冷却效应是主要作用。结果是温度曲线将远离地热温度，并且平均流体温度将降低。随着温度降低，ECD将增加，或者是ESD或静态压力趋于降低（循环变为静态时）。

如果只有井的热供应，就会发生相反的情况。平均流体温度增加，ECD降低。从历史资料来看，即从循环到静态条件下，ESD将增加。

10.2.4.1　能量守恒：控制体积法

应用到控制体的能量平衡表达式从热力学第一定律发展而来。首先，定义一个控制体如图10.23所示。

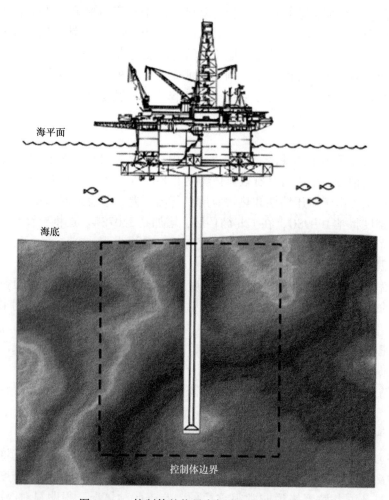

海平面

海底

控制体边界

图 10.23　控制体的能量守恒应用在循环井中

因为很难模拟隔水管中的热损失，所以控制体会选择不包括海水中井段。同时因为地层能量的积累发生在远离井径范围内；所以我们选择的地面控制体是远离井筒的，以随时假设存在地热条件。因此，在控制体和地层周围没有热交换。

热力学第一定律可以写成如下形式（Welty et al.，1984）：

控制体周边增加到控制体的能量-控制体对周边做的功=由于流动引起的

控制体输出能量-由于流动引起的向控制体输入能量+内能量积累率　（10.84）

式（10.84）是总的表达式。地面控制体的几何形结构使我们能够以直接方式将积分表达式简化为标量表达式。

10.2.4.1.1　控制体的能量积累速率

储能是一种体积现象，并可表达成以下方程式：

$$控制体内能量积累速率 = \frac{\partial}{\partial t} \iiint_{c.v.} e\rho dV \qquad (10.85)$$

式中，e 是比能，即单位体积能量。总体看来，比能包括势能 g_i，由于重力场中流体的位置产生。流体的动能 $v^2/2$，由于流体的速率产生。Y 是流体的内能，由它的热状态引起。

$$e = gz + v^2/2 + \gamma \qquad (10.86)$$

内能改变量 $\Delta\gamma$，总的可以分为内能、分子间作用力、化学能、原子核能等。在应用中，化学能与原子能是可忽略的。同时，假定在循环液体中没有相态的改变，就表示着不需要考虑势能。正如在热传递分析中的情形，储存能量的改变是由于内部热能的变化。

由于积累的能量是未知的，用 Q_{Racc} 表示它。这个术语的符号定义了能量是否是从控制体中移除或补充的。如果是正的，能量的净速率是进入控制体中的；反之亦然。

10.2.4.1.2　由于流体流动而引起的能量流进或流出控制体速率

从控制地表的净射流能量是可以用以下积分定义：

$$\iint_{\text{c.s.}} e\rho(\boldsymbol{v} \cdot \boldsymbol{n}) \mathrm{d}A = e_{\text{a,sb}} \rho_{\text{a,sb}} \boldsymbol{v}_{\text{a,sb}} A_{\text{a}} - e_{\text{d,sb}} \rho_{\text{d,sb}} \boldsymbol{v}_{\text{d,sb}} A_{\text{d}} \qquad (10.87)$$

式中，$\boldsymbol{v}$ 为流体速度矢量；$\boldsymbol{n}$ 为法向量。

假定在循环中控制体内没有流体的增加或减少，因此流体系统中质量守恒。在钻井过程，由于环空流体中钻屑的存在，并不是完全符合的。但是增加的钻屑量与循环钻井液的质量流量相比还是很少的。因此，环空中的质量流量等于钻杆内质量流量。因为流体在同一深度进入或离开控制体势能相互抵消，流出控制体的净能量如下：

由于流动引起的控制体输出能量 − 由于流动引起的向控制体输入能量 =

$$\frac{w}{2}(v_{\text{a,sb}}^2 - v_{\text{d,sb}}^2) + w(\gamma_{\text{a,sb}} - \gamma_{\text{d,sb}}) \qquad (10.88)$$

式中，w 为质量流量。

10.2.4.1.3　来自周围环境的能量

地层中的能量积累发生在离井筒几个半径内的范围内。因此选择的地面控制体充分远离井筒，可以假设任意地层条件。因此控制体与地层间没有热交换。同时，忽略了循环流体的轴向导热，结果是控制体中无热量增加。

$$控制地周边增加到控制体热流量 = \frac{\mathrm{d}Q}{\mathrm{d}t} = 0 \qquad (10.89)$$

10.2.4.1.4　周围环境对控制体所做的功

考虑第一定律的最终表达式就是功率或能量形式，这样形式包括三种功：

(1) 轴功 Ws：是控制体对其周围环境所做的使轴旋转的功。这可以实现重物一定距离的上升；

(2) 流动功 W_σ：有流体流动的控制面上克服法向应力对周围环境所做的功；

(3) 剪切功 W_τ：对周围环境克服控制面的剪切应力所做的功。

应力矢量由法线方向和切线方向中的 σ_{ii} 与 τ_{ij} 组成的，控制体对外界所做的功应力如下：

$$- \iint_{\text{c.s.}} (v \cdot s) \, \mathrm{d}A \tag{10.90}$$

其中，s 是应力矢量。s 的正应力分量可写为 $\sigma_{ii} n$。简化地说，正应力分量是压力效应和黏性效应的叠加结果，在做数学计算时，剪切功和克服黏性部分的功是不可利用的。假定轴向流动垂直于控制面，那么忽略在控制体中克服的黏度效应所做的功是合理的。在控制面上积分，其流动功和剪切功可写成如下式（Karstad，1999）：

$$\frac{\mathrm{d}W_\sigma}{\mathrm{d}t} + \frac{\mathrm{d}W_\tau}{\mathrm{d}t} = - \iint_{\text{c.s.}} (v \cdot s) \, \mathrm{d}A = w \left(\frac{p_{\text{a,sh}}}{\rho_{\text{a,sb}}} - \frac{p_{\text{d,sb}}}{\rho_{\text{d,sb}}} \right) \tag{10.91}$$

在循环期间，钻机通过钻井泵和钻柱的旋转传递能量给流体。在钻柱和流体之间，地层和钻头之间存在摩擦。因此，由于摩擦力，钻柱的旋转能量 E_{rot} 和水力泵的能量 E_{pump} 在井筒中转化为热量传递给以下部分。

(1) 钻井液；

(2) 套管和井壁；

(3) 隔水管；

(4) 钻柱、钻具组合和钻头；

(5) 钻头下的地层；

(6) 钻井液的动能。

钻井液不会单纯沿轴向流动，而是会呈螺旋式上升到环空。假设增加的温度和动能都是由于外界环境控制体所做的机械能引入的。总功率变为

$$\begin{array}{c} \text{控制体作用} \\ \text{在周边做的功率} \end{array} = \frac{\mathrm{d}W_s}{\mathrm{d}t} + \frac{\mathrm{d}W_\sigma}{\mathrm{d}t} + \frac{\mathrm{d}W_\tau}{\mathrm{d}t} = -\dot{E}_{\text{rot}} - \dot{E}_{\text{pump}} + W \left(\frac{p_{\text{a,sb}}}{\rho_{\text{a,sb}}} - \frac{p_{\text{d,sb}}}{\rho_{\text{d,sb}}} \right) \tag{10.92}$$

(5) 总能量守衡。

方程 (10.84) 可以写成以下形式：

$$Q_{\text{R,acc}} = -E_{\text{rot}} - E_{\text{pump}} - w \left[(h_{\text{a,sb}} - h_{\text{d,sb}}) + \frac{w^2}{2} \left(\frac{1}{\rho_{\text{a,sb}}^2 A_{\text{a}}^2} - \frac{1}{\rho_{\text{d,sb}}^2 A_{\text{d}}^2} \right) \right] \tag{10.93}$$

式中，$Q_{\text{R,acc}}$ 为控制体的热流；h 为钻井液比焓（按定义，$H = U + P/\rho$）。

如果 $Q_{\text{R,acc}} > 0$，能源净输入控制体，从而流体加热地层。相反，如果 $Q_{\text{R,acc}} < 0$，控制体净损失能量的控制量，同时液体冷却地层。

10.2.4.2　隔水管影响

选择的控制体对陆上井和海上井都有效。对于陆上油井，控制体的热流量与井的热流量相同。对于海上油井，必须考虑隔水管与周围海水的热传递。定义 $Q_{\text{R,acc}} = \Phi + \Phi_{\text{r}}$。$\Phi$ 可定义为井的纯输入能，Φ_{r} 是隔水管和周围海水的热传递速率。当热从隔水管到海水中流失时 Φ_{r} 为负数。

可以合理地假定隔水管是一个能量井。在几乎所有的情况中，希望热量都是从钻井液系统传导到海水中去的，因此，海上油井中控制体累积的热量将会少于陆上油井。

通过公式（10.93）将所有值转换为地表值，可以得到净输入井中的能量。正如在前文所述，钻井液不能被认为是不可压缩的。井底钻井液密度与深度和温度密切相关。但是钻井液的热传递性能在很大程度上可以假定为恒定的。

$$\varPhi = - \dot{E}_{rot} - \dot{E}_{pump} - w \left[(p_{out} - p_{in}) + \rho_0 C_{fl} (T_{out} - T_{in}) + \frac{q^2 \rho}{2} \left(\frac{1}{A_a^2} - \frac{1}{A_d^2} \right) \right] \qquad (10.94)$$

利用式（10.94），可以确定热流 $\varPhi$ 是流入还是流出井中。依据隔水管中的热损失，有三个情况：

（1）井中的热量是和地层中的热通量；

（2）井中的热通量来自地层的热量；

（3）到井中的热通量和地层中的热量是来自井中的热通量和来自地层的通量，这是最常见的情形从地层到地表的净能量。

$$\varPhi < 0 \Rightarrow Q_{R,acc} < 0 \qquad (10.95)$$

流动的钻井液对地层有一个冷却作用。返出的钻井液比流入的钻井液温度高。钻井液的平均温度比地层温度低。

表 10.3 详细描述了这一事件的发展过程。将数据插入式（10.94）可知，井中有净热流量流出。因此，预计流体的平均温度将低于地层温度。通过检查表 10.7 和表 10.9 可以确认这一点。流体温度明显低于原始地层温度，并随着循环的进行而逐渐降低。

由此得出的一个重要结论是，井的净热流量与平均流体温度的变化直接相关。通过对隔水管的热损失进行估算，可以通过地面测量来确定平均流体温度的变化。这对于估算 ECD 非常有用。

热量流入井中和热量流出地层。当 $\varPhi > 0$ 时，有一个流入井中的净热量。

$$\varPhi > 0 \text{ 和 } |\varPhi| < |\varPhi_r| \Rightarrow Q_{R,acc} < 0 \qquad (10.96)$$

然而，由于隔水管的热损失超过了在地面输入的热量，仍然有从地层中流出的净热量。这很可能是在深层海水中。

热量流入井和地层中。当流入井中的热量超过隔水管中的热量损失时，就会有一个从地面到地层的净热量流。

$$\varPhi > 0 \text{ 及 } |\varPhi| > |\varPhi_r| \Rightarrow Q_{R,acc} > 0 \qquad (10.97)$$

这导致钻井液平均温度上升，也就是钻井液在加热地层，这并不经常发生。通常，从循环流体到地面的热对流远远超过从泵入和旋转中输入的能量。但在低流速时，能量的净输入可能会发生。

10.2.4.3　小结

海上油井是根据热力学第一定律建模的。结果表明，隔水管产生的热量损失明显冷却了钻井液。此外，考虑到钻柱旋转和钻井液泵入系统的能量输入，可能会导致井温升高。

控制体法是一种新的循环流体系统建模方法。该方法可作为循环钻井液温度模型标定的有效工具。该方法的进一步发展也可用于分析井眼净化。

参数说明

A——面积，m^2；

c——等温压缩系数，Pa^{-1}；

C——比热容，$kJ/(kg \cdot \degree C)$；

D——井的真实垂直深度，m；

$f(t_D)$——无量纲时间函数；

e——比能，J/kg；

Err_{abs}——绝对误差；

E_{pump}——从钻井泵输入的能量，W；

E_{rot}——从钻柱旋转输入的能量，W；

g——重力加速度，m/s^2；

g_G——地温梯度，$\degree C/m$；

g_s——海水温度梯度，$\degree C/m$；

g_T——钻井液温度变化率，$\degree C/h$；

h——比焓，J/kg；

k——导热系数，$W/(m \cdot \degree C)$；

m——质量，kg；

$\boldsymbol{n}$——法向量；

N——任意数量；

p，P——压力，Pa；

q——热流量，kJ/s（当使用下标时）；

q——流量，m^3/s（无下标）；

Q——热，J；

Q_R，F——热流率，J/s（W）；

r——流体密度，kg/m^3；

r_d——钻杆的曲率半径，m；

r_w——井眼半径，m；

R——半径，m；

$\boldsymbol{S}$——应力矢量，$kg/(m \cdot s^2)$；

t——循环时间，h；

t_D——无量纲时间；

T——温度，$\degree C$；

U——总传热系数，$W/(m^2 \cdot \degree C)$；

v——流体速度，m/s；

$\boldsymbol{v}$——流体速度矢量，m/s；

V——井筒体积，m^3；

w——流体质量流量，m^3/h；

W——功，J；

Y——比内能，J/kg；

z——垂深，m；

a_h——热扩散系数，m^2/s；

a——热膨胀系数，℃^{-1}。

角标

0——初始条件；

a——环空；

abs——绝对；

acc——累积；

ad——从环空到钻柱；

ar——环空，在岩石部分；

as——环空，在水中；

bh——井底；

c. s.——控制体表面；

c. v.——控制体积；

d——钻柱；

D——无量纲；

dr——钻柱，在岩层中；

ds——钻柱，在水中；

e——外部输入；

eff——有效；

eq——等效；

f——地层；

fl——流体；

i，j，k，n——任意数；

in——钻井液入口；

max——最大；

meas——测量；

o——油；

out——钻井液出口；

pump——泵；

r——立管；

rel——相对；

rev——反；

rot——由于旋转；

s——水段；

sb——海床；

sd——固体；

sf——表面；

σ——正应力；

τ——剪应力；

μ——黏性应力；

t——循环时间；

w——水；

wb——井筒接口。

参 考 文 献

Aadnoy, B. S. 1996. Evaluation of Ballooning in Deep Wells. In Modern Well Design, Appendix B. Rotterdam, Netherlands: Balkema.

Babu, D. R. 1996. Effects of P-p-T Behavior of Muds on Static Pressures During Deep Well Drilling—Part 2: Static Pressures. SPEDC 11 (2): 91-97. SPE-27419-PA. DOI: 10.2118/27419-PA.

Bullard, E. C. 1947. The Time Necessary for a Bore Hole To Attain Temperature Equilibrium. Monthly Notices Roy. Astron. Soc., Geophys. Suppl. 5: 127-130.

Cao, S., Hermanrud, C., and Lerche, I. 1988. Formation Temperature Estimation by Inversion of Borehole Measurements. Geophysics 53 (7): 979-988. DOI: 10.1190/1.1442534.

Carslaw, H. S. and Jaeger, J. C. 1959. Conduction of Heat in Solids, second edition. London: Oxford Science Publications.

Corre, B., Eymard, R., and Guenot, A. 1984. Numerical Computation of Temperature Distribution in a Wellbore While Drilling. Paper SPE 13208 presented at the SPE Annual Conference and Exhibition, Houston, 16-19 September. DOI: 10.2118/13208-MS.

Edwardson, M. J., Girner, H. M., Parkinson, H. R., Williams, C. D., and Matthews, C. S. 1962. Calculation of Formation Temperature Disturbances Caused by Mud Circulation. JPT 14 (4): 416-426. SPE-124-PA. DOI: 10.2118/124-PA.

Gao, E., Estensen, O., MacDonald, C., and Castle, S. 1998. Critical Requirements for Successful Fluid Engineering in HP/HT Wells: Modeling Tools, Design Procedures and Bottomhole Pressure Management in the Field. Paper SPE 50581 presented at the European Petroleum Conference, The Hague, 20-22 October. DOI: 10.2118/50581-MS.

Gill, J. A. 1989. How Borehole Ballooning Alters Drilling Responses. Oil and Gas Journal 87: 43-52.

Hasan, A. R. and Kabir, C. S. 1994a. Aspects of Wellbore Heat Transfer During Two-Phase Flow. SPEPF 9 (3): 211-216. SPE-22948-PA. DOI: 10.2118/22948-PA.

Hasan, A. R. and Kabir, C. S. 1994b. Static Reservoir Temperature Determination From Transient Data After Mud Circulation. SPEDC 9 (1): 17-23. SPE-24085-PA. DOI: 10.2118/24085-

PA.

Hasan, A. R. , Kabir, C. S. , and Ameen, M. M. 1996. A Fluid Circulating Temperature Model for Workover Operations. SPEJ 1(2): 133-144. SPE-27848-PA. DOI: 10. 2118/27848-PA.

Hermanrud, C. 1988. Determination of Formation Temperature From Downhole Measurements. PhD dissertation, University of South Carolina, Columbia, South Carolina.

Hermanrud, C. , Lerche, I. , and Meisingset, K. K. 1991. Determination of Virgin Rock Temperature From Drillstem Tests. JPT 43 (9): 1126 - 1131. SPE - 19464 - PA. DOI: 10. 2118/19464-PA.

Holmes, C. S. and Swift, S. C. 1970. Calculation of Circulating Mud Temperatures. JPT 22(6): 670-674. SPE-2318-PA. DOI: 10. 2118/2318-PA.

Isambourg, P. , Anfinsen, B. T. , and Marken, C. 1996. Volumetric Behavior of Drilling Muds at High Pressure and High Temperature. Paper SPE 36830 presented at the European Petroleum Conference, Milan, Italy, 22-24 October. DOI: 10. 2118/36830-MS.

Kabir, C. S. , Hasan, A. R. , Kouba, G. E. , and Ameen, M. M. 1996. Determining Circulating Fluid Temperature in Drilling, Workover, and Well-Control Operations. SPEDC 11(2): 74-79. SPE-24581-PA. DOI: 10. 2118/24581-PA.

Karstad, E. 1999. Time - Dependent Temperature Behavior in Rock and Borehole. PhD dissertation, Stavanger University College, Stavanger, Norway.

Karstad, E. and Aadnoy, B. S. 1997. Analysis of Temperature Measurements During Drilling. Paper SPE 38603 presented at the SPE Annual Technical Conference and Exhibition, San Antonio, Texas, 5-8 October. DOI: 10. 2118/38603-MS.

Karstad, E. and Aadnoy, B. S. 1998. Density Behavior of Drilling Fluids During High Pressure High Temperature Drilling Operations. Paper SPE 47806 presented at IADC/SPE Asia Pacific Drilling Technology, Jakarta, 7-9 September. DOI: 10. 2118/47806-MS.

Karstad, E. and Aadnoy, B. S. 1999. Optimization of Mud Temperature and Fluid Models in Offshore Applications. Paper SPE 56939 presented at the Offshore Europe Oil Exhibition and Conference, Aberdeen, 7-10 September. DOI: 10. 2118/56939-MS.

Kutasov, I. M. 1988. Empirical Correlation Determines Downhole Mud Density. Oil and Gas Journal 86: 61-63.

Lee, T. -C. 1982. Estimation of Formation Temperature and Thermal Property From Dissipation of Heat Generated by Drilling. Geophysics 47(11): 1577-1584. DOI: 10. 1190/1. 1441308.

Luheshi, M. N. 1983. Estimation of Formation Temperature From Borehole Measurements. Geophysical Journal (Royal Astronomical Society) 74: 747-776.

McMordie, W. C. Jr. , Bland, R. G. , and Hauser, J. M. 1982. Effect of Temperature and Pressure on the Density of Drilling Fluids. Paper SPE 11114 presented at the SPE Annual Technical Conference and Exhibition, New Orleans, 26-29 September. DOI: 10. 2118/11114-MS.

Middleton, M. F. 1982. Bottom - Hole Temperature Stabilization With Continued Circulation of

Drilling Mud. Geophysics 47(12): 1716-1723. DOI: 10.1190/1.1441321.

Oxburgh, E. R., Richardson, S. W., Turcotte, D. L., and Hsui, A. 1972. Equilibrium Bore Hole Temperatures From Observation of Thermal Transients During Drilling. Earth and Planetary Science Letters 14(1): 47-49. DOI: 10.1016/0012-821X (72)90077-5.

Peters, E. J., Chenevert, M. E., and Zhang, C. 1990. A Model for Predicting the Density of Oil-Base Muds at High Pressures and Temperatures. SPEDE 5(2): 141-148; Trans., AIME, 289. SPE-18036-PA. DOI: 10.2118/18036-PA.

Ramey, H. J. Jr. 1962. Wellbore Heat Transmission. JPT 14(4): 427-435; Trans., AIME, 225. SPE-96-PA. DOI: 10.2118/96-PA.

Raymond, L. R. 1969. Temperature Distribution in a Circulating Drilling Fluid. JPT 21(3): 333-341; Trans., AIME, 246. SPE-2320-PA. DOI: 10.2118/2320-PA.

Sorelle, R. R., Jardiolin, R. A., Buckley, P., and Barrios, J. R. 1982. Mathematical Field Model Predicts Downhole Density Changes in Static Drilling Fluids. Paper SPE 11118 presented at the SPE Annual Technical Conference and Exhibition, New Orleans, 26-29 September. DOI: 10.2118/11118-MS.

Ward, C. and Clark, R. 1999. Anatomy of a Ballooning Borehole Using PWD. In Overpressures in Petroleum Exploration, Proc. from the Pau, France workshop held on 7-8 April 1998, ed. A. Mitchell and D. Grauls. Paris: Editions Technip.

Welty, J. R., Wicks, C. E., and Wilson, R. E. 1984. Fundamentals of Momentum, Heat, and Mass Transfer, third edition. New York: John Wiley and Sons.

国外油气勘探开发新进展丛书（一）

书号：3592
定价：56.00元

书号：3663
定价：120.00元

书号：3700
定价：110.00元

书号：3718
定价：145.00元

书号：3722
定价：90.00元

国外油气勘探开发新进展丛书（二）

书号：4217
定价：96.00元

书号：4226
定价：60.00元

书号：4352
定价：32.00元

书号：4334
定价：115.00元

书号：4297
定价：28.00元

国外油气勘探开发新进展丛书（三）

书号：4539
定价：120.00元

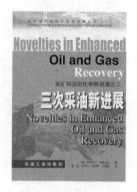

书号：4725
定价：88.00元

书号：4707
定价：60.00元

书号：4681
定价：48.00元

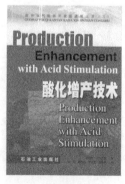

书号：4689
定价：50.00元

书号：4764
定价：78.00元

国外油气勘探开发新进展丛书（四）

书号：5554
定价：78.00元

书号：5429
定价：35.00元

书号：5599
定价：98.00元

书号：5702
定价：120.00元

书号：5676
定价：48.00元

书号：5750
定价：68.00元

国外油气勘探开发新进展丛书（五）

书号：6449
定价：52.00元

书号：5929
定价：70.00元

书号：6471
定价：128.00元

书号：6402
定价：96.00元

书号：6309
定价：185.00元

书号：6718
定价：150.00元

国外油气勘探开发新进展丛书（六）

书号：7055
定价：290.00元

书号：7000
定价：50.00元

书号：7035
定价：32.00元

书号：7075
定价：128.00元

书号：6966
定价：42.00元

书号：6967
定价：32.00元

国外油气勘探开发新进展丛书（七）

书号：7533
定价：65.00元

书号：7802
定价：110.00元

书号：7555
定价：60.00元

书号：7290
定价：98.00元

书号：7088
定价：120.00元

书号：7690
定价：93.00元

国外油气勘探开发新进展丛书（八）

书号：7446
定价：38.00元

书号：8065
定价：98.00元

书号：8356
定价：98.00元

书号：8092
定价：38.00元

书号：8804
定价：38.00元

书号：9483
定价：140.00元

国外油气勘探开发新进展丛书（九）

书号：8351
定价：68.00元

书号：8782
定价：180.00元

书号：8336
定价：80.00元

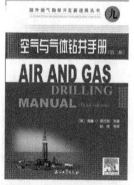

书号：8899
定价：150.00元

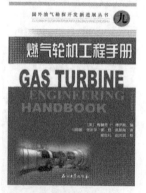

书号：9013
定价：160.00元

书号：7634
定价：65.00元

国外油气勘探开发新进展丛书（十）

书号：9009
定价：110.00元

书号：9989
定价：110.00元

书号：9574
定价：80.00元

书号：9024
定价：96.00元

书号：9322
定价：96.00元

书号：9576
定价：96.00元

国外油气勘探开发新进展丛书（十一）

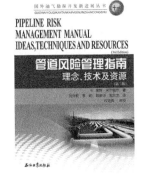

书号：0042
定价：120.00元

书号：9943
定价：75.00元

书号：0732
定价：75.00元

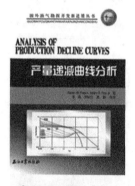

书号：0916
定价：80.00元

书号：0867
定价：65.00元

书号：0732
定价：75.00元

国外油气勘探开发新进展丛书（十二）

书号：0661
定价：80.00元

书号：0870
定价：116.00元

书号：0851
定价：120.00元

书号：1172
定价：120.00元

书号：0958
定价：66.00元

书号：1529
定价：66.00元

国外油气勘探开发新进展丛书（十三）

书号：1046
定价：158.00元

书号：1167
定价：165.00元

书号：1645
定价：70.00元

书号：1259
定价：60.00元

书号：1875
定价：158.00元

书号：1477
定价：256.00元

国外油气勘探开发新进展丛书（十四）

书号：1456
定价：128.00元

书号：1855
定价：60.00元

书号：1874
定价：280.00元

书号：2857
定价：80.00元

书号：2362
定价：76.00元

国外油气勘探开发新进展丛书（十五）

书号：3053
定价：260.00元

书号：3682
定价：180.00元

书号：2216
定价：180.00元

书号：3052
定价：260.00元

书号：2703
定价：280.00元

书号：2419
定价：300.00元

国外油气勘探开发新进展丛书（十六）

书号：2274
定价：68.00元

书号：2428
定价：168.00元

书号：1979
定价：65.00元

书号：3450
定价：280.00元

书号：3384
定价：168.00元

书号：5259
定价：280.00元